Hugo Haehn

Biochemie der Gärungen

BIOCHEMIE DER GÄRUNGEN

Unter besonderer Berücksichtigung der Hefe

Für Studierende der Naturwissenschaften und der Gärungsgewerbe, Techniker, Gärungsbiologen und Chemiker

Von

Hugo Haehn

Institut für Gärungsgewerbe Berlin

Mit 44 Abbildungen, 4 Kurventafeln sowie 2 Absorptionsspektren

WALTER DE GRUYTER & CO.

vormals G. J. Göschen'sche Verlagshandlung · J. Guttentag, Verlagsbuchhandlung

Georg Reimer · Karl J. Trübner · Veit & Comp.

BERLIN 1952

Die Quellenhinweise bei den Abbildungsunterschriften beziehen sich auf die Werke M. Glaubitz, „Atlas der Gärungsorganismen", 1932, W. Henneberg, „Bakteriologisches Gärungspraktikum", Foth, „Die Praxis des Brennereibetriebes", 1935, erschienen im Verlag Paul Parey, Berlin und Hamburg; H. Ruska, „Virus", Athenaion-Verlag zu Potsdam und K. Hennies und R. Spanner, „Die Brauerei im Bild" aus dem Verlag Hans Carl, Nürnberg. Allen Verlegern und den anderen Firmen, die uns weitere Abbildungen zur Verfügung stellten, sei hier nochmals gedankt.

vormals G. J. Göschensche Verlagshandlung / J. Guttentag, Verlagsbuchhandlung
Georg Reimer / Karl J. Trübner / Veit & Comp. / Berlin W 35
Archiv-Nr. 52 91 52 Printed in Germany
Satz: Walter de Gruyter & Co., Berlin W 35
Druck: Hermann Wendt G.m.b.H., Berlin W 35

Meinem lieben Vater

in dankbarer Erinnerung

Vorwort

Der Verfasser ist seit mehr als vierzig Jahren auf dem Gebiet der Biochemie der Gärungen tätig. Die ersten wissenschaftlichen Arbeiten begann er als Mitarbeiter von *Eduard Buchner* an der damaligen landwirtschaftlichen Hochschule zu Berlin; sie fanden an der Universität Breslau zunächst einen gewissen Abschluß.

Am Institut für Gärungsgewerbe in Berlin, von *Max Delbrück* als Vorsteher der Abteilung für Biochemie berufen, hatte der Verfasser dann in dreißigjähriger Arbeit die Möglichkeit, sich besonders mit technischen Arbeiten zu beschäftigen und fand dabei auch reichlich Gelegenheit, die äußerst interessante Entwicklung der Biochemie zu verfolgen und sich vielen wissenschaftlichen Problemen zu widmen. In dieser Zeit reifte in ihm der Entschluß, in Form eines Buches ein Bild von der Biochemie der Gärungen zu geben. Mit dem nun erschienenen Buch „Biochemie der Gärungen unter besonderer Berücksichtigung der Hefe" wird die Hoffnung verknüpft, daß es dazu berufen sein möge, Anregungen für wissenschaftliche Forschungen und industrielle Entwicklungen neuer Verfahren zu geben. Die junge Generation der Biochemiker im weitesten Sinne wird hier eine Einführung in die Materie der lebenden Zelle finden.

Es erschien dem Verfasser nicht angebracht, ausschließlich die neue Nomenklatur der Mikroorganismen anzuwenden, da in der Fachliteratur noch die verschiedensten Bezeichnungen gebräuchlich sind. Es wurden deshalb oft mehrere Namen (in Klammern) wiedergegeben. Überhaupt mußte für Anfänger mancher Gegenstand elementar behandelt und auf manche wichtige Tatsache wiederholt hingewiesen werden (siehe Einführung).

Besonderer Dank gebührt den Herren Professoren *B. Drews*, *R. Koch*, *P. Kohlbach*, *Windisch* und Dipl. Br. Ing. *W. Niederlag*, die einige Kapitel einer Durchsicht unterzogen haben. Ferner ist der Verfasser Frl. Dr. *A. Herbst*, die ihm beim Lesen der Korrekturen gewissenhaft unterstützte und das Autorenregister herstellte, zu großem Dank verpflichtet.

Zum Schluß spricht der Autor an die Fachkollegen die Bitte aus, ihm für die nächste Auflage Anregungen und Verbesserungsvorschläge zu übermitteln.

Finkenkrug bei Berlin, Frühjahr 1952

Dr. H. Haehn

Inhalt

Seite

C. Chemie und Physiologie der Hefen

D. Übersicht über die Grundlagen für die Technologie alkoholischer Gärungen

E. Besondere Formen der Hefegärung

F. Hefepräparate und Gärproben

Einführung

Es bedarf wohl keiner Rechtfertigung, über die Gärungschemie ein besonderes Buch zu verfassen. Die Gärungschemie ist zwar ein Zweig der Biochemie und könnte dort abgehandelt werden, aber das Ausmaß dieses Wissenschaftszweiges mit seiner technischen Anwendung ist so enorm, daß es aus praktischen Gründen geraten ist, diese Disziplin für sich abgesondert in einem Spezialwerk zu behandeln. Dabei sollen natürlich die Zusammenhänge mit der allgemeinen Biochemie nicht vernachlässigt werden. Im Gegenteil, es ist manchmal ratsam, die großen biochemischen Grundprobleme zum tieferen Verständnis heranzuziehen (s. Kap. 1).

Der Ausdruck „Gärung" gehört, streng genommen, der Vergangenheit an. Unter Gärung verstand man ursprünglich die geheimnisvolle Umwandlung organischer und organisierter Körper pflanzlichen und tierischen Ursprungs, wobei die sichtbaren Veränderungen der Substanzen mit auffallenden Erscheinungen wie Auflösung der Form, Umschlagen der Farben, Gasentwicklung und Geruchsverbreitung das Gärbild charakterisierten. Über die Abgrenzung der Gärungserscheinungen mit Hefen, Bakterien und Schimmelpilzen von den Fäulnisprozessen mittels Bakterien wird im ersten Kapitel das Nähere ausgeführt. Mittlerweile hat die exakte Wissenschaft dieses große Gebiet so intensiv durchleuchtet, daß das einst verschleierte Bild der Gärung jetzt schon ziemlich scharfe Umrisse erkennen läßt, wenn selbstverständlich in den einzelnen wissenschaftlichen Zweigen noch längst nicht alles enträtselt ist. Aber die biologische und chemische Forschung haben unendlich viel Einzelheiten klargelegt. Wir können bereits die einzelnen Gärerscheinungen der Natur klassifizieren; wir sind in das Wesen der Gärung so tief eingedrungen, daß der Begriff „Gärung" neu formuliert werden mußte. Wir verstehen heute, streng genommen, unter Gärung den *anoxydativen* Kohlenhydratstoffwechsel, die Aufsprengung der Kohlenstoffkette chemischer Stoffe ohne Luftsauerstoff (desmolytischer Abbau) im Gegensatz zu den oxydativen Spaltungen der Zucker und Alkohole z. B. mit Hilfe von Sauerstoff, die als *Atmungsprozesse* zu bezeichnen sind.

Somit stände die alkoholische Gärung der Essiggärung, die ein ausgesprochener Atmungsprozeß ist, als Antipode gegenüber. Die Essiggärung ist also nach den neueren Erkenntnissen überhaupt kein Gärungsvorgang. Hier handelt es sich um eine biologische Oxydation des aus dem Zucker stammenden Alkohols. Will man den alten, tief eingebürgerten Ausdruck beibehalten, so muß man in diesem Falle von einer *oxydativen* Gärung sprechen. Da die alte Ausdrucksweise in der Wissenschaft noch vielfach und in der Technik ausschließlich gebraucht wird, so sollen auch in dem vorliegenden Buch der Gärungen die Zuckerspaltungen im Beisein von Sauerstoff, die oxydativen Gärungen, mit eingeschlossen werden. Eine theoretische Begründung kann für diesen Entschluß herangezogen werden: Beide Prozesse, die anaerobe Gärung wie ebenfalls die oxydative Gärung, dienen dem gleichen Zwecke, der Energieversorgung der den Vorgang hervorrufenden Mikroorganismen. Zwischen diesen beiden sich scharf gegenüberstehenden Prozessen der alkoholischen Zuckerspaltung und der Essiggärung liegen nun viele Übergangsstufen, bei denen desmolytische und oxydative Prozesse miteinander verknüpft sind.

Die Berechtigung, der Hefe in diesem Buche eine Sonderstellung einzuräumen, läßt sich damit begründen, daß bei der Untersuchung dieses leicht zu handhabenden Materials für die gesamte Gärungschemie wichtige Ergebnisse sowohl in experimenteller als auch in theoretischer Hinsicht gewonnen wurden. Es wurde der erste Zuckerphosphorsäureester, die Fructose-1-6-di-phosphorsäure, die bei der Zuckerspaltung eine Rolle spielt, bei Zymasesaftversuchen von *A. Harden* und *W. J. Young* 1905 entdeckt, worauf die Erschließung aller Hexosemonoester und der Trioseester folgte. Zur gleichen Zeit zerlegten auch dieselben Forscher das Gärenzym in Coenzym und die Eiweißkomponente und gaben so der ganzen Enzymchemie einen entscheidenden Auftrieb. Ebenso war die Erforschung der Triosen und ihrer Phosphorsäureester grundsteinlegend für die Klärung gewisser biochemischer Probleme in Tier und Pflanze. Die Pioniere der modernen Hefeforschung *E. Buchner* (Entdeckung der Zymase 1896), *A. Harden*, *H. v. Euler* (Erste Aufklärungsarbeiten über die Cozymase) und *C. Neuberg* (Chemismus der Gärvorgänge) brachten der neuen Generation der Forscher ungezählte Anregungen zur Aufklärung des allgemeinen Zellstoffwechsels.

Weiter hat sich im letzten Dezennium die Erkenntnis ergeben, daß bei den bis jetzt untersuchten Bakterien die Enzyme der ersten Gärphasen bis zur Schlüsselsubstanz Brenztraubensäure nicht grundsätzlich anders wirken, als die der Hefe. Somit ein neuer Grund für ein eingehendes Studium dieses Organismus.

Da außerdem von allen Gärungen die Umsetzung mittels Hefen technisch die wichtigste ist — man denke an die Wein-, Bier- und Spiritusbereitung, an die Bäckerhefeerzeugung — und diese Gärprozesse weitaus am meisten bearbeitet worden sind, so ist es wohl auch aus diesem Grunde gerechtfertigt, wenn im vorliegenden Buche in der Hauptsache die Hefegärungen, und was damit in Zusammenhang steht, behandelt werden. Im letzten Kapitel (20) wird dann über die Schimmelpilz- und Bakteriengärungen nur eine Übersicht gegeben, da sonst der Rahmen des Buches erweitert werden müßte.

Wissenschaftlich abgeschlossene Kapitel sind im allgemeinen relativ kurz behandelt durch Angabe der Endresultate. Arbeiten, die noch im Werden begriffen sind, wurden oft ausführlicher bedacht, da das Buch ja nicht nur eine Orientierung über die verschiedensten Probleme geben, sondern auch Anregung zur Forschung bringen soll. Hier könnte der Eindruck erweckt werden, als ob „unfertige" Arbeiten höher bewertet werden als abgeschlossene Forschungen. Das ist aber nur formal äußerlich.

Das Buch wendet sich an die verschiedensten Interessentengruppen wie Wissenschaftler, Studierende und Techniker verschiedenster Vorbildung. Dieser heterogen zusammengesetze Leserkreis zwang zu dem Entschluß, daß vieles elementar dargestellt werden mußte. Andererseits war, da nur ein beschränkter Raum zur Verfügung stand, auch Rücksichtnahme auf den anderen Teil der Leser geboten, um gründliches, umfangreiches Wissen zu vermitteln. So wurde bei manchen Darlegungen schon eine gewisse Grundlage vorausgesetzt, um schnell ein hohes Ziel zu erreichen (z. B. Kapitel Fäulnis). Zur Lösung engerer Spezialfragen führen Literaturstellen zu den Quellen. Mögen nun recht viele Leser zu ihrem Recht kommen.

A. Einleitende Kapitel

Allgemeines und Historisches der Gärung

1. Kapitel

Gärung und Fäulnis

Die Umwandlung pflanzlicher und tierischer Produkte, die mit äußeren Erscheinungsformen wie Sauerwerden und Gerinnen von Flüssigkeiten, Erweichen und Flüssigwerden fester Erzeugnisse, sowie mit Geruch- und Gasentwicklung verknüpft sind, ist ohne Zweifel von der Menschheit von uralters her beobachtet worden. Zu denken ist hier unter anderem an die spontane Vergärung von überreifem Obst und verdünntem Honig, an die Säuerung der Milch, an die Umwandlung des Milcheiweiß zu Käse und an die Verwesung tierischer Kadaver. Es ist wohl anzunehmen, daß man die Fäulnis infolge der in der Regel mit ihr verknüpften widerlichen Gerüche früher beobachtet hat als die Gärerscheinungen. Dazu kommt noch, daß eine Obst- und Cerealienerzeugung, sowie die Milchwirtschaft schon eine gewisse Kultur voraussetzen. Fäulniserscheinungen dagegen konnte der Urmensch, der Homo primigenius, bereits in seinem frühesten Stadium der Entwicklung bei verendeten Tieren wahrnehmen. Sicher ist indessen, daß der Nutzen der Gärungen sehr bald erkannt und der Prozeß deshalb in den Dienst der Menschheit gestellt worden ist. Denn wir lesen von dem Urvolk im Euphrat-Tigris-Land, von den Sumerern(1), daß sie sich schon im 7. Jahrtausend v. Chr. aus Gerste und einer jetzt fast vergessenen Getreideart, dem Emmer, ein „Bier" brauten *(E.Huber)*. Auch von vielen anderen Völkern wie den alten Ägyptern, Griechen, Römern und Germanen sind Gärerzeugnisse wie Bier, Wein und Met bekannt geworden (s. Kap. 2). Wie wir später sehen werden, haben sich die verschiedensten führenden Geister auf dem Gebiet der Naturkunde während des ganzen Mittelalters mit dem Problem der alkoholischen Gärung beschäftigt, bis endlich erst das letzte Jahrhundert das wahre Wesen dieses Prozesses in seinen Grundlagen enträtseln konnte. Namen wie *Lavoisier*, *Gay-Lussac*, *Cagniard-Latour*, *Theodor Schwann*, *F. Tr. Kützing*, *J. Liebig*, *L. Pasteur*, *M. Traube*, *E. Buchner* sind Marksteine auf dem Wege, der dem Ziele zustrebte.

Ursprünglich wurde kein Unterschied zwischen Gärung und Fäulnis gemacht, bis *Libavius* im 16. Jahrhundert (1595) eine Trennung beider Vorgänge vornahm. Die Fäulnis mußte, wie schon angedeutet, in erster Linie frühzeitig auffallen. Aus der umfangreichen alten Literatur seien aber nur die Stellen wiedergegeben, die der Sache wirklich näherkommen. Nur um zu zeigen, wie man anfänglich bei guter Ahnung für das Richtige im Dunkeln tastete, wollen wir uns mit einem Beispiel begnügen, in dem wir die Ansicht des *Aristoteles* (2) (384—322 v. Chr.) anführen. Er betrachtete die Fäulnis als „eine Zerstörung der eigenen und der natürlichen Wärme, die in einem feuchten Radikal eines gemischten Körpers existiert, eine Zerstörung, welche durch äußere und fremde Wärme hervorgerufen ist". Den Mangel an experimentellen Erfahrungen, der der griechischen Naturwissenschaft eigen ist, konnte die rein spekulative Wissenschaft nicht ersetzen, weshalb man den richtigen

Weg zur Erkenntnis der Verhältnisse nicht fand. Eine treffende Anschauung über den Prozeß hat bereits *Paracelsus*, der das Wesentliche in der Veränderung der Materie erblickt:

> „Ein Putrefaction aber ist einer solchen großen Würkung /
> daß sie die alte Natur verzehret /
> und Transmutirt alle ding in ein Neve und andere Natur /
> und bringt herfür ein neve Frucht"*).

„Ein jedliche Feule ist ein verzehrung und ein verschwinden des dings / in dem es ist / also / daß es gleich verzehrt wirdt als wer nichts da gewesen" (3). Einen Schritt weiter in der Aufklärung geht *Athanasius Kircher* (4). Er erblickte die Ursache der Fäulnis in „tierischen Wesen und deren Keimen". „Jede Fäulnis ist nach ihm ansteckend, sie ist schleichend, giftig, maligne, meist mit heftigem Gestank verbunden. Jedes lebende Wesen kann der Fäulnis und der faulenden Krankheit verfallen." Diese Ansichten fanden bei den meisten Gelehrten Zustimmung, jedoch fehlt es auch nicht an Gegnern. Heute wissen wir, daß der weitblickende *Kircher* den Kern der Sache erfaßt hatte, obgleich er seine „Tierchen", nämlich die Bakterien, noch nicht kennen konnte; denn erst 1683, also nach seinem Tode, erschienen die ersten Abbildungen von Bakterien in einer Publikation von *Leeuwenhoek*. Obgleich etwa 100 Jahre später der Edinburger Arzt *William Alexander* (1768) die Ansicht vertrat, daß die „Tierchen" eine Folge der Fäulnis, nicht aber deren Ursache seien, haben sich scheinbar die hervorragenden Geister des folgenden Zeitabschnittes mit der *Kircher*schen Erklärung zufrieden gegeben. Das Gebiet der Fäulnis wurde nämlich von jetzt ab weniger beachtet; in den Vordergrund des Interesses traten hauptsächlich die Gärerscheinungen.

Die Begriffe der Gärung und Fäulnis haben sich nun in der letzten Epoche der Entwicklung geklärt.

Unter Gärung verstehen wir heute ganz allgemein die Zerlegung stickstoffreier organischer Stoffe pflanzlicher Herkunft, vorzugsweise Kohlenhydrate oder deren Abkömmlinge mit Hilfe von Bakterien, Hefen und Schimmelpilzen unter Entwicklung von Energie. Es gibt anaerobe und aerobe (oxydative) Gärungen. (Siehe Einführung).

*) *Paracelsi*, Opera, Bücher und Schriften. Straßburg 1603 1 Theyl, Lib. VII. S 899C, Biographische Notizen über *Paracelsus*:

Theophrastus von Hohenheim, genannt *Paracelsus*, aus schwäbischem Geschlecht stammend, geb. 1493 zu Maria-Einsiedeln (Schwyz), gestorben 1541 zu Salzburg. Ein weitblickender, sehr vielseitig begabter Forscher. Bahnbrechend sind seine Lehren über Biologie, über spezielle Behandlung von Krankheiten und über die chemischen und physikalischen Grundlagen des Lebens. Er erkannte als erster die Bedeutung der Chemie für die Medizin und vereinte beide Wissenschaften zur Keimzelle der physiologischen Chemie. Da er den okkulten Halbwissenschaften wenig gläubig gegenüberstand, oft verblüffende Ansichten äußerte und vor allem die auf den medizinischen Lehren des *Galenus* und *Avicenna* aufgebaute, herrschende Schulmedizin hart bekämpfte (Vernichtung der anerkannten medizinischen Bücher im Johannisfeuer 1527 auf dem Marktplatz zu Basel), so hatte er neben großen Bewunderern auch zahlreiche Feinde, namentlich in der Fachwelt. So schwankte sein „Charakterbild in der Geschichte", je nachdem, ob die Berichte aus diesem oder jenem Lager kamen. Heute besteht kein Zweifel an der überragenden Persönlichkeit des *Paracelsus*. Mit Recht bezeichnet man ihn als den Vater der modernen Medizin. Aus der umfangreichen neueren Literatur seien genannt:

Karl Sudhoff, Theophrast von Hohenheim, gen. Paracelsus. Sämtliche Werke i. Verlag R. Oldenburg, München und Berlin 1933. Herausgabe im Wortlaut der alten Vorlagen.

Bernhard Aschner, Paracelsus, Sämtliche Werke. Verlag Gustav Fischer, Jena 1932. Nach *Husers* 10bändiger Gesamtausgabe in das heutige Deutsch übertragen mit erklärenden Anmerkungen. Z. f. angewandte Chem. 54 (1941) 421—434.

Die Fäulnis ist dagegen eine Umwandlung der stickstoffhaltigen organischen Substanzen, vor allem der hochmolekularen Eiweißstoffe und deren Spaltstücke tierischen oder pflanzlichen Ursprungs oft unter Entwicklung von widerlich riechenden, stinkenden, z. T. giftigen Produkten mit Hilfe von ganz bestimmten, charakteristischen Bakterienarten. Hefen kommen im allgemeinen nicht in Frage. Wärmetönung auch positiv.

Durch die strenge Trennung der stickstofffreien Substrate von den eiweißhaltigen bemühen wir uns, eine scharfe Unterscheidung von Gärung und Fäulnis zu erzielen. Wenn aber die bei der Eiweißzersetzung auftretenden Aminosäuren vom Stickstoff durch eine Desaminierung befreit sind, so können die restlichen Kohlenstoffskelette genau so in Abwesenheit von Sauerstoff (anaerob) als auch bei dessen Gegenwart (aerob) weiter zerlegt werden wie bei manchen bakteriellen Gärprozessen. Hier ist die Trennungswand zwischen beiden Hauptvorgängen durchlöchert. Maßgeblich für die Unterscheidung ist also nur das Ausgangsmaterial. Da die Kohlenhydrate in Naturprodukten in der Regel von Eiweißstoffen begleitet sind — man denke an die Gerste und Kartoffel — so werden während der Vergärung derselben auch Zersetzungen von Proteinen nebenher laufen. Aber diese Nebenprozesse sind natürlich weder Gärungen noch Fäulniserscheinungen.

Bei den ersten Phasen der eigentlichen Eiweißzersetzung entsteht, das sei gleich hier eingefügt, nur eine geringe Energieentwicklung, denn die Proteolyse und Desaminierungen sind nur von geringer Wärmetönung begleitet. Da aber alle Lebewesen Energie benötigen, so müssen auch stärkere exotherme Reaktionen stattfinden. Wenn man bedenkt, daß nach *Rubner* die Verbrennungswärme für 1 g Eiweiß 4,1 Kalorien beträgt, also soviel wie bei Kohlenhydraten, so ist die Ausnutzung dieser Energie nur natürlich. Eine solche kann auf verschiedene Weise geschehen. Ein derartiger Fall ist z. B. die „Stickland-Reaktion“, bei der durch den Abbau eines Gemisches von höheren Aminosäuren zu niederen Fettsäuren „Gärungsenergie“ gewonnen wird (5). Schließlich entsteht noch durch den oxydativen totalen Abbau der entstandenen Fettsäure Energie. Soweit die Flora nebenher reine Kohlenstoffverbindungen im Beisein von Sauerstoff veratmet, wird sehr viel Energie durch die Atmung erzeugt. Als Energiequelle für den anaeroben Bacillus kann die Destruktion der desaminierten Aminosäuren zu Kohlensäure, Schwefelwasserstoff, Wasserstoff und niederen organischen Verbindungen angesehen werden. Manche Bakterienarten, namentlich die Anaerobier sind auch befähigt, Zucker zu vergären, also Gärungsenergie zu erzeugen. Man erkennt hier deutlich die von der Natur geschaffenen Übergangsstufen von einer Spezies zur anderen. Selbstverständlich leben auch andererseits die reinen Gärungserreger nicht allein von Kohlenhydraten. Sie benötigen ebenfalls Stickstoffverbindungen, und zwar zum Aufbau zelleigenen Eiweißes (s. Kap. 13).

Auf die Prozesse der Fäulnis sei nun näher eingegangen, da man oft einer gewissen Unklarheit über diese Erscheinungen begegnet, und wir hier eine strenge Abgrenzung von den Gärungen bezwecken wollen.

Nähere Ausführungen über die Gärung selbst erübrigen sich an dieser Stelle. Sie finden sich in Kap. 2. Hier sei zunächst eingefügt, daß wir zur allgemeinen Klärung der Eiweißabbauprozesse 3 Hauptvorgänge unterscheiden wollen:

1. Die Fäulnis. Sie ist nach der obigen Definition bedingt durch typische Fäulnisbakterien im alkalischen Milieu. Charakteristische Produkte: Für die Wirtschaft unbrauchbare, z.T. giftige Spaltstücke und widerliche Geruchsstoffe. Endprodukte: mineralische Salze.

2. Die Autolyse. Proteolytischer Abbau im sauren Medium durch zelleigene Verdauungsenzyme. Sie führt zu brauchbaren Eiweißspaltstücken. Fleischautolyse der geschlachteten Tiere. Hefeautolyse liefert Hefeextrakt (Kap. 14).
3. Den Käsereifungsprozeß. Proteolytischer Abbau im sauren Medium durch scharf charakterisierte Bakterienarten. Das Erzeugnis ist ein gutes Nahrungsmittel.

Nun zurück zur Fäulnis.

Die Richtigkeit des alten Gedankens von *Kircher*, die Ursache der Fäulnis Kleinlebewesen zuzuschreiben, ist, nachdem die Bakteriologie eine große Entwicklung erfahren hat, durch experimentelle Befunde bewiesen worden. Gleichzeitig hat auch die moderne Biochemie die oben angeführte, alte Lehre des *Paracelsus* von der „Transmutation der Materie" unter Beweis gestellt und die einzelnen Abbaustufen festgelegt.

Zunächst seien die wichtigsten Fäulnisstätten angeführt. Wenn ein Kadaver oder Leichnam verwest, so finden wir, wie wir bald sehen werden, echte Fäulnisprozesse darin. Ferner treten im Darm gesunder Menschen mehr oder weniger stark faule Umsetzungen ein. Da der Darm mit einer Schicht von Colibakterienarten ausgekleidet ist und diese u. a. Milchsäure produzieren, so sind die Fäulniserreger, wie der Bacillus vulgaris und der Bacillus putrificus[1]) *Bienstock* in ihrer Tätigkeit stark gehemmt infolge ihrer Anpassung an ein alkalisches Milieu. Auch die speziellen Milchsäurebakterien des Darmes wie das Bacterium lactis aerogenes und Bacterium acidophilum sowie die mit sauren Milchprodukten eingeführte Flora wirken in dieser Weise. Die uralte Erfahrungstatsache, daß saure Milch gesundheitsfördernd wirkt, muß z. T. auf die Bekämpfung der Darmfäulnis, die den Körper namentlich bei unregelmäßiger Entleerung ständig mit Giftstoffen bedroht, zurückgeführt werden (*Metschnikoff*). Erlischt das Leben des Menschen, so nehmen die genannten Fäulniserreger, die sonst durch das lebende Epithel mühsam zurückgehalten wurden, — die Milchsäurebakterien stellen infolge Mangels an Kohlenhydraten ihre Tätigkeit ein — ihren Weg durch die Darmwand und dringen in die Fleischteile ein, wie Isolierungen der Flora aus kurzfristig bestatteten Leichen erkennen lassen. Dadurch, daß die meisten Fäulnisprodukte alkalisch reagieren und so ein alkalisches Milieu schaffen, wird die Aktivität der Fäulniserreger stark erhöht. Gemeinsam mit einer Invasionsflora zehren sie allmählich die Weichteile des menschlichen Körpers auf. Haben die Eiweißstoffe einen gewissen, später ausführlich zu beschreibenden Abbau zu Aminosäuren und Ammoniak erfahren, so kommen die Erdbakterien hinzu und bilden aus dem Ammoniak und seinen Verbindungen Nitrite und endlich Nitrate. So wird allmählich aus dem Stickstoff der Eiweißstoffe Salpeter, während der Kohlenstoff als Kohlensäure entweicht. Ein Teil des Stickstoffs und Kohlenstoffs werden unter gewissen Bedingungen vorübergehend als Ammoniumcarbonat festgelegt. Die Eiweißstoffe werden also in stickstoffhaltige mineralische Salze übergeführt; sie werden mineralisiert, wie sich der Bodenbakteriologe ausdrückt.

Tierische Abfälle, die auf dem Düngerhaufen ihr Ende finden, werden ganz ähnlich abgebaut. Auch in den Abortgruben, in Ställen, im Ackerboden verlaufen Fäulnisprozesse dieser Art.

Wenn pflanzliche Stoffe verwesen oder vermodern, so können natürlich nur die Proteine von den echten Fäulnisbakterien aufgelöst werden. Die Kohlenhydrate dagegen erleiden, wie wir am Schluß des Kapitels sehen werden, eine prinzipiell andere Zersetzung.

---

[1]) Lat. putrescere = faulen.

Der bekannteste Fäulniserreger ist wohl der vor längerer Zeit (1884) entdeckte Bacillus putrificus *Bienstock*. Man nimmt heute an, daß es sich hier um eine Mischkolonie handelt, deren wichtigste Vertreter der Bac. verrucosus *Zeißler* und der Bac. putrificus tenuis *Zeißler* sind. Beide sind aus Leichen isoliert worden. Sporen gewisser Arten sind regelmäßig im Darminhalt zu finden. Mit Fibrin, gekochter Milch oder Hühnereiweiß versetzt, erhält man in 3—4 Tagen eine starke Fäulnis unter Schwefelwasserstoffentwicklung. Der B. verrucosus ist der typische Vertreter der stinkenden Fäulnis, ist weit verbreitet im Erdboden und findet sich auch bisweilen in der Marktmilch und im Käse. Seine Entfaltung wird hier durch das saure Milieu verhindert. In Erde trifft man ferner die pathogenen Arten: Bacillus oedematis maligni, Bac. Chauveaui (Rauschbrandbazillus) Clostridium sporogenes und Clostr. aerofoetidum an.

Besonders wichtig ist der Bacillus vulgaris *Mazé*, synonym mit dem Bacterium vulgare *Hauser* oder kurz Proteus genannt, der im faulenden Fleisch zu finden ist und ebenfalls einen typischen Erreger der stinkenden Fäulnis darstellt. Er findet sich im Darm gesunder Organismen, ist auch in der Luft und befällt daher Fleisch und andere eiweißhaltige Substrate. Bekannt als Erreger von Fleisch- und Käsevergiftungen. Auch das Clostridium botulinum[1]), das bei Wurstvergiftungen aufgefunden wurde, ist ein Eiweißzersetzer.

Nun wollen wir etwas näher auf die chemischen Vorgänge bei der Fäulnis eingehen, um durch die Stoffumwandlungen die Fäulnis von der Gärung zu unterscheiden. Es ist von vornherein klar, daß sich die Bakterien nur typisch entfalten können, wenn ihnen die geeigneten Nährstoffe zur Verfügung stehen. Wenn z. B. Tryptophan (l-α-Amino-β-indol-propionsäure) nicht vorhanden ist, so können die spezifischen Geruchstoffe wie Indol und Skatol nicht gebildet werden, was sich aus den später aufgeführten Formelbildern klar erkennen läßt. Die hochmolekularen Eiweißstoffe werden zunächst durch eine Proteolyse hydrolysiert. Hierbei entstehen durch die proteolytischen Enzyme Albumosen, Peptone, niedere Polypeptide und endlich Aminosäuren. Diese Prozesse werden entweder von den zelleigenen Enzymen des toten Körpers bewerkstelligt, — in diesem Falle sprechen wir von einer Autolyse, d. i. Selbstverdauung (s. gegen Ende dieses Kap.) — oder die Bakterienproteasen treten in Tätigkeit.

Nun erfolgt der Abbau der Aminosäuren. Spalten dieselben einfach Kohlensäure mit Hilfe eines Enzyms, Amino-decarboxylase, ab, so entstehen die für die Fäulnis charakteristischen Amine. Folgende Schemata mögen dies erläutern.

$$\underset{\text{Glykokoll}}{CH_2\cdot NH_2\cdot COOH} = CO_2 + \underset{\text{Methylamin}}{CH_3\cdot NH_2}$$

$$\underset{\text{Alanin}}{CH_3\cdot CH\cdot NH_2\cdot COOH} = CO_2 + \underset{\text{Aethylamin}}{C_2H_5\cdot NH_2}$$

Einige Diaminosäuren führen zu typischen Fäulnisprodukten.
Ornithin liefert z. B. Putrescin.

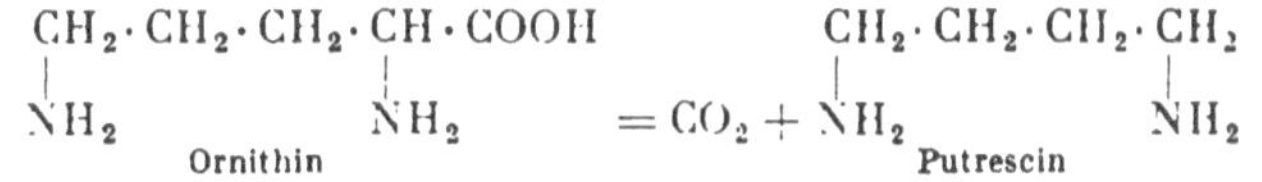

Ornithin
α,δ-Diaminovaleriansäure

Putrescin
Tetramethylendiamin

---

[1]) Lat. botulus = Wurst.

Analog entsteht aus dem Lysin, der α,ε-Diaminokapronsäure, das Kadaverin, das Pentamethylendiamin. Ganz so einfach wie es die Gleichungen angeben, scheint der Prozeß in der Zelle nicht zu verlaufen. Nach *Knoop* (6) (6a), *Franke* und *Graßmann* (6b) sollen sich erst Iminosäuren bilden, die der Decarboxylierung unterliegen, worauf Hydrierung zum Amin erfolgt:

$$\underset{\alpha\text{-Aminosäure}}{R\cdot CH\cdot NH_2\cdot COOH} \xrightarrow{-2H} \underset{\text{Iminosäure}}{R\cdot C:NH\cdot COOH} \xrightarrow{-CO_2} \underset{\text{Imin}}{R\cdot CH:NH} \xrightarrow{+2H} R\cdot CH_2\cdot NH_2$$

Beide Diamine konnten bei gesteigerter Darmfäulnis aus pathologischem Harn isoliert werden.

Ein charakteristischer Abbauprozeß ist die Desaminierung, die Ablösung der Aminogruppe aus den Aminosäuren. Hierzu gibt es verschiedene Wege.

Der einfachste Desaminierungsprozeß ist die Aufspaltung der Säureamidgruppe,

$$R\cdot CO\cdot NH_2 + H_2O = R\cdot COOH + NH_3,$$

wodurch Ammoniak und eine freie Carboxylgruppe entstehen. Als praktische Beispiele sind hier zu nennen die Umwandlung von Asparagin in Asparaginsäure durch die Asparaginase

$$\begin{array}{l} CH_2\cdot CO\cdot NH_2 \\ | \\ CH\cdot NH_2\cdot COOH \end{array} \longrightarrow \begin{array}{l} CH_2\cdot COOH \\ | \\ CH\cdot NH_2\cdot COOH \end{array}$$

und die analoge Glutaminasereaktion:

$$\underset{\text{Glutamin}}{\begin{array}{l} CH_2\cdot CO\cdot NH_2 \\ | \\ CH_2 \\ | \\ CH\cdot NH_2\cdot COOH \end{array}} \longrightarrow \underset{\text{Glutaminsäure}}{\begin{array}{l} CH_2\cdot COOH \\ | \\ CH_2 \\ | \\ CH\cdot NH_2\cdot COOH \end{array}}$$

Die Glutaminsäure selbst kann nun weiter durch eine oxydative Desaminierung zu Bernsteinsäure nach folgendem Schema abgebaut werden:

$$\underset{\text{Glutaminsäure}}{HOOC\cdot CH_2\cdot CH_2\cdot CH\cdot NH_2\cdot COOH} \xrightarrow{+H_2O} \underset{\alpha\text{-Ketoglutarsäure}}{HOOC\cdot CH_2\cdot CH_2\cdot CO\cdot COOH}$$

$$+ H_2 + NH_3 \xrightarrow[\text{reaktion}]{\text{Decarboxylase-}} \underset{\text{Bernsteinsäurealdehyd}}{HOOC\cdot CH_2\cdot CH_2\cdot CHO}$$

$$+ CO_2 \xrightarrow{+O} \underset{\text{Bernsteinsäure}}{HOOC\cdot CH_2\cdot CH_2\cdot COOH.}$$

Tritt an Stelle der oxydativen Desaminierung eine reduktive ein, so führt dieser Weg zur Buttersäure.

$$\underset{\text{Glutaminsäure}}{HOOC\cdot CH_2\cdot CH_2\cdot CH\cdot NH_2\cdot COOH} \xrightarrow{+H_2} \underset{\text{Glutarsäure}}{HOOC\cdot CH_2\cdot CH_2\cdot CH_2\cdot COOH}$$

$$+ NH_3 \xrightarrow[\text{reaktion}]{\text{Decarboxylase-}} \underset{\text{Buttersäure}}{HOOC\cdot CH_2\cdot CH_2\cdot CH_3} + CO_2.$$

Die reduktive Desaminierung bildet aus der Asparaginsäure Bernsteinsäure, aus einbasischen α-Aminosäuren würden Fettsäuren entstehen.

$$R\cdot CH\cdot NH_2\cdot COOH + H_2 = R\cdot CH_2\cdot COOH + NH_3.$$

In den meisten Fällen wird wohl das von *Knoop* (6) und seinen Mitarbeitern gründlich studierte oxydativ desaminierende Enzymsystem in Frage kommen, wobei die α-Aminosäure zunächst eine Iminosäure gibt, die durch Einwirkung von Wasser unter Ammoniakabspaltung die α-Ketonsäure liefert.

Beispiel:

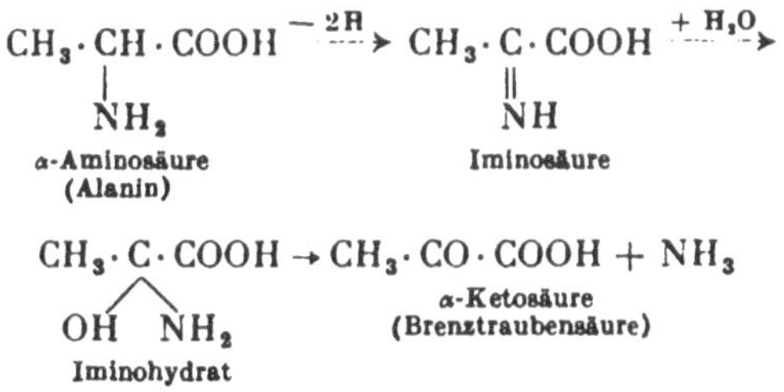

Wie ersichtlich, handelt es sich bei der ersten Phase um eine Dehydrierung (s. Kap. 11, Gelbes Ferment; Kap. 20, Essiggärung). Über die Natur des Wasserstoffakzeptors der hier in Frage kommenden Bakterien können wir noch nichts aussagen, auch nichts über die Oxydation des Wasserstoffs.

Ein anderer Weg wäre eine hydrolytische Desaminierung (*E. Glimm* und *M. Nitzsche* (7))

$$R\cdot CH\cdot NH_2\cdot COOH + H_2O = R\cdot CH\cdot OH\cdot COOH + NH_3$$

und bei zweibasischen Säuren könnte eine direkte Ammoniakabspaltung stattfinden, wie sie *Quastel* und *Woolf* (8) und ebenso *Virtanen* und *Tarnanen* (9) in verschiedenen Bakterien und Pflanzen beim Abbau der Asparaginsäure nachgewiesen haben. Das in Frage kommende Enzym, die Aspartase, scheint nicht selten vorzukommen, denn *Haehn* und *Leopold* (10) konnten dasselbe auch in der Hefe nachweisen. Der Vorgang verläuft nach folgendem Schema:

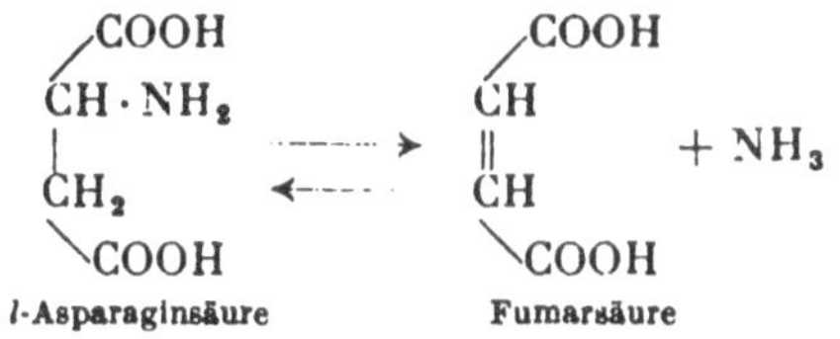

Durch Reduktion der Fumarsäure entsteht Bernsteinsäure, die ebenfalls aus Fäulnisprodukten isoliert worden ist (Bacterium vulgare).

Aber auch hier bleibt die Zertrümmerung der Moleküle nicht stehen, namentlich bei langen Kohlenstoffketten. Wie mannigfaltig ein Abbau erfolgen kann, sei an zwei wichtigen Beispielen gezeigt. Dies ist hier besonders angebracht, weil, wie schon angeführt, die Fäulnisbakterien eine sehr gründliche Zerstörung der organischen Substanz vornehmen.

Abbau des Tyrosins (11):

Durch Hydrierung entsteht jetzt p-Oxyphenylmilchsäure.

Eine gelinde Oxydation führt alsdann zur *p*-Oxyphenylessigsäure, eine weitere Oxydation zu *p*-Oxybenzoesäure.

$$C_6H_4\begin{matrix}\diagup OH \\ \diagdown CH_2\cdot COOH\end{matrix} \longrightarrow C_6H_4\begin{matrix}\diagup OH \\ \diagdown COOH\end{matrix}$$

p-Oxyphenylessigsäure *p*-Oxybenzoesäure

Durch eine kräftige Reduktion wird *p*-Kresol gebildet $C_6H_4\begin{matrix}\diagup OH \\ \diagdown CH_3\end{matrix}$, durch eine Decarboxylierung dagegen Phenol $C_6H_5\cdot OH$.
Es sei bemerkt, daß mit diesem Schema noch nicht alle Möglichkeiten erschöpft sind. Man hat z. B. noch isoliert:

p-Oxyphenylpropionsäure, *p*-Oxyphenyläthylalkohol und *p*-Oxybenzaldehyd.

Abbau des Tryptophans (12):

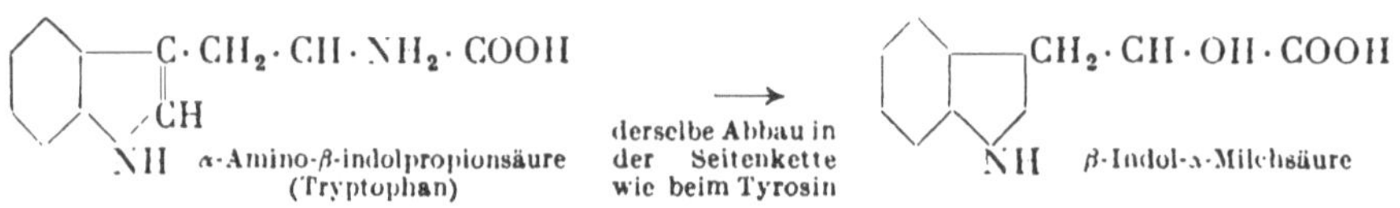

Durch Reduktion entsteht die Indolpropionsäure.

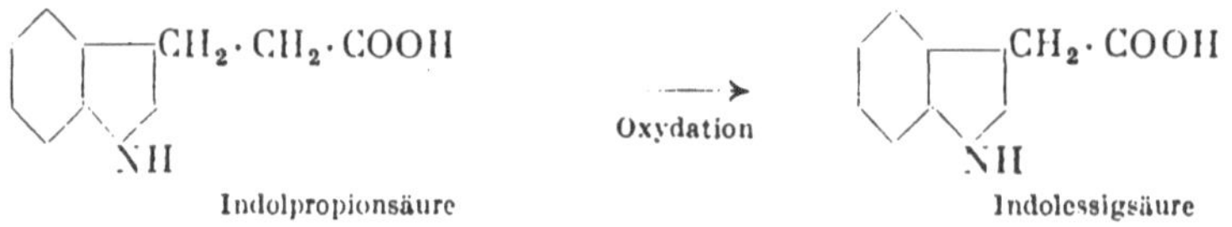

Entcarboxylierung der Indolessigsäure führt nun zu dem typischen Fäulnisgeruchsstoff, dem Skatol, das durch Entmethylierung Indol gibt.

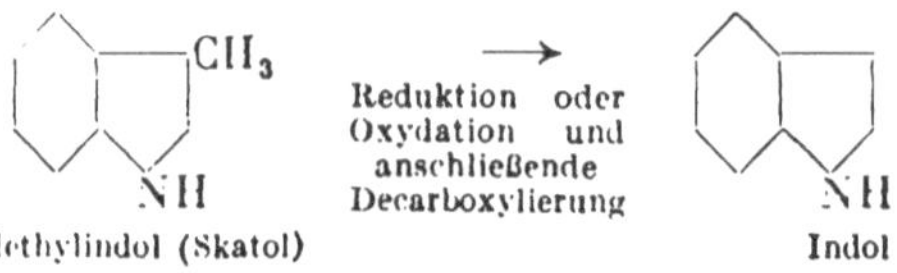

Die echten Fäulnisbakterien liefern reichlich Indol. Eine starke Verdünnung desselben erinnert an Jasmingeruch. Somit wird der geringe Indolgehalt (von 0,3—0,7%) im italienischen Jasminblütenöl (13) als Geruchskomponente erkannt. Wenn sich Indol im Darm bildet, so wird es vom Organismus resorbiert und in der Leber in Indoxyl $C_6H_4\begin{matrix}C(OH) \\ NH\end{matrix}CH$ übergeführt. Dieses erscheint alsdann im Harn an Glukuronsäure bzw. Schwefelsäure gebunden.

Die stark riechenden Schwefelverbindungen der Fäulnisprozesse entstehen offenbar zur Hauptsache aus dem Zystein bzw. Zystin. Das Formelbild verrät die einfachen Beziehungen zum Aethylmercaptan, Methylmercaptan (Methylsulfhydrat) und Schwefelwasserstoff.

$$\underset{\text{SH}}{\overset{|}{CH_2}}\cdot CH\cdot NH_2\cdot COOH \longrightarrow \underset{SH}{\overset{C_2H_5}{|}} \longrightarrow \underset{SH}{\overset{CH_3}{|}} \longrightarrow SH_2$$

Zystein (α-Amino-β-thiopropionsäure) — Aethylmercaptan (Aethylsulfhydrat) — Methylmercaptan (Methylsulfhydrat) — Schwefelwasserstoff

Hauptsächlich tritt Methylmercaptan bei der Eiweißfäulnis auf.

Auch das Methionin, die α-Amino-γ-methyl-thiobuttersäure,

$$CH_2(S\cdot CH_3)\cdot CH_2\cdot CH\cdot NH_2\cdot COOH$$

gibt beim Zerfall Schwefelverbindungen einfacher Konstitution.

Die erwähnten Geruchsstoffe der Fäulnis sind also einzuteilen in stickstoffhaltige und schwefelhaltige Verbindungen, wozu sich noch niedere Fettsäuren gesellen. Zu der letzten Gruppe gehören die mit typischen Gerüchen ausgestattete Buttersäure und Valeriansäure. Sehr charakteristisch im Geruch sind die Indolderivate wie das bereits erwähnte β-Methylindol, Skatol genannt, das in den Faeces angetroffen wird. Die eben angeführten schwefelhaltigen Stoffe, die sog. Mercaptane und der Schwefelwasserstoff selbst machen sich schon in äußerster Verdünnung geruchlich unangenehm bemerkbar. Nach *E. Fischer* werden vom Mercaptan noch etwa 0,00043 γ im Liter wahrgenommen.

Nun noch ein Wort über die Auflösung des Nukleinsäuremoleküls, das in jedem Zellkern, an Eiweiß gebunden, als Nuklein vorhanden ist. Wir wollen hier nur auf den Abbau der Purinderivate, des Hypoxanthins, des Xanthins und der Harnsäure eingehen, da die Chemie und Biochemie der Nukleinsäure und die entsprechenden Enzyme im Kap. 7, 11 und 14 ausführlich gebracht werden. Bei der Fäulnis werden diese Moleküle, auch die Pyrimidinbasen, vorzugsweise in ihre Elementarbausteine zerlegt. So erzeugt beispielsweise der Bac. acidi-urici Kohlensäure, Ammoniak und Essigsäure durch anaerobe Vorgänge. In solchen Fällen, in denen Harnstoff entsteht, wird derselbe durch das Enzym Urease in Ammoniak und Kohlensäure umgewandelt, die sich sofort zu Ammoncarbonat vereinigen.

$$CO\begin{matrix}\diagup NH_2\\ \\ \diagdown NH_2\end{matrix} + 2\,H_2O = (NH_4)_2CO_3$$

Als Harnstoffzersetzer des Bodens seien der Bacillus probatus und die Sarcina ureae genannt. Die Phosphorsäure der Nukleinsäure geht in die Salzform über. So wird endlich die organische Substanz im Boden vollständig mineralisiert.

Mit Hilfe der angeführten chemischen Reaktionen kann man sehr viele Stoffwechselprodukte vom Eiweiß leicht ableiten. Aber mit den angeführten Umsetzungen sind längst noch nicht alle Vorgänge erfaßt. Man denke nur daran, daß man in der physiologischen Chemie mehr als 22 Aminosäuren kennt, die in verschiedenartiger Weise abgebaut werden und zu den verschiedensten Synthesen Anlaß geben können. Ein Beispiel möge nun zeigen, welche vielseitigen chemischen Leistungen ein Bacterium vollbringen kann. Das oben bereits angeführte Bacterium vulgare *Hauser* produziert: Kohlensäure, Wasserstoff, Schwefelwasserstoff, Indol mit den oben angeführten Vorstufen wie Indolmilchsäure, dann Cholin, Äthylendiamin, Guanidin und Trimethylamin (nach Tito Carbone), letzteres vermutlich durch Hydrolyse des Cholins. Aus Aminovaleriansäure bildet das Bacterium Buttersäure, aus Leucin Amylalkohol. Asparagin liefert Bernsteinsäure, Essigsäure, Ammoniak und Kohlensäure.

Neben dieser abbauenden Tätigkeit muß das Bacterium entschieden auch synthetische Fähigkeiten besitzen. Man hat Toxine gefunden, die wahrscheinlich ihre Entstehung einem Aufbau verdanken. Hierfür könnte sprechen, daß ein Stoffwechselprodukt dieselbe Wirkung hat wie das *Schmiedeberg*sche Sepsin (14) der faulenden Hefe.

Über die Ptomaine liegen noch wenig genaue chemische Untersuchungen vor. Von bei faulen Prozessen aufgefundenen Giftstoffen bekannter chemischer Konstitution seien noch erwähnt Muscarin, Neurin und Methylguanidin.

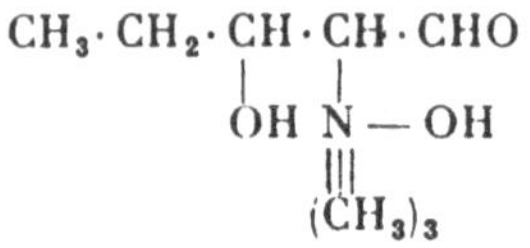
Muscarin

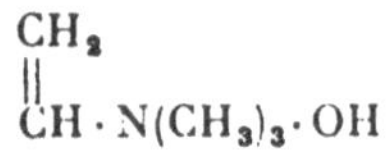
Neurin
(Vinyltrimethylamoniumhydroxyd)

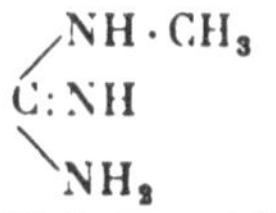
Methylguanidin

Wir haben nun Einzelreaktionen der Fäulnisvorgänge kennengelernt, wollen uns aber darüber klar sein, daß wir mit diesen angeführten Prozessen nur einen Ausschnitt aus dem Zelleben der Fäulnisbakterien gewonnen haben. Obgleich noch manche Reaktion bekannt ist, so ist das letzte Wort auf diesem Gebiet längst noch nicht gesprochen.

Wir wollen uns jetzt ein Bild machen von einem Fäulnisvorgang in der freien Natur. Wir legen uns die Frage vor: Unter welchen Erscheinungen und Begleiterscheinungen verläuft ein solcher Prozeß? Wenn ein Tier im Walde verendet ist, so tritt sofort mit dem Absterben der Zellen eine regellose Enzymtätigkeit ein. Während bisher die Aufbaureaktionen zu den Abbauprozessen in jeder einzelnen Zelle des großen Zellenstaates in einem genau geordneten Verhältnis stand, überwiegen von nun an die destruierenden Kräfte und eine zügellose Auflösung des Zellinnern greift Platz. Bei einem solchen ungehemmten Auflösungsvorgang wirken alle möglichen Prozesse nebeneinander und ineinander. Reaktionen von lebenden Zellen (Bakterien) laufen neben solchen der toten Materie (Enzymwirkungen). Es finden Oxydationen statt mit Hilfe der Zelloxydasen, Hydrolysen und Autolysen durch die Zellenzyme des Tieres (Muskelproteasen, Proteasen der Drüsen), (siehe gegen Ende dieses Kapitels). Es können auch Gärungen durch eine Hefeinvasion eintreten, wenn glykogenhaltige Organe (Leber, Muskel) Glucose abscheiden. Vor allem betätigen sich die proteolytischen Enzyme, die das Protoplasma zu kleinen Sprengstücken zerlegen. Kommen die Eiweißspaltstücke mit der Darmflora oder anderen Bakterienherden in Berührung, so beginnt durch die Zufuhr dieser vorzüglichen Nährstoffe eine üppige Bakterienentwicklung.

Der eigentliche Fäulnisprozeß, der Abbau der Proteine durch Bakterien, wird in der freien Natur meistens von Nebenvorgängen begleitet.

Durch die Einwirkung der Fäulnisbakterien entstehen bald die widerlichen Geruchsstoffe, wodurch Insekten wie allerlei Fliegenarten und Käfer angelockt werden, die ihre Eier dort ablegen. Bald entsteht eine Fauna aus Maden und ähnlichen Tieren, die einen Teil des toten Körpers aufzehren und ihn wieder zu lebendigem Plasma umformen. Der andere Teil des großen Organismus geht über die Bakterien direkt in das Erdreich, um dasselbe, wie bereits ausgeführt, mit wertvollen Düngesalzen (Salpeter, Ammoncarbonat) anzureichern. Von dem großen, kunstvoll aufgebauten Organismus bleiben schließlich nur die Knochen, Haare und andere widerstandsfähige Teile übrig, die aber auch allmählich der Auflösung anheimfallen. Am Ende hat sich schließlich der tierische Körper in Kohlensäure, Wasser, Ammoniak und mineralische Salze (Nitrate, Phosphate) aufgelöst, um ein neues „lebendiges Dasein“ im Pflanzenreich zu leben.

Überall, wo in der Natur Tier und Pflanze absterben, da öffnet die Natur ihr Füllhorn und überschüttet den großen Organismus mit Kleinlebewesen verschiedenster Art, auf daß die „tote“ Materie nach den ewigen ehernen Gesetzen durch Umformung wieder zum Aufbau neuen Lebens führe, zur Erhaltung von Kraft und Stoff im Haushalt des Erdenlebens. Die abgestorbene Fauna dient nach der Umbildung durch die Bakterien der Flora, und die Flora ernährt die lebendige Fauna bis zum Tode. So ist der Kreislauf geschlossen. Das ist das ewige Werden und Vergehen in der lebendigen Natur.

Nun ein Wort zu den beiden großen Fundamentalvorgängen, die das gesamte Leben auf der Erde beherrschen, der Assimilation und der Dissimilation. Das ist im Grunde, kurz gesagt, das Einfangen der Sonnenenergie mit Hilfe der grünen Pflanzenwelt und ihre Weitergabe an die Tierwelt. Die Sonne sendet die Energie zur Erde. Nach den neuesten Forschungen handelt es sich hier um die enorme Arbeitsleistung von 240 Billionen Pferdekräften, die der glühende Gasball von einer Innentemperatur von Millionen Celsiusgraden (geschätzt) und einer Oberflächentemperatur von etwa 6000 Graden der Erde zukommen läßt. In der Pflanze, die wie ein Akkumulator tätig ist, wird die Energie hauptsächlich festgelegt in Form von Kohlenhydraten, Fetten und Ölen. Das Tier baut alsdann in der Pflanzennahrung mit Hilfe von Enzymen die großen Moleküle ab und gewinnt dadurch die aufgespeicherte Energie zur Erhaltung des Lebens. Durch die Assimilation wird die in der Natur abgeschiedene Kohlensäure mit Hilfe der Sonnenenergie durch die chlorophyllhaltige Pflanze nutzbar gemacht. Die Energie wird in den gebildeten Substraten aufgespeichert. Die Kohlensäure wird mit Wasserstoff beladen unter gleichzeitiger Abspaltung eines Atoms Sauerstoff, geht so in den Lebensprozeß ein und wird zunächst in Kohlenhydrate und Fette verwandelt. Der anorganische Stickstoff kommt durch die Wurzel in die Pflanze, um dort zu Eiweiß umgebildet zu werden. Durch die Dissimilation, hauptsächlich in der Tierwelt, werden die erzeugten großen Moleküle der Kohlenhydrate, der Fette und das Eiweiß zu verschiedenen Zwecken wieder abgebaut unter Abgabe der aufgespeicherten Sonnenenergie in verschiedenster Form. Kohlensäure scheidet wieder aus dem Lebensprozeß aus, und ebenfalls wird der Eiweißstickstoff über die verschiedensten Abbaustufen, wovon wir oben einige näher kennenlernten, als „tote“ Materie wieder aus der lebenden Zelle entfernt. Der Vorgang der Dissimilation, der uns hier besonders interessiert, ist verschiedenartiger Natur; man unterscheidet die Hauptprozesse der Atmung, Gärung, Verseifung und Proteolyse. Die Atmung zerlegt hauptsächlich die Kohlenhydrate und Fette, sowie deren Spaltprodukte mit Hilfe von Luftsauerstoff in Kohlensäure und Wasser zwecks Gewinnung von Energie. Die Gärung dient ähnlichen Zwecken, doch bleibt der Abbau bei bestimmten Zwischenprodukten wie Alkohol, Milchsäure und Buttersäure stehen. Die Verseifung, die Hydrolyse im allgemeinen, dient nicht nur der Fettspaltung, sondern überhaupt der Zerlegung großer Moleküle unter Einlagerung der Wasserbestandteile in die Komponenten. Der Abbau der Stärke zu Dextrinen, Maltose und Glucose gehört hierher wie auch die Aufteilung der Tri- und Disaccharide zu Hexosen. Sind die zu spaltenden Stoffe stickstoffhaltiger Natur, so liegt eine Proteolyse vor, die zunächst zu kleineren Eiweißmolekülen, Albumosen und Peptonen, Polypeptiden und endlich zu Aminosäuren führt. Diese vier genannten Prozesse sind typisch für die lebenden Zellen, wobei bemerkt werden muß, daß die Hydrolyse (Verseifung) und Proteolyse auch in umgekehrter Richtung, wie angegeben, verlaufen können. In toten Zellen gibt es auch Gärung (Selbstgärung der Trockenhefe), Verseifung und Proteolyse (reine Enzymwirkungen).

Geht eine Proteolyse toter Zellen in steriler Weise, also ohne Mitwirkung von lebenden Bakterien, vor sich, so hat man den schon öfters genannten Prozeß der **Autolyse** oder Selbstauflösung vor sich. Hier wirken also nur die zelleigenen Enzyme auf die Proteine der Zelle (z. B. Hefe- oder Leberautolyse). Die Stoffwechselprodukte der Autolyse und der Proteolyse eines Eiweißkörpers durch gewisse lebende Bakterien sind z. T. in bestimmten Phasen gleich. Indessen unterscheidet sich die Hefeautolyse von der Fäulniszersetzung durch lebende Bakterien schon durch ein äußeres chemisches Kennzeichen: der Art der Reaktion, worauf schon hingewiesen wurde. Typische Fäulnisprodukte sind basischer Natur: Indol, Skatol und Aethylamin. Eine Hefeautolyse reagiert dagegen deutlich sauer, zeigt beim Eindampfen einen angenehmen Geruch nach Fleischextrakt und liefert nur ungiftige Produkte (Über Hefeautolyse Kap. 14).

Äußerst kompliziert ist, wie wir oben sahen, der Verwesungsprozeß. Doch damit nicht genug. Denken wir daran, daß dieser Vorgang oft von einer *Vermoderung* von Pflanzenresten begleitet wird, so muß sich das Bild noch vielseitiger gestalten. Auch das Bild der Flora wird bunter. Man findet neben den anaeroben Organismen auch viele aerobe wie das Bacterium prodigiosum, Pseudomonas fluorescens, die Sporenbildner Bacillus subtilis, Bac. mycoides, Bac. mesentericus und die Schimmelpilze der Aktinomycetengruppe (*Waksman*) (15). Die Vermoderung gehört eigentlich, streng genommen, wie anfangs schon gestreift, zu den „Gärungen", da die Hauptsubstrate Cellulose und Lignin darstellen (Stickstoffreie Substrate). Wir wollen sie aber trotzdem an dieser Stelle kurz erwähnen, weil beide Auflösungsprozesse oft an den vorhin erwähnten Fäulnisplätzen nebenher gehen. Es handelt sich hier in der Hauptsache um die Vernichtung von cellulosereichen Pflanzenresten im Schlamm von Flüssen, Teichen und Meeren, ferner im Stallmist, Kompost und im Ackerboden. Um einen reinen Gärprozeß handelt es sich hier nicht, da Holz und andere Pflanzenteile wie Laub auch Eiweiß enthalten. So weit die Stickstoffnahrung ausreicht, wird auch eine Fäulnis nebenher entstehen. Als Beweis hierfür könnte man das Auftreten von Schwefelwasserstoff neben dem typischen Gärprodukt Methan ansehen. Indolderivate können nicht oder nur in kleinen Mengen auftreten, da Pflanzeneiweiß im allgemeinen arm an Tryptophan ist. Die andern bei der Vermoderung entstehenden Gase wie Stickstoff, Wasserstoff und Kohlensäure könnten beiden Hauptvorgängen zugeschrieben werden. Vor allem handelt es sich hier um eine Zerstörung des Holzes oder von Holzfasern, die in erster Linie von Schimmelpilzen (*Waksman*), dann auch von Bakterien bewerkstelligt wird. Die cellulosespaltenden Bakterien hydrolysieren die Cellulose zunächst zu Glucose und zerlegen dann dieses Molekül in die typischen Gärprodukte. *W. Omelianski* (16) hat zwei Bakterienstämme isoliert, von denen einer Methan, Kohlensäure und Fettsäuren produziert, während der andere außer Kohlensäure und Fettsäuren Wasserstoff liefert. *H. Pfeiffer* (17) untersuchte später die Widerstandskraft verschiedener Hölzer gegen Methangärungsbakterien und legte folgende Rangordnung fest: Roßkastanie, Pappel, Buche, Ahorn, Erle, Linde, Walnuß, Eiche, in der die Roßkastanie das anfälligste Holz, die Eiche das beständigste darstellt. Außer Cellulose wird auch der andere Hauptbestandteil des Holzes, das Lignin , angegriffen. Nach *F. Fischer* (18) wird dasselbe bei der Vermoderung unter Abspaltung von Methoxylgruppen in Huminsäure umgewandelt.

Nun sei zur Abgrenzung des Gebietes, Abbau des Eiweißes durch Bakterien, als Anhang ein Prozeß erwähnt, der mit einer typischen Fäulnis nichts zu tun hat, aber an diese erinnert. Das ist der **Reifungsprozeß des Käses**, der Eiweißabbau mittels Bakterien. Hierauf wurde schon hingewiesen. Es handelt sich dabei um einen fest umschriebenen Vorgang, den Abbau von Kasein, Parakasein und Albumin bei schwach saurer Reaktion mit fest umschriebenen Bakterienarten, den Milchsäure-Streptokokken beim Sauermilchkäse und den Laktobazillen beim Hartkäse (z. B. Bacillus casei α, β, γ und ε im Emmenthaler Käse). Die Destruktion des Eiweißmoleküles verläuft in zwei Phasen. Zunächst erfolgt eine einfache Hydrolyse unter Bildung von Albumosen, Peptonen und Aminosäuren. Die zweite Phase bringt entweder eine Ammoniakabspaltung unter Bildung von stickstofffreien Substanzen wie Alkoholen und Säuren oder eine Kohlensäureabspaltung mit stickstoffhaltigen Endprodukten. Je älter der Käse ist, um so mehr Aminosäuren treten auf. Aus einem alten Emmenthaler Käse isolierte *Winterstein*: Glykokoll, Alanin, Valin, Leucin, Prolin, Asparaginsäure, Glutaminsäure, Tryptophan, Histidin und Lysin. Auch im Camembert-, Roquefort- und Backsteinkäse wurden die verschiedensten Aminosäuren aufgefunden. Die Abspaltung der Kohlensäure führt zu einer Basenbildung. Aus Ornithin entsteht Putrescin, aus Lysin Kadaverin und Oxyphenylaethylamin aus Tyrosin, Tryptamin aus Tryptophan und Histamin aus Histidin (*Winterstein* und *Thöni*). Man erkennt deutlich eine gewisse Ähnlichkeit im Chemismus der Eiweißzerstörung mit den Fäulnisvorgängen. Jedoch der prinzipielle Unterschied beider Prozesse liegt in der Flora. Die Fäulnisbakterien erzeugen neben den Eiweißspaltstücken die starken Giftstoffe und widerlichen Geruchssubstanzen.

Auf die Morphologie und Physiologie der Mikroflora wurde hier absichtlich nicht eingegangen (s. Kap. 4).

2. Kapitel

Die Geschichte der alkoholischen Gärung[1])

„Es ist ein groß Ergetzen,
Sich in den Geist der Zeiten zu versetzen.“
(Faust, I. Teil.)

A. Biologischer Teil

1. Periode. Die Beobachtung der Gärerscheinungen und ihre Nutzanwendung bei den alten Völkern bis zum späteren Mittelalter.

Alkoholische Getränke sind nach der geschichtlichen Überlieferung als Erzeugnisse der ersten Kulturvölker bekannt. Es handelt sich in der Hauptsache um Met, Wein und Bier. Da sich die Herstellung der beiden ersten Getränke im Gegensatz zum Bier sehr einfach gestaltet, und andererseits das Bier als Volksgetränk bei den alten Kulturvölkern Anlaß zu vielen historischen Dokumenten gab, so bringen die folgenden Ausführungen hauptsächlich die geschichtlichen Befunde über die Bierbereitung.

[1]) Das Wort „Gären“ leitet sich vom mittelhochdeutschen „gern“ und dieses vom althochdeutschen „jerian“ ab. Die Wortwurzel ist verankert in dem sanskritischen Ausdruck „Yastas“, der zudem auch eine auffallende Ähnlichkeit mit dem englischen Wort „yeast“ (Hefe) aufweist. Nach *Lafars* Ausführungen kommt der Ausdruck Gärung von „gar ab“, d. h. es soll etwas Unfertiges zum Genusse fertig, d. i. „gar“ werden. — *Lafar, Fr.*, Handbuch der Technischen Mykologie, Jena, Gustav Fischer, Bd. I, pag. 1.

Von den Urbewohnern des Zweistromlandes Babylonien, den Sumerern, kennt man durch ihre eigenen Niederschriften die Herstellung des Bieres. Die berühmte Tontafel des Louvre, das „Monument bleu", berichtet in Keilschrift bereits aus dem 7. vorchristlichen Jahrtausend über die Bedeutung des Bieres im Kulturleben und über eine Phase zur Herstellung des Getränkes. Also aus der Epoche eines alten Kulturvolkes, in der die ersten Schriftzeichen erfunden wurden, lesen wir auf dem ältesten beschrifteten Kulturmonument der Menschheit von der Existenz eines alkoholischen Getränkes, der Urform des Bieres. Da die Bereitung desselben aus Cerealien schon eine Ackerkultur voraussetzt, so müssen wir die ersten Versuche zur Biererzeugung in einer noch älteren, noch primitiveren Kulturperiode suchen. Es ist anzunehmen, daß ursprünglich die Samen der Wildgräser benutzt wurden. Und noch viel älter dürfte die Herstellung des Met, eines alkoholischen Getränkes aus Honig und Wasser, sein, da der Prozeß ohne Feuer und ohne besondere Einrichtungen leicht vonstatten gehen konnte. Ein einfaches Stehenlassen einer Honigwassermischung an der Luft führte schon zu einem alkoholischen Produkt. Man kann mit Recht annehmen, daß der Honig wilder Bienen das älteste haustechnische Gärsubstrat darstellt, dessen sich die Menschheit bedient hat. Durch die große Verbreitung der Biene erhielten die Urvölker vieler Länder, vielleicht auch schon der nach der Eiszeit auftretende Homo sapiens, das erste berauschende Getränk in Form von Met.

Die Bierbereitung der Babylonier setzt die Bekanntschaft mit dem Feuer voraus (Töpferei, Backofen), dessen Erfindung natürlich erst in einer viel späteren Epoche zu suchen ist. Wenn wir das Bier nachweislich im 7. Jahrtausend vor der Zeitwende finden, so können wir das vergorene Honiggetränk bereits in der Morgenröte der menschlichen Kultur suchen.

Die Weinbereitung ist abhängig von der Kultur des Weinstockes, somit kann der Wein erst in einem späteren Zeitabschnitt angetroffen werden. Immerhin läßt sich die Existenz der Rebe schon 3500 v. Chr. in Assyrien nachweisen.

Was uns diese alten Zeiten von der „alkoholischen Gärung" offenbaren, kann naturgemäß nur eine erfahrungsmäßige Bekanntschaft mit der Gärtechnik bei der Herstellung der Getränke sein. Es handelt sich in erster Linie nur um Angaben über das Ausgangsmaterial und dessen mechanische Verarbeitung. Empirische Erfahrungen wurden zu Rezepten zusammengestellt, wobei die Rentabilitätsfrage oft einen wichtigen Ausschlag gab. Der Sinn der Gärung konnte naturgemäß nicht erfaßt werden. Immerhin hatte man doch begriffen, daß eine totale Umwandlung der Materie vorliegen müsse, denn eine bestimmte Biersorte wurde im Zweistromland mit bi-sur-ra bezeichnet, worin das sumerische Ideogramm „sur" von den Assyriologen mit „gegoren" übersetzt wird.

Es ist äußerst interessant zu sehen, wie die alten Gärungsfachleute, bar aller chemischen Einsicht, sich den Weg zu einem guten Getränk gesucht haben. Schon im 5. Jahrtausend v. Chr. gab es bereits in Babylonien gewerbliche Brauereibetriebe mit gelernten Brauern, die aus Gerste Malz bereiten konnten (*E. Huber*) (19). Man hatte also damals schon herausgefunden, daß gekeimtes Korn sich leichter auflöst und sich leichter zu Bier verarbeiten läßt als das normale.

Wir erfahren das Nähere über das Anfeuchten und Keimenlassen der Gerste: Aus der gekeimten Gerste, dem Grünmalz, stellte man zunächst „Bierbrote" her, die auch gebacken wurden. Ein Teil des Malzes kam in der heißen Sonne zum Trocknen zwecks Herstellung einer Dauerware. Ein Abdarren (s. Kap. 15) bei höherer Temperatur kannte man nicht. Außer Gerste spielte der Emmer[1]), ein heute nur

[1]) Der Emmer unterscheidet sich zellmorphologisch von dem heutigen Weizen durch eine niedrigere Chromosomenzahl.

noch in Abessinien angebauter, mit Spelzen versehener Weizen, im alten Euphrat-Tigrisland eine große Rolle. Nachdem das Malz und die Bierbrote mit Wasser verrührt, vermaischt worden waren, wurde nach einiger Zeit der Rückstand mit Hilfe eines Korbes aus Weidengeflecht von der klaren Flüssigkeit getrennt (Läuterprozeß), worauf die Gärung in mit Deckel versehenen Tongefäßen einsetzte. Charakteristisch für die babylonischen Biere ist ein schwach säuerlicher Geschmack, der seine Entstehung einer nebenhergehenden Milchsäuregärung mit Hilfe der an den Getreidekörnern anhaftenden Milchsäurebakterien verdankt. Hierdurch wurde die Haltbarkeit des Bieres außerordentlich gefördert. Es mutet eigenartig an, wenn wir daran denken, daß wir heute die biologische Säuerung wieder neu „erfunden" haben zur Korrektur der Bierwürze, daß wir eine mit denselben Milchsäurebakterien angesäuerte Würze verwenden, die eine geeignete Wasserstoffionenkonzentration im Gärmedium bei Vermeidung eines Milchsäuregeschmackes hervorruft und dadurch ein haltbares Bier garantiert. In den babylonischen Bieren war natürlich die Säure nicht abdosiert; sie mußte sich geschmacklich stets mehr oder weniger bemerkbar machen. Am besten vergleicht man wohl die hellen babylonischen Biere mit dem Berliner Weißbier und der Leipziger Gose, die neben der alkoholischen Gärung auch eine Milchsäurebakteriengärung durchmachen.

In bezug auf technische Erkenntnis und wirtschaftliche Ausnutzung der Rohstoffe steht die Braukunst im alten Babylon auf hoher Stufe. Das zeigt sich außerdem in der Vielseitigkeit der Biere. Wir kennen etwa 20 Biersorten und wissen, daß die Exportbiere der Babylonier in Ägypten hoch geschätzt waren. Im Codex Hamurabi, etwa 2500 Jahre vor der Zeitenwende, finden wir Gesetze für die Wirtshäuser und Gastwirte. Außerdem gab es zu allen Zeiten Brauvorschriften über die zu verwendende Menge von Getreide pro Sud, um die genügende Stärke des Bieres zu erzielen. Emmer als Weizenart stand im Preise höher als Gerste, weshalb für die verschiedenen Bierqualitäten auch das Mischungsverhältnis der beiden Rohstoffe genau auskalkuliert wurde.

Wein spielte im alten Babylon keine Rolle als Volksgetränk. Im Lande gab es eine ausgesprochen große Getreidekultur, so daß für Weinstöcke und Obstbäume wenig Platz zur Verfügung stand. Aus Datteln wurde noch eine Art „Likör" hergestellt. Wein war sicher das Getränk der Vornehmen. Die älteste geschichtliche Kunde über denselben finden wir ebenfalls in dem oben erwähnten Gesetzbuch des Hamurabi.

Von den Babyloniern hat die ägyptische Braukunst viel gelernt. Im allgemeinen hielt man sich an die altbewährten Rezepte. Es wurden ebenfalls Gerste und Emmer verarbeitet und ebenfalls Bierbrote aus Grünmalz gebacken. Es würde hier zu weit führen, wollten wir all die Unterschiede in den Brauverfahren der beiden Völker anführen. Bemerkt sei nur, daß die Bierbrote hier im Gegensatz zu Babylon geröstet wurden, so daß nur dunkle Biere gebraut werden konnten. Während man in Babylon dem Biere einen schwach milchsauren Geschmack gab, wurde in Ägypten das Bier durch die Saflorpflanze und Früchte der Alraune gewürzt. Hervorzuheben ist der hohe Alkoholgehalt mancher Lagerbiere von 12—15% im Gegensatz zu unseren hochprozentigen Bieren wie Porter (9%). Die Erzeugung solcher Produkte war nur möglich durch das Verfahren der Nachverzuckerung während der Gärung (s. Kap. 17 Spiritusbereitung). Es mußte also Sorge dafür getragen werden, daß während des Zuckerverbrauchs durch die alkoholische Spaltung immer neuer Zucker aus der Stärke und dem Dextrin der dicken Maische durch die Malzenzyme nachgebildet wurde. In dem Maße wie die Vergärung vor sich ging, in demselben Tempo wurde Maltose durch Diastase neu erzeugt. Nach diesem Verfahren mußte die Hefe immer eine günstige Zuckerkonzentration vorfinden, da eine große Zuckeranhäufung auf diese Weise vermieden wurde (*M. Philippe*). Die großen Alkoholkonzentrationen können von vielen wilden Hefenrassen, deren man sich bediente, vertragen werden. Obgleich in Ägypten die Braukunst nicht eine solche Blüte erreichte wie im Euphrat-Tigrisland, so gab es trotzdem sehr viele berühmte, die Fremden anlockende Brauhäuser, wie z. B. die in der alten Universitätsstadt Pelusium am östlichen Nilarm des Deltas, wo später (525 v. Chr.) das mehr als zweitausendjährige ägyptische Reich durch Kambysis den Todesstoß erhielt. Die Gaststätten waren vielfach der Sammelpunkt der fröhlichen akademischen Jugend (20). Das Bier war hier wie in Babylonien das Volksgetränk, und im Gotte Osiris verehrte man den Schöpfer der Braukunst.

Der Umfang der Bierbereitung bei den Urvölkern war so bedeutend und spielte im Wirtschaftsleben eine so große Rolle, daß dadurch das Bier zu einem wichtigen Volksnahrungsmittel gestempelt wurde. Wenn man an den hohen Nährwert des Extraktes denkt, so erscheint diese Auffassung verständlich. Ferner erinnere man sich der Tatsache, daß in diesen heißen Ländern zu jener Zeit das Trinkwasser oft nicht einwandfrei sein konnte, während man im Gärprodukt stets ein von Krankheitskeimen freies Getränk antrifft. Auch diese Erfahrung wird zu dem guten Ruf der Gärungsgewerbe wesentlich beigetragen haben. Wir besitzen so zahlreiche Abbildungen von den Einrichtungen der damaligen Brauhäuser, daß man nach denselben schöne Modelle altägyptischer Brauereien zum Erstaunen der Besucher der Düsseldorfer Ausstellung („Gesolei" 1926) anfertigen konnte.

Die Weinkultur, die von den Priestern in Weingärten gepflegt wurde, lieferte nur das Getränk für die obere Kaste.

Aber weder in den alten Bierländern noch Weinländern wie Griechenland und Rom machte man sich über die Ursache der auffallenden Stoffumwandlungen während der Gärung, die doch mit augenfälligen äußeren Erscheinungen wie Gasentwicklung, Schaumerzeugung, Aromabildung, vor sich ging, Vorstellungen. Deshalb geben uns die alten Urkunden in der Hauptsache nur Berichte über das Handwerkliche der Brauverfahren. In der Frühblüte dieser menschlichen Kultur fehlt das geistige Durchdringen dieses großen Naturvorganges.

Und doch ging ein leises Ahnen durch die Köpfe der großen Techniker. Man hatte deutlich beobachtet, daß man mit dem Bodensatz der Gärgefäße den Gärprozeß eines neuen Ansatzes schnell in Gang bringen konnte. Ferner wurde die Begünstigung der Einleitung der Gärung durch Zugabe von „dicken Bieren" von Babylon berichtet (21). Die Verfolgung dieser Erscheinung hätte einen Lichtstrahl in das Dunkel dieses geheimnisvollen Naturgeschehens, das Tausende von Jahren den Urvölkern das tägliche Getränk lieferte, bringen können. Es kam aber dazu nicht. Mit der Zerstörung des ägyptischen Reiches ging auch die Braukunst hier zugrunde.

Von den Arabern wurde sie im 8. Jahrhundert n. Chr. nach Spanien getragen, das auffallenderweise damals auch ein ausgesprochenes Bierland war. Die arabischen Ärzte verschrieben das Bier aus diätetischen Gründen. Von *Avicenna* († 1037) erfahren wir über die Bereitung aus Malzbroten unter reichlichem Zusatz von Zimt, Raute und Majoran. *Averroes* († 1198) verlangt vom Flaschenbier, daß es nach der Gärung luftdicht verschlossen sein muß, um beim Öffnen „in die Höhe zu springen".

Zur Illustration der allgemeinen Verbreitung des Bieres im Altertum seien außer den genannten Völkern noch die Armenier, Kolchier, Hethiter, Kappadozier, Perser, Skythen und die Hebräer genannt, die sich des genannten Gewerbes befleißigten.

Die Griechen und Römer, die mehrere hundert Jahre um die Zeitenwende die Länder um das Mittelmeer kulturell beherrschten, genossen ihrem verfeinerten Geschmack entsprechend in der Hauptsache Wein. In der Frühzeit indessen, als sie den Weinbau noch nicht kannten, tranken sie auch Met, wie die meisten Urvölker. Der römische Kaiser Probus förderte den Weinbau am Rhein und an der Mosel (276—282 n. Chr.). Zur Weinherstellung dienten dann später nicht nur Trauben, sondern auch Äpfel, Birnen, Pfirsiche, Kirschen und Aprikosen. Und um der Weinkarte eine große Vielseitigkeit zu geben, ersannen die Winzer noch sog. Gewürzweine, mit Hilfe orientalischer Gewürze bereitet. Man denke an den heutigen Wermutwein, um sich eine Vorstellung von diesen Getränken zu machen. Damals spielte Pfeffer eine wichtige Rolle (Pfefferwein). Wein war hier das Volksgetränk, denn der Weinbau stand in hoher Blüte. Man hatte sogar Überschuß, den die Römer an Germaniens Grenzen verhandelten[1]). Die Griechen vertrieben bis an die Küste des Schwarzen Meeres ihren Wein, der seinen Weg bis Südrußland nahm. Später wurde auch die Weinkultur in Deutschland in Weinbergen begonnen. Bier war im alten Rom ein Gelegenheitsgetränk. Man bereitete es aus Malzextrakt ohne großen Aufwand an Apparatur.

Erst mit der Ausdehnung der Germanen gewinnt das Bier in Mittel- und Westeuropa an Bedeutung, und zwar nach der Völkerwanderung (375 n. Chr.). Die alten Germanen, die sich ursprünglich ihr berauschendes Getränk, den Met, ebenfalls aus Honigwasser bereiteten, begannen nach dem Seßhaftwerden und nach der Aufnahme der Ackerkultur Bier zu brauen. Anfangs scheint dasselbe nicht allzu gut ausgefallen zu sein, denn die an verfeinerte Genußgüter gewöhnten Römer verachteten das Urgetränk der barbarischen Völkerschaften, was in satirischen Versen zum Ausdruck kam. So spottet z. B. der römische Kaiser Julian (361 n. Chr.) recht amüsant über das keltische Bier wie folgt (22):

„Du willst der Sohn des Zeus, willst Bacchus sein?
Was hat der Nektarduftende gemein
Mit dir, dem Bockigen? Des Kelten Hand,
Dem keine Traube reift im kalten Land,
Hat aus des Ackers Früchten dich gebrannt.
So heiße denn auch Dionysus nicht;
Der ist geboren aus des Himmels Licht,
Der Feuergott, der Geistige, fröhlich Laute;
Du bist der Sohn des Malzes, der Gebraute!"

Mit dem Sieg der germanisch-abendländischen Kultur und Weltmacht über die griechisch-römische trat das Bier als Volksgetränk im Westen in den Vordergrund. Man bemühte sich, es herb zu gestalten, und gab deshalb Baumrinden, Wachholder und gewisse Pilze hinzu, bis man etwa um das Jahr 1000 den Hopfen als bestes Gewürz allgemein anerkannte. Urkunden aus dem Hochstift Freising besagen, daß in der Hallertau um 850 bereits Hopfen angebaut wurde, aber die Verwendung zu Bier ist erst seit 1070 verbrieft. Nach *Huber* sollen auch die Babylonier zur Zeit Hamurabis, also etwa 2500 v. Chr., Hopfen verwendet haben, was jedoch stark bezweifelt wird (*Maurizio, A.*) (23). Auffällig ist jedenfalls, daß die Ägypter dieses wichtige Biergewürz von ihren Lehrmeistern, den Assyrern, nicht übernommen haben. Auch wenn wir im Alten Testament auf die Bezeichnungen Hopfen und Hefe stoßen, so müssen wir sehr kritisch bedenken, ob sich die alten Angaben im Urtext wirklich mit den neuen Begriffen decken.

Nun nahm die Bierbereitung einen besonderen Aufschwung und ging über die Klöster bis zu den Fürstenhöfen. Am Hofe zu Brabant wurde um 1290 das Gewerbe besonders gut verstanden und gepflegt; der Biergenuß stand demzufolge in so hohen

[1]) Daher die Ableitung des Wortes Wein von lat. „vinum"; Stammwort: das griechische „oinos".

Ehren, daß die Tätigkeit und das Leben des Herzogs *Jan Primus* durch die romantisch ausgesponnene Sage vom Gambrinus, dem Erfinder des Bieres, verklärt wurde.

Der Genuß des Met war allmählich verschwunden. Zur Zeit Karls des Großen wurde er nur in solchen Klöstern getrunken, in deren Gärten die Weinrebe und der Hopfen ihren Einzug noch nicht gehalten hatten.

So schließt die erste Periode, ohne daß man Verständnis für das Wesen des Vorganges der Gärung gewonnen hatte.

Dem berauschenden Prinzip der Gärgetränke war man indessen näher gekommen. Einige Alchimisten, wie z. B. der berühmte arabische Gelehrte *Geber* (23) (750 n. Chr.) hatten angeblich alkoholische Flüssigkeiten („aqua vitae") aus vergorenen Flüssigkeiten gewonnen. Sicheres wissen wir erst aus der Zeit zwischen 1050 und 1150, als man gelernt hatte, mit Destillierapparaten umzugehen, was aus *v. Lippmanns* Forschungen deutlich hervorgeht. Magister *Salernus* (1176) und *Albertus Magnus* verstanden es, Wein zu destillieren und so verdünnten Alkohol zu erzeugen. Der ganze wissenschaftliche Gewinn über die Gärung aus diesem ungeheuer großen Zeitabschnitt ist leider recht bescheiden, jedoch ist es interessant zu sehen, welche ungeheure Bedeutung der Gärvorgang vom Anfang der Kultur an bei den Völkern gespielt hat.

2. Periode. Die Feststellung der Ursache der Gärung.

Aber so schnell ließ sich auch jetzt die Lösung des scheinbar eng mit einem der größten Probleme der Biologie, der Urzeugung[1]), verknüpften Rätsels nicht finden. Es mußte noch mancher Umweg eingeschlagen werden, die Geister verschiedener Forscher mußten erst scharf aneinanderprallen, ehe völlige Klarheit geschaffen werden konnte. Wie schon berichtet, herrschte über das Wesen der Hefe völlige Unklarheit. Im alten Rom galt dieselbe (faeces cerevisiae) als ein übles Nebenprodukt bei der Bierherstellung und Cicero bezeichnete demzufolge den Abschaum der Menschheit mit „Hefe des Volkes". Die Gärung selbst betrachtete man als einen Reinigungsprozeß, als Ausscheidung minderwertiger Substanzen aus dem Gärgut. Später, um 1595, unterschied *Libavius* in wissenschaftlichen Forschungen eine Gärung von der Fäulnis, was etwa 100 Jahre später der bekannte Chemiker *Becher* schärfer formulierte. Auch wurde erkannt, daß nur zuckerhaltige Lösungen der Gärung anheimfallen und Weingeist dabei gebildet wird. Somit „verbessert" nach *Becher* die Gärung (Fermentatio) das Substrat, während die Fäulnis (Putrefactio) dasselbe „verschlechtert". Um das Jahr 1648 unterscheidet *Helmont* zum erstenmal das entweichende Gärungsgas von dem in der Lösung zurückbleibenden Alkohol. Dasselbe, vinorum genannt, wurde einige Jahre später von *Wren* als Kohlensäure identifiziert.

In diese Zeit fallen auch die theoretischen Arbeiten des berühmten Chemikers *Stahl* (1697). Bis dahin hatte man einwandfrei erkannt, daß die „Gärung" Zucker verarbeitet und Weingeist und Kohlensäure produziert. Dies war ein ungeheuer großer Fortschritt in der Erkenntnis des Gärungsproblems. Wohl aber sei bemerkt, daß man sich darüber nicht im klaren war, ob beide Gärprodukte aus dem Zucker stammten, denn der Göransatz war kompliziert zusammengesetzt. *Stahl* versuchte

[1]) Das Problem der Urzeugung (generatio spontanea, generatio aequivoca) prüft die Frage der Organismenbildung weder aus Samen noch aus Eiern. Es handelt sich kurz darum zu ergründen, ob sich die organisierte lebende Zelle aus unorganisierter, toter Materie zu bilden imstande ist (24). (s. A. Lange, Geschichte d. Materialismus Reclam-Ausg. Bd. II, S. 294).

nun, diesen Prozeß auf mechanische Weise zu erklären, indem er lehrte, daß die in Zersetzung befindlichen chemischen Stoffe einen mechanischen Anstoß auf die stabilen Substanzen ausüben, wodurch Gärung eintreten sollte. Seine Theorie faßte er in folgende Sätze zusammen: „Ein Körper, der in Faulung begriffen ist, bringet bei einem andern, von Faulung annoch befreiten, sehr leichtlich die Verderbung zu Wege; ja es kann ein solcher, bereits in innerer Bewegung begriffener Körper einen andern annoch ruhigen, jedoch zu einer sothanen Bewegung geneigten, sehr leicht in eine solche innere Bewegung hinreißen" (25). (Gärung und Fäulnis werden auf gleiche Ursachen zurückgeführt.)

Diese mechanische Gärungstheorie, die ihre Entstehung gewissen richtigen Beobachtungen, aber falschen Auslegungen verdankt, ist im Laufe der Zeit in Vergessenheit geraten. Spätere Forscher haben sie neu belebt und ihr eine neue Formulierung gegeben *(Liebig)*. Das Tasten im Dunklen ging zunächst weiter. Im Jahre 1787 reichte *Fabroni* bei der Florenzer Akademie eine Arbeit ein, in der u. a. behauptet wird, Getreidekleber und glutenartige Pflanzenbestandteile hätten dieselbe Wirkung auf Zuckerlösung wie Bierhefe. Die Gärung sei „eine rein chemische Reaktion". *Thénard*, der das Resultat mit gut gewaschenem Kleber nachprüfte, konnte der eben geäußerten Ansicht auf Grund seiner negativen Ergebnisse nicht beipflichten. Jedenfalls wird hier u. a. die bedeutungsvolle Ansicht ausgesprochen, daß die Hefe auf eine Zuckerlösung zersetzend wirkt.

Nun sollte wieder ein Rückschritt durch eine falsche Auslegung neuer Versuche eintreten. Der französische Konditor und Likörfabrikant *François Appert* hatte festgestellt, daß sich leicht zersetzliche Nahrungsmittel, insbesondere die des Pflanzenreiches, dann lange Zeit halten, wenn man dieselben nach dem Ankochen nach einer Pause noch mal längere Zeit nachkocht und sowohl während, als auch nach der Operation für einen dauernden, sicheren Luftabschluß sorgt (Erfindung der Konservierung). *Gay-Lussac* erklärte die Versuche in der Weise, daß die Abwesenheit des Sauerstoffs die Konservierung bedinge; andrerseits sei dasselbe Gas die Ursache der Gärung. In dieser Ansicht konnte man bestärkt werden durch die altbekannte Tatsache der konservierenden Eigenschaften der schwefligen Säure in Weinfässern, die durch den Übergang in Schwefelsäure der Luft den Sauerstoff entzieht. Es ist interessant zu sehen, wie wieder eine richtige Beobachtung falsch interpretiert wird. Dies ist allerdings auf diesem Gebiete sehr oft der Fall gewesen, doch müssen wir im Rahmen dieser Ausführungen auf weitere Beispiele verzichten (24). Alle Versuche, die *Gay-Lussac* in dieser Richtung anstellte, schienen seine Theorie zu bestätigen, so daß dieselbe lange Zeit als richtig betrachtet wurde.

Die wirkliche Lösung des Gärungsproblems in biologischer Hinsicht wurde aber erst ermöglicht durch die Entdeckung eines besonderen Instruments, des Mikroskopes. Um 1680 hatte sich *Leeuwenhoek* derartig feine Linsensysteme geschaffen, daß er nicht nur im Tropfen gestandenen Wassers die Urtierchen auffand, sondern auch in Gärungen die Hefezellen. Da er sogar in Körperausscheidungen und ähnlichen Produkten Bakterien gesehen hatte, so war der gesamte Mikrokosmos mit einemmal entdeckt. Eine neue, bisher vollkommen unbekannte Welt war erschlossen worden, wenn auch der Entdecker *Leeuwenhoek* und seine Zeitgenossen die Größe der Entdeckung und deren ungeheuere Wichtigkeit für die Menschheit überhaupt nicht ahnen konnten. Aus der Ernennung zum Mitglied der Royal-Society in London erkennen wir zwar die Hochachtung, die die englischen Naturforscher seiner experimentellen Leistung zollten, jedoch auch hier gab es keinen illustren Geist, der einen Ausblick in die Zukunft zu eröffnen wußte. Selbst aus der Auffindung der Hefe im gärenden Medium konnte *Leeuwenhoek* nicht einmal die richtige Folgerung ziehen. Über die Bedeutung dieser Zellen machte er sich keine Vorstellungen. Er erblickte in ihr nur kleine sphärische Körperchen, die er mit Stärkekörnern verglich. Recht treffend dagegen würdigt *De Kruif* (26) die universale Bedeutung der Leeuwenhoekschen Entdeckung.

„... Da war, kleiner als alles Sichtbare, eine ganze Welt von Geschöpfen, die vom Anbeginn der Zeiten an miteinander gelebt und gekämpft hatten, sich vermehrten und starben, ohne daß irgendein Mensch jemals eine Ahnung davon gehabt hätte. Da sah er ganze Völker von Unsichtbaren, unter ihnen solche, die imstande waren, ganze Völker der Menschen zu vertilgen, der Menschen, deren jeder so groß war wie Millionen und Millionen dieser winzigen Feinde. Kein feuerspeiender Drache, keine hundertköpfige Hydra war so schrecklich wie diese stummen Mörder, die nicht das Kind in der Wiege verschonten, nicht den König inmitten seiner Wachen. Und in allen Ländern der Welt hatte es vor ihm nicht einen einzigen Menschen gegeben, dem auch nur ein Blick in dieses Wunderreich vergönnt gewesen wäre...“

Diese ungeheuer große Entdeckung war der Theorie weit vorausgeeilt. Es mußten noch mehr als 150 Jahre vergehen, ehe man über die Bedeutung der Hefe Klarheit bekommen sollte. Die verschiedensten Ansätze zur Erfassung des wahren Prinzips der Gärung, die gelegentlich gemacht wurden, konnten sich nicht durchsetzen. Obgleich oft richtige Gedanken zugrunde lagen, so fehlte ihnen die überzeugende Kraft des einwandfreien Experimentes. So behauptete z. B. der mit dem Brauereigewerbe gut vertraute *Erxleben* (27) 1818, daß die Hefe ein vegetierender Organismus sei, der die Gärung veranlasse. Aber auch diese richtige Bemerkung fand, da ihre Tragweite nicht recht erkannt wurde, wenig allgemeine Beachtung. Nun leuchteten kurze Zeit darauf fast auf einmal merkwürdigerweise drei große Sterne in Gestalt von drei exakten Naturforschern am wissenschaftlichen Himmel auf, die, unabhängig voneinander, jeder für sich die richtige Erkenntnis hatten. Es handelt sich hier bei dem Problem, kurz zusammengefaßt, um die beiden Kernfragen: erstens die Frage nach der Natur der Hefe, und zweitens um die Ursache der Gärung. Zum erstenmal wurde jetzt die lebende Natur der Hefe einwandfrei erkannt und die Gärung als Folgeerscheinung der Fortpflanzung der Hefe betrachtet. Was *Erxleben* behauptete, konnte nun *Cagniard Latour* (28) in Frankreich (1835) mit Hilfe des Mikroskopes beweisen. Aus der Unbeweglichkeit der Zellen leitete er die pflanzliche Natur der Hefe ab. Hören wir, wie er selbst sein Resultat zusammenfaßt:

„Ich kenne die Hauptwerke über die weinige Gärung, doch in keinem habe ich gesehen, daß man die Anwendung des Mikroskopes zum Studium der Phänomene, von denen sie abhängt, vorgeschlagen hätte.

Diese Anwendung des Mikroskopes war nützlich, weil sie mehrere neue Beobachtungen gezeitigt hat, an denen besonders folgendes sich ergeben hat: 1. daß die Bierhefe, dieses Ferment, von dem man so viel Gebrauch macht und das deshalb ganz besonders untersucht zu werden verdient, ein Haufe kleiner, runder Körper ist, fähig sich fortzupflanzen und folglich organisiert und nicht, wie man annahm, einfach eine organische oder chemische Substanz ist; 2. daß diese Körper dem Pflanzenreiche anzugehören scheinen und sich auf zwei verschiedene Arten regenerieren; 3. daß sie auf eine Zuckerlösung nur zu wirken scheinen, sofern sie am Leben sind, woraus man den sehr wahrscheinlichen Schluß ziehen kann, daß die Entbindung von Kohlensäure aus dieser Lösung und die Umwandlung derselben in eine spirituöse Flüssigkeit eine Wirkung ihrer Vegetation ist.

Ich möchte noch bemerken, daß die Hefe, als eine organisierte Substanz betrachtet, vielleicht die Aufmerksamkeit der Physiologen verdient in dem Sinne, 1. daß sie entstehen und sich unter gewissen Umständen mit großer Sicherheit entwickeln kann, selbst in Kohlensäure und in dem Bottich des Brauers; 2. daß ihre Fortpflanzungsart Eigentümlichkeiten aufweist, wie man sie an anderen mikroskopischen Gebilden, die aus isolierten Kügelchen zusammengesetzt sind, noch nicht beobachtet hat und 3. daß sie weder durch eine sehr starke Abkühlung noch durch Wasserentziehung zugrunde geht.

Schließlich sei noch darauf hingewiesen, daß die Fermente allgemein, wenigstens diejenigen, welche, wie die Bierhefe, die weinige Gärung hervorrufen, aus mikroskopischen, sehr einfachen, organisierten Körpern bestehen, und daß die Substanzen, die der Gärung unterworfen sind, rein chemische Substanzen sind, nämlich der Zucker und die sich ihm gleichenden Verbindungen"[1]).

In Berlin brachte der Physiologe *Theodor Schwann* (29) 1837), auf größerer experimenteller Basis fußend als sein französischer Vorgänger, helles, klares Licht in das Gärungsproblem. *Schwann*, dessen Geist später die berühmt gewordene Zellenlehre geschaffen hat, war die geeignete Persönlichkeit, um hier völlige Klarheit bringen zu können. Und so ist denn auch seine Beweisführung der des Franzosen überlegen. Er arbeitete mit Traubensaft, studierte das Wachstum der Hefe und erbrachte einwandfreie Beweise für ihre pflanzliche Natur. Bei Bierhefe machte er dieselben Beobachtungen.

Um der Frage nach der Ursache der Gärung näherzukommen, ging *Schwann*, der sich übrigens zu dieser Zeit mit dem Problem der Urzeugung der Organismen beschäftigte, auf die für diesen Zweck besonders geeigneten *Appert*schen Versuche zurück und prüfte zunächst, ob ausgeglühte, aber chemisch unveränderte Luft noch in der Lage ist, in der gekochten Fruchtsaftlösung eine Gärung oder Fäulnis zu erregen. Da dies nicht der Fall war, schloß er folgerichtig auf das Vorkommen eines Erregers in der Luft. Ein Jahr später zeigte *Franz Schulze*, daß auch mit konzentrierter Schwefelsäure gewaschene Luft denselben Effekt erzielt. Da bei den genannten Behandlungsweisen der Sauerstoff in der Luft erhalten blieb und andererseits ein Sauerstoffüberschuß bei dem *Appert*schen Versuch die konservierende Wirkung nicht unterband, so war damit die Ungültigkeit der *Gay-Lussac*schen Theorie erwiesen: Sauerstoffmangel war also nicht die Ursache der konservierenden Wirkung. Mithin lag ein Grund vor, lebende, gärungserregende Mikroorganismen in der atmosphärischen Luft anzunehmen. Dies erschien um so wahrscheinlicher, als nach dem Kochen der *Appert*schen Fruchtlösungen auf Zufuhr von ungeglühter Luft lebhafte Gärung mit Organismenbildung auftrat. *Schwann* legte seine Ergebnisse in folgenden Worten fest:

„Der Zusammenhang zwischen der Weingärung und der Entwicklung des ‚Zuckerpilzes' ist also nicht zu verkennen, und es ist höchst wahrscheinlich, daß letzterer durch seine Entwicklung die Erscheinungen der Gärung veranlaßt. Da aber zur Gärung außer dem Zucker ein stickstoffhaltiger Körper notwendig ist, so scheint es, daß dieser ebenfalls eine Bedingung zum Leben jener Pflanze ist, wie es denn an und für sich sehr wahrscheinlich ist, daß jener Pilz Stickstoff enthält."

Aus diesen Ausführungen sieht man deutlich, daß beide, *Cagniard Latour* und *Schwann*, die Ursache der Gärung der Entwicklung einer Pflanze, nämlich der Hefe, zuschreiben. Während nun der erstere den „Zucker und die sich ihm gleichenden Verbindungen" als notwendiges Substrat hinstellt, geht der Deutsche weiter und verlangt außer dem Kohlenhydrat noch Stickstoff. Wir sehen heute, wie richtig *Schwann* die Sache erfaßt hat, wissen wir doch, daß zur Fortpflanzung der Zellen auch Stickstoff unbedingt notwendig ist (s. Kap. 8).

Dieselben Resultate wurden fast zu gleicher Zeit von *Friedrich Kützing* in Nordhausen erzielt. *Kützing* ist der dritte Entdecker des Gärungsprinzips, eigentlich der erste, denn seine ersten Beobachtungen sind schon vor *Cagniard Latour* im Jahre 1834

---

[1]) Zitiert nach *H. Lüers* und *F. Weinfurtner*, Die Einführung der Hefereinzucht in den Brauereibetrieb. Eine historische Studie in „Die Hefereinzucht in der Entwicklungsgeschichte der Brauerei". Berlin 1931, Gesellschaft für die Geschichte und Bibliographie des Brauwesens E.V. Institut für Gärungsgewerbe.

gemacht worden. In seinem Vortrage in der Versammlung des naturhistorischen Vereins des Harzes in Alexisbad am 26. Juli 1837 teilt er mit, daß er vor 3 Jahren bei seinen mikroskopischen Untersuchungen zu der Überzeugung gekommen sei, die Hefe, „welche bekanntlich bei der weinigen Gärung" entsteht, sei „eine rein vegetabilische Bildung" und nicht eine sogenannte chemisch-organische Verbindung. Eine Reise nach Dalmatien, Italien und der Schweiz war die Ursache, weshalb erst im Jahre 1837 eine öffentliche Mitteilung erfolgen konnte, jedoch hatte er schon im Herbst 1834 die Professoren *Horkel* und *Ehrenberg* in Berlin und ebenfalls *Alexander v. Humboldt* davon in Kenntnis gesetzt (30). *Kützing* erklärte die Gärung mit der „Bildung" und dem „Vervielfältigungstrieb" der Hefe. Er erweiterte die Resultate von *Cagniard Latour* und *Schwann*, in dem er auch die Ursache der Essiggärung aufklärte. Seine Resultate über die alkoholische Gärung und Essigbildung faßt er in folgenden Worten zusammen (31):

„Sicher hängt der ganze Prozeß bei der geistigen Gärung mit der Bildung der Hefe, bei der sauren von der Bildung der Essigmutter ab. Jene Prozesse dagegen, welche die Essigbildung aus Alkohol mittels Platinmohr oder auf andere diesem ähnliche Weise einleiten, können nicht mit der Gärung verglichen werden; sie sind rein chemische Prozesse, während die Gärung ein organisch-chemischer Prozeß wie der Lebensprozeß eines jeden organischen Körpers ist."

Dieser wissenschaftlich neu erschlossene Mikroorganismus, die Hefe, wurde von dem Botaniker *Meyen* als Saccharomyces (Zuckerpilz) in die Systematik der Pflanzen aufgenommen.

Somit schienen die biologischen Grundlagen der „vitalen" Gärungstheorie für alle Zeiten festgelegt. Aber es dauerte nicht lange, so meldeten sich wieder die Vertreter der mechanischen Theorie. Es war damals noch nicht die Zeit gekommen, um große biologische Fragen restlos experimentell beantworten zu können. So fehlt z. B. bei den *Schwann*schen Versuchen noch der genaue Nachweis, daß in der Luft wirklich Gärungsmikroorganismen vorhanden sind. Eine andere Erklärung wie die folgende war nicht von der Hand zu weisen: man konnte ja auch z. B. eine Veränderung irgend eines anderen unbekannten Stoffes in der Luft durch den Glühprozeß im *Schwann*schen Versuch annehmen, der zur Entwicklung einer Flora notwendig ist. Solche und ähnliche Schwächen in der Beweisführung mußten der Gegnerschaft nicht entgangen sein und stärkten ihr Lager. Als nun noch eine nicht gerade mit besonders wichtigen Ergebnissen ausgezeichnete Veröffentlichung über die vitale Gärungstheorie durch *Turpin* erschien, traten die Verfechter der mechanischen Theorie in Aktion. Eine anonym verfaßte, beißende Satyre sollte der vitalen Gärungstheorie den Lebensatem rauben. Wie später bekannt wurde, war *Fr. Wöhler* der Schreiber dieser Spottschrift, die durch einige übermütige Späße durch *Justus von Liebig* noch gewürzt worden war. Aus der interessanten, sehr witzigen, scharfen Spott atmenden Veröffentlichung, die in den Annalen der Pharmazie (32) erschien, sei folgendes angeführt:

„Ich bin im Begriff, eine neue Theorie der Weingärung zu entwickeln. Ich bin dieser bis jetzt so unbegreiflichen Zersetzung auf die einfachste Weise von der Welt auf die Spur gekommen und betrachte sie als völlig abgemacht. Auch diese Entdeckung beweist wieder, wie einfach die Mittel sind, deren sich die Natur bedient, um die wunderbarsten Erscheinungen hervorzubringen. Ich verdanke sie der Anwendung eines vortrefflichen Mikroskopes, welches, nach der Angabe des berühmten *Ehrenberg*, von dem ausgezeichneten Künstler *Pistorius*, ausgeführt worden ist.

Mit Wasser zerteilte Bierhefe löst sich unter diesem Instrument auf in unendlich kleine Kügelchen, welche kaum $^1/_{800}$ Linie im Durchmesser haben, und in feine Fäden, die unverkennbar eine Art Eiweiß sind. Bringt man diese Kügelchen in Zuckerwasser, so sieht man, daß sie aus Eiern von Tieren bestehen; sie schwellen an, platzen, und es entwickeln sich daraus kleine Tiere, die sich mit einer unbegreiflichen Schnelligkeit auf die beispielloseste Weise vermehren. Die Form dieser Tiere ist abweichend von jeder der bis jetzt beschriebenen 600 Arten, sie besitzen die Gestalt einer *Beindorf*schen Destillierblase (ohne Kühlapparat). Die Röhre des Helms ist eine Art Saugrüssel, der inwendig mit $^1/_{2000}$ Linie langen Borsten besetzt ist; Zähne und Augen sind nicht zu bemerken; man kann übrigens einen Magen, Darmkanal, den Anus als rosenrot gefärbten Punkt, die Organe der Urinsekretion deutlich unterscheiden. Von dem Augenblicke an, wo sie dem Ei entsprungen sind, sieht man, daß diese Tiere den Zucker aus der Auflösung verschlucken; sehr deutlich sieht man ihn in den Magen gelangen. Augenblicklich wird er verdaut, und diese Verdauung ist sogleich und aufs bestimmteste an der erfolgenden Ausleerung von Exkrementen zu erkennen. Mit einem Wort, diese Infusorien fressen Zucker, entleeren aus dem Darmkanal Weingeist und aus den Harnorganen Kohlensäure. Die Urinblase besitzt in gefülltem Zustande die Form einer Champagnerbouteille, im entleerten ist sie ein kleiner Knopf; man beobachtet nach einiger Übung, daß sich in ihrem Innern eine Gasblase bildet, die sich bis ins 10fache vergrößert; durch eine Art von schraubenförmiger Drehung, welche das Tier durch ringförmig um die äußeren Körperteile gehende Muskeln nach Willkür hervorbringen kann, wird die Entleerung der Blase bewirkt. Ich halte es für außerordentlich wahrscheinlich, daß hierbei dasselbe stattfindet, wie wenn die galvanische Elektrizität durch einen Metalldraht geleitet wird; man weiß, daß nach der Meinung des berühmtesten Physikers in diesem Falle Magnetismus erzeugt wird, welcher ebenfalls, anstatt den geraden Weg zu gehen, woran ihn nichts hindert, dennoch, dies ist ein Naturgesetz, den Weg einer Spirale verfolgt. Ich führe dies nur als einen Beleg an, daß bei der Gärung, wie *Döbereiner* und *Schweigger* gezeigt haben, Magnetismus und Elektrizität gleichzeitig im Spiele sind. Die Erfahrung beweist hier die Richtigkeit ihrer nicht durch so mächtige Mikroskope unterstützten Beobachtungen."

Nun folgt ein Absatz, in dem man der Hefe in übermütiger Laune alle möglichen Eigenschaften zudiktiert hat, um den gewünschten Zweck, die vitale Gärungstheorie zu diskreditieren, zu erreichen. Aber zum guten Spaß haben sich gerade die hier angeführten Andichtungen — wenn man von der Bezeichnung „Tier" für Hefe absieht — beim näheren Studium der Hefe als wahre Tatsachen erwiesen! Es seien beispielsweise angeführt das Unterbrechen der Gärung durch Erhitzen des Gärmediums, das Abtöten der Hefe durch hohe Alkoholkonzentration, schweflige Säure, andere Mineralsäure und Holzessig, das Aufheben einer Gärung durch übermäßig hohe Zuckerkonzentration.

Die Spottschrift, die hiermit längst noch nicht zu Ende ist, hatte bei den Zeitgenossen ihre Wirkung nicht verfehlt. In erster Linie waren die Chemiker *Berzelius*, *Liebig* und *Wöhler* ernste Gegner der vitalistischen Gärungstheorie, und dies war verständlich. Man hatte soeben die ersten großen Erfolge in der organischen Chemie erlebt, man hatte unlängst die künstliche Nachbildung pflanzlicher und tierischer Produkte im Reagenzglas nach den neuesten Methoden der organischen Chemie vollbracht — erinnert sei an die „Harnstoffsynthese" durch *Wöhler* —, da mußte man sich naturgemäß gegen die Mitwirkung einer geheimnisvollen Lebenskraft bei einem großen Naturprozeß sträuben. *Berzelius*, auf der Höhe seines Ruhmes stehend, äußerte sich scharf gegen *Schwann* und *Kützing*. „Wenn der Löwe brüllte, sollte eben alles um ihn verstummen." *Liebig* trat sofort (1839) auf den Plan mit der These: „Die Gärung ist kein Lebensprozeß, sondern eine mechanische ‚Kontaktwirkung'". Die chemische Bewegung der Zersetzung der Hefe soll sich auf den Zucker übertragen. Da jedoch eine Auflösung der Hefe nur in totem Zustande in Frage kommt, und andererseits nur lebende Hefe gärt, so war ein Widerspruch vorhanden, der aber *Liebig* wenig Kopfzerbrechen machte. In diesem Sinne hatte sich schon etwa zehn Jahre früher *Berzelius* geäußert (Kontakttheorie), noch früher *Stahl*. Wie wir gesehen haben, hatte er in seiner mechanischen Gärungstheorie gelehrt, daß ein in innerer Bewegung begriffener Körper einen „ruhigen" zu innerer

Bewegung hinreißen kann. Ganz ähnlich formulierte *Liebig*. Nach ihm wird die Bewegung, die, wie eben schon bemerkt, die Auflösung des Gärungserregers und des Gärsubstrates mit sich bringt, auf einen stabilen Körper übertragen, der dann ebenfalls zerfällt. Der Zucker würde durch die Zersetzung bzw. Fäulnis der Hefe in Alkohol und Kohlensäure zerlegt. Man sieht den Rückschritt: Gärung und Fäulnis werden nicht mehr auseinandergehalten. Für den Vorgang der Hefezersetzung bringt *Liebig* einige Stützpunkte, die z. T. auf falscher oder ungenauer Beobachtung basieren (32a). Zur Begründung der Übertragungstheorie gibt er mehrere Beispiele, von denen das der Auflösung der Legierungen in Säuren erwähnt sei. Platin löst sich bekanntlich nicht in Salpetersäure. Legierte man es dagegen vor der Behandlung mit der Säure mit Silber, so gelang die Auflösung. *Liebig* schloß daraus, daß das leicht lösende Silber seine Bewegung auf das Platin überträgt und es nun mitreißt. Silber spielt hier die Rolle wie die des „Gärungserregers“[1]). Auf die Übertragung der inneren Bewegung eines gärenden Körpers auf einen gärfähigen Stoff hatte schon vor *Stahl* der englische Chemiker *Willis* hingewiesen. Man sieht, wie man hier z. T. mit recht unklaren Begriffen operiert hat, die schwerlich zur Aufhellung des Problems dienen konnten. Jedenfalls ist festzustellen, wie stark die *Liebig*sche Theorie im Reiche der Wissenschaft verankert war.

Noch mancher Chemiker hat sein Heil versucht, den Gärungsvorgang rein chemisch zu erklären. Nicht nur, daß die Notwendigkeit eines organischen Fermentes bestritten wurde *(Berthelot)*, nein, man bemühte sich sehr ernsthaft um einen direkten Nachweis. So wollte *Dumas* den Zucker durch die innere „Bewegung“ vergären, die bei der katalytischen Zersetzung von Wasserstoffsuperoxyd entsteht. *Loew* versuchte dasselbe mit einer Ammoniumnitritlösung, die bekanntlich in der Wärme in Stickstoff und Wasser

$$NH_4 \cdot NO_2 = N_2 + 2\,H_2O$$

zerfällt.

Während diese Versuche nun vollständig negativ ausfielen, hatten verschiedene Forscher Beobachtungen gemacht, die für die vitalistische Theorie sprachen. So konnte *Eilhard Mitscherlich* (33) (1842) zeigen, daß man mit Hilfe einer Filtration durch Papier den „Gärungserreger“ entfernen konnte, denn im Filtrat hörte die Gärung auf. Dieselbe Erscheinung ließ sich nach *Hermann Helmholtz* (34) (1844) mit einer tierischen Blase bewerkstelligen:

„Die weinige Gärung ist an den Zutritt eines festen Körpers gebunden, der durch die Blase zurückgehalten wird und unter welchem wir uns nur die Hefe denken können, deren vegetabilische Natur nicht mehr zu bezweifeln ist.“

Auf wieder andere Weise fanden *H. Schröder* und *Th. v. Dusch* (35) (1853) neues Beweismaterial für die vitalistische Gärungstheorie. Es wurde einwandfrei gezeigt, daß ein Baumwollwattefilter alle Mikroorganismen zurückhält. Die Ergebnisse fanden in folgenden Worten ihren Niederschlag: „Keime in der Luft sind die Ursache der Gärung und Fäulnis, und werden durch Baumwolle mechanisch zurückgehalten“. In diesem Satze können wir, nebenher bemerkt, auch gleichzeitig die Urkunde für die Geburt des für die Bakteriologie unentbehrlichen Watteverschlusses der Nährböden erblicken! Bei den ersten Versuchen gelang es schon, ausgekochte Nährlösungen durch einfaches mechanisches Filtrieren der hinzuströmenden Luft 18 Monate lang ohne Veränderung zu erhalten, während bereits ein kurzes Öffnen des Wattestopfens genügte, um schon in zwei Tagen Zersetzung beobachten zu können. Um dieselbe Zeit erkannte auch *Th. Bail* (36) eine Parallelität zwischen Gärung und V e r m e h r u n g

---

[1]) Hier liegt ein Irrtum vor, denn Platin kann auf diese Weise nicht in Lösung gebracht werden.

der Hefezellen und die Notwendigkeit der atmosphärischen Luft für ihre Vegetation. Das war eine richtige Erkenntnis und ein großer Fortschritt gegenüber *Liebig*, der, wie wir sahen, das Gegenteil behauptete: Die Selbstauflösung der Hefe bedinge die alkoholische Zuckerspaltung. Auch die Techniker waren der Ansicht von *Bail*.

Max Delbrück (36a) sagte sogar einst in einem Vortrage, daß „sich die Praxis als feinfühliger erwiesen habe als die Wissenschaft, denn ehe noch *Pasteur* seine Arbeiten begonnen hatte, war die Überzeugung bei den damaligen Technologen — ich nenne *Balling* und *Lüdersdorff* — durchgedrungen, daß die vitale Gärungstheorie richtig sei, welche die Gärung als eine Folge des Lebensprozesses auffaßte und die Hefebildung als das Wachstum der Pflanze ansah."

Sehr deutlich spricht sich *Trommer* (36b) (1856) über diesen letzten Punkt aus:

„... Jenen festen Körper, welcher bei der Gärung in Form von Zellen auftritt, müssen wir als ein Aggregat von Organismen betrachten. Hierzu haben wir mehrfache Gründe. Der erste und wichtigste liegt in der eigentümlichen Gestalt. Bekanntlich bestehen die einfachsten Organismen aus Zellen in derselben Art, wie wir sie hier beobachten. Ganz besonders tritt diese einfache Form des Individuums sehr oft im Pflanzenreiche auf, und hier sind es namentlich verschiedene Formen von Algen und Pilzen, welche dergleichen einfache Gestalten zeigen. Mit Rücksicht hierauf betrachtet man auch jene Zellen als Pilz und nennt ihn seiner besonderen Eigenschaft wegen „Gärungspilz" oder „Hefepilz", da im gewöhnlichen Leben derselbe den wesentlichen Bestandteil der Hefe bildet.

Ein zweiter fast nicht minder wichtiger Grund ist darin zu suchen, daß diese Zellen nur bei Temperaturen existieren können, wo überhaupt eine organische Schöpfung möglich ist. Temperaturen unter 0° und über 60° verhindern ihre Entstehung und vernichten ihre individuelle Tätigkeit vollständig. Aber auch verschiedene Substanzen, die in kleinen Dosen die Lebensfähigkeit höher organisierter Körper vernichten, bewirken auch hier eine ähnliche Erscheinung. Dahin gehören: Arsenige Säure, Sublimat, Kupfer-Bleisalze usw.

Sonach dürfen wir wohl mit Recht jene Zellen als Organismen, und zwar als pflanzliche Organismen, betrachten ..."

Aber all die Äußerungen der Techniker und Forscher waren neben richtigen Beobachtungen und Schlüssen eben nur Anschauungen bzw. Überzeugungen für die vitale Gärungstheorie, aber nicht die umfassenden exakten Beweise, die dieses große neuartige Problem von grundlegender Bedeutung erforderte.

Diese vielen vorzüglichen richtigen Hinweise auf die Lebenserscheinungen während der Gärung genügten denn auch nicht, die vitale Theorie durchzusetzen. Die Persönlichkeit *Liebigs* stand vor allem der Entwicklung wie ein Fels im Wege. Es mußte erst ein Ebenbürtiger kommen, der durch jahrelange exakte Versuche die letzte Lücke in der Beweisführung für die biologische Natur der Gärung zu schließen imstande war. Dieser große Forscher war *Louis Pasteur* (37). Im Jahre 1857 nahm er zum erstenmal Fühlung mit dem Gärungsproblem.

Wenn wir, das sei vorweggenommen, die einzelnen Punkte der *Pasteur*schen Ergebnisse einer kritischen Betrachtung unterziehen, so finden wir verschiedene Erkenntnisse, die vor *Pasteur* schon andere Forscher ganz klar ausgesprochen hatten. Jedoch die Art, wie *Pasteur* für die vitale Gärungstheorie eintrat, seine scharfsinnige Beweisführung und seine langjährigen exakten Versuche waren so neu und neuartig, dabei so überzeugend, daß jeder Einsichtige gezwungen wurde, das vitalistische Moment der Gärung anzuerkennen. Ferner führte *Pasteur* grundlegende Stoffwechselversuche durch und wurde somit der Begründer der Gärungschemie.

Das überzeugendste Experiment für die Richtigkeit der vitalistischen Theorie war der umfassende Nachweis von wirksamen Gärungserregern in der Luft. *Pasteur*, der sich ebenfalls wie *Schwann* seinerzeit mit dem Problem der Urzeugung beschäftigte, verknüpfte die Erregung der Gärung eng mit dieser Aufgabe. Wie wir bereits erfahren haben, hatte schon *Schwann* als erster das „Gärungsprinzip“ in der atmosphärischen Luft durch Experimente nachzuweisen versucht. *Pastear* gelang es in der Tat, auf sinnreiche Weise die Mikroflora der Gärung in der Luft wirklich aufzufinden. Daß Pilzkeime in der Luft vorhanden sind, wies zuerst zwar der Botaniker *Ehrenberg* (38) (1848) nach, aber es wurden damals keine Beziehungen zu den Gärerscheinungen geknüpft. *Pasteur* ging auf die Versuche von *Schwann* und andrerseits von *Schröder* und *v. Dusch* zurück und filtrierte die Luft durch einen solchen Wattestopfen, den er nachher in Lösung bringen konnte, um die Flora allein zu haben. Zu diesem Zwecke benutzte er die in einem Alkohol-Äther-Gemisch lösliche Schießbaumwolle. Der vorsichtig gesammelte Rückstand ließ deutlich eine Mikroflora erkennen, leider nicht infolge Schrumpfung der Zellen die Art derselben. Ein weiterer Nachteil war, daß die durch die Chemikalien getöteten Organismen nicht mehr zu dem ausschlaggebenden Gärversuch herangezogen werden konnten. Aber *Pasteur* fand auch hier einen neuen Weg, um Klarheit zu schaffen. In einer geschickten Versuchsanordnung, die auf *Schwanns* Grundexperiment zurückging, konnte er eine sterile Nährlösung durch die in einem Wattefilter festgehaltenen Keime zur Gärung bringen, wodurch die Kette der Beweise geschlossen wurde. Es würde zu weit führen, diesen ausschlaggebenden Versuch zu beschreiben. Es sei deshalb auf das schon öfter zitierte Werk von *Adolf Mayer* (24) verwiesen, das eine genaue Aufzeichnung mit Apparatur bringt. Aber noch andere sinnreiche Versuche wurden erfunden, die weitere Beweise für die Richtigkeit der Anschauung brachten. Hierher gehört auch die Konstruktion des sog. „Pasteurkolbens“, bei dem der Luftabschluß der Nährlösung nicht durch ein Wattefilter bewirkt wird, sondern durch ein langes nach unten gebogenes Rohr, dessen Endkapillare mit der Spitze nach oben zeigt. In solchen Röhren, die verschiedene Formen haben können, setzen sich die Mikroorganismen während der Diffusion der Luft so vollständig ab, daß die im Kolben befindliche, gekochte Lösung nicht infiziert wird.

Über das Entkeimen der Nährlösung durch Kochen wurden auch zahlreiche Versuche angestellt und die Bedingungen festgelegt, die eine vollkommene Sterilisation erfordert.

Eine weitere Feststellung *Pasteurs* verdient besonders hervorgehoben zu werden. Das ist die Erkenntnis, daß für jede Gärungsart ein spezifischer Mikroorganismus nötig ist. So liefert z. B. die Hefe aus Glucose Alkohol und Kohlensäure, der Milchsäurebazillus dagegen Milchsäure.

Die Ergebnisse, die die verschiedenen Biologen und *Pasteur* selbst bis zu diesem Zeitpunkt erzielt hatten, lassen sich kurz in folgende Sätze zusammenfassen:

1. Die Gärung hat nichts mit der Fäulnis zu tun. (Gegenteilige Ansicht von *Liebig*.)
2. Die Gärung ist eine Lebenserscheinung der Hefe, nicht die Folge des Absterbens der Hefe. Eine Gärung ohne gleichzeitige Entwicklung und Vermehrung der Hefe ist niemals beobachtet worden.
3. Sich zersetzende Eiweißkörper sind in der Gärflüssigkeit unnötig, denn in einer künstlichen Nährlösung, die außer Zucker nur weinsaures Ammonium und Mineralsalze enthält, tritt nach Beimpfung mit Hefe Gärung ein.
4. Sterilisierte Watte, die durch Luftfiltration mit Keimen angereichert wurde, erzeugt in steriler Nährlösung eine Flora und Gärung.
5. Es gibt spezifische Gärungserreger. (*Kützing:* Hefen und Essigmutter; *Pasteur:* Hefen, Milchsäurebakterien usw.)

Durch die *Pasteur*schen Versuche wurde einwandfrei bewiesen, daß es „keine Gärung ohne Organismen“ gibt. Darüber hinaus brachten die Arbeiten die wissenschaftlichen Grundlagen für die moderne Sterilisation und gleichzeitig die Erklärung für die *Appert*sche Konservierungsmethode.

Die Luft war somit einwandfrei als die Infektionsquelle erkannt worden. Genauere Untersuchungen zeigten bald, daß nicht in jeder beliebig kleinen Menge Luft Infektionskeime vorhanden sind und vor allem nicht Keime jeder Art, was ja anzunehmen war. Daher beobachtete man, daß sich nach dem Öffnen verschiedener Gefäße mit sterilen Nährlösungen sehr verschiedene Mikroorganismen entwickelten. Auf hohen Bergen war die Luft reiner als in den Wohnstätten im Tale. Auf dem Gipfel des Montanvert im Montblancgebiet, etwa 2000 m über dem Meere, blieben z. B. von 20 geöffneten sterilen Kolben 19 ohne Flora.

Unabhängig von *Pasteur* hatte auch der holländische Chemiker *I. H. van den Broek* (39) das Gärungsproblem bearbeitet und war zu gleichen Resultaten gekommen. Er arbeitete mit frischem Traubensaft und konnte zeigen, daß derselbe jahrelang bei einer Temperatur von 26—28° keine Veränderung zeigte, wenn er nicht durch Luftkeime beimpft wurde. Das Experiment erfordert, nebenbei gesagt, ein peinlich sauberes Arbeiten, denn die Schalen der Trauben sind in der Regel mit Hefezellen belegt.

Nachdem nun einwandfrei festgestellt worden war, daß es keine alkoholische Gärung ohne Hefen gibt, tauchte ein neues Problem auf, indem man sich die Frage vorlegte, wie ist die Gärung biologisch zu deuten? Zuerst stellte *Schwann* die Assimilationstheorie auf, indem er lehrte, der Zucker sei der Nährstoff der Hefe und der Alkohol und die Kohlensäure unbrauchbare Stoffwechselprodukte, die ausgeschieden werden. *Adolf Mayer* schloß sich dieser Ansicht an, *Liebig* dagegen bekämpfte diese Hypothese. Während *Pasteur* zunächst einen neutralen Standpunkt einnahm, brachte *Carl Nägeli* (40) die richtige Erkenntnis: Der Vorgang der Gärung hat mit der Ernährung direkt nichts zu tun. Das schloß man aus dem enormen Substratumsatz mit gärenden Hefen der Technik, wobei festgestellt wurde, daß 1,5 Teile Hefe (Trockengewicht) in 18 Stunden 100 Teile Traubenzucker verarbeiten können. Die Bilanz gibt eine Vergärung von 95 Teilen Zucker in Alkohol und Kohlensäure an und nur 5 Teile werden in 4 Teile Glyzerin und andere Nebenprodukte und in 1 Teil Zellsubstanz aufgeteilt. Da hiernach nur 1% des dargebotenen Nährstoffes dem Zellaufbau zugute kommt, so konnte dieser verschwenderische Haushalt nicht mit einem normalen Ernährungsvorgang in Einklang gebracht werden. Somit mußte die *Schwann*sche Assimilationshypothese abgelehnt werden.

Pasteur ging von einem anderen Gesichtspunkt aus. Er hatte Mikroorganismen entdeckt, die ohne Sauerstoff, also ohne Atmung, leben können, die sog. Anaerobier. Bei ihnen stellte er fest, daß nach Zufuhr von Luft ihre Gärtätigkeit aufhört. Da aber nach seiner richtigen Erkenntnis jedes Lebewesen Energie benötigt, so vermutete er in den Gärungsreaktionen eine Kraftquelle für diese Art von Organismen. Seit den Versuchen von *Dubrunfaut* war man über die quantitativen Verhältnisse der Wärmeentwicklung bei der alkoholischen Zuckerspaltung orientiert, und so stand für die *Pasteur*sche Ansicht eine gute Stütze bereit. Auch in diesem Punkte war *Liebig* ein Gegner, der auf Grund einer falschen Berechnung die Zuckerzerlegung als endotherme Reaktion auffaßte. Konsequenterweise mußten hierdurch Spaltstücke mit höherem Potential entstehen als das Ausgangsmaterial! Diese unmögliche Tatsache wurde scheinbar übersehen. Nach der Sauerstoffentziehungshypothese *Pasteurs* sollten sich die Mikroorganismen bei Sauerstoffmangel Energie aus dem Zuckermolekül herausholen, und zwar durch Abbau desselben. Die Gärungserscheinungen waren also, kurz gesagt, die Folge eines Lebens ohne Sauerstoff. „La fermentation est la conséquence de la vie sans air", formulierte *Pasteur* (41). An anderer Stelle sagt er:

„Dans les expériences, qui je viens d'exposer, la fermentation par la levure, c'est-à-dire par le type des ferments proprement dits, s'est présentée à nous comme la conséquence directe d'un travail de nutrition, d'assimilation, de vie, en un mot, effectuée sans gaz oxygène libre" (42).

Die Anaerobier, die *Pasteur* entdeckte, stellten aber bei Sauerstoffzufuhr nicht nur die Gärung ein, sondern starben. Anders die Hefen. Sauerstoff wirkt hier, wie auch *Schützenberger*, *Nägeli*, *A. Mayer* und *Pedersen* feststellten, stimulierend auf das Wachstum derselben. Den Hefen stehen zwei Energiequellen zur Verfügung: Die Sauerstoffatmung und die Gärung, die, je nach den Lebensbedingungen, mehr oder weniger, ein- und ausgeschaltet werden können. Auf diese Verhältnisse wird noch an anderer Stelle ausführlich eingegangen (s. Kap. 13).

Das erdrückende Beweismaterial, das *Pasteur* und seine Zeitgenossen aufgebracht hatten, mußte der vitalen Gärungstheorie zum Siege verhelfen. Die *Liebig*sche Theorie, die in Frankreich trotz *Cagniard Latour* und *Turpin* festen Fuß gefaßt hatte, verlor hier zuerst das Feld, dann folgte Deutschland. *Liebig* selbst suchte sie noch in den Jahren 1869 und 1870 durch Veröffentlichungen zu stützen, jedoch hatte er seine Anschauungen nachgeprüft und manchen Punkt gestrichen. Im allgemeinen hielt er seine Stofftheorie aufrecht, bestritt aber nicht mehr, daß ein „Lebensakt" bei der Hefegärung eine gewisse Rolle spielt. Ferner wird nicht mehr behauptet, daß die Ursache der Gärung in einem Fäulnisprozeß der Hefe zu suchen sei. Aber der alte Gedanke, die alkoholische Zuckerspaltung in der Hefe letzten Endes doch einem chemischen Stoff zuzuschreiben, wird wieder unterstrichen. In seinem eifrigen Bestreben, den tiefen Sinn der Gärung zu erfassen, stellte er selbst neue Versuche an und fand u. a., daß sich wirksames Invertin (Invertase) aus Hefe auswaschen läßt. So schloß er folgerichtig auch auf das Vorhandensein einer solchen Substanz in der Hefe, die das Zuckermolekül in Alkohol und Kohlensäure zerlegt. In den Sitzungsberichten der Bayerischen Akademie (43) schreibt er:

„Daß der physiologische Prozeß in keiner anderen Beziehung zu dem Gärungsprozeß steht, als daß durch ihn in der lebenden Zelle der Stoff erzeugt wird, welcher durch eine ihm eigene Wirkung, ähnlich der des Emulsins auf Salicin und Amygdalin, den Zerfall des Zuckers und anderer organischer Atome herbeiführt; der physiologische Prozeß würde in diesem Falle nötig sein, um diesen Stoff zu erzeugen, aber mit der Gärung an sich würde er in keiner weiteren Verbindung stehen."

Wie wir gleich sehen werden, war *Moritz Traube* bereits etwa zehn Jahre früher zu dieser Vorstellung gekommen. Offenbar hatte sich *Liebig* durch diese Theorie beeinflussen lassen und sich forschend in dieser Richtung betätigt.

Liebig hatte also das Enzym Invertase aus der Hefe isolieren und damit Rohrzucker spalten können, was übrigens bereits früher von *Berthelot* (1860) ausgeführt worden war, aber von *Liebig* nicht gewußt wurde. Von *Döbereiner* und ebenso von *Mitscherlich* (44) war schon im Jahre 1842 ein solcher Stoff angenommen worden. Vor dieser Zeit hatte man bereits die von *Kirchhoff* und ebenso von *Dubrunfaut* in keimender Gerste vermutete Diastase, die Stärke in Zucker überführt, durch einfache Extraktion mit Wasser aus den Pflanzenzellen, aus Grünmalz, gewonnen (*Payen* und *Persoz* (45) 1833). Nun ging *Moritz Traube* (1858) einen Schritt weiter und behauptete, außer solchen leicht löslichen organischen Zellreagentien, wie Invertase und Diastase, die man auf *Kühnes* Vorschlag als Enzyme bezeichnet, könnte es ja auch schwer zugängliche geben, und in der letzten Gruppe wäre das Gärungsferment zu suchen. Es muß möglich sein, behauptete *Traube* weiter, solche Substanzen aus den Zellen zu isolieren. Gelingt es vorderhand nicht, so sind ungeeignete Mittel zur Abtrennung verwendet worden. Nach *Traube* wird also die Gärung von einem Enzym verursacht, das von der lebenden Zelle produziert wird (*Traubes* Enzymtheorie). Eine Anzahl Forscher wie *Berthelot* (46), *Claude Bernard*, *Schönbein*. *Schaer* und *Hoppe-Seyler* (47) nahmen diese Theorie an.

Nachdenkliche Botaniker wie *Nägeli* (1879) und *Sachs* (1882) wollten dieser Lehre nicht folgen. Sie argumentierten, daß man einen so komplizierten Prozeß wie die

Gärung nicht mit einer einfachen, durch Chemikalien leicht nachzumachenden Hydrolyse, wie die Rohrzuckerinversion oder die Stärkeverzuckerung, auf gleiche Stufe stellen kann. *Nägeli* versuchte auch selbst, das Gärungsenzym aus der Hefe zu isolieren, was aber nicht gelang. Man extrahierte die Zellen mit Wasser und mit Glycerin, aber die durch Alkohol erzielten Niederschläge, die Enzympräparate, hatten zwar die Eigenschaft Rohrzucker zu invertieren, konnten jedoch die alkoholische Gärung nicht hervorrufen.

Die Bemühungen, das Gärenzym aus der organisierten Hefezelle abzutrennen, haben schon frühzeitig eingesetzt. *Lüdersdorff* (48), einer der Techniker, die schon sehr früh für die vitale Gärungstheorie eingetreten sind, hatte bereits 1846 versucht, auf einer mattgeschliffenen Glasplatte mit Hilfe eines gläsernen Läufers Hefe zu zerreiben. Allerdings hegte man nicht die Absicht, das „Enzym" oder *Liebigs* „Stoff" zu isolieren, sondern *Lüdersdorff* wollte zeigen, daß eine zerriebene Zelle nicht mehr zu gären imstande ist, was für die vitalistische Gärungstheorie sprechen sollte. Hätten die zerstörten Zellen, also ein Gemenge unorganisierter chemischer Stoffe, noch eine Zuckerspaltung gegeben, so wäre für *Liebigs* Theorie Beweismaterial entstanden. Aber „auch nicht ein einziges Gasbläschen" entwickelte sich. Somit schloß *Lüdersdorff* auf die Richtigkeit der vitalistischen Theorie. Er nahm an, daß durch den mechanischen Eingriff die Organisation der Zelle verloren gegangen ist, und da keine Gärung stattfand, so war erwiesen, daß es sich beim normalen Gärprozeß um einen physiologischen Akt einer gesunden Zelle und nicht um einen Zersetzungsprozeß im *Liebig*schen Sinne handeln müsse. „Betrachtet man die Hefe nur als einen organischen, in Zersetzung begriffenen Körper, so kann eine Zertrümmerung die Wirkung auf den Zucker nicht beeinträchtigen." Somit schien nach *Lüdersdorff* die vitalistische Gärungstheorie bewiesen zu sein.

Eine Wiederholung des Versuches durch *C. Schmidt* (49) in Dorpat, der für die Zermahlung von 1 g Hefe 6 Stunden Zeit benötigte, führte zum selben Ergebnis.

Spätere Zerreibungsversuche durch *Marie von Manassein* in *Wiesners* Laboratorium (50) mit getrockneter Hefe in einem Glasmörser mit Bergkristallpulver zeigten zwar eine lebhafte Gärung der total zertrümmerten Zellen; da es aber nicht gelungen war, s ä m t l i c h e Zellen zu zerreiben, und die wenigen intakten eine lebhafte Sprossung aufwiesen, so konnte das Resultat nicht eindeutig ausgelegt werden, weshalb man die Versuchsanordnung wieder verließ.

Pasteur (51) suchte ebenfalls nach dem Gärungsenzym, das er „Alkoholase" nannte. Da aber eine Isolierung nicht gelang, so sah er die vitalistische Theorie von neuem bestätigt und schrieb, „daß der chemische Prozeß der Gärung im wesentlichen ein mit dem Lebensakt zusammenhängendes Phänomen ist, welches mit diesem anfängt und endet".

Während alle Versuche, das Gärungsenzym aus der Zelle abzutrennen, scheiterten, vermehrte sich die Zahl der anderen aus den Lebewesen isolierten Enzyme. So gewann *P. Miquel* in Paris die Urease aus Bakterien, die Harnstoff in Ammoncarbonat überführt. *Emil Fischer* (52) isolierte aus verschiedenen Heferassen solche Enzyme, die erst durch Zertrümmerung der Zellstruktur durch Glaspulver zu erhalten waren. Die Forschung war also einen wesentlichen Schritt vorwärtsgekommen. Man kannte jetzt neben wasserlöslichen Enzymen auch Vertreter, die, weil ans Plasma geknüpft, erst durch Öffnung der Zellhaut zugänglich wurden. Die Kulturhefen lieferten auf diese Weise die Maltase, die Maltose zu zwei Molekülen Traubenzucker hydrolysiert. Aus Spezialhefen wurde die Lactase gewonnen, das den Milchzucker in Traubenzucker und Galactose aufspaltende Enzym. Mit *P. Lindner* (53) isolierte *Fischer* aus einem Pilz, Monilia candida genannt, die Moniliainvertase, die Rohrzucker in Invertzucker umwandelt. Weiter fand *Fischer*, daß die Enzyme bezüglich der Konfiguration ihrer Angriffsobjekte ebenso wählerisch sind wie die Hefen und andere Mikroorganismen. Es besteht demnach zwischen totem und lebendem Material eine gewisse Parallelität in der Wirkung. *Fischer* (54) bemerkt dazu:

„Noch wichtiger scheint mir der Nachweis zu sein, daß der früher vielfach angenommene Unterschied zwischen der chemischen Tätigkeit der lebenden Zellen und der Wirkung der chemischen Agentien in bezug auf molekulare Asymmetrie tatsächlich nicht besteht. Dadurch wird insbesondere die von *Berzelius*, *Liebig* und anderen häufig betonte Analogie der lebenden und leblosen Fermente in einem nicht unwesentlichen Punkte wieder hergestellt."

All die mannigfachen Erfahrungen mit den Enzymen führten immer wieder zu dem Gedanken, die Ursache der Gärung ebenfalls einem solchen Reagens zuzuschreiben.

Endlich gelang es *E. Buchner* (55) (1896) nach langen Bemühungen, das Gärungsenzym aus der Zelle abzuscheiden und somit den Beweis für den Enzymvorgang der Gärung zu erbringen. Wieder ist ein großer Fortschritt eng verknüpft mit der Einführung eines neuen Hilfsmittels in die Wissenschaft, der hydraulischen Presse. Wie damals das Mikroskop eine Wendung in der Forschung brachte, so jetzt die Presse. *Buchner* zerrieb frische, abgepreßte Bierhefe (Wassergehalt etwa 75—80%) mit Quarzsand und Kieselgur zu einer teigigen Masse und erzielte durch Abpressen derselben in einer hydraulischen Presse einen braunen Hefesaft. Dieser „Zymasesaft" ist sehr eiweißreich und gibt auf Zusatz von Rohrzucker bei einer Temperatur von etwa 30° innerhalb von 20 Minuten eine schäumende Gärung. Dies ist schon ein deutlicher Hinweis, daß es sich nicht um eine normale Hefegärung mit lebenden Zellen handeln kann, die eine längere Inkubationszeit benötigen würde. Der Preßsaft ist übrigens ziemlich frei von Hefezellen. Weiteres Beweismaterial, daß kein Trugschluß vorliegt, ist einmal in der hohen Aktivität des Saftes trotz Gegenwart von antiseptischen Mitteln wie Chloroform oder Toluol und andererseits in der ungehinderten Tätigkeit bei Anwendung sehr hoher Zuckerkonzentrationen zu erblicken. Über die Herstellung des Hefesaftes und der verschiedenen Enzympräparate wird im Kapitel 19 ausführlich berichtet.

Was hat nun die Forschung bis heute gebracht? Erwiesen wurde, daß heute eine Gärung ohne lebende Zellen undenkbar ist. Die lebende Hefezelle produziert die Zymase, einen bestimmten chemischen Stoff, nach den neuesten Forschungen ein chemisches Enzymsystem, das die alkoholische Zuckerspaltung bewirkt. Ohne die lebende Zelle ist bis heute keine Zymasebeschaffung möglich. Der Zuckerabbau kann innerhalb der lebenden Zelle vor sich gehen (physiologische Gärung), er kann aber auch getrennt von der lebenden Zelle stattfinden (Zellfreie Gärung, Zymasegärung). Im letzteren Falle liegt eine reine Enzymreaktion, wie etwa die der Invertase, nur von viel komplizierterer Art, vor. Die Vertreter der vitalistischen Richtung hatten also nur zum Teil recht. Der Satz „keine Gärung ohne Leben" ist nur insofern richtig, als er nur für die Beschaffung des Enzyms gilt. Auch die *Liebig*sche Theorie konnte nicht in vollem Umfange bestehen bleiben. Wie wir bereits sahen, hatte *Liebig* selbst die Punkte weggestrichen, die unhaltbar geworden waren. Der Grundgedanke der Theorie aber bleibt, daß die eigentliche Aufspaltung des Zuckermoleküls die Wirkung eines rein chemischen Stoffes bzw. eines Katalysatorsystems ist, das auch ohne die Mitwirkung eines Lebewesens die Reaktion ermöglicht.

Wir müssen also die Zymasegärung des Preßsaftes von der der lebenden Zelle unterscheiden. Die Zuckerspaltung mittels Zymasesaft ist eine rein chemische Reaktion, während in der lebenden Zelle außer der rein chemischen Spaltung noch das physiologische Moment für die Intensität der Gärung eine Rolle spielt. Im letzteren Falle ist der Gärprozeß ein sehr wichtiger physiologischer Vorgang, der, wie schon oben kurz angedeutet, der Zelle bei ungenügender Sauerstoffatmung die notwendige Energie verschafft. Der Energiestoffwechsel und der Baustoffwechsel gehen Hand in Hand, und somit ist die Gärung in diesem Sinne eine vitalistische Äußerung der Zelle, was wieder für *Pasteur* und seine Vorgänger spricht.

Im praktischen Leben, in der Natur, kommen nur Gärungen mit lebenden Zellen in Frage. Die Preßsaftgärungen (zellfreien Gärungen) geben einen zu geringen technischen Effekt. Die lebende Hefezelle ist viel leistungsfähiger als das Enzympräparat, das im Laufe des Gärungsvorganges infolge Zerstörung die Tätigkeit stark reduziert, während die lebende Zelle stets neue Zymase schafft und so lange aktiv bleibt, bis das Gärsubstrat und die Nährstoffe verbraucht sind. Die praktischen Gärungen sind in dieser Hinsicht vorzugsweise also vitaler Natur.

Um das große biochemische Problem der Gärung haben beide, *Liebig* und *Pasteur*, hart gekämpft. Niemand von beiden ist der volle Sieg zugefallen. Die Zymaseentdeckung durch *Buchner* entschied den Streit. *Liebig* und *Pasteur*, jeder für sich, brachten richtige Erkenntnisse, die vereinigt zu dem vollständigen Bild des Gärungsvorganges führten. Kurz zusammengefaßt lautet das Endergebnis:

Die Tätigkeit der Zymase ist unabhängig von der lebenden Zelle. Diese ist aber notwendig zur Produktion des Enzymsystems.

B. Chemischer Teil

Im biologischen Teil wurde schon kurz erwähnt, daß es einigen Alchimisten, unter ihnen dem berühmten *Geber* (750 n. Chr.) angeblich gelungen war, aus den alkoholischen Getränken den flüchtigen Geist, den Alkohol, abzuscheiden. Die Bemühungen zu diesem Vorhaben gehen indessen nach der vorliegenden Literatur schon weiter, ja bis in das Zeitalter der Sage, zurück. Nach alten Urkunden sollen sich die alten Chinesen, die Babylonier, die alten Griechen und die Inder der Destillierapparate, wenn auch in primitivster Form, bedient haben. Nach sagenhaften Überlieferungen hat man in Irland im 3. Jahrhundert n. Chr. Met „destilliert“, denn bei Gelagen schenkte man „jedem seinen Teil Feuer ein“. Dem heiligen *Patrick* wird die Erfindung der Destillierkunst zugeschrieben. Ähnliche Nachrichten sind noch von anderen Völkern bekannt, jedoch werden gewisse Deutungen dieser Berichte von manchen Historikern (56) nicht als beweiskräftige Urkunden anerkannt. Man weist mit Recht darauf hin, daß die alchimistischen Schriften schwer zu deuten sind, da oft zur Verschleierung der Geheimkunst die wirklichen Tatsachen durch Sinnbilder und poetische Ausdrücke wiedergegeben werden. Man denke an die Darstellung des Doctor Faustus von *Christoph Marlowe* oder schließlich an die Osterszene in *Goethes* Faust, in der es heißt:

„Da ward ein roter Leu, ein kühner Freier,
Im lauen Bad der Lilie vermählt.“ (57)

So ist es schwer, aus den Schriften des griechischen Alchimisten *Zosimos* (350—420 n. Chr.) chemische Tatsachen einwandfrei zu enträtseln, ebenso schwer ist festzustellen, ob er wirklich einen Destillierapparat gekannt hat. Wenn der Alchimist *Marcus Graecus* von „Feuerwasser“ und sein Zeitgenosse *Geber* von Aqua vitae sprechen, so könnte mancher verlockt werden, eine Destillierkunst für die Erzeugung derartiger Produkte anzunehmen. Aber der Beweis hierfür steht bis heute noch aus *(Lippmann)* (58). Es wird sich hier ebenfalls um erdichtete, mystische Ausdrücke handeln, deren Sinn verschieden gedeutet werden kann. In der arabischen Alchimie hat man keine einwandfreien Angaben über Alkohol-Destillierapparate gefunden; man findet keine Silbe über die Weindestillation *(I. Ruska)*.

Man muß sich schon auf die umfangreichen, gründlichen, scharfsinnigen Forschungen *Lippmanns* stützen, um ein wahres Bild über die Gewinnung des Alkohols aus Gärprodukten zu bekommen. Sicher nachgewiesen ist die zielbewußte Darstellung von Alkohol erst zwischen 1050 und 1150, also in einer Zeit, die gelehrt hatte, die leichtflüchtigen Stoffe durch Abkühlung wieder zu verflüssigen. Magister *Salernus*, der 1176 starb, destillierte aus Wein sein „aqua ardens", und ebenfalls der Bischof von Regensburg, der Alchimist *Albertus Magnus* (1193—1280), beschäftigte sich mit solchen Destillierversuchen. 1170—1172 ist in Irland der Kornbranntwein allgemein bekannt. Aus dem „aqua vitae" ist der altirische Ausdruck „visge beatha", soviel wie „Wasser des Lebens", entstanden, der die Sprachwurzel des englischen Wortes Whisky darstellt. Der berühmte *Raymundus Lullus* (1234—1315) führt zur Entwässerung des Alkohols Pottasche ein und erhält auf diese Weise nach der Destillation einen hochprozentigen Weingeist, der als „quinta Essentia" eine große Rolle spielt. Die Konzentration dieses Alkoholdestillates war so groß, daß es, auf Tuch gegossen, restlos verbrannte. Somit war das eine Produkt der alkoholischen Gärung, der Alkohol[1]), isoliert worden, wenn auch nicht in reinem Zustande. Von seinen Eigenschaften hatte man außer der berauschenden Wirkung noch die Flüchtigkeit und Brennbarkeit festgestellt.

Von der „Gärungskohlensäure" hat man sehr spät Notiz genommen. Erst am Ende des Dreißigjährigen Krieges, 1648, wurde *Helmont*, wie bereits erwähnt, auf das entweichende Gärungsgas aufmerksam. Den alten arabischen Ärzten und Alchimisten in Spanien, die von einem gut verschlossenen Flaschenbier ein Hochspringen des Bieres — also Kohlensäuredruck nach heutiger Erkenntnis — beim Öffnen verlangten, ist diese Entdeckung entgangen. Das von *Helmont* aufgefundene Gas „vinorum" wurde später von *Wren* und auch von *MacBride* als Kohlensäure erkannt. Man hatte also nun die Stoffwechselprodukte der Gärung, Alkohol und Kohlensäure, aufgefunden, hatte aber noch keine Vorstellung von ihrer Herkunft. Wenn auch der berühmte Chemiker *Becher* um diese Zeit feststellte, daß nur „süße Flüssigkeiten" einer Gärung unterliegen, so waren damit noch längst nicht die chemischen Beziehungen zwischen Zucker einerseits, Alkohol und Kohlensäure andererseits, geknüpft. Freilich war den aufmerksamen Beobachtern nicht entgangen, daß durch die Gärung der „süße Geschmack" verschwand, und an seine Stelle das berauschende Prinzip bzw. eine Säure auftrat.

Erst die „neuere" Chemie konnte das erste anschauliche Bild über die Zuckerspaltung bei der Gärung bringen. Hier spielt wieder die Einführung eines neuen Instrumentes in die Wissenschaft die ausschlaggebende Rolle zur Lösung einer großen Aufgabe: es ist die erste Verwendung der Wage in der Chemie durch *Lavoisier*. Der quantitative Verfolg der Reaktion konnte erst Klarheit schaffen. Somit war *Lavoisier* der erste, der klar erkannte, daß Zucker restlos in Alkohol und Kohlensäure zerfällt. *Lavoisier* beobachtete nämlich einwandfrei, daß Zucker bei diesem Prozeß verschwand und daß sich dafür Alkohol und Kohlensäure bildete (1789). Daneben fand er auch die Entstehung von Essigsäure, die er anfangs fälschlicherweise als ein normales Gärprodukt der alkoholischen Gärung hielt. Er versuchte nun an Hand seiner Messungen mittels Wage eine Art von Gärungsgleichung aufzustellen; da aber in dieser Zeit naturgemäß die analytischen Methoden noch zu un-

---

[1]) Den Namen „Alkohol" hat Paracelsus gebildet aus dem Arabischen al (= der) und cohol, d. h. fein verteilt.

vollkommen waren, so konnte kein Erfolg erwartet werden. Merkwürdigerweise kam *Lavoisier* infolge Kompensation von verschiedenen falschen Analysen zu einem Resultat, das mit der heutigen Gärungsgleichung eine verblüffende Ähnlichkeit hat. Er erhielt aus 100 Teilen Zucker und 9,7 Teilen Wasser 59,1 Teile Alkohol und 50,6 Teile Kohlensäure. Selbstverständlich konnten diese Ergebnisse nicht befriedigen. Man merkte sehr bald, daß bei der Berechnung dieser Daten unrichtige Annahmen über die elementare Zusammensetzung der einzelnen Gärprodukte und des Zuckers selbst gemacht wurden. Zudem war damals der Alkohol noch nicht in wasserfreiem Zustande bekannt, und so mußten schon aus diesem Grunde falsche Zahlen erhalten werden. Es bleibt ein Kuriosum, daß *Lavoisier* trotz dieser groben methodischen Fehler schon eine deutliche, wenn auch nicht ganz richtige Vorstellung von der alkoholischen Gärung geben konnte.

Als man dann gelernt hatte, Zucker, Alkohol und Kohlensäure genau zu analysieren, stellte *Gay-Lussac* 1815 seine berühmte, heute noch gültige Gärungsgleichung auf. Die damals noch ungenauen Atomgewichte führten naturgemäß zu einer Gleichung mit ungenauen Gliedern.

$$\underset{\text{Zucker}}{C_{12}H_{12}O_{12}} = \underset{\text{Kohlensäure}}{4CO_2} + \underset{\text{Alkohol}}{2C_4H_6O_2}$$

Setzt man die jetzt gültigen Atomgewichte ein, so gelangt man zu folgender Formulierung:

$$\underset{\text{Hexose}}{C_6H_{12}O_6} = \underset{\text{Kohlensäure}}{2CO_2} + \underset{\text{Alkohol}}{2C_2H_6O}$$

Wir haben also jetzt die Gleichung, nach der die bekannten gärfähigen Zucker mit der sechsgliedrigen Kohlenstoffkette, die Hexosen Glucose, Fructose, Mannose und Galactose zerfallen. Ganz genau so hat sich *Gay-Lussac* die Sache nicht gedacht, denn seine Ausführungen sollten für den Rohrzucker, den er später mit $C_{12}H_{24}O_{12}$ formulierte, gelten. Erst *Dumas* und *Boulay* erkannten im Jahre 1828 den Irrtum, indem sie nachwiesen, daß 100 kg Traubenzucker-Fruchtzucker nur 95 kg Rohrzucker entsprechen. Im Rohrzucker mußte also ein Molekül Wasser weniger enthalten sein. *Gay-Lussac* war also auch nicht vollkommen im Bilde, aber sein Fehler war gering im Vergleich zu dem *Lavoisiers.*

Lange Zeit haben sich die Forscher mit den Nebenprodukten beschäftigt, die ebenfalls aus Zucker durch Hefegärung hervorgehen sollten. Die Essigsäure, die *Lavoisier* stets in kleinen Mengen fand, entsteht natürlich nur als sekundäre Reaktion durch Oxydation des Alkohols (Essiggärung *Döbereiner*). Milchsäure ist auch kein Stoffwechselprodukt der Hefe, sondern bildet sich durch Bakterien aus Zucker (*Pasteur*, *Lister*). Da man zu dieser Zeit noch keine Reinkulturen kannte, so konnte eine Milchsäurebakteriengärung parallel der Hefegärung gehen. Ferner war eine Milchsäurebildung durch Hydrolyse von Alanin möglich. Bernsteinsäure und Fuselöle haben ebenfalls Aminosäuren als Muttersubstanzen (*F. Ehrlich*), also spielen sie für die Gärungsbilanz keine Rolle. Lediglich Glycerin verdankt seine Entstehung der Einwirkung von Hefe auf Zucker (*C. Neuberg* (59), *Connstein* und *Lüdecke*) (60). Der Anfall an diesem dreiwertigen Alkohol beträgt etwa 3%, so daß er bei der Bruttogleichung der alkoholischen Gärung vernachlässigt werden kann.

Die Ergebnisse von *Gay-Lussac* über die Hexosenspaltung wurden oft bestätigt, so daß seine Gärungsgleichung nicht mehr angezweifelt wird. Auch heute berechnen wir noch nach ihr die theoretischen Ausbeuten.

Theorie von A. von Baeyer

Nun entstand die schwerwiegende Frage, wie kann aus dem Zuckermolekül Alkohol und Kohlensäure entstehen, wie muß man sich die Aufteilung des Hexosemoleküls chemisch vorstellen? Die Umformung der organischen Substanz mit Hilfe von Lebewesen war den Ernährungsphysiologen ein längst bekannter Begriff. Über den Chemismus konnte man sich indessen kein Bild machen. So war denn das Studium des chemischen Mechanismus der alkoholischen Gärung vielen Forschern eine willkommene Gelegenheit, einen scheinbar einfachen Stoffwechselprozeß zu enträtseln. Man glaubte an diesem „einfachen" Beispiel für den höheren Stoffwechsel etwas zu lernen.

Nachdem die Zuckerarten in reinem Zustand vorlagen, die chemische Zusammensetzung genau erwiesen, auch Klarheit über die Anordnung der Atome im Molekül geschaffen worden war, eine Konstitutionsformel unserer Vorstellung einen präzisen Ausdruck gab, war der Augenblick gekommen, das Problem in Angriff zu nehmen. Das Bild, das man sich von der Anordnung der Atome im Molekül gemacht hatte, ließ nichts erkennen über eine Präformierung des Alkohols, auch nichts über eine solche Gruppierung der Atome, die Kohlensäure liefern könnte.

$$CH_2 \cdot OH \cdot CH \cdot OH \overset{\downarrow}{\vdots} CH \cdot OH \overset{\downarrow}{\vdots} CH \cdot OH \overset{\downarrow}{\vdots} CH \cdot OH \cdot CHO = 2 C_2H_5 \cdot OH + 2 CO_2$$

Aus der obigen Gleichung erkennen wir nur, daß das Zuckermolekül an drei verschiedenen Stellen zersprengt werden müßte, um eine richtige Kohlenstoffverteilung zu bekommen. Aber mit der richtigen Aufteilung der anderen Elemente sah es hierbei schlimm aus. *Adolf von Baeyer* (61) war der erste physiologisch eingestellte Chemiker, der aus dieser Verlegenheit herauszukommen suchte und 1870 einen Mechanismus aufstellte, nach dem der Zucker unter der Einwirkung der Hefe zerfallen sollte. Er ließ theoretisch unter dem Einfluß einer Wasseranlagerung und Abspaltung desselben in anderem Sinne eine Hydroxylwanderung eintreten, die

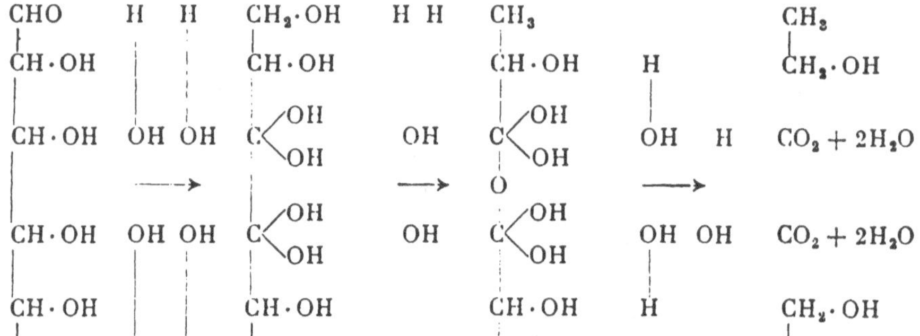

Glucose + 4 Wasser | Hypothet. Zwischenprodukt + 2 Wasser | Hydratisiertes Anhydrid der Milchsäure + 3 Wasser | Äthylalkohol Kohlensäure Wasser

auch Reduktionen und Oxydationen im Molekül zur Folge hatte und schließlich zu einem so labilen Produkt, einem Anhydrid der Milchsäure, führte, das, wieder unter Abspaltung von Wasser, endlich Alkohol und Kohlensäure ergab. Aus dieser Theorie ist bis heute der Gedanke geblieben, durch eine Wasserverschiebung innerhalb des Moleküls zu den gewünschten Stoffen zu gelangen.

Schema von A. Wohl

Auf diese rein theoretische Spekulation *Baeyers*, die durch Beispiele aus der organischen Chemie — z. B. Umwandlung von Propylalkohol in Isopropylalkohol durch Wasserabspaltung und darauffolgende Anlagerung — plausibel gemacht

$$\underset{\text{Propylalkohol}}{CH_3\cdot CH_2\cdot CH_2\cdot OH} \xrightarrow[-H_2O]{} \underset{\text{Propylen}}{CH_3\cdot CH{=}CH_2} \xrightarrow[+H_2O]{} \underset{\text{Isopropylalkohol}}{CH_3\cdot CH\cdot OH\cdot CH_3}$$

wurde, versuchte *A. Wohl* (62) 1904 auf Grund eigener experimenteller Erfahrungen in der organischen Chemie durch ein anderes Schema der Wirklichkeit näherzukommen. Charakteristisch ist hierbei, daß jetzt zum erstenmal zwei Zuckerspaltstücke, Triosen, herangezogen werden, die sich zu den gewünschten Reaktionsendprodukten leicht umformen lassen. Es handelt sich um das Methylglyoxal,

$$CH_3\cdot CO\cdot CHO$$

dem Aldehyd der Brenztraubensäure und um den Glycerinaldehyd:

$$CH_2\cdot OH\cdot CH\cdot OH\cdot CHO$$

Wohl formuliert folgendermaßen:

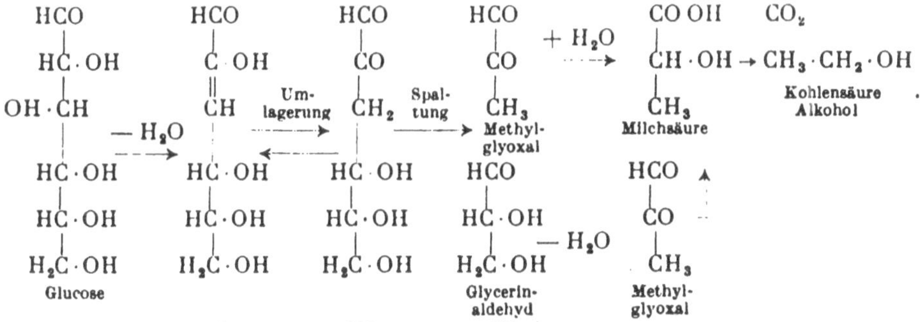

I II III IV

„Glucose (I) geht unter Wasserabspaltung in die Verbindung II über, die im Gleichgewicht mit III steht; sie kann durch Aldolkondensation aus Glycerinaldehyd und Methylglyoxal entstanden gedacht werden und folglich auch in diese beiden Stoffe zerfallen (IV). Der Glycerinaldehyd liefert unter erneuter Wasserabspaltung ebenfalls Methylglyoxal, das also das eigentliche Zwischenprodukt bei der alkoholischen Gärung darstellt. Das Methylglyoxal lagert sich dann unter Wasseraufnahme in bekannter Weise in Milchsäure um, und diese zerfällt — wie schon *Baeyer* annahm — in Alkohol und Kohlensäure."

So anschaulich auch dieses Schema ist, so entspricht es leider nicht den Tatsachen, denn weder Methylglyoxal noch Glycerinaldehyd sind in der vorliegenden Form vergärbar. Aber auch Milchsäure ist durch Hefe nicht in der gewünschten Weise spaltbar, was durch exakte Versuche von *E. Buchner* und *J. Meisenheimer* erwiesen wurde.

Wir schließen hier den historischen Teil und weisen bereits darauf hin, daß durch die Entdeckung der Vergärbarkeit der Brenztraubensäure durch *Neubauer* und *Fromherz* einerseits und zum andern von *C. Neuberg* eine Forschungsrichtung erschlossen wurde, die uns dem großen Ziel, der Aufklärung des Mechanismus der alkoholischen Zuckerspaltung, ganz überraschend näherbrachte (s. Kap. 12).

3. Kapitel

Arten der Gärung

Im ersten Kapitel hatten wir eine Abgrenzung der Fäulniserscheinungen von der Gärung vorgenommen. Nun sollen zur allgemeinen Übersicht die in der Natur vorkommenden Gärungsvorgänge zunächst kurz behandelt werden. Bei der Betrachtung der Flora, die in Gärungen wahrgenommen wird, kommen wir zu einer Einteilung der Mikroorganismen in drei Gruppen: Bakterien, Hefen und Schimmelpilze. Demgemäß unterscheiden wir Bakterien-, Hefe- und Schimmelpilzgärungen. Das Eingehen auf diese biologische Gruppierung würde eine Beschäftigung mit der Mykologie erfordern, jedoch soll aus praktischen Gründen an dieser Stelle davon Abstand genommen werden. Wir wollen hier die Stoffeinteilung nach dem Chemismus der Gärungen erfolgen lassen.

Um die verschiedenen Arten der Gärungen recht prägnant zu charakterisieren, bedienen wir uns der chemischen Gleichungen. Der Chemiker hat allgemein das Bestreben, sich über den Reaktionsmechanismus ganz genaue Vorstellungen zu verschaffen. Bei der Lösung biochemischer Aufgaben macht er dabei die mehr oder weniger begründete Voraussetzung, daß wohldefinierte, bekannte organische Stoffe als Zwischenglieder auftreten müssen, und versucht zur Beweisführung solche Verbindungen durch gewisse, oft aber unnatürliche, zellfremde Eingriffe abzufangen oder sie assimilieren zu lassen. So sehr ein solches Bemühen zu achten ist, so sollte man aber auch stets daran denken, daß ein Umsatz in der gesunden lebenden Zelle nach einer prinzipiell anderen Auf- und Abbaureaktion verlaufen kann als im bekannten Reagenzglasversuch. Auf diesen Umstand wird später näher eingegangen. Es soll hier nur klargelegt werden, daß die in der vorliegenden Abhandlung aufgestellten Schemen über Zwischenreaktionen mit lebenden Organismen mehr oder weniger durch Beobachtungen und Nebenreaktionen lediglich gestützt werden, jedoch der endgültigen Beweisführung noch harren (s. Kap. 20). In manchen Fällen handelt es sich nur um Vermutungen. Dort indessen, wo es ausdrücklich betont wird, liegen Fälle von größter Wahrscheinlichkeit vor.

An einem Beispiel sei eine Bruttogleichung in Zwischenreaktionen aufgelöst. Die Buttersäurebildung läßt sich wie folgt formulieren:

$$\underset{\text{Glucose}}{C_6H_{12}O_6} = \underset{\text{Buttersäure}}{CH_3\cdot CH_2\cdot CH_2\cdot COOH} + 2CO_2 + 2H_2$$

Dieser Ausdruck befriedigt den Chemiker nicht, denn er läßt nicht erkennen, wie das Säuremolekül zustande kommt. Da man bei der Buttersäuregärung auch die Entstehung der Milchsäure nachgewiesen hat, so erblickte man in ihr ein intermediäres Zwischenprodukt. Der Umstand indessen, daß Milchsäure von dieser Flora nicht vergoren wird, führte zu der Maßnahme, das Isomere der Milchsäure, das Methylglyoxalhydrat, an ihre Stelle zu setzen. Dasselbe liefert alsdann bei der Zersetzung Acetaldehyd und Ameisensäure, welch letztere durch Zerfall die von der Gleichung geforderte Kohlensäure und den Wasserstoff bringt. Wir können jetzt schreiben:

1. $$\underset{\text{Glucose}}{C_6H_{12}O_6} = 2\,\underset{\text{Methylglyoxalhydrat}}{CH_3\cdot CO\cdot \overset{OH}{\underset{OH}{C}}\cdot H}$$

2. $$CH_3\cdot CO\cdot \overset{OH}{\underset{OH}{C}}\cdot H = \underset{\text{Acetaldehyd}}{CH_3\cdot CHO} + \underset{\text{Ameisensäure}}{H\cdot COOH}$$

3. $$H\cdot COOH = CO_2 + H_2$$

Jetzt hätten wir die Kohlenstoffkette des Zuckermoleküls rein desmolytisch[1]) zerlegt. Nun kommt der Aufbau des Säuremoleküls, die Synthese, aus den Spaltstücken:

4. $$\underset{\text{Acetaldehyd}}{2CH_3\cdot CHO} = \underset{\text{Aldol}}{CH_3\cdot CH\cdot OH\cdot CH_2\cdot CHO}$$

Durch Umlagerung bildet sich zunächst das Crotonaldehydhydrat

5. $$CH_3\cdot CH\cdot OH\cdot CH_2\cdot CHO = \underset{\text{Crotonaldehydhydrat}}{CH_3\cdot CH{=}CH\cdot C\begin{smallmatrix}OH\\H\\OH\end{smallmatrix}}$$

und hieraus durch weitere Umlagerung das Buttersäuremolekül

6. $$CH_3\cdot CH{=}CH\cdot C\begin{smallmatrix}OH\\H\\OH\end{smallmatrix} = \underset{\text{Buttersäure}}{CH_3\ CH_2\cdot CH_2\cdot COOH}$$

Wir haben hier ein Beispiel eines desmolytischen Prozesses, bei dem Spaltstücke durch eine Synthese und anschließende Umlagerung das Hauptgärprodukt liefern. Bei den oxydativen Gärungen tritt in vielen Fällen eine Umwandlung der desmolytischen Sprengstücke durch Einwirkung von Sauerstoff unter Bildung der Endgärprodukte ein.

Wie wir später sehen werden, spielen bei den Zuckerspaltungen die Zuckerphosphorsäureester eine große Rolle. Um die hier geplante kurze Übersicht nicht zu erschweren, wird hier auf die Formulierung mit Phosphorsäure verzichtet.

Die Bruttogleichungen, die uns die Grundlage der Bilanzumsetzungen geben, entsprechen in den meisten Fällen den Tatsachen. Im folgenden geben wir an Hand der Bruttogleichungen einen Überblick über die mannigfachen Arten von Gärungen. Eine nähere Betrachtung der einzelnen Phasen der Gärprozesse bringen wir erst in Kapitel 20 ausführlich.

A. Desmolytische Spaltungen

a) Rein desmolytische Prozesse

1. Alkoholische Gärung

$$\underset{\text{Glucose}}{C_6H_{12}O_6} = \underset{\text{Alkohol}}{2C_2H_5\cdot OH} + \underset{\text{Kohlensäure}}{2CO_2}$$

2. Milchsäuregärung

$$\underset{\text{Glucose}}{C_6H_{12}O_6} = \underset{\text{Milchsäure}}{2CH_3\cdot CH\cdot OH\cdot COOH}$$

3. Propionsäuregärung

$$\underset{\text{Glucose}}{3C_6H_{12}O_6} = \underset{\text{Propionsäure}}{4CH_3\cdot CH_2\cdot COOH} + \underset{\text{Essigsäure}}{2CH_3\cdot COOH} + 2CO_2 + 2H_2O$$

[1]) Desmolyse: Zersprengung der Kohlenstoffkette. Ein großes kohlenstoffhaltiges Molekül wird sinngemäß in kleinere Moleküle zerlegt. Gr. desmos = Band; lysis = Lösung.

b) Desmolytische Prozesse mit anschließenden Synthesen der Spaltstücke

1. Buttersäuregärung

$$\underset{\text{Glucose}}{C_6H_{12}O_6} = \underset{\text{Buttersäure}}{C_4H_8O_2} + 2CO_2 + 2H_2$$

2. Butylalkohol-Acetongärung

$$\underset{\text{Glucose}}{C_6H_{12}O_6} = \underset{\text{Butylalkohol}}{CH_3 \cdot CH_2 \cdot CH_2 \cdot CH_2 \cdot OH} + 2CO_2 + H_2O$$

$$\underset{\text{Glucose}}{C_6H_{12}O_6} + H_2O = \underset{\text{Aceton}}{CH_3 \cdot CO \cdot CH_3} + 3CO_2 + 4H_2$$

B. Oxydative Gärungen

a) Desmolytische Spaltungen mit anschließenden Synthesen unter Einwirkung von Sauerstoff

1. Fumarsäuregärung

$$\underset{\text{Glucose}}{C_6H_{12}O_6} + 3O_2 = \underset{\text{Fumarsäure}}{C_4H_4O_6} + 2CO_2 + 4H_2O$$

2. Zitronensäuregärung

$$\underset{\text{Glucose}}{C_6H_{12}O_6} + 3O = \underset{\text{Zitronensäure}}{\begin{array}{l} CH_2 \cdot COOH \\ | \\ C \cdot OH \cdot COOH \\ | \\ CH_2 \cdot COOH \end{array}} + 2H_2O$$

3. Oxalsäuregärung

$$\underset{\text{Glucose}}{C_6H_{12}O_6} + 9O = \underset{\text{Oxalsäure}}{3C_2H_2O_4} + 3H_2O$$

b) Rein oxydative Prozesse

1. Gluconsäurebildung

$$\underset{\text{Glucose}}{C_6H_{12}O_6} + O = \underset{\text{Gluconsäure}}{CH_2 \cdot OH(CH \cdot OH)_4 \cdot COOH}$$

2. Dioxyacetonbildung

$$\underset{\text{Glycerin}}{\begin{array}{l} CH_2 \cdot OH \\ | \\ CH \cdot OH \\ | \\ CH_2 \cdot OH \end{array}} + O = \underset{\text{Dioxyaceton}}{\begin{array}{l} CH_2 \cdot OH \\ | \\ CO \\ | \\ CH_2 \cdot OH \end{array}} + H_2O$$

3. Essiggärung

$$\underset{\text{Alkohol}}{C_2H_5 \cdot OH} + O_2 = \underset{\text{Essigsäure}}{CH_3 \cdot COOH} + H_2O$$

Wie schon angedeutet, werden im Kapitel 20 die einzelnen Phasen der Gärungen ausführlich geschildert. Wir sehen dort, wie aus den desmolytischen Sprengstücken teils durch Umlagerung, teils durch Synthese, in vielen Fällen durch Einwirkung von Sauerstoff die verschiedenartigen Gärprodukte zustande kommen.

B. Flora der Gärungen[1])

4. Kapitel

Allgemeines über Mikroorganismen

Morphologie, Vermehrungsweise, Bakterien, Viren, Hefen. Erzeugung neuer Hefetypen durch Kreuzung, neuer Hefemutanten durch Polyploidie. Schimmelpilze

Die Mikroorganismen werden eingeteilt in Bakterien[2]) (Spaltpilze), Hefen (Sproßpilze) und Schimmelpilze (Fadenpilze). Die eigentlichen Bakterien, die die einfachsten Lebensformen wie Kugel, Stäbchen, Schraube darstellen und keine echte Verzweigung aufweisen, werden zweckmäßig Eubakterien[3]) benannt. Viren bilden eine Sonderklasse.

Eubakterien

Die Eubakterien sind einzellige Lebewesen von Kugelgestalt oder Stäbchenform. Erstere bezeichnet man als Kokken, die anderen als Bazillen[4]) (Sporenbildner) bzw. Bakterien (Nichtsporenbildner). Diese Einteilung wird leider nicht streng durchgeführt.

An jeder einzelnen Zelle sind mehrere morphologische Bestandteile zu unterscheiden. Zunächst ist die Zellhaut zu erwähnen, die die Zelle umgibt und somit den Protoplasten, eine in der Hauptsache aus Eiweiß bestehende Substanz (Protoplasma), einschließt, s. Abb. 7 Nr. 1. Die Zellhaut, aus Hemizellulosen oder pektinartigen Stoffen bestehend, ist als festes Gerüst der Zelle zu betrachten und gibt ihr die bestimmte Gestalt. Sie ist bei Bakterien von einer Schleimschicht umgeben. Wächst diese zu einem dicken Gebilde an, so spricht man von einer Zoogloeamasse. Die Oberfläche des Protoplasten stellt eine zweite, noch weit feinere Haut dar, die sogenannte Membran, die halbdurchlässig, semipermeabel, ist und vorzugsweise aus Lipoiden (Lezithin, Phosphatiden) besteht (Osborne). Hiermit verfügt die Zelle über eine Einrichtung, die gestattet, nur bestimmte Nährstoffe aufzunehmen und ausgewählte Stoffwechselprodukte wieder abzugeben. Im Protoplasma selbst eingeschlossen liegen die Vakuolen mit dem Zellsaft und anorganischen Salzen. Sie sind der Ort für die Ablagerungen der Reservestoffe wie Eiweiß, Fett und Glykogen. Bei Bakterien sind bei der allgemein üblichen Betrachtungsweise die einzelnen morphologischen Bausteine im Gegensatz zu den Hefen und Schimmelpilzen kaum sichtbar. Der Zell-

---

[1]) Es kann hier nicht der Platz sein, eine vollständige Mykologie zu geben. Wir müssen uns auf eine sehr kurze Einführung beschränken. Neben den wirklich gärenden Organismen werden auch diejenigen erwähnt, die sich in Gärbetrieben einfinden und teilweise als Schädlinge zu betrachten sind. Das ausführliche Studium der Mikroben sei wärmstens empfohlen. S. am Ende des Kapitels.

[2]) Gr. bakterion = Stäbchen.

[3]) Gr. eu = recht, eigentlich. Bakteriengruppen im weiteren Sinne sind: Actinomycetes, Chlamydobacteria, Beggiatoae, Myxobacteria.

[4]) Lat. bacillum = Stäbchen.

kern, der zu jeder lebenden Zelle gehört, ist bei den Mikroorganismen gewöhnlich sehr schwer zu erkennen, meistens überhaupt nicht. Bemühungen, in Bakterien den wichtigsten Bestandteil des Kerns, die Thymonukleinsäure (s. Kap. 7) chemisch nachzuweisen, haben noch zu keinem einheitlichen Resultat geführt. Bei den Schimmelpilzen ist die Existenz des Kerns erwiesen.

Außer diesen Zellbausteinen besitzt die Zelle noch Reservestoffe. Bei vielen Bakterien hat man das Kohlenhydrat Glykogen, die tierische Stärke, in Form von zähflüssigen Tropfen aufgefunden. Dies ist beachtenswert im Vergleich zur pflanzlichen Stärke, die bekanntlich ein festes Strukturgebilde darstellt. Einige Bakterien, wie der wichtige Stickstoffbinder und Buttersäurebildner, der Bacillus amylobacter, produzieren ein Polysaccharid, das Iogen, das mit Jod eine Blaufärbung gibt. Nach *D. Schmidt* handelt es sich hier nicht um reine Stärke, sondern nur um eine Komponente derselben, der Amylose.

Fette dienen auch als Reservestoffe. Um reine Glycerinester handelt es sich wohl bei den Bakterien in den seltensten Fällen. Die Arten, wie das Mycobacterium tuberculosis[1]) (Tuberkuloseerreger), Corynebacterium mallei (Malleomyces mallei [Zopf] Pribram)[2]) (Rotzerreger), die bis zu 40% der Trockensubstanz Fett enthalten, bilden Wachse, aus höheren Alkoholen und Fettsäuren bestehend. Weitere Fettbildner sind der Bacillus mycoides und das Corynebacterium diphteriae (Diphtherieerreger).

Das als Reserveeiweiß angesprochene Zellprodukt der Bakterien, das Volutin, ist kein reines Eiweiß, sondern ein Nukleoproteid, mit Lipoiden vermischt. Es enthält also Nukleinsäure, ob frei oder gebunden, das steht noch nicht ganz fest (*A. Maeyer* [63], *I. Schumacher*) (64).

Auch Harnstoff wurde in kleinen Mengen gefunden, der vermutlich aus Arginin und Guanidin entsteht (*N. N. Iwanoff*) (65).

Schwefel in Schwefelbakterien verschwindet im Hungerzustand, was das Ablagerungsprodukt als Reservestoff charakterisiert.

Farbstoffbildung. Viele Bakterien produzieren Farbstoffe, und zwar solche ganz verschiedener chemischer Zusammensetzung. Manche Bakterienarten halten den Farbstoff fest verankert in der Zelle, bei anderen diffundiert er in die Nährflüssigkeit. Der Pseudomonas fluorescens ist charakterisiert durch einen diffusiblen grün fluoreszierenden Farbstoff, Pseudomonas pyocyanea durch dasselbe Pigment und das Pyocyanin[3]). Von dem Bacterium prodigiosum[4]) (66), dem Bacterium der „blutenden Hostie", ist das rote Pyrrolkerne enthaltende Prodigiosin bekannt. Die gelben und orangefarbenen Farbstoffe der Carotinoide finden wir in der Sarcina lutea[5]) und der Sarcina aurantiaca[6]) (*Lindner*). Die an das Plasma gebundenen Farbstoffe haben eine lebenswichtige Funktion auszuüben. Hierher gehören die der grünen Bakterien und die der Purpurbakterien, der rote Farbstoff Bacterioerythrin und das Bacteriochlorophyll a. Dasselbe ist dem Chlorophyll a der höheren Pflanzen sehr ähnlich und unterscheidet sich nur durch Aufnahme von 2 H-Atomen und den Austausch der Vinylgruppe durch eine Acetylgruppe (s. Kap. 7, Porphyrinstoffe).

Liegen zwei Zellkügelchen, Kokken, zusammen, so spricht man von Diplokokken; vier bilden Tetraden. Entsteht eine Kettenform, so haben wir Strepto-

---

[1]) Mycobakterien besitzen ein verkümmertes, falsches oder kein Mycel.

[2]) Nomenklatur nach **Bergeys Manual of Determinative Bakterology.** 6. Edition. Baltimore 1948. The Williams u. Wilkins Company.

[3]) Bewirkt die spez. Färbung des Verbandzeuges der „blauen Eiter" enthaltenden Wunden.

[4]) Lat. prodigium = Wunderzeichen.

[5]) Lat. luteum = gelb.

[6]) Goldgelbe Färbung, lat. aurum = Gold.

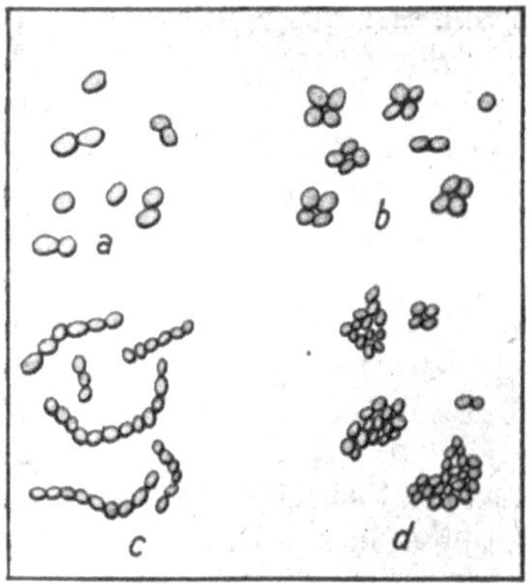

Abb. 1

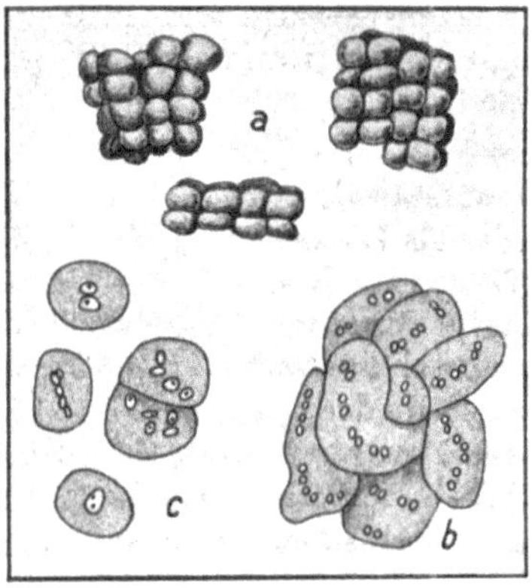

Abb. 2

Abb. 1. Kokken *a* = Diplokokken. *b* = Tetraden. *c* = Streptokokken. *d* = Staphylokokken. Vergröß. 1000×.

Abb. 2. Bakterienformen *a* = Sarcina maxima 1000 ×. *b* = Leuconostor mesenteroides mit Gallerthülle nach *van Tieghem* 500 ×. *c* = nach *Liesenberg* und *Zopf* 1200 ×.

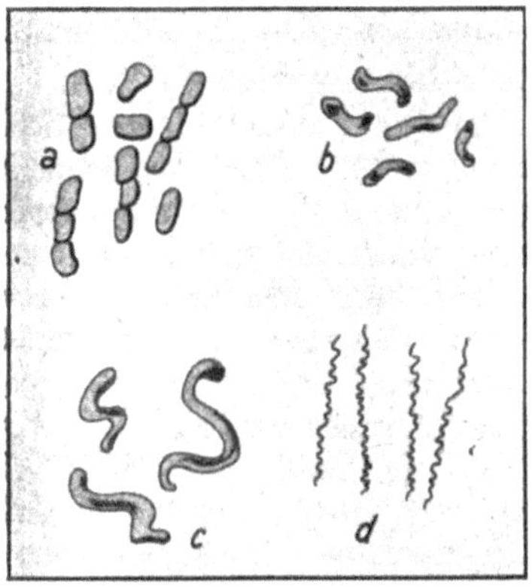

Abb. 3

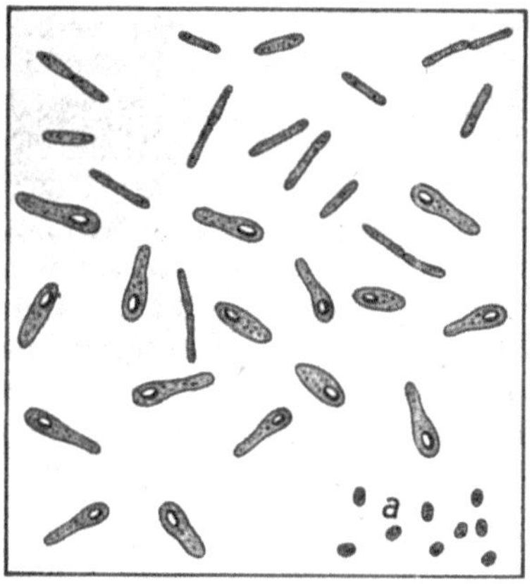

Abb. 4

Abb. 3. Bakterienformen *a* = Bac. megaterioides 1000 ×. *b* = Vibrio cholerae 2250 ×. *c* = Spirilum undula 1500 ×. *d* = Spirochaete Obermaieri 800 × (nach *A. Fischer*).

Abb. 4. Granulobacter butylicum, Zellen in Langstäbchen- und Clostridienform mit und ohne Sporen. *a* = Freie Sporen 1000 ×. Butylalkoholbacillus (nach *Glaubitz*).

kokken[1]) vor uns. Die traubenförmig angeordneten Kügelchen sind die Staphylokokken[2]). Drei dimensional in Paketform angehäufte Kugelzellen erhalten die Bezeichnung Sarcinen[3]), siehe Abb. 1 u. 2. Die Streptokokken und Staphylokokken treffen wir oft als Krankheitserreger in der Medizin an. Die Diplokokken und Tetraden sind beispielsweise als „Biersarcinen" in der Brauerei gefürchtet, da sie dem Bier einen

[1]) Gr. streptos = Kette.
[2]) Gr. staphylé = Traube.
[3]) Lat. sarcina = Paket.

unangenehmen Geruch und Geschmack verleihen (67). Die ausgesprochene Paketform erscheint bei der Sarcina maxima, die auf Gerstenkörnern sitzt und sich gut in Würze entwickelt. Die Sarcina ventriculi, die Magensarcine, produziert reichlich Alkohol und Kohlensäure, dagegen wenig Essigsäure *(Jan Smit, Kluyver)* (68).

Die stabförmig ausgebildeten Zellen sind die Bazillen (Zylinderform). Sie kommen entweder als Einzeller oder in zusammenhängenden Ketten vor. Gekrümmte Stäbchen führen zur Klasse der Vibrionen[1]) und Spirillen[2]), wobei sich beide Arten durch die Anzahl der schraubenähnlichen Windungen unterscheiden. Vibrionen zeigen nur einen viertel Schraubengang. Die korkzieherartige Gruppe mit engen Schraubengängen ist die der Spirochaeten (s. Abb. 3). Bei vielen Bakterien beobachtet man eine Schwimmbewegung, die durch besondere Organe, Geißeln oder Cilien[3]) hervorgerufen wird. Will man diese Einrichtung der Zelle sehen, so muß man eine besondere Zusatzapparatur des Mikroskopes, die sog. Dunkelfeldbeleuchtung, benutzen. Außerdem führen besondere Färbemethoden zum Ziel (s. Abb. 5). Die Begeißelung kann monotricher, lophotricher oder peritricher Art sein. Im ersten Falle kommt nur eine Geißel am Pol der Zellen in Frage, im zweiten sind beide Pole oder wenigstens deren Nachbarschaft begeißelt, und bei der letzten Art erscheinen die Geißeln nahe der Seitenmitte. Mit Hilfe dieser Organe sind die Bakterien imstande, der Nahrung nachzugehen. Da sie auch auf chemisch wirksame Stoffe reagieren, so bezeichnet man diese Reizbewegung der Bakterien als Chemotaxis, für den Sauerstoff speziell Aerotaxis. Neben dieser Eigenbewegung kommt noch die *Brown*sche Molekularbewegung in Frage, bei der die Bakterien pendelartig schnell hin und her schweben und immer wieder zur Ausgangsstelle zurückkommen. Es ist dies eine Art Zitterbewegung, die auch der toten Materie in feiner Verteilung zukommt.

Die Bakterien sind die kleinsten Lebewesen der genannten Gruppen. So kennt man große Kokken mit einem Durchmesser von nur 2μ[4]). Der weit verbreitete Staphylococcus der Eiterbakterien dagegen weist nur einen Durchmesser von $0{,}8\mu$ auf, was zu einem äußerst winzigen Volumen führt. In einem Wassertropfen von einem Kubikmillimeter Inhalt könnte man bequem eine Milliarde Eiterkokken unterbringen. Ein Essigbakterium zeigt die Größenverhältnisse von Länge zu Breite wie $2\mu : 1\mu$. Bei Kulturmilchsäurebakterien wurde $10\mu : 0{,}7\mu$ gefunden.

Je kleiner die Bakterien, z. B. Kokken sind, um so größer ist ihre Wirksamkeit, da die kleinsten Organismen die relativ größte Körperoberfläche zum Körperinhalt entwickeln. Je größer die Oberfläche, desto höher der Stoffwechselaustausch mit der Umwelt. So sind junge Azotobakterzellen je Einheit der Trockensubstanz etwa 2000mal aktiver in bezug auf Atmung als Wurzeln oder Blätter höherer Pflanzen *(W. Franke)* (69). So erklärt sich auch z.T. die mitunter besonders intensive Wirkung pathogener Bakterien.

Die Fortpflanzung der Bakterien geschieht durch Aufspaltung der Zelle, daher wurden sie auch früher „Spaltpilze", Schizomyceten, genannt im Gegensatz zu den „Sproßpilzen", den Hefen. Diese entstehen durch Bildung eines Sprosses an der Mutterzelle. Entsteht der Mikroorganismus aus einer Spore, der Dauerform eines Bacteriums (s. w. u.), so nimmt dieselbe bei der Keimung zunächst Wasser auf und quillt. Allmählich verliert sich das starke Lichtbrechungsvermögen des Plasmas, und ein Keimstäbchen durchbricht die äußere Sporenzellwand (Exine) bei der Entwick-

---

[1]) Lat. vibrare = sich schnell hin und her bewegen.

[2]) Lat. spira = Windung.

[3]) Lat. cilium = Wimper.

[4]) 1μ (Mikron) = 0,001 mm, 1 mμ (Millimikron) = 0,000001 mm, 1 Å (Ångström) = 0,0000001 mm, = 10^{-7} mm.

lung stabförmiger Bakterien. Nun erfolgt Längenwachstum bei dem Individuum bis zur endgültigen Größe, wobei die innere Zellmembran der Spore, die Intine, zur Zellmembran ausgebildet wird. Ist genügend Nahrung vorhanden, so teilt sich das fertige Bacterium weiter, in dem in der Mitte der Zelle eine Querwand entsteht, wodurch dieselbe in zwei kleinere Zellen aufgeteilt wird. Diese wachsen sich wieder zur normalen Größe aus und teilen sich wieder. So bilden sich oft Zellfäden durch lose

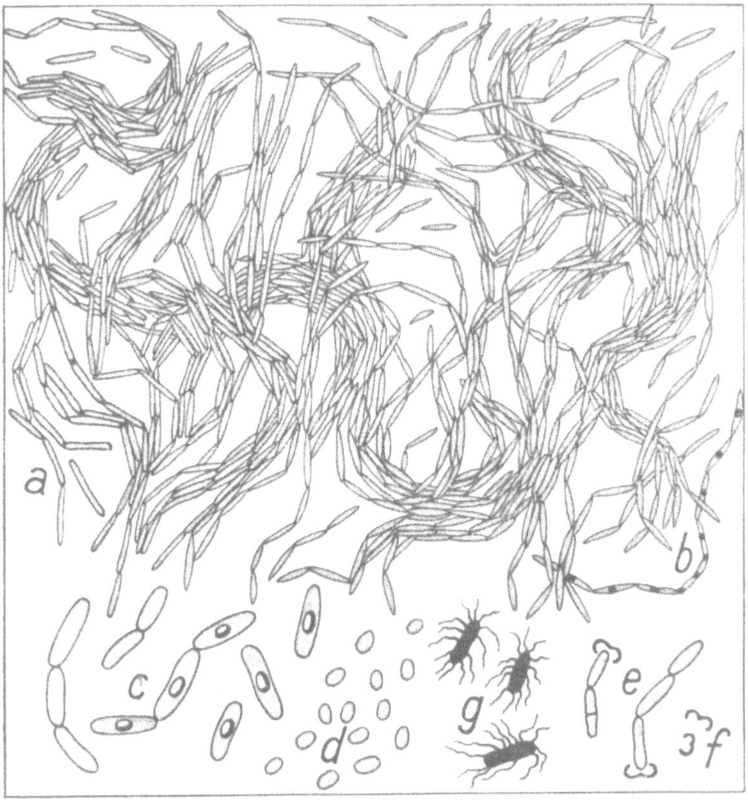

Abb. 5. Bacillus subtilis *Ehrenberg Cohn* (Heubacillus)

a = Charakteristische Zellkettenlagerung. *b* = Zellkette mit Sporen. *c* = Zellen mit und ohne Sporen. *d* = Freiliegende Sporen. *e* = Auskeimende Sporen. *f* = 3-förmige leere Sporenhäute. *g* = Zellen mit Geißeln nach Beizung und Färbung. Oben 1000 ×. Unten 2000 ×. (Nach *Glaubitz*.)

aneinander gereihte Zellen, die meistens zerfallen. Bei den nicht Sporen bildenden Bakterien ist der Fortpflanzungsvorgang derselbe. Er beginnt hier erst mit der Anlage der Querwand in der Zelle.

Diese eben besprochenen Lebewesen stellen die sogenannte vegetative Form der Bakterien dar, die in Frage kommt, wenn die Flora bei normalen Lebensbedingungen auf Substraten wächst und die für sie charakteristischen Stoffwechselprodukte liefert. Werden die Vegetationsbedingungen schlecht, so sterben die Mikroorganismen ab, wobei eine Anzahl von Bakterienarten in die Dauerform übergeht, d. h. Sporen bildet. Diese sind widerstandsfähiger als die Ausgangsorganismen und vertragen höhere Temperaturen, so daß ein Erhitzen auf 100° z. B. gut überstanden wird. Bei trockner Wärme liegt die Grenze bei manchen Sporen sogar bei etwa 140°! Man bedenke, daß oberhalb von 150° bereits leichte „Verkohlung" der organischen Substanz (Watte im Sterilisierschrank bei 150—160°, s. Kap. 5) eintritt. Aus diesem Grunde muß, um in einer Nährlösung Sterilität zu erzeugen, ein öfteres, geregeltes Erhitzen auf Kochtemperatur stattfinden, damit die Sporen, in die vegetative Form übergeführt, als solche vernichtet werden können. Die meisten vegetativen Zellen sterben in Nährlösungen schon in einigen Minuten bei einer Temperatur von 60—70° ab, jedoch manche erst gegen 100°. Nach dem Sporenbildungsvermögen unterscheidet man zwei Arten der Stäbchenform. Die Nichtsporenbildner werden als Bakterien bezeichnet (Beispiel: Bacterium Delbrücki, [Lactobacillus delbrückii (Leichmann) Beijerinck], früher Bacillus Delbrücki genannt), die Sporenbildner als Bazillen (Beispiel: Bacillus subtilis). Leider ohne strenge Durchführung.

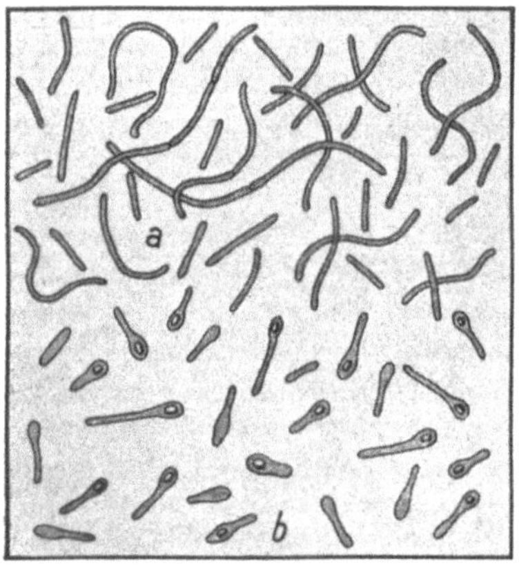

Abb. 6. Bacillus macerans
a = Fadenförmige Langstäbchen.
b = Kaulquappenförmige Zellen mit und ohne Sporen. 1000 ×. (Nach *Glaubitz*).

Die Sporenbildung muß man sich so vorstellen, daß sich das Protoplasma und die Reservestoffe in der Zelle an einer Stelle anhäufen und dann Wasser abgeben, wodurch eine starke Lichtbrechung erfolgt. Der anfangs nackte Sporenkörper umzieht sich dann mit einer dichten, recht undurchlässigen Haut (Exine). Die Spore trennt sich in manchen Fällen vom Vegetationskörperrest, oft sitzt sie noch in der leeren Zellhaut. Die reife Spore ist ein glänzendes rundes Körperchen, bedeutend kleiner als das Stäbchen, in dem es entstand. Verschiedene Bakterien erzeugen typisch entwickelte Sporenformen, je nachdem, wo die Sporenmutterzelle ihren Platz einnimmt, ob sie ihre Form behält oder zur Spindel anschwillt (Clostridienform). So bilden die Buttersäurebakterien z. B. spindelförmige Gestalten, Clostridien genannt (Bakterien der Butylgärungen), (s. Abb. 4), andere wie der Tetanusbacillus (Starrkrampferreger) und der Bacillus putrificus, Trommelschlegel (Plectridien) (s. Abb. 6). Die Widerstandsfähigkeit mancher Sporen erschwert sehr oft die Sterilisation von Nährlösungen, so daß besondere Modifikationen des Dämpfens angewendet werden müssen (Getreidemaischen, Milchnährböden). Die Sporen sind sehr verbreitet in der Natur, in der Erde, auf Cerealien, Heu und Stroh. So ist Ackererde ein Asyl für ungezählte Arten. Deshalb sind auch alle Feldfrüchte mit Sporen behaftet, die sofort in wässerigen Nährlösungen zu keimen beginnen und eine große Flora bilden.

Die Fortpflanzungsgeschwindigkeit unter optimalen Lebensbedingungen ist bei Bakterien sehr groß. Eine Teilung der Zelle kann in 20—30 Minuten erfolgen, so daß in 24 Stunden etwa 1600 Trillionen Zellen aus einer Zelle entstehen können (*Henneberg*). Es ist ein Fall bekannt, bei dem in einer Zuckerfabrik ein Bottich von 49 hl 10%iger Rohrzucker-Melasse in 12 Stunden von dem Froschlaichbacterium (Streptococcus mesenteroides, *Leuconostoc*) (s. Abb. 2) durchwuchert wurde und die ganze Melasse in eine zusammenhängende froschlaichähnliche Masse (Zoogloeamasse) (starke Schleimbildung um die Zellhaut) umwandelte. Gleichzeitig sei bemerkt, daß es eine ganze Anzahl von Bakterien gibt, die Zoogloeamassen produzieren und sich darin einbetten, z.B. Bacterium xylinum (Acetobacter xylinum [*Brown*] Holland (s. S. 445, 450).

Auf eine wichtige Erscheinung sei noch aufmerksam gemacht, auf die Bildung von Involutionsformen, die durch anormale Lebensbedingungen erzeugt werden. Die Bakterien zeigen in diesem Falle Vergrößerungen, Anschwellungen und Aufblähungen der Zellen, die aber bei normalen Lebensbedingungen wieder verschwinden. Das Bacterium acetosum (Acetobacter acetosum [*Henneberg*] *Bergey* et al.) einer obergärigen Leipziger Gose (Bier) entwickelte z. B. als Involutionsform ganz lange in der Mitte zwiebelförmig aufgeblasene Zellfäden. Beim Bact. Delbrücki (Milchsäureerzeuger) wurden äußerst lange, dünne Stäbe (Stäbchenketten) beobachtet, die durch das ganze Gesichtsfeld des Mikroskopes bei 600facher Vergrößerung gingen.

Aus praktischen Gesichtspunkten behandelt man die Bakterien der Medizin getrennt von den Gärungs- und Fäulniserregern. Die giftigen Bakterien bezeichnet man als pathogene Arten.

Viren[1])

An die Bakterien wollen wir eine Klasse von „Wesen" anschließen, deren Natur erst in der neuesten Zeit weiter aufgeklärt werden konnte, die Viren. Seitdem *Loeffler* 1897 den Erreger der Maul- und Klauenseuche durch ein Bakterienfilter schicken konnte, und der erhaltene infektiöse Schleim zu der Bezeichnung Virus führte, hat die Forschung über die rätselhafte Ursache der genannten Krankheit den Wissenschaftlern viel Kopfzerbrechen verursacht. Mittlerweile hat man mehr als 300 Virusarten kennengelernt und einen gewissen Einblick in das Wesen dieser Organismen erhalten. Besonders brachte das Studium des Virus der Mosaikkrankheit des Tabaks eine bedeutende Förderung *(Stanley)* (70).

Alle Viren passieren glatt die bakteriendichten Filter mit einer fiktiven Porenweite von 1 μ, denn ihre Abmessungen betragen die winzige Ausdehnung von etwa 12 bis 400 mμ. Sie haben verschiedene Formen. Man hat Kugeln, Nadeln, Fäden und Polyeder (z. B. bei den Insektenviren) beobachtet. Nach ihrem Umfang unterscheidet man große Viren, mittlere und kleine. Zur ersten Gruppe gehören der bläschenförmige Organismus der Lungenseuche der Mäuse (s. Abb. 7, Nr. 4) *(Ruska, Poppe)* und der verzweigte Lungenseuche-Erreger von *Liebemeister* (Nr. 5). In der mittleren Klasse finden wir u. a. die verschiedenen Arten der Pockenerreger (Nr. 6) und zu den kleinsten Viren zählen u. a. die der Maul- und Klauenseuche, der Grippe (Nr. 8), der spinalen Kinderlähme (Nr. 10), die verschiedensten Tabakviren (Nr. 11), der Gelbmosaikvirus der Rüben, der Tomaten-Bushy-Stunt-Virus (Nr. 7), der Kartoffel-Gelbzwergvirus und die Bakteriophagen (Nr. 12—14), worauf noch näher zurückzukommen ist.

Den Übergang von den Viren zu den Bakterien bilden die Rickettsien (Nr. 3), da sie bei besonderer Größe auch durch eine Membran *(Ruska, Eyer)* ausgezeichnet sind. Wichtig ist, daß sie nicht auf bakteriologischen (toten) Nährböden wachsen. So erfordert der Erreger des Fleckfiebers zur Vermehrung Läusedärme oder Eihäute lebender Embryonen. Gruppieren sich die Organismen zu einfachen Formen zusammen, so sind sie im Lichtmikroskop erkennbar. Im allgemeinen muß man das Elektronenmikroskop benutzen, um ihre Formen deutlich zu erkennen. *H. Ruska* (71) hat vorzügliche Aufnahmen bei verschiedenen Vergrößerungen geliefert, direkte Aufnahmen 18000—30000, Nachvergrößerungen bis 70000. *Wyckoff* hat Angaben über die Größe einer Virenkugel gemacht. Er berechnete den Durchmesser zu einem 40 millionstel Millimeter und schätzt das Molekulargewicht auf 25×10^6. Würde es sich hier nur um ein Nukleinsäure-Protein handeln, was später näher ausgeführt wird, so hätte man ein „lebendes" Riesenmolekül vor sich. Es

[1]) Lat. virus = Gift.

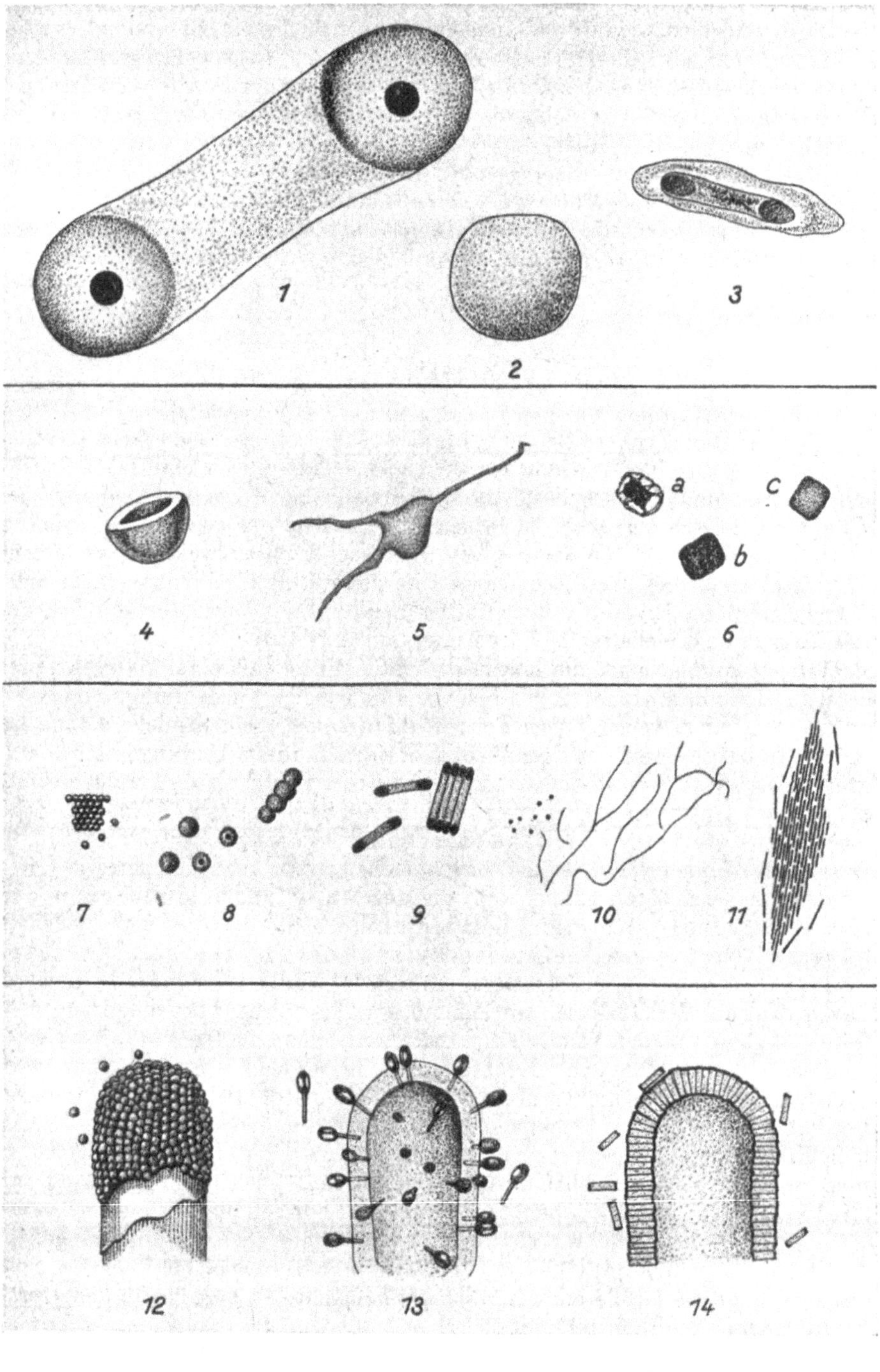

Abb. 7

scheint, daß es wirklich so ist. Es liegen in der Tat keine Anzeichen vor, daß die Viren wie lebende Zellen organisiert sind, obgleich sie vermehrungsfähig sind. Nach *Stanley* handelt es sich bei dem Virus in Kristallform um autokatalytisches Protein, das sich in Gegenwart lebender Zellen vermehrt. Es nimmt aus seinem Nährboden, also aus dem Stoffwechsel seines Wirtes, Bausteine und lagert sie an, wächst dadurch und teilt sich dann. Ferner muß ausdrücklich darauf hingewiesen werden, daß das Virus genau so wie die Rickettsie nicht in der Lage ist, sich aus einfachen organischen unbelebten Baustoffen aufzubauen, wie das bei Bakterien, Hefen und Schimmelpilzen der Fall ist. Es benötigt zu seiner Existenz den Energie- und Stoffwechsel einer lebenden Zelle (s. Kap. 13). Den Viren fehlt also dieser Stoffumsatz, sie vermögen weder zu atmen noch zu gären *(G. Schramm)* (72). Obgleich sie bei der Vermehrung auf fremde lebende Zellen angewiesen sind, so werden ihre spezifischen Arteigenschaften dennoch erhalten. Offenbar haben die Viren die Fähigkeit, zur Erhaltung ihres Daseins die notwendigen Substanzen für sich abzutrennen. Wir haben in den Viren „unvollständige" Lebewesen primitivster Art vor uns. Es sind die kleinsten biologischen Einheiten, die man kennt.

Mehrere sind als wasserfreie Kristalle darstellbar. In Wasser gebracht, werden sie wieder vermehrungsfähig und rufen dann wieder Infektionen hervor *(Stanley)*. Das Nicotina Virus 11 läßt sich ohne Verlust der biologischen Wirksamkeit 6 Monate in absolutem Alkohol aufbewahren.

Eine besondere Eigenschaft mancher kleinen Viren besteht darin, daß ihre Fähigkeit der Selbstvermehrung der eines Gen (s. Erzeugung neuer Hefetypen durch Kreuzung, s. w. u.) gleicht. „Ja, es läßt sich sogar wie ein Gen durch Strahleneinwirkung so umbauen, daß es etwa eine andersartige Mosaikfleckung erblich festliegend bewirkt und sich in typische Rassen aufspaltet."

Erläuterung zu nebenstehender Abb. 7

1 = Colibacterium. (Als Vergleichsgröße wiedergegeben.) Membran mit Plasma. Durchmesser etwa 500 mμ. Länge mehr als 3μ. Im Ultraviolettmikroskop werden endständige Bläschen mit einem dichten Zentrum sichtbar (*Haardick*), die aus Nukleinsäure bestehen. Durch besondere Fermenttätigkeit, die hier lokalisiert ist (*Bielig, Kausche, Haardick*) erweisen sich diese Bläschen als Steuerungszentren des Stoffwechsels.

2 = Kugelförmiger Staphylococcus (*Haardick*). Durchmesser etwa 500 mμ.

3 = Rickettsie (1200 × 2500 mμ), durch den Besitz einer Membran (*Ruska, Eyer*) den Bakterien nahestehend. (Erreger des Fleckfiebers.)

4 = Bläschenförmiger Organismus einer Lungenseuche der Mäuse (*Ruska, Poppe*) 450 mμ. (Bronchopneumonie.)

5 = Verzweigter Lungenseuche-Erreger (*Liebermeister*) 400 mμ (Pleuropneumonie).

6 = Vaccine-Virus (Pocken) 200 mμ (*Ruska*).

7 = Tomaten-Bushy-Stunt-Virus.

8 = Influenza 100 mμ (*Vogel, Küchenhoff*).

9 = Polyedervirus der Seidenraupen (*Bergold*) 40 × 400 mμ.

10 = Poliomyelitis (spinale Kinderlähme), Fäden von 15 × 300 bis 1000 mμ (*Gard, Bender, Kausche, Haardick*) und Kügelchen des Lansing-Stammes von 20 mμ (*Kausche, Haardick*).

11 = Tabakmosaikvirus. Einzelfäden 15 × 240 mμ und parakristallines Aggregat einer „Stanleynadel" (*Haardick*).

12 = Kugelförmige Phagen an der Membran einer Bakterienzelle (*Ruska*).

13 = Keulenförmige Phagen an der Membran einer Bakterienzelle (*Ruska*).

14 = Stäbchenförmige Phagen an der Membran einer Bakterienzelle (*Ruska*).

(Alle Darstellungen halbschematisch.)

Nach *H. Ruska* (71) ist „Virus“ die Gruppe der kleinsten vermehrungsfähigen Agentien, deren Angehörige einen anderen (einfachen) Bau aufweisen als die auf unbelebten Nährstoffen züchtbaren Mikroorganismen.

Um welche Größenordnungen es sich hier handelt, zeigt uns das Beispiel des Mosaikvirus. Von ihm genügt schon die winzige Menge von 10^{-9} g, um eine Tabakpflanze zu infizieren. Die Mosaikkristalle vermehren sich dann in den Tabakblättern, stören durch die Wegnahme der Virusaufbaustoffe den normalen Stoffwechsel und rufen die Mosaikkrankheit hervor.

Über die chemische Zusammensetzung des Tabakmosaikvirus ist zunächst zu sagen, daß es eine ganz bestimmte hochmolekulare Eiweißverbindung, gekettet an ein Molekül einer Nukleinsäure, darstellt (*Pfankuch*) (73). Diese Säure besitzt nach ihren Spaltstücken Guanin, Adenin, Cytosin und Uridylsäure große Ähnlichkeit mit der der Hefe (s. Kap. 7). In manchen Viren (Coli Phage T_2) ist auch Thymonukleinsäure aufgefunden worden.

Die Eiweißkomponente besteht aus 19—20 verschiedenen Aminosäuren, „wie Tyrosin, Tryptophan, Arginin, Serin, Leucin, wovon einzelne reaktionsfähige Gruppen (Aminogruppen) so exponiert liegen, daß sie durch Formaldehyd festgelegt werden können und dadurch die Fähigkeit der Vermehrung und Infektiosität des Virus verloren gegangen ist. Durch Entfernung des Aldehyds werden die alten Eigenschaften wieder gewonnen. Obgleich andere Bausteine noch nicht bekannt sind, so ist sicher auch zur Erhaltung der Art ein Enzymsystem anzunehmen.

Die größeren Viren sind chemisch nicht so einfach zusammengesetzt. So finden wir in den Pockenviren neben Eiweiß auch Kohlenhydrate und fettähnliche Stoffe. Im Vaccine Virus wurden außerdem Biokatalysatoren wie Biotin, Flavine, Phosphatase und Polynukleotidase (s. Kap. 11) aufgefunden.

Die weiteren chemischen und biologischen Untersuchungen sprechen nicht gegen die Anschauung, daß man die kleinen Viren als lebende kristallisierbare Krankheitserreger ansehen kann. Wir müssen uns jetzt darüber klar werden, daß hier der Begriff lebende Materie eine Erweiterung erfahren hat, denn nach der allgemeinen Auffassung war das Leben an die organisierte Zelle im Sinne von *Schleiden* und *Schwann* gebunden.

Große Ähnlichkeit mit den Viren haben die Bakteriophagen[1]), auch d'Herellen[2]) genannt. Auch hier sind kleinste unvollkommene Lebewesen im Spiele, die die Bakterien befallen (s. Abb. 7 Nr. 12—14). So kann ein Bakterienrasen durch d'Herellen aufgelöst und vernichtet werden. Wir haben es auch hier mit sehr kleinen Größenordnungen wie 20—120 mμ zu tun. Die Formen sind dieselben wie bei den Viren und zeichnen sich durch große Hitzbeständigkeit aus und Widerstandskraft gegen Desinfektionsmittel. Angegriffen werden sie durch Natrium und Kaliumjonen. Eine Inaktivierung der Viren gelingt mit Hilfe von 1%iger Natron- oder Kalilauge. Offenbar tritt mit der Nukleinsäure eine das Leben zerstörende Reaktion ein.

Der Unterschied zwischen Bakteriophagen und Viren besteht darin, daß jene sich nur Bakterien zum Wirt aussuchen, während die Viren alle höher organisierten Zellen, Zellen mit Chromosomen des Tier- und Pflanzenreichs, befallen. Darum werden die Viren auch als Krankheitserreger angesehen (Influenza, Scharlach, Maul- und Klauenseuche, Tabakmosaikkrankheit, Blattrollkrankheit der Kartoffel).

Die oben angeführten, merkwürdigen Erscheinungsformen der Viren und Phagen in der Morphologie und Physiologie haben die große Unsicherheit in der Beurteilung

---

[1]) Gr. phagein = fressen.

[2]) Genannt nach *d'Herelle*, der das Phänomen zuerst beobachtete.

dieser Wesen bis heute aufrecht erhalten. *Reiner Müller* (74) vertritt neuerdings wieder die Ansicht, daß Viren zwar keine Zellen, aber Lebewesen in Kristallgestalt sind.

An harte Kristalle mit scharfen Kanten und glatten Flächen im streng mineralogischen Sinne, die durch eine rein physikalisch-chemische Bedingung, durch Übersättigung der Mutterlauge, wachsen, ist hier nicht zu denken, denn hier ist die Lebenskraft nicht im Spiele.

Jedoch zeigt die Feinstruktur mancher Virusarten, daß die kleinen Elemente der Materie sich nach den Gesetzen der Kristallehre fügen. Ein schönes Beispiel haben wir bei dem Tomaten-Bushy-Stunt-Virus (Licopersicum Virus 4), dessen sphärische Moleküle von 25 mμ Durchmesser (*Stanley* und *Anderson*) sich in der Ebene hexagonal anordnen, wobei je drei Moleküle einen Winkel von 60° bezw. 120° bilden (Nr. 7). Durch Aufeinanderschichtung beginnt eine kubisch körperkonzentrierte Kristallisation (*Price*, *Williams* und *Wyckoff*), die schließlich zu schön ausgebildeten Rhombendodekaedern (*Bawden* und *Pirie*) führt, sichtbar im Lichtmikroskop. Stäbchenförmige Moleküle produzieren das Tabakmosaik- und Kartoffel-X-Virus (Nicotiana und Solanum-Virus 1) sowie verschiedene andere. Pseudokubische Kristalle finden wir bei dem Tabak-Nekrose-Virus (20—24 mμ) (*Markham*, *Smith* und *Wyckoff*), wie die Abb. 8 bei einer Vergrößerung von 1:68000 zeigt.

Wenn die Viren Substanz aus der Zelle ihres Wirtes ansetzen, so müssen sie sich diese Materie erst selbst aus dem Plasma herauslösen oder zum mindesten aussuchen und isolieren. Das ist eine Lebensfunktion (s. unten). Der Milzbrandbazillus verrät im Elektronenmikroskop auch keine typischen Zellstrukturen und wird trotzdem als lebendes Individuum angesehen. *R. Müller* trennt das Bakterienreich von dem Pflanzen-Tier-Reich und ordnet dort alle Mikroorganismen ohne Chromosomenkern ein. Hier sind die einfachsten ursprünglichen Lebewesen eingruppiert. Es wird folgende Einteilung gegeben: Präviren, saprobische Urmikroben, die kleinen Wesen, die keine Giftwirkung hervorrufen, die Phagen, Viren, Kugelbakterien, Stäbchen, Schraubenbakterien, Rickettsien, Aktiomyceten, Blaualgen und symbiontische Plastiden.

Von den Phagen wurde bereits berichtet, daß sie Bakterien angreifen und sie töten oder mit ihnen symbiontisch leben. Das Scharlachvirus scheint sich ähnlich zu verhalten. Nach *Bingels* Versuchen ist das Scharlachvirus für die Zellen der Menschen selbst nicht giftig, aber es veranlaßt in der Lebensgemeinschaft mit Streptokokken dieselben zur Umbildung zu Scharlachstreptokokken (*R. Müller*), die dann das Scharlachtoxin produzieren. Ebenso verbindet sich nach *Köbe* ein Virus mit einem nicht pathogenen Humus- und Schmutzbacterium zum Schweinerotlaufbacterium. Nach *Ruska* fehlt solchen Lebewesen die Zellmembran, weshalb sie verschiedene Formen annehmen können. So bildet der Erreger der Lungenseuche des Rindes bis 200μ lange Mycelfäden, weshalb er als Micromyces peripneumoniae (Asterococcus mycoides *Borrel*) bezeichnet wird (*Nocard* und *Roux*, *P. Frosch*). Über die Phagen der Gärungsorganismen ist wenig bekannt. In der Käsefabrikation haben sie sich schon gelegentlich unangenehm bemerkbar gemacht. Auch manche Hefearten wurden befallen. So gelang es *Wiebols* und *Wieringa* (74a), eine sporogene Hefe mit bakteriolytischen Eigenschaften zu isolieren. Schließlich wurden die Phagen durch Abtrennung von der Hefe erkannt.

Die Erforschung der Viren ist für das Wohl der Menschheit außerordentlich wichtig. Ihre gründliche Bekämpfung ist ein Segen. Man erinnere sich nur daran, daß im ersten Weltkrieg (1918—1919) die Grippe-Epidemie mehr Todesopfer erforderte als die Kampfhandlungen selbst. In Indien allein waren 6 Millionen Menschen durch die Seuche umgekommen. Über die enorme Vernichtung der Menschen in früheren

Abb. 8. Tabak-Nekrosevirus, bildet pseudokubische Kristalle. Kristalle und Kristallbruchstücke 68000:1 nach *Markham*, *Smith* und *Wyckoff*. (Aus *H. Ruska*, Virus.)

Jahrhunderten durch die Pocken — bevor die *Jenner*sche Schutzimpfung eingeführt wurde — berichten viele alte Chroniken in lauten Klagen.

Die Viren und Phagen sind also die kleinsten, einfachsten Lebewesen, die sich fortpflanzen. Wäre diese Annahme falsch, so würde man es mit einer Erscheinung zu tun haben, die uns die Erkenntnis von dem Übergang der toten Materie zur lebenden näherrücken würde (s. Das Problem der Urzeugung Kap. 2 S. 20, Anmerkung). (*Oparin*, Entstehung des Lebens auf der Erde S. 69.)

Hefen
(Saccharomyceten)[1])

Eine selbständige Klasse der Mikroorganismen bilden die **Hefen**, die Sproßpilze, die sich im Gegensatz zu den Bakterien durch Sprossung vermehren und bedeutend größer sind. Die Sprossung tritt bei guter Ernährung ein. Zunächst bildet sich eine kleine, kugelige Ausstülpung an der Zellwand, die zum Bläschen auswächst,

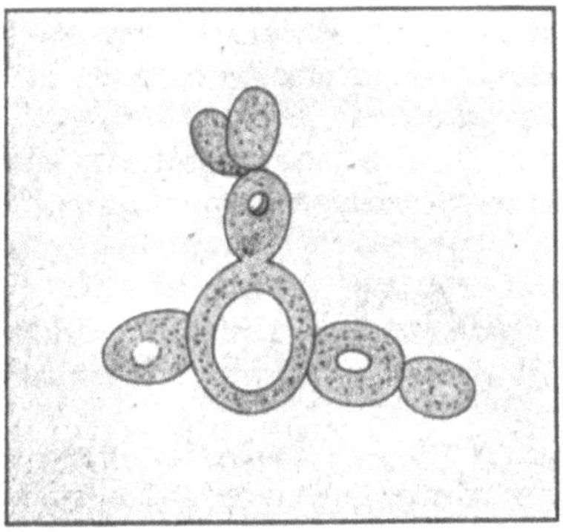

Abb. 9

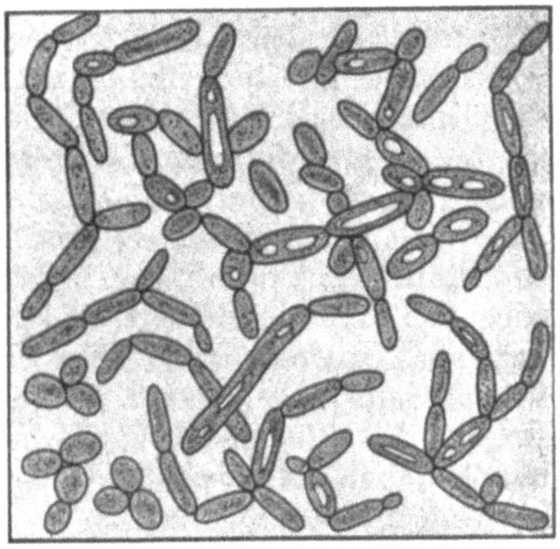

Abb. 10

Abb. 9. Hefesproßverband. Zellen mit Vakuolen u. Protoplasma. Nach *W. Henneberg*. 1000 ×
Abb. 10. Mycoderma cerevisiae Desmazières. 500 × (Nach *Glaubitz*).

und da an der Berührungsstelle mit der Mutterzelle die Membran weggelöst ist, so füllt sich die Tochterzelle ebenfalls mit Protoplasma auf. Das Wachstum geschieht so lange, bis die neue Zelle die Größe der Stammzelle erreicht hat. Dann trennt sich die Tochterzelle ab und beginnt bald selbst zu sprossen. Hier bleibt also die alte Zelle bestehen, nur ein junger Anwuchs löst sich von der alten Generation ab. Bei der Bakterienspaltung dagegen entstehen aus einer ausgewachsenen Zelle zwei kleine, die dann durch Wachsen erst die alte Größe erreichen. In diesem Falle gibt die alte Zelle ihre Existenz auf. Oft bleiben die neuen Zellen an der Mutterzelle haften, um mehr oder weniger lange Ketten mit Nebenzweigen zu bilden (s. Abb. 9). Auf diese Weise entstehen die für verschiedene Heferassen oft recht charakteristischen Sproßverbände. Bei manchen Hefearten, die nur an der Oberfläche der Nährlösung wachsen, vereinigen sich die Zellen zu einer in der Hauswirtschaft oft angetroffenen Kahmhaut, z. B. der Kahmhaut einer Mycodermahefe (Mycoderma cerevisiae) (s. Abb. 10).

Die Hefezelle von ellipsoidischer eiförmiger Gestalt ist infolge ihrer Größe mit einem Durchmesser von 6—10 μ im Gegensatz zu der runden Bakterienzelle (0,8—2μ) im Mikroskop schon bei 5—600facher Vergrößerung gut in ihren Einzelheiten zu

[1]) Lat. saccharum = Zucker; gr. mykēs = Pilz.

erkennen. Wir beobachten sehr deutlich die Zellhaut, namentlich in kranken und abgestorbenen Zellen, bei denen das Protoplasma, abgelöst von der Zellwand, zusammengeschrumpft ist. Bei der Autolyse bleibt meist die leere Zellhaut zurück mit einem „Fetttröpfchen". Sie enthält u. a. vielleicht auch Chitin, denn bei der Hydrolyse der Hefe fand *Meisenheimer* Glucosamin. Die glatte Oberfläche des Plasmas müssen wir dann als die semipermeable Membran ansehen. Während die Zellhaut als Gerüst zu betrachten ist, kommt der Membran wie bei den Bakterien eine bedeutende physiologische Funktion zu. Nach *A. Rothstein* (75) enthält die Zellmembran auch Enzyme, die die Diffusion mancher Substrate erst ermöglichen. So spalten Phosphatasen vor dem Passieren der Membran die Phosphorsäureester in ihre Komponenten (s. Kap. 11). Das Protoplasma mit seinen Vakuolen ist stets deutlich sichtbar. Bei jungen Zellen ist es fast durchsichtig klar, bei älteren oder angekränkelten sieht man Verdichtungen, die zur Schrumpfung führen. Oft erblickt man im Plasma Körnchen (Grana) abgelagert, über deren Bedeutung noch nichts Positives gesagt werden kann. Vermutlich handelt es sich um Ölkörperchen (Fett + Eiweiß), die als Reservestoffe dienen oder um Nukleinsäure-Lipoide (Volutin) (s. Kap. 7). Vom Glykogen ist der Charakter als Reservenährmittel erwiesen. Man kann beobachten, wie im Hungerzustand das Polysaccharid verschwindet, und Alkohol und Kohlensäure gebildet werden. Auch Trehalose, ein Disaccharid aus Glucose (α-Glucosido-α-glucosid) wird als Reservestoff angesprochen *(Brandt)* (75a). Nicht bei allen Heferassen sind die Vakuolen groß und deutlich, oder überhaupt sichtbar, aber viele Bier-, Brennerei- und Weinheferassen erzeugen besonders umfangreiche Zellsaftbläschen im Plasma. Der Zellkern in lebenden Hefezellen ist schwer zu erkennen. Erst durch verschiedene Färbemethoden gelang es, seine Existenz wahrscheinlich zu machen. *Lindegren* konnte neuerdings mit Hilfe der Feulgen-Reaktion (Kap. 7) bei Sacch. cerevisiae und zwei wilden Hefen Kernsubstanz nachweisen. K. L. Schulz (1032) De Lamater (1033)

Der Zellinhalt der Hefezellen reagiert sauer. *B. Drews* (76) stellte ein pH im isolierten Zellsaft um 5,9 fest. Es ist anzunehmen, daß das Protoplasma unterteilt ist, und daß in den einzelnen Arealen verschiedene Säuregrade herrschen. Die pH-Angaben geben daher den Durchschnittswert an. Die Hefen erscheinen in Lösungen fast farblos. In dichten Ansammlungen oder abgepreßt haben sie eine gelb-bräunliche bis weiße Färbung. Dies gilt auch von den Kulturhefen der Gewerbe. Außerdem gibt es einige rote und schwarze Hefenrassen, die von untergeordneter Bedeutung sind.

Die Hefen besitzen keine Eigenbewegung, sind also ohne Bewegungsorgane (Cilien). Sie vermehren sich mit ziemlich großer Geschwindigkeit. Die Generationsdauer der Weinhefen beträgt etwa 2 Stunden. Züchtet man Brennereihefen unter Luftzufuhr, so geht die Vermehrung erheblich schneller (s. Kap. 14, Leistung der Hefezelle). Wichtig sind für gutes Wachstum optimale Lebensbedingungen, d. h. geeignete Temperatur und Nährstoffe, sodann Entfernung der störenden Stoffwechselprodukte.

Das Sporenbildungsvermögen ist bei dieser Organismenklasse wohl ebenso stark entwickelt wie bei den Bakterien. In der freien Natur stößt man zwar öfters auf Sporen bei typischen Rassen, aber die künstliche Erzeugung dieser Gebilde gelingt nicht immer und ist teilweise noch von unbekannten Bedingungen abhängig. Gewöhnlich verwendet man hierzu die Gipsblockmethode, indem man gut ernährte junge Hefen bei reichlichem Luftzutritt und geeigneter Temperatur (25—30°) auf einem Gipsblock bei steriler Versuchsanordnung sich selbst überläßt. Es entstehen dann in einer Zelle 2—4 Sporen, bei der Hefe Schizosaccharomyces octosporus, wie der Name sagt, acht (s. Abb. 11). Viele Hefearten (z. B. echte Kahmhefen und Torulaarten) bilden niemals Sporen. Obergärige Hefen und Weinhefen können schon in 24 Stunden Sporen erzeugen, während die untergärigen Hefen etwas Trägheit an den Tag legen. In der Widerstandskraft unterscheiden sich die Hefesporen wesentlich von denen der Bakterien. Schon bei einer Temperatur von 63—70° gehen sie in wässerigen Lösungen zugrunde. Werden sie dagegen gut getrocknet, so erhalten sie jahrelang bei normalen Temperaturen ihre Keimfähigkeit. Sporenbildung, Beeinflussung (1034).

Es existieren sehr viele Heferassen, jedoch sind diese meistens morphologisch nicht ausreichend zu unterscheiden, weshalb man physiologische Merkmale hinzuziehen muß. Wichtig ist hier ihre Einstellung auf Zucker. Da spielt die Vergärung von verschiedenen Zuckerarten eine große Rolle. Jedoch gibt es auch Rassen, die

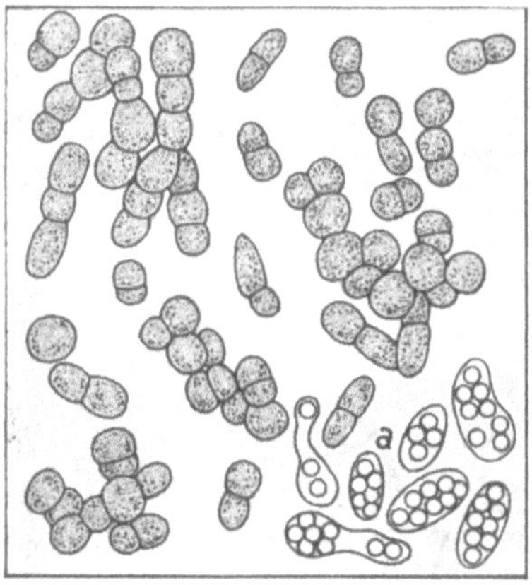

Abb. 11

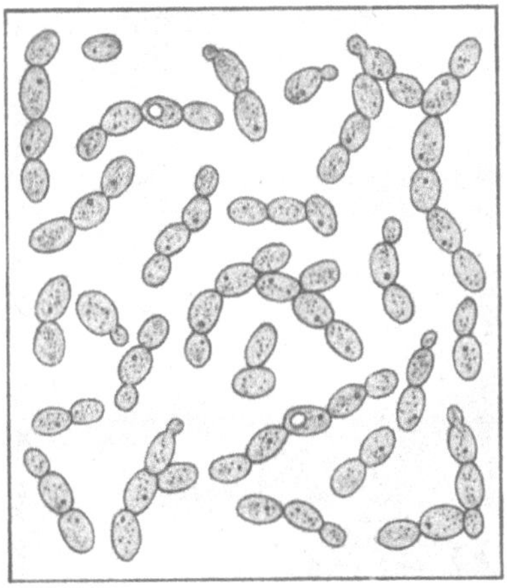

Abb. 12

Abb. 11. Schizosaccharomyces octosporus Beijerinck a = Zellen mit Sporen 500 ×. (Nach *Glaubitz.*) — Abb. 12. Torulopsis utilis (Torula utilis) 500 ×. (Nach *Glaubitz.*)

Zucker zwar assimilieren, aber keinen oder nur sehr wenig Alkohol bilden (Wuchshefen, Torula utilis[1]) z. B. s. Abb. 12). Diese physiologische Erscheinung steht so fest und ist so zuverlässig, daß sie ein vorzügliches diagnostisches Hilfsmittel darstellt. Zwei Hauptgruppen der Hefen entstehen durch das Sporenbildungsvermögen. Es gibt Sporenbildner (Beispiel: Bier- und Weinhefen) und Nichtsporenbildner (Beispiele: Torula und Mykodermaarten). Wenn man indessen versucht, aus der Geschwindigkeit der Sporenbildung ein charakteristisches Merkmal zur weiteren Differenzierung zu schaffen, so erlebt man eine bittere Enttäuschung, da, wie schon oben erwähnt, mit der künstlichen Sporenerzeugung ein heikles Arbeitsgebiet betreten wird. Einige Arten bilden indessen so typische Sporen, daß hier wichtige Erkennungsmerkmale gegeben sind. So erzeugt der Schizosaccharomyces octosporus meist 8 Sporen zweireihig angeordnet in großen länglichen Zellen und die Willia anomala (Hansenula anomala [Hansen] *Sydow*) eigentümliche hutförmige Sporen, (s. Abb. 11).

Man tut gut, die Hefen in unserem Falle nach ihrer Verwendung aufzuteilen. Wir unterscheiden deshalb zunächst die Kulturhefen (Brauerei- und Brennereihefen) von den wilden Hefen.

Von großer technischer Bedeutung sind seit altersher die Kulturhefen, die zur Herstellung von Bier, Alkohol und Bäckerhefe dienen. Die Bierhefen (Saccharo-

[1]) Auch Torulopsis utilis genannt, lat. torus = Knoten; utilis = nützlich.

myces cerevisae)[1]) (s. Abb. 13) sind große runde, etwas ovale Zellen, die in gewissen Stadien mehr oder weniger große oder keine Vakuolen zeigen. Meist treten sehr große Vakuolen im Ruhezustand ein, weshalb die Bodensatzhefe nach beendeter Gärung diese Erscheinung aufweist. Bei Bierhefen unterscheidet man obergärige und unter-

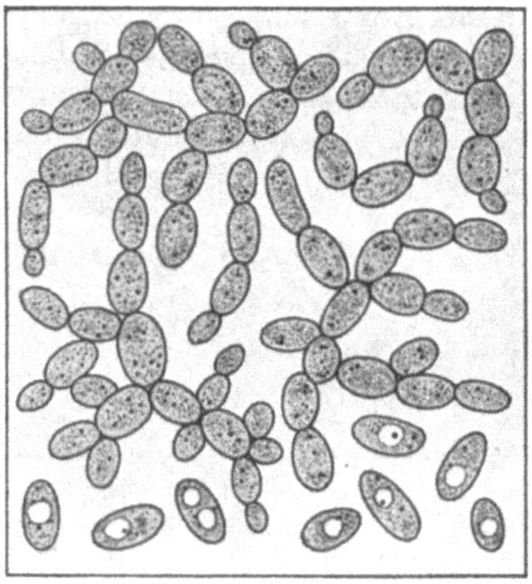

Abb. 13

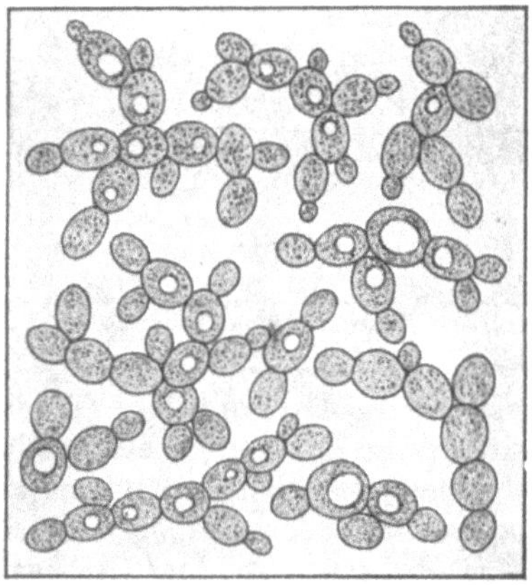

Abb. 14

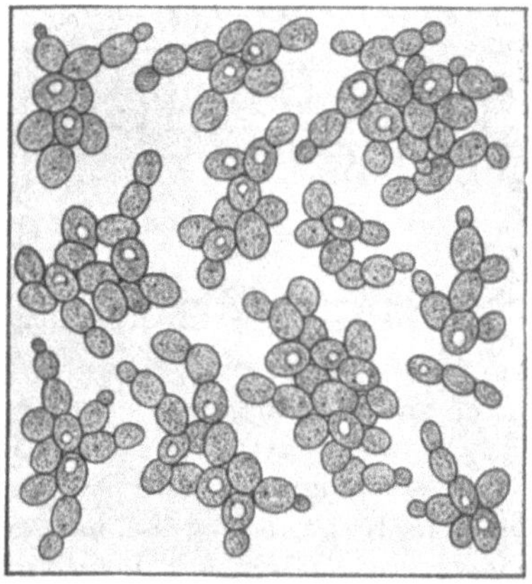

Abb. 15

Abb. 13. Saccharomyces cerevisiae Rasse *Frohberg Lindner*. Bierhefe, untergärig. 500 × (Nach *Glaubitz.*) — Abb. 14. Brennereihefe Rasse M, obergärig, 500 ×. (Nach *Glaubitz.*) Abb. 15. Weinhefe *Steinberg*. Wilde Hefe. 500 ×. (Nach *Glaubitz.*)

gärige Rassen. Die letzteren schätzt besonders der deutsche Brauer, da in normalen Zeiten die meisten Biere (Lagerbiere) Produkte dieser Hefen sind. Obergärige Hefen finden Verwendung zu Weißbier, Malzbier und Porter. In England werden auch die Lagerbiere obergärig erzeugt. Die untergärigen Hefen bilden feste Bodensätze und wenig hefige Decken; namentlich bleibt während der Gärung die Hefe in der Flüssigkeit

[1]) Lat. cerevisia = Bier nach Plinius. vis ceresis = Kraft der Ceres. *J. P. Arnold* leitet den Namen aus dem Keltischen ab: cer vis = Wachswasser. (Metbereitung aus Honigwachswaben). Origin. u. History of Beer u. Breweries Chicago 1911.

und liegt zum großen Teil am Boden. Dagegen bringen die Oberhefen sehr hefige Decken, aber wenig feste Bodensätze hervor. Ein Teil Hefe wird durch die Schaumblasen während der Gärung hinausgehoben. Meist erkennt man im Laboratorium den Charakter einer Hefe an der Flockenbildung, wenn man Hefe mit etwas Wasser auf einem Uhrgläschen anrührt. Man sieht dann beim Neigen des Gläschens wie bei Unterhefen (Flockenhefe) beim Wegfließen des Wassers ein grobflockiger Bodensatz liegen bleibt, während eine Oberhefe gleichmäßig in der Flüssigkeit verteilt ist (Staubhefe). Charakteristisch für die obergärigen Hefen sind auch die festgefügten sparrig verzweigten Sproßverbände in Tröpfchenkulturen (s. nächstes Kapitel), während die U-Hefen weniger stabile Gebilde in Erscheinung treten lassen. Eine weitere Unterscheidung beider Hefearten bietet der Gärversuch mit Raffinose (Melitriose):

Melibiose
Fruktose — Glucose — Galactose
Rohrzucker

Dieses Trisaccharid wird durch die Invertase der Oberhefe zerlegt in Melibiose und Fruktose, welch letztere vergoren wird. Da Unterhefen auch noch die Melibiose, und zwar durch die Melibiase aufspalten, so setzt hier eine viel kräftigere Gärung ein als im ersten Fall. In der Brennerei- und Preßhefefabrikation hat man nur obergärige Hefen (Rassen II, XII und M) (s. Abb. 14). Im Gegensatz zu den Kulturhefen stehen die wilden Hefen, die in der Natur sehr verbreitet sind. Zu ihnen gehören auch die Weinhefen (s. Abb. 15). Sie treten im Most der Keltereien spontan auf und werden nicht wie die Kulturhefen herangezüchtet. In den letzten Jahren hat man allerdings begonnen, Weinhefen für spezielle Zwecke zu kultivieren. Während sich die Weinhefen bei der Weinbereitung sehr nützlich, ja unentbehrlich erweisen, sind gewisse wilde Arten, z. B. die Pastorianushefen (*Hansen*) und Saccharomyces ellipsoideus (*Hansen*) in Brauereien als Schädlinge zu betrachten, da sie oft Krankheiten und Trübungen des Bieres erzeugen. Die hautbildenden Kahmhefen gehören auch in diese Klasse. In den letzten Jahren hat man die Torula utilis zur Futterhefegewinnung herangezogen (*Delbrück*, *Henneberg*, *Fink*) (s. Kap. 17) (s. Abb. 12).

Eine Systematik der Hefen ist schon frühzeitig von verschiedenen Forschern (*Guilliermond*, *Hansen*) aufgestellt worden, doch soll hierauf an dieser Stelle nicht näher eingegangen werden. (Siehe die neuen Werke von *Stelling-Dekker*, von *Lodder* und *Diddens* u. *Lodder* aus dem Centraalbureau voor Schimmelcultures in Baarn, Holland.) Zum Schluß seien noch zwei Hefearten erwähnt, die sich im Gegensatz zu den anderen nicht durch Sprossung, sondern durch Spaltung wie die Bakterien vermehren. Man hat sie als Schizosaccharomyceten[1] (*Lindner*) bezeichnet. Der aus Negerbier isolierte Schizosaccharomyces Pombe (*Lindner*) und der von *Beijerinck* auf Korinthen aufgefundene Schizosaccharomyces octosporus sind Vertreter dieser Klasse (s. Abb. 11).

Erzeugung neuer Hefetypen durch Kreuzung, neuer Hefemutanten durch Polyploidie[2])

Die Tatsache, daß die Hefen in so zahlreichen Arten und Variationen auftreten, läßt den Gedanken aufkommen, daß diese Organismen in der freien Natur oft Gelegenheit gefunden haben, sich in ihrer Art zu verändern, und zwar durch natür-

[1]) Gr. schizein = spalten.

[2]) Ausführliche Zusammenstellung der Literatur von *K. W. Kossikow* in Mikrobiologia XVII/6 (1949), Übersetzung in den „Mitteilungen der Versuchsanstalt für das Gärungsgewerbe", Wien 1950, Nr. 9/10. *K. L. Schulze*, Brauwissenschaft Nr. 4 (1950), S. 97.

liche Vorgänge oder irgendwelche Einflüsse äußerer Natur. Es ist das große Verdienst von *O. Winge*, Licht in das Dunkel dieses Naturgeheimnisses gebracht zu haben. *Winge* beschäftigte sich mit dem Ausbau der *Hansen*schen Reinzuchtmethode (s. Kap. 5) und machte dabei die äußerst überraschende Beobachtung, daß eine Reinkultur von Hefe trotz Fernhaltung jeglicher Infektion aufhört gleichartig zu bleiben, wenn die Hefe Gelegenheit findet, Sporen zu bilden, die im Kulturboden zu keimen in der Lage sind. Es wurde z. B. festgestellt, daß vier Sporen aus ein und derselben Zelle vier verschiedene Riesenkolonien (s. Kap. 5) entwickelten, mithin konnten die vier Sporen nicht gleichartig gewesen sein. Es tritt also eine genetische Spaltung ein, wenn ein Hefepilz (diploider Natur, s. w. u.) Sporen bildet. Die Sporen sind demnach als Geschlechtszellen zu betrachten, die durch die sog. Reduktionsteilung (Meiosis), die eine Spaltung der Erbanlagen bedingt, entstanden sind. *Winge* erblickt mithin in den Sporen mit Recht Geschlechtszellen, die eine geschlechtliche Vermehrung gestatten.

Der Vorgang geschieht folgendermaßen:

Der Kern dieser Sporenzellen (Gameten) enthält nur einen einfachen sog. haploiden Chromosomensatz. Die Chromosomen sind perlschnurartige Gebilde, bestehend aus in gesetzmäßiger Reihenfolge hintereinander auf Chromosomensträngen aufgereihten Genen (Erbmerkmalsträger). Diese Geschlechtszellen mit der einfachen Chromosomenzahl sind also haploider Natur. Wenn sich nun die Hefe geschlechtlich fortpflanzt, so kopulieren zwei Ascosporen miteinander, wobei zwei geschlechtlich verschiedene Gameten (mit + und — bezeichnet) notwendig sind. Die Zellkerne verschmelzen hierbei, und es entsteht ein Gebilde mit der doppelten Chromosomenzahl, als diploide Zygote bezeichnet. Dieser Vorgang ist als ein Befruchtungsakt anzusehen. Die bei der darauf vegetativen Fortpflanzung durch Sprossung entstehenden normalen Hefezellen sind dann auch diploider Natur, in der sich nun zwei erblich verschiedene Chromosomensätze befinden. Die neue Heferasse besitzt in gewissem Grade die Eigenschaften der Eltern. *Winge* kreuzte als erster die Ascosporen von Saccharomyces ellipsoideus mit solchen von Sacch. validus. In der Backhefeindustrie haben sich solche Kreuzungsprodukte (Hybriden genannt) gut bewährt. Man kann z. B. die starke Wüchsigkeit einer Preßhefeart mit der guten Separierfähigkeit einer anderen Preßhefeart in einer neuen Zellart vereinen. So lange sich nun eine solche Hefe vegetativ vermehrt, wird die Erbmasse nicht verändert. Bei der Sporenbildung ist das anders. Es werden die heterozygoten Genpaare durch Reduktionsteilung aufgespalten, und es können ganz andersartige Hefestämme auftreten (s. o.). Solche Entwicklungen treten in der freien Natur auf. Bei Brauereihefen ist die Gefahr einer derartigen Aufspaltung allerdings sehr gering, da sie sich vorzugsweise nur auf vegetativem Wege vermehren. Dennoch konnte man mit Saccharomyces cerevisiae interessante Kreuzungen vornehmen. Hefen, die nicht imstande sind, gewisse Vitamine zu synthetisieren, gewinnen diese Fähigkeit durch Kreuzung mit anderen aktiven Hefearten. So bilden die Pyridoxin (Vitamin B_6) produzierenden haploiden Kulturen von Sacch. cerevisiae nach der Kopulation mit haploiden Kulturen von Sacch. carlsbergensis, die im Gegensatz zur obigen Hefe normalerweise Biotin und Pantothensäure aufbauen, einen Hybriden mit der Fähigkeit, alle drei genannten Vitamine der Kreuzungspartner zu synthetisieren *(C.C. Lindegren)*. (1035).

Eine **weitere Methode** zur Veränderung der Hefen bietet sich auf cytogenetischer Grundlage. Es ist die Erzeugung von Hefemutanten (Spielarten) durch **Polyploidie.** Man weiß, daß gewisse Chemikalien (Alkaloide) die Chromosomenzahlen in den Zellen verändern, und daß mit dieser Zellstrukturveränderung die neue **Pflanze** größere Formen, z. B. Früchte, bildet als die Ausgangsform. Die neuen

Rassen erwiesen sich oft als tetraploid, d. h. die einfache Chromosomenzahl verdoppelte sich von zwei auf vier. *R. Bauch* (77) vermehrte wahrscheinlich auch mit Hilfe von karyoklastisch wirksamen Stoffen wie Kampfer oder Benzpyren die Chromosomenzahl der Hefen und gelangte zu Riesenzellen (Gigasformen). Da nach *Winge* manche Kulturhefen als Diploide anzusehen sind, so würden aus diesen nach der neuen Methode Tetra-, Hexa- und sogar Oktoploide erzielt werden können. Die neuen Hefemutanten stellen also auffallend große Hefezellen dar. Obgleich der endgültige zytolytische Nachweis der Hefepolyploidie noch aussteht, so besteht wohl kein Zweifel, daß auf diesem Wege eine künstliche Vervielfachung der Chromosomenzahl möglich ist. Die Gigasformen zeigten nämlich bei der Weiterführung keinen Rückschlag in ihrem Habitus und behielten auch ihren Charakter als untergärige Bierhefen. Leider ergaben sich bei den bisher geprüften neuen Bierhefe-Mutanten keine besonderen technischen Eigenschaften *(Haehn, Glaubitz, Fink)*. Neue Versuche über Kampfermutationen hat *Skovsted* (78) ausgeführt. *Effruci* ist es gelungen, mit einem Acridinfarbstoff, dem Acriflavin, Bäckerhefen den Charakter von untergäriger Bierhefe zu geben. Es handelt sich hier um die Einwirkung des verdünnten Farbstoffes (1:10000 bis 1:100000) auf die Nukleinsäuren, welche physiologische Beeinflussung schon früher *Mc Illvaire* beobachtet hatte. Offenbar liegt eine irreversible Mutation vor mit neuen Eigenschaften. Aethylalkohol kann nicht mehr aerobiotisch verwertet werden. Cytochromoxydase ist nicht mehr vorhanden (78a) (s. Kap. 5, Vitalfärbung).

Die Methoden zur Herstellung neuer Heferassen und Arten führen zu dem kühnen Gedanken, ob es gelingt, aus den einfachsten Vegetationsformen höhere Lebensformen zu züchten, mit anderen Worten, ob es möglich ist, daß aus Bakterien durch gewisse Versuchsanordnungen Hefen und Schimmelpilze entstehen können. Schon öfters hat man von positiven Ergebnissen in diesem Sinne berichtet, aber immer hat sich bis jetzt ein Fehlschluß herausgestellt. Auch der letzte Versuch einer Bakterien-Zyklogenie konnte nach den Untersuchungen von *O. Lentz* (79) als Irrtum erwiesen werden. Es wurde nämlich im Handelsagar von *Lentz* ein Mikroorganismus aufgefunden, mit Bacterium agarogenes bezeichnet, der eine besondere Art von äußerst widerstandsfähigen, hornartigen Dauerformen, eine Art Wurzelgeflecht bzw. Körnchen, entwickelt. Dieser eigenartige Bacillus, der im gewöhnlichen frischen Agar zuerst „Flöckchen", dann aber normale Stäbchen und Sporen erzeugt, übersteht dank seiner eigenartigen Dauerformen die gewöhnliche normale Sterilisation und tritt dann nach Anlegung von Reinkulturen neben den eingeimpften neu zu untersuchenden Bakterien automatisch auf, bekämpft diese teilweise und täuscht für sie eine Polymorphie vor, die sich u. a. in Gebilden wie die der Aktinomycetengruppe und besonders in verzweigten Fäden erkenntlich macht.

Wie leicht man auf falsche Wege geraten kann, zeigt schon die vor wenigen Jahren beobachtete einfache morphologische Variation der Torulopsis utilis. Wie *S. Windisch* (80) und auch *R. Koch* u. *A. Herbst* (81) festgestellt haben, ist wieder ein Irrtum durch eine versteckte Infektion, diesmal durch die Candida tropicalis, entstanden.

Schimmelpilze[1])

Die Schimmelpilze unterscheiden sich morphologisch von den durch Sprossung sich vermehrenden Hefen dadurch, daß die bei der Zellteilung der Schimmelpilze entstehenden Zellen fest beieinander bleiben und lange kompakte Zellfäden, Hyphen, von einem Durchmesser von etwa 10μ (z. B. bei Aspergillus-Hyphen) bilden, die sich zu einem Mycel verzweigen. Zur Sporenbildung werden oft besondere Fruchtträger (Sporangienträger) entwickelt. In manchen Hyphen findet man keine Quer-

[1]) Hier kommt nur eine kleine Auswahl in Frage. Ausführliche Literaturangaben am Ende des Kapitels.

wände, so daß sehr lange Zellen auftreten. Der Pilz entwickelt sich auch aus der Spore, die einen oder mehrere Keimschläuche treibt. Durch Zellteilung, Querwandbildung und Nachwachsen der geteilten Zellen wie bei den stäbchenförmigen Bakterien, verlängern sich die Fäden. Diese enthalten das Cytoplasma mit dem Zellkern, den Vakuolen und Reservestoffen. Letztere bestehen aus Glykogen, Mannit und Fett. In manchen Pilzen wie dem Endomyces vernalis (Endomycopsis vernalis [*Ludwig*] *Dekker*) (82), Oidium lactis (Oospora lactis [*Fresenius*] *Saccardo*) (82) und einigen Fusarienarten (83) beträgt der Gehalt an fetten Ölen einen großen Prozentsatz der Pilztrockensubstanz. Die Zellhaut der Pilze ist im allgemeinen kräftiger als bei den anderen Mikroorganismen und besteht in sehr vielen Fällen aus Hemicellulosen und dem glucosaminhaltigen Chitin, dessen Konzentration von der Art des Pilzes und seinen Ernährungsbedingungen abhängig ist. Durch den Chitingehalt unterscheidet sich die Pilzzellhaut prinzipiell von der Bakterienhaut.

Übergangsformen

Sehr viele Schimmelpilze zeichnen sich durch recht charakteristische Sporenbildungsorgane, die Konidienträger (Sporangienträger, Fruchtträger) aus. Indessen gibt es eine Anzahl von Organismen, bei denen diese Einrichtung fehlt und die daher den Übergang von Hefen zu den typischen Pilzen bilden. Diese Übergangsformen treten auf in einzelnen Zellen, meist aber zu einfachen Fäden (Hyphen) vereinten Gebilden. Flüchtig betrachtet könnten die Einzeller als Hefen erscheinen; daher auch die Bezeichnung Schimmelhefen.

Oidium lactis *(Fresenius)* (Oospora lactis *[Fresenius] Saccardo)*

Hierher gehört das Oidium lactis *(Fresenius)* (= Oospora lactis), das häufig in Hefefabriken vorkommt und sich dort gern auf der Preßhefe entwickelt (s. Abb. 16). Überhaupt ist dieser Pilz in allen Gärungsbetrieben wie Brennereien, Molkereien, Sauerkohl- und Sauergurkenfabriken anzutreffen. Selbst auf saurer Milch, Rahm und Käse wächst er als weißer Belag und fördert seine Reifung. In Brauereien sitzt er gern

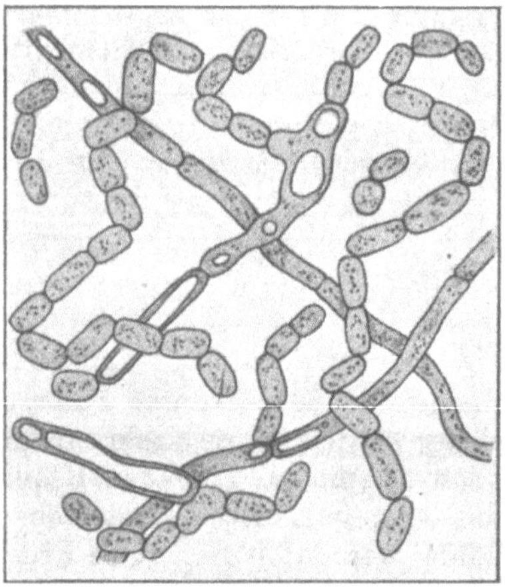

Abb. 16

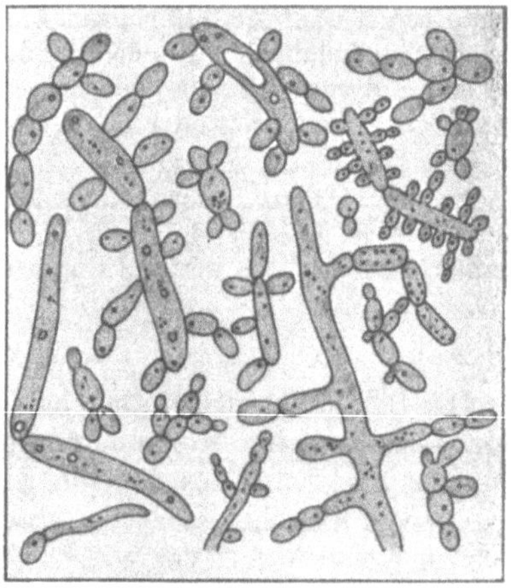

Abb. 17

Abb. 16. Oidium lactis Fresenius (Oospora lactis [Fresenius] Saccardo), 500 ×. (Nach *Glaubitz*.)
Abb. 17. Candida variabilis (*Lindner*) *Berkhout* (Monilia variabilis), 500 ×. (Nach *Glaubitz*.)

auf Gerste, Malz und an den Pforten der Lagerfässer. Gewisse Stämme dieses Pilzes bilden auch reichlich Fett *(H. Geffers* (84)*)*, jedoch ist eine technische Verwertung dieser Organismen wirtschaftlich untragbar *(Fink, Haeseler, Schmidt)* (85). Es sei noch einmal betont, daß dieser Pilz keine Fruchtträger besitzt, sondern die Mycelfäden (Pilzfäden) einfach durch Bildung von Zwischenwänden zu Konidienfäden aufteilt. Diese zerfallen in einzelne viereckige Zellen, Konidien (Sporen), hier als Oidien[1]) bezeichnet, die sich abrunden zu hefenähnlichen Gebilden. Gärvermögen gering.

Candida tropicalis *(A. Castellani) Berkhout* (Monilia candida)[2])

Noch hefeähnlichere Zellen bildet der Pilz Monilia candida, der ebenfalls eine schwache alkoholische Gärung hervorruft. In der freien Natur wird er als weißer Belag auf Früchten angetroffen, sonst auf Brauereitrebern, in Kellern, Gärbottichen und Lagerfässern. Neben den hefeähnlichen Zellen bildet er auch ein Mycel. So entsteht in Bierwürze an der Oberfläche eine weiße Mycelhaut, während sich am Boden die hefeähnlichen Zellen ansammeln.

Candida variabilis (*Lindner*) *Berkhout* (Monilia variabilis) (s. Abb. 17)

Auch dieser Pilz vergärt verschiedene Zuckerarten. Sein Formenreichtum ist charakteristisch, indem er den Habitus der verschiedensten Organismen wie den der Torula, Mucorhefe, Oidien, des Saccharomyces ellipsoideus annimmt. Es wachsen in Bierwürze z. B. leicht solche Sproßmycelien, deren Fäden zu Oidien zerfallen. Diese entwickeln an vielen Stellen wieder ganz kleine Sprossen, die das Aussehen eines Perlenbelages hervorrufen. Vorkommen auf getrockneter Hefe und in Essigfabriken.

Die Monilia nigra erzeugt auf Emmentaler Käse die Schwarzfleckigkeit.

Sachsia suaveolens *Lindner* (Cladosporium suaveolens [*Lindner*] *Delitsch*) bildet langgestreckte Fäden, die am Ende oder an den Seitenästen hefeähnliche Formen abschnüren. Diese sind in der Lage zu sprossen. Man findet den Pilz in Brennereien und Bäckereien an den Holzwandungen der Gefäße. Er vergärt auch Zuckerarten und bildet nebenher ein weinartiges Aroma, weshalb er auch als Weinbukettschimmel bezeichnet wird. Der Pilz bewirkt in Bierwürze eine stärkere Vergärung als die besten Gärhefen; jedoch verläuft der Prozeß sehr langsam.

Fusisporium (Fusarium)[3]) moschatum *Kitasato*

Der Pilz entwickelt aus den Hyphen Sporen in Form von mehrzelligen sichelförmigen Konidien. Er findet sich auf Grünmalz und produziert auf den Körnern, die erkranken und absterben, einen rosa-roten Farbstoff. Auch auf Bäckerhefe erzeugt er rotgelbe Flecken. Seinen Beinamen verdankt er dem in Würze synthetisierten moschusähnlichen Geruchstoff.

Fusarium lini *Bolley*

Erreger des Flachsbrandes. Pilz, der Zuckerarten vergärt ohne Bildung von Hexosephosphat-Zwischenprodukten *(F. F. Nord)* (s. alkoh. Gärung, Kap. 12).

Mucoreen[4])

Die Mucorarten bilden typische Fruchtträger. Die Pilze entwickeln sich mycelartig und bringen besondere Sporenträger hervor. Auf bis 4 mm langen Stielen stehen

---

[1]) Gr. oon = Ei.
[2]) Lat. monile = Halsband.
[3]) Lat. fusus = gestreckt.
[4]) Lat. mucor = Pilz.

die Konidienbehälter[1]) (Sporangien) von kugelrunder Form. Man beobachtet also auf einem kräftigen, normalen Mycel kleine Stiele, die in runden Köpfchen enden. Innen zeigen dieselben eine erweiterte zylindrische Fortsetzung des Stieles, die Kolumella (Säulchen), um welche in einer runden Hülle die Sporen liegen. Im Reifestadium springt dieselbe auf, wobei die kugeligen bzw. eiförmigen Sporen weggeschleudert werden. Zurück bleibt die Kolumella mit einem Rest der Hülle. Will man die innere Struktur erkennen, zerdrückt man den Pilz mit dem Deckgläschen auf dem Objektträger.

Die Sporangien entstehen in der Weise, daß an einem Stielende (Lufthyphe) der letzte Teil durch eine Querwand abgetrennt wird und zur Kugel anschwillt. In dieser Zelle wandelt sich nun das Protoplasma in Sporen um, worauf sich die Querwand nach innen stülpt und zylindrische Form annimmt (Kolumellabildung). Die Sporangienhaut enthält reichlich Kristalle von oxalsaurem Kalk und erscheint dunkel.

Das Pilzmycel ist fast ohne Querwände; es entwickelt reichlich Gemmen (Chlamydosporen). Hier handelt es sich ebenfalls um Dauerzellen, weshalb sie mit einer dicken Wand umgeben sind. Die Bildung geschieht in der Weise, daß sich der Zellinhalt (Protoplasma mit Zellsaft) einer Hyphe auf einen Punkt zusammenzieht, sich dort zu einer stark lichtbrechenden Masse unter Wasserabgabe verdickt und sich zu einer kräftig umwandeten runden Zelle ausgestaltet. Die Zellfädenstücke zu beiden Seiten der Gemme erscheinen völlig ausgeleert. Wenn bei der Gemmenbildung die entleerten Zwischenstücke der Hyphe fehlen, so spricht man von Oidien. Chlamydosporen überdauern lange Ruhepausen, jedoch sind sie in der Lage, auch sofort zu keimen. Bei Mucorarten entsteht manchmal direkt ein Sporangienträger aus der Spore.

Durch Zusammentreffen männlicher und weiblicher Mycelien tritt Zygosporenbildung ein, was als geschlechtliche Befruchtung aufgefaßt wird. Bei zwei gegenüberliegenden Zellfäden wachsen die Spitzen zusammen zu einer Brücke (Joch), um eine Vereinigung des Protoplasmas beider Zellfäden zu erzielen. Es bildet sich eine mit dicker Haut umgebene Plasmakugel, die mit vielen Warzen bedeckt ist und sich dunkel färbt. Die beiden Äste trocknen ein und bleiben als bedeutungslose Fadenreste hängen. Gegenüber klimatischen Verhältnissen sehr widerstandsfähig.

Wachsen die Mucorarten untergetaucht in der Nährlösung, also submers, so nehmen sie eine neue Form an: sie entwickeln Kugelzellen und Kugelhefen, also hefeähnliche Zellen *(Fitz, Pasteur)*, aber keine echten Hefen (!). (85a) Es handelt sich um die Bildung von Gemmen, die ebenso wie das Mycel in der Lage sind, eine schwache alkoholische Gärung hervorzurufen. (85b) Mucor Guilliermondi kann leicht durch besondere Ernährungsbedingungen und Luftmangel in eine sprossende „Hefeform" unter Ausschaltung von Mycelbildung umgewandelt werden *(H. Lüers, R. Kühles, H. Fink)* (86). Fundorte der Pilze: Pferdedünger; faules Obst; Feldfrüchte und ihre verarbeiteten Formen wie Malz, Mehl, Brot; Erde.

Mucor mucedo[2]) *Brefeld* (s. Abb. 18)

In der Natur sehr verbreitet, kann leicht aus Pferdemist isoliert werden. Mycel grau, Sporangienträger anfangs gelb, später graubraun. Kolumella eiförmig.

Mucor racemosus[3]) *Fresenius*

Vorkommen auf süßen Früchten, Trauben, Malz, Brot, Milch und Käse. Der wollartige Pilzrasen ist anfangs weiß, dann gelbbraun. Die Form der Kolumella ist

[1]) Gr. konia = Staub.
[2]) Lat. mucus = Schleim.
[3]) Lat. racemus = Traube.

veränderlich. Im gesunden Sporangium ist sie eiförmig. Nach dem Zerplatzen der Haut wird sie zylindrisch, nachdem sie vorher Birnengestalt zeigte. Auch hier fehlt nicht der Rest von der Umhüllung.

Die Zellfäden bilden leicht Chlamydosporen, die im Mycel als starkwandige, dunkle Zellen mit gekörntem Inhalt erscheinen. Aus den Gemmen treten oft kugelige, hefeartige Zellen hervor. Man spricht dann von Kugel- und Mucorhefen, die allerdings bedeutend größer sind als echte Hefen. Auch hier die bekannten Gärerscheinungen bei dem Mycel und den Kugelhefen.

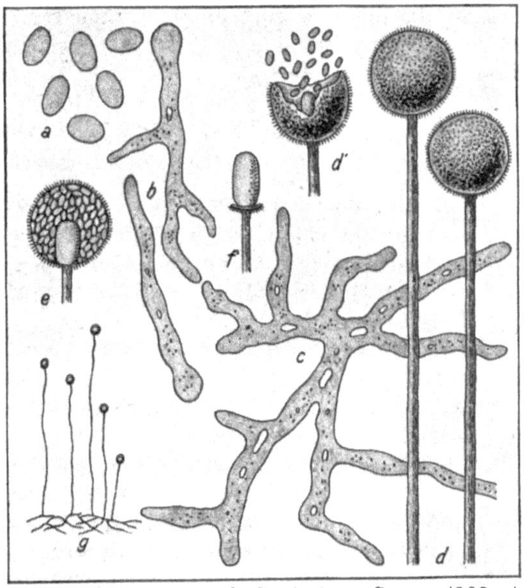

Abb. 18. Mucor mucedo *Brefeld* a = Sporen (333 ×). b = Keimende Sporen (333 ×). c = Mycel (333 ×). d = Sporangienträger (170 ×). d' = Gesprengtes Sporangium. e = Sporangium im Längsschn. (170 ×). f = Kolumella. g = Habitusbild. (Nach *Glaubitz.*)

Rhizopus nigricans *Ehrenberg* (s. Abb. 19)

Der Rh. nigricans ist daran zu erkennen, daß die Sporangienträger am Ende zu einer Apophyse[1]) ausgebildet sind, die den kugelförmigen Sporenbehälter trägt. Die Kolumella ist bei diesem Pilz kugelrund. Die Apophysenbildung charakterisiert die Gattung Rhizopus. Weiter sind dieser Gattung die Ausläufer oder Stolonen eigentümlich. Der Pilz erzeugt nämlich auf Nährböden ein spinnwebähnliches Mycel, dessen Ausläufer (Lufthyphen) sehr bald das ganze Substrat wie Brot, gekochte Kartoffel, Mehl, reife Früchte überziehen. Später beobachtet man die Konidienträger als weiße Köpfchen, die in der Reife schwarz aussehen. Das Mycel erscheint dann schwarz punktiert. Auf der Malztenne ist dieser „schwarze Schimmel" gefürchtet. Er wächst in den Keimling des Grünmalzes hinein und tötet diesen, wodurch unter Bräunung die Wurzeln absterben. Das Malz verliert je nach Befall einen großen Teil seiner Amylasewirkung. Auf Birnen und Johannis-

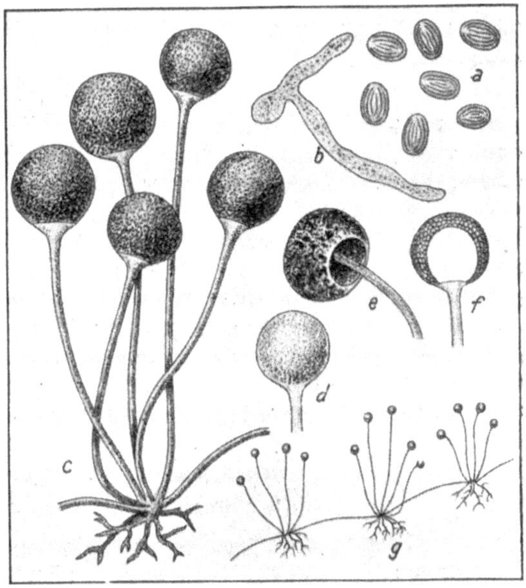

Abb. 19. Rhizopus nigricans (Mucor stolonifer, *Ehrenberg*) a = Sporen (333 ×). b = Keimende Spore (170 ×) c = Sporangienträger mit Rhizoiden und Ausläufern (50 ×). d = Junges, noch weißes Sporangium (50 ×). e = Altes Sporangium (50 ×). f = Sporangium im Längsschnitt (50 ×). g = Habitusbild. (Nach *Glaubitz.*)

[1]) Gr. apophysis = Ansatz, angewachsener Teil.

beeren, die der Pilz zum Faulen bringt, scheidet er für die Fruchtzellen ein starkes Plasmagift ab. Bildet aus Glucose neben Äpfelsäure und Bernsteinsäure reichlich Fumarsäure (bis zu 60%).

Rhizopus japonicus *Vuillemin*
(Syn. Amylomyces *β. Boidin*)

Dem Rh. nigricans sehr ähnlich ist der Rhizopus japonicus, morphologisch kaum zu unterscheiden. Große Ähnlichkeit besteht in der Ausbildung der Sporangien. Die Kolumella sitzt ebenfalls auf einer Apophyse. Der Pilzrasen ist von grauer bis schwarzbrauner Farbe. Im Gegensatz zum Mucor stolonifer ist der Amylomyces *β* durch eine reichliche Gemmenbildung ausgezeichnet.

Der Pilz wurde von *Boidin* aus dem japanischen „Koji", einer Ansammlung von wilden Hefen, Bakterien, vor allem Mucorarten mit dem Aspergillus oryzae auf Reisbrei, isoliert. Dieses Floragemisch, das sich durch stark verzuckernde Kraft (Enzym: Amylase) auszeichnet, dient zur Bereitung des japanischen Reisweines „Saké". In Europa verwendet man diesen Pilz bei der Erzeugung von Alkohol zur Verzuckerung von Mais an Stelle von Malz in dem sog. **Amyloverfahren.** Die alkoholische Gärung besorgen darauf die Hefen. Solche Amylobrennereien zur Herstellung von Alkohol gibt es in Belgien, Südfrankreich, Ungarn und anderen Mais anbauenden Ländern. Für Kartoffelbrennereien ist dieses Verfahren ungeeignet.

In der Amylobrennerei läßt man die Pilze nicht an der Oberfläche der Nährlösung wachsen, sondern zwingt sie durch Rühren und Lüften der Flüssigkeit im Innern derselben sich zu entwickeln. Hier erzeugen die Pilze eine besondere Wachstumsart, die sog. submerse Form, die aus kleinen einzelnen Hyphen, in „Stern- und Bartformen" angeordnet, besteht. (Über submerse Pilzzüchtung s. auch Penicillium notatum, ferner Kap. 7 unter Fettbildung und Kap. 20 unter submerse Essiggärung.)

Aspergillaceen[1])

Sehr charakteristische Konidienträger bilden die Aspergillusarten. Das Hyphenende wächst zunächst zu einer kugeligen oder länglichen, kolbenähnlichen Form (daher die Bezeichnung: Kolbenschimmel) aus, die dann allseitig von kegelförmigen oder fingerartigen Gebilden, den Sterigmen, aus denen die Sporen hervorwachsen, besetzt wird. Ein typisches Bild gibt der zwischen Deckgläschen und Objektträger zerdrückte Konidienträger. Die Konidien, die in langen zusammenhängenden Ketten gebildet werden, sind oft so zahlreich vorhanden, daß sie die Sterigmen verdecken. Ihre Form ist etwas länglich rund, glatt oder feinstachelig. Eine besondere Art der Sporenerzeugung ist hier die Ausbildung von sog. Perithecien, die aus den Seitenzweigen des Mycels hervorgehen. In der großen Perithecienhülle liegen die Askosporen (Schlauchsporen), größere mit Sporen angefüllte Zellen.

Aspergillus glaucus *Link* (s. Abb. 20)
(Syn.: Eurotium, Aspergillus glaucus *A. de Bary*)

Ein auf der Erde weit verbreiteter grüner Schimmelpilz ist der Aspergillus glaucus. Er befällt süße Früchte, Schwarzbrot (Pumpernickel), Körnerfrüchte, namentlich im verletzten Zustande, Hopfen, altes Lederwerk und geräucherte Fleischwaren (Schinken). Der junge Pilzrasen ist hellgrün, dunkelt nach und wird dann graugrün bis graubraun. Charakteristisch für diesen Pilz ist die häufige Bildung von Perithecien, die anfangs zitronengelb, später braun im Mycel erscheinen.

---
[1]) Lat. aspergillum = Weihwedel.

Aspergillus fumigatus *Fresenius*

Tritt gelegentlich als Störenfried gewisser Gärungen (Milchsäuregärung, Tabaksblätterfermentation) auf. Fleckenbildner auf Wollwaren. In Höhlungen des menschlichen und tierischen Körpers (Ohr, Lunge verschiedener Vogelarten) nistet er sich, da er an höhere Temperaturen angepaßt ist, nicht selten ein, wo er Oto- und Pneumomykosen hervorruft. Gewerbekrankheiten der Taubenfütterer und Haarkämmer in Paris. Leicht zu züchten auf Bierwürze bei 40°. Rasen: rein- bis graugrün.

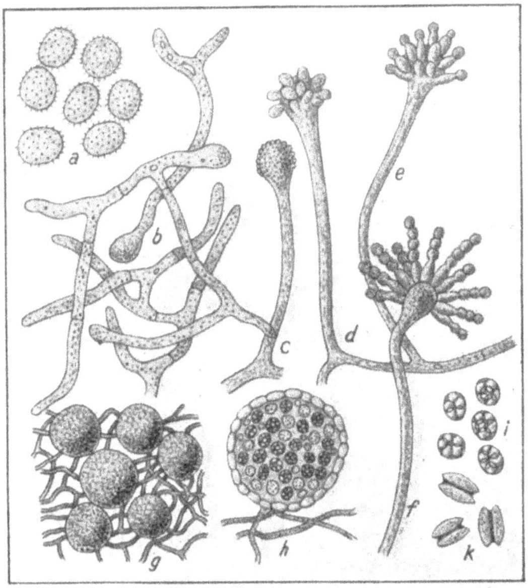

Abb. 20. Aspergillus glaucus *Link* a = Konidien (667×). b = Keimende Konidien und Mycel (170×). c, d, e = Entwicklung des Konidienträgers (170×). f = Konidienträger (170×). g = Perithecien (34×). h = Perithecium im Querschnitt (100×). i = Asci (200 ×). k = Ascosporen (700×). (Nach *Glaubitz.*)

Aspergillus oryzae (*Ahlburg*) *Cohn* (s. Abb. 21) (Syn.: Eurotium oryzae *Ahlburg*)

Dieser aus Japan stammende Pilz ist der technisch wichtigste dieser Klasse. Er wird seit Jahrhunderten benutzt zur Herstellung des japanischen Nationalgetränkes, des Reisweines Saké.

Die Gestalt dieses Pilzes weist charakteristische Merkmale auf. Bei der Bildung des Fruchtträgers beobachtet man zunächst eine keulenartige Anschwellung des Endstückes einer Hyphe, das Sterigmen nach allen Seiten ansetzt und sich mit dem Auswachsen dieser Gebilde allmählich rundet bis zur vollständigen Kugel. Die Sterigmen enden in gut ausgebildeten Köpfchen und scheiden lange gelbe Sporenketten ab, die leicht zerfallen und im Alter eine unansehnlich graubraune Färbung annehmen. Die Sporen selbst sind kugelig, dick, glatt oder feinkörnig und halten sich jahrelang keimfähig. Zu bemerken ist noch, daß die Konidienträger sehr verschieden groß sind.

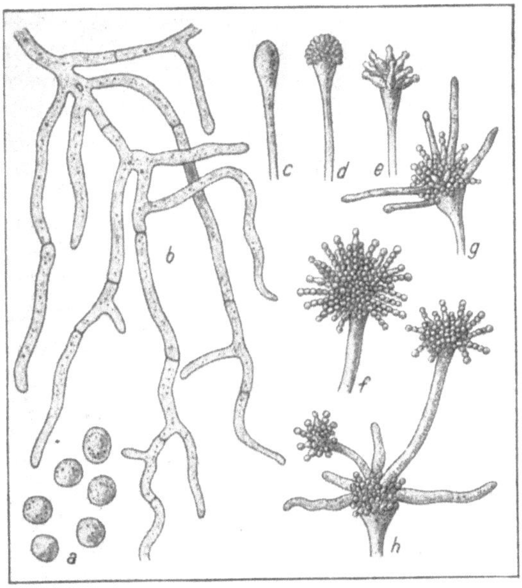

Abb. 21. Aspergillus oryzae (*Ahlburg*) *Cohn* a = Konidien (667×). b = Mycel (170×). c, d, e = Entwicklung des Konidienträgers. f = Konidienträger (170×). g = Konidienträger mit Sterigmen, welche zu Mycelfäden auswachsen (170×). h = „Zweistöckiger“ Konidienträger (170×). (Nach *Glaubitz.*)

Der Pilz wird auf Reis (daher Reisschimmel) gezüchtet und ist bei 30° sehr leicht kultivierbar. Bei der Herstellung von Saké benutzt man sein Verzuckerungsvermögen (Enzym: Amylase) für Reisstärke; zur Bereitung von Sojasauce dagegen die proteolytische Kraft zum Abbau der Eiweißstoffe. Fäulnis schaltet man durch Zugabe von Kochsalz aus.

Die Sakébereitung erfolgt in mehreren Phasen. Zunächst wird „Koji" bereitet, indem man gequollene Reiskörner von Pilzen durchwuchern läßt. Über die Bestandteile des Koji siehe unter Mucor japonicus. Jetzt folgt die Darstellung des Moto, die offenbar den Zweck hat, eine aktive Hefemenge für die spätere Gärung heranzuzüchten. Zu diesem Zwecke dämpft man Reis und läßt bei zunächst niedriger Temperatur Koji darauf einwirken. Die Amylase des A. oryzae verzuckert zunächst die Stärke, worauf sich dann die mit dem Koji eingeführten Hefen in der Zuckerlösung bei 25—35° unter Bildung von Alkohol vermehren können. Nebenher tritt auch eine Milchsäuregärung ein. Der ganze Prozeß dauert etwa 14 Tage. Im Moto finden wir demnach Zucker, Alkohol, Milchsäure und in der Hauptsache Hefen. Zum Ansatz der Hauptgärung dient als Substrat wieder gedämpfter Reis, der durch Koji verzuckert werden muß. Ist dies geschehen, wird mit den Hefen des Moto die Gärung eingeleitet. In der Praxis werden große Mengen von gedämpftem Reis mit Wasser, Koji und Moto gleichzeitig zu einem Brei vermengt und das Gemisch 14 Tage lang sich selbst überlassen. Nach beendeter Gärung erfolgt eine Trennung der festen Massen von der Flüssigkeit mittels Presse.

Der Pilz wird auch zur Gewinnung von Amylase- und Proteasepräparaten z. B. der „Takadiastase", gezüchtet. Die Pilzamylase besteht aus der α-Amylase, die rasch verflüssigt und dextriniert, aber langsam Maltose bildet. Die β-Amylase, mit Amyloglucosidase bezeichnet, bildet aus Stärke und Dextrinen Maltose *(Corman* und *Langlykke)* (86a). Um einen guten Verzuckerungseffekt zu erzielen, muß naturgemäß zwischen α- und β-Amylase ein günstiges Verhältnis obwalten. *Kakuo Kitahara*, *Michiyoshi Kurushima* und *Hakko Kôgaku Zasshi* (86b) haben das Verhältnis von α-Amylase zu β-Amylase zu Maltase wie 87:24:2,6 festgestellt. Zur Verzuckerung von Getreidemaischen ist der Pilz geeignet. Es können 4% Pilzkleie (Pilz auf Kleienährboden gezüchtet) 9—10% Gerstenmalz ersetzen *(Unterkofler)*. Auch eine Kombination von beiden Amylaseträgern hat sich sehr bewährt. Manche Pilzauszüge enthalten in bestimmten Kulturen besonders Hemicellulose hydrolysierende Enzyme (Lichenase), die in Form von Tabletten (Luizym) dem Körper zugeführt, die Verdauung unterstützen. Zu gleichem Zweck werden auch diese pflanzlichen Amylasen und Proteasen mit den tierischen verdauenden Enzymen vorteilhaft kombiniert (Combizym, Intestiflor). Überhaupt ist der Pilz ganz allgemein fermentreich.

Aspergillus Wentii *Wehmer*

Dieser Pilz entwickelt einen charakteristischen hellkaffeebraunen, dichten Schimmelrasen. Die hellen, schlanken Stiele der Konidienträger enden in dicken braunen Köpfchen. Diese besitzen eine kugelrunde Blase mit nach allen Seiten ausstrahlenden schlanken Sterigmen. Die Konidien bilden farbige Sporenketten. Der Pilz dient zur Herstellung der Sojasauce, wobei die gekochten und zerstampften Bohnen mit Sporen bestreut werden. Oberhalb von 30° entwickelt sich der Pilz üppig und schließt das Bohnengewebe auf, wobei gleichzeitig als wichtigster Prozeß die reichlich vorhandenen Proteine abgebaut werden.

Aspergillus niger *van Tieghem* (s. Abb. 22)
(Syn.: Sterigmatocystis antacustica *Cramer*)

Ein außerordentlich weit verbreiteter Pilz, der in ungezählten Varianten in der Natur vorkommt. Überall, wo man schwarzen Schimmelbefall antrifft, kann man in den meisten Fällen mit A. niger rechnen. Auf faulen Früchten, Brot, Grünmalz, Galläpfeln ist er aufgefunden worden.

Er ist ein typischer Aspergillus mit gut ausgebildeten Konidienträgern. Auf kugelrunder, hell gestielter Blase sind die Sterigmen nach allen Seiten ausstrahlend angeordnet. Charakteristisch ist hierbei, daß diese Sterigmen nicht direkt Sporen abscheiden, sondern an ihrem Ende zunächst 2—4 sekundäre Sterigmen ausbilden, die dann die Sporen produzieren. Wegen dieser typischen Eigenschaft zählt er zur Gattung Sterigmatocystis. Die schwarzbraunen, warzigen Sporen bilden lange Ketten. Sklerotien, dickwandige, kugelrunde Sporenkapseln des Mycels sind gelegentlich beobachtet worden, jedoch ohne Askosporen (Schlauchsporen).

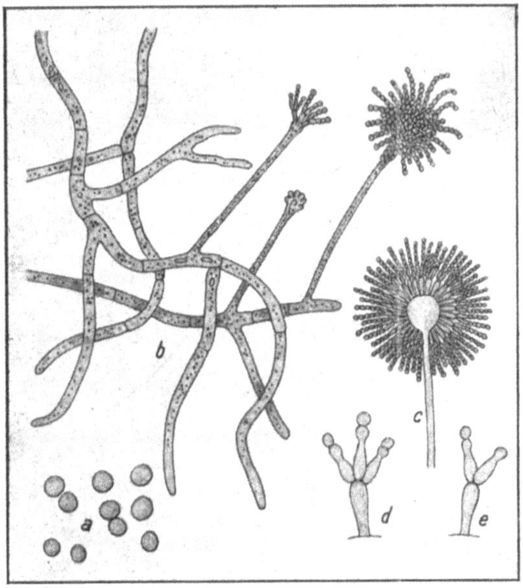

Abb. 22. Aspergillus niger *van Tieghem* *a* = Konidien (667×). *b* = Mycel mit verschieden alten Konidienträgern (170 ×). *c* = Konidienträger schematisch (170×). *d* u. *e* = Verzweigte Sterigmen (400 ×). (Nach *Glaubitz*.)

Wird der Pilz künstlich gezüchtet, so beobachtet man zunächst ein weißes Mycel, das nach Tagen gelblich erscheint und dann dunkelbraun bis schwarz wird. Ein geeigneter Nährboden ist ein saures Substrat mit organischen Säuren. Die kräftige Zellhaut enthält reichliche Mengen Chitin, das bis 20% der Trockensubstanz betragen kann *(Behr)* (87). Auf Galläpfelextrakt wächst er gut, weshalb er bei der technischen Gewinnung von Gallussäure aus Tannin verwendet werden kann. In der freien Natur siedelt er sich gern in der Rinde der Korkeiche an und verursacht eine Krankheit des Korkes. Er ist somit die Ursache der Korken mit „Pfropfengeschmack".

Als Stoffwechselprodukte des Pilzes sind namentlich Oxalsäure und Zitronensäure zu erwähnen. Letztere wird von manchen Pilzmutanten in so großer Menge erzeugt, daß sich bei billigem Zucker eine Fabrikation rentiert (s. Kap. 20 Zitronensäuregärung). Für Oxalsäure lohnt ein technischer Betrieb nicht, da die chemischen Verfahren wirtschaftlicher sind. Technischer Verzuckerungspilz, starke Amylasebildung. In der Medizin hat der Pilz einst von sich reden gemacht, als er im Gehörgang bei Otomykosen aufgefunden wurde (Ohrenpilz) s. a. Aspergillus fumigatus.

Penicilliumarten[1])

Diese typische Gruppe von Pilzen entwickelt direkt am Ende verzweigter Hyphen (Sterigmenträger) zwei oder mehrere Sterigmen, die lange Sporenketten hervorbringen. Diese Gebilde erinnern an Malerpinsel, was zu ihrer Benennung „Pinselschimmel" geführt hat. Die Konidienbildung geschieht in der Weise, daß sich die Sterigmen am oberen Ende zu einem Köpfchen einschnüren und endlich die kugelrunde Zelle nach weiterer Einschnürung als Spore abstoßen. Die verkürzten

[1]) Lat. penicillus = Pinsel.

Sterigmen wachsen wieder bis zur ursprünglichen Größe nach und bilden dann eine neue Spore, die die alte vor sich herschiebt. Auf diese Weise entstehen Sporenketten bis zu 50 und mehr Gliedern. Die Konidien sind klein, glatt, rund und von schwach gelbgrünlicher Färbung. Der Farbstoff ist ein Derivat der Chinone. Das Plasma ist vollkommen gleichmäßig durchscheinend. Die Penicillien mit diesen einfachen Konidienträgern könnte man als die Ahnen der Aspergillaceen ansehen. Perithecien mit Askusbildung werden gelegentlich auch beobachtet. Das reife Organ enthält dann hellgelbliche ellipsoidische Sporen.

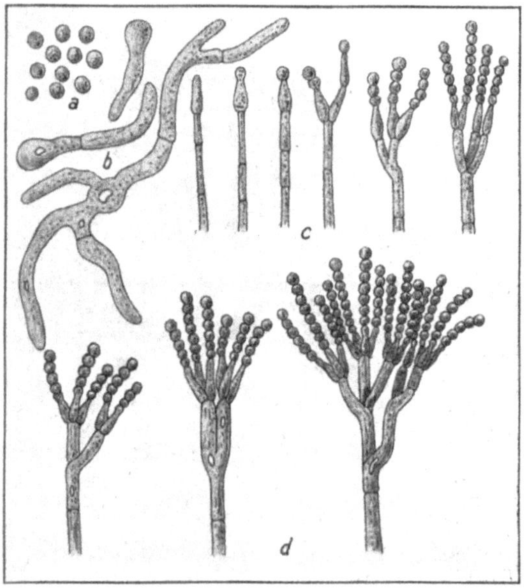

Abb. 23. Penicillium glaucum *Link*. *a* = Konidien. *b* = Keimende Konidien und Entwicklung des Mycels. *c* = Entwicklung der Konidienträger. *d* = Verschiedene Konidienträger (400 ×). (Nach *Glaubitz*.)

Penicillium glaucum[1]) *Link* (s. Abb. 23)
(Syn.: Penicillium crustaceum)

Penicillium glaucum kommt in so viel Varianten vor, daß man obige Bezeichnung jetzt als Gattungsnamen auffaßt. Nach *Biourge* gibt es über 290 „Arten". Der von *Link* untersuchte Pilz ist sehr weit verbreitet und ist der bekannte grüne Pinselschimmel, der sich überall an feuchten Orten, z. B. Kellerwänden einfindet und den bekannten muffigen Schimmelgeruch verbreitet. Nahrungsmittel wie Brot und Früchte werden leicht befallen. In Brauereien ist er gefürchtet, da er gern auf Gerste und Malz sein Mycel entwickelt.

Als „Edelschimmel" werden die in der Käseherstellung verwendeten Arten Penicillium roqueforti Thom und P. camemberti Thom bezeichnet. Ersterer entwickelt grüne, der andere weiße Sporen.

Penicillium luteum *Zukal*

Das junge Mycel zeigt einen lebhaft gelben Farbenton, der von einer Farbstoffablagerung in den Hyphen herrührt. Durch eine lebhafte Sporenentwicklung wird der helle Farbton oft verdeckt. Später erscheint das Mycel olivgrün. Die Konidien sind länglich geformt und dienen der Diagnose. Wo sich der Pilz eingenistet hat, wächst er mit großer Zähigkeit weiter. Er überwuchert sogar andere Pilze, z. B. die Citromycesarten. Es ist dies einer der ersten beobachteten Fälle einer Mycoinbildung zur Verdrängung eines anderen Organismus *(Wehmer)* (s. Penicillium notatum *Westling*). Anzutreffen ist er auch auf sandigen Früchten. Er vermag in zuckerhaltigen Lösungen Zitronensäure zu bilden.

Penicillium brevicaule *Saccardo*

Der Pilz ist dadurch interessant, daß er aus arsenhaltigem Material Arsenwasserstoffverbindungen z. B. das Diaethylarsin produziert. Man fand ihn ehemals auf

[1]) Gr. glaukos = grünblau.

Tapeten, die mit Schweinfurter Grün, einer Kupferarsen-Essigsäure-Verbindung, bedruckt waren. Die hohe Giftigkeit des Arsengases verbietet die weitere Verwendung der genannten Farbe. Da der Geruch des Diaethylarsin (Knoblauch ähnlich) enorm intensiv ist, so lassen sich mit Hilfe dieses Pilzes sehr geringe Spuren von Arsen für toxikologische Fälle nachweisen. Man findet den Pilz sonst auf Pferdedünger und frisch gedüngtem Erdboden. Der Pilzrasen ist gelbbraun bis schokoladenfarbig und mit auffallend kurzen Konidienträgern versehen.

Penicillium Pfefferianum (Citromyces Pfefferianus *Wehmer*)

Dies war der erste Pilz, der infolge seiner reichlichen Zitronensäurebildung aus Zuckerarten zur Fabrikation dieser Säure benutzt werden sollte. Leider erwies er sich technisch als ungeeignet. Auch die verwandten Arten Citromyces citricus und Citromyces glaber versagten.

Die Pilze findet man auf sauren Früchten wie Zitronen und Apfelsinen. Die Mycele erscheinen anfangs rein grün, im Alter graugrün bis bräunlich. Äußerlich sind sie mit dem des Penicillium glaucum zu verwechseln. Unterschiede der Pilze finden wir jedoch in der Ausbildung der Konidienträger. Diese sind bei den Citromycesarten einfacher in der Anlage, denn sie haben unverzweigte Sterigmenträger. Die Sterigmen selbst entwickeln sich direkt aus den meist blasig ausgebildeten Enden des Stieles; mehr als 5—6 treten selten auf. Die Fruktifikation ist schwächer als beim Penicillium glaucum. Die grünen Sporen bilden oft sehr lange Ketten bei guter Ernährung.

Penicillium notatum *Westling*

Dieser Pilz hat in den letzten Jahren die Aufmerksamkeit vieler Forscher auf sich gelenkt, da er einen sehr wirksamen Giftstoff gegen Bakterien, namentlich gegen Krankheitserreger, produziert. Dieser Pilzwirkstoff, Penicillin (88) genannt, ist von Engländern *(A. Fleming)* und Amerikanern genauer untersucht worden und in die Medizin zur Bekämpfung von Infektionen der Staphylokokken, Streptokokken, Pneumokokken und vieler anderer Bakterien eingeführt worden (s. a. Kap. 9). Der Pilz entwickelt ein weißes Mycel, das nach der Sporenbildung mattgrün erscheint. Allmählich sondern sich aus dem Mycel goldgelbe Flüssigkeitstropfen ab und ein gelbgefärbter Wirkstoff sinkt in die Nährlösung. Aus dieser wird dann das Penicillin isoliert. Die Großtechnik benutzt heute zur Fabrikation die submerse Form des Pilzes. Förderung der Penicillinbildung durch Zystin. *A. Szilvinyi u. H. Klaushofer* (1036).

Auch andere Pilze entwickeln Wirkstoffe (Mycoine). Genannt seien Penicillium claviforme *(Raistrick, Chain, Florey)*, Aspergillus clavatus *(Waksman, Hornig, Spender)*, Aspergillus flavus *(Waksman, Mc Kee, Philamy)*, Fusarien *(Lembke)* (89) und Actinomyceten *(Waksman)*.

Schrifttum

F. Lafar, Handbuch der techn. Mykologie; G. Fischer, Jena.

A. Fischer, Vorlesungen über Bakterien; G. Fischer, Jena, 1903.

A. Klöcker, Die Gärungsorganismen in Theorie und Praxis der Alkohol-Gärungsgewerbe; Urban und Schwarzenberg, Berlin-Wien.

W. Henneberg, Gärungsbakteriologisches Praktikum; Paul Parey, Berlin.

A. Janke, Allgemeine technische Mikrobiologie; Th. Steinkopf, Dresden.

A. Janke, Arbeitsmethoden der Mikrobiologie; Th. Steinkopf, Dresden, 1946.

P. Lindner, Mikroskopische Betriebskontrolle in den Gärungsgewerben; Paul Parey, Berlin.

F. Hayduck, Illustriertes Brauerei-Lexikon; Paul Parey, Berlin.

Oparin, Die Entstehung des Lebens auf der Erde. Verlag Volk u. Wissen, Berlin-Leipzig, 1949.

A. Guilliermond, The Yeasts; John Wiley & Sons, Inc., New-York.
A. Jörgensen, Mikroorganismen der Gärungsindustrie, Neubearbeitet von A. Hansen und Aage Lund; G. Fischer, Jena, 1940.
A. Rippel-Baldes, Grundriß der Mikrobiologie; Springer-Verlag, Berlin und Göttingen, 1947.
H. Schnegg, Das mikroskopische Praktikum des Brauers, Ferd. Enke, Stuttgart, 1922.
H. Ruska, Virus. Eine kurze Zusammenfassung der Kenntnisse über das Virusproblem. Akad. Verlagsges. Athenaion Potsdam 1950.
A. Rokitzka, Allgemeine Mikrobiologie. Verlag Carl Hanser München 1950.
H. Killian, Die Penicilline. Editio Cantor G.m.b.H. Freiburg i. Br. 1948.

5. Kapitel

Allgemeine Grundlagen der Ernährung, Kultur und Untersuchungsmethoden

Nährböden. Sterilisation. Kältewirkung. Ultraschall. Reinkulturen. Reinzuchtmethoden nach *Koch* u. *Hansen*. *Lindners* Tröpfchenkultur. Aerobe u. anaerobe Kulturen. Lyophil-Verfahren. Mikroskopische Untersuchungsmethoden. Färbemethoden. Allgem. Richtlinien für Gäransätze

Nährböden[1])

Das normale Leben der Mikroorganismen ist natürlich wie bei allen Lebewesen von der Ernährung abhängig. Ohne geeignete Nahrung gibt es auch kein Gedeihen der Mikroflora. Dabei sind Arten bekannt, die wenig anspruchsvoll sind, während es andererseits Bakterien gibt, die höchste Anforderungen an den Nährboden stellen. So lassen sich z. B. gewisse Krankheitserreger nur auf steril entnommenen Körperflüssigkeiten weiterzüchten (Corynebacterium diphtheriae, Micrococcus gonorrhoeae[2]) [Neisseria gonorrhoeae Trevisan]; andererseits existieren Bakterien, die sehr gut mit Ammoniak als Stickstoffquelle auskommen (Cholera Vibrio, Bakterien des Mäusetyphus, Heubazillen). Bei der Schaffung eines künstlichen Nährbodens wird es ratsam sein, die Nahrungsquelle des Fundortes des Organismus zu studieren. Wir kommen nun zu der Kardinalfrage, welche Nährstoffe sind zur Erhaltung des Lebens der Mikroben überhaupt notwendig? Die Antwort lautet, daß drei Gruppen von Nährstoffen unbedingt von allen lebenden Zellen gefordert werden: Mineralsalze, Kohlenstoffverbindungen und Stickstoff. Da es ohne Wasser kein Leben gibt, so muß es auch hier Verwendung finden. Es dient zunächst als Lösungsmittel der Nährstoffe und dann als Baustoff der Zelle. Außer Wasser benötigen die meisten Mikroorganismen auch den Sauerstoff der Luft.

Zu den unentbehrlichen Nährsalzen gehören das saure Kaliumphosphat, Magnesiumsulfat und das Chlorcalcium, jedoch können die Metalle auch in anderen löslichen Verbindungen verwendet werden. Natrium und Eisen sind in manchen Fällen ratsam. Allgemein ist noch hinzuzufügen, daß die Dosierung aller genannten chemischen Elemente von Fall zu Fall, dem gesteckten Ziel entsprechend, ausprobiert werden muß. Phosphorsäure und Kalium werden von der Zelle am meisten begehrt, von Magnesium und Schwefel dagegen ist der Bedarf gering. Wir wissen

[1]) Hier sollen nur allgemeine Gesichtspunkte über die Ernährung der Mikroben kurz behandelt werden. Ausführliches über den Stoffwechsel ist bei den verschiedenen Mikroorganismen zu finden (Kap. 8—12 und 20). Für die praktische Arbeit müssen die Spezialwerke studiert werden (z. B. von *W. Henneberg* und das neuere vorzügliche Buch von *A. Janke* [s. am Schluß des Kapitels]).

[2]) Gr. gone = Samen; rhein = fließen.

heute, daß auch die Spurenelemente äußerst wichtig sind, jedoch schleichen sich diese z. T. von selbst ein mit den üblichen Nährsalzen und dem Leitungswasser (s. Kap. 8).

Von den Kohlenstoffverbindungen spielen bei den Gärungsorganismen die Kohlenhydrate, namentlich die Zuckerarten eine große Rolle. Während Traubenzucker (= Glucose, = Dextrose) von allen Hefen und Schimmelpilzen gut assimiliert wird, ebenso Fruktose, sind Mannose und Galactose von diesen Einzellern beispielsweise weniger begehrt. Die Disaccharide Saccharose (Rohrzucker), Maltose (Malzzucker) und Lactose (Milchzucker), für gewisse Hefen die gegebene Nahrung, kommen für manche Rassen überhaupt nicht in Frage. Die fünfgliedrigen Zuckerarten, die Pentosen, sind zwar nicht vergärbar, jedoch werden sie von manchen wilden Hefen assimiliert. Schimmelpilze sind im allgemeinen weniger wählerisch dank ihres Reichtums an besonderen Enzymen (s. Kap. 11). Sie können sogar auf Stärke wachsen infolge ihres Amylasegehaltes (Aspergillus oryzae). Von den Bakterien gibt es nicht allzu viele Arten, die Stärke hydrolysieren und assimilieren. Es seien genannt: Bacillus amylobacter, Bacillus macerans, Bac. subtilis[1]), Bac. mesentericus[2]). Manche Bakterien, wie die Milchsäure erzeugenden, benötigen auch verschiedene Zucker, wie z. B. die Glucose, die von manchen Arten glatt ohne Nebenprodukte in Milchsäure übergeführt wird (s. Kap. 20). Das Bacterium coli liefert aus Glucose neben Milchsäure auch Aethylalkohol. Ebenso benötigen manche pathogenen Bakterien der Medizin Traubenzucker, wenn auch nur in kleinen Mengen, so daß der Nährbouillon in bestimmten Fällen 0,1—1% Glucose zugesetzt wird. Hier ist der Zucker offenbar kein Gärsubstrat, sondern dient außer als Baustoff für die Zelle besonders der Energieerzeugung durch den Atmungsprozeß (s. Kap. 13). Als weitere Kohlenstoffquellen kommen für Spezialfälle mehrwertige Alkohole wie Glycerin, Dulcit und Mannit in Frage. Viele Bakterien, die auf Nährbrühe wachsen, begnügen sich auch mit dem Kohlenstoffskelett der Eiweißverbindungen. Den Gipfel der Anspruchslosigkeit zeigt der Bacillus oligocarbophilus, der mit den zufällig in der Luft sich befindenden Spuren von flüchtigen Kohlenstoffverbindungen fürlieb nimmt.

Die meisten Bakterien leben, wie wir eben sahen, von Kohlenhydraten und mehrwertigen Alkoholen und gewinnen hieraus ihre Energie. Sie sind nicht in der Lage, Kohlensäure zu assimilieren (Heterotrophe Bakterien). Im Gegensatz zu diesen stehen die autotrophen Bakterien, die ihren Kohlenhydrathaushalt durch Kohlensäureaufnahme decken. Diese Klasse von Mikroben gewinnt ihre Energie für die chemischen Synthesen durch Oxydation anorganischer Stoffe, wie S und S-Verbindungen, Fe^{II}-salze (Schwefel- und Eisenbakterien) und baut durch Reduktion von CO_2 die Zellsubstanz auf (Chemosynthetische CO_2-Reduktion). Diese Organismen haben höchstwahrscheinlich trotz ihrer ungewöhnlichen Wachstumsbedingungen einen solchen internen Stoffwechsel, der dem in Hefe aufgefundenen in bezug auf phosphorylierende Zuckerspaltungen ähnlich ist *(Le Page, Vogler, Umbreit)* (90). So wird beispielsweise bei manchen Schwefelbakterien die bei der Schwefeloxydation entstehende Energie in der Adenosintriphosphorsäure aufgespeichert (s. Kap. 12, Phase 4 der alkoholischen Gärung), die dann zur CO_2-Reduktion verwendet werden kann.

In der letzten Zeit hat man Übergangsgruppen dieser beiden Bakterienklassen gefunden. So stellte man bei dem Schwefelorganismus Thiobacillus thiooxydans fest, daß er auch längere Zeit ohne oxydierbaren Schwefel leben und in diesem Falle organische Substrate unter CO_2-Entwicklung abbauen kann *(K. G. Vogler)* (91). Andererseits hat man bei heterotrophen Bakterien eine Kohlensäureaufnahme festgestellt (s. Kap. 20).

[1]) Lat. subtilis = zart.
[2]) Gr. mesentérion = Gekröse.

Bei der **Stickstoffgabe** muß man zunächst den anorganischen Stickstoff vom organischen unterscheiden. Wie schon erwähnt, können manche Bakterien Ammoniak mit Vorteil assimilieren, ebenso Pilze. Viele Schimmelpilze bevorzugen indessen Nitrate. Auch gewisse Bakterien wie Bact. pyocyaneus (Pseudomonas pyacyanea) und Bac. fluorescens (Pseudomonas fluorescens) greifen Nitrate an und reduzieren die Salpetersäure zu freiem Stickstoff. Diese Nitrobakterien verlangen jedoch eine besondere Kohlenstoffquelle, Glycerin oder Zuckerarten. Hefen assimilieren auch Ammoniak, wie das schon *Pasteur* bei seinen Arbeiten im Streit mit *Liebig* konstatierte. Jedoch hat sich später herausgestellt, daß hierbei ein bestimmter Katalysator, das Bios, notwendig ist (s. Kap. 9). Bei der Erzeugung von Bäckerhefen ist es vorteilhaft, wenn man mit einem Gemisch von anorganischem und organischem Stickstoff arbeitet (s. Kap. 17). Die wilde Hefe Torula utilis kann in vielen Generationen ohne organischen Stickstoff bei vollständiger Aufrechterhaltung ihrer Lebenskraft gezüchtet werden *(Fink)* (s. Kap. 17). Das Ammoniak wendet man in der Technik im allgemeinen in Form von Salzen an wie Ammoniumsulfat und Chlorammon, jedoch muß man dafür sorgen, daß die entstehenden freien Säuren durch Kreide neutralisiert oder weggepuffert werden, beispielsweise durch Phosphate. Besser ist eine Gabe von saurem Ammonphosphat. Freies, gasförmiges Ammoniak aus Stahlbomben läßt sich auch verwenden. So wird dieses Gas in manchen Hefefabriken in die Melassenährlösung hineingedrückt.

Organischer Stickstoff ist im allgemeinen hochwertiger, namentlich in Form von kleinen Eiweißmolekülen wie Peptonen und Albumosen. Jedoch gibt es auch Fälle, in denen man technisch mit Nitraten mehr erreicht als mit Eiweißstoffen (Aspergillus niger bei der Zitronensäureerzeugung). Aminosäuren sind für Hefen besonders geeignet. Hier spielt das Asparagin, das Amid der Asparaginsäure als Bestandteil der Malzkeime eine große Rolle (s. Kap. 8).

Wir sind nun in der Lage, eine künstliche Nährlösung zusammenzusetzen und bringen im folgenden zwei Kombinationen, die sich bei Hefen bewährt haben *(Henneberg)*.

Lösung 1	Lösung 2
15% Rohrzucker	15,0% Rohrzucker
0,2% saures phosphorsaures Ammon	0,5% Pepton-Witte
0,2% saures phosphorsaures Kalium	0,5% saures phosphorsaures Kalium
0,1% schwefelsaures Magnesium	0,2% schwefelsaures Magnesium
0,5% Kreide	0,5% Kreide
Wasser	Wasser

Für die verschiedensten Zwecke sind die verschiedensten Nährlösungen zusammengestellt worden. Eine der ältesten und gut bewährten Kombinationen ist die Liquide *de Raulin.*

Diese künstlich zusammengesetzten Nährlösungen sind keine idealen Nährböden, denn es fehlt an verschiedenen lebenswichtigen Stoffen wie Bios beispielsweise. Dies macht sich bemerkbar, wenn mehrere Generationen hintereinander auf solche Weise ernährt werden. Dann sind im Laufe der Zeit die mit der Einsaat mitgebrachten **Ergänzungsnährstoffe** verbraucht, und die Flora beginnt zu degenerieren. Eine Ausnahme macht, wie erwähnt, die anspruchslose Torula utilis, und es ist anzunehmen, daß sich im großen Reiche der Mikroben noch mehr Individuen vorfinden mit ebensolchen bescheidenen Lebensbedingungen. Solche Einzeller müssen indessen mit guten „synthetischen Kräften“ ausgerüstet sein! Da im allgemeinen ein dauerndes üppiges und gesundes Wachstum auf diesen künstlichen Nährböden nicht möglich ist, so bereitet man meistens die Kulturflüssigkeiten zweckmäßig aus tierischem oder pflanzlichem Material. Die in der Medizin studierten Bakterien werden meist auf Fleischbrühe, der man noch Pepton zugibt, gezüchtet. Für die Hefen ist Bierwürze, ein heißer Auszug aus Gerstenmalz, ganz besonders geeignet (s. Kap. 8). Auch Schimmelpilze gedeihen auf diesem Boden vorzüglich. Weiter hat sich Brot für Pilze bestens bewährt. Für die Gärungsbakterien, besonders für das Bact. Delbrücki (Kulturbacterium zur Milchsäureerzeugung), ist die Roggen-Malzschrotmaische die Standardnahrung. Es soll aber hier nicht vergessen werden, daß für viele Mikroorganismen Spezialnährböden gesucht worden sind. So benutzt man u. a. Kartoffel- und Rübenkeile, die in Reagenzgläser steril eingebracht werden. Von den Spezialnährböden seien noch erwähnt Nährbrühen aus Fleischextrakt oder Hefeextrakt, Sojabohnenmehlbrühe, Milchnährböden und für pathogene Bakterien die Ascites-Flüssigkeit, die steril dem menschlichen Körper entnommen wird.

Alle Nährböden werden zum Schluß in sterile Gefäße, meistens in Reagenzgläser und Erlenmeyerkolben, abgefüllt und der gereinigte trockene Hals mit einem Wattestopfen verschlossen.

Wenn man gelegentlich im leeren Glase eine Flora wachsen sieht, so könnte man auf den Gedanken kommen, daß diese Organismen von den Luftgasen leben. In Wirklichkeit dienen in solchen Fällen Staub, Schmutz und Feuchtigkeit der Luft als auskömmliche Nahrung für diesen bescheidenen Zehrer. Aber Stickstoff, Kohlenstoff und Mineralsalze müssen in diesem Flugstaub vorhanden sein, auch wenn es noch so wenig ist.

Diese kurze Übersicht über die Ernährung möge hier genügen. Erwähnt sei noch, daß die Reaktion des Nährbodens in vielen Fällen ausschlaggebend ist. Viele pathogene Bakterien und solche der Fäulnis benötigen neutrale bzw. alkalische Reaktion, während die Gärungsorganismen das saure Medium lieben. Die Messung des Charakters der Lösung geschieht heute durch die Bestimmung der Wasserstoffjonenkonzentration, die ihren präzisen Ausdruck im pH findet. Wasser hat als neutrale Flüssigkeit das pH $= 7{,}07$. Blut, schwach alkalisch reagierend, zeigt ein pH gegen 7,3, während die normale Bierwürze als saures Medium ein pH um 5,7 erkennen läßt. Hierüber Genaueres im Kapitel 8. Dort findet man auch Ausführungen über die Bedeutung des Redoxpotentials.

Für viele Zwecke sind **halbfeste Nährböden**, obgleich dieselben für viele Organismen keine ideale Form darstellen, erwünscht. Man verwendet hierzu Gelatine oder Agar-Agar. Organismen, die proteolytische Enzyme ausscheiden, verflüssigen die Gelatine, weshalb in solchen Fällen Agar-Agar am Platze ist. Dieses, ein aus einer Meeresalge gewonnenes Kohlenhydrat (Schwefelsäureester der Gelose, also der β-d-Galactopyranose *(Hjorth-Hansen)* (92) wird von der Flora nicht angegriffen mit Ausnahme von einigen wenigen Bakterien aus der Heimat der Agarpflanze. In Notzeiten benutzt man anstatt Agar-Agar eine Kieselsäuregallerte. Verwendung finden die festen Nährböden zur Aufbewahrung von Reinkulturen, zum Plattengießen für das Reinkulturverfahren nach *R. Koch*, sowie zur biologischen Analyse der Luft und des Wassers.

Gelatine und Agar-Agar werden heiß im flüssigen Nährboden gelöst, worauf nach dem Erkalten das Ganze zu einer gelatinösen Masse erstarrt. Trockene Gelatine verwendet man in Konzentrationen zu 10—15% je nach der Temperatur der Jahreszeit, während man bei Agar-Agar schon mit 1,5—2% auskommt. Es werden verwendet: Bouillongelatine, Würzegelatine, Würzeagar, Maischeagar, Milchserumagar, Hefewassergelatine.

Impft man einen Bacillus auf Bouillongelatine, so sieht man nach 24—48 Stunden an der Oberfläche eine kleine Kolonie wachsen. Bei Schimmelpilzen ist dieselbe auf

Würzegelatine bedeutend weiter entwickelt, während die Hefekolonie in derselben Zeit an Größe zwischen beiden liegt. *Lindner* hat die Hefen zu Riesenkolonien entwickeln lassen, um die verschiedenen Heferassen durch das Habitusbild der Riesenkolonie zu unterscheiden.

Das Wachstum auf einem festen Nährboden ist für viele Mikroben nicht normal, weshalb man mit solchen Hefen beispielsweise nicht ohne weiteres experimentieren darf. Es ist notwendig, erst eine Kultur im flüssigen Nährboden anzulegen, um normale Lebensbedingungen zu schaffen zur Regeneration der Hefe.

Sterilisation[1])

Überließe man nun die frisch hergestellten Nährlösungen sich selbst, so hätte man in wenigen Tagen je nach der Art des Nährbodens ein buntes Gewimmel von Bakterien, Hefen und Schimmelpilzen, da sich die bei der Bereitung eingeschleppten Keime hier vermehren würden. Überall ist der Erdball mit Mikroben übersät, was schon *Goethe* so treffend ausdrückt:

Der Luft, dem Wasser wie der Erden
Entwinden tausend Keime sich,
Im Trocknen, Feuchten, Warmen, Kalten!

Deshalb sind wir gezwungen, alle Nährböden vor dem Gebrauch von allen Keimen zu befreien. Dazu hat man Sterilisationsverfahren entwickelt.

Aber nicht nur die Nährböden allein, sondern auch andere Dinge wie medizinische Instrumente, Apparate, Einrichtungen der Gärungsindustrien, der Lebensmittelindustrien und schließlich die Lebensmittel selbst sollen entkeimt werden oder wenigstens einen Schutz erhalten vor einer verderbenbringenden Invasion der Mikroben. Dort, wo es sich um pathogene Bakterien handelt, werden so scharfe Maßnahmen erfordert, daß die Flora restlos getötet wird. In solchen Fällen, bei denen nur eine Verhinderung der Vermehrung der Begleitmikroben oder Luftmikroben angestrebt wird, genügen schwächere Mittel, die nur entwicklungshemmend wirken. Die Eingriffe, die uns für diese Zwecke zur Verfügung stehen, sind entweder physikalischer Natur (Hitzewirkung: Dampfsterilisation; Kaltsterilisation durch Ultrafilter) oder chemischer Art (Giftwirkung). Zur totalen Vernichtung der Flora hat man die Desinfektionsmethoden, zur Entwicklungshemmung auf dem Gebiete der Lebensmittel die Konservierungsarten ausgebildet. Während bei der Desinfektion auf den Schutz der Apparaturen Rücksicht genommen werden muß, verlangt die Konservierung von den Maßnahmen, daß die Lebensmittel nicht an Güte verlieren bei der Sterilisation durch Hitze (Einwecken z. B.), und daß bei der chemischen Konservierung nur ungiftige Dosen von Chemikalien für den menschlichen Organismus gewählt werden.

Die vielfach angewendete Methode des Sterilisierens mit Wasserdämpfen führt zur absoluten Entkeimung, wenn es richtig gehandhabt wird. Aus diesem Grunde wird bei Nährböden meistens dieser Weg beschritten.

Wie bereits hingewiesen, ist die vegetative Form der Mikroorganismen bei höherer Temperatur, und zwar über 62° leicht zerstörbar. Das hängt offenbar damit zusammen, daß die Eiweißgerinnungstemperatur erreicht wird. Geronnenes Eiweiß ist denatuiert, also für den Lebensprozeß unbrauchbar. Man wird demnach, wenn man einen Nährboden entkeimen will, ihn in saubere sterile Flaschen füllen und das Gefäß strömendem Wasserdampf so lange aussetzen, bis die Nährflüssigkeit einige Zeit um 100° verweilt hat. Bei kleinen Flaschen bis zu $^1/_2$ l Inhalt genügt eine Dampf-

[1]) Lat. steril = unfruchtbar.

behandlung von 30 Minuten, bei Reagenzgläsern 20 Minuten, gerechnet von dem Zeitpunkt an, wenn der Dampfstrahl den Apparat verläßt. In dieser Zeit werden alle vegetativen Zellen der Bakterien, Hefen und Schimmelpilze abgetötet. Damit nun keine neuen Zellen aus der Luft hereinfallen, sind bereits alle Flaschen und Reagenzgläser sofort nach dem Füllen mit den Nährböden durch einen Wattestopfen verschlossen worden. Dieser sorgt zwar für einen Luftausgleich, hält jedoch bei eindringender Luft gleichsam wie ein Filter alle Bakterien der Atmosphäre zurück. So wären wir nun zu einem sterilen Nährboden gekommen, wenn wir es nur mit sporenfreien Mikroorganismen zu tun hätten. Leider trifft dieser Fall in der Praxis äußerst selten ein. Deshalb sorgt man bei der Sterilisation stets auch für die Vernichtung der Sporen. Dies geschieht durch die fraktionierte Sterilisation an drei aufeinander folgenden Tagen. Hat man also den Nährboden einmal gedämpft, so läßt man ihn 24 Stunden bei Zimmertemperatur stehen und dämpft ein zweites Mal mit der Absicht, die inzwischen ausgekeimten Sporen jetzt als vegetative Zellen zu zerstören. Erfolgt nach weiteren 24 Stunden eine nochmalige Wasserdampfbehandlung, so kann man sicher sein, daß der Nährboden steril ist. Man prüft ihn, indem man ihn verschiedenen Wachstumstemperaturen aussetzt. Diese Prozedur genügt im allgemeinen. Es sei hinzugefügt, daß manche Nährböden wie z. B. neutrale Roggenmalzmaische zur Entkeimung besondere Methoden (z. B. Erhitzen unter Druck im Autoklaven) erfordern. Saure Nährböden sind leichter zu sterilisieren als alkalische.

Bei leeren Glasapparaten, Reagenzgläsern, Pipetten, Metallgegenständen und schließlich trockener Kreide, die zur Neutralisation oft verwendet wird, erfolgt die Sterilisation durch zweistündiges Erhitzen auf 160° im Sterilisationsschrank. Trockne Hitze im Gegensatz zum strömenden Dampf! Ist hierbei der Watteverschluß der Glassachen schwach gelblich gefärbt worden, so bedeutet das ein sicheres Zeichen einer gelungenen Entkeimung. Apparaturen, bei denen die genannten Verfahren nicht anwendbar sind, werden mit 70%igem Alkohol behandelt. Ein Impfdraht wird stets in der Flamme durch Ausglühen sterilisiert.

Lebens- und Genußmittel, wie z. B. Bier und Wein würden durch die eben beschriebene Sterilisationsmethode geschmacklich leiden. Aus diesem Grunde benutzt man zur Entkeimung Temperaturen unter 100°. Dieses Verfahren, „Pasteurisieren" genannt, gelingt aber nur bei sporenfreien Flüssigkeiten. Außerdem müssen diese Alkohol oder Säuren enthalten, die die Entkeimung unterstützen. Für jede zu pasteurisierende Flüssigkeit müssen die Verhältnisse klargelegt werden. Bei Essig genügt z. B. bereits eine Temperatur von 48—50°, bei Wein 50—55°, während Malzbier schon eine Temperatur von 65—70° erfordert.

Um Flüssigkeiten noch mehr zu schonen, verwendet man die **Kaltsterilisation** durch **Ultrafiltration.** In diesem Falle werden die Mikroben nicht mehr durch Maßnahmen vernichtet oder schwer geschädigt, sondern nur vom Substrat mechanisch getrennt. Zu diesem Zweck sind eine große Anzahl von Filtern ausgebildet worden, die das gesteckte Ziel erreichen. Wirksame Bakterienfilter benötigen eine fiktive Porenweite von 1,7—1 μ. Man arbeitet dann entweder mit Unterdruck (z. B. durch Saugen mit der Wasserstrahlpumpe) oder mit Überdruck (z. B. mit Hilfe einer Kohlensäurebombe im geschlossenen System, *Bechholds* Ultrafilter). Als Filtermaterial eignet sich halbgebrannte Porzellanerde (*Pasteur-Chamberland*-Filterkerzen, *Pukall*-Ballonfilter) oder Kieselgur, die im *Berkefeld*-Filter Anwendung findet. Im Jenaer Ganzglasbakterienfilter erzeugt man die Filterschicht durch Zusammenfritten von Glaspulver ganz bestimmter Korngröße. Im Gegensatz zu diesen Hartfiltern sind Weichfilter für besondere Zwecke konstruiert. Hier spielt Asbest eine große Rolle. In den sog. *Seitz*schen E.-K.-Filtern liegen Platten aus zusammengepreßtem Asbest von verschiedener Stärke in geschlossenen metallenen Filterapparaten zur Zurückhaltung der Keime. So benutzt man diese E.-K.-Filter z. B. zur Abfüllung von Süßmost auf Flaschen. Auch die Eisessig-Kollodium-Membran des *Bechhold*schen Ultrafilters hat sich bewährt wie das Membranfilter aus Cellulose bzw. Celluloseestern nach *Zsigmondy*. Richtige Handhabung der Filter führt hier ebenfalls zur totalen Entkeimung.

Durch tiefe Abkühlung allein ist keine sichere Sterilisation zu erreichen, da viele lebende Zellen die Prozedur überdauern.

Versuche mit Saccharomyces cerevisiae, Pseudomonas fluorescens, Ps. pyocyanea und Bact. prodigiosum ergaben die Absterbetemperaturen von — 4° — 15° — 24°. Je tiefer die Temperatur, desto langsamer ist der Absterbeverlauf. Haben Organismen bis zur schädlichen Zone — 24° standgehalten, so ist eine weitere Temperatursenkung z. B. bis — 193° ohne besonderen Einfluß. Bis — 4° sterben sehr viele Zellen ab, noch dazu, wenn ein hohes pH herrscht und Neutralsalze (schon in geringer Konzentration) zugegen sind. Kolloide wirken dagegen schützend. Von Einfluß sind auch die Geschwindigkeiten des Einfrierens und Auftauens *(Stille)* (93). Stabiler sind abgepreßte obergärige Bäckerhefen. Sie sind in hart gefrorenem Zustande nahezu kältebeständig. Werden Reinzuchthefen dieser Art abgepreßt im Pappkarton Wintertemperaturen von — 10 bis — 25° tagelang ausgesetzt, so zeigen sie nach dem Auftauen bei 5° ein normales biologisches Bild mit 10% toten Zellen gegenüber 6% der Ausgangshefe. Auch die physiologischen Eigenschaften verändern sich wenig *(Staiger* und *Glaubitz)* (94).

Ob der **Ultraschall** (95) zur praktischen Sterilisation mit Erfolg herangezogen werden kann, bleibt abzuwarten. Eine sehr deutliche Destruktion der Bakterienleiber durch den Einfluß der Ultraschallwellen konnte von *Theismann* und *Wallhäuser* (96) festgestellt werden. Auch eine Beschallung der Hefen führt zu tiefen Eingriffen auf das Leben dieser Einzeller. Schon nach wenigen Minuten Einwirkung (800 kHz, Energiedichte 3 Watt/cm^2) verliert die Hefe die Hälfte ihrer Wachstumsfähigkeit, die bei 40 Minuten langer Beschallung fast völlig verschwindet. Die Zellen können sich infolge der irreversiblen Wirkung nicht wieder erholen. Ähnlich steht es mit der Gärfähigkeit, die sich bei einstündiger Einwirkung um 44% erniedrigt. Dazu ist festzustellen, daß die Enzyme selbst nicht zerstört werden, wie aus Versuchen mit Präparaten hervorgeht, sondern der Verlust an Gärkraft einer Desorganisierung der Zelle zuzuschreiben ist *(Euler* und *Skarzynski)* (97).

Außer den physikalischen Methoden zur Sterilisation gibt es fast ungezählte Mittel zur **chemischen Entkeimung.** Hier muß man streng unterscheiden von einer abtötenden Wirkung des Mittels und einer entwicklungshemmenden. Letztere genügt meistens auf dem Gebiete der Nahrungsmittelkonservierung. Wo dagegen Krankheitskeime vermutet werden, ist man gezwungen, wie bereits berichtet, ein scharfes, zerstörendes Gift zur Anwendung zu bringen. Seit langen Zeiten ist die „Entkeimung" der Weinfässer durch Abbrennen von Schwefelfäden zur Erzeugung von schwefliger Säure (SO_2) bekannt. Ebenso kennt man aus der populären Hygiene den Chlorkalk ($CaCl(OCl) \cdot CaO$), die Carbolsäure ($C_6H_5 \cdot OH$) und die Kresole ($H_3C \cdot C_6H_4 \cdot OH$) als desinfizierende Mittel. In der Medizin hat man schon immer das Sublimat, Quecksilber-(II)-Chlorid ($HgCl_2$) in der Konzentration von 1 : 1000 zur Abtötung der Bakterien benutzt, und im Höllenstein, Silbernitrat, ($AgNO_3$) fand man für die Behandlung von infizierten Wunden ein milder wirkendes Mittel. In der elektrisch zerstäubten Form lagert sich das Silberjon an der Oberfläche der Mikroorganismen an, dringt dann in die Zelle ein und bildet eine Silber-Eiweißverbindung, die natürlich das Leben der Mikrobe vernichtet. Diese Erscheinung benutzt man in dem sog. Katadynverfahren, das vor allem dazu dient, Wasser im großen für industrielle Zwecke zu entkeimen. Das Verfahren arbeitet äußerst ökonomisch, denn 0,5 mg

Silber pro l Wasser genügen, um die oben skizzierte oligodynamische Wirkung zu erzielen. Die Reaktion verläuft nicht so schnell wie mit Sublimat oder Höllenstein, denn erst nach Stunden ist Sterilität vorhanden. Dafür ist aber das Wasser auch für Lebensmittelbetriebe z. B. in Brauereien gut verwendbar. Auch Goldpräparate werden herangezogen. So sind Goldthioverbindungen wirksam gegen Spirochäten, Streptokokken und Pneumokokken (98). Aethylalkohol in 70% Konzentration ist, wie bereits erwähnt, ebenfalls ein geschätztes Entkeimungsmittel, namentlich in der Medizin. Auch größere Glasgefäße, die für die Sterilisation durch Hitze nicht geeignet sind, werden durch Spülungen mit Aethylalkohol bequem entkeimt. Im großtechnischen Betrieb findet die Kieselfluorwasserstoffsäure H_2SiF_6 in 30%iger Lösung (als Montanin) viel Verwendung. Die 5%ige Motaninlösung vernichtet alle Kleinlebewesen. Auch die anderen Fluorverbindungen, wie Fluornatrium (NaF) und das saure Ammonfluorid ($NH_4F \cdot HF$), sind gut brauchbar. Aus der großen Zahl der Konservierungsmittel seien genannt: Salizylsäure ($OH \cdot C_6H_4 \cdot COOH$; 1 : 2) und die *p*-Oxybenzoesäure ($OH \cdot C_6H_4 \cdot COOH$; 1 : 4), deren Ester schon in Konzentrationen von 0,08—0,1% entwicklungshemmend wirken (Nipagin-A, der Aethylester). Benzoesäure in Form ihres Natriumsalzes unterbricht das Wachstum der Bakterien erst in einer Stärke von 0,2%, während das gechlorte Produkt, die *p*-Chlorbenzoesäure (Mikrobinsäure, $Cl \cdot C_6H_4 \cdot COOH$; 1 : 4), schon in der halben Konzentration denselben Effekt erzielt. Ein wenig aggressives Mittel, das Elmocid (bestehend aus NaOH und NaCl) ist von *Stockhausen* (99) genauer geprüft worden und hat sich in der Brauereipraxis bewährt.

In neuerer Zeit haben die Quats oder Invertseifen, mit Alkylresten verknüpfte quaternäre Ammonium-, Phosphonium- oder Sulfoniumverbindungen, von sich reden gemacht (*Hartmann* und *Kägl* [1928], *Domagk* und *Kuhn* [1937—1940]). So bewährte sich die 1%ige Lösung von Zephirol (Gemisch von Alkyldimethylbenzylammoniumchloriden) in der Medizin zur Desinfektion von Händen. Auch in der Brauerei sind diese Quats (z. B. Roccal, Turgicide und B.C.T.) zur Reinigung von Leitungsrohren, Schläuchen und Gefäßen gut brauchbar. Saccharomyces cerevisiae wird bereits in 10 Minuten bei 20° von einer Verdünnung von 1 : 4000 tödlich geschädigt. Sacch. Pastorianus ist widerstandsfähiger und verlangt unter obigen Bedingungen eine Konzentration von 1 : 2000, während die Torula utilis bei 1 : 5000 abstirbt. Bemerkt sei, daß diese Werte mit Hilfe von kohlensäurehaltigen Getränken bestimmt wurden *(Epstein)* (100). Diese Stoffe sind dank ihrer großen Oberflächenaktivität in hoher Verdünnung so wirksam. Dabei haben sie den Vorteil, daß sie geruch- und geschmacklos, ungiftig, wasserlöslich, stark schäumend und neutral gegenüber Metallen, Holz, Tüchern und Gummi sind in Konzentrationen von 0,05 bis 0,1% *(Juillerat* (101), *Bausch)* (102).

Eine Sterilisation anderer Art ist die mit kalten, ultravioletten Strahlen durch Sterillampen. Strahlen mit Wellenlängen von wenigen Ångström sind bei Hefen und Bakterien in einer Entfernung von 15 cm schon in 2 Minuten erfolgreich. Schimmelpilze sind bei einer Bestrahlungsdauer von 25 Minuten widerstandsfähiger. Sehr kurze Einwirkungszeiten sind dagegen belebend. So wird die Produktion von Penicillin durch Penicillinpilze bei einer 30 Sekunden langen Bestrahlung um das 200—300fache gesteigert. Auch der Stoffwechsel von Hefen erfährt auf diese Weise Anregung. Für Menschen sind diese Strahlen ungefährlich. Solche Sterillampen dienen auch zur Entkeimung der Gärkellerluft und Gärgefäße. Der Wirkungsgrad ist sehr gut *(Sauter* (103), *Suntheimer)* (104). Abtöten von Pilzsporen (1037).

Hier handelt es sich meistens um eine Entwicklungshemmung der Invasionsflora. Die Bakterien z. B. sind bei Anwendung von Konservierungsmitteln noch in den Lebensmitteln vorhanden, aber sie sind so geschwächt, daß sie sich nicht vermehren können. Auf diese Weise ist der Schutz eingetreten. Genau so liegt der Fall bei dem Prozeß des Einsalzens und Einpökelns. Auch hier tritt Hemmung des Wachstums ein. In einer Heringslake mit 24,8% Kochsalz konnten noch lebensfähige Keime nachgewiesen werden. In konzentrierter Kochsalzlösung starben die bei Fleischvergiftungen beobachteten Bakterien, Bac. morbificans coli und Bac. enteritidis, erst nach 3 bzw. $4^1/_2$ Wochen ab. Durch die starken Salzlösungen wird Plasmolyse oder Zytorrhyse der Zellen hervorgerufen, wodurch die Lebensfunktionen sehr gestört bzw. vernichtet werden (s. Kap. 14).

Auch nach Abtötungsmitteln für Bakteriensporen hat man gesucht und in der alkoholischen Lösung von Jodaethyl ein wirksames Agens gefunden *(Endres, Hammer, Rohr)* (105).

Reinkulturen, Reinzuchtmethoden nach *Koch* und *Hansen*. *Lindners* Tröpfchen-Kultur

Wir erfuhren vorhin, daß sich auf unsterilen Nährböden die verschiedensten Mikroorganismen ansammeln können. Es entsteht jetzt die Frage, wie sind nun die verschiedenen Individuen voneinander zu trennen? Das ist eine wichtige Aufgabe, denn wenn man eine Hefegärung ansetzen will, sollen nicht nebenher Bakterien und Schimmelpilze ihr Wesen treiben. Hier hat bereits *L. Pasteur* Grundlegendes geleistet. In der Folgezeit wurden jedoch die Anforderungen an das Mikrobenmaterial immer größer. Man wollte mit bestimmten Rassen allein arbeiten. Sollte Würze zu Bier vergoren werden, so wünschte der Brauer nur die Entwicklung ganz bestimmter Bierhefen. Schädigende Rassen sollten ferngehalten werden. Aus diesem Grunde bemühte man sich um Hefe-Reinkulturen, d. h. Kulturen einer ganz bestimmten Art. Die gleiche Forderung bestand in der Medizin für die Bakterien. Aus den erkrankten Organen sollten die Organismen isoliert werden, die die Ursache der Erkrankung darstellten. Zwei Forscher haben hier Bahnbrechendes geleistet: *Robert Koch* und *Emil Christian Hansen*, jener für die Medizin, dieser für die Gärungsgewerbe. Die von beiden Forschern ausgearbeiteten Verfahren beruhen auf der räumlichen Trennung der einzelnen Individuen aus den Kulturgemischen durch starke Verdünnung. Die einzelnen Zellen werden durch größere Flüssigkeitsmengen in Form von Nährböden voneinander getrennt und so isoliert. *Robert Koch* arbeitete das sog. Plattenverfahren aus. In den bei niederer Temperatur, 30—35°, geschmolzenen Gelatinenährboden im Reagenzglas wird das Mikroorganismenmaterial eingeimpft. Durch heftiges Umschütteln verteilt man die Flora, beimpft mit dieser ersten Verdünnung mittels steriler, d. h. ausgeglühter Platinöse das zweite Gelatinegläschen, in dem ebenfalls durch intensives Schütteln die Aussaat feinstens verteilt wird. Im dritten Gläschen geschieht dasselbe mit einer weiteren Beimpfung aus der zweiten Verdünnung. Auf sterile Petrischalen (Doppelschälchen) unter allen Kautelen der bakteriologischen Technik ausgegossen, erstarren die Nährböden bald, und nach 24 und mehr Stunden sieht man auf der Nährgelatineplatte die zu kleinen Kolonien ausgewachsenen Keime. Hat man recht wenig Material ausgeimpft, so liegen die Kolonien wunschgemäß isoliert. Schon makroskopisch erkennt man an der Größe der Kolonie die der Bakterien, Hefen und Schimmelpilze, wobei die Bakterien das kleinste, die Schimmelpilze das größte Wachstum zeigen. Proben aus den getrennt liegenden Kolonien werden dann als Reinkulturen in sterile Reagenzgläser mit Nährböden abgeimpft. Es ist klar, daß man nur wirkliche Reinkulturen erhält, wenn man in der Nährgelatine die Aussaat der Flora durch Umschütteln in einzelne Individuen gründlich aufteilt oder wenigstens die Rassen und Arten trennt. Man erkennt leicht, daß diesem Verfahren eine gewisse Unsicherheit bei der Bakterienisolierung anhaften muß, da eine mikroskopische Kontrolle der Mikrobenaufteilung bei der geringen

Größe der Objekte sehr erschwert ist. Jedoch durch wiederholte Anlegung von Plattenkulturen und Vergleich des Habitus der entstandenen Kolonien erreicht man mit Sicherheit das gewünschte Ziel. Wird eine Kolonie dem Plattenverfahren unterworfen, so erreicht man unter gewissen Bedingungen, daß von 10000 Kolonien nur eine aus mehr als einer Zelle entstanden ist (*Poisson*sches Wahrscheinlichkeitsgesetz (*Matuszewski*) (106).

Bei Hefen und Schimmelpilzen kann man heute relativ leicht mit größter Sicherheit aus einer einzigen Zelle eine Kultur entwickeln, da eine mikroskopische Prüfung bei der Auslese der Zellen leicht möglich ist. Die ersten Hefeisolierungen waren jedoch noch mit Unsicherheiten behaftet. *Hansen* arbeitete ursprünglich mit einem flüssigen Nährboden, indem er in steriler Bierwürze die Hefe so stark verdünnte, daß hiermit beimpfte Erlenmeyerkolben nur wenige Zellen enthielten. Diese trennten sich alle voneinander und erzeugten an verschiedenen Stellen des großen Flaschenbodens je einen „Hefenfleck", der das Vermehrungsprodukt einer einzigen Zelle darstellte. Aber sicher war diese Methode auch nicht, denn wer konnte garantieren, daß der „Hefefleck" nicht aus zwei und noch mehr Zellen entstanden war? Später ging *Hansen* unabhängig von *R. Koch* auch zum festen Nährboden über und verteilte darin seine Hefen so stark, daß er die einzelnen Zellen mit Hilfe des Mikroskopes aufsuchen und markieren konnte. Die aus einzelnen, bezeichneten Zellen entstandenen Kolonien wurden dann „herausgefischt" und lieferten die Aussaat zu den Reinkulturen.

Heute isoliert man die Hefen auf der ganzen Welt mit Hilfe der *Lindner*schen Tröpfchenkultur, die eine bequeme Abänderung der *Hansen*schen Methode darstellt. Eine Hefeprobe wird in steriler Bierwürze so stark verdünnt, daß in einem mit einer spitzen Zeichenfeder auf sterilem Deckgläschen erzeugten Tröpfchen oder Strich nur eine einzige Hefezelle vorhanden ist. Um das zu erreichen, werden 15 bis 20 Würzestriche (Tröpfchen) — in drei Reihen angeordnet — auf einem Deckgläschen angelegt und dann im Hohlschliff eines Objektträgers die Tröpfchen mit nur einer einzigen Zelle mit dem Mikroskop ausgelesen. Diese werden markiert, und sobald Vermehrung der Hefen eingetreten ist, wird die Hefekolonie mittels sterilen Fließpapiers dem Deckgläschen entnommen und in sterile Würze gebracht. So entsteht mit größter Sicherheit eine Einzell-Kultur. Die Vorteile dieser Methodik der *Hansen*schen gegenüber sind augenfällig. Einmal wachsen die Mikroorganismen in Flüssigkeiten besser als auf festen Nährböden, dann ist aber auch die Zelle in der Flüssigkeit infolge ihres unterschiedlichen Lichtbrechungsvermögens leichter zu finden als in Gelatine, wo der Kontrast viel geringer ist.

Das Tuschepunktverfahren nach *Burri* benutzt zur Erleichterung des Aufsuchens der einzelnen Bakterienzellen in Federstrichkulturen auf Nährgelatine verdünnte Pelikantusche. Durch diese Maßnahme heben sich die Zellen als helle Formen auf dem dunklen Untergrund deutlich ab. Für Hefen braucht man diese Methode nicht anzuwenden, da diese größeren Objekte leichter zu sehen sind als Bakterien.

Eine mechanische Isolierung einzelner Zellen gestattet auch der neuerdings eingeführte Mikromanipulator (107). Mit Hilfe dieses Instrumentes ist man in der Lage, aus einer Aufschwemmung von Zellen eine einzelne unter dem Mikroskop in einer Kapillare aufzusaugen und sie in eine sterile Nährlösung zur Weiterkultur zu übertragen. Die Methode hat den Vorteil, daß man sich aus einer Mischkultur gerade die bestimmte Zelle herausfischen kann, die man haben will. Die feinmechanischen Einrichtungen dieser Apparatur sind jetzt so vervollkommnet, daß die freie Handbewegung — reduziert auf $^1/_{1000}$ — leicht mechanisch durch die Bedienung von Hebeln vorzüglich nachgeahm wird (Gleitmikromanipulator von Zeiss in Jena).

Nach erfolgter Isolierung schließt sich die Weiterkultur in Reagenzgläsern, Petrischalen, Stehkolben oder Spezialzuchtkolben an. Will man das Wachstum unter dem Mikroskop verfolgen, so legt man entweder einen hängenden Tropfen einer sterilen Nährlösung im sterilen Objektträger mit Hohlschliff oder eine Tröpfchenkultur an (siehe weiter unten im Absatz mikroskopische Untersuchungsmethoden). Für Schimmelpilze eignet sich die *Böttger*sche Kammer gut oder die Kammer nach *Ranvier-Winge.*

Nun noch die Angabe einiger Bezugsquellen für Mikroben-Reinkulturen:

Institut für Gärungsgewerbe, Berlin N 65, Seestr. 13; Biologische Zentralanstalt, Berlin-Dahlem, Königin-Luise-Str. 17/19; Bakt. Institut d. preuß. Versuchs- u. Forschungsanstalt f. Milchwirtschaft, Kiel, Prüne 48; Centraalbureau voor Schimmelcultures, Baarn, Javalaan 4 (Holland); Hefeabteilung im Laboratorium voor Microbiologie, Techn. Hochschule, Delft (Holland).

Aerobe und anaerobe Kulturen

Nach dem Luftbedürfnis kann man die Mikroorganismen in aerobe und anaerobe einteilen *(Pasteur)*. Schimmelpilze sind deutlich aerob, da sie vornehmlich auf Oberflächen wachsen und erst später in die Substrate eindringen (Penicillium glaucum, Penicillium roqueforti, Aspergillus glaucus, Aspergillus oryzae). Das Verlangen nach Luft ist auch deutlich ausgesprochen bei den hautbildenden Hefen wie Mycoderma. Von Bakterien kommen beispielsweise die Essigbakterien und Heubazillen hinzu. Die obergärigen Brennereihefen vermehren sich besonders schnell bei künstlicher Luftzufuhr, was man in Hefefabriken zur Erhöhung der Ausbeuten und Abkürzung des Verfahrens ausnutzt. Lüftet man nicht, so bleiben sie zwar gesund, jedoch die Geschwindigkeit der Zellteilung läßt erheblich nach. Bierhefen begnügen sich mit der Luftmenge, die die Bierwürze von selbst aufnimmt. Der Brauer sorgt durch das Kühlschiff (s. Kap. 15) und das „Aufziehen der Hefe", daß genügend Luft zur Verfügung steht. Intensivere Luftzufuhren sind in der Brauerei nicht angebracht. Diese Mikroorganismen sind fakultativ anaerob, d. h. sie entwickeln sich am üppigsten bei Luftzutritt, vermögen aber auch bei wenig Luftzufuhr zu leben. Der Brauer wünscht im Gegensatz zum Hefefabrikanten keine lebhafte Zellvermehrung, weshalb er von starker Lüftung absieht. Zu den fakultativ anaeroben Bakterien sind zu rechnen die meisten Fäulnisbakterien, die Milchsäure- und Gärungsbakterien sowie die Krankheitserreger des Typhus und der Cholera. Die obligat aeroben, die oben bereits angeführt wurden, gedeihen nur bei Luftzutritt. Schimmelpilze wie Aspergillus niger *(Thom* und *Currie)* und die Citromycesarten *(Wehmer)*, die alle reichlich Zitronensäure bilden, sind besonders vom Sauerstoff abhängig. Diese Oberflächen liebenden Pilze bieten daher bei technischer Ausnutzung große Schwierigkeiten. Hierher gehört auch der Fett liefernde Endomyces vernalis *(Ludwig, Lindner)*. Obligat anaerob sind eine Anzahl von Bakterien wie einige der Gruppe der Butylbakterien (Clostridium butyricum), das Nitrogenbacterium Clostridium Pasteurianum, die Cellulose vergärenden Plectridien und die pathogenen Bazillen des Starrkrampfes (Bacillus tetani) und Rauschbrandes. Die Kultur dieser Klasse erfordert besondere Maßnahmen. Der Luftabschluß kann auf verschiedene Weise geschehen. Den einfachsten Weg bietet die sog. Stichkultur. Hierbei wird das Impfmaterial mittels Impfnadel möglichst tief in den Gelatinenährboden hineingestochen. Nach der Entfernung der Nadel schließt sich die aufgebrochene Gelatine wieder von selbst, und die Zellen können nun mitten in der Gelatine ohne Sauerstoff leben. Zur restlosen Fernhaltung der Luft kann man auch noch den Nährboden mit einem ausgekochten Öl wie Paraffinöl übergießen. Von *H. Buchner* wurde die Entfernung des Sauerstoffs aus den Kulturgefäßen mit Hilfe von Pyrrogallol in alkalischer Lösung bewirkt, und *Fränkel* und *Hueppe* verdrängten die Luft durch Wasserstoff. Für diese zuletzt genannten Operationen sind besondere Apparaturen notwendig, von denen sich auch die von *Ruschmann* bewährt hat.

Über die Beziehungen der aeroben und anaeroben Züchtungen zum Redoxpotential (r H) s. Kap. 8.

Das Sauerstoffbedürfnis der Mikroorganismen führt offenbar zu dem Problem der Atmung. Diejenigen Organismen, die ihren Energiebedarf ausschließlich durch Atmung, d. h. „Verbrennung" der Kohlenhydrate mittels Sauerstoff zu Kohlensäure und Wasser decken, sind auf Luft angewiesen. Solche Einzeller dagegen, die durch irgend einen Gärprozeß, d. h. durch Aufspaltung des Traubenzuckermoleküles in kleinere Sprengstücke (wie Alkohol, Milchsäure, Buttersäure) Energie erzeugen, können anaerob, zum mindesten fakultativ anaerob leben. Über die Energieversorgung der Zellen finden wir Näheres im Kapitel 13.

Lyophil-Verfahren (Gefriertrocknung)

Schon seit langem ist bekannt, daß die im gefrorenen Zustande im Vacuum getrockneten Bakterien jahrelang am Leben erhalten werden. Die so behandelten Organismen nehmen sehr rasch wieder das notwendige Wasser auf und gehen in den alten lebensfähigen Zustand wieder zurück. Die physiologischen und biochemischen Eigenschaften dieser Organismen werden auf diese Weise konserviert. Auch mit Schimmelpilzen hat man hier gute Erfahrungen gesammelt. So konnten Pilze mit hohen technischen Eigenschaften wie die Penicillinpilze ohne Schaden aufbewahrt werden. Wichtig ist dieses Verfahren zur Erhaltung der Eigenschaften vieler Heferassen. Auch hier liegen vorzügliche Ergebnisse vor, denn 98% der behandelten Hefestämme waren nach zwei Jahren noch am Leben, wobei sich keine Veränderungen weder in morphologischer noch physiologischer Hinsicht ergaben. Die Mikroben konnten mit höchster Leistungsfähigkeit im Originalzustand zurückerhalten werden. Über die Technik ist zu sagen, daß die Hefekulturen mit Rinderblutserum vermischt in besonderen Röhrchen eingefroren einem sehr guten Vacuum, das erst das Gelingen des Versuches garantiert, ausgesetzt werden.

Dieses Verfahren ist vielleicht dazu berufen, um Sammlungen von Mikrobenkulturen mit bestem Erfolg anlegen zu können. Bei der jetzt gebräuchlichen Art der Konservierung von Sammlungen verlieren manche Organismen teilweise bzw. vollkommen ihre charakteristischen Eigenschaften *(Wickerham)* (108). *Schnegg* (109) bezweifelt die Brauchbarkeit für Hefen. — Paraffin-Dauerkultur von K. L. Schulz (1038).

Mikroskopische Untersuchungsmethoden. Färbemethoden

Wenn wir nach den Reinzuchtmethoden zu Reinkulturen gekommen sind, so ist es unbedingt notwendig, daß dieselben mikroskopisch geprüft werden. Überhaupt ist das Mikroskop bei den Arbeiten mit Bakterien, Hefen und Schimmelpilzen selbstverständlich unentbehrlich. In der Gärungskunde betrachtet man meist die Mikroben im ungefärbten, lebenden Zustande, um ein einwandfreies Bild über den physiologischen Zustand der Zellen zu bekommen. Bei solchen nach den in der Medizin üblichen Färbemethoden erhaltenen, auf Deckgläschen fixierten Organismen ist dies natürlich nicht möglich. Hier werden ja auch andere Ziele, meist solche der Diagnose für Krankheitserreger verfolgt. Oft ist es durch Färbung überhaupt nur möglich, die kleinsten Bakterien im Gewebe verteilt zu erkennen. Zu einer kurzen Betrachtung der Gärflora wird das Mikrobenmaterial mit viel Wasser angerührt und davon ein Tropfen auf den Objektträger gebracht. Ein Deckgläschen sorgt dann dafür, daß die Linse sauber bleibt (Flachpräparat). Will man den Vorgang als Vegetation beobachten, so legt man mit Hilfe eines Hohlschliffobjektträgers eine Kultur im hängenden Tropfen an. Der Tropfen der sterilen Nährlösung befindet sich an der Unterseite des Deckgläschens freihängend über der Höhlung des Glasstreifens. Zur Befestigung des Deckgläschens wird es mit Vaseline am Rande aufgeklebt. Ist der Bierwürzetropfen möglichst flach gewählt, so kann man bei Hefen überall die Bildung der Sproßverbände beobachten. Die Bakterien dagegen sammeln sich meist aus Lufthunger am Tropfenrande an. Auch die Entwicklung der Konidienträger bei Schimmelpilzen gelingt in mikroskopischen Präparaten, die man in diesem Falle besser in der *Böttger*schen Kammer anlegt. Diese besteht aus einem Glasring, den man mittels Vaseline auf einen Objektträger aufklebt und ihn oben mit einem Deckgläschen abschließt. An der Unterseite dieses festgeklebten Deckels hängt der Tropfen, eine schwach beimpfte, sterile Nährlösung. Um das Eintrocknen und eine Infektion zu verhindern, legt man auf die Basis der Kammer einen Tropfen stark verdünnter Sublimatlösung. Hat man Schimmelpilzsporen ausgesät, so beobachtet man sehr bald ein Anschwellen, worauf eine Schlauchbildung erfolgt. Es ist äußerst interessant, die einzelnen Entwicklungsphasen des Pilzwachstums bis zum reifen Konidienträger zu verfolgen. Für denselben Zweck wird auch die Kammer von *Ranvier-Winge* verwendet. Dieselbe besteht aus einer ringförmigen Vertiefung im Objektträger, die durch ein Deckgläschen geschlossen wird. In diesem flachen Hohlraum sammelt sich die überschüssige Flüssigkeit des hängenden Tropfens des Deckgläschens an; gleichzeitig bildet er ein Luftreservoir. Die Mikroben wachsen in diesem Falle in dünner Schicht zur guten mikroskopischen Beobachtung. Ein Vaselinewall schließt die Kammer von der Außenwelt ab.

Wie betont, betrachten wir die Gärungsorganismen im Mikroskop ungefärbt. Um jedoch gewisse Bestandteile sichtbar zu machen, sind Färbungen angebracht. So ist z. B. die Existenz des Hefezellkerns erst durch Färbemethoden sicher bewiesen. Die Kernsubstanz wird mit Hilfe der *Feulgen*schen Nuklealfärbung erkannt. Es handelt sich hier um den Nachweis von Thymonukleinsäure, die durch eine gelinde Hydrolyse derartig zerlegt wird, daß die Desoxyribose in der Lage ist, auf Zugabe von fuchsinschwefliger Säure eine violette Färbung hervorzurufen (s. auch Kap. 7). Nach *Heidenhain* benutzt man zur Kernfärbung bei Hefen Hämatoxylinlösung und Eisenalaun. Zum Nachweis des phosphorsäurehaltigen Reservestoffes Volutin färbt man mit Methylenblau. Ist die Färbung gegen 1%ige Schwefelsäure beständig, so ist der gesuchte Stoff vorhanden (Kap. 7). Ganz ähnlich ist der Nachweis der metachromatischen Körperchen im Plasma. All diese Färbungen müssen nach bestimmten Vorschriften ausgeführt werden. Fettröpfchen in Zellen lassen sich durch Nilblau nachweisen, das von Fetten und Ölen rot gefärbt wird (Veränderung des Dispersionsgrades des kolloiden Farbstoffes). Eine orangerote Färbung gibt zur Fetterkennung Sudan III. Eine Blaufärbung erzielt man mit einem Gemisch von α-Naphthol und Dimethyl-p-phenylendiamin. Am meisten gebraucht man in der Hefepraxis verdünnte Methylenblaulösung und zwar zum Nachweis der toten Hefezellen. Während gesunde Hefen bei einer bestimmten Farbstoffverdünnung (1 : 10000) ungefärbt bleiben, nehmen die abgestorbenen Zellen das Methylenblau schnell auf und färben sich vollständig intensiv blau. Auf diese Weise erhält man Aufschluß über den Zustand der vorliegenden Hefeprobe.

Gesunde Hefezellen kann man indessen nach *E. Küster* mit Neutralrot färben. Die Granula der Vakuolen tingieren sich rot, und nach kurzer Zeit ist auch die Vakuole selbst angetönt, während das Eiweiß farblos bleibt. Wird in diesem Zustand die Hefe in Zuckerlösung gebracht, so wird der Farbstoff abgegeben, und es tritt sofort wieder lebhafte Gärung ein, ein Zeichen, daß der Farbstoff noch nicht gestört hatte. Wir haben es hier mit einer Vitalfärbung zu tun. Läßt man hingegen den Farbstoff so lange einwirken bis die Vakuole intensiv gefärbt ist, so erfolgt keine Kohlensäureentwicklung mehr. Will man mit Methylenblau (1 : 10000) eine Vitalfärbung der Hefen erzielen, so müssen die Zellen zweckmäßig durch Milchsäure vorbereitet d. h. geschwächt werden. Diese gebläuten Hefen sind, in sterile Würze gebracht, schon nach wenigen Stunden wieder entfärbt und zeigen nach 24 Stunden Gärung und Sprossung. Im Mikroskop wurde auch beobachtet, wie von der Mutterzelle aus der Farbstoff allmählich in die Tochterzelle eindringt und dort zuerst das Plasma am Zellrande, später erst die Vakuole färbte. Offenbar hatte der Sproß trotz geschwächter Mutterzelle bereits eine normale d. h. für den Farbstoff undurchlässige Membran, so daß die Tinktion nur von der Verbindungsstelle mit der Stammzelle erfolgen konnte *(Haehn* und *Glaubitz)*. Basische Farbstoffe wie Trypaflavin, Methylenblau und Kristallviolett bilden mit den Ribonukleoproteiden und Nukleinsäuren der Atmungsfermente Adsorptionskomplexe, was eine Störung im normalen Stoffwechsel bewirkt. Als Folge davon tritt eine Hemmung der Atmung und Fortpflanzung der Hefe ein *(L. Massart* und *G. Peeters)*. (S. auch Kap. 4, Polyploidie.)

In der medizinischen Bakteriologie wird fast nur mit Färbungen gearbeitet. Hier sind eine Anzahl wichtiger Methoden zur Erkennung der verschiedenen Krankheitserreger ausgearbeitet worden. Auch auf diese wichtigen und interessanten Färbungen kann nicht näher eingegangen werden. Erwähnt sei nur die viel benutzte *Gram*sche Methode, eine Kombination der nacheinander folgenden Einwirkungen von Farbstoffen der Pararosanilinreihe und verschiedenen Reagentien, z. B. Gentianaviolett und einer Jodjodkaliumlösung auf ein fixiertes und gebeiztes Bakterienpräparat, wobei zum Schluß eine Alkoholbehandlung erfolgt. Bei gewissen Mikroben nimmt der Farbstoff in den Bakterienleibern Jod auf und verankert sich so fest im Plasma, daß er durch Alkohol nicht herausgelöst werden kann. Als Beize dient Anilinwasser, das gleich mit dem Farbstoff gemischt wird. Bleibt bei der Alkoholwäsche die Färbung bestehen, so spricht man von grampositiven Organismen, im anderen Falle von negativen. Das entfärbte, gramnegative Präparat kann man durch eine Nachfärbung mit Vesuvin oder Fuchsinlösung deutlich sichtbar machen. Eine beachtenswerte Anzahl von pathogenen Bakterien wie Strepto- und Staphylokokken, Milzbrandbazillen, Tetanusbazillen, Tuberkel- und Diphtheriebazillen werden auf diese Weise durch positives Eintreten der Reaktion charakterisiert. Typhusbazillen, Bacterium coli, Ruhrbazillen und Choleravibrionen verhalten sich dagegen bei dieser Methode negativ.

Allgemeine Richtlinien für Gäransätze

An dieser Stelle sei nur kurz auf die charakteristische Eigenschaft der Hefen, der Gärtätigkeit, hingewiesen. Viele der Hefearten besitzen das Vermögen, verschiedene Zucker sehr schnell und intensiv in Alkohol und Kohlensäure zu zerlegen. Durch dieses Gärvermögen sind sie seit altersher der Menschheit aufgefallen und von ihr in den Dienst gestellt worden (s. Kap. 2). Die Hefearten, die besonders kräftig gären und im Haushalt und in technischen Betrieben (Brauerei, Brennerei, Bäckerei) Verwendung gefunden haben, nennen wir Kulturhefen im Gegensatz zu den wilden Hefen. Durch die ständige Weiterzüchtung in den Betrieben haben die Kulturhefen besondere Eigenschaften angenommen, wodurch besondere Spielarten entstanden sind. Sie alle gehören zur Klasse der Saccharomyceten (s. Kap. 6) und vergären die Hexosen d-Glucose (Traubenzucker, Dextrose), d-Fructose (Fruchtzucker, Laevulose) und d-Mannose recht gut. Galaktose ist erst nach Anpassung mäßig gut vergärbar, ebenso die Trehalose. Die leicht vergärbaren Disaccharide, Saccharose (Rohrzucker) und Maltose (Malzzucker), werden vor der alkoholischen Zuckerspaltung erst zu Hexosen invertiert. Das gleiche Schicksal erleidet das Trisaccharid Raffinose (Melitriose) durch untergärige Hefen (s. Kap. 4 Bierhefen und Kap. 12). Neben den Kulturhefen gibt es noch andere kräftig gärende Hefen, die aber nur ganz bestimmte Zuckerarten angreifen (s. Kap. 6).

Über die Apparatur zur Anstellung von Gärproben findet man Näheres im Kapitel 19. Soll ein Substrat schnell auf Vergärung geprüft werden, z. B. Rohrzucker, so stellt man sich eine 5—10%ige Lösung her und gibt z. B. zu 100 ccm dieses Ansatzes 1 g in Flüssigkeit fein verteilte Preßhefe (obergärige Brennereihefe, Bäckerhefe). Eine pH-Einstellung ist in diesem Falle nicht nötig. Im Einhorngläschen wird die Gärung bald an den aufsteigenden Kohlensäureblasen erkennbar. Will man quantitativ arbeiten, so bringt man das Gärgut in eine mit einem Gärventil verschlossene Flasche und bestimmt die Gärung und ihren Fortgang an Hand der festgestellten Gewichtsverluste der Gärflasche durch die entweichende Kohlensäure. Gärtemperatur 30°.

Zur Beschleunigung der Gärung dient das primäre phosphorsaure Kaliumsalz (Dosis 0,2%) und gibt je nach dem Reinheitsgrad des Salzes dem Reaktionsmilieu eine Wasserstoffionenkonzentration (pH) um 4,5. Günstiger ist ein Puffergemisch aus primärem und sekundärem Phosphat, wobei man ein pH von 5,6—6,5 wählt. Verwendet man eine Mischung von 9,5 ccm einer $\frac{\text{molaren}}{15}$ prim. Phosphatlösung und 0,5 cc einer $\frac{\text{mol}}{15}$ Lösung von sek. Phosphat, so erzielt man ein pH = 5,9. Für 100 cc Zuckerlösung ist diese Menge Salz ausreichend. Jedoch ist diese Konzentration nicht obligatorisch, da Hefen Phosphaten gegenüber nicht empfindlich sind.

Steht zu einem Gärversuch wenig Hefe zur Verfügung, so muß das Gärsubstrat Rohrzucker (10%ige Lösung z. B.) mit Hefenährstoffen zur Zellvermehrung versehen werden. Man kann hierzu das vorzügliche Hefeautolysat (s. Hefeextrakt, Kap. 19) verwenden (1% Zusatz) oder auch Witte Pepton (0,5%) mit Ammonsulfat (0,05%), den Phosphaten KH_2PO_4 (0,5%) und $Na_2HPO_4 \cdot 2\,H_2O$ (0,05%) sowie Magnesiumsulfat (0,2%). Die Phosphate dienen hier nicht nur als Nährstoff, sondern wie wir eben sahen, auch zur Einstellung des pH. Indessen sei bemerkt, daß die Hefe gegenüber der Wasserstoffionenkonzentration ziemlich tolerant ist (s. auch Kap. 8).

Literatur

Henneberg, W., Gärungsbakteriologisches Praktikum. Paul Parey, Berlin.

Janke, A., Arbeitsmethoden der Mikrobiologie. Theodor Steinkopf, Dresden und Leipzig (1946).

Schnegg, Das mikroskopische Praktikum des Brauers. Stuttgart 1922. Ferd. Enke.

6. Kapitel

Übersicht über die wichtigen Bakterien der Gärungen, Hefen und Schimmelpilze

A. Bakterien

Oxydierende Bakterien

Name der Organismen	Hauptgärprodukte	Nebenprodukte	Ausgangsmaterial	Bemerkungen
Essigbakterien: Bacterium curvum, B. Schützenbachi, B. orleanense	Essigsäure	Acetaldehyd, Acetylmethylcarbinol	Aethylalkohol (Aethanol)	Bakterien der Essigfabriken
Acetobacter gluconicum	1. Gluconsäure 2. Dioxyaceton		Glucose Glycerin	
Acetobacter aceti	Gluconsäure		Glucose	
Acetobacter suboxydans	1. Gluconsäure 2. Dioxyaceton 3. Sorbose		Glucose Glycerin Sorbit	
Acetobacter xylinum	1. Dioxyaceton 2. Schleimige Massen, Lederhaut		Glycerin Glucose	
Bact. dioxyacetonicum	Dioxyaceton		Glycerin	
Acetobacter Pasteurianum	Gluconsäure, Essigsäure, Propionsäure		Dextrose, Aethylalkohol, Propylalkohol	Vorkommen im Lagerbier

Bakterien der Butylgärungen

Name der Organismen	Hauptgärprodukte	Nebenprodukte	Ausgangsmaterial	Bemerkungen
Bacillus butylicus	Buttersäure	Ameisensäure, Essigsäure, Milchsäure, Propionsäure, Capronsäure, Caprinsäure, Caprylsäure, Bernsteinsäure, Aethanol, Butanol, Kohlensäure, Wasserstoff	Roggenschrot, Stärke, Mais, Reis, Kartoffel, Melasse	

Name der Organismen	Hauptgärprodukte	Nebenprodukte	Ausgangsmaterial	Bemerkungen
Clostridium saccharobutyricum	Buttersäure	Essigsäure, Acetessigsäure	wie Seite 85	
Clostridium acetobutylicum Clostridium saccharoacetobutylicum Clostridium butylicum Granulobacter saccharobutyricum	Butanol Aceton	Aethanol, 2,3-Butylenglykol, Acetylmethylcarbinol, Buttersäure, Essigsäure, Kohlensäure, Wasserstoff, Methyl-Aethylketon	Kornschrot, Mais, Reis, Kartoffel, Melasse, Sulfitablauge aus Buchenholz, Molke	
Clostridium butyricum Clostridium felsineum	Butanol Isopropylalkohol	Aethanol, Kohlensäure, Wasserstoff, Aceton, Essigsäure, sehr wenig Buttersäure	Kornschrot, Mais, Reis, Melasse, Kartoffeln	

Anhang

Name der Organismen	Hauptgärprodukte	Nebenprodukte	Ausgangsmaterial	Bemerkungen
Bacillus acetoaethylicus Bacillus macerans	Aethanol Aceton	Acetylmethylcarbinol, Essigsäure, Ameisensäure	Mais, Reis, Kartoffeln, Futterrüben, Melasse	

Bakterien der Milchsäuregärungen

Name der Organismen	Hauptgärprodukte	Nebenprodukte	Ausgangsmaterial	Bemerkungen
Bact. Delbrücki *Leichmann* [Lactobacillus delbrückii *Leichmann* Beyerinck]*)	Milchsäure	—	Getreidemaische, Kartoffelmaische	Stark vergoren: Glucose, Fructose, Maltose; schwächer: Saccharose, Galaktose, Dextrin; nicht vergoren: Laktose, Raffinose, Arabinose, Xylose, Rhamnose, Trehalose, Inulin, Stärke

*) Nomenklatur nach *Bergey* s. Kap. 4, S. 42 Fußnote.

Name der Organismen	Haupt-gärprodukte	Neben-produkte	Ausgangs-material	Bemerkungen
Bact. Maerkeri *Henneberg*	Milchsäure	—	Getreide-maische, Kartoffel-maische	
Bact. Beijerincki *Henneberg*	Milchsäure	—	Getreide-maische, Kartoffel-maische	
Bact. lactis acidi *Leichmann*	Milchsäure	—	Milchzucker in der Milch und Molke	
Streptococcus lactis *Löhnis*	Milchsäure	—	Milchzucker in der Milch und Molke	
Lactobacillus fermentati *Beijerinck*	Milchsäure	Alkohol, Kohlensäure, Essigsäure, Glycerin (Mannit)	Glucose (Fructose)	
Lactobacillus acidophilaerogenes *Holland*	Milchsäure	Alkohol, Kohlensäure, Essigsäure, Glycerin (Mannit)	Glucose (Fructose)	
Lactobacillus gracile *Bergey* et al	Milchsäure	Alkohol, Kohlensäure, Essigsäure, Glycerin (Mannit)	Glucose (Fructose)	
Lactobacillus pentosus	Milchsäure, Essigsäure	—	Xylose	
Bact. cucumeris fermentati *Henneberg*	} Milchsäure	—	Grünfutter, Gemüse	
Bac. brassicae fermentatae *Henneberg*	} Milchsäure	Gasbildung von CO_2 und H	Grünfutter, Gemüse	
Yoghurtpilze: Thermobact. bulgaricum Streptococcus thermophilus	} Milchsäure		Laktose in der Milch. Mehr oder weniger werden vergoren: Dextrose, Galaktose, Laevulose, Maltose, Raffinose	
Kefirpilze: Milchsäure-bakterien Hefen (s. diese)	Milchsäure, Alkohol und Kohlensäure		Laktose in der Milch	

Name der Organismen	Hauptgärprodukte	Nebenprodukte	Ausgangsmaterial	Bemerkungen
Termobact. mobile *Lindner* oder Pseudomonas *Lindneri*	Milchsäure, Alkohol und Kohlensäure	–	Glucose	90% zu Alkohol + CO_2 7% zu Milchsäure Heimat: Mexico
Micrococcus malolacticus *Seifert*	Milchsäure und Kohlensäure	–	Äpfelsäure	bei der Weinbereitung
Micrococcus acidovorax *Müller-Thurgau* und *Osterwalder*	Milchsäure	–	Äpfelsäure, Glucose, Fructose	
Micrococcus variococcus *Müller-Thurgau* und *Osterwalder*	Milchsäure	Gasbildung von CO_2	Äpfelsäure, Glucose, Fructose	
Bact. coli (Escherichia coli) Bact. paratyphosum [Salmonella paratyphi (*Kayser*) *Castellani* and *Chalmus*]	Milchsäure	Alkohol, Essigsäure, Bernsteinsäure, Kohlensäure, Wasserstoff	Glucose	
Bact. typhosum [Salmonella typhosa (*Zopf*) *White*]	Milchsäure	Alkohol,	Glucose	

Bakterien verschiedener Prozesse

Name der Organismen	Hauptgärprodukte	Nebenprodukte	Ausgangsmaterial
Bact. propionicum *Maurer*	Propionsäure, Essigsäure	Kohlensäure, Bernsteinsäure	Glucose
Bact. acidi propionici	Propionsäure, Essigsäure	Kohlensäure, Bernsteinsäure	Calciumlactat
Bac. subtilis *Ehrenberg*, *Cohn* (Heubacillus)	wenig Säure, kein Gas	typ. Geruch, an Akazienblüten erinnernd	Dextrose
Bact. termo	Kohlensäure, Wasserstoff, Stickstoff, Methan, fixe Säuren		Zersetzt Eiweiß der Bierwürze durch eine Proteolyse; bildet gelbliche schleimige Decken in älteren Würzekulturen
Cellulosevergärer	Essigsäure, Alkohol (25%)	Ameisensäure, Buttersäure, Milchsäure	Maiskolben, Reisstroh, Treber, Hopfen, Filtrierpapier, Zellstoff frei von Lignin
Methanbakterien	Methan, Wasserstoff	Kohlensäure	Maiskolben, Reisstroh, Treber, Hopfen, Filtrierpapier, Zellstoff frei von Lignin

B. Hefen

(Saccharomyces und Schizosaccharomyces)

Hauptgärprodukte: Alkohol und Kohlensäure

Name der Organismen	Vergärt			Bemerkungen
	leicht bzw. deutlich	schwer	nicht	
Saccharomyces cerevisiae *Hansen*		Galaktose, Raffinose $^1/_3$	Laktose	Obergärige Hefe
Brennereihefe Rasse II *Lindner*	Dextrose, Laevulose, Mannose, Maltose, Saccharose		Laktose	Oberhefe
Brennereihefe Rasse XII			Laktose	Obergärige Hefe
Rasse M (Mischhefe aus 4 Rassen)		Trehalose	Laktose	Obergärige Hefe
Sacch. cerevisiae Rasse Saaz *Lindner*	Dextrose, Laevulose, Mannose, Galaktose, Saccharose, Maltose, Raffinose, (ganz) Melibiose, Trehalose		Laktose	Untergärige Bierhefe Bierwürze niedrig vergärend
Sacch. Carlsbergensis *) *Hansen*				Unterhefe (Bierhefe)
Sacch. cerevisiae Rasse Frohberg *Lindner*			Laktose	Unterhefe (Bierhefe) Bierwürze hoch vergärend
Sacch. bruxellensis *Lindner*	Dextrose, Mannose, Galaktose, Saccharose Maltose, Melibiose, Raffinose		Laktose	Unterhefe
Sacch. Brasiliensis *Lindner* (Sacch. Logos van *Laer* et *Denamur*)	Galaktose Glucose, Mannose, Fructose, Saccharose, Maltose, Raffinose (ganz)		Laktose	Unterhefe Bierwürze sehr hoch vergärend

*) Nomenklatur. *Stelling-Dekker*, Die Sporogenen Hefen Amsterdam 1931; *J. Lodder*, Die Anascosporogenen Hefen 1. Hälfte Amsterdam 1934; *H. A. Diddens* u. *J. Lodder*, Die Anascosporogenen Hefen 2. Hälfte Amsterdam 1942.

Name der Organismen	Vergärt		Bemerkungen
	leicht bzw. deutlich	nicht	
Rasse K Institut f. Gärungsgewerbe zu Berlin	Glucose, Fructose, Mannose, Maltose, Saccharose, Raffinose (ganz)	Laktose	Unterhefe
Rasse H Institut f. Gärungsgewerbe zu Berlin		Laktose	Unterhefe
Sacch. anamensis von *Will* und *Heinrich*	Dextrose, Galaktose, Saccharose, Maltose, Raffinose 1/3	Laktose	Oberhefe für Amylobrennereien s. Rhizopus japonicus
Sacch. Pastorianus *Hansen*	Dextrose, Fructose, Maltose, Saccharose Mannose, Raffinose (ganz)	Laktose	Unterhefe, gibt dem Bier einen unangenehmen Geruch u. bitteren Geschmack. Günstig bei der Weingärung
Sacch. intermedius *Hansen*	Glucose, Fructose, Mannose Galaktose, Saccharose, Maltose, Raffinose 1/3	Laktose	Oberhefe, schwach gärend; Infektionshefe
Sacch. validus *Hansen*	Dextrose, Fructose, Mannose, Galaktose Raffinose (ganz)	Laktose	gibt Hefe-Trübung im Bier
Sacch. ellipsoideus *Hansen* [1])		Laktose Melibiose	Kräftige Unterhefe für Weingärung. In Brauereien erzeugt sie als Infektionshefe Biertrübungen
Johannisberg II *Wortmann*	Dextrose, Maltose, Fructose, Saccharose, Mannose, Galaktose, Raffinose 1/3	Laktose	Hefe für Weingärung
Weinhefe Winninger		Laktose	Gute, typische Weinhefe (Moselwein)
Steinberg-Hefe		Laktose	Gute, typische Weinhefe (Rheinwein)
Tokayer-Hefe		Laktose	Gute, typische Weinhefe mit hohem Alkoholbildungsvermögen
	* * *		
Saccharomyces turbidans *Hansen* oder Sacch. ellipsoideus II	Dextrose, Laevulose, Mannose, Galaktose, Maltose, Saccharose, Raffinose 1/3	Laktose	Erzeugt Trübungen im untergärigen Bier
Sacch. aquifolii *Grönlund*	Dextrose, Maltose, Saccharose	Laktose	Oberhefe, 3,7% Alkohol liefernd; gibt Würze einen süßlichen Geschmack und bitteren Nachgeschmack
Sacch. Vordermannii *Went* und *Prinsen Geerligs*	Dextrose, Laevulose, Galaktose Mannose, Maltose, Saccharose, Raffinose 1/3	Laktose	Javanische „Arrakhefe‘, im „Ragi“ vorkommend, 9—10% Alkohol erzeugend

[1]) Syn. Sacch. cerevisiae var. ellipsoideus Hansen (Decker)

Name der Organismen	Vergärt		Bemerkungen
	leicht bzw. deutlich	nicht	
Sacch. piriformis *Marshall Ward*	Dextrose, Maltose, Saccharose	Laktose	Unterhefe des Ingwerbieres (Gingerbeer), daneben wirkt auch das Bacterium vermifore
Sacch. cartilaginosus *Lindner*		Laktose	Kefirhefe, der Würze einen rahmigen Geschmack erteilend
Sacch. batatae *Saito*	Glucose, Fructose, Mannose, Galaktose Maltose, Raffinose $\frac{1}{3}$	Laktose	Im Bataten-Branntwein, Japan
Sacch. thermantitonum *Johnson*		Laktose	Verträgt 80° 10 Minuten lang, Gärungsoptimum 40°; gärt wie untergärige Bierhefe. Tropenhefe.
	* * *		
Sacch. Marxianus *Hansen* [Zygosacch. Marx. *(Hansen) Guilliermond* et *Negroni*]	Dextrose, Mannose, Laevulose Galaktose, Raffinose $\frac{1}{3}$, Saccharose, Inulin	Maltose, Laktose	Schwaches Gärvermögen
Sacch. exiguus *(Reeß) Hansen*		Maltose, Laktose	Schwaches Gärvermögen
Sacch. Rouxii *Boutroux*	Dextrose, Maltose	Saccharose Laktose	—
Sacch. unisporus *Jörgensen*	Dextrose, Laevulose Mannose, Galaktose	Saccharose, Maltose, Laktose Raffinose	Aus Molken isoliert
Saccharomyces fragilis *Jörgensen*	Laktose, Dextrose, Laevulose, Mannose, Galaktose, Saccharose, Raffinose $\frac{1}{3}$	Maltose	Organismus der Kefirgärung in Milch. Im Kefir gefunden: Torulopsis kefyr, *(Beijerinck) Lodder*, Torula ellipsoidea, 3 Bakterienarten. Produkte: Alkohol, Milchsäure, Kohlensäure
Sacch. acidi lactici *Grotenfelt*	Laktose		Organismus der Kumysgärung aus Stuten-, Kamel- oder Eselinnenmilch. Flora: Torula Art. Streptococcus-lactis. Bact. aerogenes
Sacch. Mangini *Guilliermond*	Dextrose, Laevulose, Saccharose, Mannose, Galaktose (langsam)	Maltose Laktose	Aus dem afrikanischen Wein Bili isoliert
	* * *		
Zygosaccharomyces acidi *Richter*	Dextrose, Saccharose	Maltose, Laktose Raffinose	Vergärt Honig kräftig; verträgt 70—80% Dextrose, also einen osmotischen Druck von 80 bis 100 A. (Osmophile Art)

Name der Organismen	Vergärt		Bemerkungen
	leicht bzw. deutlich	nicht	
Torulaspora Delbrücki *Lindner*	Dextrose, Laevulose, Mannose, Galaktose	Saccharose, Maltose, Laktose, Raffinose	Im englischen Ale gefunden; bildet Fett-Tröpfchen
Saccharomycodes Ludwigii *Hansen*	Dextrose, Fructose, Mannose, Saccharose, Dioxyaceton	Maltose, Laktose, Galaktose	In Dextrose-Hefewasser wurden 10 Vol.% Alkohol erzeugt. Glykogen energisch vergoren ohne Mithilfe von Maltase. (Die Hefe ist frei von Maltase). Aus Dextrose wird Glykogen synthetisiert. Hefe des Ludwigbieres, eines maltosereichen Malzbieres
Pichia membranaefaciens *Hansen*	Gärvermögen sehr schwach		Wandelt Alkohol und Äpfelsäure in Glycerin um. Säurebildung aus Dextrose. Zerstört die Ester des Weines, dagegen werden andere unangenehme gebildet
Willia anomala *Hansen* [Hansenula anomala (*Hansen) Sydow*]	Dextrose, Laevulose, Mannose, Galaktose, Saccharose, Maltose, Raffinose ⅓		Oxydiert Alkohol zu Essigsäure und bildet dann Essigsäureaethylester
Pseudosaccharomyces apiculatus *Rees* [Klöckera apiculata (*Rees* emend *Klöcker) Janke*]	Dextrose, Laevulose, Mannose	Galaktose Maltose Saccharose Laktose	Bildet Ameisensäure, die die Weinhefen bei der Gärung stört. Schädling in Saftpressereien, Obstweinkeltereien, Brennereien
	* * *		
Schizosaccharomyces Pombe *Lindner*	Dextrose, Laevulose, Mannose, Maltose, Saccharose; schwächer vergoren: Raffinose und Inulin	Galaktose, Laktose	Starker Alkoholbildner Maischen enthalten bis 15,5 Vol. % Alkohol. Stammt aus dem Hirsebier der Neger
Schizosaccharomyces octosporus *Beijerinck*	Dextrose, Laevulose, Mannose, Maltose, Dextrin (?)	Saccharose Galaktose Laktose	Gefunden auf griechischen Korinthen und italienischen Rosinen
Schizosaccharomyces mellacei *Jörgensen*	Dextrose, Mannose, Laevulose, Maltose, Saccharose, (Dextrin) (?)	Galaktose Laktose	Bildet ein angenehmes Aroma. Gefunden bei der Rumgärung der Zuckerrohrmelasse aus Jamaica

Hefen und Übergangsformen zu den Schimmelpilzen

Wilde Hefen mit schwachem oder keinem Gärvermögen

Name der Organismen	Biochemische Reaktion
Torula	In Würze und Wein rufen diese runden bis ovalen Hefearten oft einen unangenehmen Geruch hervor. Luftliebend, bei Luftmangel bilden sie Zymase. Nicht selten als Infektion im Bier. Formen- und Farbenreichtum; gelbe, rosa und rote Arten. Im Plasma liegt als Charakteristikum ein großes lichtbrechendes Fettröpfchen.
Torula utilis *Henneberg* oder Torulopsis[1]) utilis *(Henneberg) Lodder*	Bekannt als Mineralhefe aus dem 1. Weltkrieg. Wird benutzt zur Produktion von Eiweiß aus Zuckerarten und mineralischem Stickstoff (Holzzucker, Sulfitablauge als Kohlenstoffquelle). Vergoren werden: Dextrose, Laevulose, Saccharose, Mannose, sehr schwach: Maltose und Raffinose $^1/_3$, nicht: Laktose und Galaktose. Zucker werden meist assimiliert zur Eiweißsynthese (s. Kap. 17).
Torula pulcherima *Lindner* [Candida pulcherima *(Lindner) Windisch*]	Auf überreifen Pflaumen und Weintrauben vorkommend, bildet Sproßverbände aus länglichen Zellen, vergleichbar jenen der elliptischen Hefen. Typisch sind sehr verfettete, kugelige Zellen, die mit einer stark lichtbrechenden Emulsion aus Fett und Eiweiß angefüllt sind. Vergoren: Dextrose, Laevulose, Mannose, schwach: Galaktose
Brettanomyces *Kuff* et *v. Laer* emend *Custers*	Besondere Torulaart. Runde Zellen neben sehr langgestreckten. Im englischen Lagerbier aufgefunden; dient auch als Nachgärungshefe bei der Erzeugung von Porterbier, da die Hefe aus den von ihr produzierten Säuren und Alkohol Ester mit einem typischen Aroma bildet.
Mycoderma cerevisiae *Desmazières*	Bildet graue gefaltete Häute auf Nährflüssigkeiten, wie Wein- und Bierresten, auf dem Saft der sauren Gurken, ferner in Milch, im Sauerteig und auf beschlagener Preßhefe; typische Kahmhefe, gärt nicht, verzehrt aber Alkohol und organische Säuren.
Candida tropicalis *(A. Cast Berkhout)* (Monilia candida)	Bildet in 14 Tagen in 15%igem Glucose-Hefewasser bei 15° 5,5 Vol.% Alkohol. Angegriffen werden Dextrose, Laevulose, Saccharose, Maltose, Mannose, Trehalose. Enthält eine an das Protoplasma gebundene Invertase.
Candida variabilis *(Lindner) Berkhout* (Monilia variabilis *Lindner)*	Vergärt Dextrose, Laevulose, Galaktose, Malzzucker, Rohrzucker, Raffinose, Trehalose, Dextrin.
Monilia nigra	Ursache der schwarzen Flecken auf Schweizerkäse.
Oidium lactis *Fresenius* Oospora lactis *(Fresenius)* Sacc.	Vergärt Dextrose, Laevulose, Saccharose, Maltose, Laktose.
Sachsia suaveolens *Lindner*	Bukettbildung in Würze und Most; vergärt Glucose, Laevulose, Mannose, Galaktose, Saccharose, Maltose, Laktose, Raffinose, Dextrin.
Dematium pullulans *de Bary* et *Löw*	Gärt nicht, bildet in den Gemmen Öl und Fett. Bierwürze wird entfärbt und fadenziehend; Schleimbildung in Weißbier und Traubenmost.

Name der Organismen	Biochemische Reaktion
Cladosporium herbarum *Link*	Auf Malz und in Malzkellern olivgrüne bis dunkelbraune Rasen bildend; wächst in die Korkstopfen der Flaschenweine und erzeugt den Stopfengeschmack; wächst auch in unversehrte Eierschalen hinein.
Fusisporium (= Fusarium) moschatum *Kitasato*	Gibt auf Grünmalz rotgefärbte Körner, auf Preßhefen rotgelbe Flecken und in Würze Moschusgeruch.

Endomyces-Arten

Name der Organismen	Biochemische Reaktion
Endomyces vernalis *(Ludwig)* [Endomycopsis vernalis *(Ludwig) Dekker*	Gärt nicht; bildet aus Zuckern, ferner aus Alkohol, Acetaldehyd, Brenztraubensäure, Aldol reichlich Fette.
Endomyces fibuliger *Lindner* [Endomycopsis fibuliger *(Lindner) Dekker]*	Vergärt: Dextrose, Fructose, Mannose, Saccharose, Raffinose, Maltose; nicht: Maltose und Inulin. Verursacht die „Kreide-Krankheit des Brotes". Bildet ausgeprägte Bukett- und Geschmacksstoffe.
Endomyces Magnusii *Ludwig*	Vergärt Dextrose, Laevulos, Mannose, Galaktose, Saccharose. Erzeugt ein angenehmes Bukett.

C. Schimmelpilze

Name der Organismen	Hauptgärprodukte	Nebenprodukte	Ausgangsmaterial
Rhizopus nigricans	Fumarsäure, Alkohol, Äpfelsäure	Kohlensäure, Bernsteinsäure, Milchsäure	Glucose, Enzymgehalt: Zymase, Diastase, Proteasen
Aspergillus fumaricus	Fumarsäure Ausbeute: 60—70%	Kohlensäure, Äpfelsäure, Bernsteinsäure,	Glucose, Saccharose, Maltose
Aspergillus niger *van Tieghem*	Gluconsäure Zitronensäure Oxalsäure	Kohlensäure	Glucose, Rohrzucker, Invertzucker, Melasse. Enzymgehalt: Amylase, Maltase, Lipase, Invertase, Trehalase, Raffinase, Inulase, Proteasen, Emulsin, Phosphatase

Name der Organismen	Hauptgärprodukte	Nebenprodukte	Ausgangsmaterial
Citromyces Pfefferianus (Penicillium Pfefferianum)	Zitronensäure	Kohlensäure	Rohrzucker, Invertzucker, Melasse
Citromyces citricus (Penicillium citricum)	Zitronensäure	Kohlensäure	Rohrzucker, Invertzucker, Melasse
Citromyces glaber (Penicillium glabum)	Zitronensäure, Gluconsäure	Kohlensäure	Glucose, Rohrzucker, Invertzucker, Melasse
Fusarium lini Bolley	Alkohol, Kohlensäure, Gluconsäure	—	Glucose, Pentosen
Penicillium luteum purpurogenum	Gluconsäure	—	Glucose
Penicillium luteum	Zitronensäure (wenig)	—	Glucose
Penicillium brevicaule	Diaethylarsin	—	Kohlenhydrate, Arsenverbindungen wie Arsenik und Schweinfurter Grün

* * *

Name der Organismen	Biochemische Reaktion	Untersuchte Enzyme	Nährböden
Mucor racemosus *Fresenius*	Zuckerlösungen sehr langsam vergoren bis 2—7 Vol.% Alkohol. Vergärt Leucin zu Amylalkohol. Soll bei der Schnupftabakfabrikation eine Rolle spielen. Fäulnispilz auf reifen Früchten.	Zymase, Proteasen, die Gelatine verflüssigen. Maltase, Invertase	Bierwürze
Mucor mucedo *Brefeld*	Schwache alkoholische Gärung, 1% Alkohol in 2—3 Monaten. Eiweiß und Fette werden leicht zersetzt. In Bierwürze entsteht Oxalsäure.	Proteasen, die Gelatine verflüssigen. Maltase, Zymase, Oxydasen	Brot, Reis, Bierwürze
Mucor Rouxianus *(Palmeth) Wehmer* oder Amylomyces α	Verzuckert Stärke sehr energisch (im Amyloverfahren); bildet Bernsteinsäure.	Amylase (keine Invertase); Proteasen, die Gelatine verflüssigen.	Reis, Bierwürze
Mucor javanicus *Wehmer*	Verzuckert Stärke sehr energisch.	Amylase, Zymase, Invertase, Laktase, Maltase, Proteasen für Gelatineverflüssigung	Reiswürze

Name der Organismen	Biochemische Reaktion	Untersuchte Enzyme	Nährböden
Mucor piriformis *A. Fischer*	Bildet Ester in den Kulturen; hieran erkennbar; Zitronensäurebildner.	Esterase	
Rhizopus oryzae *Went et Prinsen Geerligs*	Verwendet bei der Arrakdarstellung aus Reis, doch auch aus Melasse. Die zellwandlösende Wirkung des Pilzes findet Anwendung für den Aufschluß der Sojabohne zur Bereitung des javanischen Nahrungsmittels „Tempsch". Stärke energisch verzuckert; alkol. Gärung sehr schwach.	Amylase, Zymase, Proteasen, Cytasen	
Rhizopus japonicus *Vuillemin* oder Amylomyces β *Boidin*	Benutzt in den Amylobrennereien als verzuckernder Pilz wie der Amylomyces α. Gärvermögen schwach für Glucose, Fructose, Galaktose, Mannose, Maltose, Rohrzucker, Raffinose, Melibiose, Dextrin, Inulin. Passiv gegen Laktose, Trehalose, Rhamnose, Xylose, Arabinose.	Amylase, Zymase	Maismaische
Rhizopus tonkinensis *Vuillemin* oder Amylomyces γ	Stärke energisch verzuckert, daher verwendbar i. d. Amylobrennerei. Im Gegensatz zu Amylomyces β werden nicht vergoren: Rohrzucker, Raffinose, Inulin und Melibiose, dagegen Trehalose.	Amylase, Zymase	Würze
Rhizopus Delemar *(Boidin) Wehmer et Hanz*	Sehr stark verzuckernder japanischer Pilz, der jetzt besonders den Amylobrennereien empfohlen wird. Vergärt Dextrose, Laevulose, Mannose, Galaktose, Saccharose, Maltose, Raffinose, Inulin.	Amylase, Zymase, Proteasen	Kartoffel, Würze
Aspergillus glaucus *Link*	Bildet in Flüssigkeiten einen fluorescein ähnlichen Farbstoff.	Amylase, Emulsin, Invertase, Proteasen, Maltase, Labenzym, Inulase Lichenase	Würze, Körnerfrüchte, Brot
Aspergillus oryzae *(Ahlberg) Cohn*	Stark verzuckernder Pilz der Saké-Fabrikation. Sehr schwaches Gärvermögen.	Amylase, Emulsin, Invertase, Proteasen, Maltase, Labenzym, Inulase, Lichenase, Oxydasen, Raffinase, Katalase	Reis
Aspergillus flavus *Link*	Bildet aus Glucose Kojisäure; pathogen für Tiere.	—	

Name der Organismen	Biochemische Reaktion	Untersuchte Enzyme	Nährböden
Penicillium glaucum *Link*	Erzeugt den charakteristischen Schimmelgeruch u.-geschmack. Spaltet Tannin in Gallussäure und Glucose, Mandelsäure in ihre optischen Komponenten, wobei die *l*-Säure verzehrt wird.	Amylase, Raffinase, Invertase, Emulsin, Maltase, Inulase, Trehalase, Proteasen, Lipase, Labenzym	Würze
Penicillium roqueforti *Thom*	Gibt dem Roquefort-Käse ein spezifisches Aroma.	—	Molke
Penicillium camemberti *Thom*	Aromabildung im Camembert-Käse.	—	
Botrytis cinerea *Persoon*	Macht die Beerenhaut der Weintrauben für Wasser durchlässig, wodurch sich der Saft konzentriert (Edelfäule) (s. Kap. 17 Weinherstellung).	—	Most

C. Chemie und Physiologie der Hefen

7. Kapitel

Chemische Zusammensetzung der Hefe

Die Hefe, dem Pflanzenreich zugehörig, hat auch die typische Zusammensetzung wie dessen typische Vertreter. Sie enthält anorganische Salze, Kohlenhydrate, Proteine, Fette und verwandte Stoffe.

Die folgenden Angaben beziehen sich meistens auf Untersuchungen mit Kulturhefen, also mit Bier- und Brennerei- (gleich Bäcker- und Preß-)Hefen, demnach mit untergärigen und obergärigen Hefen. Weinhefen spielen hier eine untergeordnete Rolle.

Die Hefe ist gewöhnlich anfänglich in ihrem Nährmedium suspendiert, später erfolgt eine mehr oder weniger starke Sedimentation, was mit der Rasseneigentümlichkeit zusammenhängt. Manche Heferassen setzen sich nach der Gärung gut ab wie die Bier- und Weinhefen, andere, die Bäckerhefen, werden zur schnellen Gewinnung abzentrifugiert. Um aus allen gewonnenen Hefen das letzte Begleitwasser zu entfernen, bedient man sich einer Presse. In diesem abgepreßten Zustande enthält frische Bierhefe 20—30, im Mittel 25% Trockensubstanz. Diese besteht aus 15—69%, in sehr vielen Fällen aus etwa 50% stickstoffreien Extraktstoffen und Strukturelementen und aus 30—65%, im Mittel etwa 45% Stickstoffsubstanzen. Dazu gesellen sich noch etwa 5—10% Asche. Die Zusammensetzung ist abhängig von der Rasse und von den Ernährungsbedingungen. So hatte z. B. eine Trockenbierhefe folgende Zusammensetzung:

8% Wasser,
56% Eiweiß incl. 2% Lezithin,
3% Fett,
26% N-freie Extraktstoffe,
7% Asche.

Bevor man die einzelnen Bestandteile näher untersuchen konnte, stellte man zur Kennzeichnung der Hefe von ihrer Trockensubstanz die Elementaranalyse fest. Diese Zahlen haben auch heute noch für die Ernährungsphysiologie einen gewissen Wert, weshalb hier einige wiedergegeben werden sollen.

Autor (110)	Versuchsmaterial	C	H	N	O	S
Schloßberger	Oberhefe	49,4	6,6	12,1	31,4	—
Schloßberger	Unterhefe ...	48,0	6,5	9,8	35,7	—
Mitscherlich	Oberhefe	47,0	6,6	10,0	—	0,6
Hessenland	Unterhefe ...	49,3	8,2	10,5	—	—
Wagner	Oberhefe	49,8	6,8	9,2	—	—
Wagner	Unterhefe ...	44,4	6,0	9,2	—	—

In jüngster Zeit stellten mit einer neuen Methode *H. Fink* und *H. Münder* (111) den Kohlenstoffgehalt einer wilden Hefe und zwar der Torula utilis fest. In verschiedenen Hefezüchtungen schwankte je nach dem Nährsubstrat der Kohlenstoffgehalt ein wenig, so daß die Grenzen hier zwischen 44,84 und 49,46% liegen.

Die mineralischen Bestandteile der Hefe

Die Hefeasche ist schon vor langer Zeit von den verschiedensten Forschern mehr oder weniger genau bestimmt worden *(Schloßberger, Bull, Mitscherlich, Wagner)* (110). Bei Kulturhefen in normaler Heranzüchtung bewegen sich die Aschenzahlen in der Trockensubstanz bei untergärigen und obergärigen Hefen fast in derselben Größenordnung. So fanden *Schönfeld* und *Rommel* (112) bei der obergärigen Berliner Reinzuchthefe A 8,65, bei der Hefe B 8,43%. Münchener untergärige Hefe ergab 8,07 *(Lintner)* (113), Berliner Schultheißhefe 8,9 *(Buchner* und *Haehn)* (114) und die Stockholmer von St. Erik 8,8% *(Euler* und *Lundequist)* (115). Die Konstanz bei diesen Kulturhefen ist auffällig. Im allgemeinen liegt die Grenze zwischen 5 und 11%, wobei die Spezialfälle berücksichtigt worden sind. In der abgepreßten, nicht getrockneten Hefe stellt sich der Aschegehalt auf etwa 2,5%. Die Aschenanalyse (s. Tabelle) zeigt das Übergewicht der Phosphorsäure. Ihr Anteil beträgt oft sogar mehr als 50% von der Gesamtasche. Die neuesten Untersuchungen von *Just* und *Fink* (116) ergaben 46,9—49,8% bei untergäriger Bierhefe.

	Bierhefe *(Béchamps)*	Münchener untergärige Hefe *(Lintner)* (117)	Brennereihefe II *(Dehnicke)*
P_2O_5	54 — 58%	48,19%	54,4%
K_2O	29 — 31%	38,40%	—
CaO	1,6—2,5%	2,85%	0,95%
MgO	4,0—7,0%	5,80%	4,68%
Fe_2O_3	0,8—7,3%	0,51%	—
SiO_2	Spur	1,26%	—
Na_2O	0,8—1,9%	—	—
SO_3	—	0,62%	—

Ferner zeigt die Tabelle, daß das Kalium den zweiten Platz einnimmt, während Natrium ganz zurückgedrängt ist. Eine wichtige Aufgabe muß dem Magnesium zugeschrieben werden, da es ebenfalls zu den bevorzugten Elementen gehört. Calcium ist mäßig stark vertreten, dagegen sind Eisen, Silicium und Schwefel nur in geringer Menge vorhanden. Von den biogenen „Spurenelementen" sind Kupfer und Zink zu erwähnen, die nach *I. Schwaibold* und *G. Nagel* (118) mit Hilfe der Dithizon-(Diphenylthiocarbazon)methode folgende Werte ergeben haben:

	Wassergehalt	Kupfer	Zink
Bäckerhefe 1	25%	27 mg/kg	79 mg/kg
Bäckerhefe 2	23%	34 mg/kg	90 mg/kg.

Größere Kupfermengen, solche wie aus den kupfernen Reinzuchtapparaten gelöst werden, wirken schon giftig *(Rich. Koch)* (119) (s. Kap. 8 und 14).

Auf die Bedeutung dieser scheinbar unwichtigen Stoffe wird an anderer Stelle eingegangen (Kap. 8). Der Phosphor ist z. T. organisch, z. T. anorganisch gebunden.

Kohlenhydrate

Wir haben hier zunächst die Zellinhaltstoffe von den Zellwandbestandteilen zu trennen. Bei der Betrachtung der ersten Gruppe wollen wir zunächst wieder unterscheiden die Stoffe des Kraftstoffwechsels und die des Baustoffwechsels. Zur ersten Klasse gehört vor allem das Glykogen, ein Kondensationsprodukt der Glucose.

Die Konstitution des Glykogens ist noch nicht endgültig festgelegt. Seine Bruttoformel ist $(C_6H_{10}O_5)x$. Es liefert bei der Hydrolyse Glucosemoleküle, von deren Anordnung man sich verschiedene Vorstellungen gemacht hat. Diese Moleküle sind vielleicht zu vielen Hunderten in Form von Pyranosen α-glykosidisch (s. Kap. 11, Glycosidasen) zu langen Ketten verknüpft, von denen jede etwa 100 Glucoseeinheiten enthält *(Staudinger)*. Nach *Haworth* (120) soll es sich aber auf Grund von Erfahrungen beim methylierten Glykogen um eine häufig wiederkehrende Verknüpfung von zwei Ketten an einer Hauptkette handeln. Die Abzweigungen und die Kettenenden tragen primäre Alkoholgruppen. Auf Hunderte von Glucoseresten soll eine Aldehydgruppe kommen. Der auf osmotischem Wege festgestellte Polymerisationsgrad gibt Werte von 3000—5000 Glucose-Einheiten *(Carter* und *Record)* (121), deren Ketten man sich zu Kugelformen zusammengeschlossen denkt. Das Formelbild zeigt eine schematische Anordnung der Glucosereste in α-glykosidischer Maltosebildung (1,4 Verkettung). Bei den Verzweigungen der Hauptkette mit den Seitenketten gilt die Verknüpfung 1,6.

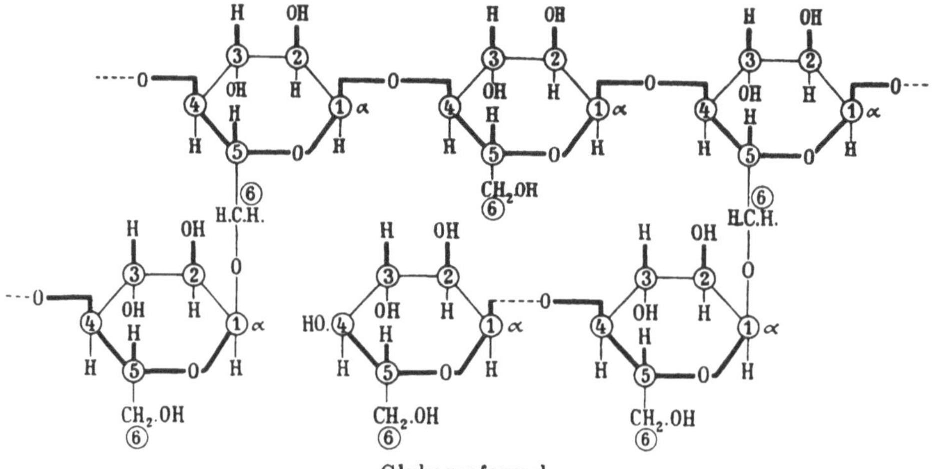

Glykogenformel

Schematische Anordnung der Glucosereste im Glykogen (122)

Die obere Reihe ist die Hauptkette. Von einer Abzweigstelle zur anderen im Mittel 3 Glucosereste. Die Seitenketten tragen 6—7 Glucosereste

Schematische Anordnung der Glucosereste im Glykogen (122)

Mit Jod gibt das Glykogen eine bräunlich-schwärzliche Färbung. Während die Säurehydrolyse *d*-Glucose liefert, erzeugt die Amylase Maltose. Es besteht große Ähnlichkeit mit der Stärke, die sich auch in der Veresterung mit Phosphorsäure äußert. Während sich aber die Stärke in den Zellen als strukturiertes Korn absetzt, bildet das Glykogen nur zähflüssige Öltropfen. Das optische Drehungsvermögen wird durch folgenden Ausdruck charakterisiert: $[\alpha]_D^{20} = 198,30$. (Im Natriumlicht bei 20°.)

Das Hefeglykogen ist höchstwahrscheinlich identisch mit dem tierischen Produkt. Von Hefepreßsaft werden beide Arten glatt vergoren, ob über Maltose, das ist noch unentschieden. Intakte Hefe greift das Kohlenhydrat nicht an.

Das Glykogen ist in vielen Hefen leicht aufzufinden, namentlich dann, wenn ihnen reichliche Zuckernahrung zur Verfügung gestanden hat. Von den Kulturhefen sind unter normalen Verhältnissen besonders die Bierhefen durch einen ständigen Glykogengehalt ausgezeichnet, weil in der üppigen maltosereichen Würze die günstigsten Bedingungen zur Bildung gegeben sind. In einer obergärigen Bierhefe wurde nach einer älteren Methode von *Schönfeld* (123) und *Krampf* der hohe Wert von 39% Glykogen in der Trockensubstanz (durch künstliche Anreicherung, s. weiter unten) gefunden, während eine untergärige Bruchhefe nur 17% enthielt. Meistens ist der Gehalt geringer. Die in der Literatur angegebenen Glykogenbestimmungsmethoden durch Selbstgärung liefern nach *Fink*, *Silbereisen* und *Höpfner* (124) keine genauen Werte. Deshalb entwickelten sie auf gleicher Basis ein Verfahren zur Bestimmung von Teilen der „Gesamtkohlenhydrate" und bestimmten die entsprechenden Glucoseäquivalente. Die Preßhefen, die sog. obergärigen Bäckerhefen, die bei der Zuckerknappheit in der Nährlösung durch heftige Luftzufuhr zur schnellen Vermehrung getrieben werden, sind fast glykogenarm, da keine Gelegenheit war, den Reservestoff Glykogen aufzuspeichern. Daß diese Rasse ebenfalls ein sehr gutes Glykogenbildungsvermögen besitzt, läßt sich leicht zeigen, wenn man ruhende Zellen mit 20%iger Rohrzuckerlösung zusammenbringt. Nach mehreren Stunden erhält man schon mit wenig Jodlösung eine tief schokoladenbraune Suspension *(Henneberg)*.

Glykogen betrachtet man als Reservestoff, von dem die Hefe im Ruhezustand zehrt. Während der Gärung wird nach Versuchen von *Ling*, *Nanji* und *Paton* (125) das Glykogen und ebenso das Mannan (Hefegummi) in den ersten Stunden verbraucht, während am Ende des Prozesses wieder eine Anreicherung Platz greift.

Stunden nach dem Anstellen	% Glykogen	% Mannan (Hefegummi)
9	24,33	6,60
15,5	18,34	2,53
33	11,20	3,80
39,5	18,00	3,95
57	21,82	9,24
63,5	30,35	9,28

Nach Anschauungen von *Willstätter* und *Rohdewald* soll überhaupt die Glykogenbildung für die normale Gärung von größter Bedeutung sein. Sie nehmen an, daß die erste Phase der alkoholischen Gärung in der Umbildung der Hexose zu Glykogen besteht. Dann soll wieder Hydrolyse des Kondensationsproduktes eintreten, worauf die Desmolyse der Hexose (Aufspaltung des Moleküls) erfolgt. Diese Theorie wird von vielen Forschern nicht anerkannt. Nach den Untersuchungen von *A. Schäffner* (126) geht die Glykogensynthese über den Coriester (s. Kap. 11, Phosphatasen, Glykogenase).

Ling und die genannten Mitarbeiter haben auch die Vorstellung, daß es zwei Formen von Glykogen in der Hefe gibt und zwar, einen mit Wasser leicht herauslösbaren Plasmabestandteil und einen der Extraktion schwer zugänglichen Zellwandbaustein. Der Unterschied beider liegt wahrscheinlich lediglich im Grad der Veresterung mit Phosphorsäure und in der Stärke der Dispersion (Kolloidzustand). Die lösliche Form aus dem Plasma ist mit der Stärke-Amylose zu vergleichen, während die andere schwer lösliche das Gegenstück zum Amylopektin darstellt. Diese ist vielleicht in der Hauptsache ein Strukturelement der Zellwand, während die erstere entschieden dem Energiestoffwechsel dient.

Gesetzmäßige Beziehungen zwischen dem Glykogengehalt und dem Eiweißgehalt der Zelle wurden beobachtet, und zwar stehen bei ausreichend ernährter Hefe Glykogen und Eiweiß im umgekehrten Verhältnis zueinander *(Henneberg)* (127). Ein Versuch von *F. Schönfeld* (128) gibt hierzu eine deutliche Illustration:

	Im Herführungsverfahren kalt gezüchtet	Warm gezüchtet bei geringer Luftzufuhr
Obergärige Hefe: Glykogen in der Trockensubstanz	13,2%	39,9%
Obergärige Hefe: Eiweiß in der Trockensubstanz	66,6%	47,5%

Wie hierbei auch gefunden wurde, wird maximale Glykogenbildung erreicht bei gleichzeitiger Anwendung folgender Faktoren: Hohe Zuckerkonzentration, hohe Temperatur und geringe Luftzufuhr. Diese Glykogen-Eiweiß-Regel konnte auch von *M. Baetsle* (129) bestätigt werden.

Historisch ist noch zu bemerken, daß das Glykogen von *Errera* (130) aufgefunden wurde, und daß erst später die genaueren Untersuchungen von *Cremer* (131) einerseits und *Harden* und *Young* (132) andererseits ausgeführt wurden.

Ein anderes wichtiges Kohlenhydrat der Hefezelle ist der Hefegummi. Er ist kein Reservestoff für die Zeiten der Not wie das Glykogen. Seine Bedeutung muß auf ganz anderem Gebiete liegen (s. o., Verhalten von Mannan bei der Gärung). Wenn die Hefe hungert, bleibt die Menge des Gummis erhalten und selbst bei der Autolyse, bei der das Glykogen gärt, wird es nicht angegriffen *(Hashitani)* (133). *Stockhausen* und *Silbereisen* (134) ließen Hefe 17 Tage lang im Eisschrank lagern und beobachteten sogar eine Zunahme an Hefegummi, und zwar von 5,2 auf 5,8% der Trockensubstanz. Über die chemische Konstitution ist folgendes zu sagen: Bei der Hydrolyse erhält man vorzugsweise Mannose, daneben Glucose. Gut definierte Verbindungen hat *Hashitani* (135) hergestellt, und zwar das Acetyl- und Benzoylderivat. Durch die bekannte Stärkeabbaumethode mittels heißem Glycerin kam er zu einem relativ kleinen Molekül mit einem Molekulargewicht von 810, das er α-Hefegummi nannte. Hieraus berechnet sich die Formel $(C_6H_{10}O_5)_5$. Zur Aufklärung der Konstitution sind in neuerer Zeit von *Haworth*, *Hirst* und *Isherwood* (136) entscheidende Befunde gemacht worden. Bei der Totalhydrolyse des methylierten Gummis (Methylmannans) erhielten sie 2,3,4,6-Tetramethylmannopyranose, 2,3,4-Trimethyl-mannopyranose und 3,4-Dimethyl-mannopyranose. Auf Grund dieser Ergebnisse konnten zwei Konstitutionsformeln aufgestellt werden nach dem Aufbauprinzip der Stärke und des Glykogens. Das letzte Wort ist also noch nicht gesprochen.

Die Natur der Hefe-Polysaccharide wurde gelegentlich von *Sevag*, *Cattaneo* und *Maiweg* (137) angezweifelt. Sie glaubten, daß die hier angeführten Stoffe Glykogen und Hefegummi gar nicht in der Zelle vorhanden wären, sondern daß sie aus irgendwelchen Acetylverbindungen durch die Einwirkung der heißen Kalilauge auf Hefe erst entstünden. Gegen diese Anschauung traten *Stockhausen* und *Silbereisen* (138) auf, die den endgültigen Beweis von der Existenz der schon lange untersuchten Stoffe brachten. Sie erhielten nämlich auch Glykogen und Hefegummi, wenn sie Hefe längere Zeit mit destilliertem Wasser behandelten. Übergossen sie ferner unbehandelte Hefe mit *Fehling*scher Lösung, so trat sofort die bläulich-violette Farbe ein, die für das Kupfersalz des Hefegummis charakteristisch ist. Weiter wird stets die typische

Jodfärbung mit Hefen für den Glykogennachweis erhalten, auch wenn sie vorher keiner Einwirkung von Chemikalien ausgesetzt gewesen waren. Endlich sei noch angeführt, daß schon früher *Kraut*, *Eichhorn* und *Rubenbauer* (139) mit Hilfe von Enzymen den Hefegummi aus der Zellwand herauslösen und ihn mit dem Alkaliprodukt identifizieren konnten. Schließlich wurden noch die genannten Stoffe von *Stockhausen* und *Silbereisen* (140) aus Hefepreßsaft isoliert und mit dem käuflichen Glykogen in verschiedenster Richtung auf Identität geprüft.

Von den Kohlenhydraten, die bisher weniger beobachtet und z. T. nur in geringen Mengen in der Hefe vorkommen, sei zunächst die Methylpentose erwähnt, die *Oshima* (141) aufgefunden hatte. *Suzuki* (142) isolierte aus dem alkoholischen Hefeextrakt eine Adenylthiomethylpentose, die durch Hydrolyse den Thiozucker $C_6H_{12}O_4S$ gibt *(P. A. Levene* und *A. Sobotka)* (143). *G. Wendt* (144) vermutet in der Adenylthiomethylpentose eine analoge Konstitution wie in der Muskeladenylsäure (s. Nukleinsäuren im gleichen Kapitel).

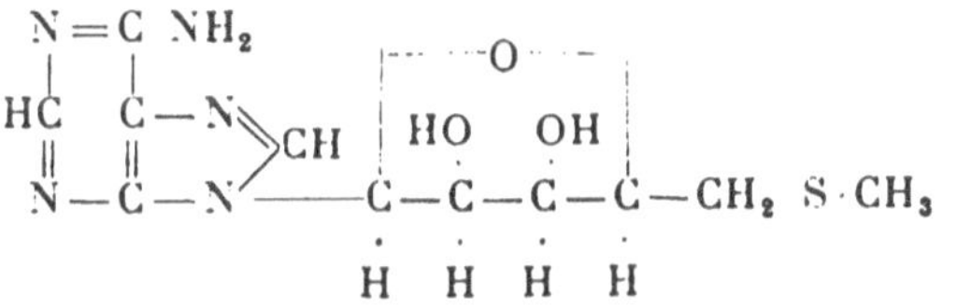

Adenylthiomethylpentose

Tanret (145) sowie *Koch* (146) fanden eine Trehalose. Dieses Disaccharid ist insofern interessant als *Myrbäck* (147) zeigen konnte, daß verschiedene Heferassen zwar zugesetzte, aber nicht zelleigene, verankerte Trehalose langsam vergären. Lebende Preßhefe mit etwa 10% Trehalose in der Trockensubstanz zeigt deshalb keine Selbstgärung. Das Trockenpräparat aus derselben Hefe vergärt dagegen die eigene als auch zugesetzte Trehalose. Will man Hefe mit dem Disaccharid anreichern, so genügt ein Zuckeransatz mit durch Toluol vergifteter Hefe. Die Bildung ist so stark, daß man diesen Weg für die Gewinnung des Zuckers einschlagen kann *(Tanret* l. c.). Die Trehalose besteht aus zwei Molekülen d-Glucose, die in den Carbonylgruppen verknüpft sind und daher *Fehling*sche Lösung nicht reduzieren.

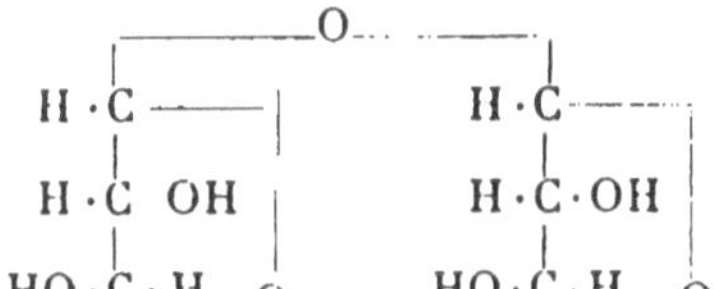

α, α-Trehalose (1-α-Glucosido [1,5]-1-Glucose [1,5])

Beachtenswert ist das Fehlen dieses Kohlenhydrates in untergäriger Hefe, dagegen enthält obergärige bis zu 14% der Trockensubstanz. Beide Rassen zeigen gegenüber der zugesetzten, freien Trehalose Gärtätigkeit. Neue Gewinnungsmethode nach *Stewart* (147a).

Die schön krystallisierte Trehalose schmilzt im eigenen Kristallwasser bei 96°, wasserfrei bei 205–207°. Die optische Drehung der 2–20%igen Lösung im Quecksilberlicht mit Chromatfilter beträgt $[\alpha]^{20^\circ}_{578} = 187{,}4$; im Natriumlicht $[\alpha]^{20}_{D} + 197^0$ wasserfrei. Die Trehalose wird vor der Gärung durch die Trehalase in Glucose gespalten (s. Kap. 11, Trehalase).

Von den zuletzt besprochenen Zellbestandteilen ist die physiologische Bedeutung noch nicht restlos erkannt.

In jüngster Zeit wurden von *H. Fink* und *F. Just* (148) aus einer auf Holzzuckerwürze erzeugten wilden Hefe, der Torula utilis, Dulcit isoliert. Sie vermuten, daß derselbe aus der Galaktose entsteht. Nährlösungen, die nicht wie die Holzzuckerwürze diese Hexose enthalten, geben eine Torula ohne Dulcitgehalt. Über die physiologische Bedeutung dieses sechswertigen Alkohols, der bis zu 1% der Trockensubstanz gebildet wird, konnte bisher nichts Positives ausgesagt werden (149).

Um die Zusammensetzung der Baustoffe der Zellwand bemühte sich zuerst *Salkowski* (150). Nachdem er alle Eiweißstoffe mittels Kalilauge aus der Zelle entfernt hatte, wurde die Zellhaut unter Druck aufgeschlossen. Den erhaltenen löslichen Anteil nannte er Erythrocellulose, weil er mit Jod eine braunrote Färbung lieferte. Die Säurehydrolyse erbrachte nur Glucose. Der unlösliche Anteil färbte sich nicht mit Jod — daher die Bezeichnung Achroocellulose — und gab bei weiterer Hydrolyse neben Glucose auch Mannose. Diese Ergebnisse wurden im großen und ganzen durch *Meigen* und *Spreng* (151) bestätigt, aber *Dreyer* (152), der einen Aufschluß durch ein Autolyseverfahren anwendete, kam zu der Ansicht, daß *Salkowskis* Erythrocellulose weiter nichts als Glykogen sei. *Ling*, *Nanji* und *Paton* (153) gingen noch weiter, indem sie auch die Achroocellulose nicht anerkannten und nur Hefegummi und Glykogen als hauptsächlichste Kohlenhydratbestandteile der Hefezellwand betrachten. Dadurch, daß sich diese Stoffe mit Phosphorsäure und Kieselsäure verestert haben, ist ihnen eine gewisse Widerstandskraft gegenüber verschiedenen Reagentien verliehen worden *(Daoud* und *Ling)* (154). Aus all diesen Untersuchungen resultierte schließlich, daß Glykogen und Hefegummi in ihrer Esterverbindung mit Phosphorsäure und Kieselsäure die Hauptbestandteile der Zellwand sein müssen.

Ein wichtiger Fortschritt in der Erkenntnis wurde erzielt, als *Zechmeister* und *Toth* (155) eine neue Untersuchungsmethode einführten, indem sie eine Säurebehandlung auf die sonst übliche Laugenextraktion folgen ließen. Es ist leicht einzusehen, daß hierbei auch die Polysaccharide hydrolisiert werden müssen. Die Folge davon war, daß die genannten Forscher weder Glykogen noch Hefegummi erhielten, sondern eine andere bis jetzt noch unbekannte Polyose, die weder mit Cellulose noch mit Hemicellulose vermischt war. Die kristallisierte Substanz enthüllte sich als ein Disaccharid, bestehend aus zwei Molekülen Dextrose. Es lag aber weder Maltose noch Cellobiose vor, sondern eine Polyose, deren d-Glucosereste durch eine 1,3-Verkettung vereinigt waren im Gegensatz zur Cellobiose, die eine 1,4-Verknüpfung aufweist.

Auch von der enzymchemischen Seite her erhoffte man eine Klärung. *Willstätter* und *Racke* (156) versuchten die Lösung des Hefegummis der Zellhaut mit Malzamylase und Aspergillus-Tannase, um durch die angegriffene Zellhaut das Enzym Saccharase quantitativ aus der Hefe extrahieren zu können. Der Versuch gelang insofern, als man gesteigerte Ausbeuten an dem gewünschten Enzym erzielte. Bei diesen Arbeiten kamen alsdann *Willstätter* und *Graßmann* (157) auf den Gedanken, daß die Zellwand ein Assoziat von Kohlenhydraten und Eiweiß sei und suchten die Ansicht dadurch zu stützen, daß sie die Permeabilität für Saccharase durch eine Vorbehandlung der Hefe mit dem Verdauungsenzym Papain erzwangen. *Graßmann* und *Peters* (158) hatten ebenfalls Erfolge im Sinne der Theorie, indem sie die andere Komponente der Zellwand, die Kohlenhydrate, mit einer Malzamylase, die völlig frei von Proteasen war, entfernten und so ebenfalls ein leichtes

Herauslösen der Saccharase erzielten. Man schloß hieraus, daß zwar jede Komponente der Membran allein eine gute Permeabilität zuläßt, daß aber das Zusammenwirken beider die Zellhaut für Saccharase schwer durchlässig macht. Die *Willstätter*sche Auffassung von der Hefezellhaut ist nicht Allgemeingut geworden. Denn es ist nicht erwiesen, daß die angewandten Enzyme die Zellhaut angegriffen haben. Man kann sich auch vorstellen, daß im Innern der Zelle ein Aufschluß stattgefunden hat.

Man nimmt heute an, daß die Zellhaut in der Hauptsache aus Kohlenhydraten besteht, und zwar aus der Polyose *Zechmeisters*, aus Hefegummi, Glykogen, Phosphorsäure und Kieselsäure. Die früher vermuteten Stoffe Hefecellulose und Chitin sind nicht aufgefunden worden. Das isolierte Glucosamin (s. Kap. 4) könnte jedoch für die Anwesenheit von Chitin sprechen.

Die Eiweißstoffe

Über die Chemie der höher molekularen Eiweißverbindungen der Hefe ist noch wenig Exaktes bekannt. Durch die Untersuchungen mit *Buchners* (159) Hefepreßsaft hat man die große Menge hochmolekularer, gerinnbarer Eiweißstoffe kennengelernt. Der Anteil an dieser Stoffklasse im Saft ist so erheblich, daß die aufgekochte Probe im Reagenzrohr fast vollständig zur weißen Masse erstarrt. Nach älteren Untersuchungen von *Stutzer* über die Aufteilung des Stickstoffs in einer Bierhefe sind

26,1% in Form von Nukleinen
63,8% in Form von Eiweiß
10,1% in Form von Peptonen und Aminosäuren

vorhanden. Von den Eiweißstoffen wurden Albumine, Nukleoalbumine, Globuline, Proteosen, Peptone und Mucine von *Wroblewski* (160) nachgewiesen, aber nur zwei Körper konnten einer genauen Charakterisierung unterworfen werden: das Hefealbumin und das Zymokasein.

Das Hefealbumin, von den Entdeckern *P. Thomas* (161) und *A. Fodor* (162) mit Cerevisin bezeichnet, wurde von *H. Lüers* und *Schuster* (163) als typisches Albumin erkannt, das in physikalisch-chemischer Hinsicht den Albuminen des Tier- und Pflanzenreiches gleicht (Isoelektrischer Punkt pH 4,59). Die Stickstoffaufteilung wurde zuerst von *J. Bayer* (164), dann von *A. Kiesel* und *F. Weiß* (s. 14. Kap. unter Autolyse) studiert. Noch besser untersucht ist das Zymocasein, das ein echtes Phosphorproteid darstellt. Man erhält es durch Selbstverdauung der Hefe, indem man nach der Autolyse die schwach alkoholisch gemachte Lösung mit Essigsäure unter Einhaltung eines pH = 4,5 fällt. Die anfangs weiße, käsige Masse nimmt bald eine rötliche Färbung an, die nach dem Trocknen in hellgelb übergeht. Die Ähnlichkeit mit dem tierischen Casein ist sehr groß. *Lüers* und *Nowak* (165) ermittelten die Zusammensetzung mittels Hydrolyse (s. folgende Tabelle).

Hydrolyse des Zymocaseins. Prozente des gesamten Stickstoffs

Glycocoll-N	7,37	Oxyprolin-N	—
Alanin-N	1,72	Asparaginsäure-N	—
Valin-N	—	Glutaminsäure-N	19,5
Leucin-N	3,18	Tryptophan-N	1,48
Isoleucin-N	—	Arginin-N	8,39
Phenylalanin-N	0,87	Lysin-N	11,45
Tyrosin-N	2,37	Histidin-N	3,53
Serin-N	—	Ammoniak-N	9,26
Zystin-N	0,74	Melanin-N	2,25
Prolin-N	4,18	Purinbasen	0,60

Hierbei ist auffällig, daß die drei „Diaminosäuren“ Arginin, Lysin und Histidin fast in demselben Verhältnis erscheinen wie bei der Hydrolyse des Gesamthefeeiweißes (s. weiter unten). Auch beim Albumin wurden ähnliche Verhältnisse aufgedeckt. Andererseits beachte man die Unterschiede in den einzelnen Bausteinen. Hingewiesen sei auf den besonders hohen Glutaminsäuregehalt von 19,5% entgegen 6% im Gesamteiweiß (s. weiter unten, Hefehydrolyse von *Meisenheimer*). Das Hefecasein zeigt eine gute Löslichkeit in Alkalien. In stärkeren Säuren tritt Quellung ein. Der isoelektrische Punkt liegt bei pH = 3,6 (*Enders* und *Röed*) (166).

Man hat sich in der Folgezeit nicht mehr bemüht, die einzelnen Eiweißkörper der Hefe zu untersuchen, sondern, weil lediglich praktische Gesichtspunkte in den Vordergrund traten, konzentrierte sich das Interesse auf das Gesamteiweiß der Hefe. Da die Hefe ein sehr wertvoller Zusatznährstoff unserer Nahrung geworden ist, so wollen wir uns eingehender mit dem Aufbau des Eiweißes befassen. Dabei mußten naturgemäß die Bausteine des Eiweißes, die Aminosäuren, bei der Untersuchung die Hauptrolle spielen. Schon frühzeitig sind Monoaminosäuren, z. B. das Leucin und Tyrosin von *Béchamps* (167) und *Schützenberger* (168) in Hefen nachgewiesen worden. *M. Schenk* (169) fand das Tryptophan, während *Fr. Kutscher* (170) die Asparaginsäure isolierte. *A. Wroblewski* (171) verdanken wir die Auffindung der Glutaminsäure und *Schröder* (172) das Auftreten von Phenylalanin und Zystin. Später stieß man noch auf das Isoleucin, Alanin und Valin, jedoch waren die Befunde über Prolin und Serin etwas zweifelhaft.

J. Meisenheimer (173) führte zum erstenmal auf Anregung von *Max Delbrück* quantitative Versuche in großem Stil durch. Er hydrolysierte das Eiweiß nicht nur mit Säuren, sondern er verfolgte auch den Abbau durch die zelleigenen proteolytischen Enzyme, indem er eine vollständige Autolyse der Hefe hervorrief (s. Kap. 14 Autolyse). Die Abbauprodukte teilte er in vier Gruppen: Ammoniak, Purinbasen, Diaminosäuren und Monoaminosäuren. Im allgemeinen haben die Eingriffe durch die beiden Spaltungsmittel dieselben Ergebnisse gezeitigt, jedoch gibt die Säurehydrolyse einen wesentlich höheren Ammoniakgehalt. Eine Übersicht über die erzielten Resultate gibt folgende Tabelle:

Quantitative Zusammensetzung der Stickstoffverbindungen der Hefe
(Ober- und untergärige Hefe) (*Meisenheimer*)
Vom Gesamt-Stickstoff:

1. Gruppe
8% in Form von Ammoniak

2. Gruppe
4% in Form von Guanin
4% in Form von Adenin
2,4% in Form von Cytosin (?)
1,6% in Form von Uracil (?)
anschließend:
0,5% in Form von Cholin
0,5% in Form von Glukosamin

3. Gruppe
10% in Form von Histidin und Arginin
10% in Form von Lysin

4. Gruppe
0,5% in Form von Glykokoll
10–15% in Form von Alanin
10–15% in Form von Valin
5–10% in Form von Leucin
2 % in Form von Prolin
8% in Form von Phenylanalin
3,5% in Form von Asparaginsäure
6% in Form von Glutaminsäure
2% in Form von Tyrosin
0,5% in Form von Tryptophan
2% in Form von Zystin
4,5% in Form von Oxyprolin (?)

Neuere Arbeiten über die Zusammensetzung der Bierhefe liegen von *H. Kraut* und *F. Schlottmann* (174) vor, die sich in erster Linie für die für die Ernährung besonders wichtigen Säuren wie Arginin, Histidin, Lysin, Tryptophan und Zystin interessierten. Diese neuen Zahlen weichen etwas von den *Meisenheimer*schen ab, was durch die verschiedene Methodik — Bestimmung von Tryptophan und Tyrosin mittels *Pulfrich*-Photometer (175) z. B. — seine Erklärung findet. Auf der folgenden Tabelle, die einen Vergleich der Zusammensetzung der Bierhefe mit wichtigen Nahrungsmitteln bietet, sind die wahrscheinlichsten Durchschnittswerte für die Aminosäuren angegeben.

Aminosäuren	Fleisch	Casein	Lactalbumin	Hefe	Roggen	Kartoffel
	Prozentualer Anteil des N der betr. A.-Säuren am Gesamt-N					
Arginin	12,6	7,4	7,2	11,0	7,6	8,3
Histidin	10,4	6,2	4,6	3,0	2,1	3,8
Lysin	7,5	10,3	12,2	11,4	1,2	3,9
Zystin	1,5	0,2	1,3	1,6	0,2	3,1
Tryptophan	1,2	1,5	1,5	0,9	0,9	?
Tyrosin	?	5,3	2,5	2,5	1,2	2,0

Nach seinem Gehalt an lebenswichtigen Aminosäuren nimmt die Hefe eine Mittelstellung zwischen pflanzlichem und tierischem Eiweiß ein. Vielleicht ist es nur, nach vorstehender Analyse zu urteilen, der niedrige Tryptophangehalt, der es nicht ganz gleichwertig mit tierischem Eiweiß erscheinen läßt. Vielleicht fehlt auch das für die Ernährung äußerst wichtige Threonin, die α-Amino-β-oxy-Buttersäure, $CH_3 \cdot CH \cdot OH \cdot CH \cdot NH_2 \cdot COOH$, die noch nicht mit Sicherheit aufgefunden wurde (s. Kap. 17 Der biologische Wert der verschiedenen Hefesorten). Sehr wichtig für die menschliche Ernährung ist der hohe Gehalt an Zystin und überhaupt an Schwefelverbindungen, was zur Nachprüfung dieser Frage Veranlassung gab. So hatten *Fink* und *Just* (176) folgende Ergebnisse:

Gesamtschwefelgehalt	Gluthathion auf 100 g Tr. S.
Torula utilis . . . 0,22%	0,43—0,46 g
Bierhefe 0,20%	0,86—0,89 g
Preßhefe 0,17%	0,65 g

Neuere tierphysiologische Untersuchungen haben einen Mangel an Zystin in den Torula-Nährhefen festgestellt. *Schormüller* (177) gibt für die verschiedenen Hefen folgende Werte an:

Brauereihefe . .	0,497% organischer Schwefel	0,49% Zystin in Trockensubstanz
Mycelhefen . .	0,55—0,36% organischer Schwefel	0,30% Zystin in Trockensubstanz
Molkenhefe . .	0,44% organischer Schwefel	0,58% Zystin in Trockensubstanz
Holzzuckerhefe	0,37% organischer Schwefel	0,30% Zystin in Trockensubstanz

(S. Kap. 17, Biochemische Eiweißsynthese.)

Ob sich der Aufbau des Hefeeiweißes in dieser Richtung künstlich korrigieren läßt, bleibt zunächst dahingestellt. Mit der Frage, ob der Nährboden überhaupt bei der Hefezüchtung eine wesentliche Beeinflussung auf die Zusammensetzung des Eiweißes ausübt, beschäftigten sich *H. Fink* und *F. Just* (178). Die Nährlösungen bestanden nur aus mineralischen Salzen und erhielten verschiedenartige Kohlenstoffsubstrate:

Probe I. Alkohol als einzige C-Quelle.
Probe II. *Bergius* Zucker.
Probe III. *Tornesch*-Holzzucker nach *Scholler*.
Probe IV. Sulfitablauge I.
Probe V. Sulfitablauge II.

Als Versuchsobjekt diente die Torula utilis, die als Futterhefe eine Bedeutung erzielt hat und nach dem sog. Lüftungsverfahren gezüchtet wird (*H. Fink*, *J. Krebs* und *R. Lechner*) (179). Auf folgender Tabelle sind die Resultate, die nach der *van Slyke*-Eiweißanalyse erhalten wurden, zusammengestellt und mit der Bierhefeanalyse von *Kraut* verglichen.

	Probe I %	Probe II %	Probe III %	Probe IV %	Probe V %	Bierhefe, Durchschnittswert nach *Kraut* %
Humin-N	5,91	5,60	5,73	5,71	5,62	3—4
Ammoniak-N	12,75	12,28	12,46	12,55	16,05	16,0
Gesamt-N der Basenlösung	28,13	29,46	28,49	27,93	24,42	25—29
Amino-N der Basenlösung	17,34	18,10	15,63	16,42	14,28	15—16
Nicht-Amino-N der Basenlösung	10,79	11,36	12,86	11,51	10,14	9,6—12,6
Arginin	11,23	10,92	11,31	12,07	10,77	11—11,8
Histidin	4,06	5,26	5,94	3,93	3,67	2,3—5,9
Lysin	11,75	11,60	9,70	10,48	8,14	10,0
Zystin	1,62	1,71	1,58	1,48	1,67	1,5—1,6
Gesamt-N des Basenfiltrats	52,36	51,18	52,72	52,96	53,66	53—54
Amino-N des Basenfiltrats	47,50	46,03	47,95	48,86	49,31	48,4—49,3
Nicht-Amino-N des Basenfiltrats	4,86	5,15	4,77	4,10	4,35	4,5—4,7
Tryptophan	1,34	1,35	1,22	1,26	1,36	0,9
Tyrosin	2,50	2,93	2,74	3,35	3,39	2,5

Es ergibt sich, daß die Zusammensetzung des Eiweißes der verschiedenen Torulazüchtungen in verschiedenartigen Nährböden und der Bierhefe in guter Übereinstimmung ist. Auffällig ist der vollständige Ersatz des Zuckers durch Alkohol (Probe I). Ferner kann aus der Tabelle geschlossen werden, daß die technisch erzeugten Futterhefen denselben Nährwert besitzen müssen wie die Bierhefe. Spätere Untersuchungen von *Dirr* und *v. Soden* (180) bestätigen die obigen Resultate über die Zusammensetzung der Hefe mit Ausnahme des Befundes beim Zystin, dessen Gehalt mit 0,33% bedeutend kleiner angegeben ist, also etwa in der Größenordnung, wie sie von *Fink* und *Just* 1939 (s. o.) gefunden wurde. Sie betonen auch den von ihnen mit besonderer Aufmerksamkeit festgestellten Schwefelmangel in der Nährhefe und empfehlen eine Ergänzung. Offenbar haben sie recht, denn die neuen Ergebnisse (s. Biologische Eiweißsynthese, Kap. 17) zeigen in der Holzzuckerhefe eine minderwertige Nahrung für wachsende Ratten an.

Nukleoproteide und Nukleinsäure

Die Nukleoproteide sind Vereinigungen von Proteiden mit Nukleinsäuren. Wahrscheinlich handelt es sich nur um salzartige Verbindungen (nukleinsaures Eiweiß), worauf ihre leichte Spaltbarkeit hindeuten könnte. Über die Eiweißkomponente selbst ist wenig Genaueres bekannt. Sie ist basischer Natur und gehört wahrscheinlich wie das Nukleineiweiß des Tierreiches zur Gruppe der Protamine oder Histone.

Weil die isolierte Proteidverbindung sehr labil ist, wird von manchen Seiten die Existenz dieser Stoffgruppe angezweifelt. Schon ein Kochen mit Wasser bewirkt eine große Veränderung. Das von *Kossel* und *Lilienfeld* aufgestellte Schema

Nukleoproteid

Eiweiß — Nuklein

Eiweiß — Nukleinsäure

ist chemisch noch nicht erwiesen, zeigt jedoch, daß zwei Eiweißmoleküle in verschiedener Bindung vorliegen können. Vielleicht sind die dargestellten Nukleinproteide auch nur Adsorptionsgemische von nukleinsaurem Eiweiß mit zufällig anwesenden Proteiden.

Über die Nukleinsäure *(Feulgen, Bredereck)* (181), der anderen Komponente des Hefenukleoproteids, wissen wir genauer Bescheid. Zunächst sei daran erinnert, daß die einfachen Nukleinsäuren aus einem Zucker(Pentose)phosphorsäureester aufgebaut und mit einer basischen Gruppe, z. B. einem Purinderivat verknüpft sind. Diese einfache Verbindung aus den 3 Bauelementen Base—Zucker—Phosphorsäure wird mit Mononukleotid im Gegensatz zum Polynukleotid bezeichnet (s. Kap. 11, Nukleasen). Die Hefenukleinsäure ist ein Polynukleotid und besteht aus folgenden 4 Mononukleotiden, der Guanylsäure, der Hefeadenylsäure, der Cytidylsäure und der Uridylsäure.

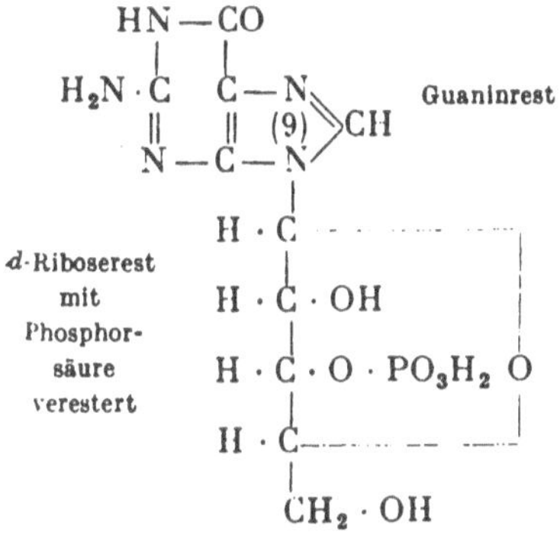

Guanylsäure
(Guanin-9-*d*-ribofuranosid-3-phosphat)

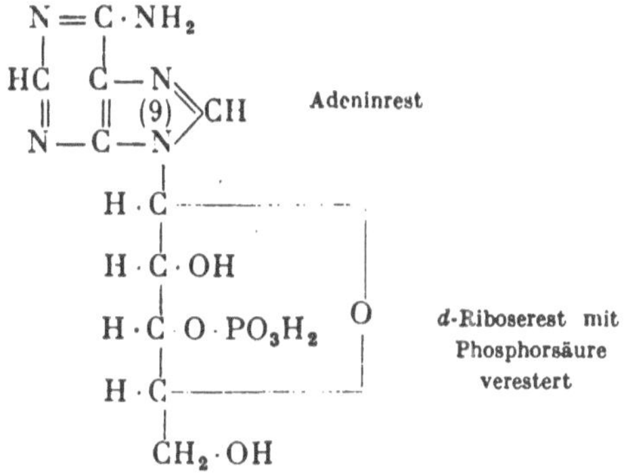

Hefeadenylsäure
(Adenin-9-*d*-ribofuranosid-3-phosphat)

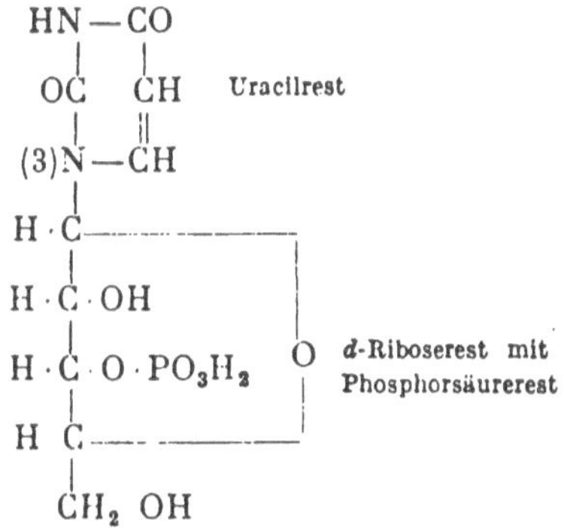

Uridylsäure
(Uracil-3-*d*-ribofuranosid-3-phosphat)

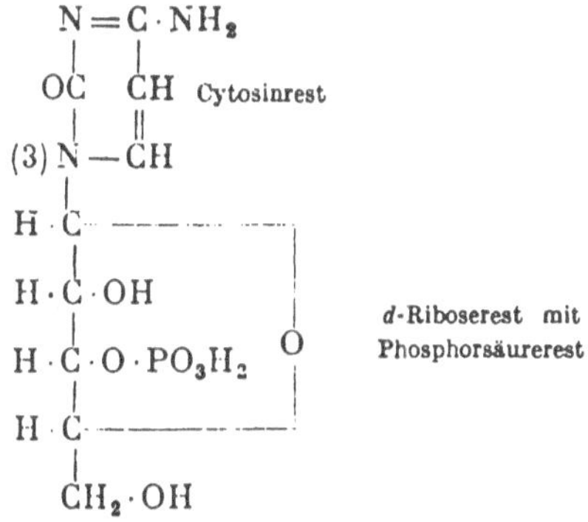

Cytidylsäure
(Cytidyl-3-*d*-ribofuranosid-3-phosphat

Aus diesen Formelbildern ist ersichtlich, daß es sich bei diesen Nukleotiden um Ribosephosphorsäureester handelt, von denen je zwei mit Purin- bzw. Pyrimidinderivaten verknüpft sind. Zur Konstitution sei noch bemerkt, daß die Purinderivate Guanin und Adenin in Stellung 9, die Pyrimidine, Uracil und Cytosin, in Stellung 3 mit dem ersten Kohlenstoffatom der Pentosenkette verkoppelt sind. Diese selbst hat ihre Veresterung mit Phosphorsäure am 3. Kohlenstoffatom erfahren. Es sei in diesem Zusammenhang auch an solche Nukleinsäuren erinnert, bei denen die Phosphorsäure mit der primären Alkoholgruppe der Ribose, also am 5. Kohlenstoffatom, verestert ist wie z. B. bei der Muskeladenylsäure und der Cozymase (s. Kap. 10).

Es fragt sich nun, wie die Nukleotide zum Polynukleotid, der Hefenukleinsäure, vereinigt sind? Restlos ist diese Frage, namentlich im Hinblick auf die Reihenfolge *(Stuart Tipson* und *Levene*, *Masson Gulland*, *Jackson)* (182) der Basen nicht geklärt, jedoch scheint eine Verknüpfung der einzelnen Nukleotide vorzuliegen, und zwar derart, daß die Phosphorsäure des einen Moleküls mit dem Zuckerrest des anderen verestert ist.

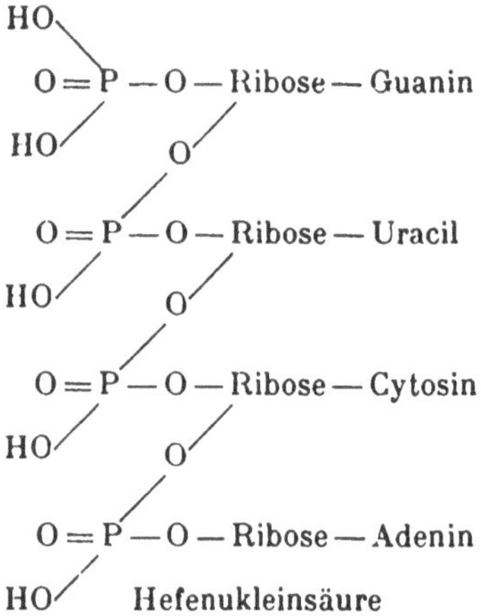

Hefenukleinsäure

Über die Richtigkeit der obigen Formel sind neuerdings wieder Zweifel aufgetaucht *(Gulland* [183], *Vischer* [184]*)* mit der Begründung, daß bei dem energischen Abbau der großen Moleküle, z. B. mit Natronlauge, Ammoniak unter Druck, Veränderungen der Komponenten eintreten könnten. Wahrscheinlich handelt es sich um viel komplizierter aufgebaute Gebilde. Man kontrolliert z. Z. die älteren Ergebnisse durch Abbauversuche mit Hilfe „milder" Reagenzien. So haben sich nach *Dimroth* (185) die Hydroxyde von Blei und Zink als günstig erwiesen, wodurch die einzelnen Nukleoside in guter Ausbeute erhalten werden konnten.

Da dieses Tetranukleotid oder überhaupt ein Polynukleotid eine Anzahl freier Phosphorsäurehydroxyle enthält, so ist die anfangs erwähnte salzartige Bindung der Nukleinsäure mit basischen Proteinen leicht zu verstehen.

In der Zelle tritt die Hefenukleinsäure als Polynukleotid, bestehend aus etwa 2000 Molekülen Mononukleotiden, auf. Sie bildet nicht den wichtigen Bestandteil des Zellkerns, sondern ist im Plasma verteilt.

Ähnlich wie die Hefenukleinsäure ist auch die Thymonukleinsäure aufgebaut, die einen charakteristischen Bestandteil der Zellkerne darstellt. Beide Verbindungen unterscheiden sich dadurch, daß die Hefenukleinsäure als Pentose die d-Ribose, während die Thymonukleinsäure die 2-Desoxy-d-ribose (eine Ribose, die am zweiten

Kohlenstoffatom das Sauerstoffatom verloren hat) und anstatt Uracil Thymin (= Methyluracil) enthält:

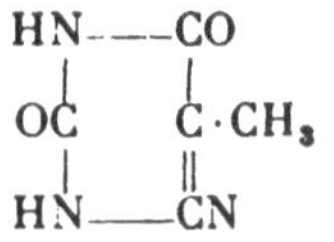

Thymin

(s. auch Kap. 5, *Feulgens* Nuklealfärbung).

Die von *H. v. Euler* und *L. Hahn* (186) aufgefundenen kleinen Mengen von Desoxyribonukleinsäure (in Bäckerhefe 0,3% gegenüber 7% Ribonukleinsäure) stehen wahrscheinlich in Beziehung zur Thymonukleinsäure.

Eingefügt sei an dieser Stelle eine Bemerkung über die Viren (Kap. 4), die sich aus kristallisierten Protein-Nukleinsäuremolekülen aufbauen. So besteht das Virus Escherichia Coli aus einem Desoxyribonukleinsäure-Proteid (*Seymour*, *Cohen*) (187).

Eine wichtige Nukleinsäure ist ferner die Adenosintriphosphorsäure (*Lohmann*), da sie als Coenzym der Phosphorylase (s. Kap. 12, Zymase) anzusprechen ist. Sie betätigt sich bei der Bildung der Glucosephosphorsäureester, die durch Umphosphorylierung mit genannter Nukleinsäure entstehen. Dem Molekül liegt die Muskeladenylsäure (s. oben) zugrunde, deren Phosphorsäure mit einem Molekül Pyrophosphorsäure verknüpft ist.

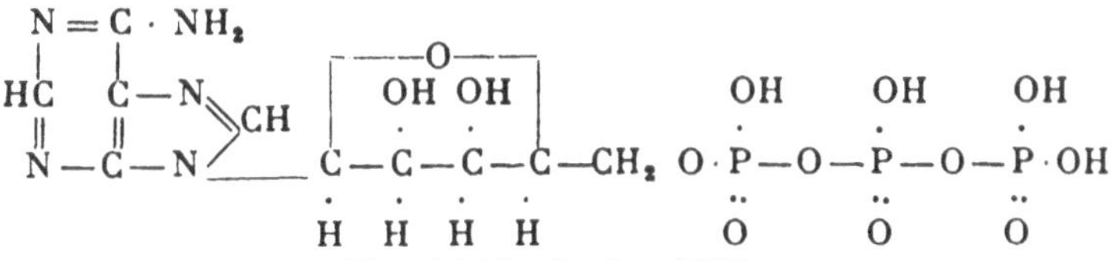

Adenosintriphosphorsäure (ATP)

Es gibt auch eine Adenosinpentaphosphorsäure, die von *P. Ostern* aus dem Herzmuskel isoliert wurde. Es handelt sich wahrscheinlich um die von *Lohmann* und *Embden* vermutete Adenylpolyphosphorsäure. Zum Schluß sei noch auf die Cozymase hingewiesen, die als ein Diphosphonicotinsäureamid-adenylnukleotid anzusprechen ist (Kap. 11, Zymase). Auch ein reines Adenyl-dinukleotid ist in der Hefe aufgefunden worden. Zu dieser Gruppe von Dinukleotiden gehört auch das Flavinadeninnukleotid (s. Atmungsfermente, Kap. 13).

Die Pionierarbeit auf dem Gebiete der Nukleoproteide hat *Miescher* (188) geleistet. *Kossel* (189) untersuchte die Stickstoffbasen. Die Hefenukleinsäure wurde von *Altmann* (190) 1889 aufgefunden, aber erst *Levene*, (191) *Steudel* (192) und *Thannhauser* (193) bemühten sich erfolgreich um die Konstitution. Später wurden die Arbeiten von *R. Feulgen* (194) (Nukleal-Reaktion) und *H. Bredereck* (195) aufgenommen.

Phosphorsäure kommt aber auch in anderer Bindung, in Stoffen ohne Stickstoff und Kohlenhydraten vor, und zwar als ein leicht hydrolysierbares höheres Polyorthophosphat. Vielleicht liegt ein Inositderivat vor (*Lohmann*) (196).

Man hat sich bemüht, durch eine Zellfärbungsmethode freie Nukleinsäure in der Hefe nachzuweisen. Obgleich es sich hier zunächst nur um Versuche sehr problematischer Natur handelt, sollen sie erwähnt werden, da die Bemühungen, mit Hilfe der „Chromolyse“ einzelne chemische Bestandteile der Zelle zu diagnostizieren (Fetttröpfchen durch Nilblau; Färbung nach *Zettnow*; Nuklealreaktion zum Nachweis der Thymonukleinsäure im Zellkern nach *Feulgen*), sehr zu begrüßen sind, wenn auch bis heute auf diesem schwierigen Gebiet die rein chemischen Erfolge noch bescheidener Natur sind. Bei Auffindung ganz spezifischer Stoffärbungen könnte man wahrscheinlich, vielleicht durch Kontrastwirkung im Elektronenmikroskop, zu Aufschlüssen über die Verteilung der verschiedenartigen Materie in der Zelle kommen.

Nach *J. Schumacher* (197) kann man auch freie Nukleinsäure in der Hefezelle nachweisen, und zwar mit der Methylenblau-Phosphinmethode, wobei die Nukleoproteide einen braungelben Farbenton annehmen, während die freie Nukleinsäure grün gefärbt wird. Dieser Vorgang wird folgendermaßen erklärt. Die freie Nukleinsäure bildet zunächst bei der Behandlung mit dem basischen Methylenblau eine salzartige Verbindung, das nukleinsaure Methylenblau. Da nun wie bei allen Zellfärbungen der Farbstoff auch hier im Überschuß ist, so verbindet sich additiv noch ein zweites Mol Farbstoff mit dem vorliegenden nukleinsauren Methylenblau in analoger Weise, wie sich *Kossel* und *Lilienfeld* die Eiweißnukleinverbindung vorstellten (s. o.). Bei der Nachbehandlung mit dem stärker basischen, gelben Phosphin (Chrysanilin) (= Diaminophenylacridin) wird das lose gebundene Methylenblaumolekül abgespalten und durch das im Überschuß vorhandene Phosphin substituiert, wodurch das grüngefärbte methylenblaunukleinsaure Phosphin entsteht.

$$\underbrace{\text{Nukleinsaures Methylenblau} \atop \vdots \atop \text{Methylenblau}}_{\text{blau}} + \text{Phosphin} = \underbrace{\text{Nukleinsaures Methylenblau} \atop \vdots \atop \text{Phosphin}}_{\text{grün}} + \text{Methylenblau}$$

Diese Reaktion mit Hefen wird praktisch so angestellt, daß man die Zellen durch Hitze in der üblichen Weise auf dem Deckgläschen fixiert, mit Carbol-Methylenblau färbt, mit destilliertem Wasser abspült und dann mit Phosphin nachfärbt. Auf diese Weise wird das Nukleinprotein gelb, die freie Nukleinsäure hingegen stark grün gefärbt.

Ein exakter Beweis, daß die Reaktion in der oben geschilderten Weise vor sich geht, liegt naturgemäß nicht vor. Ebenso wissen wir nicht sicher, ob diese Grünfärbung spezifisch für Hefe-Nukleinsäure ist. Es sind ja auch andere Nukleinsäuren (z. B. Cozymase und Lactoflavinphosphorsäure) oder überhaupt saure Verbindungen (z. B. Cocarboxylase) denkbar, die in gleicher Weise mit den genannten Farbstoffen reagieren könnten. Ein Stützpunkt für die Hefe-Nukleinsäurefärbung wäre vielleicht in der Tatsache zu erblicken, daß Hefezellen, die sonst die Farbreaktion eingehen, dieselbe nicht mehr zeigen, wenn sie vorher mit einem fast spezifischen Lösungsmittel für Nukleinsäure, nämlich mit Natriumacetat behandelt worden sind. Aber auch hier kann man schließlich noch eine andere Erklärung finden (z. B. Neutralisation der Nukleinsäure durch das Natriumacetat). Jedenfalls reagiert bei der Färbung offenbar die Phosphorsäurekomponente, wenn es sich wirklich um die beabsichtigte Färbung handeln sollte. Sicher aber ist, daß bei den „Nukleinsäurebildungsversuchen" ein derartig saurer Komplex in der Zelle entsteht, der in der Lage ist, die beiden Farbstoffe gleichzeitig zu binden (s. u. Zymaseanreicherung). Überzeugender wäre freilich eine Reaktion mit den Ribose-Purin- bzw. Pyrimidinkomponenten. Diese interessante Reaktion, die wichtige Aufklärungen über den Nukleinsäurestoffwechsel der Zelle bringen kann, verdient eine endgültige Bearbeitung.

Bei den Anreicherungsversuchen mit Zymase in der Hefe Torula utilis beobachteten *F. Hayduck* und *H. Haehn* (198) eine Parallelität zwischen der Zunahme an Gärkraft und dem Anwachsen an freier Nukleinsäure (nach *Schumacher*). Sie kamen seinerzeit zu der Vermutung, „daß die Zelle aus der Nukleinsäure »Ko-Enzym« bildet, da von verschiedenen Forschern das Ko-Enzym als Phosphorsäureverbindung angesprochen wurde". Sehr anschaulich ist diese Vermehrung an Nukleinsäure auf einer Zeichnung von *M. Glaubitz* (199) dargestellt in der Arbeit „Über Volutin und Nukleinsäure in verschiedenen Hefen", in der durch Färbeversuche gezeigt wird, daß das von *A. Meyer* aufgefundene Volutin höchstwahrscheinlich mit der freien Nukleinsäure nicht identisch ist. Neuerdings empfiehlt *P. Biebuyck* (200) zur Anfärbung des

Volutins eine Methylenblau-Eosinlösung, *Lindegren* (201) dagegen eine Mischung von Eisessig, Toluidinblau und Formalin (Kap. 4). *Wiames* Untersuchungen brachte die Erkenntnis, daß den Volutinkörpern eine Metaphosphatverbindung, also kein Nukleoprotein, zugrunde liegt. Man vermutet eine wichtige Funktion dieses Körpers als Energiespender bei der Zellteilung, da die Chromosomen damit überzogen sind.

Nun zum histologischen Nachweis der Thymonukleinsäure in den Zellkernen niederer und höherer Lebewesen nach *Feulgen* (Nukleal-Reaktion). Das Substrat wird 4 Minuten lang bei 60° mit normal Salzsäure behandelt, wobei die Nukleinsäure hydrolysiert wird. Die freigewordene Pentose, die 2-Desoxy-d-ribose ist dann mit ihrer Aldehydgruppe in der Lage, fuchsin-schwefelige Säure blaustichig violett zu färben (202) (s. auch Kap. 5).

Porphyrinstoffe der Hefe

Hans Fischer und Mitarbeiter isolierten aus der Hefe das Koproporphyrin und das kristallisierte Chlorhämin (früher mit Protohämin, besser mit Hämin bezeichnet), letzteres allerdings nur in kleinen Mengen.

Um für die physiologische Bedeutung der Porphyrine Verständnis zu gewinnen, sei darauf hingewiesen, daß sie in chemischer und genetischer Beziehung in naher Verwandtschaft zu dem roten Blutfarbstoff, dem Hämoglobin, und dem Chlorophyll der Pflanze stehen. Ferner sei betont, daß höchstwahrscheinlich all die hier zu nennenden Stoffe mehr oder weniger zu den Enzymsystemen der Sauerstoffatmung Verbindungen haben. Die Atmung der Hefen ist eine ebenso wichtige Lebensfunktion der Zelle wie die Gärung, weshalb uns diese Porphyrinstoffe sehr interessieren (s. Kap. 11, Atmungsenzyme und Kap. 13, Gärung und Atmung).

Alle Porphyrine leiten sich chemisch von dem Grundkörper Porphin ab, das einen großen Ring aus vier Pyrrolkörpern bildet, die in α-Stellung durch 4 Methingruppen miteinander verbunden sind. Werden Wasserstoffatome der Pyrrolringe durch Radikale wie Methyl, Aethyl und Vinyl ersetzt, so erhält man die natürlichen Porphyrine. Auch Propionsäurereste kommen hier sehr häufig vor, wie nachstehende Formel des Koproporphyrins zeigt:

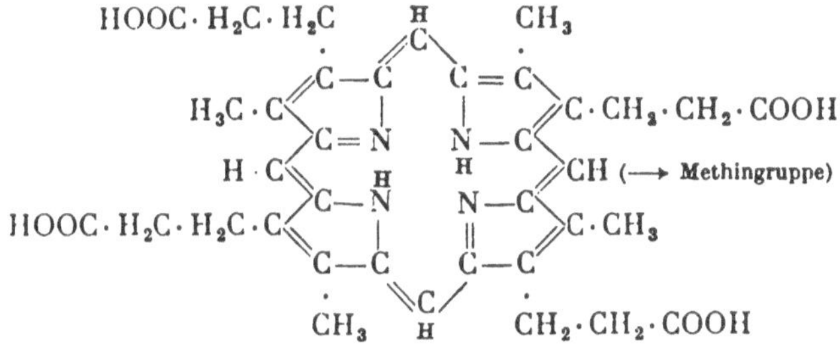

Koproporphyrin I $C_{36}H_{38}O_8N_4$

Die Porphyrine sind in der Lage, Magnesium oder Eisen aufzunehmen. Im ersteren Falle entstehen Stoffe der Chlorophyllkörper, im anderen Substanzen der Blutfarbstoffgruppe. Ist das Eisen 3-wertig, so spricht man von Häminen, bei Stoffen mit Fe^{II} von Hämen. Die Porphyrine sind also metallfrei im Gegensatz zu den Gruppen der Chlorophyllkörper und Blutfarbstoffe.

Ein besonders wichtiges Hämin ist das Chlorhämin, das man früher kurz mit Hämin oder Protohämin bezeichnete. Heute ist der Ausdruck Hämin, wie wir eben sahen, zum Sammelbegriff geworden. Wie das Formelbild zeigt, liegt dem Molekül auch der aus 4 Pyrrolkernen bestehende große Porphinring zugrunde. Als Seitenketten an den Pyrrolringen finden wir in je zwei Fällen je einen Propionsäurerest und je eine Vinylgruppe, dazu 4 Methylgruppen. Die Vinylgruppen sind offenbar aus zwei Propionsäureresten entstanden, was man aus ihrer Stellung ableiten kann.

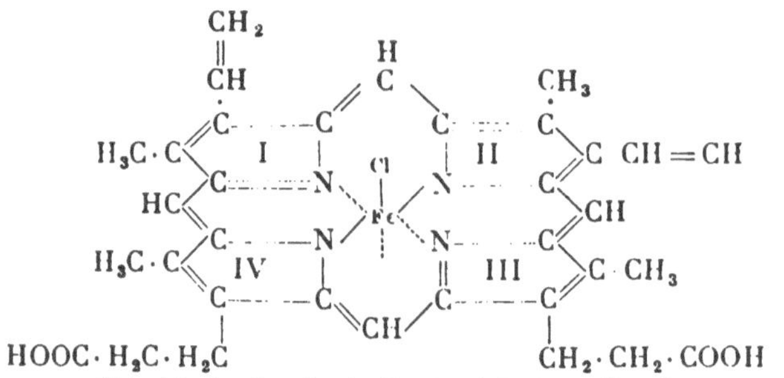

Chlorhämin (Protohämin, Hämin) $C_{34}H_{32}O_4N_4 \cdot Fe \cdot Cl$

Die Stickstoffbasen halten ein Eisenatom z. T. in echter, z. T. in komplexer Bindung. Man beachte die drei Hauptvalenzen (daher die Bezeichnung Hämin), von denen eine ein Chloratom trägt. Dieses stammt nicht aus dem Ausgangsmaterial, sondern ist bei der Aufarbeitung eingeführt worden. Das Eisen kann aus solchen Molekülen durch starke Reduktionsmittel wie Jodwasserstoffsäure herausgenommen werden, wobei man die stark gefärbten Porphyrine zurückerhält. So liefert das Chlorhämin das eisen- und chlorfreie Protoporphyrin (Divinyl-Tetramethyl-Porphin-Dipropionsäure), das eine wichtige Muttersubstanz für andere Moleküle darstellt (z. B. für das Cytochrom c, Konstitutionsformel Kap. 11). Hingewiesen sei nochmals, daß die Porphyrine mit den charakteristischen Seitenketten schon Farbstoffcharakter haben.

Nun die Beziehungen der Porphyrine zum Hämoglobin. Dasselbe besteht aus einem Eiweißstoff, dem Globin (Albumin), das mit der eisenhaltigen Farbstoffkomponente, dem Porphyrineisen, in Symplexbindung ans Eisenatom gekettet ist. Bei der Spaltung entstehen Hämochromogen (bestehend aus Häm- und N-haltigen Basen oder Eiweißkörpern) bzw. Oxyhämin (Hämatin), je nachdem, ob der Abbau bei Abwesenheit oder Gegenwart von Sauerstoff geschieht.

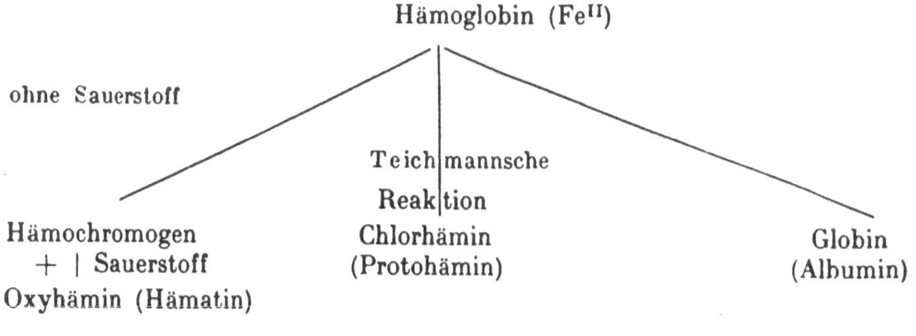

$$C_{34}H_{32}O_4N_4Fe \cdot OH \xleftarrow[+\ NaOH]{} C_{34}H_{32}O_4N_4Fe \cdot Cl$$

Wird Hämoglobin direkt der *Teichmann*schen Reaktion, also der Einwirkung von Eisessig und Kochsalz unterworfen, so erhält man das oben beschriebene Chlorhämin (Protohämin), ein kristallisiertes Eisenchloridprodukt, die sog. *Teichmann*-Kristalle, die auch aus Hefe, wie schon mitgeteilt wurde, zu erhalten sind. Mit Hilfe von Natronlauge können sie in Oxyhämin übergeführt werden.

Wenn man an das Häm, dem Porphyrin mit dem 2-wertigen Eisen, natives Globin addiert, so gelangt man wieder zum Hämoglobin. Werden am Häm stickstoffhaltige Basen angelagert, so entstehen Hämochromogene.

Häm (Fe^{II})

+ natives Globin ↙ ↘ + N-haltige Basen (Ammoniak, Pyridin, Protein)

Hämoglobin Hämochromogene

Uns interessiert hier besonders das in der Hefe aufgefundene Koproporphyrin. Es ist, wie wir aus der Formel sahen, anzusprechen als eine Tetramethyl-Porphin-Tetrapropionsäure, was *Hans Fischer* und *Andersag* durch die Synthese beweisen konnten (Formel oben). Von den Koproporphyrinen sind Isomere bekannt, die als Gemische in gleicher Verteilung vorkommen. In der Hefe wurden 4 Isomere aufgefunden. Überhaupt sind eine Anzahl von Porphyrinen bekannt, die sich nur durch verschiedene Seitenketten unterscheiden.

Die Natur liefert eisenhaltige und eisenfreie Porphinstoffe. Chemisch läßt sich aus jedem Hämin das entsprechende Porphyrin gewinnen, und umgekehrt erhält man durch Eisensubstitution aus dem Porphyrin das entsprechende Hämin zurück.

Die eisenhaltigen Körper kommen in verschiedenster Form in den Zellen vor. So sind die Katalase und die Peroxydase Hämine (s. Kap. 11). Ferner ist hier zu nennen das *Warburg*sche Atmungsferment, das sog. Fermenthämin (Cytochromoxydase) und das von *Keilin* entdeckte Cytochrom (s. Kap. 11). Beachtenswert ist, worauf schon hingewiesen wurde, daß alle genannten Stoffe für den Respirationsstoffwechsel der Zelle die größte Bedeutung haben. Hervorzuheben ist dagegen die Erkenntnis, daß der echte Blutfarbstoff, das Hämoglobin, selbst kein Oxydationsferment darstellt, es also ohne Oxydationswirkung ist. Seine Funktion bei der Atmung besteht lediglich darin, daß es mit seinem Fe^{II}, das aber hierbei 2-wertig bleibt, Sauerstoff dissociabel aufnimmt, Oxyhämoglobin bildet und ihn dorthin transportiert, wo die Atmungsenzyme in Tätigkeit sind. Ferner wirkt das Hämoglobin beim Transport der Kohlensäure mit. Es stellt also für den Atmungsprozeß nur eine Hilfsleistung. Eine besondere Aufgabe besteht in der Regulation der Blutreaktion.

Die Aufklärungsarbeiten auf diesem umfangreichen, komplizierten Gebiete verdanken wir *Nencki*, *Piloty* (203), *Küster* (204), *Willstätter* (205) und vor allem *Hans Fischer* (206), der mit einem Stab von Mitarbeitern das endgültige Formelbild aufstellte und die Konstitution durch Synthesen der verschiedensten Hämine und Porphyrine bewies.

Nach dieser kurzen Information zurück zum Koproporphyrin der Hefe. Wie schon mitgeteilt, wurde der Stoff von *Fischer* in Brauereihefe aufgefunden, und obgleich der Gehalt relativ klein war, ließ er sich dennoch spektroskopisch einwandfrei nachweisen. Später zeigten *H. Fischer* und *H. Fink* (207) eine bedeutende Anreicherung an Koproporphyrin in Bierhefen, wenn sie in einfachen rohrzuckerhaltigen Nährlösungen weitergezüchtet wurden. Die Tatsache, daß man aus Nährstoffen, die absolut frei von Porphyrin und Blutfarbstoffen sind, ganz enorme Mengen des Koproporphyrins erhalten kann, zeigt die Fähigkeit der Hefe zur biologischen Totalsynthese dieses Stoffes. Außer Rohrzucker war auch das von *Lüers* und *Nowak* studierte Zymokasein (s. dieses weiter oben) ein geeignetes Substrat für die Bildung der „Koprohefe".

Wie man später fand, eignen sich für die Koproporphyrie der Hefe besonders solche Rassen, die in bezug auf Ernährung sehr anspruchslos sind. Zur Anwendung kamen zwei Stämme von Saccharomyces anamensis. Als sehr günstig erwies sich folgender Nährboden.

100 g	Rohrzucker
1 g	Harnstoff
0,5 g	$CaCl_2$
0,4 g	$MgSO_4 \cdot 7\,H_2O$
0,75 g	Monokaliumphosphat nach *Sörensen*
0,25 g	Dinatriumphosphat nach *Sörensen*
1 l	Leitungswasser.

Die verwendete Nährlösung war ursprünglich neutral bis schwach alkalisch; nach der Vergärung wurde ein pH von 3—4 gefunden. Der Gehalt an toten Zellen betrug nicht über 25%. Die Züchtung dauerte über ein Jahr, wobei mehr als 30 gesunde Generationen erhalten wurden. Trotz der sehr starken Porphyrinanreicherung ist es nicht zum Absterben eines Stammes gekommen. Die Zellen der höheren Generationen waren zwar stark vergrößert, aber trotzdem gut entwickelt.

Die von *Euler* und *Fink* (208) an der Unterhefe beobachtete Erscheinung, daß koproporphyrinreiche Hefe arm an Eiweiß, dagegen mit Glykogen reichlich versehen ist, war auch bei diesen Hefen zu konstatieren. (Vgl. auch *Hennebergs* Beobachtung über das Eiweiß-Glykogen-Verhältnis bei normalen Hefen, s. weiter oben.) Außer der starken Porphyrinanreicherung fällt das Auftreten und Verschwinden von intensiv roten Begleitfarbstoffen auf, bei deren Bildung das Licht eine Rolle zu spielen scheint. Das gebildete Porphyrin sitzt nicht, wie anzunehmen wäre, restlos in der Zelle, sondern ein großer Teil ist locker an die Zelle gebunden, also an der Oberfläche der lebenden Zelle adsorbiert und läßt sich, ohne sie zu schädigen, leicht eluieren. Man hat es offenbar hier mit einem ausgeschiedenen Stoffwechselprodukt zu tun, das infolge eigenartiger, physikalischer Umstände an der Zelle haften bleibt. Werden bei solchen Hefen die Atmungs- und Gärungsumsätze gemessen, so findet man selbst bei den am längsten kultivierten Koprohefen noch einen recht befriedigenden Stoffwechsel. Da bei diesen Züchtungen im allgemeinen die Atmung weniger zurückgedrängt wird als die Gärung, so ist eine Umstimmung im Stoffwechsel zu verzeichnen; d. h. die Hefe bedient sich bei der Energieerzeugung jetzt insbesondere der Sauerstoffatmung bei Vernachlässigung der Zymasereaktion, was ja nach obigen Ausführungen auch begreiflich erscheint. Auf diesen alternierenden Stoffwechsel wird noch im 13. Kapitel ausführlich eingegangen.

Über die Mengen an gebildetem Porphyrin gibt folgende Tabelle Auskunft (*Fink*) (209).

Anzahl der Züchtungen der Koprohefe	Porphyrin in 100 g Trockensubstanz
1. Zucht v. Sacch. cerevisiae .	6,7 mg
10. Zucht des II. Stammes . .	17,3 mg
17. Zucht des II. Stammes . .	7,8 mg

Aus obigen Daten ist keine Parallelität des Porphyringehaltes mit der Zahl der Züchtungen zu konstatieren. Kopfzerbrechen macht z. Z. immer noch die Frage nach der Ursache der gesteigerten Porphyrinproduktion. Man nimmt an, daß eine unzweckmäßige Ernährung und Vitaminmangel eine gewisse Rolle spielen. Denn wird die Koprohefe wieder in natürlicher Nährlösung wie Bierwürze kultiviert, so geht die Hefe wieder in ihren normalen Urzustand zurück. Damit soll nicht gesagt sein, daß die Koproporphyrie der Hefe einen pathologischen oder degenerierten Zustand bedeutet.

Charakteristisch für die Porphyrine ist die Eigenschaft, Fluorescenzerscheinungen auszulösen. Schon 1880 wurde von *Hoppe-Seyler* (210) am Hämatoporphyrin und Phylloporphyrin, einem Abbauprodukt des Chlorophylls, die Fluorescenz beobachtet. Viel später, erst 1911, fanden *Dhéré* und *Sobolewsky* (211) den Einfluß der sauren und alkalischen Reaktion auf diese Lichterscheinung und zeigten vor allem die Erregbarkeit derselben durch ultraviolette Strahlen. Durch das Studium der Fluorescenz der Koprohefen in physiologischen Pufferlösungen kam *H. Fink* (212) zu einer Mikromethode zur Unterscheidung der verschiedenen Porphyrine, die er mit *W. Hoerburger* ausbaute. Es stellte sich heraus, daß die Form der pH-Fluorescenzkurve für jedes Porphyrin spezifisch ist, und so war es ein leichtes, die Farbstoffe mit ihren verschiedenen Substituenten zu unterscheiden. Selbst die vier isomeren Koproporphyrine der Hefe sind scharf voneinander zu trennen.

Das Chlorhämin (Protohämin) der Hefe hat *H. Fischer* schon vor längerer Zeit in Händen gehabt. Er konnte auch die Identität der beiden Chlorhämine aus Hefe wie aus Blut beweisen. Demnach bedient sich die Hefezelle und der Mensch gleicher Stoffstrukturen bei dem Atmungsstoffwechsel, zum mindesten teilweise. Durch den Gehalt an Protohämin kann man sich auch das Auftreten des Protoporphyrins in der Hefe leicht erklären. Eine einfache Enteisenung muß zu dem Ziele führen, und in der Tat konnte man den Übergang von Protohämin in Protoporphyrin in der Zelle nachweisen. Das Protoporphyrin lernen wir noch kennen als prosthetische Gruppe des Cytochroms c (Kap. 11).

Wir kommen nun zu den Cytochromen, die schon mehrfach erwähnt wurden. Ursprünglich hatte bereits *MacMunn* (213) Cytochrom im vorigen Jahrhundert in den Händen und es als Atmungsfaktor angesprochen, jedoch erst *Keilin* (214) erkannte 1925 seine hervorragende, funktionelle Bedeutung. Es handelt sich hier auch um ein eisenhaltiges Pigment aus der Porphinreihe. Nähere Untersuchungen ergaben, daß es aus drei Anteilen besteht (Kap. 11).

Leicht nachzuweisen ist das Cytochrom durch sein 4-bandiges Absorptionsspektrum, das die Reduktionsform charakterisiert. Wird das Präparat mit Luft oder Sauerstoff in innige Berührung gebracht, so entsteht die Oxydationsphase mit einem diffusen Spektrum. Ist der Sauerstoff wieder aufgezehrt worden, so erscheint das ursprüngliche Bild wieder mit der alten, vollen Schärfe.

Keilin beobachtete dann die große Verbreitung dieses respiratorischen Fermentes im Tier- und Pflanzenreich und fand die Bäckerhefe als besonders aktiv. Selbst die Bierhefe konnte diesen Wert nicht aufbringen. Eingehender wurden diese Hefen von *Euler*, *Fink* und *Hellström* (215) untersucht, wobei sich die Bestätigung des obigen Befundes ergab. Obgleich die obergärige Bäckerhefe und die untergärige Bierhefe in bezug auf den Hämochromogengehalt im Pyridinextrakt keinen besonderen Unterschied aufwiesen, so differierten die beiden Hefen doch stark im Cytochromspektrum. Es hat sich dann infolge der sehr charakteristischen Linien eine Gruppierung von folgenden zwei Grundtypen *(Fink)* (216) ergeben:

1. Hefen mit typischem 4-bandigen Spektrum des reduzierten Cytochroms. Stark atmende Hefen: Bäckerhefen und Kahmhefen. Gärung bei den Bäckerhefen auch stark, bei den Kahmhefen schwach bis unmerklich.
2. Hefen mit unvollständigem, meist 2-bandigem Cytochromspektrum. Stark gärende Hefen, Atmung gering: ober- und untergärige Bierhefen, gewisse obergärige Brennereihefen, Weinhefen und verschiedene wilde Hefen.

Diese spektroskopische Unterscheidungsmethode gilt auch für Trockenhefen, wenn die Trocknungstemperatur nicht zu hoch gewählt wurde *(Fink* und *Lechner)* (217). Über die Menge des vorhandenen Farbstoffs gibt der Cytochromfaktor Auskunft. Bei Bäckerhefen liegt der Wert etwa doppelt so hoch wie bei den Brauereihefen.

Es ist leicht einzusehen, daß man mit Hilfe des Cytochromspektrums eine Verfälschung der wertvollen Bäckerhefe durch Bierhefe erkennen kann.

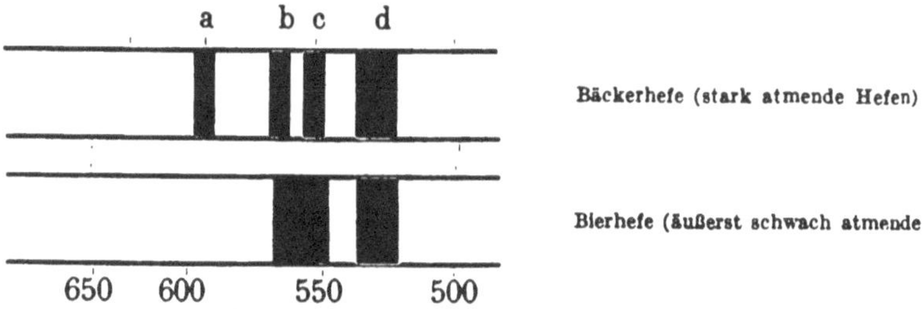

Cytochromspektrum in Hefen

Die nächste Gruppe von Verbindungen faßt man unter dem Namen

Lipoide

zusammen. Bei der Hefe kommen hier **Fette, Sterine, Phosphatide** und **Carotinoide** in Betracht.

Fette der Hefe. Die Fettsynthese in der Zelle

Das Vorkommen von Fetten in der normalen Kulturhefe muß als gering bezeichnet werden. Auf die Gesamtmasse der Trockensubstanz bezogen, berechnen sich etwa 1,5—2% Fett. Die Hauptmenge besteht aus neutralen Glycerinestern; daneben gibt es auch etwas freie Fettsäuren. *Gerard* und *Darexy* (218) fanden in der Hauptsache Palmitin- und Stearinsäure, als Beimischung eine Spur Buttersäure. Die von *O. Hinsberg* und *E. Roos* (219) aufgefundene Ölsäure ($C_{18}H_{34}O_2$) konnte auch von anderen Forschern festgestellt werden, jedoch bestätigte sich nicht das Vorkommen einer Pentadecansäure ($C_{15}H_{30}O_2$) und eine vermutete Linolensäure ($C_{18}H_{3,}O_2$). Dagegen erweiterte sich der Einblick durch die Arbeiten von *J. S. MacLean* und *Et. M. Thomas* (220), die außer Palmitinsäure ($C_{16}H_{32}O_2$) auch Laurin- ($C_{12}H_{24}O_2$), Linol- ($C_{18}H_{32}O_2$) und Arachinsäure ($C_{20}H_{40}O_2$) fanden. Von ungesättigten Säuren waren also nur die Ölsäure und die mit einer zweifachen Doppelbindung ausgestattete Linolsäure aufgetreten. Größere Mengen von Hefefett wurden von der Firma C. F. Boehringer und Söhne aus gewaschener Bierhefe durch Extraktion mit Alkohol hergestellt. Das Handelspräparat Cerolin ist eine dunkelbraune, weiche, salbenartige Masse von unangenehmem Geruch. *K. Täufel*, *H. Thaler* und *H. Schreyegg* (221) bestimmten zunächst die Kennzahlen und stellten folgende Daten fest:

Säurezahl	108,4	Unverseifbares	19,6%
Verseifungszahl	156,6	Gesamt-Fettsäuren	66,4%
Esterzahl	48,2	Glyceringehalt (nach *Willstätter* und *Madinaveitia*) berechnet als $C_3H_8O_3$	5,3%
Reichert-Meißl-Zahl	7,4		
Polenske-Zahl	3,4		
Jodzahl *(Hanus)*	130,4		

Die Untersuchung der Glycerinester ergab Fette der üblichen Zusammensetzung. Aus diesem Grunde scheint das Fett auch für Ernährungszwecke geeignet zu sein, wenn es in gereinigtem Zustande vorliegt. Die Analyse brachte folgende Werte:

Glycerin ($C_3H_8O_3$)	5,3%	Linolsäure	2,9%
Mit Wasserdampf flüchtige Säuren	5,2%	Unverseifbares	19,6%
Palmitinsäure	9,5%	Davon Sterine: (Ergosterin, Kryptosterin)	3,3%
Stearinsäure	5,9%	Squalen (Carotinoid)	16,3%
Ölsäure	47,6%		

Niedrige molekulare Fettsäuren wurden nur in kleinen Mengen aufgefunden. Die gelegentlich festgestellte Valeriansäure entstammt wahrscheinlich dem Eiweiß. Interessant ist das Vorkommen des 6-fach ungesättigten Kohlenwasserstoffes Squalen $C_3 H_{50}$, den man bisher nur aus den Leberölen der Haifischarten kannte. Die verhältnismäßig hohe Jodzahl des Hefefettes ist dem großen Anteil dieses Stoffes zuzuschreiben (s. unter Carotinoide im gleichen Kapitel). Auf die Sterine wird später genau eingegangen.

Die Hefen mit Fett anzureichern, ist ein altes, erwünschtes, technisches Ziel, das unter Umständen wirtschaftliche Bedeutung erlangen könnte. Daß man Hefezellen leicht verfetten kann, geht schon aus älteren Beobachtungen *P. Lindners* (222) hervor. Eingehende Versuche stellten *Lindner*, *Henneberg* und *Nagel* an. Wurde eine kleine Hefemenge in eine verhältnismäßig zuckerreiche Nährlösung eingeimpft und fein verteilt, so vermehrten sich die Zellen um das 2—4fache und wiesen bei Bierhefe einen Gehalt von 25—30% Fett, bei Preßhefe einen solchen von 15—20% auf. Wesentlich ist, daß einzelne Hefezellen einem großen Überschuß an Zucker gegenüberstehen. Auch Alkohol regt zur Fettbildung an, wobei für reichliche Luftzufuhr gesorgt werden muß.

Die Schnelligkeit, mit der die Fettbildung einsetzt, ist überraschend bei untergäriger Bierhefe, Preßhefe und Torula utilis. Werden diese Hefen an großer Oberfläche verteilt Alkoholdämpfen ausgesetzt, so entstehen innerhalb von 48 Stunden 30—40% Fett, auf die Trockensubstanz bezogen. Wie Aethylalkohol können z. B. auch Methylalkohol und Paraldehyd Fettbildung veranlassen, wenn der richtige Organismus gewählt wird. Die Hefe Torula utilis verarbeitet die eben genannten Substrate, während sich Preßhefe als träge erweist. Leider schlugen alle Bemühungen fehl, Hefe in technischem Maßstabe mit Fett anzureichern, obgleich die verschiedenartigsten Methoden ausprobiert wurden. Bei den Laboratoriumsversuchen mit Torula utilis und 1,5—2,5% Aethylalkohol in Wasser unter starker Belüftung der Flüssigkeit erzielte man eine gute Assimilationsfähigkeit für Alkohol und dementsprechend eine gute Anreicherung mit Fett. Bei geringer Hefenaussaatmenge (80 g in 8 l) wurden Fettgehalte von 18—21% (als Olein berechnet) in der Trockensubstanz erzielt. Obergärige Bierhefe ergab bei schwacher Aussaat 16,65%, untergärige 13,51%. Die größte Fettbildung erfolgte in den ersten 48 Stunden, dann war der Prozeß praktisch am Ende. Bei stärkerer Hefeaussaat sind die Assimilationsverhältnisse nicht so günstig.

In jüngerer Zeit wurden von *H. Wieland* und *Wille* (223) neue Fettanreicherungsversuche mit Hefen und Alkohol ausgeführt. Es stellte sich heraus, daß unter den gewählten Versuchsbedingungen — Schütteln der Hefe mit Alkohol und Sauerstoff — 80% des Substrates zu Kohlensäure und Wasser oxydiert wurden, während der Rest in Form von Fett und Kohlenhydraten in der Bilanz auftrat. Hierbei scheint die Synthese der Fette (Lipoide) gegenüber der der Kohlenhydrate deutlich bevorzugt zu sein. Man hat den Eindruck, als ob die Aufbaureaktion mit dem Alkoholumsatz einigermaßen parallel geht. Es ist schon mehrfach festgestellt worden, daß im Gange eines energischen Oxydationsprozesses eine Fettsynthese erfolgt (Reaktionskoppelung). Während der Reaktion treten auch Essigsäure und Bernsteinsäure auf, die schon nach kurzer Zeit in reichlicher Menge nachzuweisen sind. Aus Acetat vermag die Hefe viel weniger Zellmaterial aufzubauen als aus Alkohol.

W. Halden (224) machte die interessante Beobachtung, daß durch die Herabsetzung des Wassergehaltes der Hefe (Saccharomyces cerevisiae) die Fett- und Sterinanreicherung binnen weniger Stunden auf den rund sechsfachen Betrag gesteigert werden kann. Befindet sich die Hefe auf 3,5% Agar-Nährboden in einem

Reaktionsraum, dem das Wasser teilweise durch Chlorcalcium entzogen wird, so erzielt man folgende Werte:

Wassergehalt der Hefe:	90,3%;	83,8%;	83,3%
Gesamtsterin der Hefe:	0,17%;	1,05%;	1,16%

Auch eine Wasserentziehung durch länger andauerndes Pressen der Hefe erhöht den Steringehalt. Man hat den Eindruck, daß es sich bei der Lipoidbildung im wesentlichen um einen der Gärung und Sprossung entgegengesetzten Vorgang handelt, für den die Abwesenheit größerer Wassermengen erforderlich ist.

Halden weist dann darauf hin, daß bei höheren Pflanzen der Wassergehalt bei der Fettbildung auch eine Rolle spielt. „So ist z. B. die Fettbildung in den sog. Ölsamen ein Vorgang, der sich bei abnehmendem Wassergehalt abspielt. Bei der Keimung im wasserreichen Medium verwandelt sich das Öl in Stärke und bei künstlich erfolgendem Wiederaustrocknen geht Kohlenhydrat in Fett über."

G. Klein (225) formuliert diese Erscheinung folgendermaßen: „Die jeweils vorhandene Menge Wasser reguliert das Gleichgewicht

$$\text{Kohlenhydrat} \rightleftarrows \text{Fett"}$$

Die Fettsynthese in der Zelle

Nun entsteht die Frage: Auf welchem Wege kann die lebende Zelle das Kohlenhydratmolekül zum Fettmolekül umbauen?

Man kann zunächst annehmen, daß mehrere Glucosemoleküle durch Kondensation aneinander gereiht werden, worauf die Reduktion der OH-Gruppen erfolgt. Diese Ansicht vertrat *Emil Fischer* (226), neuerdings setzte sich *W. Klenk* dafür ein. In seinem Buche „Untersuchungen über Kohlenhydrate und Fermente" schreibt *Fischer:*

„Das in den Fetten enthaltene Glycerin kann aus dem Traubenzucker durch Anlagerung von 4 Wasserstoffatomen und Aufspaltung der Kohlenstoffkette entstehen, umgekehrt, wie es selbst in Glycerose und Zucker übergeht. Um ferner die Stearinsäure und Ölsäure, welche gebunden an Glycerin in den meisten Fetten enthalten sind, vom Zucker abzuleiten, braucht man nur anzunehmen, daß von letzterem drei Moleküle durch ihre Aldehydgruppe so verkoppelt werden, wie es dem Formaldehyd bei der Zuckersynthese ergeht. Dann würde ein Molekül von 18 Kohlenstoffatomen resultieren, in welchem nur eine Verschiebung und Wegnahme von Sauerstoff nötig ist, um jene zu erzeugen.

Für die Palmitinsäure mit 16 Kohlenstoffatomen, welche ebenfalls sehr häufig in den Fetten anzutreffen ist, würde die gleiche Erklärung ausreichen, wenn ein Molekül Hexose und zwei Moleküle der im Pflanzenreich so weit verbreiteten Pentosen in die Rechnung eingestellt werden; indessen ist es wohl möglich, daß dieselbe aus einem System mit 18 Kohlenstoffatomen durch Spaltung entsteht."

Hierzu wäre zu bemerken, daß, wenn sich zwei Pentosen und eine Hexose vereinigen, es nicht einzusehen ist, warum sich nicht auch zwei Hexosen mit einer Pentose zusammenschließen könnten. Dies würde aber zu einer Säure mit C 17 führen! Nun ist aber eine derartige Säure in natürlichen Fetten noch nicht aufgefunden worden, und zudem besteht die Tatsache, daß in tierischen und pflanzlichen Zellen bei der Fettsynthese immer nur Fettsäuren mit einer geraden Kohlenstoffzahl gebildet werden.

Die Theorie *Emil Fischers* läßt zwei Punkte unbeachtet, nämlich einmal die Frage nach der Herkunft des zur Reduktion der OH-Gruppen erforderlichen Wasserstoffs und zweitens die Tatsache der von *Hugo Haehn* und *Walter Kinttof* (227) erst später aufgefundenen reichlichen Kohlensäureabspaltung bei der Umwandlung von Zucker in Fett mittels eines den Hefen verwandten Organismus, des Endomyces vernalis (genannt Fetthefe).

Der andere Weg der Fettbildung wäre der, daß man zunächst den Zucker einer Spaltung unterliegen läßt und aus den Spaltprodukten das Fettmolekül aufbaut.

So vermuteten schon *Eduard Buchner* und *Jacob Meisenheimer* (228) bei der Buttersäuregärung den Acetaldehyd als Zwischenglied bei dem Übergang von Zucker in Buttersäure und nahmen als Vorstufe zum Acetaldehyd die Milchsäure an, die ja auch bei der Buttersäuregärung bis zu 10% aufgefunden wird. *Magnus-Lewy* (229), *H. v. Euler* (230), *Nencki* (231) und *S. Raper* (232) haben auf die Bedeutung hingewiesen, die dem Acetaldehyd bei der Fettsynthese aus Zucker als Intermediärprodukt zukommen könnte. Somit müßte man annehmen, daß die ersten Phasen der Fettbildung aus Zucker dieselben sind wie die der alkoholischen Gärung — hier wird bekanntlich der Acetaldehyd zu Alkohol reduziert (s. Kap. 12) —, und so würde man über den Acetaldehyd auf einfache Weise durch Kondensation zu Fettsäuren mit gerader Kohlenstoffzahl kommen, also solchen der lebenden Zellen.

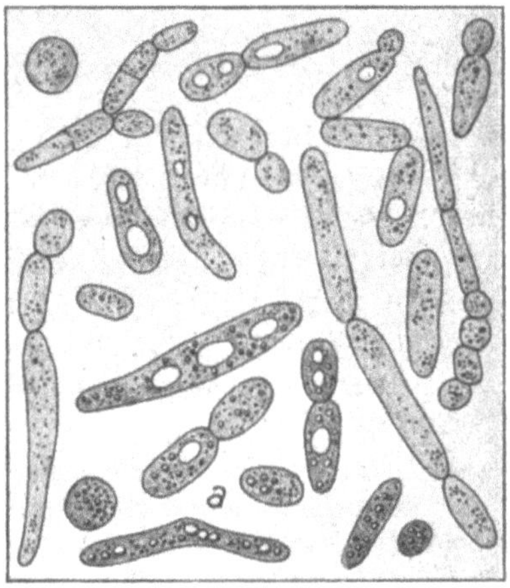

Abb. 24. Endomyces versialis $a =$ Alte Zellen mit vielen Fetttröpfchen, 500 ×. (Nach *Glaubitz.*)

Die ersten Versuche, die Fettsynthese mit Hilfe von Acetaldehyd zu bewerkstelligen, stammen von *H. Haehn* (233). Es gelang, eine Eiweißgeneration des Endomyces vernalis mit Fett anzureichern (s. Abb. 24). Die Trockensubstanz des Pilzes enthielt 16% Fett (berechnet auf Triolein), während im entsprechenden Kontrollversuch nur 8% aufgefunden wurden. Wenn man bedenkt, daß der Aldehyd aus Kohlenstoff über Carbid hergestellt werden kann, so hätten wir eine Fettsynthese aus Kohle vor uns.

In einer umfangreichen Arbeit wurden dann später von *H. Haehn* und *W. Kinttof* (227) die Verhältnisse klargelegt. Über die Fettsynthese in der Zelle wurden folgende Annahmen gemacht:

Der Fettbildungsprozeß beginnt mit den ersten Phasen der alkoholischen Gärung, die Glycerin und Brenztraubensäure liefern. Diese gibt durch die Decarboxylase Kohlensäure und Acetaldehyd. Durch Kondensationen und Oxydoreduktionen gelangt man endlich über das Aldol und den α,β-Hexylenaldehyd zum Capronaldehyd.

1. $\underset{\text{Glucose}}{C_6H_{12}O_6} \longrightarrow \underset{\text{Glycerin}}{CH_2 \cdot OH \cdot CH \cdot OH \cdot CH_2 \cdot OH} + \underset{\text{Brenztraubensäure}}{CH_3 \cdot CO \cdot COOH}$
   Spaltung durch Teilenzyme der Zymase

2. $\underset{\text{Brenztraubensäure}}{CH_3 \cdot CO \cdot COOH} = \underset{\text{Kohlensäure}}{CO_2} + \underset{\text{Acetaldehyd}}{CH_3 \cdot CHO}$
   Decarboxylasereaktion

3. $CH_3 \cdot CHO + CH_3 \cdot CHO = \underset{\text{Aldol}}{CH_3 \cdot CH \cdot OH \cdot CH_2 \cdot CHO}$
   2 Acetaldehydmoleküle
   Aldolisierung

4. $\underset{\text{Aldol}}{CH_3 \cdot CH \cdot OH \cdot CH_2 . CHO} = \underset{\text{Crotonaldehyd}}{CH_3 \cdot CH : CH \cdot CHO} + H_2O$
   Wasserabspaltung

5. $$\begin{matrix} CH_3 \cdot CH = CH \cdot CHO & & H_2 & & \underset{\text{Butylaldehyd}}{CH_3 \cdot CH_2 \cdot CH_2 \cdot CHO} \\ & + & | & = & \\ R \cdot CHO & & O & & R \cdot COOH \end{matrix}$$
   (Triose.) Oxydoreduktion (Brenztraubensäure?)

Ein neues Molekül Acetaldehyd kondensiert den Butylaldehyd zum β-Oxy-Capronaldehyd, der durch Wasserabspaltung den α,β-Hexylenaldehyd, von *Curtius* und *Franzen* (234) aus den Blättern der Eiche isoliert, ergibt. Dieser endlich unterliegt mit einer Triose wieder einer Oxydoreduktion, bei der Capronaldehyd entsteht.

$$\underset{\alpha,\beta\text{-Hexylenaldehyd}}{CH_3{\cdot}CH_2{\cdot}CH_2{\cdot}CH{=}CH{\cdot}CHO} + \underset{\text{(Triose)}}{R{\cdot}CHO} + \begin{matrix}H_2\\ |\\ O\end{matrix} = \underset{\text{Capronaldehyd}}{CH_3{\cdot}CH_2{\cdot}CH_2{\cdot}CH_2{\cdot}CH_2{\cdot}CHO} + \underset{\text{(Brenztraubensäure ?)}}{R{\cdot}COOH}$$

Oxydoreduktion

Um die klare Übersicht nicht zu stören, wurde von einer etwa in Frage kommenden Formulierung mit Phosphorsäure abgesehen. (Über die Aufsprengung des Zuckerphosphorsäureesters mittels Zymase s. Kap. 12.)

Vom Capronaldehyd aus bieten sich dann zwei Möglichkeiten, um zur Stearin- bzw. Ölsäure zu gelangen.

1. Die Reaktion setzt sich wie bisher fort; es wird also immer wieder der aus Brenztraubensäure durch die Decarboxylase in Freiheit gesetzte Acetaldehyd angelagert.
2. Drei Moleküle Capronaldehyd bzw. Moleküle seines ungesättigten Vertreters, des Aldehyds der Sorbinsäure, ermöglichen einen Aufbau zum Aldehyd der Stearin- bzw. Ölsäure.

Der erste Weg hat viel für sich. Auf diese Weise kann ohne weiteres jede Säure mit gerader Kohlenstoffzahl erreicht werden, während der zweite Weg dem Schema einen unnötigen Zwang auferlegt.

Reichel und *Schmid* (235) halten den zweiten Weg für den wahrscheinlicheren und führten in diesem Sinne sehr wichtige Experimente aus. Bei ihren Assimilationsversuchen mit höheren ungesättigten Aldehyden erzielten sie Kondensationen zu Säuren mit höherer C-Atomzahl, was durch Äquivalentwerte bewiesen wurde. Die Ausbeuten an Säuren waren jedoch so gering, daß man sie nicht identifizieren konnte und zu diesem Hilfsmittel greifen mußte. Auf diese Weise wurde festgestellt, daß aus dem Hexadienal, also dem oben angeführten Aldehyd der Sorbinsäure

$$CH_3{\cdot}CH{=}CH{\cdot}CH{=}CH{\cdot}CHO$$

eine Säure mit 18 C-Atomen entsteht, was auf eine Kondensation von 3 Molekülen chließen läßt. Von dem entsprechenden höheren Aldehyd, dem Octatrienal

$$CH_3{\cdot}CH{=}CH{\cdot}CH{=}CH{\cdot}CH{=}CH{\cdot}CHO$$

werden nur zwei Moleküle vereinigt, und zwar zu einer Säure mit 16 C-Atomen. Diese stellt ei n gelbliches Öl dar, während das oben aus dem Hexadienal erhaltene Produkt vase linartigen Charakter aufweist. Von dem Crotonaldehyd und dem Acetaldehydaldol werden je 4 Moleküle vereinigt, so daß ebenfalls Säuren mit 16 C-Atomen entstehen. Ob nun in all diesen Fällen einheitliche Säuren oder Gemische vorlagen, konnte noch nicht festgestellt werden. Es sind auch Anzeichen vorhanden, daß bei dem Aufbau der Fettsäure gleichzeitig eine Hydrierung der Säuren stattgefunden hat, wobei nach Ansicht der genannten Autoren die Reservestoffe des Pilzes, besonders die Kohlenhydrate, als Wasserstoffspender in Frage kommen.

H ingewiesen sei noch auf die Tatsache, daß die Kondensation nur mit ungesättigten höheren Aldehyden gelingt, bei normalen Aldehyden dagegen nur einfache Oxydation zur Säure erfolgt. Für die Bildung der Ölsäure bzw. Stearinsäure geben *Reichel* und *Schmid* auf Grund ihrer experimentellen Erfahrung folgenden Reaktionsmechanismus an:

$$3CH_3{\cdot}CHO \rightarrow \underset{\text{Hexadienal}}{CH_3{\cdot}CH{=}CH{\cdot}CH{=}CH{\cdot}CHO}$$

a) $3CH_3{\cdot}CH{=}CH{\cdot}CH{=}CH{\cdot}CHO \rightarrow \underset{\text{Oktadeka-oktaenalsäure}}{CH_3{\cdot}(CH{=}CH)_8{\cdot}COOH}$

b) $3CH_3{\cdot}CH{=}CH{\cdot}CH{=}CH{\cdot}CHO \xrightarrow{+3H_2} \underset{\text{Hexylenaldehyd}}{3CH_3{\cdot}CH_2{\cdot}CH_2{\cdot}CH{=}CH{\cdot}CHO} \rightarrow CH_3{\cdot}(CH_2{\cdot}CH_2)_3{\cdot}(CH{=}CH)_5{\cdot}COOH$

c) $CH_3{\cdot}CH_2{\cdot}CH_2{\cdot}CH{=}CH{\cdot}CHO + CH_3{\cdot}CH{=}CH{\cdot}CH{=}CH{\cdot}CHO + CH_3{\cdot}CH_2{\cdot}CH_2{\cdot}CH{=}CH{\cdot}CHO \rightarrow$ Säure

a b c $\xrightarrow{H_2}$ Ölsäure $\xrightarrow{H_2}$ Stearinsäure

Ob bei den eben angeführten Versuchen dem abgespaltenen Sulfit aus der dargereichten Aldehydbisulfitverbindung, das allerdings in sehr geringer Konzentration vorliegt, eine entscheidende Wirkung zukommt, bleibt zunächst dahingestellt. Es sei aber daran erinnert, daß große Sulfitdosen bekanntlich die Hefe zu gesteigerter Glycerinbildung anregen.

Die Versuche ergaben den äußerst wichtigen Befund, daß die Endomyceszelle unter diesen Bedingungen die Fähigkeit besitzt, höhere ungesättigte Aldehyde zu Säuren mit den Kohlenstoffatomzahlen von 16 und 18 zu kondensieren. Damit ist nun nicht gesagt, ob bei Darreichung eines Gemisches, bestehend aus höherem Aldehyd und Acetaldehyd, nicht doch ein stufenweiser Aufbau erfolgt. Solche Gemische liegen sicher vor, wenn als Substrat Zucker oder Alkohol verwendet werden.

Man mag sich hier des Abbaus der Fettsäuren über die β-Oxysäuren im lebenden Organismus erinnern *(F. Knoop)* (236), der das Gegenstück zum Aufbau darstellt.
Jede höhere Säure mit gerader Kohlenstoffzahl zerfällt durch die β-Oxydation in eine um 2 C-Atome ärmere Säure + Essigsäure. Durch diese Feststellung gewinnt die entwickelte Theorie des Fettaufbaus an Wahrscheinlichkeit. Einerseits fände dann der Aufbau über die β-Oxyaldehyde (Aldole), der Abbau über die β-Oxysäuren statt. Ein allgemeines Abbauschema würde also durch folgende Formeln ausgedrückt:

$$\begin{array}{ll}
CH_3{\cdot}CH_2{\cdot}CH_2{\cdot}CH_2{\cdot}CH_2{\cdot}COOH & \text{Capronsäure} \\
\quad +O \downarrow & \\
CH_3{\cdot}CH_2{\cdot}CH_2{\cdot}CH{\cdot}OH{\cdot}CH_2{\cdot}COOH & \beta\text{-Oxycapronsäur} \\
\quad +O \downarrow & \\
CH_3{\cdot}CH_2{\cdot}CH_2{\cdot}CO{\cdot}CH_2{\cdot}COOH & \beta\text{-Ketocapronsäure} \\
\quad +H_2O \downarrow & \\
CH_3{\cdot}CH_2{\cdot}CH_2{\cdot}COOH + CH_3{\cdot}COOH & \text{Buttersäure + Essigsäure} \\
\quad +O_2 \downarrow & \\
CH_3{\cdot}CO{\cdot}CH_2{\cdot}COOH & \beta\text{-Ketobuttersäure} \\
\quad +H_2O \downarrow & \\
CH_3{\cdot}COOH + CH_3{\cdot}COOH & \text{2 Essigsäure}
\end{array}$$

Bei dem Aufbau des Fettsäuremoleküls könnte der Acetaldehyd nach den Versuchen *Lynens* auch im Pilz durch sein Substitutionsprodukt, der „aktivierten Essigsäure" (Acetyl-Coenzym A) ersetzt sein. (Acylmercaptanwirkung). (S. 209).

Nun zurück zum Hauptthema! Man sieht also, daß der Fettbildungsprozeß in der Hauptsache aus zwei Phasen besteht, dem Abbau der Hexose mittels Zymasesystem über die Brenztraubensäure zu Acetaldehyd (bzw. nach *Lynen* zu Essigsäure) und der Synthese des Fettmoleküls aus den Hexosespaltstücken.

Ausführungen über die Stützen der Theorie würden den Rahmen des Werkes überschreiten. Aldol und Brenztraubensäure ergaben auch Fett. Es muß auf die Originalarbeiten verwiesen werden (237). Dennoch müssen zwei Hauptpunkte Erwähnung finden: nämlich die Kohlensäureentwicklung während der Fettbildung und die Ausbeute an Fett gemäß der Bildungsgleichung.

In der Tat ergaben die Bilanzversuche von *Haehn* und *Kinttof* eine Kohlensäurebildung von etwa 35—40% des verbrauchten Zuckers, und es ist ohne Zweifel, daß der Hauptanteil der Decarboxylasereaktion der Gärung entstammt. Eine Veratmung der Glucose durch Atmungsfermente (Kap. 11) ist in solchem Umfange nicht anzunehmen.

Ferner steht eine Fettausbeute von 30—35% des verarbeiteten Zuckers in Übereinstimmung mit dem Reaktionsschema. Somit erscheint also weniger als die Hälfte des verbrauchten Zuckers in Gestalt von Fett wieder, ein Verlust an Substrat, wie wir ihn, aber nicht ganz in diesem Umfange, bei der geistigen Gärung des Zuckers kennen.

Folgende einfache Bilanzgleichung könnte der Fettsäurebildung aus Zucker über den Aldehyd zugrunde gelegt werden:

$$\underset{180}{C_6H_{12}O_6} = \underset{88}{2\,CH_3\cdot CHO} + \underset{4}{2\,H_2} + \underset{88}{2\,CO_2}$$

Diese unterscheidet sich von der klassischen Gärungsgleichung dadurch, daß der Wasserstoff den Aldehyd nicht zum Alkohol reduziert, sondern anderen Zwecken dient. Einmal steht er zur Reduktion der Doppelbindung zur Verfügung, dann könnte er auch zur Bildung von Glycerin aus Dioxyaceton (s. Kap. 12) Verwendung finden.

Will man die Bildung eines Glycerinesters durch eine Gleichung ausdrücken, so kommt man bei der Synthese des Tripalmitinsäureglycerinesters zu folgendem Schema:

$$\underset{\text{Glucose}}{15\,C_6H_{12}O_6} = \underset{\text{Glycerin}}{5\,C_3H_8O_3} + \underset{\text{Tripalmitinsäureglycerinester}}{\begin{array}{l} C_{15}H_{31}\cdot COO\cdot H_2C \\ \quad\quad\quad\quad\quad\quad\;\; | \\ C_{15}H_{31}\cdot COO\cdot HC \\ \quad\quad\quad\quad\quad\quad\;\; | \\ C_{15}H_{31}\cdot COO\cdot H_2C \end{array}} + \underset{\text{Wasser}}{21\,H_2O} + \underset{\text{Kohlensäure}}{24\,CO_2}$$

Hier beträgt die abgespaltene Kohlensäure 39,11%, der gebildete Ester 29,8% des verbrauchten Zuckers. Da wir aus der oben angeführten Fettanalyse wissen, daß es sich hier um ein Gemisch verschiedener Ester handelt, so kann keine einfache, allgemein gültige Bilanzgleichung aufgestellt werden. *Haehn* und *Kintoff* fanden bei ihren Bilanzversuchen mit Zucker im Mittel etwa 40% Kohlensäure (manchmal erheblich mehr) und etwas über 30% Fett, was mit der obigen Gleichung im Einklang steht. Wenn wir daran denken, daß ein Teil des Zuckers restlos veratmet wird, so scheint die Bilanzrechnung den Tatsachen zu entsprechen. Es muß ausdrücklich darauf hingewiesen werden, daß solche Zahlen nur mit der fertigen Eiweißgeneration erzielt werden, da sonst der Zucker teilweise zum Mycelaufbau verwendet wird (s. Fettkoeffizient am Ende dieses Kapitels). Ferner sei bemerkt, daß über das Schicksal der in der Gleichung auftretenden Glycerinmoleküle noch keine Nachforschungen angestellt worden sind.

Die Fettbildung ist vom physiologischen Standpunkt aus als ein Energieanreicherungsprozeß für die Zelle aufzufassen. Im Fett ist bekanntlich mehr als die doppelte Menge Energie aufgespeichert als in den Kohlenhydraten. Fett ist vielleicht für diese Zellart ein stabilerer Reservestoff als das Glykogen. Auf den Potentialhub bei der Fettsynthese hat auch *A. J. Kluyver* (238) hingewiesen, jedoch hat er das Aldehydkondensationsschema etwas anders formuliert. Die Ansicht, reichliche Fettbildung in der Zelle sei eine pathogene Erscheinung, hat sich nicht durchsetzen können. Dennoch sind solche Spezialfälle nicht von der Hand zu weisen.

Experimente verschiedener Forscher sprechen für die Acetaldehydtheorie (*Raper* (239), *J. Smedley* (240), *G. Klein* und *Wagner* (241), *Schanderl* (242), *H. H. Barber* (243)); in verschiedenen Fällen wurde die Bildung von Fett aus Aldehyd erwiesen. Besonders hervorzuheben ist noch die Arbeit von *Terroine* und *Bonnet* (244), die auf Grund der energetischen Beziehungen bei der Umwandlung von Kohlenhydraten zu Fett ebenfalls den oben angeführten Substratverlust durch CO_2-Bildung finden. Sie kommen zu folgendem Reaktionsschema:

$$\underset{\text{Hexose}}{4{,}5\,C_6H_{12}O_6} = \underset{\text{Brenztraubensäure}}{9\,CH_3\cdot CO\cdot COOH} + 18\,H \;(\text{od. } \underset{\text{Milchsäure}}{9\,CH_3\cdot CH\cdot OH\cdot COOH})$$

$$= \underset{\text{Oleinsäure}}{C_{18}H_{34}O_2} + 9\,CO_2 + 7\,H_2O + 6\,H$$

Vor kurzem ist von *Bernhard-Zürich* aufs neue eine Bestätigung der obigen Theorie der Fettsynthese, der Umwandlung der Glucose zu Fettsäuren über Brenztraubensäure, Acetaldehyd und Aldol mit Hilfe von Isotopen erbracht (245). (1039).

Es soll nicht unerwähnt bleiben, daß es auch Gegner der Aldehydtheorie gibt.

Die Bemühungen, den Fettpilz technisch zur Schließung der Fettlücke in unserer Kriegsernährung auszunutzen, setzten schon im ersten Weltkriege ein. *Max Delbrück* ließ unter *Paul Lindners* Leitung sehr umfangreiche Versuche anstellen, aber die Rentabilität scheiterte an der Beschaffung der erforderlichen Gefäße mit sehr umfangreichen Oberflächen. In submerser Form ließ sich der Endomyces vernalis nicht erfolgreich heranzüchten. Auch die 50 Stämme von Oidium lactis, die *H. Fink* (246), *G. Haeseler* und *M. Schmidt* auf ihre technische Eignung prüften, führten nicht zum Ziel trotz guter Ausbeuten, 22,5% in der Trockensubstanz in 6 Tagen. Etwa 45% Rohfett erzielte *H. Geffers* (247) in 55 Tagen mit Oospora lactis *Wallroth.* Die von *S. Heide* (248) fortgeführten Arbeiten *M. Steiners* (249) klärten die Beziehungen zwischen Eiweiß- und Fettstoffwechsel. In fettarm gezogenen Pilzen (Endomyces vernalis) wird durch N-arme Nährlösung reichlich Fett gebildet. Das ist eine Bestätigung des *Lindner*schen Befundes, eine Eiweißgeneration mit reiner Zuckerlösung energisch zu verfetten. Es ergibt sich also folgende praktische Regel: Soll viel Fett erzeugt werden, so muß durch Stickstoffmangel die Eiweißbildung unterbunden werden. Umgekehrt: eine große Eiweißproduktion verhindert den Fettaufbau. Aber nicht nur ein Stickstoff-, sondern auch ein Schwefelminimum begünstigt die Fettanreicherung. All die wertvollen Aufklärungsarbeiten *Heides*, von *H. Raaf* (250) erweitert, konnten ebenfalls nicht den Übergang zur Technik schaffen, da, wie schon mitgeteilt, der Endomyces vernalis nicht erfolgreich submers gezüchtet werden konnte. Auf der Suche nach geeigneten Organismen fand *H. Damm* (251) eine Fusariumart und *A. Rippel* (252) eine Nektarhefe, und zwar den Nectaromyces Reukaufii.

Rippel stellte sich bei seinen Versuchen die Kardinalfrage: Wieviel Fett kann überhaupt in praktischen Versuchen gewonnen werden? Wir hatten oben erfahren, daß nach der Bilanzgleichung aus Glucose etwa 30% Fett entstehen können, wenn in der Hauptsache nur die Fettsynthese von statten geht. Dieser Wert ist etwas zu klein, da nach der Gleichung nebenher 5 Mole Glycerin entstehen. *Rippel* gibt 40 g Fett aus 100 g Zucker an (Theoretischer Wert). Da aber bei normalem Wachstum aus dem Zucker auch Eiweiß und die anderen Zellbaustoffe entstehen, so werden im Maximum nur 15 g Fett aus 100 g verarbeiteter C-Quelle synthetisiert. Diesen Wert nennt *Rippel* den Fettkoeffizienten. Er bezeichnet also die Menge Fett, die aus 100 g Zucker entsteht. Für die Bilanzen sind weiter der entsprechende Eiweiß- und der ökonomische Koeffizient von Wichtigkeit. Der letztere, von *Pfeffer* eingeführt, stellt die Summe aller gebildeten Zellbestandteile aus 100 g Kohlenstoffquelle dar. Gute praktische Versuche haben nun ergeben, daß der Fettkoeffizient meist um 12 liegt und unabhängig ist von dem Prozentgehalt an Fett in der Trockensubstanz. Oft haben auffälligerweise gerade die am besten verfetteten Pilze nicht den besten Fettkoeffizienten. Dieser steigt aber im allgemeinen bei sinkendem ökonomischen Koeffizienten. Auf folgender Tabelle, die der *Rippel*schen Arbeit über die „Ökonomie der Fettbildung bei Mikroorganismen" entnommen ist, werden die Verhältnisse klar gelegt.

Versuchs-Nummer	Ökonomischer Koeffizient	Fett (in % der Trockensubstanz)	Eiweiß (in % der Trockensubstanz)	Fett-koeffizient	Eiweiß-koeffizient
1	28,9	6,45	53,8	1,9	15,5
2	28,1	25,2	27,5	7,1	7,7
3	28,1	38,3	13,8	10,8	3,9
4	18,2	41,8	10,6	7,6	1,9
5	14,6	32,3	9,4	4,7	1,4

Wir sehen an diesen Beispielen die Bestätigung der obigen Ausführungen. Aus Versuch 4 geht deutlich hervor, wie ein Pilz mit hohen Fettprozenten einen kleinen Fettkoeffizienten aufweist. Weiterhin ist klar ersichtlich das Abfallen der Eiweißprozente bei steigenden Fettprozenten. Dasselbe Verhältnis waltet bei den Werten der Koeffizienten dieser Stoffklassen. Die besten Werte lieferte Versuch Nr. 3. Bei einem hohen ökonomischen Koeffizienten von 28,1 ergab er 38,3% Fett und trotzdem noch 13,8% Eiweiß. Die Hefe Nectaromyces Reukaufii (Candida Reukaufii) bildet brauchbare Fette, bestehend aus Glycerinestern der Palmitin-, Stearin- und Ölsäure, daneben viel freie Säuren. Bei höherer Temperatur entstehen vorzugsweise gesättigte Säuren, während niedere Temperaturen die Bildung ungesättigter Vertreter fördern. Der Pilz läßt sich, wie erwähnt, auch submers züchten. Dabei erleidet er eine morphologische Veränderung. Statt der üblichen „Kreuzform" treten Sproßzellen auf, die ein Olivenöl ähnliches Öl hervorbringen. Als günstige Kulturbedingungen haben sich ergeben: außer Kohlenhydraten (Rübenzucker, Holzzucker) wenig Stickstoff, viel Luft und reichlich Biotin (s. Kap. 9). Als praktische Wirkstofflieferanten dienten Molke und Pflanzenextrakte (253). Die Ausbeuten sind besser als die mit der Rhodotorula glutinis erzielten *(Nilsson, Enebo, Lundin, Myrbäck)* (254). (1040)

Die Ergebnisse mit der Candida Reukaufii wurden durch große Versuche von *R. Koch, F. Thomas* und *E. E. Bruchmann* (255) bestätigt. Ein 10 hl Gesamtansatz lieferte im submersen Verfahren 21,63 kg Hefetrockensubstanz mit 25,3% Rohfett und 12,4% Eiweiß. Ökonomischer Koeffizient 61,8, Fettkoeffizient 15,6. Die auf einem Walzentrockner geerntete Hefe hatte einen angenehmen an Erdnuß erinnernden Geschmack.

Über das Fettbildungsvermögen der verschiedenen Organismen macht *Lundin* (255a) neuerdings folgende Angaben:

Rhodotorula glutinis .....35% Fett	Oospora lactis ....30% Fett
Rhodotorula gracilis .....70% Fett	Fusariumarten ....40% Fett
Endomyces vernalis .....45% Fett	Algen ....50–70% Fett

Die Angaben beziehen sich auf die Zelltrockensubstanz.

Die Fetthefen enthalten bemerkenswerterweise die wichtige schwefelhaltige Amino säure Methionin, während Eiweißhefen sich durch ein Vorkommen von β-Alanin auszeichnen. Auch Vitamine werden synthetisiert. So wurden in der Rhodotorula gracilis mit 55% Fett und 14% Eiweiß in 1 g Trockensubstanz 5 γ Thiamin, 13 γ Riboflavin und 71 γ Niacin festgestellt.

Geeignete Apparaturen zur Submersg:rung schlagen *K.* u. *O. Weigner* vor (256).

Man hat sich die Aufgabe gestellt, bei der Fettbildung den kostbaren Handelszucker auszuschalten und ihn durch Sulfitablaugen zu ersetzen, was auf erhebliche Schwierigkeiten stoßen wird. In neuerer Zeit bemüht sich *F. Just* (257) als Kohlenstoffquelle natürliche Kohlenwasserstoffe mit Hilfe von besonderen Erdbakterien und Hefen zu verwenden, um zu brauchbaren Fetten zu gelangen.

Wenn man schon vielfach eine Einheit in den großen Naturprozessen beobachtet hat, so gliedert sich hier im biochemischen Geschehen der Zellen wieder ein neues Beispiel an. Nach den neuesten Ergebnissen auf dem Gebiete der biologischen Eiweißsynthese aus Kohlenhydraten und Stickstoff (s. Kap. 17) durchläuft der Eiweißaufbau auch die Phase

Brenztraubensäure — Acetaldehyd — Kohlensäure,

wodurch derselbe Substratverlust eintritt wie bei der alkoholischen Zuckerspaltung und Fettsynthese. Mithin haben diese drei Grundprozesse gemeinsame Anfangsphasen. Der Acetaldehyd nimmt die Zentralstellung ein. Hier ist der Wendepunkt. Erfolgt eine einfache Reduktion des Aldehydes, so entsteht der Alkohol. Tritt dagegen keine H-Anlagerung, sondern eine Kondensation ein, so bilden sich Fettsäuren. Eiweiß aber wird aufgebaut, wenn Ammoniak mit dem Aldehyd unter bestimmten Bedingungen in Reaktion tritt. Die Entscheidung, welcher Weg von der Zelle eingeschlagen wird, wird im letzten Falle bedingt durch das Stickstoffangebot. (S. o. Tabelle mit den Fett- und Eiweißkoeffizienten.)

Sterine

Sterine sind im Gegensatz zu den Fetten nicht aliphatischer Natur, sondern gehören zu den Phenanthrenabkömmlingen. Sie sind im Tier- und Pflanzenreich sehr verbreitet und haben hohe physiologische Bedeutung. Die Cholesterinester spielen u. a. eine große Rolle im Fettstoffwechsel, wobei sie das aufgenommene Fett und dasjenige der Depots zu den Stätten ihrer Verarbeitung hin transportieren. Ihre Bedeutung für die Zellphysiologie besteht darin, daß sie im Verein mit den Phosphatiden wesentliche Bestandteile der semipermeablen Membran darstellen. Die höheren Pflanzen enthalten die sogenannten Phytosterine wie das Sitosterin und Stigmasterin, die in den anderen Lebewesen nicht vorkommen. In Hefen, Pilzen und Tieren sind vor allem die wichtigsten Vertreter das Cholesterin und Ergosterin. Das erstgenannte Sterin ist auch in Bierhefe reichlich vertreten.

Wir hatten bei der Fettanalyse der Hefe, der Untersuchung des Cerolins, gesehen, daß von den 19,6% unverseifbaren Stoffen 3,3% auf die Sterinanteile kommen. Wie die Untersuchungen ergaben, handelt es sich hier in der Hauptsache um Kryptosterin und Ergosterin. Dieses wurde nach gründlichem Umkristallisieren u. a. an dem Schmelzpunkt von 163° erkannt. Das andere Sterin, das man nach den Arbeiten von *Wieland* und *Stanley* (258) als Kryptosterin ansprechen kann, schmilzt bei 135—137° und beträgt nur $^1/_6$ der Menge des Ergosterins (*Täufel*, *Thaler*, *Schreyegg*).

Die Sterine, die in den Lebewesen als Gallensäuren, D-Vitamine und Sexualhormone wichtige Funktionen ausüben, leiten sich vom Grundkohlenwasserstoff Steran ab, der ein Cyclo-pentano-perhydro-phenanthren darstellt. Wir haben also ein hydriertes Phenanthrenmolekül vor uns, das in Stellung 13 und 14 einen Pentanring ankondensiert hat (s. Formel vom Cholesterin). Die natürlich vorkommenden Sterine tragen am Kohlenstoffatom 17 eine Seitenkette und in Stellung 10 und 13 Methylgruppen. Infolge zahlreicher asymetrischer Kohlenstoffatome und einer sekundären Alkoholgruppe am 3. Kohlenstoffatom sind diese Verbindungen als optisch aktive Alkohole anzusprechen.

Die Muttersubstanz des Ergosterins ist das Cholesterin, dessen Formelbild von *A. Windaus* und *H. Wieland* (259) durch eine Reihe mühseliger Arbeiten sichergestellt worden ist.

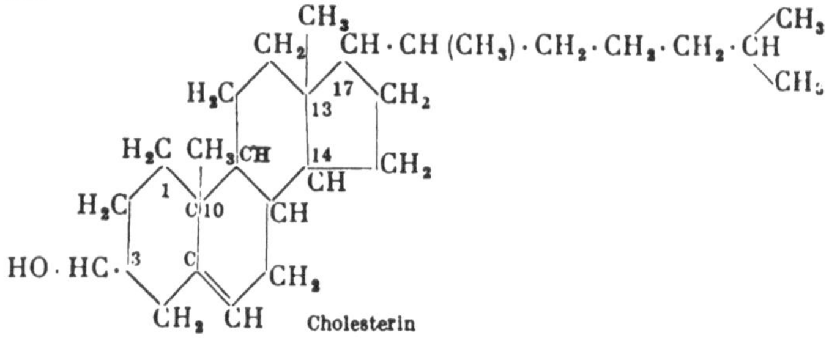

Cholesterin

Das Ergosterin ist ganz ähnlich aufgebaut, wie die Konstitutionsformel ergibt.

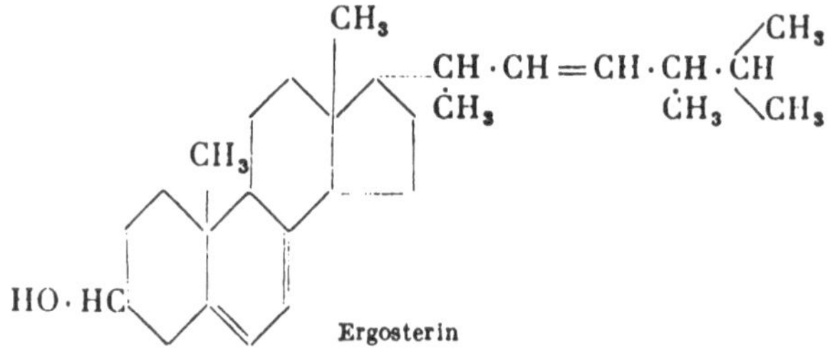

Ergosterin

Ergosterin läßt sich aus Hefe praktisch gewinnen. Aus 10 kg Preßhefe erhält man 15 g nach *Windaus* und *Großkopf* (260).

Will man Hefen mit Sterinen anreichern, so muß man nach *Reindel*, *Niederländer* und *Pfundt* (261) eine Preßhefe in starker Rohrzuckermelasselösung unter Beigabe von Ammonsulfat oder Diammonphosphat züchten. Luftzufuhr in Form von Feinstbelüftung ist erforderlich, worauf auch schon *Heiduschka* und *Lindner* (262) hingewiesen haben. Innerhalb von $9^1/_2$—10 Stunden kann die Sterinmenge verfünffacht werden. Kam organischer Stickstoff in Form von Erdnußmehlhydrolysat zur Verwendung, so erhöhte sich die Ausbeute nur unwesentlich. 100 g Hefe enthielten dann etwa 393—477 mg Gesamtsterin. Je höher die Melassekonzentration, desto besser die Ausbeute.

Ergosterin gibt aus Alkohol glänzende Blättchen, die 1 Molekül Kristallwasser aufweisen (F. P. 166—183°). Unlöslich in Wasser, geht es dagegen in heißem Chloroform und Äther leicht in Lösung. Mit Digitonin entsteht eine restlos fällbare Additionsverbindung. Licht und Sauerstoff verändern das Ergosterinmolekül. Es dreht die Ebene des polarisierten Lichtstrahles nach links. Ergosterin ist die Vorstufe für das Vitamin D_2 (s. Kap. 10 unter D-Vitamine).

In der Hefe findet sich noch ein ähnlicher Stoff wie das Ergosterin, das 7-Dehydrocholesterin, das sich ebenfalls in ein Vitamin, in D_3, umwandeln läßt (s. Kap. 10 unter D-Vitamine). Von den Hefenebensterinen seien noch genannt Ascosterin, Faecosterin, Episterin und Neosterin (263).

Phosphatide

Von den Phosphatiden der Hefe ist der hohe Gehalt an Lezithin hervorzuheben.

Das Lezithin ist ein Glycerinester, der zwei Fettsäuremoleküle und ein Phosphorsäuremolekül enthält. Ferner ist ein Hydroxyl der Phosphorsäure mit Cholin verestert. Je nachdem, ob die primäre Alkoholgruppe des Glycerins oder die sekundäre mit der Phosphorsäure verankert ist, unterscheidet man α- und β-Lezithin, wobei sich die erstere Form durch ein asymmetrisches Kohlenstoffatom auszeichnet.

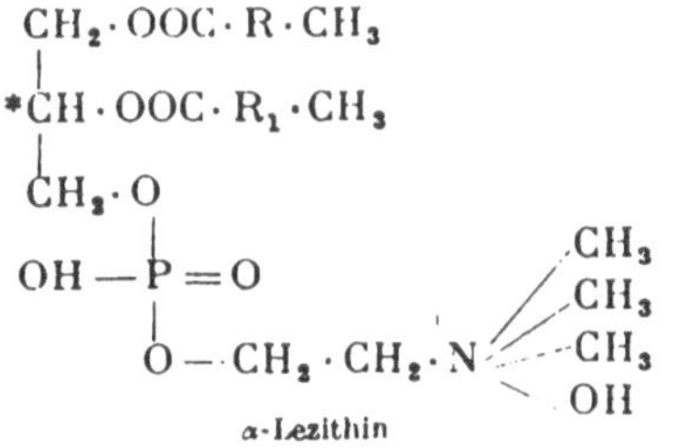

α-Lezithin

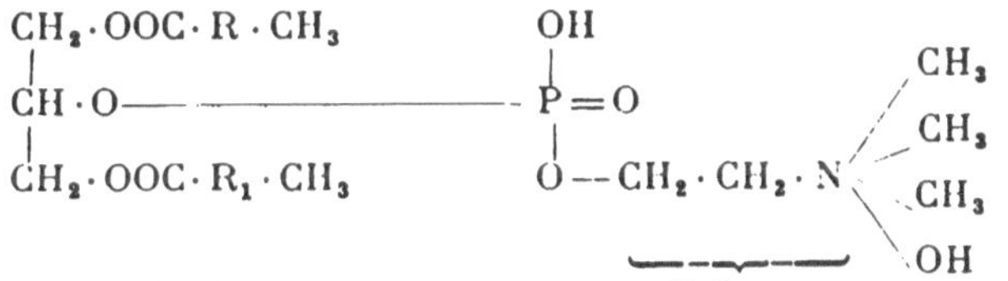

β-Lezithin Cholin

Wird ein Lezithinmolekül energisch verseift, so zerfällt es vollkommen in ein Molekül Glycerin, 2 Moleküle Fettsäure (z. B. Palmitin- und Stearinsäure), ein Mol Phosphorsäure und ein Mol Cholin. Erfolgt der Abbau unter milderen Bedingungen, so kommt man zu Glycerinphosphorsäuren der α- bzw. β-Reihe, wobei man auf die optisch aktive α-Form stößt, die dem aktiven α-Lezithin entspricht. In tierischen und pflanzlichen Zellen kommen die beiden Formen in bis jetzt noch unbestimmtem Mischungsverhältnis vor.

Das Hefelezithin wurde von *Hoppe-Seyler* (264) im Hefefett aufgefunden. Die Hefe ist eine gute Lezithinquelle, denn in der Trockensubstanz sind 2% enthalten. Es kann mit Hilfe von Alkohol extrahiert werden. Genauere Untersuchungen stammten zuerst von *T. Sedlmeyer* (265). Er stellte fest, daß es sich hier um ein Dipalmitinlezithin handelt, also um ein Lezithinmolekül mit zwei Palmitinsäureresten.

In amerikanischen Hefen fanden *M. S. Newman* und *R. S. Anderson* (266) ein mit **Kephalin** vermengtes Lezithin, und zwar im Mischungsverhältnis von 4 (Lez.) : 1 (Keph.). Kephalin selbst ist als ein Lezithin aufzufassen, bei dem das Cholin durch Kolamin (Aminoaethanol)

$$HO \cdot CH_2 \cdot CH_2 \cdot NH_2$$

ersetzt ist. Beide Lipoide enthalten 64% Fettsäuren, die in beiden Fällen eine ziemlich gleiche Zusammensetzung aufweisen, wobei 84—86% aus flüssigen, höheren Fettsäuren bestehen, während im Rest nur Palmitinsäure und Stearinsäure zu finden sind. Zur Charakterisierung der ungesättigten Säureanteile wurde das Lezithin katalytisch hydriert *(Salisbury* und *Anderson)* (267), wobei Palmitinsäure und Stearinsäure zu Tage treten. Die Verseifung des amerikanischen Lezithinmoleküls liefert eine optisch aktive Glycerinphosphorsäure, was auf eine α-Lezithinverbindung hindeuten könnte. Im Kephalin haben wir die β-Form vor uns, da eine inaktive Glycerinphosphorsäure bei der Aufspaltung entsteht. Es kommt jedoch auch vor, daß die optische Aktivität der Phosphatide durch Beimengungen anderer optisch aktiver Stoffe hervorgerufen wird.

Genauere Untersuchungen über das Rohfett der Hefe Torula utilis liegen von *W. Diemair* (268) vor. Es stellte sich heraus, daß die Fettstoffe zur Hälfte aus Lipoiden bestehen. Über die Phosphatide geben folgende Tabellen Auskunft:

Zusammensetzung

Phosphatid aus	P %	N %	P : N	Amino-N mg %	Kolamin %	Cholin %	Fettsäure %
Waldhof-Hefe 1	4,81	2,04	1 : 0,90	699,3	3,05	9,78	53,23
Waldhof-Hefe 2	4,45	2,04	1 : 1,01	665,7	2,99	9,62	48,83

Verteilung von Lezithin und Kephalin im Hefephosphatid

Phosphatid aus	Lezithin %	Kephalin %
Waldhof-Hefe 1 ..	62,71	35,81
Waldhof-Hefe 2 ..	61,69	34,05

Die Stickstoffaufteilung nach *Dirr* und *Ruppert* (269) ist wie folgt:

Vom Gesamtstickstoff: 30,7% Cholin
46 % Kolamin
23 % ? ?

Von der α-Form der Glycerinphosphorsäure werden gefunden 79,5%, von der β-Form 20,5%. Das Verhältnis der gesättigten Fettsäuren zu den ungesättigten in der Torula utilis ist ganz ähnlich wie in den amerikanischen Hefen.

Carotinoide

Zu den Lipoiden gehören auch die Carotinoide, die in der Chemie der Hefe bisher noch keine wichtige Rolle gespielt haben. Sicher gehören sie auch zu dem vielseitigen System des allgemeinen Stoffwechsels der Hefe, da diese Stoffklasse ganz allgemein durch eine große Verbreitung in der Natur charakterisiert ist.

Die Carotinoide sind Kohlenwasserstoffe, die gelbe, rote bis tief violette Farbstoffe bilden und durch ihr Auflösungsvermögen in Fetten auch als Lipochrome bezeichnet werden. Sie sind chemisch charakterisiert durch eine lange Kohlenstoffkette mit konjugierten Doppelbindungen und leiten sich von dem Grundkohlenwasserstoff Isopren, der 2 konjugierte Doppelbindungen hat, ab.

$$CH_2{=}\underset{\displaystyle CH_3}{C}{-}CH{=}CH_2$$

Isopren

Durch Kondensation seines Dehydrierungsproduktes:

$$={CH}-\underset{\displaystyle CH_3}{C}{=}CH-CH=$$

kann man sich den Aufbau der Carotene, der langen Kohlenstoffskelette der Carotinoide, vorstellen. Gewöhnlich enden die langen Ketten mit substituierten Sechsringen oder rein aliphatischen Gruppen. Der wichtigste Repräsentant in dieser Reihe ist das von *Karrer* (270) aufgeklärte Carotin β, ein Kohlenwasserstoff der Formel $C_{40}H_{56}$:

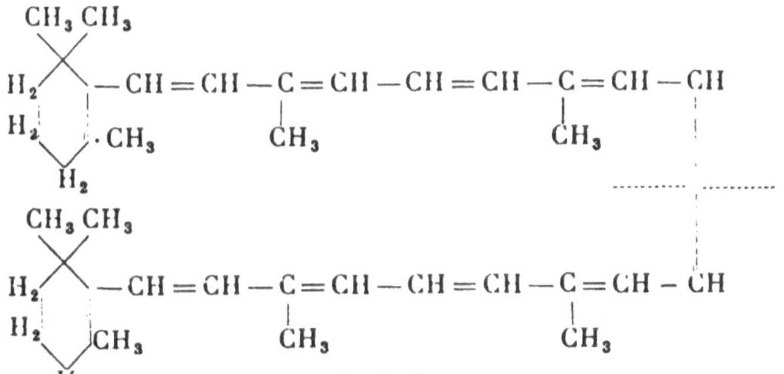

Carotin β

Wie ersichtlich, ist die lange aliphatische Kette durch zwei Skelette des β-Jonon abgeschlossen. Hier sei gleich eingefügt, daß durch Spaltung in der Mitte (s. punktierte Linie) unter Aufnahme von zwei Molekülen Wasser zwei Moleküle Vitamin A entstehen. Mithin wäre das Carotin β als Provitamin aufzufassen. Darin liegt die Bedeutung der Carotinoide. Die anderen Vertreter wie Carotin α *(Karrer)*, Carotin γ und Kryptoxanthin — die letzten beiden von *R. Kuhn* isoliert — sind nicht so symmetrisch gebaut, besitzen nur ein Molekül β-Jonon, während das andere Ende der Kohlenstoffkette ein anderes Radikal trägt. Aus diesem Grunde können diese Carotinoide nicht so physiologisch aktiv sein, da bei der Aufteilung nur ein Molekül Vitamin A entstehen kann im Gegensatz zur Spaltung des Carotins β.

Aus folgender Zusammenstellung erkennt man deutlich den chemischen Unterschied im Aufbau einiger Carotinoide.

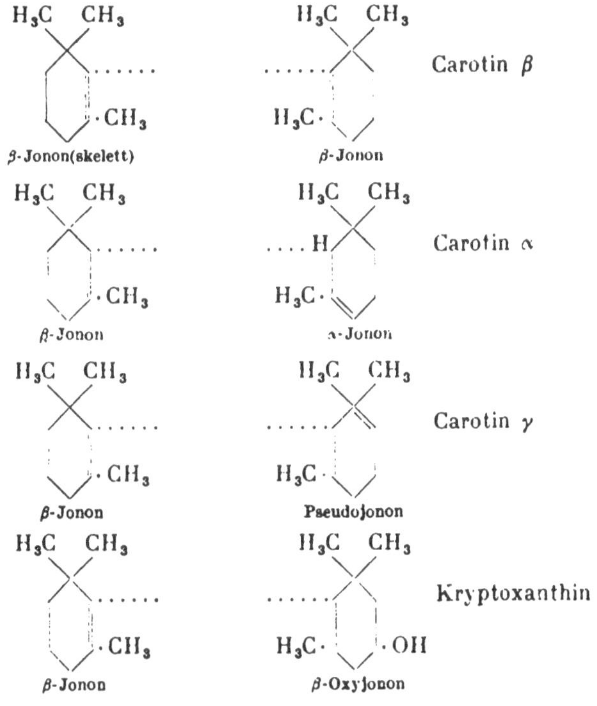

Das Carotin wurde von *Wackenroder* (271) im Jahre 1830 aus der Mohrrübe gewonnen. Nach dem Carottenfarbstoff bildete *Tswett* (272) die Bezeichnung Carotinoide. Zu dieser Gruppe, die etwa aus 20 Vertretern besteht, gehört der Farbstoff der Tomate, das Lycopin. Im Mais und Paprika finden wir das Kryptoxanthin, im Safran das Crocetin und im Orleansfarbstoff das Bixin. Beide letztgenannten tragen eine Säuregruppe am Kettenende. Anzuschließen wären noch die Xanthophylle, die zweiwertigen Alkohole dieser Kohlenwasserstoffe, $C_{40}H_{56}(OH)_2$, die seit *Berzelius* als Begleitstoffe des Chlorophylls bekannt sind. Ein rechtsdrehendes Xanthophyll ist das Lutein, das gelbe Pigment der Blätter.

Wie *Euler* (273) und *Karrer* zeigten, ist die Pigmentbildung sehr von der Temperatur abhängig. Das Rotwerden der Tomaten ist bedingt durch die Lycopinbildung bei 20—21° C. Bei 30° werden die grünen Tomaten im Reifungsraum nicht rot, sondern goldgelb, wobei anstatt Lycopin andere Farbstoffe entstehen. Solche Früchte nunmehr bei 20° gehalten, bilden noch nachträglich das rote Pigment. Bei 37° jedoch verdarben die Früchte, ohne vorher farbige Carotinoide erzeugt zu haben.

Die ersten Versuche, Carotin in gewöhnlicher Hefe aufzufinden, stammen von *Luce*, *Schmedley* und *Maclean* (274). *Jansens* und *Mertens* (275) vermuteten in den roten Torulaceen einen „Carotin"-Farbstoff, aber erst *Fink* und *Zenger* (276) isolierten zwei verschiedene, scharf ausgeprägte Pigmente aus Rosahefen in kristallisierter Form. Der eine Farbstoff bildet orangegelbe Kristalle, ist neutral und zeigt die Eigenschaften eines Kohlenwasserstoffs, ist aber von den bekannten Stoffen dieser Art durch die optischen Eigenschaften der Kristalle, durch sein spektrales Verhalten und die Farbreaktion seiner Lösung verschieden. Das andere Pigment, in größerer Menge auftretend, liefert rot-orange-farbene Kristalle mit sauren Eigenschaften und weicht im optischen Verhalten von den sauren Carotinoiden Crocetin und Bixin ab.

Zu gleicher Zeit konnte auch *Lederer* (277) vier verschiedene Carotinoide aus einer roten Torula isolieren, und zwar 3 Kohlenwasserstoffe und ein viertes mit sauren Eigenschaften. Von den Kohlenwasserstoffen hatte eins die Eigenschaften des β-Carotins, das zweite, noch unbekannter Natur, wird als Torulen bezeichnet, und die beiden anderen harren noch der Aufklärung.

Hierher gehört auch das Squalen, das wir bereits bei der Fettanalyse angetroffen haben (s. dieses Kapitel unter Fette der Hefe). Es ist, wie auch das Lycopin, rein aliphatischer Natur.

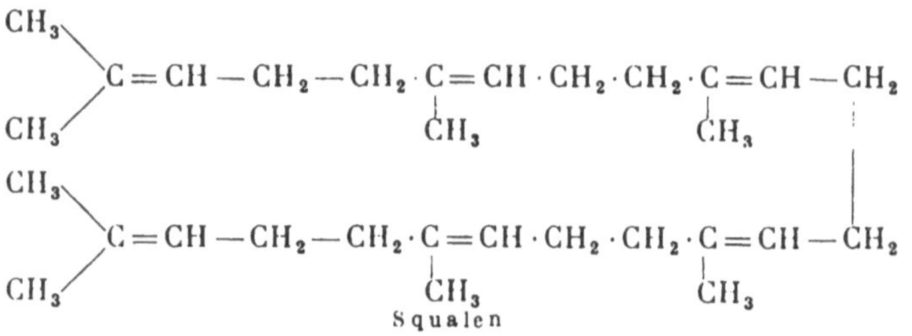

Squalen

Über die physiologische Bedeutung der Hefecarotinoide ist noch wenig bekannt. Sicher sind sie auch in Vitamin A aufspaltbar. Bei Fütterungsversuchen mit vollkommen vitamin-A-freier Nahrung konnte Bierhefe den Eintritt der Mangelkrankheit Xerophthalmie, also das Eintrocknen der Augenhornhaut, bedeutend verzögern. Wurde indessen eine Vitamin-A arme Kost dargeboten, so reichte Brauereihefe vollkommen aus, die Krankheit zu verhindern. Offenbar war aus den Carotinoiden der Hefe im Organismus das Vitamin A abgetrennt worden. Die verbreitete Annahme, daß die Vitamine B, D und E die Wirkung des Vitamins A ersetzt haben, ist wenig glaubhaft.

Hiermit wollen wir das Kapitel schließen. Unsere Kenntnis über die Zellinhaltsstoffe der Hefe ist damit noch keineswegs erschöpft. Die katalytischen Träger des Stoffwechsels werden für sich in besonderen Kapiteln behandelt. Hierher gehören die Enzyme, Wuchs- und Reizstoffe, die Hormone und Vitamine.

8. Kapitel

Die Ernährung der Hefe

A. Grundlagen der Ernährung, Aufbauelemente der Ernährung

Wenn wir lebende Zellen ernähren wollen, so müssen wir ihnen Gelegenheit geben, aus Substraten diejenigen Substanzen zu bilden, die zum Leben notwendig sind. Dabei hat sich gezeigt, daß zunächst zwei Prozesse unterschieden werden müssen: der Baustoffwechsel und der Energiestoffwechsel. Beide Umsetzungsformen gehen jedoch fast Hand in Hand und sind nicht voneinander zu trennen. Wenn beispielsweise aus dargebotenem Traubenzucker und Stickstoff das große Eiweißmolekül für das Protoplasma gebildet werden soll, so muß zunächst die Hexose zu zwei Molekülen Triose abgebaut werden, worauf weitere Reaktionen unter Ammoniakaufnahme zu Aminosäuren für den Aufbau des Proteinmoleküles führen. Die Aufspaltung der Glucose erzeugt Energie, und die darauf sich anschließende Synthese des Eiweißmoleküles erfordert wieder Energie und legt sie somit teilweise fest. Diese Koppelung von Energieerzeugung und Energieverwertung im allgemeinen Stoffwechsel charakterisiert den Lebensprozeß. Dabei gelten auch hier die großen Naturgesetze der anorganischen Welt: die Gesetze von der Erhaltung der Materie und der Energie. Wir werden im 13. Kapitel diesen Erscheinungen nähertreten.

Es wurde eben darauf hingewiesen, daß bei guter Ernährung der Hefe alle Stoffgruppen zur Verfügung stehen müssen, die die Zelle bedarf. Dabei ist es jedoch unmöglich, alle einzelnen Bestandteile der Zelle in der endgültigen, chemisch-physiologischen Form herbeizuschaffen; denn erstens kennen wir noch nicht alle Zellbausteine, und zweitens sind sie uns nicht alle zugänglich. In dieser für uns schwierigen Situation kommen uns die Hefe und die anderen Organismen erfreulicherweise sehr entgegen. Die Züchtungsversuche von Hefen in künstlichen Nährlösungen haben nämlich gelehrt, daß die Hefezelle mit fabelhaften synthetischen Fähigkeiten ausgerüstet und daher in der Lage ist, aus einfachen Bausteinen die kompliziertesten Moleküle zu schaffen. Dies erkannte schon *L. Pasteur* (278) in der grundlegenden Untersuchung „Mémoire sur la Fermentation Alcoolique“, bei der ein Hefewachstum allein durch Hefeasche, Ammonsalz und einen vergärbaren Zucker erzielt wurde. Wenn man die chemische Zusammensetzung der Hefe betrachtet, so kommt man zu folgenden Aufbauelementen: Wasser, Mineralsalze, Kohlenhydrate und Stickstoffverbindungen. Diese Substanzen müssen naturgemäß als Nährstoffe in irgendeiner passenden Form der Hefe dargeboten werden.

Wir haben im letzten Kapitel die chemische Zusammensetzung der Hefeasche kennengelernt. Dementsprechend muß man in einer künstlichen Nährlösung für diese Elemente Sorge tragen, und zwar in den Mengenverhältnissen, wie sie die Analyse ergeben hat. Betont sei auch an dieser Stelle der überragende Anteil der Phosphorsäure — bis zu 50% etwa — in den Ascheelementen.

Von den Kohlenhydraten genügt die Darreichung eines vergärbaren bzw. assimilierbaren Zuckers. Außer Kohlenhydraten assimilieren die Hefen auch andere C-Verbindungen, wie organische Säuren und Alkohole, worauf später eingegangen wird. Selbst Aminosäuren können als Kohlenstoffquelle für die Hefevermehrung dienen *(Schultz. McManus, Pomper)* (278a). Die bunteste Speisekarte haben die Bakterien und Schimmelpilze. So verarbeitet beispielsweise das Bacterium methanicum sogar Methan, Paraffine, amorphe Kohle und Kautschuk (278b).

Stickstoff kann in verschiedener Form, z. B. in Gestalt von Ammoniak, Aminosäuren, Pepton und anderen löslichen, niederen Eiweißstoffen dargeboten werden. Ratsam ist, für jeden besonderen Fall ein günstiges Verhältnis von Zucker : Stickstoff auszusuchen. Dabei sei auch daran erinnert, daß das Eiweiß aller Tiere und Pflanzen zu etwa einem Sechstel (genauer 1 : 6,25) aus dem Element Stickstoff besteht.

Die größte Leistung der Hefezelle ist wohl die Eiweißsynthese. Schwefelsaures Ammoniak genügt, um mit Hilfe von Glucose nicht nur die mannigfachen Aminosäuren zu bilden, sondern auch die äußerst komplizierten Proteine. Um die chemische Meisterschaft zu demonstrieren, seien die Formelbilder der wichtigsten aus Hefe isolierten Aminosäuren angegeben. Zunächst erinnere man sich an die Zusammensetzung von Glykokoll, Alanin, Ornithin, Asparagin, Glutamin, Tyrosin, Tryptophan und Zystin im Kapitel 1. Weiter:

$CH_3 \cdot CH_2 \cdot CH \cdot NH_2 \cdot COOH$

α-Aminobuttersäure

$CH_3 \cdot CH_2 \cdot CH_2 \cdot CH \cdot NH_2 \cdot COOH$

α-Aminovaleriansäure

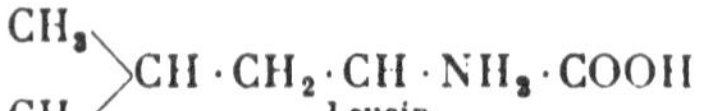

Leucin
(α-Amino-isobutylessigsäure)

$CH_2 \cdot OH \quad CH \cdot NH_2 \quad COOH$

Serin
(α-Amino-β-oxypropionsäure)

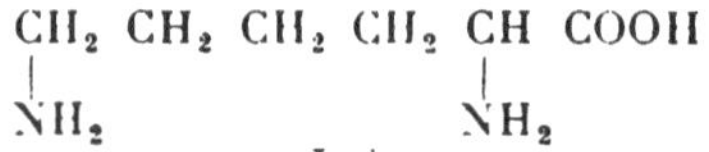

Lysin
(α,ε-Diaminocapronsäure)

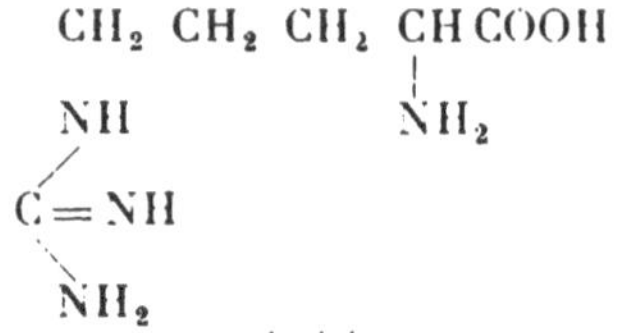

Arginin
(α-Amino-δ-guanidino-n-valeriansäure)

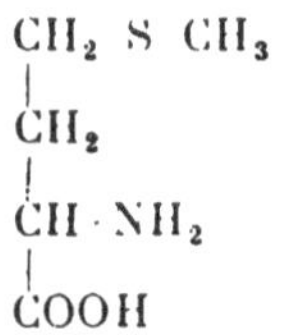

Methionin
α-Amino-γ-methyl-thiobuttersäure

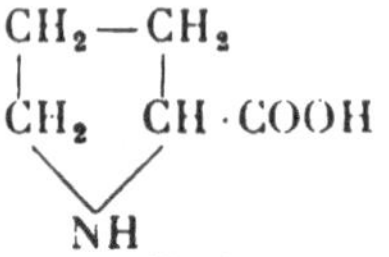

Prolin
(Pyrrolidin-α-carbonsäure)

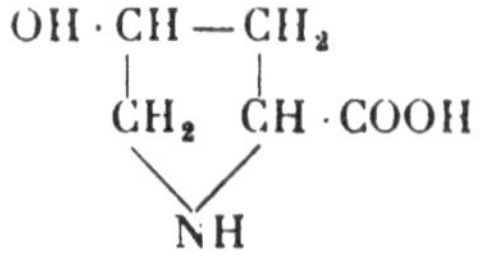

Oxyprolin
(β'-Oxypyrrolidin-α-carbonsäure)

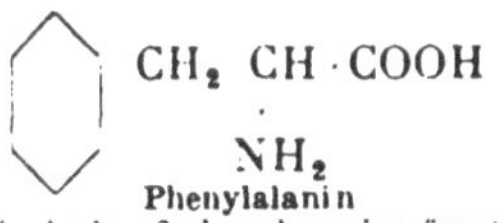

Phenylalanin
(α-Amino-β-phenylpropionsäure)

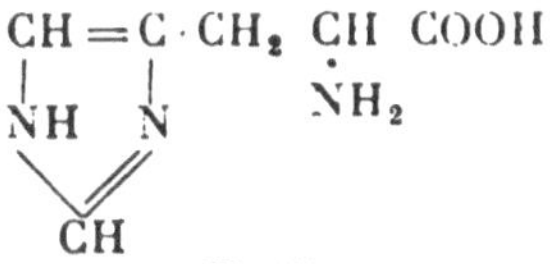

Histidin
(α-Amino-β-imidazolyl-propionsäure)

Interessant ist, daß das Alanin in mehreren zusammengesetzten Aminosäuren als Komponente auftritt. Offenbar hängt dieses häufige Vorkommen dieser einfachen Aminosäure mit ihren nahen Beziehungen zu den ersten Spaltprodukten des Zuckers, den Triosen, zusammen (s. Kap. 12).

Die chemischen Formeln der Nukleinsäuren, den wichtigen Komponenten der Nukleoproteide, wurden schon im letzten Kapitel angegeben. An dieser Stelle ist auch ausführlich über das mengenmäßige Auftreten der einzelnen Aminosäuren in der Hefe berichtet worden.

Über die synthetischen Vorgänge in der Zelle hat man schon für manche Fälle gute Unterlagen gefunden. Ein Teil der Aminosäuren wird sich aus α-Ketosäuren bilden, wie das bei der Glutaminsäure nachweislich der Fall ist. Nach den Befunden der *v. Euler*schen (279) Schule handelt es sich bei der Hefe und dem Bact. coli um eine reduktive Aminierung nach folgendem Schema:

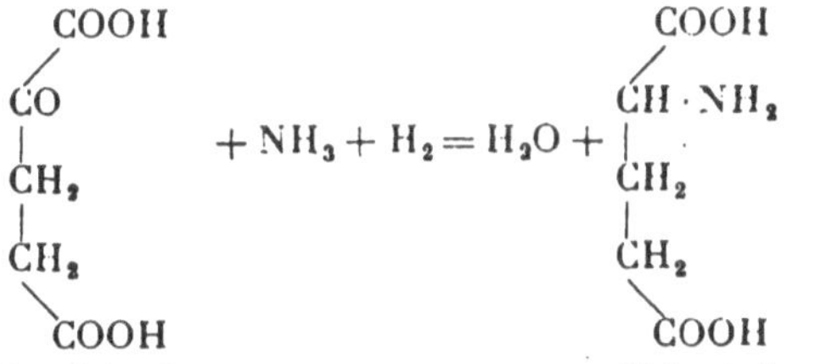

α-Ketoglutarsäure Glutaminsäure

Ein anderer Weg führt durch Umaminierung zu den Aminosäuren. Diese von *Braunstein* und *Kritzmann* (280) in tierischen Zellen aufgefundene Reaktion geht sicher auch in der Hefezelle vor sich, da man in ihr auch das Enzymsystem der Umaminierung nachgewiesen hat. So entsteht aus der Brenztraubensäure und Glutaminsäure das Alanin unter Zurückbildung der α-Ketoglutarsäure:

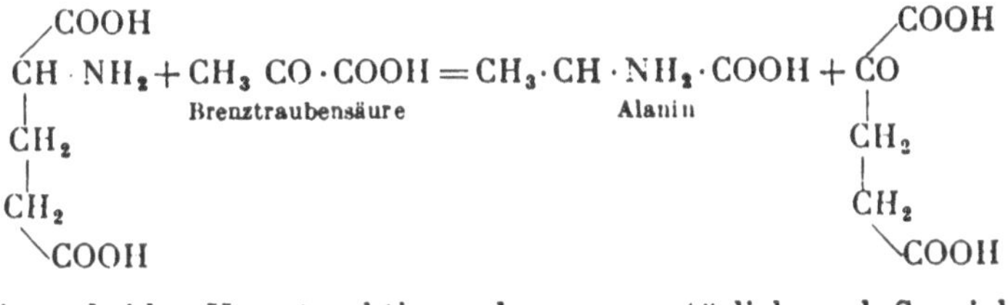

Neben diesen beiden Hauptreaktionen kommen natürlich auch Spezialreaktionen *(Cook* und *Woolf)* (281) in Frage, wie die Bildung von Asparaginsäure aus Fumarsäure mittelst der in der Hefe nachgewiesenen Aspartase *(Haehn* und *Leopold* (282)*)*.

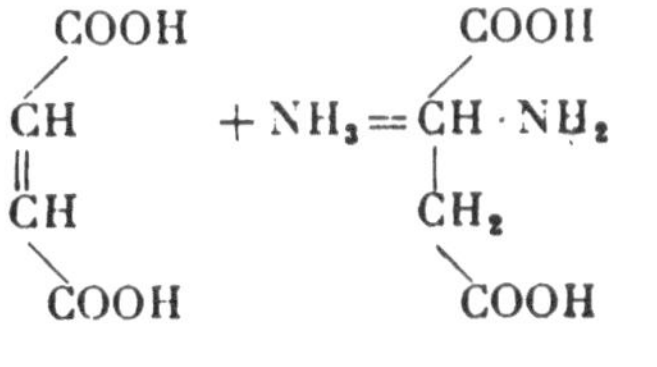

Um die obigen Angaben über die hohen synthetischen Fähigkeiten der Hefe unter Beweis zu stellen, kann man in einer primitiv zusammengesetzten künstlichen Nährlösung, z. B. in der heute oft benutzten Kombination von *V. Reader* (283) zum Nachweis des Bioseffektes (s. Kap. 9), Hefe beträchtlich vermehren:

Wasser, zweimal destilliert	1000 ccm
Glucose	10 g
$(NH_4)_2SO_4$	3 g
$MgSO_4 \cdot 7\,H_2O$	0,7 g
KH_2PO_4	1 g
K_2HPO_4	0,1 g
NaCl	0,5 g
$Ca(NO_3)_2$	0,4 g

In dieser Nährlösung, in der Ammoniak und Salpetersäure die einzigen Stickstoffquellen sind, zeigt die obergärige Hefe Rasse M des Instituts für Gärungsgewerbe zu Berlin in 5 Stunden einen Zuwachs von 20—40%. Nebenher sei bemerkt, bewirken Zugaben von Bios-Lösungen in diesem Medium einen Zuwachs von 500 bis 600% in der gleichen Zeit (*Kögl* und *Tönnis*). Jedenfalls sieht man hier schon die Virtuosität der Hefezelle auf dem Gebiet der Eiweißsynthese, ganz zu schweigen von der Leistung des Aufbaus der vielen anderen chemischen Stoffe der Hefezelle, die wir in den Kapiteln 7—11 antreffen. Die Fettsynthese wurde bereits in Kapitel 7 ausführlich behandelt.

Es sei weiter angefügt, daß es natürlich eine ganze Anzahl von künstlichen Nährlösungen gibt. Bewährt hat sich besonders für Hefen die alte Vorschrift von *M. Hayduck*, die zu folgender Zusammensetzung führt:

10,0 %	Rohrzucker
0,25%	Asparagin
0,1 %	saures phosphorsaures Kalium
0,3 %	schwefelsaures Magnesium.

Wie wir später noch erfahren werden, sind Asparagin und Asparaginsäure nicht nur hervorragend leicht assimilierbar, sondern sie haben auch wachstumsfördernde Eigenschaften, wodurch der günstige Effekt dieser Nährlösung erklärt werden kann.

Zu den chemischen Elementen, die wir bisher der Hefezelle darboten, gehörten der Kohlenstoff, Wasserstoff, Sauerstoff, Stickstoff, Phosphor, Schwefel, Chlor, Kalium, Natrium, Calcium und Magnesium. Diese Elemente bezeichnen wir als Bioelemente, da sie fast in allen lebenden Zellen des Tier- und Pflanzenreiches vorkommen.

Schicksal und Aufgabe der Elemente in der Zelle

Jetzt können wir die Frage stellen, in welcher Form wir die verschiedenen Elemente in der Hefe wieder antreffen und welche Aufgaben sie zu erfüllen haben. Zum guten Teil wird die Frage schon durch die chemische Analyse, die wir im letzten Kapitel ausführlich behandelt haben, beantwortet, so daß wir nur eine kurze Übersicht geben wollen. Der Kohlenstoff liefert in Verbindung mit den Elementen des Wassers die Kohlenhydrate, die vorzugsweise zum Aufbau der Zellwand und zu Reservestoffen Verwendung finden. Genannt seien als chemische Individuen die Polysaccharide wie Glykogen, Gummi, die Polyose *Zechmeisters* und die einfachen Stoffe wie Trehalose und die Methylpentosen. Ebenso liegen in den Fetten, Sterinen und Carotinoiden stickstofffreie Kohlenstoffverbindungen vor. Der Stickstoff wird in der Hauptsache in Gemeinschaft mit dem Kohlenstoff zum Aufbau der Proteine verwendet, die den Hauptbestandteil des Protoplasmas ausmachen. Kleinere Mengen Stickstoff sind festgelegt in den Purinen der Nukleinsäure, im Cholin des Lezithins und in manchen Fermenten. Der Phosphor, der, wie schon oben erwähnt, den Hauptbestandteil der Hefeasche ausmacht, hat als Baustein im organischen Molekül und ebenso als anorganisches Salz wichtige Aufgaben zu übernehmen. Zunächst ist das Element in Form von Phosphorsäure im Zymocasein und im Nukleinsäuremolekül verankert. Dann hat es eine äußerst wichtige Funktion beim Gärakt, wo es als Adenosintriphosphorsäure und als Cozymase tätig ist. Zweifelsohne treten, wie wir später sehen werden, Veresterungen der Hexosen und ihrer Spaltstücke mit Phosphorsäure während der normalen alkoholischen Gärung auf, und außerdem wirken die Phosphatpufferlösungen im Zellsystem lebenerhaltend. Denkt man noch an die Aufgaben der Phosphatide (Lezithine) in der Zelle, so ist nicht zu viel gesagt, daß der Phosphor zu den allerwichtigsten Zellbauelementen gehört. Über die Bedeutung des Schwefels haben wir namentlich in den letzten Jahren viel erfahren. Daß er als Zystein im Eiweiß verankert ist, steht seit langem fest. Aber die Bedeutung des Zystins als Wasserstoffakzeptor bei lebenswichtigen Oxydoreduktionen und ebenso seiner Verbindung als Tripeptid mit Glutamin und Glykokoll, Glutathion genannt, gehört zu den neueren Entdeckungen der Enzymchemie und hat die Beachtung des Schwefels in der Biologie ungemein gesteigert. Von den Metallen ist das Magnesium entschieden das wichtigste. Schon *Adolf Mayer* (284) hat auf die Unersetzbarkeit des Magnesiums durch Kalk bei Bierhefe hingewiesen. Dasselbe Ergebnis hatte später *Winogradsky* (285) bei Kahmhefen erhalten. Wenn man bedenkt, welche große Rolle das Magnesium im Chlorophyll spielt, so wird man leicht geneigt, anzunehmen, daß in den Kryptogamen auch ein großes organisches Molekül mit Magnesium zu höheren Funktionen ausersehen ist. Ob Calcium als Nährstoff eine Rolle spielt, ist fraglich. Sicher ist es wichtig als Neutralisationsmittel für giftige Säuren wie Oxalsäure. Die gute Wirkung des Kaliums wurde auch schon frühzeitig erkannt, wobei in gemäßigten Konzentrationen mit KCl gute Vermehrung erzielt wurde *(Kossowicz)* (286). Kalium durch Rubidium zu ersetzen, bietet keinen Vorteil. Noch weniger bedeutsam ist Natrium hier als biogenes Element. Ob Kalium im Gegensatz zum Natrium seiner Strahlenaktivität wegen die bevorzugte Stellung im Pflanzenreich verdankt, soll hier nicht entschieden werden *(Stoklasa* (287)*)*.

Spurenelemente

Insgesamt sind von den 92 chemischen Elementen des periodischen Systems etwa 40 Elemente in der lebenden Materie nachgewiesen, teilweise in leicht faßbaren Quantitäten. Bei den meisten Elementen handelt es sich aber nur um ein minimales Vorkommen. Wie die Forschung gezeigt hat, spielen einige von den Spurenelementen eine große Rolle im Leben der Zelle, und zwar als Katalysator. Viele von den aufgefundenen Anionen und Kationen sind sicher nur unwichtige, harmlose Begleitstoffe anderer Elemente, die die Pflanze oder die tierische Zelle zufällig mitaufgenommen hat und nun duldet. Von den Hefen ist ja beispielsweise bekannt, daß sie überflüssigerweise sogar Vitalfarbstoffe wie Neutralrot und Nilblau in den Vakuolen aufspeichern, wenn genannte Substanzen der Nährlösung beigefügt werden. Ausschlaggebend ist hierbei nur das pH; die Aufnahmefähigkeit steigt in der Richtung vom sauren Milieu zum Neutralpunkt zu *(Guilliermond* und *Gantheret)* (288). Dieses Kuriosum zeigt die Duldsamkeit der Hefezelle.

Von den Spurenelementen scheinen Gold, Quecksilber und Blei keine stimulierende Wirkung auszuüben, während man vom Jod, Kupfer und Zink genügend Beispiele ihrer Aktivität kennt. Nach *Bertrands* Versuchen sollen Zinn, Kobalt und

Nickel wichtige Funktionen verrichten. Bor ist ein Förderer des Wachstums und des Fruchtansatzes im Pflanzenreich, während über die Nützlichkeit des Arsens, das in sehr vielen tierischen Organen aufgefunden worden ist, die Ansichten geteilter Natur sind. Als positiv sind hier noch zu werten Fluor, Aluminium, Mangan und Eisen. Mangan als oxydierendes Agens ist seit langem bekannt und auf die ungeheuer große Verbreitung des Aluminiums in den Pflanzen hat *Stoklasa* (289) schon vor einer Reihe von Jahren hingewiesen. Die genauere Kenntnis der Eisenfunktion während der Atmung verdanken wir *O. Warburg* (s. Kap. 13), und hiermit kommen wir zu den eigentlichen Spurenelementen, die in der Hefe von großer Wichtigkeit sind.

Kupferspuren sind in den Hefen von *J. Schwaibold* und *G. Nagel* (s. Kap. 7) nachgewiesen worden, und es besteht wohl hier kein Zweifel über die Unentbehrlichkeit dieses Elementes. Erinnert sei an die hohe physiologische Aufgabe, die Kupferspuren im tierischen Organismus zu erfüllen haben. Obgleich der rote Blutfarbstoff frei von diesem Element ist, ist es unentbehrlich bei seinem Aufbau. Auch das ständige Auftreten in der Milch spricht für eine Funktion. Ebenso steht es mit dem Zink in der Hefe, dem sicher dort eine große Funktion zudiktiert ist. Die Bedeutung der Zinkspuren ist schon durch eine Reihe von Arbeiten *Bertrands* erwiesen. Nach den Versuchen von *O. Warburg* (290) sind verschiedene Schwermetalle Wirkgruppen in Fermenten. So ist die Aktivität der Zymohexase (s. Kap. 11) an Zink, Eisen oder Kobalt gebunden, während Magnesium der prosthetische Faktor der Enolase, Kupfer ein Bestandteil der Phenoloxydase der Kartoffel ist.

Tritt in einer Nährlösung das Kupfer in jonisierter Form auf, so wirkt es auf Hefe giftig *(Rich. Koch)* (291). Bei der Herstellung der Bierwürze ist deshalb darauf zu achten, daß die Kupferapparatur der Brauerei möglichst wenig Kupfer abgibt. Nach der *Warburg*schen Zysteinoxydationsmethode fand *Koch* in verschiedenen Würzen 0,3—0,9 mg Cu pro l (0,00006% im Mittel). Diese Metallspuren verschwanden dann zum erheblichen Teil wieder aus der Würze und waren aufzufinden in der Bottichhefe, im Trub, im Deckenschmutz und Tankgeläger. Die Bilanzen sind leider mit unvermeidlichen Analysenfehlern behaftet, so daß diese kleinen Kupferauflösungen nicht mit Sicherheit mengenmäßig festzustellen sind. Ist Kupfer als Jon gelöst, so kann es durch Adsorption an Eiweiß unschädlich gemacht werden. Eine normale Würze ist frei von jonisiertem Cu. Sobald Jonen nachweisbar sind, tritt Hefeschädigung ein.

Wie wir oben sahen, sind bei künstlichen Nährlösungen die Spurenelemente nicht berücksichtigt worden. Dies ist wahrscheinlich auch ein wichtiger Grund für das allmähliche Versagen des Wachstums der Hefe in solchen Medien. Eine gewisse Zeit genügt die Nährlösung, nämlich so lange, so lange die mitgebrachten Reservestoffe der Aussaatzellen reichen. Kleine Mengen von notwendigen Nährsalzen werden unbeabsichtigt eingebracht durch die nicht absolut reinen Chemikalien, durch das Leitungswasser und die Glasbehälter.

Allgemeines zur Physiologie der Ernährung
Gesetz des Minimums

Sobald ein lebenswichtiger Nährstoff fehlt, hört sofort die normale Vermehrung der Zellen auf. Oft machen sich Degenerationserscheinungen bemerkbar. Dieser mangelnde Stoff kann durch keinen anderen ersetzt werden. Hat man einen solchen Fall vor sich und gibt man kleinste Mengen von der unersetzlichen Substanz zu dem Nährstoffgemisch, so tritt sofort und so lange neues aktives Leben ein, bis der fragliche Nährstoff wieder verbraucht ist. Je mehr man also hiervon zusetzt, um so fruchtbarer wird der Nährboden. *J. Liebig* nannte diese Erscheinung das Gesetz des Minimums. Es wird folgendermaßen formuliert: Die Produktionshöhe einer Nährlösung ist abhängig von dem in minimo dargebotenen Stoffe und kann durch erhöhte Dosen eines anderen nicht vergrößert werden. Ein schönes Schulbeispiel haben wir bei dem Pilz Sporodinia grandis, bei dem *Falk* (292) feststellte, daß in einem Nährmedium mit nur 0,2% Pepton eine übers Maß gesteigerte Traubenzuckerzufuhr das Erntegewicht nicht hebt, und daß aber umgekehrt der Traubenzucker, ins Minimum gebracht, die Entwicklung proportional der zugesetzten Menge steigern kann. Bei hoher Peptongabe lieferten:

1,25 g Traubenzucker (im Minimum) 0,7 g Pilzsubstanz
2,50 g Traubenzucker (im Minimum) 1,4 g Pilzsubstanz u. s. f.

Eine solche strenge Proportion trifft natürlich nicht allgemein zu.

Für das Degenerieren der Hefekulturen kann man noch andere Ursachen verantwortlich machen. Wir wollen gleich vorausschicken, daß wir uns wohl bewußt sind, die Ernährungsverhältnisse keineswegs vollkommen zu beherrschen. Denn wenn wir auch ausschließlich natürliche, gute Nährböden benutzen, müssen wir doch erleben, daß die Kulturhefen im Betriebe nach einer gewissen Zeit unbrauchbar werden (s. Kap. 14). Das Ernährungsproblem ist bei weitem noch nicht restlos gelöst. Bei den oben beschriebenen künstlichen Nährlösungen haben wir als Kohlenstoffquelle Glucose bzw. Rohrzucker benutzt. Diese Zuckerarten sind im allgemeinen ausgezeichnete Nährstoffe, so daß man in diesem Punkte keine Bedenken zu hegen braucht. Ähnlich liegen die Verhältnisse bei der Stickstoffgabe. Wie wir weiter unten sehen werden, ist Ammoniak wohl eine gute, wenn auch nicht in allen Fällen die beste Stickstoffquelle für Hefen. Aber auch hier kann kaum ein Ernährungsfehler vorliegen. Vielleicht wird derselbe durch einen Mangel an gewissen anorganischen Katalysatoren heraufbeschworen, auch wäre ein unzweckmäßiges Mischungsverhältnis aller Nährsubstrate untereinander verantwortlich zu machen (Überfütterung in einer Richtung (s. Kap. 14).

B. Spezielle Nährsubstrate

Kohlenstoffquellen der Hefe

Jetzt erhebt sich die Frage, welche Kohlenstoffverbindungen sind überhaupt von den Hefen assimilierbar?

In den angeführten künstlichen Nährlösungen hatten wir Glucose und Rohrzucker als vergärbare Substrate kennengelernt. Alle Kulturhefen vergären, worauf schon hingewiesen wurde, *d*-Glucose, *d*-Fructose, *d*-Mannose und *d*-Galaktose. Der letztere Zucker wird erst nach Gewöhnung der Hefen etwas flotter als sonst aufgespalten. Die Di- und Trisaccharide werden je nach den in den Hefen anwesenden hydrolysierenden Enzymen vergoren. Auf diese Verhältnisse kann hier nicht näher eingegangen werden. Es sei aber betont, daß die optischen Linksformen der oben genannten Hexosen durch Kulturhefen unvergärbar sind. Stärke und Glykogen werden nicht direkt vergoren. Nur eine Hydrolyse kann eine Zymasespaltung vermitteln. Die früher geäußerte Ansicht, daß gewisse Heferassen Dextrin vergären, konnte von *Haehn* und *Glaubitz* (293) widerlegt werden. Selbst das kleinste bekannte Dextrinmolekül, die Amylo-hexaose (*v. Waldschmidt-Leitz*) wird von folgenden sieben Heferassen nicht angegriffen: obergärige Brennereihefe Rasse M, untergärige Bierhefe Rasse U, die Typen Saaz und Frohberg, Saccharomyces Brasiliensis Lindner (= Hefe Logos van Laer)[1]), Schizosaccharomyces Pombe Lindner und Schizosaccharomyces octosporus Beijerinck. Die drei letztgenannten Arten galten früher als starke Dextrinvergärer.

---

[1]) Über die synonymen Bezeichnungen s. Kap. 6.

Schon frühzeitig hat man die Assimilierbarkeit nicht vergärbarer Zucker oder Substrate beobachtet. Gärung und Assimilation sind also zwei ganz verschiedene Prozesse. Wird einer Kulturhefe ein vergärbarer Zucker dargeboten, so entfällt ein kleiner Teil derselben der Atmung, eine andere kleine Menge wird für den Zellaufbau assimiliert und etwa 98% unterliegen der Spaltung in Alkohol und Kohlensäure. Es entsteht hierbei eine Gärhefe, die durch hohen Zymasegehalt charakterisiert ist (Zymasehefe). Ist eine Hefe in der Lage, ausschließlich nicht vergärbare Substrate zu assimilieren, was eine Rasseneigentümlichkeit ist, so entsteht eine sog. „Eiweißhefe", die nicht gären kann. Damit soll aber nicht gesagt sein, daß die Gärhefe nicht auch eiweißreich ist. Diese besitzt außer einer hohen Eiweißmenge noch Zymase. Der Eiweißhefe, auch „Wuchshefe" genannt, fehlt dieses Gärenzym. Während man die erstgenannte Art für Gär- und Futterzwecke verwenden kann, dient die Eiweißhefe ausschließlich als Futtermittel. Nun liegen zwischen diesen beiden extremen Typen, von denen es praktisch den zweiten Typus in dieser strengen Abgrenzung nicht gibt, die große Zahl von Übergangsarten. Die besten Gärhefen der Praxis zeigen also auch eine Assimilation, wenn auch eine mehr oder weniger geringe, und die beste Futterhefe, die Torula utilis, besitzt auch etwas Gärvermögen. Interessant ist hier besonders, daß Pentosen unter geeigneten Bedingungen als Nährsubstrat dienen können *(Laer* (294), *Groß* und *Bevan* (295), *Groß* und *Tollens)* (296). Auch *P. Lindner* (297) fand verschiedene Zuckerarten, die nicht vergoren, aber assimiliert werden konnten. In der letzten Zeit studierte *Lechner* (298) die Aufnahmebedingungen von Xylose durch bestimmte wilde Hefen (s. Kap. 17).

Aber auch unter den Nichtzuckern gibt es eine Anzahl Kohlenstoffverbindungen, die von Hefen aufgenommen werden und als Baustoff dienen können. In diesem Falle spricht man von Verhefung dieser Substanzen, d. h. Substrate wie Kohlenhydrate und Säuren, die keiner Vergärung unterliegen, können wenigstens verheft werden. *E. Laurent* (299) untersuchte folgende Stoffe mit Erfolg: Glycerin, Mannit, Quercit, Essigsäure, Milchsäure, Malonsäure, Bernsteinsäure und Fumarsäure. Beachtlich ist auch die Aufspaltung mancher Glykoside wie Salicin und Amygdalin durch bestimmte Hefen zur Gewinnung assimilierbarer Zucker. Der Kuriosität halber sei auch der Angriff verschiedener Hefen auf den Äthyl- und Amylester der Essigsäure zur Erhaltung ihres Lebens erwähnt *(H. Will)*. Im allgemeinen sind aber die Alkohole nicht assimilierbar, was Versuche mit Methyl-, Propyl- und Butylalkohol zeigen. Auch Ameisensäure, Buttersäure und Oxalsäure werden von den meisten Hefen verschmäht.

Eine rühmliche Ausnahme macht die wilde Hefe Torula utilis, die nach Versuchen von *Fink* und *Krebs* (300) sehr anpassungsfähig ist. Sie fanden, daß Äthylalkohol bis zu 80 und 94% verbraucht wird. Ferner stellte sich eine Verwendbarkeit der Essigsäure und Milchsäure heraus, und zwar war der Umsatz dann besonders groß, wenn die Säuren im Gemisch mit Zucker (1 : 1) dargeboten wurden. Genau ausgeführte Bilanzversuche mit Essigsäure zeigten hierbei eine Aufnahme bis zu 96%, Milchsäure wurde unter diesen Bedingungen restlos konsumiert. Als weitere vollwertige Kohlenstoffquellen zur Verhefung erwiesen sich bei der Torula auch Zitronen-, α-Ketoglutar-, Bernstein-, Fumar- und Äpfelsäure *(Fink* und *Ross)*. Die Bierhefe ist in der Lage, sich noch in einer 5prozentigen alkoholischen Nährlösung zu vermehren, wenn Luft zugegen ist *(Rich. Koch)*. Auch vergorenes Bier ist in diesem Falle ein guter Nährboden. Zur Orientierung über die ausführliche, ältere Literatur sei das Buch von *Euler* und *Lindner* (301) empfohlen.

Noch auf eine wichtige Tatsache muß bei dieser Gelegenheit aufmerksam gemacht werden. Wenn wir wilde Hefen wie im obigen Falle unter starker Luftzufuhr vermehren, so erhalten wir viel Zellsubstanz und fast keinen Alkohol. So liefern 100 g Glucose mit Hilfe der Torula utilis 52 g Hefetrockensubstanz mit einem Eiweißgehalt von 59,4%. Auch ohne künstliche Lüftung dominiert hier das Wachstum. Werden dagegen Kulturhefen unter diesen Bedingungen zur Gärung gebracht, so dient nur ein Prozent des Substrates zum Aufbau der Zellen *(Pasteur)*. Obgleich nach *Adolf Mayer* dieser Betrag sogar noch etwas kleiner sein soll, rechnet man in der Praxis mit 2%. Jedenfalls sehen wir hier deutlich einen Unterschied in den Heferassen. Die Kulturhefen erzeugen in erster Linie Alkohol, während die wilden Hefen in der Hauptsache Zellsubstanz bilden, so daß wir von diesem Gesichtspunkt aus Gärungshefen und Wuchshefen unterscheiden können. Dazwischen liegen die Übergangsformen. Es ist wohl überflüssig darauf hinzuweisen, daß man allgemein bei Versuchen mit Hefen die Eigenschaften und die Fähigkeit der Rassen genau kennen muß. Dabei sind z. B. die Kulturhefen von den anderen Arten scharf zu trennen. Die Kenntnis der Biologie der Hefen ist überhaupt die Grundlage für exakte physiologische Forschungen. Die einzelnen Rassen hier durch ihre Eigenschaften zu charakterisieren, würde den Rahmen dieser Ausführungen überschreiten.

Stickstoffquellen der Hefe

Wir hatten oben die Assimilation von Ammoniak in künstlicher Nährlösung durch Hefen erfahren. Man sollte aus theoretischen Gründen schon annehmen, daß diese Stickstoffquelle ausreichend sein müßte, denn zur Bildung von Aminosäuren aus Ketosäuren *(Knoop, Embden)* oder ungesättigten Säuren wie Fumarsäure ist Ammoniak die gegebene Komponente. Wenn wir Hefen mit einer bestimmten Aminosäure, z. B. Asparaginsäure oder Leucin, ernähren, so ist eine Eiweißsynthese auch nur über den eben angegebenen Weg denkbar, denn die Aminosäuren werden zunächst zu Ammoniak und dem Kohlenstoffskelett zerlegt. Anders könnte es bei der Darreichung von kleinen Eiweißmolekülen wie peptonähnlichen Stoffen sein, bei denen durch Proteolyse eine Anzahl von Aminosäuren freiwerden, die direkt von der Zelle zur Synthese verwendet werden könnten. Wenn mit solchen Eiweißstoffen wie Hefewasser, Hefeextrakt, Melasse und Würze besonders gute Hefeernten erzielt werden, so liegt das — das sei hier ausdrücklich betont — nicht daran, daß „organisch gebundener" Stickstoff geeigneter ist als anorganischer, sondern einmal an der günstigen Nährstoffmischung und dann in der gleichzeitigen Einführung von lebenswichtigen Katalysatoren (z. B. von „Biosstoffen"), die in den genannten Nährstoffen mit enthalten sind (s. Kap. 9).

Neuere Untersuchungen bestätigen die leichte Assimilierbarkeit der Aminosäuren. Von dargereichten organischen Stickstoffverbindungen wurden die Aminosäuren bevorzugt. Bei Fütterungsversuchen mit einzelnen Dipeptiden wie Glycylleucin, -tyrosin, -tryptophan einerseits und den einzelnen Aminosäuren andererseits wurden letztere bevorzugt. Aller Wahrscheinlichkeit nach werden normalerweise alle Peptide vor der Assimilation in Aminosäuren umgewandelt *(Damlé* und *Thorne)* (302).

Um in der Ernährungsfrage eine sichere Grundlage zu finden, hat *N. Nielsen* (303) mit seinen Mitarbeitern Assimilationsversuche mit den einzelnen Individuen der Aminosäuren angestellt. Schon früher waren auf *Lindner*s Anregung Asparagin, Asparaginsäure, Glutamin und Glutaminsäure, Tyrosin, Leucin, Alanin, Valin und die übrigen Monoaminosäuren geprüft und die meisten als geeignet befunden worden. *Pirschle* (304) (1930) einerseits und *Schwartz* und *Kautzmann* (305) (1931) andererseits arbeiteten mit Preßhefen und kamen bei den einzelnen Aminosäuren nicht zu übereinstimmenden Resultaten, was *Thorne* (306) (1933) durch die Verwendung verschiedener Hefearten erklärt. Aber noch ein anderer Fehler kann gemacht werden, nämlich der, daß man in zusammengestellten Nährlösungen nicht für „Bios" sorgt (s. Kap. 9). *Nielsen* arbeitete mit Saccharomyces cerevisiae (Bierhefe) und benutzte eine künstliche Nährlösung, der er „Wuchsstoffe" in Form sehr kleiner Mengen Bierwürze zugab. Somit waren günstige Lebensbedingungen geschaffen. Als Maß für den Wert der Aminosäuren benutzte er die direkte Messung der Stickstoffaufnahme.

Wachstumszunahme ist als Kriterium zu unsicher, da die Hefen auch zu wachsen imstande sind, ohne zugeführten Stickstoff aufzunehmen. In diesem Falle geschieht die Vermehrung auf Kosten des eigenen Stickstoffs, was natürlich zu einer eiweißärmeren Hefe führt. Wir haben ja schon mehrfach gesehen, wie stark der Eiweißgehalt in der Hefe derselben Art schwanken kann. So wurden 27 chemisch reine krystallisierte Aminosäuren geprüft, wobei sich zeigte, daß von den optisch aktiven Isomeren immer nur eine Komponente, und zwar in manchen Fällen bis zu 100% assimiliert wurde, während die andere vollständig unangetastet zurückblieb. Eine bestimmte Regel über die Auswahl der optischen Form trat nicht zutage. Folgende Tabelle gibt einen Überblick über die assimilierbaren Isomeren einiger sehr bekannter Aminosäuren:

l-Leucin	*l*-Tryptophan	*d*-Isoleucin
l-Phenylalanin	*l*-Histidin	*d*-Alanin
l-Tyrosin		*d*-Ornithin

Nur zwei Ausnahmen traten auf: die Asparaginsäure und die Glutaminsäure. Hier erwiesen sich beide optischen Formen als gleichwertig. *Nielsen* konstatierte weiter, daß die Aminosäuren der normalen Fettsäuren, nämlich Glycin, Alanin, Aminobuttersäure, Aminovaleriansäure und Aminocapronsäure von der Hefe gut assimiliert wurden. Von den zweibasischen erwiesen sich Aminoadipinsäure und die Diamino-pimelinsäure als unbrauchbar. Mit der Länge der Kohlenstoffkette kann diese Erscheinung nicht erklärt werden, denn die α-Aminocapronsäure und die α-Aminocaprylsäure sind geeignet. Während bei den beiden mit einem Ring verknüpften Säuren Tryptophan und Histidin nur der Stickstoff der Seitenkette assimilierbar ist, ist der des Prolinkerns verwertbar. Auf Bakterien wirken manche reine α-Aminosäuren giftig und hemmen daher das Wachstum (Tryptophan (307)). Von den Diaminosäuren eignet sich gut Ornithin (Resorption bis zu 80%), während Lysin vollkommen verschmäht wird. Ferner werden von den Hefen nicht angegriffen die α-Amino-iso-buttersäure, das β-Alanin und die γ-Aminopropylmalonsäure. Dazu gesellen sich noch die in der Aminogruppe methylierten Derivate wie Sarkosin und Dimethylglykokoll und ebenfalls die am α-Kohlenstoffatom mit der Methylgruppe substituierten.

Diesen Versuchen *Nielsens*, der ganz allgemein die Assimilierbarkeit der Aminosäuren feststellen wollte, schließen sich die Forschungen von *Hartelius* (308) an. Es sollte jetzt der Wert dieser Stickstoffquellen gegenüber Ammonsulfat bestimmt werden. Hiermit kommen wir der anfangs aufgeworfenen Frage, ob nicht das Ammoniak die einzige natürliche, bevorzugte Stickstoffquelle ist, experimentell näher. Die Versuche zeigen einwandfrei, daß in Konkurrenzversuchen von Ammonsulfat mit Aminosäuren das Ammoniaksalz als Sieger hervorgeht. Nur eine Ausnahme gibt es: die Asparaginsäure und ihr Amid. Beide Stoffe werden doppelt so gut assimiliert wie das Salz. Schon *P. Lindner* hat vor langer Zeit darauf hingewiesen, daß die kleinsten Moleküle am besten von der Zelle aufgenommen werden. Nimmt man nun an, daß vom Ammoniumsulfat nur das Ammoniak in die Zelle eindringt, so hätte man eine Erklärung für die bessere Assimilation des Ammoniums gegenüber den Aminosäuren. Aber ganz so einfach liegen die Verhältnisse nicht, denn die niedrigsten Glieder der Aminosäurenreihe, wie Glycin und Alanin erfreuen sich nicht gerade einer Bevorzugung gegenüber den höher molekularen Säuren.

Auf einer Tabelle hat *Hartelius* die Aminosäuren nach dem Umfang ihrer Resorbierbarkeit geordnet, und zwar verglichen mit der Leistung des Ammonsulfats, wobei der aufgenommene Ammoniakstickstoff gleich 100 gesetzt wurde.

Aminosäureaufnahme aus einer Nährlösung, die sowohl Aminosäure als auch Ammoniumsulfat im Überschuß enthält.

Nährlösung: pro l 100 g Rohrzucker, 0,5 g Ammoniumsulfat, 0,7 g $MgSO_4 \cdot 7\,H_2O$, 1 g KH_2PO_4, 0,5 g NaCl, 0,4 g $CaCl_2 \cdot 6\,H_2O$, 0,5 ccm 1% $FeCl_3$, 10 ccm Pilsener Würze. Aminosäuren besonders, natürlich sterilisiert, zugegeben. Temp. 25°. Saccharomyces cerevisiae.

	Aufgenommener Aminosäure-N im Verhältnis zum gleichzeitig aufgenommenen Ammoniak-N, welcher gleich 100 gesetzt ist
l-Asparagin, *d,l*-Asparaginsäure	200
Ammonsulfat	100
d,l-Serin, *d*-Arginin	60—70
d,l-Amino-*n*-Capronsäure, *d,l*-Amino-*n*-Valeriansäure, *d,l*-Amino-*n*-Buttersäure	35—55
d,l-Alanin, *d,l*-β-Phenylalanin, *l*-Tyrosin, *d,l*-Leucin, *d*-iso-Leucin, *d,l*-Valin, Leucyl-Glycin, Glycyl-Leucin	15—35
d,l-Amino-*n*-Caprylsäure, Glycin	5—15
d-Glutaminsäure, Harnstoff	0—5

Auffällig ist hier die schlechte Assimilierbarkeit der Glutaminsäure im vorliegenden Falle im Gegensatz zu den Versuchen von *Nielsen*, bei denen Glutaminsäure und Asparaginsäure gut aufgenommen wurden. Über den Wert von Harnstoff gehen die Meinungen auseinander *(Swoboda)* (309). Wahrscheinlich geben hier die Heferasse und die besonderen Versuchsbedingungen den Ausschlag. Zum Schluß noch die auf Experimente gestützte ältere Angabe von *P. Thomas* (310), daß Ammoniak in erster Linie für die Eiweißsynthese in Frage kommt. — S. auch N = Stoffwechsel der Bierhefe. (Szilvinyi) (1041)

Wenn Ammoniak ein so vorzüglicher Hefenährstoff ist, wie aus den neuesten exakten Versuchen hervorgeht, so müßte man in einer synthetischen Nährlösung, die alle notwendigen Nährstoffe und Katalysatoren, die wir leider noch nicht alle kennen, enthält, die Hefe vollständig mit Ammoniak als einziger Stickstoffquelle heranzüchten können, vor allem dann, wenn man die Vorsicht beachtet, nur stets soviel Ammoniakgas einzuleiten, als gerade assimiliert wird. Auch die technischen Nährlösungen (z. B. in Hefefabriken) könnten auf diese Weise ihren Stickstoffmangel vollwertig ausgleichen.

Jetzt drängt sich die Frage auf, in welcher Weise die Desaminierung der Aminosäuren vor sich geht. Der Abbau kann in verschiedener Weise geschehen. Zunächst käme eine hydrolytische Spaltung in Frage, die *Neuberg* (311) bei höheren Tieren und Mikroorganismen beobachtet hat.

$$\underset{\text{Aminosäure}}{R \cdot CH \cdot NH_2 \cdot COOH} + H_2O = \underset{\text{Oxysäure}}{R \cdot CH \cdot OH \cdot COOH} + NH_3$$

Neubauer (312) hat einen anderen Weg, den oxydativen Abbau bei Stoffwechselversuchen, gefunden, den *Glover* (313) und *Kisch* (314) später mit Leber- und Nierengewebe erfolgreich beschreiten konnten.

$$\underset{\text{Aminosäure}}{R\cdot CH\cdot NH_2\cdot COOH} + O = \underset{\text{Ketosäure}}{R\cdot CO\cdot COOH} + NH_3$$

Nach *Krebs* (315), der das Gebiet erweiterte, gelang es *Warburg* und *Christian* (316) das wirksame Prinzip, die Aminosäure-oxhydrase, zu isolieren und die chemische Zusammensetzung der prosthetischen Gruppe als Alloxazin-adenin-dinukleotid (Kap. 11, Oxydasen) zu ermitteln.

Auch nach der Methode von *Wieland* (317), der Dehydrierung, ist eine Destruktion möglich, wobei in manchen Fällen Methylenblau als Akzeptor dienen kann, z. B. bei der Glutaminsäure *(Thunberg, Quastel)*. Die allgemeine Umsetzungsform lautet:

$$\underset{\text{Aminosäure}}{R\cdot CH\cdot NH_2\cdot COOH} \xrightarrow{-2H} \underset{\text{Iminosäure}}{R\cdot C:NH\cdot COOH} \xrightarrow{+H_2O} \underset{\text{Ketosäure}}{R\cdot CO\cdot COOH} + NH_3$$

Die in Hefen angetroffene Glutaminsäure-Dehydrase wurde genauer untersucht und konnte dabei in ein Apoenzym und Codehydrase II zerlegt werden. Der Übergang der Glutaminsäure in α-Ketoglutarsäure geschieht nach *Euler*, *Adler*, *Günther* und *Das* (318) nach folgendem Schema:

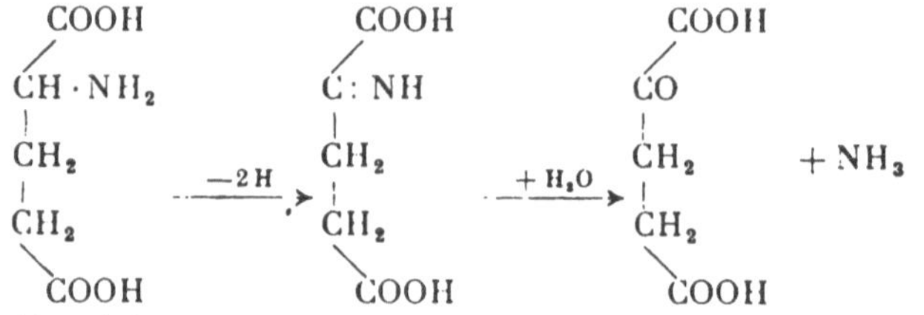

Glutaminsäure Glutiminosäure α-Ketoglutarsäure

Wenn man sich ferner an die Enzymversuche über die Hefeaspartase von *Haehn* und *Leopold* (319) erinnert, so erkennt man den Abbau der Asparaginsäure zu Fumarsäure als eine glatte Ammoniakabspaltung (Gleichung s. Kap. 11). Die Monocarbonsäuren werden von lebender Hefe in besonderer Weise zerlegt, und zwar nach *F. Ehrlich* (320) nach folgender Gleichung.

$$\underset{\text{Leucin}}{\begin{matrix}CH_3\\CH_3\end{matrix}\!\!>\!CH\cdot CH_2\cdot CH\cdot NH_2\cdot COOH} + H_2O = \underset{\text{Amylalkohol}}{\begin{matrix}CH_3\\CH_3\end{matrix}\!\!>\!CH\cdot CH_2\cdot CH_2\cdot OH} + NH_3 + CO_2$$

So entsteht z. B. aus dem Leucin unter Abgabe von Kohlensäure und Ammoniak Amylalkohol. *Ehrlich* hat eine ganze Reihe solcher Spaltungen studiert und auffälligerweise immer Alkohole mit ausgesprochen schönem Geruch erzielt. Durch Veresterungen mit Säuren ist der Weg zu noch anderen Bouquetstoffen geöffnet (Näheres Kap. 18, Fuselölbildung).

Außer Ammoniak und Aminosäuren dienen auch, wie schon anfangs bemerkt wurde, kleinere Eiweißmoleküle, peptonähnliche Stoffe, als Nährsubstrat. Diese unterliegen zunächst einer Hydrolyse und die dabei entstehenden Aminosäuren dienen dann als solche direkt zum Aufbau des Hefeproteins oder werden in der eben beschriebenen Weise verwertet. In den natürlichen Nährböden wie Bierwürze und Kartoffelmaischen finden sich neben Aminosäuren, niederen Polypeptiden auch kleine Eiweißmoleküle. — Aminosäuren als C-Quelle (s. Schultz) (1042).

Nährsalzgemische

Die Nährsalzmischungen haben wir schon gelegentlich in den angeführten synthetischen Nährlösungen kennengelernt. Es braucht deshalb an dieser Stelle nur nochmals auf die Lösungen von *Henneberg* (S.72), *Reader* (S. 136), *M. Hayduck* (S. 136) und von *Hartelius* (S. 143) hingewiesen zu werden. Das Mengenverhältnis der Komponenten zu einander gibt Aufschluß über die Bedeutung der einzelnen Bestandteile.

Der Einbau von Isotopen: von schwerem Wasserstoff ^2H, von ^{13}C, ^{15}N und ^{32}P

Einen eigenartigen Vorgang wollen wir hier einfügen, der berufen ist, manches schwierige Rätsel im Chemismus des Zellebens zu lösen. Es handelt sich um den biochemischen Einbau von Isotopen in verschiedene chemische Moleküle zwecks Aufklärung des Zwischenstoffwechsels. Da die markierten Elemente einwandfrei nachzuweisen sind, so kann ihr Schicksal im lebenden Organismus verfolgt werden. Zunächst zur Aufklärung die Tatsache, daß die meisten chemischen Elemente Mischungen verschiedener Isotopen sind. So besteht z. B. das Chlor mit dem Atomgewicht 35,45 zu 75,4% aus dem Isotop ^{35}Cl mit dem Atomgewicht 35, und zu 24,6% aus dem Element mit dem Atomgewicht 37, also aus ^{27}Cl. Vom Kohlenstoff kennt man bereits 5 Isotope von ^{10}C bis ^{14}C. Durch Diffusionsmethoden kann die Zerlegung in die einzelnen Komponenten erfolgen.

Wir beginnen die näheren Ausführungen mit dem schweren Wasserstoff, dem Deuterium D. Dieses Isotope des Wasserstoffs, das noch einmal so schwer ist wie der Wasserstoff selbst und deshalb das Symbol ^2H erhalten hat, gibt mit Sauerstoff eine Verbindung der Formel D_2O oder ^2H_2O. Infolge des größeren Molekulargewichtes dieses Stoffes gegenüber dem des Wassers, nämlich 20 gegenüber 18, wird er mit dem Ausdruck „schweres Wasser" bezeichnet. Das Deuteriumoxyd entsteht nebenher bei elektrolytischen Prozessen und kann in verschiedener Konzentration erhalten werden.

Die ursprüngliche Annahme, der lebenden Zelle fehle das Unterscheidungsvermögen zwischen Wasserstoff und Deuterium, mußte aufgegeben werden, da man im Laufe der Zeit, wie wir noch sehen werden, eine Verzögerung der biologischen Prozesse durch Deuteriumbeigabe beobachtete. Dem Umstand, daß das Deuterium keine ausgesprochene Giftwirkung auf das Plasma der Zelle ausübt, ist es zu danken, daß wir dieses schwere Isotop in verschiedene Moleküle einbauen können. Hierbei ist aber zunächst zu unterscheiden zwischen einem festen Einbau des Deuteriums auf dem Wege der chemischen Reaktion und einem einfachen Austausch. Letzterer wird vermittelt durch die OH-Gruppen der Kohlenhydrate, das enolische Hydroxyl, die CH_2O-Gruppe und die Wasserstoffatome der Aminogruppe im Eiweiß. Die Bindung ist indessen in diesem Falle so lose, daß durch genügend langes Waschen mit Wasser das Deuterium wieder quantitativ entfernt werden kann. Der wirklich eingebaute schwere Wasserstoff ist dagegen als Zellbestandteil fest verankert. Diese beiden Arten von Einbau sind eine Funktion der Deuteriumoxydkonzentration. Wenn man nach *Reitz* und *Bonhoeffer* (321) Hefe in 12% D enthaltendem Wasser schüttelt, so wird nur auswaschbarer, schwerer Wasserstoff aufgenommen. Läßt man indessen die Hefe 4—14 Tage in etwa 50%igem schweren Wasser in Gegenwart von Zucker und Nährsalzen wachsen, so geht das Deuterium in verschiedene chemische Moleküle als fester Bestandteil hinein. Aus dem Hefeeiweiß läßt sich jetzt der schwere Wasserstoff nicht herauswaschen. Unterwirft man jedoch das Protein einer Hydrolyse, so besitzen merkwürdigerweise die entstehenden Aminosäuren teilweise auswaschbares Deuterium. Während das Eiweiß 20% Deuterium enthält, findet man in der Zellwandmembran nur 15% D. Beim Hefegummi hängt die Größe des Einbaus von der Ernährung ab. Bei Mannosefütterung erzielt man 5,5%, während Glucose und Fructose die doppelte Menge festlegen. Bei Glykogen sind wieder Glucose und Mannose die besten Förderer (9% D), während Fructose hier nur die Hälfte Deuterium einbaut. Im Hochvacuum getrocknete Hefe besitzt 18,8% schweren Wasserstoff (*Salzer* und *Bonhoeffer* (322), *Günther* und *Bonhoeffer*) (323).

Aus den obigen Beispielen geht hervor, daß der Deuteriumgehalt der isolierten Polysaccharide von der Art der dargebotenen Hexose abhängig ist. Hieraus muß geschlossen werden, daß die Umwandlung der Hexosen ineinander, wenn eine solche hier überhaupt in Frage kommen sollte, langsamer vonstatten geht als die Polysaccharidsynthese, denn wenn der Aufbau von dem Gleichgewichtsgemisch der drei angeführten Hexosen ausginge, würden sich die Hexosen in ihrer Wirkung nicht unterscheiden.

Wenn ein Polysaccharid wenig Deuterium aufnimmt, so hat die Hexose nur einen kurzen Umwandlungsprozeß bis zu ihrem Endprodukt durchzumachen gehabt. Umgekehrt deutet ein hoher Gehalt an schwerem Wasserstoff auf einen langen Reaktionsweg hin, denn je größer ein Molekül eine Veränderung erfährt, um so mehr Gelegenheit ist gegeben, Deuteriumoxyd einzufügen. Somit muß nach den oben angeführten Erfahrungen die Fructose dem Glykogen näherstehen als die Glucose, d. h. die Fructose wandelt sich in der Hefe noch einmal so leicht in Glykogen um wie die andere Hexose. Einen analogen Fall fand *Meyerhof* bei der Glykogenbildung in der Leber.

Reines schweres Wasser ist weder tierischen noch pflanzlichen Organismen zuträglich. In hohen Konzentrationen beobachtet man eine Reaktionsverzögerung. So ist nach *Geib* und *Bonhoeffer* (324) die Wachstumsgeschwindigkeit des Aspergillus niger und des Penicillium glaucum in 95%igem schweren Wasser halb so groß wie im Kontrollversuch. *O. W. Richards* (325), der mit Saccharomyces cerevisiae *Hansen* in reichlich verdünntem Deuteriumoxyd arbeitete, fand, daß sich die Zellen vergrößerten, und daß sie mehr Trockensubstanz aber weniger Mineralsalze enthielten als die Kontrollzüchtungen. Ferner wurde ein doppelt so großer Glykogengehalt in den D_2O-Kulturen beobachtet als im Normalversuch. Der Stickstoffgehalt war allerdings gefallen. Wie man sieht, beeinflußt das Deuterium den Lebensprozeß nicht unbeträchtlich.

Bei der alkoholischen Gärung in schwerem Wasser resultiert ein Alkohol, bei dem auch mehrere Wasserstoffatome durch das schwere Isotop ersetzt sind.

$$CH_2D \cdot CD_2 \cdot OD$$

schwerer Äthylalkohol

Wie das Formelbild zeigt, ist in der primären Alkoholgruppe des Äthylalkohols sämtlicher Wasserstoff durch das Deuterium ersetzt, während in der Methylgruppe nur ein Drittel der Wasserstoffatome substituiert sind. Der Umfang des Einbaus ist abhängig vom Deuteriumgehalt der Gärlösung. Mit seiner Abnahme verringert sich die Intensität der Substitution im Molekül des Alkohols. Der Austausch der Wasserstoffatome erfolgt während der Gärung, also bei der Aufspaltung der Hexosen zu Triosen und deren Umwandlungen (*O. Reitz* (326)). Die Reaktionsgeschwindigkeit dieses physiologischen Prozesses wird durch Deuteriumoxyd auch verzögert, in reinem D_2O bei Rohrzucker- als auch bei *d*-Glucosefütterung auf die Hälfte reduziert.

Von den 5 Kohlenstoffisotopen ^{10}C bis ^{14}C sind 4 radioaktiv und können daher leicht nachgewiesen werden. ^{13}C sendet dagegen keine Strahlen aus und wird mit Hilfe des Massenspektrometers aufgefunden.

Wenn man Glykokoll und Alanin (327) mit solchen Carboxylgruppen, die das Isotope ^{13}C enthalten, an Torulopsis utilis verfüttert, so beobachtet man schon nach zwei Stunden eine Wanderung des markierten C-Atoms. Bei Glykokollfütterung wurde es vor allem im Serin und Prolin aufgefunden, während Alanin seine isotope —COOH-Gruppe an eine größere Anzahl von Aminosäuren wie Arginin, Lysin, Glykokoll, Glutaminsäure und Asparaginsäure gleichmäßig abgegeben hatte. Man beobachtet hier also die große Reaktionsfähigkeit des Isotopen, das schnelle Verlassen der Muttersubstanz und den hohen Grad des Austausches fremden Aminosäuren gegenüber.

Durch diese Art von Versuchen mit Kohlenstoffisotopen wurde auch die neuartige Erkenntnis gewonnen, daß die heterotrophen Organismen wie Bakterien und Pilze entgegen den bisherigen Anschauungen auch Kohlensäure assimilieren können. Es konnte der Einbau des markierten C-Atoms aus Kohlensäure in organischen Verbindungen bewiesen und ebenso der Ort des Isotopen im Molekül festgelegt werden. *Werkman* und *Woods* und *Nier* arbeiteten mit ^{13}C, während *Barker*, *Ruben* und *Kamen* die radioaktiven Elemente benutzten. Sie konnten u. a. die „markierte" Kohlensäure zu Methan mit dem Isotopen C reduzieren (328). Mit Hilfe eines thermophilen Essigbakteriums, das aus Glucose 3 Moleküle Essigsäure produziert, ließ sich nach dieser Methode die Synthese des dritten Säuremoleküls aus CO_2 und H_2 nachweisen *(Fontaine)*:

$$2CO_2 + 4H_2 = CH_3 \cdot COOH + 2H_2O$$

Bei der Vergärung eines Gemisches von Glucose mit Essigsäure, die pro Molekül durch ein ^{13}C-Kohlenstoffatom charakterisiert wurde, produzierte der Aerobacter indologenes nicht nur 2,3-Butanglykolmoleküle, sondern auch Äthylalkohol- und Weinsäuremoleküle mit isotopen Kohlenstoff (s. auch Kap. 20).

Das Stickstoffisotop ^{15}N kam im Leucinmolekül zur Verfütterung an Tiere und wurde alsdann in verschiedenen Eiweißstoffen wie Serumeiweiß aufgefunden. Bei der Eiweißanalyse fand man von dem Isotopen nur 30% im Leucin wieder; 70% waren in andere Aminosäuren eingewandert. Besonders leicht geht ^{15}N in das Nukleinsäuremolekül der Hefe. Bei der Züchtung reichern sich die Purin- und Pyrimidinkörper der Nukleinsäuren mit dem Stickstoffisotop aus Ammonsulfat an *(F. J. Di Carlo* und *A. S. Schultz)*.

Bei markierten Fettsäuren beobachtete man einen besonders schnellen Umsatz. Alle Versuche sprechen für einen ständigen Austausch von Stoffen im Körper, wobei die neuaufgenommenen im Organismus verbleiben und dafür ein Äquivalent alter Bestandteile zur Ausscheidung kommt. Für diese fortwährende Erneuerung der Baustoffmoleküle der Zelle ist noch keine Erklärung gefunden.

Phosphor als ^{32}P-Isotop wird besonders schnell aufgenommen. Werden Tiere mit Natriumphosphat injiziert, so verschwindet dasselbe in kurzer Zeit aus der Blutbahn und setzt sich ab zu 50% in den Knochen und zu 25% im Muskel. Kleinere Bruchteile sind nachweisbar im Verdauungstraktus und in der Leber. Also dort, wo der Phosphatstoffwechsel lebhaft ist, findet der größte Einbau statt. Man sieht auch hier den ständigen Austausch der Körperbausteine gegen Nahrungsstoffe.

Zum Schluß möge bedacht werden, ob nicht die isolierten, reinen, radioaktiven Isotopen als Fremdlinge im natürlichen Geschehen der lebenden Zelle anzusprechen sind. Wäre dies der Fall, so müssen wir mit unseren Schlußfolgerungen vorsichtig sein. Die reaktionsverzögernde Wirkung des Deuteriums spricht nicht gerade für einen plasmophilen Charakter dieses Substrates.

C. Natürliche Nährlösungen

(Technische Nährmedien)

Bierwürze

In der Bierbrauerei ist die Bierwürze das Medium, das durch die Hefe vergoren wird. Über die Darstellung desselben wird im 15. Kapitel ausführlich berichtet. Durch den Mälzungsprozeß und durch das Maischen erfolgt die Umwandlung der Stärke hauptsächlich in Maltose, die dann bei der Gärung nach erfolgter Hydrolyse zu Glucose in Alkohol und Kohlensäure übergeführt wird. Die Proteine erfahren gleichzeitig bei diesen Vorgängen einen weitgehenden Abbau, wodurch u. a. auch die für die Hefe assimilierbaren Stickstoffverbindungen wie peptonähnliche Stoffe, niedere Polypeptide und Aminosäuren entstehen. Die nötigen Nährsalze sind ebenfalls im Gerstenkorn enthalten, so daß kein besonderer Zusatz zur Würze erforderlich ist. Folgende Analyse gibt uns einen Überblick über die Zusammensetzung einer hellen Bierwürze:

Extrakt nach Plato	11,6%
Reduzierende Zucker, berechnet auf Maltose, darunter kleine Mengen, bis höchstens 1%, Invertzucker	8,3 %
Rohrzucker bis höchstens	1 %
Nichtmaltose	3,3 %
Gesamt-Stickstoff	0,073%
Formol-Stickstoff	0,018%
Asche etwa	0,2 %
pH	5,62 %

In der fertigen Würze stehen nun der Hefe die verschiedensten Stickstoffverbindungen zur Verfügung, und es ist auch hier von *Kolbach* und *Hennecke* mit Hilfe von Ultrafilter-Fraktionen die bevorzugte Assimilation der kleinsten Moleküle wie Ammoniak, Aminosäuren, Säureamide und niedere Polypeptide erwiesen worden. Die hochmolekularen Verbindungen werden verschmäht. *N. Nielsen* (329) zeigte das sehr schön durch eine Dialyse der Würze und Verfütterung der beiden Fraktionen. Es ergab sich, daß die Innenflüssigkeit nur 19% assimilierbaren Stickstoff enthielt, während die durch die Membran hindurchgegangenen kleinen Moleküle der Außenflüssigkeit bis zu 68% von den Hefen aufgenommen wurden. Dieser resorbierbare Stickstoff ist z. T. durch die Formoltitration charakterisiert *(Kolbach)* (330). Von dem Gesamtstickstoff der Würze sind nur 25—30% formoltitrierbar, jedoch können hiervon nur etwas über 50% von der Hefe konsumiert werden *(N. Nielsen)* (331) Zu den schwer oder überhaupt nicht assimilierbaren, mit Formaldehyd reagierenden Stoffen gehören auch, wie wir schon erfahren haben, verschiedene Aminosäuren. Aber auch noch andere nicht resorbierbare Stoffe werden durch die Formoltitration erfaßt.

Die intensivste Assimilation des Stickstoffs erfolgt zu einer Zeit, wenn das Wachstum der Hefe noch äußerst gering ist, also in den ersten 10 Stunden, wobei der Eiweißgehalt der Zellen von 8 auf 12% ansteigt. Setzt indessen die Zellvermehrung ein, so geht der Eiweißwert, nachdem er ein Minimum von 6% erreicht hatte, nach 9 Tagen auf 8% zurück.

In der normalen Würze sind zwar 42—48% Stickstoff von der Gesamtmenge bei Zugabe eines Zuckerüberschusses assimilierbar, jedoch setzt der relative Zuckermangel in der ursprünglichen, normalen Würze — in der normalen Würze ist das Verhältnis von Maltose zu Eiweiß ungünstig, d. h. letzteres ist im Überschuß — der restlosen Verarbeitung des resorbierbaren Stickstoffs durch die Hefe ein vorzeitiges

Ziel. (Gesetz des Minimums: Die Maltose der Würze im Minimum). Es werden bei einem normalen Gäransatz durchschnittlich nur 30% vom Gesamtstickstoff verbraucht.

Der Stickstoffumsatz ist im allgemeinen von der Würzekonzentration abhängig, wobei die schwächeren Würzen besser ausgenutzt werden *(Hopkins* (332), *Petit* und *Staux)* (333). Auch die Hefemenge spielt eine Rolle. Werden hohe Hefegaben und niedere Temperaturen angewendet, so wird das Stickstoffdepot geschont, dagegen veranlassen kleine Hefedosen und hohe Temperatur lebhafte Stickstoffaufnahme. Auch hungernde bzw. stickstoffarme Hefen verhalten sich in diesem Sinne *(Lampitt)* (334).

Nielsens (335) Untersuchungen über den assimilierbaren Stickstoff in Würze, festgestellt durch ständige Zuckerzugabe zur Würze bis der assimilierbare Stickstoff erschöpft war, erstreckten sich auch auf bayrische Würzen, wobei für helle Würzen die Durchschnittswerte bei 46%, für dunkle bei 39% lagen. Man kann nach zahlreichen Untersuchungen verschiedener Würzen sagen, daß im allgemeinen 39—50% vom Gesamtstickstoff durch Bierhefe assimiliert werden können. Bei anderen Organismen liegen die Werte in anderer Höhe. Eine Kopenhagener Bierwürze z. B., die bei dem Saccharomyces cerevisiae einen resorbierbaren Anteil von 52% anzeigte, gab für den Rhizopus suinus und für Klöckera apiculata die Zahlen 63 und 43%. Da durch die Formoltitration nur 25—30% des Gesamtstickstoffs erfaßt wird, so muß die Würze noch sehr reichlich andere Stickstoffarten wie niedere Polypeptide und peptonartige Stoffe enthalten.

Zu dem Stoffwechsel gehört natürlich auch die Abgabe von Stickstoffverbindungen. Diese sind niedrig molekularer Natur, also nicht koagulierbar. Ältere Versuche liegen vor von *M. Hayduck* (1881), *Pringsheim* (1902) und *Iwanow*, jedoch läßt die Mannigfaltigkeit der gewählten Methoden keinen Vergleich zu. *Lampitt* fand, wahrscheinlich unter abnormen Verhältnissen eine Stickstoffabgabe bis zu 25% des Gesamtstickstoffs, während nach *Euler* und *Fink* (336) nur 5% zur Ausscheidung gelangten. Eine Bestätigung findet die letzte Angabe durch *Claassens* Mitteilung über 7% bei Kulturhefen. Es handelt sich hier, das sei ausdrücklich gesagt, um einen normalen physiologischen Prozeß während des Wachstums und der Gärung, nicht etwa um autolytische Vorgänge kranker Hefen *(Nielsen)* (337). Es wäre interessant zu erfahren, wie diese abgestoßenen Eiweißmoleküle chemisch aufgebaut sind, um die Ursache der Abneigung der Zelle gegen diese Proteinarten zu ergründen. Merkwürdig ist dieser physiologische Vorgang auf alle Fälle in Anbetracht der Fähigkeit der Zelle, alle Proteine zu niedrigsten Stoffen zu hydrolysieren.

Somit bleibt nach der Vergärung immer noch ein beträchtliches Eiweißquantum im Bier, das mit den ebenfalls verschonten Dextrinen die Vollmundigkeit des fertigen Getränkes bedingt.

Die Brennereimaische

Die Brennereimaische wird im allgemeinen aus gedämpften Kartoffeln mit Hilfe von Malz hergestellt (Näheres 17. Kapitel). Hieraus ergibt sich die Zusammensetzung. Als vergärbares Substrat findet die Hefe die aus der Stärke mittelst Amylase bereitete Maltose. Die Stickstoffsubstanzen liefert die Kartoffel in Form von Aminosäuren (sehr viel Asparagin) und niederen Eiweißarten; ebenso bringt das Gerstenmalz durch die Proteolyse lösliche kleinere Eiweißmoleküle und Polypeptide in das Nährgemisch, das außerdem die Mineralsalze der beiden Cerealien in assimilierbarer Form aufweist. Will man die Hefe recht kräftig ernähren, so gibt man außerdem Hefeautolysat hinzu. Dasselbe besteht in der Hauptsache aus Aminosäuren, die durch die Proteasen der Hefe aus dem gerinnbaren Eiweiß und den anderen Proteiden entstanden sind. Daneben enthält das Hefeautolysat auch mineralische Salze, besonders viel Phosphorsäure, Vitamine (namentlich der B-Gruppe) und Wuchsstoffe (s. nächstes Kapitel), so daß ein ganz idealer Nährboden zugefügt worden ist (s. 14. Kap., Autolyse). Durch die treffliche Zusammensetzung erklärt sich auch die vorzügliche Vergärung der Maische.

Melassen

Die Rübenmelasse, das Restprodukt aus der Rübenzuckerfabrikation, die etwa 50% Rohrzucker enthält, ist einmal ein vorzügliches Ausgangsmaterial für die Spitiruserzeugung und ebenfalls eins für die Hefefabrikation. Nach *Foth* (338) hat die Rohzuckermelasse, gewonnen in Rohzuckerfabriken im Gegensatz zur Raffineriemelasse der Zuckerreinigungsfabriken, folgende Zusammensetzung:

Wasser	22,5%
Gesamtzucker	49,7%
Stickstoffreie Extraktstoffe	10,3%
Stickstoffhaltige Stoffe (N-Gehalt × 6,25)	10,3%
Asche (kohlensäurefreie)	7,2%

Neben dem Rohrzucker (Saccharose) findet man noch kleine Mengen Invertzucker und Raffinose. Von den stickstoffhaltigen Stoffen sind in erster Linie enthalten Aminosäuren und Amide, wie z. B. Asparaginsäure, Glutaminsäure, Leucin, Isoleucin und Betain. Eigentliche Proteine sind nur in geringer Menge aufgefunden.

	Gesamtstickstoff	Eiweißstickstoff
Rohzuckermelasse	1,7%	0,09%
Raffineriemelasse	1,6%	0,06%

Da nach *Staiger* von dem Gesamtstickstoff nur etwa 33% assimilierbar sind, so muß gegebenenfalls noch Stickstoff zugefügt werden. In der Hefefabrikation bedient man sich mit recht gutem Erfolg des Ammonsulfates, das, wie wir oben sahen, sogar den meisten Aminosäuren gegenüber bevorzugt wird *(Hartelius)*. Aber auch die Phosphorsäure muß man ergänzen, da im Laufe des Zuckergewinnungsverfahrens diese Säure zum guten Teil ausgefällt wird. Dieser Säuremangel macht sich auch in der alkalischen Reaktion der Melasse bemerkbar, weshalb der Gäransatz mit Schwefelsäure neutralisiert wird.

Die Zuckerrohrmelasse ist ebenfalls für Gärungszwecke geeignet, unterscheidet sie sich doch nicht wesentlich bezüglich der für die Brennerei wichtigen Stoffe von der Rübenmelasse. Da die Zuckerrohrmelasse meistens saure Reaktion hat, so bildet sich Invertzucker, der unter Umständen bis zu 40% betragen kann. Ebenso findet man hier Traubenzucker in erheblichen Mengen im Gegensatz zur Rübenmelasse. Auffällig ist ein geringer Aschengehalt, aber dennoch ist die Phosphorsäuremenge in diesem Falle so groß, daß sie für die Hefezüchtung genügt. Das Stickstoffvorkommen ist ebenfalls gering; ein Zusatz von Ammoniumsalzen erscheint daher dienlich. In gewissen Kreisen wird dem Vitamingehalt der Zuckerrohrmelasse eine Bedeutung zugeschrieben (s. Kap. 9).

Sulfitablauge (339)

Die Sulfitablauge ist als Abfallprodukt das billigste Ausgangsmaterial für die Alkohol- bzw. Hefegewinnung. Sie entsteht bei der Fabrikation von Zellstoff aus Holz mittelst Calciumbisulfit und freier schwefliger Säure. Das technische Verfahren zur Alkoholgewinnung aus Sulfitlauge stammt von *Ekström* (Schweden) und wurde erst im Weltkriege in Deutschland eingeführt.

1 l anfallende Lauge enthält 80—135 g Trockensubstanz, wovon 85—90% organischer und 15—10% anorganischer Natur sind *(Foth)* (340). *Wichelhaus* gibt für die 14,49 g Asche eines Liters Lauge folgende Analyse:

Schwefelsäure	3,434 g	Eisenoxyd, Tonerde	0,010 g
Schweflige Säure, geb.	5,842 g	Kalk	7,176 g
Schweflige Säure, frei	2,560 g	Magnesia	0,004 g
Chlor	0,024 g	Alkalien	0,019 g
Kieselsäure	0,002 g		

Wie man sieht, mangelt es der Lauge an wichtigen Nährsalzen wie Phosphaten, Magnesium-Kalisalzen. An organischen Stoffen wurden außer Zuckerarten Lignin- und Harzabkömmlingen, Essigsäure, Ameisensäure und wenig stickstoffhaltige Nährstoffe festgestellt.

Vor der Vergärung muß die Ablauge gereinigt und mit Nährsalzen versehen werden. Man neutralisiert sie zunächst mit Ätzkalk und Kreide, wobei gleichzeitig unter Lüftung die freie schweflige Säure verjagt wird. Das Filtrat enthält dann etwa 3,9% reduzierende Zucker, wie Glucose, Mannose und Pentosen. Vergärbar sind nur 2,5% und weniger. Das ist von der Art des Aufschlußverfahrens (nach *Mitscherlich* oder nach *Ritter-Kellner*) abhängig. Der Gesamtstickstoff beträgt pro Liter 110 mg. Will man in einer solchen Lauge Torula utilis züchten, so gibt man nach *Fink* und *Lechner* (341) Diammonphosphat, Ammonsulfat, Magnesium- und Kaliumsulfat hinzu. Beabsichtigt man Alkohol mit Kulturhefen zu erzeugen, so ist ein Auszug aus Malzkeimen von großem Vorteil.

Holzzuckerwürze

Die Holzzuckerwürze erhält man entweder nach dem *Willstätter-Zechmeister-Bergius*-Verfahren (342) durch Hydrolyse des Holzes mit kalter, starker Salzsäure oder nach der Methode von *Scholler-Tornesch* (343), bei der der Aufschluß mit verdünnter Schwefelsäure unter Druck bei etwa 170° C erfolgt. Die rohe Würze des zuletzt genannten Verfahrens enthält 3,5—4% reduzierende Zucker und muß mit Kreide neutralisiert und dann filtriert werden. Sie enthält auch restlos assimilierbaren Stickstoff, aber nur in so geringen Mengen, daß zur Hefezüchtung Ammonsulfat bzw. Ammoniakwasser in reichlicher Menge beigegeben werden müssen. Ein Malzkeimauszug leistet auch vorzügliche Dienste. Von anderen Nährsalzen sind noch Kaliumphosphat und Magnesiumsulfat erforderlich. Um den Wert der Holzzuckerwürze in bezug auf verwertbaren Stickstoff zu charakterisieren, sei sie mit Melasse verglichen:

	Holzzuckerwürze	Melasse
Reduzierende Zucker	62,1 g	62,1 g[1])
Gesamt-N	0,075 g	2,36 g
Assimilierbarer N	0,075 g	0,79 g

Obgleich die Melasse nur ein Drittel assimilierbaren Stickstoff von der Gesamtmenge enthält, so ist sie trotzdem der Holzzuckerwürze um das zehnfache überlegen (344).

[1]) Reduzierender Zucker auf Rohrzucker berechnet.

Molke

In den letzten 10 Jahren hat sich infolge Mangel an Rohstoffen die Molke in Gärbetrieben eingeführt. Dieses Produkt der Molkerei, das sich bisher keiner besonderen Beachtung erfreute, wurde plötzlich ein wertvoller Ausgangsstoff für verschiedene Gärprozesse. Da in der Molke noch etwa 50% der Extraktstoffe der Milch enthalten sind, so erhellt hieraus schon der Wert dieses Produktes. Folgende Tabelle gibt uns die Zusammensetzung der Lab- und Sauermolke an:

	Labmolke %	Sauermolke %
Wasser	93—94	94—95
Trockenmasse	6—7	5—6
Milchzucker	4,5—5	3,8—4,2
Milchsäure	Spuren	0,8
Eiweißstoffe	0,8—1	0,8—1
Zitronensäure	0,1	0,1
Mineralische Salze	0,5—0,7	0,7—0,8

Über das Eiweißgemisch klären uns folgende Daten auf:

	Labmolke	Sauermolke
Eiweißstickstoff	52,5	43,9
Albumosen- und Peptonstickstoff	31,3	33,1
Aminosäurestickstoff	2,5	6,1
Kreatin-Kreatininstickstoff	2,6	2,5
Ammoniakstickstoff	1,0	2,3
Harnstoff- und (Harnsäure)stickstoff	9,1 (0,6)	10,3 (0,9)
Purinbasenstickstoff	1,0	1,8

Wie man sieht, sind natürlich die wertvollsten Bestandteile wie Fett und Kasein restlos entfernt worden, jedoch der wertvolle Milchzucker und die wichtigen mineralischen Bestandteile der Milch sind vollständig erhalten geblieben. Von den Stickstoffsubstanzen finden wir die kleinen und kleinsten Moleküle, die den Mikroorganismen als Nahrung dienen.

Die Enteiweißung der Molke geschieht durch Erhitzen auf etwa 90°; es fallen hierbei die Albumine und Globuline aus. Nimmt man den Prozeß bei pH = 4,5—5 und 98° vor, so werden etwa 50% der insgesamt vorhandenen N-Körper ausgeflockt.

Zu den wertvollen Bestandteilen der Molke gehört auch das Lactoflavin (= Vitamin B_2), das in reichlicher Menge vorhanden ist und der Molke die eigentümlich gelb-grüne Fluoressenz erteilt.

Der der Vergärung dienende Milchzucker, die Lactose, kann natürlich nur von Spezialhefen direkt angegriffen werden. Unsere obergärigen und untergärigen Kulturhefen verschmähen dieses Disaccharid. Dagegen ist es den Milchzuckerhefen eine willkommene Nahrung, die ein schäumendes Getränk *(Koch, Rich.)* (345) liefern. Wenn man den Milchzucker durch Hydrolyse in seine Komponenten Glucose und Galactose zerlegt, so tritt mit den Kulturhefen naturgemäß eine alkoholische Gärung, eine Vergärung des Traubenzuckers, ein. Bei Anwendung geeigneter Hefen kann die Molke auch der Alkoholerzeugung dienen. Andere Hefen, gewisse Milchzuckerhefen und Torulaarten vermehren sich in Molke, namentlich bei kräftiger Luftzufuhr, so stark, daß man Nährhefen *(Enebo, Lundin* und *Myrbäck)* (346) herstellen kann. Auch zur Gewinnung von Milchsäure mittelst besonderer Bakterien hat man die Molke herangezogen.

Bei der Erzeugung von Molkenbier *(Roeder, Haehn)* (347) diente das Substrat lediglich nur zur Streckung der Bierwürze, um Malz zu sparen. Die Gärung erfolgte mit den normalen Bierhefen, so daß die Molkenbestandteile nicht angegriffen wurden. Die guten Molkenbiere enthielten etwa 25% und weniger Molkenextrakt vom Gesamtextrakt. Der Milchzucker und die Eiweißstoffe gaben dem Getränk einen vollmundigen Geschmack bei bester Schaumentwicklung. In der Notzeit des deutschen Volkes hat der Erfindergeist die Molke zur Bereitung der verschiedensten Getränke und Nährmittel *(Schulz, Cramer, Digeser)* (348) herangezogen. Doch nicht in allen Fällen war Rentabilität zu erzielen.

D. Besondere Kulturbedingungen

Hat man die Nährlösung mit allen notwendigen Nährstoffen versehen, die der Organismus zum Leben benötigt, so sind noch einige Bedingungen zu erfüllen, wenn der Organismus sich in vollem Umfange entfalten soll. Es handelt sich hier in der Hauptsache um 3 Maßnahmen. Erstens muß die Reaktion des Nährmediums genau festgelegt werden, d. h. die Wasserstoffjonenkonzentration ist einzustellen, dann ist für ein geeignetes Redoxpotential zu sorgen, und endlich ist die Einhaltung einer bestimmten Reaktionstemperatur von ausschlaggebender Bedeutung. Mit diesen Versuchsbedingungen wollen wir uns an dieser Stelle kurz befassen. Zur weiteren Informierung muß auf die Spezialwerke verwiesen werden.

Die Wasserstoffjonenkonzentration der Nährlösung

Es ist schon seit langem beobachtet worden, daß bei biochemischen Reaktionen der Säuregrad von großer Bedeutung ist. So hatte bereits *Kjeldahl* die größten Umsetzungen mit dem Enzym Invertase erzielt, wenn er eine bestimmte Säurekonzentration einhielt und von der Hefe, also einem lebenden Organismus, wußte man seit langem, daß die Gärmaischen oder Würzen einen bestimmten Säuregrad aufweisen müssen, wenn der Vorgang normal verlaufen sollte. Durch die Untersuchungen von *S. P. L. Sörensen* (349) und die Arbeiten von *L. Michaelis* (350) wurde einwandfrei festgestellt, daß es sich bei den Säurewirkungen um die Aktivität des Wasserstoffjons handelt. Die Ursache, daß gerade dieses Jon eine so hervorragende Rolle im biologischen Geschehen spielt, ist in dem besonderen Aufbau des Wasserstoffjons zu suchen. Nach der Theorie von *Rutherford* besteht es aus einem Wasserstoffatom, das sein einziges Elektron verloren hat.

$$\underset{\text{Wasserstoffatom}}{H} \longrightarrow \underset{\substack{\text{Wasserstoffjon} \\ \text{(Proton)}}}{H^+} + \underset{\text{Elektron}}{e}$$

Dieses Wasserstoffjon, das mit Proton bezeichnet wird, nimmt darum eine Sonderstellung ein, weil es allen anderen Jonen, Atomen und Molekülen gegenüber die einfachste Struktur aufweist. Nun ist das H-Jon in Wasser nicht beständig, sondern reagiert mit demselben unter Bildung eines Hydroxoniumjons:

$$\underset{\text{Wasserstoffjon}}{H^+} + H_2O = \underset{\text{Hydroxoniumjon}}{H_3O^+}$$

Über diese Verhältnisse, die durch das Dipolmoment geschaffen werden, orientiere man sich in Spezialwerken (351). Wenn nun Messungen der „Wasserstoffjonenkonzentration“ ausgeführt werden, so bestimmt man in Wirklichkeit die Ansammlung von Hydroxoniumjonen in einer Flüssigkeit. Der Einfachheit halber wollen wir auch hier dem allgemeinen Sprachgebrauch folgen und in allen Fällen vom Wasserstoffjon reden.

Die Konzentration der aktuellen Wasserstoffjonen einer Säure werden nach dem Vorschlag von *Sörensen* (352) durch das pH ausgedrückt. Dasselbe ist eine Zahl, die den negativen Logarithmus der Wasserstoffjonenkonzentration darstellt. Hat eine Lösung eine solche z. B. von 10^{-3}, so ist der Logarithmus — 3. Da es sich hier nur um negative Werte handelt, so läßt man der Einfachheit halber das Minuszeichen weg. Man schreibt also pH = 3. Zur weiteren kurzen Orientierung soll noch hinzugefügt werden, daß der Neutralpunkt bei pH = 7,07 liegt, und daß unterhalb dieser Zahl die sauren, oberhalb dieser die alkalischen Reaktionen zu suchen sind. pH = 3,0 zeigt z. B. den sauren Charakter an in der Stärke einer $\frac{n}{1000}$ Salzsäure, während im pH = 9,27 eine alkalische Reaktion gleich einer $\frac{n}{1000}$ Ammoniaklösung zu erblicken ist. (genauer: $\frac{n}{1000}$ H — bezw. $\frac{n}{1000}$ OH — Ionen.)

Eine Erscheinung, die in diesem Zusammenhang eine große Bedeutung hat, ist die Pufferwirkung, denn sie ist für die Erhaltung der lebenden Zelle oft ausschlaggebend. Puffer sind im allgemeinen Gemische von Säuren mit deren Salzen oder ähnliche Kombinationen, die zugefügte Basen oder Säuren neutralisieren können, wobei das Wesentliche ist, daß sich bei diesem Vorgang das Puffergemisch der Änderung der ursprünglichen Wasserstoffjonenkonzentration fast ganz widersetzt. Darum ist hierbei die Bildung schwach dissoziierter Verbindungen notwendig. Ganz vollständig läßt sich indessen eine Änderung des Säuregrades nicht vermeiden, jedoch ist die geringfügige Abweichung ohne praktische Bedeutung. Wenn man zu einem Gemisch von Essigsäure und essigsaurem Natrium Salzsäure gibt, so setzt sich das Salz mit dem Chlorwasserstoff um.

$$CH_3{\cdot}COONa + HCl = CH_3{\cdot}COOH + NaCl$$

Es entsteht an Stelle der stark dissoziierten Salzsäure die schwach dissoziierte Essigsäure. Wenn ein Gemisch von Phosphaten vorgelegen hätte, so wäre aus dem alkalischen Phosphat das schwach saure Salz entstanden.

$$\underset{\text{alkalisch}}{K_2HPO_4} + HCl = KCl + \underset{\text{sauer}}{KH_2PO_4}$$

Für Laugen kommen Säuren oder saure Salze in Frage. Durch diese Neutralisationen wird beispielsweise nur ein kleiner Bruchteil des alkalischen Phosphates des Puffergemisches in Anspruch genommen, und es tritt daher im System in bezug auf Dissoziation so wenig Veränderung ein, daß das ursprüngliche pH fast erhalten bleibt. Die Praxis bedient sich mit Vorteil folgender Puffergemische:

1. $CH_3{\cdot}COOH + CH_3{\cdot}COONa$
2. $KH_2PO_4 + K_2HPO_4$
3. $KH_2PO_4 + NaHCO_3$.

Da man von diesen Verbindungen die Stärke der Dissoziation kennt, so ist man mit ihrer Hilfe in der Lage, eine bestimmte Wasserstoffjonenkonzentration, auch Wasserstoffzahl genannt, herzustellen. Primäres Kaliumphosphat hat das pH = 4,529, das sekundäre Phosphat 9,18. Durch Mischen dieser beiden Salze gelingt es, alle zwischen beiden Punkten gelegenen Wasserstoffzahlen herzustellen. Aus drei Teilen primären Kaliumphosphates mit zwei Teilen sekundärem erhält man z. B. eine Lösung von nahezu neutraler Reaktion pH = 7,1.

Enthält z. B. eine physiologische Lösung sekundäres Kaliumphosphat, so wird eine Zugabe von Schwefelsäure dadurch unschädlich gemacht, daß diese sich mit dem Salz nach folgender Gleichung umsetzt:

$$2K_2HPO_4 + H_2SO_4 = K_2SO_4 + 2KH_2PO_4.$$

Es entsteht infolge Bildung des schwach dissoziierten primären Phosphates eine schwach saure Lösung. Diese wirkt sich praktisch im pH nicht aus, wie wir oben sahen. In diesem Falle hat man die stark saure Schwefelsäure durch Pufferung ihrer aggressiven Wirkung enthoben. Eine solche Pufferung ist natürlich nur so lange möglich, als das Puffersystem im Überschuß ist. Ist das nicht der Fall, dann ist die Flüssigkeit durch den Zusatz von Säure oder Lauge sehr nachgiebig, d. h. sie ändert ihr pH, also ihre Wasserstoffjonenkonzentration. Das Puffersystem hat nicht ausgereicht. Man spricht in diesem Falle von einer schwach gepufferten Lösung. Physiologische Flüssigkeiten sind meist gut gepuffert; sie sind von einer großen Pufferungskapazität, wie man zu sagen pflegt.

Zu der letzteren Art von Lösungen gehört auch das Blut, das geradezu eine ganz ausgezeichnete Pufferung aufweist. Als Puffer wirken hier mehrere Systeme ganz verschiedenartiger Zusammensetzung wie Hämoglobin, die Systeme Bicarbonat-Kohlensäure, primäres-sekundäres Phosphat und Proteine. Mit Hilfe dieser Stoffe können nicht unbedeutende Mengen von Milchsäure, Acetessigsäure, Oxybuttersäure und andere Säuren neutralisiert werden, ohne daß sich das pH, das bei gesunden Menschen zwischen 7,28 und 7,42 bei 37° liegt, verändert.

Eine ebenso gut gepufferte Lösung stellt die Bierwürze dar, so daß während der Gärung die Hefen immer eine günstige Säuerung der Würze vorfinden. Die Bestimmung der Pufferungskapazität ist oft aufschlußreicher als die pH-Bestimmung Die Hauptpufferungszone des Phosphatgemisches liegt zwischen pH 5,5 und 7,0, während die amphoteren Stickstoffverbindungen zwischen pH 3,7 und 5,5 wirksam sind. Es ist selbstverständlich eine erste Pflicht des Brauers beim Herstellen der Würze dafür zu sorgen, daß zum Schluß ein günstiges pH in der Würze zustande kommt. Mit der Untersuchung des Brauwassers muß schon begonnen werden (s. Kap. 15), da z. B. harte (karbonathaltige) Brauwässer den pH-Wert der Maische zum Neutralpunkte zu verschieben, was sich ungünstig auswirkt. Gipshaltiges Wasser bewirkt das Gegenteil. Die Würze wird saurer, für die Hefe günstiger.

Der beste Wert für die Bierhefe ist ein Würze-pH = 4,5, jedoch haben die Würzen der verschiedenen Maischverfahren eine kleinere Wasserstoffjonenkonzentration, etwa ein pH um 5,7. Die Entwicklung der Hefe und die Gärung sind in diesem Punkte so ausgezeichnet, daß alle wilden Hefen und Bakterien zugrunde gehen. Durch die Entstehung der Kohlensäure und anderer Säuren während der Gärung verschwindet allmählich das sekundäre Phosphat aus dem Puffersystem primäres-sekundäres Phosphat, und es entsteht das System primäres Phosphat-Bicarbonat-Kohlensäure. Aus den amphoteren Aminosäuren bilden sich im Laufe der Zeit saure Produkte. Ganz allgemein gesagt: die Pufferungskapazität der Würze läßt nach. Das hat eine schwache Säuerung des Bieres zur Folge, denn allmählich geht das pH von 5,7 auf 4,4—4,7. Das Berliner Weißbier, das durch eine Milchsäurebildung neben der alkoholischen Gärung charakterisiert ist, zeigt ein pH von ca. 3,7—4,6. Über Einzelheiten orientiere man sich in der Fachliteratur (*Kordatzki*, *Jörgensen*) (353).

Bei künstlichen Nährlösungen muß natürlich auch für eine gute Pufferung gesorgt werden. Nach *S. Hjorth-Hansen* (354) hat sich ein Zusatz von 8,4 g Zitronensäure, 6,96 g Maleinsäure, 8,04 g Äpfelsäure, 7,08 g Bernsteinsäure und 10,8 g Milchsäure zu je einem Liter Nährlösung bewährt. Die gewünschte Wasserstoffjonenkonzentration wurde durch Zugabe von Normal-Natronlauge eingestellt. Versuche mit derart gepufferten Nährlösungen ergaben für das Wachstum von Saccharomyces cerevisiae ein pH-Optimum, das je nach dem Alter der Hefekulturen zwischen 4,8 und 4,4 lag und für Saccharomyces ellipsoideus ein pH-Optimum von 4,5. Benutzt man ungepufferte Nährlösungen, so tritt in Hefegärungen eine enorme Säuerung ein. Nach *Lüers* (355) kann das pH innerhalb von 160 Stunden von 5,47 auf 2,73 herabgehen. Liegen keine extrem zusammengesetzten Nährlösungen vor, so hält sich das pH in der gut gepufferten Hefezelle um 6, wenn auch die umgebenden Flüssigkeiten Werte vom pH 3,5—8,0 aufweisen.

Folgende Tabelle gibt für verschiedene Bakterien, Hefen und Schimmelpilze die pH-Optima an.

Name	Art der Gärung	pH-Optimum
1. Bacterium bulgaricum	Molkenmilchsäuregärung	5—5,8
2. Bact. coli (Escherichia coli)	bildet sowohl Alkohol als auch Milchsäure	6,5—7,0
3. Bacillus subtilis	wenig Säure	4,2—9
4. Bacillus cholerae	—	6,2—7,9
5. Bact. typhosum[1])	Milchsäure Alkohol usw.	6,8—7,2
6. Saccharomyces cerevisiae (Bierhefe, Preßhefe)	alkoholische Gärung	4,2—4,8
7. Saccharomyces ellipsoideus (Weinhefen)	alkoholische Gärung	4,5
8. Aspergillus niger	Zitronensäuregärung	2,4—2,6

Wie man sieht, können manche Bakterien ein sehr weites pH-Optimum haben (B. subtilis). Im allgemeinen gilt das nicht. Indessen darf man das Optimum nicht mit der Wachstumszone verwechseln, die selbstverständlich eine größere Spannung aufweist. So wächst z. B. Bierhefe noch normal innerhalb der Grenzen von pH 4,0 bis 7,0.

Nach Herstellung einer Nährlösung muß dieselbe also geprüft werden, ob ihre Wasserstoffjonenkonzentration für den vorgesehenen Mikroorganismus auch geeignet ist. Die praktische Ausführung kann nach den Angaben der bereits angeführten Lehrbücher von *Holger Jörgensen* und *W. Kordatzki* erfolgen. Besonders sei auf die Glaselektrode verwiesen, die im Gegensatz zur metallischen Apparatur nicht vergiftet wird (355a).

Das Redoxpotential

Ein weiterer Zustand der Nährlösung, der mit dem Ausdruck Redoxpotential belegt wird, ist ebenfalls für das Wachstum der Mikroorganismen von großer Wichtigkeit. Es handelt sich hier um einen Begriff, der die Oxydations- und Reduktionsverhältnisse in der Flüssigkeit festlegt und in der Bezeichnung rH für den praktischen Gebrauch sein typisches Symbol findet. Auf die Theorie dieser Erscheinung kann hier ebenfalls nicht eingegangen werden. Kurz sei darauf aufmerksam gemacht, daß Redoxpotential und rH (Wasserstoffdruck) verschiedene Maßstäbe für ein und dieselbe Größe „Oxydations-Reduktionskraft“ sind. Da zwischen beiden Begriffen enge Parallelität herrscht, so läßt sich das rH aus dem Redoxpotential (Volt-Wert) berechnen. Man orientiere sich in den entsprechenden Monographien (356). Es folge hier eine kurze Information.

Daß Oxydationsprozesse mit Reduktionsvorgängen verknüpft sind, ist uns allen geläufig. Da solche Reaktionen (Oxydationen) unter Abgabe und andererseits unter Aufnahme (Reduktionen) von Elektronen vor sich gehen, so muß hierbei ein elektrischer Strom entstehen, dessen Potential gemessen werden kann. Wenn man eine Ferrochloridlösung mit einer Ferrichloridlösung durch einen aus der pH-Messung bekannten Agarheber verbindet, so besteht das Bestreben eines Ausgleiches der 2- und 3-wertigen Eisenjonen in beiden Lösungen, und es werden Elektronen aus der Ferrolösung durch den Heber so lange nach der Ferrilösung wandern, bis ein Gleich-

[1]) Siehe Kap. 6; Nomenklatur nach *Bergey*; Kap. 4 Fußnote.

gewicht entstanden ist. Das 2-wertige Fe wird hierbei durch Elektronenabgabe zum Fe^{+++} und das 3-wertige Eisen der anderen Lösung durch Elektronenaufnahme zum Fe^{++}. Der den beiden Salzlösungen entnommene Strom kann gemessen werden. Während des Ausgleichs diffundieren natürlich auch Cl- und Fe-jonen von einem Gefäß zum anderen. Als Maßstab für die oxydierende oder reduzierende Kraft benutzt man die Normalwasserstoffelektrode, da Wasserstoff die stärkste reduzierende Kraft besitzt. Das rH des Wasserstoffs ist = 0 und wird als Nullpunkt der Redoxskala benutzt. Den höchst erreichbaren Punkt gibt die Normalsauerstoffelektrode mit einem rH von etwa 42. Mit rH bezeichnen wir nun die Einheiten der Redoxskala. Die Aufteilung des ganzen Gebietes ist folgende:

Oxydationsgebiet: rH über 25
Intermediärgebiet: rH 15—25
Reduktionsgebiet: rH unter 15.

Weiter sei hinzugefügt, daß man unter rH den negativen Logarithmus des „hypothetischen" Wasserstoffdruckes zu verstehen hat, während, wie wir früher sahen, das pH das Symbol für den negativen Logarithmus der Wasserstoffjonenkonzentration darstellt. So bedeutet z. B. rH = 4 die reduzierende Kraft des mit Pt aktivierten Wasserstoffs von $10^{-4} = {}^{1}/_{10\,000}$ Atm. Druck. Das Oxydations-Reduktionspotential wird naturgemäß vom pH beeinflußt. Die Angabe des pH ist deshalb erforderlich. Folgende Tabelle gibt ein Beispiel mit den Potentialen einer Lösung von Methylenblau in verschiedenen Oxydations- und Reduktionsstadien:

Ox-Stufe	pH = 7	pH = 6
10%	0,018 Volt	0,018 Volt
50%	0,011 Volt	0,047 Volt
90%	0,040 Volt	0,085 Volt

Es gibt nun verschiedene Oxydo-Reduktions-Systeme wie die reversiblen und die irreversiblen und teilweise reversiblen Systeme. Zur ersten Gruppe gehören die bekannten typischen Vorgänge

Methylenblau $\rightleftarrows$ Leukomethylenblau

Chinon $\rightleftarrows$ Hydrochinon.

Die zweite Gruppe faßt die Mehrzahl der Systeme. Viele physiologische Prozesse sind charakterisiert durch die Mitwirkung von Katalysatoren, Enzymen, die gewissermaßen für den Elektronentransport eine „Brücke" bilden zwischen dem Wasserstoffdonator und dem Akzeptor (s. Kap. 11). So ist die Umwandlung von Bernsteinsäure zu Fumarsäure normalerweise unendlich klein, während

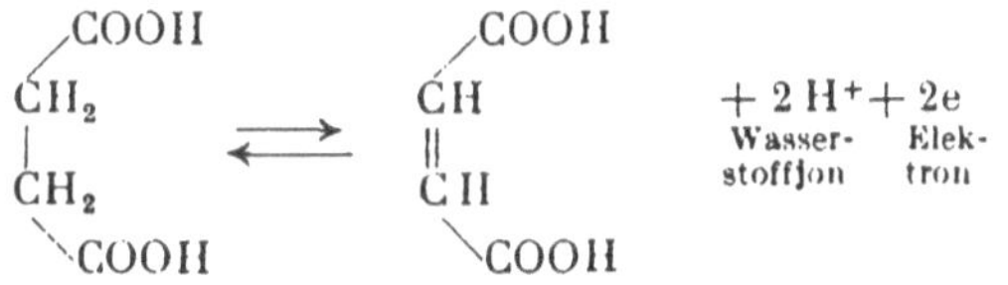

Bernsteinsäure Fumarsäure

in Gegenwart einer Dehydrogenase die Geschwindigkeit so groß wird, daß die Potentialeinstellung meßbar wird. Zum Reaktionsmechanismus muß noch gesagt werden, daß der Wasserstoff von dem Akzeptor Methylenblau aufgefangen wird unter Bildung von Leukomethylenblau, und zwar so lange, bis das Gleichgewicht erreicht wird.

Die gehopfte Bierwürze, das Nährmedium der Bierhefe, weist nach *van Laer* je nach der Behandlung verschiedene rH auf.

	rH
Kochende Würze (Stickstoffatmosphäre)	19,5
Würze in N abgekühlt	17,0
Würze in Luft abgekühlt	21,1
Würze in flachen Schalen abgekühlt	26,2

In diesen Würzen kann sich Hefe entwickeln, da die Grenze der Wachstumshemmung erst unter rH = 9 liegt. Von diesem Punkte ab sind die Lebensbedingungen ungünstig. Am besten vermehrt sich Bierhefe bei einem rH von etwa 11. Mit der Gärung beginnen auch die Reduktionsprozesse, wodurch das rH fällt. Zu Anfang der Gärung mit einer untergärigen Hefe wurde ein rH von 24,4 gemessen, das am Ende der Gärung auf 11,8 herabsank *(van Laer)*. Die Hefe hat offenbar den Sauerstoff verzehrt, auch die entstehende Kohlensäure hat ihn teilweise aus der Lösung entfernt, was ebenfalls ein Herabsinken des rH bedingt. Das schlauchreife Bier im Gärbottich, dessen rH bis auf 9 fallen kann, hat also deutlich reduzierende Eigenschaften.

Für verschiedene Hefearten ist das rH einer Gärung unter Luftzutritt sehr verschieden; es wird um so höher, je stärker eine Atmung stattfindet. Bei einem hohen rH zeigen bestimmte Hefen eine starke Vermehrungsenergie. Folgende Tabelle gibt einige rH-Optima:

Colibakterien . . .	0 (Wasserstoffentwicklung)
Schimmelpilze . . .	über 25
Bierhefe	etwa 11 (unter 9 bereits ungünstig).

Es ist leicht einzusehen, daß man auf diese Weise die Begriffe aërob, fakultativ aërob und anaërob mit dem rH zahlenmäßig festlegen kann. Ferner ist begreiflich eine Abhängigkeit der Vermehrung der Mikroorganismen vom rH. Darum wird sich zu dem pH-Optimum einer Nährlösung bald das rH-Optimum gesellen. Früher glaubte man, daß die Luft bei den anaëroben Bakterien die Entwicklung verhindere. In Wirklichkeit war indessen ein ungünstiges Redoxpotential der Nährlösung die Ursache. Es ließ sich nämlich zeigen, daß sich anaërobe Bakterien trotz der Gegenwart von Luft vermehren konnten, wenn für ein niedriges für den Organismus geeignetes rH gesorgt wurde. (Redoxpotential u. Hefestoffwechsel s. *A. Szilvinyi* [1043]).

Die Bestimmung des rH kann elektrometrisch als auch kolorimetrisch geschehen. Benutzt man die Indikatorenmethode, so muß man auf das Moment der „Beschwerung" achten. Wie eine Pufferung einer pH-Verschiebung einen gewissen Widerstand entgegensetzt, so gibt die Beschwerung einer beabsichtigten rH-Veränderung des Redoxsystems einen gewissen Gegendruck. Es kommt nun darauf an, ob man es mit schwacher oder starker Beschwerung zu tun hat. Liegt der erste Fall vor, so ist große Vorsicht bei Zugabe des Indikators notwendig, da ein geringer Farbstoffzusatz bereits das rH nicht unwesentlich verschieben kann.

Mendlik (357) beobachtete z. B., daß sich in 20 ccm Bier von einem rH = 13,5 unter anaeroben Bedingungen durch Zugabe von 0,1 ccm einer 0,1%-Methylenblaulösung das rH auf 15,7 verschob. Offenbar wirkt hier der Farbstoff wie ein Oxydationsmittel. Zur Ausschaltung des Fehlers muß mit stark verdünnten Farbstofflösungen gearbeitet werden.

Die Beschwerung ist der absoluten Konzentration des Redoxsystems proportional. Sie ist auch um so größer, je mehr sich das Verhältnis der Konzentrationen der oxydierten und reduzierten Stufe dem Wert 1 nähert. Das Maximum der Beschwerung ist also dann erreicht, wenn sich in der Lösung äquimolekulare Mengen der oxydierten und der reduzierten Stufe befinden. Es ist genau so wie bei den Puffern, die dann am stärksten sind, wenn Säure und das entsprechende Salz (z. B. $CH_3 \cdot COOH$ und

$CH_3 \cdot COONa$) in äquimolekularen Mengen angewendet werden. Bei gut beschwerten Systemen macht sich ein kleiner Farbstoffzusatz im rH nicht bemerkbar. Als Beschwerungsstoffe kommen Zystin, Zysteine, Glutathion, Melanoidine und die durch Erhitzen von Zucker entstehenden Reduktone (*H. v. Euler*) (357a) in Betracht.

Dieser kurze Überblick möge genügen, da man auf diesem an sich sehr wichtigen Gebiet bisher kaum über die Pionierarbeiten hinausgekommen ist.

Zum Schluß sei eine praktische Anwendung aus dem Brauereibetrieb gegeben. Auf diese Wichtigkeit hat vor allem *De Clerck* hingewiesen. Es handelt sich um die Haltbarkeit des Flaschenbieres, das bekanntlich unter dem Stopfen in der Flasche einen kleinen Luftraum besitzt. Dieser kann zum Verhängnis werden, indem er dem Bier seinen O abgibt. Je kleiner nun das rH ist, um so weniger Sauerstoff enthält das Bier. Dieser Zustand verursacht schlechte Lebensbedingungen für die Infektionsflora, womit die Haltbarkeit von diesem Standpunkt aus gesichert ist. Ist Sauerstoff dagegen im Bier bei hohem rH, so liegen zwei Gefahrenmomente vor: Einmal kann Infektion leicht aufkommen, ferner wird sich ein deutlicher Pasteurisiergeschmack bilden bei Veränderung der Farbe. Die Luftaufnahme wirkt im allgemeinen so kräftig, daß das rH des Bieres von etwa 10—11 auf 18—20 ansteigt, um allerdings nach einiger Zeit wieder zu fallen, wenn nämlich der Sauerstoff durch oxydable Bierbestandteile reduziert worden ist (*van Roey*) (358).

Auch der Lichtgeschmack des Bieres (359) steht im Zusammenhang mit der Veränderung des rH. Es handelt sich hier um Reduktionsvorgänge, die mit oxydativen Phänomenen verknüpft sind. Wird Bier Lichtstrahlen mit Wellenlängen von 4200—5200 Ängström (ultraviolett bis grün) ausgesetzt, so erfolgt ein starker Abfall des rH-Wertes bei gleichzeitigem Auftreten des „Sonnenstiches". Die Ursache dieses unliebsamen Lichtgeschmackes ist ferner in der Bildung von einfachen Schwefelverbindungen zu suchen wie des Thioglykolsäureaethylesters, $HS \cdot CH_2 \cdot COO\ C_2H_5$, der durch Spaltung der S-S-Brücke aus dem Dithioglykolsäure-diaethylester mittels einer Dehydrase und Flavin entsteht. Der Vorgang ist offenbar so, daß eine Dehydrase einem Substrat Wasserstoff entzieht, der dann mittels Flavin den Diester spaltet. Der Vorgang gelingt aber erst dann, wenn das Flavin durch Lichtstrahlen bestimmter Wellenlängen aktiviert worden ist. (Y. Obata u. T. Yamaniska) (1044).

Um einwandfreie Bierflaschen zu schaffen, hat *Grömmer* (360) mit der „Leuchtstoffröhre Tageslicht" das braune Glas als das beste Flaschenglas erkannt. Wurde in derartig gefärbten Flaschen Bier bestrahlt, so ergab sich in 3 Stunden eine rH-Änderung nur um 3 Einheiten entgegen 31 bei farblosen Flaschen. Die Lichtwirkung kann bei diesen Versuchen sehr leicht einwandfrei durch den Geschmack bei Probe und Gegenprobe festgestellt werden.

In letzter Zeit beurteilt *De Clerck* die Würzen und Biere mit Hilfe des Indicator-Time-Tests nach *Gray* und *Stone* (361). Hierbei wird die Sekundenzahl gemessen, die zur Erreichung eines bestimmten Reduktionsgrades eines Indicators (2,6-Dichlorphenol-indophenol) in einem gemessenen Quantum der zu untersuchenden Flüssigkeiten nötig ist.

Bei Faßbier fallen naturgemäß von vornherein diese Gefahrenmomente weg. Die praktische Regel für den Brauer ist: Luft bei allen Manipulationen vom reifen Bier fernzuhalten. Ein niedriges Redoxpotential, also reduzierende Stoffe im Bier, unterstützt die Haltbarkeit ganz wesentlich (*Kleber*) (362). Aus den obigen Ausführungen ist ersichtlich, daß man überhaupt mit Hilfe des rH die Sauerstoffverhältnisse bei dem ganzen Werdegang des Bieres aufs beste kontrollieren kann.

Auch Weine werden geprüft. Bei guten Weinen liegt das rH zwischen 17,8 bis 19,6 (s. Kap. 17 unter Wein).

Die Temperatur der Nährlösung

Wie bei allen chemischen Umsetzungen die Temperatur eine wichtige Rolle spielt, so sind selbstverständlich die biochemischen Reaktionen auch diesem Einfluß unterworfen. Die Ähnlichkeit beider Reaktionsarten ist so vollkommen, daß für beide die *van't Hoff*sche Regel, die Reaktionsgeschwindigkeit-Temperatur-Regel (*Kanitz*) (363) in gleichem Ausmaße gilt. Dieser hat man folgende Formulierung gegeben: „Bei gewöhnlicher Temperatur bewirkt eine zehngradige Temperaturerhöhung Verdoppelung bis Verdreifachung der Reaktionsgeschwindigkeit." Der Einfluß der Temperatur auf die Lebensvorgänge ist somit fest umschrieben. Die ersten Versuche auf diesem Gebiet wurden mit Lupinen- und Weizenkeimlingen ausgeführt, wobei die Atmungsgeschwindigkeit gemessen wurde. Gute Resultate erzielte *Kanitz* bei der Kohlensäureassimilation in grünen Blättern. Auch die Entwicklung des Froscheies entsprach der *van't Hoff*schen Regel *(Hertwig)*.

Auf dem Gebiet der Gärung und Hefezüchtung muß selbstverständlich auch die Nährlösung, den beabsichtigten Zweck verfolgend, entsprechend temperiert sein. Auch hier werden die Umsetzungen gemäß der oben genannten Regel verlaufen. Bei der Preßhefezüchtung kommt es in erster Linie auf Zellvermehrung an. Man wird durch Temperatursteigerung den Stoffwechsel so fördern, daß lebhafte Sprossung der Zellen eintreten kann. In der Praxis wählt man hier eine möglichst hohe Temperatur, das Wachstumsoptimum der obergärigen Rasse, in den meisten Fällen etwa 30°, und hält die Nährlösung bei dieser Temperatur. Legt man keinen Wert auf Hefevermehrung, sondern in der Hauptsache auf eine gute ausgegorene Würze mit bestimmten Eigenschaften wie in der Bierbereitung, so mäßigt man durch eine niedrige Gärtemperatur den Stoffumsatz, damit eine langsame Gärung vonstatten geht. Die untergärige Bierhefe, Saccharomyces cerevisiae, vermehrt sich zwar bei 30° auch am schnellsten, aber im Gärkeller ist ihr eine andere Aufgabe zugedacht, weshalb die Würzen bei etwa 7—9° gehalten werden. Der Brauer legt, wie angedeutet, keinen Wert auf Hefevermehrung; er erstrebt eine langsame Vergärung der Würze. Ähnlich liegen die Verhältnisse bei der Herstellung von Wein, jedoch wählt man hier höhere Temperaturen, in deutschen Weinkellern 10—12°. Im übrigen sei bemerkt, daß der Einfluß der Temperatur bereits im Altertum beobachtet worden ist. *Plutarch* (364) berichtet schon von einer Sistierung der Gärung durch die Kälte.

Bei der Kultur der meisten Mikroorganismen zielt man auf eine gute Vermehrung hin. Die Temperatur-Optima sind in diesem Sinne aufzufassen.

	T-Optimum
Rasse II *(Lindner)*, Rasse M } obergärige Hefen[1]	30°
Saccharomyces cerevisiae	30°
Hefe Saaz	25—26°
Hefe Frohberg	25—26°
Weinhefen: Winninger, Steinberg, Tokayer	30°
Saccharomyces Brasiliensis *(Lindner)* (Hefe Logos)	22—30°

9. Kapitel

Bios. Wuchsstoffe (Phytohormone)

Wir haben im letzten Kapitel die Nährstoffe kennengelernt, die nötig sind, um die Hefezellen zu erhalten bzw. aufzubauen. Doch in vielen Fällen genügen diese „Elementarbausteine" nicht. Viele Einzeller und große Zellstaaten bedürfen zu ihrer Entwicklung noch Träger des Stoffwechsels höherer Ordnung, die mit den Nährstoffen zugeführt werden müssen. Aber diese Kenntnisse vermitteln natürlich noch keinen Einblick in den feinen Chemismus von den mannigfachen Synthesen der kompliziert zusammengesetzten Zellbestandteile aus den dargebotenen relativ

[1]) Siehe Kap. 6. Nomenklatur.

einfachen Nährsubstraten. Auf diesem Gebiete hat die Wissenschaft erst begonnen, die Wege zu ebnen. Wir haben beispielsweise versucht, uns ein Bild von dem Aufbau der Fette in der Zelle zu machen, jedoch ist hier noch kein Endziel erreicht worden. Ebenso steht es mit vielen anderen kompliziert zusammengesetzten Bausteinen, vor allem mit den Eiweißsubstanzen.

Doch auch die Werkzeuge für die Aufbaureaktionen, die Träger des Stoffwechsels höherer Ordnung, wie Vitamine und Enzyme müssen in der Mutterzelle (Samenzelle) produziert werden, damit in der Zellwerkstatt bei der Vermehrung die umfangreiche chemische Arbeit geleistet werden kann. Wieder andere Stoffe dienen der Regulierung der Lebensvorgänge selbst, der Anregung zur Zellteilung und des Wachstums überhaupt. Mit diesen Stoffgruppen wollen wir uns jetzt beschäftigen, und zwar zunächst mit denen, die in den Nährlösungen enthalten sein müssen, um mit Hilfe der dargebotenen Bausteine das Leben zu ermöglichen. Es handelt sich hier z. T. um Substanzen, die man im Tierreich als Hormone bezeichnet. Nach der Definition von *Bayliss* und *Starling* (365) sind Hormone Substanzen, die in einem Teil des Organismus gebildet, zu einem anderen Teil hintransportiert werden, um dort einen physiologischen Prozeß zu beeinflussen. Für diese Stoffe aus dem Pflanzenreich wählt *Kögl* (366) den Ausdruck Phytohormone und versteht darunter oligodynamische[1]) Substanzen organischer Natur, deren sich der pflanzliche Organismus für bestimmte physiologische Effekte bedient.

Für den vollständigen Stoffwechsel der Zellen sind außer den **Hormonen** auch die **Vitamine** und **Enzyme** notwendig, die in den nächsten Kapiteln ausführlich behandelt werden. Die strenge Teilung in drei Gruppen, die ursprünglich für diese Träger des Stoffwechsels höherer Ordnung vorgesehen war, mußte verlassen werden, da diese Zellkatalysatoren in vielen Fällen enge Beziehungen zueinander aufweisen. So sind schon mehrere Vitamine als Bestandteile von Enzymen einwandfrei nachgewiesen worden (s. Kap. 10, Einleitung). Andere Vitamine haben sich wieder als spezifische Wuchsstoffe (Phytohormone) für gewisse Organismen erwiesen (beispielsweise B_1 und B_2). Auf diese Erscheinung werden wir noch öfters zurückkommen. Alle Stoffe dieser drei Klassen gehören in das gleiche Kapitel der Biokatalysatoren. Die hier noch eingehaltene alte Einteilung wird nur durch die praktische übersichtliche Darstellung gerechtfertigt.

Zu den physiologischen Effekten gehört auch das Wachstum, und es ist schon seit Jahrzehnten von verschiedenen Forschern die Vermutung ausgesprochen worden, daß gewisse Substanzen die Anregung zum Wachstum geben (*Sachs* (367), *Paal* (369), *Wildiers* (370)). Den Vorgang des Wachstums kann man in zwei Phasen zerlegen, und zwar in die Phase der Zellteilung (*G. Haberlandt*) und in die der Zellstreckung (*Boysen-Jensen*) (368). Um von vornherein ein klares Bild über die hier in Frage kommenden Stoffe zu bekommen, sei folgende Übersicht gegeben.

A. Stoffe, die die Zellteilung bewirken bzw. fördern

1. Bios I = meso-Inosit.
2. Bios II = Biotin; identisch mit Vitamin H.
3. Vitamin H'; *p*-Aminobenzoesäure.
4. β-Alanin.
5. Lysin.
6. Arginin, Glutamin, Asparagin, Methionin.

---

[1]) oligos, gr. wenig; dynamis, gr. Kraft; Arbeitsleistung durch wenig Substanz (Katalysatorwirkung).

B. Stoffe, die die Zellstreckung hervorrufen

1. Auxin-a.
2. Auxin-b.
3. β-Indolylessigsäure (Heteroauxin).

Für die Erforschung der Biologie der Hefe sind zunächst die Arbeiten über das Bios-Problem *(Kögl)* (371) von Wichtigkeit. Den Auftakt zu dieser Aufklärungsarbeit bildete, wie bei der Lösung einer anderen großen Gärerscheinung, die Frage nach dem Ursprung der Gärung in zuckerhaltigen Flüssigkeiten (s. 2. Kap.), ein Streit zwischen *Liebig* (372) und *Pasteur* (373). Dieser hatte 1860 die Beobachtung gemacht, daß die Hefe in einer Lösung von Zucker, Ammonsalz und Hefeasche weiter wachsen kann, was von *Liebig* 1869 bestritten wurde, da er in der skizzierten Versuchsanordnung weder Wachstum noch Gärung feststellen konnte. Noch ehe man dazu kam, die Angelegenheit näher zu prüfen, schied *Liebig* (1873) aus dem Leben. Erst etwa 30 Jahre später stieß *Wildiers* (374) (1901) wieder auf dasselbe Problem und stellte die Hypothese auf, daß zur Fortpflanzung der Hefe bei kleiner Aussaat die *Pasteur*sche Nährlösung nicht genüge, sondern außerdem ein kochbeständiger, organischer Stoff von z. Z. noch unbekannter Natur notwendig sei. Somit war *Liebig*s Befund von anderer Seite durch Erweiterung der Kenntnisse bestätigt. Dies stand auch im Einklang mit der *Pasteur*schen Beobachtung, daß die Hefevermehrung durch Zusatz von Trauben-, Zuckerrüben- oder Hefesaft erheblich zunahm. *Wildiers* bezeichnete den unbekannten Lebensfaktor mit „Bios". Die alten *Pasteur*schen Versuche erklärte er in der Weise, daß durch die große Hefeaussaat etwas Bios unbeabsichtigt in die rein mineralische Nährlösung eingeführt wurde. Diese neuartige Lehre stieß, wie das so oft bei prinzipiell neuen Gedanken der Fall ist, auf den Widerstand bewährter Fachleute, aber in dem pharmakologischen Laboratorium Ides der Universität Löwen, dem auch *Wildiers* angehörte, wurden alle von außen kommenden Einwände widerlegt, wobei man sich mancher moralischen Unterstützung fremder Forscher erfreute. Der Kampf um das Biosproblem ging weiter und beschäftigte in der Folgezeit viele Interessenten. Eine Zeitlang glaubte man für die Bioswirkung ein Vitamin verantwortlich machen zu können: dann hielten *H. v. Euler* und *T. Tholin* die Cozymase der Hefe für den gesuchten Wirkstoff, aber in keinem Falle konnten Versuche die Annahmen einwandfrei beweisen. Eine beachtenswerte Tatsache wurde von *C. Funk* und *E. Freedmann* (375) aufgefunden, die die Entdeckung eines Wachstumsaktivators im gewöhnlichen Rohrzucker machten, der durch dreimaliges Umkrystallisieren aus Alkohol entfernbar ist. Ein weiterer großer Fortschritt in der Aufklärung wurde erzielt, als *W. Lash Miller* und *G. H. W. Lucas* (376) den Schwerpunkt der Forschung auf die verschiedenen Rassen der Hefe verlegten, worauf dann *Copping* (377) das grundlegende Ergebnis feststellte, daß wilde Hefen, die gut atmen und schlecht gären, selbst das notwendige „Bios" produzieren, während den gut gärenden und wenig atmenden Kulturhefen in mineralischer, künstlicher Nährlösung ein Wachstumsfaktor beigegeben werden muß. Zu diesem Befunde bemerken *Kögl* und *Tönnis* (378), die in der Einleitung zu ihrer Arbeit „Über das Bios-Problem" die umfangreiche Literatur zusammenfaßten und eine vorzügliche Darstellung der geschichtlichen Entwicklung des Themas gegeben haben, mit Recht, daß die Ursache der Differenz zwischen den Ergebnissen von *Liebig* und *Pasteur* vielleicht in der Verwendung verschiedener Hefearten zu suchen ist. Wir wollen uns hier daran erinnern, daß es damals noch keine Hefereinzuchten gab und so eine präzise Rassentrennung nicht vorliegen konnte. Obwohl diese Erkenntnisse die Widersprüche in den verschiedenen Versuchsanordnungen aufklären konnten, so mußte doch die endgültige Lösung des Problems auf dem Gebiete in der Isolierung eines wirksamen Stoffes gesucht werden. In der Tat kam man bald auf diesem Wege der Sache auf den Grund. Nachdem *Fulmer*, *Duecker* und *Nelson* (379) die mehrseitige Natur des Bios erkannt hatten, gelang es im Laboratorium von *Lash Miller*, den gesuchten Wuchsstoff von *Lucas* (380) in Bios I und Bios II zu zerlegen, und einige Jahre später konnte in der gleichen Forscherwerkstatt von *Eastcott* (381) das Bios I aus vielen tierischen und pflanzlichen Materialien u. a. aus Teestaub isolieren und es als meso-Inosit identifizieren. Das Bios II haben alsdann *Kögl* und *Tönnis* (382) aus verschiedenem Material (Hefe, Reiskleie und Eidotter) in sehr reiner Form gewonnen und es mit Biotin bezeichnet. Wir behandeln nun die einzelnen Wuchsstoffe.

A. Stoffe, die die Zellteilung bewirken bzw. fördern

Meso-Inosit (Bios I)

Es ist zunächst überraschend, daß dieser so einfache, nicht mit besonderen reaktionsfähigen Gruppen ausgerüstete Stoff einen so großen physiologischen Effekt, wie die Zellteilung, fördern kann, allerdings nur in Gemeinschaft mit anderen Wuchsstoffen (Co-Wuchsstoffen). Wir werden in diesem Kapitel aber bald erfahren, daß auf diesem Gebiete noch andere einfach aufgebaute Stoffe ebenfalls besondere Wirkungen auszulösen imstande sind. Der meso-Inosit ist ein sechswertiger zyklischer Alkohol, ein Hexaoxy-cyclohexan (Hexaoxy-hexahydrobenzol). Man kann sich seine Entstehung durch eine einfache innere Aldolkondensation aus *d*-Glucose vorstellen, und zwar nach folgendem Schema:

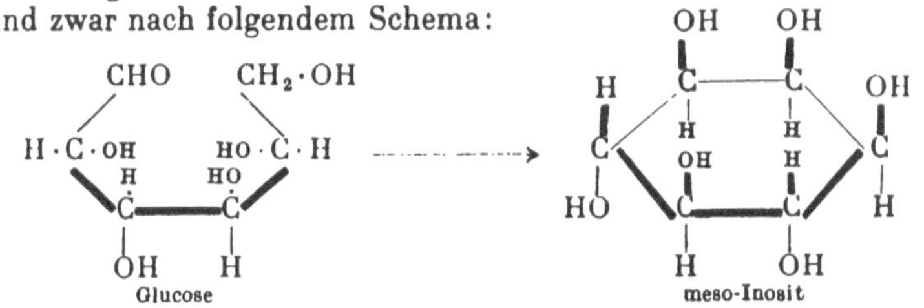

Obgleich dieser Ringschluß nicht in vitro erzielt werden kann (*Micheel*) (383), ist eine solche Reaktion bei der Bebrütung des Hühnereis durch *Needham* (384) tatsächlich nachgewiesen worden. Offenbar beschreitet die lebende Zelle diesen naheliegenden Weg. Die Konfiguration der Formel ist jetzt aufgeklärt (*G. Dangschat*) (385).

Meso-Inosit ist sowohl im Tier- wie im Pflanzenreich sehr verbreitet. Es wurde schon erwähnt, daß *E. V. Eastcott* ihn in größerer Menge im Teestaub aufgefunden hat. Uns interessiert hier besonders das Vorkommen in der Hefe, was *Kögl* und *van Hasselt* (386) durch umfangreiche Versuche belegt haben. Interessant ist die festgestellte Tatsache, daß die in synthetischer Nährlösung gezüchtete Hefe nur die halbe Menge Inosit enthält im Gegensatz zur normalen Hefe, was schon früher von *Eastcott* (387) beobachtet worden war. Die Gewinnung des Wuchsstoffes geschah bei Ausschaltung von Säuren zur Vermeidung von Verseifungsreaktionen. Der Zellaufschluß wurde vielmehr durch die Hefeenzyme im Autolyseverfahren bewirkt, um der Lösung der Frage nach dem „genuinen“ Bios I näherzukommen. Die genannten Autoren halten es für wahrscheinlich, daß Bios I mit meso-Inosit identisch ist, daß das Hexaoxy-cyclohexan also nicht in Form eines Esters vorliegt. Indessen ist noch nicht klargelegt, ob nicht bei der Autolyse Lipasen in Tätigkeit waren.

Es entsteht nun die interessante Frage, wie löst dieses scheinbar neutrale Inositmolekül eine so wichtige Reaktion aus? Seine hervorragende für die Zellreaktion ausschlaggebende Eigenschaft liegt vielleicht darin, daß es leicht mit Phosphaten zu Estern zusammentritt und auf diese Weise die Phosphorsäure dem nahezu neutralen Plasma zugänglich macht. Vielleicht bildet sich ein spezifischer labiler

Ester mit ausgesprochener physiologischer Wirkung. Das Phytin, das ist erwiesen, kommt nicht in Frage. Dieses Calcium-Magnesiumsalz der Inosit-hexa-phosphorsäure ist vielleicht nur ein Phosphorsäuredepot, wie *Posternak* (388) annimmt.

Hexosen könnten den Inosit infolge ihrer Vergärbarkeit nicht ersetzen. Gerade die Stabilität des Inosits Zymasen gegenüber bedingt den Vorteil für die skizzierte Funktion.

Um der rätselhaften Wirkung des meso-Inosits näher zu kommen, haben *Lash Miller* (389) einerseits und auch *Kögl* (390) andererseits eine große Reihe von mehrwertigen Alkoholen offener Ketten und cyclischer Verbindungen auf Wuchsstoffeigenschaften geprüft, aber keinen Erfolg erzielt.

Aus folgender Zusammenstellung möge man die mehr oder weniger engen chemischen Beziehungen zum meso-Inosit erkennen. Diese rätselhafte Auslese der lebenden Zelle bleibt unverständlich, wenn man nicht der besonderen Konfiguration des Alkohols, der optischen Neutralität innerhalb des Moleküls besondere Bedeutung zuerkennen will:

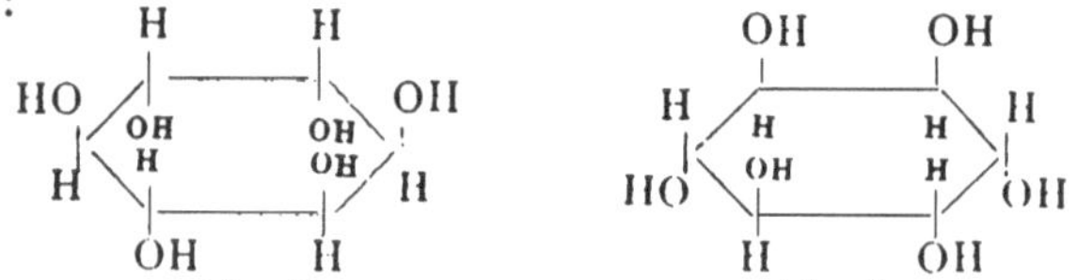

l-Inosit *d*-Inosit

Weiter:

Scyllit, optisch inaktiver Inosit
Mytilit, Methyl-Inosit, inaktiv
Quebrachit, *l*-Inosit-monomethyl-aether

Dulcit, *d*-Sorbit, *d*-Mannit } Hexite
l-Arabit, Adonit } Pentite

All diese Verbindungen haben keine Wuchsstoffwirkung ausgelöst. Um zu sehen, ob der isolierte reine meso-Inosit, der, wie bemerkt, für sich allein unwirksam ist, überhaupt Aktivität zeigt, wurde er mit Bios II und Pantothensäure (früher als Bios III bezeichnet) gemischt in Reaktion gebracht. Es ergab sich, daß sehr kleine Mengen von Inosit unter diesen Bedingungen einen Gesamtzuwachs an Hefen bis etwa 600% hervorrufen.

Biotin (Bios II) (= Vitamin H)

Biotin ist ein von *Kögl* und *Tönnis* (391) rein dargestellter krystallisierter Wuchsstoff, der auch ohne Beigabe von anderen Faktoren eine starke Wirkung auf die Zellvermehrung ausübt. Isoliert wurde dieser Stoff aus Hefekochsaft, Reiskleie und vor allem aus Eidotter, wo er besonders reichlich vorkommt. Auch die Milch, Leber und Niere sind reich an Vitamin H.

Die nähere chemische Untersuchung des reinen Präparates hat ergeben, daß es sich um ein Gemisch von zwei Körpern handelt, die man mit α- und β-Biotin bezeichnet hat. Für das α-Biotin geben amerikanische Forscher (392) folgende Formel an:

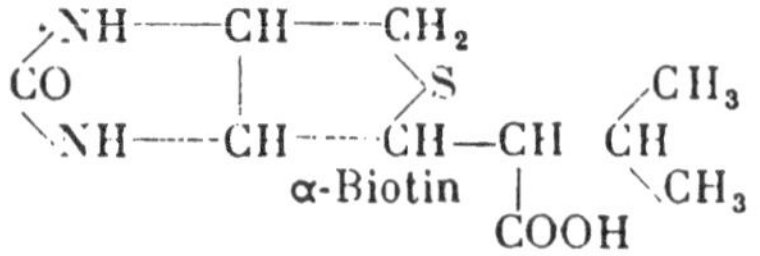

für das β-Biotin entschlossen sich *Kögl* und *Borg* (393) für eine analoge Konstitution:

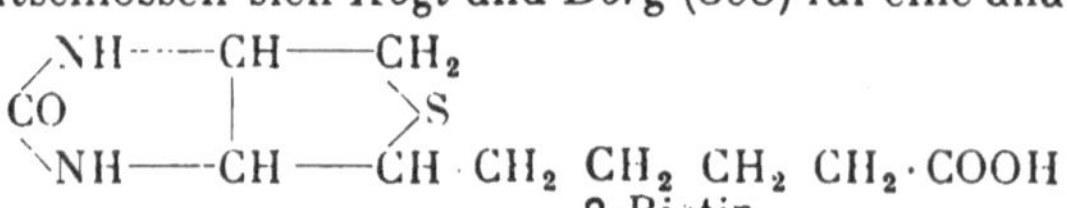

β-Biotin

Die Säurenatur dieser Verbindungen offenbart sich in der Bildung kristallinischer Methylester. Sie besitzen volle Vitaminaktivität. Beide Biotine sind optisch aktiv. In der Natur sind sie an Eiweiß gebunden. Die Versuche von *Eakin* (393a) mit dem Aspergillus niger weisen darauf hin, daß Pimelinsäure und Cystin als die Vorstufen in der Synthese des Biotins anzusehen sind, da durch Verfütterung dieser Stoffe eine 100fache Zunahme an Biotin eintrat.

Das Biotin ist der stärkste Wachstumsfaktor, den wir kennen. Er wirkt nicht nur auf Hefevermehrung, sondern auch auf Bakterien, Pilze, Pflanzenwurzeln, sogar auf Erbsenembryonen und ist somit auch ein Phytohormon der Keimung. Hefen und Bakterien speichern Biotin aus der Nährlösung. Selbst für den normalen Stoffwechsel der höheren Säugetiere und Vögel ist das Vitamin H notwendig. Mangel an Vitamin H ruft bei Menschen Erkrankung der Haut hervor (Seborrhoë). Bei dem Hefetestversuch geht das Biotin bei 10stündiger Versuchsdauer größtenteils verloren. Die Aktivität ist so groß, daß sich noch 1 mg Biotinkristallisat in 400000 l Wasser bemerkbar macht. Die Bestimmung des Biotins kann auf biologischem Wege mit Hilfe von Hefen geschehen. Eine Saccharomyces-Einheit (SE) ist diejenige Biotinmenge, die innerhalb von 5 Stunden bei 30° eine Verdoppelung einer bestimmten Zahl (3,25 Millionen) von Hefezellen hervorruft; 1 mg α-Biotin hat die Wirkung von 25 Millionen SE. Den empfindlichsten Test (2×10^{-12}) arbeitete *Nielsen* (393b) aus mit einem Stamm von B. radicicola, jedoch sind die anderen Teste genauer. Um die Intensität verschiedener Wuchsstoffe vergleichen zu können, sei folgende Tabelle wiedergegeben.

	Organismus	Verdünnung	Wirkung
Biotin	Hefe (Rasse M)	1:400000000000	merklich
Biotin	Hefe (Rasse M)	1: 40000000000	sehr deutlich
p-Aminobenzoesäure	Streptobakt. plantarum	1:100000000000	deutlich
Auxin-*a*	Hafer (Wurzel)	1: 10000000000	Hemmung
Auxin-*b*	Hafer (Koleoptile)¹)	1: 1000000000	Krümmung 1°
Adrenalin . . .	Frosch (Auge)	1: 20000000	Erweiterung
meso-Inosit . .	Hefe (Rasse M)	1: 200000	
β-Alanin	Hefe Saccharomyces cerevisiae	1: 200000000	merklich
β-Alanin	Hefe Saccharomyces cerevisiae	1: 10000000	maximaleWirkung

Auffallend ist besonders der Unterschied zwischen Biotin und Inosit. Es wurde bereits darauf hingewiesen, daß das reine Biotin im Gegensatz zum meso-Inosit schon allein sehr wirksam ist. Indessen besitzt die Hefe noch andere Wachstumsfaktoren, denn die Aktivität des Hefekochsaftes erweist sich gerade noch einmal so stark. Ein Antagonist ist das Avidin, ein Eiweißstoff im rohen Eiereiweiß, der mit dem Biotin eine biologisch unwirksame Verbindung eingeht, da das große Molekül nicht in die Zelle eindringen kann. Bei Selbsterzeugern (Mensch, in der Darmflora) kommt diese Vergiftungserscheinung nicht in Frage, da dieses wichtige Agens ständig genügend nachgebildet wird. Täglicher Biotinbedarf des Menschen 0,1—0,3 mg. — Biotin katalysiert die *Wood-Werkman*sche Reaktion (Kap. 20).

p-**Aminobenzoesäure** (= Vitamin H')

Eine andere relativ einfache, chemische Verbindung, die *p*-Aminobenzoesäure, erweist sich als äußerst wirksamer Wuchsstoff gegenüber Bakterien. Versuche mit

---

[1]) Die Koleoptile wächst als zylindrisches Hohlorgan aus dem Samenkorn heraus.

dem Milchsäurebildner Streptobakterium plantarum haben noch eine Aktivität in der Verdünnung von 1 : 100 Milliarden (1 : 10^{11}) gezeigt. Somit steht es an Wirksamkeit neben dem Biotin und wurde ursprünglich mit Vitamin H′ bezeichnet.

In strukturchemischer Hinsicht hat diese Säure eine Ähnlichkeit mit der Sulfanilsäure, wodurch die physiologischen Beziehungen beider Stoffe zueinander eine Erklärung finden *(R. Kuhn)* (394)

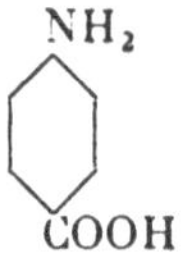
p-Aminobenzoesäure

Sulfanilsäure

Die von der geschwefelten Säure bewirkte Wachstumshemmung bei Bakterien wird durch die *p*-Aminobenzoesäure wieder aufgehoben. Man kann sich den Vorgang folgendermaßen erklären. Das Vitamin H′ kommt in der Hefe nur in gebundener Form vor und kann deshalb nur nach vorausgegangener Autolyse quantitativ mit Wasser aus dem Organismus gewonnen werden. Wir können uns demzufolge die *p*-Aminobenzoesäure als Coferment eines Enzyms vorstellen (über den allgemeinen Aufbau[1]) der Enzyme s. Kap. 11), das in der Zelle als Wuchsstoff tätig ist. Wirkt nun die Sulfanilsäure in Nährlösungen hemmend auf das Wachstum der Bakterien (395) — schon in einer Konzentration von 0,033% — so kann man annehmen, die Sulfanilsäure verdrängt aus dem Holoenzym (Vollenzym) das Coferment und setzt sich an seine Stelle, um ein anderes, aber unwirksames Enzym zu bilden (Theorie von *Fildes*). Diese Anschauung stützt sich durch die Tatsache, daß kleine Gaben von *p*-Aminobenzoesäure diese Hemmung wieder beseitigen. Ein Mol dieser Aminosäure ist in der Lage, 540 Mole Sulfanilamid zu „neutralisieren“, wahrscheinlich durch die Eliminierung der Sulfanilsäure aus dem Enzymkomplex, wodurch der ursprüngliche Zustand in der Zelle wieder hergestellt wird. Es hat sich hierbei eine gesetzmäßige Beziehung, die konstante Größe von ungefähr 1 : 10000 (*p*-Aminobenzoesäure : Sulfanilsäure) ergeben. Weiter ist der ganz spezifische Charakter der Reaktion zu betonen, denn zahlreiche ausprobierte Vitamine, Hormone und Aminosäuren konnten den Effekt der Enthemmung nicht hervorrufen. Nun ist bekannt, daß die Derivate der Sulfanilsäure, die Sulfonamide wie z. B. das Prontosil album und Albucid bei der Bekämpfung einer Invasionsflora im menschlichen Organismus gute Dienste leisten.

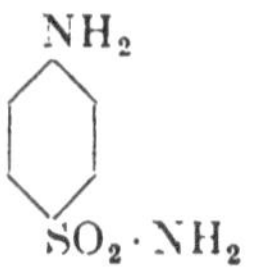
Prontosil album (Prontalbin)

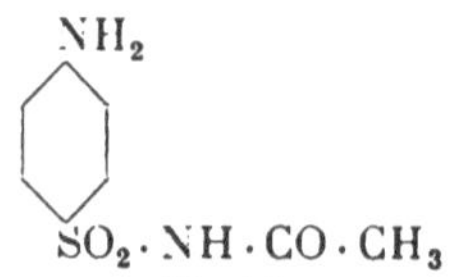
Albucid

Offenbar wird bei der großen Dosis des Medikamentes („Sulfonamid-Stoß“) die *p*-Aminobenzoesäure aus dem Vitamin H'-Holoferment in den Bakterienzellen ausgetrieben und dadurch der normale Stoffwechsel der Zellen derart gestört, daß die Abwehrstoffe des menschlichen Körpers die Bakterien leicht vernichten können.

---

[1]) Aufbau eines Enzyms:

Holoenzym (Vollenzym)
/ \
Coferment (Coenzym) (Prosthetische Gruppe) — Apoenzym (Eiweißkomponente)

Diese äußerst wertvollen Befunde, die wir *Woods* und vor allem *R. Kuhn* (396) verdanken, haben das Forschungsgebiet der **Antivitamine** erschlossen, denn wir kennen noch andere derartige antagonistische Zellreaktionen. Wenn für einen Mikroorganismus ein unbedingt lebensnotwendiges Holoferment erkannt worden ist, so muß das Vitaminmolekül, das die Rolle des Cofermentes spielt, so abgeändert werden, daß mit dem spezifischen Apoferment ein unwirksames Holoferment in der Zelle entsteht, und auf diese Weise der Untergang der Mikroben eingeleitet wird. So sind weitere Antivitamine bereits künstlich hergestellt worden. Als neuere antagonistische Beispiele seien genannt Pantothensäure und Sulfo-Pantothensäure, Tryptophan und Indolyl-Acrylsäure sowie Nikotinsäure und Nikotinsulfosäure.

In der Hefe wurde das Vitamin H', wie erwähnt, auch aufgefunden, aber über seine Funktion in der Zelle herrscht noch keine Klarheit. Nach Versuchen von *Just* (397) und *Stroh* wirken kleine Dosen (1 : 10000) zugefügtes Vitamin hemmend auf die Zellvermehrung bei Bier- und Backhefen sowie bei der Torula utilis. Wird nach 8stündiger Züchtungsdauer bei der letztgenannten Hefe der Prozeß nicht unterbrochen, so wurde nach längerer Zeit (30—96 Stunden) die Vermehrung wieder normal. Offenbar sterben die Zellen nicht ab, sondern es tritt nur eine vorübergehende Verlangsamung des Stoffwechsels ein. Auffallend ist, daß das zugesetzte Vitamin fast vollständig in der restlichen Züchtungsflüssigkeit wiedergefunden wird. Die Speicherung ist also gering. Auch die Gärgeschwindigkeit wird bei allen drei Hefen gehemmt und führt in längeren Versuchszeiten zum Absterben der Zellen. Da auch bei Mazerationssäften dieselbe Zymasebeeinflussung erfolgt, so vermehren sich die Schwierigkeiten zur Aufklärung des Mechanismus.

β-Alanin

$$CH_2 \cdot NH_2 \cdot CH_2 \cdot COOH$$

Bei der Klärung des Problems der Wuchsstoffe stießen *Williams* und *Rohrmann* (398) auch auf das β-Alanin, das auf Rasse M des Instituts für Gärungsgewerbe zu Berlin einen Wachstumseffekt auslöst. *L. Pons*, der diese Wirkung mit der des Biotins (angewendet ohne Co-Wuchsstoffe) verglich, konstatierte, daß Biotin indessen 2000000mal aktiver ist als β-Alanin, auch wenn dasselbe durch meso-Inosit und Asparaginsäure unterstützt wird.

Um nun zu klären, ob der günstige Einfluß des β-Alanins oder überhaupt der Aminosäuren der Eigenschaft als Nährstoff oder einer Katalysatorwirkung zuzuschreiben ist, haben es *Niels Nielsen* und *Vagn Hartelius* (399) unternommen, dieser Frage auf den Grund zu gehen. Beim β-Alanin liegen die Verhältnisse klar, denn diese Aminosäure ist nicht assimilierbar, wie überhaupt alle β-Aminosäuren von Hefen nicht angegriffen werden. Spuren dieses Stoffes müssen allerdings in die Zelle eindringen, denn sonst könnte die Reizwirkung nicht erfolgen. Wenn wir aber betrachten, in welch schwacher Konzentration das β-Alanin schon eine Aktivität ausübt, so besteht kein Zweifel an der Phytohormonnatur dieses Stoffes. Die kleinste Menge β-Alanin mit maximaler Wirkung wäre laut Tabelle (S. 165) eine Konzentration von 1 : 10000000. Nachweisbar ist indessen noch eine Verdünnung von 10^{-9}. (*Nielsen* und *Dagys*) (400).

Ein Blick auf die Tabelle zeigt deutlich die Berechtigung, das β-Alanin zu den Biokatalysatoren zählen zu dürfen. Die Aktivität des Biotins wird zwar nicht erreicht, aber die des meso-Inosits wird weit übertroffen. Der Wirkungsgrad ist etwa derselbe wie der des Adrenalins. Gleichzeitig muß sich Alanin auf die verschiedenen Heferassen verschieden auswirken. Rasse M scheint nicht so stark gefördert zu werden wie die untergärige Bierhefe, sonst könnte *Pons* nicht die eben erwähnte hohe Aktivität des Biotins errechnet haben. Aspergillus niger wird überhaupt nicht beeinflußt. Zum Schluß sei noch darauf hingewiesen, daß das Vitamin Pantothensäure in seinem Molekül auch β-Alanin enthält (s. Kap. 10, Pantothensäure).

Lysin

$$\underset{NH_2}{CH_2}\cdot CH_2\cdot CH_2\cdot CH_2\cdot \underset{NH_2}{CH}\cdot COOH$$

α-Amino-ε-amino-n-Kapronsäure

Bei der Betrachtung des Lysins als Wuchsstoff fällt der große Rückgang in der Wirksamkeit gegenüber β-Alanin sehr auf. Da jedoch diese Aminosäure nicht assimilierbar ist, so kann der konstatierte Wuchseffekt nicht auf das Konto Nährstoff gebucht werden. Die wachstumsfördernden Eigenschaften der verschiedenen Aminosäuren vergleichen wir auf folgender Übersicht.

	Organismus	Verdünnung	
β-Alanin . . .	Saccharomyces cerevisiae	1:10000000	maximaler Effekt
Lysin	Saccharomyces cerevisiae	1:40000	maximaler Effekt
Arginin . . .	Saccharomyces cerevisiae	1:20000	maximaler Effekt
Glutamin . .	Saccharomyces cerevisiae	1:10000	maximaler Effekt
Methionin . .	Hefe (C. L. 1)	1:500000	
meso-Inosit .	Rasse M des Instituts für Gärungsgewerbe	1:200000	

Arginin, Glutamin, Asparagin, Methionin

Von *Nielsen* und Mitarbeitern wurden im ganzen 32 Aminosäuren untersucht, von denen nur 7 eine Wuchsstoffwirkung auf den Hefestamm C. L. 1 ausübten: β-Alanin, Lysin, Arginin, Methionin, Asparaginsäure, Asparagin und Glutaminsäure.

Von den Aminosäuren, die nur in größeren Dosen wirksam sind, könnte der Charakter als Wuchsstoff angezweifelt werden. Man hat hier für den biologischen Effekt Verunreinigungen mit Spuren von hochaktiven Substanzen verantwortlich gemacht, jedoch stehen die Beweise noch aus. Es muß freilich zugegeben werden, daß ein mehrmaliges Umkristallisieren wohl kaum diese Begleitstoffe beseitigen kann.

Die obige Tabelle zeigt, daß Arginin und Glutamin (Formeln Kap. 8) schon erheblich schwächer sind in ihrer Aktivität. Die Frage der Assimilierbarkeit wurde in diesem Falle in Konkurrenz mit Ammonsulfat geprüft. Hierbei verschmähten die Hefen die Aminosäuren, und nur das Ammoniaksalz kam zur Resorption. Da in diesem Falle die Aminosäuren nicht als Nährstoff funktionierten, so mußte ihre Wirkung hormonaler Natur sein.

Nielsen und *Hartelius* (401) haben auch Asparagin und Asparaginsäure als wachstumsfördernd erkannt. Von diesen beiden Säuren wurden aber so bedeutende Mengen zur Erzeugung eines Effektes benötigt, daß man sie nicht als Wuchsstoffe ansprechen kann. Vor allem sind sie leicht assimilierbar, sind also in dem einen wichtigen Kardinalpunkt unterschiedlich von den echten Wuchsstoffen. Sie begünstigen nach *Schopfer* (402) das Wachstum vermutlich infolge ihrer besonders guten Eignung als Stickstoffquelle. Sie wären daher eher als Nahrungsstoffe denn als Wachstumskatalysatoren aufzufassen, welche Ansicht von *Nielsen* (403) jedoch nicht geteilt wird.

Die schwefelhaltige Aminosäure Methionin mit der großen Aktivität von 1 : 500000 hat entschieden hormonalen Charakter. Es ist hier noch eine Eigentümlichkeit besonders zu betonen. Die aktiven Aminosäuren bewirken nur dann einen Effekt, wenn gleichzeitig mehrere Vertreter dieser Stoffklasse zugegen sind. Die betreffenden Aminosäuren waren dagegen unwirksam, ja sogar in manchen Fällen giftig, sofern sie dem Nährsubstrat einzeln beigegeben wurden.

Wie schon oben mitgeteilt, besitzen die Hefen an sich schon Wuchsstoffe, jedoch ist der Gehalt sehr schwankend. Nach *Enders* und *Hegendörfer* (404) kann man aus der unterschiedlichen Aussaat verschiedener Hefen in absolut biosfreier Nährlösung den veränderlichen Biosgehalt der Hefen feststellen. Als Hauptergebnis wurde ein Fallen und Steigen im Biosgehalt der Hefen im Verlauf von Gärung und Lagerung festgestellt. Während der Gärung treten periodische Schwankungen ein. Zu Beginn nehmen die Wuchsstoffe sprunghaft zu; es wird ein Höhepunkt erreicht, worauf ein Abklingen über mehrere Maxima und Minima eintritt. Großversuche verlaufen in demselben Sinne, wobei beachtenswerterweise die Erscheinung weder mit der Heferasse noch mit der Hefevermehrung in Zusammenhang steht. Ob biosarme Hefen oder normale verwendet werden, immer zeigte sich die gleiche Anzahl von Perioden und dieselben Intensitäten. Der Biosgehalt biosarmer Hefen ist auch während der Gärung in Bierwürze durchweg geringer als der der normalen Hefen, obwohl im Verlauf der Gärung in Würze, die durch hohen Biosgehalt ausgezeichnet ist, ein Ausgleich zu erwarten wäre. Es bestätigt sich hier die von *N. Nielsen* ausgesprochene Vermutung, daß zwischen Extraktbios und Hefebios ein Unterschied bestehen muß. Die periodische Schwankung im Wuchsstoffgehalt der Hefen während der Gärung ist zunächst unerklärlich. Man sucht die Ursache der Erscheinung auf chemische Einflüsse oder auf Strahlungseffekte zurückzuführen. Zu denken wäre im letzteren Falle an die von *Gurwitsch* entdeckten mitogenetischen Strahlen, obgleich sich bisher noch keine einwandfreie Parallelität zwischen Biosgehalt der Hefe und ihrem Strahlungseffekt ergeben hat.

Während der Lagerzeit nimmt der Biosgehalt der Hefe ab. Vergebens hat man sich bemüht, im Absterben der Hefezellen die Ursache für die fallende Tendenz des Biosgehaltes zu finden.

Die wilde Hefe Torula utilis ist im Wachstum unabhängig vom Biosgehalt der Nährlösung, denn die Hefe verschmäht die während der Gärung dargebotene Biosmenge und zeigt deshalb gegenüber einer biosfrei aufgezogenen Probe keinen höheren Gehalt an Wuchsstoffen. Die Torula utilis deckt ihren Biosbedarf durch Synthese und bestätigt somit die früheren Beobachtungen von *Copping* (s. oben) an schwach gärenden aber gut atmenden Hefen. Dies steht auch in Übereinstimmung mit den Beobachtungen von *Fink*, *Lechner* und *Heinisch*, die bei Vergärung von Holzzuckerwürzen mit und ohne Zugabe von organischem Stickstoff die gleichen Hefeausbeuten erzielten. Ferner bringen die Versuche von *Fink* und *Krebs* (405) mit den Biospräparaten Biotin *(Kögl)*, Inosit, Vitamin B_1-Chlorhydrat direkt den einwandfreien Beweis, daß bei der Züchtung von Torula utilis durch Zugabe von bioshaltigen Stoffen zu den Nährlösungen keine Steigerung der Ausbeuten an Hefetrockensubstanz gegenüber den Vergleichszüchtungen in reinen Zuckerlösungen erzielt wird. Bei Anwendung mancher Auszüge tritt sogar eine Umsteuerung zur Alkoholbildung bzw. eine Hemmung des Hefewachstums ein.

B. Stoffe, die die Zellstreckung hervorrufen

Von den drei hier in Frage kommenden Wuchsstoffen, dem Auxin-*a*, Auxin-*b* und der Indolylessigsäure kommt für die Hefen, Bakterien und Schimmelpilze nur die letztgenannte Säure in Betracht. Wir haben gesehen, daß es eine Anzahl von Wuchsstoffen gibt, die die Zellteilung anregen. Jetzt müssen wir einen Stoff suchen, der die Tochterzellen, z. B. die Tochterzellen der Hefe, zur normalen Größe ausbildet, also eine Streckung der Zellwand vornimmt. Diese Reaktion löst in der Tat die Indolylessigsäure aus, und aus diesem Grunde wird offenbar diese Säure in diesen Organismen produziert *(N. Nielsen, P. Boysen-Jensen, Dolk* und *Thimann)* (406).

Die beiden anderen Wuchsstoffe, die uns hier weniger interessieren, kommen in allen Pflanzen vor und sind auch im Tierreich aufgefunden worden. Im Harn gesunder Menschen findet man 1—2 mg Auxin pro Liter. Bei den Mikroorganismen spielen sie bei der Zellvermehrung keine Rolle.

Auxin-*a*

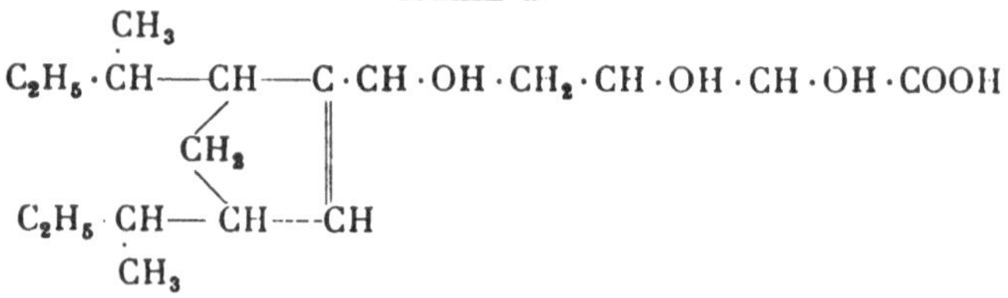

Wie die chemische Formel zeigt, ist diese Substanz frei von Stickstoff, Phosphor und Schwefel *(Kögl* und *Haagen-Smit)* (407). Sie wurde aus Malz, Maisöl und Harn isoliert und gab weiße Kristalle vom Schmelzpunkt 196° C. Es handelt sich um eine einbasische Säure, die in 96%igem Alkohol die Erscheinung der Mutarotation gibt. Endwert in 2 Stunden $[\alpha]_D^{20} = -3{,}19^0$.

Das reine Präparat ist sehr aktiv; es zeigt pro mg 50000000 AE (Avena-Einheiten)[1]), d. h. $\frac{1}{50\,000\,000}$ mg ist imstande, bei Haferpflänzchen innerhalb von 2 Stunden eine Krümmung von 10° zu verursachen. Die Zellstreckung zerfällt in zwei Phasen. Zuerst wird Wasser aufgenommen, wodurch eine plastische Dehnung entsteht und dann findet Zellmembranbildung statt.

Auxin-*b*

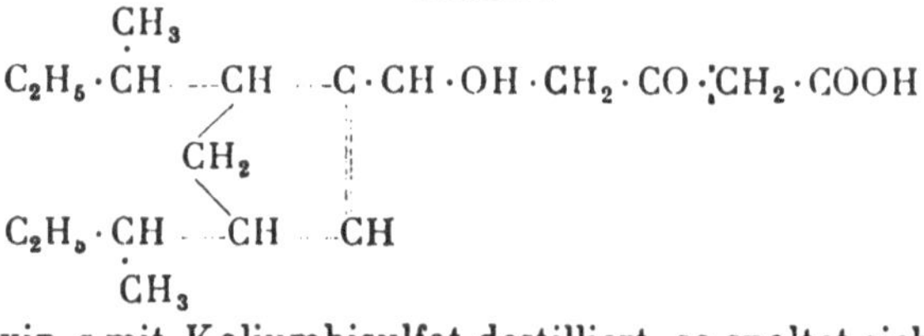

Wird das Auxin-*a* mit Kaliumbisulfat destilliert, so spaltet sich in der 5gliedrigen Seitenkette Wasser ab unter Bildung einer Ketogruppe, und es resultiert Auxin-*b*. Dasselbe findet sich auch in der Natur und konnte aus Malz und Maisöl isoliert werden. Es schmilzt bei 183° unter Zersetzung. Es ist ebenfalls eine Säure, die Mutarotation zeigt. Endwert $[\alpha]_D^{20} = -2{,}76^0$. Die Ursache dieser Erscheinung wird durch eine Lactonbildung verursacht. Beide Auxine erleiden auch eine Selbstinaktivierung in einigen Monaten, wobei Pseudo-auxine mit verschiedener spezifischer Drehung entstehen.

Wie schon auf der Tabelle auf Seite 165 gezeigt wurde, ist das Auxin-*b* nicht so stark aktiv wie das andere.

β-**Indolylessigsäure** (Heteroauxin)

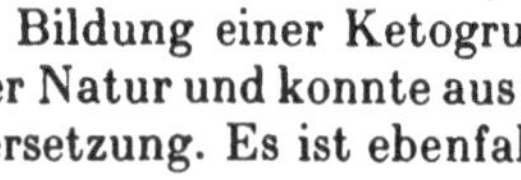

[1]) Avena, lat. = Hafer.

Wie das Formelbild zeigt, gehört dieser Wuchsstoff einer anderen Stoffklasse an als die beiden vorhergehenden. Hervorzuheben ist der Stickstoffgehalt. Wir haben hier den Wuchsstoff vor uns, der in Pilzen, Bakterien und Hefen (408) *(V. I. Konings-berger* und *B. Verkaik)* aktiv ist. Aus Hefen konnte diese Säure direkt isoliert werden, während sie in Rhizopus-Kulturen nur als Farbreaktion nachzuweisen war *(Kögl, Kostermans, Thimann)* (409). Aus dem Harn wurde sie mittelst aktiver Kohle abgeschieden *(Kögl, Haagen-Smit* und *Erxleben)* (410) und dann genauer untersucht. Ihre Aktivität beträgt 25000000 AE (Avena-Einheiten) pro mg, ist also halb so stark wie Auxin-*a*.

Aus der chemischen Konstitution erkennt man die genetischen Beziehungen zum Tryptophan (α-Amino-β-indolpropionsäure),

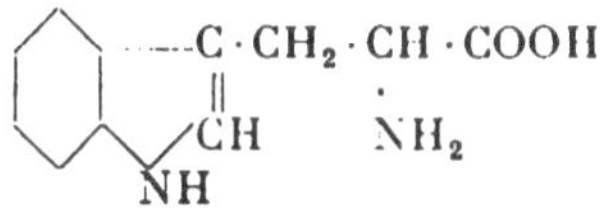

weshalb es verständlich erscheint, daß Tryptophan und tryptophanhaltige Eiweißstoffe wie Pepton die Bildung von Indolylessigsäure fördern.

Wichtig ist in dem Molekül die Doppelbindung. Mit ihrer Aufhebung geht die Wirkung verloren. Eine Schädigung der Aktivität erfolgt auch durch Einführung von Methylgruppen an den Stickstoff und an das zweite Kohlenstoffatom; ebenso unvorteilhaft ist eine Veresterung der Säure. Dabei zeigt sich ein Ansteigen der Passivität mit zunehmender Größe des Alkoholrestes (411). Wird der Stickstoff in der Indolylessigsäure durch Kohlenstoff ersetzt, so erweist sich die entstandene Indenessigsäure von schwacher Aktivität. Tauscht man den Stickstoff gegen Sauerstoff aus, so ist die erhaltene Cumarylsäure im Avenatest völlig unwirksam, zeigt dagegen im Erbsentest schwache Hormonwirkung *(Thimann)* (412). Baut man das Indolylessigsäuremolekül bis auf Phenylessigsäure

$$C_6H_5 \cdot CH_2 \cdot COOH$$

oder Phenylpropionsäure

$$C_6H_5 \cdot CH_2 \cdot CH_2 \cdot COOH$$

ab, so folgt aus den verschiedenartigen Testversuchen zwar noch eine gewisse Wirksamkeit, aber die Transporteigenschaft des Hormons ist verloren gegangen.

Die Wuchsstoffe sind in den Pflanzen an Proteine gebunden *(Skoog* und *Thiman)* (414). So enthalten Spinatblätter 95% gebundenes und 5% freies Heteroauxin *(Wildman* und *Bonner)* (413), *Moewus* (415). Über das Vorkommen von Auxin und Heteroauxin sowie deren Hemmstoffe in Pflanzen liegen neuere Mitteilungen von *v. Guttenberg* (416a) vor. Manche Wuchsstoffe lassen sich durch Vitamine anderer Art wie Ascorbinsäure aktivieren *(Hausen)* (416).

Die in der Technik verwendeten natürlichen Nährlösungen wie Bierwürze, Brennereimaische, Rübenmelasse und Zuckerrohrmelasse sind reichlich mit Wuchsstoffen versehen, wobei die letztere die Rübenmelasse übertrifft. Eine besonders gute Quelle sind die Malzkeime, von denen 100 g etwa 170 g Melasse in bezug auf Wuchsstoffwirkung in synthetischer Nährlösung entsprechen. Die obergärigen Kulturhefen für Bäckereizwecke speichern die Wuchsstoffe auf, so daß die Nährlösungen zum Schluß nur noch Spuren von ihnen enthalten *(R. Illies* (417) und *F. Wendel)* (418).

Nach den obigen Ausführungen müssen wir annehmen, daß in den natürlichen, gut wirkenden Nährlösungen eine größere Anzahl von Wuchsstoffen vorliegt. Hierdurch wird die Aufklärungsarbeit nach der Ursache der Wirkung der spezifischen chemischen Aktivatoren sehr erschwert, so daß bis heute darüber nicht viel ausgesagt werden kann. Sicher ist, daß zur Erzielung eines kräftigen Hefewachstums eine ganze Anzahl von Wuchsstoffen nötig ist. Die Bierwürze ist, wie gesagt, reich daran. Nach Versuchen von *Nielsen* und *Hartelius* (419) kann man sie zum größten Teil durch Ausschütteln mit Hefe entfernen oder durch Behandeln mit Alkali oder Salzsäure erhöhen (Bildung von Aminosäuren durch Hydrolyse [420]). Auch β-Alanin läßt sich aus Würze ausschütteln. Eine eigentümliche Spezifität haben in letzter Zeit *Nielsen* und *Hartelius* (421) beobachtet. So wurde festgestellt, daß ein grundlegender Unterschied besteht zwischen den Wuchsstoffen, die auf Saccharomyces cerevisiae und einer Reihe anderer Hefenarten wirken und solchen, die auf Aspergillus niger und andere Schimmelpilze abgestimmt sind. Diese Typen enthält z. B. die Bierwürze. Weiter ließ sich ein Wuchsstoff durch Erwärmen von Zucker herstellen, der auf genannte Pilze reagierte, gegen Hefen aber Passivität aufwies. In diesem Sinne verhalten sich auch Brenztraubensäure und Glykolsäure.

Das große Gebiet der Wuchsstoffe ist trotz der großen Erfolge der letzten Zeit noch nicht restlos erschlossen. Immer noch werden neue Aktivatoren für das Wachstum gefunden. Viele Vitamine der B-Gruppe wie die Vitamine B_1, B_2 und B_6, die Nikotinsäure und Pantothensäure haben wachstumsfördernde Eigenschaften, wie wir im nächsten Kapitel sehen werden. Somit wird der scharfe Trennungsstrich zwischen Hormon und Vitamin verwischt (s. auch *E.-F. Möller* [421 a]).

Hier sei die physiologische Wirkung des **Penicillins** angeschlossen. Bei Hefen wirkt dieser Stoff anregend auf die Gärkraft und das Wachstum, ebenso wird die Entwicklung der Schimmelpilze gefördert. Die vernichtende Wirkung auf Bakterien kann zur Reinigung infizierter Hefen benutzt werden *(A. Juillerat)* (422).

Das Penicillin wird bekanntlich mit Hilfe des Schimmelpilzes Penicillium notatum *Westling* (423) (Kap. 4) und eng verwandter Arten hergestellt. Man kennt bisher fünf verschiedene Präparate, von denen das Penicillin G (II) besonders therapeutisch wirksam ist. Testwert gegen Staphylococcus aureus: 1650 Oxford-Einheiten (OE) pro mg.

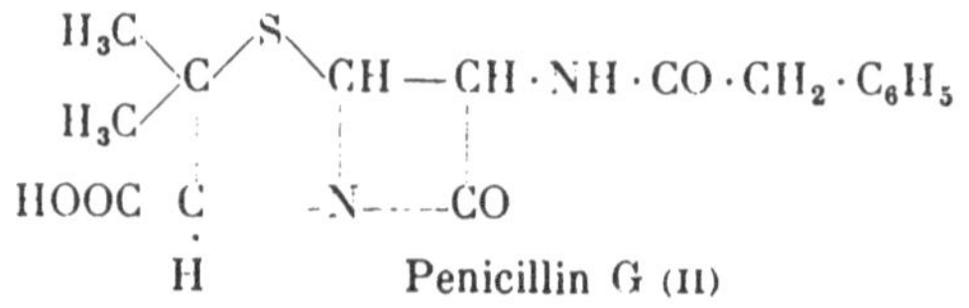

Penicillin G (II)

Die anderen Penicilline unterscheiden sich von diesem durch eine andere Seitenkette an Stelle des Phenylessigsäureamids. Charakteristisch für diese besonders gereinigten Heilmittel ist, daß sie außerordentlich wirksam sind und nur äußerst schwach giftig auf den menschlichen Organismus wirken (s. Penicillium notatum Kap. 4).

Bedarf der Hefen an Wuchsstoffen

Untersuchungen an einer großen Anzahl von Hefestämmen zeigen in erster Linie die Wichtigkeit von Biotin. Dann folgen Pantothensäure und Aneurin (s. Kap. 10). Adermin, Nikotinsäure (Kap. 10) und Inosit sind nur bei einem Teil der Hefen erforderlich *(Burkholder, Mc Veight* und *Moyer)* (423b). Verschiedene Vitamine betätigen sich auch als Wuchsstoffe (s. Kap. 10).

Kapitel 10

Vitamine der Hefe

Die Vitamine sind ebenfalls wie die Hormone Träger des Stoffwechsels höherer Ordnung. Während Kohlenhydrate, Eiweiß und Fette als Aufbaumaterial der Zellen und als Energiequelle dienen, ist die Funktion der Vitamine mehr derjenigen der Enzyme verwandt, in dem sie chemische Reaktionen auslösen und katalysieren. Es ist noch nicht der Zeitpunkt gekommen, um über die chemische Aufgabe aller Vitamine im Stoffwechsel ein vollständig klares Bild geben zu können. Es ist indessen klar erwiesen, daß verschiedene Vitamine nur in Verbindung mit gewissen spezifischen Proteinen wirksam sind und in diesem Falle Enzyme bilden. Ein Vitamin stellt hier gewissermaßen ein Co-Enzym dar, das gemeinsam mit dem Apo-Enzym, der Eiweißkomponente, ein Gleichgewicht mit dem Holo-Enzym eingeht.

$$\text{Co-Enzym} + \text{Apo-Enzym} \rightleftarrows \text{Holo-Enzym}$$

Von einigen Vitaminen wissen wir, daß sie Teile von solchen Enzymkomplexen darstellen, die den Kohlenhydratstoffwechsel besorgen (z. B. Vitamine B_1 und B_2). Es ist leicht einzusehen, daß in solchen Fällen, bei denen infolge Mangel an einer Komponente im Enzymsystem der normale Zuckerabbau unmöglich gemacht wird, eine schwere Störung der Funktionen des Organismus stattfinden muß. An welchen Umsatzreaktionen die meisten anderen Vitamine als Katalysatoren beteiligt sind, entzieht sich noch unserer Kenntnis. Bei Mangel an Vitaminen können also die normalen Körperreaktionen nicht stattfinden, wodurch Anomalien in den Organfunktionen entstehen, die zu den „Mangelkrankheiten“ führen. Bei Besprechung der einzelnen Vitamine wird auf diese Erscheinungen näher eingegangen.

Wenn der Mensch die Nahrungsmittel in rohem, also unpräpariertem Zustande aufnehmen würde, so gäbe es für uns kein Vitaminproblem, denn mit der restlosen Aufnahme von Cerealien oder tierischen Organen würde unser Vitaminbedarf vollkommen gedeckt werden wie bei den wild lebenden Tieren. Dadurch aber, daß wir aus den Pflanzen und Schlachttieren meistens nur Teile herauspräparieren, bleibt unsere Nahrung unvollständig. Der verfeinerte Geschmack und die Kochkunst sind die Ursachen für unsere unvollkommene Ernährung. In normalen Zeiten wird bei gemischter, vielseitiger Kost der Vitaminbedarf fast automatisch gedeckt. Immerhin ist eine gewisse Überwachung sehr angebracht. In manchen Zeiten, besonders in Notzeiten bei einseitiger Ernährung ist eine Vitaminkontrolle der Speisen dringend erforderlich, namentlich in solchen Ländern, wo nur eine beschränkte Auswahl an Nahrungsmitteln zur Verfügung steht.

Da die Hefe ein selbständiger Organismus ist, mithin über einen komplizierten Stoffwechsel verfügt, so ist anzunehmen, daß sie eine große Anzahl von Vitaminen enthalten muß. In der Tat ist dies auch der Fall. Wenn wir uns die Tabelle nach *W. Rudolph* (424) ansehen, so sind wir erstaunt über die große Zahl von Vitaminen, die die Hefe beherbergt.

Vitamin B_1, Aneurin, Thiamin, Antineuritischer Wirkstoff
Vitamin B_2, Lactoflavin, Riboflavin, Thermostabiler Wachstumsfaktor
Vitamin B_3, Taubenwachstumsfaktor, Thermolabiler Faktor
Vitamin B_4, Antiparalytischer Faktor
Vitamin B_5, Taubenwachstumsfaktor, Thermostabiler Faktor
Vitamin B_6, Adermin (= Pyridoxin), Pellagraschutzstoff (Ratte), (Pyridoxal, Pyridoxamin)

Vitamin B_7, Enterales Vitamin
Nikotinsäureamid, Antipellagravitamin (Mensch)
Pantothensäure, Kücken-Antidermatitisfaktor, Pellagraschutzstoff (Huhn); identisch mit dem Filtratwachstumsfaktor und Anti-Graue-Haare-Faktor B_x
Hämogen, extrinsic factor, Antianämiefaktor
Tropenanämieverhütender Faktor
Faktor W, alcohol-ether precipitate factor, Wachstumsfaktor (Ratte)
Provitamine D_2 und D_3, Antirachitische Wirkstoffe (nach Bestrahlung)
Vitamin E, Tokopherole, Antisterilitätswirkstoffe
Vitamin H, Biotin, Hefewuchsstoff[1]), Antiseborrhoischer Wirkstoff
Vitamin H', *p*-Aminobenzoesäure, Wuchsstoff für Mikroorganismen
Folinsäure, Antianämiefaktor, früher als Vitamin M bezeichnet
Inosit, Hefewuchsstoff, Anti-Alopecie-Faktor (Maus)
Cholin, Wachstumsfaktor (Ratte)
β-Carotin, Provitamin A (nur in Torula rubra)
Vitamin C, Ascorbinsäure, Antiskorbutischer Wirkstoff (?)
Vitamin L_1 und L_2 Lactationsfaktoren.

Von diesen Biokatalysatoren sind noch nicht alle genau untersucht, so daß noch Berichtigungen zu erwarten sind. Sicher ist, daß mit dieser Aufzählung längst noch nicht der Born erschöpft ist. Ausgeschlossen ist aber auch nicht, daß einige Faktoren sich mit anderen biologischen Katalysatoren als identisch erweisen werden. Von einigen genauer untersuchten Vitaminen, wie Vitamin A und C, ist nur ein spärliches Vorkommen in der Hefe erwiesen. Dagegen sind für sie Vitamin B_1, Vitamin B_2, Vitamin B_6, Nikotinsäureamid, Pantothensäure, Folinsäure und die Provitamine D_2 und D_3 von besonderer Bedeutung. An dieser Stelle werden nur die Vitamine behandelt, deren Existenz und Wirkungsweise bis jetzt einwandfrei erwiesen sind. Die übrigen sollen nur z. T. skizzenhaft hervortreten.

Vitamin B_1 (Aneurin; Thiamin)

Mit der Entdeckung dieses Vitamins, das erst später die Bezeichnung B_1 erhielt, beginnt eigentlich dieser neue Zweig der physiologischen Chemie. Die Anregung zu dieser wichtigen Forschung gaben die Beobachtungen *Eijkmans*, der mit poliertem Reis die Polyneuritis (Krämpfe und Lähmungserscheinungen) bei Hühnern künstlich hervorrufen konnte, eine ähnliche Krankheit, die in Ostasien bei Menschen mit Beri-beri bezeichnet wird. Im Jahre 1911 entdeckte *C. Funk* in der Reiskleie den Stoff, der in der Lage war, die Beri-beri-Krankheit zu heilen. Da diese Aminverbindung schon damals für die Erhaltung des Lebens (vita) äußerst wichtig erschien, so bildete er die Bezeichnung „Vitamin", die dann der Sammelname für eine ganze Stoffklasse wurde. *B. G. P. Jansen* und *Donath* gelang es zuerst, den neuen Stoff in reiner Kristallform aus dem Silberhäutchen des Reiskorns zu isolieren, während *Schaumann* diese antineuritisch wirkende Substanz in der Hefe entdeckte. Seither hat man in vielen Organen und sehr vielen Cerealien wie Weizen, Roggen, Hafer, Erbsen, Spargel, Spinat, Karotte, Tomate, Apfel, Birne, Zitrone das Vitamin B_1 aufgefunden. Die beste Vitaminquelle aber sind die Kulturhefen, wobei die Bierhefe der Bäckerhefe bedeutend überlegen ist.

Um Klarheit über diesen wichtigen Stoff zu bekommen, wurde er in größeren Mengen in reinem Zustande aus Hefe hergestellt und zwar durch Adsorption an Fullererde und nachfolgende Elution mit schwachen Alkalien oder Chininsalzen.

[1]) Die Hefewuchsstoffe Biotin, Inosit und Vitamin H' sind in Kap. 9 behandelt.

Durch umständliche Reinigungsverfahren erhielten *Windaus* (425) und Mitarbeiter die reine Substanz, in der sie auch Schwefel nachwiesen. Die Konstitutionsaufklärung und die Synthese verdanken wir *Williams* (426) und Mitarbeitern einerseits und zum anderen *Windaus*, *Tschesche* (427) und *Grewe*. Gleichzeitig fanden *Makino* und *Imai* dieselbe Zusammensetzung. Es wurde festgestellt, daß sich das Vitamin aus einer Pyrimidin- (I) und Thiazolkomponente (II) zusammensetzt.

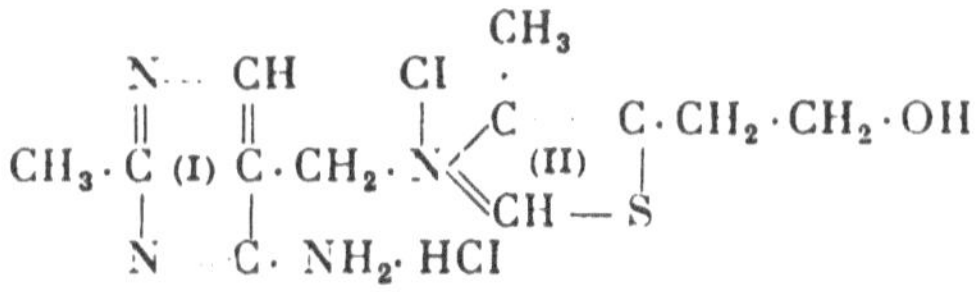

Aneurin-Hydrochlorid (Vitamin B_1)

Wir haben es mit einer Koppelung des 2-Methyl-4-amino-5-oxymethyl-pyrimidins mit dem 4-Methyl-5-oxyaethylthiazol zu tun. Besonders wichtig ist in diesem Molekül die Doppelbindung zwischen dem Stickstoffatom und der Methingruppe im Thiazolanteil, die unter Aufnahme von Wasserstoff leicht aufgelöst werden kann (428). (Vgl. das Pyridin in der Cozymase S. 189).

Das Aneurinchlorhydrat $C_{12}H_{18}N_4OSCl_2$, das aus der empfindlichen Base durch Anlagerung von Chlorwasserstoff entsteht, hat einen Schmelzpunkt von 252°. Aneurin, in USA oft mit Thiamin bezeichnet, ist in der Wärme leicht zersetzlich, namentlich im neutralen oder alkalischen Medium. Spaltprodukte sind Ammoniak und Schwefelwasserstoff. Säuren wirken konservierend. Bei einer Wasserstoffjonenkonzentration vom pH = 3,5 ist es sogar bei höheren Temperaturen recht beständig. Dagegen zerstören Oxydationsmittel sehr leicht das Molekül.

Nun besteht eine nahe Beziehung des Vitamins B_1 zur Cocarboxylase, denn sie stellt den Pyrophosphorsäureester des Aneurins dar *(Lohmann* u. *Schuster)* (429) (s. Kap. 11).

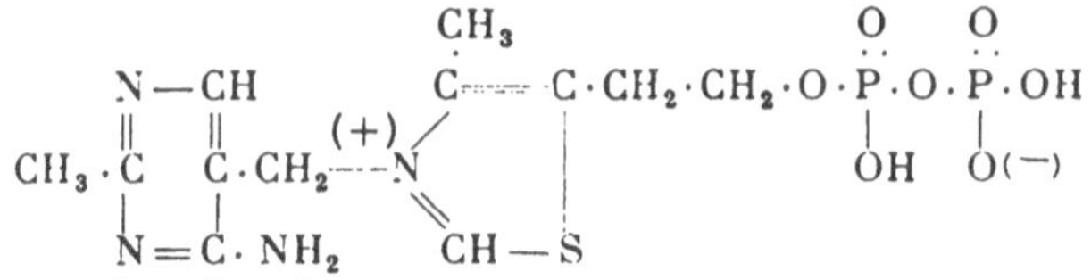

Cocarboxylase (Decocarboxylase) (Aneurin-Pyrophosphorsäureester)

Diese Verbindung sowie das Aneurin selbst kommen in Pflanzenzellen vor. Der Übergang des Vitamins B_1 in die Phosphorsäureverbindung geschieht mit Hilfe der Adenosin-triphosphorsäure (Formel Kap. 11, Phosphatasen), wobei dieselbe unter Verlust der Pyrophosphorsäure zu Adenylsäure abgebaut wird.

Aneurin + Adenosin-triphosphorsäure = Aneurinpyrophosphorsäure + Adenylsäure

Im tierischen Organismus geht diese Reaktion bei Vitaminnahrung in der Darmschleimhaut vor sich.

Die Cocarboxylase hat, wie wir in den nächsten Kapiteln sehen werden, in Verbindung mit ihrem Apoenzym im Zymasesystem eine große Aufgabe, nämlich die Spaltung der Brenztraubensäure in Kohlensäure und Acetaldehyd, zu erfüllen[1]):

$$CH_3\cdot CO\cdot COOH = CO_2 + CH_3\cdot CHO$$

Wie wir oben sahen, enthält das Aneurinmolekül eine interessante leicht auflösbare Doppelbindung. Vielleicht beruht hierauf die physiologische Funktion der Cocarboxylase. Wird aus der Carboxylgruppe der Brenztraubensäure der jonisierte

[1]) Daher besser mit Decarboxylase zu bezeichnen.

Wasserstoff entfernt (s. a. Kap. 13, S. 257), so könnte die frei gewordene Valenz des Sauerstoffs die Acetylgruppe abstoßen, um das stabile Kohlensäuremolekül zu bilden. Andererseits müßte ein Wasserstoffüberträger (Hilfsferment) den abgespaltenen Carboxylwasserstoff auffangen, um damit das freie Acetyl (vielleicht über das Acetylphosphat) in den Acetaldehyd überzuführen. Die reduzierte Cocarboxylase würde den in der ersten Phase aufgenommenen Wasserstoff sofort an das Hilfsferment weiterleiten. Wie sich der Vorgang dieses aufgeworfenen Schemas in Wirklichkeit vollziehen wird, bleibt abzuwarten. (Über die Labilisierung der Brenztraubensäure s. Kap. Enolase.)

In Pflanzenzellen findet tatsächlich nach obiger Bruttogleichung dieser Vorgang statt. In der tierischen Zelle verläuft der Prozeß anders. Es entsteht zwar auch Kohlensäure, aber der Acetaldehyd reagiert gleich weiter. Teilweise erfolgt nach *Davis* und *Lipmann* (430) sowohl als auch nach *Peters* eine oxydative Spaltung der Brenztraubensäure zu Essigsäure und Kohlensäure

$$2\,CH_3\cdot CO\cdot COOH + O_2 = 2\,CO_2 + 2\,CH_3\cdot COOH$$

teilweise eine Umwandlung in Essigsäure und Milchsäure *(Krebs* und *Lipmann)* unter anaeroben Bedingungen.

$$\begin{array}{c} CH_3\cdot CHO \\ CH_3\cdot CO\cdot COOH \end{array} + \begin{array}{c} O \\ \| \\ H_2 \end{array} = \underset{\text{Essigsäure}}{CH_3\cdot COOH} + \underset{\text{Milchsäure}}{CH_3\cdot CH\cdot OH\cdot COOH}$$

Von anderer Seite wird auch die Bildung einer mit freien Elektronen behafteten Acetylgruppe angenommen, die sich zunächst an das Ferment anschließt.

Bei vorsichtiger Oxydation des an sich farblosen Aneurins, z. B. mit Kaliumferricyanid oder Eisenchlorid in alkalischer Lösung, bildet sich eine gelblich gefärbte bei Ultraviolettbestrahlung blau fluoreszierende Verbindung, das Thiochrom *(Barger)*. Hierauf begründet *Jansen* (431) seine Methode zur Bestimmung des Vitamins B_1. Nach Eintritt der stärksten Fluoreszenz mißt man in einer Ausschüttelung mit Isopropylalkohol die Intensität in einem Kolorimeter oder im Pulfrichschen Stufenphotometer. Das Thiochrom wurde von *Kuhn* (432) und Mitarbeitern in kristallisierter Form vom Schmelzpunkt 227—228° erhalten. Wie das Formelbild zeigt, hat sich zwischen dem Pyrimidin- und Thiazolring noch ein neuer Ring gebildet.

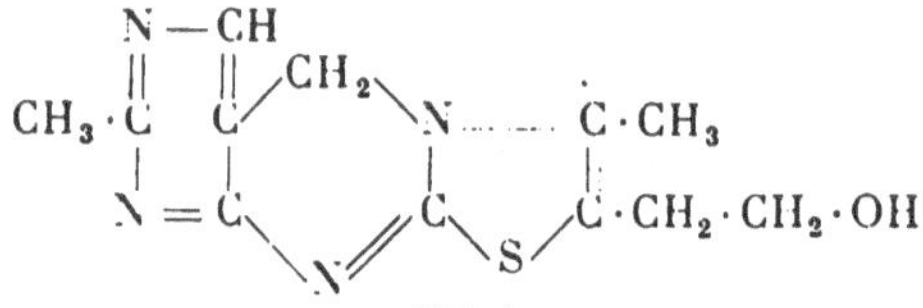

Thiochrom

Ursprünglich bestimmte man das Vitamin B_1 auf biologischem Wege, indem man die Menge des Präparates feststellte, die nötig ist, um die Beri-beri-Symptome einer Taube zum Verschwinden zu bringen. Auch heute wird noch ein Taubentest, und zwar der von *Kinnersly-Peters* (433) angewendet.

In deutschen Instituten wurden auch mit Erfolg Rattenteste entwickelt *(Scheunert)* (434). Will man Spuren von Aneurin biologisch nachweisen, so bedient man sich des Testes mit Hilfe gewisser Mikroorganismen (Pilze, Bakterien und Protozoen), die erst dann eine normale Entwicklung zeigen, wenn Spuren des Vitamins in den Nährlösungen enthalten sind. So konnten auf diese Weise noch 0,00005 γ ($1\,\gamma = 0{,}001$ mg) Aneurinphosphorsäureester nachgewiesen werden *(R. Abderhalden)* (435).

Bei dem Test nach *Schopfer* mit dem Phycomyces Blakesleeanus läßt man den Pilz in mineralischer Nährlösung wachsen unter Zugabe des aneurinhaltigen Materials. Um 1 mg Trockenpilzmycel zu erzielen, benötigt der Pilz nur 0,005 γ Vitamin B_1; also 5 Millionstel des Pilzgewichtes an Thiamin genügen, um das Wachstum hier in Fluß zu bringen. Fehlt dieser Wuchsstoff, so tritt überhaupt keine Mycelentwicklung ein.

Auch die Thiazol- und Pyrimidinkomponente lösen diesen Effekt aus. Heute wird von *Niven* und *Smiley* (435a) für den exakten biologischen Nachweis der Streptococcos salivarius empfohlen, da er nur auf intaktes Aneurin anschlägt und ganz bedeutend schneller zum Ziele führt. In diesem Falle löst das Vitamin die Funktion eines Wuchsstoffes aus. Ein anderer schneller Nachweis kann auch durch den Mikrogärtest in der *Warburg*-Apparatur mit Hefe erfolgen. Nachweisbar 0,01–0,02 γ (*Schultz, Atkin* u. *Frey*) (435b).

Die Feststellung der physiologischen internationalen Einheiten (I.E.) für die Aktivität der vitaminhaltigen Materialien ist in diesem Falle heute nicht mehr nötig in Anbetracht unserer Kenntnisse über das Molekül des Aneurins und seiner chemischen Bestimmungsmethode. Wir legen einfach die Menge Vitamin, ausgedrückt in Gamma, fest, die in 100 g Substrat enthalten ist. Als Umrechnungsfaktor der I.E. in γ benutzt man die Zahl 3, da eine internationale Einheit gleich 3 γ Aneurinchlorhydrat (als Mittelwert) sind. Hier findet die oben erwähnte Thiochrommethode von *Jansen* ihre Anwendung. In gewissen Fällen ist es jedoch aus verschiedenen Gründen z. Z. noch ratsam, die chemische Methode durch die physiologische zu kontrollieren.

So sind wir heute in der Lage, die verschiedenen Vitaminträger in bezug auf ihren Gehalt an B_1 zu vergleichen. Leider wird durch den Kochprozeß bei der Bereitung der Speisen der Vitamingehalt in vielen Fällen bis auf 35% reduziert. Im sauren Medium ist die Stabilität noch am besten, worauf schon hingewiesen wurde. In folgender Tabelle seien einige Beispiele von Vitaminträgern gegeben.

A. Aus dem Pflanzenreich

Bierhefe[1])	810–36000	γ B_1 in 100 g *(Scheunert)* (436)
Backhefe	600– 2000	γ B_1 in 100 g
Hefeextrakt (Bierhefe)	12000–20000	γ B_1 in 100 g
Hefeextrakt (Mischhefen bzw. Holzhefen)	1900–12000	γ B_1 in 100 g
Weizen (Vollkorn)	400–600	γ B_1 in 100 g
Weizenvollkornbrot	310	γ B_1 in 100 g
Weizenbrot 60%	50	γ B_1 in 100 g
Roggen (Vollkorn)	300	γ B_1 in 100 g
Roggenvollkornbrot	210	γ B_1 in 100 g
Roggenbrot 65%	100	γ B_1 in 100 g
Reis, unpoliert	220–250	γ B_1 in 100 g
Reis, poliert	Spuren	
Haferflocken	300	γ B_1 in 100 g
Weißkohl, Rotkohl, roh	80	γ B_1 in 100 g
Kartoffel, roh	80–120	γ B_1 in 100 g
Kartoffel, gekocht	55–80	γ B_1 in 100 g
Äpfel	20–40	γ B_1 in 100 g

[1]) Siehe auch die nächste Tabelle von *Fink* und *Just*.

B. Aus dem Tierreich

Leber (Rind, Schwein) ...	450	γ B_1 in 100 g
Schweineniere, roh	610	γ B_1 in 100 g
Schweinefleisch, roh	700	γ B_1 in 100 g
Schweinefleisch, gebraten..	300	γ B_1 in 100 g
Rindfleisch, roh u. gekocht	45–50	γ B_1 in 100 g
Eidotter, gekocht	250	γ B_1 in 100 g
Eiweiß aus dem Ei	Spuren	
Kuhmilch	24–70	γ B_1 in 100 g
Käse	30–55	γ B_1 in 100 g
Heringsfleisch	30	γ B_1 in 100 g

Aus dieser Tabelle geht zunächst einwandfrei hervor, daß die Hefe die beste Quelle für Vitamin B_1 ist. Dasselbe liegt hier meist in Form des Aneurin-Pyrophosphorsäureesters vor, während in Phanerogamen vorzugsweise freies Vitamin anzutreffen ist. Der Vitamingehalt schwankt natürlich in den Nahrungsmitteln selbst; er ist von verschiedenen Umständen abhängig. Bei der Hefe haben Rasse und die Art der Züchtung großen Einfluß.

In jüngster Zeit sind nähere Angaben von *Fink* (437) und *Just* hierüber gemacht worden. Auf folgender Tabelle werden die auf chemische Weise bestimmten B_1-Werte verschiedener Heferassen aus Brauereibetrieben mit den von *Scheunert* (438) ermittelten biologisch festgestellten internationalen Einheiten (I. E.) verglichen. Bei beiden Untersuchungsarten stammte die Hefe aus derselben Züchtung.

Tabelle nach Fink und Just:

Heferasse	Vitamingehalt in 1 g Trockensubstanz		
	Aneurinhydrochlorid in γ	umgerechnet auf I. E.	I. E. biologisch best.
Torula utilis	9,6	3,2	3,6
Torula utilis	19,7	6,6	6,6–8,9
Bierhefe, untergärig.....	239,5	80	67–89
Bierhefe, untergärig.....	266,9	89	67–89
Bierhefe, obergärig	185,0	62	–
Bierhefe, obergärig	154,2	51	–

Wie die Tabelle ergibt, haben beide Methoden praktisch dieselben Ergebnisse gezeitigt, wobei die Beziehung 1 I.E. gleich 3 γ-Aneurin-Hydrochlorid zugrunde gelegt wurde. Die Tabelle lehrt weiter den enorm hohen Vitamingehalt der untergärigen Hefe aus dem Brauereibetriebe: 100 g Trockenhefe enthalten 23950 γ B_1. Dieser Betrag fällt bei aerober Züchtung auf 3500 γ. Im allgemeinen geht die Co-Carboxylasebildung mit der Fähigkeit zur Atmung zurück, weshalb die schwach gärende Torula den geringsten Wert aufweist. Diese Hefe ist in der Lage, aus Elementarbaustoffen die Totalsynthese des Aneurins zu vollziehen *(Fink, Krebs, Scheunert, Wagner)* (439). Auch wenn Holzzucker (daher Holzzuckerhefe genannt) als Ausgangsmaterial dient, bleibt das Resultat dasselbe. Deshalb konnten *Fink* und *Just* (440) auch die Abhängigkeit der Vitaminbildung in der Torula von den Züchtungsbedingungen (Nährsubstrat, Luftzufuhr) feststellen. Eine Lüftung, die den Energiestoffwechsel in bezug auf Atmung fördert, läßt das Aneurin teilweise verschwinden, weil die Gärung unterdrückt wird. In diesem Falle liegt naturgemäß auch ein geringerer Bedarf an Co-Carboxylase, also an Aneurin-Pyrophosphorsäure vor. Läßt man dagegen die Hefe ohne Luft wachsen, so muß zur Erzeugung von Energie die Zymase besonders intensiv mobilisiert werden, was u. a. auch eine Anreicherung von Co-Carboxylase zur Folge hat. In Vitamin B_1 freiem Medium steigert sich der Gehalt von B_1 von 20 auf 30 γ pro Gramm (s. Versuch von *Hayduck* und *Haehn*, Kap. 13). Weiter läßt sich der Gehalt an B_1 auch dadurch vergrößern, daß man gärenden Hefen Aneurin darbietet. Die Aufspeicherung des Vitamins in diesem Falle ist nicht mechanischer Natur, sondern das Aneurin liegt in der Hefezelle in gebundener Form vor.

Auch bei Backhefe konnte *Pavcek* (441) den Vitamingehalt durch eine geeignete Nährlösung steigern, wobei sich eine Getreidewürze besonders günstig erwies.

Besonders aber ist interessant, daß auch Hefen in der Lage sind, die Pyrimidin- und Thiazolkomponente zu Aneurin zu synthetisieren *(Fink* und *Just)* (442). So werden von der Bäckerhefe und obergäriger Bierhefe ganz enorme Mengen von Aneurin erzeugt, während die untergärige Bierhefe versagt. Torula utilis ist nicht so aktiv wie die Kulturhefen. Der größte Teil des produzierten Thiamins, — in manchen Fällen bis 90% — liegt als Co-Carboxylase vor, der Rest als freies Vitamin. Auch der Schimmelpilz Phycomyces Blakesleeanus und der Eiterbakterienstamm Staphylococcus aureus können dieselbe Synthese vollziehen. Andere Mikroorganismen benötigen nur eine von den beiden genannten Komponenten, da sie imstande sind, die fehlende selbst aufzubauen *(Schopfer, Ondratschek, Reinhardt)* (443).

Einen lehrreichen Fall in anderer Hinsicht geben Rhodotorula rubra und der Mucor Ramannianus. Beide wachsen in synthetischer Nährlösung nur in Gegenwart von Aneurin. Da jeder einzelne der beiden Organismen nur eine Komponente des Vitamins zu produzieren in der Lage ist, so gedeihen die Pilze ohne Vitaminzugabe nicht. Stellt man indessen den Versuch mit einer Mischkultur der beiden an, so erfolgt sofort Wachstum der Mikroben. Die Erklärung hierzu ist folgende:

Die Rhodotorula produziert das Thiazol, der Mucor das Pyrimidin, wodurch in der Mischkultur die Voraussetzung zur Vitaminsynthese gegeben ist. Damit sind nun die Grundlagen für die Entwicklung der beiden Mikroorganismen geschaffen. Wir haben hier den typischen Fall einer Symbiose vor uns *(F. W. Müller)* (444).

Tauben und Ratten vermögen auch aus den Vitaminkomponenten die Synthese zu vollziehen, jedoch reicht der erzielte Betrag für einen normalen Stoffwechsel nicht aus.

Die Quelle des Vitamins B_1 für die Milchdrüsen der Kuh ist in dem Mikrobengärprozeß im Pansen zu suchen. Nach dem Absterben der Mikroflora im Darmkanal werden die Vitamine von der Darmwand resorbiert und dann weitergeleitet.

Das Vitamin B_1 hat für die menschliche Ernährung fast dieselbe Bedeutung wie das Vitamin C. Der Mindestbedarf für den gesunden Menschen beträgt etwa 900 γ pro Tag. Das Optimum der Versorgung liegt nach *Cowgill* bei 1000 γ. Im allgemeinen gilt, daß mit erhöhter Kohlenhydratzufuhr — Zucker und Weißbrot — sich auch der Vitamin-B_1-Gehalt vergrößern muß *(Stepp)* (445). Eine Kontrolle für die richtige Diät bietet die sog. Williams-Zahl, die aus dem Quotienten

$$\frac{\text{tägl. Aneurinaufnahme i. } \gamma}{\text{Tagesverbrauch an Nichtfettkalorien}}$$

berechnet wird. Da dieser den Wert von 0,3 nicht unterschreiten soll, so ergibt sich die *Williams*-Zahl durch Division dieses Quotienten durch 0,3, was zu dem Wert = 1 bei normaler Ernährung führt. Tritt Vitaminmangel ein, so entstehen durch den gestörten Kohlenhydratstoffwechsel gesundheitliche Störungen (Avitaminosen). Zunächst wird der Kohlenhydratstoffwechsel im Zentralnervensystem und im Herzen gestört. Es sammelt sich Brenztraubensäure im Gehirn an, wodurch die normale Funktion beeinträchtigt wird. Das periphere Nervennetz gerät in Unordnung.

(Daher die Bezeichnung Aneurin für Vitamin B_1.) Es machen sich alsdann Ermüdungserscheinungen in Armen und Beinen bemerkbar. Ferner wird der Herzmuskel in Mitleidenschaft gezogen, und endlich treten die bekannten Lähmungen der Beriberi ein. Auch die Zahnkaries wird gefördert. Ebenso reichern sich das Blut und die Gewebe mit Brenztraubensäure und Milchsäure an. Außer dem Kohlenhydratstoffwechsel leiden auch die Umsetzungen mit Eiweiß und Fett. Überhaupt kommt der ganze Körper des Menschen durch den Vitamin-B_1-Mangel in Unordnung. Nach *Kühnau* (446) ist die allgemeine Aneurinversorgung durch unsere Kost nicht vollkommen genug, weshalb die Reformen in der Nahrungsmittelindustrie (Vollkornbrot u. a.) zu begrüßen sind. Die Verwendung von Hefeextrakt, der 12000—20000 γ Vitamin B_1 in 100 g enthält, ist in der Haushaltung sehr zu empfehlen. Die Industrie der Kulturländer hat (447) sich auch bemüht, verschiedene Nahrungsmittel mit Hefevitaminen zu versehen. In USA will man aus volkshygienischen Gründen sogar in Schokolade hochvitaminaktive Trockenhefe unterbringen und ebenso bestrahlte Bierhefe (Vitamin D), in Fischölen suspendiert, der Allgemeinheit zugänglich machen.

Schon frühzeitig hat man daran gedacht, auch das Bier zu vitaminisieren. Die erste Großfabrikation von Vitaminbier wurde bereits 1931 in der Dortmunder Ritterbrauerei von *Haehn* und *F. Windisch* eingerichtet, während man in Süddeutschland nach dem *Lux*-Verfahren arbeitete. Da die Hefe während der Gärung sämtliches Vitamin B_1 aus der Bierwürze herausnimmt, so mußte dasselbe dem Bier wieder durch ein besonderes Verfahren zurückgeleitet werden. Der Taubentest garantierte die nötigen Vitamineinheiten. Später haben *Fink* und *Just* (448) Malzbiere mit Aneurin angereichert, so daß pro Flasche 66, im Doppelbier 91 γ aufzufinden waren. Somit könnte man mit der großen Vitamindosis nahezu den zehnten Teil des Tagesbedarfs an B_1 decken. Da das alkoholarme Malzbier außerdem durch verschiedene hochwertige Nährsubstrate ausgezeichnet ist, so liegt hier ein besonders beachtliches diätetisches Getränk vor. Über alle Möglichkeiten der Biervitaminisierung hat sich letzthin *Just* (449) geäußert.

Ein weiteres hochwertiges Vitaminprodukt ist der Weizenkeimling, dessen Aneuringehalt von 3000—11000 γ in 100 g fast von derselben Größenordnung ist wie der der untergärigen Bierhefe.

Was geschieht nun, wenn man dem Körper zuviel Vitamin B_1 zuführt? Hierauf ist zu sagen, daß dasselbe in Herz, Leber und Muskel längere Zeit aufgespeichert werden kann. Normalerweise wird ein kleiner Teil, 50—100 γ im Mittel pro Tag durch den Harn ausgeschieden, andere kleine Mengen verlassen mit dem Schweiß den Körper; eine erhebliche Menge aber verschwindet im Dunkel des Organismus.

Zum Schluß sei noch besonders auf die verschiedenartige Wirkungsweise des Aneurins aufmerksam gemacht.

1. Im tierischen und menschlichen Organismus sehen wir die Funktion als Vitamin B_1.
2. Bei Bakterien, Pilzen und höheren Pflanzen erweist sich Aneurin als Wuchsstoff.
3. Bildet der Pyrophosphorsäureester das Coferment der Carboxylase (Decarboxylase), betätigt sich also als Enzym und
4. spielt das Acetylaneurin wie das Acetylcholin die Rolle eines chemischen Vermittlers (Hormon) im parasympathischen Nervensystem (Vagusstoff). (*R. Kuhn* (450), *Wieland* und *Huebschmann.*)

Wir sehen hier, wie die scharfen Begrenzungslinien der Begriffe Vitamin, Hormon und Enzym vom rein chemischen Standpunkt aus etwas verschwimmen. Hervorzuheben ist, daß das Vitamin einen Bestandteil eines Enzyms, die prosthetische Gruppe, darstellen kann, worauf schon in der Einleitung dieses Kapitels hingewiesen wurde. Auch beim Vitamin B_2 werden wir die nahe Beziehung zum Enzym kennenlernen.

Vitamin B_2 (Lactoflavin, Lyochrom)

Das Vitamin B_2 kommt in freier und gebundener Form in der Natur vor. Wir unterscheiden hauptsächlich drei Arten.

1. Das freie Vitamin B_2, auch Lactoflavin oder Riboflavin genannt.
2. Die Lactoflavinphosphorsäure (Riboflavinphosphorsäure) und
3. das gelbe Ferment.

Letzteres ist eine Eiweißverbindung der unter 2 genannten Säure. Diese Verbindungen sind in der Natur sowohl im Tier- als auch im Pflanzenreich stark verbreitet, was einen Schluß auf die Wichtigkeit im Zelleben zuläßt. Wir finden das gelbe Ferment z. B. reichlich in der Milch und kann deshalb aus der Molke gewonnen werden *(R. Kuhn)* (451). So werden heute aus 5400 l dieser Flüssigkeit 1000 mg Lactoflavin isoliert. Der charakteristische grünlich-gelbe Farbstoff der Molke besteht aus dem gelben Ferment. Ist freies Lactoflavin in Lösungen, so tritt zu der gelben Färbung noch die Erscheinung der Fluoreszens. Auch im Eiklar wurde von *Kuhn* (451) und Mitarbeitern dieser Stoff aufgefunden. Zum gleichen Ergebnis kamen auch *Ellinger* (452) und *Koschara* bei ihren Untersuchungen über die Molke, die diese eigenartigen Farbstoffe mit Lyochrome bezeichnen, während *Kuhn* von Flavinen spricht. *Karrer* (453) nennt sein aus Leber gewonnenes Präparat dieser Stoffklasse Hepaflavin. *Warburg* und *Christian* (454) verdanken wir die Entdeckung des gelben Fermentes in der Hefe, und bald darauf konnten auch die Beziehungen zum Vitamin B_2 festgestellt werden *(György, Kuhn, Wagner-Jauregg)* (455). Über die Verbreitung des Vitamins B_2 in Nahrungsmitteln mag folgende abgekürzte Tabelle, die dem schon oben zitierten Buche von *W. Rudolph* entnommen ist, Auskunft geben.

Material	γ Vitamin B_2 in 100 g	Material	γ Vitamin B_2 in 100 g
Bierhefe (Trockenhefe) . .	1800—3000	Hühnerei	250—275
Bierhefe (feucht)	1480	Kuhmilch	60—340
Backhefe	2500—3800		
Holzzuckerhefe	1200—3000	Weizen (Vollkorn) . . .	125
Hefeextrakt	4130—5530	Weizenmehl	40
		Roggen (Vollkorn) . . .	150
Schweineleber	2700—3700	Roggenmehl	60
Schweinefleisch	200—500	Kartoffeln	40—100
Kalbsleber	1700—4300	Blumenkohl	70—150
Kalbfleisch	300—375	Tomaten	195—236
Heringsfleisch	300—400	Äpfel	20—40

Um die quantitative Erfassung des Vitamins B_2 (Lactoflavin) in der Bierhefe haben sich *Kuhn, v. Euler, Pett* und *Schormüller* bemüht. Interessant ist die Feststellung, daß die obergärige Backhefe in diesem Falle der Bierhefe weit überlegen ist, während in bezug auf den Vitamin-B_1-Gehalt umgekehrte Verhältnisse obwalten.

In der untergärigen getrockneten Hefe liegt das Flavin bis zu 90% an Phosphorsäure und Eiweiß gebunden als gelbes Ferment vor; ein Teil ist an unspezifische Komplexe gekettet *(Euler* und *Adler)* (456). Ähnlich liegt der Fall bei Getreide und der Leber, wo 60—70% bzw. 95% an Protein gebunden sind. Wird die Hefe zu Extrakt verarbeitet, so tritt Spaltung des gelben Fermentes ein, denn *Schormüller* fand in diesem Falle etwa 32% des Gesamtflavins als freies Flavin. Dieses wird teilweise an Begleitstoffe energisch adsorbiert, so daß es von ihnen durch Dialyse nicht getrennt werden kann. Freies Flavin ist im Tierkörper selten. In der Netzhaut nachgewiesen, ist es als besonders reichlich in Fischaugen (Dorsch) erkannt Vielleicht spielt die Lichtempfindlichkeit der Flavine eine Rolle beim Sehvorgang, bei der Regeneration des Sehpurpurs. Hier handelt es sich nach *v. Euler* und *Adler* (457) um Verbindungen von Lactoflavin mit Eiweiß ohne Vermittlung der Phosphorsäure. Bemerkenswert ist auch der Befund von *Warburg* und *Christian* (458), die in Buttersäure- und Milchsäurebakterien Lactoflavin in nicht unbedeutenden Mengen feststellten.

Die Reindarstellung des Lactoflavins kann nach der Adsorptionsmethode mit Hilfe von Fullererde aus Molke erfolgen. Durch Überführung in verschiedene Salze und Zerlegen derselben gelangt man zum freien Lactoflavin, das in gelb-orangefarbenen Nadeln vom Schmelzpunkt 292—293° kristallisiert. In saurer wie neutraler Lösung ist der Stoff hitzebeständig, Alkali ruft leicht Zerstörung hervor, namentlich bei Belichtung (s. weiter unten). Reduktionsmittel liefern die Leukobase, die durch Luftsauerstoff wieder die Ausgangsform zurückbildet.

In letzter Zeit hat sich *Langford* (459) bemüht, mit Hilfe der Hefe Ashbya gossypil Vitamin B_2 in größeren Mengen herzustellen, was auch gelang. Eine Torulaart von *Chevalier* (459a) bildet in der Nährlösung so viel Vitamin, daß sich aus einem grünlich-gelben Ring allmählich Lactoflavinkristalle ausscheiden. Ähnliche Erscheinungen gibt auch der hefeähnliche Pilz Eremothecium Ashbyii von *Guilliermond*, *Raffy* und *Fontaine* (459b). *Van Lanen* und *Tanner* (459c) erzielten mit ihm 1 mg Flavin pro cm^3 Nährlösung.

Der chemische Aufbau des Vitamins B_2 ist etwas kompliziert. Es ist anzusprechen als ein 6,7 Dimethyl-9-(*d*,1′ ribityl)-iso-alloxazin.

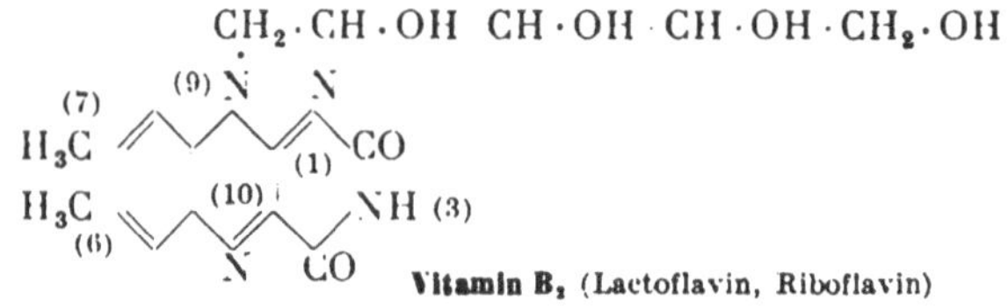

Vitamin B₂ (Lactoflavin, Riboflavin)

Alle Isoalloxazine, die am Stickstoff 9 des Moleküls einen Rest R tragen, bezeichnet man als Flavine. Durch grundlegende Arbeiten konnte von *Kuhn* und *Karrer* (460) die Konstitution festgelegt werden. Der fünfgliedrige Zucker *d*-Ribose in Stellung 9 gab Anlaß zu der Bezeichnung Riboflavin.

Wird in diesem Molekül die primäre Alkoholgruppe mit Phosphorsäure verestert, so gelangt man zur Lactoflavinphosphorsäure, auch Riboflavinphosphorsäure genannt. Sie kann aufgefaßt werden als eine Nukleinsäure, und zwar als ein Alloxazinmononukleotid. *Kuhn* (461), *Rudy* und *Weygand* haben sie synthetisiert. Es erfolgte so **zum erstenmal die Partialsynthese eines Enzyms.** Obgleich das dazugehörige Protein zum Holoferment noch nicht künstlich nachgebildet ist, so ist diese Tat dennoch ein großer Triumph in der Entwicklung der Biochemie in analytischer und synthetischer Richtung. Folgendes Formelbild zeigt die Konstitution:

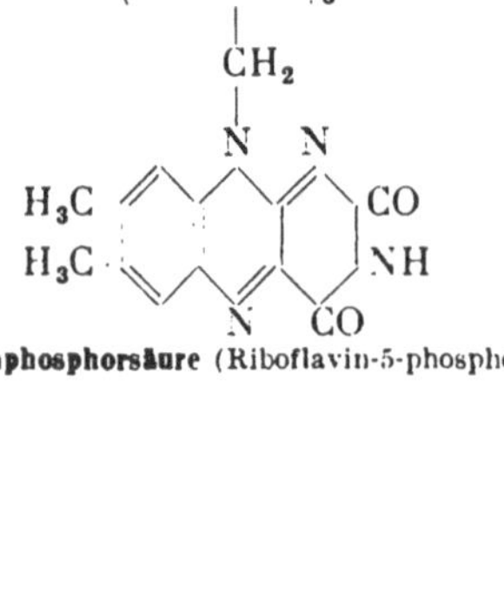

Lactoflavinphosphorsäure (Riboflavin-5-phosphorsäure)

Erst mit dem Eintritt der Phosphorsäure in das Molekül tritt die Vitaminwirkung ein. Bei der Verfütterung von Vitamin B_2 haltigem Material erfolgt die Weresterung mit Phosphorsäure in der Darmwand. (Wie beim Aneurin.)

Als drittes wichtiges Glied dieser Gruppe ist das gelbe Ferment anzuführen. Man bezeichnet es heute mit Ferment 1 oder als „altes" gelbes Ferment, da inzwischen eine Anzahl neuer Fermente dieser Art bekannt geworden sind. Dem gelben Ferment liegt die Riboflavinphosphorsäure zugrunde, die als Coferment zu betrachten ist und ein Molekül Eiweiß aufgenommen hat. Man nimmt an, daß das Protein mit dem Phosphorsäurerest und der Iminogruppe des Alloxazinmoleküls in Stellung 3 verankert ist (*Desnuelle*, *Kuhn* und *Rudy*) (462), denn wenn diese Gruppe substituiert ist, z. B. durch Methyl, so ist die Fermentwirkung aufgehoben. Durch die Festlegung dieser Gruppe mittelst Protein geht die Fluoreszenserscheinung des freien Lactoflavins verloren.

Wir hätten folgende Konstitutionsformel:

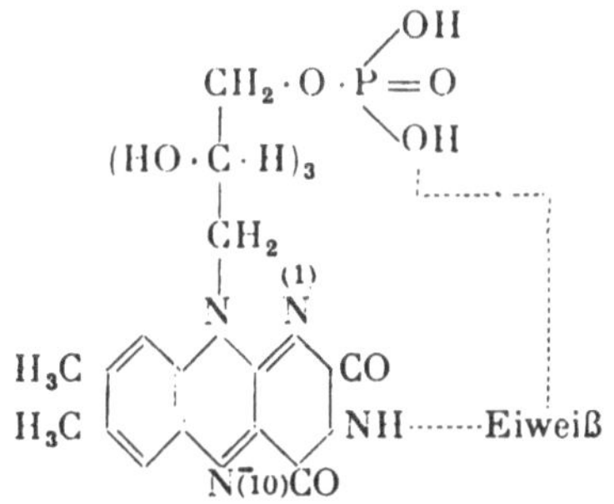

Das „alte" gelbe Ferment (Flavinenzym), Flavinferment, Flavo-phospho-protein

Eine Hydrolyse mit verdünnter Salzsäure spaltet das Protein ab. Bei der darauf folgenden Dialyse geht die Riboflavinphosphorsäure in die Außenflüssigkeit. Werden die getrennten Komponenten wieder vereinigt, so wird der größte Teil des gelben Fermentes wieder regeneriert.

An Hand dieser Konstitutionsformel kann auch die Wirkgruppe in ihrer Funktion gezeigt werden. Man betrachtet die Atomgruppierung $- N = C \cdot C = N -$ als das wasserstoffübertragende Element des Moleküls. Nach folgendem Schema wäre ein reversibler Vorgang plausibel:

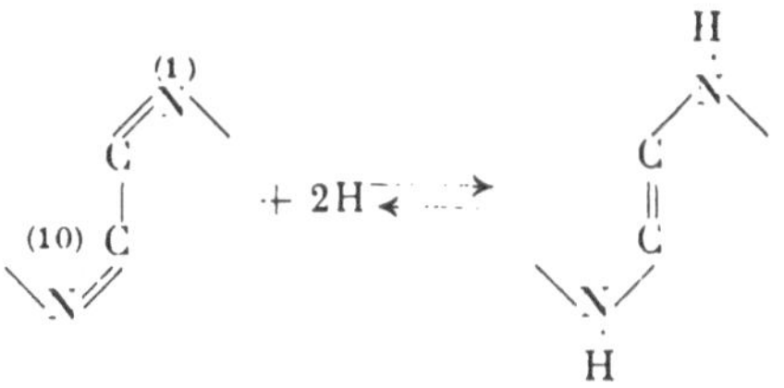

Der Wasserstoff geht also an den Kern des Moleküles, an die Stickstoffatome 1 und 10.

Kuhn (463) und *Desnuelle* haben sich bemüht, die mit einem Mol-Gewicht von 73000 ausgerüstete Eiweißkomponente aufzuklären. Ein besonders zusammengesetztes Eiweißmolekül scheint indessen nicht vorzuliegen. Als Hydrolyseprodukte wurden gefunden: Arginin, Histidin, Lysin, Prolin, Tyrosin, Phenylalanin, Tryptophan, Cystin und Glutaminsäure, wobei besonders der hohe Gehalt an Lysin ins Auge fällt.

Die Bestimmung des Vitamins B_2 kann auf doppelte Weise erfolgen.

Mit Hilfe der **biologischen Methode** mißt man die Gewichtszunahme an jungen Ratten und bezeichnet mit einer Ratteneinheit (R.E.) diejenige Menge an Lactoflavin, die in einer 4-wöchigen Versuchszeit eine Gewichtszunahme der Tiere von 10 g in der Woche bewirkt *(Kuhn, Rudy, Wagner-Jauregg)*. Von anderen Autoren *(Bourquin* und *Scherman)* werden für eine Ratteneinheit ganz von einander abweichende Werte von Lactoflavin in γ angegeben. Vielleicht trifft man mit 2 γ die richtige Zahl. Hieraus sieht man, daß die Verhältnisse noch nicht geklärt sind. Offenbar wirken hier außer Lactoflavin noch andere Wuchsstoffe mit, die den dargebotenen Substraten beigefügt sind. Nach dieser Methode erfolgt eine Erfassung sowohl des freien Lactoflavins als auch der Flavinphosphorsäure und ebenso des gelben Fermentes.

Die **chemische Methode** beruht auf der Umwandlung des Lactoflavins in das Lumilactoflavin (= Luminoflavin) durch intensive Bestrahlung mit einer 600-Watt-Lampe in schwach alkalischer Reaktion. Dabei geht das in Chloroform unlösliche Lactoflavin in das bei saurer Reaktion chloroformlösliche Lumilactoflavin über, das ebenso wie der Ausgangsstoff durch eine intensiv gelbgrüne Fluoreszenz ausgezeichnet ist. Durch die Fluoreszenzbestimmung des löslichen Anteiles erfaßt man mittelst Stufenphotometer und Eichkurve den gesuchten Wert. Oft muß das Substrat erst einer gründlichen Vorbehandlung und Reinigung mittelst Fullererde und Kaliumpermanganat unterworfen werden, bevor die Bestrahlung erfolgen kann. — Neuerdings bevorzugt man die Methode der Messung der Lichtabsorption im Blau.

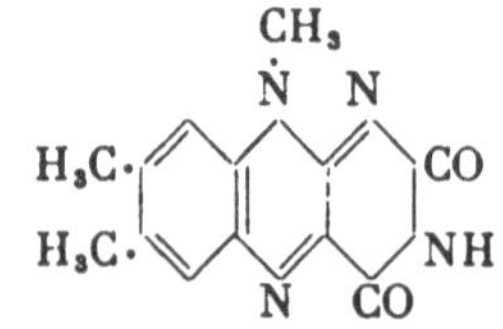

Lumilactoflavin (Luminoflavin) 6,7,9-Trimethyl-Isoalloxazin

Das Luminoflavin ist ein tiefgelb gefärbter Stoff, der gut kristallisiert *(Warburg* und *Christian)* (464). Um seine Konstitution bemühten sich *Kuhn, Warburg, Karrer, Stern* und *Holiday* (465).

Was ist nun die Aufgabe der Flavinkomplexe in den Zellen? Wir haben schon erwähnt, daß das Flavinenzym in der Lage ist, zwei Wasserstoffatome zu addieren unter Bildung einer Leukobase, und daß dieselbe wieder durch Luftsauerstoff zum Ausgangssubstrat zurückoxydiert werden kann. Mithin vermag das Flavinferment Dehydrierungen vorzunehmen. Diese Reaktion erfolgt aber nur mit Hilfe eines anderen dehydrierenden Enzyms und zwar desjenigen, das als prosthetische Gruppe das Triphosphopyridin-adeninnukleotid (TPN) (= Codehydrase II)[1]) besitzt und durch ein spezifisches Protein aktiviert ist. Dieses Pyridinderivat reißt zunächst den Wasserstoff des Substrates an sich, worauf das Flavinenzym (F) denselben übernimmt und ihn dann mit Hilfe von Luftsauerstoff in Wasserstoffsuperoxyd überführt. So wird Hexosemonophosphorsäure (HMPS) beispielsweise zu Phosphohexonsäure (PHS) dehydriert bzw. oxydiert. Es ergibt sich folgendes Schema:

I. HMPS + TPN ——→ H_2TPN + PHS
(HMPS: Aldehyd-hydrat; H_2TPN: hydriertes TPN)

II. H_2TPN + F ——→ TPN + FH_2
(F: altes gelbes Ferment; FH_2: hydriertes altes gelbes Ferment)

III. FH_2 + O_2 ——→ F + H_2O_2
(Siehe auch Kap. 13)

---

[1]) S. dieses Kapitel unter Nikotinsäureamid.

Dieser äußerst wichtige Befund für das Zelleben wurde zuerst von *Warburg* und *Christian* (466) erkannt. Das gelbe Ferment zeigt sich hierbei am kräftigsten. Solche Dehydrierungen sind mit Präparaten aus Hefen mit dem *Robison*-Ester, dem Hexonsäurephosphat, Dioxyacetonphosphat und Glycerinaldehydphosphat mit Erfolg angestellt worden *(Theorell)* (467). Ob es sich bei diesen Destruktionen neben den Dehydrierungen auch um Eingriffe eines eisenhaltigen Katalysators (Atmungsenzym) im Sinne *Warburgs* handelt, ist noch nicht restlos erwiesen. Jedenfalls konnte gezeigt werden, daß bei Milchsäurebakterien der gesamte Sauerstoff allein durch das gelbe Ferment, also ohne Eisenkatalysatoren, übertragen wurde *(Warburg)* (468). Da diese Bakterien auch keine Katalase enthalten, so mußte bei der Reoxydationsphase der Leukoform Wasserstoffsuperoxyd quantitativ gebildet werden *(A. Bertho* und *Glück)* (469).

Trotz guter Beispiele ist man heute noch nicht in der Lage zu erkennen, ob die Hauptaufgabe des gelben Fermentes in der Katalyse der Atmung zu suchen ist. Man geht sicher nicht fehl, das gelbe Ferment auch als Katalysator bei Oxydoreduktionen in den Gärungsvorgängen zu betrachten. Hierfür spricht das reichliche Auftreten von Flavinferment in schwach atmenden, aber stark gärenden Zellen der Mikroorganismen. *Warburg* (470) gibt als Beleg für diese Ansicht die Beispiele folgender Tabelle:

Zellart	γ Flavin pro Gramm Trockensubstanz	$QO_2 = \frac{mm^3 O_2}{mg\ Zellen \cdot Std}$
Essigbakterien (B. pasteurianum) .	15	1000
Bäckerhefe	36	100
Milchsäurebakterien (B. Delbrücki)	115	12
Buttersäurebakterien (Clostr. butyricum)	136	0

Aber auch diese Anschauung findet Zweifler. Man hat andererseits daran gedacht, das gelbe Ferment in dem bekannten *v. Szent-Györgyi*schen (471) Atmungsschema unterzubringen, und zwar als Wasserstoffüberträger in dem C_4-Dicarbonsäuresystem (s. Kap. 13, Atmungssysteme).

Hier sei eingefügt, daß es auch ein gelbes Ferment mit negativer Wirkung gibt. Das Notatin, eine Glucoseoxydase, hemmt das Wachstum der Mikroorganismen, wohl infolge Bildung von Wasserstoffsuperoxyd *(Keilin* und *Hartree)* (471a).

Auf Grund gewisser Erfahrungen zweifeln *Warburg* und *Christian* (472) daran, ob das isolierte gelbe Ferment überhaupt ein Naturkörper ist. Es könnte sich ja um das Produkt einer im Herstellungsverfahren stattgefundenen Hydrolyse einer Dinukleotidverbindung, nämlich des Riboflavin-adenin-dinukleotids, handeln. Auf eine solche Verbindung hatte schon *Haas* (473) aufmerksam gemacht. Nach der Analyse muß ein Molekül Riboflavinphosphorsäure mit einem Molekül Adenylsäure (Formel Kap. 7, Nukleinsäuren) unter Wasseraustritt kondensiert sein.

Ein solches Dinukleotid kommt in der Bäckerhefe reichlich vor und könnte durch die Autolyse, die während der Bereitung des *Lebedew*-Saftes (s. Kap. 19) eintritt, oder durch andere präparative Eingriffe aufgespalten werden. Eine anschließende Vereinigung der Riboflavinphosphorsäure mit Eiweiß würde zum „alten" gelben Ferment führen. Aber auch eine normale Zellreaktion, eine normale Zellhydrolyse könnte natürlich das gelbe Ferment hervorbringen.

Welche praktische Bedeutung muß dem Vitamin B_2 und seinen Derivaten zugeschrieben werden? Unstreitig müssen sie verschiedene wichtige Aufgaben übernehmen. Sie stellen zweifellos unentbehrliche Zellreagentien dar, denn die starke

Verbreitung in vielen Organen ist auffällig. Beim Menschen ist durch seine normale Kost die Versorgung mit genügend Wirkstoff gewährleistet, so daß keine Mangelkrankheiten auftreten. Das hängt wohl damit zusammen, daß diese Stoffe ziemlich stabil gegenüber Wärme und Luftsauerstoff sind und so bei der Zubereitung der Speisen nicht verloren gehen. Der Tagesbedarf an Vitamin B_2 für den Menschen beträgt als Mindestmenge 1—2 mg, als optimaler Betrag 2—4 mg. Diese Werte sind nach Tierexperimenten geschätzt, nicht für Menschen gefunden. Bei Tieren kann sich der Vitaminmangel sehr bemerkbar machen *(Stepp, Kühnau* und *Schroeder)* (474).

Es ist außer Zweifel, daß das Vitamin B_2 bei dem Kohlenhydratstoffwechsel eine wichtige Funktion zu übernehmen hat. Deshalb muß es auch für Hefen eine große Bedeutung haben. Über das Auftreten des gelben Fermentes in Zellatmungssystemen wird in Kapitel 11 und 13 berichtet. Wir hatten schon vorhin darauf hingewiesen, daß Vitamin-B_2-Mangel bei jungen Ratten im Experiment Wachstumsstillstand hervorruft. Das Vitamin ist notwendig für den Auf- und Abbau des roten Blutfarbstoffs und fördert die Resorption von Zucker und Fett. Auch bei der Regulation des Natrium- und Kaliumhaushaltes leistet es wertvolle Dienste. Im praktischen Zellgeschehen kommt jedoch niemals Vitamin B_2 allein zur Auswirkung, sondern eine Gruppe von Stoffen, die als Vitamin-B-Komplex bezeichnet wird. Es handelt sich hier um eine Wirkstoffeinheit im physiologischen Sinne. Je nach der Aufgabe werden sich mehr oder weniger Teilfaktoren aus dem Komplex zu einer Arbeitsgruppe zur Lösung einer physiologischen Reaktion zusammenschließen. Den B_2-Komplex hat man folgendermaßen aufgeteilt:

A. Wachstumsfaktoren

Lactoflavin, Cozymase, Faktor W.

B. Hautfaktoren

Nikotinsäure, Vitamin-B_6-Gruppe, Pantothensäure.

C. Blutfaktoren

Hämogen, Xanthopterin, Reifungsfaktor, Tropenanämiefaktor, Anämiefaktor der Taube.

Während die Leber alle Faktoren enthält, fehlt bei der Hefe der letzte.

Auch für den Stoffwechsel vieler Bakterien ist das Lactoflavin von Wichtigkeit. Wir sahen schon oben, daß verschiedene Mikroorganismen in der Lage sind, dieses Vitamin reichlich zu produzieren. *Orla-Jensen* (474a) konstatierte die Notwendigkeit dieses Katalysators für das Wachstum vieler Milchsäurebakterien. Dasselbe gilt auch für viele Stämme von Strepto- und Enterokokken. Weiter: *Snell* und *Strong* (474b) arbeiteten mit Erfolg einen Lactoflavintest mit Hilfe des Lactobacillus casei ε aus. Zum Schluß sei noch der von *Kuhn*, *Weygand* und *Möller* (474c) hergestellte Antagonist des Lactoflavins, das Dichlorlactoflavin, angegeben, dessen Hemmungswirkung wieder durch höhere Konzentrationen des Lactoflavins aufgehoben werden kann.

Vitamin B_6 [Adermin = Pyridoxin (Pyridoxal, Pyridoxamin)]

Das Adermin, neuerdings Pyridoxin genannt, der Faktor gegen Dermatitis (Rattenpellagra), der erst seit wenigen Jahren genauer bekannt ist, muß auch zu wichtigen Zellfunktionen berufen sein, denn er ist sowohl im Pflanzen- wie auch im Tierreich weit verbreitet *(Szent-György)* (475). Wieder sind die Hefe und die Leber die größten Vitamindepots. Im folgenden seien einige Zahlenbeispiele angegeben.

	Vitamin B_6 in 100 g Substrat
Bierhefe (Trockenhefe)	3000—7500 γ
Ochsenleber.	2475 γ
Hering	1500 γ
Kuhmilch	75—150 γ
Weizenkeime	3750 γ
Kartoffeln	188 γ
Reis, unpoliert	300 γ

In der Hefe und im Gewebe ist der größte Teil der Wirkgruppe an Eiweiß gebunden. Wird das Adermin hiervon getrennt, so bleiben dennoch seine Eigenschaften vollständig erhalten, und gleichzeitig erhöht sich die Widerstandskraft gegen Hitze, Säuren und Alkali ganz enorm. Dem Pyridoxin-Protein wird eine besonders wichtige Funktion zuerkannt.

Das reine kristallisierte Produkt konnte aus verschiedenen Rohstoffen isoliert werden. *Kresztesy*, *Stevens*, *Lepkovsky*, *Ichiba* und *Michi* benutzten Reiskleie als Ausgangsmaterial, *Dalmer*, *Kuhn*, *Wendt* und *Szent-György* Hefe, *v. Schorr* Rinderleber und Zuckerrübenmelasse.

Die chemische Aufklärung dieser interessanten Substanz verdanken wir *R. Kuhn* (476) und seinen Mitarbeitern. Sie fanden, daß ein 3-Oxy-4,5-di-(Oxymethyl)-2-methylpyridin vorliegt.

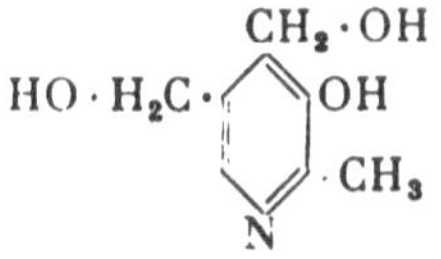

Adermin, Pyridoxin

Das Adermin $C_8H_{11}O_3N$ bildet weiße Nadeln vom F.P. 155°.

Die Bestimmung geschieht heute vielfach noch durch den Rattentest. Man stellt die Menge an Adermin fest, die täglich verfüttert werden muß, um die Symptome der Rattenpellagra zum Verschwinden zu bringen. Nach *Kuhn* entsprechen 7,5 γ kristallisiertes Adermin einer Ratteneinheit. Für die chemische Erfassung sind verschiedene Methoden vorgeschlagen worden (*Folin*, *Scudi*, *Bina*, *Brown*).

Über die Zellreaktionen dieses Vitamins sind wir noch wenig unterrichtet. Bei Ratten macht sich der Aderminmangel in Unregelmäßigkeiten der Haut, einer pellagraähnlichen Dermatitis, bemerkbar. An verschiedenen Stellen, wie an den Pfoten, Ohren und der Schnauze schält sie sich nach eingetretener Rötung und Schwellung ab. Um die Augen tritt Haarausfall ein. Beim Schwein betätigt sich B_6 als Wachstumsfaktor. Vitaminmangel dagegen erzeugt hier und auch beim Hund schwere Störungen des Nervensystems (Epileptische Krämpfe). Auch das Wohlbefinden des Menschen ist von diesem Vitamin abhängig. Bei Mangel leidet das Zentralnervensystem. Es macht sich Nervosität und Schlaflosigleit bemerkbar, auch Magenbeschwerden und Gehbeschwerden stellen sich ein. Nach *Stepp*, *Kühnau* und *Schroeder* (477) ist der tägliche Bedarf des Menschen schätzungsweise 1—2,5 mg.

Bei weiterer Untersuchung des B_6-Komplexes wurden von *Snell* (478) und Mitarbeitern zwei Derivate des Pyridoxins, das Pyridoxal und Pyridoxamin gefunden. Alle drei Stoffe unterscheiden sich nur durch die in p-Stellung zum N liegenden Seitengruppen. Während das erste Vitamin eine primäre Alkoholgruppe aufweist, handelt es sich bei den beiden anderen um einen Aldehyd bzw. ein Amin.

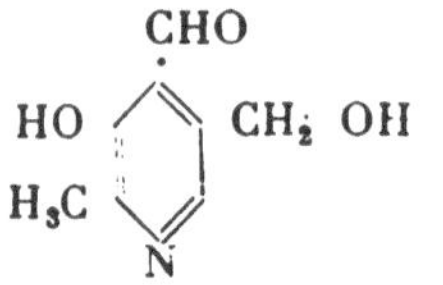

Pyridoxal

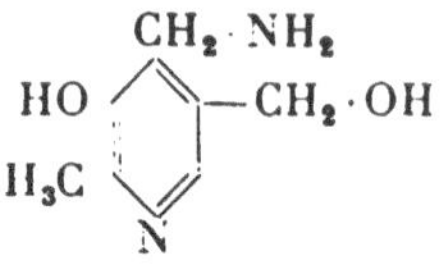

Pyridoxamin

Nachgewiesen sind diese Stoffe im Grassaft, in der Leber und der Hefe. Nach *Snell* (479) enthält der Hefeextrakt folgende Mengen dieser Zellkatalysatoren:

Pyridoxin . . .	1120—1450 γ %
Pyridoxal	1300—1400 γ %
Pyridoxamin . .	910—1000 γ %.

Gegen Temperaturerhöhung sind diese Zellkatalysatoren in saurer Lösung sehr stabil, dagegen erweisen sie sich empfindlich gegen Oxydationsmittel und gegen Licht. Über die neueren Forschungen sei auf die Originale von *Elvehjem* (480), *Stokes* (481) und *Scudi* (482) verwiesen.

In der Welt der Mikroben scheinen die Aderminderivate auch eine wichtige Rolle zu spielen. Wir kennen verschiedene Bakterien (Streptobacterium plantarum, B. cucumeris fermentati, Lactobacillus casei) und Hefen („Hefe *d*" aus Sauerkraut, Hanseniaspora valbyensis und Sacch. Carlsbergensis), die dieses Vitamin unbedingt zum Wachstum benötigen *(Möller)* (482a). Dem Gehalt an Adermin in der Melassenährlösung ist wahrscheinlich z. T. die gute Entwicklung der Hefe im technischen Betriebe zuzuschreiben. In manchen Milchsäurebakterien und Hefen (Torula utilis) wird Adermin aufgespeichert, in Sacch. cerevisiae, wie wir auf der Tabelle sahen, so stark, daß diese Hefe in nassem Zustande (ca. 75% H_2O) fast mit der Ochsenleber wetteifern kann. Bemerkenswert ist ferner die Ersetzbarkeit des B_6 durch verschiedene Aminosäuren wie *d*-Alanin, *l*-Alanin, *l*-Threonin und *l*-Lysin bei bestimmten Milchsäurebakterien *(Snell* und *Guirard)* (482b), *Stokes* und *Gunness* (482c) und *Lyman* (482d). Da dieser Befund Beziehungen zu Stoffwechselfunktionen beider Stoffarten vermuten ließ, so entdeckte man bei eifrigem Nachforschen ein phosphoryliertes Pyridoxal als Coferment für Aminosäuredecarboxylasen *(Gunsalus, Bellamy, Umbreit)* (482e) und Transaminasen *(Lichstein, Gunsalus, Umbreit)* (482f). Durch die Fähigkeit der Transaminasen, Ketosäuren in Aminosäuren — wie Brenztraubensäure in Alanin — überzuführen, ist ein wichtiger Übergang von den Kohlenhydraten zu den Proteinen skizziert.

Einen einwandfreien mikrobiologischen Test für die drei B_6-Derivate unter Zuhilfenahme von zwei Milchsäurestämmen und einer Hefe verdanken wir *Rabinowitz* und *Snell* (482g). Soll nur das Gesamt-B_6 gemessen werden, so genügt die auf alle drei Aderminderivate anschlagende Hefe Sacch. Carlsbergensis.

Nikotinsäureamid

(Pellagraschutzstoff, Pellagra-Preventive-Factor, P.P.-Factor der USA-Literatur)

Wir lernen nun ein neues Pyridinderivat kennen, das ebenfalls wie das Adermin wichtige physiologische Reaktionen auslöst. Die Heilkraft dieser chemischen Verbindung wurde von *Elvehjem* (483) und Mitarbeitern entdeckt, in dem sie beobachteten, daß die sog. „schwarze Zunge" der Hunde damit kuriert werden konnte. Nach *Margolis* (484) und Mitarbeitern soll aber zur vollständigen Heilung auch das Vitamin B_2 notwendig sein. Den ersten Anhalt über die Aufklärung des von dieser Stoffgruppe ausgelösten chemischen Mechanismus verdanken wir *Warburg* und *Christian* (485), die bei Versuchen mit einer Pyridinverbindung Dehydrasewirkung, d. i. eine Wasserstoffabspaltung aus Substraten beobachteten.

Die weite Verbreitung der Nikotinsäure und ihres Amids spricht für ihre große Bedeutung im Tier- und Pflanzenreich. Auch hier tritt wieder die Bierhefe als größter Born dieses Vitamins auf.

Bierhefe, getrocknet	30—100 mg	Wirkstoff in 100 g Substrat
Backhefe	11—20 mg	
Ochsenleber	25 mg	
Ochsenfleisch	4,86 mg	
Heringsfleisch	2,9 mg	
Weizenvollkornmehl	5,3 mg	
Reis	2,38 mg	
Kuhmilch	0,40 mg	
Kartoffeln	1,00 mg	
Röstkaffee	10,0 mg	

Die Nikotinsäure, eine Pyridin-*m*-carbonsäure, und ihr Amid haben folgende chemische Formeln:

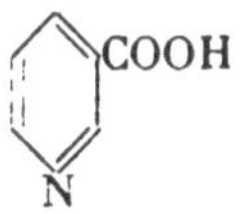

Nikotinsäure

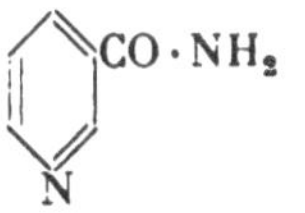

Nikotinsäureamid

Beide sind in Wasser leicht lösliche, farblose Stoffe, ausfällbar mit Hilfe der Alkaloidreagenzien Phosphorwolframsäure und Kaliumwismutjodid.

Die von *Goldberger* (486) angegebene biologische Bestimmungsmethode ist noch unvollkommen und beruht auf Heilung der Hundepellagra. Vorzuziehen ist der Staphylokokken-Wachstumstest, der bei genauen Ergebnissen billiger und schneller durchzuführen ist. Chemische Methoden stammen von *Swaminathan* (487), *Bandier* (488) und *Karrer* (489). Es handelt sich hier um Farbreaktionen, die mehr oder weniger genau sind. Gute Resultate gibt besonders das Bromcyan-Metolverfahren nach *Bandier*. Die von den Begleitstoffen befreite Wirkstofflösung, also Nikotinsäure oder Nikotinsäureamid, geben mit den genannten Reagenzien eine mittelst Stufenphotometer zu messende gelbe Färbung.

Welche Rolle spielen nun die beiden Pyridinderivate im biochemischen Zellgeschehen? Es handelt sich hier um eine ähnliche Reduktionserscheinung wie bei den Alloxazin-Nukleotiden. Das Pyridinderivat, das mit Ribose und Phosphorsäure eine einfache Nukleinsäure bildet, schließt sich mit Adenylsäure zu einem Dinukleotid zusammen, nimmt als Pyridinium-Phosphat zwei Wasserstoffatome auf, wird dabei partiell hydriert und löst die direkte Bindung der Phosphorsäure mit dem Stickstoffatom des Pyridins, wie folgt:

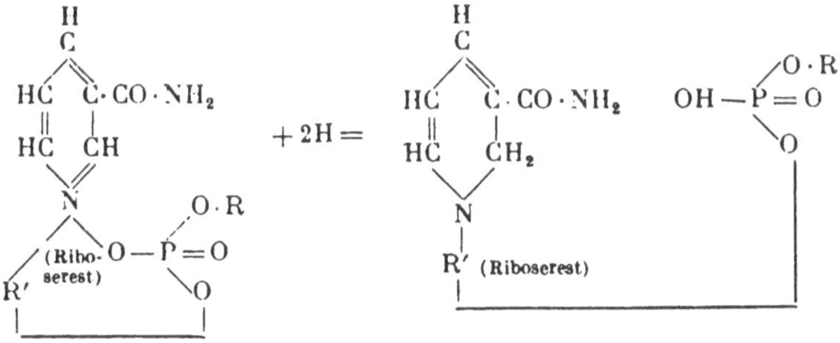

Dieses Konstitutionsbild läßt sich auch mit einer betaïnartigen Struktur (Ionenformel) plausibel schreiben, wie wir später sehen werden (s. u. Codehydrase I i. Kap. 12).

Das Pyridinium-Phosphat erklärt sich durch die H_2O-Abspaltung aus dem Hydroxyl des Pyridinium-Stickstoffs und dem H aus einem Hydroxyl der Phosphorsäure.

Die Kenntnis dieses Reduktions-Mechanismus verdanken wir *Karrer* (490) und seinen Mitarbeitern, die gezeigt hatten, daß die orthoständige Doppelbindung des Pyridins in kleinen Molekülen gelöst wurde. Darauf brachten dann *Warburg* (491) und *Christian* den Beweis für das größere Molekül des Nikotindinukleotids. (Später mit Codehydrase II bezeichnet.) Damit wurde der Weg geebnet für die Erkenntnis der Funktion des wichtigen Cofermentes der Cozymase der Hefe (Codehydrase I). Die Auffindung dieses heterocyclischen Ringes im Cozymasemolekül war hier die wichtigste Entdeckung, denn sie brachte den ersten Lichtstrahl in das Dunkel über die Art des Reaktionschemismus dieser Enzymkomponente. Nun war man auf Grund der neuen Erkenntnisse von *Warburg*, *Schlenk* (492) und *v. Euler* in die glückliche Lage versetzt, das seit Jahrzehnten erstrebte Ziel, die Wirkung der Cozymase aufzuklären, zu erreichen, nachdem sich eine Anzahl von Forschern, wie *v. Euler* und *Myrbäck*, *Levene*, *Warburg* und *Christian*, *Karrer* und *Lohmann* längere Zeit um die Konstitution bemüht hatten.

Nach den experimentellen Befunden läßt sich folgende Formel aufstellen:

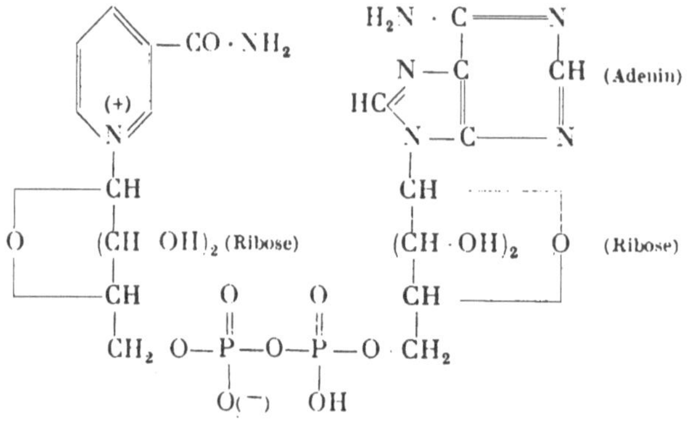

Coferment: Cozymase (Codehydrase I) (Diphospho-Pyridin-Adeninnukleotid) (DPN)

Die Formel zeigt, daß es sich hier um die Verknüpfung von zwei einfachen Nukleinsäuren, der Nikotinnukleinsäure und der Adenylsäure (Adenin-9-*d*-ribofuranosid-5-phosphat) handelt (Formel der letzteren s. Kap. 7, Nukleinsäuren).

Die für die alkoholische Zuckerspaltung unentbehrliche Cozymase wurde ursprünglich als ein reines spezifisches Agens für die Gärung angesehen. Heute weiß man, daß es ganz allgemein ein äußerst wichtiges, sehr verbreitetes Coferment für den gesamten Stoffwechsel darstellt, weshalb die Nikotinsäure u. a. auch in der Lage ist, die in Unordnung geratenen Zellvorgänge bei der Pellagra wieder in normale Bahnen zu bringen. Die historischen Bezeichnungen Cozymase und Codehydrase treffen nicht mehr das richtige, denn diese Cofermente dehydrieren nicht nur, sondern hydrieren auch. Sie sind also wasserstoffübertragende Cofermente.

Nun sei noch darauf hingewiesen, daß *Warburg* (493) und *Christian* ein Triphospho-Pyridinnukleotid (TPN) aus den roten Blutkörperchen isoliert haben, das sich von dem obigen Nukleotid nur durch eine weitere Phosphorsäuregruppe unterscheidet und mit Codehydrase II bezeichnet wird. Das ist die oben erwähnte Dinukleinverbindung, die den Schlüssel gab für die Aufklärung der Cozymase, denn mit der Codehydrase II wurden die grundlegenden Experimente wie die partielle Hydrierung des Nikotinkerns, der hier in solchen Verbindungen zum erstenmal beobachtet wurde, ausgeführt. Die Ähnlichkeit in der Konstitution der Codehydrase I mit der Codehydrase II ist so groß, daß man durch Phosphorylierung die erstere in die zweite verwandeln kann wie auch umgekehrt durch Phosphorsäureentzug die Triphosphoverbindung in den Diphosphostoff überführbar ist.

$$\text{Codehydrase II (TPN)} \rightleftarrows \text{Codehydrase I (DPN)} + H_3PO_4.$$

Ihre Aktivität gewinnen die Codehydrasen erst dann, wenn sie als prosthetische Gruppe mit einem spezifischen Protein zu einem Enzym verbunden sind. Die Verbindungsweise ist ein reversibles Dissoziationsgleichgewicht. Die Art des Eiweißes ist bestimmend für die Angreifbarkeit auf ein Substrat. Daraus geht hervor, daß eine prosthetische Gruppe mit verschiedenen Eiweißarten verschiedene Enzyme formen kann. (Bildung von Enzymspezifitäten.) So konnte der Robisonester stufenweise mit verschiedenen Proteinen aber demselben Pyridinnukleotid (Codehydrase II) abgebaut werden (*Negelein* und *Gerischer* (494), *Warburg* (495) und *Christian*). Im Verein mit anderen Enzymen werden von Codehydrase-Eiweißverbindungen die Wasserstoffübertragungen vollzogen.

Hat sich z. B. bei einer Dehydrierung die Codehydrase mit zwei Wasserstoffatomen beladen, so kann ihr derselbe wieder durch das gelbe Ferment entzogen werden. Dieses geht hierbei in seine Leukobase über, während sich die Codehydrase wieder regeneriert. Das Leukoflavin seinerseits kann durch Sauerstoff oder Cytochrom, wir wir früher sahen, reoxydiert werden.

Nach den obigen Ausführungen können die Codehydrasen, mit verschiedenen Eiweißarten verknüpft, verschiedenartige Wasserstoffübertragungen in die Wege leiten. Das ist die Bedeutung dieser Pyridinverbindungen für die Zellen. Aus diesem Grunde wirkt das Nikotinsäureamid so frappant bei so schweren Stoffwechselerkrankungen wie Pellagra, worauf schon hingedeutet wurde. Es ist leicht einzusehen, daß beim Fehlen eines so wichtigen Zellreagenses in der Nahrung sehr erhebliche Störungen im Stoffwechsel der Lebewesen eintreten können. Für den Menschen besteht im allgemeinen keine Gefahr; in manchen Gegenden der Erde jedoch, wo mit reichlicher Maiskost einseitige Nahrung dargeboten wird, findet man das Auftreten der Pellagra beim Menschen. Die Zunge rötet sich und schwillt an, die Haut zeigt Veränderungen und im Verdauungskanal treten Störungen ein, ebenso im Zentralnervensystem. Nach *Spies* (496) und Mitarbeitern kann bei einer Tagesdosis von 50—100 mg Nikotinsäure die Krankheit bekämpft werden. Der normale Bedarf liegt bei 30—50 mg pro Tag. Das menschliche Blut enthält 330—460 γ % Pyridinverbindungen (*Ritsert*), davon 60 γ Co-Dehydrase I und II im gesamten Blut (*Euler* und *Malmberg*) (497). Nur ein kleiner Teil (etwa 12%) vom gesamten Nikotinsäureamid ist ungebunden. Aber auch auf die kleinsten Lebewesen, auf die Bakterien und Hefen macht sich ein günstiger Einfluß der Nikotinsäure bemerkbar. So berichtet *Rahn-Hegarty* von einer anregenden Wirkung auf den Streptococcus lactis. Für den Staphylococcus aureus, für Diphtherie- und Milchsäurebakterien ist die Nikotinsäure ein Wuchsstoff. Milchsäurebakterien eignen sich sehr gut für einen Test.

Wird im Nikotinmolekül die Carbamidgruppe durch die Sulfonamidgruppe ersetzt, so entsteht das auf das Wachstum der Bakterien hemmend wirkende Antivitamin Pyridin-3-sulfonamid.

Auch das Wachstum der Pflanzensamen wird durch die Nikotinsäureverbindung gefördert; so konnte z. B. eine besonders auffallende Entwicklung der Erbsenembryonen beobachtet werden. Da man außerdem in der Lage war, bei verschiedenen Tieren bei Verabreichung pellagraerzeugender Kost durch Nikotinsäure den Ausbruch der Krankheit zu verhindern, so erhellt auch daraus die außerordentlich große Wichtigkeit dieses Pyridinderivates für den Stoffwechsel. Es ist anzunehmen, daß die zugeführte Nikotinsäure im Organismus zunächst in ein Nukleotid verwandelt wird und dann erst die angeführten Reaktionen eintreten.

Wird zuviel Nikotinsäure dem Organismus verabreicht, so erfolgt eine Ausscheidung im Harn in Form eines Methylbetains der Nikotinsäure, die den Namen Trigonellin trägt und folgende Formel aufweist:

Trigonellin

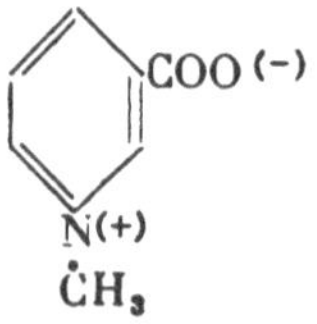

Interessanterweise kommt diese Substanz auch vor in Erbsen, Getreidesamen, Kaffee, Tee, Kakao und im Bockshornsamen (Trigonella foenum graecum), welch letzterer Name zu der Benennung geführt hat.

Pantothensäure

Mit Pantothensäure bezeichnete man ursprünglich eine chemische Verbindung, die in den Futtermitteln besonders bei der Aufzucht von Kücken Bedeutung hat, indem sie als Antidermatitisfaktor wirkt. Aber es zeigte sich bald, daß diese Substanz auch den Stoffwechsel einer großen Anzahl von anderen Lebewesen beeinflußt, weshalb ihr eine allgemeine Bedeutung zukommt. Dies ist auch ersichtlich aus der großen Verbreitung im Tier- und Pflanzenreich. Uns interessiert besonders die Pantothensäure als Bestandteil der Hefe. Bierhefe sowie Backhefe haben auch in diesem Falle, wie die nachstehende Tabelle zeigt, die größten Depots:

Bierhefe	18 mg	in 100 g Nahrungsmitteln
Backhefe	16 mg	
Kalbsniere	15 mg	
Rinderleber	10 mg	
Eigelb	5—10 mg	
Weizenvollkorn	1,1 mg	
Roggenvollkorn	1,0 mg	
Bohnen, weiße	2,0 mg	
Kartoffeln	0,65 mg	

In der Hefe kommt die Pantothensäure in gebundener Form vor. *Williams* (498) und Mitarbeiter benutzten die Leber von Säugetieren als Ausgangsmaterial, *Kuhn* und *Wieland* (499) die Thunfischleber zur Bereitung der reinen Säure. Die Konstitutionsaufklärung von *Williams* und *Major* (500) führte zu der Erkenntnis, daß in der Pantothensäure ein Molekül β-Alanin mit einem Molekül α,γ-Dioxy-β,β-dimethylbuttersäure (Pantoylsäure) zum Dipeptid gekoppelt ist. Es ergab sich folgende durch die Synthese erhärtete Formel:

$$\begin{array}{l} \qquad CH_3\ CH_3 \\ \qquad\ \ \diagdown\ \diagup \\ CH_2\ \ C\cdot CH\ \ CO\cdot NH\cdot CH_2\cdot CH_2COOH \\ OH\qquad\ OH \end{array}$$

Pantothensäure, α,γ-Dioxy-β,β-dimethylbuttersäure-β-Aminopropionsäurepeptid

Die beiden Komponenten der Panthotensäure wirken auch allein, wenn auch schwächer als Wuchsstoffe. Die Verhältnisse liegen ähnlich wie bei den beiden Komponenten des Aneurins. Der wirksamste Anteil des Moleküles ist entschieden das β-Alanin, das wir ja schon als Wuchsstoff kennen lernten (Kap. 9). Aber die Wirkung der Pantothensäure konnte bei weitem durch diese einfache Aminosäure nicht erreicht werden, denn es stellte sich ein Äquivalent von 60 γ β-Alanin gleich 10 γ Pantothensäure im Liter Nährlösung heraus. Nach Untersuchungen von *Kuhn* und *Wieland* (501) ist es sehr wahrscheinlich, daß sich in der Hefe die Pantothensäure aus zwei Aminosäuren bildet, aus dem Valin und der Asparaginsäure. *Hartelius* konnte in Kulturhefen sehr bald eine Synthese aus den Komponenten β-Alanin und Dioxydimethylbuttersäure nachweisen. Dieser Prozeß gelingt auch in vitro mittelst Hefepräparaten (*Wieland* und *Möller*) (501 a), wobei das NH_4-Ion als Aktivator wirkt. Interessant ist hierbei, daß das NH_4-Ion bei der Synthese in derselben Konzentration von etwa 0,1 Mol pro Liter wirkt wie bei der Heranzüchtung der Hefe in der Nährlösung. Torulahefe produziert das Vitamin bereits aus dem normalen Nährboden.

Die Pantothensäure ist ein in Wasser, Alkohol, Aceton und Amylalkohol lösliches gelbes Öl, das in der Wärme gegen Alkali empfindlich ist *(Wodley)*. Das Natriumsalz kristallisiert in farblosen Nädelchen vom Schmelzpunkt 121—122°. Die in der Natur vorkommende Säure ist rechtsdrehend (in Wasser $+27°$).

Wird in ihr die Carboxylgruppe durch eine Sulfogruppe ersetzt, so entsteht die das Wachstum der Bakterien hemmende Sulfopanthotensäure (Antivitamin) (*Snell* (501 b), *Kuhn*, *Wieland* und *Möller* (501 c) und *Mellwain*) (501 d) (s. Kap. 9 unter *p*-Aminobenzoesäure). Die Wirkung der Hemmung der Sulfopantothensäure besteht darin, daß sie die Pantothensäure aus ihrem Wirkungsort verdrängt. Wird Panthotensäure zugefügt, so wird die Sulfoverbindung wieder aus der Wirkungssphäre herausgetrieben (s. *p*-Aminobenzoesäure). Weitere, wieder anders reagierende Antagonisten sind die β-Aminobuttersäure, die Oxyasparaginsäure und die Salicylsäure. Alle drei unterbinden die Synthese der Pantothensäure (*Möller* 501 e).

Wie bereits mitgeteilt, hat die Säure große Bedeutung im biologischen Geschehen. Ihre physiologische Wirkung wurde von *Williams* im Jahre 1933 erkannt. Sowohl bei Mikroorganismen, grünen Pflanzen als auch bei Tieren macht sich dieser Stoff sehr bemerkbar. Nach *Williams* (502) werden viele Hefestämme in ihrem Wachstum außerordentlich günstig beeinflußt, sehr stark Saccharomyces cerevisiae (*Richards*) (503). Schon 0,0001 γ Pantothensäure pro ccm Nährlösung, also eine sehr schwache Konzentration, genügen bereits, um ein Hefewachstum hervorzurufen. Werden dann noch Inosit oder Vitamin B_1 oder beide Katalysatoren gleichzeitig hinzugefügt, so erfolgt eine weitere Steigerung der Zellvermehrung. Hieraus erkennt man auch die Existenz verschiedener anregender Mittel. Der große physiologische Einfluß der Pantothensäure macht sich auch darin geltend, daß Hefen keinen Wuchsstoff bilden, wenn die genannte Säure im Nährmedium fehlt. Derartigen Hefen mangelt es dann auch an Gärvermögen, was aber durch nachträglichen Zusatz kleiner Pantothensäuremengen erworben werden kann. Auch die Atmung solcher Hefen bleibt fast aus. In diesem Falle sind größere Gaben von Pantothensäure notwendig, wenn eine gute Atmung eintreten soll (*Williams*) (504). Nach Versuchen von *Hartelius* (505) beruht überhaupt der physiologische Effekt dieses Vitamins bei Hefen auf einer Steigerung der Atmung. Gleichzeitig sei hier auch die Auslösung desselben Effektes durch andere Vitamine wie Aneurin und Nikotinsäure an Hefen erwähnt (*Pratt* und *Williams*) (506). Interessant ist ferner das Ansteigen des Glykogengehaltes oder überhaupt die Ansammlung an kohlenhydrathaltigen Stoffen in Hefen, die durch Pantothensäure stimuliert worden waren. Hieraus ist auf eine günstige Beeinflussung des Kohlenhydratstoffwechsels zu schließen.

Auch bei verschiedenen Bakterien und Schimmelpilzen ist die Pantothensäure ein notwendiger Wachstumsfaktor. Viele Arten von Milchsäure- und Propionsäurebakterien, Streptokokken und Pneumokokken sind nicht in der Lage, aus einer Vitaminkomponente die Pantothensäure aufzubauen.

Manche Streptokokken, wie z. B. der Milchsäurebildner, das Streptobakterium plantarum, sind geeignet für eine Messung der biologischen Wirksamkeit der Pantothensäure (Streptobakterientest nach *Kuhn* und *Wieland*). Eine Streptobakterium-Einheit (Sbm E) ist diejenige Wuchsstoffmenge, die ein Kubikzentimeter Nährlösung enthalten muß, um maximale Zellvermehrung in 4 Tagen zu garantieren. Somit ergibt sich für die (+)-Pantothensäure ein Wert von 45000000—50000000 SbmE pro Gramm. Ein gut brauchbarer Hefewachstumstest ist von *Williams* ausgearbeitet worden. Die anfänglich geübte Kückenmethode und der Rattenwachstumstest sind durch diese neuen Methoden verdrängt worden. Eine chemische quantitative Erfassung gibt es noch nicht.

Den grünen Pflanzen ist die Pantothensäure im Wachstum ein Nährstoff. Bei Leguminosen war ein sehr deutlicher Effekt nachzuweisen. So waren Erbsenembryonen ein geeignetes Objekt, die Wachstumswirkung der Säure zu erproben.

Für Tiere, z. B. Ratten, ist die Pantothensäure für das normale Wachstum notwendig. Der Hund benötigt sie zu seiner normalen Ernährung *(Elvehjem)*. Infolge Vitaminmangel tritt bei manchen Tieren wie Ratten, Meerschweinchen, Silberfüchsen und Hunden ein Ergrauen der Haare ein, weshalb man ursprünglich einen besonderen Faktor in der Hefe, den Anti-Graue-Haare-Faktor B_x, vermutete. Durch Verfütterung von *d*-Pantothensäure erhält das Fell wieder normale Färbung. Die vielseitige Verwendung dieses Vitamins — auch die Wirkung des „Filtratwachstumsfaktors" der Hefe erübrigte sich — führte zu der Bezeichnung Pantothensäure. Bei den Kücken verursacht Mangel an diesem Vitamin neben Wachstumsstillstand Schorfbildung an Beinen und Füßen, und gewisse Veränderungen des Schnabels und der Federn. Nach Verlauf von zwei Wochen gehen die Tiere ein. Daher bezeichnete man Pantothensäure früher als Kücken-Antidermatitisfaktor *(Norris-Ringrose)*.

Die Bedeutung dieses Vitamins für den Menschen ist noch nicht erkannt worden. Viele Organe wie Leber, Niere, Milz, Bauchspeicheldrüse und Muskel enthalten Pantothensäure. Im Blut sind 20—30 $\gamma\%$ vorhanden.

Über die Wirkungsweise der Pantothensäure hat man erst in letzter Zeit Hinweise gefunden. Nach *Novelli* und *Lipmann* (507) greift verkettete Pantothensäure, als Bestandteil des Coenzyms A, gemeinsam mit anderen Zellkatalysatoren, die Brenztraubensäure auf oxydativem Wege an. Das Wesentliche scheint die Coenzym-A-Bildung zu sein, wodurch die Pantothensäure erst die bekannten Fähigkeiten erhält. Die Brenztraubensäureversuche gelangen mit dem Lactobacillus, den Propionsäurebakterien, Escherichia (Coli), Proteus und Clostridium. Als Azetylierungskatalysator hat die Pantothensäure auch Bedeutung bei der Synthese der Azetessigsäure aus Essigsäure mit Hilfe des Azetylphosphates, vielleicht auch zum Aufbau der höheren Fettsäuren aus Kohlenhydraten *(Lipmann)* (507 a u. b) (s. S. 209 u. Kap. 20 Coligärung S. 415).

Folinsäure

Ein wichtiges Vitamin, dessen Wirkungsweise und Zusammensetzung erst in der jüngsten Zeit enträtselt werden konnte, ist die Folinsäure. Schon lange hatte man zwar einen Antianaemiefaktor aus Hefe (Vitamin gegen Blutarmut) in der Hand, den man mit „Vitamin M" bezeichnete, aber einer Klärung stellten sich große Schwierigkeiten entgegen. Erst einer stattlichen Anzahl von Forschern wie *Hogan* und *Pavrott*, *Keresztesy*, *Daft* und *Sebrell*, *Stockstad*, *Axelrod*, *Campbell*, *Johnson*,

Binkley, *Kornberg* und *Spaeth* gelang es in unermüdlicher Tätigkeit, Licht in das Dunkel dieses seltsamen Körpers zu bringen, der in der Lage ist, die Aleukie, den Schwund wichtiger Blutzellen bei Hunden und Ratten zu verhindern, indem er für den Bestand dieser Blutkörperchen Granulozyten (granulierte Leukozyten) und Thrombozyten (= Blutplättchen, als Zerfallsprodukte der Erythrozyten aufgefaßt; Faktor der Blutgerinnung) sorgt. Einen großen Fortschritt in der Aufklärung verdanken wir *Totter* (508) sowie *Whrigt* und *Welch* (509), die nicht nur die Beziehungen zu dem von *H. Wieland* aufgeklärten Xanthopterin

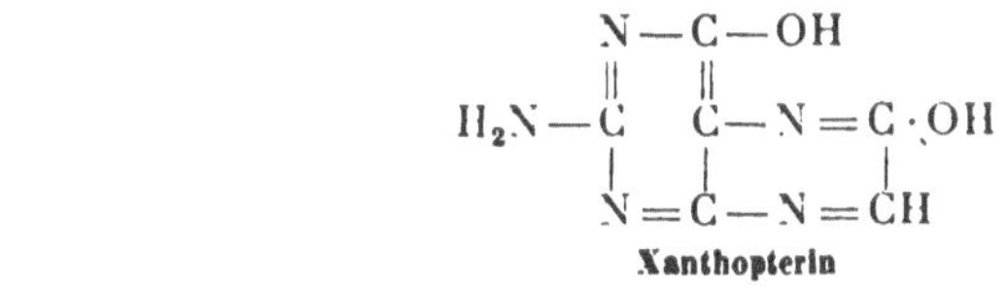

Xanthopterin

aufdeckten, sondern auch konstatierten, daß bei Verabreichung dieses Stoffes ein Anwachsen der Folinsäure bei Rhesusaffen zu beobachten ist. Man vermutete auch im Xanthopterin einen Bestandteil der Folinsäure. Diese Annahme hat sich bestätigt, denn heute sehen wir aus der Konstitutionsformel der Folinsäure, daß in dem Molekül neben Glutaminsäure und *p*-Aminobenzoesäure auch Xanthopterin (Pteridin)[1]) enthalten ist. Die von *Angier* (510) und Mitarbeitern aufgestellte Konstitutionsformel des interessanten Moleküls wurde von denselben Forschern durch die Synthese bewiesen. Wir sehen in der Mitte der Formel die *p*-Aminobenzoesäure, die einerseits mit der Glutaminsäure peptidartig verknüpft ist, während die Aminogruppe den Pteridinrest trägt.

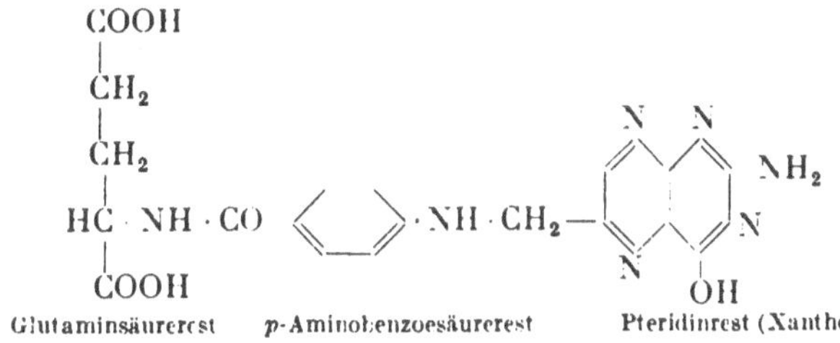

Glutaminsäurerest *p*-Aminobenzoesäurerest Pteridinrest (Xanthopterin)

Folinsäure

N-[4-{[(2-Amino-4-hydroxy-6-pteridyl) methyl]amino} benzoyl]-*l*(+)-glutaminsäure

Von den fünf isolierten natürlichen Produkten sind drei identisch und zwar das Vitamin B_c, der L. casei-Faktor der Leber, der zur Entwicklung des Lactobacillus casei notwendig ist und der L. casei-Faktor aus der Hefe. Die beiden anderen kristallisiert erhaltenen Naturkörper, der aus den Gärungsrückständen isolierte L. casei-Faktor und das Vitamin B_c conjugate, unterscheiden sich von den anderen nur durch eine Anreicherung von Glutaminsäuremolekülen, wobei das erste Präparat 3, das andere 7 Moleküle dieser Aminosäure in Peptidbindung aufweist. Man bezeichnet die beiden letzten Körper mit Pteroyldiglutamyl-glutaminsäure bzw. mit Pteroylhexaglutamyl-glutaminsäure (511). Nach anderen Mitteilungen soll auch der „Hefe-L. casei-Faktor" 7 Moleküle Glutaminsäure enthalten.

Die starke Verbreitung der Folinsäure in der Natur dokumentiert auch in diesem Falle die Wichtigkeit dieses Zellreagenses. Vor allem sind die grünen Pflanzen, hier-

[1]) Gr. pteryx Flügel; Farbstoff der weißen Flügel der Kohlweißlinge.

von besonders die ganz dunkelgrünen, mit Folinsäure reichlich versehen. Die Fleischarten enthalten mittlere Mengen, während die Wurzelgemüse, Tomaten, Käse und Milch wenig von diesem Vitamin aufweisen *(Elvehjem)*. Die besten Quellen sind wieder die Leber und die Hefe, die etwa 5000 $\gamma\%$ aufweisen. Das Alfafa-Mehl enthält 1130 $\gamma\%$.

Das Vitamin ist ein sehr empfindlicher chemischer Stoff. Schon die geernteten grünen Pflanzen verlieren durch Sonnenbestrahlung an Aktivität; auch Lagern bei gewöhnlicher Temperatur wirkt im gleichen Sinne. Das Vitamin löst sich in Wasser, nicht in den gebräuchlichen organischen Lösungsmitteln. Die große Empfindlichkeit zeigt sich auch Säuren und Basen gegenüber; sogar längeres Kochen im neutralen Milieu wirkt zerstörend *(Elvehjem)*.

Zur Erfassung des Vitamins sind verschiedene Titriermethoden ausgearbeitet worden (*Teply* und *Elvehjem* (512), *Bird* und Mitarbeiter) (513).

Die physiologische Wirkung der Folinsäure äußert sich bei den verschiedenartigen Lebewesen verschieden. Bei den Säugetieren wie Rhesusaffen, Hunden und Ratten wird durch Mangel an Folinsäure das Blutbild krankhaft verändert (Leukopenie = Leukozytenarmut; normozytäre Anaemie = Schwund roter Blutkörperchen; hypoplastisches [unvollkommen ausgebildetes] Knochenmark). Durch kleine Gaben des Vitamins wird der Schaden sofort behoben.

Interessant ist, daß bei Mäusen das Wachstum der Krebszellen durch eine tägliche Injektion von Folinsäure gehemmt wird, wobei diese dem Inositol überlegen ist. Bei der Aufzucht von Kücken ist das Vitamin in mancher Richtung ein gut wirkender Faktor. Auch gewissen Insekten, wie dem Mehlkäfer Tribolium confusum Duval sowie dem Tenebrio molitor (Mehlwurm) ist Folinsäure unentbehrlich. Ebenso steht es bei manchen Mikroorganismen, bei denen Wuchsstoffwirkung zu verzeichnen ist: Lactobacillus casei, Sacch. fecalis R, Enterokokkenstämmen, Clostridium tetani. Über den Mechanismus der Wirkung ist bisher nichts bekannt. Es ist eine gewisse Aktivierung wichtiger Enzymreaktionen, die den Aufbau lebenserhaltender Stoffe synthetisieren, anzunehmen.

Klinisch verwendet man die Folinsäure gegen makrozytäre Anaemien (perniziöse [bösartige] Anaemie), Sprue und Pellagra und alimentäre (durch die Nahrung hervorgerufene) Anaemie. Die Blutarmut wird gehoben durch Erzeugung eines guten Blutbildes: Förderung der Bildung von Retikulozyten (natürliche granulierte Erythrozyten zur Regeneration des Blutes), Leukozyten und Granulozyten bei gleichzeitiger Hebung des Hämoglobinspiegels.

Hierher gehört wahrscheinlich auch das **Vitamin B_{12}**, das *Rickes* (514) mit seinen Mitarbeitern aus der Leber und dem Pilz Streptomyces griseus als rote Kristalle, die neben Phosphor auffallenderweise das Schwermetall Kobalt enthalten, isoliert hat. Das hochaktive Anti-Perniciosa-Faktor-Präparat wird von *Merck* u. Co. Inc. Rahway hergestellt. *Lester Smith* (515) kam gleichzeitig zu denselben Resultaten.

Vitamin D_2 und D_3 sowie ihre Vorstufen

Im 7. Kapitel wurde unter den Sterinen beim Ergosterin darauf hingewiesen, daß es die Muttersubstanz des Vitamins D_2 ist. Da in der Hefe neben viel Ergosterin auch die Vorstufe des Vitamins D_3, das Provitamin 7-Dehydro-cholesterin, vorkommt, so ist die Hefe ein wertvolles Heilmittel gegen die Rachitis, wenn sie nach Bestrahlung mit ultraviolettem Licht dem Patienten dargeboten wird. Wie wir später sehen werden, verwandeln die genannten Strahlenarten die Provitamine der Hefe in die wirksamen Isomeren um (*Askew*, *Webster*, *Windaus*). Eine richtig bestrahlte Hefe bietet einen guten Ersatz für Lebertran.

Die D-Vitamine sind im allgemeinen nicht so weit in der Natur verbreitet wie dies von den bis jetzt angeführten Vitaminen der Fall war. Im Pflanzenreich finden wir nur die Vorstufe des Vitamins D_2, also das Ergosterin, und zwar in einigen Pilzen, im Mutterkorn und namentlich in Hefen. Nach *Schülein* (516) enthält getrocknete Hefe 0,56% Ergosterin. *Trufanow* (517) konnte aus 16 kg Hefe (wahrscheinlich aus Trockenhefe) 70 g Provitamin — das wären 0,44% — gewinnen. *Windaus* (518) Methode liefert Ergosterin ebenfalls in dieser Größenordnung: aus 2 kg Preßhefe (mit etwa 75% Wasser angenommen) wurden 3 g Ergosterin erzielt. Will man Hefe mit diesem Stoff anreichern, so muß man die Fettbildung durch die Substrate Alkohol und Aldehyd bei gleichzeitiger Lüftung und Wasserentzug anregen. Der Mehrertrag an Sterinen kann bis zu der 60fachen Menge des Ausgangswertes gesteigert werden. Das Vitamin D_2 selbst ist nur in kleineren Mengen im Thunfischleberöl anzutreffen.

Die Vorstufe für das Vitamin D_3, die sich im tierischen Organismus aus dem Cholesterin bilden kann, ist das 7-Dehydrocholesterin. Es ist in relativ reichlicher Menge in der Schwarte des Schweines zu finden. Hefe enthält relativ wenig von diesem Stoff. Ebenso finden wir in der menschlichen Haut auch nur kleine Mengen dieses Provitamins. Das Vitamin D_3 selbst ist im Gegensatz zu D_2 als fertig ausgebildetes Molekül in der Natur reichlich zu finden. Es ist das natürliche Vitamin für Tier und Mensch. Besonders gute Fundorte für das Vitamin D_3 sind die Fischleberöle und die Fischkörperöle. An der Spitze marschiert der Lebertran des Thunfisches. Auffallend ist das völlige Fehlen dieses Vitamins im Waltran. Folgende Tabelle, nach dem *Rudolph*schen Buche (519) „Die Vitamine der Hefe“ zusammengestellt, mag über das Vorkommen des Vitamins D_3 orientieren.

Vorkommen von Vitamin D_3

	I.E.-Vitamin D je g Substanz
Fischleberöle	
Thunfisch	16000—61000
Heilbutt	1000—4000
Makrele	750—850
Fischkörperöle	
Sardine (Californien)	80—200
Hering (Filet)	50—200
Lachs	25—200
Andere Nahrungsmittel	
Eigelb	1,4—5,0
Schweineleber	0,4—0,5
Butter (im Sommer)	0,4—1,0
Milch (im Sommer)	0,024—0,038

Wie schon mitgeteilt, werden die Provitamine durch Bestrahlung in die Vitamine umgewandelt (*Windaus*) (520). Man benutzt hierzu das ultraviolette Licht geeigneter Lampen oder der Magnesiumfunken. Der Übergang erfolgt stufenweise. Aus Ergosterin bildet sich zunächst das Lumisterin, ein rechtsdrehendes Sterin mit einem ähnlichen Absorptionsspektrum wie das Ausgangsmaterial. Es ist antirachitisch unwirksam. Bei weiterer Bestrahlung erfolgt Ringspaltung des Benzolringes 2, Wanderung von Wasserstoff und Bildung einer Doppelbindung; man erhält das Tachysterin, ebenfalls ohne antirachitische Wirkung. Hieraus formt sich endlich das „Vitamin D_1“. Bald aber stellte sich heraus, daß dieser Stoff nicht einheitlicher

Natur ist, sondern eine Molekülverbindung von einem Molekül Vitamin D_2 mit einem Molekül des unwirksamen Lumisterins.

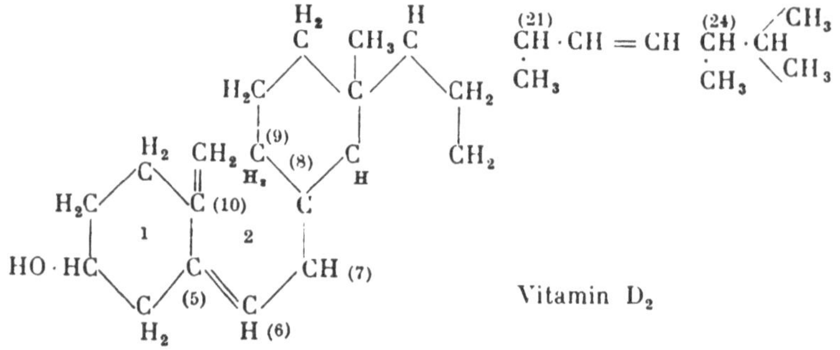

Vitamin D_2

Bei dem Übergang von Ergosterin (Formel s. Kap. 7 u. Sterine) in Vitamin D_2 gehen nur Isomerisierungen mit Ringöffnung vonstatten unter Bildung einer neuen Doppelbindung. Mit dem Eintritt der Konjugation der Doppelbindungen im gesprengten Ring 2 erscheint die antirachitische Wirkung. Die Seitenkette bleibt bei der Bestrahlung unverändert. Die Bruttozusammensetzung ist dieselbe geblieben wie die des Ausgangsmaterials. Die erfolgte Umlagerung im Molekül bewirkt also die spezifischen physiologischen Wirkungen.

Bei Überbestrahlung bildet sich das Toxisterin, ein ebenfalls therapeutisch wichtiger, jedoch sehr giftiger Stoff. Nebenher entstehen zwei verschiedene unwirksame Suprasterine.

Folgendes von *Windaus* aufgestellte Schema zeigt die Umwandlung des Ergosterins durch ultraviolettes Licht:

Ergosterin
↓
Lumisterin
↓
Tachysterin
↓
Vitamin D_2
↙ ↓ ↘
Suprasterin I Toxisterin Suprasterin II

Um große Ausbeuten an Vitamin D_2 zu erzielen, ist es zweckmäßig, die Wellenlänge 280 $m\mu$ zu wählen, bei der die anderen Umwandlungsprodukte nur in kleinster Menge auftreten.

Die Bestrahlung ist nicht auf das reine Ergosterin beschränkt, sondern man kann auch die Hefe selbst mit ultraviolettem Licht behandeln, um mit ihr antirachitische Wirkungen zu erzielen. Diese Verhältnisse wurden von *Schübel* (521) an trockener Brauereihefe studiert, wobei sich eine Wellenlänge von 300 $m\mu$ und eine Schichtdicke von $\frac{1}{2}-\frac{1}{10}$ mm als vorteilhaft erwiesen. Eine Bestrahlungsdauer von 6—8 Sekunden einer Magnesiumlampe genügt, um optimale Wirkungen zu erzielen. Diese besteht hier in der Umwandlung von einem Drittel des Ergosterins in den aktiven Stoff. Das bestrahlte Hefepräparat zeigt eine jahrelange Haltbarkeit.

Das Vitamin D_2 kristallisiert in farblosen Prismen vom F.P. 115—116°. Es ist optisch rechtsdrehend. In Wasser unlöslich, leicht löslich dagegen in Ölen, Fetten und deren Lösungsmitteln; ziemlich stabil gegen Luftsauerstoff und Wärme.

Das Vitamin D_3 findet man, wie schon mitgeteilt, im Gegensatz zu D_2 in der Hauptsache als fertiges Molekül in der Natur. Aber auch seine Vorstufe, das Provitaamin 7-Dehydro-cholesterin, ist, wie wir schon sahen, ein natürliches Produkt. Die lebenden Zellen bilden es aus Cholesterin. Dieses Provitamin unterscheidet sich vom Cholesterin lediglich dadurch, daß es durch Verlust von zwei Wasserstoffatomen in Stellung 7 und 8 (daher der Name!) im Benzolkern 2 nunmehr über zwei Doppelbindungen verfügt im Gegensatz zu einer Doppelbindung im Cholesterin. Beide Provitamine, das Ergosterin und das 7-Dehydro-cholesterin besitzen noch das ungesprengte Cyclopentano-phenanthren-Skelett.

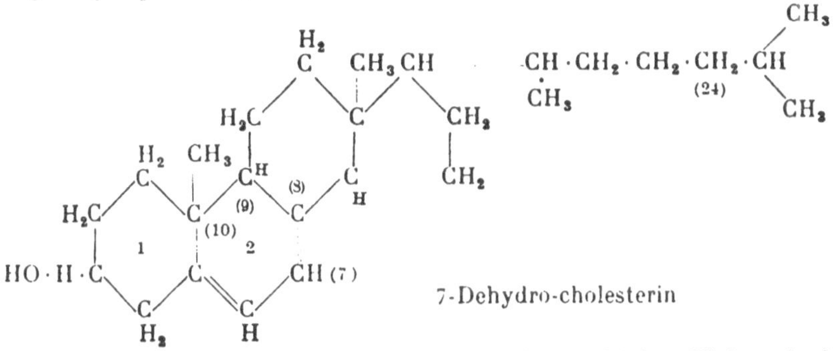

7-Dehydro-cholesterin

Durch Bestrahlung geht das 7-Dehydro-cholesterin in gleicher Weise wie das Ergosterin in das entsprechende Vitamin über.

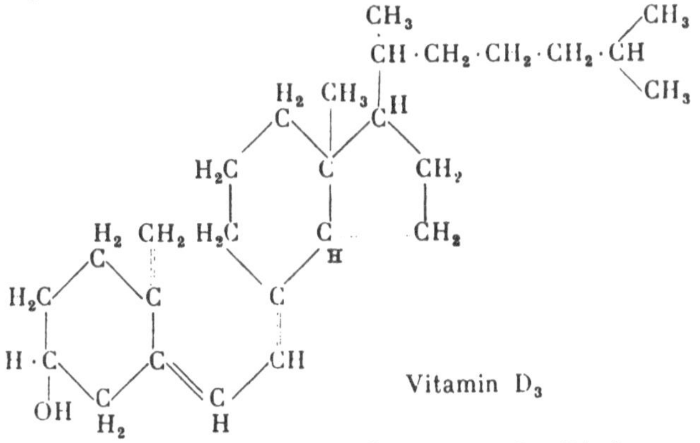

Vitamin D_3

Wir beobachten hier wieder die gleiche Sprengung der Bindung zwischen dem 9. und 10. Kohlenstoffatom und dieselbe Konfiguration wie bei D_2. Einen Unterschied in der Formel finden wir nur in der Seitenkette. Bei D_2 ist dieselbe ungesättigt und hat in Stellung 24 noch eine Methylgruppe, während D_3 die unveränderte, gesättigte Cholesterinseitenkette (s. Kap. 7 u. Sterine) enthält.

Folgende Gegenüberstellung mag die Beziehungen der Vitamine zu den Ausgangsstoffen klarlegen.

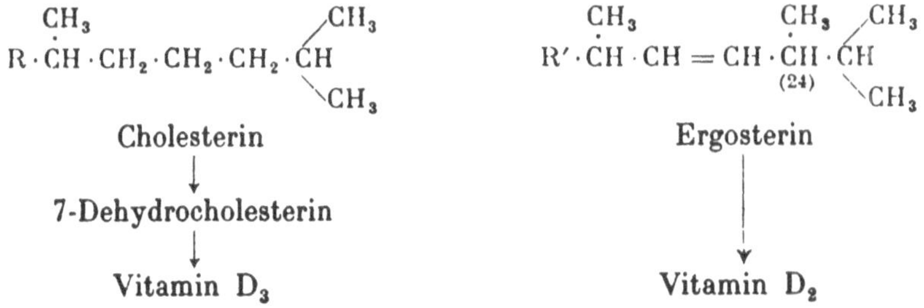

R und R' bedeuten hier die Cyclopentano-Phenanthrenkerne. Die Seitenketten in den Provitaminen sind identisch mit denen der fertigen Moleküle der Vitamine.

Vitamin D_3 zeigt einen Schmelzpunkt von 82—84° und ist ebenfalls rechtsdrehend. Löslichkeitsverhältnisse und Stabilität gegen Wärme und Luftsauerstoff ähnlich wie bei D_2.

Hier sei eingefügt, daß die günstige Wirkung der Lichtbestrahlung — auch Sonnenbestrahlung — der Haut rachitischer Kinder auf Umwandlung der Provitamine in D-Vitamine beruht, da die Haut das Hauptdepot für diese Körperklasse darstellt.

Die biologische Bestimmung der Vitamine beruht darauf, daß man zunächst durch Mangelkost spezifische Knochenveränderungen bei Ratten, die durch Röntgenaufnahmen kontrolliert werden, eintreten läßt, und man darauf durch Vitamingaben den Heilprozeß verfolgt.

Die internationale Einheit (I.E.) ist gleich der Wirkung von 0,1 γ bestrahltem Ergosterin oder 0,025 γ kristallisiertem Vitamin D_2.

Die chemische Methode läßt das Vitamin durch Eintritt einer rotviolett gefärbten Substanz mit Aluminiumchlorid erkennen *(Halden)* (522). Die quantitative Messung erfolgt im Stufenphotometer. Bei Verwendung von Antimonchlorid nach *Brockmann* und *Chen* (523) erzielt man eine orangegelbe Färbung, die zu einer meßbaren Absorptionsbande führt. Diese Methoden sind zu unspezifisch, auch mangelt es ihnen an Empfindlichkeit, weshalb sie nur bei hochkonzentrierten Handelspräparaten Verwendung finden.

Über die chemische Aufgabe der D-Vitamine in der lebenden Zelle haben wir noch keine bestimmte Vorstellung. Sicher aber wirken sie als Katalysatoren beim Aufbau der anorganischen Zellstoffe. Wir können konstatieren, welche Erscheinungen bei Mangelkrankheiten auftreten. Es hat sich gezeigt, daß die Vitamine den Calciumphosphatstoffwechsel beeinflussen — daher auch die Bezeichnung **Calciferol** für Vitamin D — was durch ein Absinken des Calcium- und Phosphatgehaltes in den Knochen beim Fehlen der D-Vitamine zu konstatieren ist. Das erste Anzeichen einer Erkrankung ist ein allgemeiner Phosphorentzug, die Abnahme der anorganischen Phosphate im Blute und in den Geweben. Im allgemeinen ist der Bedarf des Menschen an D-Vitaminen gering. Mangel in der Kindernahrung muß vermieden werden, da sonst durch Entmineralisierung der Knochen ein ungünstiges Verhältnis zwischen Knochenknorpel und tert. Calciumphosphat zu der bekannten Erscheinung der Knochenerweichung, zur Rachitis, führt. Bei der Heilung mittelst Vitaminpräparaten ist die Beigabe von Phosphorsäure wichtiger als die des Calciums. Sehr geringe Mengen, 0,002 mg kristallisiertes Vitamin D_2 pro Tag genügen, um den normalen Stoffwechsel beim Kinde aufrecht zu erhalten. Die optimale Menge beim Erwachsenen soll 10 γ betragen; sie ist aber abhängig von dem Verhältnis von Ca : P in der Nahrung. Der normale Bedarf wird durch Butter, Milch, Eigelb und Fisch gedeckt. Vielfach wird das Vitamin in Form von Provitamin dem Körper zugeführt und dann in der Haut durch das Sonnenlicht in die aktive Form, wie oben ausgeführt, umgewandelt. Bei Gaben von reinen kristallisierten Vitaminen muß man Überdosierungen vermeiden, um Giftwirkungen auszuschalten. Diese äußern sich durch übermäßige Kalkablagerungen in verschiedenen Organen wie Herz und Nieren und führen dann zur Erkrankung des Körpers. Indessen liegen die toxischen Dosen 1000mal höher als die kurativen. Vitamin A mildert die toxische Wirkung, daher ist Lebertran, der neben Vitamin D auch A enthält, besonders bekömmlich. Seit mehr als hundert Jahren hat man Lebertran gegen Rachitis verordnet, ohne das Prinzip der Heilung zu kennen. Heute haben wir die Erklärung *(Mellanby, Mac Collum)*: die Leberöle der Fische sind reich an Vitamin D_3, wie die obige Tabelle erkennen ließ.

Das Vitamin D_3 wirkt auf den Säugling kräftiger, etwa noch mal so stark als D_2. Bei anderen Lebewesen gelten andere Verhältnisse. So ist D_3 beim Hühnchen etwa 60mal wirksamer als D_2, während sich bei Ratten beide Vitamine gleich verhalten.

Vitamin D_4, aus dem 22-Dihydroergosterin durch Bestrahlung, und D_5, aus dem 7-Dehydrosito-sterin entstanden, die sich durch Abweichungen in der Seitenkette von D_3 unterscheiden, sind ebenfalls aktive Vitamine.

Mit dieser chemischen Stoffklasse verwandt sind auch die Sexualhormone und Gallensäuren.

Vitaminteste mit Hilfe von Mikroorganismen (523a)

Die mikrobiologischen Testverfahren haben in letzter Zeit weite Aufnahme gefunden, da sie spezifisch, billig und schnell durchführbar sind. Mehrere Institute wie z. B. das Institut f. angew. Mikrobiologie der Versuchsstation für das Gärungsgewerbe zu Wien XVIII (Michaelestr. 25) und das Mikrobiologische Laboratorium St. Jacob in Basel, St. Jacobstr. 350, befassen sich speziell mit der Ausführung solcher Bestimmungen für die Technik.

1. Vitamin B_1 Nachweis mit Hilfe des	Streptococcus salivarius
2. Vitamin B_2	Lactobacillus casei ε
3. Vitamin B_6	Saccharomyces Carlsbergensis Neurospora sitophila
4. Vitamin B_{12}	Lactobacillus lactis Dorner
5. Niacin[1])	Streptobacterium plantarum (= Lactobacillus arabinosus) Leuconostoc mesenteroides
6. Pantothensäure	Lactobacillus plantarum (= Streptobacterium plantarum) Lactobacillus casei
7. m-Inosit	Saccharomyces cerevisiae
8. Folinsäure	Lactobacillus casei Streptococcus faecalis
9. p-Aminobenzoesäure	Lactobacillus casei Neurospora crassa
10. Biotin	Lactobacillus casei Lactobacillus plantarum Streptococcus faecalis Clostridium butylicum

Schrifttum

Th., Bersin, Kurzes Lehrbuch der Enzymologie, 2. Aufl. 1939. Akadem. Verlagsges. Leipzig.

Stepp-Schröder-Kühnau, Die Vitamine und ihre klinische Anwendung. 5. Aufl. 1941 (Verlag Enke, Stuttgart).

Bamann-Myrbäck, Methoden der Fermentforschung 1941. Verlag Thieme, Leipzig.

R. Abderhalden, Vitamine, Hormone u. Fermente. Urban u. Schwarzenberg Berlin-Wien 1944.

A. Hotzel, Vitamine und Vitaminpräparate. Verlag Dr. W. Saenger Berlin 1949.

K. Lang u. *O. F. Ranke*, Stoffwechsel u. Ernährung. Springer-Verlag Berlin-Göttingen-Heidelberg 1950.

[1]) Bezeichnung für Nikotinsäure bzw. Nikotinsäureamid.

11. Kapitel

Die Enzyme[1]) der Hefe

Die Hefezelle muß, da sie ein lebendes Individuum ist, ihren Zellhaushalt selbst besorgen. Dieser Tatsache eingedenk, sind also sämtliche Enzyme notwendig, die zum vollständigen Stoffwechsel gehören. Die Zelle muß die aufgenommenen Nährstoffe zunächst derartig zerlegen, daß sie damit ihre Zellbausteine für das Wachstum synthetisieren kann. Sie formt sich ihre Zellwandbestandteile, sie baut das Protoplasma, also hochmolekulare Eiweißsubstanzen auf; sie bildet den Zellkern mit seinen Chromosomen, kurz alle lebenswichtigen Zellelemente. Denken wir daran, daß die Hefezelle auch in der Lage ist, die chemisch kompliziert aufgebauten Enzyme selbst, auch die Vitamine und die Hormone aus einfachen Nährstoffen zu synthetisieren, so erhellt ganz eindeutig, was für eine große Anzahl von chemischen Werkzeugen, d. h. Enzymen, dazu gehören, um all die vielartigen Reaktionen ausführen zu können. Ferner muß des Energiestoffwechsels, der Gärung und der Atmung gedacht werden, wozu wieder andere Enzymarten nötig sind. Es ist heute unmöglich, ein vollständiges Bild von all den chemischen Reaktionen, die zur Erhaltung der Hefezelle und deren Fortpflanzung notwendig sind, zu geben. Man ist auch bei weitem nicht in der Lage, alle die Enzyme aufzuzählen, die diese chemischen Vorgänge auslösen. Dazu fehlt zunächst die Voraussetzung: die Kenntnis aller chemischen Verbindungen, die im Leben der Zelle eine Rolle spielen, sei es, daß sie eine Durchgangsphase oder ein Stoffwechselendprodukt im Organismus oder ein Ausscheidungsprodukt der Zelle darstellen.

Es ist selbstverständlich, daß man sich den auffallenden Lebenserscheinungen der Hefe zuerst zuwandte und dort mit der Forschung einsetzte. So begannen zunächst die Bemühungen, das Geheimnis des Gärungsvorganges zu ergründen. Als dann von *E. Buchner* die Aufklärungsarbeiten durch die Entdeckung der Zymase gewaltig gefördert worden waren, setzte eine so lebhafte Tätigkeit in der Erforschung der Hefeenzyme ein, daß man heute bereits von einer Chemie der Hefeenzyme sprechen kann. Aber wie schon gesagt, ein vollständiges Bild aller Enzymvorgänge liegt längst noch nicht vor. Es handelt sich zunächst noch um ein Mosaik, bei dem gewisse Teile schon ziemlich ausgebildet sind, aber noch sehr viele Stellen der bunten Steinchen harren, die das Bild vollenden sollen.

Aus diesen Ausführungen ersehen wir, daß es z. Z. nicht möglich ist, an Hand der Lebensvorgänge die einzelnen Enzyme zu ordnen und zu beschreiben. Wir klassifizieren sie heute noch nach rein chemischen Gesichtspunkten, indem wir den chemischen Mechanismus der ausgelösten Enzymreaktion als Grundlage zur Einteilung der verschiedenen Enzyme heranziehen. Wir unterscheiden zunächst zwei Hauptgruppen:

1. die hydrolysierenden Enzyme, die sog. Hydrolasen und
2. die Desmolasen, die einen tieferen Eingriff in das Substratmolekül — Zersprengung der Kohlenstoffkette — hervorrufen. Folgende Tabelle mag zunächst einen Überblick über die hier zu besprechenden Enzyme geben.

[1]) Ursprünglich galten die Fermente als „Gärungserreger“. Auf *Kühnes* Vorschlag bezeichnete man die Zellreagenzien mit dem Ausdruck Enzyme (gr. en und zyme = in Sauerteig, Gärung), um eine Verwechslung mit den niederen Lebewesen zu vermeiden. Da man aber heute die Bakterien, Hefen und Schimmelpilze allgemein Mikroorganismen (oder Mikroben) nennt, so ist der Ausdruck Ferment nicht mehr doppelsinnig. Ferment und Enzym sind nunmehr identische Begriffe.

Es kann an dieser Stelle weder eine Einführung in die Enzymchemie noch ein Überblick über das ganze Gebiet gegeben werden. Zum Studium und weiterer Vertiefung der Kenntnisse sei auf die Werke am Schluß des Kapitels hingewiesen.

Hefeenzyme

A. Hydrolasen

1. Esterasen

Lipasen
Phosphatasen (Phosphorylasen und phosphatübertragende Fermente. Coenzym A)

2. Carbohydrasen

Maltase (α-Glucosidase)
Saccharase, Invertase (β-*h*-Fructosidase)
Trehalase
Lactase (β-Galactosidase)
Melibiase (α-Galactosidase)
Glykogenase

3. Proteolytische Enzyme

Hefeproteinase
Aminopolypeptidase
Carboxypolypeptidase
Dipeptidase

4. Nukleasen

Polynukleotidase
Nukleotidase
Nukleosidase

B. Desmolasen und Hilfsenzyme

1. Gärungsfermente (Zymasekomplex)

Phosphorylasen
Phosphomutasen
Phosphatübertragende Fermente
Aldolase (Zymohexase)
Isomerase
Oxydierendes u. reduzierendes Gärungsferment mit Cozymase (Codehydrase I) als prosthetischer Gruppe (Wasserstoff übertragendes Gärferment)
Phosphoglycerinsäuremutase
Enolase
Carboxylase, heute mit Decarboxylase bezeichnet

2. Atmungsfermente

Flavine (Gelbes Ferment, Diaphorase)
Cytochrome
Warburgs sauerstoffübertragendes Ferment der Atmung (Cytochromoxydase)
Katalase

3. Kohlenstoff-Stickstoffdesmolase

Aspartase

4. Wasserstoffübertragendes Aminierungsferment

d-Aminosäureoxydase

Bevor wir uns den einzelnen Enzymen zuwenden, sei auf den allgemeinen Aufbau kurz hingewiesen. Viele Enzyme (Holoenzyme) bestehen aus zwei Komponenten *(Harden, Willstätter)*, einer meistens thermolabilen Eiweißkomponente, dem Apoenzym und einem meistens kochbeständigen Enzymanteil, dem Coferment oder der prosthetischen Gruppe. Letztere enthält die Wirkgruppe. Für den Ausdruck Holoenzym gebraucht man bisweilen noch die Bezeichnung Symplex und für Apoenzym und Coenzym die Benennungen Pheron und Agon. Es ergibt sich also folgendes Schema

Enzym
(= Holoenzym)
(Symplex)

Apoenzym	Coenzym, (Coferment)
(Eiweißkomponente, Pheron)	(prosthetische Gruppe, Agon)
thermolabil	thermostabil

So läßt sich das oxydierende und reduzierende Gärungsferment folgendermaßen aufteilen:

$$\text{Holoenzym} \rightleftarrows \text{Apoenzym (Eiweißkomponente)} + \text{Cozymase}$$

Bringt man die leicht zu trennenden Komponenten einzeln zur Reaktion, so versagen sie. Im Gemisch dagegen zeigen sie wieder die volle Aktivität (Holofermentwirkung). Dieser von *Harden* und *Young* zuerst beobachtete hochbedeutsame Vorgang gab Veranlassung zur Trennung weiterer Enzyme. Im Laufe der Forschung stellte sich dann heraus, daß die Holozymase nicht so einfach aufgebaut ist, wie es ursprünglich erschien (s. Abschnitt Zymase).

Zu der Gruppe von Enzymen, die ebenfalls eine lose „salzartige" Bindung — eine Kovalenzbindung — zwischen Apoenzym und prosthetischer Gruppe aufweisen, gehören die der folgenden Wirkgruppen: Aneurin, Flavin, Nikotinsäureamid, Pyridoxal und Pantothensäure. Wir sehen, daß Vitaminverbindungen hier als Coenzyme fungieren. Auch Spurenelemente wie Eisen, Zink, Mangan und Magnesium betätigen sich in diesem Sinne.

Bei einer anderen Gruppe von Enzymen besteht eine feste Bindung mit Haupt- und Nebenvalenzen zwischen Proteinen und prosthetischen Gruppen. Hierher gehört die Klasse der farbstoffartigen Häminverbindungen: *Warburgs* Atmungsferment, die Cytochrome, die Katalasen und Peroxydasen. Der Eiweißbestandteil der Enzyme ist die Ursache für ihre Inaktivierung bei der Gerinnungstemperatur der Proteine (56—65°).

Es gibt aber auch Fermente, die nach unseren heutigen Kenntnissen nur aus Eiweiß bestehen (Protein-Fermente). Eine prosthetische Gruppe war bisher nicht nachzuweisen. Vielleicht liegt hier eine besondere Kombination in den Aminosäuren vor. Es handelt sich um die kristallisierten Proteine von *Northrop* (Pepsin und Trypsin) und der Enzyme von *Sumner* (Urease).

Über die allgemeinen Eigenschaften der Enzyme sei an folgendes erinnert. Die Enzyme sind als Zellkatalysatoren (Biokatalysatoren) zu betrachten, die die Richtung und Geschwindigkeit der chemischen Reaktionen bestimmen. Kleine Enzymmengen setzen sehr große Beträge von Stoffen um, die wir mit dem Ausdruck Substrate benennen, wobei das Ferment nicht verbraucht wird. Hört seine Tätigkeit auf, so ist es durch Nebenprozesse verändert oder vergiftet worden. Die Fermente kann man in gewisser Hinsicht mit den anorganischen Katalysatoren vergleichen *(W. Ostwald, Mittasch)*, zeichnen sich aber meistens durch eine große Spezifität aus. Unter Spezifität verstehen wir die Einstellung der Fermente auf ein ganz bestimmtes Substrat oder eine kleine Gruppe von Substraten typischer Bauart. Bei den Aufspaltungen der Oligosaccharide werden wir diese Verhältnisse näher kennen lernen.

Die Enzyme sind in der Zelle teilweise an das Protoplasma gebunden. Ein schönes Beispiel hierzu haben wir in der Saccharase (Invertase). Schüttelt man Bierhefe mit Wasser aus, so gibt der Auszug sehr bald die Rohrzuckerinversion. Wollen wir indessen das Ferment quantitativ erfassen, so muß durch eine kurze Autolyse (Proteolyse) das Enzym vom Plasma losgelöst werden. Hieraus erkennt man auch, daß die Wirkung des Enzyms nicht an die Zellstruktur gebunden ist. Dies gilt für die allermeisten Enzyme. Wir haben zu Anfang des Kapitels gehört von dem Stoffwechsel, den die Enzyme bewerkstelligen. Die Aufbaureaktionen, die Synthesen, können wir heute bis auf sehr wenige Ausnahmen in vitro nicht nachbilden. Obgleich erwiesen ist, daß wohl der größte Teil der Enzyme — sicher gilt es von den Hydrolasen — reversible Reaktionen, d. h. Reaktionen in beiden Richtungen: Spaltungen der Moleküle und Wiederaufbau derselben aus den gleichen Bruchstücken — auslöst, so gelingt es heute mit den Enzympräparaten noch nicht, alle Reaktionen nach Belieben nach beiden Seiten zu steuern. Jedoch mit den isolierten gereinigten Gärungsfermenten sind gute Erfolge erzielt worden. Als allgemeiner Ausdruck für eine reversible Reaktion gilt folgendes Schema:

Beispiel: Aldolase $AB \rightleftarrows A + B$

für eine Hydrolyse ein Beispiel: Invertase

$$AB + H_2O \rightleftarrows AOH + BH$$

Auf die Energetik und Kinetik dieser Vorgänge kann hier nicht eingegangen werden.

Zur Nomenklatur sei gesagt, daß man im allgemeinen die neuen Namen durch Vereinigung der Endsilbe „ase" mit der Wortwurzel des zu spaltenden Substrates bildet wie

Saccharose ⟶ Saccharase

In solchen Fällen jedoch, in denen das Substrat zu mehreren Spaltungsrichtungen befähigt ist wie bei der Glucose (Hexose), müssen Zusatzsilben zur Anwendung kommen, z. B.

Hexose ⟶ Zymohexase

Ferner gibt es Bezeichnungen, die die Art der Wirkung angeben z. B. bei den Dehydrasen (Wasserstoffabspaltung), Decarboxylasen (Kohlensäureentziehung) und Desaminasen (Herauslösung von Ammoniak). Auch die historischen Namen erfreuen sich oft infolge ihrer Kürze und charakteristischen Form einer häufigen Anwendung. Sie erhalten dann meistens ebenfalls die typische Endsilbe:

Invertin — Invertase
Pepsin — Pepsinase

D a verschiedene Enzyme sich teilweise aus Vitaminen aufbauen und auf die Zusammensetzung und Funktion dieser Stoffklasse bereits im Kap. 10 ausführlich eingegangen wurde, so muß zur Vervollständigung der Chemie der Enzyme auf die früheren Ausführungen verwiesen werden. Sie sind zur Erfassung des ganzen Bildes unerläßlich.

Angefügt seien noch kurze Bemerkungen über die Art der Katalysatorwirkung der Fermente. Einiges ist hierüber bekannt. In dem „gelben Ferment" (s. d.) ruft die eigenartige Gruppierung von Doppelbindungen im Isoalloxanmolekül eine Dehydrasewirkung hervor. In der Codehydrase verwandelt sich die Wirkgruppe Pyridin in Hydropyridin und in den Häminverbindungen wechselt das zweiwertige Eisen mit dem dreiwertigen die elektrische Ladung. $F_e^{++} \rightleftarrows F_e^{+++}$. Durch Versuche an Fermentmodellen kommt *Langenbeck* (524) zu dem Ergebnis, daß primäre Aminogruppen Carboxylase- und Carboligasewirkung ausüben können. *o*-Chinon im Isatinmolekül reagiert wie eine Dehydrase, während durch Hämine und Parahämatine Katalase-Peroxydase-Oxydasevorgänge ausgelöst werden. Bedeutungsvoll ist hierbei auch die Konstitution des Stammkörpers, worauf die Reaktionsgruppe sitzt.

A. Hydrolasen

1. Esterasen

Lipasen

Die Lipasen der Hefe sind bisher noch wenig untersucht. Ihre Existenz ist nachzuweisen, indem man frische Hefe in Phosphatpufferlösung vom pH = 6,8 auf Olivenöl einwirken läßt *(Gorbach* und *Güntner)* (525). Den Umfang der Spaltung mißt man in bekannter Weise durch Titration der entstandenen Fettsäure. Legt man die Enzyme durch Autolyse frei, so erhält man gut wirkende Säfte. Nach den obigen Autoren sind die obergärigen Preßhefen den untergärigen Bierhefen in bezug auf Aktivität überlegen.

Phosphatasen, Phosphorylasen und phosphatübertragende Fermente

Bei der alkoholischen Aufspaltung der Zucker werden wir erfahren, daß bei dieser Reaktion den Phosphorsäureestern der Hexosen und Triosen eine wichtige Aufgabe zukommt. Mithin muß die Hefezelle über Enzyme verfügen, die solche Verbindungen aufbauen. Die Forschungen auf diesem Gebiet setzten ein, als *Harden* und *Young* (526) bei ihren Studien über die Zymasegärung zum ersten Mal auf die Bildung eines natürlichen Zuckerphosphorsäureesters, auf das Hexosediphosphat, stießen (1905—1909). Die Synthese von Hexosephosphorsäureestern erfolgt durch die Phosphorylasen (527). Ein solches Enzym als Holoferment setzt sich zusammen aus der Eiweißkomponente, dem Apoferment und dem Coferment, der Adenosintriphosphorsäure. Aus der Triphosphorsäure entstehen hierbei Adenosindiphosphorsäure und Adenosinmonophosphorsäure.

Im Gegensatz zu den aufbauenden Phosphorylasen stehen aber die abbauenden Phosphatasen. Während bei jener Klasse der Enzyme die „Esterbildung“ ohne Wasserabscheidung erfolgt, lagern bei der Phosphatasereaktion die Spaltprodukte die Wasserelemente ein (s. auch u. Glykogenase S. 218 und Zymase S. 224):

$$\underset{\text{Phosphorsäureester}}{R \cdot O \cdot PO_3H_2} + H_2O = R \cdot OH + H_3PO_4$$

Verschiedene Phosphatasen der Hefen wurden genauer untersucht.

Oberhefenphosphatase

Von *H.* und *E. Albers* (528) aufgefunden. Sie ist charakterisiert im Gegensatz zu der „alkalischen“ Phosphatase durch ihre Tätigkeit im sauren Milieu, Optimum pH = 4 bei 35°. Dabei ist die Empfindlichkeit gegen Alkali so stark, daß sich der Einfluß des pH über 7 sofort bemerkbar macht. Gespalten werden: α- und β-Glycerophosphat, Hexosediphosphat (S. 226 u. 241), Adenylsäure, Adenosintriphosphat, Phosphoglycerinsäure (529) und noch einige andere Verbindungen. α-Glycerophosphatase zeichnet sich aus im Gegensatz zur Oberhefenphosphatase durch eine gewisse Spezifität gegenüber α-Glycerophosphat und der β-Verbindung (*Schäffner* u. *Krumey*) (530).

Phosphatase des alkalischen Mediums

Im scharfen Gegensatz zur Oberhefenphosphatase hat diese Phosphatase ihre optimale Wirksamkeit im alkalischen Gebiet *(Schuchardt)* (531). Man gewinnt das Enzym aus Trockenhefe durch Behandeln mit verdünntem Ammoniak oder durch Extraktion mit Natriumbicarbonatlösung *(Kobayashi)* (532). Die Wirksamkeit liegt zwischen pH = 6—9.

Monophosphoesterase ebenfalls eine im alkalischen Milieu wirkende Phosphatase der Hefe. *(O. Hoffmann-Otenhof, H. Moser* und *E. Putz)* (533).

Pyrophosphatase der Hefe

Dieses Hefeenzym wurde zuerst von *Lüers* (534), dann von *Lohmann* (535) untersucht. *Bauer* (536) gelang die Trennung von den anderen Phosphatasen mit Hilfe einer Dialyse in Zellophanschläuchen. Zuletzt wurde die Wirkung der α-Glycerophosphatase durch Erwärmen in wässeriger Lösung auf 50° C zerstört, wobei die Pyrophosphatase bis zu 50% erhalten blieb. Das pH-Optimum liegt bei 6,6. Magnesium ist ein notwendiger Aktivator, dessen Wirkung durch Ca-jonen herabgesetzt wird. Das Enzym verwandelt anorganisches Pyrophosphat in Orthophosphorsäure:

$$HO-\overset{\displaystyle OH}{\underset{\displaystyle \| \atop O}{P}}-O-\overset{\displaystyle OH}{\underset{\displaystyle \| \atop O}{P}}-OH + H_2O = 2 H_3PO_4$$

Pyrophosphorsäure Orthophosphorsäure

Triphosphatase und Metaphosphatase

Diese beiden Enzyme sind auch dadurch charakterisiert, daß sie wie die Pyrophosphatase anorganische Substrate angreifen. Das erste Enzym hydrolysiert das Natriumtriphosphat ($Na_5P_3O_{10}$) und verwandelt es in ein Orthophosphat; das andere dagegen führt die Metaphosphorsäure — als Reagens wurde hier das beständige Natriumsalz $(NaPO_3)_6$ verwendet — durch Wasseraufnahme ebenfalls in Orthophosphorsäure über. Es ergeben sich dann folgende schematische Gleichungen:

1. $$HO-\overset{\displaystyle OH}{\underset{\displaystyle \| \atop O}{P}}-O-\overset{\displaystyle OH}{\underset{\displaystyle \| \atop O}{P}}-O-\overset{\displaystyle OH}{\underset{\displaystyle \| \atop O}{P}}-OH + 2\,H_2O = 3\,H_3PO_4$$

Triphosphorsäure Orthophosphorsäure

2. $$HPO_3 + H_2O = H_3PO_4$$

Metaphosphorsäure Orthophosphorsäure

Die Triphosphatase wurde von *C. Neuberg* und *H. A. Fischer* (537) entdeckt. Man gewinnt sie aus angekränkelten, autolysierenden Hefezellen durch Extraktion mit Wasser. Auch die Auszüge von langsam getrockneten Ober- und Unterhefen enthalten dieses Ferment *(Schäffner* und *Krumey)* (538), das in wässeriger Lösung sehr empfindlich ist. Bei einer Temperatur von 50° ist die Wirkung innerhalb von 10 Minuten zerstört. Die optimale Tätigkeit wird bei einem pH = 7—8 entfaltet. Die Metaphosphathydratation wurde zuerst von *Kitasato* (539) studiert. Über die Phosphatasen ist längst das letzte Wort noch nicht gesprochen (s. auch unter Glykogenase d. Kapitels).

Phosphatübertragende Fermente (Dephosphorylierende Fermente)

Auf dem Gebiete der Phosphatasen hat man eine Cofermentwanderung beobachtet. Es kann nämlich ein Holoenzym sein Coferment abspalten, das darauf in der Lage ist, ein anderes inaktives Apoenzym, das mit dem ersten Enzym in keiner Beziehung gestanden hat, zur Wirksamkeit anzuregen. So kann die abgespaltene Cophosphatase ein neues Enzym mit neuer Spezifität aufbauen. Diesen Fall haben wir bei den beiden dephosphorylierenden Fermenten, also den Enzymen, die aus den Estern Phosphorsäure abspalten. Das erste Ferment nimmt bei dem Gärprozeß (s. Kap. 12 Phase 4 der Gärung) aus der 1,3-Diphosphoglycerinsäure die Säure aus Stellung 1, und das andere spaltet aus der Phosphobrenztraubensäure das Phosphat ab. Es handelt sich hier um zwei Fermente mit der gleichen prosthetischen Gruppe, der Adenosindiphosphorsäure, aber zwei verschiedenen spezifischen Proteinen. Das Protein des ersten Fermentes, von *Th. Bücher* (540) aus Hefe isoliert, zeichnet sich durch eine sehr hohe Wirksamkeit aus. Das zweite wurde ebenfalls aus Hefe gewonnen *(Negelein)*. Die Proteine der beiden Fermente sind streng spezifisch und können sich nicht gegenseitig vertreten. Dieser Proteinwechsel an der prosthetischen Gruppe ist natürlich nur möglich, wenn eine lose Bindung zwischen beiden Enzymkomponenten besteht, weshalb *Warburg* lehrt, daß die prosthetischen Gruppen „dissoziierend" gebunden sind.

Die gleiche Erscheinung treffen wir bei dem oxydierenden und reduzierenden Gärungsferment an (Kap. 12, 4. Phase).

Wenn sich nun die prosthetische Gruppe bei der Dephosphorylierung mit Phosphorsäure beladen hat, so überträgt die entstandene Adenosintriphosphorsäure dieses dritte Phosphorsäuremolekül auf die Glucose. Hexosephosphorylasewirkung. S. unter Zymase, Phosphorylase. (S. 206).

Über die biologische Bedeutung der Phosphorylierungsvorgänge hat man erst in jüngster Zeit eine treffende Erklärung gefunden. Bei energieliefernden Prozessen z. B. Dehydrierungen wird Energie durch Phosphatbindungen festgelegt, so daß z. B. Stoffe wie Adenosintriphosphorsäure Energieakkumulatoren vorstellen, die für chemische Synthesen die nötige Energie liefern (542). (S. Kap. 12 Phase 4 der alkoholischen Gärung.)

Wie die Adenosintriphosphorsäure sind auch die Anhydride aus Phosphorsäure und einer Carboxylgruppe, z. B. die 1,3-Diphosphoglycerinsäure (Negelein-Ester) und das Acetylphosphat Stoffe mit „Bindungen hoher Energie". Die auftretende freie Energie beträgt hier $\triangle$ F etwa 11000 cal. (s. Kap. 13) und hat ihren Sitz im Molekül an den Phosphorbindungen. Diese Bindungen hoher Energie werden mit $\sim$ bezeichnet, so daß folgende Formelbilder entstehen (543).

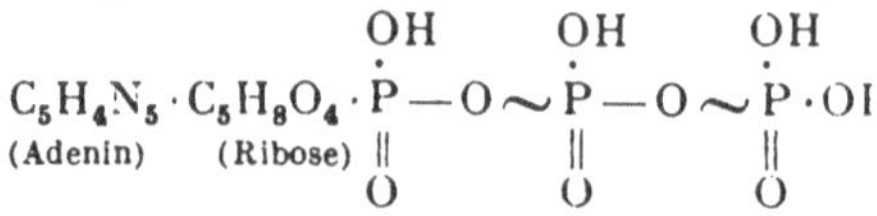

Adenosintriphosphorsäure (Konstitutionsformel Kap. 7 unter Nukleinsäuren)

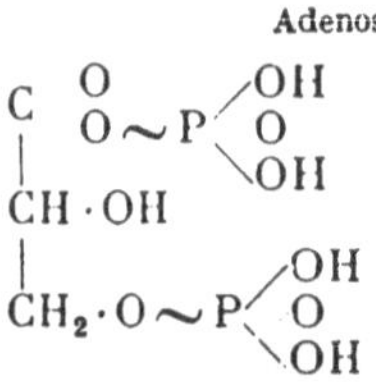

1,3-Diphosphoglycerinsäure (Negelein-Ester)

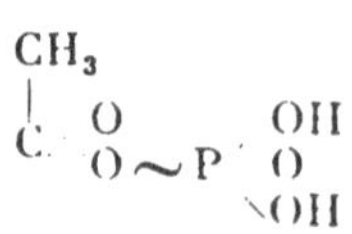

Acetylphosphat (1045)

Nicht alle Phosphate besitzen solche hohen Energiegrade. Bei den Hexosephosphorsäuren sind sie relativ klein ($\triangle$ F 2—4000 cal.).

Coenzym A

In jüngster Zeit ist ein neuer Typus einer „energiereichen Bindung“ in der Natur aufgefunden worden, der nach den bisherigen Erfahrungen im Stoffwechsel der lebenden Zellen von großer Bedeutung ist. Es handelt sich um das sogenannte Coenzym A (CoA), das sich nach längeren Forschungen von *F. Lynen* (1049), *F. Lipmann, E.E. Snell, G.D. Novelli. J. R. Stern, S.Ochoa, E.R. Stadtman* und *C. Martius* als ein Dinukleotid von der Art der Cozymase (s.S.190) erwiesen hat. Das Auffallendste an dieser Entdeckung ist, daß der neue Katalysator eine Schwefelverbindung ist und zwar ein *Mercaptan.* Weiter hat sich in der Funktion des neuen Coenzyms eine Ähnlichkeit mit den energiereichen organischen Phosphaten, besonders der Acetylphosphate ergeben. Auch im Leben der Hefe spielt diese Schwefelverbindung, sicher beim Aufbau größerer Moleküle, eine große Rolle, denn sie konnte aus dem Hefekochsaft isoliert werden.

Dem Molekül dieses seltsamen Stoffes (CoA) liegt die Pantothensäure (S. 192) zugrunde, die mit dem Thio-aethanolamin unter Wasseraustritt das *Pantethein* bildet.

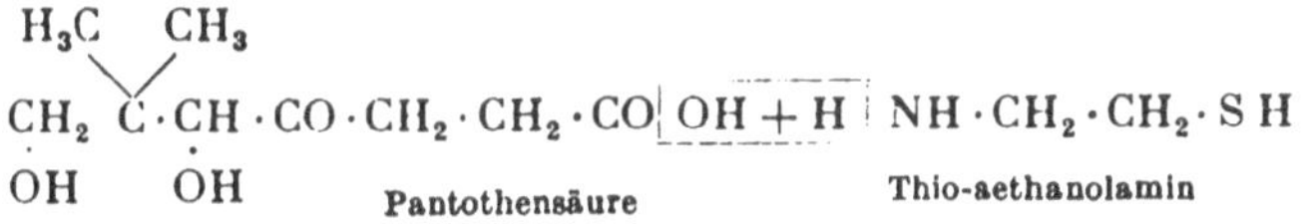

Dieses Pantethein wird nun weiter zur Synthese des CoA mit Adenosin (S. 223) und 2 Mol Phosphorsäure an eine der OH-Gruppen der Pantothensäure derartig gekoppelt, daß eine Nukleinsäure (S. 111) entsteht (*G. D. Novelli, R. M. Flynn und F. Lipmann* (1050). Es liegt gewissermaßen eine Cozymase vor, bei der das Pyridinribosid durch das Pantethein ersetzt ist.

Die wichtigste Gruppe in diesem Molekül ist die Sulfhydrylgruppe, die mit Essigsäure unter Acylbildung in Reaktion treten und Acetyl-CoA synthetisieren kann. Kurz formuliert ergibt sich:

$$\mathrm{Co\bar{A}\cdot SH\cdot + HOOC\cdot CH_3 = \underset{\text{Acetylcoenzym A}}{Co\bar{A}\ S\cdot CO\cdot CH_3}\,^{1)} + H_2O}$$

Dieses Acetyl-CoA erwies sich als die seit langem gesuchte „aktivierte“ Essigsäure, die für wichtige Zellreaktionen in Frage kommt (*F. Lynen*). Dieses Coenzym bedarf zur Entfaltung wie alle dissociierbaren Enzyme eines Apoenzyms, eines Proteins, das man sich z. Z. aus Taubenleber bereitet.

Das Acetyl-CoA wirkt als **Co-Transacetylase;** es überträgt die Acetylgruppe auf geeignete Acceptoren, z. B. auf Cholin und Oxalessigsäure (*F. Lipmann*) (1051) unter Bildung von Acetylcholin bzw. Zitronensäure. Auch der Fettsäureabbau und -aufbau kommt hier in Frage. Dieses acetylübertragende CoA hat seine Parallelen im wasserstoffübertragenden (S. 227) und phosphatübertragenden Coenzym (S. 208). Wenn die Acetylgruppe aus dem Acetylphosphat (S.208) vom CoA aufgenommen wird, so überträgt sich auch die aufgespeicherte Energie des Donators auf das neue entstandene $CH_3\cdot CO\sim S\cdot Co\bar{A}$ mit etwa 10 kcal pro Mol. Die Acetyl-S-Verbindung kann den Acetylphosphaten in dieser Beziehung an die Seite gestellt werden. Einen weiteren Vergleich bedingt ihr chemischer Charakter. Beides sind Säureanhydride aus der $-COOH$-Gruppe mit $Co\bar{A}\cdot SH$ bzw. mit HPO_4''. Die Zelle bevorzugt diese Schwefelverbindung offenbar darum, weil die Acylmercaptane bei dem physiologischen pH und der Temperatur stabiler sind als die Acetylphosphate, die leicht einer Hydrolyse anheimfallen.

[1]) Mit CoA bezeichnen wir das vollständige Coenzym A, mit $Co\bar{A}$ das Coferment minus SH, mithin gilt: $CoA = Co\bar{A}\cdot SH$.

2. Carbohydrasen

Die Carbohydrasen sind die Enzyme, die in der Hauptsache die **Oligosaccharide**, das sind ätherartige Verknüpfungen von 2—6 Molekülen Hexosen, und die **Polysaccharide** spalten. Nach der *Weidenhagen*schen Spezifitätstheorie (541) werden die Oligosaccharide und die Glykoside von derselben Enzymgruppe gespalten, so daß man die oben genannten zusammengesetzten Kohlenhydrate auch als Glykoside betrachten kann. Während z. B. ein normales Glykosid wie z. B. das Methylglucosid — man beachte die Schreibweise des Sammelnamens Glykosid im Gegensatz zum einzelnen Individuum Glucosid — aus einer Hexose und dem Aglykon, hier die Methylgruppe, besteht, hat ein „reines Zuckerglykosid" als Partner ein Hexosemolekül. Die chemische Natur des Paarlings ist in diesem Falle belanglos; es ist gleich, ob es sich um einen Zucker oder um ein Aglykon handelt. Lediglich die Reaktionsgeschwindigkeit wird durch die chemische Natur der Komponente beeinflußt. Die Arten der Glykoside, die nur aus Zuckern bestehen, bezeichnet man als Holoside im Gegensatz zu der anderen Art der Heteroside. Demnach ist die Maltose ein α-Glucosid mit einem zweiten Mol Glucose in 4-Bindung.

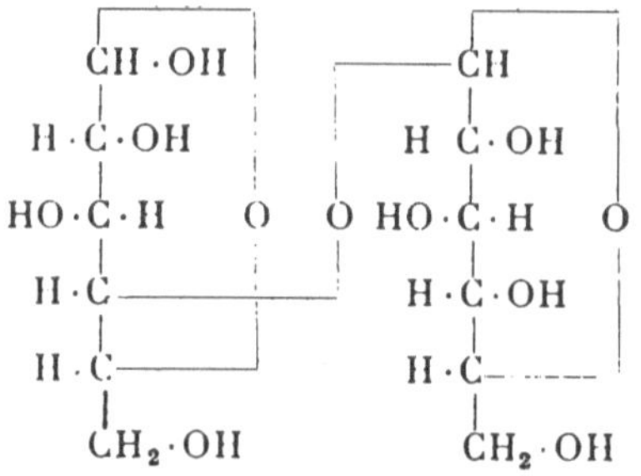

Maltose (α-*d*-Glucopyranosido-4-*d*-Glucopyranosid)
(4-[α-*d*-Glucosido]-*d*-glucose)

Zur Nomenklatur sei darauf hingewiesen, daß wir zwei *d*-Glucosen, eine α- und β-Form zu unterscheiden haben, die auf die α- und β-Spezifität der Enzyme reagieren. Die α- und β-Isomerie der Glucosen haftet am ersten C-Atom. Für die anderen Hexosen gilt das gleiche.

Das Enzym, das die Maltose hydrolysiert, die Maltase, wäre demnach eine **α-Glucosidase**. Mithin müßte die Maltase imstande sein, auch andere α-Glucoside zu spalten. Dies ist auch in der Tat der Fall. Wir kennen mehrere Oligosaccharide, die angegriffen werden und auch solche α-Glucoside mit Aglykonkomponenten, also α-Heteroglucoside. Bei dem Rohrzuckermolekül liegt der Fall, wenn auch komplizierter, so doch ähnlich.

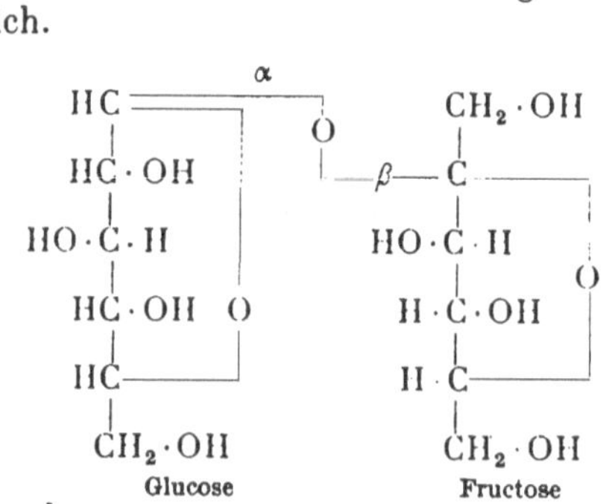

Glucose Fructose

Rohrzucker (Saccharose) (α-Glucopyranosido-β-Fructofuranosid)

Die Nomenklatur der Zucker bezeichnet die 6-Ringe der Hexosen mit Pyranosen, die 5-Ringe mit Furanosen, daher α-Glucopyranosido-β-Fructofuranosid.

Das Glucosemolekül ist mit der α-Bindung an die reduzierende Gruppe des Fructosemoleküls verknüpft, andererseits besteht auch die Auffassung, daß die β-OH-Gruppe der Fruktose die Bindung mit der Glucose übernommen hat. Somit wäre einmal die α-Glucose der Zucker, die β-Fructose der Paarling. Ebenso können auch umgekehrte Verhältnisse vorliegen. Die Folge davon ist, daß den Rohrzucker sowohl eine α-Glucosidase wie auch eine β-Fructosidase spalten kann. In Wirklichkeit wird der Rohrzucker von der Maltase, der eben erwähnten α-Glucosidase und der Invertase, der *β-h*-Fructosidase, hydrolysiert. Beide Aufspaltungen sind charakterisiert durch ihre verschiedenen pH-Optima. Die Maltase zerlegt den Rohrzucker am besten zwischen 6,5—7, die Invertase bei 4.

Aber nicht nur die α- und β-Isomerie, sondern auch die Konstitution und Konfiguration der Zucker (Zuckerisomerie) sind für die Spezifität der Enzyme von Wichtigkeit. Ebenso hat die Ringisomerie ihren bedeutenden Einfluß. So spaltet z. B. die Invertase nur das Methyl-*β-d*-fructofuranosid, während die Pyranoseform, hier das Methyl-*β-d*-fructopyranosid vollkommen unangegriffen bleibt. In diesem Zusammenhang ist interessant, daß die Ringisomerie auch bei der enzymatischen Rohrzuckersynthese von ausschlaggebender Bedeutung ist. Während ein reines Invertasepräparat aus dem Invertzucker für den Saccharoseaufbau ungeeignet ist, gelingt die Synthese mit Hilfe eines Fermentauszuges aus dem Bakterium Pseudomonas saccharophila. In diesem Falle verwandelt eine „Isomerase" die reaktionsträge Fructopyranose in die isomere labile Fructofuranose, worauf dann die Kondensation der beiden Hexosen erfolgen kann *(Dondoroff, Kaplan* und *Hassid)* (544).

Maltase (α-Glucosidase)

Die Maltase wird in verschiedenen Heferassen angetroffen und kann aus den Kulturhefen leicht isoliert werden. Von den bekannteren Hefen und Abkömmlingen seien genannt die Bierhefen Saaz und Frohberg, die obergärige Brennereihefe Rasse II, Logos (van Laer), Schizosaccharomyces Pombe, Sacch. thermantitonum, Candida tropicalis, Candida variabilis und Sachsia suaveolens (s. Kap. 6). Da eine größere Anzahl von Heferassen die Maltose vergärt, so ist in diesen Hefen auch mit der Anwesenheit der α-Glucosidase zu rechnen. Dabei wird angenommen, daß die „direkte" Vergärung der Maltose — also ohne Aufspaltung zur Hexose —, wenn es überhaupt eine solche alkoholische Zuckerspaltung gibt, nur in Ausnahmefällen in Frage kommt (s. Kap. alkoholische Gärung). Das Enzym ist überhaupt mehrfach im Pflanzenreich als auch im Tierreich anzutreffen. Kurz sei erwähnt, daß man im niedrig abgedarrten Malz auch eine Gersten-α-glucosidase findet. Obgleich diese sich von der Hefe-α-glucosidase durch ihr pH-Optimum unterscheidet — Hefeglucosidase pH 7.0; Gerstenenzym pH = 4,5—5 — so zeigt sie doch echte α-Glucosidspaltung z. B. die Hydrolyse der Phenolglykoside. Ebenso im Aspergillus oryzae und in der käuflichen Takadiastase ist das Enzym anzutreffen. Im Tierkörper spielt es bei der Verdauung eine große Rolle, weil das Blut in der Hauptsache Glucose führt. Deshalb produzieren die Verdauungsdrüsen Maltase, vor allem die Pankreasdrüse. Kleinere Mengen sind im Speichel und Darmsaft zu finden. Dieser spaltet auch den Rohrzucker und nicht eine „tierische Saccharase", wie früher angenommen wurde *(Weidenhagen, K.* und *S. Myrbäck).* Auch in den Leukocyten und verschiedenen Organen ist Maltase vertreten.

Die Maltase als α-Glucosidase spaltet sehr viele α-Glucoside, aber nicht alle. Die *Weidenhagen*sche Theorie, die eine große Vereinfachung in der Vorstellung dieser

Enzymwirkungen brachte, hat sich bis jetzt noch nicht in allen Fällen bewährt. Man nimmt an, daß bei der Spezifität nicht nur die aktive Gruppe des Enzyms, das Agon, allein den Ausschlag gibt, sondern daß auch der Träger des Agons, das Pheron, von Bedeutung ist. Immerhin hat diese neue Spezifitätstheorie viel Aufklärung gebracht. Die alte Lehre, die für jedes Substrat ein besonderes Enzym annahm, wie Maltase, Raffinase, Cellobiase, ist nun hinfällig geworden. Die α-Glucosidase spaltet nicht nur, worauf schon früher hingewiesen wurde, die Heteroside, sondern auch die Holoside, also die Glykoside, aus Hexosen allein bestehend. So werden zerlegt außer der Maltose (s. Einleitung dieses Kapitels):

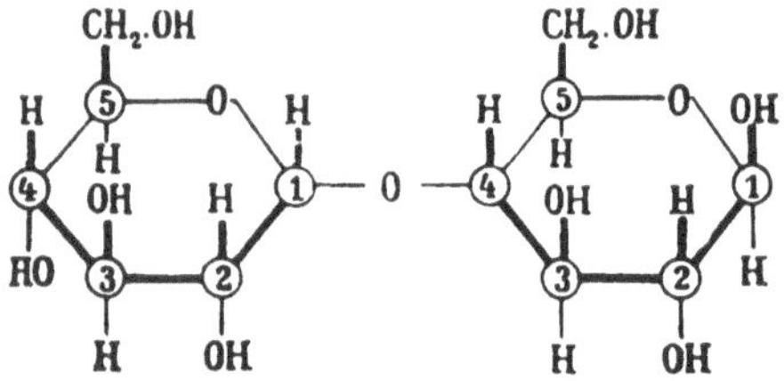

Maltose (Projektionsformel nach *Haworth*) (α-*d*-Glucosido-4-*d*-Glucose)

der Rohrzucker und das Trisaccharid Melezitose (Lärchenmanna) (α-*d*-Glucosido-β-*d*-fructofuranosido-α-*d*-glucosid). Die verblüffende Spaltung des Rohrzuckers durch die Maltase wurde von *Weidenhagen* (545) entdeckt.

Die α-Glucosidase kann leicht aus den Kulturhefen gewonnen werden. So braucht man getrocknete untergärige Bierhefe nur mittelst Wasser auszuziehen. Es muß aber bedacht werden, daß das Enzym in wässeriger Lösung sehr empfindlich ist, namentlich bei saurer Reaktion. Will man einen nahezu quantitativen Auszug der Maltase mittelst Autolyse aus der Zelle herstellen, so muß die bei diesem Prozeß entstehende Säure ständig neutralisiert werden; gleichzeitig empfiehlt sich die Anwendung einer niederen Temperatur, z. B. 0°. Als Antiseptikum hat sich hier Essigester bewährt. Ein noch anderer Weg ist die Salzautolyse mit Hilfe von Diammonphosphat. Gleichzeitig geht bei diesen Prozessen auch die Invertase mit in Lösung, was eine Trennung beider Enzyme mittelst Meta-Aluminiumhydroxyd AlO_2H bzw. Aluminiumhydroxyd B erfordert.

Die Maltase bestimmt man durch die Intensität der Maltosehydrolyse, indem die entstehende Glucosemenge gemessen wird. Dies kann geschehen nach der Methode von *Willstätter* und *Schudel* durch Titration der Aldehydgruppe durch Jodlösung, oder man benutzt das stärkere Reduktionsvermögen der Glucose gegenüber der Maltose und mißt das entstandene Kupferoxydul aus der *Fehling*schen Lösung nach *Bertrand*. Auch die polarimetrische Methode läßt den Umfang der Maltosespaltung kontrollieren.

Die α-Glucosidase hat große Bedeutung für die menschliche Ernährung, indem sie die durch die Amylase entstehende Maltose in Traubenzucker verwandelt, der, wie wir oben sahen, dann zu verschiedenen Zwecken in die Blutbahn kommt. In den Hefen bildet das Enzym ebenfalls aus den Disacchariden Traubenzucker als Substrat für die Gärung. Im Gärbottich wird die Maltose der Bierwürze zur Hexose hydrolysiert und dann vergoren.

Invertase (Saccharase) (β-*h*-Fructosidase)

Die Kulturhefen enthalten reichliche Mengen von Saccharase und dienen im allgemeinen als Ausgangsmaterial für dieses Enzym. Die Gewinnung von Invertin, d. i. der historische Name für die β-*h*-Fructosidase, aus Hefen, gehört u. a. zu den klassischen Enzymversuchen aus der Frühzeit der Fermentchemie. Es ist ein ausgesprochenes Enzym des Pflanzenreiches. Man findet gewöhnlich Invertase dort, wo Rohrzucker anzutreffen ist oder erzeugt wird. So sind z. B. die Blätter der Rüben

(Beta vulgaris) sehr enzymreich. Ferner seien als Fundorte kurz genannt die Blätter und Knollen der Kartoffel, Körner der Gramineen und die Dattelfrucht. Oft ist das Enzym in Gesellschaft mit der α-Glucosidase in den Zellen vertreten.

Wie in der Einleitung dieses Kapitels ausgeführt wurde, spaltet das Enzym die β-fructosidische Bindung, und zwar muß die Fructose in der labilen Furanosestruktur, also mit dem heterozyklischen 5-Ring vorliegen. Daher die Bezeichnung *β-h*-Fructosidase. Das typische Beispiel ist die Inversion der Saccharose, also die Aufspaltung in Traubenzucker und Fruchtzucker — das Gemisch bezeichnet man mit Invertzucker — die zu den Bezeichnungen Invertase und Saccharase Anlaß gegeben hat. Ergänzend sei hier nur die Saccharoseformel nach *Haworth* wiedergegeben.

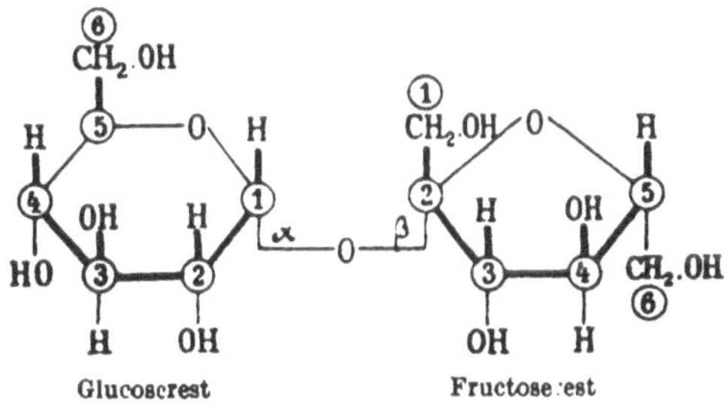

Saccharose (α-Glucopyranosido-β-fructofuranosid)

Die Raffinose, die aus einem Molekül Saccharose und Galactose besteht, wird von der Invertase an der β-Bindung zerlegt und gibt je ein Molekül Fructose und Melibiose. Dieses Disaccharid muß gegenüber der *β-h*-Fructosidase mit seiner α-galactosidischen Bindung nach unseren bisherigen Ausführungen stabil sein, was auch zutrifft. Die α-Glucosidase greift die Raffinose nicht an. Eigentlich wäre die Lösung der α-Bindung im Saccharosemolekül durch dieses Enzym zu erwarten. Diese Reaktion tritt aber nicht ein, weil das Glucosemolekül noch durch das Galactosemolekül belastet ist. Läßt man auf Raffinose die α-Galactosidase aus Emulsin einwirken, so entsteht Saccharose neben Galactose *(Neuberg)*.

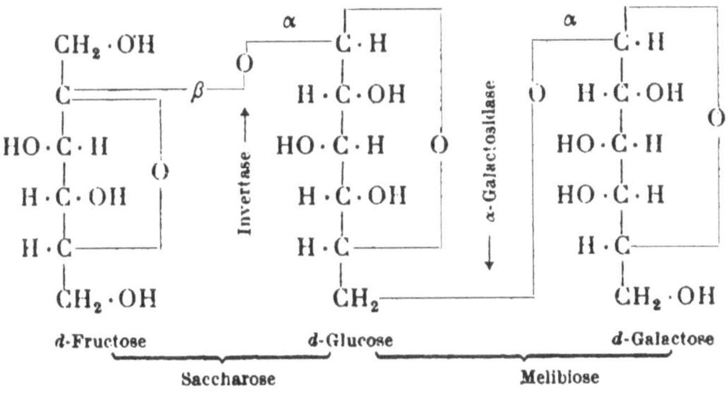

Raffinose (α-*d*-Galactosido-α-*d*-glucosido-β-*d*-fructofuranosid)

Diesen Zucker benutzt man, um obergärige Brennereihefen von untergärigen Bierhefen zu unterscheiden. Da letztere neben der *β-h*-Fructosidase auch die α-Galactosidase enthalten, so geht das Trisaccharid in 3 Hexosen über, was eine restlose Vergärung der Saccharosebestandteile zur Folge hat. Die Brennereihefe ist nur in der Lage, mangels α-Galactosidase den Fruchtzucker abzulösen, wodurch die Melibiose zurückbleibt. Die quantitative Verfolgung der Gärung läßt mit Leichtigkeit erkennen, welche Heferasse vorgelegen hat.

Weiter spaltet die Invertase aus der Gentianose, dem Trisaccharid der Wurzel des gelben Enzians (Gentiana lutea), das Fructosemolekül ab unter Zurücklassung des Disaccharides Gentiobiose.

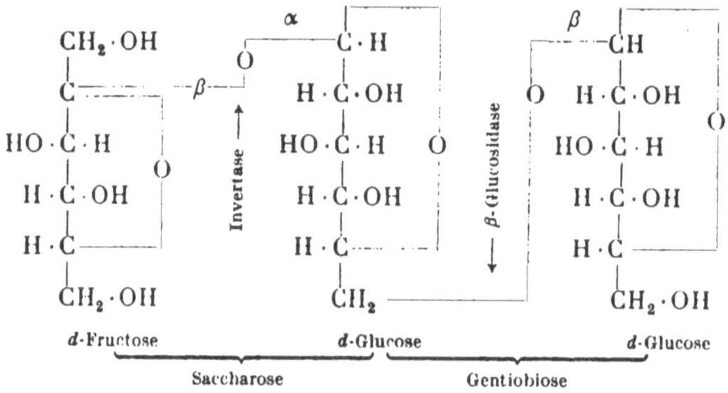

Gentianose

Von Hefen wird die Gentianose vergoren, da sie außer Invertase auch β-Glucosidase beherbergen.

Andere angreifbare Substrate mit fructosidischen Bindungen sind Inulin und Irisin.

Nach neueren Untersuchungen von *C. Neuberg* und *J. S. Roberts* (546) kommt die Invertase in zwei Formen vor; neben der β-Fructofuranosidase gibt es auch eine α-Glucopyranosidase.

Invertasegewinnung

Als Ausgangsmaterial für die Invertasegewinnung benutzt man seit jeher die Hefe. Das Enzym ist in der Zelle an gewisse Zellelemente gebunden und diffundiert daher nur spärlich aus der gesunden Hefezelle heraus. Der zu spaltende Zucker muß also in die Zelle eintreten. Erst nach der Lädierung der Zellmembran ist das Enzym zu erhalten, wenn auch zunächst noch mit Ballaststoffen vermengt.

Bei der Gewinnung geht man entweder von getrockneter Bierhefe aus, indem man sie mit Wasser extrahiert, oder man zerstört die intakte Zelle durch Selbstverdauung, also durch Autolyse. Hierbei lösen die proteolytischen Enzyme das organisierte Zellgebilde auf, wodurch die Invertase leicht zugänglich wird. Ratsam ist, vor diesem Eingriff die Hefe erst noch mit dem Enzym anzureichern. Durch eine Luftbehandlung in schwach rohrzuckerhaltiger Nährlösung kann man das 10—12fache der ursprünglichen Aktivität erhalten, und zwar schon in 8—10 Stunden (547). Die Autolyse wird in diesem Falle zweckmäßig durch Zusatz von Toluol steril gehalten. Nach *Willstätter* (548) benutzt man nun zur Isolierung des Enzyms aus dem durch die Zerstörung der Zelle gewonnenen Hefesaft die auf Affinitätsresten beruhende Adsorptionskraft der Enzyme an gewisse reaktionsträge Stoffe, wie Tonerde und Kaolin, die mit gewissen elektrischen Ladungen behaftet sind. Mit sehr wenig Kaolin (elektronegativ geladen) ist man bei geeigneter Acidität (0,05 n-Essigsäure) und geeigneter Verdünnung (20—40fach) in der Lage, alle Invertase zu adsorbieren. Aus dem Adsorbat erfolgt sodann mit sehr verdünntem Ammoniak die Elution, d. h. die Abtrennung von dem Kaolin. Auf diese Weise beseitigt man die Ballaststoffe und erzielt reinere Präparate mit großer Aktivität, d. h. auf die Gewichtseinheit eine hohe Wirkung. Je kleiner die Masse bei hoher Aktivität wird, desto reiner ist das Präparat. Obgleich durch die Reinigung eine Steigerung der Aktivität auf das 4000fache in bezug auf die Trockensubstanz erzielt worden ist, so hat man pennoch kein reines Enzymindividuum erhalten. In der Technik bevorzugt man zur Fermentgewinnung Fällungsreaktionen, da diese nicht die unbequem großen Wassermassen für starke Verdünnungen benötigen wie die Adsorptionsreaktionen. Als besonders geeignet haben sich Strontiumhydroxyd, Uranylacetat und Aluminiumhydroxyd C (letzteres bei dem Direktadsorptionsverfahren) erwiesen.

Ob zu dem Enzymmolekül Eiweiß oder höhere Kohlenhydrate gehören, ist noch nicht erkannt. Es wird u. a. auch vermutet, daß die Invertase Zucker-(Aldose)-natur besitzt *(Myrbäck)*. Obgleich gerade mit diesem Ferment von Anfang an große Anstrengungen zur Erforschung seiner chemischen Natur gemacht worden sind *(H. v. Euler, R. Willstätter)*, so ist es bis heute nicht gelungen, das Geheimnis des chemischen Aufbaus zu enträtseln. In der Wirkgruppe des Enzyms scheint eine freie Carbonylgruppe vorzuliegen, da typische Aldehydreagenzien das Enzym unwirksam machen. Mit Aminen bilden sich z. B. *Schiff*sche Basen *(Myrbäck)* (549). Nimmt man mit Aldehyden das Amin wieder weg, so regeneriert sich die Aktivität des Enzyms. Schwermetalle wie Silber und Quecksilber hemmen auch reversibel, denn Schwefelwasserstoff hebt die Vergiftung wieder auf.

Die Invertase kommt oft in Gesellschaft mit der Maltase vor. Über die Trennung beider Enzyme siehe unter Maltase.

Die Bestimmung der Aktivität eines Invertasepräparates geschieht durch Messung des Umfanges der Rohrzuckerhydrolyse. Bei klaren Lösungen benutzt man hierzu den Polarisationsapparat, bei trüben führt man eine Zuckerbestimmung nach *Bertrand* mit Hilfe der Fehlingschen Lösung aus. Über die „Normalbedingungen" zur Bestimmung der Maßeinheiten Zeitwert, Enzymeinheit und Enzymwert orientiere man sich in den Ausführungen und Arbeiten von *Weidenhagen* (550), die auf *Willstätters* (551) Maltosespaltung zurückgehen.

Die ersten quantitativen Bestimmungen der Invertase wurden von *O'Sullivan* und *F. W. Tompson* ausgeführt, die auch einen Zeitwert feststellten, aber unter anderen Bedingungen. *H. v. Euler* und *O. Svanberg* charakterisierten ihre Invertasepräparate durch die Inversionsfähigkeit. Alle diese Werte sind nach Umrechnung mit einem Faktor untereinander vergleichbar. pH-Optimum = 4,7.

Die Bedeutung der Invertase für die Hefen liegt offenbar darin, den in der Natur weit verbreiteten Rohrzucker für die alkoholische Gärung in Hexosen umzuwandeln.

Trehalase

Da manche Heferassen Trehalose vergären, so ist es höchstwahrscheinlich, daß dieselben Trehalase enthalten. *Myrbäck* (552) konnte Vergärungen von Trehalose feststellen. Es ist unwahrscheinlich, daß das Disaccharid von Hefen ohne vorhergehende Spaltung von der Zymase angegriffen wird. Dieser Zucker entsteht aus zwei Molekülen Glucose durch Verknüpfung an den beiden reduzierenden Gruppen. Formel Kap. 7 (S. 103).

Die Preßhefe, die obergärige Brennereihefe, enthält 2,5% dieses Zuckers und dient zur Gewinnung desselben *(Brandt)* (553). Bei der Vergärung von *d*-Glucose oder *d*-Fructose mit Trockenhefe in Gegenwart von Alkaliphosphat entsteht Trehalose-monophosphat, was die synthetische Wirkung der Hefe-Trehalase beweist (s. auch Kap. 7, Trehalose). Wird ein Gäransatz mit Aethylacetat versetzt, so hört die Gärung auf, aber das an unlösliche Stoffe der Zelle gebundene Enzym Trehalase arbeitet weiter. Reaktionsoptimum der Trehalase: pH = 5—6 (Maltase pH = 7,0).

Von α-Glucosidase wird auffälligerweise die Trehalose als α-Glucosid nicht gespalten Hier liegt ein Fall vor, bei dem die α-Spezifität der Wirkgruppe des Enzyms offenbar nicht ausreicht. Hier hat vermutlich das Pheron (Eiweißkomponente) eine wichtige Funktion zu übernehmen. Auf solche Sonderfälle wurde schon bei der Besprechung der Maltase hingewiesen. Dagegen ist die Trehalose leicht spaltbar durch Emulsin, das nach *Helferich*, *Appel* und *Gootz* (554) eine α-glucosidatische Komponente besitzen muß. Es soll nicht unterlassen werden, darauf hinzuweisen, daß nach Angaben von *R. C. O'Connor* (555) die Trehalose durch den Pilz Fusarium lini ohne vorhergehende Inversion vergärbar sein soll. Derselbe Vorgang, also die direkte Vergärung eines Disaccharides, wird von manchen Forschern auch von der Maltose behauptet.

Lactase (β-Galactosidase)

Die Lactase ist zweifellos anzutreffen in den sog. Milchzuckerhefen, die zur Bereitung des Kefir aus Milch dienen. Diese Hefen vergären Milchzucker, indem sie dessen Spaltstücke Glucose und Galactose in Alkohol und Kohlenwsäure verandeln. Aus Kefir wurden isoliert neben 3 Milchsäurebakterienarten Torulopsis kefyr und Torula ellipsoidea. Die von *A. Jörgensen* isolierte Sacch. fragilis vergärt ebenfalls Milchzucker wie die Sachsia suaveolons *P. Lindner*. Aber auch die Bakterien, die Milchsäure erzeugen wie das Bacterium lactis acidi und der Streptococcus lactis, werden Lactase zur Aufspaltung des Milchzuckers verwenden. Die Milchgetränke Kefir und Kumys der kaukasischen und asiatischen Völker entstehen durch eine gleichzeitige Vergärung der Lactose zu Milchsäure, Alkohol und Kohlensäure. Der exakte Beweis für die Anwesenheit von Lactase in den genannten Organismen durch Isolierung des Enzyms steht noch aus. Dagegen ist das Ferment als Präparat in dem Emulsin der Mandeln, in dem käuflichen Takadiastasepräparat und verschiedenen tierischen Sekreten experimentell nachgewiesen.

Die Lactose ist aufzufassen als ein β-Holosid aus je einem Molekül Glucose und Galactose. Die beiden Zucker bilden je einen Pyranring und die Verknüpfung durch die glykosidische Bindung ist wie bei der Maltose am 4. *C*-Atom der Glucose.

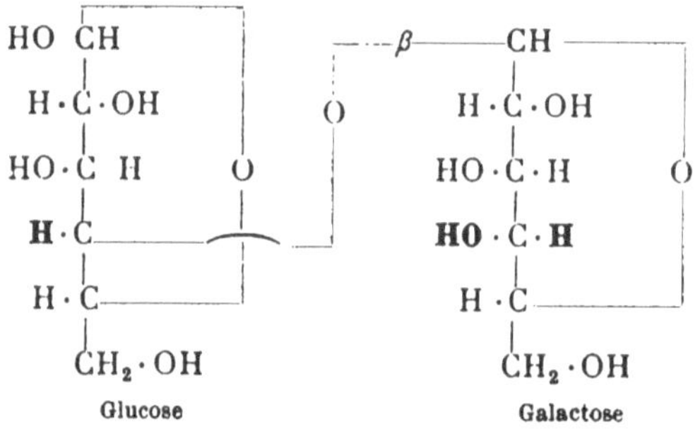

Lactose (β-*d*-Galactosido-4-*d*-Glucose)

Der Unterschied zwischen Glucose und Galactose liegt in der verschiedenen Konfiguration am 4. *C*-Atom. Die Umstellung in der Konfiguration durch tierische Enzyme liefert aus Glucose Galactose. So erhielt *Grant* durch Enzyme der Milchdrüse der Säugetiere aus *d*-Glucose Lactose. Das Enzymgemisch besorgte also nicht nur die Umlagerung, sondern bewirkte gleichzeitig auch eine Synthese; offenbar war eine Lactase mit im Spiel.

Die Lactase spaltet den Milchzucker sehr schnell. Aber auch natürliche β-Glykoside sind glatt zerlegbar. Eine strenge Spezifität auf das Galactosemolekül scheint nach den Untersuchungen von *Helferich* (556) bei Mandelemulsin nicht vorzuliegen. Nach seinen Versuchen ist es nicht ausgeschlossen, daß die β-*d*-Galactosidase mit der β-*d*-Glucosidase identisch ist. Die Konfiguration am nicht glykosidischen *C*-Atom, hier am 4. *C*-Atom, ist scheinbar nicht von einschneidender Wirkung wie die

α- und β-Isomerie am ersten *C*-Atom. Trotz eifriger Forschung auch von anderer Seite *(Hofmann)* (557) ist auf diesem Gebiet noch keine endgültige Klärung erreicht worden. Daß die verschiedenen β-Galactosidasen nicht gleich sind, erkennt man an den verschiedenen pH-Optima. Während Milchzuckerhefen und B. coli bei dem pH = 7.0 am besten reagieren, haben die β-Galactosidasen der Schimmelpilze und Rosaceen ein saures pH zwischen 4,2 und 4,7.

Die Bedeutung der Lactase in den Hefen besteht höchstwahrscheinlich in der Vorbereitung des Milchzuckers für die Gärung.

Melibiase (α-Galactosidase)

Melibiase ist das Enzym, das die untergärige Bierhefe befähigt, die Raffinose restlos in ihre Hexosen zu zerlegen im Gegensatz zur obergärigen Brennereihefe, die nur in der Lage ist, mit Hilfe ihrer β-*h*-Fructosidase, die Fructose aus dem Trisaccharid zu lösen unter Zurücklassung von Melibiose. Auf diesen Fall ist schon bei der Vergärung der Raffinose im Absatz Invertase dieses Kapitels hingewiesen worden. Diese partielle Spaltung der Raffinose ist der Weg zur Darstellung dieses Disaccharides. In der Natur kommt es in freiem Zustande nicht vor.

Aus obigem geht schon hervor, daß das wichtigste Substrat für dieses Enzym die Melibiose ist, die, wie schon betont, in der Natur als Bestandteil der Raffinose zu finden ist.

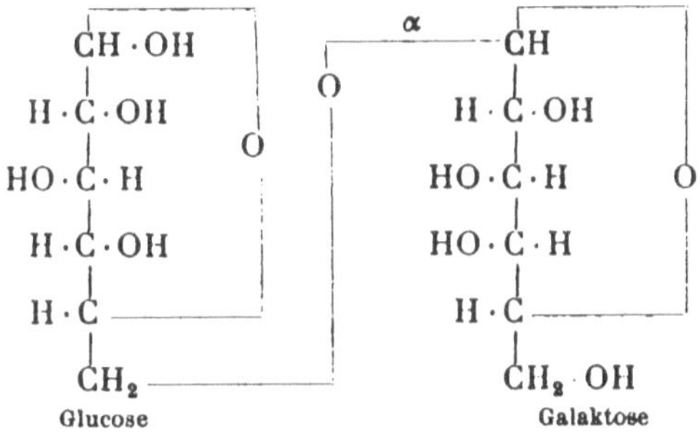

Melibiose (α-*d*-Galactosido-6-*d*-Glucose)

Nach *Weidenhagen* erreicht die Aktivitäts-pH-Kurve der Hefe-α-Galactosidase bei 4,7 ihren Kulminationspunkt. Selbstverständlich werden auch die Heteroside der α-Galactose zerlegt, so z. B. α-Methylgalactosid und das α-Phenylgalactosid.

Außer in der untergärigen Hefe treffen wir das Enzym in der Takadiastase aus dem Aspergillus oryzae und dem Emulsin an. Besonderes Interesse für den Gärungsfachmann hat das Vorkommen im Malz. Bemerkenswert ist, daß diese α-Galactosidase das α-Phenylgalactosid zehnmal langsamer hydrolisiert als die Melibiose, was bei dem Enzym aus der Hefe nicht der Fall ist (Melibiose zu α-Phenylgalactosid wie 1 zu 1,5).

Bei diesem Enzym herrscht strenge Spezifität. Es liegen hier ganz andere Verhältnisse vor als in der β-Reihe, bei der, wie wir sahen, Zweifel auftauchen, ob nicht die β-Galactosidase mit der β-Glucosidase identisch ist. Bei der untergärigen Hefe ist eine scharfe Abtrennung der α-Glucosidase (Maltase) von der α-Galactosidase leicht möglich, da letztere im Zellsystem sehr fest gebunden ist. Wenn man die Maltase restlos aus der Zelle entfernt hat, ist das andere Enzym immer noch in den Zellresten verankert.

Glykogenase

Die Bildung von Glykogen in lebender Hefe ist seit langem bekannt. Will man im Laboratorium eine Bäckerhefe (obergärige Brennereihefe) mit Glykogen anreichern, so bringt man sie in 20%ige Rohrzuckerlösung (s. Kap. 7). Bleibt glykogenreiche Hefe in Wasser liegen, so wird das Glykogen allmählich aufgezehrt. Aus diesen Vorgängen geht deutlich hervor, daß die Hefe eine „Amylase" zum Auf- und Abbau des Glykogens haben muß. Nach älteren Untersuchungen von *Schäffner* und *Specht* (558) gibt es in der Hefe zwei Amylasen, eine phosphaterfordernde und eine phosphatunabhängige. Die beiden Enzyme konnten durch Fällung bei einer bestimmten Wasserstoffionenkonzentration, nämlich pH = 5,5 getrennt werden. Heute hat man die „Glykogenamylase" in drei Enzyme *(Bersin)* (559) aufgeteilt, in die Hexokinase, Phosphoglucomutase und Phosphorylase. In der ersten Phase der Glykogenerzeugung bildet die Hexokinase aus der Glucose zunächst das Glucose-6-phosphat, den sog. Robison-Ester und zwar mit Hilfe der Adenosintriphosphorsäure (ATP), wobei dieselbe in Adenosindiphosphorsäure (ADP) übergeht.

$$1.\; C_6H_{12}O_6 + ATP \rightarrow H_2O_3P \cdot O \cdot CH_2 \cdot \underbrace{CH\,(CH \cdot OH)_3 \cdot CH}_{O} \cdot OH + ADP$$

Die Hexokinase ist in kristallisiertem Zustande bekannt und benötigt als Coferment das reduzierte Diphosphopyridinnukleotid (s. Cozymase im gleichen Kapitel S. 227) und Guanin.

In der zweiten Phase erfolgt die Umlagerung des Robison-Esters in den Cori-Ester, der Glucose-1-phosphorsäure durch die Phosphoglucomutase

$$2.\; \underset{\text{Glucose-6-phosphat}}{H_2O_3P \cdot O \cdot CH_2 \cdot \underbrace{CH\,(CH \cdot OH)_3 \cdot CH}_{O} \cdot OH} \rightleftarrows \underset{\text{Glucose-1-phosphat}}{CH_2 \cdot OH \cdot \underbrace{CH\,(CH \cdot OH)_3 \cdot CH}_{O} \cdot O \cdot PO_3H_2}$$

Das Ziel, die Glykogenbildung, wird durch einen neuen Schritt erreicht und zwar mit Hilfe der Phosphorylase.

$$3.\; n\,[CH_2 \cdot OH \cdot \underbrace{CH(CH \cdot OH)_3 \cdot CH}_{O} \cdot O \cdot PO_3H_2] \rightleftarrows \underset{\text{Glykogen}}{n(C_6H_{10}O_5)} + nH_3PO_4$$

Auch die Phosphorylase ist kristallisiert erhalten worden. Als Wirkgruppen betätigen sich hier Adenylsäure und Magnesium.

Diesem Glykogenaufbau steht der Abbau gegenüber. Wie aus Gleichung 3 ersichtlich ist, ist dieser keine Hydrolyse (Wassereinlagerung), sondern eine Phosphorylasereaktion. Der Vorgang verläuft von rechts nach links.

Ob sich nun in der Hefe die Vorgänge genau so abwickeln, ist noch nicht endgültig bewiesen. Die obigen Erkenntnisse hat man zum guten Teil beim Studium mit tierischen Säften erhalten (s. Phosphorylasen 224 u. ff.).

Ergänzend zum Kohlenhydratstoffwechsel sei noch angefügt, daß diese Reaktionen für den menschlichen Organismus von großer Bedeutung sind. Die Bildung von Glykogen erfolgt hier auf Anregung der eben genannten Enzyme durch das in der Blutbahn kreisende Hormon Insulin. Bei Insulinmangel tritt eine starke Störung des Stoffwechsels ein: die Glucose wird weder in der Leber noch in den Skelettmuskeln kondensiert, bleibt also nicht als Reservestoff im Organismus, sondern wird durch den Harn abgeführt (Zuckerkrankheit). Insulingaben verhindern bekanntlich diesen pathologischen Prozeß. Soll hingegen im gesunden Körper das Glykogen wieder mobilisiert werden, so müssen für die Umkehr der Glykogensynthese die Enzyme entweder durch eine direkt nervöse Beeinflussung vom „Zuckerzentrum“ des Organismus oder durch das auf nervöse Reizung aus den Nebennieren abgeschiedene Hormon Adrenalin:

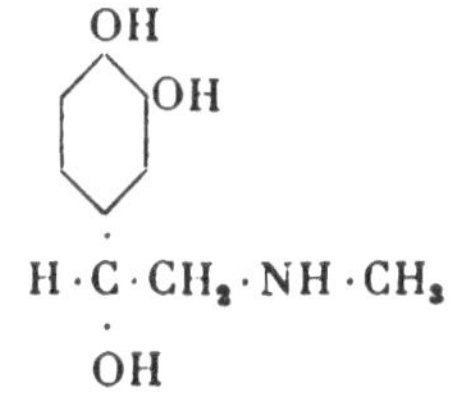

Adrenalin
(Brenzkatechin-äthanol-methylamid)

„aufgefordert“ werden.

Vom enzymchemischen Standpunkt aus ist es interessant, daß die Hexokinase durch zwei Hormone gesteuert werden kann. Das Hormon des Hypophysenvorderlappens hemmt das Enzym in seiner Wirkung, wodurch Hyperglykämie und Glucosurie eintritt, während das Insulin diese Wirkung wieder aufhebt.

3. Proteolytische Enzyme

Die Entdeckung des Verfahrens zur Herstellung von gäraktivem Hefesaft durch *E.* und *H. Buchner* sowie *M. Hahn* (560) führte auch zur Auffindung des verdauenden Prinzips der Hefe durch *M. Hahn* und *Geret*. Das von den Entdeckern mit Endotryptase bezeichnete Enzym stellte sich bald als ein Gemisch von mehreren Enzymen heraus. Während *S. H. Vines* (561) zwei Enzyme vermutete, mußten nach *Dernbys* (562) Untersuchungen 3 angenommen werden, die sich durch verschiedene pH-Optima charakterisierten. Erst durch die Trennung der Enzyme durch *W. Graßmann* (563) wurde das Dunkel aufgehellt. Es wurden gefunden eine Proteinase, die die hochmolekularen natürlichen Eiweißstoffe zersetzt, eine Aminopolypeptidase (= Aminopeptidase) zur Spaltung von Polypeptiden vom Tripeptid an aufwärts und die Dipeptidase, die einzig und allein die Hydrolyse der Dipeptide zu den Aminosäuren bewerkstelligt.

Wir wollen uns daran erinnern, daß nach *E. Fischer* die Peptide Verknüpfungen von Aminosäuren untereinander darstellen und zwar in der Weise, daß die Carboxylgruppe des einen Moleküls einer Aminosäure ein Säureamid bildet mit der Aminogruppe des zweiten. So entsteht z. B. aus Glycin (Aminoessigsäure) und Alanin (Aminopropionsäure) das Glycylalanin (Dipeptid).

$$\underset{\text{Alanin}}{HOOC\cdot \underset{CH_3}{CH}\cdot NH}\,\boxed{H + HO}\,\underset{\text{Glycin}}{OC\cdot CH_2\cdot NH_2} = H_2O + \underset{\text{Glycylalanin}}{HOOC\cdot \underset{CH_3}{CH}\cdot NH\cdot CO\cdot CH_2\cdot NH_2}$$

Reagieren drei oder noch mehrere Aminosäuren in dieser Weise, so entstehen die Tri- und Polypeptide. Bei der Zerlegung dieser Verbindungen durch Enzyme bilden sich unter Wasseraufnahme an der $^-CO\cdot NH^-$ Gruppe (Peptidbindung) die Ausgangssäuren zurück. Polypeptide enthalten naturgemäß mehrere Peptidbindungen, die aber nicht gleich angreifbar sind.

Übersicht über die proteolytischen Enzyme

- Proteasen
  - Proteinasen (i. d. Hefe) (Tryptasen, Papainasen, Pepsinasen; letztere nicht in der Hefe vorkommend)
  - Peptidasen (i. d. Hefe vorkommend)
    - Aminopeptidase (Aminopolypeptidase)
    - Carboxypeptidase (Carboxypolypeptidase)
    - Dipeptidase

Die charakteristischen Substrate für die Hefeproteinase sind, wie erwähnt, die Proteine, die hochmolekularen, natürlichen Eiweißsubstanzen. Als Spaltprodukte treten auf Polypeptide und Dipeptide. Hieraus folgt ohne weiteres, daß Stoffe der beiden letzten Gruppen nicht angegriffen werden. Auf diese sind nun die Peptidasen abgestimmt, die eben angeführte Aminopeptidase, die Carboxypeptidase und die bereits erwähnte Dipeptidase. Proteinasen und Peptidasen unterscheiden sich im Reaktionsmechanismus prinzipiell durch ihre Abneigung oder Neigung zu dissociierenden Gruppen ($^-$COOH und $^-NH_3 \cdot OH$). Die Aminopeptidase spaltet die Peptidbindung des Polypeptids vom Aminoende her, die Carboxypeptidase dagegen in der Nähe der Carboxylgruppe. Die Dipeptidase verlangt die gleichzeitige Anwesenheit von Carboxyl- und Aminogruppe, kann also nur Dipeptide spalten. Die Proteinase meidet dagegen streng die Nachbarschaft dissociierender Gruppen und hydrolysiert daher die $^-$CO · NH$^-$-bindung der Proteine mehr nach der Mitte des Moleküls zu, also weit ab von den endständigen Amino- und Carboxylgruppen. Das ist ganz charakteristisch für dieses Enzym. Der Reaktionsmechanismus ist nach *Bersin* (564) eine Katalyse der Hauptvalenzen. Nach folgendem Schema wird die $^-$CO · NH$^-$-Gruppe zerlegt.

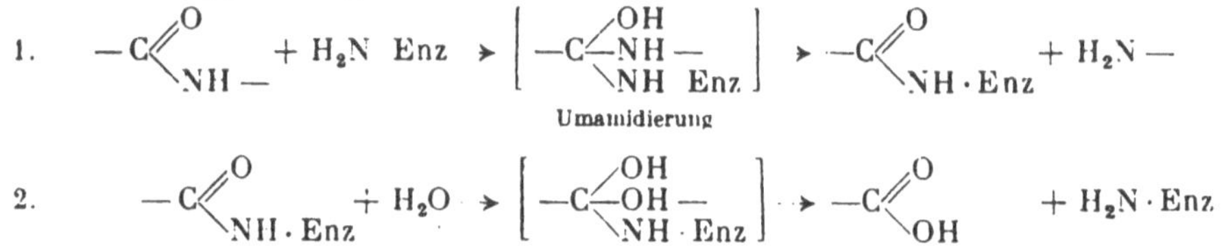

Hierbei wird vorausgesetzt, daß das Enzym (Enz) eine freie Aminogruppe enthält.

Die Proteinase

Die Proteinase spaltet, wie wir eben sahen, nur natürliche Proteine. Diese stellen wir uns als Polypeptidketten vor, die durch Wasserstoffbindungen und hauptvalenzartige Querverbindungen zusammen gehalten werden. Den Abstand der parallel liegenden Polypeptidketten hat man mit 4,5—5 Å (1 Ångström [Å] = 10^{-7} mm) bestimmt. Bei den Polypeptiden fehlen die Querverbindungen. Das ist der typische Unterschied. In den einzelnen Peptidketten — hier wird beispielsweise das Tripeptid des Alanins wiedergegeben —

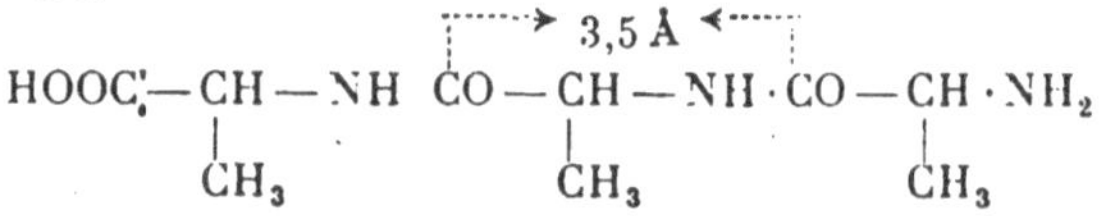

beträgt der Abstand zweier Kohlenstoffatome der benachbarten Carbonylgruppen in der Nähe der Peptidbindung 3,5 Å und die Länge der Seitenkette ebenfalls 3,5 Å, was für den ersten Wert aus Messungen der Röntgen- *(Astbury* und *Bell)* (565) und Elektronenbeugungsbilder, für den zweiten aus Dichtebestimmungen und Messungen an Oberflächenfilmen hervorgeht. Für die Länge der einzelnen Polypeptidketten hat sich ergeben, daß sie aus 288 Aminosäureresten oder ganzzahligen Vielfachen davon bestehen.

Die Hefeproteinase hat Papaincharakter[1]) und wird durch Blausäure, wie *Vines* feststellte, aktiviert. Ferner sind Schwefelwasserstoff, Cystein und reduziertes Glutathion als Aktivatoren bekannt geworden. Die Wirkung dieser Substanzen beruht

[1]) Papain, eine pflanzliche Gewebsproteinase, zuerst in der Melone, Frucht von Carica papaya, aufgefunden.

nach *Bersin* wahrscheinlich darauf, daß sich die in den Fermentmolekülen befindlichen SH-Gruppen unter Wasserstoffabspaltung zum Disulfid vereinigen,

$$2 \text{ Enzym} - \text{SH} = \text{Enzym} \cdot \text{S} - \text{S} \cdot \text{Enzym} + 2 \text{ H}$$

wodurch die Inaktivität bedingt wird. Kommen jetzt Schwefelwasserstoff oder seine Substitutionsprodukte hinzu, so erhalten die Enzyme wieder die freie wirksame SH-Gruppe.

$$\text{Enzym} \cdot \text{S} - \text{S} \cdot \text{Enzym} + 2\text{R} \cdot \text{SH} = 2\text{Enzym} - \text{SH} + \text{R} \cdot \text{S} - \text{S} \cdot \text{R}$$

Die fördernde Wirkung durch H_2S-Verbindungen läßt sich auch durch Aufhebung der Inaktivierung durch Schwermetalle erklären. Hierfür spricht die Aktivierung durch Blausäure (s. auch unten). Das pH-Optimum liegt zwischen 4 und 7. Einzelne Proteine werden in ihrem isoelektrischen Punkt angegriffen.

Die Aminopeptidase

Die Aminopeptidase, die von *W. Graßmann* und seinen Mitarbeitern aus der Hefe isoliert wurde, ist, wie bereits angeführt, dadurch charakterisiert, daß sie weder Dipeptide noch Proteine spaltet, sondern lediglich Polypeptide vom Tripeptid an aufwärts. Der Eingriff erfolgt an der —CO · NH-bindung, die der abzuspaltenden Aminosäure natürlicher Konfiguration mit freier Aminogruppe benachbart ist. Bedingung ist weiter, daß der Imidwasserstoff der zu lösenden Peptidbindung frei ist, um eine Enolform, die Iminohydrinform bilden zu können. Das von *Graßmann* benutzte Polypeptid Leucylglycylglycin müßte dann folgendermaßen formuliert werden:

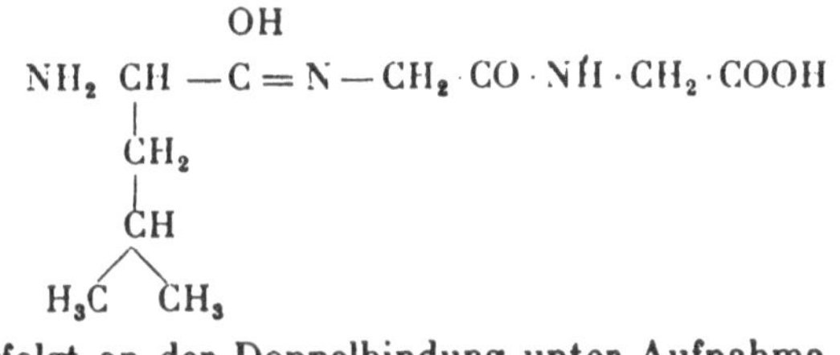

Die Sprengung erfolgt an der Doppelbindung unter Aufnahme von einem Molekül Wasser, wodurch das Leucin und Glycylglycin entstehen. Ein Dipeptid kann infolge der die Enzymanlagerung verhindernden benachbarten Carboxylgruppe zur Peptidbindung nicht angegriffen werden. Sobald aber diese Gruppe unschädlich gemacht wird, sei es durch eine Veresterung oder Amidbildung, erfolgt Auflösung der Peptidbindung. Die Hydrolyse gelingt nicht bei allen Polypeptiden. Es müssen vor allem die natürlichen *l*-Formen der abzuspaltenden Säuren vorliegen, ferner darf darin die Amidogruppe nicht substituiert sein wie im Benzoyl-*d,l*-leucyl-glycyl-glycin.

Abgeschieden wird das Enzym aus der Hefezelle durch eine Autolyse, die man durch eine Proteolyse mittelst Papain beschleunigen kann. Die Isolierung aus dem Reaktionsgemisch erfolgt durch Adsorption mittelst Tonerde C γ. Die Aktivität wird bestimmt durch Titration des Zuwachses an Carboxylgruppen oder Aminogruppen nach *van Slyke*. Viele Schwermetalljonen, Formaldehyd und Hippursäure wirken reaktionshemmend. Nach *F. Schneider* (566) bedarf die Aminopeptidase zur Entfaltung ihrer Wirkung des Chloridjons. Die hitzebeständigen coenzymartigen Stoffe des Hefekochsaftes fördern die Reaktion. Das pH-Optimum liegt zwischen 7 und 8.

Graßmann bezeichnet als Einheit das Fünffache der Enzymmenge, die bei 40° in einer Stunde 0,049 g *d,l*-Leucylglycylglycin zu 50% in Leucin und Glycylglycin spaltet.

Nach *Graßmann* soll auch eine Carboxypeptidase in der Hefe tätig sein, doch ist von ihr noch wenig bekannt. Dieses Enzym, aus tierischen Organismen gewonnen, spaltet Di- und Polypeptide in der enolisierbaren Säureamidgruppe, die einer freien Carboxylgruppe benachbart ist. Genauer untersucht ist das folgende Hefeenzym.

Die Dipeptidase

Die Dipeptidase ist befähigt, die $^-$CO · NH$^-$-Bindung der Dipeptide zu hydrolysieren, wenn eine freie α-Aminogruppe und eine benachbarte freie Carboxylgruppe der Aminosäurekomponenten vorhanden sind. Bedingung ist weiter wie bei der Aminopeptidase, daß der Wasserstoff der —CO · NH-gruppe nicht besetzt und daher die Möglichkeit zur Entstehung einer Iminohydrinform gegeben ist.

Bildung des Dipeptids Glycylglycin

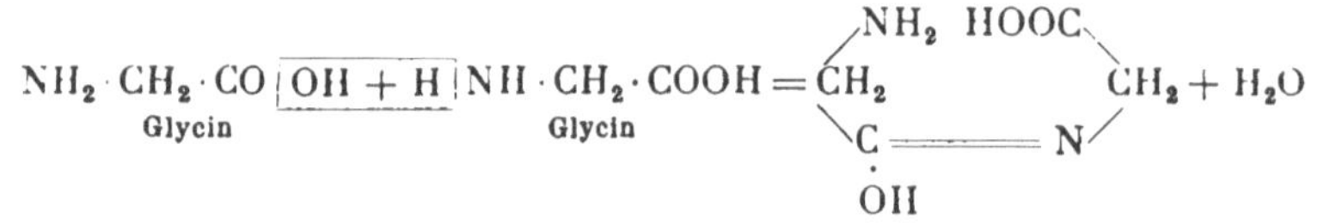

Der Wasserstoff am Kohlenwasserstoffradikal in dem obigen Dipeptid kann so substituiert sein, daß natürliche höhere Aminosäuren dem Peptid zugrunde liegen. Auch diese Verbindungen sind angreifbar. Bemerkenswert ist die Zunahme der Affinität mit steigender Länge der Aminosäuren. So ist Alanyl-Glycin aktiver als Glycyl-glycin.

Die Gewinnung der Dipeptidase erfolgt ebenfalls wie bei der Aminopeptidase aus Hefeautolysaten durch Adsorption an Tonerde C γ bei pH = 4 und wird von dieser mittelst Eisenhydroxyd oder Eisenphosphat bei pH = 3,8 getrennt. Das Enzym ist sehr unbeständig gegen Alkali und Chloroform. Jod, Anilin, Quecksilber-, Silber- und Nickeljonen hemmen die Reaktionsgeschwindigkeit. Schwefelwasserstoff und Blausäure bewirken eine Zerstörung des Enzyms.

Nach *Graßmann* (567) besteht das Enzym aus Coferment und Apoferment. Geeignete Substrate sind *d,l*-Leucyl-glycin, Glycyl-glycin und Alanyl-glycin. Das pH-Optimum liegt zwischen 7,6 und 7,8.

Die Dipeptidaseeinheit ist diejenige Enzymmenge, die bei pH = 7,8 und 40° in einer Stunde 0,225 g *d,l*-Leucyl-glycin in 10 ccm Lösung zu 50% spaltet *(Graßmann)*.

Über die Bedeutung der proteolytischen Enzyme siehe im 14. Kapitel über Hefeautolyse.

4. Nukleasen

Die Hefenukleasen sind bisher noch nicht rein isoliert worden, man kennt nur ihre Wirkungen. Da bei einer langen Autolyse der Hefe Purin- und Pyrimidinbasen bzw. Ammoniak, Phosphorsäure und ein reduzierender Zucker auftreten, so liegt die Annahme einer Zertrümmerung des Hefenukleinsäuremoleküls sehr nahe.

Die Hefenukleinsäure ist ein Polynukleotid, das aus vier einfachen Nukleinsäuren (Nukleotiden) besteht, die esterartig verknüpft sind: Die Guanylsäure, Hefeadenylsäure, Cytidylsäure und Uridylsäure. Es handelt sich also um zwei Purinnukleotide und zwei Pyrimidinnukleotide. Aus den Konstitutionsformeln (im Kap. 7 S. 109) erkennen wir die genaue Zusammensetzung. Demnach enthalten alle Nukleinsäuren ein Molekül *d*-Ribose (= Pentose), die am 3. Kohlenstoffatom mit Phosphorsäure verestert ist. Sie unterscheiden sich nur durch ihre basischen Bestandteile, wobei in der Guanylsäure Guanin, in der Adenylsäure Adenin vorhanden sind. Die Pyrimidinnukleotide haben an Stelle der Purinderivate Uracil und Cytosin eingetauscht. Diese vier Nukleotide, untereinander verestert und zwar wahrscheinlich in der Weise, daß immer die Phosphorsäure des einen Moleküls mit dem Zucker des anderen verknüpft ist, ergeben die Hefenukleinsäure (Formel Kapitel 7 S. 110, auch dieses Kapitel unter Phosphatasen).

Soll nun eine enzymatische Zersetzung dieses Moleküls erfolgen, so muß zunächst eine Polynukleotidase diesen großen Verband lösen, der dann die vier einfachen Nukleinsäuren liefert. Diese Reaktion ist die Verseifung der vier Phosphorsäureesterbindungen, weshalb dieses Enzym Phosphatasecharakter haben muß. Die Phosphatasen hydrolysieren bekanntlich die Zuckerphosphorsäureester (s. u. 1 Esterasen und Phosphatasen).

Die jetzt entstandenen Nukleotide werden weiter zerlegt in Phosphorsäure und den Basen-Zuckerrest, den man mit Nukleosid (in Analogie mit den Glykosiden) bezeichnet. So wird aus der Hefeadenylsäure Phosphorsäure und das Nukleosid Adenosin, die Verbindung von *d*-Ribose mit Adenin, entstehen. Zu dieser Reaktion wäre auch eine Phosphatase notwendig, die man mit Nukleotidase bezeichnen würde. Wahrscheinlich werden verschiedene im sauren Gebiet aktiven Phosphatasen diese Spaltung ermöglichen. Ausgeschlossen ist nicht, daß vielleicht die uns schon bekannten Phosphatasen überhaupt die Aufgabe der Nukleinaufspaltung übernehmen und somit die Existenz der Nukleasen in Frage stellen.

Die Hydrolyse des Nukleosids Adenosin (= Adeninribosid) erfolgt sodann durch die Nukleosidase, die zu dem Adenin und der *d*-Ribose führt.

Wie bereits gesagt, treten bei der Hefeautolyse anorganische Phosphate und basische Stoffe auf. Um deutlich zu erkennen, daß Hefenukleinsäure wirklich angegriffen wird, wurde dem Autolysat ein Präparat dieser Säure zugegeben (*Haehn* und *Leopold*) (568). Es zeigte sich hier nun nicht nur ein Anwachsen der Phosphorsäure, sondern es konnte auch Ribose und Ammoniak, letzteres aus den Purinkörpern und dem Cytosin stammend, nachgewiesen werden. Es ließ sich berechnen, daß bei einer normalen sauren Autolyse vom pH = 6 etwa 7—11% der auftretenden Phosphorsäure aus der zelleigenen Nukleinsäure stammen, die andere aus dem zugesetzten Präparat. Bei alkalischer Autolyse mit dem pH = 8,3 entsteht mehr als die doppelte Menge der zelleigenen Phosphorsäure. Der Betrag an Ammoniak aus zelleigener Nukleinsäure ist im sauren Milieu (pH = 6) 1,5—2%, im alkalischen bei pH = 8,3 etwa 5—10%. Ribose trat in größeren Mengen auf. Bei höherer Autolysatkonzentration unter pH = 8,7 wurden 17% Ribose des zugefügten Präparates erhalten. Das auftretende Ammoniak ist sicher ein Reaktionsprodukt der Purin- bzw. Pyrimidindesaminasen. Die Mengen an abgespaltenem Ammoniak und *d*-Ribose waren nur in einem Versuch einander nahezu „äquivalent". In den übrigen Fällen wurden weniger Ribose als Ammoniak festgestellt. Vielleicht beginnt die Desaminierung schon in der Nukleosidabbaustufe, wodurch man das Plus an Ammoniak erklären könnte.

Die Purine werden nach *Kuen* und *Püringer* (569) bei der Autolyse sehr schnell abgebaut. Die hohen Abbauwerte der Nukleinsäuren im alkalischen Milieu sind z. T. der „Eigenspaltung", d. h. der Spaltung ohne Ferment (*Bredereck*) (570) zuzuschreiben (s. auch Kap. 7, S.110, milder Abbau der Hefenukleinsäure durch Schwermetallhydroxyde u. Kap. 14). — Über Nukleinsäurebildung s. *Di Carlo* (1046).

B. Desmolasen und Hilfsenzyme

I. Gärungsenzyme

Zymase

Unter Zymase verstehen wir heute den Enzymkomplex, der die vergärbaren Zucker in Alkohol und Kohlensäure spaltet. Ursprünglich, als man den „Zymasesaft" aus der Zelle isoliert hatte, konnte man sich kein Bild von dem Gärungsenzym machen. Man nahm eine Eiweißverbindung als wirksames Prinzip an und konstatierte, daß nach dem Erhitzen derselben auf Gerinnungstemperatur die Gärkraft verloren ging *(E. Buchner)*. Nach kurzer Zeit gelang es, durch Dialyse *(Buchner* und *Antoni)* (571) und durch Filtration durch ein Martin-Gelatinefilter *(Harden* und *Young)* (572) den Hefesaft in eine thermostabile und eine thermolabile Fraktion zu zerlegen, die, beide getrennt zum Gärversuch angesetzt, gärunwirksam gegen Zucker waren. Vereinigte man beide Fraktionen wieder, so trat wieder eine normale Gärung ein. *Harden* und *Young* wiesen nun darauf hin, daß die Gärung an die Mitwirkung eines dialysablen, hitzebeständigen Stoffes geknüpft ist, der unbedingt notwendig ist zur Entfaltung der Gärkraft der Zymase. Sie bezeichneten diesen Teil der Zymase als Co-Enzym. Später nannte man den thermolabilen Anteil der Zymase Apozymase, den kochfesten Cozymase. Dieses von *Harden* und *Young* isolierte Coenzym erwies sich später als aus zwei Komponenten bestehend, aus dem phosphorylierenden Coferment Adeninnukleotid (Adenosintriphosphorsäure, *Lohmann* und *Meyerhof*) und dem Coferment Diphospho-Pyridin-Adeninnukleotid *(Warburg, v. Euler, Myrbäck)* (573).

Die Arbeiten über den Chemismus der alkoholischen Zuckerspaltung führten bald zu der Erkenntnis, daß die Verhältnisse nicht so einfach liegen, sondern eine ganze Anzahl von Enzymen bei dem Gärprozeß erforderlich sind. Deshalb ist es notwendig geworden, unter dem Ausdruck Zymase einen ganzen Komplex von Enzymen zu verstehen, die, geordnet in der lebenden Zelle, die Phasenfolge der Zuckerspaltung hervorrufen. Die alte *Harden*sche Aufteilung der Zymase in zwei Komponenten ist also überholt. Wir werden nun die bis jetzt bekannten einzelnen Enzyme besprechen und dabei auf ihre Funktionen während der Gärung hinweisen.

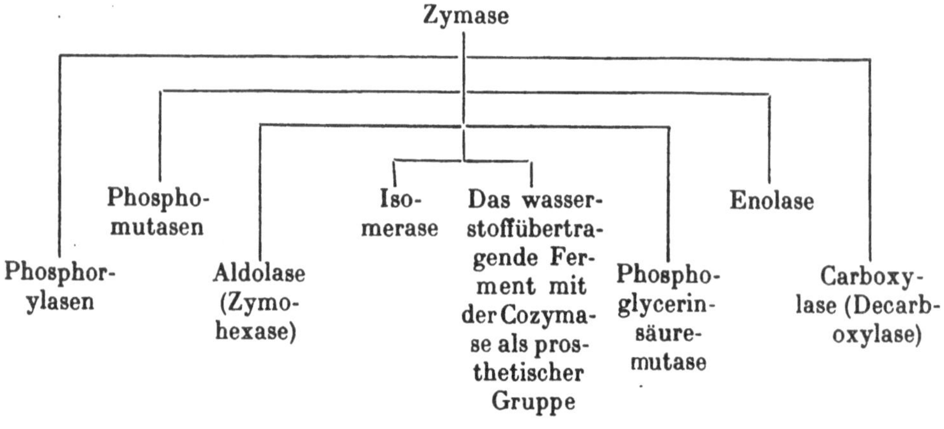

Alle diese Fermente bestehen aus einem spezifischen Protein und einer prosthetischen Gruppe.

Phosphorylasen (574) und phosphatübertragende Fermente. Phosphomutasen.

Die chemische Zusammensetzung ist nur z. T. bekannt. Man weiß bestimmt, daß das Metall Magnesium als Aktivator tätig ist (s. auch Abschnitt Phosphatasen).

Die Enzyme haben bei der Gärung die Aufgabe, den Traubenzucker in den *Harden-Young*-Ester (Fructose-1,6-diphosphorsäureester; (kurz *Harden*-Ester genannt; s. S. 226) überzuführen. Da der Prozeß über mehrere Zwischenstufen geht, so müssen verschiedene Enzyme in Tätigkeit treten. Der erste Vorgang ist die Bildung des *Cori*-Esters (Glucose-1-monophosphoresters aus der Glucose). Hier wirkt die

Hexosephosphorylase (Adenosintriphosphatase), die als Holoferment aus der Eiweißkomponente, dem Apoferment, und dem Coferment, der Adenosintriphosphorsäure, einer Nukleinsäure (Kap. 7, Nukleinsäure) besteht. *Quastel* nennt diesen Vorgang eine Umphosphorylierung, eine Übertragung der Phosphorsäure aus der Nukleinsäure auf den Zucker. Der Vorgang für die Adenosintriphosphatasereaktion sei folgendermaßen skizziert:

Adenosintriphosphat (ATP) + $H_2O \rightleftarrows$ Adenosindiphosphat (ADP) + H_3PO_4.

Ein zweites Enzym, die Phosphoglucomutase, verwandelt den *Cori*-Ester in den *Robison*-Ester (Glucose-6-monophosphorsäureester). Die Phosphorsäure hat ihren Platz vertauscht.

Dieser Vorgang findet auch in den Muskeln statt und wurde von *Sutherland, Cohn, Posternak und Cori* (574a) studiert, wobei ältere Vermutungen über den Reaktionsmechanismus von *Leloir* bestätigt wurden. Der kristallinisch erhaltenen Proteinkomponente der Phosphoglucomutase dient als Coferment das Hexose-1,6-diphosphat. Dieser Ester (Harden-Ester) spielt bei diesem Prozeß die Rolle eines Katalysators und gleichzeitig die eines Substrates wie folgendes Schema zeigt:

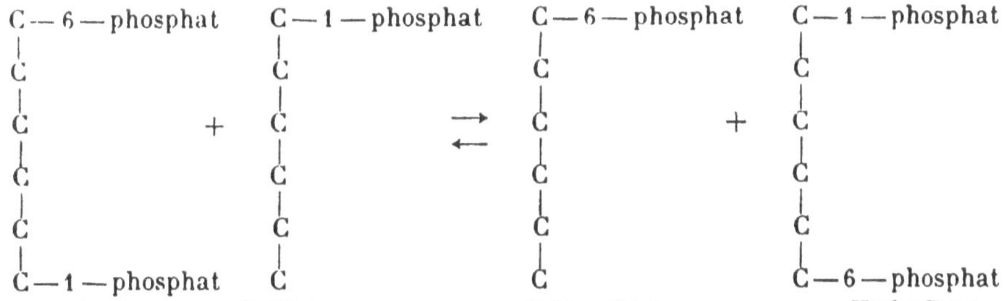

Harden-Ester   Cori-Ester   Robison-Ester   Harden-Ester

Von dem Harden-Ester wandert das Phosphat aus Stellung 1 in Stellung 6 des Cori-Esters. Durch den Verlust dieses Phosphatmoleküles bleibt der Robison-Ester, das gesuchte Glucose-6-phosphat übrig. Andererseits entsteht aus dem Cori-Ester durch Phosphataufnahme wieder der Harden-Ester, sodaß das Spiel von neuem beginnen kann. Wir beobachten also wie der ursprünglich als Katalysator eingebrachte Harden-Ester als Substrat verbraucht wird. Dadurch, daß bei jeder Umsetzung neuer Harden-Ester gebildet wird, kann eine beliebig große Menge von Cori-Ester in den Robison-Ester übergeführt werden. Es ist also ein beständiger Verbrauch von Harden-Ester und eine beständige Neubildung desselben.

Daß es sich hierbei um eine wirklich katalytisch gelenkte Reaktion handelt, zeigt die Tatsache, daß bereits der kleine Katalysatorbetrag von 5×10^{-7} im L sehr wirksam ist. Die Ergebnisse wurden erhärtet durch Isotopenversuche mit ^{14}C und ^{32}P im Glucose-1-phosphat und nicht markierten Elementen im Glucose-1,6-diphosphorsäureester. Vermutlich geht in der Hefezelle die gleiche Reaktion vor sich. Wie die Phosphoglucomutase reagiert auch die Phosphoglycerinsäuremutase. Hier wirkt das Coferment ebenfalls als Substrat. Anschließend sei betont, daß der Robison-Ester etwas *Neuberg*-Ester enthält und diese Mischung mit *Embden-Robison*-Ester bezeichnet wurde.

Wenn sich der *Neuberg*-Ester (Fructose-6-monophosphorsäureester), durch eine weitere Mutase, die Phosphohexosemutase, gebildet hat, so ist bis zum Endziel nur noch ein zweites Molekül Phosphorsäure anzufügen. Dies besorgt eine andere Phosphorylase, die Hexosemonophosphatphosphorylase. Es entsteht der *Harden-Young*-Ester. In diesem Falle dient auch die Adenosintriphosphorsäure als Phosphorsäuredonator. Die Aufladung der Adenosindiphosphorsäure mit Phosphorsäure erfolgt in Phase 4 der Gärung (Kap. 12) bei dem Zerfall der 1,3-Diphosphoglycerinsäure in Phosphorsäure und 3-Phosphoglycerinsäure und der Aufspaltung der 2-Phospho-Enolbrenztraubensäure in Phase 7 in Phosphorsäure, Kohlensäure und Acetaldehyd mittels der beiden dephosphorylierenden Fermente (Kap. 11, Phosphatasen).

Zur Bildung des Fructose-1,6-diphosphorsäureesters aus Glucose sind also nötig an Enzymen zwei verschiedene Phosphorylasen und zwei Mutasen. Folgendes Schema sei zur klaren Übersicht gegeben.

Glucose ⟶ Cori-Ester ⟶ Robison-Ester ⟶ Neuberg-Ester ⟶ Harden-Ester

mit ↑ tels

Hexosephosphorylase (Adenosin-triphosphatase) | Phosphogluco-mutase | Phosphohexose-mutase | Hexosemonophosphat-phosphorylase

Hingewiesen sei besonders darauf, daß es sich hier um Aufbaureaktionen, nämlich der Zuckerester, handelt, die durch den Abbau von ATP zu ADP zustande kommen. Die alkoholische Zuckerspaltung beginnt also mit einer Synthese mit Hilfe des Energiespenders ATP.

Historisch ist zu bemerken, daß der *Harden-Young*-Ester (575) bereits 1905 mit Hilfe von Hefepreßsaft entdeckt wurde und den Anlaß gab für die neue Chemie der Zuckerphosphorsäureester. Seine Bildungsgleichung wurde folgendermaßen formuliert:

$$2 \text{ Phosphat} + 2 \text{ Hexose} =$$
$$1 \text{ Hexosediphosphat} + 2 \text{ Wasser} + 2 \text{ Kohlensäure} + 2 \text{ Alkohol.}$$

Viele Jahre war die Bedeutung dieses Esters ein Rätsel (576), da die lebende Zelle den zugefügten Ester, ein Produkt der zellfreien Gärung, nicht aufnahm und ihn deshalb auch nicht vergärte. Man nahm deshalb lange Zeit an, daß die Esterbildung keine Bedeutung für die alkoholische Gärung habe. Heute weiß man, daß durch Fehlen der Adenosintriphosphatase im Preßsaft das Phosphat stöchiometrisch wirkt und auf diese Weise die Synthese von Hexosediphosphat ermöglicht wird, während in der lebenden Zelle eine katalytische Phosphatwirkung in Frage kommt, so daß bei der Hefegärung eine reine Zuckergabe (ohne Phosphatzusatz) schon genügt. Der Zuckerester wird in der Zelle gebildet, und da Phosphorsäure während des Gärvorganges einen Kreislauf infolge Enzymwirkungen durchmacht, so kommt der lebende Organismus mit wenig Phosphorsäure aus.

Die phosphatübertragenden Fermente wurden im Kap. Phosphatasen behandelt.

Aldolase (Zymohexase)

Die Aldolase sprengt die Kohlenstoffkette des Fructoseesters; sie bewirkt also die Trennung von zwei Kohlenstoffatomen und liefert ein Molekül Dioxyacetonphosphorsäure und ein Mol Glycerinaldehydphosphorsäure, die beide aldolartig im Hexosemolekül verknüpft sind.

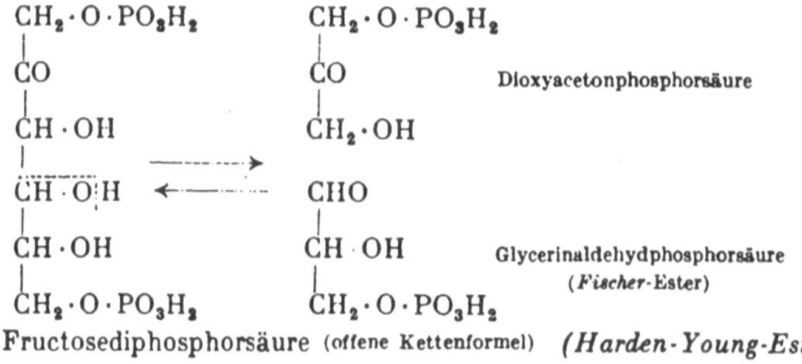

1,6 Fructosediphosphorsäure (offene Kettenformel) *(Harden-Young-Ester)*

Da die Dioxyacetonphosphorsäure ganz allgemein leicht mit Aldehyden durch die Aldolase reagiert, so zeigt das Enzym neben der kohlenstoffkettenspaltenden Wirkung auch die kohlenstoffverknüpfende Tätigkeit (Aldolkondensation).

Das Enzym wurde 1934 von *Meyerhof* und *Lohmann* (577) entdeckt, von *Warburg* und *Christian* (578) aus Muskelsaft und Hefe isoliert und näher untersucht. Es handelt sich um eine Kombination von einem Protein mit einem Schwermetall, bei der letzteres abdissociierbar ist. Legt man nun dieses freie Metall durch Komplexbildner fest, z. B. durch Pyrophosphat, Cystein oder α-α'-Dipyridyl, so wird wieder neues Metall abgegeben und zwar so viel, bis das Protein nahezu metallfrei ist. In diesem Falle hört die Aktivität des Enzyms auf. Solche Inaktivierungen gelingen gut mit Cystein als Paralysator. Man kann sie aber wieder durch Zusätze von Schwermetallsalzen wie Zink-, Kobalt- oder Kupfersulfat aufheben. Eisen (zweiwertig) wirkt nur kräftig bei Abwesenheit von Sauerstoff. Die Wirkung ist fast Null, wenn die Testlösung mit Sauerstoff gesättigt ist. Man kann also durch anaerobe und aerobe Bedingungen die Wirkung der Zymohexase erzeugen und wieder zum Verschwinden bringen. Hier ist offenbar eine Oxygenase im Spiel *(Warburg)* (579):

$$\text{Ferri-Oxygenase} + \underset{\text{wirksam}}{\text{Ferro-Zymohexase}} \rightleftarrows \underset{\text{unwirksam}}{\text{Ferri-Zymohexase}} + \text{Ferro-Oxygenase}$$

Vielleicht hat dieser Vorgang Bedeutung für die Aufklärung der *Pasteur*schen Reaktion (s. Kap. 13) *(O. Warburg)* (580).

Wie gering die Metallspuren sein können, zeigt die Aktivierung eines ccm Testlösung durch 0,006 γ Zinksalz, nachgewiesen auf optischem Wege. Aus Muskelsaft ist das Enzym in kristallisierter Form erhalten worden, aus Hefe nicht. Molekülaufbau noch unbekannt.

Isomerase

Die Isomerase bewirkt die Umwandlung von Aldotriosephosphat in Ketotriosephosphat und umgekehrt.

$$\text{Aldotriosephosphat} \rightleftarrows \text{Ketotriosephosphat.}$$

Bei der alkoholischen Gärung muß das Phosphodioxyaceton in den Phosphoglycerinaldehyd umgewandelt werden (Formel s. u. Aldolase). Die Gleichgewichte wurden von *Meyerhof* und *Kießling* (581) mit dem Muskelenzym festgelegt.

Wasserstoffübertragendes Ferment mit Cozymase als prosthetischer Gruppe

(Oxydierendes und reduzierendes Gärungsferment)

Die Cozymase nannte man früher, wie eingangs erwähnt, Coenzym. Da man im Laufe der Zeit noch andere Coenzyme entdeckt hatte, so wurde diese Bezeichnung zum Sammelbegriff. Die Aufgabe der Cozymase besteht darin, die an sich inaktive Apozymase (Eiweißkörper) zur Tätigkeit anzuregen. Über die Entdeckung der Cozymase durch *Harden* und *Young* und die Zerlegung der Zymase in die beiden Komponenten wurde bereits in der Einleitung dieses Abschnittes das Nähere mitgeteilt. Man hat lange nach einer Vorstellung über den Mechanismus der Enzymtätigkeit gesucht. Erst durch die zahlreichen mühevollen Arbeiten von *H. v. Euler* (582) und seiner Schule über die Konstitution der Cozymase und vor allem durch die fundamentale Entdeckung von *Warburg* und *Christian* (583) über die Funktion des von ihnen aufgefundenen Nikotinsäureamids (Kap. 10, Nikotinsäureamid), der reagierenden Gruppe der Cozymase, erhielten wir Kunde von der Aufgabe dieses Enzyms für den Gärprozeß. Wir wissen heute, daß die Cozymase in einer Oxydoreduktion den Phosphoglycerinaldehyd oxydieren kann, wobei sie gleichzeitig 2 Atome Wasserstoff aufnimmt, und daß sie andererseits mit diesem Wasserstoff den Acetaldehyd in der späteren Phase der Gärung zu Alkohol reduziert. Die Cozymase ist also die prosthetische Gruppe des oxydierenden und reduzierenden Gärungsfermentes. Folgende einfache „Bruttogleichungen“ mögen dies erläutern:

I.

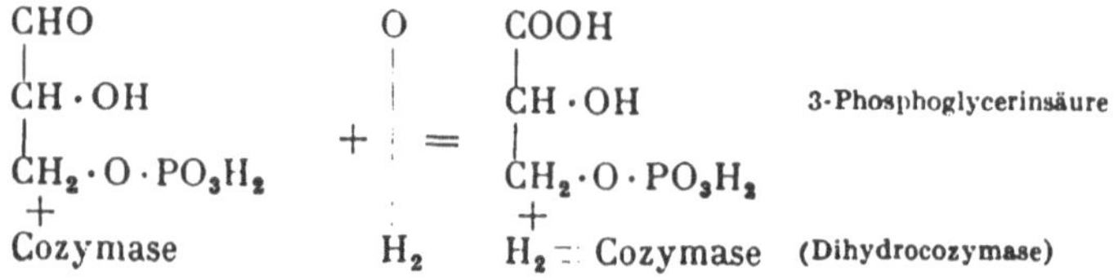

II. $$CH_3 \cdot CHO + H_2 = \text{Cozymase} = CH_3 \cdot CH_2 \cdot OH + \text{Cozymase}$$
Acetaldehyd — Aethylalkohol

Die Umwandlung der Glycerinaldehydphosphorsäure in Phosphoglycerinsäure ist in Wirklichkeit eine Dehydrierung des Aldehydhydrates. Dabei entsteht als Zwischenprodukt die 1,3-Diphosphoglycerinsäure (s. Kap. 12, 4. Phase).

Die chemische Untersuchung des wasserstoffübertragenden Fermentes hat ergeben, daß es sich hier ebenfalls um ein Holoenzym, bestehend aus der Proteinkomponente mit einem Coenzym (Cozymase), handelt. Im Coferment liegt eine Nukleinsäure, Adenylsäure, vor, die mit einer Nicotinsäureamid-nukleinsäure verknüpft ist. Wir haben also ein Dinukleotid vor uns (Formel s. Kap. 10 unter Nikotinsäureamid).

Der wichtigste Bestandteil im Molekül der prosthetischen Gruppe ist das Nikotinsäureamid, das als Wasserstoffüberträger bei dem Gärprozeß in folgender Weise (schematisch) reagiert *(Warburg)*.

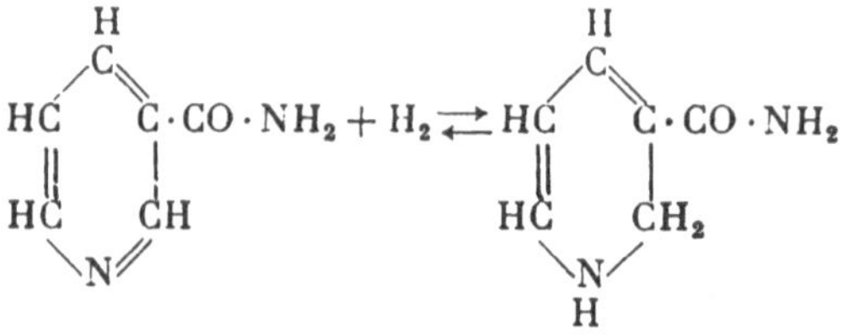

Nikotinsäureamid — Dihydronikotinsäureamid

Die Doppelbindung in der Orthostellung des Moleküls wird nach *Karrers* (584) wichtiger Entdeckung unter H-Anlagerung aufgehoben. Die Wasserstoffübertragung ist gebunden an die Gegenwart von Protein (Apoenzym), das mit der prostetischen Gruppe (Coferment) im reversiblen Dissoziationsgleichgewicht steht. Der Hydrierungs- und Dehydrierungsvorgang des Dinukleotids konnte durch Messung der Lichtabsorption im Ultraviolett studiert werden *(Warburg)* (585). Die Trennungsmethode des Proteins von der prosthetischen Gruppe wurde in der Einleitung des Zymaseabschnittes angeführt. Je nach Art des Proteins erhält die prosthetische Gruppe verschiedenartige Fähigkeiten, so daß sie die Muttersubstanz zwei verschiedener Enzyme vorstellt. Für die Reduktion des Acetaldehyds wurde von *Negelein* und *Wulff* (586) das entsprechende Protein, die sog. „Alkoholdehydrase“ isoliert.

Das Reduktionsvermögen der Dihydrocozymase ist sehr groß. Sie ist nicht spezifisch auf Acetaldehyd eingestellt, sondern reduziert sogar eine Anzahl zellfremder Substanzen (Phytoreduktionen), die dem Gärgut zugegeben werden *(Lintner* und *v. Liebig* (587), *Neuberg*, *Nord*, *Mamoli*, *Koch* und *Teschen)* (588).

Offenbar bildet die Cozymase mit verschiedenen Proteinen mehrere spezifische Holofermente, die verschiedenartige Reduktionen vorzunehmen in der Lage sind.

Es ist interessant, daß ein ähnlicher Zuckerabbau wie in der Hefe auch im menschlichen und tierischen Organismus stattfindet. In den Muskeln endet der Prozeß mit der Bildung von Milchsäure (Glykolyse) anstatt mit Alkohol und Kohlensäure.

Warburg und *Christian* (589) fanden in Pferdeblutzellen auch ein wasserstoffübertragendes Ferment, dessen Coferment die Codehydrase II, ein Triphosphonukleotid darstellt, entsprechend dem Hefediphosphonukleotid (Näheres s. Kap. 10 unter Nikotinsäureamid). Dieses Triphosphonukleotid gab den Anlaß zur Aufklärung der Hefecozymase. Über den Aufbau und die Funktion der Cozymase sowie über ihre allgemeine Bedeutung wurde schon im Kap. 10 unter Nikotinsäureamid ausführlich berichtet (S. 190).

Phosphoglycerinsäuremutase

Dieses Enzym besorgt die Isomerisierung der 3-Phosphoglycerinsäure zur 2-Phosphoglycerinsäure.

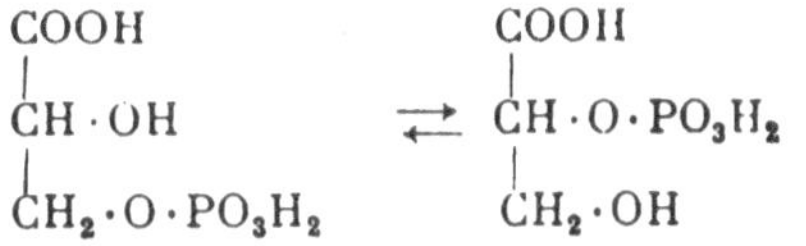

Der Reaktionsmechanismus verläuft wahrscheinlich in derselben Weise, wie er von *Sutherland*, *Posternak* und *Cori* (589a) für den Muskelsaft aufgefunden worden ist. Die Mutase, die diesen Vorgang bewirkt, besteht aus einem Protein und einem Coferment, das den von *Greenwald* vor längerer Zeit in den Nieren aufgefundenen 2,3-Diphosphoglycerinester darstellt. Interessanterweise dient dieser Ester gleich als Substrat, so daß er nach Abgabe der Phosphorsäure in Stellung 3 ohne weiteres die gewünschte 2-Phosphoglycerinsäure ergibt. Die neu gebildete 2,3-Diphosphoglycerinsäure reagiert nun in der eben geschilderten Weise weiter.

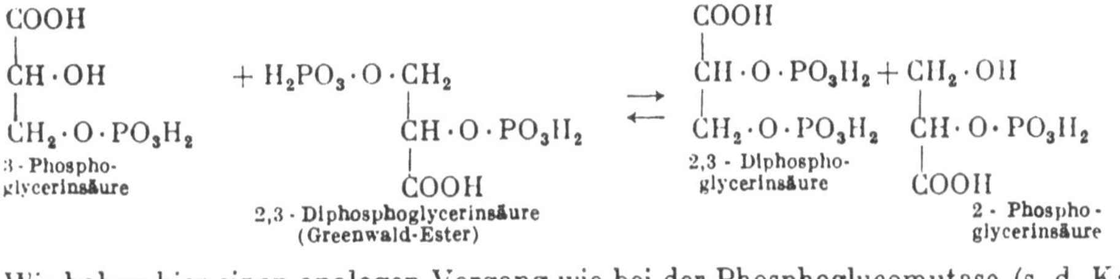

Wir haben hier einen analogen Vorgang wie bei der Phosphoglucomutase (s. d. Kap. u. Phosphorylasen), (S. 225).

Enolase

Die Enolase wurde von *Lohmann* und *Meyerhof* 1934 im Muskelsaft entdeckt, von *Warburg* und *Christian* (590) aus Hefe isoliert und auf seine chemische Zusammensetzung hin näher geprüft. Das Enzym führt die 2-Phosphoglycerinsäure durch Entziehung von Wasser in die 2-Phosphobrenztraubensäure über.

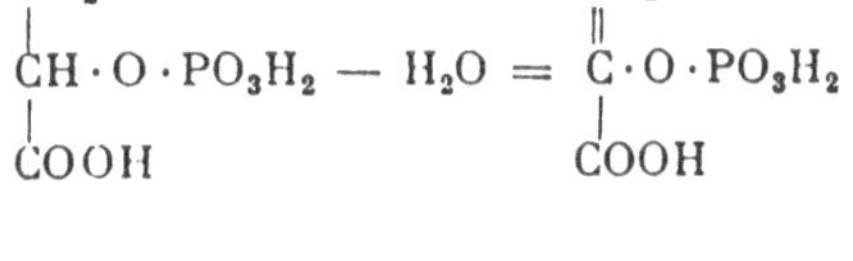

In dieser Verbindung ist die Phosphorsäure recht labil gebunden, was wahrscheinlich die weitere Aufspaltung des 3-Kohlenstoffatomkörpers fördert. Zum Studium des Wasserentziehungsvorganges ist ein sehr wertvoller optischer Test (Messung der Geschwindigkeit der Zunahme der Lichtabsorption im Ultraviolett) ausgearbeitet worden.

Die Isolierung und Reinigung des Enzyms erfolgt über die an sich unwirksame Quecksilberverbindung, wobei man das Metall alsdann mittelst Dialyse gegen Blausäure entfernt.

Das Reaktionsoptimum liegt bei pH = 7,4. Es handelt sich bei diesem Enzym um ein Protein, das erst durch Zink, Mangan oder Magnesium zum Ferment wird. Das natürliche Enzym ist wahrscheinlich eine Magnesiumverbindung. Die Zink-Enolase kann durch Blausäure gehemmt werden, dagegen nicht die entsprechenden Enzyme mit Mangan und Magnesium. Diese sind wieder empfindlich gegen Fluorid, besonders Magnesium-Enolase.

Die seit *Effront* (1890) beobachtete Hemmung der Gärungen mit Hefen durch Fluorid beruht nach *Lohmann* und *Meyerhof* auf der Inaktivierung der Enolase. Es bildet sich hierbei ein komplexes Magnesium-Fluoro-Phosphat, wodurch das wirksame Magnesiumsalz aus der dissoziierenden Fermentverbindung verdrängt wird *(Warburg* und *Christian)* (591).

Carboxylase[1]) (Decarboxylase)

Die von *Neubauer* (592) 1910 und ebenfalls von *Neuberg* aufgefundene Carboxylasereaktion, deren große Bedeutung für die alkoholische Gärung erst von *Neuberg* (593) erkannt wurde, gab den Anstoß zur Erforschung der Phasenfolge in dem Gärungsprozeß. Die ursprüngliche Formulierung der Brenztraubensäurespaltung

$$CH_3 \cdot CO \cdot COOH = CH_3 \cdot CHO + CO_2$$

mußte verlassen werden, da man in lebenden Zellen die Enolform nachgewiesen hatte *(Henri* und *Fromageot)* (594) (s. Kap. 12A) und die Ketoform giftig wirkt (*Haehn* und *Glaubitz* s. Kap. 12 A)

$$CH_2{=}C \cdot OH \cdot COOH = CH_3 \cdot CHO + CO_2$$

Das Enzym, die Holo-Decarboxylase, besteht auch aus einer prosthetischen Gruppe, und einem Protein.

Holo-Decarboxylase

Apodecarboxylase	Codecarboxylase
(Protein)	(prosthetische Gruppe)

Ferner gehört zu diesem System Magnesium, so daß das Ganze ein konjugiertes Protein, aus 3 Komponenten bestehend, darstellt. Hierbei binden etwa 75000 g Protein 1 Grammatom Magnesium und 1 Grammolekül Aneurin *(Kubowitz* und *Lüttgens)* (595).

Das Enzym selbst, die Decarboxylase, wurde von *Auhagen* (596) entdeckt. Die chemische Natur der Wirkgruppe klärten *Lohmann* und *Schuster* (597) auf. Es handelt sich um eine Aneurindiphosphorsäure. Wie der Name sagt, liegt dieser Verbindung das Vitamin B_1, das Aneurin, zu Grunde.

---

[1]) Der Ausdruck Carboxylase ist heute zweckmäßig in Hefe-Decarboxylase umzutaufen, da man jetzt Enzyme mit synthetischer Wirkung in Bakterien und Schimmelpilzen — Einbau von Kohlensäure in organische Moleküle — mit Carboxylasen bezeichnet (s. Kap. 20).

Über den Reaktionsmechanismus des Enzyms ist man bisher nur auf Vermutungen angewiesen (Formel der prosthetischen Gruppe u. Reaktionsmechanismus Kap. 10 Vitamin B_1). (S. 175).

II. Atmungsenzyme

Flavine (Gelbes Ferment, Diaphorase) Cytochrome, *Warburgs* Atmungsferment, Katalase

Über die Atmungsenzyme liegt eine umfangreiche Literatur (598) vor, aber leider konnte das Problem der Atmung trotz ganz hervorragender Forschungsresultate noch nicht gelöst werden.

Flavine

Das gelbe Ferment der Hefe

Die Hefe besitzt zur Erzeugung der Energie außer dem Gärungsenzymkomplex Zymase noch ein Atmungsenzymsystem. Hierzu gehören die Flavine, das gelbe Ferment, sowie die Diaphorase und die Cytochrome. Ferner sind von Bedeutung das *Warburg*sche Atmungsferment und die Katalase. Das gelbe Ferment ist in der Lage, gemeinsam mit den anderen Enzymen den Zucker bis zu Kohlensäure und Wasser abzubauen. Hierbei wird Energie des Zuckers nutzbar gemacht.

Über die chemische Zusammensetzung dieses Enzyms sind wir bis auf die Eiweißkomponente gut unterrichtet. Es besteht ebenfalls wie die Zymaseenzyme aus einer prosthetischen Gruppe und einer Eiweißsubstanz. Beide Komponenten sind, einzeln für sich geprüft, nicht aktiv. Erst die Vereinigung beider liefert das tätige Ferment (*Theorell*). Wie bei dem Zymasekomplex haben wir also auch hier das System Coenzym und Apoenzym.

Die Grundsubstanz der prosthetischen Gruppe ist das Luminoflavin, das ein 6, 7, 9-Trimethyl-Isoalloxazin folgender Konstitution darstellt:

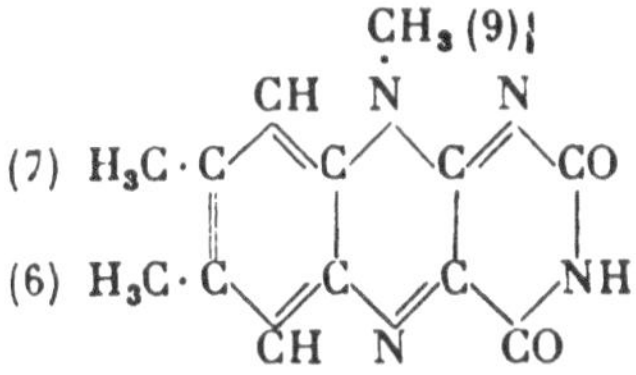

Wird die Methylgruppe in 9 durch ein *d*-Ribosemolekül ersetzt, so entsteht das Riboflavin (Lactoflavin), das mit dem Vitamin B_2 identisch ist (s. Kapitel 10 Vitamine der Hefe S. 182). Die primäre Alkoholgruppe des Zuckers läßt sich mit Phosphorsäure zu Nukleinsäure verestern, die nun, wie viele Nukleinsäuren, Protein addiert, was eine Aktivierung der prosthetischen Gruppe (Lactoflavinphosphorsäure) zur Folge hat. Somit sind wir zu dem Molekül des gelben Fermentes gekommen (Formel Kap. 10 Vitamin B_2; dort auch die Literatur). (S, 183).

Die Eiweißkomponente, das Apoenzym des gelben Fermentes, ist noch nicht aufgeklärt.

Über die Funktion dieses Enzyms s. Kap. 10 Vitamin B_2.

Diaphorase

Die Diaphorase ist ein Oxydationsenzym, das den Wasserstoff der Dihydrocozymase dem mit Sauerstoff beladenen Cytochrom zuführt. Sie wurde von *Adler*, *v. Euler* und *Hellström* (599) entdeckt und erwies sich identisch mit dem von *Green* und *Dewan* (600) aufgefundenen „Coenzymfaktor-Ferment". Nach *Straub* (601) handelt es sich um ein Alloxazin-Adeninproteid, gehört zur Gruppe der gelben Fermente, ist aber im Gegensatz zu dem „alten" gelben Ferment, das ein Mononukleotid ist, eine Dinukleinsäure. Dieses Dinukleotid, das aus verschiedenen tierischen Organen und Muskeln isoliert wurde, konnte von *Haas* (602) in der Hefe in reichlicher Menge nachgewiesen werden.

Cytochrome

Die im Tier- und Pflanzenreich sehr verbreiteten, von *Mac Munn* entdeckten Cytochrome, die eine chemische Verwandtschaft zu dem Blutfarbstoff haben, wurden zuerst von *Keilin* (603) (1925) näher untersucht, wobei ihre Bedeutung für die Atmungsprozesse einwandfrei erkannt wurde. Ihre Zugehörigkeit zu den Häminen (Kap. 7, Porphyrinstoffe der Hefe) dokumentiert sich auch in den charakteristischen Absorptionsspektren. Das Studium der Lage der Absorptionsbanden erbrachte 3 Gruppen von Cytochromen, nämlich a, b und c, wovon a die langwelligste Bande aufweist. Die chemische Analyse des Cytochroms ergab den Befund einer Eisen-Porphyrin-Eiweißverbindung. Vom Cytochrom a kennt man die Konstitution noch nicht. Das Cytochrom b, von *Yakushiyi* und *Mori* (604) aus Bäckerhefe hergestellt, ist auch eine Häminverbindung wie der c-Körper. *Anson* und *Mirski* (605) kamen auf Grund ihrer spektroskopischen Forschungen mit künstlich hergestellten Hämochromogenen zu der Ansicht, daß die Hämine der Cytochrome b und c identisch seien. Vielleicht hat die Hämingruppe des Cytochroms c der Hefe dieselbe Konstitution wie die aus dem Herzmuskel isolierte. Der prosthetischen Gruppe liegt ein Protoporphyrinmolekül (606) (Divinyl-Tetramethyl-Porphin-Dipropionsäure) zu Grunde, dessen vier Pyrolkerne sich um ein Eisenatom gruppieren. (s. Formel). Weiter konnte festgestellt werden, daß zwei Cysteinreste die Verbindung vom Eiweiß mit der prosthetischen Gruppe vermitteln, also zwei Schwefelbrücken bilden zwischen

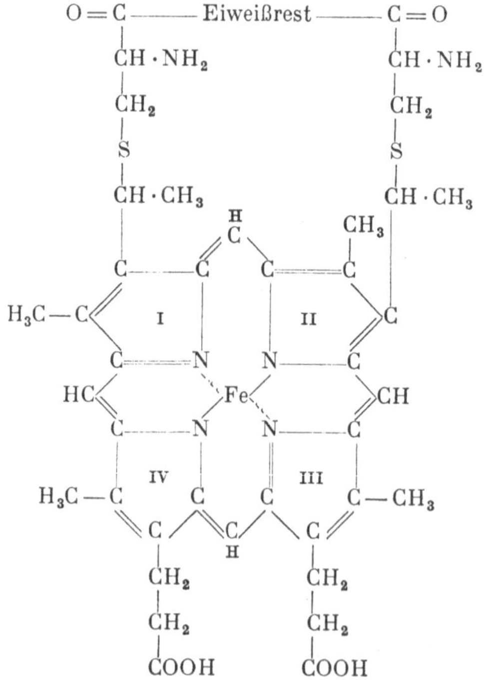

Cytochrom c

dem Eiweiß und dem Porphyrinkomplex, wobei die beiden Vinylgruppen je ein H-Atom der Cysteinmoleküle aufnehmen, Methylgruppen bilden und die Schwefelbindung vermitteln:

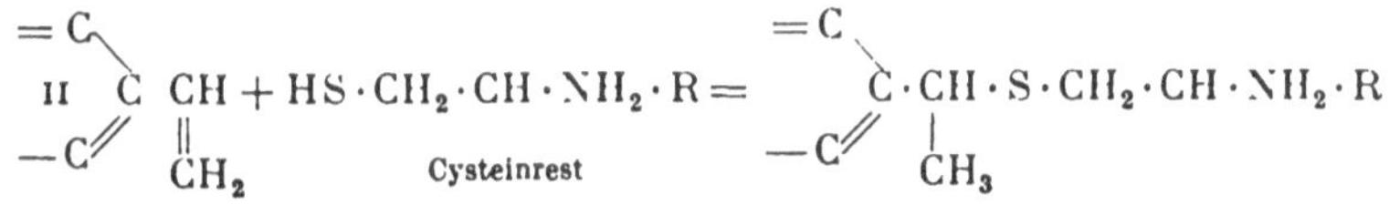

Das in Wasser lösliche Cytochrom c stellt also eine Hämin-Eiweißverbindung dar. Ihr Molekulargewicht beträgt 13000, ihr Eisengehalt mindestens 0,30%. Das reinste Präparat von *Theorell* (607) ergab 0,43%.

Die Cytochrome sind als reversible Redoxsysteme aufzufassen, sind keine eigentlichen Atmungsenzyme und reagieren weder mit Kohlenoxyd noch mit Blausäure. In obergärigen Hefen treffen wir alle 3 Cytochrome an, in untergärigen dagegen vorzugsweise nur Cytochrom c. Die 3—4fach größere Cytochrom-Konzentration der Oberhefe steht zweifellos in direktem Zusammenhang mit der intensiveren Atmung gegenüber der Unterhefe. *Hans Fischer* entdeckte das Hefe-Hämin, während wir *Warburg* und *Keilin* das Studium der Atmungssysteme in Hefen und der Hemmungserscheinungen durch Blausäure und Kohlenoxyd verdanken.

Warburgs Atmungsferment

Das sauerstoffübertragende Ferment (Cytochromoxydase, Fermenthämin) ist ein eisenhaltiges Hämin, dessen Ferroform mit Kohlenoxyd, die Ferriform mit Blausäure in Reaktion tritt. Die Konstitution ist infolge spärlichen Vorkommens noch unbekannt. Man ist zunächst auf Analogieschlüsse aus den spektroskopischen Untersuchungen (Wirkungsspektrum) angewiesen. Wahrscheinlich ist die prosthetische Gruppe auch mit einem Eiweißmolekül verknüpft. Das CO-Spektrum verrät die Zugehörigkeit zur Hämingruppe und zeigt große Ähnlichkeit mit dem Blutfarbstoff des Borstenwurmes Spirographis. Die eisenfreie prosthetische Gruppe dieses Farbstoffes ist ein Protoporphyrin, bei dem die eine Vinylgruppe durch eine Aldehydgruppe ersetzt ist. *Warburg* (608) hat sich folgende Vorstellung von der Konstitution des sauerstoffübertragenden Fermenthämins gemacht:

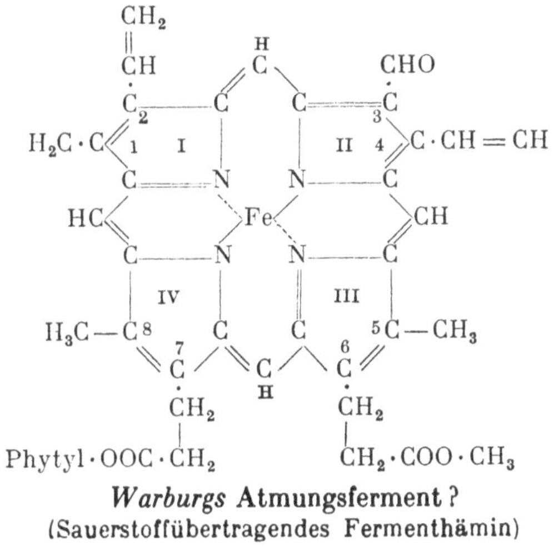

Warburgs Atmungsferment?
(Sauerstoffübertragendes Fermenthämin)

Neben zwei Vinylgruppen trägt der Porphinkern in Stellung 3 eine Aldehydgruppe, und die beiden Propionsäurereste sind in Methyl- bzw. Phytylester übergeführt. Beim Vergleich mit dem Formelbild des nicht mit HCN und CO reagierenden Cytochroms fallen die letztgenannten Seitenketten auf.

Mit Kohlenoxyd bildet sich eine reversible Verbindung, die durch Licht zerlegt wird. Dieser CO-Körper reagiert mit Sauerstoff nicht. Bei einem Hefeatmungsversuch kommt dies schön zum Ausdruck. Wir sehen zunächst auf der beistehenden Kurventafel die Atmungskurve im Stickstoff (also ohne Kohlenoxyd) (II) ganz gradlinig verlaufen, während das Kohlenoxyd im Dunkeln hemmt (I).

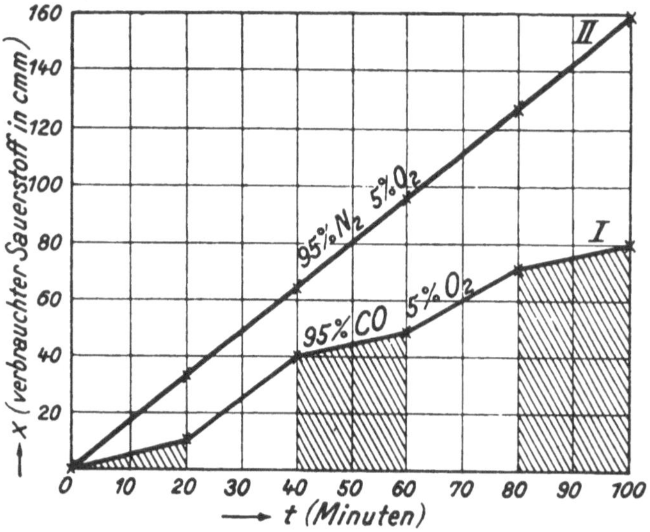

Kurventafel 1

Hemmung der Hefeatmung durch Kohlenoxyd im Dunklen. Bei Belichtung erfolgt Abspaltung des CO und darum wieder lebhafte Atmung. Nach *O. Warburg*.

Wird belichtet, so tritt infolge Abspaltung des Giftes wieder Atmung ein. Die Kurve zeigt den zweimaligen Anstieg durch Lichtwirkung. Diese äußerst wichtige Reaktion zeigt die chemische Verwandtschaft zum Hämoglobin, das in derselben Weise reagiert *(Haldane)*. So konnte zum ersten Mal die Häminnatur des Atmungsfermentes bewiesen werden. Es ist leider hier nicht möglich, auf all die weiteren ausschlaggebenden Reaktionen einzugehen, die uns das heutige Bild von dem für das Leben so wichtigen Fermentes geschaffen haben.

Bei der Zellatmung „wird das autoxydable komplexe Ferroeisen durch molekularen Sauerstoff zu Ferrieisen oxydiert und durch reduzierende Zellbestandteile wieder zu Ferroeisen regeneriert" *(Warburg)*. Es tritt also ein ständiger Valenzwechsel des Eisens

$$\text{Ferro} \rightleftarrows \text{Ferri}$$

ein, wobei aus den Verbindungen mit dem Fe^{II}, den Hämen, die Hämine mit Fe^{III} entstehen und umgekehrt. Auf der Fähigkeit, in Gegenwart von molekularem Sauerstoff autoxydabel zu sein, beruht die Bedeutung dieses Fermentes bei der Atmung.

Die Katalase der Hefe

Zu den Atmungsenzymen kann man auch die Katalase rechnen, auch wenn sie nur als Hilfsenzym tätig ist. Ihre Bedeutung liegt darin, daß sie das in einigen atmenden Zellen auftretende Wasserstoffsuperoxyd, das ein ausgesprochenes Zellgift ist, zerlegt in Wasser und molekularen Sauerstoff:

$$2H_2O_2 = 2H_2O + O_2$$

Schon die große Verbreitung im Pflanzen- und Tierreich läßt auf eine wichtige Funktion schließen.

Um die chemische Zusammensetzung haben sich zuerst *Zeile* und *Hellström* mit Erfolg bemüht. Sie stellten ein Eisen-Porphyrin-Proteid fest. Aus dem Sedimentationsgleichgewicht ergibt sich ein Molekulargewicht von 248000 *(Svedberg)*. Das Eisen, das nach *Theorell* (609) in Mengen von 0,1% vorliegt, ist 3-wertig und reagiert unter Abschwächung der Aktivität mit Blausäure. Das Eisen-Porphyrin ist im Enzym die Wirkgruppe und ist identisch mit *H. Fischers* Protohämatin IX. Ein kristallisiertes Katalasepräparat konnten *Sumner* und *Dounce* (610) aus der Kuhleber gewinnen.

Es hat relativ lange gedauert, bis man den Beweis über die Zellfunktion der Katalase erbringen konnte. 1925 gelang es *Dixon* und *Thurlow*, am Beispiel der Xanthindehydrase der Milch qualitativ zu zeigen, daß die Katalase als Schutzferment durch die Zerstörung des Wasserstoffsuperoxyds wirkt. Durch quantitative Versuche wurden später von *Wieland* und Mitarbeitern die Ergebnisse bestätigt. Da Wasserstoffsuperoxyd ein starkes Zellgift ist, so ist eine Katalasewirkung notwendig, wenn die Zelle erhalten bleiben soll. Geschieht das nicht, so treten durch das H_2O_2 Zersetzungen wichtiger Zellbestandteile ein, wie Bildung von Pentdyopent, einem halben Molekül von Bilirubin, aus Hämoglobin. Beim Studium der Dehydrasen konnten weitere Beispiele gefunden werden. Sehr deutlich ist die Wasserstoffsuperoxydbildung bei der Tätigkeit des gelben Fermentes, wobei das Leukoflavin den Sauerstoff hydriert:

$$\underset{\text{Leukoflavin}}{FH_2} + O_2 = \underset{\text{Flavin}}{F} + H_2O_2$$

Die Beobachtungen weisen auf sichere Beziehungen zwischen einem bestimmten Teil der Atmung — der Wasserstoffsuperoxyd liefernden Flavinreaktion — und der Katalaseintensität hin. Eine Parallele zwischen Nebenatmung und Katalase hatte schon 1927 *L. Stern* (611) gefunden.

Hier sind auch die früheren Versuche von *Hayduck* und *Haehn* (612) zu erwähnen, die ein Anwachsen der Katalase beobachteten, wenn sie die Hefe Torula utilis von Gärung auf Atmung umstellten. Ließ man die Hefe unter starker Luftzufuhr wachsen, so wurde offenbar die Atmung auf Kosten der Gärung gesteigert, und die Katalasewirkung stieg. Steigerte man umgekehrt die Gärtätigkeit, so ließ wieder die Katalaseaktivität nach. Nach den heutigen Kenntnissen — 1922 war an die Reaktion des gelben Fermentes noch nicht zu denken — wird das Flavin bei Luftzufuhr eine rege Tätigkeit entwickeln, also reichlich Wasserstoffsuperoxyd bilden, wodurch eine intensive Katalasebildung veranlaßt wird zur Zerstörung des gebildeten Zellgiftes. Auch *Matsuyama* (613) beobachtete bei untergäriger Bierhefe ein Anwachsen des Katalasegehaltes, wenn die Hefe gelüftet wurde. Bei der Essiggärung mit dem Acetobacter peroxydans ließ sich Wasserstoffsuperoxyd direkt nachweisen, da dieser Organismus keine Katalase enthält *(Wieland* und *Pistor)* (614). Die technischen Essigbakterien aber enthalten Katalase, so daß das durch die Dehydrase entstandene

H_2O_2 sofort vernichtet wird *(Wieland* und *Bertho)* (615) (s. Kap. 20 Essiggärung). Wie giftig das Wasserstoffsuperoxyd auf die Hefe ist, zeigen die ausführlichen Versuche von *Matsuyma* (614).

Nachdem schon *W. Issajew* (616) dargetan hatte, daß in verdünnten Wasserstoffsuperoxydlösungen die Zersetzung eine monomolekulare Reaktion ist, in stärkeren Konzentrationen dagegen das Enzym geschädigt wird, konnte *Matsuyama* (614) mit seinem Katalasepräparat aus Bierhefe die Gesetze finden, nach welchen die Inaktivierung der Katalase durch dieses Agens erfolgt. Weiter wurde festgestellt, daß die Zersetzungskonstante der Katalase durch steigende Enzymmengen abnimmt, bei wachsender H_2O_2-Konzentration eine Vergrößerung erfährt.

Eine Steigerung der Katalaseaktivität wird auch erzielt durch eine Behandlung der Hefe mit Rohrzucker, Asparagin, Kalium- und Magnesiumphosphat. Die lebenden obergärigen Hefezellen reagierten mit dem Wasserstoffsuperoxyd auch nach dem Gesetz der monomolekularen Reaktion *(Euler* und *Blix)* (617). Das pH-Optimum fand *Y. Yamamoto* (618) bei lebender Hefe bei 8,5.

Kohlenstoff-Stickstoffdesmolase. Aspartase der Hefe

Ein Enzym, das den Stickstoff von der Kohlenstoffverbindung trennt, ist die Aspartase. Es handelt sich hier nicht um eine hydrolytische Spaltung, sondern um eine Zerreißung des Moleküls. Der Asparaginsäure wird das Ammoniak entzogen unter Bildung von Fumarsäure.

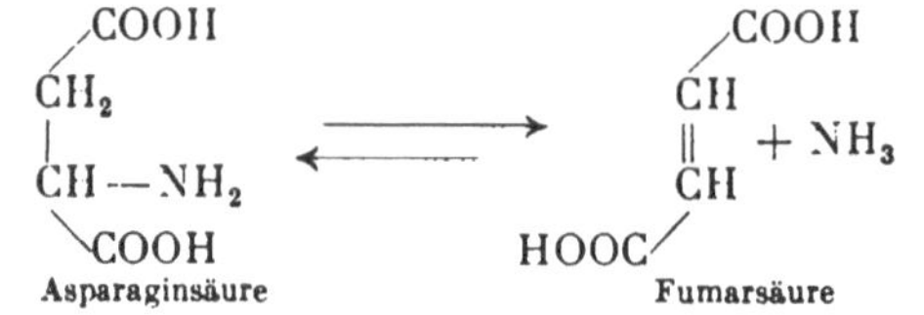

Asparaginsäure Fumarsäure

Die Aspartase ist im Pflanzenreich sehr verbreitet und wurde auch in der Bierhefe aufgefunden *(Haehn* und *Leopold)*. Das Nähere über das Enzym wurde bereits an anderer Stelle mitgeteilt (Kap. 8 u. 14). Da es sich hier um eine reversible Reaktion handelt, so hat man in diesem Fall auch einen Übergang von einer zweibasischen Säure zu einer Aminosäure, was für die Eiweißsynthese von Wichtigkeit ist.

Wasserstoffübertragendes Aminierungsferment *d*-Aminosäureoxydase (619)

Das von *H. A. Krebs* (620) aufgefundene Enzym ist ein Alloxazin-Adenin-Dinukleotid-Proteid *(Warburg* und *Christian* (621), *Abraham)*, das *d*-Aminosäuren oxydativ abbaut. So entsteht aus *d*-Alanin Brenztraubensäure:

$$\text{Alloxazin} + CH_3 \cdot CH \cdot NH_2 \cdot COOH + H_2O = \text{Dihydroalloxazin} + CH_3 \cdot CO \cdot COOH + NH_3$$

Bei Luftanwesenheit erfolgt Dehydrierung des Fermentes unter Bildung von Wasserstoffsuperoxyd

$$\text{Dihydroalloxazin} + O_2 = \text{Alloxazin} + H_2O_2$$

Enthält das Präparat Katalase, so erfolgt Vernichtung des Superoxydes, und Brenztraubensäure bleibt das Endprodukt. Im anderen Falle endet die Reaktion erst mit der Bildung der Essigsäure *(Negelein)*.

$$CH_3 \cdot CO \cdot COOH + H_2O_2 = CH_3 \cdot COOH + CO_2 + H_2O$$

Dieser Desaminierungsprozeß geht entschieden über die entsprechende Iminosäure

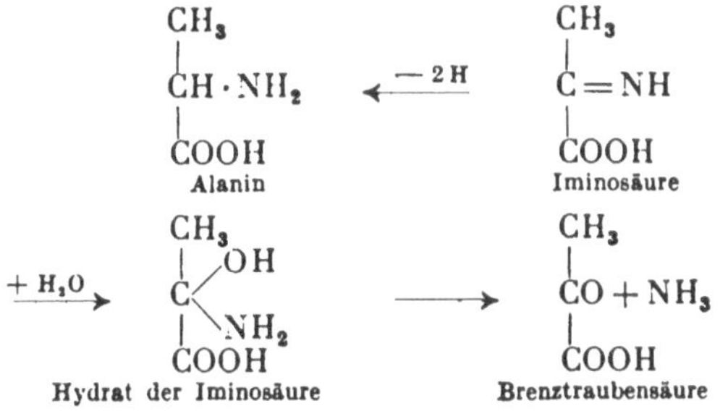

Es ist augenscheinlich, daß hier der umgekehrte Prozeß einer Aminosäurebildung vorliegt. Man vermutet, daß die *d*-Aminosäureoxydase Alanin durch reduzierende Aminierung der Brenztraubensäure aufbaut *(Warburg)* (622). Der Proteinanteil im Ferment ist sehr groß. Auf 1 g-Molekül der prosthetischen Gruppe (Alloxazin-Adenin-Dinukleotid) kommen etwa 70000 g Protein *(Negelein* und *Brömel)* (623). Dieses Enzym, das man aus Nieren isoliert hat, spielt sicher in der Natur eine wichtige Rolle. Die Oberhefe enthält ebenfalls die prosthetische Gruppe.

Im Anschluß sei noch kurz die **Fumarathydrase**, die die Fumarsäure in Bernsteinsäure überführt, erwähnt. Sie wird aus Hefe gewonnen und gehört auch zur Gruppe der Flavinenzyme. Wird das Holoenzym durch Aufspaltung in seine Komponenten unbrauchbar gemacht, so kann man dem Apoenzym durch ein reines Alloxazin-Adenin-Dinukleotid wieder die vollständige Aktivität verleihen *(Fischer* und *Eysenbach)* (624).

Schrifttum

Bersin, Th., Kurzes Lehrbuch der Enzymchemie. Leipzig 1951.

Nord-Weidenhagen, Handbuch der Enzymologie. Leipzig, Akadem. Verlagsgesellschaft 1940.

Bamann-Myrbäck, Die Methoden der Fermentforschung. Leipzig, Georg Thieme, 1941.

Warburg, O., Schwermetalle als Wirkungsgruppen von Fermenten. Verlag Dr. Saenger, Berlin 1946.

Warburg, O., Wasserstoffübertragende Fermente. Verlag Dr. Saenger, Berlin 1948.

Euler, Hans von, Beziehungen der Enzyme zu den übrigen Wirkstoffen, i. Ergebnissen der Enzymforschung Bd. X, 1949, S. 302.

12. Kapitel

Der jetzige Stand der Theorie der alkoholischen Gärung Gärprozeß durch lebende Hefe

A. Vorarbeiten zur Klärung der Theorie der alkoholischen Gärung Theorie von C. Neuberg

Wir hatten im 2. Kapitel gesehen, welche Wege bereits eingeschlagen wurden, um Licht in den Mechanismus der alkoholischen Zuckerspaltung zu bringen. Ein großer Fortschritt wurde erreicht, als es *Neubauer* und *Fromherz* (625) (1911) sowie *Neuberg* und *Hildesheimer* (626) gelungen war, aus dem Dehydrierungsprodukt der Milchsäure, der Brenztraubensäure,

$$CH_3 \cdot CO \cdot COOH$$

Kohlensäure durch Hefe abzutrennen. Da das zweite Spaltstück, der Acetaldehyd in naher Beziehung zum Alkohol steht,

$$\underset{\text{Acetaldehyd}}{CH_3 \cdot CHO} + \underset{\text{Wasserstoff}}{H_2} = \underset{\text{Alkohol}}{CH_3 \cdot CH_2 \cdot OH}$$

so waren die Grundlagen für ein neues Gärungsschema, das *C. Neuberg* (626) 1913 aufstellte, gegeben. Für die Herkunft der Kohlensäure und des Alkohols war zum ersten Male eine einfache, ungekünstelte, plausible Entstehungsweise erhalten worden. Es fehlten nur noch die Beziehungen zwischen der Brenztraubensäure und den Hexosen. Diese stellte sich *Neuberg* folgendermaßen vor: Aus dem Glucosemolekül (I) werden zunächst 2 Moleküle Wasser abgespalten, wodurch ein Aldolkondensationsprodukt des Methylglyoxals (II) entsteht, was durch einen glatten Zerlegungsvorgang zwei Moleküle Methylglyoxal (III)

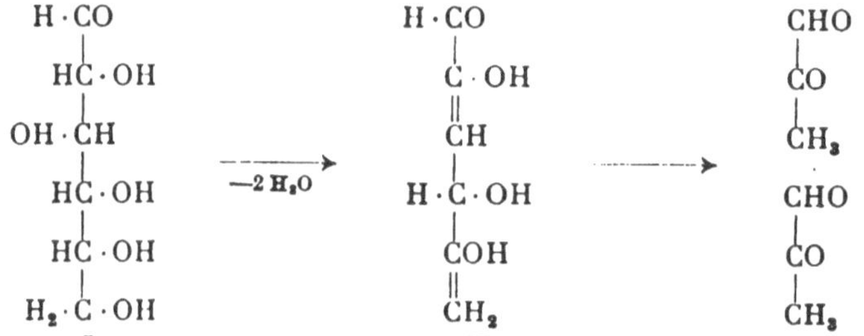

I II III

gibt. Unter Mitwirkung von Wasser entstehen dann nach dem Schema von *Cannizzaro* ein Molekül Glycerin und ein

$$\begin{array}{ccccc} CH_3\cdot CO\cdot CHO & & H_2 + H_2O & & CH_2\cdot OH\cdot CH\cdot OH\cdot CH_2\cdot OH \\ & + & | & = & \text{Glycerin} \\ CH_3\cdot CO\cdot CHO & & O & & CH_3\cdot CO\cdot COOH \\ \text{Methylglyoxal} & & & & \text{Brenztraubensäure} \end{array}$$

Molekül Brenztraubensäure. Diese zerfällt nun, wie bereits angedeutet, mit Hilfe der Decarboxylase der Hefe in Kohlensäure und

$$CH_3\cdot CO\cdot COOH = CH_3\cdot CHO + CO_2$$

Acetaldehyd. Also eine Kohlensäureabspaltung aus einer Ketosäure, eine Decarboxylierung, ist die Ursache der Entstehung der Gärungskohlensäure. Um nun zum Alkohol zu gelangen, muß abermals eine *Cannizzaro*sche Reaktion eintreten, und zwar mit

$$\begin{array}{ccccc} CH_3\cdot CHO & & H_2 & & CH_3\cdot CH_2\cdot OH \\ \text{Acetaldehyd} & + & | & = & \text{Aethylalkohol} \\ CH_3\cdot CO\cdot CHO & & O & & CH_3\cdot CO\cdot COOH \\ \text{Methylglyoxal} & & & & \text{Brenztraubensäure} \end{array}$$

dem eben gebildeten Acetaldehyd und einem Molekül Methylglyoxal. Durch Reduktion des Acetaldehyds mit Hilfe von Wasserstoff entsteht also der Gärungsalkohol. Die nebenher abgeschiedene Brenztraubensäure wird alsdann wieder, wie oben angegeben, entcarboxyliert und im Schema weiter verarbeitet.

Das vorliegende Reaktionsschema ist im Gegensatz zu seinen Vorgängern durch biochemische Experimente gestützt worden. Es wurde nicht nur die Brenztraubensäure durch Hefe vergoren, sondern es gelang auch, aus der Glucose Brenztraubensäure zu gewinnen (*Fernbach* und *Schoen* (627), *Grab*) (628). Es sei hier besonders darauf aufmerksam gemacht, daß in diesem Schema zum erstenmal die *Cannizzaro*sche Reaktion zur Erklärung des Gärungsmechanismus ausgiebig herangezogen wurde.

Wenn man die Zwischenprodukte der alkoholischen Gärung fassen will, so kann man nicht mit normalen lebenden Hefen operieren, sondern nur mit Hefepräparaten oder abgetöteten Hefen. Man ist also gezwungen, in das Enzymsystem der Hefen mit Giften oder physikalischen Methoden einzugreifen, um die Tätigkeit gewisser

Enzyme oder Enzymsysteme auszuschalten. Die erhaltenen Zuckerspaltungen sind dann nicht mehr Reaktionen normaler Lebewesen, sondern nur ihrer Enzyme. Es ist infolgedessen schwer zu entscheiden, ob normale physiologische Reaktionen oder pathologische Reaktionen vorliegen. Zu bezweifeln ist, ob die unter solchen unnatürlichen Bedingungen erzielte Phasenfolge den normalen Reaktionen der gesunden Zelle entspricht. Andererseits ist es ganz wahrscheinlich, daß einzelne Reaktionen im Organismus genau so verlaufen, wie sie in vitro mit Enzympräparaten erzielt werden. Diejenigen Zwischenglieder, die glatt vergoren werden ohne die Hefe zu schädigen, könnte man als normale Phasenprodukte ansprechen. Nun hat sich herausgestellt, daß die im Laboratorium gewonnene Form von Methylglyoxal überhaupt unvergärbar ist. Man könnte indessen mit Recht annehmen, daß die lebende Zelle ein leicht vergärbares Isomeres produziert, doch dann wäre die berechtigte Frage aufzuwerfen, warum in wässeriger Lösung des Laboratoriumpräparates sich wenigstens nicht ein Teil nach dem Gesetz der Gleichgewichte unter der Einwirkung der Enzyme in die angeblich vergärbare Form umwandelt?

Es erwies sich ferner, daß die Reaktionsform, die *Neuberg* die Anregung zu seiner Theorie gab, die Vergärung der Brenztraubensäure der Formel $CH_3 \cdot CO \cdot COOH$ keine normale physiologische Reaktion ist. *Haehn* und *Glaubitz* (629) konnten nachweisen, daß in einem Ansatz nach *Neubergs* Vorschrift die Hefezellen schon in wenigen Stunden absterben. Die Vergärung der genannten Säure war daher in *Neubergs* Versuchen nur mit einem enormen Überschuß an Hefe möglich, was deutlich beweist, daß Glucose und Brenztraubensäure in dieser Beziehung nicht auf gleicher physiologischer Stufe stehen. Soll das Brenztraubenmolekül wirklich ein physiologisches Durchgangsprodukt sein, so muß entweder die Säure in äußerst verdünnter Konzentration auftreten, damit sie in der Zelle abgepuffert werden kann, oder es muß eine besondere physiologische Form entstehen. Letzteres ist nun der Fall nach den Ergebnissen von *Henri* und *Fromageot* (630), die aus dem Absorptions-Spektrum ableiteten, daß die Brenztraubensäure in vivo nicht in der Ketoform (CH_3 CO · COOH), sondern als Enolverbindung ($CH_2 = C$ OH · COOH) vorliegt. Es sei hier vorweggenommen, daß man nunmehr das wirkliche Zwischenglied in der 2-Phospho-Enolbrenztraubensäure

$$\begin{array}{c} CH_2 = C \cdot COOH \\ \quad\; \vdots \\ \quad\; O \\ \quad\; \vdots \\ \quad\; PO_3H_2 \end{array}$$

entdeckt hat (*Meyerhof* und *Kießling* (631), *Warburg* und *Christian*) (632). Nach der Entphosphorylierung tritt die Brenztraubensäurespaltung ein.

Vielleicht spielt die von *Nelson* und *Browne* (633) isolierte Glucinsäure CH · OH = CH · CO OH (isomer mit der Enolbrenztraubensäure) auch bei bestimmten Gärungen eine Rolle, da sie den Luftsauerstoff unter starker Erwärmung aufnimmt. Bei manchen „heißen Gärungen" könnte sie möglicherweise mitwirken.

Neubergs Schema, das lange Zeit die meisten Fachleute anerkannten, ist heute nicht mehr haltbar. Es ist durch neue Erkenntnisse überholt. Wenn auch *Neubergs* Arbeiten nicht das Endziel erreichten, so ist durch sie eine Arbeitsweise angeregt worden, die uns eine neue Chemie der Zuckerspaltung erschlossen hat. In gleicher Weise haben die Pionierarbeiten von *Embden* mit Muskelsäften gewirkt (s. w. u.).

Als Zwischenglieder der Gärung sind von anderer Seite die Triosen Glycerinaldehyd (*Lebedew*) und Dioxyaceton angesprochen worden, von denen sich nur das letztere glatt und so schnell wie Glucose, ohne Hefevergiftung, von der Hefe Saccharomyces Ludwigii vergären läßt (*Haehn* und *Glaubitz*) (634). Dieser Erfolg wurde mit dem reinen monomeren Dioxyaceton aus dem Laboratorium von *H. O. L. Fischer* (635) erzielt.

Heute gibt es für diese Vergärung eine Erklärung. Es sei gleich hier gesagt, daß als Gärungszwischenprodukte Dioxyacetonphosphat und Glycerinaldehydphosphat intermediär auftreten, worauf nach Verbrauch des Aldehydes derselbe aus dem Dioxyaceton durch die Isomerase nachgebildet wird (s. Kap. 12 B), (S. 246).

Schema von A. v. Lebedew

Nach *Neuberg* stellte *A. v. Lebedew* ein anderes Schema auf.

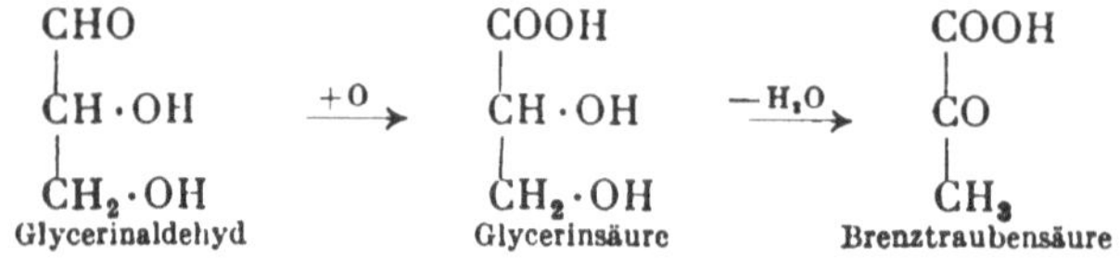

Glycerinaldehyd Glycerinsäure Brenztraubensäure

Lebedew setzt an Stelle des Methylglyoxals Glycerinaldehyd und läßt diesen zu Glycerinsäure oxydieren, die dann unter Wasserabspaltung Brenztraubensäure ergibt. Der durch die Decarboxylasereaktion entstehende Aldehyd liefert durch Reduktion den Alkohol. Für die weiteren Einzelheiten muß auf die Originalpublikation verwiesen werden. Diese Formulierung hat Bedeutung durch die Umwandlungsphase der Glycerinsäure, die durch eine wichtige Beobachtung *Embdens* wieder in den Vordergrund des Interesses gerückt worden ist und im neuen Schema des Zuckerabbaus im Muskel in Form eines Phosphorsäureesters eine Schlüsselstellung einnimmt. Auch den Hinweis auf den Glycerinaldehyd, der in der neuesten Gärphasenfolge ebenfalls als Phosphat auftritt, verdanken wir von *Lebedew* (636). Eine Stütze seiner Theorie erblickte er in der Vergärbarkeit des Glycerinaldehyds mit Hefesaft. Die Glycerinsäure ist dann später von *R. Nielsson* bei der Gärung in Form des Phosphorsäureesters aufgefunden worden.

Wir müssen jetzt auf eine biochemische Reaktion zurückkommen, die, obgleich ihre Wichtigkeit für die alkoholische Gärung von manchen Seiten bestritten wurde, seit langem in der Zuckerchemie eine Rolle spielt. Es handelt sich um die Einwirkung der Phosphorsäure auf die Zuckerarten unter dem Einfluß von Hefeenzymen.

Von *Harden* und *Young* (637) wurde bereits vor längerer Zeit die Beobachtung gemacht, daß sich unter dem Einfluß von Hefesaft aus Zucker und anorganischen Phosphaten ein Zuckerphosphorsäureester, und zwar, wie sich später herausstellte, eine Fructose-1,6-Diphosphorsäure, bildet (Formel s. w. u.). Es war der erste Zuckerester, der bei biochemischen Prozessen entdeckt wurde und zwar im Jahre 1905. Die Auffindung anderer Zuckerester führte zu der Ansicht, daß durch die Veresterung und nachherige Spaltung die Zucker in eine labile Form übergeführt würden, die den Gärenzymen leicht zugänglich sein sollten. Dies war ein Irrtum, denn die Abspaltung der Phosphorsäure erfolgt erst von der erzeugten Phosphobrenztraubensäure, wie sich später herausstellte. (Über die biologische Bedeutung der Zuckerester siehe Kap. 11 S. 206, Phosphatasen.)

Anschauungen von *Embden* und *Meyerhof*

Eine neue Belebung erfuhr die Theorie der alkoholischen Gärung, als *Nilsson* (638), *Meyerhof* (639) und *Embden* (640) aus Gäransätzen und Versuchen mit Muskelextrakten Phosphoglycerinsäure, Glycerinphosphorsäure und Dioxyacetonphosphorsäure isolierten. *Embden* begründete darauf ein neues Schema der Glykolyse, der Überführung der Glucose in Milchsäure in tierischen Organen (1934). Für die alkoholische Gärung, die mit eben genannter Reaktion die gleichen Vorstufen teilt, formulierte man wie folgt: Man geht aus von dem Hexosediphosphorsäureester und spaltet ihn in Dioxyacetonphosphorsäure und Glycerinaldehydphosphorsäure, wie es auch *Ohle* in seinem theoretischen Schema getan hat.

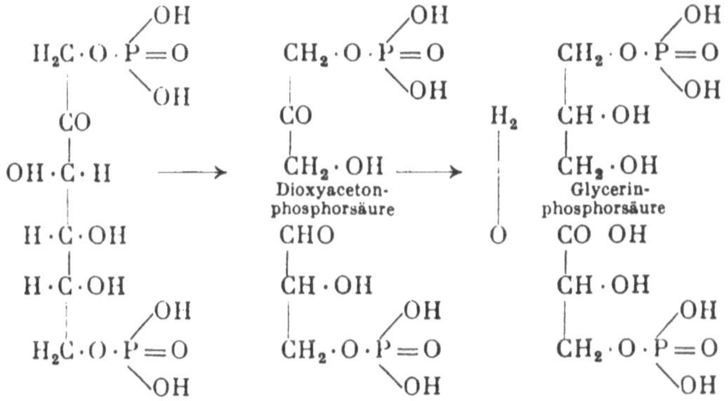

Hexosediphosphorsäureester (Ester von *Harden* und *Young*) — Glycerinaldehyd-phosphorsäure — Phospho-glycerinsäure

Nach der Reaktion von *Cannizzaro* sollte alsdann ein Molekül Wasser aufgeteilt werden, sodaß aus den genannten Spaltstücken Glycerinphosphorsäure und Phosphoglycerinsäure entstehen. Diese hat nun die Eigenschaft, sich in Brenztraubensäure und Phosphorsäure aufteilen zu lassen.

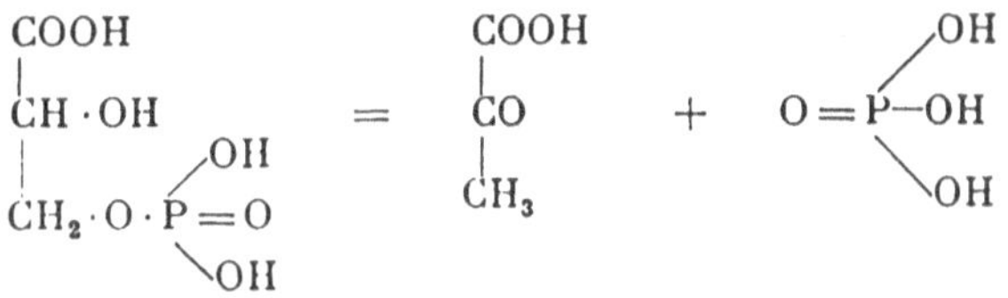

Phosphoglycerinsäure — Brenztraubensäure — Phosphorsäure

Über die Brenztraubensäure kommt man dann nach *Neuberg* zu Kohlensäure und Acetaldehyd,

$$\underset{\text{Brenztraubensäure}}{CH_3\cdot CO\cdot COOH} = \underset{\text{Kohlensäure}}{CO_2} + \underset{\text{Acetaldehyd}}{CH_3\cdot CHO}$$

und eine weitere *Cannizzaro*sche Reaktion führt denselben im Beisein von Glycerinaldehydphosphorsäure (*H. O. L. Fischer* und *H. Baer*, (640a) in Aethylalkohol über. Daneben entsteht als Partner Phosphoglycerinsäure, die wieder nach der

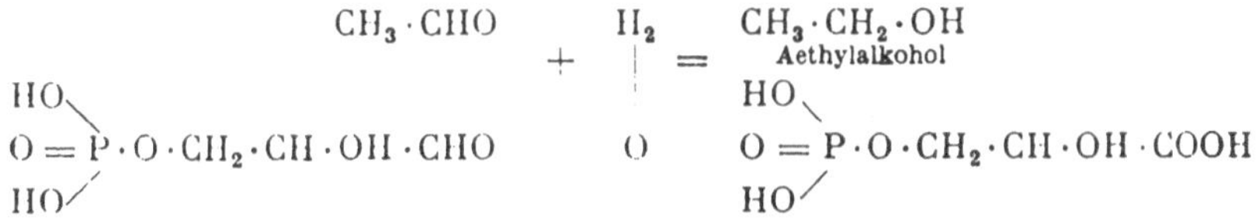

Glycerinaldehydphosphorsäure — Phosphoglycerinsäure

zweiten Gleichung zu Brenztraubensäure verarbeitet wird.

Schema nach *Meyerhof*

Meyerhof, der in Gemeinschaft mit *Lohmann* und *Kießling* durch viele wichtige Experimente die neue Theorie erhärtete, stellte dann ein weiteres Schema auf, in welchem eine Angärung von dem stationären Zustand unterschieden wird. In drei Hauptphasen a, b und c spielt sich der ganze Vorgang ab, wobei die in Gleichung b erforderliche Phosphoglycerinsäure sowohl durch Gleichung a wie c geliefert wird.

			a)		
Angärung	1 Glucose + 1 Hexosediphosphorsäure + 2 Phosphorsäure	=	4 Triosephosphorsäure	=	2 Glycerinphosphorsäure + 2 Phosphoglycerinsäure
			b)		
Stationärer Zustand	2 Phosphoglycerinsäure	=	2 Brenztraubensäure + 2 Phosphorsäure	=	2 Acetaldehyd + 2 CO_2 + 2 Phosphorsäure
			c)		
	1 Glucose + 2 Phosphorsäure + 2 Acetaldehyd	=	2 Triosephosphorsäure + 2 Acetaldehyd	=	2 Phosphoglycerinsäure + 2 Alkohol

Bei dem genaueren Studium der Phase b des Gärungsschemas hat sich herausgestellt, daß sich die eben genannte Säure in zwei Isomere zerlegen läßt, in die Glycerinsäure-3-Phosphorsäure und in die Glycerinsäure-2-Phosphorsäure. Letztere gibt unter Wasserabspaltung eine Brenztraubensäure-2-Phosphorsäure, die ihrerseits durch Verseifung zu Brenztraubensäure führt. In das obige Schema müssen nun noch folgende Gleichungen eingefügt werden:

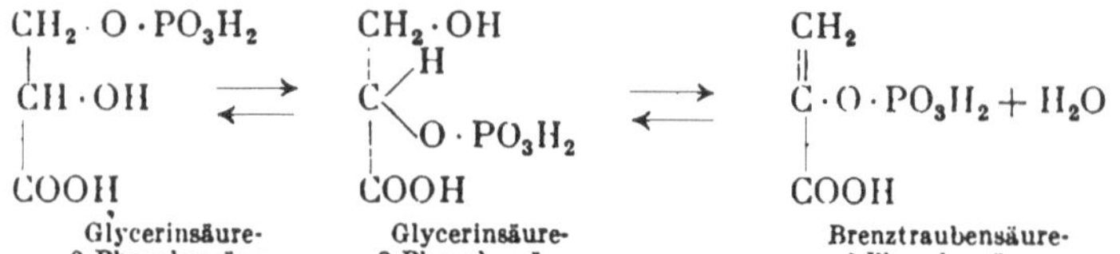

Glycerinsäure-3-Phosphorsäure — Glycerinsäure-2-Phosphorsäure — Brenztraubensäure-2-Phosphorsäure

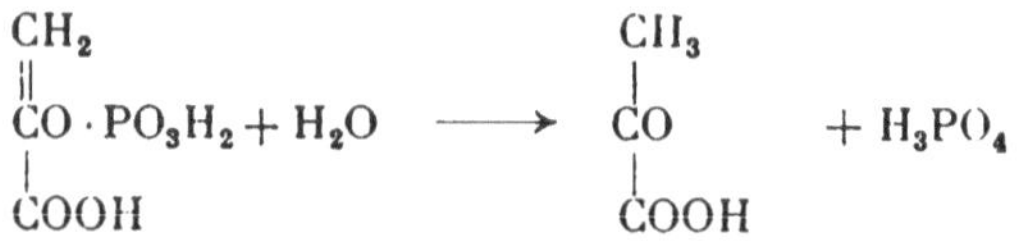

Brenztraubensäure — Phosphorsäure

Aus den Doppelpfeilen der ersten Gleichung ersehen wir die chemischen Gleichgewichte der einzelnen Produkte untereinander.

Nun aber muß bemerkt werden, daß ein Teil dieser äußerst interessanten Reaktionen unter dem Einfluß von Fluornatrium bzw. von Jodessigsäure, also von Zellgiften, erzielt wird. Man kann demnach auch bei diesem Gärungsschema nicht entscheiden, ob in einer gesunden, gärenden Zelle der Stoffwechsel in derselben Weise erfolgt. Auch dieses *Meyerhof*sche Schema mußte infolge neuerer Forschungsergebnisse verlassen werden. Dennoch bildet es die Grundlage unserer heutigen Kenntnis über die Phasenfolge. Jedenfalls haben wir durch diese verdienstvollen Arbeiten neue Zuckerstoffwechselprodukte in chemischer Bindung mit Phosphorsäure kennen gelernt, die der weiteren Aufklärung äußerst nützlich waren.

Wie bereits angedeutet, ist der Phosphatstoffwechsel bei dem normalen Gärprozeß wohl möglich, aber er ist noch nicht endgültig bewiesen. Hervorzuheben ist indessen, daß das für die Esterbildung in Frage kommende Enzym, das Phosphat übertragende Ferment in vielen Organen und Hefen aufgefunden wird, was sehr deutlich für den Phosphatstoffwechsel in der normalen Hefezelle spricht. Nun gibt es aber Forscher, die die Bildung der Triosen aus den Hexosen ohne Beisein von Phosphorsäure für möglich halten. So wie sich in Gehirnzellen nach *Ashford* und *Holmes* (641) Milchsäure durch Glykolyse aus Glucose ohne Mitwirkung der Phosphate bildet, so sollen auch bei der Gärung die Phosphorsäureester keine integrierenden Bestandteile sein. Selbst der Entdecker der Zymophosphate, *Harden*, hält eine Aufspaltung der Glucose mit Hilfe von Phosphorsäure nicht für unbedingt nötig. Auch *F. F. Nord* (642) bekennt sich nach seinen Versuchen mit Fusarium lini Bolley zu dieser Ansicht.

Durch Versuche von *Somogyi* (643) wissen wir, daß Glucose in Gegenwart von Eiweiß in einer Hefeaufschlämmung so stark adsorbiert wird, daß im Filtrat kein Zucker nachzuweisen ist. Nicht vergärbare Zucker, wie Lactose und Arabinose, sind dagegen in solchen Gemischen auf genannte Weise abtrennbar. Man nimmt an, daß eine starke Adsorption und damit eine Auflockerung, Deformierung des Moleküls erfolgt. Es bildet sich eine „vergärbare" Zuckerform, die ohne Mitwirkung von Phosphorsäure in Triosen zerfällt. So ist die Frage der Phosphorylierung in der lebenden Hefezelle noch nicht restlos geklärt, obgleich heute alle Phasen der „zellfreien" Gärung mit Phosphorverbindungen zu Erfolgen führen. Nach all den Erfahrungen mit Hefepräparaten und nicht zuletzt mit den reinen Enzymen *Warburgs* und anderer Forscher ist sicher anzunehmen, daß es sich in der lebenden Zelle auch um einen Zuckerphosphatstoffwechsel handelt.

B. Der jetzige Stand der Theorie der alkoholischen Gärung[1])

Das eingehende Studium des Zymasekomplexes, der Aldolase (Zymohexase) durch *Meyerhof* und *Lohmann*, *Warburg* und *Christian*, der Enolase, durch dieselben Forscher, der Isomerase (*Meyerhof* und *Kießling*), der Decarboxylase (*Neuberg*, *Lohmann*), der Phosphorylasen (*Euler*, *Lohmann*, *Quastel*), der phosphatübertragenden Fermente (*Bücher*, *Negelein*), die nimmermüden Bemühungen um die Konstitution der Cozymase durch *v. Euler* und seiner Schule, und vor allem die fundamentale Entdeckung der Nikotinsäure im Molekül der Cozymase und seiner Funktion beim Gärprozeß durch *Warburg* und *Christian* haben unter Hinzuziehung der bisherigen Erfahrungen ein neues Gärungsschema reifen lassen. Aber auch hier ist längst noch nicht das letzte Wort gesprochen. Das Nähere über die einzelnen Enzyme und ihre Funktionen ist im 11. Kapitel zu finden und muß zur Vervollständigung des Gärbildes unbedingt herangezogen werden. Hier soll uns in erster Linie nur das Schema der Aufteilung des Zuckermoleküls und der Umwandlungen der Sprengstücke interessieren. Auch hier sind Ergänzungen zum tieferen Verständnis notwendig und zwar durch die Ausführungen aus dem Absatz A.

---

[1]) Lit. s. Kap. 11 unter Zymase und *Warburgs* Zitat (620).

Zunächst sei zur schnellen Orientierung eine knappe schematische Übersicht über den Gang der alkoholischen Zuckerspaltung gegeben, wobei der Phosphatstoffwechsel aus didaktischen Gründen ausgeschaltet sei.

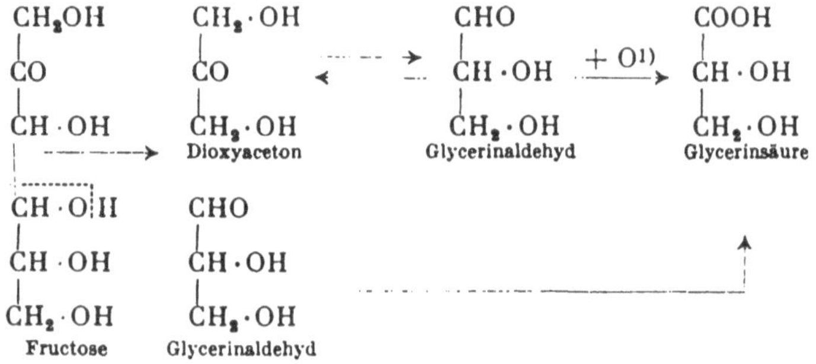

Zunächst wird die Fructose in die Triosen Glycerinaldehyd und Dioxyaceton zerlegt, worauf dieses in Glycerinaldehyd umgelagert wird. Von hier aus führt der Weg durch einen Oxydationsprozeß mit Hilfe einer Dehydrase (Cozymase + Protein) zur Glycerinsäure, die infolge Enolasewirkung durch Wasserentzug die Enolbrenztraubensäure gibt.

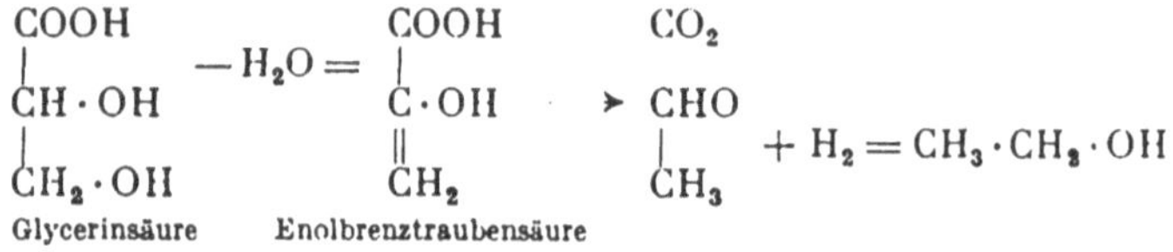

Durch die Decarboxylasereaktion kommen wir nun zur Kohlensäure und der Vorstufe zum Aethylalkohol, dem Acetaldehyd. Der bei der obigen Dehydrierung durch die Cozymase gewonnene Wasserstoff vollendet den Prozeß durch die Reduktion des Aldehyds zum Alkohol.

Das ausführliche Gärungsschema

1. Phase

Als erste Reaktion müssen wir die Synthese der Fructose-1,6-diphosphorsäure (*Harden*-Ester) aus der Hexose und Phosphorsäure durch verschiedene Phosphatasen und Mutasen annehmen. Geht man von der Glucose aus, so bildet sich mit Hilfe der **Phosphorylase** der *Cori*-Ester (Glucose-1-monophosphorsäureester), der über den *Robison*-Ester (Glucose-6-monophosphorsäureester), entstanden durch die Wirkung der **Phosphoglucomutase**,, zum *Neuberg*-Ester (Fructose-6-monophosphorsäureester) führt, durch Isomerisierung einer **Phosphohexosemutase** (Formeln Kap. 11 B, Phosphorylasen). Um zu dem Diester, dem *Harden*-Ester, zu kommen, ist eine weitere Phosphorylierung notwendig und zwar durch die **Hexosemonophosphatphosphorylase,** Als Phosphatdonator ist bei diesen Prozessen die Adenosintriphosphorsäure (Adenylpyrophosphorsäure) (Kap. 7), das Coferment der Phosphorylasen tätig, wobei durch den Umphosphorylierungsprozeß *(Quastel)* aus der Triphosphorverbindung die Adenosindiphosphorsäure entsteht (s. Kap. 11 Zymase-Phosphorylasen S. 226).

[1]) Der Sauerstoff stammt aus einem Mol Wasser des Aldehydhydrates.

Ob die ersten Stufen der Phosphorylierung in der angegebenen Reihenfolge durchlaufen werden, ist hier noch unbewiesen. Im Muskel[1]) beginnt der Prozeß mit der Glucose-1-Phosphorsäure und geht über den *Robison*-Ester zum *Harden*-Ester (s. Phosphoglucomutase, Kap. 11, S. 225). Der Glykogenabbau erfolgt auch über den *Cori*-Ester. Bei der Selbstgärung der Hefe könnte derselbe Vorgang angenommen werden.

Ob überhaupt bei jeder Zuckervergärung der Weg über Glykogen eingeschlagen wird, wie *Willstätter* vermutete, ist noch nicht entschieden, aber unwahrscheinlich. Sicher ist in allen Fällen der *Harden*-Ester das Endprodukt. Dieser Ester, Versuchen mit gesunder lebender Hefe zugefügt, erfährt keine gute Vergärung gegenüber reiner Glucose, offenbar infolge ungünstiger osmotischer Verhältnisse, und weil ein Phosphatacceptor (Glucose) fehlt. Indessen ist sicher anzunehmen, daß sich der *Harden*-Ester in der Zelle bildet und dort gleich aufgespalten wird zu Triosen nach Phase 2. Dieser Vorgang ist nicht verwunderlich, denn bei dem Glykogen liegt derselbe Fall vor. Wird dasselbe einem Gäransatz zugegeben, so bleibt es unverändert liegen. Dagegen ist bekannt, daß glykogenreiche Hefezellen eine lebhafte Selbstgärung hervorrufen. Ferner wird Glykogen zellfrei — also durch Hefepreßsaft — vergoren.

2. Phase

Nun setzt ein interessanter Vorgang ein, die Zersprengung der Kohlenstoffkette in der Mitte des Moleküles durch die **Aldolase (Zymohexase)**, wodurch zwei Triosen in Form ihrer Phosphate entstehen. Nach dem Formelbild muß sich die Fructosediphosphorsäure in eine Dioxyacetonphosphorsäure und eine Glycerinaldehydphosphorsäure aufteilen.

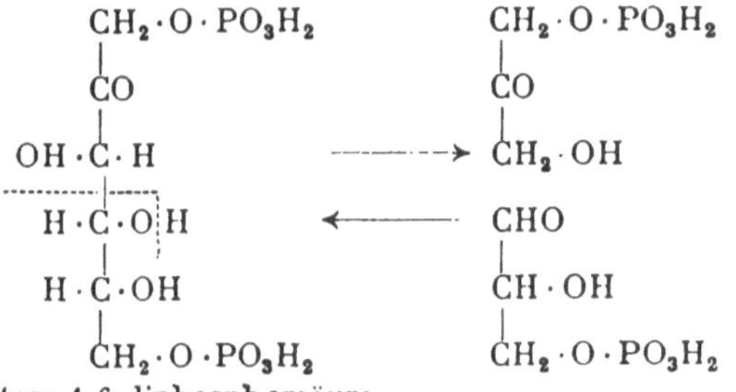

Dioxyacetonphosphorsäure

Glycerinaldehydphosphorsäure (*Fischer*-Ester)

Fructose-1,6-diphosphorsäure (*Harden*-Ester)

Wie wir bereits im Absatz A sahen, war schon von *Embden* und Mitarbeitern diese Gleichung aufgestellt worden, nachdem man das Dioxyacetonphosphat isoliert hatte (*Meyerhof*, *Kießling*). Mittlerweile ist es auch *Kießling* (644) gelungen, bei der natürlichen Vergärung von Traubenmaische bei etwa 11° und einem pH = 3,3 mittelst lebender Hefe die beiden Phosphorsäureester des Dioxyacetons und des Glycerinaldehyds experimentell nachzuweisen.

Der Prozeß der Aldolase ist durch die Isolierung des reinen Enzyms durch *Warburg* und *Christian* (645) gut fundiert worden. Aus Muskelsaft wurde sogar das Enzym in Kristallform erhalten. Es handelt sich um eine dissoziierende Eiweiß-Schwermetallverbindung (mit Cu oder Zn oder Co), deren weitere Konstitution noch ein großes interessantes Rätsel bedeutet (s. Kap. 11, Zymase).

[1]) Es sei hier daran erinnert, daß, wie wir später sehen werden, im Muskel der Zuckerabbau zu Milchsäure (Glykolyse) über dieselben Anfangsphasen geht wie der Zuckerzerfall in der Hefezelle. Überhaupt sei hier ausdrücklich darauf hingewiesen, daß zwischen der Glykolyse und der alkoholischen Gärung eine ausgesprochene Parallelität herrscht, sodaß die Ergebnisse mit Muskelsäften auf die Hefegärung übertragbar sind und umgekehrt.

Es war schon früher von *Haehn* und *Glaubitz* (646) darauf hingewiesen worden, daß Dioxyaceton aus Gründen seiner vorzüglichen Vergärbarkeit und vollständigen Ungiftigkeit gegenüber Hefen als Zwischenprodukt der alkoholischen Gärung in Betracht kommt.

3. Phase

In der nächsten Phase erfolgt die Umwandlung des Ketonderivates in den Aldehyd durch die **Isomerase**. Der bei der nächsten Teilreaktion verschwindende Glycerinaldehyd wird also aus dem Dioxyaceton sofort nachgebildet. Die Gleichgewichte haben *Meyerhof* und *Kießling* mit dem Muskelenzym studiert.

Dioxyacetonphosphorsäure $\rightleftarrows$ Phosphoglycerinaldehyd

4. Phase

Wirkung des oxydierenden Gärungsfermentes (s. auch Kap. 11 S. 227)

Bis jetzt haben wir die Glucose in Glycerinaldehyd umgewandelt. Die nächste Phase wird durch die Wirkung der **Cozymase (Codehydrase I)** in Gegenwart eines spezifischen Proteins, von *Warburg* in kristallisiertem Zustande erhalten, ausgelöst (s. Kap. 10, S. 191). Es handelt sich hier um die äußerst wichtige Reaktion der Oxydation des Glycerinaldehyds zu Glycerinsäure durch Dehydrierung. Zunächst entsteht vermutlich aus dem Hydrat der 3-Glycerinaldehydphosphorsäure mit Hilfe von anorganischem Phosphat die 1,3-Glycerinaldehyd-diphosphorsäure, woraus die Cozymase zwei H-Atome aus der Aldehydgruppe abspaltet, wodurch die veresterte Carboxylgruppe der 1,3-Diphosphoglycerinsäure des Negelein-Esters (647) entsteht.

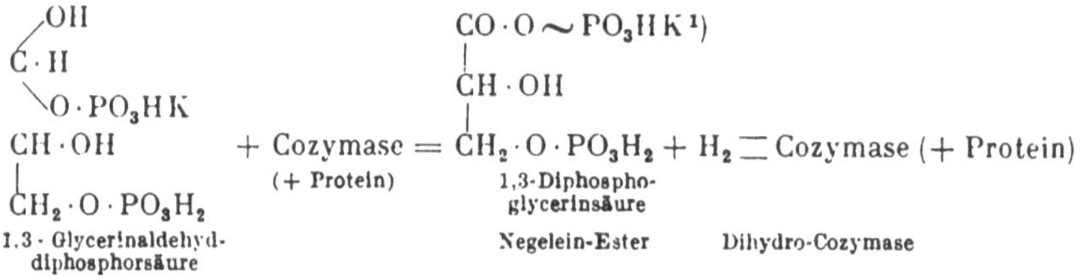

Durch diese merkwürdige Esterbildung — der Ester ist eigentlich ein gemischtes Säureanhydrid — erklärt sich auch die frühere Angabe *Meyerhofs*, daß bei der Aldehydoxydation zur Glycerinsäure anorganisches Phosphat zugegen sein muß. Das Diphosphat des Aldehyds ist wahrscheinlich der Dehydrierung besonders leicht zugänglich. Als Wasserstoffakzeptor funktioniert das Coenzym des oxydierenden Fermentes, die Cozymase selbst und steht jetzt als Dihydro-Cozymase dem Acetaldehyd für die Phase 8 zur Verfügung.

Es sei wiederholt, daß das Nikotinsäureamid der Cozymase die reaktionsfähige Gruppe im Molekül ist.

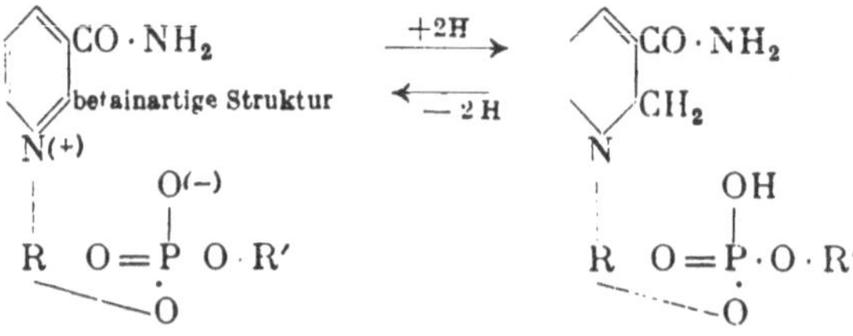

Abgekürztes Schema der Cozymasereaktion

[1]) Die Bindungen mit hoher Energie sind mit ~ gekennzeichnet.

Aus dem abgekürzten Reaktionsschema sehen wir, daß der Pyridinkern durch die Aufnahme von Wasserstoff eine Ringdoppelbindung in der Orthostellung verliert und zum hydrierten Körper wird, während ein zweites H-Atom an das negativ geladene Sauerstoffatom der Phosphorsäure wandert. Hierbei geht die betainartige Struktur verloren. Der umgekehrte Vorgang tritt ein bei der Reduktion des Acetaldehyds in Phase 8. Über diesen Prozeß wurde bereits im 11. Kapitel (Zymase, wasserstoffübertragendes Ferment) ausführlich berichtet.

Wenn die Cozymase diese Oxydation der 4. Phase vollbracht, sich also mit Wasserstoff beladen hat, so stößt sie ihre dissoziierend gebundene Proteinkomponente ab und nimmt an deren Stelle ein anderes spezifisches Eiweißmolekül auf. In diesem Zustande, also nach Bildung eines neuen Holoenzyms, ist sie in der Lage, den Acetaldehyd in Phase 8 zu reduzieren. Ist dies geschehen, so trennt sich wieder das Apoenzym ab und wird von dem ersten Protein abgelöst. So erfolgt bei dem ständigen Wechsel in der Enzymtätigkeit bei den Oxydations- und Reduktionsprozessen ein regelmäßiger Proteinaustausch. Der Oxydationsvorgang benötigt ein anderes spezifisches Protein als die Reduktionsphase. (Bildung zweier spezifischer Holoenzyme mit ein und derselben Wirkgruppe!) Dieser Proteinwechsel erfolgt jedoch nicht ruckartig, sondern das eine Eiweißmolekül verdrängt allmählich das andere. Das Protein für das reduzierende Enzym „Alkoholdehydrase" wurde von *Negelein* und *Wulff*, das des oxydierenden Enzyms von *Warburg* und *Christian* kristallinisch erhalten.

Überhaupt sei an dieser Stelle auf die ausschlaggebende Wichtigkeit der Proteine für die Auslese der spezifisch eingestellten Fermentreaktionen im ganzen Gärprozeß hingewiesen. Die prosthetischen Gruppen sind hier von untergeordneter Bedeutung (s. Kap. 11, Phosphatübertragende Fermente). (S. 208).

Der Oxydationsprozeß des Glycerinaldehydes zu Glycerinsäure ist mit einem Potentialhub verbunden. Die frei gewordene Energiemenge wird teilweise in der neugebildeten 1,3-Diphosphoglycerinsäure aufgespeichert. Beim Zerfall dieser Verbindung, Abspaltung der Phosphorsäure aus der Carboxylgruppe unter Bildung der 3-Phosphoglycerinsäure durch ein dephosphorylierendes Ferment (Kap. 11, Dephosphorylierende Fermente, Dephosphorylase von *Bücher*, phosphatübertragendes Ferment der Gärung I)

1,3-Diphosphoglycerinsäure + Adenosindiphosphat (ADP) $\rightleftarrows$ 3-Phosphoglycerinsäure + Adenosintriphosphat (ATP)

vermag die jetzt wieder frei werdende Energie das Adenosindiphosphat (durch Synthese) in das Adenosintriphosphat umzuwandeln, das jetzt die Oxydationsenergie aufgespeichert enthält und nun in der Lage ist, die Hexose in Phase 1 zu phosphorylieren. (Über die Adenosintriphosphorsäure als Energiespeicher s. Kap. 11 unter phosphatübertragende Fermente S. 208.)

Die jetzt im Reaktionsgemisch auftretende 3-Phosphoglycerinsäure wurde seinerzeit bei der „natürlichen" Gärung von *R. Nilsson* (648) aufgefunden und gab Anlaß zur Revision der bis dahin aufgestellten Gärschemata.

5. Phase

Jetzt schließt sich die Überführung der 3-Phosphoglycerinsäure in die 2-Phosphoglycerinsäure durch die **Phosphoglycerinsäuremutase** an.

Über den Mechanismus dieser Reaktion s. Kap. 11 unter Phosphoglycerinsäuremutase (*Sutherland*, *Posternak* u. *Cori*). (S. 229).

6. Phase

Um nun die physiologische Form der Brenztraubensäure, die Phospho-Enolbrenztraubensäure, zu erhalten, ist die Tätigkeit der **Enolase** notwendig.

$$\begin{array}{l} COOH \\ | \\ CH \cdot O \cdot PO_3H_2 \\ | \\ CH_2 \cdot OH \end{array} \quad \xrightarrow{-H_2O} \quad \begin{array}{l} COOH \\ | \\ C \cdot O \cdot PO_3H_2 \\ \| \\ CH_2 \end{array}$$

2-Phosphoglycerinsäure 2-Phospho-Enolbrenztraubensäure

Dieses für die Aufklärung des Gärvorganges äußerst interessante Enzym wurde von *Lohmann* und *Meyerhof* entdeckt und später von *Warburg* und *Christian* (649) isoliert. Es handelt sich um eine Magnesiumverbindung mit einem Protein (s. Kap. 11, Zymase).

7. Phase

Diese Phase liefert nun durch die Einwirkung eines dephosphorylierenden Fermentes, der **Dephosphorylase** von *Negelein* (phosphatübertragendes Ferment der Gärung II) (Kap. 11) und der **Carboxylase** (besser als **Decarboxylase** bezeichnet) die Gärungskohlensäure, das erste stabile Endprodukt der alkoholischen Zuckerspaltung. Wir sehen hier, daß die Gärungskohlensäure ihre Entstehung einer Entcarboxylierung einer Carbonsäure verdankt. Als weitere Produkte erscheinen der Acetaldehyd und die Phosphorsäure, die hier aus dem Prozeß zunächst ausscheidet.

$$\begin{array}{l} COOH \\ | \\ C \cdot O \sim PO_3H_2 \\ \| \\ CH_2 \end{array} + H_2O = CO_2 + CH_3 \cdot CHO + H_3PO_4$$

Phospho-Enolbrenztraubensäure

Ob sich bei diesem Prozeß in der g e s u n d e n lebenden Zelle die Enol-Brenztraubensäure vor der Aufspaltung in die Ketoform umlagert, ist sehr zu bezweifeln, da diese sich als starkes Zellgift erwiesen hat (Kap. 12, S. 239). Auf jeden Fall darf sich die Ketosäure nicht erheblich anreichern.

Die Phosphorsäure wird von der prosthetischen Gruppe (ADP) der Dephosphorylase aufgenommen und erscheint in der ATP wieder. Die Dephosphorylase ist also das p h o s p h a t ü b e r t r a g e n d e Ferment, das die Phosphorsäure der Enolbrenztraubensäure auf die ADP überträgt.

Die Decarboxylasereaktion, von *Neubauer* zuerst aufgefunden, von *Neuberg* gründlichst untersucht, wird durch ein zerlegbares Holo-Enzym bewirkt. Von der Apodecarboxylase, dem Trägerprotein, wissen wir wenig, jedoch ist die Codecarboxylase als Aneurindiphosphorsäure von *Lohmann* und *Schuster* (650) erkannt worden. Hier liegt einer der ersten Fälle vor, bei denen Vitamine — hier das Vitamin B_1 — als Teile von Enzymen auftreten (Näheres und Konstitutionsformel im Kap. 10 unter Vitamin B_1 und Kap. 11 unter Zymase) S. 175 u. 230.

8. Phase

Zum Endziel des Prozesses, zum zweiten stabilen Endprodukt des Gärvorganges, dem Aethylalkohol, gelangen wir durch die Reduktion des Acetaldehydes mittelst der **Dihydro-Cozymase**, die in der 4. Phase entstanden ist.

$$CH_3 \cdot CHO + H_2 \rightleftharpoons \text{Cozymase} = CH_3 \cdot CH_2 \cdot OH + \text{Cozymase}$$

Die regenerierte Cozymase kann nun wieder in Phase 4 neue Moleküle Glycerinaldehyd in Glycerinsäure überführen (über Cozymase s. Kap. 11, Zymase). Aber auch dieser Prozeß geht, wie bereits in Phase 4 ausgeführt, nur in Gegenwart eines spezifischen Proteins von statten, das *Negelein* in rein kristallisiertem Zustande erhalten hat. Es war das zuerst entdeckte Protein des Zymasekomplexes. Hiermit begann die Aufklärung der *Harden*schen Apozymase. (S. 228).

Nebenphase (Glycerinbildung)

Wie wir eben sahen, findet die Dihydro-Cozymase erst in der letzten Phase Gelegenheit, ihren Wasserstoff an den Acetaldehyd abzuladen. Solange in der ersten Zeit der Gärung der Aldehyd noch fehlt, wird das Dioxyaceton der 2. Phase zum Glycerin hydriert.

$$\begin{array}{l} CH_2\cdot OH \\ | \\ CO \\ | \\ CH_2\cdot OH \end{array} + 2H = \begin{array}{l} CH_2\cdot OH \\ | \\ CH\cdot OH \\ | \\ CH_2\cdot OH \end{array}$$

Es könnte indessen auch der Glycerinaldehyd der Reduktion anheimfallen, jedoch wissen wir aus den Versuchen von *Negelein* und *Brömel* mit dem hydrierten Diphosphopyridinnukleotid (= Cozymase), daß von den Triosen das Dioxyaceton am schnellsten reduziert wird. Da aber der Acetaldehyd noch 20000mal schneller reagiert, so wird verständlich, daß unter normalen Gärbedingungen der Glycerinanfall nur klein sein kann.

Diese große Aktivität des Acetaldehyds gegenüber der Dihydro-Cozymase kann man ausnutzen, um Gärversuche mit Hefepräparaten im Laboratorium schnell in Gang zu bringen, mit anderen Worten, um die Induktionszeit abzukürzen. Eine kleine Menge von Acetaldehyd dem Ansatz zugefügt genügt, die Dihydro-Cozymase wieder schnell für die Phase 4 reaktionsfähig bereitzustellen. Auch eine Spur Hexosediphosphat hilft den toten Punkt der Gärung zu überwinden (s. Kap. 19, Gärproben).

Hier sei eingefügt, daß die Milchsäuregärung bis zur Brenztraubensäurebildung dieselben Phasen durchmacht. Der Unterschied zwischen der Milchsäuregärung und der alkoholischen Zuckerspaltung besteht darin, daß im ersten Fall die Brenztraubensäure zu Milchsäure reduziert wird, während bei der Hefegärung der durch die Zerlegung der Ketosäure entstandene Acetaldehyd der Wasserstoffanlagerung anheimfällt. Bei der Milchsäurebildung im Muskel wird von *W. A. Engelhardt* (651) und von *A. v. Szent-Györgyi* die Adenosintriphosphatase als wichtigstes aller Gärungsfermente betrachtet, da es als Energietransformator funktioniert, indem es die chemische Energie der Milchsäuregärung in Arbeit verwandelt.

Neben den oben angegebenen Reaktionen der Phasenfolge können natürlich noch andere Umsetzungen erfolgen, wie z. B. Dismutationen zwischen zwei Glycerinaldehydmolekülen unter Bildung von Glycerinsäure und Glycerin

$$\begin{array}{l} CH_2\cdot OH\cdot CH\cdot OH\cdot CHO \\ CH_2\cdot OH\cdot CH\cdot OH\cdot CHO \end{array} + \begin{array}{c} O \\ | \\ H_2 \end{array} = \begin{array}{l} CH_2\cdot OH\cdot CH\cdot OH\cdot COOH \\ CH_2\cdot OH\cdot CH\cdot OH\cdot CH_2\cdot OH \end{array}$$

Hierbei können die Glycerinderivate entweder als freie oder mit Phosphorsäure gekoppelte Verbindungen auftreten. Mit solchen Möglichkeiten kann man rechnen, denn in der Natur wird nicht immer nur der eine uns am einfachsten erscheinende Weg eingeschlagen, sondern oft mehrere (s. auch Essigsäuregärung). Allerdings werden die größten Umsätze nach einer Hauptreaktion erfolgen, und nur in Nebenreaktionen werden die anderen möglichen Umsetzungen stattfinden.

Das Glycerin, das bei jeder Gärung in kleiner Menge auftritt, kann sich auf dreierlei Weise bilden. Einmal durch Reduktion des Dioxyacetons mittels Dihydro-Cozymase, dann aus dem Glycerinaldehyd auf dem gleichen Wege und schließlich durch die eben angeführte *Cannizzaro*sche Reaktion.

Bisher haben wir immer von einer Hexosenvergärung gesprochen, wobei angenommen wurde, daß gegebenen Falles die Disaccharide vor dem Zymaseangriff durch Enzyme (Saccharase, Maltase, Lactase) zu Hexosen hydrolisiert werden. Nun gibt es auch eine Theorie, die besagt, daß die Disaccharide wie Saccharose, Lactose und Maltose direkt vergärbar seien. Obgleich die Versuche von *Willstätter* einerseits und auch die von *Leibowitz* für eine direkte Maltosevergärung sprechen, haben andere Forscher wie auch *K. Myrbäck* und *B. Örtenblad* immer noch große Bedenken über die richtige Auslegung dieser Experimente. Auch die direkte Vergärung von Stärke, Grenzdextrinen und Trehalose durch bestimmte Hefepräparate wird von ihnen angezweifelt. Neuerdings spricht sich wieder *Gottschalk* (652) dagegen aus. Es könnte ja in solchen Fällen, in denen die Hefe kein passendes invertierendes Enzym aufweist, die Aufspaltung des Disaccharides durch eine Phosphorylase erfolgen wie beim Abbau des Glykogens (s. Kap. 11, Glykogenase). (S. 218).

Es sind mehr als 40 Jahre her, als die ersten Gärversuche mit „Triosen“ und Milchsäure zur Aufklärung des Chemismus der alkoholischen Gärung im *Buchner*schen Laboratorium zu Berlin von *Meisenheimer*, *Pinner* und *Haehn* vorgenommen wurden (1908). Dioxyaceton, damals hergestellt aus Glycerin mittelst „Sorbosebakterien“, wurde durch Hefepreßsaft vergoren, während Methylglyoxal und Milchsäure versagten. Seitdem haben in dieser langen Zeitspanne zahlreiche Forscher die Aufklärung so weit gefördert, daß, wie wir eben sahen, ein klares Bild von der chemischen Aufteilung des Zuckermoleküles bis zu den Endprodukten der Gärung über die verschiedenen Spaltstücke enstanden ist. Wenn auch mancher Umweg eingeschlagen worden ist (s. Teil A dieses Kapitels), so haben doch die zahlreichen Ergebnisse richtige Erkenntnisse gebracht.

Das oben gezeichnete Bild von den Phasen der alkoholischen Zuckerspaltung wurde gewonnen durch das Studium der Teilreaktionen mit vergifteten Hefezellen oder teilweise mit wenigstens nicht mehr ganz gesunden Hefen und Hefepräparaten, wodurch ein unsicheres Moment in die biologische Arbeitsweise hineingetragen wurde, was natürlich die biologische Auswertung der Experimente sehr erschwert. Wir wissen also heute noch nicht sicher, ob all dieselben chemischen Phasen auch in der gesunden Zelle auftreten. Dabei ist anzunehmen, daß in der lebenden gesunden Zelle, wenn der obige Reaktionsmechanismus hier zutrifft, alle Reaktionen nicht nur hintereinander, sondern auch parallel zu gleicher Zeit miteinander gehen. Viele Reaktionen, die man in vitro mit reinen Enzympräparaten realisiert hat, werden in vivo zum mindesten qualitativ genau so vonstatten gehen, denn es wäre nicht einzusehen, zu welchem Zwecke die Zelle solche Fermente sonst beherbergen sollte. Als biochemische Individuen sind vom Zymasekomplex besonders gut erkannt: die Phosphorylasen, die Aldolase (Zymohexase), die wasserstoffübertragenden Fermente, die Enolase und Decarboxylase. Die Umsätze dieser Enzyme sind sicher als normal physiologisch anzusehen. Wenn alle Zymaseenzyme isoliert und analysiert sind und ihre Kinetik genau bekannt ist, so ist der Schlußstein in der Arbeit über den Gärvorgang gelegt. Dann erst sind alle Zweifel an der Phasenfolge behoben. Um das Glucosemolekül zu vergären, sind bis jetzt als Reagentien näher bekannt: **etwa 13 spezifisch wirkende Proteine** (Katalysatoren), davon sind näher untersucht folgende 12 Enzyme: Phosphorylase, phosphatübertragende Fermente, Phosphoglucomutase, Aldolase, Isomerase, die wasserstoffübertragenden Fermente (Cozymase + Apozymasen), Phosphoglycerinsäuremutase, Enolase, Decarboxylase und Adenosinphosphatase. Weiter ist die chemische Konstitution ermittelt von 5 organischen Coenzymen: Adenosintriphosphorsäure, Cozymase und Codecarboxylase, Hexosediphosphorsäure (für die Phosphoglucomutase) und der Greenwald-Ester (für die Phosphoglycerinsäure-mutase). Weiter haben sich als notwendig erwiesen zweiwertige Metalle: Mg als Bestandteil in der Enolase, Cu, Zn oder Co als Bestandteile der Aldolase.

Wenn auch alle Ergebnisse nicht mit Hefepräparaten sondern zum guten Teil mit Muskelpräparaten erzielt worden sind, so sei nochmals daran erinnert, daß zwischen dem alkoholischen Gärprozeß und der Glykolyse kein großer Unterschied besteht. Bei der Glykolyse wird Brenztraubensäure zu Milchsäure reduziert, und bei der alkoholischen Gärung erst das Spaltprodukt der Brenztraubensäure, der Acetaldehyd mit der gleichen Dihydrocozymase (in Gegenwart spezifischer Proteine) zu Alkohol.

* * *

R. Nielson (653) hat sich besonders um die Aufklärung des *Chemismus in der gesunden lebenden Zelle* bemüht und deshalb Versuche mit „intakter Trockenhefe“ (s. Kap. 19) angestellt.

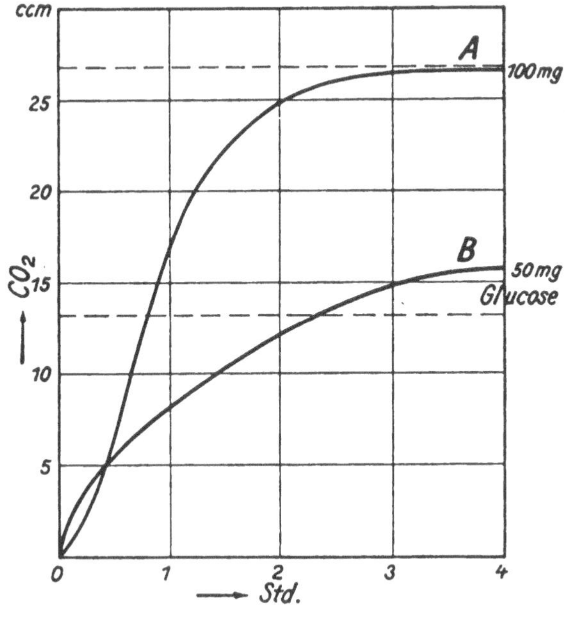

Kurventafel 2

A = Gärkurve der „intakten Trockenhefe“ (im organisierten Zymasesystem). *B* = Gärkurve im Mazerationssaft (Kohlensäureentwicklung im strukturlosen Zymasesystem etwa 50%). Nach *R. Nilsson*.

Es wurde nämlich beobachtet, daß bei Versuchen mit Zymasepräparaten sich während der Gärung neben Alkohol und Kohlensäure auch phosphorylierte Zucker- und Glycerinderivate wie Hexosediphosphorsäure, Hexosemonophosphorsäure, Glycerinphosphorsäure, Glycerinaldehydphosphorsäure und Dioxyacetonphosphorsäure bis zu 50% ansammeln. Diese Erscheinung ist so zu erklären, daß in Gärungen mit Hefepräparaten die organisierende Tätigkeit der lebenden Zelle fehlt. Es liegt hier ein willkürliches Spiel der Enzyme vor. Es überwiegen gewisse Reaktionen, während andere wieder unterdrückt werden, je nach den Fähigkeiten, die die einzelnen Enzyme in dem Chaos der zerstörten Zellen entwickeln. Zu Anfang sind noch die meisten Enzyme intakt, so daß die Endstufen der Gärung erreicht werden. Nach dem Umsatz etwa der Hälfte des Substrates bis zum Alkohol und der Kohlensäure hört die CO_2-Bildung auf (s. Gärkurven von *R. Nielsson* auf Tafel 2). Wir sehen, daß die „intakte Trockenhefe“, die ein Zwischenglied zwischen lebender Hefe und der nach *Lebedew* ist, den Zucker (ohne Phosphatzugabe) vollständig vergärt bei Einhaltung einer normalen Gärkurve (A). Der Verlauf gleicht der Gärung einer gesunden, lebenden Hefezelle. Im strukturlosen Zymasesystem dagegen wird nur die Hälfte des Zuckers in die Gärendprodukte übergeführt. Der Rest der Glucose bleibt sicher deshalb in den oben angeführten Zwischenprodukten stecken, weil die Tätigkeit verschiedener Enzyme lahmgelegt worden ist. Seit langem wissen wir, daß das im Hefepreßsaft empfindliche wasserstoffübertragende Enzym leicht unwirksam wird (654), und so kann dann die Gärung nicht zu Ende gehen. Die Hauptmenge der oben genannten Zwischenglieder entstehen, bevor die Tätigkeit des genannten Enzyms einsetzt, wie die einzelnen Phasen zeigen.

Weiter hört durch die Ausschaltung der Lebenskraft der Zyclus der Übertragungen des anorganischen Phosphates auf. Während im normalen Gärprozeß mit lebender Hefe das anorganische Phosphat die 3-Glycerinaldehydphosphorsäure in die 1,3-Diphosphoglycerinsäure (natürlich mit Hilfe von Fermenten) umwandelt, (Phase 4), hört im Zymasesaft diese Reaktion auf, da alles Phosphat als Adenosintriphosphorsäure (ATP) festgelegt wird durch Aufspaltung der genannten phosphorylierten Glycerinsäure mittelst *Büchers* Dephosphorylase nach der angeführten Gleichung in Phase 4. Hier walten jetzt stöchiometrische Verhältnisse. Zugabe von anorganischem Phosphat würde eine vorübergehende Aktivierung des Zymasesaftes hervorrufen, was auch in der Tat der Fall ist.

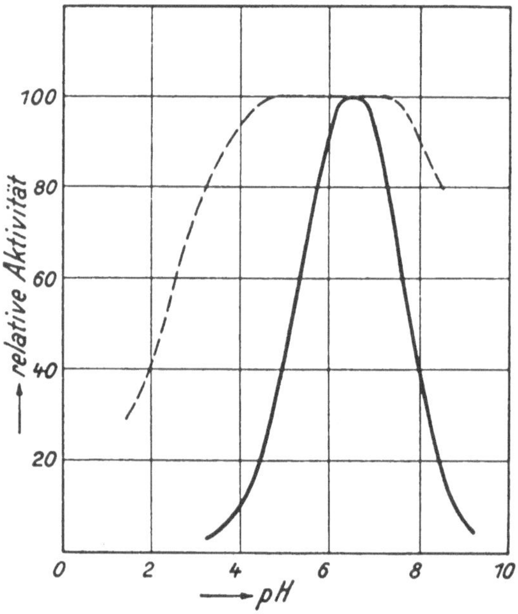

Kurventafel 3

pH-Aktivitätskurven der Gärung nach *v. Euler* u. *Myrbäck*. Lebende Hefe: gestrichelte Kurve, tote Hefe: ausgezogene Kurve.

Ein Unterschied zwischen lebender und toter Hefe macht sich auch in der pH-Aktivitätskurve von *v. Euler* und *Myrbäck* bemerkbar. Während die lebende Hefe sich mit ihren regulierenden Kräften an ein breites pH-Optimum zwischen 4,3 und 6,6 anpassen kann, ist die tote bzw. kranke Trockenunterhefe auf ein scharf begrenztes enges pH von 6,3 angewiesen (s. Kurventafel 3).

Es ist also ein Unterschied zu machen zwischen einer Gärung mit gesunden Hefen und einer solchen mit strukturloser Zymase (Hefesaft, Hefepräparat). Der Techniker kannte diese Verhältnisse schon lange, denn mit dem Zymasesaft konnte er keine technischen Gärungen vornehmen. Die organisierende Tätigkeit der lebenden Zelle ist für die Praxis das ausschlaggebende Moment. Die lebende Zelle arbeitet regulierend, abbauende und aufbauende Kräfte stehen zueinander in einem gesunden Verhältnis. Verbrauchte Zellbestandteile werden ergänzt, absterbende Zellen durch die junge Generation ersetzt. So erklärt sich die besondere Aktivität in Gärungen mit lebendem Material.

Die Aufklärungsarbeiten über den Chemismus der Zuckerspaltung mittelst Enzympräparaten haben aber Licht in das einst dunkle Geschehen der Gärung gebracht. Verschiedene Reaktionsphasen, mit totem Zellmaterial erzeugt und geklärt, gelten heute schon sicher für den Zuckerabbau in der lebenden Zelle. Wenn wir auch noch nicht restlos am Endziel sind, so ist sicher anzunehmen, daß man bald völlige Klarheit über den Reaktionsverlauf in der gesunden Zelle erhalten wird, entweder über den Umweg durch Gärungen mit Zymasepräparaten (reinen kristallisierten Enzymen) oder mit der lebenden Zelle selbst. Das, was heute in dieser Richtung unumstößlich dasteht, das ist die alte Gärungsgleichung von *Gay-Lussac*,

$$C_6H_{12}O_6 = 2CO_2 + 2C_2H_5 \cdot OH$$

die dem Gärungstechniker die Grundlage zur Berechnung seiner Ausbeuten gibt. Sie ist darum so wichtig, weil ihre Richtigkeit mit gesunden, lebenden Zellen einwandfrei befriedigend bewiesen werden kann.

Wollen wir nun unsere neueren Erfahrungen über den Phosphat-Energiestoffwechsel, der ja letzten Endes die Hauptbedeutung des Gärungsvorganges erschließt, in diese Gleichung einfügen, so müssen wir folgendermaßen formulieren:

$$C_6H_{12}O_6 + 2\,ADP + 2\,_{\text{anorg. Phosphat}} \longrightarrow 2\,C_2H_5 \cdot OH + 2\,CO_2 + 2\,ATP$$

Der Potentialhub, der Gärungsenergiegewinn, ist also im Energiespeicher ATP aufgefangen und dient der Zelle nach Bedarf zu Synthesen.

Die Gärungsenergiebilanz gestaltet sich folgendermaßen: Bei der Vergärung von 1 Mol Glucose entstehen 4 Mole ATP, denn jede Glucosehälfte liefert zwei. Hiervon werden zwei wieder verbraucht zum Aufbau des Harden-Esters, und die beiden anderen werden derartig zerlegt, daß am Ende der Reaktion wieder das in Phase 4 aufgenommene anorganische Phosphat erscheint. Die hierbei entstehende Energie allein dient der Zelle für ihre lebenswichtigen Aufbaureaktionen.

$$2\,ATP \longrightarrow 2\,ADP + 2\,_{\text{Anorg. Phosphat}} + \text{Energie}$$

13. Kapitel

Energiestoffwechsel. Gärung und Atmung

A. Energetik der lebenden Zelle

Zur Erhaltung ihres Lebens benötigt die lebende Zelle Energie. Schon zu *Lavoisiers* Zeiten hatte man die Ansicht, daß sich die lebenden Zellen aus den Nährstoffen ihre Kraft zur Weiterexistenz bereiten. Man nahm damals einfach an, daß die Nahrungsmittel mit Hilfe von Sauerstoff langsam verbrannt würden und die dabei entstehende Wärme das belebende Element der Zelle sei. Es handelt sich also hier um die Begründung der Theorie der Sauerstoffatmung. Als nun *L. Pasteur* die anaeroben Lebewesen entdeckte, mußte die Theorie des Energiestoffwechsels erweitert werden. Seine Untersuchungen führten zu dem fundamentalen Satz, daß alle Organismen zu ihrer Existenz Energie benötigen, daß die Erzeugung der Energie in der Zelle ein allgemeines Kennzeichen allen Lebens ist. Die Organismen, die in Luft leben, benutzen den Sauerstoff zur Destruktion der organischen Nährsubstrate und gewinnen durch die Oxydation Energie, mit deren Hilfe alle Zellreaktionen in geregelter Weise vor sich gehen können. Die Lebewesen, die Sauerstoff verschmähen oder gar durch ihn zugrunde gerichtet werden, müssen über andere Kraftquellen verfügen, weshalb ihnen ein prinzipiell anderer Stoffwechsel, der auf einfacher chemischer Molekülzerlegung ohne Mitwirkung von Sauerstoff (Desmolyse) beruht, zukommen muß. Den zuletzt skizzierten Vorgang bezeichnet man mit Gärung. Bevor wir uns näher mit den beiden energieerzeugenden Vorgängen befassen, wollen wir einen kurzen Abstecher in das Reich der Energetik der lebenden Zelle machen.

Bei flüchtiger Betrachtung des Problems könnte man vermuten, daß gewisse chemische Stoffe durch einen gewissen Verbrennungsvorgang mit Sauerstoff (Atmung) Wärme liefern, die von der Zelle als solche aufgenommen und verarbeitet wird, und ebenso ist die Annahme eines direkten Verbrauches der durch die Gärung erzielten Wärme mit einem gewissen Grad von Wahrscheinlichkeit behaftet. Eine solche Anschauung von der physiologischen Bedeutung der Atmung vertrat auch tatsächlich der Vater des Energiestoffwechsels *Laurent Lavoisier* (656). Er stellte sich die „Verbrennung der Nahrungsmittel" zur Erzeugung tierischer Wärme etwa so vor, wie eine langsame Verbrennung von Holz und Kohle. Im Laufe der Zeit hatte sich dann die Ansicht eingewurzelt, daß die lebende Zelle als kalorische Maschine zu betrachten sei. Diese Lehre war bis vor kurzer Zeit noch die Basis der Ernährungswissenschaft, und noch heute finden wir den Wert der Nahrungsmittel in Form von Kalorien ausgedrückt. Die eben skizzierte Anschauung ist jedoch keineswegs richtig (*A. Kanitz* (657), *C. Oppenheimer*) (658). Würde es sich bei der Stoffaufspaltung einfach um eine Beschaffung von Wärme nach dem *Berthelot*schen Prinzip handeln, so müßte wenigstens ein Teil der Energie durch Wärmezufuhr von außen zu ersetzen sein. Das ist jedoch nicht möglich. Allen chlorophyllfreien Zellen kann von außen keine direkte Energie zur Nutzbarmachung übermittelt werden. Weder zugeführte Wärme noch Elektrizität werden von der lebenden chlorophyllfreien Zelle transformiert. Die Energie, die der Zelle dienen soll, muß selbst im Zelleib aus den aufgenommenen Nährsubstraten oder der Zellsubstanz erzeugt werden. Hierin liegt ein wichtiges Moment der Bedeutung der Nährstoffe.

Es sei hier eingefügt, daß die chlorophyllhaltigen Zellen gerade entgegengesetzt eingestellt sind. Sie nehmen von außen ihre Energie, nämlich die Sonnenenergie auf und legen sie in den Substraten fest. Diese Energie aus dem „Substratakkumulator" dient dann den chlorophyllfreien Zellen, mit denen wir uns hier ständig beschäftigen, als Kraftquelle. Also lebt letzten Endes alles auf der Erde von der Sonnenenergie. In ihrem dunklen Drange nach Erkenntnis haben die Weisen des Altertums in ihrem Sonnenkult schon instinktmäßig gefühlt, daß die Quelle allen Lebens auf der Erde die Sonne ist. Erinnert sei an den berühmten Pharao *Amenophis IV.* (1392—1374 v. Chr.), dem Gatten der allbekannten *Nofretete*, der sich aus tiefster Verehrung für die Sonne den Namen Ech-en-aton, d. h. Geist des Sonnengestirns, beilegte. Und 500 Jahre später sang *Homer*: „Wenn du aufstehst, ist das Land voller Freude und Wonne, Und Menschen sagen: dich sehn ist Leben, Tod dich nicht mehr sehn."

Die modernen Physiologen knüpfen an die aus dem Jahre 1869 von *A. Fick* (659) aufgestellte Lehre an, die besagt, daß die Muskelzelle als chemodynamische Maschine aufzufassen sei. Nachdem noch in den letzten 30 Jahren *Zwaardemaker*, *A. Kanitz*, *R. Höber* und *C. Oppenheimer* ausdrücklich auf den Irrtum der alten Energielehre aufmerksam gemacht hatten, gewannen die neueren Anschauungen festeren Boden. Heute betrachtet man jede lebende Zelle — in Frage kommen, es sei nochmals betont, nur die chlorophyllfreien Zellen — als chemodynamische Maschine, bei der chemische Energie in Arbeit und Wärme umgesetzt wird. Wir stellen uns also hiermit in Gegensatz zu *Berthelots* Anschauungen, der die totale Umwandlung der chemischen Energie in Wärme lehrte (Principe du travail maximum).

Wir legen heute unserer Betrachtung der Zellenergetik den zweiten Hauptsatz der Thermodynamik zugrunde, benutzen jedoch nicht die nur bei der kalorischen Maschine gültige Formel der Umwandlung von Wärme in Arbeit, sondern nehmen die allgemeine Fassung (*R. Höber*, *O. Meyerhof*, *C. Oppenheimer*, *M. Planck*, *H. Zwaardemaker*, *C. Wachtel*).

$$A = Q\frac{t_1 - t_2}{t_1}$$

Obige Formel, in der t_1 die Anfangstemperatur, t_2 die Endtemperatur bedeuten, drückt aus, daß bei der Umwandlung von Wärme (Q) in Arbeit (A) Wärme verloren geht, da $\frac{t_1-t_2}{t_1}$ immer ein echter Bruch ist. Es folgt daraus, daß A kleiner sein muß als Q. Man sieht also, daß der Übergang von Wärme in Arbeit von einem gewissen Verlust an Energie begleitet ist.

Die biologische Fassung des zweiten Hauptsatzes ist: „Alle Naturvorgänge laufen in einer Richtung, sind nicht umkehrbar. Jeder Naturvorgang enthält Teilprozesse, in denen Energie einen Entwertungsprozeß (meist Zerstreuung von Wärme) durchmacht und nicht wieder in Energie hoher Intensität übergeführt werden kann; folglich verbleiben immer ‚irreversible' Prozesse, und der Hauptvorgang läuft in einer Richtung" *(C. Oppenheimer)*. *Wachtel* sagt etwa: „Die Irreversibilität der Lebensprozesse im großen Aspekt genügt, um den zweiten Hauptsatz für diese mit demselben Maß und Recht als Grundlage des Forschens anzunehmen wie für die unbelebte Welt" (657).

Beim Zellstoffwechsel kommt also die Transformation der chemischen Energie in Arbeit und Wärme in Frage. Dabei muß von der Gesamtenergie eines Stoffes ein Teil der Energie unter allen Umständen in Wärme übergeführt werden. Diese Wärme ist irreversibel, wird als zerstreute Wärme, als entwertete Energie aus dem System abgeführt und geht also verloren (Entropie). Über die Entwertung der Energie äußert sich *Clausius* in dem Sinne, daß alle Naturvorgänge den Weg der elementaren Unordnung gehen. Die Entropie des Weltalls strebt einem Maximum zu *(C. Oppenheimer)*.

Der andere Teil der Energie jedoch kann jede andere Energieform, z. B. transformierbare Wärme oder Arbeit annehmen. Diesen Teil der Energie bezeichnet man als „freie" Energie *(Helmholtz)*. Man formuliert also:

$$U = F + Q,$$

wobei U die gesamte Energie, den Energievorrat, F die „freie Energie" (nach *Wi. Ostwald* den sog. Intensitätsfaktor; also die Voraussetzung zur Produktion von Arbeit) und Q die abgegebene Wärmemenge bedeutet. Eine neuere Schreibweise des Vorganges (660) ist folgende:

$$\triangle F = \triangle H - T\triangle S,$$

bei der mit $\triangle F$ die freie Energie (Arbeitsleistung), $\triangle H$ die Gesamtenergie mit T die absolute Temperatur und $\triangle S$ die zerstreute Wärme (Entropie) bezeichnet werden. Da die entwickelten Wärmemengen als „abfließende" Wärmemengen auftreten, so werden die Symbole im allgemeinen mit einem Minuszeichen versehen. So gilt für die obige Gleichung auch folgendes Schema:

$$-\triangle \mathrm{H} = -\triangle \mathrm{F} - \mathrm{T}\triangle \mathrm{S}.$$

Bei den Lebensvorgängen wird also ständig das chemische Potential durch Abgabe von solcher Energie verkleinert, die als zerstreute Wärme das System verläßt. Die Gründe, weshalb ein Teil der Energie durch Irreversibilität verloren geht, sind noch unbekannt. *Wachtel* bezeichnet die Irreversibilität aller Lebensvorgänge als wichtigstes Kriterium des Lebens.

Die Leistung eines Systems ist lediglich von F abhängig. Demgemäß würde am meisten erzielt, wenn U gleich F bzw. $\triangle H = \triangle F$ wäre. Das Charakteristikum für F ist die Reversibilität. F kann Arbeit in der verschiedensten Form bedeuten. Die Arbeit kann dreifacher Art sein. Zunächst kommt chemische Arbeit in Betracht: Der Aufbau der lebenden Substanz durch Synthesen (Zellteilung, Sekretion). Mechanische Arbeit ist z. B. in der Plasmabewegung zu erkennen und als physikochemische Arbeit wären vor allem die osmotische Arbeit, Quellungsarbeit, Oberflächenarbeit und elektrische Arbeit zu nennen.

Im Zelleben kommt es also darauf an, den Abbau eines Substrates so zu leiten, daß möglichst viel freie Energie gewonnen wird. Nicht immer geht, wie schon angeführt, die Natur aus bisher noch unerforschten Gründen diesen Weg. Eins aber steht bis jetzt fest: Alle biologischen Oxydationen sind von großer Arbeitsfähigkeit, liefern also viel freie Energie. Wir kennen Oxydationen, bei denen der Gewinn mehr als 90% beträgt. In der Formelsprache ausgedrückt, wäre $\triangle F$ in diesem Falle annähernd gleich $\triangle H$. Im allgemeinen sind die Zellprozesse durch große Anteile irreversibler Reaktionen charakterisiert: neben Arbeit entsteht viel Wärme.

Aus der freien Energie kann letzten Endes auch wieder Wärme entstehen. Wir hätten also beim Stoffwechsel Wärme von zweierlei Art. Einmal entsteht sie aus dem chemischen Prozeß direkt, ohne vorher in Arbeit verwandelt gewesen zu sein. Sie ist hier das Produkt einer primären Transformation und wird deshalb als primäre Wärme bezeichnet. Die sekundäre entsteht aus der Arbeit, ist zum großen Teil Reibungswärme der Organe *(C. Oppenheimer)*. Diese sekundäre Wärme gehört nicht zu dem System der chemodynamischen Zellmaschine. Die von der Zelle abgegebene „Stoffwechselwärme" setzt sich aus diesen beiden Wärmearten zusammen.

Die von *Baron* und *Polanyi* (661) nach dem *Nernst*schen Wärmesatz berechnete freie Energie einiger biologischer Reaktionen, in Kalorien ausgedrückt, ist nicht erheblich abweichend von der Wärmetönung eines Stoffes, so daß man in der Ernährungslehre noch praktisch die alte Kalorienrechnung benutzen kann, obgleich sie auf falscher Basis aufgebaut ist. Eine vollständige theoretische Begründung für die Benutzung der Kalorienzahlen in der Ernährungsphysiologie steht noch aus. Wir bestimmen also bei der Kalorimetrie die gesamte chemische Energie eines Substrates, sind uns aber bewußt, daß aus diesen Substraten beim Zellstoffwechsel äquivalente Mengen anderer Energien neben Wärme entstehen.

Durch Arbeiten amerikanischer Forscher (u. a. *Lewis* und *Randell*) sind wir heute in der Lage, bei unseren Berechnungen teilweise auf die Verbrennungs- und Bildungswärme, Lösungs- und Dissoziationswärmen zu verzichten, da schon eine ganze Anzahl von freien Bildungsenergien bestimmt worden sind *(Franke)* (660).

Andere Energiearten, wie die elektromagnetische oder strahlende werden heute noch wenig in den Bereich der Betrachtung gezogen, weshalb wir z. B. weit entfernt sind, eine endgültige Energiebilanz der Zelle aufstellen zu können. Wir wissen überhaupt noch nicht, wieviel Energie und welche bestimmten Arten von der Zelle benötigt werden.

Im allgemeinen verlaufen die Prozesse der chlorophyllfreien Zellen unter Abnahme von Energie. Es entstehen Stoffe mit geringerem Potential als die Ausgangssubstanzen. Jedoch treten auch als Teilprozesse Synthesen auf, also Vorgänge mit chemischem Potentialhub (Fettsynthesen, Glykogenbildung). Für diese Reaktionen müssen die abzubauenden Stoffe die nötige Energie liefern. Eine Verknüpfung beider Arten von Umsetzungen erfolgt durch das Prinzip der gekoppelten Reaktionen *(W. Ostwald)*. Nach *Meyerhof* (662) wird die Glykogensynthese aus Milchsäure bei Kaltblütern durch die Oxydationsenergie eines Teiles des Substrates bewerkstelligt (s. dieses Kapitel unter III). *Linhardt* (663) berechnet, daß ein Molekül Mannit bei der Oxydation soviel Energie produziert, daß sich 10 Moleküle Ammoniak aus Stickstoff und Wasser im Bakterienleib bilden können.

Meyerhof (664) prüfte alsdann, ob ein Energieaufwand benötigt wird, um rein chemische, hochmolekulare Substanzen in organisierte Materie umzuwandeln, was aber bei dem sich teilenden Ei nicht der Fall ist. Auch wenn lebende Substanz in „tote Materie" übergeht, z. B. beim schnellen Abtöten stark atmender Vogelblutzellen, tritt kein Wärmeabfall ein. Eine „Strukturenergie" kennt die lebende Zelle scheinbar nicht. Das Protoplasma wird also ohne Wärmeverbrauch gebildet.

Zusammengefaßt ist die Leistung der chemodynamischen Maschine, der lebenden Zelle, folgende: Die chemische Gesamtenergie wird zerlegt in freie Energie, die sich in den verschiedenartigsten Arbeiten auswirkt und in zerstreute Wärme. Die Arbeiten können am Ende auch in Wärme transformiert werden, so daß zum Schluß alle chemische Energie in Wärme übergeführt worden ist (*Zwaardemaker*) (665).

Auch der erste Hauptsatz der Energielehre, das Gesetz von der Erhaltung der Energie, hat für die lebende Zelle Gültigkeit. Versuche von *Zunz*, *Rubner*, *Atwater* konnten zeigen, daß unter gewissen Versuchsbedingungen die in den Organismen eingeführten chemischen Energien wieder restlos in Form von Kalorien aufzufinden sind.

Die größten Mengen der Energie, die der Gesamtstoffwechsel, also der Baustoffwechsel und Betriebsstoffwechsel, erfordert, verdanken Oxydationsreaktionen ihre Entstehung. Und hier ist es in der Hauptsache die Oxydation des Wasserstoffs der Substrate,

$$2\,H_2 + O_2 = 2\,H_2O$$

die sog. „Knallgasreaktion", die fast die gesamte Energie hervorbringt. Sie ist als eine Hydrierung des Sauerstoffs zu Wasser aufzufassen. Der Kohlenstoff wird nicht, wie man ursprünglich dachte, zu Kohlensäure oxydiert. Der aufgenommene Luftsauerstoff kommt als Wasser verrechnungsmäßig wieder zum Vorschein. Der Kohlenstoff wird in der lebenden Zelle energetisch nicht ausgenutzt. Innerhalb der Substratmoleküle treten nur Umgruppierungen der Atome und Atomgruppen ein, und die Kohlensäure ist das Produkt einer Decarboxylierung. Aber all diese Reaktionen sind mit keiner bemerkenswerten Wärmetönung verknüpft. Es läßt sich rechnerisch feststellen, daß die „innere Oxydation" des Kohlenstoffs im Zuckermolekül mit Hilfe von Wasser — also Umlagerungen und Abspaltung der Carboxylgruppen — und die Abscheidung des freien Wasserstoffs fast ohne jede freie Energie verläuft *(Oppenheimer)* (666). Bei der Decarboxylierung *(Franke)* (667)

$$CH_3 \cdot CO \cdot COO' + H_2O = CH_3 \cdot CHO + HCO_3'$$

ist der Energiegewinn gering ($\Delta F_0 = -6{,}6$ kcal: $F_0 = F$ im Normalzustand). Also nur aus der Vereinigung der Wasserelemente stammt in der Hauptsache die Lebenskraft. Der Energieaufbau in den organischen Energiequellen, den Kohlenhydraten, geschieht nun wieder durch die Zersetzung des Wassers durch die Sonnenenergie im Chlorophyll. Der Sauerstoff verläßt die Zelle, und der Wasserstoff reduziert die Kohlensäure.

Energie kann auch, wie schon im Anfang des Kapitels ausgeführt wurde, durch den sauerstoffreien Spaltungsstoffwechsel, der Gärung, gewonnen werden. (Zahlenangaben in diesem Kapitel unter II des Zymasesystems.) Wir kommen nun wieder auf unser Hauptthema zurück.

B. Die Arten der Energiequellen der chlorophyllfreien Zellen

Das Zymasesystem

Über die Enzymsysteme des Zymasekomplexes wurden bereits im Kapitel 11 genaue Angaben gemacht, so daß sich hier weitere Angaben erübrigen. Ebenfalls sind die chemischen Vorgänge der Überführung von Glucose in Alkohol bereits ausführlich behandelt, und zwar im Kapitel 12. Deshalb sei auf die Wiedergabe der alkoholischen Zuckerspaltung hier verzichtet.

Die bei der Aufspaltung des Glucosemoleküls zu Alkohol und Kohlensäure entstehende Energie beträgt nur 22 kcal und ist nur ein kleiner Teil der Gesamtenergie, die bei der vollständigen Verbrennung durch die Sauerstoffatmung 673,4 kcal beträgt, was aus folgender Rechnung hervorgeht:

1 Mol Glucose + 6 O_2 zu CO_2 und H_2O verbrannt liefert	673,4 kcal
2 Mol Alkohol + 6 O_2 zu CO_2 und H_2O verbrannt liefern	651,4 kcal
Durch Gärung wurden also frei	22,0 kcal

Man sieht, daß der Gärvorgang als Energiequelle mit 3,26% gegenüber der Atmung, die etwa 30mal mehr Kraft, in Wärmekalorien ausgedrückt, erzeugt, ganz erheblich zurücksteht. Bei der Milchsäuregärung liegen die Verhältnisse ganz ähnlich (29 kcal). Deshalb müssen die Anaerobier ganz allgemein einen enormen Stoffumsatz haben, um die nötige Energie zu beschaffen. Folgende Beispiele (668) mögen das illustrieren:

Es setzt um ihr Eigengewicht an Zucker die Hefe pro Stunde 1 mal,
es setzt um sein Eigengewicht an Harnstoff der Micrococcus ureae pro Stunde . . . . 180—1200 mal,
es setzt um sein Eigengewicht an Lactose das Bakt. acidi lactici pro Stunde . . . . 180—15000 mal.

Die Atmungssysteme

Daß Hefen atmen, ist seit langem bekannt. Ferner wußte man, daß die obergärigen Hefen in dieser Beziehung den untergärigen überlegen sind. Aber erst durch die umfassenden Versuche von *Warburg*, *Wieland*, *Kuhn*, *Keilin*, *von Euler* und ihrer Schulen haben wir nähere Kenntnisse über die in Frage kommenden Enzymsysteme gewonnen. Eine Anzahl von Oxydationssystemen konnten studiert werden, aber eine endgültige Lösung des Atmungsproblems selbst in der Hefe liegt noch nicht vor. Man hat Flavinsysteme aufgefunden, die beim Substratabbau eine Rolle spielen; man konnte Diaphorase nachweisen als Wasserstoffüberträger, Cytochrome als Elektronenüberträger, und für die Aktivierung des Sauerstoffs erblickte man im *Warburg*schen Atmungsferment, der Cytochromoxydase, das maßgebliche Agenz. Wir wollen nun der Reihe nach die einzelnen Faktoren der Atmung näher betrachten und dann versuchen, ein Bild von dem Vorgang selbst zu gewinnen.

Wirkung des gelben Fermentes

Von den Flavinen spielt sicher das „gelbe Ferment" eine große Rolle. Gleich hier soll eingeschaltet werden, daß wir heute eine ganze Gruppe von „gelben Fermenten" kennen, und daß das ursprüngliche gelbe Ferment jetzt den Namen „altes" gelbes Ferment trägt. Im Tier- und Pflanzenreich gibt es viele grüngelbe wasserlösliche Farbstoffe, die teils in freier Form wie das Ovoflavin des Eies und das Lactoflavin der Milch, teils mit Eiweiß verknüpft sind. In bezug auf die chemische Zusammensetzung sei erinnert an die Grundsubstanz des Lactoflavins, das mit dem Vitamin B_2 identisch ist und ein Trimethyl-Isoalloxazin darstellt, dessen Methylgruppe in 9 durch eine d-Ribose ersetzt ist (Ribo-Flavin). Durch Phosphorsäure- und Eiweißaufnahme entsteht das gelbe Ferment (s. Kap. 11, Atmungsenzyme). Im Kapitel 10 über die Vitamine wurden wir über die Wirkungsweise dieser Stoffklasse ausführlich informiert. In Gemeinschaft mit dem Di- bzw. Triphosphopyridin-Adeninnukleotid und seines Proteins baute sie Substrate durch Dehydrierung ab. Mit Hilfe von Luftsauerstoff können ihre Leukoverbindungen wieder in ihren ursprünglichen Zustand zurückgeführt werden.

Das dehydrierende Fermentsystem der Hefezelle ließen *Wieland* und *Claren* (669) auf Alkohol, Acetaldehyd, Milchsäure, Brenztraubensäure und Methylglyoxal einwirken, wobei Kohlensäure und z. T. synthetische Stoffe gewonnen wurden. Wird mit Alkohol der Respirationsquotient

$$RQ = \frac{CO_2}{O_2}$$

bestimmt, so beträgt er nach Aufnahme von nur 2,5% des dazu nötigen Sauerstoffs bereits 0,48, nach 40% Aufnahme 0,55 bei einem errechneten Wert von 0,67. Man sieht, wie intensiv schon bei kleinen Sauerstoffzufuhren die Atmung ist. Bei diesem Prozeß entstehen neben der Kohlensäure und Essigsäure durch Synthese Bernsteinsäure und Fumarsäure. Der Versuch ergab folgendes Resultat:

Eingesetzter Alkohol	1,92 Millimol
Umgesetzter Alkohol	1,11 Millimol
Sauerstoffverbrauch	1,94 Millimol
Entstandene Kohlensäure	0,98 Millimol
Gebildete Essigsäure	0,46 Millimol
Zur Bildung der gefundenen CO_2 und Essigsäure sind nötig an Alkohol	0,94 Millimol
D. s. in Prozenten des Umsatzes ...	84,06

Bei diesem Dehydraseversuch sind sicher noch andere Enzyme in Aktion. Verwendet man sog. „verarmte" Hefe (Kap. 19), also solche, die einen Hungerzustand überwunden hat, so ist die aufbauende Tätigkeit der Hefe fast restlos eingestellt.

Bei dem Studium der einzelnen Heferassen stellten sich keine merklichen Unterschiede im Flavingehalt heraus, so daß für die intensive Atmungstätigkeit der obergärigen Hefe in dieser Richtung keine Beziehung gefunden wurde. Von *Euler*, *Hellström* und *Günther* (670) wurden in beiden Heferassen (ober- und untergärigen) 20—30 γ Flavin pro Gramm Trockenhefe festgestellt. Von mancher Seite wird die Beteiligung des Lactoflavins bei der Atmung überhaupt angezweifelt. Es könnte ja auch für den Gärungsmechanismus in Frage kommen *(Warburg)* (s. auch Kap. 10, Vitamin B_2). Hierfür spricht das reichliche Auftreten in manchen untergärigen Hefen. Der größte Teil des Flavins (90%) liegt in gebundener Form vor, und zwar als Flavinphosphorsäureproteid (gelbes Ferment) (Formel, Kap. 10).

Neben diesem Mononukleotid gibt es noch einen anderen Flavinkatalysator, ein Dinukleotid, das Flavinadeninnukleotid, das im Gegensatz zum gelben Ferment, das außer durch O_2 auch durch Methylenblau und Cytochrom zurückoxydiert werden kann, mit Sauerstoffüberträgern und auch mit dem Cytochrom überhaupt nicht reagiert. Die Flavine sind, wie bereits mitgeteilt, Wasserstoffüberträger; ob aber allen in Hefen eine solche Funktion bei dem Atmungsvorgang zukommt, ist noch unentschieden.

Man kennt bis jetzt 9 gelbe Fermente, Alloxazinproteide, die sich durch Apo- und Coferment unterscheiden und dadurch eine Substratspezifität bedingen. Ein solches spezifisch wirkendes Flavinferment ist auch die in Hefen in nennenswerter Menge auftretende Diaphorase, die in tierischen Organen die Aufgabe eines Wasserstoffüberträgers übernimmt.

Über den Reaktionsmechanismus wurden bereits in Kap. 10 Angaben gemacht. Hier soll der dort angeführte Oxydationsprozeß ausführlicher wiedergegeben werden, und zwar mit der Cozymase (= Diphospho-Pyridin-Adeninnukleotid), die durch ein spezifisches Protein als Holoferment wirkt. Das gelbe Ferment (Alloxazinferment) geht durch die Wasserstoffaufnahme in die Leukobase über, gewinnt aber dann durch die Wasserstoffabgabe seine gelbe Färbung zurück. Die Oxydation der Hexosemonophosphorsäure zu Phosphohexonsäure geschieht nach folgendem Schema:

1. $$R\cdot CHO + H_2O = R\cdot CH\begin{smallmatrix} OH \\ OH \end{smallmatrix}$$

Hexosemono-phosphorsäure — Hexosemonophosphor-säurehydrat

2. $$R\cdot CH\begin{smallmatrix} OH \\ OH \end{smallmatrix} + \text{Cozymase} = R\cdot COOH + \text{Dihydro-Cozymase}.$$

Phosphohexonsäure

3. Dihydro-Cozymase + Alloxazinferment = Cozymase + Dihydro-Alloxazin-ferment.

4. Dihydro-Alloxazinferment + O_2 = H_2O_2 + Alloxazinferment.

Wirkung der Diaphorase

Auch die Diaphorase kommt in den beiden typischen Heferassen fast in gleicher Menge vor; also auch in dieser Beziehung kann die größere Aktivität der obergärigen Hefen nicht erklärt werden. Das Enzym ist gleichfalls in der Lage, die Dihydrocozymase zu dehydrieren, wie wir das soeben von dem gelben Ferment kennengelernt haben.

Über die Zusammensetzung des Enzyms wurde bereits in Kapitel 11 berichtet. Es ist auch ein Alloxazin-Adeninnukleotid, gehört ebenfalls zur Gruppe der gelben Fermente und reagiert ganz ähnlich wie das alte gelbe Ferment. Bemerkenswert ist seine Regenerierung durch Sauerstoff im Gegensatz zu andern Enzymen dieser Gruppe.

Der Oxydationsvorgang nimmt denselben Verlauf wie er beim gelben Ferment angegeben wurde (letzter Absatz). Am Substrat werden zwei Atome Wasserstoff aktiviert und dann von der Cozymase aufgenommen. Der jetzt an dem Enzym sitzende Wasserstoff wandert weiter an das Diaphorasemolekül und wird endlich durch aktivierten Sauerstoff in Wasser übergeführt und nicht in Wasserstoffsuperoxyd wie beim gelben Ferment.

Aufgabe der Cytochrome

Als drittes „Atmungsenzym" kommt hier noch das Cytochrom in Frage. Die Oberhefen enthalten die 3 Cytochrome a, b und c, während in der U-Hefe Cytochrom c dominiert. Die a-Form ist hier in geringer Menge vorhanden, während b entweder fehlt oder sehr minimal vertreten ist. Zusammengefaßt enthalten die Oberhefen etwa das 3—4fache an Cytochrom als die U-Hefen, wodurch auch wohl die viel größere Atmungsintensität erklärt wird. Bei den Dehydrasen waren bekanntlich derartige Verhältnisse in den verschiedenen Heferassen nicht zu beobachten.

Über die Cytochrome ist bereits ausführlich berichtet im Kapitel 7, im Abschnitt Porphyrinstoffe der Hefe. Auch das Kapitel 11 über die Atmungsenzyme bringt Näheres, z.B. die Konstitutionsformel vom Cytochrom c. Erinnert sei noch daran, daß sie nach der Formel 2-wertiges Eisen enthalten und weder mit Blausäure noch mit Kohlenoxyd reagieren.

Die Cytochrome sind keine direkten Atmungsenzyme, sondern reversible Redoxsysteme (s. Kap. 8, Redoxpotential). Ihr zweiwertiges Cytochromeisen kann durch Abgabe der negativ geladenen Elektronen die positive Kernladung vergrößern und Fe^{III} bilden, und umgekehrt wird wieder der ursprüngliche Zustand hergestellt durch Elektronenaufnahme.

$$Fe^{++} \rightleftarrows Fe^{+++}.$$

Da die Reaktion ständig in beiden Richtungen verläuft, so können wir das reversible Redoxsystem betrachten als ein Gemisch von zwei sich nur durch die Wertigkeit des Metallbestandteiles unterscheidenden Katalysatoren, die durch ständigen Valenzwechsel charakterisiert sind. Die Cytochrome vermögen also Oxydations-Äquivalente aufzunehmen, gehen so in die oxydierte Form (Fe^{III}) über und geben sie in Berührung mit oxydablen Stoffen wieder ab unter Bildung ihres ursprünglichen reduzierten Zustandes (Fe^{II}). Sie sind dabei aber nicht in der Lage, molekularen Sauerstoff, also Luftsauerstoff, aufzunehmen — sind also nicht autoxydabel — sondern vermögen nur solchen aus einem Fermenthämin zu binden. Der Angriff des Cytochroms auf Substrate geschieht daher nicht direkt, sondern nach der neuen Theorie nur mit Hilfe eines sauerstoffübertragenden Fermentes (Cytochromoxydase), indem der molekulare Sauerstoff der Luft zunächst an das sauerstoffübertragende Ferment in aktiver Form gebunden und so aufnahmefähig für das Cytochrom gemacht wird. Es entsteht folgende Reaktionskette (*Warburg* (671), *Keilin*):

O_2 → *Warburgs* sauerstoffübertragendes Ferment → Cytochrom → Substrat.

Bei den Hemmungserscheinungen durch HCN und CO in diesem System würde nicht das Cytochrom selbst inaktiviert werden, sondern das sauerstoffübertragende Ferment.

Da wir nun 3 Cytochrome kennen, so fragt es sich, in welcher Reihenfolge dieselben wirken. Nach *Balls* (672) Versuchen würde sich folgendes Oxydationsschema ergeben:

O_2 →	Fe →	Fe →	Fe →	Fe →	Substrat.
	Warburgs Atmungsferment	Cytochrom a	Cytochrom c	Cytochrom b	

Also viermal wird das Eisen gewechselt. Aus weiteren Versuchen geht hervor, daß bei der Atmung allgemein der Hauptweg über das Cytochrom geht. Andere Oxydationsarten sind von untergeordneter Bedeutung.

Funktion des *Warburg*schen Atmungsfermentes (Cytochromoxydase)

Die Ausführungen über die Aufgabe der Cytochrome (voriger Abschnitt) zeigten, daß das *Warburg*sche sauerstoffübertragende Ferment autoxydabel ist, also molekularen Sauerstoff direkt aufnimmt. Das ist von größter Bedeutung für die Zellatmung. Auch hier handelt es sich, wie bereits ausgeführt, um eine Hämin-Protein-Verbindung (Kap. 11), deren Eisenatom bei der Atmung fortwährend die Valenz wechselt. Es erfolgt eine Elektronenabgabe an den Sauerstoff durch das 2-wertige Eisen, wodurch dasselbe in die 3-wertige Stufe übergeht, den negativ aufgeladenen Sauerstoff aufnimmt und ein sehr reaktionsfähiges Oxydationssystem bildet. Stoffe wie Cytochrome, die gegen molekularen Sauerstoff indifferent sind, ziehen diesen aktivierten Sauerstoff an sich, wodurch das Atmungshämin (Fe^{III} S. 233) wieder zum Häm (Fe^{II}) zurückgebildet wird. Hier handelt es sich also um die Kopplung eines autoxydablen Systems (*Warburgs* Atf.) mit einem nicht autoxydablen (Cytochrom). Ein weiterer Unterschied beider Systeme liegt auch in der Inaktivierung durch Blausäure und Kohlenoxyd, worauf schon öfters hingewiesen wurde.

Der Atmungsvorgang in der lebenden Zelle

Nachdem wir die Funktionen der einzelnen Atmungsenzyme näher betrachtet haben, wollen wir versuchen, uns ein Bild von dem ganzen Atmungsvorgang zu machen. Bemerkt sei nochmals, daß unsere Kenntnisse auf diesem Gebiet noch lückenhaft sind. Das Prinzip der Oxydation ist wohl erkannt, doch über die Abbauvorgänge bei den einzelnen Substraten herrscht in der Hauptsache noch Dunkelheit. Wir wollen uns daher mit dem Beispiel eines elementaren Falles begnügen. Nehmen wir an, eine Aldehydhydratgruppe wäre zu oxydieren. Nach unseren Erfahrungen müßten zunächst die Dehydrasen die Wasserstoffatome aus dem Substrat lösen und sie dann durch geeignete Flavine weitergeben bis zu der Stelle, wo aktivierter Sauerstoff zur Verfügung steht. Mit der Wasserbildung wäre der Prozeß zu Ende. Wir hätten also zwei Hauptphasen: Die Bereitstellung des aktivierten Wasserstoffs durch die Dehydrase und Diaphorase und die Aktivierung des Sauerstoffs durch *Warburgs* Atmungsferment bei gleichzeitiger Mitwirkung der Cytochrom-Elektronen. Für den ersten Angriff an das Substrat kommen zwei Dehydrasen in Frage, die Codehydrase I (Diphospho-Pyridin-Nukleotid) und die Codehydrase II (Triphospho-Pyridin-Nukleotid) in Gegenwart der zugehörigen Apofermente. Die letztere Codehydrase tritt ausschließlich bei den Atmungsvorgängen in Tätigkeit, während die andere, die wir schon als Cozymase kennengelernt haben, auch bei der Gärung entscheidend eingreift (Kap. 11, Zymase, dort auch chemische Formel).

I

1. $$R\cdot CH{\begin{smallmatrix}OH\\OH\end{smallmatrix}} + \text{Codehydrase} = R\cdot COOH + \text{Codehydrase}{\begin{smallmatrix}H\\H\end{smallmatrix}}$$

2. $$\text{Codehydrase}{\begin{smallmatrix}H\\H\end{smallmatrix}} + \text{Diaphorase} = \text{Codehydrase} + \text{Diaphorase}{\begin{smallmatrix}H\\H\end{smallmatrix}}$$

3. $$\text{Diaphorase}{\begin{smallmatrix}H\\H\end{smallmatrix}} = \text{Diaphorase} \longrightarrow 2\,H^{+}$$

II

$$O_2 \longrightarrow \underset{\textit{Warburgs}\ \text{Ferm.}}{Fe^{II}} \longrightarrow \underset{\textit{Warburgs}\ \text{Ferm.}}{Fe^{III}} \longrightarrow \underset{\text{Cytochrom a}}{Fe^{II}}$$

$$\underset{\text{Cytochrom a}}{Fe^{III}} \longrightarrow \underset{\text{Cytochrom c}}{Fe^{II}} \longrightarrow \underset{\text{Cytochrom c}}{Fe^{III}} \longrightarrow \underset{\text{Cytochrom b}}{Fe^{II}} \longrightarrow$$

$$\underset{\text{Cytochrom b}}{Fe^{III}} \longrightarrow O^{--}$$

Zu II ist noch zu bemerken, daß das 3-wertige Katalysatoreisen immer durch die anschließende Reaktion mit dem 2-wertigen Eisen des nächsten Katalysators in der Kette durch Elektronenaufnahme wieder in die Ferrostufe zurückverwandelt wird. Folgendes ist noch auffällig: Der Wasserstoff des Substrates wird bereits mit Hilfe von zwei Enzymen oxydabel gemacht; der Sauerstoff dagegen bedarf eines mehrfachen Elektronenwechsels der Fermente, um hier reaktionsfähig zu werden. Er wird jedoch als solcher nicht von Eisen zu Eisen übertragen, sondern nur in Form seines Oxydationsäquivalentes. Ist dasselbe bei dem Cytochrom b mit dem 3-wertigen Eisen angelangt, so kann die Endreaktion, die Wasserbildung, einsetzen.

Es wird auch eine Kopplung der beiden Hauptphasen I und II angenommen, und zwar derart, daß die weiter gereichten H-Atome Elektronen abgeben, dadurch zu positiven Ionen werden und das 3-wertige Eisen der Oxydationsenzyme durch Aufladung mit diesen Elektronen in das 2-wertige überführen[1]). Der Sauerstoff andererseits wird, wie bereits ausgeführt, zum negativen Ion durch Oxydation des Fe^{II} des Hämineisens des Atmungsfermentes, indem er durch die Aufnahme der abgegebenen Elektronen negativ wird. Die Endreaktion, die Vereinigung der H- und O-jonen zu Wasser, erfolgt wahrscheinlich am Cytochrommolekül, im obigen Schema bei $Fe^{III}_{\text{Cytochrom b}}$.

Wie schon gesagt, über die meisten Oxydationsvorgänge bei bestimmten Substraten haben wir noch keine Vorstellung auf Grund experimenteller Unterlagen. Auch auf das schwierige Gebiet der Substratspezifität ist kaum eingegangen worden. Vielleicht sind hier die verschiedenartigen Dehydrasen, verknüpft mit verschiedenartigen Proteinen, von ausschlaggebender Bedeutung.

Höchstwahrscheinlich werden nicht zu allen Oxydationen sämtliche hier angeführten Katalysatoren benötigt. Es ist z. B. denkbar und anzunehmen, daß die Fermenthämin-(Cytochromoxydase *Warburgs*)-Cytochromreihe allein schon in vielen Fällen genügt. Auf diese Angaben wollen wir uns beschränken. Mit weiteren Ausführungen müßte man das Gebiet der reinen Spekulation betreten.

Nach *Szent-Györgyi* (673) spielen bei der Oxydation der Kohlenhydrate zwei besondere Reaktionen der C_4-Dicarbonsäuren eine Rolle: Die Dehydrierung der Äpfelsäure zu Oxalessigsäure und ihre Umkehrung durch die Malicodehydrase

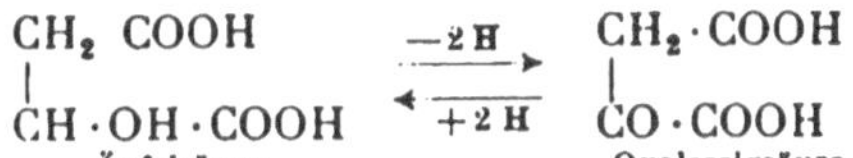

Äpfelsäure Oxalessigsäure

sowie die Hydrierung der Fumarsäure zu Bernsteinsäure mit der Umkehrung durch die Succinodehydrase (s. Kap. 8, Redoxpotential)

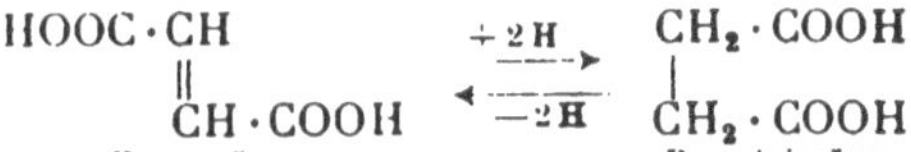

Fumarsäure Bernsteinsäure

Es handelt sich hier um Wasserstoffüberträger, die als Zwischenglieder in den normalen Oxydationsgang eingeschaltet sind. Soll z. B. Glycerinaldehydphosphat zu Glycerinsäurephosphat oxydiert werden, so müßten der Aldehydhydratgruppe 2H-Atome für die Oxydation mit Sauerstoff entzogen werden. Die Reaktionskette, die Wanderung des Wasserstoffs bis zum Cytochrom und Atmungsferment würde folgendermaßen aussehen:

---

[1]) Die hier in Frage kommenden Reaktionen sind folgende:

$$\left.\begin{array}{lll} 2\,H & -\,2e\ (\text{Elektron}) & = 2\,H^{+} \\ Fe^{++} & -\,e & = Fe^{+++} \end{array}\right\}$$ (Oxydationsvorgang; Steigerung der positiven Ladung durch Abspaltung negativer Elektronen.)

$$\left.\begin{array}{lll} O & +\,2e & = O^{--} \\ Fe^{+++} & +\,e & = Fe^{++} \end{array}\right\}$$ (Reduktion; Erhöhung der negativen Ladung durch Aufnahmen von Elektronen.)

Siehe *E. Lehnartz*, Chemische Physiologie. Berlin und Heidelberg, Springer Verlag (1948). S. 298 und 284.

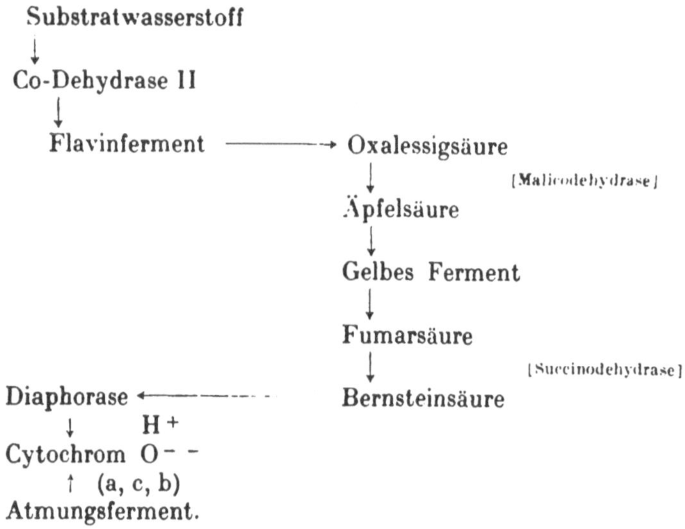

Der chemische Oxydationseffekt (Atmungseffekt) dieses langen Prozesses besteht also nur in der Umwandlung von Triosephosphat in Glycerinsäurephosphat durch aktivierten Sauerstoff gemäß folgender Übersichtsgleichung:

$$\begin{matrix} HO \\ O \\ HO \end{matrix} \rangle P \cdot O \cdot CH_2 \cdot CH \cdot OH \cdot CH \langle \begin{matrix} OH \\ \\ OH \end{matrix} + {}^1/_2\,O_2 =$$

Hydrat der Glycerinaldehydphosphorsäure

$$\begin{matrix} HC \\ O \\ HO \end{matrix} \rangle P \cdot O \cdot CH_2 \cdot CH \cdot OH \cdot COOH + H_2O$$

Glycerinsäurephosphat

In der Hefe hat *F. G. Fischer* (674) eine Fumarhydrase, ein spezifisches „gelbes Ferment" nachgewiesen, das die Übertragung des Wasserstoffs des Leukoflavinfermentes auf die Fumarsäure vermittelt. Da andererseits von *Szent-Györgyi* auch die Succinodehydrase und die Malicodehydrase in Geweben aufgefunden wurden, so sprechen wichtige experimentelle Resultate für die aufgestellte Theorie.

Auffällig ist, daß die Natur zu diesem Oxydationsprozeß den langen Weg über eine Reihe von Fermenten und Dicarbonsäuren wählen soll. Im Grunde genommen handelt es sich doch nur um die einfache Vereinigung von Wasserstoff mit Sauerstoff. Nach *Szent-Györgyi* (675) soll die große Energie dieser Knallgasreaktion, die 68 kcal für 1 Mol H_2 beträgt, in kleinen Quantitäten frei gemacht werden. Die Energie des Wasserstoffs wird also bei der stufenweisen Übertragung des Wasserstoffs von Ferment zu Ferment, von Substrat zu Substrat schrittweise in Freiheit gesetzt.

Nach *Warburg* ist die Atmung an die Oberfläche der Zellstruktur gebunden. Bei Zugabe von oberflächenaktiven Stoffen, wie Narcotica, die sich an den Oberflächen anreichern, wird der Sauerstoff verdrängt, und es tritt Hemmung der Reaktion ein.

Bei den Atmungsversuchen im *Barcroft*schen Apparat zeigte sich bei Oberhefe ein Mehrverbrauch an Sauerstoff als bei U-Hefen (*Euler*, *Hellström* und *Günther*). Interessant ist auch die Beobachtung, daß bei dem Atmungsprozeß mit der Oberhefe Rotebro D 5 gleichzeitig zwei Vorgänge nebenher laufen, von denen ein Atmungsanteil nach den Gesetzen einer monomolekularen Reaktion verläuft, während der andere, der konstante Atmungsanteil sehr lange Zeit mit gleichbleibender Geschwindigkeit vonstatten geht. Der erstere ist an ein in der Zelle vorhandenes Substrat, wahrscheinlich an Glykogen, gebunden *(Borei)* (676).

Wird Glucose vollständig bis zu Kohlensäure und Wasser abgebaut, so entstehen aus 100 g 374,3 kcal (theoretischer Wert).

Es ist anzunehmen, daß der Atmungsprozeß in der Hefe wahrscheinlich auch unter Einschaltung von Phosphorylierungen mit anorganischen Phosphaten verläuft *(Lynen, Holzer)* (677).

C. Korrelation zwischen Atmung und Gärung

Der biologische Zusammenhang beider Prozesse

Es ist in diesem Buch schon wiederholt auf die Beziehungen zwischen Atmung und Gärung hingewiesen worden. Der Vater dieses Gedankens ist *L. Pasteur*. Während die Begründer des Energiestoffwechsels, *Laurent Lavoisier* und *Laplace* nur den aeroben Stoffwechsel, die Sauerstoffatmung, kannten, vervollständigte *Pasteur* durch die Auffindung des anaeroben Stoffwechsels das System der Energieversorgung der Zelle. Seine Arbeiten geben uns heute noch die Grundlagen zur Erforschung der wirksamen Kräfte der lebenden Zelle. Seine Untersuchungen führten zu dem fundamentalen Satz, daß alle Organismen zu ihrer Existenz Energie benötigen. Gleichzeitig wurde auch erkannt, daß die Erzeugung der Energie in der Zelle ein allgemeines Merkmal allen normalen Lebens ist. Wie die Verhältnisse bei den Viren liegen (Kap. 4), ist noch nicht restlos erforscht. Aber die Organismen, die in Sauerstoff leben, benutzen diesen zur Destruktion der organischen Nährstoffe (Kohlenhydrate, Fette) und gewinnen durch diese Oxydationen Energie, mit deren Hilfe alle Zellreaktionen, z. B. Synthesen des Aufbaumaterials der Zelle, in geregelter Weise vor sich gehen können. Die Lebewesen, die Sauerstoff verschmähen oder gar durch ihn zugrunde gerichtet werden, müssen über andere Kraftquellen verfügen, weshalb ihnen ein prinzipiell anderer Stoffwechsel, der auf chemischer Molekülzerlegung und Umgestaltung der Bruchstücke ohne Mitwirkung von freiem Sauerstoff beruht, zukommen muß.

Als sich *Pasteur* mit dem Problem der Gärung intensiv beschäftigte, prägte er das bekannte Wort: „La fermentation est la conséquence de la vie sans air" (678). Es war dies zunächst der präzise Ausdruck für die Beobachtungen bei den *Fitz*schen Versuchen mit „Hefe" bildenden Schimmelpilzen (Mucoreen s. weiter unten), die ihm die Anregung zur weiteren Forschung gaben. Er behauptete dann ferner, daß Gärung bei Hefen immer dann eintritt, wenn Sauerstoffmangel herrsche. Nach seiner Anschauung können die Hefen atmen und auch gären, je nach den obwaltenden Lebensbedingungen. In seinem bekannten Werk über das Bier (678) sagt er:

„Welch deutlicherer Beweis ließe sich für diese Theorie anführen als die früher auseinandergesetzte Tatsache, daß gewöhnliche Schimmelpilze den Hefecharakter annehmen, wenn man sie ohne Luft oder mit zu wenig Luft leben läßt, als daß ihre Organe insoweit davon umgeben wären, wie es zum Leben für aerobe Pflanzen erfordert wird. Die Hefen besitzen also nur in besonderem Grade eine, vielen, wenn nicht allen gewöhnlichen Schimmelpilzen zugehörige Eigenschaft, welche wahrscheinlich mehr oder weniger alle lebenden Zellen besitzen, zugleich Aerobien oder Anaerobien zu sein, je nach den Bedingungen, unter die man sie versetzt."

Pasteur sah seine Theorie durch das Verhalten der Mucoreen gestützt, die an freier Luft eine absolut aerobische Existenz ohne jede Gärtätigkeit zeigten, untergetaucht in zuckerhaltige Flüssigkeit aber, bei beschränktem Sauerstoffzutritt, die bekannten sprossenden hefeähnlichen Zellen bildeten und alkoholische Gärung bewirkten. Es sah also aus, als ob der Mucor in Form von Oberflächenmycel nur atmet, in der submersen Wuchsart wie Hefen gärt[1]). Auch für Hefen sollte diese Energielehre gelten. Das Echo, das diese neue Theorie auslöste, bestand in zahlreichen Kritiken angesehener Forscher wie *Naegeli*, *Schützenberger*, *Chudiakow*, *Adolf Mayer*, *N. J. Brown*, *Hans Buchner* und *Pfeffer* (679). *Schützenberger* und *Hans Buchner* lehnten die *Pasteur*sche Beweisführung direkt ab. Alle damaligen Arbeiten brachten leider keine Klärung des Problems, da die derzeitig angewandten Arbeitsmethoden zur Lösung dieser Fragen nicht ausreichten. Die Hefereinzuchten wurden erst 1883 durch *E. Chr. Hansen* eingeführt, *Pasteur* selbst war es aber seinerzeit auch nicht gelungen, seine weitblickende Lehre mit Hefe zu beweisen. Der Hauptgrund für den Mißerfolg lag in erster Linie in der Anwendung der für seine Zwecke wenig geeigneten, sehr schwach atmenden Bierhefen. Wir überspringen *Pasteurs* Bemühungen zur Stützung seiner Theorie und stellen nur fest, daß er trotz aller „Gegenbeweise" bis zum heutigen Tage mit seiner genialen grundlegenden Idee prinzipiell recht gehabt hat. *H. v. Euler* (680) äußerte sich hierüber: „Vielleicht wird der richtige Kern dieser *Pasteur*schen Idee, daß die Gärung gewissermaßen einen Ersatz für die Atmung bildet, offenbar, wenn der Hefe in langdauernden Anpassungsversuchen die Möglichkeit gegeben wird, ihre am Zuckerabbau beteiligten Enzyme zu ändern. Der wesentlichste Zusammenhang zwischen Atmung und Gärung ist offenbar der, daß beide dem Organismus die Energie zu den verschiedensten Arbeitsleistungen chemischer und anderer Art liefern."

Alles, was nach *Pasteur* auf diesem Gebiete gearbeitet wurde, diente dazu, seine Lehre zu widerlegen oder zu beweisen, in Einzelheiten auszubauen und Nutzanwendungen zu machen. Es muß betont werden, daß der Aufwand der vielen Forscher an Intuition, an geistiger und praktischer Arbeit hierzu sich der *Pasteur*schen Leistung, dem Erfassen jener Universalthese, würdig zur Seite stellen kann. Zahlreiche treffliche Einzelideen und ebenso viele sehr exakte scharfsinnige Arbeiten einzelner Forscher waren notwendig, um das Gebäude der Zellenergetik zu schaffen, das heute existiert (s. Lit. *Haehn*) (681).

Ist die *Pasteur*sche Lehre von der Atmung und Gärung richtig, so muß man in der Lage sein, die Gärwirkung in Hefen zu steigern, wenn man die Atmung durch Fernhaltung von Sauerstoff unterdrückt. Andererseits muß die Gärtätigkeit nachlassen, wenn man der Hefe Gelegenheit gibt, die Energie durch Atmung in Gegenwart von Sauerstoff zu bereiten. Zu solchen Versuchen eignet sich eine wilde Hefe, die sog. Torula utilis, wie *F. Hayduck* und *H. Haehn* (682) feststellen konnten. Durch bestimmte Versuchsbedingungen bei der Züchtung konnte je nach Wahl das Atmungssystem oder das Gärsystem künstlich in den Vordergrund der Zelltätigkeit gerückt werden. Es war glatt gelungen, aus der wilden Hefe, die in der Hauptsache stark atmete und wenig Gärvermögen besaß, eine Hefe zu züchten, die imstande war, Zucker so heftig zu vergären, daß man mit ihr sehr gute Backversuche anstellen konnte. Andererseits war man in der Lage Versuchsbedingungen zu wählen (sehr flottes Lüften), um die Zymasetätigkeit stark einzuschränken und Oxydationsprozesse (s. Kap. 11, Katalase) zu steigern.

Die Umstellung des Stoffwechsels gelang meistens schon bei einer Züchtung in 6 bis 8 Stunden. Um die Güte einer hochgezüchteten Hefe zu charakterisieren, seien die Trieb-

[1]) In Wirklichkeit erzeugen die Mucoreen bei submersem Wachstum weder Hefen noch hefenähnliche Zellen. Es handelt sich hier um eine Bildung von Gemmen (s. Kapitel 4), die schwach gären. Das Oberflächenmycel besitzt zudem auch ein schwaches Gärvermögen, das von den ersten Beobachtern übersehen worden war. Dieser Umstand mußte die Anregung zu dem Ausbau der berühmten Theorie *Pasteurs* geben.

zeiten von 5 g abgepreßter Hefe in einer bestimmten Teigmenge angegeben (Näheres im Original). Während für Bäckerhefen damals bis zu 144 Minuten Gärzeit bei festgelegten Bedingungen für Handelsware vom Hefeverband erlaubt waren, konnten mit der hochgezüchteten wilden(!) Hefe Torula die guten Gärzeiten von 140—112 Minuten erhalten werden. Dagegen erreichte die auf Atmung umgestellte Torula ihr Backziel erst in mehr als 5 Stunden. Von den zahlreichen Triebkraftbestimmungen mit 10 g Hefe in 400 ccm 10%iger Rohrzuckerlösung seien folgende angegeben.

Atmungshefe (Niederzüchtung in bezug auf Gärung)	auf	Gärhefe (Hochzüchtung in bezug auf Gärung)
Von 158 ccm CO_2 in 4 Stunden	→	860 ccm CO_2 in 4 Stunden
290 ccm CO_2 in 4 Stunden	→	714 ccm CO_2 in 4 Stunden
300 ccm CO_2 in 4 Stunden	→	708 ccm CO_2 in 4 Stunden
70 ccm CO_2 in 4 Stunden	→	674 ccm CO_2 in 4 Stunden

Man sieht das starke Ansteigen der Gärkraft durch die anaerobe Züchtung. Andererseits zeigen diese Hefen hierbei einen Rückgang im Atmungssystem (Katalasewirkung).

Zersetzung von H_2O_2 durch 1 g frische Hefe

Atmungshefe		Gärhefe
1200 mg H_2O_2 in 5 Minuten	→	178 mg H_2O_2 in 5 Minuten
311 mg H_2O_2 in 5 Minuten	→	89 mg H_2O_2 in 5 Minuten
800 mg H_2O_2 in 5 Minuten	→	577 mg H_2O_2 in 5 Minuten
1955 mg H_2O_2 in 5 Minuten	→	400 mg H_2O_2 in 5 Minuten

Da etwa 180 Züchtungen in kleintechnischer Anordnung (auch im Hinblick auf technische Interessen) ausgeführt wurden, so sind die erhaltenen Ergebnisse nicht gerade als Zufallsresultat anzusehen. Aus diesen Versuchen sieht man auch, daß nicht etwa die Atmung oder im anderen Falle die Gärung restlos ausgeschaltet waren, sondern daß es sich nur um eine starke Förderung des einen oder des anderen Energieerzeugungssystems handelt. Der von *Pasteur* vermutete scharfe Antagonismus konnte hier nicht bestätigt werden. *Pasteur* war offenbar mit seiner Forderung zu weit gegangen. Er verlangte die totale Aufhebung der einen oder der anderen Reaktion, was der experimentellen Klarstellung des Vorganges nicht gerade dienlich war. Man war also jetzt nach obigen Versuchen in der Lage, den Stoffwechsel zu steuern; man konnte den chemischen Prozessen eine bestimmte Richtung geben und gewünschte Stoffwechselprodukte erzeugen, ohne das normale Zelleben zu gefährden. Die Zellen zeigten bei der Kontrolle den normalen physiologischen Zustand (s. Kap. 14). Das war wichtig, denn damit ist klargelegt, daß ein normaler physiologischer Prozeß vonstatten gegangen war. Somit wurden die engen Beziehungen zwischen Atmung und Gärung bei einer Hefe zum erstenmal experimentell klargelegt, was *Pasteur* selbst infolge Anwendung ungeeigneter Bierhefen mit wenig beeinflußbaren Enzymsystemen nicht gelungen war.

Es handelt sich also hier um die Umstellung von Enzymsystemen bei Züchtungsversuchen, um Anpassungen von Zellgenerationen an neue Lebensbedingungen. Bei der Heranzüchtung der stark gärenden Torula wurde eine üppige Nährlösung dargeboten und die Luftzufuhr bis auf ein Minimum gedrosselt. Geringe Mengen von Luft aber sind notwendig zur Anregung der für das Gelingen des Versuches erforderlichen Vermehrung. Sollte dagegen in der Hefe das Gärvermögen zurückgedrängt werden, so gelang dies bei mäßig guter Nährlösung unter recht kräftiger Lüftung.

Durch diese Umsteuerung des Energiestoffwechsels bei der Umzüchtung auf hohe Gärkraft wächst der Gehalt an Vitamin B_1 wesentlich an (*Fink* und *Just*) (683). Offenbar dient dieser Zuwachs zur Vermehrung der Codecarboxylase (Kap. 10) und so zum Angriff auf die Brenztraubensäure, wodurch der Stoffumsatz in die Richtung der Gärung gelenkt wird. (S. auch Anwachsen der Nukleinsäure in gärender Torula nach *J. Schumacher* bei den Anreicherungsversuchen an Zymase nach *Hayduck* und *Haehn*, Kap. 7.)

Die Erkenntnisse von *Hayduck* und *Haehn* wurden später von *F. Windisch* (684) bestätigt und erweitert. Die Hefezüchtungen, die er in einer anaeroben Präzisionsapparatur unter streng sterilen Versuchsbedingungen bei absoluter Abwesenheit von Sauerstoff vorgenommen hatte, ergaben bei makrometrischer Bestimmung des metabolischen Gaswechsels eine Steigerung der Zymasewirkung, und zwar nicht nur bei der Torulahefe, sondern auch bei einer großen Reihe von verschiedenartigen Kulturhefen. Die folgende Tabelle zeigt die positiven Ergebnisse mit Torulahefe.

Tabelle nach *F. Windisch*

Metabolischer Gaswechsel von aerob und anaerob gezüchteten Torulahefen

Nährlösung	Art der Züchtung	Atmung Q_{O_2} nach der Züchtung	Aerobe Gärung Q_{CO_2} nach der Züchtung	Anaerobe Gärung $Q_{CO_2}^{N_2}$ nach der Züchtung
Bierwürze mit Traubenzucker	aerob	0,6	35,6	31,8
	anaerob	2,7	68,2	56,8
Melasse	aerob	0,6	34,2	29,9
	anaerob	2,3	61,2	51,5

Q_{O_2} bedeutet hierbei die in der Zeiteinheit und von einer Zelle pro Volumeneinheit veratmete Sauerstoffmenge, Q_{CO_2} die unter gleichen Bedingungen bei Sauerstoffgegenwart und $Q_{CO_2}^{N_2}$ die bei Sauerstoffabwesenheit entwickelte Gärungs-Kohlensäuremenge.

Man sieht deutlich, daß eine Zunahme der Gärung bei anaerober Züchtung eingetreten ist. Nach *Windisch* ist das vegetative Moment für das Eintreten der *Pasteur*schen Regel ausschlaggebend. Schaltet man das Hefewachstum aus, so wirkt der Sauerstoff im allgemeinen indifferent, in einzelnen Fällen sogar etwas anregend auf das Gärvermögen bestimmter Hefearten. Bemerkenswerterweise zeigt sich bei streng anaerober Hefezüchtung gleichzeitig mit der Gärungssteigerung auch eine gesteigerte Atmungstätigkeit der verschiedenartigen Hefezellen, welche Tatsache auch von *Trautwein* und *Wassermann* (685) aufgefunden worden ist. *Windisch* vertritt die Ansicht, daß bei einem nicht stimulierten Wachstum, also bei Ausschaltung der Lüftung, vitalere Zellen mit beiderseits gesteigerten Stoffwechselkräften erhalten werden. Die Hefen nach *Hayduck* und *Haehn*, bei äußerst geringer Lüftung gezüchtet, verhielten sich, wie wir oben sahen, anders. Ihr Atmungssystem war geschwächt worden. Möglicherweise hat bei den Versuchen nach *Windisch* die absolute Luftsperre, die vielleicht hier unphysiologisch wirkt, das Zellsystem in Unordnung gebracht, und nun muß es gewissermaßen durch die gesteigerte Atmungsenergie zur Gesundung gebracht werden. Dazu wäre allerdings die Hypothese einer differenzierten Energieerzeugung zwischen Gärung und Atmung zu machen, wovon bisher nichts bekannt ist. Die bei den beiden Energieprozessen erzeugten Energien könnten sich ja auch qualitativ und nicht nur quantitativ unterscheiden. Dieser Punkt der Annahme von mehreren Arten von Energie in diesem Fall wäre in Zukunft zu beachten (s. unter I dieses Kapitels).

Bei den auf Zymaseanreicherung hin gezüchteten Zellen macht auch ein morphologisches Merkmal die erfolgte Umstellung kenntlich. Aus der kleinen ovalen Torulazelle hat sich eine große runde Zelle in Gestalt einer untergärigen Bierhefe gebildet *(F. Windisch)* (686).

Meyerhof, der sich ebenfalls mit dem *Pasteur*schen Problem beschäftigte, verfolgte den Gasstoffwechsel der Hefen ausschließlich bei ausgeschalteter Vermehrung. Ihm war es hauptsächlich darum zu tun, die Gärung durch die Veratmung von Glucose zurückzudrängen. Bei den Versuchen in reiner Phosphatlösung verhinderte die Oxydation von einem Molekül Glucose den Zerfall von 3—6 Molekülen Zucker durch Gärung. Außer Glucose wirken auch eine ganze Reihe von Gärprodukten wie Aethylalkohol, Acetaldehyd, Essigsäure, Brenztraubensäure und Milchsäure erhöhend auf die Atmung ein und zwar bei Preßhefe und Torula um das Fünf- bis Achtfache, dagegen verhalten sich Bier- und Weinhefen zu Anfang träge. *Windisch*, der mit Bier-, Bäcker- und Weinhefen und auch mit Torula arbeitete, beobachtete bei Ausschaltung der Vermehrung in seiner Versuchsanstellung eine fast indifferente Wirkung der obigen Gärprodukte, doch scheinen hier die Verhältnisse noch einer endgültigen Klärung zu harren. Überhaupt hat dieses ganze Gebiet seit *Pasteurs* Zeiten noch problematische Stellen, die auch heute noch nicht alle geklärt sind. *Meyerhof* (687) erhielt bei seinen Versuchen zur Ausschaltung der Gärung verschiedene Ergebnisse bei den verschiedenen Hefen.

Bei Preßhefe sinkt nach den Feststellungen *Meyerhofs* die Gärungskohlensäure durch die Sauerstoffwirkung auf $^1/_3$ bis $^1/_4$ des Normalwertes. Die an sich kleine Atmung in reiner Phosphatlösung (geringer Glykogengehalt der Bäckerhefe) steigt durch Zugabe von Glucose auf das 8—10fache an. Zucker fördert die Atmung der Brauereihefe nur wenig *(Meyerhof)*, weshalb auch nur ein ganz geringer Bruchteil des Gärungsumsatzes zum Verschwinden gebracht werden kann. Die Torula entwickelt in Zuckerlösung im Verhältnis zur Gärung eine so große Atmung, daß die alkoholische Gärung in Sauerstoff unter Umständen fast restlos verschwindet.

Wie wir sehen, verlaufen die hier zuletzt angeführten Versuche nur in der einen Richtung: Eindämmung der Gärung durch Atmung. Der umgekehrte Weg: Erhöhung der Gärung durch Abstellung der Atmung wurde hier nicht verfolgt. Beide Arten von Vorgängen erfordert indessen die Ausgestaltung der *Pasteur*schen Lehre. Jedoch nicht überall folgt die Natur einer strikten Regel. Es muß auch in unserem Falle eine Einschränkung in der Anwendung der Theorie Platz greifen und gleichfalls in der strengen Forderung der Alternierung von totaler Gärung mit totaler Atmung nach dem Beispiel der Mucoreen.

Ob in *Pasteurs* Versuchen seinerzeit wirklich eine restlose Unterdrückung der Gärung durch Atmung erfolgt ist, kann heute in Anbetracht späterer Ergebnisse *Wehmers* (688) bezweifelt werden, der im Falle Mucor racemosus auch bei starker Sauerstoffzufuhr Gärwirkung nachweisen konnte.

Ferner muß streng unterschieden werden zwischen der einfachen Umstellung der Energieprozesse und dem Abbau und Aufbau der Energiesysteme bei den vorgenommenen Eingriffen. In *Meyerhofs* Experimenten wird weder das Gärungs- noch das Atmungssystem vernichtet bzw. angegriffen, sondern es wird durch die vorgenommenen Eingriffe nur diese oder jene Energiequelle lebhafter zum Sprudeln gebracht. Nach *Pasteurs* Anschauung wird im Mucoreenversuch dagegen in dem einen Falle das Oxydationssystem zerstört und im anderen das Zymasesystem aufgebaut. Bei den Züchtungsversuchen von *Hayduck* und *Haehn* und ebenso nach *Windisch* haben wir auch Enzymbildungen vor uns (Codecarboxylasesynthese). Wenn man aber Hefen nur in Phosphatlösung bei Gegenwart von Zucker atmen läßt — also bei Ausschaltung einer Vermehrung durch Abwesenheit von Stickstoff und Nährsalzen im Versuchsmedium —, so wird unter diesen Versuchsbedingungen nur das eine von den **vorhandenen** Energie schaffenden Enzymsystemen zur Tätigkeit angeregt.

Die Literatur bringt noch andere Unstimmigkeiten mit der *Pasteur*schen Lehre, die vielleicht z. T. Folgen unpassender Maßnahmen — wie zu kurze Beobachtungszeiten — sind. Für die Umzüchtung sind zwei Hauptmomente zu beachten: zunächst ist ein Organismus mit einem labilen Enzymsystem notwendig, und zweitens muß ein derartiger physiologischer Zustand der Hefe (Kap. 14) vorliegen, daß die Aufbauenzyme für die Synthese der Respirationsenzyme leicht mobilisiert werden können. Eine selbstverständliche Voraussetzung ist die Anwendung natürlicher physiologischer Lebensbedingungen. Ist die Ausgangshefe in guter Nährlösung — nicht auf halbfestem Gelatine- oder Agarnährboden — bei optimaler Temperatur gezüchtet worden, so kann sie den erforderlichen physiologischen Zustand für den gewünschten Reaktionsverlauf haben. Durch Vernachlässigung günstiger Experimentierbedingungen wird manches nicht in den „*Pasteur*schen Rahmen" passende Reaktionsbild erzielt worden sein. Auch *O. Meyerhof* macht in seinen Arbeiten auf gewisse Klippen aufmerksam. Es ist leicht einzusehen, daß eine Hefe wie die Bierhefe, die in den praktischen Betrieben in Tausenden von Generationen vorzugsweise anaerob gewachsen ist, ein schwaches Atmungssystem besitzen muß. Hier gelingt es natürlich nicht mit einem Schlage, die Atmung in nennenswerte Höhe zu bringen, wie es die schönen Versuche von *Meyerhof* mit Preßhefe und Torula gezeigt haben. Hier kann erst durch geeignete Nährlösungen für den Aufbau der Atmungsfermente und geeignete Züchtungsbedingungen Wandel geschaffen werden.

Das Studium der Korrelationszüchtungsversuche führt zu der Einsicht, daß die Hefen gleichzeitig beide Energiequellen benötigen, wenn auch nicht beide in gleichem Umfange. Die Bierhefe, die ausgesprochen anaerob gezüchtet wird, versagt in den Betrieben, wenn großer Sauerstoffmangel lange Zeit geherrscht hat. Allgemein eingeführt ist das Auffrischen der Betriebshefen durch kurze Lüftung („Aufziehen und Umpumpen"). Es wäre wichtig, heute in Anbetracht der neueren Einsichten und neueren Versuchstechniken die älteren Hefeversuche teilweise zu kontrollieren. Dabei sollten auch die Redoxpotentiale der Nährlösungen berücksichtigt werden (s. Kap. 8, Redoxpotentiale).

Nach den Hefeversuchen wandte sich *Meyerhof* (689) der Milchsäuregärung mit zwei verschiedenen Bakterienarten zu, dem annähernd obligat anaeroben Bakterium *Delbrücki* (Lactobacillus delbrückii) und aeroben Bacterium Vibrio *Metschnikoff*. Auch hier zeigte sich der wahre Kern der *Pasteur*schen Hypothese: in Gegenwart von Sauerstoff konnte in beiden Fällen die Milchsäurebildung teilweise unterdrückt werden. Beim Bakterium Delbrücki ging die Herabsetzung bis zu 50%. Die Veratmung von einem Kohlenhydratäquivalent verhinderte beim Bakterium-Delbrücki-Versuch 6, bei dem Vibrioansatz 3 Milchsäuremoleküle am Auftreten. Wir sehen hier eine ähnliche Wirkung wie bei der alkoholischen Gärung — 4 bis 6 Moleküle Zucker waren hier der Gewinn —, was auf einen ähnlichen Reaktionsmechanismus bei den Gärungen Rückschlüsse ziehen läßt. Diese Werte stellen den *Meyerhof*schen Oxydationsquotienten dar, der nach folgender Formel errechnet werden kann:

$$\text{Oxydationsquotient} = \frac{\text{insgesamt verschwundene Milchsäure}}{\text{verbrannte Milchsäureäquivalente}}$$

Blausäure hemmt die Atmung stärker als die anaerobe Milchsäurebildung. Umgekehrt wirkt Natriumfluorid (Hemmung der Enolase!). Bei Bakterium Delbrücki kann die Hemmung der Gärung bis zu 95% betragen, ohne daß die Sauerstoffatmung beeinflußt wird. Diese Versuche, bei denen das Vermehrungsmoment durch Züchtung in Malzmaische auch in Frage kommt, bekunden die Wechselbeziehung zwischen Atmung und Gärung auch im Reich der Milchsäurebakterien.

Meyerhof verdanken wir nicht nur die energetischen Studien mit den Einzellern, sondern auch die mit den Geweben. In erster Linie sind es die Muskelzellen, für die

die *Pasteur*sche Reaktion von großer Wichtigkeit ist. Es würde hier zu weit führen, auf die interessanten und lebenswichtigen Feststellungen *Meyerhofs* näher einzugehen, weshalb nur ein kurzer Überblick gegeben werden soll.

Die Muskelzelle hat ebenfalls wie die Hefe- und Bakterienzelle einen doppelten Energiestoffwechsel. Gärt sie, so produziert sie aus den Glucosemolekülen des Glykogens Milchsäure (Glykolyse [Abbauphase im Muskel]), veratmet sie das Kohlenhydrat mit Hilfe von Sauerstoff zu Kohlensäure und Wasser, so gewinnt sie naturgemäß mehr Energie aus dem Zucker als im ersten Fall. Die Milchsäurebildung ist besonders groß, wenn der Muskel in Tätigkeit ist. Geschieht dies in einer sauerstoffhaltigen Atmosphäre, so wird die Glykolyse durch die Atmung zurückgedrängt. Der Prozeß läßt sich unter geeigneten Versuchsbedingungen mit dem isolierten Muske derart steigern, daß überhaupt jede Milchsäurebildung ausbleibt. Ganz allgemein kann man sagen, daß in Geweben die aerobe Glykolyse $(Q_M^{O_2})$ kleiner ist als die anaerobe $(Q_M^{N_2})$, was eine Folge der Sauerstoffatmung ist. Diese Erscheinung der Abhängigkeit der Milchsäureerzeugung von der Sauerstoffatmung bezeichnet man als die *Pasteur-Meyerhof*sche Reaktion. Um einen zahlenmäßigen Ausdruck für die Intensität der Zurückdrängung der Gärung durch die Atmung zu haben, ist der *Pasteur-Meyerhof*-Quotient (690) eingeführt worden mit folgender *Warburg*schen Formulierung:

$$P.M.Q = \frac{Q_M^{N_2} - Q_M^{O_2}}{Q_{O_2}}$$

worin $Q\,O_2$ der Ausdruck für die Atmung ist. Mit Worten: es handelt sich hier um das Verhältnis zwischen Glykolyseabnahme und Atmung, also um den Ausdruck:

$$\frac{\text{Mol vorhandener Milchsäure}}{\text{Mol verbrauchten Sauerstoffs}}$$

Der P.M.Q steht naturgemäß in enger Beziehung zum *Meyerhof*schen Oxydationsquotienten und beträgt $^1/_3$ desselben. Bei einer ganzen Reihe von Geweben (Hirnrinde, Netzhaut, Dotterhaut, Hoden, Milz, Niere und Leber) hat man ebenfalls dieselbe Beeinflussung der Glykolyse durch Sauerstoff gefunden, was für eine allgemeine Gültigkeit der *Pasteur*schen Lehre in der Natur spricht. Für Hirnrinde hat sich bei einem Versuch mit einem Glucosegehalt von 0,2% bei einem pH = 7,4 und einer Temperatur von 38° folgende Berechnung ergeben:

$$P.M.Q = \frac{19 - 2}{10} = 1,7$$

Da man P.M.Q = 2,5 als höchsten Wert der *Pasteur*-Reaktion annimmt, so zeigt der Quotient für Bäckerhefe in Höhe von 2,1, wie intensiv in dieser Hefe die Gärung durch die Atmung zurückgedrängt werden kann.

Wenn die im Muskel angesammelte Milchsäure durch die Sauerstoffatmung im Ruhezustand verschwindet, so bildet sich aus ihr Glykogen zurück. Mit Hilfe des Kohlenstoffisotopen ^{14}C konnte von *A. Baird Hastings* (691) der Beweis erbracht werden, daß das Glykogen in der Tat aus Milchsäure entsteht. Wir haben hier den Fall einer energetisch gekoppelten Reaktion, denn die durch die Oxydation eines Teiles der Milchsäure erzielte Energie dient zur Resynthese des Glykogens (Aufbauphase im Muskel). Demgemäß wird weniger von dem Reservekohlenhydrat entstehen können als es der angesammelten Milchsäure entspricht. Im allgemeinen werden $^1/_3$—$^1/_6$ der Milchsäure verbrannt und $^2/_3$—$^5/_6$ zu Glykogen synthetisiert, was aus der Bestimmung des *Meyerhof*schen Oxydationsquotienten (s. oben) hervorgeht. Etwa 50%

der erhaltenen Oxydationsenergie werden für die Resynthese verbraucht. Dieser chemische Kreislauf, eine alte Vermutung von *Embden* und *v. Noorden* bestätigend, kann folgendermaßen schematisch dargestellt werden.

anaerob, Energie erzeugend
Glykogen → Milchsäure
Milchsäure → Glykogen: aerob, Energie verarbeitend
Milchsäure → Oxydationsprodukte: aerob, Energie erzeugend

Diese zahlreichen Beispiele lassen keinen Zweifel an der Richtigkeit der *Pasteur*schen Lehre bestehen. Das, was *Pasteur* allerdings bei Hefen wollte, einen scharfen Antagonismus zwischen Gärung und Atmung wie es bei „seinen“ Mucorarten scheinbar der Fall war, gelang bei Hefen und tierischen Geweben bis jetzt nicht. Die zahlreichen Versuche über dieses Problem haben mehrfach, wie schon angeführt, widersprechende Ergebnisse gezeitigt. Wenn auch nicht alle künstlichen Beeinflussungen in der Korrelation des Energiestoffwechsels bei Hefen im Einklang mit der strengen Fassung der *Pasteur*schen Theorie stehen, so werden die Grundfesten dieser Universalerkenntnis nicht erschüttert: Atmung und Gärung sind die notwendigen Vorgänge zur Beschaffung der Zellenergie im Zelleben. Wo Atmung nicht in genügendem Umfange stattfinden kann, wird der Spaltungsstoffwechsel, der Gärprozeß, einsetzen. Und umgekehrt muß die Atmung die oft zu geringe Energieproduktion der Gärung bei Bedarf ergänzen. Das ist der große Sinn dieser Lehre.

Die chemische Verwandtschaft beider Energieprozesse

Nachdem wir die biologische Verknüpfung der Atmung mit der Gärung kennengelernt haben, ist es für uns nicht verwunderlich, wenn der chemische Mechanismus beider exothermischer Prozesse Ähnlichkeit aufweist. Diese Gedankengänge sind erst neueren Datums, denn in früheren Zeiten stand die Sauerstoffatmung dem Prozeß der alkoholischen Gärung, den man ursprünglich nur als eine spezifische Hefenreaktion ansah, fremd gegenüber. Erst als durch *Pasteur* die starre Barriere zwischen den beiden Prozessen weggeräumt worden war, fand man den Weg zu der Erkenntnis einer gewissen chemischen Einheit beider Prozesse.

Den Vorgang der Atmung bezeichnete man ursprünglich als Verbrennung, was zu einer falschen Vorstellung führen mußte. Zunächst ist darauf hinzuweisen, daß bei biochemischen Prozessen die Wärmeentwicklung bei den meisten Laboratoriumsarbeiten nicht offen sinnfällig zutage tritt, sondern mit feinen Instrumenten gemessen werden muß. Nur bei einigen technischen Vorgängen wie in der Mälzerei, Essigfabrik und der Braunheugewinnung beobachtet man spontane Wärmeentwicklungen größeren Ausmaßes. Ferner haben wir heute eine genauere Kenntnis über den Mechanismus des Abbaus der Kohlenhydrate und wissen, daß das Zuckermolekül nicht einfach durch Sauerstoff zu Kohlensäure und Wasser oxydiert wird, wie es etwa die Flamme oder ein Oxydationsgemisch (Chromat-Schwefelsäure) tun würde. Die Atmungskohlensäure entsteht nicht durch Addition von Atmungssauerstoff an Kohlenstoff, sondern ihre Bildung erfolgt durch Entcarboxylierung der Carbonsäuren, wie z. B. der Brenztraubensäure bzw. Oxalsäure, vielleicht auch der Glycerinsäure, und lediglich das Wasser selbst entstammt der Oxydation mit Sauerstoff. Allein die Verbrennung des Wasserstoffs liefert die meiste Energie, worauf schon öfters hingewiesen wurde.

Wir nehmen heute mit Recht an, daß bei der eigentlichen Sauerstoffatmung nicht das Zuckermolekül als solches durch den Sauerstoff angegriffen wird, sondern erst die durch anaeroben Abbau entstandenen Zwischenprodukte. Es bilden sich hier zunächst dieselben Sprengstücke wie bei der alkoholischen Gärung. Gärung und Atmung haben also bei Beginn der Hexosenaufspaltung gemeinsame Zuckerabbaustufen. Hierdurch wird der chemisch-physiologische Zusammenhang beider energieliefernden Prozesse ganz klar. Atmung und Gärung sind also auch vom chemischen Standpunkt aus keine prinzipiell verschiedenen Reaktionen, sondern die Komponenten des einen großen Dissimilationsprozesses, der die Substrate in erster Linie zum Zwecke der Energiegewinnung spaltet. Die beiden Prozesse verlaufen zunächst bis zu einem bestimmten Punkte ganz gleichartig, dann tritt je nach den obwaltenden Verhältnissen Trennung ein. Bei Sauerstoffmangel bleibt in dem einen Falle die anaerobe Abbaureaktion beim Acetaldehyd stehen, der in die stabile Endform Aethylalkohol übergeführt wird. Sauerstoff erzeugt in dem anderen Falle (Atmungsprozeß) eine „Knallgasreaktion" mit dem Substratwasserstoff (Gleichung 2). Sämtlicher Kohlenstoff wird allmählich durch „innere Oxydation" mittels Wasser in Carboxylgruppen übergeführt (s. unter I dieses Kapitels), und dann durch die Decarboxylase als Kohlendioxyd abgetrennt. Bei kleineren Molekülen kann auch Sauerstoff mit Hilfe von Enzymen (Dehydrasen) die Bildung der Carboxylgruppen fördern. Ein Schema möge den Gang der Oxydation des Acetaldehydes versinnbildlichen:

1. $CH_3\cdot CHO + H_2O = CH_3\cdot C\begin{cases} OH \\ H \\ OH \end{cases}$

2. $CH_3\cdot CH\begin{cases} OH \\ OH \end{cases} + O = CH_3\cdot COOH + H_2O$ biochemische Knallgasreaktion durch die Atmungsfermente (Dehydrasen und Oxydasen)

3. $\underset{\text{Essigsäure}}{CH_3\cdot COOH} + 3\,O = \underset{\text{Oxalsäure}}{\begin{matrix} COOH \\ | \\ COOH \end{matrix}} + H_2O$

4. $\begin{matrix} COOH \\ | \\ COOH \end{matrix} + O = H_2O + 2\,CO_2$

Andere Abbauvorgänge wie solche der Triosen bzw. deren Phosphate sind noch nicht näher erkannt worden. Vorstellbar ist auch folgender Gang:

Glycerinsäure → Äthylenglykol → Glyoxal → Oxalsäure → $CO_2 + H_2O$.

Es ist auch daran zu denken, daß der Sauerstoff als Wasserstoffakzeptor durch Zellinhaltsstoffe (wie Methylenblau und Chinon in den Modellversuchen) ersetzt werden kann. Ein solcher Vorgang ist dann aber keine „Atmung" mehr im alten klassischen Sinne.

Wenn ursprünglich nur erforscht war, daß beide in Korrelation stehenden Prozesse der Energieversorgung der Zelle dienen, so haben wir nun die weitere Erkenntnis gewonnen, daß auch im Abbau des Substrates in ein und derselben Zellart für Atmung und Gärung ganz nahe chemische Verhältnisse obwalten. Folgende Darstellung möge dies erhellen:

Substrat (Metabolit)
Sauerstoff- ↓ freie Spaltung
Zwischenprodukte
(Triosephosphate und Abkömmlinge)

Abbauprodukte der Atmung:	Gärprodukte:
Kohlensäure und Wasser	Aethylalkohol, Milchsäure usw.

Sauerstoffliebende Organismen werden die Zwischenprodukte veratmen zu Kohlensäure und Wasser, während die Anaerobier gären, d. h. die Zwischenprodukte in stabile Gärprodukte überführen.

Das stolze Werk der Aufklärung der biologischen Energieversorgung steht wie ein großartiger Dombau vor uns, der trotz ungezählter Arbeiten noch seiner Vollendung entgegen harrt. Zahlreiche fleißige Hände haben sich gerührt und Stein auf Stein bis zur Kuppel gesetzt; aber bis zum Schlußstein ist noch viel, sehr viel zu schaffen. Viele findige Köpfe sind in stillen Stunden dem großen Naturproblem nachgegangen zur Ergründung von Mechanismus und Sinn der Gärung. Dabei wurden die inneren Zusammenhänge zwischen Gärung und Atmung gefunden und so unentbehrliche elementare Grundlagen für unser menschliches Dasein überhaupt. Es ist ohne Zweifel, daß die Studien im Mikrokosmos unsere Erkenntnis über wichtige Vorgänge im höheren Organismus (speziell über die Glykolyse und Atmung) ungemein gefördert haben. Ohne die intensive Hefeforschung wäre vieles noch nicht klar gestellt. Allen Forschern gebührt Dank für die in unermüdlicher Arbeit gebrachten idealen Opfer, die zur Lösung dieser großen Aufgabe beigetragen haben. Ihre Namen sind unauslöschlich eingezeichnet in dem unvergänglichen Buch der Natur.

Schrifttum

Euler, H. v. und *Lindner, P.*, Chemie der Hefe und der alkoholischen Gärung. Leipzig 1915.

Franke, W., Berechnung der freien Energie biochem. wichtiger Reaktionen in „Die Methoden der Fermentforschung“ von *E. Bamann* und *Myrbäck*. Verlag G. Thieme, Leipzig 1941, S. 847.

Höber, R., Physik. Chemie der Zelle usw. IV. Auflage, 1913, S. 742.

Meyerhof, O., Zur Energetik der Zellvorgänge. Göttingen 1913; Über die Energie des Muskels. Klin. Ws. 1922, S. 5.

Meyerhof, O., Die chemischen Vorgänge im Muskel, Berlin 1930.

Oppenheimer, C., Der Mensch als Kraftmaschine, Thieme, Leipzig 1921.

Oppenheimer, C., Handbuch der Biochemie der Menschen und Tiere, 2. Auflage, Gustav Fischer, Jena 1925, 2. Bd.

Oppenheimer, C., Einführung in die Allgemeine Biochemie, Leiden A. W. Sijthoff's Uitgeversmaatschappij N.V. (1936).

Ostwald, W., Ber. Sächs. Akad. 1892. Grundriß der Allgem. Chemie 1917.

Planck, M., Thermodynamik, V. Aufl. 1917.

Planck, M., Physikalische Rundblicke. Leipzig 1922.

Wachtel, C., Arch. ges. Phys. (Pflüger) 171 (1918), S. 66.

Zwaardemaker, H., Asher-Spiro Erg. Phys. IV (1905), S. 423, V (1906), S. 108.

Maximow, N. A. Kurzes Lehrbuch der Pflanzenphysiologie. Verlag Kultur u. Fortschritt, Berlin 1951.

14. Kapitel

Physiologischer Zustand der Hefe. Leistung der Hefezelle. Degenerieren und Absterben der Hefe. Zytorrhyse und Plasmolyse. Autolyse

Physiologischer Zustand der Hefe

Wenn eine Hefe in einer sterilen, wenig sauren, schwach eiweißhaltigen Zuckerlösung mit Nährsalzen, z. B. in einem Obstsaft, bei mäßiger Temperatur in Gärung begriffen ist, so entwickelt sie sich normal und zeigt unter dem Mikroskop das Bild einer gesunden Zelle. Man beobachtet eine prall angefüllte, runde Zellform mit einem ziemlich durchscheinenden Protoplasma, das an der Zellwand anliegt. Vakuolen sind je nach der Heferasse verschieden groß, und die Zellwand trägt einen Sproß. Bei ungestörter Entwicklung erscheinen Sproßverbände. Man hat den Eindruck, daß sich die Hefe in diesem Milieu recht wohl fühlt und spricht in diesem Falle von einem normalen physiologischen Zustand der Hefe. Gärt die Hefe nun längere Zeit, bildet also viel Alkohol und Kohlensäure, so können die eigenen Stoffwechselprodukte giftig wirken und den physiologischen Zustand ändern. In einer Kartoffelmaische wird die obergärige Brennereihefe durch 3 Vol.% Alkohol in ihrer Vermehrung schon sichtlich gehemmt, und bei 5 Vol.% hören die meisten Hefen zu sprossen auf (*M. Rubner*, *G. Foth*). Die Gärtätigkeit kann indessen weitergehen, und wir kennen Südweinhefen, die bis 18 Vol.% Alkohol vertragen können. Allerdings läßt bei höherer Alkoholkonzentration die Gärgeschwindigkeit erheblich nach. Im allgemeinen hängt der physiologische Zustand der Hefe ab von der Art und Menge der Nährstoffe, von dem Grad der Bewegung der Maische oder der Würze, der Luftzufuhr und der Temperatur. Verdünnte Zuckerlösungen (2—4%ige) werden leichter vergoren als stärkere. Die übliche Konzentration der Bierwürzen beträgt in normalen Zeiten 10—14° Balling. In diesem üppigen Medium verläuft die Gärung mäßig schnell. Konzentrierte Saccharoselösungen von 40—60% sind nur von wenigen Rassen ausnahmsweise angreifbar. Hier gehen die Beobachtungen verschiedener Forscher auseinander. Aber von der Hefe Zygosaccharomyces acidi (*Richter*), die Honig kräftig vergärt, hat man sicher erwiesen, daß sie noch 70—80% Dextrose bei einem osmotischen Druck von 80—100 Atm. vertragen kann. Ist eine Hefezelle in einer Maische oder Würze in Bewegung, so werden ihre Stoffwechselprodukte von der Umwelt weggenommen, so daß die Zelle ungehindert weiterarbeiten kann. Dies begünstigt natürlich den normalen physiologischen Zustand. Die Bewegung der Zelle kommt dadurch zustande, daß die austretende an der Zellwand haftenbleibende Kohlensäureblase wie ein Luftballon wirkt und das ganze Gebilde nach oben trägt. Hat sich dort die Kohlensäure losgelöst, so sinkt die schwere Zelle wieder nach unten, und nun kann das Spiel von neuem beginnen. Weiter ist für das normale Zellenleben von Vorteil eine gemäßigte Temperatur. Bierhefen, die langsam und lange Zeit gären sollen, hält man auf 6—10°, schnell gärende Spiritushefen dagegen um 27°. Noch höhere Temperaturen schwächen schon. Will man eine gesunde, kräftige, zymasereiche Hefe heranzüchten, so läßt man sie bei kräftiger Nahrung wie 10—14%iger Bierwürze und mäßiger Vermehrung, geregelt durch niedere Temperaturen und wenig Luftzufuhr, wachsen. Diese Art der Zymaseanreicherung erfahren fast alle untergärigen Bierhefen durch eine Reihe von Führungen im normalen Brauereibetrieb.

Wenn Hefe in einer eiweißhaltigen Zuckerlösung wie Obstsaft, Würze oder in einer Maische gärt, so erfolgt gleichzeitig auch Zuwachs an Zellen. Anders liegt der Fall bei Anwendung eines Gärmediums ohne Stickstoffnahrung bei geringer Aussaat.

Hier tritt zwar auch Gärung ein, aber die Zellvermehrung fehlt fast ganz. Sie erfolgt in diesem Falle höchstens nur auf Kosten abgestorbener Zellen. Ganz allgemein wird bei einem solchen Gäransatz die Hefe geschwächt, zum mindesten sehr ausgenutzt. Der normale physiologische Zustand ist gleichzeitige Gärung und Vermehrung.

Ist der Zucker in der Nährlösung verbraucht, so tritt Ruhe ein. Das lebhafte Auf- und Niedergehen der Zellen hört auf, und es erfolgt ein Zusammenschließen der einzelnen Individuen zu Flocken, die sich am Boden absetzen. Wir kennen in dieser Beziehung zwei Typen von Hefen, die Bruchhefen und die Staubhefen. Letztere sind im Gärmedium auf das Feinste verteilt, rufen infolgedessen — Bildung einer großen Oberfläche bei gleichmäßiger Verteilung im Substrat — einen kräftigen Stoffumsatz hervor und setzen sich vorzugsweise erst am Ende der Gärung ab. Die Bruchhefen dagegen bilden schon während der Zuckerspaltung Flöckchen, die teilweise nach unten gehen, so daß am Schluß der Gärung durch verstärkte Flockenbildung in kurzer Zeit das Bier relativ schnell geklärt wird. Diese gute Bruchbildung ist natürlich für die Brauereipraxis von größtem Wert. Andererseits sind die Staubhefen dort begehrt, wo eine intensivere Vergärung angestrebt wird (z. B. im Brennereibetrieb). Nach *Stockhausen* (692) ist für das Ausflocken der Hefen die elektrische Umladung der Zelle und der adsorbierten Eiweißkörper von Wichtigkeit, aber ebenso das Vorhandensein einer klebenden Substanz auf der Oberfläche.

Durch Zufuhr von Giftstoffen wird der natürliche physiologische Zustand gewaltsam verändert. Gibt man beispielsweise zu einem Gäransatz von Brennereihefe 0,2% Toluol, so geht die Gärtätigkeit auf 1—5% zurück. Mineralsäuren wirken auch schädlich, weshalb bei ihrer Verwendung mit großer Vorsicht experimentiert werden muß (s. Kap. 17). Organische Säuren sind bei wenigen Ausnahmen wie Ameisensäure und Buttersäure nicht agressiv. Eine 0,1%ige Buttersäure wirkt stark gärungshemmend. Interessant ist, daß eine Verdünnung auf 0,01—0,05% wieder gärungsfördernd wirkt! (Reizwirkung) Auch verdünnter Alkohol verhält sich in diesem Sinne, ebenso Spuren von Formaldehyd und Arsen *(G. Foth)*. Bierhefen, die man längere Zeit in kupfernen Reinzuchtapparaten geführt hat, zeigten durch die Aufnahme geringer Kupfermengen Degenerationserscheinungen *(P. Lindner)*.

Leistung der Hefezelle

An dieser Stelle sei ein kurzer Überblick über die Leistung der Zelle gegeben. Bei den technischen Kapiteln werden dann die speziellen Arbeiten verschiedener Hefearten näher ausgeführt.

Wenn wir die Leistung der Zelle betrachten, so können wir sowohl von einer biologischen, als auch von einer chemischen Leistung sprechen. Oft ist es ratsam, keine strikte Trennung durchzuführen, da eine Funktion der Zelle mit der anderen eng verknüpft ist. Wenn sich eine Zelle vermehrt, so leistet sie in diesem Falle eine biologische, als auch eine chemische Arbeit.

Die chemische Leistung der Hefezelle ist bewunderungswürdig. Sie vermag aus relativ einfachen Molekülen, den Nährsalzen (Phosphaten), Zuckern, Polypeptiden, Aminosäuren, Ammoniumsalzen den kompliziert zusammengesetzten Zellkörper mit dem Protoplasma, dem Zellkern, der Zellwand, den Reservestoffen, den Enzymen, Vitaminen und noch anderen wichtigen Lebenselementen, aufzubauen. Die Hefe Torula utilis (auch Torulopsis utilis genannt) ist in dieser Beziehung, worauf schon öfters hingewiesen wurde, eine Meisterin erster Ordnung. Wenn wir nur an das noch relativ einfache Molekül des Lezithins mit seinen Komponenten Glycerinphosphorsäure, Palmitinsäure und Cholin denken (Kap. 7), so begreifen wir schon die große synthetische Leistung. Halten wir uns aber vor Augen, daß die Zelle hochmolekulares

Eiweiß, Nukleinsäuren, Porphyrinstoffe, Carotinoide, die Sterine Cholesterin und Ergosterin (Kap. 7), die Wuchsstoffe, Vitamine und Enzyme (Kap. 9—11) ebenfalls chemisch zu formen vermag, so müssen wir bekennen, daß unsere Laboratoriumschemie trotz großer Erfolge mit der stillen Chemie der Zelle längst nicht wetteifern kann.

Sehen wir uns nun die Leistung der Hefezelle in den verschiedenen Betrieben, in der Brauerei, Brennerei und Hefefabrik an.

Zunächst die biologische Leistung in der Brauerei. Die Zellvermehrung ist abhängig von dem physiologischen Zustand der Zelle, den Ernährungsbedingungen und der Temperatur. In der Brauerei wird der Hefe der denkbar beste Nährboden in Form von Bierwürze zur Verfügung gestellt. Die gesunde Hefe hätte in diesem Falle üppigste Vermehrungsbedingungen, wenn man die Temperatur nicht künstlich tief halten würde. Der Brauer wünscht indessen eine langsame Gärung bei geringer Hefevermehrung und stellt deshalb sein Gärgut mit an niedere Temperaturen gewöhnte untergäriger Hefe auf 5—8° ein. Nach *Pedersen* (693) dauert eine Zellteilung (Hefegeneration)

bei 4°	20 Stunden
bei 13,5°	10,5 Stunden
bei 23°	6 Stunden
bei 28°	5,6 Stunden

Wenn beim Anstellen pro hl Bier 0,5 l dickbreiige untergärige Hefe gegeben wird, so beträgt die Ernte durchschnittlich das dreifache, also 1,5 l (etwa in 7 Tagen).

Unser Wissen über die chemischen Vorgänge während der Gärung in der Bierwürze der Brauereien ist noch sehr beschränkt. Uns interessieren in erster Linie die Umsetzung bei der Gärung und die Aromabildung in den Getränken. Die Zucker, in der Hauptsache die Maltose neben kleinen Mengen Saccharose (etwa 1%) und Glucose werden normal vergoren. Durch Bilanzversuche hat man festgestellt, daß die Hefe pro Stunde ihr Eigengewicht an Zucker zu vergären vermag, wobei nur 0,5—5% des verbrauchten Zuckers als neugebildete Zellsubstanz zu verbuchen sind.

Bei einem Bier mit 3,5% Alkohol müssen in 1 hl Würze 7 kg vergärbarer Zucker vorhanden gewesen sein. Hat man dieses Würzequantum mit 0,5 kg dickbreiiger Bierhefe angesetzt, so entsprechen diese etwa 0,25 kg abgepreßter Hefe (mit 25% Trockensubstanz). Es hätte demnach scheinbar 1 g Hefe 28 g Zucker beim technischen Gärprozeß in Alkohol und Kohlensäure übergeführt. Da sich aber bei dieser zwischen 6—9° verlaufenden Gärung die Hefe auf das dreifache vermehrt hat, so wird man als Mittelwert 1,5 g Hefe für diesen Zuckerumsatz in Rechnung setzen müssen. Somit würde 1 g Hefe etwa 19 g Zucker verarbeiten; sie hätte also während der Gärung im Gär- und Lagerkeller das 19fache ihres Gewichtes umgesetzt. Im ersten Drittel der Gärzeit im Gärbottich, wo der Hauptumsatz stattfindet, ist bekanntlich infolge der guten Gärbedingungen die alkoholische Zuckerspaltung viel größer als später, was für eine intensivere Tätigkeit der Aussaathefe gegenüber der neuen Generation spricht. Somit ist die Gärleistung nicht überschätzt.

Die niederen Eiweißstoffe und Aminosäuren verschwinden durch die Assimilation, und andere Proteine erscheinen dafür in der Würze. Was die Zelle an Aromastoffen produziert und welchen Anteil im besonderen sie an der Bildung des Biercharakters hat, ist noch unbekannt. Lediglich von der Nachgärungshefe Brettanomyces *Hjelte Claussen* ist der typische Einfluß beim Porterbier erwiesen.

Bei der Weinbereitung liegen die Verhältnisse ähnlich. Soll ein gutes Bukett entstehen, so ist zwar die Heferasse äußerst wichtig, aber der Most muß auch vorzüglich sein. In einem minderwertigen Traubensaft findet die Hefe nicht die Bestandteile, die zum Aufbau guter Aromastoffe nötig sind. Vom Chemismus auf diesem Gebiet wissen wir noch wenig (s. Vergärung der Aminosäuren, Kap. 18). Die Südweinhefen sind dadurch ausgezeichnet, daß sie ausgesprochen typische Südweinaromen bilden und mehr Alkohol produzieren können als die deutschen Weinhefen.

All die enorm großen Stoffumsätze, die sich in den Gärbetrieben vollziehen, sind nur möglich durch die Unzahl von Hefezellen, die eine überraschend große Oberfläche darstellen. Nach *W. Henneberg* enthält 1 g Preßhefe Rasse XII (mit 25% Trockensubstanz) über 10 Milliarden (10307094490) Zellen. Bei Messungen der abgepreßten obergärigen Spiritushefe Rasse D fand *W. Panzer* bei verschiedenen technischen Präparaten eine Streuung von 8—14 Milliarden. Diese Schwankungen sind bedingt durch die verschiedene Größe der Zellen und die Ungleichheit im Wassergehalt der abgepreßten Präparate. Man kann also praktisch mit 10 Milliarden pro g rechnen.

Um nun die Oberfläche dieser Zellenschar zu berechnen, muß erst die Abmessung einer Anzahl von Zellen vorgenommen werden. Nimmt man dann als Durchmesser den Durchschnittswert von 8,5 μ aus den Messungen von 10 μ und 7 μ an und berechnet die Oberfläche der Hefe, als Kugelform[1]) angenommen, so ergeben sich 227 μ^2. Folglich

1 Zelle = 0,000227 mm²
10 Milliarden Zellen = 2,27 m² für 1 g Hefe
10000 Milliarden Zellen = 2270 m² für 1 kg Hefe

Fornet gibt 2500 m² für eine Bäckerhefe an, also einen Wert derselben Größenordnung. Somit bildet 1 kg Hefezellen, in Flüssigkeit fein verteilt, die enorme Oberfläche von 22,7 Ar.

Da untergärige Bierhefen sich in der Größe nicht wesentlich von Rasse D unterscheiden, so soll hier auch mit diesem Zahlenbefund gerechnet werden. Es sei hier eingefügt, daß es sich bei diesen Zahlenangaben immer nur um ungefähre Größen handeln kann, da die Hefezüchtungen ja verschieden ausfallen können. Sicher festgelegt ist indessen die Größenordnung. Wenn nun, wie wir oben sahen, 1 hl Bierwürze mit 250 g abgepreßter Hefe (25% Tr. S.) angesetzt wird, so ergibt sich die ungeheuer große Zelleistung aus folgenden Angaben:

1 kg abgepreßte Hefe enthält ≈ 10000 Milliarden Zellen	2270 m² Oberfläche
250 g abgepreßte Hefe enthalten ≈ 2500 Milliarden Zellen in 100 l Würze	568 m² Oberfläche
2,5 g abgepreßte Hefe enthalten ≈ 25 Milliarden Zellen in 1 l Würze	5,7 m² Oberfläche
0,0025 g abgepreßte Hefe enthalten 25 Millionen Zellen in 1 ccm Würze	57 cm² Oberfläche.

Wir ersehen, daß sich in einem Kubikzentimeter Würze 25 Millionen Zellen befinden und eine Oberfläche von 57 cm² bilden. Somit ist die Flüssigkeit sehr reichlich mit wirksamen „biologischen Reagentien“ durchsetzt. Interessant ist nun, daß diese 25 Millionen Zellen mit der riesigen Oberfläche nur den erschreckend kleinen Raum von 8 mm³ einnehmen und somit in dem 1 ccm Würze reichlich Bewegungsfreiheit haben. So liegen die Verhältnisse, bevor die Zellvermehrung beginnt. Auch wenn sich die Hefe, wie hier üblich, auf das dreifache vermehrt hat, könnte sie sich in dem gegebenen Medium nach Belieben tummeln. Dieser Fall tritt jedoch infolge Ausflockung und Bildung von Bodensatzhefe nicht ein. Interessant ist

[1]) Da die Hefe meist weder reine Kugel- noch Ellipsoidgestalt besitzt, so mußte aus vielen Längs- u. Breitendurchmessern eine Durchschnittszahl ermittelt werden, die dann den vermutlich ziemlich richtigen Radius der angenommenen Kugelform ergab.

die Tatsache, daß bei einer Zellenzahl von ≈ 80 Millionen pro cm³ die Vermehrung aufhört. Dies gilt auch für Weinhefen, die in kleinen Fläschchen gezüchtet werden.

Zahlenverhältnisse in der gleichen Größenordnung finden wir auch in der Bäckerei. Die für den Teig von 1600 Brötchen benötigte Preßhefe von 1000 g ergibt für jedes Brötchen etwa 6,2 Milliarden Zellen, für 1 g Weißbrot 124 Millionen. Der Teig, der schnell gären soll, hat etwa fünfmal mehr Zellen als die langsam gärende Bierwürze (spez. Gew. von 10%iger Würze = 1,03856).

In der Brennerei wird die Maische durch obergärige Brennereihefen hochvergoren. Die Zucker werden bis zu 95% nach der *Gay-Lussac*schen Gärungsgleichung umgesetzt, und nur 5% gehen als Nebenprodukte und Zellaufbaumaterial für die Alkoholerzeugung verloren (*Pasteur*). 100 kg Stärke sollen theoretisch 71,54 l Alkohol zu 100% ergeben, die besten Ausbeuten betrugen nur 66—67 l (694) (92 bis 94% der theoretischen Ausbeute). Die Verluste sind nicht allein durch die Hefe bedingt, sondern auch durch technische Mängel.

In der Hefefabrik, in der man das Gegenteil wie in der Brauerei bezweckt, nämlich eine flotte Hefevermehrung, gibt man andere Lebensbedingungen: hohe Gärtemperatur (30°), fortlaufend dünne Würze, um hohe Zuckerkonzentrationen zu vermeiden (s. Kap. 17) und vor allem Sauerstoff in Form von Luft, der die Zellsprossung stark fördert. Man erreicht hier in 8 Stunden eine Vermehrung von 1 Zelle auf 5 mit den obergärigen Brennereihefen. Läßt man ein Gramm Hefe beispielsweise bei fünffacher Vermehrung pro Tag 12 Tage lang unter guten Lebensbedingungen wachsen, so erhält man das beträchtliche Quantum von etwa 200000 kg!

Die Torulopsis utilis (= Torula utilis) sproßt noch schneller. In 8 Stunden vermehrt sich eine Zelle bei optimaler Ernährung und Luftzufuhr auf 8. Diese 8 Zellen liefern in weiteren 8 Stunden 64 und sind im ganzen 24 Stunden verstrichen, so hat man $64 \times 8 = 512$ Zellen erhalten. Mit anderen Worten: 1 kg abgepreßte Torulahefe als Aussaat müßte in 24 Stunden 512 kg Erntehefe liefern bei optimaler Ernährung und genügend Bottichraum. Da aber alle Zellen nicht gleich groß und gleich schwer sind, so ist die Zahl in Wirklichkeit etwas kleiner. Mangels experimenteller Unterlagen bei dieser Heferasse soll hier diese Fehlerquelle unbeachtet bleiben. Auch hier gilt es nicht, wie oben, absolute Werte festzustellen, sondern nur die Größenordnung der Leistung festzulegen. Diese 512 kg Torulahefe (abgepreßt) entsprechen 128 kg Trockensubstanz mit etwa 64 kg Eiweiß, was als gute Leistung anzusprechen ist. *A. C. Thaysen* (695) vergleicht die tägliche Zellarbeit von 500 kg Hefe, die sich auf 32 t Protein aus 256 t Erntehefe berechnet, mit dem Eiweißaufbau im Tierkörper und findet, daß ein Ochse mit dem Vergleichsgewicht des Hefeansatzes, also von 500 kg, pro Tag bei 34 kg Futter nur 900 g Fleischsubstanz mit 19% Eiweißgehalt ansetzt. Mithin würde die Hefe 187000mal schneller synthetisieren als das Säugetier.

Wie kommt es nun, daß diese kleine Hefezelle diese riesige Leistung vollbringen kann? Sicher ist die Ursache in der gesteigerten Energieentwicklung durch den stark geförderten Atmungsprozeß im Lüftungsverfahren zu erblicken. Die reichlich gewonnene Energie hebt die synthetische Kraft der Zelle. Dieser gesteigerte Atmungsstoffwechsel wird ermöglicht durch die große Oberfläche, die die kleine Zelle pro Masseneinheit bildet. Wir erfuhren ja eben, daß ein Kilo Preßhefe, in Flüssigkeit fein verteilt, die riesige Oberfläche von 2200 m² bildet. Durch diese wird natürlich auch ein äußerst lebhafter Stoffaustausch zwischen Zelle und Nährlösung gefördert, was ebenfalls zu dieser recht ansehnlichen Mehrleistung der Hefe gegenüber dem Säugetier führt.

Über die Eiweißbildung in der Hefezelle sind in den letzten Jahren zahlreiche Untersuchungen angestellt worden (s. Kap. 17, Biologische Eiweißsynthese).

Es wurde eben auf die Überlegenheit der Hefezelle gegenüber der tierischen Zelle in der Zeiteinheit hingewiesen. Auch bilanzmäßig arbeitet der Hefeorganismus gut. Nach dem Schema von *Claassen*

$$\underset{540}{3\,C_6H_{12}O_6} + 3\,O_2 = 6\,CH_3\cdot CHO + 6\,CO_2 + 6\,H_2O$$

$$6\,CH_3\,CHO + 3\,NH_3 + 4{,}5\,O = \underset{270}{C_{12}H_{20}N_3O_4} + 6{,}5\,H_2O$$

entstehen aus 540 g Glucose 270 g Eiweiß, also 50%. Praktisch wurden von *Effront* und *Claassen* 47—48% mit Kulturhefen erreicht. *Fink* und *Krebs*[1]), die mit der Torulopsis utilis unter Anwendung sehr verdünnter Zuckerlösungen bei fast völliger Ausschaltung der Alkoholbildung arbeiteten, erzielten 51—52%. Die Theorie von *Claassen* kommt also der Wirklichkeit sehr nahe. Nach seinem Schema gehen übrigens zwei Drittel der Glucose in das Eiweißmolekül, ein Drittel wird bei dem Energiegewinnungsprozeß in Kohlensäure und Wasser umgewandelt. Die Energie selbst entsteht nur durch die „Knallgasreaktion" (s. Kap. 13). Bei diesen Arbeiten entdeckte man überraschenderweise auch die dem Zucker fast äquivalente Assimilierbarkeit verschiedener organischer Substanzen wie Acetaldehyd, Aethylalkohol, Essigsäure, Milchsäure und Glycerin, wovon die Essigsäure in 1%iger Lösung so vollkommen wie Zucker verarbeitet wird. Durch diese hervorragende Eigenschaft der Torula konnte eine mit allen möglichen Nebenprodukten versehene Holzzuckerlösung fast restlos ausgenutzt werden, was in der hohen Ausbeute von 60—70 kg Hefetrockensubstanz aus 100 kg vergärbaren Bergius-Holzzucker zum Ausdruck kommt. Neben dem hochwertigen Eiweiß synthetisiert die Torula aus dem gleichen Material auch Vitamin B_1, B_2 und Glutathionsäure in sehr beachtlichen Mengen. Diese vorzügliche Zelleistung muß — es sei nochmals darauf hingewiesen — unsere Bewunderung erregen.

Degenerieren und Absterben der Hefezelle

Wenn Bierhefe (Saccharomyces cerevisiae) im Betriebe längere Zeit (bis zu 10—18 Führungen) benutzt worden ist, so tritt trotz guter Ernährung und Fernhaltung fremder Mikroorganismen eine Veränderung der Hefe ein. Die Hefe nimmt zwar, wie wir eben sahen, an Zymase zu, aber sie verliert ihr gutes Flockungsvermögen und einen Teil ihrer Vermehrungsenergie, ebenso ihr hohes Gärvermögen. Dabei bekommt das Bier manchmal einen unerwünschten Geschmack. Nach *M. Hayduck* soll es sich in erster Linie um ein Übermästen der Hefe mit Eiweiß handeln, und in der Tat konnte die Hefe in vielen Fällen durch „magere Kost", durch Züchten in reiner Zuckerlösung, von der Degenerationserscheinung wieder befreit werden. Oft liegen indessen die Verhältnisse viel komplizierter, weshalb dieses Mittel nicht immer anschlägt. Bei einem so vorzüglichen Nährboden wie dem der Würze, von der schon an anderer Stelle ausführlich berichtet wurde, ist eine Überfütterung der Hefe mit den verschiedensten Stoffen wohl denkbar. *Moufang* behandelt degenerierte Hefen erfolgreich mit verdünntem Alkali und säubert so die Zellmembran von anhaftenden Trubsubstanzen. Da aber oft die Verhältnisse nicht so einfach liegen, so bleibt dem Brauer nichts anderes übrig, als von Zeit zu Zeit die Hefe aus dem Betrieb zu nehmen und eine neue Reinzucht einzuführen. Dies muß um so öfter geschehen, je stärker die Würze zur Anwendung kommt. Bei Würzen dunkler Biere und nament-

[1]) S. Kap. 17, Biochem. Eiweißsynthese; *Fink-Krebs* Dissertation.

lich der Starkbiere erfolgt eine Verdickung der Zellhaut, so daß der Stoffwechsel beeinträchtigt wird. Nach *C. Becker* beträgt die Dicke der Zellhaut bei Münchener Lagerbierhefe 0,5 μ, während Bockbierhefe einen Wert von 0,7 μ ergeben hat. In Bockbierwürzen wird daher die Gärtätigkeit der Hefe so stark gehemmt, daß sie in der Regel nur 3—4 mal geführt werden kann. Den stärksten Ausschlag gibt die 18%ige Salvatorbierwürze, die eine Zellwandverdickung auf 0,9 μ (Verstärkung um 80%) bewirkt und daher nur eine einmalige Benutzung der Hefe gestattet (696).

Veränderungen der Hefe haben auch oft ihre Ursache in einer ungünstigen Betriebsführung, wenn z. B. zu hohe Temperaturen gewählt werden und eine zu starke Lüftung der Würze stattgefunden hat. Auch ein plötzlicher Wechsel von carbonathaltigem Brauwasser zu enthärtetem macht sich in ungünstiger Weise bemerkbar. Kalk ist lebensnotwendig, ebenso Phosphorsäure. Dagegen verursachen Schwermetallspuren aus den Reinzuchtapparaten, wie schon erwähnt, erhebliche Schädigungen. Die Stärke der Veränderung ist auch abhängig von der Art der Kulturhefe. Eine solche degenerierte Hefe verändert oft ihre Zellform, sie bildet langgestreckte Zellen oder vergrößert die Vacuolen. Das Bier wird rauh, kratzig, leer und anormal bitter.

Vertauscht man die gute Würze mit einer mageren Nährlösung und läßt die Hefe hungern, so beobachtet man an der Zelle tiefgehende Veränderungen. Die Vacuole wird größer, oder es bilden sich neue dazu. Ferner entstehen im Protoplasma Granula, die sich mit der Verschlechterung des Gesundheitszustandes noch vermehren, bis der Tod eintritt. In diesem pathologischen Zustande löst sich das Plasma auf, verläßt allmählich die Zelle, und es bleibt zum Schluß nur die Zellhaut mit meist einem Fettröpfchen, das durch Zusammenfließen der Lipoide entstanden ist, zurück. Auf diesen Vorgang, den man nach *M. Jacoby* mit Autolyse bezeichnet, kommen wir gleich ausführlich zurück.

Bei Preßhefen (Saccharomyces cerevisiae *Hansen*, obergärige Hefe) kennen wir auch Degenerierungsvorgänge. Sie äußern sich hier durch schlechte Vermehrung bei der Züchtung, in der geringen Haltbarkeit der abgepreßten Hefe, in der Triebkraft und in einer leichten Feinflockigkeit. (Preßhefen sollen überhaupt nicht flocken, sondern wie „Staub" in der Flüssigkeit verteilt sein; Staubhefen!) Hier sind die Ursachen meist bekannt. Von Einfluß sind die Stärke der Säuerung der Nährlösung, die Art der Nahrung, oft ein ungeeigneter Kalkgehalt des Wassers, dann die Art der Lüftung. Wenn sich bei der Züchtung Bakterien einnisten, so wird eine nicht gewünschte Flockigkeit erzielt. Auch die Infektion mit Kahmhefen ruft Veränderungen hervor. Man hat versucht, die Triebkraft solcher degenerierter Hefen wieder zu heben, was auch durch Ernährung mit Malzkeimauszügen gelungen ist. Die günstige Wirkung beruht u. a. wahrscheinlich auf dem hohen Gehalt an Asparagin bzw. Asparaginsäure, die, wie wir in Kapitel 9 sahen, das Wachstum besonders fördern. Ebenso ratsam ist es, in diesen Fällen bei der Züchtung eine geringe Belüftung und niedere Temperaturen zu bevorzugen. Offenbar will man durch diese Maßnahmen eine überschnelle Vermehrung ausschalten. Einzelheiten über die Erscheinung des Degenerierens s. tech. Lit. im Kap. 15 und 17.

Zytorrhyse und Plasmolyse

Durch Behandlung mit Chemikalien erfolgt ein tiefer Eingriff in das Leben der Hefe. Wird abgepreßte Hefe z. B. mit Toluol oder Chloroform übergossen, so nimmt sie bald eine weiche Beschaffenheit an, bis sie sich endlich verflüssigt (Wasser wird abgegeben). Kochsalz und Zucker (10% Rohrzucker z. B.) rufen denselben Effekt hervor; auch höhere Temperatur, z. B. 56—60° bewirkt eine schnelle Verflüssigung. Diese Prozesse sind zunächst noch keine Autolysen, sondern meistens in der Hauptsache nur gewaltsame Entziehungen bzw. Ausscheidungen von Wasser aus den Zellen und haben bei längerer Dauer den Tod der Kulturhefen zur Folge. Eine Ausnahme bildet die Einwirkung ganz großer trockener Rohrzuckermengen, die zu Trockenpräparaten mit einem Gehalt an lebenden Zellen führt *(F. Hayduck)*.

Wie steht es nun im einzelnen um diese eben aufgeführten Prozesse? Zunächst wollen wir uns daran erinnern, daß eine gesunde junge Hefezelle ein homogenes durchscheinendes Protoplasma besitzt, das an der Zellhaut anliegt. Später beobachtet man meist eine Vakuolenbildung und eine leichte Trübung des Plasmas, das dann auch wenige feste Teilchen (Plasmakörnchen) umschließt. Wird die Zelle krank, z. B. durch Hunger, so wird das eigene Eiweiß verzehrt, wodurch die Vakuolen an Größe zunehmen. Ist die Hefe tot, so hat die Körnelung des Plasmas überhandgenommen; das Plasma erscheint zusammengeschrumpft und hat sich in diesem Falle von der Zellwand losgelöst.

Läßt man in Wasser gelöste Stoffe wie Salze und Zucker in höherer Konzentration auf Hefen einwirken, so entziehen diese Substanzen der ganzen lebenden Zelle Wasser, wodurch Schrumpfung des ganzen Zellsystems eintritt. Die Zelle verkleinert ihr Volumen. Dieser Vorgang wird als Zytorrhyse (Zellkontraktion) bezeichnet. Zu bemerken ist noch, daß osmotisch wirksame Stoffe die Zelle hierbei nicht verlassen. Die Zellhaut — nicht zu verwechseln mit der Protoplasmamembran — ist für Wasser zwar leicht durchlässig, schwer dagegen für gelöste Stoffe. Da sie normalerweise wie ein aufgeblasener Gummiball gespannt ist, zieht sie sich bei Wasserverlust zusammen, so daß Protoplast und Zellhaut in diesem Falle nicht getrennt werden. Der Vorgang der Zytorrhyse ist im allgemeinen reversibel, denn werden die Zellen wieder in reines Wasser gebracht, so wird das ursprüngliche Zellvolumen wieder hergestellt. Die Zellen haben die Einwirkung der konzentrierten Salz- und Zuckerlösungen vollkommen überlebt und können wieder gären und sich vermehren. Nach *Diller* werden sogar 25% Kochsalz vorübergehend vertragen, nach *Swellengrebel* 60% Rohrzuckerlösung. Die Tötungskonzentration für Bierhefe und einer Reihe anderer Hefen liegt zwischen 70 und 75% *(Kohl)*. Als Ursache für diese Resistenz ist die Konsistenz des Protoplasten, der ein quellfähiges, halbstarres Gel vorstellt, anzusehen. Dieses Gel schützt beim Angriff auf die Zelle dieselbe durch einen Quellungsdruck und sorgt dafür, daß nach der Einwirkung der Osmoticis die alte Zellform wieder angenommen wird. Dauert indessen die Salzwirkung zu lange, so wird der Prozeß irreversibel, die Zellen sterben ab. Kulturhefen sind im Gegensatz zu „wilden" Hefen sehr empfindlich. Die hefeähnliche Gattung Candida ist aber besonders widerstandsfähig *(S. Windisch* und *C. Enders)*.

Früher hatte man geglaubt, daß es sich bei den obigen Vorgängen um eine spezielle Protoplasmareaktion handelt wie bei höheren Pflanzen, weshalb die früheren Forscher wie *Swellengrebel*, *Paine*, *Seliber* und *Katznelson*, *Beetlestone* und *Heinz*, denen wir die ersten grundlegenden Arbeiten auf diesem Gebiete der Zellphysiologie verdanken, diese Erscheinung meist als Plasmolyse angesprochen haben. Erst durch die Arbeiten von *Siegfried Windisch* und *Curt Enders* (697) ist eine strenge Scheidung zwischen den Begriffen Zytorrhyse und Plasmolyse eingetreten, nach dem *G. Kressin* als Erster das Wesen der Zytorrhyse als Zellkontraktion klar erkannt hatte (1935).

Unter Plasmolyse verstand schon *C. von Nägeli* 1855 die Ablösung des Protoplasten von der Zellwand durch Salzwirkung, ebenso *Pfeffer* und *de Vries* bei höheren Pflanzen. Auf die Plasmolyse folgt nach einiger Zeit (2—30 Minuten) die Deplasmolyse infolge Eindringens kleiner Mengen des osmotisch wirksamen Stoffes in die Zelle, die die Wasserabscheidung aus der Zelle ganz oder teilweise rückgängig machen. Eine wirkliche Plasmolyse der Kulturhefe hat zuerst *Swellengrebel* hervorgerufen, und zwar mit Hilfe von wasserfreiem Glycerin in hypertonischer Lösung. Das Glycerin zieht das Wasser in der Hauptsache aus der Vakuole heraus, wodurch der Zellinhalt kleiner wird. Da in diesem Falle die Elastizität der Zellhaut aufgehoben wird, also ihre ursprüngliche Größe unverändert bleibt, so erfolgt die Ablösung des verkleinerten Protoplasten von der Zellwand. Im allgemeinen tritt dieser Zustand selten ein; er erfolgt bei Sacch. cerevisiae nur bei einem pH 6—7, also bei einer Wasserstoffzahl, die weit vom isoelektrischen Punkt entfernt ist. In diesem Stadium ist die Zellhaut durch Hydratisation ziemlich stabil, etwas starr, verkleinert, und verhält sich nicht wie sonst wie eine durch Luft aufgetriebene pralle Gummiblase. Gleichzeitig hat sich die Permeabilität geändert, so daß Plasmolyse erfolgen kann.

Zytorrhyse wird merkwürdigerweise auch hervorgerufen durch sog. wasserlösliche Lipoidlösungsmittel, z. B. Aceton, also Stoffen, die die semipermeable Substanz des Protoplasten angreifen. Es ist anzunehmen, daß es sich hier um irreversible Prozesse handelt, die zum Zelltode führen. Noch giftiger wirken solche, die mit Wasser nicht oder kaum mischbar sind, wie Essigester und Chloroform. Letzteres ist besonders aggresiv, da es auch das Protoplasma koaguliert. Toluol, das vielfach Verwendung findet, ist von schwacher giftiger Wirkung. Diese Tatsache konnten schon *Hayduck* und *Haehn* (698) feststellen, indem sie erst einen Bierhefegäransatz unter Toluolzusatz wenige Stunden auf Gärung beobachteten und dann diese Toluolhefe in Acetonhefe (s. Kap. 19) überführten. Während nun die „intakte" Toluolhefe in dieser Zeit im Gegensatz zur normalen Vergleichshefe nicht eine Spur Kohlensäure entwickelte, zeigte die daraus hergestellte Acetondauerhefe die übliche Gärkraft. Zum mindesten lehrt der Versuch, daß das äußerst empfindliche Zymasesystem nicht beschädigt worden ist. Sicherlich handelt es sich hier bei der Toluolhefe nur um die Bildung einer „harmlosen" Emulsionsschicht um das Plasma oder den Zymasekomplex, die einen Zutritt des Zuckers verhindert. Bleibt indessen dieser Zustand längere Zeit bestehen, so müssen infolge Störung des Stoffwechsels schwere Zellschäden eintreten. Diese Angaben über diese Lipoidlösungsmittel interessieren uns besonders in bezug auf die Autolyse, die mit den genannten Antisepticis eingeleitet wird. Will man die Wirksamkeit von Toluol erhöhen, so wendet man gleichzeitig höhere Temperatur, etwa 50°, an.

Weitere Mittel zur Erzeugung der Zytorrhyse sind Kälte und Hitze. *Schumacher* konstatierte bei gefrorener und wieder aufgetauter Preßhefe, daß sie nur äußerst selten Vakuolen zeigte und ihr Volumen verkleinert hatte. Sie konnte zum Sprossen gebracht werden bei verminderter Gärtätigkeit. In der Futter- und Nährhefeindustrie wird die Hefe vor der Beschickung des Walzentrockners bei 70° verflüssigt. Bei der Untersuchung der Hefezellen konstatierte man ebenfalls eine Zellkontraktion und ein Verschwinden der Vakuolen (Thermolyse). Die ausgetretene Flüssigkeit war reines Wasser, in dem die meistens noch lebenden Zellen herumschwammen. Der Tod trat erst bei der Trocknung durch Aufplatzen der Zellmembran ein.

Nach *Harden* und *Paine* fördern solche gelösten Stoffe die Selbstgärung, die die Hefezellen „plasmolysieren" (oder zytorrhysieren). Offenbar werden durch den Wasserverlust die zelleigenen Kohlenhydrate konzentriert, was den Anlaß zu diesem Vorgang gibt. Wie wir im nächsten Abschnitt sehen, leitet die Selbstgärung oft die Selbstverdauung, die Autolyse, ein.

Autolyse

Wenn infolge ungünstiger Lebensbedingungen die Plasma- oder die Zellmembran ihre normalen Funktionen nicht mehr erfüllen kann, so leidet der Stoffwechsel der Zelle. Für diese Störung gibt es selbstverständlich außerdem noch viele andere Ursachen. Der Stoffumsatz kann schließlich solche Formen annehmen, daß das

Zelleben zugrunde geht. Die Zelle wird zunächst krank und stirbt dann. In diesem Stadium ist aber kein chemischer Stillstand eingetreten, sondern Umsetzungen erfolgen weiter, wenn auch in anderer Weise. Wir wollen uns nun diesen Stoffwechsel im postmortalen Zustand der Zelle, den wir mit Autolyse bezeichnen, näher ansehen.

Im normalen Zelleben erfolgen in der Hauptsache enzymatische Umsätze der aufgenommenen Metaboliten (Substrate, Nährstoffe); die Veränderungen der Zellbestandteile selbst treten sehr zurück. Bei der Autolyse ist es umgekehrt. Es werden nur die noch vorhandenen restlichen Nährstoffe zerlegt; in der Hauptsache erfolgt Auflösung der eigenen Zellsubstanzen. Während in der gesunden Zelle die biochemischen Umsetzungen nach bestimmt geordneten Regeln der Lebenserhaltung vor sich gehen, stellt die Autolyse mehr ein willkürliches Spiel der Enzyme dar. Die Enzyme treten in freien Wettbewerb. Das Steuerungszentrum des Zellgeschehens ist durch den Zelltod verloren gegangen. Weiter ist für die Autolyse die Richtung der Enzymprozesse charakteristisch. Wir haben hier vorzugsweise Abbauprozesse; bei der normalen Zellfunktion spielt die Synthese neben der Hydrolyse eine hervorragende Rolle.

Will man eine Autolyse künstlich einleiten, so übergießt man frische, abgepreßte Hefe mit etwas Toluol und bringt den Ansatz in einen Brutschrank von 50°. Der zugefügte Kohlenwasserstoff, der zwar die Lipoide der Zelle langsam herauslöst, dient in erster Linie als Antiseptikum. Bei größeren Ansätzen ist es ratsam, das Toluol mit der Hefe zu verrühren. Die Menge des Toluols richtet sich nach dem Zweck der Autolyse. Bei der Darstellung von Hefeextrakt dient nur wenig Toluol als Antiseptikum. Für die Enzymgewinnung nach *Willstätter* benötigt man viel, da die Reaktion durch eine Zytorrhyse eingeleitet werden soll. (S. Absatz Isolierung von Hefeenzymen mit Hilfe der Autolyse.)

Die Vorgänge bei der Autolyse in der Zelle geben, enzymologisch betrachtet, folgendes Bild. Nach dem Tode der Zelle erfahren offenbar infolge Auflösung der Zellstruktur, besonders der inneren, verschiedene Enzyme eine Schwächung bzw. Inaktivierung, während andere Enzyme sich durch besondere Reaktionsfähigkeit auszeichnen *(Palladin)* (699). Die Folge davon ist, daß gewisse Stoffumsätze ungewöhnlich stark in den Vordergrund treten, während andere des normalen Zellebens fast verschwinden. Durch Beobachtungen in den letzten Jahren wurde bewiesen, daß die Atmungsenzyme bei der Auflösung der Zelle ihre Funktion zum größten Teil verlieren, während die hydrolysierenden Enzyme der Kohlehydrate und Eiweißstoffe eine Aktivierung erfahren. Die Umsätze bei der Autolyse erzeugen offenbar Aktivatoren. So können z. B. für die Papainasen Sulfhydrylverbindungen entstehen *(Waldschmidt-Leitz* und *Graßmann)* (700), wodurch die Selbstaktivierung des Autolysegemisches plausibel erscheint. Im Prinzip werden die autolytischen Enzymprozesse genau so verlaufen wie bei einem Abbau in den intakten Zellen. In beiden Fällen sind dieselben Enzyme in Tätigkeit. Es werden dieselben Hydrolyseprodukte auftreten. Selbstverständlich kann nur in den seltensten Fällen in beiden Prozessen völlige Übereinstimmung herrschen, nicht nur in quantitativer, sondern auch in qualitativer Hinsicht *(O. Steppuhn* und *L. Utkin Ljubowzoff*; *Chen*, *Meek* und *Bradley)* (701).

Da nun die Enzyme Stoffsysteme vorstellen, so ist es nicht ausgeschlossen, daß diese selbst teilweise eine Veränderung erleiden und alsdann Reaktionen auslösen, die der normalen Zelle fremd sind. Nach *Willstätter* besteht das Holoenzym aus einem Coenzym und einem dazugehörigen Träger (Protein) kolloider Natur (s. Kap. 11), die beide nach *Kraut* (702) ein Gleichgewicht bilden. Vorstellungen über den Systemcharakter der Enzyme finden wir schon in den Arbeiten über die Invertase von *Mathews* und *Glenn* (703). Ist der Träger im Überschuß vorhanden, so ist das System stabil. Es ist leicht einzusehen, daß bei der Autolyse hier tiefgreifende Veränderungen stattfinden können. Auch Eingriffe anderer Art sind denkbar. Dabei ist nicht gesagt, daß der Umbau des Systems nur zum Schaden der Enzymwirkung ausfallen muß. Ebenso sind die Begleitstoffe der Enzyme einer Aufspaltung unterworfen, was für die Stabilität der Systeme gegenüber äußeren Einflüssen von Bedeutung sein kann. So wäre z. B. erklärlich, wenn Proteolysen der ursprünglich nahezu neutralen Zellen während der Autolyse bei saurer Reaktion gut verlaufen würden.

Mit dem Ausdruck Autolyse wird also keine einheitliche spezifische Enzymreaktion bezeichnet, sondern ein Komplex von vielen bekannten, zum Teil veränderten nebeneinander herlaufenden Reaktionen, deren Kinetik naturgemäß durch die Spaltprodukte der verschiedenen Reaktionen teilweise beeinflußt werden muß *(Haehn)* (704). Dabei zeigt sich auch ein Unterschied zwischen der nach dem Lüftungsverfahren hergestellten Brennereihefe und der Bier- und der Getreidepreßhefe, die beide langsamer autolysieren als die erst genannte Hefe *(B. Drews)* (705).

Es sei hier nun betont, daß eine Autolyse nur Abbauprozesse durch zelleigene Enzyme bewirkt. Eine Mitwirkung von Bakterien soll normalerweise ausgeschlossen sein. Um dies zu erreichen, wählt man einmal Temperaturen, die ein Aufkommen einer fremden Flora verhindern, oder man verwendet zu diesem Zwecke Desinfektionsmittel wie Toluol und Chloroform (sterile Autolyse). Werden solche Vorsichtsmaßregeln nicht beachtet, so laufen Autolyse und Fäulnis nebenher. Da bei der Hefeautolyse normalerweise eine Säuerung eintritt, so wird hierdurch die Abwehr von Bakterien noch unterstützt.

Wenn frische untergärige Bierhefe (Saccharomyces Carlsbergensis) bei etwa 50° getötet und verflüssigt wird, so beobachtet man eine Wasserstoffionenkonzentration vom pH 6,3, die auf 5,6, ja in manchen Fällen bis 5,3 allmählich ansteigt. Meistens jedoch findet man eine Verschiebung von 6,1 auf 5,9. Jedenfalls liegt in allen normalen Fällen eine Selbstsäuerung vor, die auch nicht nachläßt, wenn in regelmäßigen Zeitabständen neutralisiert wird *(Haehn* und *Leopold)* (706). Wurde eine Autolyse künstlich alkalisch gemacht, auf ein pH = 7—8,3 gebracht, so trat auch in diesem Falle Säuerung ein. Offenbar bilden sich bei der Autolyse trotz Fernhaltung der Bakterien saure Stoffe. Diese Säuerung hielt längere Zeit an, denn das pH ging nach jeder Wiederherstellung der ursprünglich eingestellten alkalischen Reaktion immer wieder zurück. Ähnliche Erscheinungen hatte man auch bei der Leberautolyse beobachtet. Hiernach scheint das saure Moment in manchen Autolysen von Wichtigkeit zu sein.

Wie aus einer Arbeit von *Haehn* und *Leopold* (707) hervorgeht, bildet sich aus der Nukleinsäure anorganische Phosphorsäure, die die hier diskutierte saure Reaktion z. T. bedingt. Andere Säurequellen konnten noch nicht experimentell nachgewiesen werden. Ob Fette oder Phosphatide verseift, ob aus Glykogen Milchsäure entsteht, das sind hier noch offene Fragen. Es ist möglich, daß im alkalischen Milieu eine Desaminierung einiger Aminosäuren vor sich geht. Es wurde nämlich festgestellt, daß im alkalischen Milieu die Ansammlung der Aminosäuren geringer ist als im sauren Medium. Umgekehrt zeigen die alkalischen Autolysen wieder mehr Säurebildung als die sauren Hydrolysen *(Haehn* und *Leopold)* (706). *Dernby* hatte ja auch eine Desaminierung des Leucins, wenn auch eine geringe, bei pH 7,5 beobachtet. Andererseits sei darauf hingewiesen, daß in normal angesetzten sauren Versuchen mit Hefepräparaten weder von *Pringsheim* (708) noch von *Abderhalden* und *Schittenhelm* (709) eine Desaminierung von Aminosäuren nachgewiesen wurde, was *Pringsheim* mit einer schnellen Zerstörung der Enzyme in Enzympräparaten erklärt.

Nun zu dem Chemismus der Hefeautolyse. Der Zusammensetzung der Zelle entsprechend müssen wir theoretisch vier große Gruppen von Abbauprozessen unterscheiden. Zunächst wollen wir an die Kohlenhydrate denken, die in Form von Zellulosen, Hemizellulosen, Glykogen und Zuckerarten in der Zelle vorhanden sind. Dann müssen die Fette und die Eiweißsubstanzen in Betracht gezogen werden, woran sich die Phosphorverbindungen angliedern. Von den schwefelhaltigen Gerüststoffen und den biologisch wichtigen Zellkatalysatoren ist in diesem Zusammenhang noch wenig zu berichten.

Abbau der Kohlehydrate und Fette

Da der Kohlenhydratstoffwechsel und der der Fette bei der Hefeautolyse eine untergeordnete Rolle spielt, so sei hierauf nicht näher eingegangen.

Es sei nur bemerkt, daß bei sehr glykogenhaltigen Hefen die Autolyse mit einer alkoholischen Gärung beginnt, die bei frischen, direkt aus dem Gärkeller kommenden untergärigen Bierhefen mehrmaliger Führung zu einem kurzen, aber recht intensiven Schäumen führt. Dieser Prozeß geht durch eine doppelte Ursache bald zu Ende: einmal wird durch Zerstörung der Cozymase durch Hefeenzyme der Angriff auf die Glucose unterbunden, und andererseits ist der Glykogengehalt nicht allzu beträchtlich. Eine künstlich herbeigeführte Desorganisation des Protoplasmas durch Zerreiben der Zelle oder durch Toluol fördert die Hydrolyse des Glykogens und die Selbstgärung bei der Autolyse. Überhaupt wirken solche Substanzen günstig, die die Zytorrhyse hervorrufen (*Harden* und *Paine* s. oben). Eine Beschleunigung durch Atmungshemmung kommt nicht in Frage wie aus Versuchen mit Blausäure von *Belitzer* (710) hervorgeht.

Abbau der Proteine

Über den Abbau der Eiweißstoffe ist viel zu sagen. Erscheinungen der Selbstverdauung der Hefe sind schon lange vor der Entdeckung der proteolytischen Enzyme der Hefe beobachtet worden. Der chemische Vorgang war naturgemäß den Forschern nicht klar. Man sprach von „exkrementiellen Stoffen“ *(Béchamp)*, „umgekehrten Desassimilationsvorgängen“ und ähnlichen Vorstellungen. Die deutlichsten Ergebnisse hatte *Schützenberger* (711), der Hefe mit kreosothaltigem Wasser behandelte. Dabei erzielte er folgendes Resultat:

Aus je 100 g Hefe, erhielt er
bei frischer Hefe direkt verarbeitet 30% Trockensubstanz mit 2,78 g Stickstoff,
bei frischer Hefe erst ausgewaschen 20% Trockensubstanz mit 2,03 g Stickstoff,
nach 15 Std, bei 37°, dann ausgewaschen 12,5% Trockensubstanz mit 0,94 g Stickstoff.

Man sieht deutlich, wie der Giftstoff die Selbstauflösung des Eiweißes gefördert hatte. *Schützenberger* (712) kam zu dem richtigen Schluß, daß die ausgewaschenen festen Körper der Hefe „Derivate der Proteinsubstanzen“ sein müssen. Leucin und Tyrosin wurden von ihm wie auch von *Béchamp* (713) erkannt, ferner entdeckte er auch die Basen Hypoxanthin, Xanthin und Guanin. Von *Nägeli* (714), der Hefe in 1% Phosphorsäure lagern ließ, erfahren wir, daß sich zu den genannten ausgeschiedenen Eiweißspaltprodukten noch Peptone gesellten. *Salkowski* (715) gab zum ersten Male eine richtige Erklärung für diese Erscheinungen, indem er die Entstehung von Tyrosin und Leucin bei einer Behandlung der Hefe mit Chloroformwasser der Tätigkeit der Enzyme zuschrieb. In diesem Sinne haben auch *Boullanger* (716), *Beijerinck* (717), *Artari* (718), *Wehmer* (719) und *Will* (720) ihre Ergebnisse gedeutet.

Durch die Entdeckung der proteolytischen Enzyme der Hefe im Jahre 1898 durch *Martin Hahn* (721) wurden nun all die bisherigen Vermutungen bewiesen und über die Selbstverdauung der Hefe klare Verhältnisse geschaffen. Das Vorhandensein der „Endotryptase" konnte durch die Verdauung von Carbolgelatine mit Hilfe des von der lebenden Zelle getrennten Enzyms im Hefepreßsaft einwandfrei gezeigt werden. Die verdauende Kraft der Hefe hatte also nichts mit der Zellstruktur zu tun.

M. Hahn (722) studierte die Autolyse des Hefepreßsaftes. Ließ er Saft bei Zimmertemperatur 10—14 Tage stehen, so war das gerinnbare Eiweiß verschwunden. Das ist um so bemerkenswerter, da der Hefepreßsaft in frischem Zustande in der Wärme so stark koaguliert, daß das Reagensglas vollständig mit Gerinnsel angefüllt ist und getrost auf den Kopf gestellt werden kann, ohne ein Ausfließen befürchten zu müssen. Setzt man die Autolyse bei 37° an, so scheiden sich nach etwa 2 Stunden starke Gerinnsel ab, die sich in 10%iger Kochsalzlösung auflösen. Vermutlich handelt es sich um Sprengstücke aus dem großen Nukleinmolekül. Bleibt der Versuch 4—5 Tage stehen, so verschwinden allmählich die Eiweißflocken, und es erscheinen an ihrer Stelle Büschel oder Kügelchen von Tyrosinkristallen. Auch Leucin konnte von *Hahn* isoliert werden. Als Gesamtresultat wurde gefunden, daß aus dem Eiweiß 30% Basen und 70% Aminosäuren entstehen. Von Spaltstücken nennt *Hahn* noch Peptone und Xanthinkörper. Er findet auch, daß Säure die Autolyse begünstigt, und daß aus dem organisch gebundenen Phosphor $^4/_5$—$^5/_6$ in Phosphorsäure übergeführt werden.

Als bedeutender Pionier auf dem Gebiete der Hefeautolyse ist noch *Kutscher* (723) zu nennen, der Asparaginsäure, Arginin, Histidin, Lysin, Guanin und Adenin isolieren konnte.

Das verdauende Prinzip der Hefe wurde von *M. Hahn* und *Geret* mit Endotryptase bezeichnet. Nach kurzer Zeit erkannte *S. H. Vines* (724), daß es sich um ein Gemisch von 2 Enzymen handeln müsse, und nachdem *Dernby* (725) in einer umfangreichen Arbeit 3 Proteasen durch verschiedene Reaktionsoptima (pH) zu charakterisieren versucht hatte, gelang es *Graßmann* (726), die 3 Proteasen der Hefe freizulegen und zu studieren. Es wurden gefunden eine Proteinase, die die hochmolekularen Eiweißstoffe bis zu Peptonen und höheren Polypeptiden zersetzt, eine Amino-Polypeptidase zur Spaltung von Polypeptiden vom Tripeptid an aufwärts und die Dipeptidase, die einzig und allein die Hydrolyse der Dipeptide zu den Aminosäuren besorgt. Die Hefe enthält also nur ein einziges, auf die Spaltung intakter Eiweißkörper eingestelltes Enzym, das in seinen wesentlichen Eigenschaften mit dem Papain übereinstimmt und wie dieses durch Blausäure oder Schwefelwasserstoff, Cystin, reduziertes Gluthathion, sowie durch noch unbekannte biologische Aktivatoren in seiner Wirkung beeinflußt wird. Die Amino-Polypeptidase ist nur auf kleinere Moleküle, auf Polypeptide abgestimmt, nicht auf natürliche Eiweißkörper, aber auch nicht auf Dipeptide. Dazu gesellt sich noch ein viertes Enzym, eine Carboxy-Polypeptidase vom katheptischen Typus, die im Autolysat sehr unbeständig ist *(Graßmann)* (Kap. 11, Proteolytische Enzyme). Im Hefeautolysat betätigen sich diese Proteasen mehr oder weniger intensiv, je nach den obwaltenden Reaktionsbedingungen. Nach *B. Drews* (727) wirken die Poly- und die Dipeptidase schneller als die Proteinase, gemessen an der Bildung des formoltitrierbaren Stickstoffs. Es liegen z. Z. keine Anzeichen vor, bei dem Abbau der Proteine nach besonderen spezifischen Autolyseenzymen zu fragen.

Hefeautolysen im großen Stil wurden auf Anregung von *Max Delbrück* von *Meisenheimer* (728) zwecks quantitativer Untersuchung der Hefezusammensetzung ausgeführt. Durch eine langdauernde Autolyse (14—26 Tage bei 37°) wurde die Hefe vollständig aufgeschlossen (Totalhydrolyse) und die Spaltprodukte isoliert. Dabei stellte sich heraus, daß zwischen der untergärigen Bierhefe und der obergärigen

Brennereihefe kein erkennbarer Unterschied zutage trat. *Meisenheimer* betont selbst, daß die quantitative Trennungsmethode speziell die der Aminosäuren als Ester nach *E. Fischer* ungenau sei, und vielleicht ist durch diesen Umstand die Differenzierung der beiden Hefen verloren gegangen.

Der Ansatz wurde folgendermaßen gemacht. In ein locker verschlossenes Stöpselglas wurde die auf Wasser- und Stickstoffgehalt untersuchte Hefe mit 5% Toluol gut durchgemischt. In 1—2 Tagen — es wurden sehr große Quantitäten angesetzt — verflüssigte sich die Hefe bei Zimmertemperatur unter starker schäumender Selbstgärung. Dann ging die Selbstverdauung im Brutschrank bei 37° weiter, und bereits nach 10 Tagen fiel die Biuretreaktion negativ aus. In dieser Zeit beobachtet man auch schon die weißen kugeligen Aggregate von Tyrosin (s. Abb. 25).

Meisenheimer konnte nun feststellen, daß die früher aufgefundenen und bereits erwähnten Eiweißspaltprodukte auch bei seinen Autolysen entstanden waren. Ferner isolierte er die von *Pringsheim* (729) nachgewiesenen Aminosäuren Prolin, Phenylalanin, Glutaminsäure und Valin, *Ehrlichs* (730) Isoleucin, *Schenks* (731) Tryptophan und Adenin sowie *C. Neubergs* (732) Alanin. Aus den zahlreichen Autolysen, zu denen sich auch einige Säurehydrolysen gesellten, ergab sich folgende Zusammensetzung der Hefe:

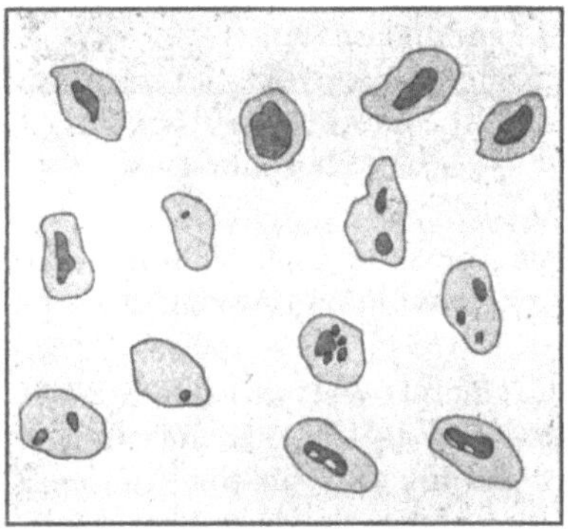

Abb. 25. Autolysierende Hefezellen. Das Protoplasma ist von der Zellwand abgelöst und in vielen Zellen zum größten Teil verschwunden. Nach *W. Henneberg*. 1000 ×.

8% Stickstoff in Form von Ammoniak, 12% in Form von Purin- und Pyrimidinbasen, 20% in Form von Diaminosäuren und 60% in Form von Monoaminosäuren vom Gesamtstickstoff. Über das Verhältnis der einzelnen Spaltprodukte zueinander orientiere man sich auf der Tabelle über die quantitative Zusammensetzung der Stickstoffverbindungen der Hefe in dem 7. Kapitel (Tabelle *Meisenheimer*).

Das Ammoniak entstammt zur Hauptsache den Säureamidgruppen des Asparagins und Glutamins bei der Säurehydrolyse (*Osborne, Thierfelder*) (733), womit der festgestellte Gehalt an Asparagin- und Glutaminsäure gut übereinstimmt. Bei der Autolyse entsteht viel weniger Ammoniak, teilweise hier aus den Purinen, wie wir später bei der Nukleinsäurespaltung erfahren werden. Die genaue Stickstoffbilanz leidet auch etwas durch die Bildung von Huminstickstoff. Immerhin haben wir hier zum ersten Male ein Bild von der quantitativen Zusammensetzung des Hefeeiweißes (s. Tabelle *Meisenheimer*).

Ob sich in *Meisenheimers* Autolysaten nur Aminosäuren angesammelt hatten, ist in Anbetracht der Empfindlichkeit der Dipeptidase zu bezweifeln. Trotzdem sind die Bilanzversuche richtig, denn die möglicherweise vorhanden gewesenen Dipeptide wären bei der Veresterung mit Salzsäure gespalten worden.

Es ist nicht immer ratsam, die Aufspaltung der Eiweißstoffe bis zu den Aminosäuren zu treiben. Dies gilt in solchen Fällen, in denen man die wasserlöslichen Eiweißstoffe der Hefe für gewisse Nährmittel verwenden will. Über die chemische Zusammensetzung dieser niederen Eiweißarten ist noch wenig bekannt. *P. Thomas* (734) isolierte aus einem Selbstverdauungsversuch ein Hefecasein und Hefealbumin (Cerevisin), die er auf ihren Gehalt an Histidin, Arginin und Lysin prüfte, wobei er andere Zahlen als *R. Schroeder* (735) fand. Eine genauere Analyse stammt von *Lürs* und *Nowak* (Kap. 7, S. 105).

Erst die Arbeit von *A. Kiesel* (736), der das Albumin nach *Schroeders* Angaben durch Selbstverdauung der Hefe herstellte, bringt eine umfangreiche Analyse auf den Grundlagen der Hydrolyse nach *F. Weiß* (737).

Vom Gesamt-N des Hefealbumins bestehen

45,54%	N aus	Aminosäuren
7,96%	N aus	Lysin
56,06%	N aus	Lysin und Aminosäuren
7,96%	N aus	der Argininfraktion
5,22%	N aus	der Histidinfraktion
17,77%	N aus	Silberbarytniederschlag
3,82%	N aus	Ag_2SO_4-Niederschlag
4,50%	N aus	NH_3
15,22%	N aus	Huminstickstoff I
0,57%	N aus	Huminstickstoff II

J. Bayer (738) untersuchte in *C. J. Lintners* Laboratorium dasselbe Albumin nach einer anderen Methode und fand etwas andere Daten. Von *H. Lüers* und *K. Schuster* (739) wurden die physikalischen Eigenschaften untersucht und der isoelektrische Punkt nach verschiedenen Methoden zu pH = 4,59 bestimmt.

Über den chemischen Aufbau des Phosphorproteins der Hefe, dem Hefecasein, ermittelt durch *H. Lüers* und *G. Nowak* (740), erfuhren wir bereits Genaueres im 7. Kapitel.

Windisch, *Kolbach* und *Rothenbach* (741) interessierten sich für die Kinetik der Umwandlung des hochmolekularen Hefeeiweißes in die nicht koagulierbare Form durch Selbstverdauung bei höherer Temperatur. Als Maß für den Fortschritt der Autolyse benutzten sie die Feststellung des löslichen Stickstoffs und des Formolstickstoffs. Sie konnten den Umsatz bei der Hydrolyse erhöhen, wenn sie nach eingeleiteter Spaltung das pH auf 6,25 brachten. *Dernby* gibt eine optimale Wasserstoffionenkonzentration vom pH = etwa 6, wenn die Autolyse im Beisein von Chloroform ausgeführt wird. Die Wasserstoffzahlen der einzelnen Enzyme fallen jedoch mit dem Autolyseoptimum nicht zusammen. So fand *B. Drews* (742) bei verschiedenen technischen Hefen das pH-Optimum der Proteinase nach vierstündiger Autolyse für

obergärige Brennereihefe . . .	bei 4,25
obergärige Getreidepreßhefe . .	bei 4,35
obergärige Bierhefe	bei 4,5
untergärige Bierhefe	bei 5,0

Auffällig für die obergärige Brennereihefe ist noch ein zweites Reaktionsoptimum, und zwar im alkalischen Gebiet bei pH = 7,5. Wieder zeigt sich, daß die mit reichlicheren Luftmengen geführte Hefe besondere Eigenschaften aufweist.

Dernby zeigte an einer Reihe von Versuchen, daß der Abbau des Eiweißes bei der Selbstverdauung bei den Aminosäuren stehen bleibt. Desamidasen spielen im Gegensatz zur lebenden Zelle (*F. Ehrlich*) bei der Autolyse eine sehr untergeordnete Rolle. Nur wenn das Milieu alkalisch wird, gibt Leucin bei einem pH = 7,5 eine kleine Ammoniakabspaltung, etwa 1—3% des Totalstickstoffs.

Über die Haltbarkeit der verdauenden Enzyme im Autolysat ist folgendes zu sagen. Schon vor längerer Zeit beobachteten *Abderhalden* und *Fodor* (743) bei ihren zahlreichen Spaltungen der Polypeptide mit Hefesaft, daß derselbe durch Stehen zunächst an Aktivität gewann, dann aber wieder an verdauender Kraft verlor. Diese komplizierten Erscheinungen im Autolysat ließen sich nicht einfach durch Bildung von Hemmungskörpern plausibel machen, sondern man vermutete kolloidchemische Veränderungen im ganzen System. *Willstätter* und *Graß*-

mann (744) erklären die Umsatzsteigerungen infolge Neubildung von Aktivatoren. Durch *Graßmann* und *Dyckerhoffs* Befunde über die Aktivierung der Hefeproteinase durch Blausäure und Schwefelwasserstoff sowie durch einen natürlichen Aktivator hat diese Theorie eine Stütze erhalten. Andererseits wissen wir aus *Graßmanns* Versuchen, daß bei einer alkalischen Chloroformautolyse die Dipeptidase verschwindet.

In diesem Zusammenhang sei auf eine ältere Beobachtung von *Buchner* und *Haehn* (745) aufmerksam gemacht. In der Hefe wurde ein Hemmungskörper der proteolytischen Enzyme gefunden und seinerzeit (1910) mit Antiprotease bezeichnet. Es handelt sich dabei um einen kochbeständigen Schutzstoff für Proteine, der nicht spezifisch abgestimmt ist. Der Hefekochsaft, der den Paralysator enthält, schützt nämlich nicht nur die Zymase und die gerinnbaren Eiweißstoffe der Hefe, sondern auch Gelatine und das Casein der Milch vor dem Eingriff der Hefeproteasen. Jedoch nicht nur auf diese Enzyme allein beschränkt sich seine Wirkung, sondern auch die Pepsinase und Tryptase anderer Lebewesen werden durch ihn gestört bei ihrem Angriff auf Gelatine. Über die Wirkungsweise dieses Hemmungskörpers ist noch keine Klarheit geschaffen worden. Ob eine Adsorption der Antiprotease an das Enzym im Sinne von *Hertzmann* und *Bradley* in Frage kommt, muß noch erwiesen werden. Die wenigen vorliegenden älteren Versuche sprechen eigentlich mehr für eine Addition des Reagens an das Substrat. Völlige Aufklärung wird man erst erzielen können, wenn der Schutzstoff in reiner Form aus dem Hefekochsaft isoliert und seine Wirkung in Puffergemischen studiert worden ist.

Erhitzte Hefeautolysate wirken auch hemmend auf die tryptische Peptonspaltung, wie *Willstätter* und *Graßmann* (746) fanden. Der Verflüssigungssaft, der bei der fraktionierten Enzymfreilegung abgetrennt wird, enthält gleichfalls Paralysatoren der Dipeptidspaltung.

Isolierung von Hefeenzymen mit Hilfe der Autolyse

Mit großem Erfolg wurde die Hefeautolyse zur Gewinnung von reinen Enzymen angewendet. Hier dient die Autolyse nur als Hilfsmittel der präparativen Technik. Mit Hilfe von Spezialmethoden haben *Willstätter* (747) und seine Mitarbeiter die hochwertigen Enzympräparate erhalten. In der Hauptsache waren es drei Maßnahmen, mit deren Hilfe man die Autolyse gesteuert hat (748):

1. durch die Ausschaltung bestimmter Enzyme durch Gifte;
2. durch eine Einstellung eines bestimmten pH, wodurch eine Gruppe von Enzymen aktiviert, eine andere gehemmt wird;
3. durch die Anwendung der fraktionierten Autolyse.

Um z. B. Invertase (= Invertin, Saccharase, β-*h*-Fructosidase) zu gewinnen, vergifteten und verflüssigten sie die Hefe mit Essigester bei erhöhter Temperatur und leiteten einen schnellen Zerfall der organisierten Zelle durch Zytorrhyse, Plasmolyse und Autolyse ein. In diesem Falle wird fast aller Ballast aus der Zelle herausgelöst, nur nicht die Saccharase. Will man sie gewinnen, so muß der isolierte Heferückstand mit Papain oder Hefeproteinase aufgeschlossen werden, was zur vollständigen Gewinnung der Invertase führt. Diese fraktionierte Autolyse, die in verschiedener Form angewendet wurde, erwies sich als sehr zweckmäßig, ebenso das Einstellen eines bestimmten pH des Autolysates, was aus folgendem Beispiel der Invertingewinnung zu ersehen ist.

Wird warme Hefe von 30° mit ebenso warmem Toluol verrührt, so entsteht sehr bald ein dünnflüssiger Brei. Mit Wasser auf das doppelte Gewicht gebracht, wird zur Neutralisation (pH = 6,8—7) verdünntes Ammoniak zugefügt. Nach 2 Stunden enthält die erste Fraktion 20% Invertin und sehr viel Begleitstoffe. Aus den abgetrennten Heferückständen gewinnt man dann durch fortschreitende Autolyse (ohne weitere Neutralisation) die Hauptmenge des Enzyms, 80—90% (*R. Willstätter, K. Schneider, Wenzel*). Die neutrale Reaktion in der ersten Phase schaltet also die Tätigkeit der Enzyme aus, die das Invertin vom Eiweiß trennen. Wendet man die obige Methode der Isolierung auf enzymreiches Material an, so entstehen rohe Saccharaselösungen, die 150mal reiner sind als die bisher bekannten Präparate.

Auch *Weidenhagen* (749) benutzt die fraktionierte Hefeautolyse zur Herstellung seiner hochaktiven Saccharasepräparate in technischem Maßstabe. Weiter konnte diese Methode der Ablösung vom Zellkomplex zur Trennung der α-Glucosidase (früher Maltase genannt), dem Maltose und Saccharose spaltenden Enzym der Hefe, von der nur Saccharose hydrolysierenden β-*h*-Fructosidase von *Weidenhagen* (750) mit Erfolg angewendet werden. Wird die Autolyse bei 0° um den Neutralpunkt angesetzt — Säure zerstört die α-Glucosidase —, so geht vorzugsweise dieses Enzym in Lösung, während das andere höhere Temperaturen beansprucht. In einem Beispiel wurden von den 7,58 α-Glucosidase-Einheiten der Ausgangshefe, 4,28 α-Gl-E freigelegt, während von den 94,3 β-*h*-Fructosidase-Einheiten nur 16,1 β-*h*-Fr-E gelöst wurden. Hieraus sieht man deutlich den Einfluß einer bestimmten, theoretisch wohlbegründeten Autolyseart (s. Kap. 11).

Eine fraktionierte Autolyse kam auch *Graßmann* und *Dyckerhoff* (751) zur Gewinnung der verschiedenen verdauenden Hefeenzyme zustatten. Um die Proteinase zu erhalten, trennten sie die bei der Autolyse in Gegenwart von Chloroform gebildete Lösung etwa 15 Stunden nach Versuchsbeginn von den Rückständen ab, die darauf schon nach 24 Stunden eine kräftige Proteinase lieferten. Durch Veränderung des Autolysenganges konnte die Amino-Polypeptidase erhalten werden, während die Dipeptidase direkt aus dem Autolysat durch fraktionierte Adsorption an Tonerde in ziemlich reiner Form zu erzielen ist. Eine Phosphatase wurde aus der Brennereihefe von *Claes Hommerberg* (752) durch eine 7tägige Autolyse gewonnen.

Zum Schluß wollen wir noch der älteren Arbeiten von *Effront* (753), *Palladin* (754), *L. Iwanoff* (755), *Vandevelde* (756), *Gromow* und *Grigorieff* (757), *Navassart* (758), *Zaleski* und *Schataloff* (759) und *Cook* (760) gedenken, die jetzt zwar überholt sind, aber seinerzeit mit zur Ebnung des Weges beitrugen, der nun zum Ziele geführt hat.

Abbau der Nukleinsäuren während der Autolyse

Wir hatten eben erfahren, daß bei der Autolyse eine Säuerung eintritt, und es war bereits auf eine Abscheidung der Phosphorsäure hingewiesen worden. Jetzt mußte nun der Beweis erbracht werden, daß die auftretende Phosphorsäure auch wirklich durch Hydrolyse der Nukleinsäure entsteht. Zunächst wurde von *Haehn* und *Leopold* (761) konstatiert, daß bei längerer Autolyse (14—21 Tage) der größte Teil des Hefephosphors in Lösung geht und davon weit über die Hälfte als anorganische Phosphorsäure auftritt. Um nun die Phosphorquelle Nukleinsäure studieren zu können, wurde zu einem Autolysat käufliche Hefenukleinsäure (762) zugesetzt, da so das Anwachsen der Phosphorsäure zu beobachten ist. Wenn aber das Nukleinsäuremolekül gründlich aufgespalten worden ist, so müssen auch *d*-Ribose und Ammoniak, letzteres aus den Purin- und Pyrimidinkörpern stammend, zu finden sein. In der Tat konnten alle genannten Spaltprodukte nachgewiesen werden. Eine Anzahl von Kontrollanalysen ermöglichten dann die Berechnung der aus der zelleigenen Nukleinsäure stammenden Spaltstücke. So wurden in einer normalen sauren Autolyse vom pH 6 etwa 9—11% der auftretenden Phosphorsäure aus der zelleigenen Nukleinsäure erhalten. Dieser relativ kleine Betrag wird uns verständlich, wenn wir die Autolyse der Hefe mit der der Leber vergleichen. *Theorell* und *Norberg* konnten hier keine erhebliche Spaltung der Nukleinsäure (pH 6,5—7) beobachten. Der größte Teil der Phosphorsäure entstammte anderen Quellen. Interessant ist, daß eine alkalisch angesetzte Selbstverdauung mit dem pH 8,3 mehr als die doppelte Menge Phosphorsäure, nämlich 26%, ergab. Obwohl bei normalen, sauren Hefeautolysen die absolute Menge der abgespaltenen Gesamtphosphorsäure am größten ist, beträgt in diesem pH-Bereich der aus Nukleinsäure stammende Anteil am wenigsten. Es ist nicht ausgeschlossen, daß hier die im schwach sauren Gebiet (pH = 6,4—6,8) wirkende Pyrophosphatase, die nach *Lüers*, *von Zechlinski* und *Bengtsson* (763) in der Hefe in erheblicher Konzentration vorhanden ist, merkliche Mengen Phosphorsäure in Freiheit setzt.

Die aus zelleigener Nukleinsäure stammenden Beträge an abgespaltenem Ammoniak sind gering. Im normalen sauren Versuch (pH = 6) stammten 1,5—2% vom gefundenen Ammoniak aus der Nukleinsäure. Die alkalische Autolyse (pH = 8,3) brachte 5—10%. Von der Ribose konnten etwa 6,5% des abspaltbaren Kohlenhydrates des zugefügten Präparates bestimmt werden, bei höherer Autolysatkonzentration 17% (pH = 8,7). Das Auffinden der beiden letzten Spaltstücke unterstreicht den Befund der wirklichen Autohydrolyse der zugefügten Nukleinsäure.

Die erhaltenen Resultate beweisen die Anwesenheit verschiedener auf Nukleinsäure wirksamer Hefeenzyme. Zunächst mußte die Polynukleotidase die Polynukleinsäure in die vier Mononukleotide Adenylsäure, Guanylsäure, Cytidylsäure und Uridylsäure zerlegen. Aus diesen einfachen Nukleinsäuren, die nur aus einem Molekül Phosphorsäure, *d*-Ribose und je einem Molekül eines Purin- bzw. Pyrimidinderivates bestehen, spaltet die Nukleotidase, eine Phosphatase, die Phosphorsäure ab unter Zurücklassung von Nukleosiden, die von der Nukleosidase hydrolysiert werden. Endlich können noch die frei gewordenen Basen ihre Aminogruppen gegen Hydroxyle austauschen mit Hilfe von Purindesaminasen bzw. Pyrimidinaminasen. Die optimalen Spaltungsergebnisse wurden bei pH = 8 beobachtet. Die Mengen an abgespaltenem Ammoniak und *d*-Ribose waren nur in einem Versuche einander nahezu „äquivalent". In den übrigen Fällen wurde weniger Ribose als Ammoniak festgestellt. Dies weist darauf hin, daß daselbst die Nukleosidase wenig wirksam war, und daß die Desaminierung schon auf der Stufe der Nukleoside (*Klein* und *Thannhauser*) (764), nicht erst an den freien Purinen oder Pyrimidinen erfolgt sein muß. Nukleosidasen dagegen können erst dann wirken, wenn aus dem Nukleotid vorher die Phosphorsäure abgespalten worden ist. Das frei gewordene Phosphat aktiviert diese Enzyme. Andererseits wirken durch Purindesaminase vorgebildetes Hypoxanthin sowie Guanin, die durch die Nukleosidase frei gemacht werden, auf diese sofort stark hemmend ein (*W. Klein* (765), *Levene* (766)).

Mit der Bestimmung des Purinstickstoffs der Hefe nach dem Autolyse- und Hydrolyseverfahren haben sich in letzter Zeit *Kuen* und *Püringer* (767) beschäftigt. Es zeigte sich, daß die Purine bei der Autolyse ziemlich rasch abgebaut werden, was zu falschen Basenwerten führen muß (*Meisenheimer*). Nur durch Hydrolyse mit verdünnten Säuren (von 2%) erreicht man das gewünschte Ziel. Aus diesem kleinen Abschnitt der Autolyse bekommen wir einen recht deutlichen Begriff von der Kompliziertheit der Auflösungsreaktionen in der Hefezelle (s. auch Kap. 11).

Abbau der schwefelhaltigen Stoffe im Autolyseprozeß

Von den verschiedenen Schwefelverbindungen, die in der Hefe aufgefunden worden sind, werden sich naturgemäß in der Autolyse nur solche bemerkbar machen, die in relativ größeren Mengen vorhanden sind. Vom chemischen Standpunkt aus können wir den Sulfat-Schwefel, den Thiol-Schwefel, den Ester-Schwefel und den andersartig gebundenen Schwefel unterscheiden.

In den älteren Arbeiten von *M. Hahn* und *L. Geret* (561) wurde im Hefepreßsaft der anorganische Schwefel gefällt, dessen Menge bei einer Autolysendauer von 9 Tagen sichtbar zunahm. Dehnte man jedoch den Versuch bei 37° bis auf 6 Wochen aus, so war das Schwefelsäurequantum nicht wesentlich angestiegen. *Haehn* und *Leopold* bestimmten in orientierenden Versuchen neben dem Schwefel des Cysteins und seiner Komposita den Schwefelsäureester-Schwefel. Es zeigte sich, daß der Cystein-Schwefel im Laufe des Versuches ein wenig abnimmt, vielleicht infolge einer Verknüpfung mit Komplexen, vielleicht infolge einer gelinden Oxydation. Der Verlust an Schwefelsäureester-Schwefel beträgt dagegen nahezu das Vierfache; offenbar tritt durch eine Sulfatase Verseifung ein (s. Tabelle).

mg S in 100 g Hefe bzw. Autolysat

	Anfangswert	nach 11 Tagen	nach 21 Tagen
Zystein-Schwefel	13,98	12,15	11,59
Schwefelsäureester-Schwefel	0,41	0,24	0,11

Über den Schwefelgehalt der Hefen s. auch Kap. 7 u. 17 (Biologische Eiweißsynthese).

Neuere Arbeiten über den Methionin- und Zystingehalt von Hefen s. *J. Schormüller* und *H. Ballschmieter* (1047). Über den Schwefelstoffwechsel (Sulfhydrylschwefel) der Hefe Rhodoturula gracilis berichten *D. Eckström* und *E. Sandegren* (1048).

D. Übersicht über die Grundlagen für die Technologie alkoholischer Gärungen

Eine Anzahl wichtiger Industrien basiert auf der alkoholischen Zuckerspaltung. Es ist damit nun nicht gesagt, daß bei all diesen Betrieben das gleiche Ziel erstrebt wird, möglichst viel Alkohol aus den dargebotenen Kohlenhydraten zu erzeugen. Die Aufgaben sind vielmehr verschieden je nach der Art des Betriebes. Soll z. B. ein Bier hergestellt werden, so will der Brauer nicht etwa eine wässerige alkoholische Lösung erzeugen, sondern er wünscht ein erfrischendes, aromatisches vollmundiges Getränk. Dies erfordert, daß neben der alkoholischen Zuckerspaltung auch andere biochemische und rein chemische Prozesse nebenher gehen. In der Kartoffelbrennerei ist man allerdings bemüht, wenn möglich alle Kohlenhydrate restlos in Alkohol umzuwandeln, während man in der Kornbrennerei wieder einen aromatisch schmeckenden Alkohol bei guter Ausbeute erstrebt. Bei der Traubenweingewinnung ist zwar schon aus Haltbarkeitsgründen eine kräftige alkoholische Gärung erwünscht, aber was wäre ein Wein, wenn die Blume fehlen würde! Hier ist also der Hefe auch noch die Aufgabe einer mehr oder weniger intensiven Aromatisierung auferlegt, weshalb bei den verschiedenen Weinen auch verschiedene Heferassen eine wichtige Rolle spielen. Aber die erste Voraussetzung für gute Weine sind natürlich gute Trauben, denn eine gute Hefe kann aus minderwertigem Most niemals ein edles Produkt hervorbringen, wohl aber kann eine ungeeignete Gärführung einen erstklassigen Traubensaft zu einem minderwertigen Getränk umwandeln. Diese verschiedene Zielsetzung der verschiedenen Betriebe erfordert verschiedene Maßnahmen, und es ist nun die Kunst des Technikers, die richtigen Arbeitsweisen für die Herstellung der gewünschten Produkte zu wählen.

Im Anschluß an die alkoholerzeugenden Betriebe sollen die Gewinnung der Bäckerhefe und die biologische Eiweißsynthese einer kurzen Betrachtung unterzogen werden. Hier handelt es sich in erster Linie um die Erzeugung von „Hefesubstanz“ aus Kohlenhydraten, Stickstoffverbindungen und mineralischen Salzen, wobei die alkoholische Zuckerspaltung für das Leben und die Fortpflanzung der Hefe zwar unentbehrlich ist, aber die Alkoholbildung selbst dem Techniker nur in gewissen Fällen Interesse bietet. Bei der biochemischen Eiweißsynthese durch eine besondere Hefe ist der Arbeitsgang so gestaltet worden, daß praktisch kein Alkohol anfällt. Man spricht hier von einer „Verhefung“ des Zuckers.

Die Herstellung von Bier ist von den angeführten Prozessen der komplizierteste und deshalb der lehrreichste. Aus diesem Grunde soll der Werdegang des Bieres am ausführlichsten behandelt werden in der Annahme, daß einzelne Phasen dieses umfangreichen Prozesses Leitlinien und Anregungen für die anderen Gewerbe geben können. Um zu zeigen, welche Bedeutung scheinbar „harmlose Vorarbeiten“ haben, wurde der Prozeß des Weichens etwas ausführlich behandelt. Von den anderen Gärungsbetrieben wird nur das Wesentliche kurz angeführt, da sonst der Rahmen des Buches vergrößert werden müßte. Das angegebene Schrifttum am Schluß der einzelnen Kapitel möge die Sonderwünsche der Leser befriedigen.

15. Kapitel

Die Bereitung von Bier

A. Die Malzbereitung in der Brauerei

Der Zweck der Malzerzeugung besteht darin, daß man die im Getreidekorn vorhandenen wasserunlöslichen Stoffe für die spätere Bierwürzebereitung in wasserlösliche umwandelt bzw. vorbereitet. Dazu ist in erster Linie ein teilweiser Abbau der höheren Kohlenhydrate und hochmolekularen Eiweißstoffe notwendig. Diese Umwandlungen im Korn müssen durch die verschiedenen Enzyme bewerkstelligt werden. Um dieselben im Korn zur Tätigkeit anzuregen, bedient man sich des Keimungsvorganges. Bei diesem Lebensprozeß entwickeln sie eine starke Aktivität und bewirken durch ihre katalytische Tätigkeit die erwünschte stofflich-chemische Umwandlung des Korns. Der Brauer spricht hier von der „Auflösung" des Korns und meint damit drei Hauptreaktionen:

1. die Zerstörung der Strukturstoffe (Gewebe- und Zellwandmaterial) des Korns, damit die Inhaltsstoffe der Zellen freigelegt werden;
2. die Umwandlung der Stärke in Zucker und in niedrigmolekulare lösliche Dextrine in allerdings sehr beschränktem Umfange und
3. der teilweise Abbau der hochmolekularen Eiweißstoffe in kleinere Moleküle.

Hier sei eingefügt, daß das Gerstenkorn anatomisch zum größten Teil aus dem Mehlkörper (Endosperm) besteht und an der Basis, wo das Korn in der Ähre festgewachsen war, den Keimling (Embryo) als kleines, unscheinbares gelbliches Gebilde trägt.

Das Mälzen ist ein künstlich hervorgerufenes Wachstum. Es ist eine Nachahmung des Keimens der Getreidekörner, z. B. der Gerste in der freien Natur. Der Keimling des Korns, der sich durch die Wirkungen der Feuchtigkeit und Wärme entwickelt, benötigt hierzu Nahrung, und diese wird naturgemäß aus der Vorratskammer des Korns beschafft. Dabei treten die gewünschten Umsetzungen ein. Die geringe Menge Rohrzucker, die im Keimling sitzt, ist bald veratmet, und dann bleibt nur das große Kohlenhydratdepot, das Endosperm, für die Versorgung übrig. Ebenso steht es mit der nötigen Zufuhr von Eiweiß. Dasselbe muß ebenfalls in passender Form entweder in den eiweißhaltigen Stärkezellen oder der Aleuronschicht (Kleberschicht) mobilisiert werden. Dabei geht nebenher die Zerstörung der Struktur des Korns durch teilweise Auflösung der Zellwände.

Es ist einleuchtend, daß bei der winzigen Entwicklung der Gerstenpflanze bei der Mälzung nicht alle Reservestoffe verbraucht werden. Ein großer Teil bleibt halb abgebaut, auch unangegriffen zurück und wird mit Hilfe der entwickelten Enzyme später im Maischprozeß (s. weiter unten) in die gewünschte lösliche Form übergeführt.

Die Aufgabe des Mälzers besteht also darin, die Lebenskräfte künstlich zu wecken und sie in eine bestimmte Richtung zu leiten. Er muß zur Erreichung des Zieles rein physiologische Arbeitsbedingungen wählen. Da nun der ganze Zellstoffwechsel durch Fermente besorgt wird, so besteht die Arbeit des Mälzers zum guten Teil darin, die Tätigkeit der Enzyme durch Maßnahmen zu regulieren und bestimmte Enzyme zu besonderen Leistungen anzuregen. Wir werden sehen, daß ein großes Arbeitssystem ausgebaut worden ist, das die Gerste in Malz überführt, aber bei jeder Maßnahme erkennt man, wie sie zugunsten der Enzymtätigkeit geschaffen worden ist. Schon der Prozeß der Gerstenweiche, der bei oberflächlicher Betrachtung als eine rein mechanische Vorarbeit angesehen werden könnte, ist dazu bestimmt, die Vorbedingungen für die Erweckung eines intensiven Lebens im Gerstenkorn zu schaffen.

Alle Getreidearten können in Malz umgewandelt werden. In Deutschland sind normalerweise für Brauzwecke nur Gerste und Weizen zugelassen. Da Gerste zu mehr als 90% das Rohmaterial für die gesamte deutsche Biererzeugung darstellt, soll im folgenden hauptsächlich von dieser die Rede sein.

Der Prozeß des Weichens

Eine Gerste, die vermälzt werden soll, muß möglichst gleichmäßig sein, deshalb wird das Material nach dem Putzen sortiert. Man unterscheidet gewöhnlich drei verschiedene Korngrößen. Die kleinsten Körner, sog. Flachgerste, gehen als Futtermittel fort. Häufig wird nur die größte, die dickbauchigste Gerste vermälzt, notfalls noch die Mittelsorte, die aber getrennt verarbeitet werden muß. Schon in der Weiche würde sich bei den verschiedenen Größen in der Wasseraufnahme ein Unterschied bemerkbar machen, indem die kleinen Körner vorauseilen und ein ungleiches Weichgut schaffen. Noch unvorteilhafter wäre es, wenn die spelzenbeschädigten Körner nicht entfernt worden wären. Diese Vorarbeiten werden sofort nach der Einlieferung vom Landwirt ausgeführt. Hieran schließt sich ein Nachtrocknen der Gerste durch Einblasen von trockner Kaltluft und häufiges Bewegen, bis die Frucht lagerfest ist.

Aus welchen Stoffen besteht nun das Gerstenkorn? Als Hauptbestandteil finden wir 60—70% Stärke in der Trockensubstanz, dazu gesellen sich 3% Zucker, von dem der größte Teil in Form von Rohrzucker und nur der Bruchteil eines Prozents als Invertzucker vorliegt. Ferner sind zwischen 7 und 14% Eiweißkörper (Albumine, Globuline) in den verschiedensten Aufbaustadien vorhanden, 2—3% Fett, organische, phosphorsäurehaltige Verbindungen, schließlich etwa 3% mineralische Bestandteile, die in der Hauptsache aus Kaliumphosphaten neben Kieselsäureverbindungen bestehen. Der Wassergehalt der Gerste kann zwischen 12 und 20% schwanken, in der Regel sind es 14—16%. Außer diesen Stoffen sind von Wichtigkeit die Enzyme und Vitamine. Von letzteren wurden festgestellt Aneurin, Riboflavin, Nikotinsäure, Adermin, Pantothensäure und Biotin. Mit Ausnahme des Aneurins erfolgt beim Mälzen eine starke Zunahme aller aufgeführten Vitamine (*Norris*) (768). Der kleine Betrag an Vitamin C, der bei der Keimung entsteht, verschwindet wieder beim Darren durch Oxydation.

Das Weichen der Gerste vollzieht sich in Brauereien in sog. Weich- oder Quellstöcken. Heutzutage sind dies meist zylindrische eiserne Gefäße mit trichterförmigem Boden, die außen und innen mit einem Schutzanstrich versehen sind. Der Wassereintritt erfolgt von der tiefsten Stelle des Bodens aus. Hier befindet sich auch eine Ausweichöffnung, um die fertig geweichte Gerste bequem auf die ein Stockwerk unter der Weiche befindliche Tenne befördern zu können; ferner sind unten Düsen eingebaut, durch die Druckluft eingeblasen werden kann. Der Rand der Weiche besitzt einen Überlauf mit einem Sieb. Alle modernen Weichstöcke sind außerdem mit einer Umpumpvorrichtung versehen, denn beim Weichen soll nicht nur eine Wasseraufnahme, sondern auch ein Reinigen und Lüften des Korns erfolgen (s. Abb. 26).

Der Weichvorgang in der Praxis kann etwa folgendermaßen verlaufen: Zuerst läßt man die erforderliche Wassermenge — auf 1 Zentner Gerste etwa 1 hl Wasser — in den Weichstock einlaufen. Das Wasser soll klar, geruchlos, frei von gröberer organischer Substanz und möglichst eisenfrei sein. Im übrigen ist sein Salzgehalt, solange es sich um ein normales Gebrauchswasser handelt, für die Mälzerei belanglos. Die Temperatur des Wassers wird im allgemeinen mit rund 12° C für die günstigste gehalten. Natürlich muß auch der Weichraum annähernd bei derselben Temperatur gehalten werden.

Die Gerste wird im schwachen Strahl, am besten über einen Verteiler, unter fortwährendem kräftigem Umrühren in das Wasser eingestreut, damit die leichten Körner nicht erst zu Boden sinken, sondern sofort als sog. Schwimmgerste durch den Überlauf abfließen. Sie werden im Sieb aufgefangen, später getrocknet und verfüttert. Der Weich-

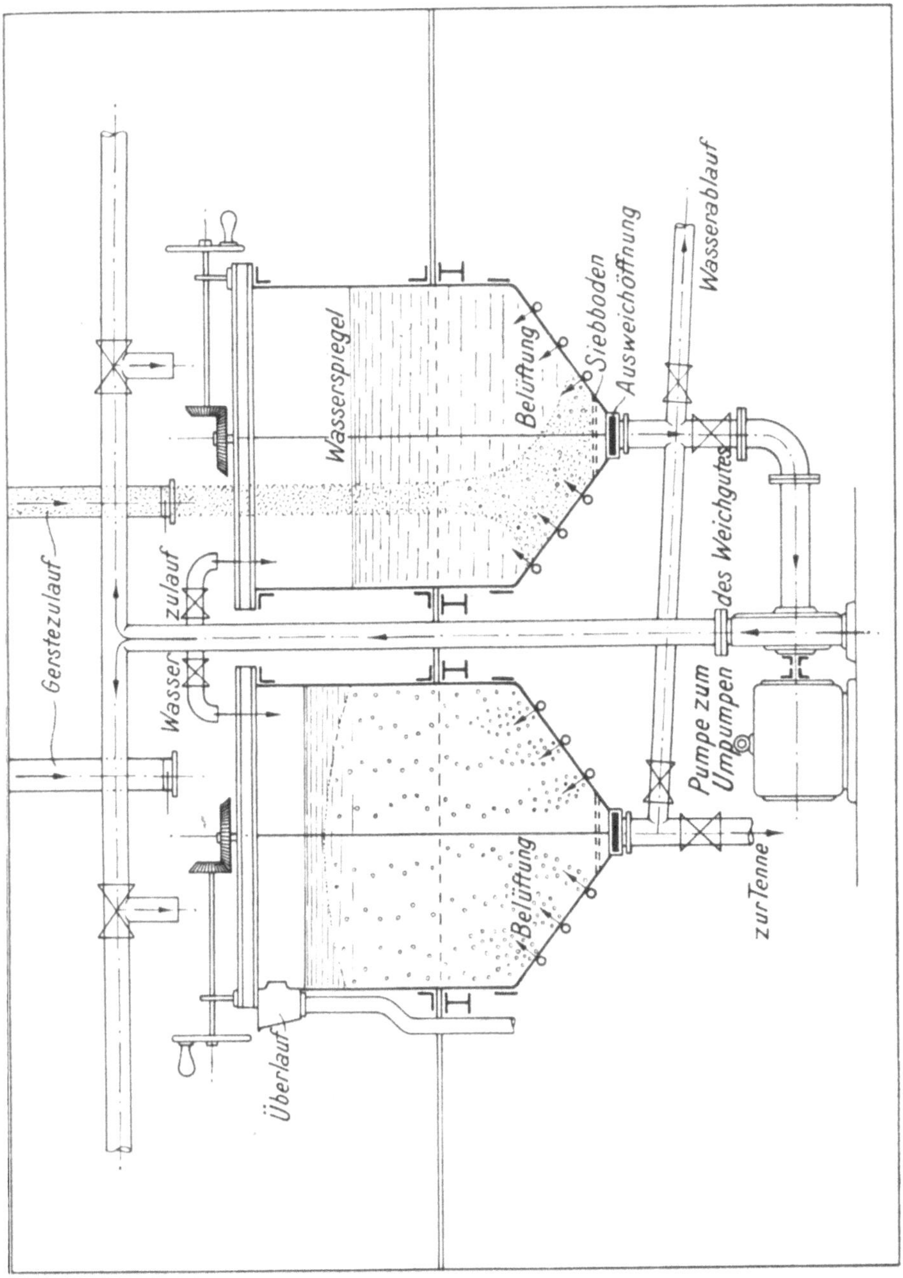

Abb. 26. Weichstock. Trichterweichen mit Umpumpvorrichtung.
(Aus **Hennies** u. **Spanner**).

stock soll immer so voll sein, daß das überstehende Wasser das Überlaufrohr erreicht. Deshalb muß das Fassungsvermögen der Weiche den Mengenverhältnissen des Betriebes angepaßt sein; man rechnet pro Zentner Gerste etwa 1,00 hl Weichraum (nach *Leberle*). Das erste, sehr schmutzige Weichwasser wird nach spätestens 1—2 Stunden durch frisches ersetzt. Während das frische Wasser einläuft, wird mit ständigem starken Lüften durch die im unteren Teil des Behälters angebrachten Düsen eine gelinde Reibung der Körner erzeugt, wodurch weiterer Schmutz abgestoßen wird. Wasser und Luft werden erst dann abgestellt, wenn das Wasser klar abläuft.

Zur Verbesserung des Reinigungseffektes und zur Schwächung der dem Korn anhaftenden Schimmel- und Bakterienflora, kann man dem ersten Weichwasser Chemikalien zusetzen. Am häufigsten wird Kalk in Form von gesättigtem Kalkwasser, auch Kalkmilch (1 Liter pro Hektoliter Wasser) angewandt. Pottasche oder Ätznatron in sehr verdünnten Lösungen (0,05—0,1%ig) wirken in gleichem Sinne. Diese Stoffe tragen aber außerdem zur Veredlung des Braumalzes bei, weil sie herbschmeckende Gerb- und Bitterstoffe, auch Farbstoffe der Spelze, der kieselsäurehaltigen Schutzhülle des Korns, entziehen. In das Korninnere vermögen die Laugen dank der absperrenden Wirkung der semipermeablen Samenschale (Testa) nicht einzudringen.

Die Gerste darf nicht während der ganzen Weichzeit ständig unter Wasser liegen, da die Enzyme leiden würden. Man folgt dem Vorbild des keimenden Korns in der Natur, in der die Feuchtigkeitsperioden des Erdbodens mit trocknen Zeiten abwechseln. Man wendet häufig die sog. Luft-Wasserweiche an. Diese besteht darin, daß nach dem ersten „Klarwaschen" die Gerste im regelmäßigen Turnus mit und ohne Wasser in der Weiche stehengelassen wird. Ein Betrocknen der Gerste während der wasserfreien Zeit ist nicht zu befürchten, da eine genügende Menge von Feuchtigkeit stets an der Spelze haften bleibt. Die Luft hat durch die „Trockenweiche" Zutritt zum Korn. Man deckt das Sauerstoffbedürfnis, indem man — ebenfalls in regelmäßigen Abständen — Luft durch das Keimgut preßt, und zwar kann das sowohl während der Wasser- als auch während der Trockenweiche geschehen. Gleichzeitig vertreibt man auf diese Weise Kohlensäure, die sich sehr bald infolge der einsetzenden lebhaften Atmungstätigkeit des Korns bildet, und vermöge ihrer Schwere sich besonders in dem unteren Teil des Weichstocks festsetzt.

Die Methodik des Weichens ist ganz verschieden und richtet sich danach, ob ein helles, dunkles oder ein Spezialmalz hergestellt werden soll. Als praktisch hat sich eine zwölfstündige Naßweiche abwechselnd mit einer zwölfstündigen Trockenweiche erwiesen, wobei zwischen jeder Schicht 15—30 Minuten lang gelüftet wird. Von dieser Grundregel weicht man nach Bedarf ab.

Die Gesamtweichzeit einschließlich „Trockenweiche" richtet sich nach dem angewandten Weichverfahren (Temperatur des Weichwassers, Intensität der Lüftung) der herzustellenden Malzsorte und nicht zuletzt nach der Beschaffenheit der Gerste. Deshalb muß nach jeder Ernte die Methodik kontrolliert bzw. abgeändert werden. Im allgemeinen benötigen helle Malze 66—78 Stunden, dunkle 96—120 Stunden. Eine fünftägige Weichzeit wird man aus Rentabilitätsgründen durch Anwendung wärmeren Weichwassers umgehen. Das Hauptziel ist hier, den richtigen „Weichgrad" zu erzielen, d. h. daß das Korn genügend Wasser aufgenommen hat. In geeigneten Apparaten wird die Gewichtszunahme von 100 g lufttrockner Gerste ermittelt. Der erfahrene Mälzer erkennt den Weichgrad beim Durchbeißen des Korns an der Größe des weißen Kerns oder an dem Widerstand, den die Kornspitzen beim Zusammendrücken zwischen Daumen und Zeigefinger noch bieten.

Die Erreichung des richtigen Weichgrades (Aufnahme der nötigen Wassermenge) ist in jedem Falle von Bedeutung, da eine richtige Mobilisierung der Enzyme die

Voraussetzung für das Wachstum ist. Auch hier gilt in weiterem Sinne die alte Chemikerregel: Corpora non agunt nisi fluida. Bei Unterweiche keimt das Korn auf der Tenne schlecht; es besteht auch die Gefahr des Austrocknens und Absterbens des Keimlings. Noch gefürchteter ist die Überweiche, auch „Totweiche" genannt. Sie ist die Folge zu langen Weichens unter Wasser ohne genügende Luftzufuhr. Das Korn ist in seiner Keimfähigkeit zum mindesten wesentlich geschwächt, wird schmierig und fault unter Umständen. Vermutlich tritt eine Autolyse des Korns ein, die für eine Infektionsflora einen guten Nährboden liefert.

Für helle Biere erstrebt man einen Weichgrad von etwa 42—44%, d.h. das Korn enthält jetzt eine Gesamtwassermenge in den angegebenen Zahlen. Eine höhere Wasseraufnahme würde den gewünschten hellen Farbton des Malzes in Frage stellen. Für dunkle Biere vom Münchener Typ ist ein Weichgrad von 45—46% notwendig zur Erzeugung der dunklen Farbe und der ausschlaggebenden Aromastoffe. Diese Gersten enthalten dann sehr viel aktive Enzyme, die die Zuckererzeugung auf der Tenne und die Proteolyse steigern und so zu vermehrter Karamel- und Malzaromabildung auf der Darre Anlaß geben. Bekanntlich bilden sich durch Vereinigung von Aminosäuren mit Zuckern die typischen Malzaromastoffe. Mit 48—50% ist überhaupt der größtmögliche Gesamtwassergehalt des Korns erreicht. Die Aufnahme der letzten Wasseranteile geht sehr langsam vor sich, während nach den ersten 24 Stunden die Hauptaufnahme bereits erfolgt ist.

Die Weiche, bei der das Wasser durch den Keimling in das Korn eindringt, ist nicht nur als ein physikalischer Quellungsvorgang zu betrachten, sondern sie ist gleichzeitig der Beginn des Stoffwechsels. Da die Menge der Atmungskohlensäure ansteigt und der Wurzelkeim sich so stark entwickelt, daß er in manchen Fällen die Testa, die Samenschale, durchbricht, so muß eine lebhafte Enzymbildung stattgefunden haben. Wir werden nun sehen, daß bei dem sich jetzt anschließenden Keimprozeß auf der Tenne eine besonders rege Enzymtätigkeit nachgewiesen werden kann.

Die Tennenmälzerei

Die Keimung ist der eigentliche Kernprozeß der Mälzerei, der die Rohfrucht — Gerste — in das Kulturprodukt — Malz — verwandelt. Der Weichprozeß ist als wichtige Vorbehandlung, der Darrprozeß als unerläßliche Nachbehandlung aufzufassen. Die Kunst des Mälzers besteht darin, die Keimung des Kornes nur so weit zu treiben, als unbedingt zur Umwandlung des Korninnern in wasserlösliche Stoffe notwendig ist. Verschiedene Wege führen zum Ziel.

Das älteste und heute noch verbreitetste Verfahren ist die Tennenmälzerei (s. Abb. 27).

Tennen sind kellerartige Räume von 3—4 m Höhe. Wände, Decke und vor allem der Fußboden sollen vollkommen glatt und fugenlos sein, mit leichtem Gefälle zu einem gut abschließenden Gully hin. Der Innenraum muß gegen Außentemperaturen unabhängig, also von allen Seiten stark isoliert sein. Er wird deshalb häufig unterirdisch angelegt. Die Raumtemperatur soll 10—12° C betragen. Mit Heiz- bzw. Kühlungsvorrichtungen sind Tennen nur selten versehen, da die sehr erheblichen Unkosten, welche die Kühlung so großer Räume verursacht, sich im allgemeinen nicht herauswirtschaften lassen. Fenster und Luftschächte sollen gute Durchlüftung ermöglichen. Zugluft dagegen ist zu vermeiden, desgleichen grelles Tageslicht oder direkte Sonnenstrahlen. Oft benutzt man blaue Fensterscheiben. Die Größe der Tenne muß dem Betrieb angepaßt sein, man rechnet pro Zentner Gerste 1,6—1,8 qm Fläche. Zweckmäßigerweise richtet man es so ein, daß sich die Tenne ein Stockwerk tiefer als die Weiche, unterhalb derselben befindet.

Hat die Gerste den gewünschten Weichgrad erreicht, so wird das Wasser möglichst vollkommen abgelassen, und das gesamte Weichgut kann durch das geöffnete Ausweichventil einfach auf die Tenne hinabgleiten. Mit Hilfe kleiner Kippwagen wird der erste „Naßhaufen“ 20—40 cm hoch an geeigneter Stelle der Tenne aufgesetzt, mit sorgfältig glatt abgestochenen Rändern und vollkommen ebener Oberfläche. Man spricht deshalb auch von „Beeten“. Diese während der ganzen Tennenarbeit zu beobachtende Genauigkeit mutet den Laien wie eine übertriebene Sorgfalt an. Sie hat jedoch ihren berechtigten Sinn darin, allen Kornpartien möglichst einheitlich die Vorbedingung für eine optimale Enzymtätigkeit durch gleichmäßige Feuchtigkeit, Wärme und Sauerstoffzufuhr zu gewähren.

Die schnellere oder langsamere Einleitung des Keimprozesses ist von der Höhe des Naßhaufens abhängig. Für die Erzeugung eines Qualitätsmalzes ist es wichtig, die Lebenstätigkeit des Kornes nur langsam in Fluß zu bringen, damit die enzy-

Abb. 27. Tenne mit Naßhaufen (Kindl-Brauerei, Berlin-Neukölln).

matische Entwicklung im Korninnern Schritt halten kann mit den äußeren Wachstumserscheinungen. Bei einem so künstlichen Keimungsprozeß, wie ihn die Mälzerei immerhin darstellt, kann es vorkommen, daß diese beiden Prozesse nicht parallel laufen, während dies in der Natur eine Selbstverständlichkeit bedeutet.

Der Mälzer hat sich also mit der Höhe des Naßhaufens zu richten nach der Temperatur der Tenne, dem Weichzustand und der Art der Gerste. Ist die Tenne warm, z. B. 14—15° C, hat zudem die Gerste reichlich Wasser aufgenommen, befindet sie sich außerdem bereits in keimendem Zustande, oder handelt es sich um sog. „hitzige“ Gerste (stark eiweißhaltige, über 11% Eiweiß in der Trockensubstanz), die bei der Keimung viel Wärme entwickelt, dann ist es richtig, den Naßhaufen höchstens 20 cm hoch zu schichten. Es tritt damit eine schnellere Abtrocknung des äußerlich an der Spelze noch haftenden Weichwassers ein. Demgemäß wird bei kalter Tenne und Unterweiche höher geschichtet. Zur Erzielung einer gleichmäßigen Abtrocknung, muß der Naßhaufen des öfteren mit der Schaufel gewendet (gewidert) werden, in der Regel zum erstenmal nach 6 Stunden. Nach 24 Stunden durchschnittlich kann damit gerechnet werden, daß der „Naßhaufen" zum „Trockenhaufen" geworden ist. Dies ist der Zeitpunkt, zu dem der Mälzer den Haufen „zieht", d. h. bei gleichzeitigem Umschaufeln dünner auslegt. Die Anzeichen der Keimung machen sich jetzt mehr oder weniger stark bemerkbar. Das Korn „spitzt" oder „bricht", der Wurzelkeim schiebt sich als weißes Pünktchen aus der Basis des Korns hervor. Die Lebenstätigkeit im Innern des Korns ist nun deutlich erwacht. Neben den sichtbaren Anzeichen hierfür macht sich eine leichte Temperatursteigerung im Haufen, jetzt als „Brechhaufen" bezeichnet, bemerkbar.

Das Thermometer, das in jedem Haufen stecken muß, spielt von nun an eine ausschlaggebende Rolle. Man spricht von warmer und kalter Haufenführung, deren Temperaturgrenzen sich nicht ganz scharf ziehen lassen. Jedoch sind die Grade von 20° C und darüber als ausgesprochen warme, die von 10—16° C als ausgesprochen kalte Führung zu bezeichnen. Man ist sich heute ziemlich darüber einig, daß eine lange und kalte Haufenführung in jeder Hinsicht brauchbare Malze liefert. Die „Auflösung" schreitet zwar langsamer, aber gleichmäßiger vorwärts, während die Entwicklung der Wachstumsorgane, also der Blatt- und Wurzelkeim, gleichzeitig gehemmt wird.

Ist die „Auflösung" oder „Lösung" des Korns erfolgt, so ist aus dem harten Korninhalt eine lockere, mehlige, zerreibbare Substanz entstanden. Mit dem zerteilten Korn soll man auf Holz einen kreideähnlichen Strich ziehen können, oder, zwischen den Fingerspitzen zerrieben, eine weiche, körnerlose Masse erhalten.

Warme Haufenführung dagegen befördert das Wachstum der Keimlinge, womit vom brautechnischen Standpunkt aus kostbarer Substanzverlust verbunden ist; außerdem bleibt die Auflösung des Korns ungleich und unvollkommen. Die Zeitdauer der Mälzung wird dadurch abgekürzt, was unter Umständen vom wirtschaftlichen Standpunkt aus einen Vorteil bedeutet. Allerdings gilt eine Einschränkung: Die extrem kalte Haufenführung ist nur für helle Malze anwendbar, die einer knapperen Auflösung bedürfen als dunkle. Für letztere muß weitgehendste Auflösung zur Erzeugung von Aroma- und Farbstoffen verlangt werden, so daß die Anwendung mittlerer Temperaturen zwischen 15 und 20° C ratsamer ist.

Das Stadium des Brechhaufens dauert vielleicht nur einen halben bis einen ganzen Tag. Bald treten 2—3 kleine Wurzeln aus der Scheide heraus, der Haufen „gabelt". Das Sauerstoffbedürfnis des Korns, also die Atmungstätigkeit, steigt. Aus dem ursprünglich vorhandenen und fortlaufend enzymatisch im Korn gebildeten Zucker entsteht teilweise durch Oxydation unter Wärmeentwicklung Wasser und Kohlensäure. Die Haufentemperatur steigt weiter, der gebildete warme Dunst kondensiert sich in der kühleren oberen Schicht des Keimgutes und schlägt sich als „Schweiß" auf der Spelze nieder. Er wird begierig von den Wurzeln aufgesaugt. Auf diese Weise erfolgt ein ständiger Kreislauf des aus der Weiche mitgebrachten Wassers des Korns. Diesen fast die ganze Keimperiode hindurch auf annähernd gleicher Höhe zu erhalten, ist eine der Hauptaufgaben des Mälzers. Hieraus erkennt man die Bedeutung der richtigen Wasseraufnahme in der Weiche. Die stellenweise geübte nachträgliche Besprengung des Weichgutes mit einer Gießkanne, „Spritzen" genannt, gilt heute nur als Notbehelf. Dies hat meist geile Wurzelkeimbildung zur Folge.

Die bei der Atmung entstandene Kohlensäure lagert sich in der unteren Schicht des Haufens ab. Sobald sie eine bestimmte Konzentration erreicht hat, hemmt sie die weitere Atmung. Das Korn müßte ersticken, wenn der Mälzer nicht immer wieder durch Wenden und Umlagerung der Kornschichten (Widern), etwa alle 8 Stunden, die Entfernung der Kohlensäure und Abkühlung des Haufens herbeiführen würde.

Aus den zwei bis drei anfänglichen Würzelchen werden allmählich sechs bis acht; der Blattkeim schiebt sich unterhalb der Gerstenspelze, aber auch von außen deutlich sichtbar von der Kornbasis aus der Spitze zu. Außer diesen sichtbaren Anzeichen erkennt der Mälzer den gesunden Fortgang der Keimung an dem auftretenden charakteristischen Geruch nach frischen geschälten Gurken.

Etwa am 4.—5. Keimtage hat das Wachstum seine höchste Energie erreicht, das Stadium des sog. „Junghaufens". Die Temperatur ist bei kalter Führung auf 15—17° C gestiegen. Der Haufen muß dünner, etwa nur 10 cm hoch, gelegt werden. Es tritt Abkühlung ein, die jedoch nicht so stark sein darf, daß die „Schweißbildung" völlig aufhört. Bezweckt wird mit dieser Maßnahme die Verlangsamung des Keimlingswachstums zugunsten der enzymatischen Lösung des Korns.

Läßt dann am 6. (bzw. 7.) Keimtage die Lebensenergie nach, wofür der Temperaturstillstand oder sogar -abfall das untrügliche Kriterium ist, so wird der Haufen evtl. wieder etwas erhöht zusammengesetzt und seltener gewendet, etwa nur zweimal täglich. Hierdurch wird das Wachstum nochmals angeregt; durch das seltenere Wenden wachsen die Wurzeln der einzelnen Körner ineinander, man nennt dieses Stadium das „Greifenlassen". Die Verwachsung der Wurzelkeime darf jedoch nicht so weit führen, daß Knäulbildung oder Verfilzung der ganzen Kornmasse eintritt. Diesem Zustand arbeitet man entgegen, indem man beim Wenden sich nicht der Schaufel, sondern der Schüttelgabel bedient. Mit diesem Höherschichten und Greifenlassen im späteren Keimstadium verfügt man unter anderem über ein geeignetes Mittel, die Behandlung schwer- und leichtlöslicher Gersten zu differenzieren, desgleichen die für dunkle Malze erwünschte, weiter fortgeschrittene Kornlösung im Verhältnis zu hellen Malzen durchzuführen, z. B. bei Münchener Malz.

Schließlich, etwa am 9. Tag, werden Wachstum und Schweißbildung immer schwächer; das Stadium des „Althaufens" ist erreicht. Das Wenden ist nur noch sehr selten nötig. Das Grünmalz ist nun fertig. Es muß von frischem Geruch und schimmelfrei sein. Der Korninhalt soll bis zur Spitze feingrießig oder mehlig, ja nicht schmierig sein. Die Wurzeln dürfen nicht fadenförmig und geil sein, sondern gedrungen und etwa das eineinhalb- bis zweifache der Kornlänge haben. Der Blattkeim soll für helle Malze überwiegend bis zu zwei Drittel, für dunkle bis drei Viertel der Kornlänge vorgeschoben, jedenfalls niemals aus der Kornspitze herausgewachsen sein. Solche Körner, „Husaren" genannt, sind unerwünscht.

Die obigen Ausführungen geben nur ein Beispiel, wie man unter gewissen Bedingungen die verschiedenen Eingriffe vornehmen muß, um zu einem guten Ziel zu kommen. In seinem Betriebe hat sich der Mälzer nach den obwaltenden Verhältnissen zu richten und danach die entsprechenden Maßnahmen zu wählen. Als Ziel muß ein Optimum an Malzgüte erstrebt werden bei einem Minimum an Substanzverlust durch den Atmungs- und Keimungsschwund.

Die pneumatische Mälzerei

Die Tennenmälzerei liefert, wie wir sahen, ein ausgezeichnetes brauchbares Malz, aber wir konnten auch beobachten, welche Mühe und Umstände es macht, ein gutes Ergebnis zu erreichen. So hat man sich seit langem bemüht, andere, einfachere Verfahren zu suchen, was denn auch nach reichlichen Fehlschlägen gelungen ist.

Die Tennenmälzerei ist die natürlichste und auch diejenige Mälzungsart, deren Arbeitsweise je nach den gerade vorliegenden Bedürfnissen am anpassungsfähigsten gestaltet werden kann. Sie ist aber auch die unwirtschaftlichste durch sehr hohen Raum- und Personalbedarf (und zwar von geschultem Personal), sowie durch die Abhängigkeit von der kühleren Jahreszeit. Die pneumatische Mälzerei erfordert nur etwa ein Sechstel des Raumes, etwa die Hälfte an Personal und ist unabhängig von der Jahreszeit. Die Kühlungskosten sind nicht annähernd so hoch wie die Unkosten bei der Tenne. Es geht hieraus hervor, daß in erster Linie wirtschaftliche Gesichtspunkte zum Ausbau der pneumatischen Mälzerei geführt haben.

Es wurden nun zwei Hauptsysteme ausgebildet, und zwar die Trommelmälzerei und die Kastenmälzerei. Beide Hauptarten fußen auf dem Prinzip, künstlich befeuchtete und je nach der Jahreszeit angewärmte oder vorgekühlte filtrierte (entstaubte, entkeimte) Außenluft durch das im Keimapparat in etwa 1 m hoher Schicht liegende Keimgut zu pressen oder zu saugen. Dadurch wird gleichzeitig abgekühlt und Kohlensäure entfernt, selbstverständlich die Atmung gefördert.

Die einströmende Luft muß immer kühler sein als der Haufen. Dadurch, daß sie sich beim Durchgang durch den Haufen erwärmt, wird sie befähigt, größere Mengen von Wasser aufzunehmen. Der durch die Atmung des Korns entstandene Wasserdampf wird durch den Luftstrom fortgeführt. Eine „Schweißbildung" wie auf der Tenne ist in der pneumatischen Mälzerei infolgedessen nicht zu beobachten, außer an den Trommelwandungen. Die Gefahr der Austrocknung des Korns wäre demnach im Verlauf des Vorganges sehr groß, wenn nicht für eine sehr gute Befeuchtung der Luft gesorgt würde. Diese streicht durch den „Befeuchtungsturm", der unmittelbar vor der Keimanlage liegt. Hier wird ein feiner Nebel erzeugt mit Hilfe von Düsen, die unter einem Wasserdruck von 3—5 Atü stehen. Feuchtigkeits- und Temperaturmessungen am Lufteintritt und Luftaustritt der Keimanlagen sind deshalb wesentliche Kontrollmaßnahmen bei der pneumatischen Mälzerei. Befeuchtung und Belüftung des Keimgutes wird in der Trommel- und Kastenmälzerei auf gleiche Art bewirkt. Unterschiedlich hingegen vollzieht sich das Wenden, jedes der Konstruktionsform gemäß.

Trommelmälzerei

Als sehr zweckmäßig hat sich die *Galland*sche Keimtrommel erwiesen mit einer Kapazität für 200—250 Ztr. Gerste (s. Abb. 28).

Diese Trommel ist ein liegender drehbarer Zylinder von 2 m Durchmesser. Die Wandungen sind innen mit Luftzuführungskanälen versehen, und ebenso befindet sich in der Längsachse der Trommel ein feindurchlochtes Zentralrohr, das mit einem Ventilator verbunden ist und als Luftableitung dient. Der größere Teil der Trommel wird von dem Keimgut ausgefüllt, so daß das Zentralrohr immer mit Gerste bedeckt ist. Die Luft tritt also durch die Luftkanäle an den Wandungen ein und verläßt den Apparat durch das Zentralrohr. Die Düsen der Lüftungsröhren, die nicht von Gerste bedeckt sind, werden automatisch geschlossen. Das Wenden des Keimgutes geschieht durch langsames Drehen der Trommel, wobei die Umdrehungszeit in den ersten beiden Tagen etwa 1 Stunde, dann 2 Stunden dauern kann. Zwischen den einzelnen Drehungen liegen Ruhepausen von mehreren Stunden. Durch die Regulierung der Temperatur und Feuchtigkeit der einströmenden Luft, der Geschwindigkeit des Luftzuges, der Drehzeiten der Trommel ist man in der Lage, ein Malz mit den gewünschten Eigenschaften herzustellen.

Der Vorgang verläuft etwa folgendermaßen:

Nach Befüllen der Trommel mit dem Weichgut läßt man zwecks Abtrocknung des Haufens die Trommel 4—6 Stunden lang ständig rotieren unter Belüftung mit unbefeuchteter evtl. vorgewärmter Luft. Erst danach wird die Luftbefeuchtung eingeschaltet. Die Belüftung erfolgt ständig während der ganzen etwa 8 Keimungstage. Luftmenge und Temperatur richten sich nach dem Fortschritt der Keimung. Die Temperatur der Einströmluft beträgt 10—12° C, die der Abluft soll in den ersten Tagen 3—4° C, später 4—6° C höher als die Einströmluft sein.

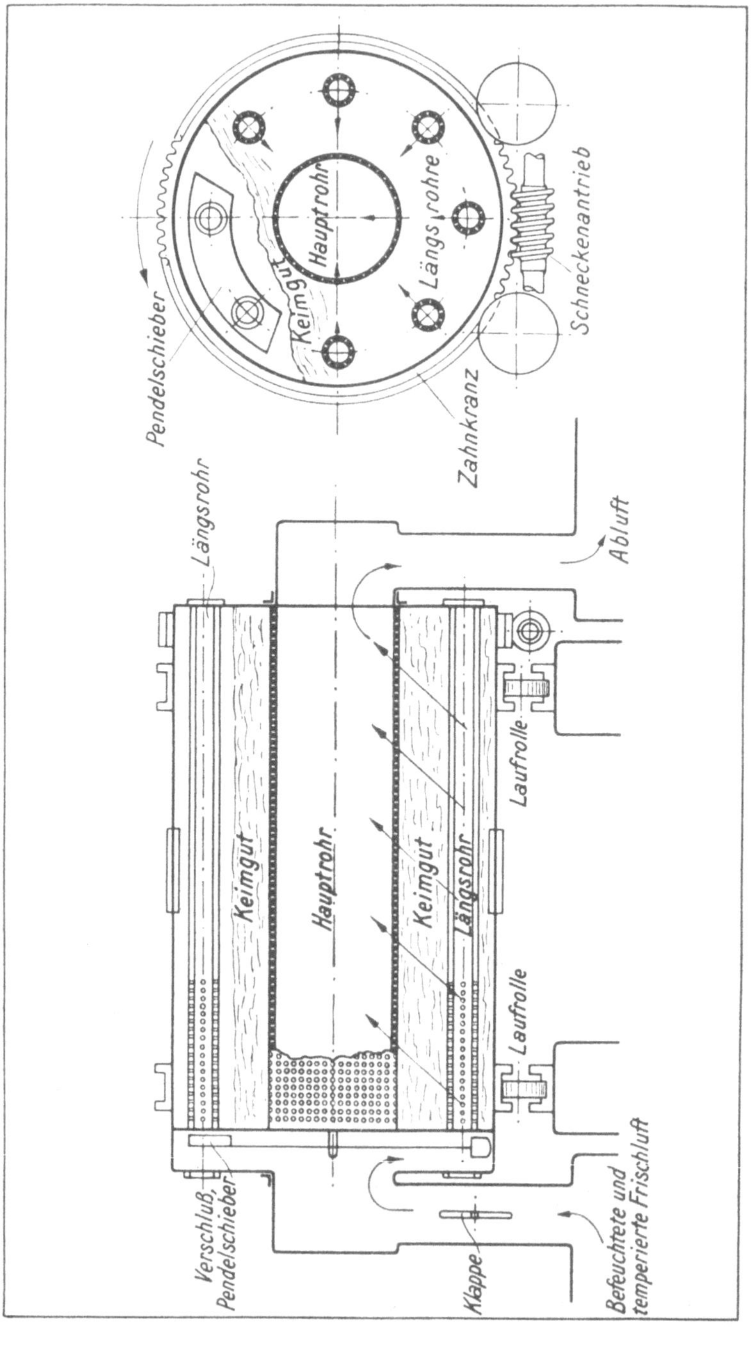

Abb. 28.
Keimtrommel. (Aus *Hennies* u. *Spanner*).

Ein festes Arbeitsschema gibt es für die Trommelarbeit ebensowenig wie für die Tenne. Umdrehungszeit und Ruhepausen richten sich nach der Entwicklung des Korns.

Ist das Korn genügend gelöst, etwa am 8. Tage, dann wird der Prozeß durch „Schwelken“ (welken) unterbrochen. Zu diesem Zweck trocknet man das Keimgut durch einen starken, nicht angefeuchteten Luftstrom während 8—10 Stunden. Vor der Entleerung der Trommel wird noch einmal zwecks Auflockerung der Wurzelkeime gedreht. Dieser Schwelkprozeß ist bei Trommelmalz unbedingt zur Auflockerung des Korninhalts notwendig. Infolge der ungewöhnlich hohen Haufenschicht und der mit Feuchtigkeit übersättigten Trommelluft haben sich im Mehlkörper des Korns keine luftgefüllten Kanäle bilden können, wie es bei Tennenmalz der Fall ist. Die Zellmasse ist dicht zusammengepreßt. Bevor das Grünmalz auf die Darre kommt, muß eine Lockerung durch die eben angeführten Maßnahmen erfolgen, wenn ein mürbes Malz zustande kommen soll.

Die Kastenmälzerei

Die Apparatur für diese Art der Mälzerei stammt von *Saladin* (s. Abb. 29).

Sie besteht in der Hauptsache aus einem gemauerten rechteckigen Kasten von 1,80 m Höhe. Das Verhältnis von der Breite zur Länge ist etwa 1 : 5. Etwa 40—60 cm über dem Boden ist eine aus mehreren Teilen zusammengesetzte durchlochte Horde angebracht zur Aufnahme des Keimgutes. Ein Wendeapparat von der Breite des Kastens läuft auf zwei an den Wänden angebrachten Schienen. Wird dieser Apparat in Tätigkeit gebracht, so rotieren eine Anzahl senkrecht angebrachter Achsen mit korkzieherförmigen Auflockerungsschnecken. Mit ihrer Hilfe wird das Keimgut umgepflügt und sehr vollkommen aufgelockert. Der Lufteintritt kann längs der ganzen Kastenbreite an der einen Schmalseite unterhalb der Horde erfolgen. Die Regulierung geschieht durch den Abluftschieber an der Rückwand des Keimkastens, nachdem die Luft das Keimgut passiert hat. Durch mehr oder weniger starkes Schließen des Schiebers wird ein Überdruck im Kasten erzeugt, so daß das Keimgut zwischen zwei feuchten Luftpolstern ruht und vor Austrocknung trotz der großen Oberfläche geschützt wird. Die Befeuchtungs- und Temperaturanlage für die Frischluft ist aus der Zeichnung zu ersehen.

Das Fassungsvermögen des Kastens kann bis zu 1000 Zentner betragen. Die Beschickung der Horde mit quellreifer Gerste darf nicht höher als 50—60 cm liegen. Der Wendeapparat wird während der 8—9tägigen Keimzeit nicht öfter als 7—10mal in Tätigkeit gesetzt. Die ausprobierten Verfahrensmaßnahmen führen zu einem Malz, das mit Tennenmalz hinsichtlich seines guten Aussehens wetteifern kann.

Das Kohlensäurerastverfahren

Zu erwähnen bleibt noch das von *W. Windisch* angeregte und von *Kropff* erstmalig ausgeführte sog. Kohlensäurerastverfahren. Dasselbe, auch *Kropff*-Verfahren genannt, ist als besondere Art der pneumatischen Mälzerei zu erwähnen. Es bezweckt Schwandverminderung durch Einschränkung der Atmungstätigkeit in der zweiten Hälfte der Keimperiode, sowie durch Kurzhaltung des Wurzelgewächses. Erreicht wird dieses durch Stauung der Kohlensäure im Haufen in besonderen geschlossenen Keimkästen (mit Horde und Lüftungseinrichtung).

Der Hauptvorteil der *Kropff*-Mälzerei liegt in der großen Ausbeute. Das Malz ist schwerer als anderes. Für dunkle Malze ist das Verfahren besonders geeignet. Die Leistungsfähigkeit einer Tennenanlage kann durch *Kropff*-Kästen verdoppelt werden.

Biochemie des Mälzungsprozesses

Das Gerstenkorn ist ein lebendes Individuum, was durch seinen Atmungsprozeß — der allerdings äußerst gering ist — dokumentiert wird. Die Ursache dieses schwachen Lebenszeichens ist wohl in dem geringen Wassergehalt des Korns mit 14—16%

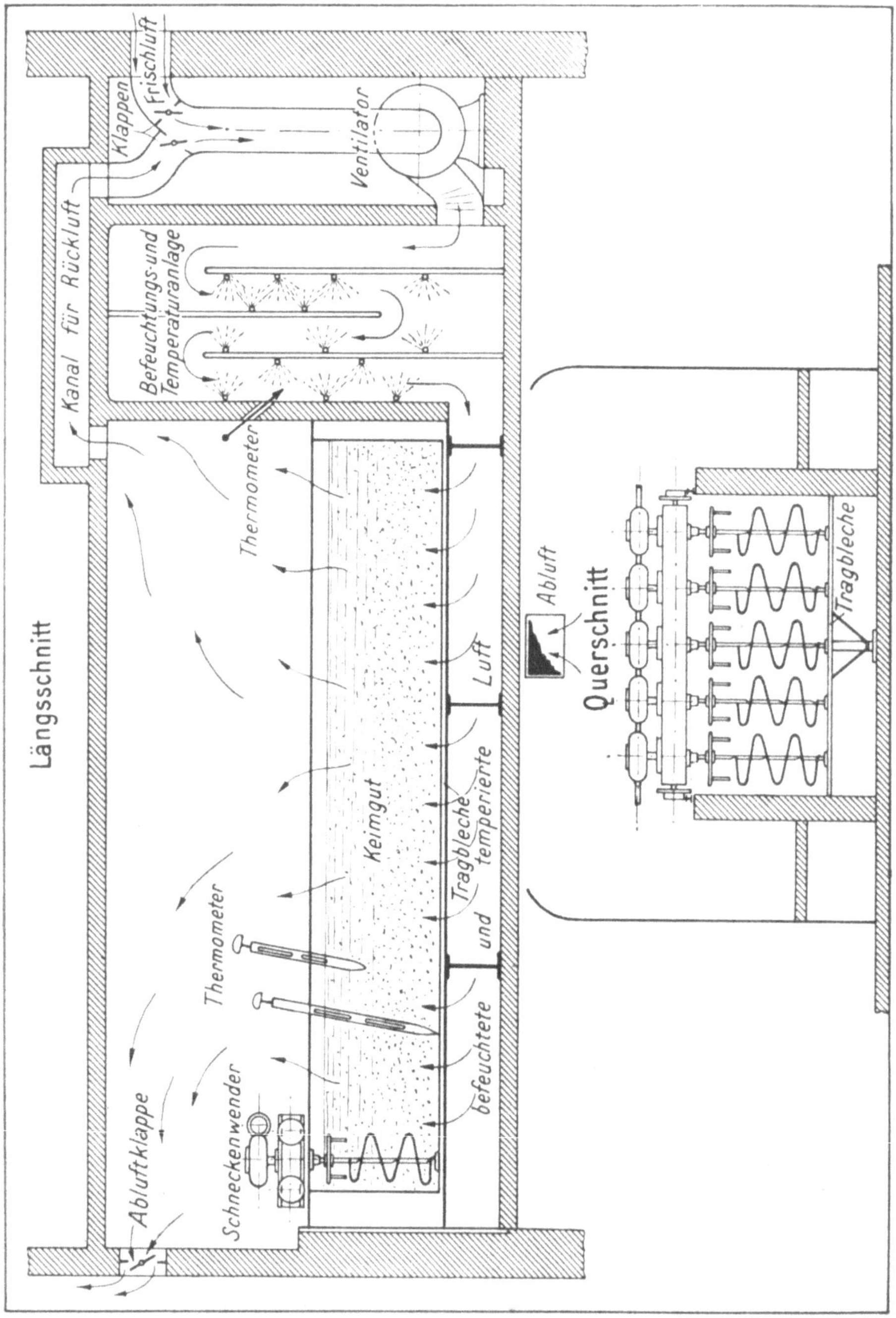

Abb. 29. Saladinkasten mit Wender (Langs- und Querschnitt).
(Aus *Hennies* u. *Spanner*).

im Mittel zu suchen. Die Verhältnisse ändern sich sofort nach der Weiche. Jetzt sind etwa 42—46% Wasser im Korn vorhanden, und nun sind die Bedingungen für eine lebhaftere chemische Umsetzung gegeben. In der Tat wird durch den Quellprozeß der Lebensprozeß so stark angefacht, daß, wie wir oben sahen, das Korn im Quellstock merkliche Mengen Atmungskohlensäure entwickelt und den Wurzelkeim sogar manchmal durch die Testa stößt.

Wie spielt sich nun der Lebensprozeß ab? Der Keimling, der den Wurzel- und Blattkeim bereits embryonal vorgebildet enthält, muß diese kräftig entwickeln, wenn eine Pflanze entstehen soll. Wachsen ist aber gleichbedeutend mit Zellvermehrung, und diese erfordert wieder Zufuhr von Nährstoffen. In Frage kommen in erster Linie Zucker, Eiweiß und Mineralsalze. Die etwa 3% Rohrzucker, die das Gerstenkorn enthält, sind schnell verzehrt. Jetzt heißt es, das große Stärkereservoir im Endosperm (Mehlkörper des Korns), das 60—68% des ganzen Stärkekorns beträgt, zu mobilisieren. Die lebende Zelle benötigt zur Atmung Zucker, nicht das kolloid gelöste Stärkemolekül, weshalb eine Hydrolyse der Stärke (Amylose, Amylopektin) durch die Amylasen zu erfolgen hat.

Über die beiden im Gerstenkorn wirkenden Amylasen seien zunächst auf Grund von Versuchen in vitro folgende Angaben gemacht. Die α-Amylase (Dextrinogenamylase) fehlt in der ruhenden Gerste. Sie erscheint erst am 3.—4. Keimungstage und bildet dann hauptsächlich Dextrine neben wenig α-Maltose; pH-Optimum 5,6—6. Sie ist sehr stabil gegen Wärme und verträgt Temperaturen über 60° gut. Dagegen macht sich eine Säureempfindlichkeit bei einem pH = 3,3 sehr bemerkbar. Die α-Amylase ist kristallinisch erhalten worden mit 13,4% N, 0,01% P, 0,035% Fe und 0,64% Mineralsalzen (z. B. Ca). Das Ca-Ion ist durch Dialyse oder Hexametaphosphat (pH = 5,0) entfernbar. (*Schwimmer* und *Balls*) (768a). Die Wirkgruppe hat Kohlenhydratnatur. Das Apoenzym ist ein amphoteres Protein. Das Mol.-Gew. eines Enzympräparates aus Malz beträgt 54000. Neutralsalze aktivieren (siehe Glykogenase, S. 218).

Die β-Amylase (Saccharogenamylase) wird bereits im „ruhenden" Korn angetroffen. Sie ist wärmeempfindlich (60°), dagegen stabil gegen Säuren (pH = 3,3). Das pH-Optimum liegt bei einer Temperatur von 40—50° bei 4,65. Aus Malzextrakt haben *Balls*, *Walden* und *Thompson* das kristallisierte Enzym erhalten (768b). Es verzuckert die aus unverzweigten Ketten bestehende Amylose zu 100% auch zu normaler Maltose. Die Bezeichnungen α- bzw. β-Amylase geben hier keinen Hinweis auf die α- und β-Isomerie der zu spaltenden Substrate wie bei den Glykosiden (Kap. 11 S. 210). Der andere Bestandteil der Stärke (769), das Amylopektin, wird in folgender Weise zerlegt. Da dieser Stärkeanteil viele Verzweigungen in den Glucoseketten des Moleküls aufweist, so kann eine intensivere Hydrolyse erfolgen als bei der unverzweigten Amylosekette. Dieser Vorgang dauert so lange, bis die Zuckermoleküle bis zu den α-1,6-Verzweigungsstellen abgelöst sind (s. Glykogenformel S. 100). Dann hört die Tätigkeit der β-Amylase auf. Dieser Zustand tritt ein, wenn etwa 50% des Amylopektins verzuckert sind. Nebenher entstehen auch die Grenzdextrine. Nun zurück zum Korn.

Die im „ruhenden" Gerstenkorn vorhandene β-Amylase beginnt zuerst ihre Tätigkeit und löst von außen her an den nicht reduzierenden Endgruppen des Stärkemoleküls Maltosemoleküle für den erwachenden Keimling ab.

Am 3.—4. Keimungstage ist dann auch die α-Amylase (Dextrinogenamylase) mobil, und die Zertrümmerung im Innern des großen Stärkemoleküles zu vielen kleineren Bruchstücken kann beginnen. Nun findet die β-Amylase reichliche Angriffspunkte und kann sich daher jetzt voll entfalten. Es sei aber bemerkt, daß hier etwa nur soviel Maltose erzeugt wird, als der Keimling gerade benötigt, denn im fertigen Malz ist kaum Maltose anzutreffen. Ein Überschuß an Maltose wird in andere Zucker, vor allem in Rohrzucker und Glucose umgewandelt. Ob hier im Laufe der Hydrolyse der α-Amylase auch Maltotriose (*Myrbäck* und *Lundin*) (770) wie bei Mais- und Kartoffelstärke bei einer ungeraden Anzahl von Glucoseresten in den Stärkeketten entsteht, ist noch nicht erwiesen. Aus anormalem α-Dextrin konnte man in vitro durch β-Amylase ein Trisaccharid mit einer Maltose- und einer α-1,6-(Isomaltose)-Bindung isolieren. Der große Prozeß der Stärkeverzuckerung für die Biererzeugung findet erst postmortal beim Maischen statt, wobei andere Verhältnisse obwalten.

Über den Vorgang der Aktivierung der Amylase gingen die Meinungen sehr auseinander. Ursprünglich nahm man die Bildung der Enzyme, dann die eines Aktivators an. Jetzt erklärt eine große Zahl der Forscher (*Ford* und *Guthrie*, *Weichherz* und *Asmus*, *Dosca* und *Gora*, *Luers* und *Lechner*, *K.* und *S. Myrbäck*)[1]) die eintretende Enzymtätigkeit durch die Loslösung der Amylase vom Eiweiß durch proteolytische Enzyme. Es gibt nach diesen Anschauungen eine freie und gebundene Amylase, wovon die letztere inaktiv ist. Versuche mit zugefügten Proteasen bestätigen die Ansicht, ebenso die Aktivierung mit Blausäure, die darauf beruht, daß die Gerstenproteasen vom Papaintypus mobil gemacht werden.

Die kleinen, eiweißreichen Gerstenkörner werden beim Keimen amylatisch aktiver als die großen, weshalb erstere in Brennereien, die anderen mit dem großen Mehlkörper in Brauereien Verwendung finden.

Nach *F. F. Nord* wird die Keimungsdauer um 20% abgekürzt, wenn dem Weichwasser Äthylen oder Acetylen zugegeben wird. Die günstige Wirkung beruht wahrscheinlich auf Erhöhung der Permeabilität.

In gleicher Weise wie die Kohlenhydrate für den Keimling mobilisiert wurden, muß auch für assimilierbares Eiweiß zum Zellausbau gesorgt werden. Die zur Verfügung stehenden Reservedepots unterliegen jetzt der Einwirkung verschiedener proteolytischer Enzyme, die für den Embryo die erwünschte Eiweißform schaffen. Wir können diesen Vorgang aus verschiedenen Beobachtungen ableiten. Zunächst hat man festgestellt, daß zwei verschiedene Typen von proteolytischen Enzymen im keimenden Korn anzutreffen sind, und zwar handelt es sich um eine Proteinase und zwei Peptidasen. Schon in der Weiche entwickelt sich nach *Waldschmidt-Leitz* und *Purr* die Proteinase, die sich während des Spitzens des Korns erheblich vermehrt, während die Peptidasen, die Aminopolypeptidase und die Dipeptidase erst dann auftreten, wenn die Wurzelkeime 1 cm lang geworden sind. Hieraus könnte man schließen, daß in den ersten Tagen des Wachstums weder niedere Polypeptide noch Aminosäuren verarbeitet werden, sondern nur die durch die Proteinase anfallenden größeren Eiweißmoleküle, wenn man nicht den Verzehr von vorrätigen Aminosäuren annehmen will. Die Proteinase gehört zum Typus des Papains, hat ein pH-Optimum von 4,9—5 und wird durch Blausäure aktiviert (*Lüers* und *Malsch*, *Linderstrom-Lang* und *Mill*, *R. H. Hopkins*, *H. v. Euler* und *S.* und *K. Myrbäck*, *Ambros* und *Hartenack*). Die Dipeptidase ist um den Neutralpunkt am regsamsten.

Welche Abbauprodukte werden nun durch die Gemeinschaftsarbeit der Proteasen erhalten? Da es zur Zeit unmöglich ist, die einzelnen chemischen Individuen voneinander zu trennen, so begnügt man sich zunächst mit der Feststellung von 3 Arten von Stickstoffsubstanzen: den koagulierbaren, den dauernd löslichen Stickstoff und den Formolstickstoff [2]) (*Lüers*, *Kolbach*, *Bishop*). Schon am 2. Mälzungstage machen

---

[1]) Zusammengestellte Literatur über die Enzyme in der Mälzerei und Brauerei ist zu finden in dem Werk von *Bamann* und *Myrbäck*, bearbeitet von *H. Haehn* (s. Schrifttum am Ende dieses Kapitels).

[2]) Bestimmbar durch die Formoltitration.

sich die genannten 3 Gruppen bemerkbar, bis am 5. Tage der Höhepunkt der Entwicklung erreicht ist. Ein normal gelöstes, helles Malz zeigt folgende Zusammensetzung:

30—33% löslichen Stickstoff des Gesamtstickstoffs, bestimmt im Kaltwasserauszug,
7—9% koagulierbaren Stickstoff des Gesamtstickstoffs, bestimmt im Kaltwasserauszug,
22—26% dauernd löslichen Stickstoff des Gesamtstickstoffs,
10—12% Formolstickstoff des Gesamtstickstoffs in der Laboratoriumswürze.

Aus welchen Komponenten das junge Gerstenpflänzchen auf der Tenne nun sein arteigenes Eiweiß für das Protoplasma z. B. synthetisiert, ist uns noch ein großes Rätsel. Während unsere Kenntnisse über den biochemischen Aufbau aller Zellinhaltstoffe noch recht mangelhaft sind, sind dagegen unsere Einsichten für den praktischen Mälzereibetrieb so weit vorangeschritten, daß wir uns ein Malz mit bestimmten erwünschten Eigenschaften jederzeit herstellen können, vorausgesetzt, daß die Gerste normal ist.

Einen interessanten Einblick in die Proteolyse erhalten wir auch durch die Analysen, die *Bishop* ausgeführt hat. Die hochmolekularen Eiweißverbindungen Hordein und Glutelin werden zunächst intensiv abgebaut, bis eine Verlangsamung gegen Ende des Mälzens eintritt. Zum Schluß reichert sich Glutelin wieder an, wohl infolge Aufbaureaktionen im Keimling.Albumin, Globulin und Proteose nehmen wohl aus gleichem Grunde etwas zu. *Loibl* konnte diese Beobachtungen bestätigen. Am 5. Mälzungstage zeigt sich nach *Bishops* Versuchen folgendes Bild:

Stickstoffart	in % des Gesamt-N Gerste	Malz nach 4 Tagen
Nichtprotein (Aminosäuren).	7	32
Proteose	5	9
Albumin	12	10
Globulin	10	11
Hordein	37	17
Glutelin	30	21

Man sieht hier ganz einwandfrei, daß im wesentlichen große Mengen niederer Abbauprodukte entstehen. Die neueren Befunde von *Massart* (771) erweitern die alten Resultate durch den Nachweis, daß der lösliche Stickstoff, aus Aminosäuren und Peptonen bestehend, teilweise durch den Abbau von Prolaminen und Glutelin erzeugt wird.

Für die Braupraxis ist das wichtigste hier, daß die genannten Proteasen mobil gemacht werden, denn die Größe der Eiweißmoleküle im Bier ist ausschlaggebend für die Schaumhaltigkeit, Vollmundigkeit und die Neigung zu Trübungen. Die kleinen Moleküle, speziell die Aminosäuren, dienen während der Gärung für die Ernährung der Hefe.

Die bisherigen Ausführungen belehren uns, wie dem Keimling Kohlenhydrate und Eiweiß in löslicher Form zur Verfügung gestellt wird. Gleichzeitig werden auch die Mineralsalze, Fermente und Vitamine aus dem Korn dem Keimling zugeführt worden sein. Nun ist er in der Lage, Zellmaterial für neue Gewebszellen zu synthetisieren. Da es sich hier meist um endotherme Reaktionen handelt, so muß hierzu die nötige aktive Energie beschafft werden. In den Kohlenhydraten ist Sonnenenergie aufgespeichert (latente Energie). Es gilt nun, sie zu mobilisieren. Dies geschieht durch die Atmung. Wir haben gesehen, daß mit dem Erwecken des aktiven Lebens im Samenkorn während der Weiche sofort eine lebhafte Atmung eintritt, was durch Abscheidung von Kohlensäure dokumentiert wird. Das andere Atmungsprodukt ist das Wasser, das infolge des Quellungszustandes des Korns nicht exakt nachgewiesen werden kann. Vermutlich ist der „Schweiß" auf den Spelzen zum Teil Atmungswasser, ein anderer Teil wird Kondenswasser sein, aus den unteren wärmeren Partien des Haufens stammend.

Wenn Zuckerarten einer Sauerstoffatmung unterliegen, werden viele Kalorien frei. So liefert 1 g Traubenzucker 3,74 Kalorien (s. Kap. 13). Es wäre nun noch der Katalysator zu suchen, der diese Reaktion in die Wege leitet. Zunächst wollen wir uns daran erinnern, daß die Zuckerarten dem Sauerstoff gegenüber recht stabile Verbindungen darstellen, denn wir kennen ihre gute Haltbarkeit. Es ist somit verständlich, wenn wir annehmen, daß der Atmungsprozeß in zwei Phasen verläuft, wovon die erste, die anaerobe, das Zuckermolekül enzymatisch in eine labile Verbindung, vielleicht in eine Triose oder einen Abkömmling derselben verwandelt, die dann später in der zweiten Phase durch Sauerstoff mit Hilfe von anderen Enzymen die Endprodukte der Oxydation, Kohlensäure und Wasser, geben.

Über den Atmungsprozeß bei der Hefe s. Kap. 13.

Welche experimentellen Befunde beim Gerstenkorn sprechen nun für diese Ausführungen? Bis jetzt konnte nur eine Oxydoreduktion, die durch eine Dehydrase hervorgerufen wird, ausführlich studiert werden. *H. v. Euler* und *R. Nilsen* gelang es in vitro mit Hilfe der Cozymase (S. 227) eine Dehydrase (Flavinderivat) in Reaktion zu bringen. Diese Versuche wurden dann von *H. Fink*, *H. Haehn* und *Zenger* in der Richtung fortgesetzt, daß man die Dehydrasebildung während der Keimung verfolgte, wobei als Substrat Hexosediphosphat, als Wasserstoffakzeptor Methylenblau und als Initialferment Cozymase dienten. Dabei ergab sich die Tatsache, daß die im ruhenden Korn in geringer Menge vorhandene Dehydrase beim Keimen enorm anwächst. Bei dunklem Malz aus niederbayrischer Gerste war bereits am 4. Tennentag (Stadium des Junghaufens in der Tennenmälzerei) das Maximum der Dehydrasebildung erreicht, während ein helles Malz aus böhmischer Gerste eine ständige Zunahme der Dehydrase bis zum Schluß der Mälzung (8. Tag) ergab, wobei in der ersten Hälfte der Mälzungszeit eine sehr schnelle Entwicklung des Enzyms konstatiert werden konnte. Interessant ist hierbei, daß der Keimling und der Blattkeim hauptsächlich die Fundstellen für die Dehydrase sind, was ja auch begreiflich ist, da sich hier die Neubildung von Zellen vollzieht unter Verbrauch von Energie. Der Mehlkörper ist schwach aktiv, die Würzelchen und die Spelzen dagegen sind völlig frei von Dehydrase. Von weiteren aufklärenden Versuchen ist folgendes zu sagen:

Das Flavinenzymsystem (s. Kap. 10) konnte zwar von *A. W. H. Herck* nachgewiesen werden, und ebenso gelang es *H. v. Euler* und *Olle Dahl*, das Verhältnis von gebundenem Flavin zum Totalflavin in verschiedenen Mälzungsphasen festzustellen, aber über den chemischen Mechanismus der Oxydation selbst ist noch nichts Näheres erforscht. Die Frage, wie hier die Katalase und die Peroxydase in den Mechanismus einzureihen sind, wäre zur Zeit nur durch Vermutungen zu beantworten. Ein Anwachsen der Katalase um das 3 bis 4-fache während der Mälzungsperiode *(M. Gracanin, A. Bach, A. Oparin, Loibl, Charmandarjan, K.* und *S. Myrbäck)* spricht für eine wichtige Funktion dieses Enzyms. Dieser schwache Anlauf zur Aufklärung des Mechanismus der Gerstenatmung zeigt uns, daß noch eine intensive Forschung einzusetzen hat. Gehören hier auch Cytochrome zum Atmungssystem?

Die Ergebnisse der Dehydraseversuche finden eine Parallele in den Atmungsversuchen mit dem bekannten *Warburg*schen Apparat mit Malzmehl. Die Sauerstoffaufnahme beginnt bereits deutlich in der Weiche, die sich dann langsam bis zum

6. Tage fortsetzt *(R. Kühles)*. Diesen Versuchen mit postmortalem Material stehen die Versuche von *Niels Nielsen* mit lebendem Gerstenmalz gegenüber. Die Proben wurden der Tenne zu verschiedenen Zeiten entnommen und dann in einer besonderen Versuchsanordnung weiter wachsen gelassen und dabei die ausgeatmete Kohlensäure gemessen. Das Ergebnis konnte auch hier nur wie bei *Kühles* Versuchen die Resultante aller Atmungsenzyme darstellen.

Es ergab sich wie bei den Dehydraseversuchen, daß ungeweichte Gerste sehr schwache Atmung zeigt, während in der Weiche eine starke Zunahme erfolgt. Schon nach 24 Stunden Weichzeit ist eine verzehnfachte Intensität zu beobachten. Den Höhepunkt der Atmung findet *Nielsen* schon am 4. Mälzungstage, was eine Parallelität mit der Dehydraseentwicklung vorstellt (dunkles Malz; Stadium des Junghaufens). Die kleinen Unstimmigkeiten in den Ergebnissen sind teils durch die Methodik, teils durch die verschiedenen Gerstensorten bestimmt. Aber im großen und ganzen sind alle Versuche im gleichen Sinne ausgefallen.

Zu diesen Ergebnissen ist in jüngster Zeit auch *J. de Clerck* gekommen.

Der Atmungsvorgang beim Mälzen verursacht naturgemäß vom ökonomischen Standpunkt aus einen Verlust an Material für den Brauer, denn ein Teil der Stärke verläßt das Korn in Form von Kohlensäure und Wasser. Ein weiterer Verlust entsteht durch das Wachsen von Wurzel- und Blattkeim. Man wird also in der Mälzerei Bedingungen wählen, die den Atmungsvorgang und die Entwicklung von Wurzel- und Blattkeim mäßigen. Dabei ist in erster Linie höhere Haufentemperatur zu vermeiden. Durch kalte Haufenführung und „Kohlensäurerast" — das ist eine teilweise Belassung der Kohlensäure im Haufen (*Kropff*-Kasten) — erzielt man gute Ausbeute. Es ist natürlich dabei zu beachten, daß die ausgeatmete Kohlensäure nicht überhand nimmt, und daß das Korn nicht erstickt oder wenigstens nicht geschädigt wird. Das Korn soll im Mälzereihaufen zwar normal leben, aber nicht volle Lebenskraft entfalten; die Enzyme sollen sich in normaler Weise entwickeln, aber sich nicht ungehemmt betätigen.

Die Kohlensäure soll die Atmung zwar einschränken, aber nicht das Leben des Keimlings bedrohen.

Wie bedeutend der Atmungsverlust sein kann, geht aus einer Tabelle von *P. Kolbach* hervor.

	Helles Malz %	Dunkles Malz %
Weichschwand	1,0	1,0
Wurzelschwand	3,7	4,5
Atmungsschwand	5,8	7,5
Gesamtschwand	10,5	13,0

Bei dunklem Malz finden wir 7,5%. Auch durch die Wurzelbildung und durch den Weichprozeß entstehen merkliche Verluste, so daß ein Gesamtschwand von 10,5 bzw. 13% bei der Umwandlung von Gerste zu Malz zu verzeichnen ist. Trotz aller erzielten Resultate auf dem Gebiet der Malzenzyme ist noch kein klares, einheitliches Bild entstanden. Manche Widersprüche harren noch der Aufklärung.

Es ist außer Zweifel, daß bei der Einleitung der Lebensprozesse im Korn nicht nur die wenigen genannten Enzyme das Leben meistern, sondern eine ganze Schar von Fermenten tätig sein muß, um das Zellgewebe der Pflanze aufzubauen und zu organisieren. Leider sind unsere Kenntnisse hier sehr lückenhaft, obgleich noch verschiedene Enzyme aufgefunden worden sind.

Beim Keimprozeß entstehen noch verschiedene Phosphatasen, wie die Glycerophosphatase, Phytase, Saccharophosphatase (Pyrophosphatase) und Nukleotidase, die sicher z. T. für den Atmungsvorgang mobilisiert werden *(H. Lüers, L. Malsch* und *K. Silbereisen).* Zwischen dem 2. und 4. Mälzungstage (Junghaufen der Tennenmälzerei) ist ein enormes Anwachsen dieser Fermente zu beobachten, das dann in etwas langsamerem Tempo bis zum 8. Tage weitergeht. Bei all diesen Reaktionen werden Phosphorsäure bzw. Phosphat abgeschieden, die teilweise die wichtige Funktion als Puffer übernehmen, andererseits als Nährstoff für die Hefen dienen. Bei der Phytasereaktion des Phytins wird neben Calcium- und Magnesiumphosphat Mesoinosit frei, der als Wuchsstoff (s. Kap. 9) während der Keimung tätig sein könnte. Nach *Sandegren* (772) enthält 1 gr Gerstensubstanz 11 mg Phytin, wovon beim Mälzen 20—30% hydrolysiert werden. Der größere Teil, bis 60%, erfährt das gleiche Schicksal erst beim Maischen (pH-Maximum 5,3).

Eine besonders wichtige Phosphatase muß in der Amylophosphatase, die die Phosphorsäure aus dem Stärkemolekül herauslöst, erblickt werden. Nach neueren Untersuchungen *(Mayer* und *Klinga-Mayer)* (773) sind Glycerophosphatase und Amylophosphatase identisch.

Der Prozeß des Darrens

Auf der Darre wird das von der Tenne bzw. dem Keimkasten oder der Trommel kommende noch etwa 40% Wasser enthaltende „Grünmalz" in das fertige Braumalz verwandelt. Der Darrprozeß gibt dem Malz durch Wasserentziehung die notwendige Lagerfestigkeit, die Farbe und das typische Aroma.

Es gibt Horizontaldarren und Vertikaldarren, mit denen gleicherweise helle sowie dunkle Malze — wenigstens mit den neueren Konstruktionen — hergestellt werden können. Trommeldarren eignen sich nur für Farb- und Karamelmalze.

Darren sind mehrstöckige Bauten. Die heute noch verbreitetste Form ist die Horizontaldarre. Im untersten Teil der Darre liegt der Heizofen. Von hier aus wird die Wärme durch besondere Vorrichtungen auf die darüberliegenden Hordenflächen gleichmäßig verteilt.

Es gibt Zwei- und Dreihordendarren. Die Horden, die in einem Abstand von 3 m angeordnet sind, bestehen aus Drahtgeflecht. Jeder Hordenraum ist mit einem automatisch betätigten Darrenwender versehen (s. Abb. 30).

Vertikaldarren sind insofern sehr praktisch, als sie bei gleicher Leistung weniger Raum als die Horizontaldarren beanspruchen. Dazu gesellt sich der Vorteil der automatischen Bedienung. Aus diesem Grunde haben sich die Vertikaldarren besonders in Großbetrieben eingeführt.

Helles Malz, dunkles Malz, Farbmalz, Karamelmalz

Helles Malz muß vollständig anders gedarrt werden als dunkles, weil man bei letzterer Sorte die Bedingungen schaffen muß, die zur Bildung von besonderen Aromastoffen und dunklen Farbstoffen (Melanoidine) notwendig sind. Wir wissen heute, daß genannte Substanzen aus abgebautem Eiweiß, besonders Aminosäuren und Zuckerarten synthetisiert werden. Man wird also bei dunklem Malz darauf hinsteuern, die Proteolyse und den Stärkeabbau zu fördern. Dies geschieht in der Weise, daß man das Grünmalz bei guter Drosselung der Entlüftung zunächst 12 Stunden bei 40° hält. Unter diesen Bedingungen arbeiten die verschiedenen Enzymgruppen im Korn intensiv, da eine Trocknung nicht erfolgt, denn nach 12 Stunden sind immer noch 25% Wasser vorhanden.

Bei der Bereitung des hellen Malzes arbeitet man bei niederer Temperatur. also bei 35—40° unter Öffnen der Züge, damit das Wasser recht schnell verdampft und so die Enzymtätigkeit abgestellt wird. Bei einem Wassergehalt von 10%,

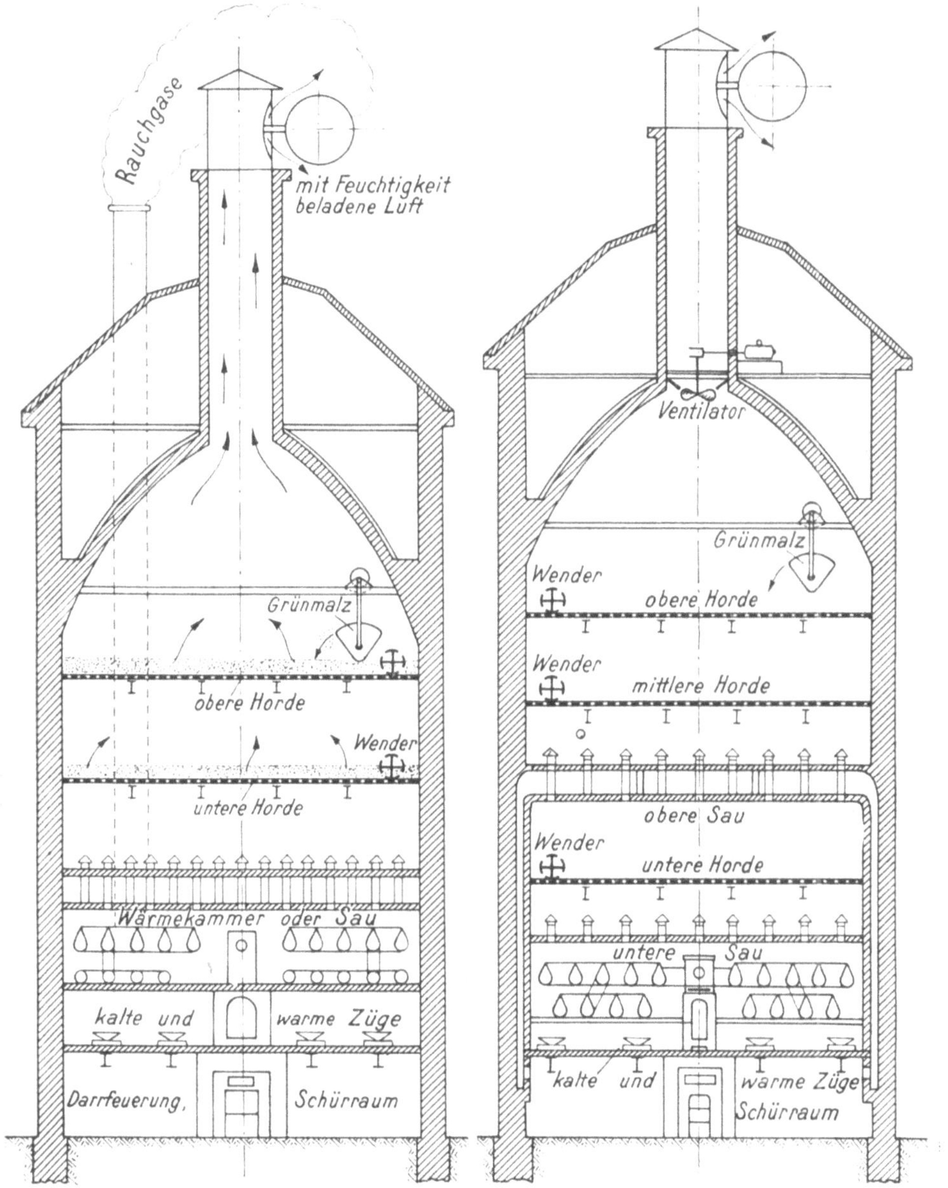

Abb. 30. Horizontaldarren (links Zweihordendarre, rechts Dreihordendarre). (Aus *Hennies* u. *Spanner*).

der bereits nach 12 Stunden erzielt wird und bei einer Temperatur unterhalb von 50° ist die Enzymtätigkeit fast null. So wird die Bildung des Farbstoffes und der Aromastoffe auf ein Minimum reduziert.

Nun wird bei dem dunklen Malz die Temperatur auf 55—60° erhöht und die Züge geschlossen, damit innerhalb der nächsten 12 Stunden der Wassergehalt nahezu konstant bleibt. Jetzt, nachdem die Temperatur auf 95—105° gesteigert worden ist, erfolgt intensive Aroma- und Melanoidinbildung *(C. Maillard* und *C. I. Lintner).*

Hierbei kann man eine Parallelität zwischen Farbstoffsynthese und dem Verbrauch von Aminosäuren (Tryptophan) beobachten (*H. Lüers*, *F. Strikker* und *Schild*). Es resultiert schließlich ein Malz mit einem gelblich-bräunlichen Mehlkörper, das einen Wassergehalt von 2—4% aufweist.

Helles Malz wird nach der Entwässerung auf 10% auf der untersten Horde bei 80° längere Zeit abgedarrt, wobei volle Aromabildung stattfindet. Es weist einen rein weißen Mehlkörper auf bei einem Wassergehalt von 3%.

Die anfallenden Malzkeime enthalten 30% Eiweiß und stellen somit ein gutes Viehfutter dar.

Ein allgemein gültiges Darrschema gibt es nicht; man hat hier nach der vorliegenden Darrvorrichtung ein passendes Verfahren auszuprobieren. Bei der Herstellung dunkler Malze gilt der praktische Grundsatz: langsame Wasserentziehung bei verhältnismäßig hoher Temperatur. Ausbeute: 100 kg Gerste mit 16% Wasser liefern rund 78 kg Darrmalz (dunkel) mit 4% Wasser.

Zur Erzielung einer dunklen Bierfarbe wird Farbmalz benötigt. Man gewinnt ein derartiges Produkt in Rösttrommeln (Kugelbrennern) bei 170—200° C aus Darrmalz mit 8—10% Wassergehalt.

Karamelmalz wird nicht nur als färbender, sondern auch als geschmackgebender Bestandteil vielen dunklen Bieren zugesetzt (Malzbier, Karamelbier). Es wird in der Rösttrommel bereitet aus Grünmalz oder angefeuchtetem Darrmalz. Zunächst verzuckert man das Korn unter Luftabschluß bei 60—75°, worauf der Röstprozeß einsetzt bis zu einer Temperatur von 150°.

Enzyme beim Darrprozeß

Beim Trocknen des Malzes leidet die Aktivität der Enzyme, und zwar um so stärker, je nasser das Malz und um so höher die Darrtemperatur war. Die Proteasen erwiesen sich besonders widerstandsfähig (*Lüers* und *Nishimura*). Ganz allgemein hängt die Widerstandskraft von der Gerstenart des Ausgangsmaterials ab. Immerhin bleibt die Aktivität so groß, daß beim Maischprozeß alle Stärke und rund ein Drittel des Eiweißes in Lösung gebracht werden können.

Beurteilung von Braumalz

Der Geruch soll frisch und rein, der Malzsorte entsprechend sein, keine Nebengerüche aufweisen (z. B. nach Schimmel). Dunkles Malz riecht natürlich aromatischer als helles. Die Farbe ist abhängig von der der Gerste, auf alle Fälle muß sie aber ausgeglichen sein. Braunspitzige, verbrannte oder schimmlige Körner sind unerwünscht.

Die Korngröße soll gleichmäßig sein. Geschrumpfte Körner sind ein Zeichen von falscher Behandlung auf der Darre. Gutes Malz nimmt am Ende des Prozesses das gleiche Volumen ein, wie die Ausgangsgerste.

Die Ausführung der mechanischen und chemischen Prüfungen für Braumalz hat man auf einheitlicher Grundlage festgelegt in den „Vereinbarungen über die Malzanalyse". Nach diesen Vorschriften richten sich alle wissenschaftlichen Stationen, Mälzereien und Brauereien Deutschlands, sowie einige andere Länder.

B. Die Würzebereitung

Das Schroten des Malzes

Die Würzebereitung geschieht im Sudhaus, wo aus dem zerkleinerten Malz durch Maischen, d. h. Verrühren mit Wasser, Kochen und Abläutern die zuckerhaltige Bierwürze hergestellt wird, aus welcher später im Gärkeller durch Vergären mit Hefe das schwach alkoholische aromatische, schäumende und erfrischende Getränk entsteht.

Zunächst muß das Hauptaugenmerk auf die Schrotung, d. i. die Zerkleinerung des Malzkorns gelegt werden. Das ist sehr wichtig, da das richtige Gelingen der Sudhausarbeit hiervon abhängt. Es sind zwei Hauptaufgaben zu lösen: erstens den Mehlkörper möglichst fein zu mahlen, um hohe Ausbeute zu erzielen, andererseits soll die Spelze möglichst intakt bleiben zur Fernhaltung der in ihr gespeicherten unangenehmen Geschmacksstoffe, und vor allem soll sie als Filtermaterial bei der Läuterung (Filtration) dienen. Diese Aufgabe wird zur Zufriedenheit gelöst mit Hilfe geeigneter Schrotmühlen.

Zusammenfassend kann von der Schrotungsart gesagt werden: sie beeinflußt die Verzuckerungsdauer, den Eiweißabbau, die Läuterarbeit, die Ausbeute und den Geschmack der Würze.

Das Brauwasser

Die Zusammensetzung des Brauwassers ist mit ausschlaggebend für die Güte des Bieres. Vom enzymatischen Standpunkt aus muß man bemerken, daß die Salze des Brauwassers und seine Reaktion die Tätigkeit der Enzyme erheblich beeinflussen *(W. Windisch, P. Kolbach* und *Banholzer)*. Aus diesem Grunde müssen wir der Brauwasserfrage nähertreten.

Jedes Wasser, ob Quell-, Brunnen- oder Oberflächenwasser enthält gelöste mineralische Bestandteile (Salze) und organische Substanzen in wechselnder Menge. Die Salze bestehen zum größten Teil aus Bikarbonaten und Sulfaten des Kalziums und Magnesiums. Daneben finden sich in geringen Anteilen Chloride, Silikate, eventuell Phosphate und Nitrate. Eisen in Form von doppelkohlensaurem Eisen ist fast in jedem Wasser vorhanden, meist auch Spuren von Mangan. Kohlensäure fehlt nie in frischem Wasser. Dagegen wäre die Anwesenheit von Nitriten oder Ammoniak ein sehr bedenkliches Zeichen, denn sie verraten Beziehungen zu Fäulnis- bzw. Verwesungsherden. Sie dürfen in einem Gebrauchswasser unter allen Umständen nicht zugegen sein.

Die durch kohlensaure Salze des Kalziums und Magnesiums bedingte Härte bezeichnet man als Karbonat- oder vorübergehende Härte, die der schwefelsauren Salze als Sulfat- oder bleibende Härte.

Brauwassertypen

Die bekannten Hauptbiertypen stehen mit den Wassertypen in engem Zusammenhang. Dortmunder Bier, soweit nicht Ruhrwasser gebraucht wird, entsteht aus einem extrem harten, jedoch erheblich mehr Gips als kohlensauren Kalk enthaltenden Brunnenwasser. Es ist das typische Sulfatwasser, deshalb, trotz der Härte, geeignet für helle Biere. Das Verhältnis von Schwefelsäure zu Kohlensäure ist 1:0,36 bis 0,5. Das Gegenstück dazu ist das gleichfalls harte Münchner Brauwasser, dessen Härte aber in erster Linie durch Karbonate bedingt ist. Verhältnis von Schwefelsäure zu Kohlensäure 1:5 (bis 25).

Auch die führenden Brauereien Wiens haben überwiegend Karbonatwässer.

Die Wässer der Berliner Brauereien rechnen ebenfalls zu den Karbonatwässern, doch stehen hier teilweise die Karbonate in günstigem Verhältnis zu den gleichfalls in größerer Menge vorhandenen Sulfaten. Verhältnis von Schwefelsäure zu Kohlensäure 1:0,7 (bis 4,5). Sie sind also keine typischen Karbonatwässer im Sinne der Münchner und Wiener Brauwässer.

Die berühmten Pilsener Brauwässer sind jedoch ausgesprochen weiche, also salzarme Wässer. Sie enthalten nur einen Gesamtrückstand von 5—18 g im Hektoliter, gegenüber 67—111 g des Dortmunder Brunnenwasers. Aber die wenigen vorhandenen Salze sind Sulfate. Für helle Biere sind demnach weiche, sulfathaltige bzw.

härtere, aber überwiegend sulfathaltige Wässer die brauchbarsten. Summarisch ausgedrückt wird das Verhältnis von 3:1 von Schwefelsäure zu Kohlensäure als das günstigste angesehen *(Schönfeld)*.

Um in allen Gegenden Qualitätsbiere herstellen zu können, werden die Brauwässer künstlich nach verschiedenen Verfahren aufbereitet bzw. enthärtet.

Chemische Wirkung der Brauwässer auf Malz- und Hopfenbestandteile

Die chemische Erklärung für die schädliche Wirkung der Wassersalze im Brauprozeß besteht in ihren Umsetzungen mit den löslichen Bestandteilen des Malzes und Hopfens. Die Umsetzungsprodukte sind **alkalisch**, verschieben die Azidität (pH) des Flüssigkeitsmediums und hemmen dadurch die enzymatische Tätigkeit.

Die Schädlichkeit des Kalziumkarbonats, das sich mit dem aus Malz stammenden sauern Kaliumphosphat umsetzt, geht aus folgender Gleichung hervor:

$$\underset{\text{sauer}}{2\,KH_2PO_4} + CaCO_3 = \underset{\substack{\text{sek. Ca-phosph.}\\ \text{fast unlöslich}\\ \text{alkalisch}}}{CaHPO_4} + \underset{\substack{\text{sek. K-phosph.}\\ \text{löslich}\\ \text{alkalisch}}}{K_2HPO_4} + H_2O + CO_2$$

Aus dem ursprünglich sauren primären Kaliumphosphat ist ein sekundäres alkalisches geworden, das in Lösung bleibt und die Azidität der Würze (des Bieres) herabsetzt. Das gleichzeitig entstehende Kalksalz fällt zwar aus und beeinflußt infolgedessen die Azidität nicht, aber die Würze verarmt dadurch an Phosphaten, die später für die Gärung als Hefenahrung von Wichtigkeit sind.

Sind aber neben Karbonaten auch Sulfate (Gips) vorhanden, so werden die Schäden der ersteren teilweise kompensiert, da das alkalische Phosphat durch den Gips wieder in saures zurückverwandelt wird, bzw. seine Entstehung ausbleibt.

$$\underset{\substack{\text{sec. K-phosph.}\\ \text{löslich}\\ \text{alkalisch}}}{4\,K_2HPO_4} + \underset{\text{Gips}}{3\,CaSO_4} = \underset{\substack{\text{tert. Ca-phosph.}\\ \text{unlöslich}}}{Ca_3(PO_4)_2} + \underset{\substack{\text{prim. K-phosph.}\\ \text{löslich}\\ \text{sauer}}}{2\,KH_2PO_4} + 3\,K_2SO_4$$

Zusammenfassend haben die Karbonate des Brauwassers in der Hauptsache folgende Einwirkung: sie vermindern den Säuregehalt (pH) von Würze und Bier durch Umsetzungen mit Phosphaten sowie mit vorhandenen geringen Mengen organischer Salze. Durch den Säureabfall wird die Enzymtätigkeit herabgesetzt, was eine Hemmung des Stärke- und Eiweißabbaus zur Folge hat. Die Ausfällung von Phosphaten vermindert speziell die Aktivität der Amylasen, da die Salze als Puffersubstanzen wirken, und so ein passendes pH einstellen. Außerdem sind die Kationen der Alkalisalze als Amylaseaktivatoren bekannt. Aus dem herabgesetzten Stärkeabbau ergibt sich eine schlechtere Extraktausbeute, Bildung größerer Mengen unvergärbarer Dextrine, dafür geringerer Mengen vergärbare Maltose. Genau so leidet der Eiweißabbau, der aus bestimmten Gründen (Näheres im Abschnitt Maischverfahren) nur in begrenztem Maße bei den hochmolekularen Albumosen und Peptonen stehenbleibt, zum größeren aber bis zu den Aminosäuren fortschreiten soll. Bekannt ist seit langem die Schwächung der peptischen Verdauung durch Anionen. Wenn auch hier noch keine klare Erkenntnis geschaffen worden ist, so ist mit Sicherheit anzunehmen, daß gewisse Wassersalze sich ungünstig auswirken.

Auch die Hopfenbitterstoffe erleiden durch einen verminderten Säuregehalt der Würze Veränderungen, die sich in intensivem, bitterem und rauherem Geschmack, sowie dunklerer Würzefarbe bemerkbar machen. Die Wasserkarbonate stören nur bei der Herstellung heller Biere. Dunklen Bieren geben sie ihren typischen Charakter. Was bei den hellen, tief vergorenen Bieren störend wirkt, rundet sich bei den stark zuckerhaltigen (Dextrine), röstaromatischen dunklen Bieren zu einem harmonischen Geschmack ab.

Für dunkle Biere ist daher der Karbonatgehalt nicht ungünstig, sofern nicht Soda daran beteiligt ist. Es ist also kein Zufall, daß in den Gegenden mit ausgesprochenen Karbonatwässern von altersher die dunklen Biere bevorzugt wurden, während die Heimat der lichten Biere in den Gegenden mit ausgesprochen weichen, oder Sulfatwässern zu suchen ist.

Sudhausapparaturen und deren Verwendung

Zur Durchführung der üblichen Sudverfahren muß ein Sudhaus in der einfachsten Form zum mindesten über einen Maischbottich verfügen, welcher gleichzeitig als Läuterbottich eingerichtet ist, sowie über eine Würzepfanne, die gleich-

Abb. 31. Modernes Sudhaus (Kindl-Brauerei, Berlin-Neukölln).

zeitig als Maischpfanne dient. Größere Betriebe haben ein sog. doppeltes Sudzeug, bestehend aus Maischbottich, Maischpfanne, Läuterbottich und Würzepfanne. Sämtliche Gefäße sind rund, um den Inhalt gleichmäßig durchmischen zu können. Zur besseren Wärmehaltung sind sie mit irgendeinem Isoliermaterial umkleidet, z. B. mit Kacheln. Sie sind durch Hauben abgedeckt, die in Dunstschlöten enden (s. Abb. 31.).

Da die Gefäße sehr häufig aus blankgeputztem Kupfer bestehen und in einem äußerst sauberen Raum untergebracht sind, bieten solche Sudhäuser bei einem sehr schönen Anblick auch die Voraussetzung für eine hygienische Arbeit. Die Gefäße sind von ihrer tiefsten Stelle aus untereinander mit Röhren verbunden, um Maische und Würze entsprechend den Sudvorschriften von einem zum anderen pumpen zu können. Eine Reihe zusätzlicher Gefäße und Armaturen, wie z. B. Hopfenseiher, Läutergrant, Pumpen, Ventile, Trebertransportschnecke, Manometer, Thermometer, vervollständigen die Sudhauseinrichtung. Als Wärmequelle ist Dampf das übliche. Ein Heißwasserbehälter muß außerdem zur Verfügung stehen.

Über dem Sudhaus liegt fast immer der Schrotraum, damit das Schrot auf kürzestem Wege durch ein Rohr in den Maischbottich befördert werden kann. Zum Einmaischen wird der Maischbottich zuerst mit der erforderlichen Wassermenge gefüllt, dann läßt man das Schrot sehr langsam unter ständigem Rühren zulaufen, so daß keine Klumpen entstehen. Aus diesem Grunde ist jeder Maischbottich mit einem Propellerrührwerk ausgestattet. Zur Vermeidung von Ausbeuteverlusten durch Mehlverstäubung sind häufig am Ende der Schrotfallrohre Wasserspritzapparate eingebaut, sog. Vormaischer, durch die das Schrot bereits breiige Beschaffenheit annimmt, bevor es den Maischbottich erreicht. Für 100 kg Malzschüttung rechnet man minimal 5,8 hl, maximal 8 hl Fassungsraum.

Die Maischepfanne hat die Bestimmung, während des Sudprozesses Teilmaischen aufzunehmen, zu erwärmen und eventuell zum Kochen zu bringen, was eine Heizvorrichtung erfordert. Konstruktiv ist sie ähnlich der Würzepfanne, pro 100 kg Schüttung etwa 3,25 hl Fassungsraum.

Der Läuterbottich hat den Zweck, nach beendetem Eiweiß- und Stärkeabbau in der Maische die Treber von der Würze zu trennen. Er ist ein zylindrisches Gefäß, über dessen eigentlichen Boden der Läuter- oder Senkboden gelegt wird. Dieser besteht aus mehreren, gut aneinander passenden geschlitzten Kupfer- (bzw. Bronze- bzw. Eisen-)Platten, die auf knapp 1 cm hohen Füßen stehen. Im eigentlichen Boden des Läuterbottichs befinden sich, über die ganze Fläche verteilt, eine Anzahl von Abflußröhren, sog. Läuterröhren. Im modernen Läuterbottich ist der Boden außerdem durch Leisten in „Quellgebiete" unterteilt. Die Abläuterung wird dadurch gleichmäßiger und leichter kontrollierbar. Die Läuterrohre münden später eng nebeneinander in der Läuterbatterie. Jedes Rohr endet mit einem Läuterhahn, der die Würze in ein trogartiges Sammelgefäß, den Grant fließen läßt, von dort aus weiter zur Würzepfanne. Bevor die Abläuterung beginnt, wird der Raum zwischen dem eigentlichen Bottichboden und dem geschlitzten Boden mit heißem Wasser angefüllt. Dann erst wird mittels Verteilers die dicke Maische vorsichtig auf dem Läuterboden ausgebreitet. Erst wenn sie sich zu einem Filterkuchen abgesetzt hat, werden die Läuterhähne vorsichtig geöffnet, so daß zuerst das heiße Wasser abfließt. Hierdurch entsteht eine geringe Saugwirkung, die die klare Würze aus den Trebern heraussaugt. Liegt nun infolge falschen Schrotens die Maische zu fest im Bottich, so ist die Saugwirkung zu schwach, wodurch sich die Abläuterung nur langsam und unvollkommen vollzieht. Die gleiche unliebsame Wirkung tritt ein, wenn der Auslaugeprozeß bei schlecht gelösten oder enzymarmen Malzen nicht durch ein entsprechendes, die Schonung der Enzyme und die nachträgliche Lösung möglichst betonendes Sudverfahren korrigiert worden ist. Um zuletzt die Würze (fast) restlos aus den Trebern zu entfernen, enhält der Läuterbottich eine Verteilungsvorrichtung für Nachgußwasser (sog. „Anschwänzwasser"). Diese hat die Form einer Brause, eines Drehkreuzes oder eines ähnlichen Apparates. Außerdem ist zu gleichem Zweck eine höher und tiefer verstellbare Auflockerungsapparatur für den Treberkuchen vorhanden. Vielfach sind Läuterbottiche auch mit einer Heizvorrichtung versehen (im doppelten Mantel) zur Heißhaltung der Maische. Die vom Läuterbottich abfließende, noch ungekochte, ungehopfte, hochprozentige Würze, nennt man „Vorderwürze". Die zurückbleibenden Treber werden als hochwertiges eiweißhaltiges Viehfutter verwertet. (s. Abb. 32.)

An Stelle des Läuterbottichs tritt in manchen Brauereien das Maischefilter. Es besteht aus einer Anzahl senkrecht gerippter gleichgroßer Eisenplatten mit wulstigem Rahmen, die in einem Gestell parallel hängen und durch eine Spindel eng zusammengepreßt werden können. Jede Platte wird mit einem ziemlich festen Filtertuch überzogen. Zwischen je zwei Platten bildet sich eine hohle Filterkammer. Die Füllung derselben erfolgt von oben durch einen Zuführungskanal. Die Würze

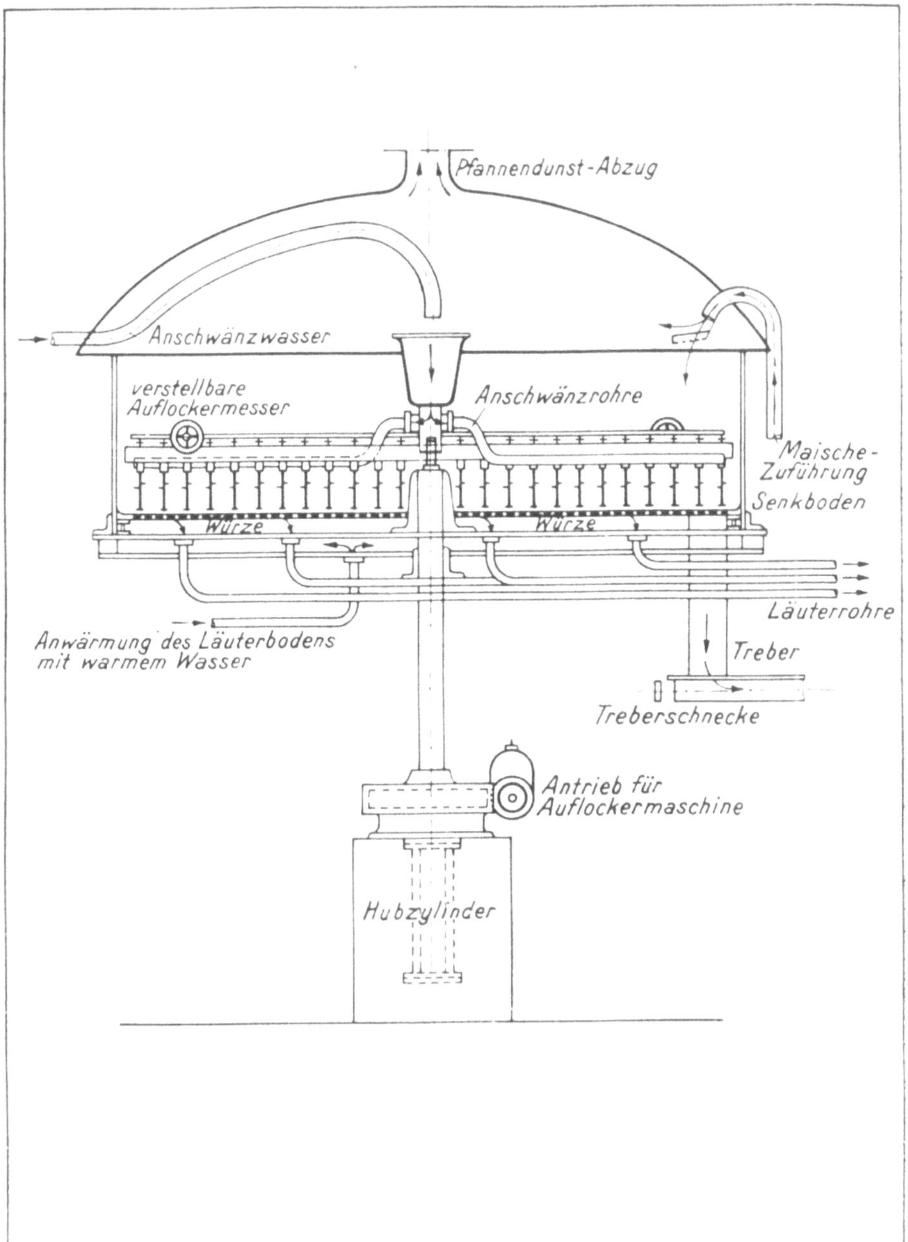

Abb. 32. Läuterbottich im Schnitt (Aus *Hennies* u. *Spanner*).

filtriert durch die Tücher, fließt längs der gerippten Eisenplatten herunter und durch Läuterhähne in den Grant. Diese Maischefilter ermöglichen schnelleres Filtrieren. Dabei spielt die Güte des Malzes keine so große Rolle wie beim Läuterbottich. Es kann feiner geschrotet werden, und die Ausbeute kann unter Umständen eine bessere sein als beim Läuterbottich.

In der Würzepfanne wird die Sudhausarbeit vollendet. Hier wird die abfiltrierte Vorderwürze mit den Nachgüssen vereinigt, mit Hopfen versetzt und gekocht. Die Würzepfanne ist das größte aller Sudhausgefäße, denn sie muß das größte Flüssigkeitsvolumen fassen und außerdem genügenden Steigraum für die brodelnde Würze übriglassen. Der Fassungsraum für 100 kg Malzschüttung beträgt im Minimum 6 hl, im Maximum 8,8 hl für 12—13%ige Würze. Die Form der Pfanne — selbstverständlich die runde — kann bezüglich des Bodens und der Seitenwände recht verschieden sein. Man findet die zylindrische Form mit geradem Boden und gerade hochstrebenden Wänden, die vielfach als die richtigste angesehen wird. Die Flüssigkeitshöhe ist in solchen Pfannen überall gleich hoch, wodurch ein gleichmäßiges Kochen und leichter Schwadenabzug gewährleistet sein soll. Aber auch die in der Mitte hochgezogenen Pfannenböden, bei denen also die Flüssigkeitssäule in der Mitte am niedrigsten ist, und die eirunden Pfannen, die in der Mitte die höchste Flüssigkeitssäule haben, finden ihre Verfechter. Auf alle Fälle muß die Beheizungsquelle mit der Eigenart der Form derart in Einklang gebracht werden, daß von unten her ein tüchtiges Durchwallen der Flüssigkeit ohne tote Ecken erreicht wird, und zwar wird heute Wert darauf gelegt, daß die Würzeumwälzung von innen nach außen vor sich geht, um die Verdampfung recht zu fördern. Man legt deshalb häufig höhergespannten Dampf vorteilhafter in die Boden- als in die Seitenbeheizung. Die Heizungsrohre werden normalerweise im doppelten Mantel untergebracht, nur ungern in der Pfanne selbst. Das Bestreben, die starke Wirkung der „Feuerkochung" früherer Jahrzehnte auch auf die Dampfheizung zu übertragen, hat zu einer Reihe patentierter Intensivkochvorrichtungen geführt, die nachträglich in gewöhnliche Pfannen eingebaut werden können. Das Bier soll dadurch herzhafter schmecken und auch haltbarer werden infolge stärkerer Eiweißausscheidungen. Das Verhältnis vom Pfannendurchmesser zur Flüssigkeitshöhe soll 2:1 betragen. Der Bau der Pfannenhaube und des Dunstschlotes muß den ungehemmten Abzug der Dampfschwaden ermöglichen.

Die verschiedenen Maischverfahren
Die allgemeinen Grundlagen

Der Sinn der Maischverfahren besteht nicht lediglich in der Auslaugung der im Malz bereits vorhandenen löslichen Bestandteile, sondern zum weitaus überwiegenden Teil in der Umwandlung von noch unlöslichen in lösliche Extraktivstoffe. Diese Arbeit wird hauptsächlich von Enzymen geleistet. Chemische und physikalische Vorgänge wirken teils einleitend, teils ergänzend mit.

Was besitzt nun das Darrmalz an wasserlöslichen Stoffen? Man hat in kleinen Mengen gefunden: Rohrzucker, Dextrose und Laevulose. Die Existenz von Maltose ist in Frage gestellt. Ferner sind nachweisbar: Pentosane, Gummi- und Pektinstoffe. Von den Stickstoffsubstanzen lösen sich koagulierbares Eiweiß, Albumosen, Peptone und Amide. Auch Enzyme werden teilweise ausgelaugt, z. B. Diastase, endlich natürlich die mineralischen Salze (Phosphate und andere). Der größte Anteil des Malzes ist jedoch unlöslich wie das Stärkemehl, die Gerüstsubstanzen, die Proteine und das Phytin. Auch die Enzyme sind in erheblicher Menge fest verankert.

In zwei Hauptgruppen kann man die Brauereimaischverfahren einteilen: in die Dekoktions- (oder Koch-)Verfahren und die Infusionsverfahren. Ob diese oder jene die besseren Biere liefern, ist noch nicht völlig erkannt. Das Charakteristische des Dekoktionsverfahrens besteht im Erhitzen von Teilmaischen auf Kochtemperatur, die bei Rückgabe zur Gesamtmaische bestimmte stufenweise Temperaturerhöhungen bewirken. Häufig werden auch die Teilmaischen nicht schnellstens zum Kochen gebracht, sondern unter Berücksichtigung bestimmter Temperaturpunkte allmählich erhitzt. Dieses Maischverfahren ist in Deutschland bei weitem das verbreitetste. Es wird zur Herstellung aller hellen und dunklen ungärigen Lagerbiere, sowohl vom norddeutschen als vom süddeutschen Typ benutzt.

Das Charakteristikum des Infusionsverfahrens liegt in der allmählichen Temperaturerhöhung der Gesamtmaische, entweder durch Zugabe von heißem Wasser oder durch Heizen mit indirektem Dampf. Die Infusion ist in Deutschland für Lagerbiere fast völlig durch die verschiedenen Dekoktionsverfahren verdrängt, weil letztere eine bessere Ausnutzung der Rohstoffe ermöglichen und haltbarere Biere abgeben. Mit Erfolg wird jedoch nach wie vor das Infusionsverfahren zu fast allen obergärigen Bieren verwandt, wie z. B. zum Berliner Weißbier, Bayrischen Weizenbier, Kölnisch Obergärigem, Grätzer, Lichtenhainer, ferner zu den Bieren nach englischem Muster, Porter, Ale und Stout, deren bestimmter Typus teilweise von der Eigenart der Infusion abhängig ist.

Die Temperatur des Einmaischwassers wird am häufigsten mit 35° C gewählt, auch 50 C ist vielfach anzutreffen. Für besondere Zwecke kommen heißes Einmaischen mit 60° C oder das Gegenteil, kaltes, mit 10—15 C in Frage.

Die Stoffumwandlungen während des Maischprozesses vollziehen sich innerhalb gewisser Temperaturgrenzen. Die niederen Temperaturen bis etwa 45 C haben verhältnismäßig geringe Bedeutung. Es findet in der Hauptsache ein rein physikalischer Übergang der löslichen Malzstoffe in das Wasser statt, ferner eine chemische Umsetzung der Wassersalze mit den abgespaltenen anorganischen Phosphorsäureverbindungen, wodurch der Säuregehalt der Maische beeinflußt wird (s. Abschnitt Brauwasser). Die vom Malz stammende reichliche Organismenflora kann bei den niederen Temperaturen soweit zur Entwicklung kommen, daß sie säurebildend wirkt, sofern diese Temperaturen längere Zeit eingehalten werden. 35 C ist z. B. die Optimaltemperatur für die sehr unerwünschten Buttersäurebakterien, während 42—45 C unter anderem die Entwicklung des Bact. Delbrücki fördert, dessen Milchsäurebildung jedoch einen günstigen Einfluß auf die Maische ausübt.

Die hier wichtigen enzymatischen Umwandlungen finden erst bei Temperaturen oberhalb von 45 C bis etwa 70 C statt. Es ist dies 1. der Eiweißabbau (Proteolyse), für den man in der Praxis für gewöhnlich 50—53 C als Optimaltemperatur angibt (Eiweißrast); 2. die diastatische Stärkeumwandlung, die innerhalb der Temperaturen zwischen 55—65 C besonders groß ist (Näheres über diese Vorgänge im nächsten Abschnitt). Selbstverständlich greifen beide Umwandlungen in der Praxis ineinander über.

Für den Eiweißabbau ist der Säuregehalt (pH) der Maische von besonderer Bedeutung, für den Stärkeabbau außerdem der Quellungszustand und der Verkleisterungsgrad der Stärke. Bei 70 C verkleistert Stärke, und durch Kochen wird die Struktur des Stärkekorns noch weiter zerstört. In diesem Zustande ist sie für die Enzyme besonders leicht angreifbar. Dies ist auch der Grund, warum bei den meisten Maischverfahren Teile der Maische gekocht werden. Trotz der Zerstörung großer Enzymmengen (bei 80 C sind die meisten Enzyme unwirksam), geht die Verzuckerung in der Gesamtmaische nach Zugabe der gekochten Teile leichter vonstatten. Zu erwähnen bleibt, daß ein gewisser Säuregrad der Maische für die Verzuckerung günstig ist (pH 5,4—5,8 bei 85° C), ein sehr hoher jedoch die Verzuckerung vollständig verhindert. Durch die Jodreaktion ist dem Brauer ein sehr einfaches, im Sudhaus durchzuführendes Mittel in die Hand gegeben, um die Stärkeverzuckerung zu prüfen. Die Würze darf mit Jod keine Blaufärbung mehr geben. Sie muß „jodnormal“ sein, d. h. sie darf weder eine Stärke- noch Dextrinreaktion anzeigen. Für die Kontrolle des Eiweißabbaus fehlt leider eine einfache Reaktion. Man ist auf mehr oder weniger komplizierte, nur im Laboratorium durchzuführende Methoden angewiesen.

Die Erfahrung hat gelehrt, daß der Eiweiß- und der Stärkeabbau weder zu gering noch zu hoch sein darf, um ein brauchbares Bier zu erhalten. Bei einer zu kleinen Menge niedermolekularer Eiweißabbaustufen findet die Hefe zu wenig Nahrung, so daß die Gärung frühzeitig ins Stocken gerät. Zu viel höher molekulare Abbauprodukte (Albumosen und Peptone) beeinträchtigen die Haltbarkeit des Bieres insofern, als sie ein willkommenes Nahrungsmittel für bakterielle Bierschädlinge (z.B. Sarcinen) sind, deren Säureerzeugung zu sekundären Biertrübungen (= Eiweißausscheidungen) führt.

Ein zu starker Gesamteiweißabbau beeinträchtigt den vollen Geschmack und die Schaumhaltigkeit des Bieres, da die höheren Eiweißstufen die Kohlensäure besser zu binden vermögen.

Der Stärkeabbau soll nicht bis zur restlosen Überführung in die vergärbare Maltose getrieben werden, sondern es sollen noch gewisse Mengen für Kulturhefe unvergärbare Dextrine übrigbleiben. Das Verhältnis von Zucker zu Nichtzucker soll bei hellen Bieren sich verhalten wie 1 zu etwa 0,5, bei dunklen Bieren, die voller schmecken sollen, wie 1 zu etwa 0,7. Sehr weit vergorene Biere schmecken nach allgemein gültiger Ansicht dünn.

Die Tätigkeit der Enzyme beim Maischen

Amylasen

Wie schon betont, ist im Malzkorn noch der größte Teil der Stärke vorhanden, der nun beim Maischen in lösliche Verbindungen übergeht. Die Amylasen bilden jetzt die wasserlösliche Maltose und löslichen Dextrine. Beide Substrate wären als Gesamtextrakt zu bezeichnen. Die Klarlegung dieser Verhältnisse verdanken wir in erster Linie *W. Windisch*, *P. Kolbach* und *E. Schild*. Sie benutzen als Maß für die Stärkelösung die Zunahme an Gesamtextrakt, und den vergärbaren Anteil hiervon bezeichnen sie mit „Maltose". (Besteht in der Hauptsache aus Maltose, daneben begleitet von kleinen Beimengungen von einem Trisaccharid, Rohrzucker, Invertzucker und Glucose.) Es hat sich nun herausgestellt, daß beim Maischen die α-Amylase, also die Dextrinogenamylase, unter den angewendeten Bedingungen zunächst am kräftigsten wirkt, denn die Maische enthält anfangs überwiegend Dextrin und nur wenig Maltose. Die α-Amylase besorgt auch die Verflüssigung des Kleisters. Wenn sie die großen Stärkemoleküle mit dem Molekulargewicht von einer Million auf die Hälfte der ursprünglichen Größe gebracht hat, so erfolgt ein starker Abfall der Viscosität. Die Annahme eines besonderen stärkeverflüssigenden Enzyms wird heute von den meisten Forschern abgelehnt. Im Laufe der Zeit kehrt sich das Verhältnis um, und wir finden am Schluß einen Extrakt mit hohem Endvergärungsgrad, d. h. in 100 g Extrakt ist ein hoher Anteil von vergärbaren Stoffen (Rohmaltose) enthalten. Jetzt hatte also auch die β-Amylase energisch gewirkt, d. h. also reichlich Maltose gebildet. Wenn man z. B. anstatt 30 Minuten 3 Stunden bei 60° C und einem pH von 5,1 maischt, so kann man erreichen, daß der Extrakt zu 86% aus Maltose besteht. Diese starke Zuckerbildung ist jedoch im Sudhaus, wie im letzten Kapitel mitgeteilt wurde, nicht erwünscht. Jedenfalls erkennt man aus diesem Experiment den stufenweisen Stärkeabbau und gleichzeitig die Wichtigkeit der Maischdauer.

Selbstverständlich muß auch die Temperatur ein ausschlaggebender Faktor für die Enzymtätigkeit sein. Im allgemeinen gilt: je höher die Temperatur im Bereich bis 75° C, um so schneller die Stärkelösung. Wir wissen, daß die α-Amylase hohe Temperaturen verträgt, und so muß bei diesen Wärmegraden diesem Enzym der Hauptanteil der Zertrümmerung des Stärkemoleküls zugeschrieben werden. (Über die Tätigkeit der Malzenzyme siehe auch den Abschnitt „Biochemie des Mälzungsprozesses" im gleichen Kapitel.) Im obigen Beispiel hatten wir eine Temperatur von 60° C angegeben. Wie intensiv sich in dieser Wärmezone Temperaturschwankungen bemerkbar machen, geht aus einem Beispiel auf folgender Tabelle hervor:

Bei 63° C werden 3 Std. Maischdauer	benötigt zur Bildung einer gewissen Maltosemenge
Bei 64° C wird 1 Std. Maischdauer	
Bei 65° C wird 1/2 Std. Maischdauer	
Bei 66° C wird 1/4 Std. Maischdauer	

Es handelt sich hier um das Temperaturoptimum für die Maltosebildung, gemessen an der Bildung von vergärbarem Extrakt. So liegen die Verhältnisse zu Beginn des Maischprozesses. Später geht die Verzuckerung langsamer.

Aber mit der Temperaturverschiebung ändert sich auch hier das pH-Optimum, so daß für jede Temperatur ein anderer Säuregehalt in Frage kommt. Dies gilt sowohl für den Prozeß der Stärkelösung als auch für die Maltosebildung. Die Werte für letztere liegen etwas niedriger.

Temperatur:	40° C	50° C	60° C	65° C
„Stärkelösung":	pH = 4,6—4,8	4,7—4,9	5,2—5,4	5,4—5,8
„Maltosebildung":	pH = 4,5—4,7	4,6—4,9	5,0—5,2	5,5—5,7

Aus diesen Ergebnissen ist auch zu schließen, wie wesentlich die Brauwassersalze (s. unter Brauwasser) den Lösungsprozeß des Korns beeinflussen können.

Die angeführten Autoren fanden ferner, daß die Stärkelösung und die Maltosebildung bei 60° C und bei normalem pH um so schneller vonstatten geht, je niedriger die Maischekonzentration ist. Wichtig ist natürlich auch, daß das verwendete Malz reichlich Amylasen enthält, daß überhaupt das Malz eine gute Auflösung zeigt.

Über die Bildung „zuckerhaltiger Nebenprodukte" bei der Maltoseerzeugung im Maischprozeß wie Dextrine, Trisaccharide, Saccharose und Glucose haben wir erst in jüngster Zeit genauere Kenntnis erhalten. Die quantitativen Versuche ergaben, daß der Betrag nicht so unbedeutend ist als man früher annahm. Nach *Kolbach* und *Maas* (774) ergibt eine nach dem Kongreßverfahren[1]) hergestellte Würze folgende Analyse:

	Kongreßwürze	Würze von *Blom* und *Schwarz* (775)
Gesamtextrakt	100%	100%
Hexosen und Saccharose	12%	12%
Maltose	44%	44%
Trisaccharide	9%	11%
Dextrine	22%	—
Stickstoffverb. u. Salze	13%	—

Der hohe Betrag an Hexose und Saccharose erklärt sich trotz der für die Glucosebildung ungünstigen Versuchstemperatur von 70° durch die vorübergehende kurze Erwärmungsphase bei 45°, die an der Grenze des Optimums für die Entstehung der Glucose liegt. Eine Bestätigung obiger Ergebnisse bringen die Analysendaten von *Blom* und *Schwarz* (775) in einer anderen Würze. Überhaupt werden die anderen

[1]) Maischverfahren nach vereinbarter Vorschrift mit folgenden Temperaturpunkten: 1/2 Std. bei 45° gehalten und in 25 Min. auf 70° gebracht, dann 1 Std. bei 70° gehalten.

Maischverfahren mit der Einhaltung niederer Reaktionstemperaturen und eines günstigen pH ähnliche Verhältnisse in der Zusammensetzung der Würze zeitigen. Ausschlaggebend sind Dauer der Maische, Temperatur und das pH. Über die Entstehung der Glucose herrscht noch Unklarheit. Während *Myrbäck* allein die α-Amylase für die Bildung verantwortlich macht, soll nach anderen Forschern auch eine Maltase im Spiele sein. Die Trisaccharide verdanken auch den Amylasen, vorzugsweise der β-Amylase ihre Entstehung *(Myrbäck)* (776). Die vergärbaren Trisaccharide zeichnen sich durch zwei Maltose d. h. 1,4-Bindungen aus, während das unvergärbare oder zum mindesten sehr schwer vergärbare Trisaccharid eine Maltose- und eine Isomaltose (gleich 1,6-)Bindung aufweist (vgl. Glykogenformel S. 100). Dieser Zucker bildet den Übergang zu den Dextrinen, die auf Zugabe von Amylasepräparaten auch vergärbar werden. Beziehungen bestehen zwischen der Trisaccharidbildung und der Entstehung von Dextrinen. Würzen mit viel Dextrinen enthalten wenig Trisaccharide und umgekehrt.

Zum Schluß des Maischprozesses muß, wie bereits betont, Maltose im Übergewicht vorhanden sein, wenn ein gutes Bier entstehen soll. Das Dextrinmolekül darf weder Violettfärbung noch Rötung mit *n*/50 Jodlösung hervorrufen, muß also weit abgebaut sein. Das Reaktionsgemisch zeigt eine gelb-bräunliche Färbung („Jodnormale" Maische).

Die Amylase ist an Albumin gebunden. Gerinnt dasselbe beim Kochen der Würze, so erfolgt Inaktivierung des Enzyms *(Sandegren)*.

Proteasen

Die Eiweißverbindungen im Malzkorn werden auch sehr energisch angegriffen. Wir nehmen heute an, daß der Eiweißabbau beim Maischen etwa von derselben Größenordnung ist wie beim Mälzen. Das Charakteristische des Maischprozesses besteht in der Bereitstellung hochmolekularer, kolloider Stoffe für die Entwicklung des Schaumes und die Vollmundigkeit des Bieres. Dieses Ergebnis wurde später von *P. Kolbach* und *R. Buse* mit einer ausgebauten Versuchstechnik bestätigt. Der große Betrag an hochmolekularem Eiweiß in der Maische ist einer Schonung der Moleküle während der Proteolyse zuzuschreiben, denn bei hohen Maischtemperaturen geht der Eiweißabbau durch die Proteasen nur bis zu mittelgroßen Molekülen. Bei 70° C erzielt man den Höchstbetrag an großen Molekülen. Schon zwischen 60° C und 65° C macht sich ein Verschwinden der großen Eiweißkomplexe deutlich bemerkbar. Wählt man noch niedrigere Temperaturen, so erscheinen vorzugsweise niedrig molekulare Eiweißstoffe (Formolstickstoff).

Um das Eiweiß differenzieren zu können, werden verschiedenartige Fällungen vorgenommen. Die einschlägige Literatur findet man in der Monographie von *Hesse:* Enzymatische Technologie der Gärungsindustrien. Mit aktiver Kohle trennt man die hochmolekularen Eiweißkörper von den niedrigmolekularen. Mit Tannin, das von *Lundin* und *Schröderheim* ausgiebig benutzt worden ist, fällt man in der Hauptsache hochmolekulare Eiweißstoffe und einen gewissen Teil der Moleküle mittlerer Größe. Zur Fällung der höchstmolekularen Eiweißstoffe benutzten *K.* und *S. Myrbäck* das schon von *Schjerning* angewandte Magnesiumsulfat. Es handelt sich hier um einen Aussalzungsprozeß, der eine scharfe Trennung der Eiweißgruppen gestattet. Nach *L. Bishop* kann man die nicht dialysablen hochmolekularen Eiweißstoffe mit Kupfersalzen, Trichloressigsäure und Phosphorwolframsäure fällen.

Um nun den Einfluß der Temperatur und der Maischedauer auf den Eiweißabbau zahlenmäßig zu demonstrieren, sei folgende Tabelle aus der genannten Arbeit von *Kolbach* und *Buse* angegeben:

mg-Stickstoff bei verschiedenen Temperaturen und Maischdauer

Maischtemperatur: 50° C pH = 6,11				70° C pH = 5,93		
Maischdauer in Stunden:	½	2	4	½	2	4
löslicher N	627	720	775	548	587	593
dauerndlöslicher N	472	572	645	478	520	531
koagulierbarer N	155	148	130	70	67	62
formoltitrierbarer N . . .	173	224	258	170	183	178
Kohle-N	261	301	316	278	301	307
Magnesiumsulfat-N	91	97	102	119	130	130
Tannin-N	95	111	126	118	121	125

Es ergibt sich deutlich das Anwachsen der hochmolekularen Proteine bei hoher Maischtemperatur und steigender Maischdauer. In diesem Beispiel wurden zwei Temperaturintervalle gewählt, die bei dem Praktiker eine große Rolle spielen. Bei 50° C hält der Brauer „Eiweißrast" (Proteolyse) und bei 70° C „verzuckert" er intensiv. Das Beispiel zeigt, daß es keine scharfe Trennung der Enzymwirkungen durch die Einwirkung der Temperaturen gibt. Bei 70° C, also der „Verzuckerungstemperatur" des Brauers, finden sehr wichtige Eiweißumformungen statt (s. Näheres im folgenden Kapitel „Die speziellen Verfahren").

Die proteolytischen Enzyme sind zum Teil auch an Zellsubstrate so stark verankert wie die Amylasen. Ein wäßriger Malzauszug enthält daher nur einen Bruchteil der Proteasen *(P. Kolbach* und *H. Simon).* Im Malzrückstand, den Trebern, können die restlichen unlöslichen Enzyme sehr leicht durch eine Maischung nachgewiesen werden, und es zeigt sich, daß diese Gruppe für den Maischprozeß wichtiger ist als die lösliche. In normalen Malzmaischen sind naturgemäß sowohl die löslichen als auch die unlöslichen Proteasen tätig.

Die speziellen Maischverfahren

Alle Dekoktionsverfahren lassen sich ableiten von dem alten bayrischen *Dreimaischverfahren.* Es besteht darin, daß dreimal eine Teilmaische von der Hauptmaische abgesondert, gekocht und wieder zurückgegeben wird. Dadurch entstehen drei Temperaturabschnitte von etwa 50, 65 und 75° C. Dieses Verfahren entstammt einer Zeit, in der die Malze nicht so enzymreich waren, wie die heutigen. Es wird heute in zeitlich verkürzter Form mit Vorliebe für dunkle, zum Teil aber auch für helle Biere angewandt. Letzteren rühmt man eine besondere Kernigkeit im Geschmack nach. Außerdem sind die hellen Dreimaischenbiere auffallend kältebeständig, d. h. sie ertragen es sehr lange Zeit, Temperaturen von unter 0° C ausgesetzt zu sein, ohne sich dabei zu trüben.

Beispiel der Ausführung:

Bei 35° C wird im Bottich eingemaischt. Erste Dickmaische: Ein Drittel der Maische, und zwar ein möglichst dicker Anteil, wird zur Pfanne gepumpt, dort langsam innerhalb ½ (bis 1 ganze) Stunde, evtl. unter Einlegen kurzer Enzympausen, zum Kochen erhitzt und 5—10, auch 20 Minuten gekocht.

(Dunkle Maische wird evtl. 45 Minuten gekocht, da dunkle Malze infolge ihres geringeren Enzymgehaltes um so mehr des Stärkeaufschlusses durch Kochen bedürfen. Helle Biere dagegen würden durch langes Kochen zu stark nachfärben.)

Die gekochte Dickmaische wird unter ständiger Propellerbewegung zu der zwei Drittel dünneren, noch enzymhaltigen Hauptmaische von 35° C zurückgepumpt. Die Gesamtmaische nimmt dadurch eine Temperatur von etwa 50° C an und wird damit dem Wirkungsbereich der proteolytischen Enzyme zugeführt.

Nach kräftigem Vermischen sondert man die zweite Dickmaische, wieder ein Drittel der Gesamtmaische, zur Pfanne ab. Sie wird schneller erhitzt, etwas kürzer gekocht als die erste Dickmaische, und wie diese zur Bottichmaische (von 50° C) zurückgepumpt. Die Temperatur der Gesamtmaische steigt dadurch auf etwa 65° C. Bei dieser Temperatur wird die Amylase besonders wirksam. Sie findet leichte Arbeit vor, da die Kochmaischen verkleisterte, größtenteils verflüssigte und teilweise bereits verzuckerte Stärkeanteile zurückgebracht haben. Nach genügender Vermischung wird der Propeller abgestellt, so daß sich die dicken Maischenanteile absetzen können, weil man diesmal die dünnen Anteile zur Pfanne befördern will.

Die dritte Kochmaische wird also als „Lautermaische“ gezogen. Diese wird zum Kochen gebracht, etwa 30 Minuten, evtl. auch länger gekocht, um der im Bottich verbliebenen Dickmaische genügend Zeit zur Verzuckerung zu lassen. Auch die Proteasen sind bei dieser Temperatur noch sehr aktiv, wie im letzten Kapitel ausgeführt wurde. Nach dem Zurückpumpen dieser Kochmaische wird „abgemaischt“, d. h. die Gesamtmaische wird noch etwa $^1/_2$ Stunde bei 75—78° C kräftig gerührt, um anschließend etwa 1 Stunde „auf Ruhe“ stehen zu bleiben, bevor die Läuterung beginnt. Beim „Abmaischen“ muß die Maische „jodnormal“ sein. Nach richtig verlaufenem Maischprozeß sollen sich die Treber während der Ruhe schnell absetzen, das koagulierte Eiweiß soll sich grobflockig ausscheiden, so daß ein dunkler klarer Würzespiegel entsteht. Der Dreimaischprozeß nimmt mindestens 5 Stunden in Anspruch bis zur Abläuterung (Filtration).

Als verkürzter Dreimaischprozeß ist der besonders für helle Biere weitverbreitete *Zweimaischprozeß* anzusehen. Man maischt für gewöhnlich bei 50° C ein, läßt eine Kochmaische aus und verfährt im übrigen genau wie beim Dreimaischprozeß, evtl. unter stärker betonter Einhaltung von Enzympausen. Dadurch läßt sich das Verfahren gut der jeweiligen Eigenart des Malzes anpassen.

Das *Einmaischverfahren* erfordert etwas andere Maßnahmen als die beiden bisher beschriebenen Arbeitsmethoden. Nach dem Einmaischen, das bei 35° C, aber auch bei 50° C vor sich gehen kann, läßt man in der Pfanne kurz absetzen und nimmt von dem dünnflüssigen Teil in einer Menge von etwa 5% der Gesamtmaische den enzymhaltigen sog. „kalten Satz“ ab. Dieser historische Praktikerausdruck könnte eine falsche Vorstellung erwecken. Wir wollen jedoch an die Ausführungen im letzten Kapitel erinnern und darauf hinweisen, daß die beiden wichtigsten Enzymgruppen, die Amylasen und die Proteasen sowohl in der löslichen als auch in der unlöslichen Form vorliegen. Die übrige Maische, die also auch Enzyme enthält, wird alsdann unter Berücksichtigung längerer oder kürzerer Eiweißrast und Verzuckerungstemperaturen zum Kochen gebracht und $^3/_4$—1 Stunde lang, selbstverständlich bei ständiger Bewegung, gekocht. Danach wird mit Hilfe einer Kühlschlange auf annähernd 70° C heruntergekühlt und der „enzymatische Satz“ zugefügt, der nun die Aufgabe hat, die Maische restlos zu verzuckern. Ist dies erreicht, so wird wieder auf Abmaischtemperatur von 75—78° C erhitzt und die Maische der üblichen Ruhezeit bei dieser Temperatur überlassen. Das Einmaischverfahren kann in 3—3$^1/_2$ Stunden bewältigt werden. Es verbraucht wenig Dampf, ist einfach in der Ausführung und trotzdem außerordentlich anpassungsfähig an die Erfordernisse des Malzes dadurch, daß die Enzympausen beliebig gekürzt oder ausgedehnt werden können, ohne befürchten zu müssen, daß das Sudverfahren die Länge der Arbeitszeit überschreitet. Das Maischekochen bleibt auf die zulässig kürzeste Zeit beschränkt.

Da trotz der Einfachheit dieses Einmaischverfahrens ein gutes Bier nach einer in vielen Gegenden beliebten Geschmacksrichtung hergestellt wird, findet es in der Praxis immer mehr Anhänger.

Das *Hochkurzmaischverfahren* kann nur bei sehr gut gelösten bzw. überlösten Malzen sowie bei feiner Schrotung Anwendung finden, da die für die Praxis günstige Eiweißabbautemperatur von 50 C durch Einmaischen bei 62 C ausgeschaltet wird. Allerdings hat man den ursprünglichen Glauben aufgeben müssen, daß bei Temperaturen von über 60° C gar kein Eiweißabbau beim Maischen mehr stattfindet. Auf diesen Punkt ist schon mehrmals hingewiesen worden. Man orientiere sich in dem Kapitel über „Die Tätigkeit der Enzyme beim Maischen". Immerhin liefert das Verfahren, besonders bei der Kürze der Zeit, die es in Anspruch nimmt, — es dauert höchstens 2 Stunden —, eiweißarme Würzen bei sehr lichter Bierfarbe. Es können eine, aber auch zwei Kochmaischen dabei gezogen werden.

Die *Infusionsverfahren* sind dadurch gekennzeichnet, daß man auf die physikochemische Aufschließung durch Kochen völlig verzichtet und den gesamten Abbau sämtlicher Stoffgruppen den Enzymen überläßt. Diesen muß deshalb eine ausgedehnte Wirkungsdauer zugebilligt werden. Man maischt bei 35 C ein, erwärmt unter Rühren auf 50—53° C, überläßt die Maische bei dieser Temperatur einer etwa $^3/_4$stündigen Eiweißrast, erwärmt weiter auf 70° C und hält auf dieser Temperatur, bis völlige Verzuckerung durch die Jodprobe nachgewiesen ist. Dann wird auf die übliche Abmaischtemperatur zwischen 75—78 C erhitzt. Das Infusionsverfahren wird, wie früher erwähnt, in reiner Form in Deutschland nur für obergärige Biere und Spezialbiere angewandt. Mischverfahren mit Dekoktion findet man allerdings in der Praxis hier und da. Beim Infusionsverfahren wirken die Enzyme noch während des ganzen Läuterprozesses auf den Eiweiß- und den Stärkeabbau ein. Die so hergestellten Würzen enthalten infolgedessen in der Hauptsache weitgehend abgebaute Eiweißarten und besonders viel vergärbaren Zucker. Für besondere Zwecke sind das Schrotmaischverfahren und das Druckmaischverfahren ausgearbeitet worden, die jedoch besondere Apparaturen (moderne Schrotmühle, Druckkessel) erfordern.

Abläuterung (Filtration)

Die fertige Maische kommt alsdann heiß in den *Läuterbottich* (s. Abb. 32), wo die Filtration stattfindet. Auf dem Schlitzboden setzen sich zu unterst die Spelzen ab, die eine vorzügliche Filterschicht abgeben. Darüber liegen dann die Treber und die kolloiden Teilchen und zu oberst die Eiweißschicht. Die Würze erscheint dunkel und ist jetzt geklärt. Die ausgeschiedenen Eiweißteilchen aus der Würze bezeichnet man mit Bruch.

Beim Öffnen der Läuterhähne fließt zunächst trübe Würze, die vorsichtig zum Bottich zurückgegeben wird. Allmählich wird die Würze immer klarer und läuft blank ab. Hierbei ist die „Läutergeschwindigkeit" zu regulieren, damit sich das Filter nicht scharf ansaugt und verstopft. Zweckmäßig schaltet man hierzu einen Druckregler ein. Ist die „Vorderwürze" nun abgelaufen, so muß die Filterschicht nachgewaschen (entzuckert) werden. Dieses „Anschwänzen" wird mit heißem Wasser von 75° C besorgt. Damit die Treberschicht gleichmäßig überflutet wird, bedient man sich der *Hoffmann*schen Schwimmkiste. Auch wird zu dieser Operation eine Auflockerungsmaschine eingesetzt, die die Treberschicht mit Ausnahme der unteren 10 cm hohen Partien durchpflügt. Die zuletzt ablaufende und noch mit zum Sud verwendete Nachgußwürze („Glattwasser") darf noch 0,5 Zuckerprozente anzeigen. Manche Brauereien verwerfen das Glattwasser mit 1—2 Zuckerprozenten zur Erzielung einer höheren Bierqualität, da die letzten Extraktivstoffe gallig bittere, unedle Gerbstoffe enthalten

Beim *Maischefilter* (s. Abb. 33) ist die Abläuterungsdauer erheblich abgekürzt gegenüber der des Läuterbottichs. Ein weiterer Vorteil ist es, daß die Güte des Malzes keine so große Rolle spielt. Das Malz kann feiner geschrotet werden, trotzdem gibt es nur in seltenen Fällen Läuterungsschwierigkeiten. Gegenüber älteren Läuterbottichen ist auch eine höhere Ausbeute zu erzielen. Die Nachteile des Maischefilters liegen hauptsächlich in dem hohen Verschleiß an Filtertüchern und in der Notwendigkeit der Aufstellung einer besonderen Tücherwaschmaschine, womit ein Mehr an Arbeitskräften, Stromverbrauch und Dampfverbrauch verbunden ist.

Reformbestrebungen im Brauereibetrieb haben zu dem Gedanken geführt, u. a. den Läuterbottich durch eine *Separatoranlage* zu ersetzen. Man hat ernstlich vorgeschlagen und auch ausprobiert, mit Hilfe der Zentrifugalkräfte den Läuterprozeß

Abb. 33. Maischefilter (Aus *Hennies* u. *Spanner*).

durchzuführen. Die Vorteile des neuen Verfahrens bestehen darin, daß die Trennung der Würze von den Trebern beschleunigt wird bei verringertem Läuterdruck und daß kolloidreiche Malze hier ohne Schwierigkeiten verarbeitet werden können. Es ist ersichtlich, daß sich hierbei die Qualität der Würze erhöhen muß. Die Maische wird bei dem Prozeß zunächst durch einen Sei. bottich grob abgesiebt, worauf die Entfernung der feinen Treberteigmasse durch eine Zentrifuge erfolgt (*F. Windisch*) (776a).

Würzekochen

Sobald die Vorderwürze mit der gesamten Nachgußwürze in der Pfanne vereinigt ist, wird mit der etwa zweiständigen Kochzeit der Würze begonnen. Damit werden mehrere Zwecke angestrebt: 1. die Eindampfung der durch den Nachguß viel zu stark verdünnten Würze, 2. weiterer Abbau von Stärke- und Eiweißspaltprodukten (*Lüers*) (778) und endlich die letzte Vernichtung aller Enzyme, 3. Ausscheidung der koagulierbaren (hochmolekularen) Eiweißkörper und 4. die Hopfenauslaugung. Zur Eiweißfrage ist noch zu erwähnen, daß das Gerstenalbumin und das besonders schwefelreiche β-Globulin die Hauptlieferanten der Stickstoffsubstanzen im Bier darstellen. Sie werden beim Kochen der Würze zerlegt (*Sandegren*) (777).

Der Zusatz von Hopfen hat in erster Linie den Zweck, dem Bier jenen angenehmen zartbitteren Geschmack zu verleihen, der das eigentliche Charakteristikum des Bieres ausmacht, und wodurch es sich von allen anderen alkoholischen Getränken unterscheidet. Ferner fördern die Hopfenbitterstoffe und die Gerbsäuren die Eiweißausscheidung, und schließlich trägt der Hopfen vermöge seiner desinfizierenden Kraft sehr stark zur Haltbarkeit der Biere bei. Schwach gehopfte Biere enthalten 200 g Hopfen, sehr stark gehopfte Biere vom Pilsner Typ bis zu 500 g pro Hektoliter Ausschlagwürze. Der Hopfen wird nicht auf einmal, sondern in zwei, häufig sogar in drei Raten der kochenden Würze zugegeben. Die letzte Gabe erfolgt etwa $^1/_2$ Stunde

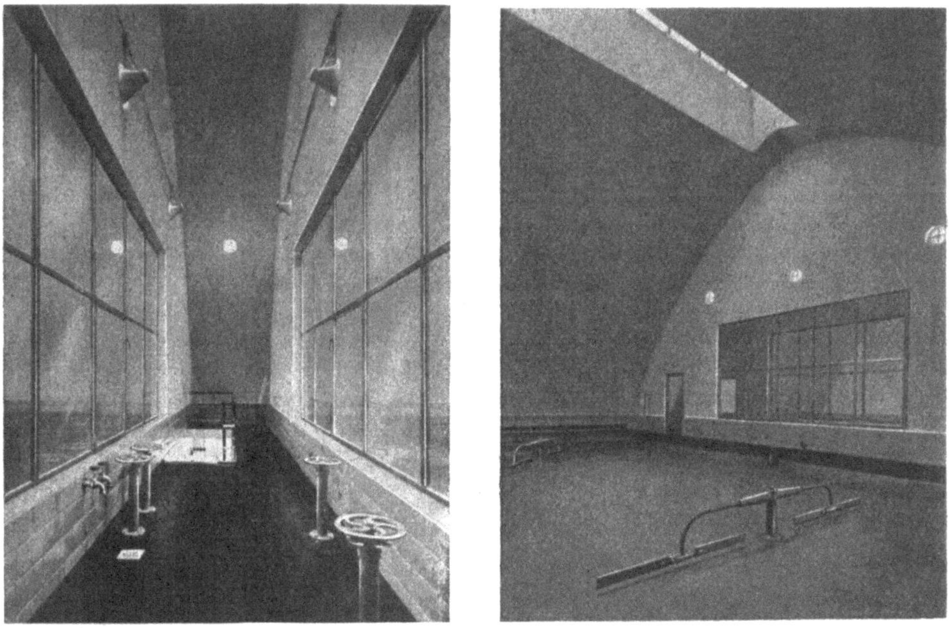

Verbindungsgang Teilansicht

Abb. 34. Modernes geschlossenes Kühlschiff (Bill-Brauerei, Hamburg).

vor Schluß der Kochzeit. Man will dadurch einen Teil der flüchtigen Hopfenbukettstoffe erhalten, die bei langem Kochen verloren gehen würden. Die fertige heiße Würze soll grobflockige Eiweißausscheidungen (Heißtrub), in kristallklarer Würze schwebend, aufweisen. Auf dem Wege zum Kühlschiff werden die ausgekochten Hopfendolden im Hopfenseiher zurückgehalten. Das *Kühlschiff* (s. Abb. 34) ist ein sehr flaches, großes, auf Füßen stehendes Gefäß aus lackiertem Eisen, Kupfer oder Spezialmetall, in dem die Würze in 10—15 cm hoher Schicht zur Abkühlung bis auf etwa 60° C stehen bleibt. Es muß so groß sein, daß es den gesamten Sud auf einmal faßt. Während der Abkühlung scheidet sich das Eiweiß grobflockig aus und setzt sich, falls gutes Malz verwendet wird und der Sudprozeß richtig geleitet worden ist, als ziemlich fester „Trub" am Boden des Kühlschiffes ab. Die klare Würze läßt man zur weiteren Abkühlung über den sog. Berieselungskühler laufen, der die Würze mit Hilfe einer Sole auf 6—7° C herunterkühlt. Die im Kühlschifftrub zurückgehaltene Würze wird mit Hilfe einer Trubpresse gewonnen und unter besonderen Vorsichtsmaßregeln (Sterilisation) später mit der Hauptwürze vereinigt.

Es gibt auch andere Würzekühlmethoden, bei denen ein Kühlschiff nicht benötigt wird. Erwähnt seien die modernen geschlossenen Plattenkühler, die jede Infektionsgefahr für die Würze ausschließen.

Einen neuen für die Trubklärung ausgearbeiteten Arbeitsgang stellt das *Kaltsedimentations-Verfahren* dar. Dasselbe bezweckt den Ersatz des Kühlschiffes durch eine Kombination von Plattenkühler mit geschlossenen Sedimentationsbottichen. Der Vorteil dieser Neuerung liegt bei vollkommener Selbstklärung wie auf dem Kühlschiff in der Vermeidung der Infektionsquellen wie der gewöhnlichen des Kühlschiffes und der der Trubpresse. Daneben werden auch die hohen Bierverluste bei der Ausschaltung des Anstellbottichs vermieden (*F. Windisch*) (776a).

Sudhausausbeute: Aus 1000 kg Gerstenmalz erhält man ungefähr 60 hl etwa 12%ige Würze (= 12% Extrakt). Dies ist die in Deutschland am meisten verbreitete Würzekonzentration. Fast alle hellen Lagerbiere werden in dieser Stärke eingebaut. In besonderen Zeiten gelten andere Konzentrationen.

C. Gärkellerarbeiten

Die Hauptvergärung der Bierwürze spielt sich im Gärkeller ab. Hier erfahren die Zucker- und Eiweißbestandteile sowie die Mineralsalze der Würze durch die Hefeenzyme eine tiefgehende Umwandlung. Es ist klar, daß man bei einem so empfindlichen Stoff wie Würze alle Vorsichtsmaßnahmen ergreifen muß, um eine Infektion zu vermeiden. Deshalb sind die modernen Gärkeller mit fugenlosen Wänden, Decken und Fußböden versehen, so daß nirgends Schlupfwinkel für Mikroorganismen entstehen können. Eine gewisse Gefahr bilden die Colibakterien, die mit dem Wasser eingeschleppt werden können. Sterile Belüftungs- und intensive Kühlanlagen sorgen

Abb. 35. Moderner Gärkeller (Kindl-Brauerei, Berlin-Neukölln).

für eine geruchsfreie, möglichst trockne und kalte Atmosphäre. Die Raumtemperatur eines Gärkellers für untergärige Biere liegt bei etwa + 5° C, die für obergärige bei 8—12° C (s. Abb. 35.).

Die gut isolierten Bottiche bestehen meistens aus Metall, und zwar aus Aluminium, nichtrostendem Stahl oder Eisenemaille. Auch fest eingebaute, mit einem Innenanstrich (Mamutpech) versehene Betonbottiche sind verbreitet. Holzbottiche, die einer ganz besonderen Pflege in bezug auf biologische Reinheit bedürfen, findet man nur noch selten in Deutschland. Man arbeitet in deutschen Brauereien überwiegend mit offenen Gärgefäßen. Die geschlossene Gärung, bei gleichzeitiger Gewinnung der Kohlensäure, hat sich noch nicht allgemein durchsetzen können. Die einzelnen Bottiche sind mit Kühlschlangen versehen, die entweder herausnehmbar im Bottichinnern oder eingeschlossen zwischen Bottichwand und Isolierschicht liegen.

Hefe

Die Hefe verwandelt die Würze in Bier, wobei die Hauptreaktion die Umwandlung von Maltose zu Alkohol und Kohlensäure ist. Kleine Beimengungen von Trisacchariden, Rohrzucker, Invertzucker und Glucose werden gleichfalls mitvergoren. — Da die Hefe nach mehreren Führungen unbrauchbar wird, muß immer für eine neue Hefereinzucht gesorgt werden. Dies geschieht in besonderen Reinzuchtapparaten, die die Hefen als absolute reine Kulturen erzeugen lassen. Alle Operationen wie Würzesterilisation, Beimpfung, Belüftung, Umrühren, Probeentnahme, Ablassen der Reinzuchthefe können absolut steril ausgeführt werden. Diese reine Hefe dient jetzt zum Anstellen (s. Abb. 36).

Die Anstellhefe wird gewöhnlich kurz vor Gebrauch mit einer kleinen Menge Würze tüchtig verrührt und durch vielfaches Umgießen von einem (sterilen) Gefäß in das andere kräftig mit Luft vermischt. Der Brauer nennt das „vorstellen". Dieses Vorstellen hat den Zweck, die Hefe durch den Luftsauerstoff energisch zur Sprossung anzuregen. Es sei darauf hingewiesen, daß die junge Zelle zur Aufbauarbeit einer zusätzlichen Energiequelle bedarf, nämlich der Sauerstoffatmung. Die Spaltarbeit der Zymase aber, die Gärung, kann ohne Sauerstoff vor sich gehen. Durch diese Lüftung schreitet die Hefevermehrung bei Zugabe zur Hauptwürzemenge unaufhaltsam fort, und somit wird der „tote Punkt" zu Beginn der Gärzeit möglichst schnell überwunden. Es wäre jedoch falsch, wollte man die Würze sofort mit einer übergroßen Hefemenge anstellen, da man in diesem Fall zwar eine gute Vergärung, aber nur eine geringe Hefevermehrung erzielen würde. Diese ist zwecks ständiger Verjüngung der Hefezellen aber absolut notwendig. Die Hefenernte jeder Gärung muß das drei- bis vierfache der Aussaatmenge betragen.

Untergärung

Die Würze muß sofort im Gärkeller mit der Kulturhefe Saccharomyces Carlsbergensis (= normale untergärige Bierhefe) — 0,5 l dickbreiiger untergäriger Hefe pro hl Würze — innig vermischt werden, damit keine Infektion (z. B. durch wilde Hefen) auftreten kann. Selbstverständlich geht man von einer Reinkultur aus. Diese große Aussaat vernichtet die fremden Eindringlinge von Mikroorganismen nach den Gesetzen der natürlichen Reinzucht (s. Kap. 16). Nach 24 Stunden ist bei einer Temperatur von 4—8° C eine deutliche Gärung eingetreten, worauf die Würze oftmals aus dem ersten Bottich — dem sog. Anstellbottich — in einen zweiten gepumpt wird. Dieses Umpumpen hat den Zweck, die jetzt am Bottichboden bereits ausgeschiedenen groben Eiweiß-Hopfenkonglomerate (Trub) sowie tote und gärschwache Hefezellen aus der Würze zu entfernen. Man erzielt auf diese Weise eine reinere Gärung, saubere Hefeernte, feineren Biergeschmack und regt auch die Hefe durch das nochmalige Vermischen mit Luftsauerstoff zur Vermehrung erneut an.

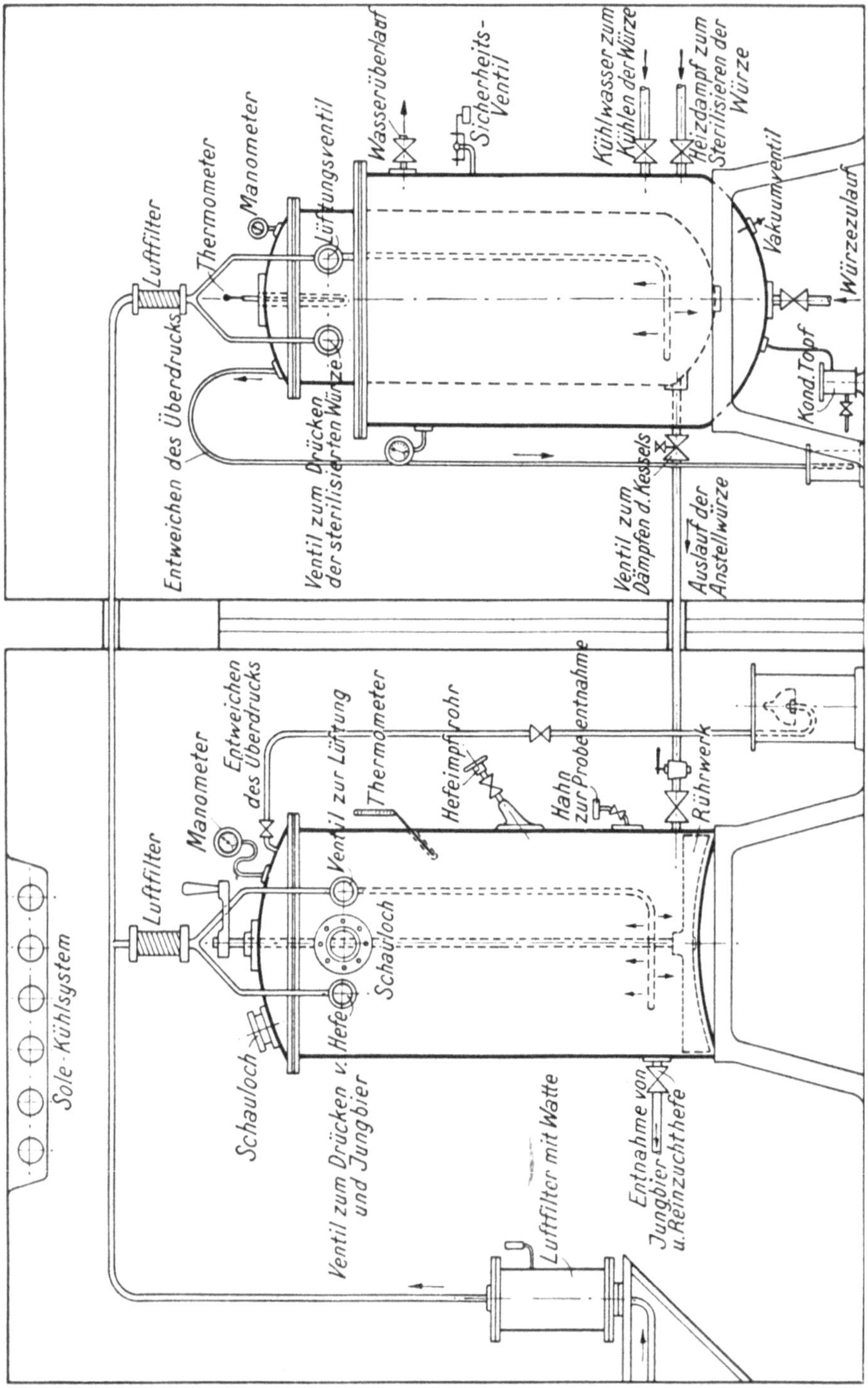

Abb. 36. Hefereinzuchtapparat und Würzesterilisator.
(Aus **Hennies** u. *Spanner*).

Das untergärige Gärbild verändert sich nach dem Umpumpen in der Weise, daß sich vom Rande ausgehend immer dichtere Schaummassen bilden, die schließlich die ganze Flüssigkeitsfläche bedecken. Diese „Kräusen" erhöhen und verdichten sich immer mehr und erreichen etwa am 3.—5. Tag das Stadium der „Hochkräusen". Diese zerklüfteten Schaummassen geben ein eigenartiges Bild, das wie eine Reliefdarstellung einer Polarlandschaft mit hohen Schneebergen und Tälern anmutet. Im letzten Drittel der Gärzeit fällt dieser Schaum allmählich in sich zusammen und hinterläßt schließlich eine dünne braune Decke von schmieriger Beschaffenheit und intensiv bitterem Geschmack. Diese Ausscheidungen, bestehend hauptsächlich aus Eiweiß- und Gerbstoffen sowie Hopfenharzen, müssen abgeschöpft werden. Die Hefe liegt nun fest am Boden. Der Brauer prüft die Klärung des vergorenen Bottichbieres durch Herausnahme einer Probe im „Schaugläschen". Die wichtigste Gärkontrolle besteht in der täglichen Messung der Temperatur und der Abnahme der Würzedichte durch Spindelung. In jedem Gärbottich schwimmt daher dauernd ein Thermometer und meist auch eine Würzespindel, die das spezifische Gewicht, in Zuckerprozente (Plato-Grade) umgerechnet angibt. Es folgt hier ein (schematisiertes) Beispiel für die Bottichgärung eines 12%igen hellen untergärigen Lagerbieres (s. Tabelle).

Gärtag	Extrakt %	Temperatur in °C in der Flüssigkeit
Anstelltag	12,0	6,0°
1. Tag	11,3	6,5°
2. Tag	10,4	7,5°
3. Tag	9,0	8,0°
5. Tag	6,5	7,5°
7. Tag	4,8	6,5°
9. Tag	3,8	4,5°
10. Tag	3,6	4,0°

Diese kalten Gärtemperaturen sind natürlich nur mit Hilfe künstlicher Kühlung aufrecht zu halten. Mit 3,6 Zuckerprozenten bei 4° C, mit der Spindel gemessen, wird das Bier zur Nachgärung in die geschlossenen Tanks des Lagerkellers gepumpt. Von 12% Zucker sind nach dem obigen Beispiel im Gärkeller 12—3,6 = 8,4% scheinbar vergoren[1]). Dabei ist angenommen, daß der scheinbare Endvergärungsgrad, d. h. der Grad, bis zu dem herab die Würze durch Kulturhefe vergärbaren Zucker enthält, bei 2,6% liegt. Ein dunkles Lagerbier würde nicht so weit vergären, beispielsweise nur etwa bis 5,5%, bei einer Endvergärung von 4,5%. Etwa 1% vergärbarer Zucker muß in beiden Fällen noch der Nachgärung im Lagerkeller vorbehalten bleiben (778).

Obergärung

Bei der Obergärung gibt man auf 1 hl Würze 0,2—0,4 l dickbreiige obergärige Hefe. Sie beansprucht eine wärmere Gärführung als die Unterhefe. Man stellt mit etwa 14° C an und läßt die Gärtemperatur unter Umständen bis zu 20° C steigen. Die Gärdauer beträgt 4—6 Tage. Die Gärdecke ist dicker durch den Gehalt an Hefezellen und von dunklerer Farbe als der lockere Schaum der Untergärung und stellt die Hefenernte des obergärigen Sudes dar. Sie darf am Ende der Gärung nicht zu Boden sinken, sondern muß rechtzeitig abgeschöpft werden. Obergärige Biere werden

[1]) Es sind nur scheinbar 8,4% Zucker vergoren. Tatsächlich sind es weniger, da der gebildete Alkohol ein leichteres spezifisches Gewicht der Würze vortäuscht. Man unterscheidet daher einen „scheinbaren" und einen wirklichen Vergärungsgrad. Letzterer kann nur nach Adbestillation des Alkoholgehaltes ermittelt werden.

ohne Lagerung meistens sofort auf Flaschen gefüllt, machen hier eine Nachgärung, verbunden mit der notwendigen Klärung durch und kommen mit einem Hefebodensatz zum Verbraucher. In selteneren Fällen wird obergäriges Bier so behandelt wie untergäriges, indem es nach längerer Tanklagerung filtriert als kristallklares Bier in den Handel kommt.

Lagerkeller

Der Lagerkeller dient zur Reifung des Bieres. Hier werden die letzten Maltosemengen (etwa 1%) vergoren, wobei gleichzeitig die letzten unerwünschten Geruchs- und Geschmacksstoffe ausgestoßen werden und ein stabiles kolloides System aus den Bierbestandteilen geschaffen wird. In den Lagerkellern herrscht eine Temperatur von etwa 0—2° C. Die geschlossenen Gärungsgefäße, sog. Tanks, sind aus Aluminium oder Eisenemaille. Stellenweise wird auch noch in althergebrachter Weise in Eichenholzfässern gelagert, weil in ihnen das Bier weniger Temperaturschwankungen unterworfen ist, als in Metalltanks.

Das aus dem Gärkeller kommende Jungbier macht unter einem Spundungsdruck von etwa 0,3 Atü eine sechs- bis zehnwöchige Lagerzeit durch. Die Gärung geht in schwachem Tempo weiter. Die Hefeenzyme vollenden hier ihr Werk, bis ein blankes, nahezu endvergorenes, in Geschmack und Geruch ausgeglichenes, mit dem gewohnten natürlichen Kohlensäuregehalt gesättigtes Bier entstanden ist. Es wird dann mit Hilfe von Filtermasse unter Gegendruck filtriert, damit es keine Kohlensäure verliert, und in frisch gepichte Transportfässer oder in steril gereinigte Flaschen abgefüllt. Eine Klärung des fertigen Bieres mit Hilfe von *Zentrifugen* ist schon seit Jahren in die Praxis eingeführt. (Kronenbrauerei A.-G. Lüneburg und Münchens Bryggeri in Stockholm sowie in sämtlichen anderen Brauereien der vereinigten Stockholmer Brauereien.) Hier wird das Massefilter mit Erfolg durch Bierseparatoren ersetzt.

Infektionsfreies Bierbrauen

Die Gefahren der Infektion bei der Bierbereitung führten zu dem Problem des sterilen Brauverfahrens. Es handelt sich in erster Linie darum, die großen Einfalltore für die Infektion, das Kühlschiff, den offenen Berieselungskühler und den offenen Gärbottich zu vermeiden. In einer Brauereianlage hat *F. Windisch* (778a) eine neue Anordnung der Apparaturen in einem vollständig geschlossenen System geschaffen, das die Herstellung und Ausstoß eines infektionsfreien Bieres unter Wahrung der Qualität und des Reinheitsgebotes gestattet. In der vollständig geschlossenen Anlage gelangt die Kesselwürze vom Ausschlagbottich über den Plattenkühler in das abgedeckte sterile Sedimentationsgefäß, worauf sich eine Vergärung der infektionsfreien Würze im geschlossenen sterilen Gärbottich mit steril hergeführter Reinzuchthefe anschließt. Der weitere Gang, die Kellerbehandlung ist schon heute in geschlossener steriler Form praxisüblich, so daß das Problem der Herstellung und des Ausstoßes eines infektionsfreien Qualitätsbieres nach *Windisch* als praxisreif gelöst betrachtet werden kann.

Das Bier

Zusammensetzung der Biere in normalen Zeiten:

	Extrakt %	Alkohol %	Eiweiß %	Asche %	Scheinbarer Vergärungsgr. %
Münchener Bier (Pschorrbräu)	6,47	3,62	0,581	0,219	64,3
Berliner Bier (Hochschulbier) .	4,82	3,37	0,451	0,197	74,0
Pilsner Urquell	5,00	3,61	0,381	0,190	73,3
Berliner Weißbier	3,19	3,07	0,253	0,143	80,7
Englische Biere (schwere Sorten)	8,68	6,72	0,775	0,382	72,8

Ein gutes Bier besitzt einen feinblasigen haltbaren Schaum. Hier spielen die Albumosen von der Molgröße 10000 eine große Rolle. Ob auch Dextrine hier wichtig sind, wird neuerdings bezweifelt.

Vitamingehalt des Bieres nach neueren Untersuchungen *(Norris)* (779). In 100 ccm Bier sind enthalten:

Aneurin 2—6 γ	Pantothensäure 40—80 γ
Adermin 40—90 γ	Riboflavin 30—120 γ
Nikotinsäure 500—2000 γ	(s. auch Kap. 10 S. 180)

Zu der Güte des Bieres ist noch anzuführen, daß zwischen Viskosität und den organoleptischen Eigenschaften gewisse Beziehungen bestehen. Ferner zeigen die am besten beurteilten Biere eine sehr niedrige Oberflächenspannung. Hiermit steht in Parallele die äußerst geringe Oberflächenspannung der an Hopfenbitterstoffen reichsten wäßrigen Hopfenauszüge *(G. Chabot)* (780).

Die Kältetrübung des Bieres wird z. T. durch Albumosen hervorgerufen. Im Kältetrub des Bieres fand *Sandegren* mittelst Ultrazentrifuge Tannin und ein Globulin vom Molekulargewicht $\approx$ 30000.

Biochemische Reaktionen der Hefe

Die Umwandlung der Würze zu Bier ist mit dem Lebensprozeß der Hefe eng verknüpft, denn die in die Augen fallende Gärung ist, biologisch betrachtet, die Hauptenergiequelle für die Aufbaureaktionen in der Zelle. Gärung ist also in diesem Falle nicht von dem Zellaufbau bzw. der Hefevermehrung zu trennen. Die Bedeutung der Zymasetätigkeit liegt zum guten Teil in der Energieversorgung der Zellen. Sicher aber dienen auch Spaltstücke der Glucose zum Aufbau stickstofffreier Zellsubstanzen wie auch des Eiweiß. Von den Hexosen werden *d*-Glucose, *d*-Fruktose, *d*-Mannose und *d*-Galactose mehr oder weniger lebhaft assimiliert.

Die Eiweißbildung beginnt mit der Aminosäuresynthese, indem höchstwahrscheinlich aus den Zuckersprengstücken und deren Umwandlungsprodukten mit Hilfe von Ammoniak der Aufbau erfolgt. So könnte z. B. durch eine einfache Addition von Ammoniak mit Hilfe der Aspartasewirkung aus Fumarsäure Asparaginsäure entstehen. Reaktionsschema:

Acetaldehyd ⟶ Essigsäure ⟶ Bernsteinsäure ⟶

$$\underset{\text{Fumarsäure}}{\begin{array}{l}\text{CH}\cdot\text{COOH}\\ \|\\ \text{CH}\cdot\text{COOH}\end{array}} + \text{NH}_3 = \underset{\text{Asparaginsäure}}{\begin{array}{l}\text{CH}\cdot\text{NH}_2\ \text{COOH}\\ |\\ \text{CH}_2\ \text{COOH}\end{array}}$$

Die Aspartase konnte von *H. Haehn* und *H. Leopold* in der Hefe nachgewiesen werden. *E. Adler*, *G. Günther* und *J. E. Everett* studierten das Gleichgewicht Iminoglutarsäure, Ketoglutarsäure, woraus sich auch ein Weg zur Bildung von Aminosäuren ergibt. Auch andere Ketosäuren bilden die Brücke zu Aminosäuren (s. Umaminierungen). Daß die Hefe nicht einfach hochmolekulares Eiweiß als solches der Zelle einverleibt, geht daraus hervor, daß genannte Eiweißart keinen Nährstoff für Hefedarstellt, sondern daß im Gegenteil gerade die kleinen stickstoffhaltigen Moleküle, wie Aminosäuren, Säureamide und niedere Polypeptide aufgenommen werden. Hierbei hat sich gezeigt, daß die in der Würze nachgewiesenen 18 verschiedenen Aminosäuren von den obergärigen Hefen besser ausgenutzt werden als von den untergärigen *(E. C. Barton-Wright)*. Außer der Stickstoffaufnahme findet auch eine Eiweißabgabe während der Gärung statt. Das ist eine seit langem bekannte Beobachtung von *Pasteur*, *Duclaux*, *Laborde*, *Delbrück*, *Hayduck* und *Lampitt*, die besonders in manchen Fällen einen Hefestickstoffverlust bis zu 33% des Gesamtstickstoffes nachweisen konnten. Wahrscheinlich war in diesen besonderen Fällen eine starke Autolyse eingetreten, denn *Euler* und *Fink* stellten dagegen nur eine N-Abgabe von 5% fest. Hier sehen wir, wie die proteolytischen Enzyme im Werdegang des Bieres eine äußerst wichtige Funktion zu verrichten haben.

Um noch mehr Klarheit in dieses komplizierte Stoffwechselsystem zu bringen, haben *W. Windisch*, *P. Kolbach* und *E. Hennecke* ausführliche Studien über die assimilierbaren Stickstoffverbindungen in der Bierwürze angestellt. Bei Würze mit sehr geringem Extraktgehalt wurde gefunden, daß etwa 60% des assimilierbaren Stickstoffes aus dem Aminostickstoff bzw. Ammoniak stammt. Hier ist also ein großes Betätigungsgebiet für die Polypeptidasen und die Dipeptidase der Hefe. Die Autoren bestätigten auch mit modernen Hilfsmitteln, daß die hochmolekularen Eiweißstoffe für Hefe nicht angreifbar sind. Dieser Zustand bleibt auch bestehen, wenn man diese Proteine vor dem Hefeversuch mit Papain und Pepsin behandelt, ein Beweis, daß die durch diese Enzyme entstehenden Komplexe immer noch zu groß sind. Ganz anders wirkt Trypsin. Dasselbe liefert in großen Mengen assimilierbaren Stickstoff, sowohl Aminosäuren als auch Polypeptide. Man konnte nämlich feststellen, daß das Verhältnis von Aminosäuren zu Polypeptiden in der unvergorenen und vergorenen Würze ungefähr das gleiche ist. Ergänzt wurden diese Ergebnisse durch *Niels Nielsen* und Mitarbeiter, die eine Assimilation von etwa 40—50% des Gesamtstickstoffes der Würze durch Hefe beobachteten. Weiter konnte die besonders leichte Assimilierbarkeit der kleinen Moleküle bestätigt werden. Bei einem Dialyseversuch lieferte die Außenflüssigkeit 68% resorbierbaren Stickstoff, während von dem Stickstoff der nichtdialysablen Fraktion nur 19% von den Hefezellen aufgenommen werden konnten. Bei der Prüfung, ob aller formoltitrierbarer Stickstoff assimilierbar sei, stellte sich nur eine teilweise Resorbierbarkeit heraus. In den meisten Fällen wurden 50% aufgenommen, ausnahmsweise 70%.

Dieses Resultat führte zu der Fragestellung, ob manche Aminosäuren von der Zelle unverwertbar seien? Im Gegensatz zu den bisherigen Arbeiten mit normaler Würze hat nun *Niels Nielsen* mit einem Stab von Mitarbeitern die einzelnen Aminosäuren in künstlichen Nährlösungen geprüft, wobei kleine Beigaben von Bierwürzen (½—1%) als Wuchsstoff dienten (s. Kap. 9). Früher hatten schon *F. Ehrlich*, *Pirschke* und *Thorne* Aminosäuren von Hefen assimilieren lassen. *Nielsen* untersuchte 32 chemisch reine kristallisierte Aminosäuren, von denen eine Anzahl, einzeln dargereicht, von Hefen nicht angegriffen werden, wie Lysin, Aminoadipinsäure und Diaminopimelinsäure. Dagegen ist Lysin in einem Aminosäuregemisch gut verwertbar. Von den anderen Aminosäuren werden nur 50% der dargebotenen razemischen Form assimiliert, da nur eine optisch aktive Komponente, meist die linksdrehende, ausgewählt wird. Nur bei Asparagin- und Glutaminsäure werden beide optischen Formen vollst ndig verarbeitet. Auch in diesen Versuchen wurde von den Hefen Eiweiß ausgeschieden, allerdings kein gerinnbares. Der Umfang der Abgabe hängt einmal von dem Eiweißgehalt der Hefe und dann auch von der Menge des beigefügten Wuchsstoffes ab. Je weniger von demselben vorhanden ist, um so größer ist die Stickstoffausscheidung und umgekehrt. (Über N-Assimilation s. R. S. W. Thorne (1056).

Von dem großen komplizierten Gebiet des Hefestoffwechsels in Würze sind bisher nur die beiden eben erläuterten Enzymsysteme näher untersucht. Die vielen anderen harren noch der Erforschung. Angefügt sei noch die Anreicherung der Hefe mit Vitaminen während der Gärung. Aneurin, Nikotinsäure und Adermin werden aus der Würze aufgenommen, während Riboflavin und Pantothensäure von der Hefezelle selbst synthetisiert werden.

Die bei der Gärung auftretende Kohlensäure wird in verschiedenen Betrieben aufgefangen und komprimiert in Stahlflaschen in den Handel gebracht. Es wäre auch daran zu denken, das Gas von gewissen Algen assimilieren zu lassen zur Bereitung eines Viehfutters (S. 356, 374).

Überblicken wir all die vielen Reaktionen vom Quellstock über die Malztenne, das Sudhaus, den Gärkeller bis zum Lagerkeller, die zu beachten sind und die daraus folgenden ungezählten Handgriffe, die nötig sind, um ein gutes Bier zu erzeugen, so leuchtet ohne weiteres ein, daß das Brauen weder eine rein wissenschaftliche Betätigung noch ein einfaches Handwerk, sondern ein sich auf wissenschaftlicher Basis stützender praktischer Beruf ist, und daß vor allem die richtige Beherrschung aller Maßnahmen bei den sich ständig ändernden Bedingungen im lebenden Material ein Meisterstück darstellt, weshalb wir heute noch mit Recht von einer Braukunst reden.

Schrifttum

Schönfeld, F., Handbuch der Brauerei und Mälzerei. Verlag P. Parey, Berlin. Band I (1930); Band II (1932); Band III (1935).
— Obergärige Biere. Verlag P. Parey, Berlin 1938.
Leberle, H., Die Bierbrauerei. Verlag F. Enke, Stuttgart. 1. Teil: Technologie der Malzbereitung (1938); 2. Teil: Technologie der Bierbereitung (1931).
— Abriß der Bierbrauerei. Verlag F. Enke, Stuttgart 1937 u. 1949.
Lintner, C. J., *Lüers, H.*, Grundriß der Bierbrauerei. Verlag P. Parey, Berlin 1936. Neue Auflage v. *H. Lüers* 1949.
Pawlowski-Doemens, Die brautechnischen Untersuchungsmethoden. Verlag H. Carl, Nürnberg.
Lüers, H., Chemie des Brauwesens. Verlag H. Carl, Nürnberg 1950.
Hayduck, F., Brauerei-Lexikon. Verlag P. Parey, Berlin 1925.
Lindner, P., Mikroskopische und biologische Betriebskontrolle in den Gärungsgewerben. Verlag P. Parey, Berlin 1930.
Schnegg, H., Mikroskopisches Praktikum. Verlag F. Enke, Stuttgart. 1. Teil (1921).
Bamann, E., und *Myrbäck, K.*, Die Methoden der Fermentforschung. Die Fermente in den Gärungsindustrien von H. Haehn. Leipzig. Georg Thieme, 1941.
de Clerck, Jean, Cours de Brasserie. Verlag Imprimerie van Lienthout, Louvin 1948. Übersetzung von P. Kolbach. Verlag Inst. f. Gärungsgewerbe, Berlin. 1951.
Lüers, H., Fortschritte der Stärkeforschung. Brauwissenschaft 1948, Heft 4, S. 53.
Lüers, H., Die Proteine des Bieres. Verlag H. Carl, Nürnberg 1949.
Lüers, H., Die Hefe. Verlag H. Carl, Nürnberg 1949.
Bausch, H., Arbeitsvorschriften zur chem. brautechnischen Betriebskontrolle. Verlag P. Parey, Berlin-Hamburg 1950.

16. Kapitel

Natürliche Hefereinzucht [1])

Wir haben im 5. Kapitel gesehen, daß man die Hefen in sog. Reinkulturen erhalten kann. Es ist selbstverständlich, daß man heute in den meisten Gewerben Reinzuchten eingeführt hat. Wenn wir uns aber die Technologie der Gärungen vor Augen halten, so müssen wir die Frage aufwerfen, ob es überhaupt möglich ist, im technischen Betrieb für die Erhaltung der Reinkulturen zu sorgen. In dem strengen wissenschaftlichen Sinne, wie wir bisher die Reinkultur kennengelernt haben, ist der Reinheitsgrad in der Technik mangels mechanischen Ausschlusses aller Infektionsmöglichkeiten nicht aufrecht zu erhalten, aber die technischen Gärmethoden sind auf Grund praktischer Erfahrungen so ausgebaut, daß z. B. eine in die Brauerei eingebrachte Reinkultur sich längere Zeit praktisch sehr rein hält, und man im Gegen-

[1]) Es ist wohl besser, von einer „praktischen Reinzucht" oder „*Delbrücks* Reinzucht", anstatt von einer „natürlichen Reinzucht" zu sprechen, um nicht einen künstlichen Gegensatz zu betonen zu den absoluten Reinkulturverfahren von *Koch* und *Hansen*, die sich ja auch natürlicher Arbeitsmethoden bedienen. Im vorliegenden Buche soll indessen der alte historische, in der Praxis eingebürgerte Ausdruck weiter verwendet werden.

satz zu einem absoluten Reinkulturverfahren hier von einer natürlichen Reinzuchtmethode sprechen kann. Es war *Max Delbrück*, der, angeregt durch die gewaltigen Entdeckungen und Erfindungen eines *Pasteur* und *Hansen* auf dem Gebiete der Hefezüchtungen, auf Grund scharfer Beobachtungen in den Betrieben den Begriff von der „natürlichen Hefereinzucht" schuf.

Um von vornherein alle Irrtümer auszuschalten, sei zunächst das Verhältnis der absoluten Reinzucht zur natürlichen Reinzucht kurz skizziert. Die natürliche Reinzucht ist durchaus kein Ersatz für die absolute. Im Gegenteil, die erste Art basiert auf der zweiten. Man geht von ihr aus und sucht sie rein zu erhalten durch die Anwendung der Regeln der natürlichen Reinzucht. Beide Reinzuchtmethoden ergänzen sich einander im praktischen Betriebe. Eine Methode ist ohne die andere nicht denkbar. Mit einer absoluten Reinkultur wäre in den Gärungsgewerben nicht viel anzufangen ohne die Maßnahmen der natürlichen Reinzucht, da sie sehr bald infiziert und unbrauchbar werden würde. Die weiteren Ausführungen über dieses Problem werden völlige Klarheit bringen.

Was verstehen wir nun unter natürlicher Hefereinzucht?

Um dies klarzulegen, müssen wir zunächst einen Blick nach rückwärts tun. Wir haben im 5. Kapitel die Methoden der Reinzucht kennengelernt und erfahren, daß man durch Isolierung und Vermehrung einer einzigen Zelle zur absoluten Reinkultur kommt. *Hansen* hatte mit Hefen diesen Weg zuerst eingeschlagen. Er trennte die verschiedenen Arten auf rein mechanische Weise. Die einzelnen Zellen der Mikroben wurden, wie bereits früher ausgeführt, durch starke Verdünnung der Nährböden so weit voneinander gebracht, daß ein Herauslesen einer einzelnen Zelle möglich ist. Durch Fortpflanzung dieser isolierten Zelle entsteht die absolute Reinkultur.

Das Prinzip der natürlichen Reinzucht basiert auf anderen wissenschaftlichen Disziplinen. Biologische Eigenschaften, Eigentümlichkeiten der Hefe, physikalische und chemische Hilfsmittel werden ausgenutzt, um eine Trennung der Rassen zu erzielen. Die natürliche Reinzucht faßt das Leben der Mikroben in der Natur wie in den Gewerben auf als den Kampf um die Erhaltung der Art. In dem Kampf ums Dasein werden wichtige Eigenschaften der Mikroorganismen erworben, die als Ergebnis gewisser Kulturbedingungen aufzufassen sind. Diese Eigenschaften sind so charakteristisch, daß sie als Rasseeigenschaften bestimmten Rassen eigentümlich sind und zur Trennung der Arten herangezogen werden können. Eine besonders wichtige, erworbene Eigenschaft ist die in jedem Organismus schlummernde Widerstandsfähigkeit, die, durch gewisse physiologische Funktionen bis zu einem gewissen Höchstmaß gesteigert, den Organismus vor der Selbstzerstörung, Selbstauflösung, schützt. Im Experiment stellt man die verschiedenen Organismen in den Kampf ums Dasein und verhilft durch gewisse Eingriffe der gewünschten Rasse zum Siege. Hierbei bedient man sich einmal der Rasseneigenschaften, dann aber auch des Einflusses der Kulturverhältnisse. Eine genaue Kenntnis der biologischen Naturgesetze ist dabei die Voraussetzung. Nicht immer handelt es sich indessen um einen aggressiven Kampf der Rassen untereinander. In sehr vielen Fällen geschieht die Trennung der Arten durch Auswahl mit Hilfe spezifischer Nährböden. Ein ungünstiger Nährstoff unterdrückt eine Art, während eine andere unter gleichen Kulturbedingungen eine üppige Flora entwickelt. Jedoch da, wo eine Rasse für andere einen gewissen Giftstoff bildet, kann man von einem aggressiven Kampf der Arten sprechen. Auch eine höhere Alkoholkonzentration wird schon manchen Arten zum Verhängnis. Hätte man z. B. den einfachen Fall der Trennung einer Weinhefe von einer Bierhefe vorzunehmen, so würde man die eine Rasseneigenschaft der Weinhefe, viel Alkohol zu bilden und zu vertragen, zur Trennung heranziehen. Das Hefegemisch würde einer hochkonzentrierten Zuckerlösung (Würze) ausgesetzt, worauf nach einigen Züchtungen die Bierhefe verschwunden wäre. Bei diesen hier dargebotenen Lebensbedingungen könnte die Bierhefe den Kampf nicht bestehen, die Konzentration des Alkohols wäre zu hoch. Die Weinhefe jedoch würde in diesem Medium leben bleiben und so zur Alleinherrschaft kommen. Durch Auswahl der Kulturmethoden kann man ebenfalls die verschiedensten Trennungen zuwege bringen. Die angewandten Mittel werden weiter unten behandelt. Es sei nur ein Beispiel angeführt. Um die Berliner Weißbierhefe von anderen obergärigen Bierhefen zu trennen, verwendet man eine ziemlich saure Würze, die der Weißbierhefe die Oberhand gibt. Ein Fall, bei dem wieder die Rasseneigenschaft zu Hilfe genommen wird, ist die Isolierung der untergärigen Bierhefen von den wilden Rassen (z. B. Saccharomyces Pasteurianus, Saccharomyces ellipsoideus, Torulahefe). Diese haben die Eigenschaft, weil sie klein und leicht sind, lange zu schweben, sich also nicht oder erst sehr spät abzusetzen, im Gegensatz zu der großzelligen, schweren U-Hefe. Pumpt man also das Bier, nachdem sich ein Bodensatz gebildet hat, um, so hat man die wilden Hefen im neuen Gefäß im Bier, die U-Hefe im Bodensatz des alten Bottichs. Aber dieses „Satzverfahren" läßt noch verschiedene Feinheiten zu, denn ein vertikaler Durchschnitt durch den Satz zeigt eine Schichtung, die offenbar die Folge von verschiedenen leicht absetzbaren Hefegruppen ist. Durch Wegräumen der nicht gewünschten Schichten kommt man zur gewollten Reinhefe (Satzverfahren). Bei obergärigen Hefen benutzt man wieder den Auftrieb der Zellen als trennendes Prinzip (Triebverfahren).

Eine kritische Überlegung zeigt indessen, daß das Verfahren der *Delbrück*schen Reinzucht nicht immer zur absoluten Reinzucht führen kann, es werden meistens nur Gruppen von Rassen mit gleichartigen Eigenschaften isoliert. Das ist der Gegensatz zur absoluten Reinzucht, die wirkliche Reinheit garantiert. Aber die Praxis legt hierauf keinen Wert; sie hat oft mit Gruppen von Hefen bessere Gärerfolge als mit der absoluten Reinzucht. Man hat z. B. im Brennereibetrieb mit einer geeigneten Hefemischung höhere Ausbeuten erzielt als mit einer absolut reinen Rasse. Aus der Brauereipraxis weiß man, daß nach Übernahme einer absoluten Reinkultur das Bier erst nach einigen Führungen von erster Qualität ist, offenbar erst dann, wenn die Hefe gewisse Eigenschaften angenommen und vielleicht verschiedene Spielarten gebildet hat.

Das *Delbrück*sche System läßt sich bis zur absoluten Vollkommenheit nicht ausbilden, so daß der Brauer gezwungen ist, nach einer Anzahl von Führungen die Betriebshefe wieder durch eine *Hansen*sche Reinzucht zu ersetzen. Die Nutzanwendung in der Brauerei besteht heute darin, die in den Betrieb genommene Hefe möglichst lange vor Infektionen zu schützen. Aber zu lange im Betrieb geführte Hefe entartet allmählich physiologisch, wie wir im 14. Kapitel gesehen haben, und so kann schon aus diesem Grunde nicht ewig mit derselben Reinzucht gearbeitet werden.

In der Brennerei liegen die Verhältnisse so, daß man durch saure Maischen bei höherer Temperatur die minderwertigen Hefen ausschließt. Auch die Gärprodukte in höherer Konzentration schützen hier besonders vor Invasion.

In der Lufthefefabrikation wird *Delbrücks* Prinzip zur Reinhaltung der Gärung folgendermaßen angewendet. Vor dem Einsetzen der Gärung bietet der Säuregehalt einen gewissen Schutz gegen Infektion. Das Hauptgewicht liegt aber in der Luftzufuhr, die die Hefe befähigt, sich außerordentlich schnell zu vermehren, den feindlichen Mikroorganismen an allen Stellen der Würze mit ihren Waffen Alkohol und Kohlensäure erfolgreich entgegenzutreten. Ist die Gärung beendet, so muß die Hefe möglichst rasch von der vergorenen Würze getrennt werden, denn die Schutzwaffen Alkohol und Säure vermögen in der jetzt vorliegenden Konzentration nicht mehr vor Infektionen zu schützen.

In Milchsäurefabriken dient zunächst die außerordentlich hohe Gärtemperatur zur Fernhaltung der Infektionen, nach begonnener Gärung ist das Gärprodukt selbst äußerst aktives Kampfmittel zur Reinhaltung.

Die Bedeutung des Systems der natürlichen Reinzucht

Es wurde schon darauf hingewiesen, daß die Brauereipraxis die *Hansen*sche Reinkultur im Betriebe nicht absolut rein erhalten kann. Die *Delbrück*sche Lehre dagegen gestattet die Hefe so rein zu bewahren, wie sie zum Brauen benötigt wird. Dabei sind die anzuwendenden Maßnahmen nicht neu, im Gegenteil, sie sind jedem Brauer geläufig. Es handelt sich hier darum, die Arbeitsweisen geschickt, in der richtigen Phase, anzuwenden. Vor *Delbrück* arbeitete man in Gärbetrieben aus Tradition, aus Hausgebrauch, aus guter Erfahrung und gelangte bei gutem Glück zum Ziel. Man verstand den wissenschaftlichen Sinn der verschiedenen Eingriffe nicht. *Delbrück* erkannte in den vielen einzelnen Maßnahmen des Brauers und Brenners einen gemeinsamen Leitgedanken und vereinigte sie deshalb zu einem System, dem System der natürlichen Reinzucht. Es handelt sich um ein einfaches, zuverlässiges, praktisches Verfahren auf wissenschaftlicher Grundlage. Nach *Delbrück* arbeitet man nun bewußt; man weiß genau, welchen Sinn ein Eingriff hat und kommt bei vollständiger Beherrschung der Regeln zielsicher zu dem gewünschten Gäreffekt. Man ist also heute in der Lage, den Betrieb zu zügeln, mit Absicht eine gewisse Richtung einzuhalten. Auf diese Weise bleibt die Hefe betriebsrein. Dabei soll selbstverständlich die absolute Reinkultur nicht als überflüssig bezeichnet werden. Im Gegenteil, jeder Gärbetrieb muß, wie betont, mit der *Hansen*schen Kultur beginnen, sonst wird die Sicherheit einer bestimmten Gärungsführung gleich von vornherein stark gefährdet. Den eingeführten Hefesatz nun recht lange im Betrieb praktisch rein zu halten, das allein bezweckt heute, worauf schon hingewiesen, die *Delbrück*sche Lehre in der Brauereipraxis.

Die Gesetze der natürlichen Hefereinzucht sind seit dem Jahre 1895, in welchem *Delbrück* sie aufstellte, maßgebend geworden für alle Gärführung in denjenigen Gewerben, welche Hefezucht betreiben, wie in Brennerei, Brauerei und Preßhefefabrikation. Sie sind es weniger in der Weinbereitung, denn dort hat man es nicht allgemein mit einer kunstmäßigen Fortpflanzung der Hefe zu tun. Sie lassen sich aber auch für diese Verhältnisse anwenden, ebenso auch für die Essigindustrie, Molkerei und Käsefabrikation, mit einem Wort überall, wo man es mit industriell verwendeter Mikrobenarbeit zu tun hat.

Großen Nutzen wird man aber auch von der Anwendung der Regeln der *Delbrück*schen Reinzucht haben, wenn sie auf die Bakteriologie der Landwirtschaft, die Hygiene und Medizin übertragen werden. In der Agrikulturbakteriologie sind bereits einige Erfolge erzielt worden, z. B. bei der rationellen Nutzbarmachung des Stalldüngers im sogenannten Heiß-Gärverfahren. Ferner hat sich die Landwirtschaft durch Konservierung der Feldfrüchte bei der Einsäuerung dieses Verfahrens bedient. In der Hygiene soll ein dem Menschen oder Tier nützlicher oder wenigstens nicht schädlicher Mikroorganismus als Kampfmittel dienen, den Krankheitspilz zu vertreiben, und das kann nur geschehen, wenn im Konkurrenzkampf der eine gewünschte Organismus Sieger bleibt. Im Darm spielen sich täglich solche Kämpfe ab, wobei in der Regel die pathogenen Bakterien durch Coliarten und andere Säureerzeuger vernichtet werden. *Metschnikoff* hat dieses Kampfprinzip zu einer Darmhygiene mit bestimmten Milchsäurebakterien (Yoghurt) ausgebaut.

Mittel der natürlichen Reinzucht

Wir hatten schon am Anfang dieses Kapitels verschiedene Methoden zur Trennung verschiedener Heferassen kennengelernt. Nun wollen wir sehen, welche zahlreichen Mittel dem Praktiker überhaupt zur Verfügung stehen.

Zunächst kommen solche Methoden in Frage, die auf den verschiedenen physiologischen Eigenschaften der Rassen basieren. Unter bestimmten Kulturverhältnissen werden schwächere Rassen infolge schnellerer Entwicklung der stärkeren unterdrückt. Oft ist die Art der Nährlösung, die Konzentration der Nährsubstrate und das gegenseitige Mengenverhältnis der Nährstoffe untereinander ausschlaggebend. Ist das Wachstum in Gang gekommen, so machen sich die Umsatzstoffe auswählend bemerkbar. Kohlenhydrate und Eiweißstoffe liefern Spaltprodukte, die sich je nach Konzentration auf die verschiedenen Mikroorganismen verschiedenartig auswirken können. In manchen Fällen ist wieder die Wachstumskraft, in anderen die Gärkraft das trennende Prinzip gewisser Rassen. Alles ist hier auf den Kampf ums Dasein eingestellt. Durch Ausbildung gewisser Fähigkeiten besiegt eine Rasse die andere. Die stärkere Rasse läßt die schwache einfach nicht aufkommen. Sie produziert z. B. schnell Giftstoffe (Alkohol, Kohlensäure) und vernichtet damit den Wettbewerber. Bei längerer Kultur passen sich manche Mikroorganismen einem bestimmten Medium an, gewöhnen sich z. B. an eine bestimmte Säure oder Desinfektionsmittel und werden dadurch zum Sieger über den Konkurrenten. Eine wichtige physiologische Eigenschaft ist auch die Neigung zur Konglomerierung, zur Agglutination. So bilden gewisse Hefen leicht Bruch und können dadurch von den schwebenden Zellen getrennt werden.

Diese Erscheinungen führen zur Anwendung physikalischer Mittel in der *Delbrück*schen Reinzucht. Solche Bruchhefen sind natürlich keine Reinhefen, aber durch Schlämmen mit Wasser können höhere Reinheitsgrade erzielt werden. Nach erfolgter Bruchbildung ist auch durch das Umpumpen eine Trennungsmöglichkeit gegeben. Hier wird die leichte, schwebende, nicht flockende Hefe weggeführt, und die schwere, abgesetzte Hefe bleibt zurück. Sind verschieden schwere Hefen zur Entwicklung gekommen, so erfolgt Trennung durch Schichtenbildung, die, wie später noch ausgeführt wird, im amerikanischen Gärsystem zur höchsten Ausbildung gelangt ist.

Mit Hilfe verschiedener Temperaturen scheidet man leicht die Bakterien von den Hefen. Hier ist das Temperaturoptimum von ausschlaggebender Bedeutung.

Chemische Mittel spielen eine wichtige Rolle. Alkohol in höheren Konzentrationen als Bakteriengift ist allgemein bekannt, aber auch in größerer Verdünnung gehen viele Mikroorganismen zugrunde oder werden in ihrer Entwicklung gehemmt. So verhindert schon eine 4—5%ige Lösung die Sproßtätigkeit vieler Hefen.

Ebenso wirkt die Kohlensäure schon in Konzentrationen von 0,3% als Hemmungsmittel bei der natürlichen Auswahl. Unter den physiologischen Säuren nimmt die Milchsäure eine Sonderstellung ein, da sie eines der stärksten Kampfmittel bildet.

Es wurde schon erwähnt, daß sich manche Organismen an gewisse Chemikalien, Reizstoffe, gewöhnen und dadurch im Konkurrenzkampf die Oberhand gewinnen. Hierher gehören gewisse Mineralsäuren und Desinfektionsmittel anderer chemischer Natur.

Aus dieser kurzen Skizze ersieht man schon, welcher mannigfachen Mittel sich die Organismen für den Kampf ums Dasein bedienen. Es sei hier besonders darauf hingewiesen, daß in der Regel mehrere Kampfmittel zu gleicher Zeit zur Anwendung kommen, so daß man oft nicht die Intensität der Wirkung der einzelnen Faktoren erkennen kann.

Durch die richtige Handhabung dieser Kampfmittel können die gefährlichen Klippen der Praxis umschifft werden, so z. B. der „tote Punkt der Gärung", der oft einen Sud durch Infektion zum Verderben führte. *Delbrück* verstand hierunter in erster Linie das Stadium vor Eintritt der Gärung, also einen Zustand, in dem die Hefe noch keine lebhafte Tätigkeit entfaltet, also noch keine Abwehrstoffe gebildet hatte. Arbeitende, d. h. Alkohol und Kohlensäure erzeugende Hefe schützt sich selbst und die umgebende Gärflüssigkeit gegen Angriffe schädlicher Mikroorganismen. Für alle mit Hefe arbeitenden Gärungsgewerbe gilt daher die Regel, den toten Punkt nach Möglichkeit zu vermeiden oder abzukürzen und dafür zusorgen, daß zur Zeit des toten Punktes kräftige Hefe wirkt oder andere Schutzmittel in genügender Menge vorhanden sind, und zwar in der Brauerei während der Angärung Kälte, Hopfenbitterstoffe und Zucker. Kommt die Würze auf das Kühlschiff, so besteht zunächst äußerst geringe Infektionsgefahr, da die verdampfende Flüssigkeit sterilisiert und einen guten Teil der Luftkeime wegtreibt. Bei 60° C muß das Schiff entleert werden, und schnellste Abkühlung bis zur Gärtemperatur hat zu erfolgen; denn bei 50° würden sich Milchsäurebakterien, bei 40° Buttersäurebakterien und bei 30° C Heferassen aller Art einnisten. Der Augenblick, in dem die Würze mit der richtigen Gärtemperatur in den Gärbottich eintritt, muß ausgenutzt werden, um eine recht aktive Hefe in der Würze zur Entwicklung zu bringen. So gibt es keinen toten Punkt in der Gärführung. Nach Beendigung der Gärung tritt noch einmal das Gefahrenmoment ein. Hier, bei der Nachgärung, schützen ausgiebig die Kälte, die Hopfenbitterstoffe, der Alkohol und die Kohlensäure. In der Brennerei hat sich unter diesem Gesichtspunkt folgende Arbeitsweise bewährt: Man säuert das Gärgut mit Schwefelsäure oder durch Milchsäurebakterien an, kühlt herunter und gibt ohne Zwischenzeiten bei erreichter Gärtemperatur sofort einen reichlichen, aktiven Hefesatz zu.

Trennung der Rassen untereinander durch Kampf

Es war schon angedeutet worden, daß sich die Heferassen in verschiedenen Nährmedien ganz verschieden entwickeln. Die Folge davon ist, daß bei gleichmäßiger Aussaat verschiedener Heferassen die eine die andere unterdrückt, wenn für eine die Lebensverhältnisse günstiger sind.

Für Bakterien hat *Beijerinck* (780a) unabhängig von *Delbrück* ein natürliches Reinzuchtsystem in großartiger Weise entwickelt, das er „Anhäufung" nennt.

Die Kampfmittel zur Trennung der Rassen sind verschiedenartiger Natur. Man benutzt den Kampf um die Nahrungsmittel und verwendet anderseits auch den Einfluß der Lüftung während der Züchtung. Die Empfindlichkeit gegen Umsatzstoffe, Säuren und Getreidegifte differenziert ebenfalls stark, aber besonders einschneidend ist die Wirkung der Temperatur.

a) Kampf um die Nahrungsmittel

Ein schönes Beispiel für den Einfluß der Nährstoffe bei der Zuchtwahl geben Versuche in einer Fabrik, die *W. Henneberg* ausgeführt hat. Durch längeres Führen der Hefe Rasse II und Rasse XII in verschiedenen Maischen konnte die Rasse XII die Oberhand gewinnen.

Als Nährsubtrat diente zunächst Roggen-Malzmaische:

Die Maische I hatte 19° Balling und 0,6% Milchsäure. Es zeigte sich, daß bei gleicher Aussaat der Rassen nach der 15. Führung nach 1½ Monaten das Zahlenverhältnis der Rasse II : Rasse XII wie 1 : 31 war.

Daß es sich nicht um die Wirkung der Milchsäure handelt, geht aus Versuch mit Maische II hervor. Diese hatte 24° Balling und 1,2% Milchsäure.

Ergebnis: Bei der 15. Führung genau wie bei der vorigen Maische. Rasse II : Rasse XII wie 1 : 31.

Bei der 23. Führung nach zwei Monaten ergab sich ein Verhältnis von 1 : 85 für Rasse II : Rasse XII. In der Getreidemaische siegt also in beiden Fällen Rasse XII, wenn auch die Verdrängung der anderen Rasse nur langsam stattfindet.

So lassen sich noch andere Beispiele anführen. Es soll nur noch erwähnt werden, daß sich die stärksten Brauereihefen in Milch infolge mangels an geeigneten Zuckern nicht behaupten können.

b) Der Einfluß der Lüftung

Die Heferassen bilden eine Reihe von den wenig luftbedürftigen ansteigend bis zu den stark luftbedürftigen; die ersteren können als Gärhefen, die anderen als Wuchshefen bezeichnet werden. Die Gärhefen haben geringere Vermehrungskraft, sammeln Eiweiß, werden gärstark und überwinden dadurch gelegentlich die wüchsigeren Hefen. Es ergibt sich folgende Reihe, mit den Wuchshefen beginnend:

Kahmhefe (z. B. Mycoderma cerevisiae Desmazi res),
Torula (z. B. Torulopsis utilis),
Brennereihefe (Bäckerhefe; die obergärigen Rassen II, XII, M, D),
Brauereioberhefe (Saccharomyces cerevisiae; Weißbierhefe, Grätzer Hefe, Porter Hefe, englische Lagerbierhefen),
Brauereiunterhefe (Saccharomyces cerevisiae; Typus Frohberg).

Bei geringer Lüftung kommen die Gärhefen auf. Bei starker Lüftung erhalten die Wuchshefen einen Vorsprung.

Die spezifische Wuchshefe ist der Kahm; sie unterdrückt echte Hefe bei Lüftung mit Leichtigkeit. Will man den Kahm beseitigen, so muß man die Lüftung einstellen. Aber bei den Lüftungsversuchen ist gleichzeitig die Temperatur ausschlaggebend, so daß in der Praxis beide Faktoren stets in Rechnung gesetzt werden müssen. Das sei an folgenden Beispielen klargemacht:

1. Versuch: Temperatur 27,5—29° C.
Aussaat = 1,2 g Frohberg (Brauereiunterhefe) + 0,3 g Kahm.
Zellenverhältnis bei Beginn der Gärung: Frohberg 33,2%, Kahm 66,8%.
Zellenverhältnis nach 3 Tagen Gärung: Frohberg 98,1%, Kahm 1,9%.

2. Versuch: Temperatur 2,5—4° C.
Aussaat = 1,2 g Frohberg + 0,3 g Kahm.
Zellenverhältnis bei Beginn der Gärung: Frohberg 41,6%, Kahm 58,4%.
Zellenverhältnis nach 13 Tagen Gärung: Frohberg 46,7%, Kahm 53,3%.
Dauer der Lüftung: 3 Stunden täglich.

Normalerweise sollte nach unseren obigen Ausführungen die Kahmhefe bei Lüftung allen anderen Hefen überlegen sein. Wir sehen indessen bei dem Versuch mit niederer Temperatur ein leichtes Zurückgehen der Kahmhefe, ein geringes Vordringen der Frohberghefe. Bei der hohen Gärtemperatur wurde die Kahmhefe fast vollständig zurückgedrängt.

c) Empfindlichkeit gegen Umsatzstoffe

Wuchshefen sind alkoholempfindlich. Gärhefen erzeugen und vertragen viel Alkohol.

Es ergibt sich folgende Reihe, mit den den höchsten Alkoholgehalt vertragenden und erzeugenden beginnend:

Weinhefe,
Brennereihefe (Bäckerhefe),
Berliner Weißbierhefe,
Brauereioberhefe,
Brauereiunterhefe,
Kahmhefe.

In konzentrierten, hochvergorenen Flüssigkeiten verschwinden die Kahmhefen. Aus diesem Grunde wird ein Südwein nicht kahmig. Bierhefen sind alkoholempfindlicher als Brennereihefen. Bierhefen verschwinden in konzentrierten hochvergorenen Flüssigkeiten.

d) Empfindlichkeit gegen Säuren

In folgender Reihe steigt die Empfindlichkeit gegen Säuren und Antiseptika:

Kahmhefen,
Weinhefen,
Wuchshefen,
Brennereihefen,
Berliner Weißbierhefen,
obergärige Bierhefen,
untergärige Bierhefen.

Die Säuren des Weinmostes verhindern das Aufkommen der Bierhefen, aus gleichem Grunde sterben sie in gesäuerten Branntweinmaischen. Flußsäure unterdrückt wohl Bakterien, sie fördert aber gelegentlich das Aufkommen von ungeeigneten Heferassen, so der Kahmhefe. Von physiologisch wichtigen Säuren spielt die Milchsäure eine große Rolle. *S. Auerbach* hat versucht, mit ihrer Hilfe die Frohberghefe von dem Kahm zu trennen. Wurde einer Würze 0,6% bzw. 1,7% Milchsäure beigefügt und eine Gärtemperatur von 27,5—29° C eingehalten, so überwiegt bei großer Hefeaussaat im Anfang die Frohberghefe, im weiteren Verlauf die Kahmhefe.

Im Konkurrenzkampf der Kahmhefe und Brennereihefe siegt in ungehopfter Bierwürze bei verhältnismäßig hohen Milchsäurekonzentrationen ebenfalls die Kahmhefe.

Von *A. Munsche* ist wieder gezeigt worden, daß Milchsäure auf Bierhefe giftiger wirkt als auf Brennereihefen. Während in einer anderen Versuchsreihe hauptsächlich der hohe Alkoholgehalt in Verbindung mit der höheren Gärtemperatur die Faktoren waren, die für die Bierhefe in der Konkurrenz mit der obergärigen Hefe Rasse II nicht günstig sind, kam bei den nun folgenden Versuchen noch eine dritte Kulturbedingung hinzu, nämlich ein hoher Säuregehalt. Nach den bereits gewonnenen Erfahrungen war zu erwarten, daß jetzt, nachdem die Lebensbedingungen für die Bierhefe noch ungünstiger gestaltet worden waren, die Unterdrückung derselben schneller vor sich gehe. Tatsächlich war bereits aus dem Gärverlauf zu ersehen, daß die Bierhefe nach dreimaliger Führung vollständig verschwunden war.

Auf Grund dieser Ergebnisse, die noch durch andere Versuche bestätigt worden sind, kann man den Schluß ziehen, daß der Brennereibetrieb zu einem charakteristischen System der natürlichen Reinzucht ausgebildet worden ist. Die hohe Gärtemperatur, die hohe Vergärung, der passende Säuregehalt schließen aus einem Hefegemisch diejenigen Heferassen aus, die die angewandten Lebensbedingungen nicht vertragen können, so daß nur diejenige Heferasse, die sich am widerstandsfähigsten erweist, als Siegerin hervorgeht.

e) Wirkung der Temperatur

Die Empfindlichkeit gegen unpassende Temperaturen ist die stärkste, weshalb schon kleine Temperatursteigerungen genügen, um einen wesentlichen Effekt hervorzurufen. *Delbrück* hat hierüber ausführliche Versuche anstellen lassen und gezeigt, daß der Temperaturfaktor zur Trennung verschiedener Heferassen im System der natürlichen Reinzucht zu großen Erfolgen führt. Es ergab sich, daß z. B. bei niedrigeren Temperaturen die wilde Hefe, bei höheren Temperaturen die Kulturhefe die stärkere war. Dieses Gesetz konnte durch viele Experimente bewiesen werden. Über die Methodik orientiere man sich im Original. Ein besonders deutliches Resultat gaben folgende Versuche:

Einfluß der Temperatur bei kleiner Hefeaussaat

A. Temperatur: 12,5° C.

Aussaat: 1 Platinöse + 1 Platinöse.
Zellenverhältnis bei Beginn der Gärung: 18,2% Frohberghefe, 81,8% Kahmhefe.
Zellenverhältnis nach 12 Tagen: 62% Frohberghefe, 38,0% Kahmhefe.

B. Temperatur: 3—4° C.
Aussaat: 1 Platinöse + 1 Platinöse.
Zellenverhältnis bei Beginn der Gärung: 25,9% Frohberghefe, 74,1% Kahmhefe.
Zellenverhältnis nach 12 Tagen: 0,38% Frohberghefe, 99,62% Kahmhefe.

Ergebnis: Bei mittlerer Temperatur und geringer Hefeaussaat überwiegt die Frohberghefe, bei niedriger Temperatur die Kahmhefe.

Auch in Großbetrieben konnten Hefetrennungen vorgenommen werden. So wurde in Brennereien die Bierhefe von der Brennereihefe energisch vernichtet. In der Brauerei wiederum ließen sich gewisse wilde Hefen (nicht Kahm) durch die untergärige Hefe bei niederer Temperatur verdrängen. Durch eine zweimalige Gärung (8,5—12,5° C und 9—11,2° C) verschwanden in einem Beispiel die zugesetzten 14% einer wilden Hefe. Auf tausend Zellen, die bei dieser Gelegenheit ausgezählt wurden, fand sich keine wilde Hefe. Es war also ein großer Effekt durch die Auslese mittels Temperatur erzielt worden.

Ein zweiter Brauereiversuch mit noch stärkerer Infektion (25 % wilde Hefe) gab bei einer Temperatur von 15° C schon bei der ersten Führung im Bodensatz 97% Kulturhefe und 3% wilde Hefe. Das war eine glänzende Bestätigung.

Trennung nach dem Satz- und Triebverfahren

Die motorischen Kräfte einer gärenden Flüssigkeit werden in der Hauptsache bedingt durch die entwickelte Kohlensäure (Auftrieb), die Größe und das spezifische Gewicht der Hefezellen.

Je nachdem die verschiedenen Heferassen verschieden stark gären, also in der Flüssigkeit aufsteigen, verschieden große Zellen oder Zellkomplexe (Sproßverbände) bilden, werden sie in der Würze längere Zeit schweben oder sich bald absetzen und so eine Trennung vollziehen. Auf diesen Eigenschaften der Rassen basiert das Satz- und Triebverfahren der *Delbrück*schen Reinzucht, das zu einer brauchbaren Trennungsmethode geführt hat. Um für diesen Prozeß eine wissenschaftliche Begründung zu finden, seien zunächst die hier in Frage kommenden physikalischen, chemischen und physiologischen Erscheinungen näher beleuchtet.

Unter der Annahme, daß alle Hefezellen gleiche Größe und gleiches spezifisches Gewicht besitzen, ergibt sich bei steigender, d. h. zunehmender Gärung etwa folgendes Bild: An der Bewegung nehmen nur die Zellen teil, deren Kohlensäureauftrieb stärker ist als das Sinkvermögen. Es sinken daher zunächst die toten Zellen zu Boden und diejenigen, deren Gärvermögen nicht zur Erzeugung der notwendigen Kohlensäure hinreicht. Das anhaftende Kohlensäurebläschen wirkt in der Gärflüssigkeit wie ein Luftballon, der die Hefezelle mit nach oben nimmt. Die Höhe, bis zu der jede Zelle gehoben wird, ist abhängig von der Menge der entwickelten Kohlensäure, d. h. also von ihrer aktiven Zymase, und es steigen demnach die Zellen am höchsten, die am kräftigsten gären.

In den Gärflüssigkeiten der Praxis besteht der vergärbare Extrakt teilweise aus solchen Kohlenhydraten (Maltose neben Rohrzucker), die erst durch hydrolysierende Enzyme der Hefe vor der Vergärung zu Hexosen abgebaut werden. Infolgedessen muß auch der Gehalt der Hefe an solchen Enzymen Einfluß auf die Bewegung haben, denn je mehr von den an sich unvergärbaren Kohlenhydraten in vergärbare Hexosen verwandelt werden, desto mehr Substrate sind für die Zymase vorhanden, desto stärker kann der Kohlensäureauftrieb der Zelle sein.

Der Zucker tritt auf dem Wege der Diffusion durch die Zellmembran in die Hefezelle ein, und die Umsetzungsstoffe verlassen das Zellinnere auf demselben Wege. Je dünner die Zellmembran ist, desto schneller muß die Diffusion vor sich gehen, desto mehr Kohlensäure kann in der Zeiteinheit gebildet werden. Aus dieser Überlegung ergibt sich, daß auch die Stärke und Durchlässigkeit der Zellmembran Einfluß auf die Fortbewegung der Zelle bei der Gärung haben muß.

Alle diese Faktoren spielen eine Rolle zur Zeit der steigenden Gärung, also zu einer Zeit, in der die Bewegung in der Gärflüssigkeit eine gewisse Grenze noch nicht überschritten hat. Bei stärkster Gärung hört wohl jede individuelle Bewegung der Zellen auf; die ganze Gärflüssigkeit kreist, die starken Zellen reißen die schwachen mit fort, es findet eine gleichmäßige Mischung statt. Sobald jedoch die Gärung wieder nachläßt, also im Stadium der fallenden Gärung, treten die individuellen Verhältnisse wieder in Kraft und beeinflussen die Schnelligkeit und die Reihenfolge des Absetzens der Hefe.

Das Absetzen der Hefe hängt unter den gegebenen Voraussetzungen ab von der Dauer und Stärke der Kohlensäureerzeugung durch die einzelne Hefezelle, die wieder bestimmt wird durch die mitgeteilten Verhältnisse: Anwesenheit von aktiver Zymase, Maltase, Saccharase und die besonderen Diffusionsverhältnisse (Membranstärke der Zellen).

Sobald dasjenige Kohlenhydrat vergoren ist, für das die Hefezelle ein spaltendes Enzym besitzt, muß sie ihre Gärtätigkeit einstellen und zu Boden gehen. Infolgedessen kann man bei einer Gärung mit verschiedenen Hefearten in dem Hefensatz nach vollendeter Gärung verschiedene Schichten unterscheiden. Hat man beispielsweise in einer Nährlösung in der Hauptsache Maltose und wenig Rohrzucker und wird ein Hefegemisch von Saccharomycodes Ludwigii und Saccharomyces cerevisiae zugegeben, so wird sich die erst genannte Art der Hefe zuerst absetzen, da sie mangels an Maltase für sich nur wenig vergärbaren Zucker vorfindet, während für die andere Hefe, ausgerüstet mit Maltase und Saccharase, reichlich Gelegenheit zur Gärung gegeben ist. Demnach wird man in der unteren Schicht Saccharomycodes Ludwigii, in der oberen Saccharomyces cerevisiae finden.

Für das Absetzen der Hefe ist aber auch die Größe der Zelle und das spezifische Gewicht von Bedeutung. Hiernach liegen die großzelligen Brauereikulturhefen unten, darüber die kleinzelligen wilden Hefen (z. B. Saccharomyces Pastorianus, Saccharomyces ellipsoideus, Torulahefe) und obenauf die kleinzelligsten Mikroorganismen, die Bakterien.

Was für *Delbrücks* Hefereinzucht in der untergärigen Brauerei die Schichtenbildung im Hefensatz ist, das ist für die obergärige Brauerei das Auftreiben der Hefen zu verschiedenen Zeiten. In der obergärigen Brauerei ist die Ausnutzung der Schichtenbildung viel leichter durchzuführen als in der untergärigen Brauerei. Es hatte sich herausgestellt, daß die Trennung der einzelnen Schichten des untergärigen Hefesatzes nach vollendeter Gärung oft schwierig ist, und daß man daher besser das vollständige Absetzen der Hefe nicht abwartet, sondern durch Umpumpen des Bieres zu bestimmten Zeiten die Satzbildung in verschiedenen Gefäßen vor sich gehen läßt. So gibt dann jedes Gefäß nach dem Absetzen eine andere Hefe. In der obergärigen Brauerei braucht man das Bier nicht zu entfernen, um an die Hefe zu gelangen, sondern diese kommt uns entgegen und tritt aus dem Bier auf die Oberfläche heraus. Die Hefe, die zuerst erscheint, ist die niedrig vergärende, die früh Bruch bildet und ihre Gärtätigkeit einstellt; die übrige Hefe arbeitet weiter, bis auch an sie die Zeit gekommen ist und sie durch die Kohlensäure in die Decke ausgeschieden wird; ein Teil der Hefe geht zu Boden wie bei der Untergärung. Es wäre nun ganz unzweckmäßig, wenn man die Stellhefe für einen neuen Gäransatz aus allen Trieben und dem Satz mischen wollte, denn die Bodenhefe ist zweifellos weniger wertvoll als die Oberhefe, weil sie die Zellen enthält, die weniger Neigung zum Auftrieb zeigen. Man wird aber auch nicht warten, bis das Auftreiben der Hefe vollendet ist, sondern je nach dem Charakter, den das Bier erhalten soll, einen bestimmten Trieb zur Fortzüchtung verwenden. Ist eine niedrig vergärende Hefe erwünscht, so wird man den ersten Hefetrieb weiter verwenden; braucht man eine höher vergärende

Hefe, so wird man den ersten Trieb abschöpfen, auf den zweiten oder dritten Trieb warten und aus diesen erst die neue Stellhefe entnehmen. Es sind für die periodische Abnahme der Auftriebhefe eine ganze Reihe von selbsttätigen Vorrichtungen in Gebrauch. Es sei da an den sogenannten „Stelltrichter" erinnert, der aus einem am oberen Ende in einen Trichter ausmündenden Rohre besteht, dessen unteres Ende durch den Bottichboden nach außen führt. Der Trichter kann je nach der Höhe des Hefeschaumes höher oder tiefer gestellt werden, und zwar so, daß die Hefe über den Trichterrand durch das Rohr in ein darunter stehendes Hefegefäß fließt.

In der geschilderten Weise wird nur für die Trennung und Gewinnung des Hefentriebes gesorgt. Aber auch für die Scheidung der „obergärigen" Bodenhefe in verschiedene Teile und ihre Absonderung von der Deckenhefe kennt man Vorrichtungen. So sehen wir in England Etagenkeller, die nach dem beim amerikanischen Gärverfahren (siehe weiter unten) beschriebenen Prinzip eingerichtet sind. Je nachdem das Bier aus den Gärbottichen in einem früheren oder späteren Stadium der Gärung in die darunter stehenden Fässer läuft, gewinnt man eine andere Boden- und Deckenhefe.

Es war darauf hingewiesen worden, daß die Trennung der einzelnen Hefeschichten in der untergärigen Brauerei oft auf Schwierigkeiten stößt. Dennoch ist man in der Lage, durch gewisse Maßnahmen eine Trennung auf Grund der „Schichtenbildung" gut zu vollziehen. Dieser Zustand wird folgendermaßen erklärt. Unmittelbar nach dem Anstellen der Würze beginnt die Hefentätigkeit. Durch die entwickelte Kohlensäure wird die Hefe in der Flüssigkeit schwebend erhalten. Es sinken nur die Zellen zu Boden, die aus Mangel an Lebenskraft oder durch mechanische Vermengung mit Hopfenharz an der Gärtätigkeit verhindert sind, und weiter die Heferassen, denen die Lebensbedingungen nicht zusagen. Aus diesen und dem sich absetzenden Trub besteht die Bodenschicht.

Inzwischen entwickelt und vermehrt sich die übrige Hefe im Stadium der steigenden Gärung; sie reift, es tritt Bruch und Klärung ein, und es bildet sich die zweite Schicht, die Kernhefe.

In der Zeit der fallenden Gärung tritt keine Hefenvermehrung mehr ein; in der Flüssigkeit schweben noch normale Hefezellen, die infolge von ungenügendem Zusammenballen sich nicht absetzen konnten, und eventuell wilde Hefen, die sich jetzt frei entwickeln können. Schließlich setzen sich auch diese bis auf die Nachzügler zu Boden und bilden die dritte Schicht leichter Hefe.

Wenn das Bier schlauchreif ist, haben wir die Hefe in vier Teile zerlegt vor uns: die noch im Bottichbier schwebenden Zellen kommen ins Lagerfaß und haben hier die Nachgärung zu besorgen. Von der Bodenhefe wird die oberste Schicht abgestrichen und entfernt. Die mittlere Schicht, die Kernhefe, wird als Anstellhefe verwandt, und die unterste, trubhaltige Schicht wird wie die oberste beseitigt.

In dieser mit der Schichtenbildung rechnenden Arbeitsweise haben wir ein System der natürlichen Hefereinzucht vor uns. Störend ist allerdings dabei, daß dem unreinsten Teil der Hefe die Arbeit während der wichtigsten Periode der Gärung, nämlich der Nachgärung im Lagerkeller, überlassen wird. Aus diesem Grunde strebt man in neuerer Zeit eine Nachgärung mit besonderen Rassen an *(W. Windisch)*.

Es ist klar, daß bei dicker Schichtung eine Trennung der einzelnen Lagen leicht möglich ist. Aber in der Praxis trifft dies nicht immer zu. Man hat deshalb in den Betrieben oft einen anderen Weg der Trennung der Rassen eingeschlagen, indem man den Gärvorgang, wie schon angedeutet wurde, nicht in einem Bottich zu Ende gären läßt, sondern vielmehr durch wiederholtes Umpumpen die Schichtenbildung auf mehrere Gefäße verteilt.

Mit einem solchen Gärsystem arbeiten die Amerikaner. Die Gärgefäße stehen in Stockwerken übereinander. Das eben in Gärung gekommene Bier wird nach 24—48 Stunden in darunter befindliche Bottiche abgelassen, wo es bis zum Absitzen der Kernhefe verbleibt. Dann gelangt es in Ruhebütten, in denen sich leichte Hefe absetzt, und schließlich fließt es in die Spanfässer, wo es, mit Kräusen versetzt, fertig zum Versand gebracht wird.

Delbrück ließ nun zum Beweis seiner Lehre von *Munsche* Versuche ausführen, um zu zeigen, daß man mit Hilfe der Schichtenbildung direkt eine Trennung von wilder Hefe und Kulturhefe bewirken kann.

Aus den gesamten Versuchsergebnissen geht unzweideutig hervor, daß selbst unter Infektionsverhältnissen, wie sie in der Praxis kaum in Betracht kommen, durch rationelle Anwendung der Regeln der natürlichen Reinzucht eine mit wilder Hefe infizierte Kulturhefe leicht vollständig gereinigt werden kann.

Trennung der Hefen von den Bakterien mit Hilfe der Mittel der natürlichen Reinzucht

In der Auswahl der Nährlösung hat man ein Mittel, die Hefen oder Bakterien vorzugsweise zur Entwicklung zu bringen. Bierwürzen werden in der Regel stark gekocht, wodurch sie den größten Teil der hochmolekularen Eiweißstoffe als Gerinnsel ausscheiden. Diese für Hefen besonders leicht assimilierbaren Nährböden sind dann besonders für das Hefewachstum geeignet, während die Bakterien in einer solchen gärenden Lösung so schlechte Lebensbedingungen finden, daß sie nicht aufkommen können. Gewisse Bakterienarten haben eine gewisse Vorliebe für große Eiweißmoleküle, und es ist nicht verwunderlich, daß speziell in ungekochten Getreidemaischen oder Weißbierwürzen eine üppige Bakterienflora (z. B. Bac. subtilis, Bac. megatherioides, Bact. Delbrücki — Pediococcus viscosus) aufkommt.

Zeichnen sich Hefen durch ein besonders starkes Gärvermögen aus, so sind in der Regel durch die entstehende hohe Alkoholkonzentration Bakterieninfektionen ausgeschaltet. Dieser Fall tritt u. a. praktisch in warmen Ländern ein, wo mit Südweinhefen hohe Alkoholkonzentrationen erzielt werden. Gegen Essigbakterien und Kahmhefen reicht indessen dieser Schutz nicht aus, da der Alkohol von ihnen verzehrt wird. Wird jedoch hier außerdem die Luft ferngehalten, so ist das Leben dieser Eindringlinge unterdrückt. Getränke mit hohem Alkoholgehalt sind haltbar. Je süßer, um so höher muß die Alkoholkonzentration sein.

Auch die Kohlensäure verhindert ein Aufkommen von Bakterien. Je mehr Kohlensäure im Getränk enthalten ist, um so haltbarer ist es. Süße Getränke müssen entweder hohen Alkohol- oder hohen Kohlensäuregehalt oder beides enthalten. Kohlensäure als auch Alkohol sind ausgesprochen heftige Gifte gegen Milchsäure- und Buttersäurebakterien.

Ein intensives Kampfmittel gegen Bakterien ist die Milchsäure. In Gärbetrieben, wo sie nicht stört, wie in der Brennerei oder in der Weißbierbrauerei, sorgt sie für reine Hefegärungen. Fäulnisbakterien, ausgesprochene Hefefeinde, sind in einem solchen Medium unmöglich, da außer dem Anion der Säure auch das pH und die Nährsubstrate nicht zusagen. Milchsäure ist ein besonders heftiges Gift gegen die Buttersäurebakterien, und wenn in Maischen noch die Wirkungen von Alkohol und Kohlensäure hinzukommen, so tritt restlose Vernichtung der Buttersäureflora ein.

Zu Beginn einer Gärung ist auch in manchen Fällen Lüftung ein geeignetes Kampfmittel gegen Bakterien. Die Hefe entwickelt sich in diesem Falle schnell, während viele Spaltpilze geschädigt werden. Ist Alkohol gebildet worden, so muß die Lüftung unterbrochen werden, da sonst Essigbakterien und Kahmhefen zur Entwicklung kommen. In der „Lufthefe" der Preßhefefabriken findet sich deshalb bei sorgloser Arbeit häufig Kahm.

Temperaturerhöhung als Kampfmittel wirkt zugunsten der Bakterien. Eine allmähliche Erhöhung der Temperatur über 50° C tötet zunächst die Hefe, dann die Buttersäurebakterien und endlich die Milchsäurebakterien. Das Wachstumsoptimum liegt für Milchsäurebakterien am höchsten, für Hefe am niedrigsten. Treber und Maischen werden bei 50° C milchsauer, bei 40° C buttersauer. Ein Bierrest wird bei 35° essigsauer und bei 20° C essigsauer und kahmig.

Heftige Feinde der Bakterien sind die Säuren, wie Ameisensäure, Buttersäure, Salzsäure und Flußsäure. Wendet man Konzentrationen an, die die Hefen vertragen können, so hat man nach *Rothenbach* bei viermaliger Führung die Bakterien entfernt. Auch Formaldehyd wirkt in diesem Sinne. Ausdrücklich sei aber betont, daß die Hefen dabei gesund bleiben. Auf die desinfizierende Wirkung von Alkohol und Kohlensäure war schon hingewiesen. Die Hopfenbestandteile des Bieres wirken auch abwehrend, namentlich auf Milchsäure- und Fäulnisbakterien. Die Biersarcina wird ebenfalls bekämpft. Auf Kahmhefen und Essigbakterien ist die Wirkung indessen schwach.

Durch unbewußte Anwendung des Systems von der natürlichen Hefereinzucht, das sich als „Praxis" jahrhundertelang vom Vater auf den Sohn, vom Meister auf den Lehrling, vererbte, durch Pflege einer gewissen Arbeitstradition, haben sich für jedes Gärungsgewerbe die ihm eigentümlichen Heferassen herausgearbeitet. Daß hierbei auch der Kampf mit den Bakterien eine Rolle spielte, ist klar. Die Brauer hatten es in diesem Falle leicht, denn ihre Temperaturen sind diesen Eindringlingen ungünstig; auch ermöglichte ein angemessenes Schlämmen die radikale Beseitigung dieser kleinsten, jeder Flüssigkeitsbewegung folgenden Organismen. Der Brenner mußte nach anderen Mitteln suchen; sie boten sich in der Empfindlichkeit der Bakterien gegen Säuren und Alkohol dar.

Schrifttum

Delbrück-Schönfeld, System der natürlichen Hefereinzucht. Berlin 1903, Paul Parey.

Delbrück-Hayduck, Die Gärungsführung in Brauerei, Brennerei und Preßhefefabrik. Berlin 1911, Paul Parey.

Maercker-Delbrück, Handbuch der Spiritusfabrikation. Berlin 1908, Paul Parey.

Die Hefereinzucht in der Entwicklungsgeschichte der Brauerei. Berlin 1931, Gesellschaft für die Geschichte und Bibliographie des Brauwesens E.V. Institut für Gärungsgewerbe. Teil von *F. Hayduck* und *H. Haehn*.

Letzte Arbeit kam vorzugsweise zur Verwendung.

17. Kapitel

Bereitung von Spiritus, Kornbranntwein und Traubenwein. Physiologische Wirkung des Alkohols. Gewinnung von Bäckerhefe. Biochemische Eiweißsynthese.

A. Bereitung von Spiritus

Die Bereitung von Spiritus aus Cerealien ist ein altes Gewerbe, das in Ländern mit großer Landwirtschaft zur Blüte gereift ist. Als Ausgangsmaterial kommen Kartoffeln, Mais, Hirse und Melasse in Frage, in Deutschland, Norwegen und Schweden auch Sulfitablaugen, neuerdings sogar Holzzucker. In Deutschland spielt die Kartoffel die Hauptrolle. Die Stärke derselben wird zunächst mit einem amylasereichen Malz in Malzzucker übergeführt, der darauf mit einer Hefe zu Alkohol und Kohlensäure vergoren wird. Aus der vergorenen Lösung gewinnt man durch Destillation den Alkohol.

Malzbereitung

Da der Brenner auf die Beschaffenheit und Zusammensetzung der Eiweißstoffe keine Rücksicht zu nehmen hat, so mälzt er anders als der Brauer und verfolgt nur das eine Ziel einer starken Amylasebildung. Zu diesem Zweck sucht er sich eine eiweißreiche Gerste aus, da die Erfahrung gelehrt hat, daß eine solche eine gute Amylasebildung gibt. Er nimmt daher die flachen, kleinkörnigen Gersten mit dem Hektolitergewicht von etwa 60 kg. In Frage kommen die vier- und sechszeiligen Gersten, ebenso die Wintergerste. Selbstverständlich müssen die Körner gesund und nicht von irgendwelchen Pilzen befallen sein. Ferner ist zu beachten, daß die Gerste nicht sofort nach der Ernte verarbeitet wird, da erst eine Nachreife stattfinden muß. Aus diesem Grunde nimmt der Brenner in den ersten Wochen der Brennereikampagne vorjähriges Getreide. Er prüft zunächst die Keimfähigkeit, wobei auf 100 Körner etwa 96—98 keimende fallen sollen. Die unterste Grenze hat man mit 90% festgelegt. Bei nicht gekeimten Gerstenkörnern geht die Stärke beim Maischen nicht in Lösung; sie entzieht sich also dem Gärprozeß und bleibt unverändert in der Schlempe.

Mit dem Weichprozeß beginnt auch hier, wie in der Brauerei, die Vorbereitung zum Mälzen. Hohe Ansprüche werden nicht an das Wasser gestellt; es muß nur hygienisch einwandfrei sein, darf also keine Beziehungen zu Fäulnisherden aufweisen, die sich durch Anwesenheit von Salpeter, Nitriten, Ammoniak und organischen Substanzen verraten würden. Im Quellstock beginnt auch hier die Tätigkeit der Enzyme. Da das Korn atmen will, muß für Luftzufuhr gesorgt werden. Im Brennereibetriebe genügt die sog. „umschichtige Luft-Wasserweiche", d. h., das Korn steht im Quellstock abwechselnd 6 bis 8 Stunden lang mit Wasser und darauf die gleiche Zeit ohne Wasser. Beim Ablaufen desselben geht auch gleichzeitig die Kohlensäure unten mit weg, und frische Luft wird von oben nachgesaugt. Dieses einfache Verfahren bekommt der Brennereigerste schon so gut, daß im Quellstock bereits viele Körner zu „spitzen" (s. unter Malzbereitung in der Brauerei, Tennenmälzerei) beginnen. Der Wassergehalt des fertig geweichten Gutes beträgt 43—45%.

Nun ist der Zeitpunkt gekommen, die Entwicklung des Malzes auf der Tenne weiter zu treiben. Hierzu benutzt man, um im Winter eine Kellertemperatur von 10 bis 12° C ohne Heizanlage zu erreichen, einen Malzkeller. Derselbe liegt zur Vermeidung von heftigen Temperaturschwankungen zweckmäßig $1^1/_2$—$2^1/_2$ m tief in dem Erdboden. Damit keine Schlupfwinkel für Infektionen entstehen, werden die Wände glatt gehalten und Fugen möglichst stark reduziert. Ratsam ist auch ein poröser Bodenbelag, der den Wasserhaushalt während des Mälzens etwas unterstützt, also ein Austrocknen des Malzes verhütet. Weiter ist nötig, die Sonnenstrahlen fernzuhalten, um den Blattkeim nicht übermäßig zur Entwicklung zu bringen.

Die Hauptsache ist nun, daß die Atmung durch Luftzufuhr gefördert wird. So kann eine normale Entwicklung des Malzes erfolgen. Die allgemeinen Maßnahmen der Brauerei gelten auch hier, jedoch, da man das Korn intensiver und länger wachsen läßt, wird hier im Gegensatz zur Brauereimalzbereitung der Malzhaufen während der Wachstumsperiode je nach Bedarf mit Wasser besprengt. Zu starke Lüftung und zu hohe Temperatur des Malzhaufens führen zwar zu gesteigerten Umsetzungen im Korn, fördern indessen die Amylasebildung nicht. Offenbar werden in diesem Falle vorzüglich die Atmungsenzyme stark aktiviert, die den gebildeten Zucker zu Kohlensäure und Wasser oxydieren. Solche Maßnahmen sind natürlich zwecklos.

Der Brauer versucht mit allen Mitteln, das Wachsen des Blattkeimes zu verhindern, während der Brenner infolge der langen Keimzeit die Blattentwicklung nicht unterbinden kann. Die Länge des Blattkeims hat keinen Einfluß auf die

Diastasebildung des Malzes. Es kommt nur darauf an, eine recht lange Keimzeit für die Entwicklung der Lebensvorgänge zu halten. Dabei wächst der Blattkeim ungewollt bis zur doppelten Kornlänge (etwa 2 cm) aus der Spelze der Gerste heraus, und zwar in 14—17 Tagen, wodurch das „Langmalz" entsteht. Beim Brauer soll der Blattkeim überhaupt die Kornlänge nicht überschreiten — er liegt noch unter der Spelze; — beim Brenner bricht der Blattkeim bereits nach 6—8 Tagen durch. Läßt man das Malz länger als 18 Tage keimen, so beobachtet man eine interessante Erscheinung. In den darauffolgenden 12 Tagen nimmt die Aktivität des Verflüssigungsvermögens um das Doppelte zu, während das Verzuckerungsvermögen auf dem alten Stand bleibt (*Effront*). Demnach müssen zwei verschiedene Enzymsysteme vorliegen (s. u. „Die Malzbereitung in der Brauerei", Amylasen).

Das so erhaltene Langmalz, Grünmalz genannt, besitzt ein außerordentlich starkes Verzuckerungsvermögen. Dasselbe ist noch einmal so groß wie das des Darrmalzes. Auch solches kommt in Brennereien zur Anwendung, jedoch dauert die Führung auf der Tenne in diesem Falle nur 7—9 Tage. Das so entstandene „Kurzmalz" wird zunächst mit großem Luftüberschuß bei einer Malzhaufentemperatur von 45 bis 50° C vorgetrocknet, worauf nach 12 Stunden bei 55—60° C weitergedarrt wird. Es ist leicht einzusehen, daß überall dort mit Grünmalz gearbeitet wird, wo ein Malzkeller zur Verfügung steht. Aus 100 kg Malzgetreide erhält man 140—150 kg 14—17 tägiges Grünmalz, was 75—80 kg Darrmalz entspricht.

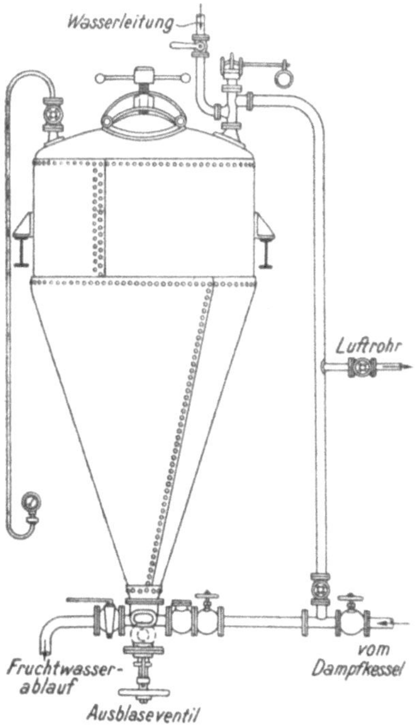

Abb. 37. Neuzeitlicher Henzedämpfer (Nach *Foth*).

In fast allen Brennereibetrieben arbeitet man nach dem Prinzip der Tennenmälzerei. Das pneumatische System, das in der Brauerei mit großem Erfolg angewendet wird, hat hier wenig Eingang gefunden. Vereinzelt stößt man auf eine Kastenmälzerei.

Anstatt Gerste hat man auch Hafer mit gutem Erfolg ausprobiert. Die alten Angaben über den geringen Diastasegehalt des Hafermalzes haben sich als falsch herausgestellt (*Drews*, *Lampe*, *Specht*) (780b). Viele Praktiker, wie auch schon der Altmeister der technisch-wissenschaftlichen Brennerei *Georg Foth* rühmen die Vorteile dieses Produktes, das vor allem dünnflüssige, wenig schäumende Maischen gibt.

Die Vorbereitung der Kartoffel

Die native Stärke der rohen Kartoffel ist durch die Diastase schwer angreifbar, weshalb man die Kartoffel aufschließen muß. Dabei ist notwendig, daß man die Form der Knolle zerstört, das Zellgewebe auflöst und die Zellwände möglichst weitgehend zersprengt. Dies erreicht man im *Henzedämpfer*, der eine in vielen Fällen zylindrische Form besitzt und unten in einer konischen Spitze endigt (s. Abb. 37). Auch rein konische Formen sind gebräuchlich. Hat man hierin die rohen Knollen bis auf etwa 3 Atü, entsprechend 143°, erhitzt, so erfolgt durch die plötzliche Druckentlastung von 3 Atü auf den Normaldruck der gewünschte physikalische Aufschluß. Gleichzeitig wird beim Dämpfprozeß auch die Verkleisterung der Stärke erreicht. Nun hat die Amylase mit dem ausgeblasenen Kartoffelgut ein leichtes Spiel. Die Verflüssigung und die anschließende Verzuckerung erfolgen wunschgemäß.

Der Maischprozeß

Es folgt jetzt die Umwandlung der Kartoffelstärke in Malzzucker. Man hatte hierzu früher auf 100 kg Kartoffeln 2 kg Gerste in Form von Malz verwendet. Daß dieser Satz in den meisten Fällen zu keinem befriedigenden Resultat führen konnte, geht schon aus der Tatsache hervor, daß der Stärkegehalt der verschiedenen Kartoffelsorten nicht gleich ist. Mithin ist es das Gegebene, die Gerstengabe nach der Stärkemenge zu berechnen. Man verwendet jetzt auf 100 kg Kartoffelstärke 10 kg Gerste, normale Körner und normale Mälzung vorausgesetzt. Wenn also die Kartoffel 20% Stärke enthält, so kommt man mit der obigen Angabe von 2 kg Gerste aus. Nach dem neuen Verfahren von *Lampe* und *Deplanque*, bei dem man zur Vermeidung jeder Zerstörung der Amylase die Bakterieninfektion mittels Formaldehyd bekämpft, genügt eine erheblich geringere Malzmenge (s. Abb. 38).

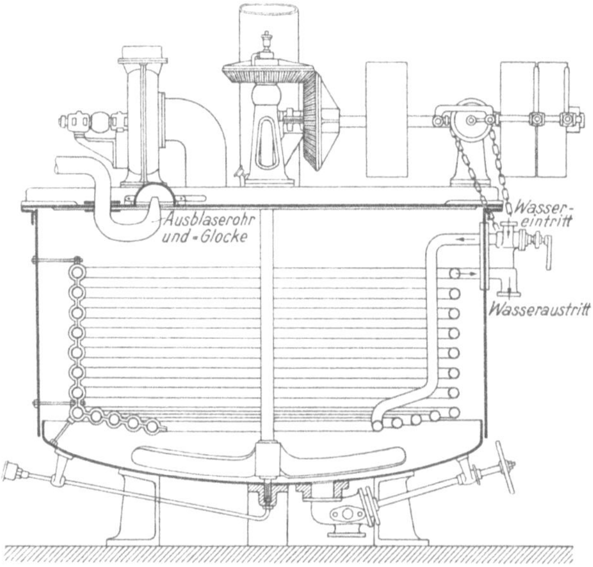

Abb. 38. Vormaischbottich mit Propeller-Rührwerk und einfacher Kühlschlange (Nach *Foth*).

Die Verzuckerung geschieht im sog. Vormaischbottich, der mit einem 'Rührwerk und einer Heiz- und Kühlvorrichtung versehen ist. Das Grünmalz muß natürlich in Quetschen oder besonderen für diesen Zweck geeigneten Mühlen zerkleinert werden, ehe es mit der zerkleinerten Kartoffelmasse innig verrührt wird. Die beste Verzuckerungstemperatur liegt bei 55° C. Da man aber auch die Proteasen mit ihrem Temperaturoptimum von 50° C zur Wirkung kommen lassen will, so wird zu Anfang eine Temperatur von 50—55° C längere Zeit innegehalten. Schließlich muß man auch für die Sterilität sorgen, weshalb zum Schluß eine Temperatursteigerung bis auf 60—61° C notwendig wird, ungeachtet der Aktivität der Enzyme. Bei dieser Temperatur wird auch abgemaischt und damit der Prozeß beendet. Der Brenner kocht also, im Gegensatz zum Brauer, seine Maische nicht zur Inaktivierung der Enzyme. Er hat vielmehr das größte Interesse daran, die Enzymkraft vollständig zu erhalten, um eine restlose Nachverzuckerung der Dextrine während der Gärung zu bewirken. Denn wir wissen schon aus der Einleitung: im Brennereibetrieb kommt es auf einen vollkommenen Umsatz der Kohlenhydrate zu Alkohol und Kohlensäure an. — Neuerdings bemüht man sich hier, das Malz teilweise durch einen Amylasepilz (submerse Form des Aspergillus niger.) zu ersetzen. *(Drews, Specht, Rothenbach)*. (S. a. S. 358).

Anders liegen die Verhältnisse, wenn nebenher in einem Spezialmaischverfahren die Gewinnung einer „Mastschlempe“ für die Tierfütterung beabsichtigt ist. In diesem Falle sollen Dextrine zurückbleiben, weshalb die Verzuckerung gedrosselt werden muß. Man erreicht dies einmal durch eine reduzierte Malzmenge und ferner auch durch Hinaufsetzung der Abmaischtemperatur auf 65—70° C zur Abschwächung der Aktivität der Amylase *(Delbrück, Lühder, Heinzelmann)*. (S. auch Eiweißschlempeverfahren im gleichen Kapitel. Biologische Eiweißsynthese.) (S. 374).

Die Gärung

Wenn in einem Medium eine intensive Gärung angestrebt wird, so sind Heferassen erforderlich, die sich durch besondere Aktivität auszeichnen. Diese Eigenschaft ist u. a. geknüpft an zwei wichtige Punkte: einmal muß der Zymasegehalt erheblich sein, und andererseits ist ein ausgezeichnetes Schwebevermögen der Hefezelle notwendig. Gepaart mit der Zymase müssen auch die hydrolysierenden Enzyme der Disaccharide wie Maltase und Invertase sein. Ferner wird von der ausgewählten Hefe eine hohe Alkoholtoleranz verlangt. Als schwebende Hefen kommen die obergärigen in Frage, die sog. „Staubhefen“, die in feiner Verteilung das ganze Nährmedium durchsetzen und während der ganzen Gärzeit in der Schwebe bleiben. Da in hohen Gärgefäßen die Diffusion recht gering ist, so schaffen diese Art von Hefen einen Ausgleich, indem sie an jeder Stelle des Gärbottichs die vergärbaren Kohlenhydrate angreifen. Anders wäre es bei einer Flockenhefe, wie sie in der Brauerei erwünscht ist. In diesem Falle würde sich die untergärige Hefe nach einer kräftigen Angärung zu Boden setzen und dort unten noch nachträglich das bescheidene Quantum Zucker vergären, was die trägen Diffusionsströme zuleiten würden. Der Brauer wünscht für das untergärige Lagerbier eine solche langsame Gärung, die 7—10 Tage dauern soll, während der Brenner bereits nach 72 Stunden den Alkohol gewinnen will. Das Institut für Gärungsgewerbe zu Berlin hat für die Brenner besonders geeignete obergärige Hefen ausgesucht, wie Rasse D und die Mischrasse M. Diese haben sich seit Jahren als hochvergärende Hefen bewährt und werden deshalb konsequent von den landwirtschaftlichen Betrieben verwendet. Bisweilen wird von Brennereien auch eine obergärige Bäckerhefe oder auch die untergärige Bierhefe benutzt. In diesem letzten Falle muß aber die Dosierung gemäß der obigen Ausführungen um 50—60% höher sein als bei den Rassen D und M, von denen im abgepreßten Zustande 1—1,5 kg für 1000 l Maische erforderlich sind.

Die Süßmaische zur Bereitung der Anstellhefe wird nicht sofort nach der Herstellung mit Hefe versetzt, sondern es muß zunächst noch eine gewisse Gefahr für die spätere Hauptgärung bekämpft werden. Um alle evtl. sich einstellenden, Substratverluste verursachenden Nebengärungen durch Infektion zu vermeiden, wird die Maische für die Bereitung der Anstellhefe mit Milchsäure angesäuert, und zwar bis zu einem Säuregehalt von 2°, d. h. bis 20 ccm der angesäuerten Maische 2 ccm norm. Natronlauge zur Neutralisation benötigen.

Auch mit Schwefelsäure, Fluorwasserstoff, Salzsäure und anderen keimtötenden Mitteln sind mehr oder weniger gute Resultate zustande gekommen. Besonders bewährt hat sich die Milchsäuregärung mit dem Bacterium Delbrücki, das in 24 Stunden alle Infektionen bekämpft. Nach Verlauf dieser Gärzeit werden die Milchsäurebakterien durch Pasteurisation bei 70—75° abgetötet, worauf nun die Beimpfung mit der Hefe erfolgen kann. So erzielt man eine reine Hefegärung.

Die von einer Reinzuchtanstalt bezogene Hefe wird also zunächst in der Brennerei zur Anstellhefe derart weitergezüchtet, daß sie eine „natürliche“ Reinkultur (s. Kap. 16) darstellt. Diese Anstellhefe dient nun zur Beimpfung der Hauptmaische. Um eine recht gute Vermengung derselben mit der Hauptmaische zu erzielen, impft man die Hefe bereits in den Vormaischbottich, und zwar unter Umrühren ein. Dann wird der Ansatz in das eigentliche Gärgefäß übergeführt und so die Gärung bei etwa 17° C angestellt bei einer Maischkonzentration von 18—20° Balling. Zuckerreichere Maischen erhalten eine etwas höhere Anstelltemperatur. Wichtig ist, zu Anfang die Temperatur nicht hochgehen zu lassen, da zu diesem Zeitpunkt der bakterizid wirkende Alkohol noch fehlt und die vorhandene Säuremenge nicht vollständig ausreicht, jedwede Infektion fernzuhalten. In diesem Stadium, der sog. Vorgärung, erfolgt nun eine lebhafte Hefevermehrung, wahrscheinlich in der Hauptsache infolge des in der Maische noch vorhandenen Sauerstoffs. Allmählich steigt die Temperatur an, jedoch dürfen in den ersten 20 Stunden nicht mehr als 24—25° C erreicht werden. Dann setzt die Hauptgärung in voller Stärke ein. In diesem Zeitpunkt sind aber bereits 45—50% von dem ursprünglich vorhandenen Zucker vergoren. Betrug die Konzentration desselben 20° Balling, so sind schon 5 Volumprozent Alkohol gebildet. Nun läßt die Hefevermehrung nach, und es ist ratsam, zur Anfachung der Gärtätigkeit die Temperatur steigen zu lassen. Dies ist infolge des erheblichen Alkoholgehaltes der Maische nicht mehr riskant. Hierbei sei gleich angegeben, daß als günstigste obere Temperaturgrenze 27,5° C von *G. Foth* festgestellt worden ist. Dieser Punkt darf aber erst am Ende der Hauptgärung, nach 30 Stunden etwa, erreicht sein. Dann beginnt die Nachgärung, die Periode der Dextrinvergärung. In diesem Zeitpunkte wird die vergorene Maltose durch die bei der Hydrolyse der Dextrine nachgebildete ersetzt. Hier müssen sich Zymase und Amylase aufeinander einspielen. Es muß sich stets soviel Maltose neu bilden, wie eben vergoren wurde, bis das Dextrin restlos verbraucht ist. Das Wichtigste bei der Gärführung ist die Regelung der Temperatur, das zweckmäßige Steigern und künstliche Abkühlen zur rechten Zeit.

Die bei der Hauptverzuckerung der Stärke zurückbleibenden höheren Kohlenhydrate, die als Grenzdextrine bezeichnet werden, sind von den Stärkeanteilen, die sofort Maltose bilden, strukturverschieden. In diesen Dextrinen findet sich auch die gesamte Phosphorsäuremenge der Stärke wieder *(K. Myrbäck, B. Oertenblad* und *K. Ahlberg)*. Diese Dextrine sind infolge abnormer Bindungen im Molekül den Amylasen nicht zugänglich. Hier greift nun die Amyloglukosidase der Hefe helfend ein, löst die hemmenden Bindungen und schafft auf diese Weise die Angriffsmöglichkeiten für die Amylase *(K. H. Meyer)*. *Myrbäck* ist jedoch anderer Ansicht, indem er dieses Enzym auch im Malz vermutet (s. Kap. 15, Biochemie des Mälzungsprozesses).

Es ist nicht ratsam, im Interesse der Sterilität etwa zu Anfang eine höhere Säuerung der Maische vorzunehmen, da sonst die Aktivität der Amylase leidet. Im allgemeinen reicht die Eigensäure aus. Den Säuregehalt durch eine Messung der Wasserstoffjonenkonzentration zu kontrollieren, hat in der praktischen Brennerei zu keinen Vorteilen geführt *(Dehnicke)*.

Die Gärzeit einer Maische mit 18—20° Balling beträgt 72 Stunden unter den oben beschriebenen Bedingungen.

Die Ausbeuten berechnet man auf verbrauchte Stärke. Werden 100 kg trockene Stärke mit Langmalz eingemaischt, so erhält man in einem lose bedeckten Gärkessel bei guter Betriebsführung 64 l Alkohol. Wenn man den Alkoholbetrag für die verwendete Malzstärke abzieht, so berechnen sich für 1 hl Weingeist 750 kg Kartoffel mit einem Stärkegehalt von 20%. Dieser Wert ist indessen nur in einem gutgeführten Betrieb zu erhalten. Wie schwankend aber die Ausbeuten sein können, erfahren wir aus folgender, von *G. Foth* aufgestellten Tabelle.

Sehr guter Betrieb erfordert für 1 hl Weingeist 720 kg Kartoffeln mit 20% Stärke.
Ein guter Betrieb erfordert für 1 hl Weingeist 745 kg Kartoffeln mit 20% Stärke.
Mittelguter Betrieb erfordert für 1 hl Weingeist 795 kg Kartoffeln mit 20% Stärke.

Es können also Verluste bis zu 10% durch unpassende Betriebsführung verloren gehen. Bewährt haben sich besonders die geschlossenen Gärkessel nach *Foth* und *Lühder*, die bei praktisch steriler Arbeit die besten Ausbeuten garantieren.

Eine Gefahrenquelle für eine hohe Ausbeute ist auch die Säurebildung durch eine Bakterieninvasion, die bei den modernen Maischverfahren, nämlich bei niedriger Maischtemperatur heute leichter als früher auftreten kann. Nicht nur, daß hierdurch die Malzamylase in ihrer Tätigkeit geschädigt wird, sondern daß auch bei Teilenzymen des Zymasekomplexes das pH-Optimum trotz Pufferung unterschritten wird. (Eine Milchsäuregärung bei schwacher Pufferung liefert etwa ein pH = 3,9 [Dissoziationskonstante der reinen Milchsäure: bei 25° $1{,}4 \times 10^{-4}$], der Zymasesaft zeigt normalerweise ein pH ≈ 5,9, die Enolase ein pH-Optimum von 7,4.) Die Versuche, die mit der bakterizid wirkenden schwefligen Säure ausgeführt wurden, ergaben bei einer Dosis von 0,015—0,020% SO_2 zur verzuckernden Maische vor Beginn der Gärung eine günstige Beeinflussung der Alkoholausbeute (*Drews* und *Lampe*) (781).

Um in Notzeiten auch andere Rohstoffe erfolgreich verwenden zu können, wurden von *Drews*, *Lampe* und *Kärnbach* (782) Eicheln, Adlerfarn und Kastanien als Alkoholquellen näher geprüft. Die genannten Rohstoffe lassen sich infolge ihres Gehaltes an Gerb- und Bittersubstanzen nicht ohne weiteres direkt verwenden, sondern erst nach Entfernung dieser Hemmungsstoffe für die Malzamylase. Die Pilzamylase aus dem Schimmelpilz Aspergillus oryzae ist weniger empfindlich gegen diese Begleitstoffe und daher auch aktiver. Vorbehandeltes Eichelmehl gab mit Oryzae-Amylase 93% der mit HCl bestimmten Inversionsausbeute. — Topinamburknollen, deren Inulin vor der Vergärung zu Fructose hydrolysiert werden muß, liefern 7—9 Liter Alkohol je 100 kg.

Die Aufarbeitung der vergorenen Maische

Da uns in diesem Buche in der Hauptsache die Vorgänge der Gärung beschäftigen sollen, so wollen wir nur kurz auf den weiteren Fortgang des Alkoholgewinnungsprozesses eingehen. Das ausgegorene Gärgut wird in einem Blasenapparat oder neuerdings vorwiegend in kontinuierlich wirkenden Geräten einer Destillation unterworfen, wobei der Rohspiritus in Sammelgefäßen aufgefangen wird. Durch eine Rektifikation in einem Blasen- oder Kolonnenapparat trennt man alsdann den Äthylalkohol von dem Fuselölgemisch und anderen Beimengungen. Der in die Trinkbranntweinindustrie abgeführte Alkohol wird in der Regel auf eine Stärke von 96% gebracht und die feinsten Sorten noch einer Filtration über Aktivkohle unterworfen. Der absolute Alkohol kann auf chemischem Wege oder durch eine azeotrope Destillation entwässert werden. Der technische Spiritus kommt in vergälltem Zustande im Gemisch, z. B. mit Methylalkohol oder Pyridinbasen, in den Handel. Über all diese Vorgänge und Maßnahmen unterrichte man sich in den Spezialwerken.

Kartoffelschlempe

Der Rückstand im Destillierapparat ist die als Viehfutter sehr geschätzte Schlempe. Sie enthält etwa 7% Trockensubstanz und besteht aus Wasser, Eiweiß, Kohlenhydraten und mineralischen Salzen. Folgende Analyse mag ein genaues Bild der Zusammensetzung geben:

94,3%	Wasser
1,2%	Rohprotein
0,1%	Fett
3,1%	N-freie Extraktstoffe
0,6%	Rohfaser
0,7%	Asche.

Es ist erklärlich, daß bei vollständiger Überführung der Kohlenhydrate in Alkohol die Schlempetrockenmasse recht klein sein muß. Legt man indessen Wert auf ein gutes Viehfutter, so muß man die Alkoholausbeute reduzieren, um mehr Futterstoffe zurückzubehalten. Diese Maßnahmen haben zu dem Mastschlempeverfahren von *Delbrück*, *Lühder* und *Heinzelmann* (s. S. 353 des Kap.) und dem Eiweißschlempeverfahren von *Fink* und *Lechner* geführt. (S. unter Biologische Eiweißsynthese dieses Kap. S. 374).

Bei der Alkoholgewinnung aus Kohlenhydraten wird oft der Verlust der Hälfte an Substrat als Kohlensäure bedauert. Man hat deshalb in großen Betrieben die Kohlensäure mittels Kompressionsmaschinen in eine handelsfähige Form (komprimierte Kohlensäure in Stahlflaschen) übergeführt. Man könnte auch daran denken, in landwirtschaftlichen Brennereien die Kohlensäure zur Züchtung von gewissen Algen zu benutzen, um ein Viehfutter herzustellen. Technische Kohlensäure aus Hochöfen wird bereits in Westdeutschland auf diese Weise verwertet.

Melassebrennerei

Die Melasse, gewonnen bei der Rohrzuckerfabrikation aus Rüben oder Zuckerrohr, ist auch ein wichtiger Rohstoff für die Spritherstellung. Das Rohmaterial wird vor der Vergärung einer besonderen Behandlung unterworfen. So muß bei der Rübenzuckermelasse der alkalische Anteil durch Schwefelsäure entfernt werden. Die erhaltene schwache saure Würze wird in der Regel noch mit Nährsalzen versetzt, dann mit Hefe und gegebenenfalls unter besonderer schwacher Luftzufuhr vergoren, im Gegensatz zur Vergärung der Kartoffelmaische.

Um in gegebener Apparatur die Alkoholproduktion zu erhöhen, hat *Arroyo* ein besonderes Verfahren entwickelt. Das Wesentliche der neuen Methodik besteht in der Vorbereitung der Melasse in konzentriertem Zustand und die anschließende stufenweise Vergärung einer relativ starken Würze in geschlossenen Tanks mit Rührwerk in 30—36 Stunden unter Erzielung einer vergorenen Flüssigkeit mit 10—12,5% Alkohol. Ausbeute: 90—98% der Theorie. Angegebene Produktionsausweitung 50—100% (783).

Über neuere Fortschritte bei der Herstellung von Sprit aus Melasse, besonders über das kontinuierliche Verfahren und die Wiederverwendung der Hefe nach dem Prozeß der Usines de Melle berichtet „The Brewers Digest" (784).

Über die Melassevergärung zur Alkohol- und Hefegewinnung unter Luftzufuhr siehe in diesem Kapitel unter „Gewinnung von Bäckerhefe".

Schrifttum

Foth, Dr. Georg, Handbuch der Spiritusfabrikation, Kartoffel-, Getreide- und Melassebrennerei und anderer Zweige der Spiritusindustrie nebst Spiritusrektifikation. Berlin, P. Parey, 1929.

— Die Praxis des Brennereibetriebes auf wissenschaftlicher Grundlage. Berlin, P. Parey, 1935.

Lühder, Dr. E., Die Technologie der Spiritusindustrie. Braunschweig, Friedrich Vieweg u. Sohn, 1920.

— Aethylalkohol, Enzyklopädie der Technischen Chemie. Herausgeber Prof. Dr. Ullmann. Berlin und Wien, Urban u. Schwarzenberg, 1928.

Wagner, Alfred, Die Spiritusfabrikation und ihre Nebenprodukte. Braunschweig, Dr. Serger u. Hempel, 1925.

Bücheler und *Rüdiger*, Der landwirtschaftliche Brennereibetrieb. Von Prof. Dr. M. Rüdiger. Stuttgart, Ferdinand Enke, 1924.

Dehnicke, Dr. Joh., Laboratoriumsbuch für die Brennerei-Industrie. Halle/Saale, Wilhelm Knapp, 1928.
Drews, Dr. B., Spiritus im Lehrbuch der Chem. Technologie und Metallurgie von Bernhard Neumann. Julius Springer, Berlin, 1939.
Vogel, Hans, Die Rohstoffe der Gärungsindustrie. Basel, Wepf & Co., 1949.
Kirschbaum, Dr. E., Destillier- und Rektifiziertechnik. Springer Verlag, Berlin-Göttingen-Heidelberg, 1950.

B. Die Bereitung von Kornbranntwein

In der Getreidebrennerei dient als Ausgangsmaterial in erster Linie Roggen. Gelegentlich werden auch Weizen, Buchweizen, Gerste und Hafer verwendet, so wie es die wirtschaftliche Lage der Länder gestattet. In Deutschland kam bisher hauptsächlich Roggen in Frage, doch wird in letzter Zeit der Roggenverbrauch erheblich eingeschränkt. Man verwendet zweckmäßig ein stärkereiches, volles Korn mit dem Hektolitergewicht von etwa 72 kg, das eine Garantie für eine gute Alkoholausbeute bietet.

Der Maischprozeß

Wird Roggenkorn vermaischt, so muß es zunächst einer Vorbehandlung unterworfen werden, da dasselbe bekanntlich sehr hart ist. Man mahlt es zweckmäßig zu einem feinen Mehl und läßt es hierauf 2 Stunden lang unter Umrühren in verdünnter Schwefelsäure einweichen. Auf 100 kg Roggen kommen 2—300 l Wasser, das mit 60, 80 oder 100 ccm Schwefelsäure versetzt worden ist. Die Anwendung dieser Mineralsäure ist eine alte, erprobte Maßnahme, für die die Wissenschaft noch keine vollständige Erklärung gegeben hat. Offenbar wirkt die Schwefelsäure in gewissem Sinne aufschließend, nicht nur rein chemisch, physikochemisch, sondern auch biochemisch. Die Quellvorgänge werden sicherlich gefördert werden, und die im sauren Milieu reagierenden Enzyme, wie die Proteasen und die Amylase beispeilsweise, erfahren Aktivierung. Anfangs, wenn die Schärfe (Dissoziation) der Säure noch nicht durch die Pufferwirkung der Kornbestandteile gemildert worden ist, wird sie stark bakterizid wirken und so die Infektionsflora vernichten. Die Menge der Schwefelsäure hat sich nach der Zusammensetzung des Korns zu richten, weshalb die oben angegebenen Quanten von Fall zu Fall ausgewählt werden müssen, eingedenk der Tatsache, daß eine Übersäuerung die Amylase hemmt.

Nach dem Einweichen erfolgt ein Zusatz von Gerstenmalz. Man benutzt für diesen Zweck ein bei niederer Temperatur (45° C) abgedarrtes Malz. Grünmalz ist nicht so vorteilhaft, da es kein Aroma besitzt und sich durch geringe Haltbarkeit auszeichnet. Die Malzfabriken liefern ein geeignetes Brennereidarrmalz von einer etwa 8tägigen Mälzungsdauer. Von diesem Malz verwendet man im Mittel 10%, jedoch schwankt die Menge je nach der Sorte und den beabsichtigten Zielen nach unten und oben zwischen 6 und 15%.

Jetzt beginnt der Maischprozeß durch Erwärmen mit direktem Wasserdampf. Die Maischtemperatur wählt man möglichst niedrig, um die Enzyme zu schonen. Hält man 1 Stunde bei 56°, so werden in erster Linie die Eiweißstoffe hydrolysiert, jedoch auch die diastatischen Fermente treten in Tätigkeit. Man geht dann unter Rühren auf 60—63° C, verweilt $^1/_2$ Stunde bei dieser Temperatur, wobei die Maische vollständig verzuckert und so für den Gärbottich reif wird. Dann wird abgekühlt auf Gärtemperatur. Dieses Verfahren wird in der Praxis sehr variiert. In manchen Fällen erfolgt die Wasserdampfbehandlung schon vor der Malzzugabe.

Glasige und halbglasige Körner bedürfen höherer Aufschlußtemperaturen. Hierfür gibt es das sog. Kochverfahren, bei dem schließlich Temperaturen bis

90—95—100° C zur Anwendung kommen. Hat man wieder auf 55° C abgekühlt, so fügt man erst das gesamte Verzuckerungsmalz hinzu. In $^1/_2$ Stunde ist bei dieser Behandlung ebenfalls der Prozeß beendet, worauf die Gärung eingeleitet werden kann.

Will man das Mahlen des Kornes sparen, so verwendet man das Dämpfverfahren, bei dem man das Getreide zunächst bei einem Druck von 3 Atü aufschließt. Die hierbei erhaltene dünnflüssige Masse wird nach dem Abkühlen mit Malz verzuckert. Dieses Verfahren bietet dem Kochverfahren gegenüber mehrere Vorteile.

Auch in der Kornbrennerei wird auf hohe Alkoholausbeute hingearbeitet, so daß man auch hier die Diastase nicht durch Aufkochen abtötet, sondern für eine Nachverzuckerung sorgt.

Die Gärung

In diesen Betrieben wird ebenfalls wie in der Brennerei eine hochvergärende obergärige Hefe verwendet. Es ist in diesem Falle sehr vorteilhaft, eine spezifische Reinzuchthefe aus einer Hefereinzuchtanstalt zu beziehen. Auf 100 l Hauptmaische sind 1—1,5 kg Preßhefe erforderlich. In großen Brennereien bereitet man einen „Hefesatz“ aus Roggenmehl und Darrmalz von 22° Balling zur Beimpfung, den man mit verdünnter Schwefelsäure oder Milchsäure ansäuert. Die Hauptmaische soll ebenfalls sauer gehalten werden, und zwar soll der Säuregrad etwa 0,2—0,25° betragen. Bei einer Konzentration von 16° Balling beginnt man die Gärung bei einer Temperatur von 18—20° C. Erst am 2. Tage geht man auf 28—30° C. Ist die Gärung nahezu beendet, so zeigen reifende Maischen ein Sinken der Ballinggrade auf 0,5—1, während der Säuregehalt ansteigt auf 0,8—1. Den Gärkessel hält man am besten zur Vermeidung von Alkoholverlusten geschlossen. Nach 72 Stunden ist normalerweise die Gärung beendet, die aus 100 kg Roggen 34 l absoluten Alkohol ergibt.

Als Nebenprodukt fällt eine sehr wertvolle Schlempe an, die sich auf die gesamte pflanzliche und tierische Erzeugung in den landwirtschaftlichen Betrieben sehr vorteilhaft bemerkbar macht *(Drews* und *Göpp)* (785).

In den USA, wo man große Alkoholmengen für den Heeresbedarf aus Winterweizen herstellte, erwiesen sich als Malzersatz submers bereitete *Pilzamylasen* aus Aspergillus oryzae, Aspergillus flavus und Aspergillus niger (337) besonders günstig *(Stark*, *Kolachow*, *L. A. Smith*, *Blankmeyer* und *Willkie)*.

Hefegewinnung

Wenn man in Kornbrennereien eine Maische von 8—12° Balling benutzt, kann man die Hefe nach der Gärung abschöpfen (Wiener Verfahren), die eine ausgezeichnete Backhefe darstellt. Heute wird jedoch der größte Teil der Bäckerhefe aus Melasse bereitet, wobei man die Hefevermehrung durch eine intensive Luftzufuhr außerordentlich fördert (s. Gewinnung von Bäckerhefe weiter unten).

Schrifttum

Foth, Dr. G. Handbuch der Spiritusfabrikation, Kartoffel-, Getreide- und Melassenbrennerei und andere Zweige der Spiritusindustrie nebst Spiritus-Rektifikation. Berlin, P. Parey 1929.

Wendel, Dr. F. Brennerei-, Hefe-, Branntwein-Lexikon, Techn. Teil. Erfurt, Verlag u. Druck: Mitteldeutsche Verlags-Aktiengesellschaft, Abt. Kirchner-Druckerei. 1936.

C. Die Bereitung von Traubenwein

Die Güte des Weines hängt in erster Linie von der Qualität der Traube ab. Diese wieder ist bedingt durch die Art der Rebe, ihrer Pflege sowie durch Boden und Klima. Die beste Rebe für den deutschen Weißwein ist der Riesling, der am Rhein (Rheinriesling), an der Mosel (Moselriesling) und an der Hardt die berühmten deutschen Marken liefert. Auch ein roter Riesling hat sich bewährt. Die zeitweilige Wetterlage in den Weinbaubezirken gibt dann den Ausschlag für die Güte des Jahrganges. Häufig wird in Deutschland die Beere verbessert durch den Befall mit dem grauen Traubenschimmelpilz (Botrytis cinerea). Die Infektion durch den Pilz kommt dadurch zustande, daß die Raupe (Sauerwurm) eines Kleinschmetterlings, des Traubenwicklers, die Beeren verletzt und so ein Einfallstor für den Botrytis cinerea schafft. Die Schale der Beere wird auch porös. Durch die Wasserverdunstung erhöht sich die Zucker- und Säurekonzentration, obgleich der Pilz von beiden zehrt. Ebenso tritt eine Verbesserung des Buketts ein (Edelfäule).

Auch durch das Lesen der Trauben kann die Qualität des Weines sehr beeinflußt werden. Es kommt darauf an, ob man die Trauben sortiert oder nicht. Eine gute Auslese von gesunden, vollreifen Trauben liefert natürlich einen anderen Most, als wenn man das keltert, was man wahllos erntet. Die mit guter Sachkenntnis streng geübte Auslese führt zu den berühmten Ausleseweinen. Die Lese dauert von Mitte September bis Anfang Dezember. Die guten Trauben läßt man zweckmäßig länger am Stock hängen, mindestens so lange, bis die Trauben- und Beerenstiele (Rappen oder Kämme) vertrocknet sind (Vollreife). Sie leiden auch nicht durch den Frost. Nur bei Edelfäule verbleiben die Trauben über die Vollreife hinaus am Stock. Manchmal jedoch erfordern es besondere Umstände, die Trauben früher zu lesen als sonst, so bei Naturschäden durch Hagelschlag und zunehmende Fäulnis. Oft wird während der Lese im Weinberg von den Arbeitern gleich eine Trennung in zwei Sorten nach der Güte vorgenommen, in manchen Betrieben erst in den Keltereien durch geübtes Personal (Tischauslese). Man unterscheidet in diesem Falle drei Qualitäten, und trennt die edelfaulen Beeren von den vollreifen und geringerwertigen. Im Großbetrieb läßt sich natürlich eine strenge Sortierung nicht durchführen, was im Interesse des Absatzes und der Preiserzielung zu bedauern ist. Bei Rotwein ist die Entfernung der faulen Beeren besonders dringlich.

Der Maischprozeß

Der Maischprozeß hat hier einen vollständig anderen Charakter als in der Brauerei und Brennerei. Während es in den Stärke verarbeitenden Betrieben vorzugsweise darauf ankommt, die unlösliche Stärke in vergärbaren Zucker überzuführen, handelt es sich in diesem Fall nur um die Gewinnung des zuckerhaltigen Traubensaftes aus den Beeren.

Hier ist zunächst die erste Handhabung das Zerreißen der Beerenhülsen, das zweckmäßig durch Mahlen in geeigneten Apparaten geschieht. Die Trauben werden in den Mühlen durch je zwei geriffelte steinerne bzw. hölzerne Walzen oder durch Kegelräder aus Aluminium zerquetscht, wobei darauf geachtet werden muß, daß die Kerne nicht zermahlen werden durch eine zu enge Einstellung der beiden Walzen. Bei den Mühlen müssen die Eisen- und Zinkteile mit Kelterlack überzogen werden, um Auflösungen der Metalle zu verhindern. Eisensalze geben mit Gerbstoff dunkle Verbindungen (Tinten), und Zinksalze machen sich geschmacklich unangenehm bemerkbar. Es resultiert nun ein Gemisch von Zellsaft, Fruchtfleisch (Mark), Hülsen, Kernen und Rappen, das eine gelblichbraune hellflüssige Masse darstellt. Wenn die Rappen noch grün sind, sind sie zweckmäßig bald auszuscheiden, was mittelst Sieben geschehen kann. Hierzu gibt es aber auch Traubenmühlen mit seitlich angebrachten Vorrichtungen zu ihrer Entfernung. Anderenfalls können die

Kämme und Stiele die Farbe und den Geschmack des Weines nachteilig verändern. Bei guten Weinen muß das Einmaischen noch am Tage der Lese geschehen, da der ausgelaufene Saft zu gären beginnt, und der entstandene Alkohol aus Kernen, Beerenhülsen und Kämmen Gerbstoffe und andere unerwünschte Stoffe herauslaugt, die den Geschmack und die Farbe des Weines, wie erwähnt, ungünstig beeinflussen. Bevor man keltert, also zu Most abpreßt, ist ein Sichselbstüberlassen dieses Gemisches (Aufnehmenlassen) in manchen Fällen angebracht. Vermutlich tritt eine Autolyse, eine enzymatische Zellauflösung ein, wodurch wertvolle Stoffe freigelegt werden. Bei manchen hochreifen und edelfaulen Trauben ist dieser Vorgang besonders dienlich. Der Most reichert sich hierbei mit gelbem Farbstoff und Extrakten an. Bei hellen Weinen, wie Moselwein z. B. kommt dieser Prozeß nicht in Frage. In diesem Falle erfolgt nach dem Mahlen sofort das Abpressen. Dies gilt auch für gewöhnliche Landweine, um die Qualität nicht zu verschlechtern. Bei der Rotweingewinnung ist das Aufnehmenlassen von hoher Bedeutung. Hier dauert dieser Vorgang noch während der Gärung an, da der rote Farbstoff in den Zellen der Hülsen steckt und diese erst aufgeschlossen werden müssen. Der während der Gärung entstehende Alkohol und die Säure lösen alsdann den Farbstoff heraus. Auch Extraktstoffe wie Gerbsäure und Mineralien gehen in Lösung. Damit der Gerbstoffgehalt nicht zu groß wird, muß eine gute Entrappung erfolgt sein. Andererseits erhält der Wein eine bräunliche Farbe und einen zusammenziehenden Geschmack. Wird die Maische roter Trauben sofort gekeltert, so führt die Vergärung zu äußerst schwach gefärbten rötlichen Weinen, zu den Claretweinen und den sog. „Weißherbsten".

Das Keltern

Den Klärungsprozeß der Maische durch die Presse bezeichnet man mit Keltern. Der hierbei resultierende Most ist anfangs noch nicht frei von Schwebestoffen, aber im Laufe des Vorganges wird der Preßkorb durch die Teilchen des Mostes so dicht, daß ein ziemlich klares Produkt entsteht, der sog. Preßmost. Vorher hat man schon den schwach gelblich-braunen Vorlauf gewonnen, die trübe mit Fruchtfleischteilchen angefüllte Flüssigkeit, die beim Eingießen der Maische in die Presse sofort abfließt (Seihmost).

Man bedient sich in kleinen Betrieben noch der alten Handpressen, da sie den Saft fast restlos erfassen. Andererseits leisten die Kniehebel-Differentialpressen und auch die hydraulischen Pressen in größeren Weingütern unentbehrliche Dienste. Die modernen Apparate bringen in erster Linie den Vorteil der Zeitersparnis mit, was vor allem sehr ins Gewicht fällt. Im Preßkorb verbleibt alsdann ein Preßkuchen aus Hülsen, Kernen und Kämmen bestehend. Derselbe liefert nach dem Auflockern und Umpacken den sog. „Scheitermost", das Produkt der zweiten Pressung. An diesen ersten „Nachdruck" schließen sich der zweite und dritte Nachdruck an, die jedoch in der Güte nicht mit der Hauptmenge des Mostes zu vergleichen sind. Sie enthalten aus den Hülsen, evtl. auch aus den Kämmen, unangenehme Geschmacksstoffe. Alle diese Nachprodukte vom Scheitermost bis zum letzten Nachdruck erfahren eine besondere Verarbeitung, werden also nicht mit dem Hauptprodukt des Kelterns vermischt.

Um 100 l Maische zu erzielen, benötigt man 106—112 kg Trauben. Dieses Quantum Maische ergibt alsdann 65—85 l, im Mittel 75 l Most. Die Mostausbeute teilt sich folgendermaßen auf: Vorlauf 58%, Preßmost 27%, 1. Nachdruck 11%, 2. Nachdruck 4% (nach *C. v. der Heide*).

Der Most

Die Güte des Mostes beurteilt der Winzer nach dem Zucker- und Säuregehalt, da die Stoffe, die später die Blume geben, nicht analytisch erfaßbar sind. Minderwertige Trauben liefern einen Zuckergehalt von 6—8 g in 100 cm Most, hochwertige Auslese mit eingetrockneten Beeren 30—40 g und die in guten Weinjahren anfallende Ernte im Durchschnitt 16—21 g. Die guten reifen Trauben enthalten Invertzucker, keinen Rohrzucker. In überreifen und edelfaulen Früchten überwiegt die besonders süßschmeckende Fructose, während die Glucose in unreifen Trauben vorherrscht. Da die deutschen Weinhefen keine sehr hohen Alkoholprozente vertragen, so müssen etwas süßliche Weine entstehen, wenn die hochwertigen Moste direkt zur Vergärung kommen (Ausleseweine).

Wichtig ist auch der Säuregehalt der Moste, der bei allen Operationen vor Bakterieninfektionen schützt. Neben Weinsäure tritt Äpfelsäure auf in Mittelwerten von 0,8—1,2%. Bei sehr sauren Mosten überwiegt die Äpfelsäure, während bei geringem Säuregehalt mehr Weinsäure zu finden ist. Deutsche Weine enthalten 1,5 bis 4,0 g Weinsäure im Liter, in säurereichen Moselmosten ausnahmsweise bis 8 g. Der Weinstein, das saure Kaliumtartrat, bildet sich bereits in der Traube und fällt infolge seiner geringen Löslichkeit während der Gärung aus, mit ihm das noch schwerer lösliche Calciumtartrat. Die weinsauren Salze sammeln sich in der abgesetzten Weinhefe an, weshalb diese ein gutes Ausgangsmaterial für die Weinsäuregewinnung darstellt. Von anderen Säuren sind noch Zitronensäure, Benzoesäure und Salicylsäure zu erwähnen, wovon die beiden letzteren in Spuren vorkommen. So weisen ein gesunder Traubenwein 0,7 mg Benzoesäure, ein reiner Bordeauxwein 0,6—2,5 mg Salcylsäure im Liter auf.

All diese Säuren und der bei beginnender Gärung entstehende Alkohol nehmen den Kampf gegen unerwünschte Mikroorganismen auf, und nur durch die gemeinsame Wirkung der beiden Agentien ist es möglich, daß die noch oft in so primitiver Weise (nämlich ohne besondere Kautelen der Bakteriologie) stattfindende Weinbereitung zu recht guten Erfolgen führt.

An weiteren wichtigen Bestandteilen enthält der Most noch Gerbstoffe, Farbstoffe, Wachse, Eiweißstoffe, Pektine und Mineralsalze. Der Gerbstoff (Oenotannin), ein Gemisch verschiedenartiger Kondensationsprodukte der Glucose mit der Digallussäure, findet sich bis zu 9% in den Traubenkernen.

Die grünen Kämme enthalten 5% und die Beerenhülsen nur 1,2%. Mithin wird nun verständlich, daß man in den Traubenmühlen die Kerne nicht zermahlt, und daß ein Entrappen des Mostes und sehr baldiges Keltern angebracht sind. Hält man diese Bedingungen ein, so erzielt man Weißweine mit 0,2—0,4 g Gerbstoff bzw. milde Rotweine mit 1—1,5 g, dunkle schwere mit 2—2,5 g im Liter

Über die Farbstoffe ist zu sagen, daß die goldgelbe Farbe reifer Trauben von Begleitstoffen des Chlorophylls, vielleicht vom Xanthophyll, herrührt. Auch ist eine Verwandtschaft mit dem Carotin nicht ausgeschlossen. Der rote bzw. blaue Farbstoff der Beerenhülsen ist das Oenin, der Anthocyanklasse zugehörig. Es ist ein Monoglucosid des Oenidins ($C_{17}H_{14}O_7$). Oenin ist mittels Eisessig aus den Hülsen zu gewinnen und dient als Handelspräparat zum Auffärben von Rotweinen.

Im Most findet man noch Spuren des Wachses Vitin ($C_{19}H_{31} \cdot COOH$), das man als Wachsüberzug auf den Beeren beobachtet und als „Duft“ oder „Reif“ anspricht.

Von stickstoffhaltigen Verbindungen sind Albumine, Albumosen, Peptone, Aminosäuren, Amine und Ammoniak zu erwähnen, die der Hefe als Nahrung dienen. Aber der Reigen der Mostbestandteile geht noch weiter. Pektinstoffe, der Zellmembran entstammend, treten in sehr beachtlichen Mengen auf. Weiter sind gefunden worden Sorbit, Gummistoffe und Enzyme.

Asche, bestehend hauptsächlich als Kalium-, Calcium- und Magnesiumphosphat, ist in Mengen von 3—5 g im Liter enthalten.

Der Wasserwert beträgt im Mittel 75%

Die Behandlung des Mostes

Seit urdenklichen Zeiten hat man den Most einer direkten Gärung unterworfen und ist bei normalen Trauben stets zu guten Produkten gelangt (s. o.). Seit Jahren ist ein Sicherheitsfaktor für die reine Gärung eingeführt worden: die Schwefelung des Mostes. Man bezweckt hiermit naturgemäß die Vernichtung, mindestens die Schwächung der Infektionskeime, vor allem der Schimmelpilze, Kahmhefen und Essigbakterien. Das sind Lebewesen, die Sauerstoff zu ihrer Entwicklung benötigen, und da die schwefelige Säure allen Zutritt von Sauerstoff verhindert, so bleibt diese unerwünschte Flora fern. Die Weinhefen indessen werden nicht erheblich geschädigt und entwickeln sich bald wunschgemäß im Most. Auch die säureabbauenden Bakterien werden durch die schweflige Säure in ihrer Aktivität geschwächt, was bei säurearmen Trauben wie Gutedel, Silvaner, Traminer und Ruländer zu begrüßen ist. Durch den Schutz der Fruchtsäuren gewinnen die entsprechenden Weine an rassigen Eigenschaften und Gesundheit. Außer den biochemischen Wirkungen hat die schweflige Säure noch eine rein chemische Aufgabe: sie soll die Braunfärbungen des Mostes und des Jungweines verhindern durch Ausschaltung der Wirkung des Sauerstoffs. Verwendet man zum Schwefeln schweflige Säure selbst, so beträgt die Dosis 3—6 g pro 100 l. Bei Anwendung von Kaliumpyrosulfit ($K_2S_2O_5$) werden 6—12 g benötigt.

War man gezwungen, faule und kranke Beeren zu verarbeiten, so muß der Traubensaft totgeschwefelt und entschleimt werden. In diesem Falle kommen auf 100 l Most 5—7 g schweflige Säure oder 10—14 g Kaliumpyrosulfit bei kühler Lagerung. Es setzen sich die aus dem Beerenfleisch stammenden Stoffe als schleimiger Trub ab und reißen die Faulstoffe mit zu Boden. Nach 1—2 Tagen kann man den vom Trub abgetrennten, klaren Most mit Reinhefe im warmen Keller vergären.

Um die unerwünschten Geruchs- und Geschmacksstoffe noch zu entfernen, wird eine Reinigung mit aktiver Kohle aus Lindenholz (Eponit) angeschlossen.

Nun noch ein paar Worte über die Verwendung der Trester.

Diese bestehen zu 50% aus Beerenhülsen und der gleichen Menge Kerne (25%) und Kämme (25%). Sie dienen vor allem zur Bereitung des unverkäuflichen Tresterweines, des Haustrunkes der Winzer. Man laugt die Trester zunächst 2—3 Tage mit Wasser aus, wobei auf 30 kg Trester 60—66 l Wasser kommen. Zur Vermeidung einer frühzeitigen Gärung und der damit verknüpften Auslaugung der Gerbstoffe durch den entstehenden Alkohol wird das Wasser mit Kaliumpyrosulfit angesäuert. Nach dem Keltern wird der Auszug mit 10—12 kg Zucker je hl gesüßt und nun der Gärung unterworfen. Für dieses Getränk wählt man am vorteilhaftesten säurereiche Traubensorten. Herrscht Säuremangel, so gibt man etwas Zitronensäure hinzu, auch verbessert man den Haustrunk durch Verschneiden mit Obstwein.

Andere Tresterprodukte sind der Tresterbranntwein und das Traubenkernöl, das als Glycerinester der Linolsäure, Ölsäure und anderer höherer Fettsäuren zu Speiseöl, in der Margarinefabrikation und zu Ölfarben Verwendung findet. Außerdem resultieren noch Futter- und Düngemittel.

Die Gärung

Bei der Weingärung handelt es sich natürlich in erster Linie ebenfalls um eine alkoholische Gärung. Während des Reifungsprozesses des Weines kommt indessen noch eine Bakteriengärung hinzu, die eine Milderung des sauren Charakters hervorruft. Die alkoholische Gärung wird seit altersher bewirkt durch die Weinberghefen ohne besondere Maßnahmen der Winzer zu ihrer Aussaat. Es handelt sich hier um eine spontane, also von selbst eintretende Gärung, die durch die wilden Weinhefen hervorgerufen wird. In der Erde des Weinbergs überwintert die Flora in Form von Sporen und führt in der freien Natur bis zum Herbst ein kümmerliches Dasein.

Dann wird sie durch den Wind und die Insekten auf die Beeren gebracht und kann sich dort schon entfalten, wo aus nicht intakten, angefressenen Früchten Zuckersaft hervorquillt. Bei der Lese bereits und vor allem beim Maischen, wenn der Saft aus den Beeren fließt, findet die Hefe so günstige Lebensbedingungen zur Vermehrung, daß bereits der Most eine auskömmliche Beimpfung erfahren hat. Diese zeigt sich dann schon nach 3—4 Tagen im Gärgefäß des Gärkellers als Ursache einer stürmischen Gärung, die 3—8 Tage andauert (Hauptgärung). Das baldige, heftige Eintreten der alkoholischen Zuckerspaltung ist für das gute Gelingen des Weines unbedingt notwendig, da mit diesem Vorgang die mit den Trauben eingeschleppte Infektionsflora vernichtet werden muß, wenn sie durch das Schwefeln des Mostes nicht abgetötet wurde. Dadurch, daß durch die lebhafte Zellvermehrung der Weinhefen der Sauerstoff des Mostes verbraucht wird, werden einem großen Teil der unerwünschten Infektionsmikroorganismen die notwendigsten Lebensbedingungen genommen und so ein Aufkommen der fremden Flora ausgeschaltet. Der Steigraum der Gärfässer, für die Ausdehnung des Gärgutes vorgesehen, füllt sich mit Kohlensäure an, so daß die Oberfläche des Mostes ebenfalls ohne Luft ist. Durch den Verschluß des Spundes mittelst Gärventil, das zwar die Gase aus dem Faß hinaus, die Luft aber nicht hineinläßt, ist bald der ganze Steigraum frei von Sauerstoff, und somit sind die drei gefährlichen Feinde des Weines, die Essigbakterien, die Kahmhefen und Schimmelpilze in der Entwicklung ausgeschaltet. Steigt allmählich die Alkoholkonzentration an, so erscheint ein neuer Kampfgenosse gegen die Infektion. Der Alkohol vernichtet jetzt die schwach gärenden Hefen, namentlich die Apiculatusarten (Gattung Kloekeraspora) und die Bakterien, die die unerwünschten flüchtigen Säuren bilden. Somit wäre nun praktisch die ganze gefährliche Flora bekämpft.

In unserem von gemäßigten Herbsttemperaturen beherrschtem Klima ist der Kampf gegen die Infektionsflora auf die oben angeführte Weise bei einiger Vorsicht stets zu meistern. Wir haben hier ein treffliches Beispiel von der natürlichen Reinzucht (Kap. 16).

Ist der Herbst ausnahmsweise mal sehr kühl, so daß die Kellertemperatur unter 12° fällt, so besteht die Gefahr des Ausbleibens einer schnellen, spontanen Gärung. In diesem Falle benutzt man die sog. Kaltgärhefen mit einem Optimum unter 20° (s. u. Reinzuchthefen). In warmen Ländern mit dem Temperaturoptimum der Infektionskeime werden oft die säurearmen Moste von einer Schleim-, Mannit-, Milch- und Buttersäuregärung bedroht. Hier müssen scharfe Gegenmaßnahmen wie starkes Abkühlen und Schwefeln ergriffen werden, wenn nicht durch diese Nebengärungen eine Entwertung des Endproduktes eintreten soll.

Hat man Trauben guter Lagen geerntet, so hat man auch seine Freude an einer flotten, einwandfreien Gärung, da gute Hefen mit eingebracht worden sind. So hat man normalerweise bei einer Kellertemperatur von 12—15° überall eine spontane Gärung. In solchen Fällen entwickeln sich gewöhnlich die gärtüchtigen Hefen von ellipsoidischer Gestalt wie die Hefe Saccharomyces cerevisiae var. ellipsoideus Hansen *(Decker)* oder die Weinhefen Winninger, Geisenheim 1933 oder Bordeaux (s. Kap. 6). Die besten Weinhefen vertragen noch 15—16 Vol.% Alkohol, bei besonders guten Existenzbedingungen 17—18 Vol.%. Sie sind unempfindlich gegenüber Gerbstoff und Säuren, besonders schwefliger Säure. Weiter zeichnen sich solche Hefen aus durch einen hohen Endvergärungsgrad, viel Glycerinbildung, Stabilität gegenüber Temperaturschwankungen und geringe Neigung zur Erzeugung flüchtiger Säuren. Das Aufkommen der gärtüchtigen Hefen geschieht nach den Gesetzen der natürlichen Hefereinzucht (s. Kap. 16).

Diese Hefen arbeiten im allgemeinen recht gut. Sollte durch irgendwelche Umstände gelegentlich eine Stockung eintreten, so ist eine Lüftung durch Eindrücken von Luft oder ein Ausfließenlassen des Mostes durch eine Brause angebracht. Hierbei werden die hemmend wirkenden, flüchtigen Säuren entfernt, und die Hefe belädt sich mit Sauerstoff. Besser ist es schon wegen der damit verbundenen Infektionsgefahr diese Maßnahmen, wenn möglich, zu vermeiden. Auch macht sich ein „Luftgeschmack" nachteilig bemerkbar. Außer Sauerstoff fördern auch kleine Mengen von Wein- und Äpfelsäure die Lebenstätigkeit der Weinhefen, dagegen stört die Essigsäure schon in geringen Mengen.

Die regelmäßige Verwendung einer Reinzuchthefe wie in der Brauerei und Brennerei kommt bei der Weinbereitung nicht in Frage. Überhaupt wären hier auch nicht die Vorbedingungen für eine derartige reine Gärung gegeben, da der Most weder sterilisiert noch pasteurisiert werden darf. Eine Reinigung kann höchstens mit spanischer Erde vorgenommen werden, die bei gewöhnlicher Temperatur geschieht. Trotzdem gibt es Fälle, bei denen Reinzuchthefen[1]) verwendet werden müssen. Dies kommt namentlich in schlechten Weinjahren in Frage, wenn abnorme Moste, zucker- und säurearme, vorliegen und die Trauben durch ungünstige Witterung einen unerwünschten Schimmelbefall erlitten haben. Weiter wird eine Reinzuchthefe benötigt bei Verwendung der Kaltgärhefen (s. o.) oder wenn ein Wein zur Verbesserung umgegoren werden soll. Im letzteren Falle wird der zugegebene Zucker durch herangezüchtete reine Kulturen in Alkohol umgesetzt. Ferner sind Reinzuchten zu empfehlen in solchen Gegenden, wo die Weinberge keine oder keine geeigneten Hefen beherbergen, ebenso in Keltereien, die Obst- und Beerenweine herstellen. Hier hat gerade im letzteren Falle die Reinkultur mit sehr gutem Erfolge gewirkt. In der Schaumweinbereitung sind die Reinhefen ebenfalls unentbehrlich geworden.

Zur Unterscheidung verschiedener Weinhefen hat *E. Peynaud* (786) eine Methode entwickelt, die darauf beruht, aus der Größe des Anfalles der Nebenprodukte der Gärungen ein charakteristisches Mengenverhältnis der auftretenden Substanzen festzustellen. Es ist bekannt, daß aus dem Acetaldehyd Stoffe wie Essigsäure, Bernsteinsäure, 2,3-Butylenglycol und aus dem Dioxyaceton der Gärung Glycerin entstehen können (s. Kap. 12 u. 20). Ausschlaggebend sind nun hier die Mengenverhältnisse von Essigsäure zu Bernsteinsäure, sowie von Butylenglycol zu Glycerin.

Ist die Hauptgärung der Hefen im Fasse vorüber, so beginnt allmählich die Säuregärung *(A. Koch)*. Hier handelt es sich um die Überführung der Äpfelsäure in Milchsäure unter Abspaltung von Kohlensäure

$$\begin{array}{l} CH_2\cdot COOH \\ | \\ CH\cdot OH\cdot COOH \end{array} = CO_2 + \begin{array}{l} CH_3 \\ | \\ CH\cdot OH\cdot COOH \end{array}$$

durch den Diplococcus Micrococcus malolacticus *(Seifert)*. Auch wird hier keine Reinkultur des Organismus zugegeben, sondern es werden nur Bedingungen geschaffen, damit sich die Flora gut entwickeln kann. Dazu gehört zunächst das Aufrühren der Hefe nach dem Absetzen, ein schwaches Einbrennen, warmes Lagern und ein spätes Abstechen des Jungweines. Diese Umwandlung macht den Wein milder, was geschmacklich sehr begrüßt wird. Die gute Wirkung kommt dadurch zustande, daß einmal durch die CO_2-Abgabe gewichtsmäßig weniger Milchsäure entsteht als das Ausgangsmaterial beträgt —, denn 100 g Äpfelsäure geben praktisch nur 50—56 g Milchsäure, wobei außerdem noch etwa 20% auf andere Weise

[1]) Reinzuchthefen sind u. a. zu erhalten aus den Weinchemischen Versuchsstationen zu Geisenheim, Freiburg i. Br., Weinsberg, Weihenstephan und dem Institut für Gärungsgewerbe zu Berlin.

verschwinden —, und zum anderen die Dissoziationskonstante der Milchsäure ($k = 1{,}4 \times 10^{-4}$) kleiner ist als die der Äpfelsäure ($k = 3{,}8 \times 10^{-4}$ und $7{,}4 \times 10^{-6}$) Außer dem genannten Kokkus wirken noch zwei andere im gleichen Sinne, der Micrococcus acidovorax (*Müller-Thurgau* und *Osterwalder*) und der Micrococcus variococcus (*Müller-Thurgau* und *Osterwalder*). Beide vermögen auch aus Fructose und Glucose Milchsäure zu bilden. Während man in Deutschland bestrebt ist, den Säurerückgang zu fördern, ist man in den südlichen Ländern bemüht, den an sich geringen Säuregehalt zu schonen.

Um nicht durch eine zu große Wärmesteigerung bei dem mit positiver Wärmetönung verknüpften Gärprozeß der Hefe die Bukettstoffe zu verlieren, dürfen die Gärfässer nicht zu groß gewählt werden. Bei einer durch Wärme zu lebhaft geförderten Gärung würde die Kohlensäure die Träger der Blume auswaschen bzw. austreiben. Je langsamer die Gärung verläuft, desto mehr Bukettstoffe bleiben im Wein. Beträgt die Temperatur des Gärraumes 10—15° C, so kann man in einem 1000-l-Faß mit einem Temperaturanstieg auf 20—25° rechnen, was in Anbetracht des Temperaturoptimums von 25° sehr erträglich ist. Aus diesem Grunde wählt man bei Qualitätsweinen Gebinde von 600—1200 l. In kleinen Fässern wird man ruhigere Gärungen erzielen und die Blume mehr schonen. Bei Massengewächsen überschreitet man ohne Bedenken die angegebenen Größen.

Wie schon erwähnt, bleibt in den Fässern zunächst ein Steigraum frei, der von der Außenluft durch das Gärventil abgeschlossen ist. Erst wenn die Hauptgärung nach 8—10 Tagen beendet ist, wird spundvoll aufgefüllt für die Nachgärung, die bei Weißweinen einige Wochen, bei Ausleseweinen infolge hoher Zuckerkonzentration mehrere Monate andauert. Durch die Verdrängung der Luft aus dem Gärgefäß vermeidet man das Aufkommen der Kahmhefe. Während der Nachgärung setzt sich die Hefe allmählich ab, und der Wein beginnt sich zu klären. Steckengebliebene Gärungen werden auch hier durch Lüften, Aufrühren der Hefe, ebenso durch Anwärmen wieder in Gang gebracht. Wird die ruhende Hefe kräftig durchlüftet, so bildet sie namentlich bei Südweinen eine Hautvegetation auf der Oberfläche des Weines, vergleichbar einer Kahmhaut. Dieses „oxydative Stadium" ist erwünscht zur Bildung von Geruchstoffen, Fruchtäthern der Südweine (Sherrybukettbildung). *Schanderl* hat diesen beobachteten Vorgang zu einem „*Sherrysierungsverfahren*" mit Erfolg ausgebaut, indem er über dem Flüssigkeitsspiegel die Hefen von Weindämpfen umspülen läßt.

Wie wir erfuhren, werden bei der Rotweinbereitung zur Extraktion des Farbstoffes und des Gerbstoffes die Beerenhülsen und Kerne mit vergoren. Dieses Verfahren gestattet daher keine normale geschlossene Gärung, da die hochgetriebenen Trester das kleine Spundloch verstopfen würden. Hier benutzen die meisten Betriebe offene Gefäße, Gärkufen oder aufrecht stehende Fässer mit einer $^2/_3$-Füllung. Man taucht die hochgestiegene Tresterdecke, den Tresterhut, immer wieder unter — während der Hauptgärung stündlich —, weil sich sonst in ihr allerlei Infektionskeime entwickeln würden.

Eine andere Art der Gärung, aber weniger eingeführt, benutzt einen Senkboden (Siebboden), der 20 cm unter der Oberfläche angebracht ist und so die Bildung des hochsteigenden Tresterhutes verhindert. Ein Holzdeckel sorgt für eine Kohlensäureschicht oberhalb des Spiegels. Der Nachteil dieser Methode besteht darin, daß die hochsteigende Hefe nicht mit Luft in Berührung kommt. Nun gibt es auch noch Verfechter für eine geschlossene Gärung im liegenden Faß, wobei das Spundloch durch ein Türchen ersetzt ist. Während der Gärung wird in allen Fällen durch den entstehenden Alkohol und die Säuren des Mostes der rote Farbstoff, das Oenin, aus den Beerenhülsen herausgelöst. Mit etwa 5% Zuckergehalt kommt nach der Hauptgärung der junge Rotwein zur Nachgärung zum Ansatz. Luftabschluß ist hier erste Bedingung, da sonst das Oenin zerstört wird und die Geschmacksbildung leidet.

Der Jungwein

Nach einigen Wochen bzw. Monaten der Nachgärung und Ruhe hat sich am Boden des Fasses Trub und Hefe abgesetzt und der Jungwein gebildet. Derselbe muß nun abgezogen werden, da die Hefe z. T. abstirbt und somit der Autolyse unterworfen wird. Ist der Wein jedoch sehr alkoholreich, so besteht diese Gefahr nicht, die dem Wein unerwünschte Aromastoffe zuführen könnte. Deshalb sind für den ersten Abstich des Weines ziemlich weite Grenzen — vom Dezember bis zum Mai — gezogen. Der Winzer richtet sich nach seinen Erfahrungen mit seinen Produkten. Schwierigkeiten entstehen immer, wenn das Ausgangsmaterial nicht einwandfrei war. Waren faule Beeren mitverarbeitet worden, so bildet sich beim Jungwein in Berührung mit Luft eine Braunfärbung, wozu sich noch ein scharfer, manchmal kratzender Geschmack gesellt. Man spricht in diesem Falle vom Rahn- oder Rohnwerden des Weines. Auch ein eigenartiger Hefegeschmack, der sich durchaus nicht immer unangenehm bemerkbar macht, tritt hierbei zuweilen auf. Hier greift der Winzer zu seinem Allheilmittel, zum Schwefel. Die Fässer, die den Jungwein aufnehmen sollen, werden ausgeschwefelt. Das Quantum der schwefligen Säure — aus 2—100 g Schwefel pro 1000 l Faßraum — richtet sich nach der Güte des Weines. Auch die besten Weine werden eingebrannt, wenn auch wenig, aber bei den anormalen Produkten ist eine kräftige Dosis erforderlich. Die Säure wird vom Wein sofort gelöst und z. T. an den Acetaldehyd gebunden, der dann eine α-Oxyäthansulfosäure gibt. Ein Teil bleibt frei im Wein und gibt später Schwefelsäure, eine dritte Menge wird an den Zucker gebunden.

Über die chemischen Wirkungen der schwefligen Säure auf den Wein selbst liegen noch keine genauen Angaben vor. Vermutlich wird sie den Sauerstoff an sich reißen und eine Bleichwirkung auf das braune Pigment ausüben. Da man beim Schwefeln die Kontrolle über die zur Wirkung gekommenen Menge der Säure verliert, so arbeitet man mit abdosierten Quanten flüssiger, schwefliger Säure aus Stahlbomben. Bequemer, jedoch nicht so gut, ist die Verwendung 6%iger wäßriger, schwefliger Säure oder Kaliumpyrosulfit ($K_2S_2O_5$). In solchen Weinen findet man 0,5—10 mg schweflige Säure in 100 ccm, und zwar freie und gebundene, wovon letztere ganz bedeutend überwiegt. Es ist leicht begreiflich, daß eine zu starke Schwefelung zu einem hygienisch nicht einwandfreien Produkt führen würde.

Da der Jungwein immer noch Hefen, Weinstein und Schwebestoffe feiner Dispersion absetzt, so ist ein weiteres Abstechen angebracht, was 1—3mal im ersten Jahr je nach der Sorte des Weines geschehen kann. Auch hierbei wird geschwefelt. Aber die natürliche Klärung durch Absetzen genügt in den allermeisten Fällen nicht, weshalb eine Filtration durch Cellulose oder Asbest eingeschaltet wird. Die Filter von Seitz in Kreuznach geben glanzhelle Weine. Aber auch hier darf nicht übertrieben werden zur Erhaltung eines guten, vollen Geschmackes. Eine andere Klärungsart ist die Schönung, bei der die Schwebeteilchen vom Fällungsmittel durch Nebenvalenzwirkungen der Oberflächen adsorbiert werden. Recht gut wirkt die Hausenblase, die die unerwünschten Kolloide mit niederschlägt. Dieses Verfahren ist in den letzten Jahren durch die Blauschönung verdrängt worden, die die Metalle Eisen, Kupfer und Zink mit Ferrocyankalium niederschlägt und dabei kolloidale Substanzen mitentfernt. In geübten, erfahrenen Händen bei Einhaltung genauer Vorschriften besteht bei dieser Methode kein Anlaß zu einer Besorgnis. Die Gefahr einer Blausäurebildung droht erst, wenn das Milieu einen kleinen Überschuß von Säure aufweist. Außer Gelatine, die zu Schaum geschlagen wird, hat sich auch Hühnereiweiß, namentlich bei Rotweinen, bewährt. Bei solchen Reaktionen entstehen unlösliche, lederartige Verbindungen von Gerbstoff mit Eiweiß, Gelatine und Leim. Es werden also Gerbstoffe entfernt. Gerbstoffarme Weißweine dagegen erhalten vor dem Gelatinezusatz berechnete Dosen von Gerbstoff. Bei solchen Fällungen verschwinden auch die braunen Farbstoffe, die beim Rahnwerden entstehen. Andere Schönungsmittel sind spanische Erde, ein Verwitterungsprodukt des Feldspates aus Xeres de la Frontera, Lindenholzkohle (Eponit) und gereinigte Knochenkohle.

Der Wein

Der Wein reift nun auf dem Faß. Über die Vorgänge hierbei ist bis jetzt folgendes bekannt. Es tritt vermutlich eine Oxydasereaktion ein, wozu der Sauerstoff durch die Poren des Fasses eintritt. Gleichzeitig findet eine Ausscheidung von Weinstein und Calciumtartrat statt. Ferner erfolgt ein Kohlensäureschwund und ein Absetzen von Eiweiß und Gerbstoff. Weiter wirken auch hier die Bakterien, die Äpfelsäure zu Milchsäure und Kohlensäure aufspalten (s. o.). Was noch an weiteren Reaktionen notwendig ist, um den Wein abzurunden, entzieht sich bis heute unserer Kenntnis. Ist der Ausbau des Weines beendet, so muß die Füllung auf Flaschen sofort erfolgen. Vorher wird noch ein wenig geschwefelt, bei edlen Ausleseweinen mehr. Das Reifestadium ist von ganz verschiedener Dauer und richtet sich nach der Güte des Gewächses. Die Landweine sind sehr schnell ausgereift und müssen nach einem Jahr getrunken werden, da sonst die Güte leidet. Sehr gute Tischweine erfordern 2—3 Jahre zum Ausbau auf dem Faß und sind 8—12 Jahre haltbar. Bei den besten Gewächsen geht der Prozeß sehr langsam in einem Zeitraum von 10 bis 20 Jahren vor sich, wodurch auch eine Haltbarkeit von 10—20 Jahren ermöglicht wird. Aber auch hier gibt es seine Grenzen. Nach 40—50 Jahren beginnt ein Abbau an der Güte des Weines und somit gehören gute hundertjährige Weine in das Reich der Fabel. Beim Abfüllen des Weines auf Flaschen wird der Luftzutritt durch besondere Einrichtungen verhindert, was bei Moselwein wichtig ist. Frisch abgezogen ist der Wein „flaschenkrank“, wohl infolge der Störung des Gleichgewichtes der verschiedenen Kolloidsysteme; jedoch nach Wochen ist wieder „Beruhigung“ eingetreten, und der Wein ist normal. Diese Erscheinung erinnert an den Transport des Bieres in Fässern, wobei durch das Rütteln eine gewisse „Unordnung“ in das kolloidale System kommt, und das Getränk erst nach einiger Zeit wieder konsumreif wird. Daß der Korkverschluß auf den Flaschen vorzüglich sein muß, versteht sich wohl von selbst. Nach 10—20 Jahren ist eine Erneuerung der Korken notwendig.

Die Zusammensetzung des Weines

Der Alkoholgehalt des Weines ist typisch für seine Qualität. Die leichten Landweine enthalten 7—8 Gewichtsprozent, alle Tafelweine 8—10% und die Rotweine 9—12%. Dieser Gehalt ist natürlich abhängig von der Zuckerkonzentration im Most. Sollen 10—12 g Alkohol erzeugt werden, so sind 21—25 g Zucker notwendig. Steigt die Zuckerkonzentration über 30%, so entstehen nur Alkoholmengen von 6—9% etwa, da die Hefen an solche Medien nicht gewöhnt sind. Aus diesem Grunde haben Tokayer und deutscher Auslesewein bei großer Süße nur wenig Alkohol, wenn nicht künstlich nachgeholfen wird.

Der Zuckergehalt der Weine, bestehend aus einem Gemisch von Glucose und Fructose, ist nur bei den Südweinen und Ausleseweinen zu bemerken. Bei den deutschen Land- und Tischweinen fehlt er bei wenigen Ausnahmen fast vollkommen.

Fuselöl und Acetaldehyd, der bekanntlich mit der schwefligen Säure α-Oxyaethansulfosäure gibt, sind in verschwindend kleinen Mengen anzutreffen. Das Fuselöl setzt sich zusammen aus Isoamylalkohol, *l*-Amylalkohol, Isobutylalkohol und winzigen Mengen von *n*-Propylalkohol sowie Butylalkohol. Methylalkohol entsteht als Aufspaltungsprodukt der Pektinstoffe in Mengen von 0,17—0,44% des Gehaltes an Aethylalkohol.

Glycerin macht sich dagegen infolge größeren Auftretens durch Abrundung des Geschmackes bemerkbar. Es bilden sich je nach der Heferasse im Mittel etwa 10% des entstandenen Äthylalkohols. Die Bildung erfolgt sicher aus der Hexose über das Dioxyaceton.

Der Säuregehalt ist abhängig von der Reife der Trauben, wobei die unreifen mehr Säure aufweisen. Diese ist teils frei, teils gebunden an Basen. Die Gesamtsäure auf Weinsäure berechnet beträgt 0,8—0,9%. Der Säurecharakter des Weines kann nicht durch die titrierbare Säure festgelegt werden, sondern es kommt wesentlich nach *Th. Paul* und *A. Günther* auf die Dissoziation der Säuren an, deren Wasserstoffjonenkonzentration (Säuregrad) seinerzeit nach *W. Ostwald* durch die Rohrzuckerinversion bestimmt wurde. Bei einigen Pfälzerweinen wurde das pH zu 3,15 bis 3,56 gemessen. Sicher spielen die Säureanionen geschmacklich auch eine Rolle.

Der Weinsäuregehalt des Weines ist geringer als der des Mostes, da sich, wie wir sahen, während der Gärung Weinstein und Calciumtartrat abgeschieden hatten. Man findet im Mittel nur 0,15—0,4%.

Der Gehalt an Äpfelsäure ist sehr schwankend. Er ist abhängig von der Tätigkeit des Micrococcus malolacticus, der wie ausgeführt, diese Säure in Milchsäure überführt. Äpfelsäure 0,1—1,4%; Milchsäure im Mittel 0,2—0,4%.

Ein ebenfalls normaler Bestandteil des Weines ist Zitronensäure, wovon Pfälzer Gewächse bis zu 300 mg im Liter aufweisen. Bernsteinsäure, der Vergärung von Glutaminsäure entstammend, ist in Mengen von 0,07—0,12% zu finden.

Die flüchtige Essigsäure ist normalerweise in Mengen von 0,03—0,08% vorhanden und verdankt Essigbakterien und Kahmhefen ihre Entstehung. Hierzu gesellen sich noch Spuren von Propionsäure, Buttersäure, Valeriansäure, Capron-, Capryl- und Caprinsäure, deren Ester einen unwesentlichen Bestandteil der Bukettstoffe darstellen.

Schanderl (787) hat versucht, die Weine nach ihrem Oxydoreduktionspotential zu charakterisieren. Dabei wurde festgestellt, daß gute deutsche Trinkweine optimale rH-Werte (s. Kap. 8 Redoxpotentiale) zwischen 17,8 und 19,6 aufweisen. Trockenbeerenauslese- und Südweine überschreiten noch diese Werte. Bei jungen, überschwefelten und eisenhaltigen Weinen liegt das rH tief, während es bei kranken Produkten wieder ansteigt.

In Rotweinen spielt der Gerbstoff (0,15—0,25%) eine wichtige Rolle und wird deshalb ärztlich empfohlen. Die unbedeutende Menge im Weißwein ist beachtlos.

Der Extrakt besteht aus solchen Stoffen, die nach der Destillation bestimmt werden. Hierher gehören die organischen Säuren, das Glycerin, die mineralischen Bestandteile, die Stickstoffverbindungen, Kohlenhydrate, Gerb- und Farbstoffe, höhere Alkohole und einige unbekannte Stoffe. Zuckerfreier Extrakt 2—3%, bei vollen Weinen 4,5%.

Die Stickstoffverbindungen, 200—800 mg im Liter, sind neben wenig Eiweiß und Ammoniak meist Aminosäuren, namentlich solche, die durch Phosphorwolframsäure fällbar sind wie Prolin, Arginin, Lysin, Histidin und Zystin. Über den Farbstoffgehalt siehe unter Most.

Mineralstoffe: 0,2—0,45%, etwa 10% des Extraktes. Man findet die Carbonate, Phosphate, Sulfate und Chloride der Basen Kalium, Magnesium, Calcium und Natrium, außerdem kleine Dosen von Eisen, Aluminium, Mangan, Kupfer, Arsen, Kieselsäure und Bor. Diese Spurenelemente bedingen vielleicht teilweise die diätetische Wirkung des Weines.

Über die Bukettstoffe, die Blume des Weines, wurde in den letzten Jahren eifrig geforscht. Die ursprüngliche Ansicht, daß die Ester der Fettsäuren besonders wichtig sind, wurde verlassen. Über die chemische Natur der ausschlaggebenden

Aromasubstanzen, die man mit organischen Lösungsmitteln dem Wein entziehen kann, ist noch wenig zu sagen. Es steht zunächst fest, daß durch die Einwirkung von Sauerstoff der typische Geruch verloren geht *(Genevois)*. Hierbei noch ein Wort über den Essigstich. Derselbe wird nicht durch freie Essigsäure, sondern durch den Essigsäureäthylester hervorgerufen, da sich derselbe bereits bei stärkster Verdünnung (45 mg im Liter) bemerkbar macht. Um denselben Effekt mit freier Säure zu erzielen, wäre ein etwa 22mal größerer Betrag notwendig.

Von den Vitaminen konnte B_1 deutlich erkannt werden, das offenbar aus der Hefe stammt. Im Wein liegt etwa die 4fache Menge der Konzentration wie im Bier vor. Vom Vitamin B_2 wurden nur Spuren gefunden *(Genevois)*.

Aus den Rückständen der Weinbereitung sind noch wertvolle Produkte zu erzielen wie die Weinsäure (aus Hefetrub) und der Hefebranntwein, welch letzterer durch Abdestillation des Hefetrubes entsteht. Die Hefereste sind als gute Futter- und Düngemittel verwertbar. Das Weinöl, ebenfalls durch Destillation aus Hefetrub gewonnen, dient als Weinbrandessenz. Es enthält u. a. die Äthyl- und Amylester der Caprin- und Capronsäure.

Dessertweine

Die Dessertweine (Süd- und Süßweine) zeichnen sich neben einem eigenartigen Geschmack durch hohen Alkohol- und Zuckergehalt aus. Diese Steigerung an diesen beiden wichtigen Bestandteilen wird auf verschiedene Weise erzielt. Der Alkoholgehalt kann erhöht werden durch Vergärung eines künstlich eingedickten Mostes oder durch Zusätze von Trockenbeeren zum Most. Bei dieser Überzuckerung geht die Gärung nicht zu Ende, weshalb bei dieser Methode ein zuckerreiches Produkt entsteht. Bei manchen Südweinmosten gibt man soviel reinen Spiritus hinzu, daß die Gärung unterbrochen wird, wodurch ein sehr extraktreiches, aromatisches Getränk entsteht. Die verschiedenen Länder haben verschiedene Verfahren ausgebildet.

Bekannte Süßweine und Südweine sind:
Tokayerwein, Malagawein, Sherrywein, Portwein, Madeirawein und Samoswein.

Schaumwein

Schaumwein ist ein Getränk, das eine doppelte Gärung durchgemacht hat. Als Ausgangsmaterial dient ein fertiger Wein, der nach Verschnitt und gewissen Zusätzen (Alkohol, Zucker, Tannin) einer Flaschengärung zur Erzielung des Mousseux unterworfen wird. Berechnete Zuckermengen sorgen für die gewünschte Kohlensäuredosis. Nach der Entfernung der sich gut absetzenden Sekthefe, die als Reinkultur zugegeben wurde, erfolgt die schnelle Aromatisierung durch den „Likör", mit Zucker gesüßtem Wein, worauf die Flasche sofort mit dem Sektkorken ihren letzten Verschluß erhält.

Schrifttum

v. Babo, A., und *Mach, E.*, Handbuch des Weinbaus und der Kellerwirtschaft. 4 Bände. Berlin, P. Parey, 1927.

v. der Heide, C., und *Schmitthenner, Fr.*, Der Wein. Braunschweig, F. Vieweg & Sohn, 1922.

Neßler, I., Die Bereitung, Pflege und Untersuchung des Weines. Stuttgart, E. Ulmer, 1930.

Schanderl, H., Die mikrobiologischen Grundlagen der Weinbereitung. Stuttgart, E. Ulmer, 1936.

Herzog, R. O., Chemische Technologie der organischen Verbindungen. Bereitung des Weines von C. v. d. Heide. Heidelberg, C. Winters Universitätsbuchhandlung, 1912.

Juckenack, Bames, Bleyer, Großfeld, Handbuch der Lebensmittelchemie. VII. Bd. Alkoholische Genußmittel. Wein von E. Vogt-Freiburg. Berlin, J. Springer, 1938.

Hennig, K., Chemische Untersuchungsmethoden für Weinbereiter und Süßmosthersteller. Verlag Eugen Ulmer, Stuttgart 1945.
Genevois, L., und *Ribereau-Sayon*, Ing. Chim. J. Le Vin. Hermann & Cie., Editeurs, Paris 1947.
Drews, B., Kapitel Wein im Lehrbuch der Chem. Technologie und Metallurgie von Bernh. Neumann. Verlag Julius Springer, Berlin 1939.
Die Arbeiten von *C. v. d. Heide* und von *E. Vogt*-Freiburg wurden besonders herangezogen

Physiologische Wirkung des Alkohols

(Mittel gegen Alkoholmißbrauch)

Die alkoholischen Getränke erheitern des Menschen Herz und erhöhen bei mäßigem Genuß die Daseinsfreuden. Sie befreien nach *Read* die Seele von psychischen Schmerzen und lassen das Leben in schönerem Lichte erstrahlen. Man steigert die Tafelfreuden entschieden durch ein gutes Glas Wein oder Bier und fördert gleichzeitig die Geselligkeit. Wie in vielen Fällen des Lebens, so ist auch hier eine Übertreibung von Nachteil.

Geringe Mengen von Alkohol wirken anregend. So produzieren die Magendrüsen mehr Sekrete und erhöhen auf diese Weise die verdauende Kraft des Magens. Auch die Sekretion der Pankreasdrüse wird gefördert. Starke Mengen von Alkohol wirken narkotisierend, übergroße (500 g) erzeugen durch Lähmung des Atem- und Vasomotorenzentrums (Gefäßnervenzentrum) den Tod. Der Rauschzustand des Menschen beginnt mit einem Wärmegefühl im Magen und im ganzen Körper; das Gesicht rötet sich und das Gefühl der Unbeschwertheit tritt ein. Der Blutspiegel zeigt verschiedene Grade des Rauschzustandes an:

0,03‰ ist der normale physiologische Alkoholgehalt des Blutes;
1‰ bedingt den Zustand eines Angeheitertseins, kleiner Schwips;
2‰ erzeugen einen leichten bis mittleren Rausch;
2,5‰ einen schweren Rausch und über
3,5‰ eine sehr schwere Alkoholvergiftung.

Die Bestimmung der aufgenommenen Alkoholmenge im Blute wird nach der *Widmark*schen Formel (788) bestimmt.

Der dem Körper zugeführte Alkohol wird zu 90—95% über den Acetaldehyd zu Kohlensäure und Wasser oxydiert. Der Alkohol ist hier ein Kalorienspender (1 g Alkohol liefert 7,1 Kalorien). Der Rest kommt durch die Lungen, Nieren und Haut zur Ausscheidung. Der erwachsene Mann setzt etwa 7 g pro Stunde um.

Den *Alkoholmißbrauch* kann man pharmakologisch bekämpfen durch Antabus

$$(C_2H_5)_2N \cdot CS - S - S \cdot CS \cdot N\,(C_2H_5)_2$$

einer Diaethyl-dithiocarbamidsäure zum Doppelmolekül vereinigt *(Hald, Jacobsen, Larsen)* (789). Der Stoffwechsel des Alkohols wird hierdurch derartig spezifisch beeinflußt, daß schon 5 g genügen, um ein größeres Unbehagen im Körper des Patienten hervorzurufen (Übelkeit, Erbrechen, Sinken des Blutdruckes und endlich Erschöpfungsschlaf). Nachteilige Folgen der Kur sind nicht zu erkennen.

D. Die Herstellung von Preßhefe

Unter Preßhefe versteht man eine obergärige Spiritushefe, die in abgepreßter Form, meist in den bekannten Pfundstücken mit einem Wassergehalt von höchstens 75% in den Handel kommt. Sie dient in der Bäckerei zum Auflockern des Teiges. Die in früheren Zeiten verwendete Bierhefe ist hierzu nicht so geeignet, da der Teig nach dem Aufgehen in der Regel zusammenfällt. Am besten haben sich obergärige Brennereihefen bewährt, von denen sich jede größere Fabrik einen besonderen Stamm herangezüchtet hat.

Die ersten Anfänge der Preßhefefabrikation wurden um 1800 in Holland gemacht, und etwa 25 Jahre später konnte man in Deutschland die Hefe durch Anwendun einer Hebelpresse in eine feste Versandform bringen. Hier hat sich *Tebbenhoff* als Pionier des Gewerbes erwiesen. Vorher mußte man die feuchte Hefe mit Stärke vermischen, um eine handliche, brauchbare Masse zu erzielen. Man erinnere sich auch daran, daß man um diese Zeit noch keine klare Vorstellung von der Bedeutung der Hefe für den Gärprozeß hatte. Der Streit um die Aufklärung der alkoholischen Zuckerspaltung war noch nicht ausgebrochen (s. Kap. 2 unter *Schwann*, *Kützing*, *Pasteur*, *Liebig*). Um so mehr muß man den Unternehmungsgeist der „empirischen" Techniker auf diesem noch völlig dunklem Gebiet bewundern. Bereits 1830 steht in Wandsbek die Fabrikation in großer Blüte *(Helbing)* und durch die Einführung der Hefereinzuchten und der mikroskopischen Betriebskontrolle durch *M. Maercker*, *M. Delbrück* und *M. Hayduck* nahm die Fabrikation einen großen Aufschwung. Einen Wendepunkt in bezug auf die Ausbeute bildete die Einführung der Lüftung während der Züchtung. Nachdem der Däne *Eusebius Bruun* den günstigen Einfluß einer Luftzufuhr beobachtet hatte, konnte *M. Hayduck* zeigen, daß unter gleichen Lebensbedingungen bei Anwendung eines Lüftungssystems die dreifache Menge an Hefe erzeugt wird. Nun begann ein Aufstieg der Hefeindustrie, der durch den Übergang von der Getreidemaische zu der Melasse als Ausgangsmaterial und durch die Methodik des Zulaufverfahrens zu ungeahnter Höhe gesteigert wurde. Hatte man nach dem alten Verfahren 14—15% Hefe Ausbeute aus 100 Teilen Rohmaterial, so brachte das Lüftungsverfahren bereits 40 und mehr Prozente, die sich durch die letzten Verbesserungen bis über 100% erhöhen ließen. Freilich sei darauf hingewiesen, daß die Alkoholausbeuten entsprechend zurückgingen und die Qualität desselben durch eine Anreicherung von Acetaldehyd herabgesetzt wurde.

Hand in Hand mit den technischen Verbesserungen gingen auch die Studien über eine zweckmäßige Ernährung der Hefe, die naturgemäß die Grundlage für die Vermehrung bildet. Als technische Nährsalze haben sich Ammoniumsalze und die Phosphate des Kaliums und Calciums bewährt. Es sei besonders darauf hingewiesen, daß der anorganische Stickstoff gut assimiliert und in Eiweiß übergeführt wird, was eine für die Praxis außerordentlich wichtige Entdeckung bedeutet. Ferner hat man erkannt, daß in der Melasse, dem Endprodukt der Rübenzuckerfabrikation, neben den nötigen assimilierbaren, organischen Stickstoffverbindungen und Nährsalzen noch Reizstoffe enthalten sind, wodurch die Melasse heute zum besten Ausgangsmaterial gemacht wird. Es handelt sich hier um Wuchsstoffe und namentlich um Vitamine der Gruppe B_6 (s. Kap. 10). Damit die Hefe bei der Aufzucht nicht geschädigt wird, sorgt man für eine Abstumpfung der entstehenden Säuren und hält einen mäßigen Säuregrad ein. Dieser darf wiederum nicht zu gering sein, um schädigende Infektionsbakterien nicht aufkommen zu lassen. Nach *M. Hayduck* soll auch im Interesse der Hefevermehrung der Alkoholgehalt der Nährlösung nicht 5% übersteigen.

Auf Grund dieser Erkenntnisse hat man nun das neueste Hefegewinnungsverfahren aus Melasse aufgebaut. Es bleibt uns zunächst noch übrig, mit einigen Worten auf die älteren Verfahren, die überholt sind, einzugehen.

Wiener Abschöpfverfahren

Ursprünglich arbeitete man nach dem Wiener Abschöpfverfahren, bei dem der Hefeschaum von der gärenden Maische mit einem großen Löffel abgeschöpft oder durch Abfließenlassen auf einer Rinne zur Ansammlung in ein großes Gefäß gebracht wurde. Dieser Prozeß dauerte je nach den vorliegenden Verhältnissen 4—10 Stunden. Als Ausgangsmaterial dienten Roggen, Mais, Darrmalz und gelegentlich Grünmalz, Kartoffeln und Buchweizen. Bevor die Maische mit Hefe beimpft wurde, erfolgte eine 24—36stündige Milchsäuregärung zwischen 50 und 60° C zur Abwehr gegen Infektionskeime. Die Hefegärung dauerte 10 Stunden zwischen 24 und 34°. Man erzielte, wie angeführt, nur 14—15% Hefe, dafür aber 30—32% aldehydfreien Alkohol aus 100 kg Rohmaterial. Verdienste um die Ausbildung dieses Verfahrens haben sich *Mautner*, *Kuffner* und *Springer* erworben.

Es ist nun für den Großbetrieb verlassen.

Lüftungsverfahren

Dieses Verfahren wurde bis zum ersten Weltkriege verwendet und lieferte durch das Einblasen von Luftbläschen in die Würze eine Ausbeute von 40%. Als Ausgangsmaterial dienten in der Hauptsache Gerste, Roggen und Mais, deren Ansätze hier im Gegensatz zum Wiener Verfahren nach dem Maischen zu einer blanken Würze filtriert wurden. Durch Mangel an diesem Material im Kriege griff man zur Melasse, die nun infolge ihrer günstigen Zusammensetzung die anderen Rohstoffe verdrängt hat.

Melasseverfahren

Es wurde schon betont, daß die Melasse heute das beste Ausgangsmaterial für die Hefefabrikation darstellt. Die Melasse enthält ungefähr 50% Zucker, ist aber verhältnismäßig arm an assimilierbarem Stickstoff (0,4—0,5%) und assimilierbarem Phosphor (0,025% P_2O_5). Aus diesem Grunde müssen Zusätze in Form von Ammonsulfat oder Ammoniakwasser gemacht werden. Auch komprimiertes Ammoniak aus Stahlflaschen ist verwendbar. Das Patent[1]) von *Wohl* und *Scherdel* hat die Verhältnisse über den Ersatz von organischem Stickstoff zum anorganischen geklärt. Der fehlende Phosphor wird ersetzt durch Diammonphosphat bzw. Superphosphat. Dieses fügt man bereits der Melasselösung zu, wenn sie mit Hilfe von Superphosphat und Schwefelsäure geklärt wird, was eine notwendige Vorarbeit zur Züchtung darstellt. Hierdurch wird die Nährlösung durch Abscheidung dunkler Pigmente erheblich aufgehellt und liefert demzufolge eine helle Hefe.

Die Erkenntnis[2]), daß ein höherer Alkoholgehalt der Nährlösung der Vermehrung der Hefe entgegensteht, hat zu dem sog. Zulaufverfahren geführt. Man beginnt die Züchtung in einer Nährlösung von 1—2° Balling und läßt die weitere Würze in dem Maße nachlaufen, in dem die Nährstoffe verbraucht werden. Die geringe Menge Alkohol, die entsteht, wird bei der ständigen Luftzufuhr von der Hefe assimiliert und in Zellsubstanz umgewandelt. Um den bisherigen übermäßigen Luftverbrauch einzuschränken, ist man von der groben Belüftung zur Feinbelüftung übergegangen. Aus feinsten Löchern des in der Nähe des Bodens des Gärbottichs angebrachten Metallröhrensystems strömt die Luft als feinste Nebelwolke nach oben.

Soll das Zulaufverfahren günstig zu Ende geführt werden, so ist eine gute Kontrolle des Betriebes am Platze. Das zugefügte Ammonsulfat gibt naturgemäß bei dem Verzehr des Ammoniaks freie Säure ab, die, wenn sie nicht schädlich wirken soll, notgedrungen durch Phosphate oder basische, organische Stoffe abgepuffert werden muß. Nach Verbrauch der Puffersubstanzen der Melasse sind Ammoniak und Soda zu verwenden. Das pH ist auf 4,0—5,0 einzustellen. Die Stickstoffkontrolle kann durch die Formoltitration, die allerdings nur Aminosäuren, niedere Polypeptide und Ammoniakstickstoff erfaßt, ausgeübt werden, wonach die Menge des nachzugebenden Stickstoffs berechnet wird.

Arbeitsgang

Zunächst muß man sich darüber klar sein, welche Quantitäten an Rohstoffen zu einer bestimmten Produktion nötig sind. Wir machen folgende Überlegung:

[1]) D. R. P. 310580.

[2]) D. R. P. 300662.

100 kg Hefe besitzen eine Stickstoffmenge von 1,8—1,9 kg und P_2O_5 0,7—0,8 kg. Will man diese Hefemenge erzeugen, so müssen neben genügend Zucker — auf 100 kg Hefe (= 25 kg Trockensubstanz) mindestens 50 kg Zucker — wenigstens diese Quantitäten Stickstoff und Phosphorsäure der Nährlösung zugefügt werden. 100 kg Melasse enthalten, wie wir oben sahen, 0,4 kg assimilierbaren Stickstoff. Um für den Ansatz 1,8 kg zu haben, würden mehr als 400 kg Melasse nötig sein. Nun wissen wir bereits, daß der organische Stickstoff durch anorganischen teilweise ersetzt werden kann. Verwenden wir von beiden Arten je die Hälfte, so kommen wir zu folgender Rechnung:

$$0{,}4 \text{ kg N} : 100 \text{ kg Melasse} = 0{,}9 : x$$
$$x = 225 \text{ kg Melasse}$$
$$132\ [(NH_4)_2SO_4] : 28\,(2\,N) = x : 0{,}9$$
$$x = 4{,}2 \text{ kg Ammoniumsulfat.}$$

Wir müßten also für 100 kg Hefe 225 kg Melasse und 4,2 kg Ammoniumsulfat verwenden. Dieses Melassequantum besitzt auch gleichzeitig mehr als die erforderliche Menge Zucker. Nun hat sich ergeben, daß ein Zusatz von organischem Stickstoff in Form von Malzkeimen oder Gerste als Malz die Hefequalität verbessert. Ersetzt man einen Teil der Melasse durch diese andersartigen Stickstoffquellen, so bringt man mit ihnen gleichzeitig soviel Phosphorsäure hinzu, daß man keine besondere Phosphorberechnung anzustellen braucht. (Gerste, assimilierbare P_2O_5:0,5%; Malzkeime, assimilierbare P_2O_5:1,1%.) Denkt man noch daran, daß man zur Melasseklärung Superphosphat (auf 100 kg Melasse 3 kg Superphosphat) verwendet, so besteht meist kein Phosphorsäuremangel. Das Kalium, Calcium und Magnesium sowie die notwendigen Spurenelemente, die zum Aufbau der Hefezelle unbedingt erforderlich sind, werden von der Melasse als ein Pflanzenprodukt mitgebracht.

Nachdem man die Melasse bei einer Verdünnung von 15° Balling, wie erwähnt, mit Superphosphat und Schwefelsäure geklärt hat, gibt man $^1/_8$ der Gesamtmelasse in den Gärbottich und verdünnt auf 1,5° Balling. Hierzu fügt man $^1/_8$ des Stickstoffs als Sulfat und $^1/_8$—$^1/_{10}$ Diammonphosphat. Das Quantum der Stellhefe, die nach bestimmten Regeln herangezüchtet wird, berechnet man nach der angewandten Melassemenge auf 15—20%. Hat man mit Schwefelsäure auf 0,15—0,2° eingestellt, so ist ein pH = 4,7—4,8 entstanden. Nun kann, wenn die Temperatur im Bottich 24° erreicht hat, mit der Feinbelüftung begonnen werden. Während der ersten Stunde ist eine geringe Luftzufuhr angebracht. Die Belüftungssysteme, die verschiedener Art (feingelochte Metallröhren, keramische Kerzen, zusammengepreßte Bündel aus Stahlstäbchen) sind, führen 80—100 m³ Luft pro m³ Würze in der Stunde zu. Diese Maßnahme bewirkt eine Vermehrung der Atmungsenzyme, und da durch dieselben infolge totalen Abbaus des Zuckermoleküls zu CO_2 und H_2O ganz erheblich mehr Energie gewonnen wird als durch die Gärung, so hat die Zelle für die Synthese der Zellsubstanzen viel Energie zur Verfügung (s. Kap. 13). Auf diese Weise erfolgt eine sehr lebhafte Sprossung. Die Vermehrung der Hefe wird so enorm, daß man von Stunde zu Stunde Kontrollanalysen über den Zuckerverbrauch und die Säurebildung vornehmen muß. Auch das pH gibt wichtigen Aufschluß über das Milieu. Ist der Stickstoffverbrauch normal, so beginnt man nach der 2. Stunde mit dem Zulauf der Restmelasselösung, der etwa 10—12 Stunden dauern soll. Mit relativ kleinen Mengen beginnend (6%), erhöht man von Stunde zu Stunde das Quantum der Melasselösung bis zu 11% des Gesamtvolumens. Bei Mangel an Formolstickstoff (0,15—0,2%) gleicht man durch Zugabe von Ammonsulfat aus. Dabei ist zu beachten, daß das pH nicht unter 4,4 sinkt. Bei zu sauren Maischen korrigiert man dasselbe mit Ammoniakwasser oder gasförmigen NH_3. Geht umgekehrt das pH über 4,6, so muß mit Schwefelsäure abgebremst werden. Die Diammonphosphatlösung läßt man von der 2. Stunde der Züchtung ab gleichmäßig nachlaufen. In der letzten Stunde, der Reifungsstunde der Hefe, werden zweckmäßig nur noch 5% der Gesamtmelasse zugegeben, auch reduziert man die Luftmenge auf $^1/_3$ des normalen Quantums. Hierbei wird der letzte Rest des Stickstoffs assimiliert, so daß die Formoltitration keinen oder höchstens eine Spur anzeigt. Das pH ist normalerweise bei 4,4 stehen geblieben, und die Temperatur ist in den letzten beiden Stunden auf 30° gestiegen. Die Hefe ist ausgereift, wenn sie keine sprossenden Zellen mehr aufweist.

Bei der intensiven Lüftung der Hefe tritt meist eine erhebliche Schaumbildung ein, die mittelst Gärfett bekämpft werden muß. Die Abtrennung der Hefe aus der Nährlösung geschieht durch Separatoren (Zentrifugen) (s. Abb. 39), die bis zu 20000 l in der Stunde bewältigen können. Da die Wäsche der Hefe die Haltbarkeit sehr erhöht, wird diese mehrmals durchgeführt bei einem pH = 4,4. Zur Entfernung des mechanisch beigemengten Wassers kommt die Hefe in eine Presse, die sie versandfähig verläßt. Die lebende Zelle enthält jetzt etwa 75% an den Zellinhalt gebundenes Wasser. Über neue Lüftungs- und Entschäumungsapparaturen s. S,378.

Ausbeute: 80% bezogen auf Melasse mit 47—49% Zucker (kein Alkoholanfall).

Die Alkoholbildung ist bei diesem Verfahren so gering, daß das Abwasser kein nutzbringendes Nebenprodukt darstellt. Legt man Wert auf Gewinnung eines bestimmten Alkoholquantums, so muß die Gärführung anders geleitet werden. Je höher dann die Alkoholproduktion wird, um so entsprechend kleiner wird die Hefeausbeute. Beachtliche Alkoholmengen liefert die Heranzüchtung der Hefe, da man hier wenig oder gar nicht lüftet. Um die Reinkultur an das großtechnische Verfahren zu gewöhnen, erfolgen 3—5 solcher Aufzüchtungen hintereinander, die stufenmäßig zu den Bedingungen des letzten, oben genau beschriebenen Gärganges führen.

Um die Güte der Hefe zu bestimmen, mißt man die Zeit, die nötig ist, um eine bestimmte Volumenvergrößerung eines nach festgelegter Vorschrift aus Mehl, Wasser, Salz und Hefe hergestellten Teiges zu erzielen. Gärzeiten um 60 Minuten sind als gut anzusehen. Beste Hefesorten erreichen schon in 55 Minuten das Ziel.

Bourdet (790) mißt die Gärkraft von Bäckerhefe in Gegenwart verschiedener aktivierender Stoffe. Als wichtig erwiesen sich Vitamin B , primäresNatriumphosphat und Asparagin. Gute Hefen sind frei von Bakterien, Kahmhefen und Torula. Eine Mischung mit Bierhefe ist verboten, ebenso ein Zusatz von Stärke. Gute Hefen besitzen hohe Triebkraft und gute Haltbarkeit. Letztere hängt mit dem während der Lagerung fortschreitenden Eiweißabbaues zusammen *(B. Drews)* (791). Tote Hefezellen werden mit Hilfe der Methylenblaufärbung festgestellt. Jahresproduktion: 60000 t.

Es sei zum Schluß nochmals darauf hingewiesen, daß in der Hauptsache durch vier umwälzende Neuerungen: Die Einführung des Zulaufverfahrens, der Melasse, des anorganischen Stickstoffs und der Feinbelüftung der Höhepunkt der heutigen Technik erreicht worden ist.

Schrifttum

Kiby in Ullmann, Enzyklopädie der techn. Chem., 1932. (Preßhefe.)
Dammer, O., Chem. Technologie, ber. v. Großmann IV (1933).
Rosenbaum, Z. f. Unters. Lebensmittel 72 (1936), S. 331.

E. Biologische Eiweißsynthese

Als sich *Max Delbrück* ernstlich mit der restlosen Verwertung der Abfallhefe der Brauereien beschäftigt hatte, bezeichnete er sie auf dem ersten Internationalen Brauerei-Kongreß in Brüssel 1910 im Hinblick auf ihre hervorragende Zusammen-

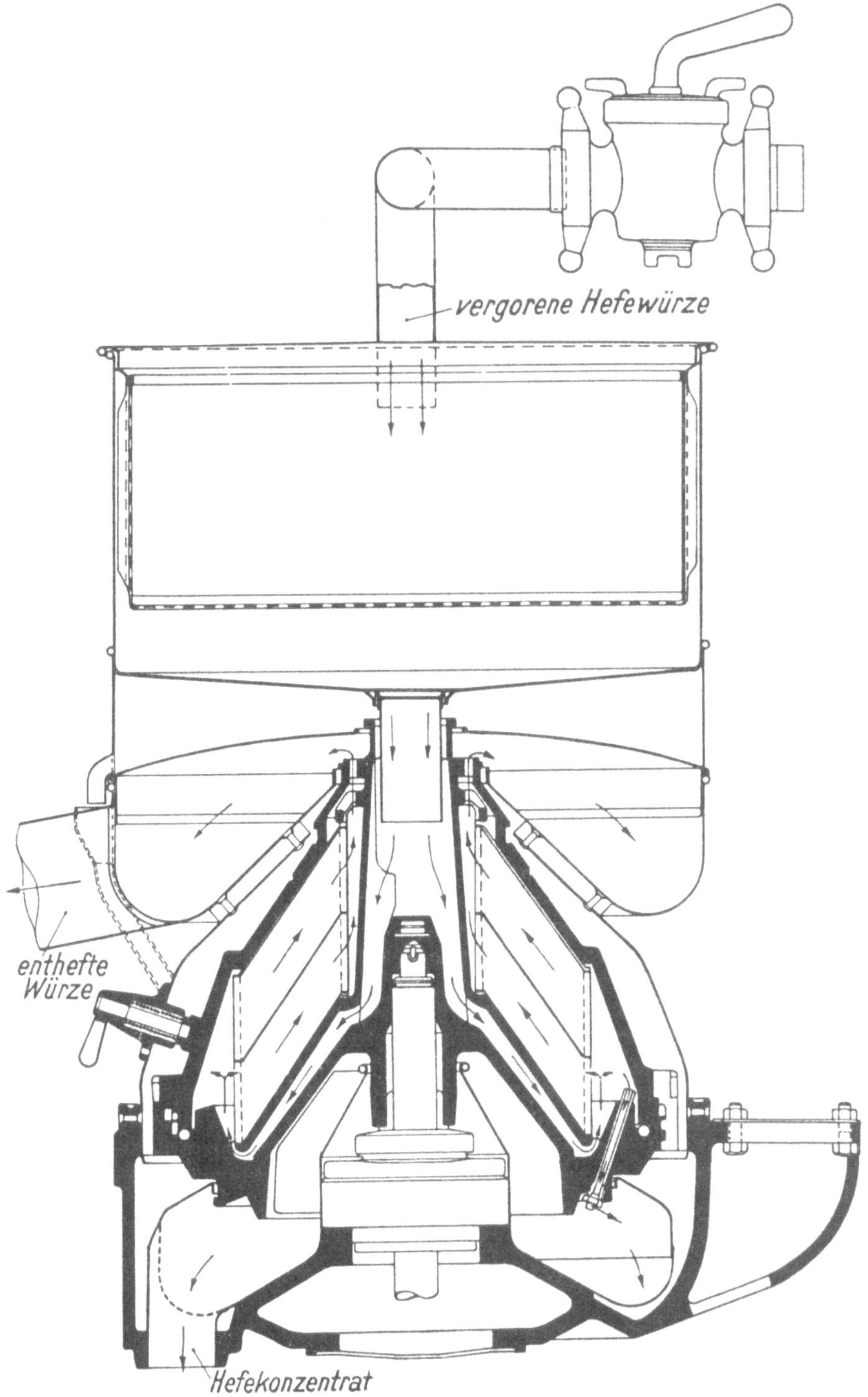

Abb. 39. Hefezentrifuge der Westfalia Separator A.-G., Oelde (Westf.).

setzung als Edelpilz. Alles, was *Delbrück* seiner Zeit mit seherischem Blick andeutete und ahnte, hat sich nicht nur erfüllt, sondern ist in manchen Punkten noch weit übertroffen werden. Als sich dann im Zuge vielseitiger Untersuchungen herausstellte, daß die stickstoffhaltigen Bestandteile der Bierhefe 64% Protein, 26% Nukleinsäure, 10% Pepton und freie Aminosäuren enthalten, betrachteten die bekannten Ernährungsphysiologen *von Noorden* und *M. Rubner* die Bierhefe als hochwertigen Zusatznährstoff bei minderwertiger Allgemeinnahrung. Die Nachfrage nach getrockneter Hefe wuchs sehr bald, und da im ersten Weltkriege der Bedarf nicht mehr aus Brauereien gedeckt werden konnte, entschloß man sich, neue Hefequellen zu suchen. (s. S. 406). Man kam u. a. zu dem Entschluß, freiwillig auf die Erzeugung von Alkohol zu verzichten, wenn es gelänge, nur Hefesubstanz aus dem Zucker und Stickstoff biologisch zu bilden. Nun hatte *Wilhelm Henneberg* im Institut für Gärungsgewerbe beobachtet, daß eine wilde Hefe aus der Klasse der Torulaceen sich in verdünnter Melasse bei recht geringer Alkoholbildung sehr gut vermehrt und zusätzlichen, mineralischen Stickstoff (anorganische Ammoniumverbindungen) in größeren Mengen in Eiweiß umbildet. Da vom zugesetzten Ammoniak z. B. bis 98% verwertet wurden, so war der gegebene Organismus für eine Massenfabrikation gefunden, für die sog. Mineralhefe des ersten Weltkrieges. Die Abscheidung der mit Torula utilis (Torulopsis utilis) bezeichneten neuen Hefe aus dem Nährmedium geschah damals durch Ausflockung mittels Alkali. Walzentrockner ergaben eine haltbare Trockenhefe, die z. T. auch als Viehfutter sehr nützliche Verwendung fand. Nach Friedensschluß hörte die Fabrikation wegen Unrentabilität wieder auf. Die Pflanzenfutterstoffe des Weltmarktes waren billiger.

Ein neuer Impuls in der Futterhefefabrikation trat ein, als man in der Sulfitablauge der Zellstoffherstellung und in den Holzzuckerwürzen neue Ausgangsmaterialien fand. Aber auch der äußerst anspruchslosen, mit hohen synthetischen Eigenschaften ausgerüsteten Torula utilis ist es zu danken, wenn heute eine so günstige Förderung des Problems erzielt worden ist. Die Torula ist, wie schon öfters angedeutet, keine ausgesprochene Gärhefe, sondern bildet in der Hauptsache Hefesubstanz, namentlich bei Luftzufuhr. Durch diese wird das Atmungssystem gefördert für den totalen Zuckerabbau zu Kohlensäure und Wasser, was zur Energiegewinnung für Synthesen führt (s. Kap. 13). Bleibt dagegen bei der Gärung der Glucoseabbau bei dem Äthylalkohol stehen, so ist der größte Teil der Zuckerenergie noch in diesem Produkt enthalten, denn

$$\underset{\substack{\text{Traubenzucker} \\ 673{,}7\ \text{cal}}}{C_6H_{12}O_6} = \underset{651{,}4\ \text{cal},}{2\,C_2H_5\cdot OH + 2\,CO_2}$$

somit 96,68% theoretische Energieausbeute.

Praktisch wird eine Energieausbeute von nur 93—86% erzielt. Das ist kein Wunder, fehlen doch auch 5—15% Gärprodukte an der Ausbeute nach der Gärungsgleichung von *Gay-Lussac*.

Es werden also theoretisch bei der alkoholischen Gärung nur 3,32% der Zuckerenergie frei. Wird dagegen die Glucose bei der Atmung nach folgender Gleichung

$$\underset{\substack{100\ \text{g} \\ 374{,}3\ \text{cal}}}{C_6H_{12}O_6} + \underset{\substack{106{,}7\ \text{g} \\ 0\ \text{cal}}}{6\,O_2} = \underset{\substack{60\ \text{g} \\ 0\ \text{cal}}}{6\,H_2O} + \underset{\substack{146{,}7\ \text{g} \\ 0\ \text{cal}}}{6\,CO_2}$$

zersetzt, so werden aus 100 g Glucose 374,3 Kalorien gewonnen. Dieser enorm hohe Gewinn an nutzbarer Energie ist die Ursache der hohen Hefevermehrung, denn die lebende Zelle ist damit in die Lage versetzt, mit Hilfe dieser gewonnenen Energie Zellbausteine zu synthetisieren. Die energieliefernden Prozesse der Gärung und Atmung sind also mit den energieverbrauchenden Vorgängen bei der Synthese neue

Zellsubstanz gekoppelt. Diese atmenden Hefezellen erzeugen keinen Alkohol, sondern nur Hefesubstanz, weshalb *H. Fink* von einer *Verhefung* der Substrate spricht. Eine zusätzliche spärliche Energieerzeugung durch die alkoholische Zuckerspaltung wäre hier überflüssig. Bei praktischen Versuchen sind dann auch in der Tat nur 0,02 g Alkohol aus 100 g reinem Traubenzucker entstanden. Ferner erzeugt die Torula utilis nach *Fink* und *Krebs* im gleichen Versuch mit Hilfe von anorganischen Nährstoffen 210 g Hefe (mit 25% Trockensubstanz bei einem Proteingehalt von 59,4%) und 53,5 g CO_2; das wären aus 100 g Glucose 52,5 g Trockensubstanz an Hefe. Die praktische Energieausbeute ist bei dieser Züchtung 65%, also bedeutend kleiner als bei der Gärung. Dieser Nachteil wird aber durch die Produktion eines hochwertigen Kraftfuttermittels mit dem günstigen Nährstoffverhältnis 1:1,6 (Eiweiß:Kohlehydrat) und die besonderen diätetischen Wirkungen ausgeglichen.

Neben Glucose werden auch Mannose, Galactose, dimere und polymere reduzierende Zucker verheft. Gibt man der Nährlösung noch Aminosäuren, organische Säuren, Aldehyde oder Alkohole hinzu, so werden sie auch vorteilhaft verarbeitet. Einer besonderen Prüfung wurden Verbindungen mit 2, 3 und 4 Kohlenstoffatomen unterzogen (Essigsäure, Milchsäure, Brenztraubensäure, Glycerin, Bernsteinsäure), die Ausbeuten je nach ihrem Kaloriengehalt lieferten. Diese liegen der Größenordnung nach dem Zucker nahe, teils darüber, teils darunter. So erbrachten

100 kg Alkohol	+ Nährsalze	290 kg Hefe mit 25% Trockensubstanz (50—60% Rohprot.)
100 kg Acetaldehyd	+ Nährsalze	200 kg Hefe mit 25% Trockensubstanz (50—60% Rohprot.)
100 kg Essigsäure	+ Nährsalze	176 kg Hefe mit 25% Trockensubstanz (50—60% Rohprot.)

Es ist interessant zu beobachten, wie mit fortschreitender Oxydation des Alkohols, also mit Abnahme des Energiepotentials der Substrate auch die Ausbeuten fallen. Durch Ausnutzung dieser Nichtzuckerstoffe erhöht sich bei der Bergiuszuckerlösung die Gesamtausbeute an Futterhefe aus Nadelholz um 8%, bei Laubholz um 14% (s. Kap. 8, Spezielle Nährsubstrate; Kap. 14, Leistung der Hefezelle). Es liegt hier ein Organismus vor, der in bezug auf Nährstoffe nicht ausgesprochen spezifisch eingestellt ist und infolge seiner hohen synthetischen Fähigkeiten auch Holzzuckerwürzen mit ihren verschiedensten Bestandteilen restlos verwertet. So erzeugt er aus 100 kg vergärbarem Bergius-Holzzucker 240—279 kg abgepreßte Hefe (25% Trockensubstanz). Das wäre eine auffallend hohe Ausbeute von 60—70 kg Trockensubstanz. Somit zeigt sich die Torula allen anderen bisher verwendeten Hefen überlegen, was auch *Lüers* und *Mörike* konstatierten. *Effront* und auch *Claasen*, die sich auch für die Eiweißbildung interessierten, konnten bei den Studien mit Kulturhefen nicht zu diesem Endziel gelangen.

Eine besonders wichtige Eigenschaft der wilden Hefepilze ist die Assimilation der Pentosen *(Fink* und *Lechner)*. Nur durch ihre Verwertung neben den bisher angeführten Substanzen sind solche hohen Ausbeuten möglich. Durch die neuen Versuche wurde einwandfrei die Verwertung der Pentosen aus Holzzuckerwürzen und Sulfitablaugen für den Zellaufbau durch die Hefen gezeigt. Dies war besonders wichtig bei der Verwendung von Buchenholz, das in der Würze besonders viel Pentosen bildet. Nach der Analyse enthalten Fichtenholz und Kiefernholz 12—13%, Buchenholz dagegen 28—30% d-Xylose in Form von Pentosanen. Neuerdings wurden auch die mycelbildenden Hefearten Candida tropicalis Berkhout (früher Monilia candida genannt) und Candida pseudotropicalis herangezogen *(S. Windisch)* (792), die sich in solchen Betrieben eingefunden hatten. Nach *R. Koch* (793) und *A. Herbst* sind diese Hefen die eigentlichen pentoseverwertenden Organismen der Nährhefefabriken und nicht die Torulopsis utilis. Soll Holzzucker mittels Kulturhefen auf Alkohol verarbeitet werden, so würden die Pentosen im Gärgut zurückbleiben und könnten nachträglich durch die oben genannten Organismen verheft werden. Verarbeitet man die Würzen nach *Scholler* oder *Bergius* direkt auf Hefesubstanz unter Verzicht auf Alkoholgewinnung, so erhält man aus

100 kg Holztrockensubstanz (Schollerverfahren) 21,1 kg Hefetrockensubstanz (mit 12,2 kg Eiweiß),

100 kg Holztrockensubstanz (Bergiusverfahren) 31,2 kg Hefetrockensubstanz (mit 16,1 kg Eiweiß).

Auch für die Vergärung von Sulfitablaugen ist dieser Befund äußerst wichtig. Bei den Laugen aus Nadelholz lohnt sich die Alkoholgewinnung, da diese dreimal mehr Hexosen (1,57%) als Pentosen (0,54%) enthalten. Bei den Laubhölzern ist das Verhältnis umgekehrt. Buchenholz liefert neunmal mehr Pentosen (3,68%) als Hexosen (0,40%) und ist deshalb nur zur Verhefung geeignet. Die Nadelholzlaugen werden restlos verwertet durch eine anschließende Verhefung nach der Vergärung. Der wirtschaftliche Vorteil dieser neuen Erkenntnis liegt offen zutage.

Am Beispiel der Sulfitablauge sei die Technik kurz skizziert. Nachdem man die Sulfitablauge mit Hilfe von Kreide und Calciumhydroxyd auf ein pH $\approx$ 4,8 gebracht und ebenfalls die nötigen anorganischen Salze zugegeben hat, erfolgt die Beimpfung, und zwar in diesem Falle vorteilhaft mit der Candida arborea. Die Zufuhr von Luft ist so gestaltet, daß pro Stunde 125—150 l Luft pro Liter Flüssigkeit das Gärgemisch durchstreichen. Hat man 5 Stunden lang gelüftet, so ist reichliche Zellvermehrung eingetreten. Von Zeit zu Zeit wird dann ein Teil der Hefesuspension dem Gärgut entnommen und durch frische Sulfitablaugen ersetzt. Die durch Separatoren abgetrennte Hefe in geeigneten Gefäßen auf 70° erwärmt, kommt dann auf mit Wasserdampf geheizten Walzen zur Trocknung. Ausbeute 40—55%.

Im Laufe der Untersuchungen wurden noch andere Nährstoffe gefunden, so daß heute folgende Rohstoffquellen für die Nährhefeindustrie erschlossen sind:

1. Holzzucker nach dem Bergius-Rheinau-Verfahren.
2. Holzzucker nach dem Scholler-Tornesch-Verfahren.
3. Nadelholzsulfitablaugen.
4. Laubholz-(Buchenholz)-Sulfitablaugen.
5. Stroh- und Holzvorhydrolysate der Kunstfaserzellstoffbereitung (794).
6. Kartoffelmaischen und Pülpehydrolysate (Eiweißschlempeverfahren).
7. Melasse.
8. Schlempen verschiedener Herkunft.

Nochmals sei betont, daß es sich bei den technischen Großversuchen nicht um Reinzuchten von Torula utilis handeln kann, sondern um vorteilhafte Mischungen mit anderen wilden Substrat aufbauenden mycelbildenden Hefearten.

Wie wir sahen, assimiliert die Hefe nicht nur reduzierende Zucker, sondern auch andere Kohlenstoffverbindungen, was die Ausbeuteberechnungen ungemein erschwert. Aus diesem Grunde ist es ratsam, die „Hefeergiebigkeit“ einer Nährlösung zu bestimmen. Wir verstehen darunter diejenige Hefemenge, die aus einer bestimmten Menge eines Nährsubstrates unter optimalen Bedingungen in einer festgelegten Verhefungsapparatur erhalten werden kann. Hierdurch sind alle analytischen Schwierigkeiten zur Erfassung der einzelnen Bestandteile der Nährlösung beseitigt.

In einem Punkte ist die Torula empfindlich. Das ist die Form der Luftzufuhr. Wird die Nährlösung grob belüftet, so ist nicht mit guten Umsätzen zu rechnen. Man hat sich daher sehr bemüht, verschiedene Belüftungssysteme zu konstruieren. Neben Kerzen aus unglasiertem Porzellan oder Steinzeug behaupten sich Luftverteiler aus gesintertem Glas oder Diaphragmamassen (nach *Stich*). Es kommt darauf an, die Luft in die feinst disperse Phase überzuführen. Eine originelle Einrichtung stammt von *Vogelbusch*, der einen feinen Luftstrahl aus einem propellerähnlichen

Gerät austreten läßt und ihn dann durch Rotation ganz fein zerstäubt. *Wo. Ostwald* und *Erbring* empfehlen eine Kreislaufzerschäumung, und in der Anlage zu *Waldhof-Mannheim* benutzt man eine kolloide Phase Luft-Flüssigkeit in Form einer stabilen Emulsion.

Der bei solchen intensiven Belüftungen auftretende lästige Schaum muß bekämpft werden. Um den reichlichen Verbrauch von Gärfett zu vermeiden, haben *Seidel*, *Scholler* und Mitarbeiter einen Gärautomaten geschaffen für die Verhefung der Holzzuckerwürzen und Sulfitablaugen. Nachdem die Ablaugen von SO_2 befreit, mit Nährsalzen versehen und geklärt sind, wird die Nährlösung kontinuierlich dem Apparat zugeführt und ein entsprechendes Quantum Emulsion ausgestoßen zur Gewinnung der Hefe. Zur Vermeidung von stehenden Schaumdecken sorgt man für eine recht intensive Umwälzung der Flüssigkeit mit Hilfe fein verteilter Luft. Eine Apparatur von 200 m^3 liefert pro Stunde 300 kg Hefetrockensubstanz, die als Futterhefe auf Walzentrocknern und Zerstäubern gewonnen wird. Die Hefezellen müssen in diesen Anlagen abgetötet werden.

Nun liegt die Frage nahe: wie lange verträgt die Hefe solche „abnormen" Züchtungsbedingungen? Wiederum erweist sich die Torula als recht brauchbarer Organismus. Sie blieb bei den fortlaufenden Massenzüchtungen auf Holzzuckerwürzen und ausschließlich anorganischem Stickstoff recht leistungsfähig. Die Ausbeuten hielten sich hoch und konstant; die Hefe degenerierte nicht und bewahrte länger als ein halbes Jahr ihre Reinheit.

Leider sind diese Verfahren zur Erzeugung von Torulaeiweiß auch nur in Notzeiten wirtschaftlich tragbar. Bei normaler Marktlage wird die Futterhefe auch hier durch die pflanzlichen Futtermittel wie Sojaschrot und Ölkuchen verdrängt. Die chlorophyllhaltige Pflanze, die die Sonnenenergie direkt bindet, arbeitet wirtschaftlicher als die chlorophyllfreie, die sich auf dem Umweg über die Kohlenhydrate die Energie für die Eiweißsynthese verschafft. Schon bei dieser Synthese selbst geht von dem Aufbaumaterial — abgesehen von dem Energiematerial — etwa die Hälfte an Substrat als Kohlensäure verloren (s. a. Kap. 19, Nährhefen S. 406).

Um den diätetischen Wert der Torula zu erhöhen, reicherten *Fink* und *Just* die Hefe mit Vitamin B_1 an. Die Aufspeicherung gelingt nicht nur durch Zugabe des fertigen Aneurinmoleküls, sondern auch mit den beiden Bruchstücken desselben (s. Kap. 10).

Das Eiweißschlempeverfahren

Das Eiweißschlempeverfahren wurde von *Fink* und *Lechner* ausgearbeitet, um in landwirtschaftlichen Brennereien nötigenfalls Eiweißkraftfuttermittel zu erzeugen. Bei der Herstellung von Preßhefe wurde schon darauf hingewiesen, daß man eine Vermehrung der Hefe auf Kosten der Alkoholerzeugung vornehmen kann. Ersetzt man in Brennereimaischen die Brennereihefe durch die Torula utilis, so wird das geplante Ziel gut erreicht. In diesem Falle wäre dann die Eiweißschlempe das Hauptprodukt und der Alkohol ein Nebenerzeugnis. Nun ist auch ein Mittelweg da, bei dem immer noch eine beachtliche Menge Alkohol anfällt bei vorwiegender Hefeeiweißbildung (*kombiniertes* Verfahren). Nach *Fink* sind folgende Ergebnisse zu erzielen:

Aus 1 Tonne Kartoffeln werden erhalten	Eiweiß-Schlempe-Verfahren	Kombiniertes Verfahren	Übliches Brennerei-verfahren
Alkohol von 100% (Liter)	3,9	55,0	120,4
Schlempe-Trockensubstanz (Kilogramm)	181,1	158,2	85,5
Trockensubstanz (Kilogramm)	36,6	26,7	25,4
Roheiweiß (Kilogramm)	65,5	42,3	21,7

Man ist also in der Lage, je nach den obwaltenden Verhältnissen den Brennereibetrieb beliebig einzurichten. Wird viel Sprit in der Treibstoffwirtschaft gebraucht, so bedient man sich des alten Verfahrens mit der Kulturhefe. Herrscht in Notzeiten dauernder Mangel an Kraftfutter, so geht man zum *kombinierten* Verfahren oder Eiweißschlempeverfahren über. Bei dem Übergang zur Torula utilis hat dann auch eine intensive Lüftung (s. vorherigen Abschnitt, Biologische Eiweißsynthese) zu erfolgen. Als zweite wichtige Bedingung für den wirtschaftlichen Erfolg ist die ausgiebige Fütterung mit anorganischen Stickstoffsalzen. Interessant ist, daß sich die Hefe auch im heterogenen Milieu einer breiigen Maische mit einem Zuckergehalt von 13% bewährt. Die bisher benutzten Nährböden stellten klare Lösungen mit wenigen Zuckerprozenten dar.

Die Eiweißschlempe enthält 6—7% Trockensubstanz mit 30—40% Rohprotein. Das Verfahren liefert laut Tabelle dreimal so viel Rohprotein in Form eines hochwertigen Hefeeiweißes gegenüber dem üblichen Brennereiverfahren. Das Erzeugnis ist insofern noch besonders wertvoll als es futtertechnisch in einem sehr günstigen Kohlenhydrat-Eiweißverhältnis anfällt. Deutschland wäre in der Lage 500000 t Rohprotein auf diesem Wege zu erzeugen. Aber auch hier gilt, was über die Rentabilität der biologischen Eiweißsynthese bereits ausgeführt wurde: Sojaschrot und Ölkuchen sind bei normalen internationalen Handelsbeziehungen billiger.

Über die Fetthefe wurde bereits im 7. Kapitel S. 118 berichtet und am Ende der Ausführungen auch die Theorie der Eiweißbildung kurz gestreift. Über die Leistung der Hefezelle bei der Eiweißsynthese siehe Kap. 14 S. 280 (Bildungsgleichung nach *Claassen*).

Der biologische Wert der verschiedenen Hefesorten

Wie bereits erwähnt, können verschiedene Sorten von Nährhefen erzeugt werden, je nach der Heferasse und dem dargebotenen Nährsubstrat. Obgleich die Hefen fast alle den gleichen Stickstoffgehalt aufweisen, ist der biologische Wert des Eiweißes bei den verschiedenen Sorten nicht gleich. Die beste Hefe ist die Bierhefe, denn ihr Protein reicht nahezu an die Güte der tierischen Eiweißarten (Milcheiweiß, Fisch) heran. Die anderen Hefen sind beträchtlich minderwertiger. Das zeigt sich deutlich in Versuchen bei der Aufzucht von weißen Ratten. In dem Kurvenbild von *Fink* und *Hock* (795) werden die Eiweißpräparate aus Mikroorganismen mit Milcheiweiß verglichen (s. Kurventafel 4).

Während die Brauerei-Nährhefe dem Milcheiweiß am nächsten kommt, liegen die Kurven der Buchenholzablaugen-Hefe und die der Holzzuckerhefen ziemlich ungünstig. Das Eiweiß, das der Schimmelpilz Aspergillus oryzae und die Biosyn-Mikroben (Oospora lactis bzw. Aspergillus niger) erzeugen, ist schon ein wertvolleres Protein, wird aber von dem der Strohvorhydrolysat-Hefe noch übertroffen. Man sieht also sehr deutlich, daß man bei Ernährungsversuchen recht scharf auf die Art der Hefe zu achten hat. Es ist allerdings ein strenger Wachstumstest, Aufbau von Leibessubstanz in jungen Tieren, angewendet worden, der diese Unterschiede recht eindringlich veranschaulicht. Für die Erhaltung des Lebens im ausgewachsenen Tier oder Menschen wird die Differenzierung nicht so scharf ausfallen. Leider fehlt für diesen Fall noch eine einwandfreie Methode.

Wie kommen nun die Unterschiede im Nährwert bei den verschiedenen Hefen zustande? Offenbar gibt der Nährboden einen wesentlichen Ausschlag. Dann muß auch an die Züchtungsbedingungen gedacht werden, die ja von einschneidendem Einfluß sind. Hier ist zu denken an die Wirkung der Temperatur, an die Zufuhr von Luft und die damit zusammenhängende Bewegung und an das Redoxpotential. Die Bierwürze ist naturgemäß ein idealer Nährboden, denn das Malz liefert eine große Auswahl von organischen Eiweißbausteinen neben sonstigen wichtigen Stickstoffverbindungen; dazu kommen die Wuchsstoffe und die im richtigen biologischen Mischungsverhältnis vorhandenen mineralischen Salze. Gersten- und Malzeiweiß haben an sich schon eine hohe biologische Wertigkeit. So ist nicht zu verwundern, wenn sich die Hefe aus den in Lösung gegangenen Rohstoffen zu einem biologisch hochwertigen Eiweißorganismus entwickelt. Entgegengesetzt liegen die Verhältnisse bei Buchenholzsulfitablauge und Holzzuckerwürze. Beide sind fast ohne organischen Stickstoff. Wuchsstoffe sind nicht nachgewiesen, dagegen belastende Fremd-

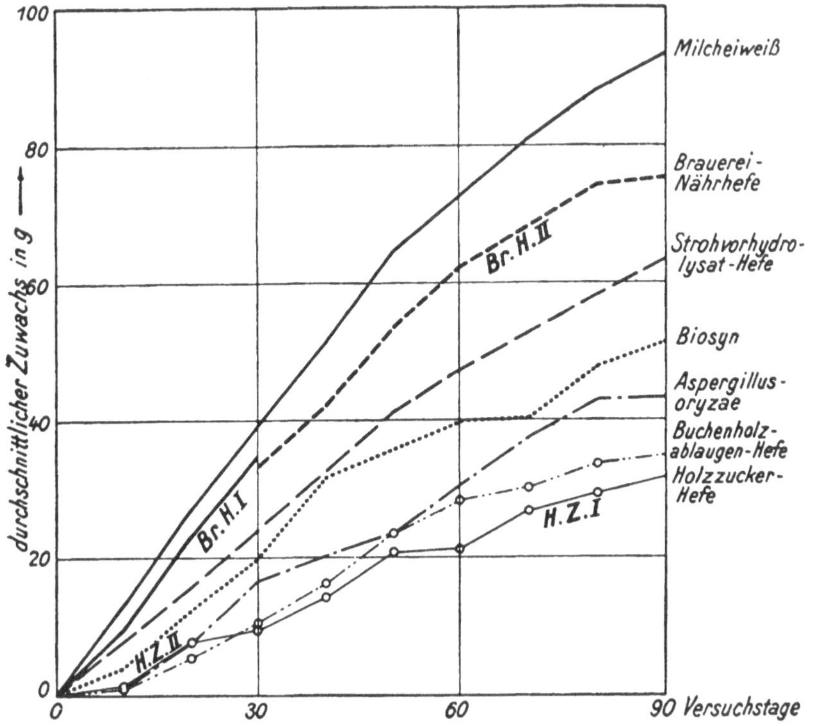

Kurventafel 4. Vergleich der verschiedenen Eiweißpräparate aus Mikroorganismen mit Milcheiweiß (Futterwerte nach *H. Fink* und *A. Hock*).

stoffe für die Hefe. Hält man sich ferner vor Augen, daß der Stickstoff nur in Form von Mineralsalzen dargeboten wird, daß man die Zellvermehrung durch eine starke Luftzufuhr antreibt und beschleunigt, so ist einzusehen, daß sich die Bierhefe in ihrem Medium unter weit günstigeren Lebensbedingungen zu einem vollwertigen Organismus entwickeln kann im Gegensatz zu den Torula-Wuchshefen. Dem Aspergillus oryzae und den Biosyn-Mikroben werden mit der Melasse und den Malzkeimen auch bessere Substrate dargeboten als den Holzzuckerhefen, weshalb die Pilze auch ihnen überlegen sind. Ebenso entwickelt die Strohvorhydrolysathefe ein besseres Protein, da das Nährsubstrat durch eine schonende Behandlung aufgeschlossen wird. Daß der Nährboden bei guten Kulturbedingungen von größter Wichtigkeit ist, bestätigen die neueren vorzüglichen Ergebnisse mit den auf Milch gewachsenen Kefirpilzen *(H. Fink)* (796). Dieses von Kasein und Molkeneiweiß befreite Kefir-Eiweiß, bestehend aus Milchzucker vergärenden Hefen (50%) und dem Kefirbazillus *Henne-*

berg, Betabacterium caucasicum neben anderen Bakterien (50%), übertrifft das Protein der Brauerei-Nährhefe an Güte und stellt somit eines der besten Mikroben-Eiweiße dar.

Nun hat die chemische Analyse der Hefeeiweiße gezeigt, daß in den Mikroben die schwefelhaltigen Verbindungen wie die Aminosäuren Zystin, Zystein, Methionin und das Tripeptid Glutathion in geringerer Menge vorhanden sind als im tierischen Eiweiß. Wird bei Fütterungen ein Zusatz von 0,2% l-Zystin den Hefen beigegeben, so erhöht sich sofort der Nährwert, und eine Wachstumssteigerung bei den jungen Ratten setzt sofort ein. Diese ist bei der Bierhefe so stark, daß die Wachstumswerte der Milcheiweißdiäten erreicht werden. Mit den anderen Organismen kommt man nicht zu diesem Ziel, auch wenn die Dosis an Zystin verdoppelt wird. Anscheinend fehlen in diesen Hefen noch andere wichtige Bausteine, vielleicht u. a. die α-Amino-β-oxybuttersäure (s. Kap. 7).

Das Zystin hat noch eine zweite wichtige Eigenschaft. Es setzt die Mortalität der jungen Tiere, die bei allen Hefe- und Schimmelpilzdiäten leicht eine Erkrankung der Leber erleiden, ganz erheblich herab. Nur die Bierhefe macht hier wieder eine rühmliche Ausnahme, denn Leberschädigungen sind selten beobachtet worden und würden bei Zugabe von Zystin überhaupt nicht auftreten. Eine umfangreiche Zusammenstellung der Lebensmittel in bezug auf den Zystingehalt bringt *Schormüller* (797) in der Arbeit „Über den Aminosäuregehalt von Proteinen" (s. auch Kap. 7). Über die Unschädlichkeit des hohen Nukleinsäuregehaltes der Hefe bei langdauernden Trockenhefegaben an Versuchspersonen berichtet *Schluessel* (798).

Man hat in dem hohen Überangebot des Vitamin-B-Komplexes durch die Hefen die Ursache der Lebererkrankungen erblicken wollen, doch haben Versuche mit extrahierten Hefen die Ansicht nicht bestätigt. Auch hier stehen wir noch vor einem Rätsel. Offenbar fehlt diesen Torula-Hefen ein biologisch hochwertiger Stoff. Vitaminmangel ist wohl kaum die Ursache, denn nach *Kurth* und *Chaldelin* (799) weisen laut folgender Tabelle die Holzzuckerhefen eine Anzahl von Vitaminen in beachtlichen Mengen auf.

Vitamingehalt (γ% i. d. Tr. S.) der Holzzuckerhefen

Wirkstoff	Torula	Mycotorula	Hansenula
B_1	620	530	850
B_2	4900	5900	5400
Nikotinsäure	50000	60000	59000
Pantothensäure	13000	—	18000
Folinsäure	280	310	170

Man hat in den letzten Jahren die Hefen als zusätzliche Vitaminquelle für die menschliche Ernährung herangezogen. Es sind daher Angaben über die Höhe des Vitaminbedarfs von allgemeinem Interesse. Für pharmazeutische Zwecke ist besonders die Molkenhefe zu empfehlen, da sie bei hohem Nährwert mehr Vitamine (B_1 und B_2) enthält als die anderen Hefen. Vitamin C, das in den Nährhefen fehlt, ist hier in beachtlicher Menge vorhanden *(R. Springer)* (800).

Auf folgender Tabelle finden wir für die **Erhaltung des Lebens** das nötige tägliche Quantum von Vitaminen neben den erforderlichen anderen Nährstoffen für einen Mann vom Körpergewicht von 70 kg bei mäßiger Arbeitstätigkeit angegeben, wie es 50 erfahrene Physiologen der „Food and Nutrition Board" des „National Research Council" (801) festgestellt haben.

Vitamine	Nährstoffe
5000 Einheiten Vitamin A	3000 Kalorien
(z. B. 5 mg Vitamin A	(zu empfehlen 20—25% Fett)
2 mg Provitamin Carotin)	70 g Eiweiß
1,5 mg B_1	0,8 g Ca
2,0 mg B_2	12 mg Fe
15,0 mg Nikotinsäure	1,2 g P
75,0 mg Vitamin C	1,2 mg Cu
	0,2 mg J

Es ist auffällig, daß von den Vitaminen die Ascorbinsäure am meisten benötigt wird. Der angegebene Betrag von 75 mg für Vitamin C wird von anderen Forschern noch als zu gering angesehen. *A. Scheunert* (802) schlägt als durchschnittliche Tagesdosis für optimale Versorgung gesunder Erwachsener einen weit höheren Betrag vor, um eine normale Widerstandsfähigkeit zu gewährleisten. Mit geringeren Mengen kann der Mensch auch leben und zur Verhinderung von Skorbut genügen im allgemeinen kleine Dosen. Andererseits ist auch erwiesen, daß eine Überdosierung ohne Schaden für den Organismus ist.

Schrifttum

Fink, *H.*, Zur biologischen Eiweißsynthese. Z. f. angew. Chemie 51 (1938), S. 475; Vorratspflege und Lebensmittelforschung 1 (1938), S. 107.

Fink und Mitarbeiter, Biochem. Z. von 1938—1945.

Lechner, *R.*, Verhefung der Pentosen. Z. f. angew. Chemie 53 (1940), S. 163; Vorratspflege und Lebensmittelforschung 3 (1940), S. 220.

Lüers, *H.*, Chemie und Technologie der landwirtschaftlichen Gewerbe. Verlag Paul Parey, Berlin 1944.

Fink, *H.*, u. *Hock*, *A.*, Die Brauwelt 1948, Heft 3—6.

E. Besondere Formen der Hefegärung

18. Kapitel

C. Neubergs Vergärungsformen (803). Glyceringärung Vergärung der Aminosäuren (Fuselölbildung)

Am Anfang des 12. Kapitels hatten wir uns mit dem Gärungsschema von *Neuberg* beschäftigt. Es handelte sich dort um eine Formulierung, die uns in mehreren Gleichungen den Zuckerzerfall durch Hefe und die Umwandlung der Spaltprodukte demonstrieren sollte, um zu den normalen Gärprodukten Alkohol und Kohlensäure zu kommen. Bei den zahlreichen Arbeiten, die man zur Aufklärung des Gärungsproblems anstellte, wurde die interessante Beobachtung gemacht, daß bei gewissen alkalisch reagierenden Salzzusätzen die Ausbeuten an Alkohol trotz Zuckerabnahme erheblich zurückgingen. Der Gedanke, andere Gärprodukte zu finden, mußte naturgemäß sofort auftauchen. Wenn man in Betracht zieht, daß eine normale alkoholische Gärung stets im sauren Milieu stattfindet, so konnte bei alkalischer Reaktion ein anderer Gärungsverlauf, zum mindesten aber eine Störung erwartet werden. Diese Ansicht ließ sich noch durch die Tatsache stützen, daß sich aus Zuckern auf rein chemischem Wege durch einfache Alkaliwirkung sehr leicht 3-Kohlenstoffkörper bilden. Als man nun dem Problem nachging, stellte sich eine Einwirkung in verschiedener Weise heraus, und zwar je nach der Art des Salzzusatzes: Soda, Dinatriumphosphat und Bicarbonat einerseits oder Salze der schwefligen Säure. Diese haben den anderen genannten Salzen durch ihre Reaktionsfähigkeit mit Carbonylgruppen etwas voraus. Gab man nun reichliche Mengen von Dinatriumsulfit, das relativ gut von den Hefen, namentlich Oberhefen, vertragen wurde, zu dem Gärgemisch, so wurde der Zuckerzerfall zum größten Teil in eine andere Richtung gelenkt. Es traten große Mengen Acetaldehyd und Glycerin auf. *Neuberg* und *Reinfurth* bezeichneten diese Glucoseaufspaltung mit dem Ausdruck zweite Vergärungsform und gaben folgendes Zerfallschema an:

$$\underset{\text{Glucose}}{C_6H_{12}O_6} = \underset{\text{Acetaldehyd}}{CH_3\cdot CHO} + \underset{\text{Kohlensäure}}{CO_2} + \underset{\text{Glycerin}}{CH_2\cdot OH\cdot CH\cdot OH\cdot CH_2\cdot OH}.$$

2. Vergärungsform

Es war anzunehmen, daß diese Umsetzung nicht quantitativ verläuft, aber dennoch werden 74% Acetaldehyd von der theoretisch möglichen Menge erzeugt. Der nicht nach der 2. Vergärungsform zerlegte Zucker erleidet eine Aufspaltung nach der ersten Vergärungsform, dem Schema der normalen alkoholischen Gärung, so daß man bei diesem Ansatz auch Äthylalkohol vorfindet. Wichtig am obigen Schema ist das nach stöchiometrischen Verhältnissen anfallende Glycerin, weshalb man diese Vergärungsform, wie wir weiter unten sehen werden, zur Erzeugung von Glycerin verwenden kann. Daß die Spaltung nach obigem Schema während des ganzen Gäraktes verläuft, geht aus der Tatsache der Konstanz des Verhältnisses von Aldehyd zu Glycerin zu allen Zeitpunkten der Gärung hervor.

Über die Wirkungsweise des Sulfits ist noch keine völlige Klarheit zu erzielen. *Neuberg* und Mitarbeiter nahmen eine Festlegung des entstehenden Aldehyds durch das Sulfit in bekannter Weise (Additionsverbindung) an, so daß infolge Verankerung der Aldehydgruppe keine Reduktion zu Alkohol stattfinden kann. Sie nennen diesen Prozeß des Ausschaltens des Aldehyds aus der Reaktion das Abfangverfahren.

Bei Beginn der Gärung kann man sich auch einen Umsatz der Hexosen mit dem Sulfit vorstellen, jedoch ist diese Additionsverbindung in Wasser unbeständig. Aus diesem Grunde kann der Zucker sofort vergoren werden. Das Formaldehydsulfitprodukt ist dagegen sehr stabil, und so ist es nicht verwunderlich, wenn das nächst höhere Homologe nur ein geringes Spaltungsvermögen aufweist. Jedoch könnte diese Fähigkeit zur Dissoziation erklären, daß die zweite Vergärungsform nicht restlos verwirklicht werden kann.

Sicher ist, daß der auftretende Acetaldehyd bei der Gärung eine Verbindung mit dem Natriumsulfit eingeht. Indessen ist nicht erwiesen, ob das die Ursache der Reaktionslenkung ist. Man kann auch annehmen, daß das Sulfit aus dem Zymasekomplex gewisse Enzyme inaktiviert, und auf diese Weise der andere Gärverlauf zustande kommt. Für diese Ansicht spricht die Tatsache, daß man auch mit anderen Salzen die Glycerinbildung steigern kann, wenn auch nicht in dem Ausmaße wie mit dem Alkalisulfit. So erzielten *Connstein* und *Lüdecke* (804) gewisse Erfolge mit einer 20%igen Calciumchloridlösung, auch mit Kochsalz, Glaubersalz, Eisenvitriol und Aluminiumsulfat bei stärkerer Konzentration. Unter dieser Annahme wäre die Aldehydfestlegung nur eine Nebenreaktion, die die Lenkung der Gärung äußerst günstig beeinflußt. Wir müssen uns den Vorgang so vorstellen, daß die Gärung auf den Zwischenstufen unterbrochen wird und darum die Intermediärprodukte in großen Mengen auftreten. Zu denken wäre an die Ausschaltung der Isomerase (s. Kap. 12 S. 227), wodurch die Umwandlung von Dioxyaceton zu Glycerinaldehyd unterbrochen und so eine gesteigerte Reduktion der Ketotriose zu Glycerin ermöglicht wird. Die Tatsache, daß Brenztraubensäure und Glycerin zu gleichen Teilen gebildet werden, spricht für diese quantitative Aufteilung der Glucose.

Mit dem Sulfit ist man also in der Lage, den nach den Gärungsgleichungen auftretenden Acetaldehyd abzufangen und so den Nachweis für die Richtigkeit der Brenztraubensäureaufspaltung (Decarboxylasereaktion) zu bringen.

$$CH_3\cdot CO\cdot COOH = CH_3\cdot CHO + CO_2.$$

Eine andere Methode, den Acetaldehyd vor der Reduktion zu schützen, ist das von *Neuberg* und *Reinfurth* ausgearbeitete Dimedon-Verfahren. Es beruht darauf, den Aldehyd nach der Reaktion von *Vorländer* mit dem 5,5-Dimethyl-Cyclo-hexandion-(1,3) (Dimethylhydroresorcin) zu kondensieren.

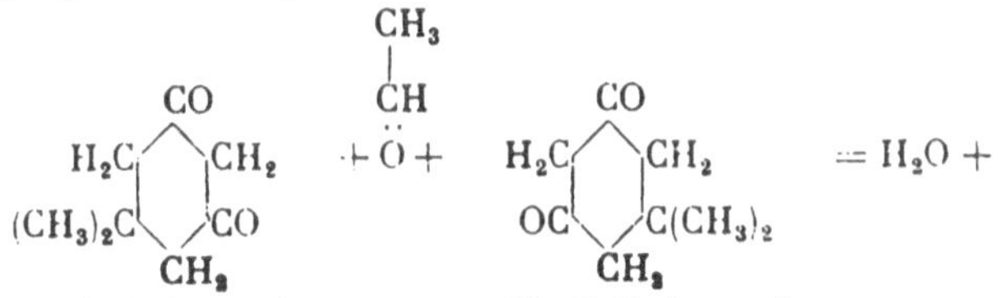

Dimethylhydroresorcin Dimethylhydroresorcin

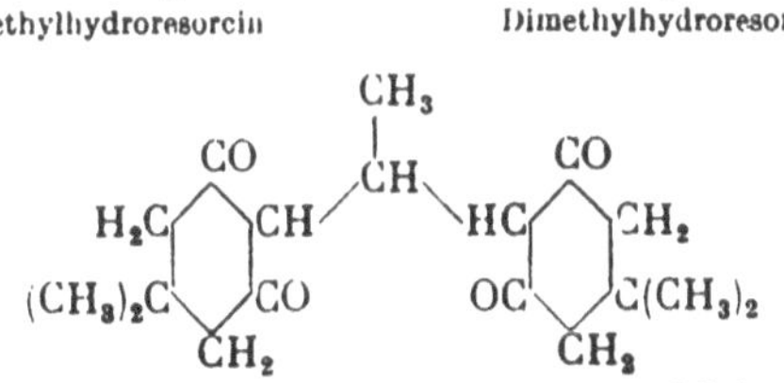

So wurde also auf doppelte Art das Auftreten des Acetaldehyds als Zwischenprodukt erwiesen.

Die dritte Vergärungsform, die Beeinflussung der Gärung durch einfache, alkalisch reagierende Salze wie Dinatriumphosphat und Natriumbicarbonat, wurde von *Neuberg* und *Hirsch* gefunden. Bei Zusatz von diesen Salzen zum Gärgemisch trat wieder ein Manko an Alkohol auf. Als man näher nachprüfte, fand man als Äquivalent Essigsäure und Glycerin, und zwar beide in einem Verhältnis von 60:184, also 1 Mol Essigsäure zu 2 Mol Glycerin. Da dieses Verhältnis während des ganzen Gärverlaufs konstant blieb, so mußte es zur Grundlage für die Aufstellung der Gärungsgleichung benutzt werden. Den Spaltungsvorgang können wir uns folgendermaßen schematisch plausibel machen:

$$\text{I. } \underset{\text{Glucose}}{2\,C_6H_{12}O_6} = \underset{\text{Acetaldehyd}}{2\,CH_3\cdot CHO} + \underset{\text{Kohlensäure}}{2\,CO_2} + \underset{\text{Glycerin}}{2\,CH_2\cdot OH\cdot CH\cdot OH\cdot CH_2\cdot OH}$$

$$\text{II. } \begin{matrix} CH_3\cdot CHO \\ CH_3\cdot CHO \end{matrix} + \begin{matrix} O \\ | \\ H_2 \end{matrix} = \underset{\text{Essigsäure}}{CH_3\cdot COOH} + \underset{\text{Aethylalkohol}}{CH_3\cdot CH_2\cdot OH}$$

Wir sehen also, daß das Alkali den Gärvorgang genau so beeinflußt wie das Sulfit der zweiten Vergärungsform. Im Anschluß daran tritt unmittelbar eine *Cannizzaro*sche Reaktion ein, hier Dismutation genannt, die aus den beiden Molekülen Acetaldehyd unter Anlagerung der Wasserelemente je ein Molekül Essigsäure und Alkohol erzeugt. Den Aldehyd kann man zu Anfang der Gärung beobachten, der dann bis auf Spuren im Laufe der Zeit verschwindet. Hier ist wieder wie bei der zweiten Vergärungsform eine Reaktion des Acetaldehyds das charakteristische Moment. Die Summenformel würde dann folgendermaßen lauten:

$$2\,C_6H_{12}O_6 + H_2O = CH_3\cdot COOH + CH_3\cdot CH_2\cdot OH + 2\,CO_2 + 2\,CH_2\cdot OH\cdot CH\cdot OH\cdot CH_2\cdot OH$$

3. Vergärungsform

Auch bei diesem Vorgang verläuft die Reaktion nicht quantitativ, sondern nur knapp die Hälfte (42%) des angewandten Zuckers wird nach dem angegebenen Schema gespalten. Es läuft auch hier eine normale alkoholische Gärung nebenher.

Nach *Neuberg* und *Ursum* rufen eine ganze Reihe *alkalisch* reagierender Verbindungen anorganischer und organischer Natur die dritte Vergärungsform hervor, und zwar bei sämtlichen gärfähigen Zuckern, auch bei Rohrzucker, der entgegen älteren Anschauungen, im alkalischen Medium von der Invertase der lebenden Hefe hydrolysiert wird. (Fällung der Metallkomponente der Isomerase ?)

Mit kranken Hefen oder Hefepräparaten kann man noch eine vierte und fünfte Vergärungsform hervorrufen. Geht man von lebender, gesunder Hefe aus, so hat man für eine schnelle Zytorrhyse und Plasmolyse der Zelle mit Heptylalkohol, Toluol, Chloroform, Tetrachlorkohlenstoff oder einer ähnlich wirkenden Substanz zu sorgen, um kein Substrat für den Zellaufbau zu verlieren. Am besten benutzt man Trockenhefen oder Mazerationssaft. Anstatt Zucker ist zweckmäßig hexosediphosphorsaures Magnesium zu verwenden.

$$\underset{\text{Glucose}}{C_6H_{12}O_6} = \underset{\text{Brenztraubensäure}}{CH_3\cdot CO\cdot COOH} + \underset{\text{Glycerin}}{CH_2\cdot OH\cdot CH\cdot OH\cdot CH_2\cdot OH}$$

4. Vergärungsform

Die vierte Vergärungsform führt also ein Molekül Glucose in ein Molekül Brenztraubensäure und Glycerin über.

Zur fünften Vergärungsform, die nur Methylglyoxal liefert, benutzt man am besten eine stark plasmolysierte Hefe, in der bereits die Cozymase verseift worden ist. Auch die durch Auswaschen mit Wasser von der Cozymase befreite Dauerhefe eignet sich für diesen Zweck. Der Vorgang wird durch folgende Gleichung veranschaulicht:

$$\underset{\text{Glucose}}{C_6H_{12}O_6} = \underset{\text{Methylglyoxal}}{2\,CH_3\cdot CO\cdot CHO} + 2\,H_2O$$

5. Vergärungsform

Alle aufgestellten Umsetzungsschemen sind nur als Bilanzgleichungen anzusehen wie die *Gay-Lussac*sche Gärungsgleichung und sind fruchtbringende Arbeitsunterlagen. Wie der Prozeß in Wirklichkeit im Zellinnern verläuft, bleibt zunächst rätselhaft. Es sei nur an das Schema der ersten Vergärungsform (Kap. 12) erinnert, das als Zwischenglieder fast nur Phosphorsäureverbindungen vorsieht. Wir haben der klaren Übersicht halber von dieser etwas komplizierteren Schreibweise abgesehen. Es ist wahrscheinlich, daß der Weg bei den Vorgängen zunächst auch über die Hexose-diphosphorsäure geht.

Glyceringärung

Nach den obigen Ausführungen müßte es möglich sein, nach der zweiten Vergärungsform Glycerin (Propantriol) technisch herzustellen.

$$\underset{180}{C_6H_{12}O_6} = \underset{44}{CH_3\cdot CHO} + \underset{44}{CO_2} + \underset{92}{CH_2\cdot OH\cdot CH\cdot OH\cdot CH_2\cdot OH}$$

Nach dem Reaktionsschema würden aus 180 g Glucose 92 g Glycerin entstehen. Vergleichen wir damit die Bilanz der *Gay-Lussac*schen Gleichung, so fällt eine große Ähnlichkeit beider Umsetzungen in bezug auf die Umsatzgewichte auf.

$$\underset{180}{C_6H_{12}O_6} = \underset{88}{2\,CO_2} + \underset{92}{2\,C_2H_5\cdot OH}$$

Wir müßten also theoretisch bei der Glyceringärung die Ausbeuten in derselben Größenordnung erhalten wie bei der alkoholischen Zuckerspaltung. Vorweg sei genommen, daß diese Ausbeuten praktisch bisher nie erzielt worden sind.

Die Rentabilität des Glyceringärverfahrens ist abhängig von einem hohen Glycerinpreis. Da dies aber in normalen Zeiten selten der Fall ist, so hat man das Verfahren bisher noch wenig ausgebildet und eingeführt. Lediglich während des 1. Weltkrieges spielte es in Deutschland eine große Rolle zur Gewinnung von Dynamitglycerin. Die Zentralmächte produzierten pro Monat 1100 t *(Deite* und *Kellner)* (805). Man verfügte über große Fabriken. So lieferte eine Anlage beispielsweise eine Monatsproduktion von 400000 kg Glycerin, wobei u. a. Gärgefäße bis zu 600 cbm Inhalt benutzt wurden. Da als Ausgangsmaterial Rübenzucker zur Verwendung kam, so suchte man für die damalige Zuckerknappheit die Glyceringärung verantwortlich zu machen. Indessen wurde der Bevölkerung in Wirklichkeit pro Kopf etwa nur 16—17% des durchschnittlichen Konsums der Vorkriegszeit durch die Glyceringärung entzogen, so daß die Hauptursachen des Zuckermangels wohl eher in der Ausfuhr als Devisenquelle, in der beschränkten Anbaufläche und in den geringeren Ernten infolge unzureichender Düngung der Böden lagen.

Connstein und *Lüdecke* (806) ist es zu danken, daß die Glycerinproduktion damals in die Wege geleitet werden konnte. Sie hatten das als „Protolgärung" bezeichnete Sulfitgärverfahren im Laboratorium vom technischen Standpunkte aus ausgearbeitet. Die theoretischen Grundlagen hierzu wurden zur gleichen Zeit, jedoch unanhängig von den oben genannten Erfindern, von *Neuberg* (807), *Färber* und *Reinfurth* (808) geschaffen. Die Ausbeuten an Glycerin sind abhängig von der Größe des Sulfitzusatzes. Während bei einer normalen alkoholischen Gärung höchstens 3% Glycerin entstehen, können nach dem Protolverfahren 20—25% Glycerin, bezogen auf angewandten Zucker, in technischem Maßstabe erhalten werden. *Connstein* und *Lüdecke* geben folgenden Ansatz an:

10 l Wasser,
1 kg Zucker,
400 g Natriumsulfit,
100 g Hefe.

Nachdem auch noch einige Nährsalze zugefügt worden sind, verschwindet bei einer Gärtemperatur von etwa 30° der Zucker bei gut geleiteten Versuchen in etwa 36 Stunden. Sonst sind 72 und mehr Stunden erforderlich. Mit Hilfe der *Ost*schen Zuckerreduktionsprobe wird das Ende der Gärung festgestellt. Die Ausbeuten beziffern sich dann wie folgt:

1 kg Zucker liefert

230 g Glycerin,
50 g Acetaldehyd,
420 g Kohlensäure,
300 g Alkohol.

Wir sehen, daß anstatt der berechneten etwa 500 g Glycerin nur 230 g erhalten worden sind. Dafür ist ein Äquivalent Äthylalkohol in der Bilanzaufstellung erschienen, was auf eine ungenügende Menge Sulfit hindeutet. Merkwürdigerweise verträgt die Hefe diese hohen Salzkonzentrationen relativ gut. Jedoch muß bemerkt werden, daß die Sproßfähigkeit, also der Zuwachs der Hefe leidet. Steigert man die Salzkonzentration, so läßt die Umsatzgeschwindigkeit nach. Bei sehr großen Salzzusätzen — siehe *Neubergs* Bemühen um quantitativen Umsatz — tritt der Endpunkt der Gärung erst nach Wochen ein, was in technischer Hinsicht trotz Ausbeutesteigerung untragbar ist. Es ist also für die Praxis nicht ratsam, die erste Vergärungsform durch zu hohe Salzzusätze restlos verdrängen zu wollen. Zweckmäßig hat sich ein Sulfitzusatz von 40%, auf den angewandten Zucker bezogen, erwiesen. Man erhält dann Gärlaugen, die etwa 3% Glycerin enthalten.

Es wurde nun versucht, im technischen Interesse die Gärung abzukürzen, und zwar in der Weise, daß man die Lebensenergie der Hefe, die durch das sulfitalkalische Milieu etwas leidet, wieder steigert. Dies geschieht durch eine Aktivierung der Atmung mittels zugeführter Luft. So konnte in größeren Laboratoriumsversuchen schon in 22 Stunden eine Ausbeute von etwa 27% Glycerin erhalten werden, das wären etwa 54% der Theorie *(Haehn)* (809). Die Hefe, die sich in diesem Falle ein wenig vermehrt, wird in so gutem Zustande geerntet, daß sie, entgegen dem älteren Verfahren, ohne weiteres zum nächsten Ansatz verwendet werden kann.

Um eine Ausbeute von 100% zu erreichen, müßte man die erste Vergärungsform restlos ausschalten und auch dafür sorgen, daß keine Nebenprodukte aus dem Glycerin auftreten. Als solche wären zu nennen, das 1,2-Propandiol (Propylenglykol) *(Schutt)* (810) und das 1,3-Propandiol (Trimethylenglykol) *(Rayner)* (811), die sicher durch Reduktion aus dem Propantriol entstanden sind. Nicht unerwähnt soll das Bemühen nach billigen Rohstoffen bleiben. Nach *Lüdecke* (812) ist der aus Formaldehyd entstehende synthetische Zucker geeignet. Sicher könnte man auch Sulfitlaugen verwenden.

Die Aufarbeitung des Gärgutes, das außer Glycerin, Nährsalzen, Natriumsulfit, Natriumsulfat noch Nebenprodukte der Gärung wie Milchsäure, Essigsäure, Bernsteinsäure, Acetaldehyd, Trimethylenglykol und organische Schwefelverbindungen enthält, gestaltete sich im Kriege bei der Protolgesellschaft etwa wie folgt: An eine Vorreinigung schloß sich die Verdampfung für die Gewinnung des 80%igen

Rohglycerins an. Die eigentliche Reinigung geschieht durch Entfärbung und Destillation, die für Dynamitglycerin noch einmal mit den besten Destillaten wiederholt wird.

Die Vorreinigung beginnt mit der Entfernung der Hefe durch Zentrifugen, worauf die Alkoholgewinnung erfolgt. Dann kam es darauf an, das Sulfit, das Sulfat und die Nährsalze möglichst quantitativ auszufällen. Man versetzte die siedend heiße Rohschlempe mit Chlorcalcium, sorgte durch Zugabe von Kalkmilch für Alkalität und filtrierte die unlöslichen Kalksalze wie Sulfit, Sulfat und Phosphat ab. Das im Überschuß zugegebene Fällungsmittel und ebenso das Calciumhydroxyd konnten durch Soda wieder weggebracht werden.

Bevor nun die Konzentrierung des Glycerins vor sich gehen kann, muß das Filtrat mit Salzsäure neutralisiert werden. In Vakuumverdampfapparaten eingedickt, kristallisierten Kochsalz (85%) und Glaubersalz (15%) aus, und ein braunrotes Rohglycerin wird erhalten. Größere Verluste entstanden alsdann bei der Destillation. Der gesamte Glycerinverlust bis zum Dynamitglycerin (98%) betrug etwa 40% des durch die Rohschlempe eingeführten Wertes, der nach der Oxydationsmethode (s. weiter unten) festgelegt worden war.

Nun noch ein Wort über die Bestimmungsmethoden des Glycerins.

In der Praxis benutzt man die sog. Oxydationsmethode, die von der Konvention der deutschen Glycerinfabrikanten als konventionelle Methode angenommen ist. Sie beruht darauf, daß man das Glycerin durch Chromsäure zu Kohlensäure und Wasser oxydiert und aus der benötigten Chromsäure das vorhanden gewesene Glycerin auf Grund folgender Gleichung berechnet.

$$3\,C_3H_8O_3 + 7\,K_2Cr_2O_7 + 28\,H_2SO_4 = 7\,K_2SO_4 + 7\,Cr_2(SO_4)_3 + 9\,CO_2 + 40\,H_2O$$

Praktisch wird mit einem gemessenen Überschuß von Bichromat oxydiert, worauf das nicht verbrauchte Chromat mit Hilfe von *Mohr*schem Salz ($FeSO_4 \cdot (NH_4)_2SO_4 \cdot 6\,H_2O$) bestimmt wird. Indikator: Ferricyankalium, das mit Ferrosulfat bekanntlich Berlinerblau gibt. Solange noch das *Mohr*sche Salz oxydiert wird, so lange bleibt die Blaufärbung aus. Für dieses Bichromatverfahren, das von *Hehner* (813) stammt, wurde von *O. Heller* (814) eine praktische Arbeitsvorschrift ausgearbeitet. Diese Methode kann naturgemäß trotz Vorreinigung der Glycerinlösung nach bestimmter Anweisung keine absolut richtigen Werte ergeben, immerhin ist sie für die Praxis genau genug. Dabei genießt man den Vorteil, daß diese Glycerinbestimmungen direkt mit den verdünnten anfallenden Lösungen ausgeführt werden können. Das zeitraubende Einengen, das dazu immer noch Verdampfungsverluste verursacht, fällt also hier weg.

Das Acetinverfahren (815) ist etwas umständlicher, da der Veresterungsprozeß ein konzentriertes Glycerin — der Wassergehalt darf höchstens 50% betragen — erfordert. Nach folgender Gleichung werden 3 Moleküle Essigsäure mit einem Molekül Glycerin vereinigt.

$$\begin{array}{llll}
CH_3\cdot COO & \boxed{H + OH} \cdot CH_2 & & CH_3\cdot COO\cdot CH_2 \\
 & \qquad\quad | & & \qquad\qquad\quad | \\
CH_3\cdot COO & \boxed{H + OH} \cdot CH & = 3\,H_2O + & CH_3\cdot COO\cdot CH \\
 & \qquad\quad | & & \qquad\qquad\quad | \\
CH_3\cdot COO & \boxed{H + OH} \cdot CH_2 & & CH_3\cdot COO\cdot CH_2 \\
\text{Essigsäure} & \quad\text{Glycerin} & & \quad\text{Triacetin}
\end{array}$$

Die Bestimmung des Glycerins erfolgt in der Weise, daß man in der ersten Phase dasselbe verestert und alsdann die Menge an Natriumhydroxyd bestimmt, die zur restlosen Verseifung dieses labilen Esters nötig ist.

Es ist selbstverständlich, daß diese Methode nur dann richtige Werte ergibt, wenn dem Glycerin keine derartigen Verbindungen beigemischt sind, deren Hydroxyle sich ebenfalls mit Essigsäure verestern lassen (Trimethylenglykol, Propylenglykol). Trotzdem ist dieses Verfahren, das zu den „Internationalen Standardmethoden von 1911“ zählt, ungenau; man findet im allgemeinen Fehlbeträge nicht selten bis zu 4% (*Tortelli* und *Cacharelli*).

Eine Methode, die lediglich für wissenschaftliche Zwecke geeignet ist, haben wir im Isopropyljodidverfahren (816). Diese von *Zeisel*, *Fanto* und *Stritar* ausgearbeitete Arbeitsweise ist umständlich, erfordert hohe Kosten, ist aber nach *F. Schulze* (817) und anderen *(Fahrion, Verbeek)* den sonstigen Methoden an Genauigkeit überlegen. Bei dieser Arbeitsweise wird das Glycerin mittelst Jodwasserstoff zunächst in Isopropyljodid verwandelt;

$$\begin{array}{lcl} CH_2\cdot OH & & CH_3 \\ | & & | \\ CH\cdot OH + 5\,HJ & = & CH\cdot J + 3\,H_2O + 2\,J_2 \\ | & & | \\ CH_2\cdot OH & & CH_3 \\ \text{Glycerin} & & \text{Isopropyljodid} \end{array}$$

alsdann setzt man dasselbe nach der Destillation in einen eigens hierfür konstruierten Apparat mit einer gemessenen Silbernitratlösung um, wobei Jodsilber, Propylen und Salpetersäure entstehen.

$$\underset{\text{Isopropyljodid}}{C_3H_7J} + AgNO_3 = \underset{\text{Jodsilber}}{AgJ} + \underset{\text{Propylen}}{C_3H_6} + HNO_3.$$

Aus der Menge des verbrauchten Silbernitrates errechnet man den Glycerinwert. Genaue Bestimmungen erzielt man erst dann, wenn Schwefelverbindungen, Alkohole, Ester und Äther, die mit Jodwasserstoffsäure flüchtige Jodide geben, abwesend sind *(Holde)*. Das Rohglycerin ist von diesen Stoffen zu befreien. Sulfate kann man z. B. durch Bariumacetat entfernen.

Der Wunsch nach einer Schnellmethode auf diesem Gebiete ist nach den obigen Ausführungen begreiflich. So gab denn kürzlich *Olle Juhlin* (818) eine solche zur Bestimmung von Glycerin in wässerigen Lösungen an. Nach ihm wird das Glycerin durch Brom zu Dioxyaceton dehydriert und aus dem Halogenverbrauch der dreiwertige Alkohol berechnet.

$$\begin{array}{lcl} CH_2\cdot OH & & CH_2\cdot OH \\ | & & | \\ CH\cdot OH + Br_2 & = & 2\,HBr + CO \\ | & & | \\ CH_2\cdot OH & & CH_2\cdot OH \\ \text{Glycerin} & & \text{Dioxyaceton} \end{array}$$

Vergärung der Aminosäuren (Fuselölbildung)

Die Versuche zur Vergärung der Aminosäuren nach *F. Ehrlich* (819) haben ihren Ausgangspunkt in der Lösung der Frage nach der Herkunft der Fuselöle bei der alkoholischen Gärung. Ursprünglich glaubte man, daß die von *Scheele* 1785 entdeckten Fuselöle einer unreinen Gärung zu verdanken seien, indem man eine Zuckerzersetzung durch Bakterien neben der Hefegärung annahm *(Perdrix, Emmerling)*. Da damals festgestellt wurde, daß Bakteriengärungen nur Alkohole mit normalen Kohlenstoffketten, wie *n*-Propylalkohol und *n*-Butylalkohol *(Emmerling, Pringsheim)* (820), erzeugen, während im Fuselöl vorzugsweise Isoverbindungen auftreten, so mußte nach einem anderen Ursprung gesucht werden. Nachdem *Kruis* und *Raymann* die Quelle der Fuselöle in den stickstoffhaltigen Bestandteilen der Maische vermutet hatten, konnte *Ehrlich* die Bildung dieser Stoffe durch Vergärung der Aminosäuren im Beisein von Zucker nachweisen. Er erhielt auf diesem Wege die Komponenten des Fuselöles. So liefern beispielsweise

l (+) - Valin[1]) ——→ Isobutylalkohol
l (—) - Leucin ——→ Isoamylalkohol
l (—) - Isoleucin ——→ (—) - Amylalkohol
(Methylaethylcarbincarbinol)

[1]) Bezeichnung der sterischen Verhältnisse nach *Wohl-Freudenberg*.

Macht man einen Ansatz aus reinem Leucin, Zucker und Hefe, so erhält man einen Spiritus mit 3% Amylalkohol entgegen 0,5% im Rohspiritus der Brennereien. Nach *Effront* soll man bis 5—6% Amylalkohol erhalten können.

Der chemische Prozeß verläuft nach folgender Brutto-Gleichung:

$$R \cdot CH \cdot NH_2 \cdot COOH + H_2O = R\ CH_2\ OH + CO_2 + NH_3$$

Wie man sieht, werden aus dem Aminosäuremolekül Kohlensäure und Ammoniak abgespalten und ein Molekül Wasser aufgenommen, wobei dann ein um ein Kohlenstoffatom ärmerer Alkohol resultiert. Der Mechanismus des Abbaus ist sicher komplizierter und dürfte etwa wie folgt verlaufen.

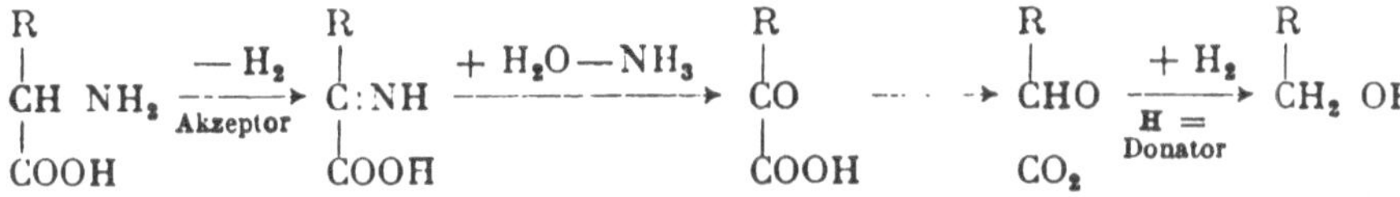

Aminosäure Iminosäure Ketosäure Alkohol

Durch eine Dehydrase kann die Aminosäure durch Abgabe des Wasserstoffs an den Akzeptor in eine Iminosäure übergeführt werden *(Wieland)* (821), die durch Einwirkung von Wasser Ammoniak abgibt und in eine Ketosäure übergeht. Eine anschließende Decarboxylasereaktion bewirkt die Abspaltung von Kohlensäure und Bildung eines um ein Kohlenstoffatom ärmeres Aldehydmoleküls, das den an den Akzeptor gebundenen Wasserstoff der ersten Phase wieder aufnimmt und einen Alkohol bildet. Der mit Wasserstoff beladene Akzeptor ist jetzt Wasserstoff-Donator. Die grundlegenden Arbeiten für dieses Schema stammen von *Neubauer* und *Frommherz* (822), die die Bildung von einer Ketosäure aus einer Aminosäure (Phenylaminoessigsäure) durch Hefe einwandfrei nachweisen konnten. Ferner zeigten sie, daß α-Ketosäuren vergärbar sind und Alkohole liefern. Diese können nur durch Reduktion aus dem Aldehyd entstanden sein. Mittlerweile ist der Wasserstoffakzeptor in der *d*-Aminosäure-oxydase (s. Kap. 11 S. 236) (*Krebs*, *Warburg* [823], *Negelein* [824]), einem Alloxazinadenindinukleotid-Proteid, aufgefunden worden. Der Wasserstoff lagert sich bei der ersten Phase, der Dehydrierung, an die Lactoflavinkomponente (Vitamin B_2 s. Kap. 11) und geht bei der letzten Phase, der Alkoholbildung, an das Aldehydmolekül. Nebenbei sei bemerkt, daß die höheren Aldehyde unter den obwaltenden Versuchsbedingungen auch in der Lage sind, durch eine *Cannizzaro*sche Reaktion eine Säure neben dem Alkohol zu liefern. Diesen Vorgang möge ein Beispiel illustrieren:

$$\begin{array}{lcll} C_4O_9 \cdot CHO & O & C_4H_9 \cdot COOH & \text{(Valeriansäure)} \\ & + \,|\, = & & \\ C_4H_9 \cdot CHO & H_2 & C_5H_{11} \cdot OH & \text{(Amylalkohol)} \\ \text{Valeraldehyd} & & & \end{array}$$

Die tatsächlich durch diese Reaktion auftretenden Säuremengen sind indessen sehr gering.

Die oben erwähnten drei Aminosäuren, die die Hauptsubstrate für die Fuselölbildung darstellen, zerfallen alsdann nach folgenden abgekürzten Schemen:

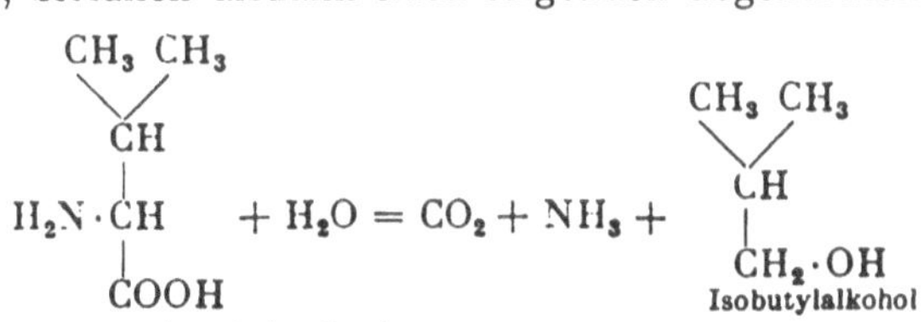

Valin (α-Amino-isovaleriansäure) Isobutylalkohol

$$\begin{matrix}H_3C\\H_3C\end{matrix}\!\!>CH\cdot CH_2\cdot CH\cdot NH_2\cdot COOH + H_2O = CO_2 + NH_3 + \begin{matrix}H_3C\\H_3C\end{matrix}\!\!>CH\cdot CH_2\cdot CH_2\cdot OH$$

Leucin (α-Amino-isobutylessigsäure) — Isoamylalkohol

$$\begin{matrix}H_5C_2\\H_3C\end{matrix}\!\!>CH\cdot CH\cdot NH_2\cdot COOH + H_2O = CO_2 + NH_3 + \begin{matrix}H_5C_2\\H_3C\end{matrix}\!\!>CH\cdot CH_2\cdot OH$$

Isoleucin (α-Amino-methylaethyl-propionsäure) — (—)-Amylalkohol Methylaethyl-aethanol

Aus der letzten Gleichung sehen wir die interessante Bildung von einem optisch aktiven Amylalkohol aus dem Isoleucin mit 2 asymmetrischen Kohlenstoffatomen.

Das abgespaltene Ammoniak wird von der Hefe assimiliert. Bietet man der Hefe aber mit der Aminosäure gleichzeitig Ammoniumsalze, so werden diese bevorzugt, was an einem Rückgang der Fuselölbildung erkennbar ist.

Der Isoamylalkohol („Gärungsamylalkohol") bildet die Hauptmenge des Fuselöls *(Kruis* und *Rayman)* (825). Er ist ausgezeichnet durch den „fuseligen" Geruch und brennenden Geschmack. Er wirkt giftig und erzeugt die toxische Nachwirkung des Branntweinrausches. Die farblose Flüssigkeit siedet bei 131°. Daneben ist der optisch-aktive (—)-Amylalkohol auch reichlich vertreten. Er ist links drehend; $[\alpha]_D^{20} = -5{,}90°$. Nach *Marckwald* (826) enthält das Kartoffel- und Getreidefuselöl 13,5—22% aktiven Alkohol, während das Melassefuselöl 48—58% aufweist. In diesem ist auch der *n*-Amylalkohol

$$CH_3\cdot CH_2\cdot CH_2\cdot CH_2\cdot CH_2\cdot OH$$

der aus α-Amino-*n*-Capronsäure entsteht, aufgefunden worden. Wie aus folgender Tabelle, die von *K. Windisch* (827) aufgestellt worden ist, hervorgeht, ist auch der Normalpropylalkohol vertreten.

	In 1 kg Kartoffelfuselöl	In 1 kg Kornfuselöl
	g	g
Normalpropylalkohol	68,54	36,90
Isobutylalkohol	243,50	157,60
Amylalkohole	687,60	758,50
Hexylalkohol	—	1,33
Freie Fettsäuren	0,11	1,60
Fettsäureester	0,20	3,05
Terpen	—	0,33
Terpenhydrat	—	0,48
Furfurol, Basen und Heptylalkohol	0,05	0,21

Die anderen Beimengungen spielen, wie man sieht, zahlenmäßig keine Rolle. Der im Kornfuselöl enthaltene Hexylalkohol ist nach seiner Konstitution auch eine Isoverbindung:

$$\begin{matrix}CH_3\\CH_3\end{matrix}\!\!>CH\cdot CH_2\cdot CH_2\cdot CH_2\cdot OH$$

Ferner hat man in kleinen Mengen noch festgestellt Heptylalkohol oder Önanthylalkohol $C_7H_{15}\cdot OH$ und Nonylalkohol $C_9H_{19}\cdot OH$. Die quantitative Bestimmung der Fettsäuren, die in Form von Estern im Fuselöl auftreten, ist ebenfalls von

K. Windisch durchgeführt worden. Diese Stoffe haben darum besonderes Interesse, da sie manchem Gärprodukt das charakteristische Bouquet geben. In 100 g Fettsäuregemisch sind enthalten:

	Im Kartoffelfuselöl	Im Kornfuselöl
	g	g
Essigsäure	3,5	2,7
Buttersäure	0,5	0,4
Capronsäure	14,0	13,2
Caprylsäure	32	26,7
Caprinsäure	36	44,1
Pelargonsäure	12	12,9

Die frei vorkommenden Säuren sind Propionsäure, Buttersäure und Valeriansäure.

Die praktische Quelle für den Amylalkohol ist das Fuselöl, das im Rohspiritus zu 0,1—0,5% enthalten ist. Somit werden aus 100 l Kartoffelspiritus im Mittel 300 ccm (249 g) gewonnen. In den USA, wo man während des 2. Weltkrieges hauptsächlich Weizen auf Spiritus verarbeitete, erzielte man aus 100 l Spiritus fast dieselbe Menge, 240 g *(Boruff* und *van Lanen)* (828). Der Amylalkohol dient als Reagens zur Fettbestimmung in der Butter. Amylacetat ist ein ausgezeichnetes Lösungsmittel und wurde neuerdings in den USA für die Penicillingewinnung verwendet.

Die obigen Ausführungen über die Entstehung der höheren Alkohole aus Aminosäuren durch Gärung führen zu der Frage, ob denn überhaupt alle Aminosäuren dieser Reaktion unterworfen werden können. *Ehrlich* hat außer den oben erwähnten Aminosäuren noch Glykokoll, Tyrosin, Phenylalanin, Phenylaminoessigsäure und Tryptophan mit Erfolg in der angegebenen Weise zerlegt. So liefert Glykokoll den Methylalkohol:

$$CH_2 \cdot NH_2 \cdot COOH + H_2O = CH_3 \cdot OH + CO_2 + NH_3$$

Die Aufspaltung der α-Monoaminosäuren geht so glatt, daß 60—80% zu Alkoholen umgesetzt werden. Besonders eingehend wurde die Tyrosinvergärung (829) untersucht, die zu dem *p*-Oxyphenyl-aethylalkohol, von *Ehrlich* Tyrosol genannt, führte.

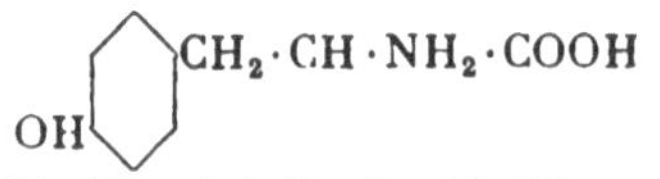

l (—) Tyrosin (*p*-Oxyphenylalanin)

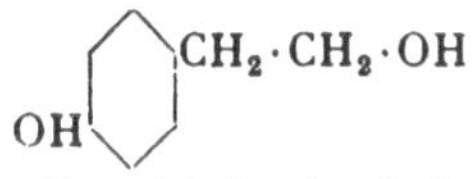

Tyrosol (*p*-Oxyphenylaethylalkohol)

Da Tyrosin in allen Gärmaischen auftritt, so ist das Tyrosol in den bekannten technischen Gärprodukten wie Wein, Bier und Brennereischlampe vorhanden und bildet entschieden eine Komponente des Gäraromas. Demnach wird Tyrosin von obergärigen und untergärigen Hefen und auch von Weinhefen vergoren. Der entsprechende Alkohol ist als ein normales Stoffwechselprodukt der Hefe anzusehen. Auch wenn man einen künstlichen Gäransatz, der ausschließlich reine Hefe und reinen Zucker enthält, untersucht, so findet man ebenfalls Tyrosol, weil durch Autolyse der kranken und toten Zellen genügend Tyrosin zur Vergärung abgeschieden wird.

Tyrosol bildet farblose, längliche, glänzende Nädelchen und Stäbchen des rhombischen Systems. Es schmilzt bei 93° und siedet bei gewöhnlichem Luftdruck fast unzersetzt gegen 310°. Löslich in Wasser, Methyl-, Aethyl- und Amylalkohol, fast unlöslich in Ligroin und Petrolaether. Geschmack: bitter. Nachweis mit Hilfe der *Denigès-Moerner*schen Probe, die mit Formaldehyd und Schwefelsäure zu einer starken gelbgrünen Lösung führt.

Der eigenartigste Alkohol, der nach der *Ehrlich*schen Reaktion erhalten werden kann, ist das Tryptophol (830), der β-Indolyl-aethylalkohol, da er als einziger Gärungsalkohol Stickstoff enthält. Seine Bildung wird aus folgenden Formelbildern erkenntlich.

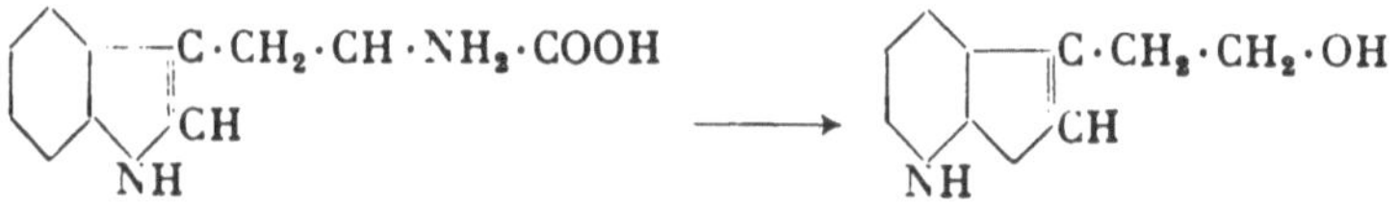

l (—) -Tryptophan (β-Indolyl-alanin) Tryptophol (β-Indolyl-aethylalkohol)

Da dieser Alkohol von allen bisher untersuchten Heferassen, obergärige, untergärige Hefen, Weinhefen, Kahmhefen, Willia anomala erzeugt wird, so gehört er wie das Tyrosol zu den normalen Eiweißstoffwechselprodukten (831) und ist in allen Gärmaischen, wenn auch nur in geringer Menge, aufzufinden. So fällt auch der Nachweis des Tryptophols positiv aus in einem Ansatz, der lediglich aus reinem Zucker und Hefe besteht. Offenbar wird während der Gärung ein wenig Tryptophan durch Hefeautolyse gebildet.

Da wir dieselbe Tatsache schon vom Tyrosol kennengelernt haben, so müssen wir diese beiden Alkohole als regelmäßig auftretende Nebenprodukte der alkoholischen Gärung bezeichnen, noch dazu, da sie etwa in derselben Größenordnung wie die Fuselöle anfallen. Wie weitere Untersuchungen ergeben haben, erscheinen aber diese beiden Alkohole vorzugsweise als Ester in den Gärprodukten und bilden Aromastoffe.

Die Vergärung des Tryptophans geht bei Anwendung von viel Zucker und viel Hefe so gut, daß die Ausbeute 80% der Theorie beträgt. Man erzielt schließlich aus dem Gärgut Kristalle, die bei der Reinigung in Wasser schwer lösliche, glasklare, weiche, elastische, monokline Tafeln bilden vom Schmelzpunkt 59°. In Äther, Methyl- und Äthylalkohol, Aceton und Chloroform ist der Alkohol leicht löslich, schwer dagegen in Ligroin und Petroläther.

Spuren des Alkohols lassen sich mit Dimethylamidobenzaldehyd und 25%iger Schwefelsäure nachweisen. Die Reaktion ist so empfindlich, daß die charakteristische Violettrotfärbung noch in einer Substratverdünnung von 1:10000 deutlich zu erkennen ist. Auf diese Weise muß in allen Gärprodukten der Nachweis für Tryptophol zu erbringen sein. Eine andere Reaktion wird mit Hilfe eines Fichtenspanes und conc. Salzsäure ausgeführt. Die auftretende Blaufärbung kann durch nachträgliches Anfeuchten mit Wasser noch intensiver gemacht werden.

Ehrlichs Befunde wurden später bei Biergärungsversuchen durch *Lampitt* (832) bestätigt, und neuerdings hat *Thorne* (833) ebenfalls im Brauerlaboratorium Tryptophol, Phenylaethylalkohol und *i*-Butylalkohol aus den entsprechenden Aminosäuren erhalten.

So ist die Hefe in der Lage, sehr viele Aminosäuren zu vergären. Es sei nochmals besonders darauf hingewiesen, daß es sich hier um einen biologischen Prozeß handelt, bei dem die Hefe ihren Stickstoffbedarf aus der Aminosäure in Form von Ammoniak deckt. Wir erkennen in der „alkoholischen Gärung der Aminosäuren" einen natürlichen Ernährungsprozeß der Hefe, der nur in Gegenwart von Zucker vor sich geht. Aus den Spaltstücken des Kohlenhydrats und dem Stickstoff wird Zellsubstanz aufgebaut. So ist es nicht verwunderlich, wenn von den dargebotenen Aminosäuren nur die im Eiweiß vorkommende optisch aktive Form aufgenommen wird. Bei Zugabe von racemischen Stoffen wird daher nur die Hälfte, also die ausgewählte optische Komponente vergoren. Der andere Antipode bleibt unverändert zurück. Man kann sogar diesen Weg mit gutem Erfolg einschlagen zur präparativen Reindarstellung optisch-aktiver Komponenten. Eine solche optische Auslese findet statt bei Alanin, Valin, Leucin, Isoleucin, Serin, Phenylalanin und Glutaminsäure (834). Eine Ausnahme bilden Asparaginsäure, Tyrosin und Prolin, bei denen beide optischen Komponenten der Hefe zusagen.

Ein besonderes Interesse unter den Spaltprodukten aus den Aminosäuren erweckt die Bernsteinsäure (835), da sie als Dicarbonsäure von den anderen Gärprodukten chemisch und physiologisch sehr abweichende Eigenschaften aufweist. Die Bernsteinsäurebildung aus Glutaminsäure könnte unter Zugrundelegung der bisherigen Erfahrungen bei der Vergärung der Aminosäuren durch folgendes Schema versinnbildlicht werden:

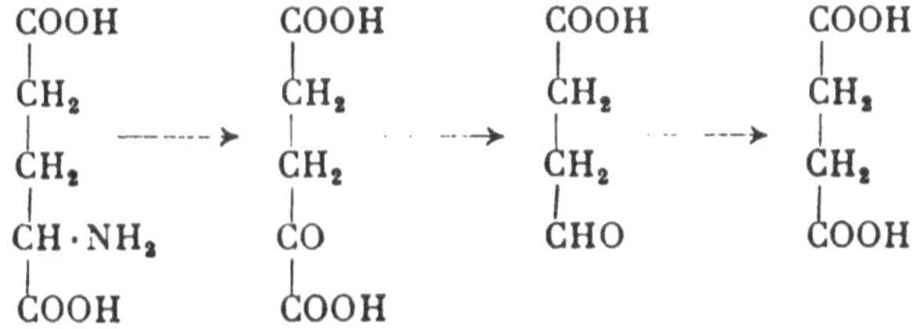

Glutaminsäure α-Ketoglutarsäure Bernsteinsäurealdehyd Bernsteinsäure

Zuerst erfolgt die Überführung in die α-Ketoglutarsäure (836). Die Ammoniakabspaltung geht auch hier wie bei der Fuselölbildung unter Wasseraufnahme über die Iminosäure (s. oben). Die Wasserstoffabspaltung besorgt in diesem Falle die *l*-Glutamino-dehydrase, die als wirksame Gruppe ein Triphospho-Pyridinnukleotid enthält (s. Kap. 10, S. 190). Die erhaltene α-Ketosäure unterliegt nun einer Decarboxylierung, wodurch der Bernsteinsäurealdehyd entsteht. Durch Sauerstoffwirkung wird dieser in Bernsteinsäure übergeführt, gleichzeitig auch die Dehydrase regeneriert. Die Glutaminsäure ist im Pflanzeneiweiß reichlich vertreten. Das Hordeïn der Gerste enthält z. B. bis 36%. Somit erscheinen die auftretenden Bernsteinsäuremengen bei der alkoholischen Gärung, 0,5—0,7 g auf 100 g Zucker bezogen, nicht ungewöhnlich hoch.

Nach diesen Ausführungen wären die Bernsteinsäure und die Fuselöle der Gärung keine Stoffwechselprodukte aus dem Zuckermolekül. Lediglich Glycerin als Nebenprodukt verdankt der Zuckerspaltung seine Herkunft.

Wie wir eben sahen, erfolgt die Vergärung der Glutaminsäure nicht ganz nach dem allgemeinen Schema. Auch das Histidin und Arginin gehen einem anderen Schicksal entgegen. Der Histidinstickstoff wird von den Hefen nur zu $^1/_3$ verwertet, Lysin bleibt überhaupt unverändert in der Nährlösung zurück *(N. Nielsen)* (837). Nach neueren Untersuchungen von *Edlbacher*, *Becker* und von *Segesser* (838) konnten die entsprechenden Alkohole nicht aufgefunden werden. Man vermutet, daß die sprossende Hefe diese Aminosäuren — außer Lysin — restlos oder fast restlos zum Aufbau der Körpersubstanz benutzt.

Die *Ehrlich*sche Reaktion gibt nach dem Obigen Aufschluß über die Herkunft vieler Nebenprodukte der alkoholischen Gärung. Sie gab ferner Anlaß, neue Produkte z. B. Tyrosol und Tryptophol in den vergorenen natürlichen Maischen, Würzen und Mosten zu suchen. Der Biologe weiß nun, welches Schicksal die Aminosäuren in den Hefenährlösungen erfahren.

Andere Mikroorganismen wie Candidaarten (Moniliaarten), Mucoreen- und Oidiumarten bewirken keinen so tiefen Abbau der Aminosäuren wie die Hefen, sondern bilden nach Wegnahme des Ammoniaks vorzugsweise Oxysäuren. Der Vorgang verläuft bei Oidium lactis mit manchen aromatischen Aminosäuren so quantitativ, daß dieser Weg zur präparativen Herstellung verschiedener Oxysäuren, z. B. der Phenylmilchsäure, der *p*-Oxyphenylmilchsäure und der Indolmilchsäure, benutzt werden kann (839). Auch hier findet bei Darreichung der Razemkörper eine optische Auslese statt. Die entstehenden Milchsäuren erwiesen sich stets als optisch aktiv. Manche Organismen, wie Candida tropicales (Monilia candida), ergeben zur Hälfte Oxysäure (*p*-Oxyphenylmilchsäure) zur Hälfte den entsprechenden Alkohol (Tyrosol) aus Tyrosin.

Eine Bestätigung, daß all diese Reaktionen nur dem Zellenleben eigen sind, wurde erblickt in dem negativen Befund der Abbauversuche der Aminosäuren mit totem Material, also mit Hefeenzymsaft.

F. Hefepräparate und Gärproben

19. Kapitel

Herstellung von Hefepreßsaft nach *Buchner*. Qualitative Gärproben nach *Buchner*, *Einhorn* und Kleingärmethode nach *Lindner*. Gärkraftbestimmungsmethoden nach *Buchner*, nach *v. Lebedew*, nach *v. Euler* und *Myrbäck* und nach *Warburg*. Hefesaft nach *Harden*. Macerationssaft nach *v. Lebedew*. Kochsaft. Getrockneter Hefesaft. Acetondauerhefe. Trockenhefen nach *v. Lebedew* und *Nilsson*. „Verarmte Hefe" nach *Wieland*. Nährhefen. Hefenährextrakt

Die Hefepräparate und vorbehandelte Hefen dienen in erster Linie dazu, um Gärversuche zum Studium der einzelnen Reaktionen anzustellen. Wird andrerseits mit lebender Hefe gearbeitet, so verlaufen zu viel Reaktionen nebenher und verschleiern das klare Bild des zu erschließenden Vorganges, da die Zelle naturgemäß das Bestreben hat, sich zu vermehren. In diesem Falle hat man dann Energie- und Spaltprodukte liefernde Abbaureaktionen neben synthetischen Vorgängen. Ist Wachstum der Flora bei den Studienversuchen durchaus nicht erwünscht, so hat man zur Ausschaltung desselben 3 Mittel: die Stickstoffnahrung zur Eiweißbildung wird unterbunden; man unterdrückt ferner die starke Energieerzeugung durch restlose Drosselung der Sauerstoffzufuhr, und schließlich wendet man Temperaturen an, die über dem Temperaturmaximum des Organismus liegen *(Quastel)* (840). Für Untersuchungen auf Einzelreaktionen benutzt man auch zweckmäßig Organismen, die man für diesen Zweck durch Aushungern oder auf andere Weise (Trocknen z. B.) geschwächt hat, auch autolysierende Zellen und schließlich tote Trockenzellen oder Enzympräparate. Man muß sich natürlich darüber klar sein, daß man bei solchen Reaktionen oft Produkte pathologischer Zustände der Zelle erhält (s. 4. u. 5. Vergärungsform nach *Neuberg*, Kap. 18), und daß somit die erzielten Resultate nicht ohne weiteres als Teilreaktionen der normalen Zellfunktionen anzusehen sind.

In diesem Absatz seien zunächst die Verfahren beschrieben, die die Grundlage in der Bereitung von Enzympräparaten der neueren Zeit gegeben haben. Ursprünglich hatte man wässerige oder glycerinwässerige Auszüge aus Zellmaterial hergestellt, und man war auch in der Lage, bei relativ beständigen Enzymen zu mehr oder weniger aktiven Trockenpräparaten zu gelangen. Bei empfindlichen Enzymen versagte diese einfache Art der Herstellung. Durch die Arbeiten über die Abtrennung der Zymase aus Zellen durch *E.* und *H. Buchner* sowie *M. Hahn* wurden neue Wege zur Gewinnung von Enzympräparaten erschlossen, die der ganzen Forschung einen Impuls gaben. Es ist somit gerechtfertigt, wenn auf diese Arbeiten etwas näher eingegangen wird. Im voraus sei mitgeteilt, daß diese neue Methodik jedoch noch nicht die Isolierung der reinen Enzyme brachte. Diese Aufgabe wurde erst später, wie wir im Kap. 10 sahen, von anderen Forschern gelöst. Erinnert sei an die Reindarstellung der Cozymase durch *H. v. Euler* und seiner Schule, an *Warburgs* und *Negeleins* Isolierung der spezifischen Proteine der Zymase und an die Adsorptions- und Elutionsmethoden nach *R. Willstätter*.

An diese Enzym- und Hefepräparate schließen sich Hefeprodukte an, die von großer Wichtigkeit für die menschliche Ernährung geworden sind.

Herstellung von Hefepreßsaft nach *Buchner*

Obgleich man heute in den meisten Fällen die Herstellung des Hefepreßsaftes nach *Buchner* umgehen kann, so ist es doch manchmal notwendig, für bestimmte Zwecke auf diese Methode zurückzugreifen, und da sie andererseits verwendbar ist zur Darstellung äußerst empfindlicher sehr schnell aufzuarbeitender Zellsäfte, so sind auch schon aus diesem Grunde genauere Angaben am Platze.

Die Bemühungen, aus der lebenden Hefe das sehr labile Gärenzym, die Zymase, abzuscheiden, scheiterten ursprünglich an der Elastizität der Zelle. Man konnte die Hefe im Mörser nicht zerreiben und selbst bei den Drucken der hydraulischen Presse ließ sich kein Saft, wie etwa aus Früchten und Beeren, herausdrücken. Man mußte deshalb einen völlig neuen Weg einschlagen. Die *Buchner*sche Methode ist dadurch charakterisiert, daß man die Hefezellen zunächst mit Sand und Kieselgur in einem großen Mörser zerreibt, d. h. die Zellhaut für den Austritt des Zellinhaltes zerreißt, und den erhaltenen Teig in einer hydraulischen Presse abpreßt.

Der Arbeitsgang zerfällt nach *Buchner* (841) im wesentlichen in 5 Phasen.

1. Zunächst wird die untergärige Bierhefe (U-Hefe) mit Wasser gewaschen. Das geschieht in der Weise, daß man den Hefebrei der Brauerei auf ein Haarsieb bringt und durch Reiben mit der Hand im Beisein von Wasser die Zellen in Form von Hefemilch in das darunter stehende Glasgefäß von 25 l Inhalt laufen läßt. Die groben Verunreinigungen wie Hopfenharze bleiben auf dem Sieb zurück. Im Glasgefäß hat man dann eine feine, weißgelbliche Hefesuspension, die relativ schnell die Hefe in Form von Flocken am Boden des Gefäßes absetzt. Die darüber stehende Flüssigkeit ist ein wenig trüb und enthält vorzugsweise die kranken und toten Zellen neben wilder Hefe, während die Kulturhefe sich am Boden befindet. Man ersetzt nun das Waschwasser durch neues Leitungswasser. Nach lebhaftem Umrühren läßt man die Hefe wieder absetzen und wiederholt die Reinigungsoperation 2—3mal. Der ganze Waschprozeß dauert für 2 kg Hefe etwa 1 Stunde.

2. Nun erfolgt das Entwässern der Hefe. Hat sich dieselbe am Boden zu einer festen dicken Masse abgesetzt, so kann man das Waschwasser fast restlos abgießen. Man bündelt alsdann den Hefebrei in ein Nesseltuch ein, verschnürt mit einem Bindfaden und umgibt den Beutel mit einem Stück Segeltuch (nicht imprägniertes) und entfernt in der hydraulischen Presse das Wasser, wobei beim Einlegen des Hefebeutels in den Preßkorb darauf zu achten ist, daß das Segeltuch überall den Beutel vollkommen umschließt. Bei einem Druck von 50 Atmosphären resultiert ein Hefepreßkuchen mit etwa 70% Wassergehalt, der sich leicht zerbrechen und zerbröckeln läßt.

3. Jetzt beginnt die Vorbereitung zur Zerreibung der Hefezellen. In einer großen Emailleschüssel mischt man 1000 g dieser abgepreßten Hefe mit 1000 g Quarzsand und 2—300 g geglühter Kieselgur (Infusorienerde). Es ist ratsam, nach dem Vermengen das Ganze in einzelnen Partien zwischen den flachen Händen zu zerreiben, um ein recht homogenes Gemisch zu erhalten. Dasselbe stellt dann ein trocknes, fast weißes, mehlartiges Pulver dar.

4. Um nun den Aufschluß der Zelle zu bewirken, werden einzelne Portionen dieses Pulvers in Mengen von 300—400 g in einer großen Porzellanreibschale von 40 cm Durchmesser, die in einer Holzfassung des Tisches befestigt ist, mit einem Pistill aus Porzellan zerrieben. Am besten wird das an einer langen schweren Eisenstange von etwa 1,3 m Länge befestigte Pistill, das oben in einer federnden Führung geht, von zwei Personen in kreisende Bewegung versetzt. Man beobachtet sehr bald,

daß das „Mehl“ feucht wird. In 3—4 Minuten entsteht dann eine weiche, teigartige Masse, die sich von der Schale zum größten Teil ablöst und sich zu einer großen Kugel formen läßt. Während dieses Prozesses haben die Quarzteilchen die Hefemembran zerrissen, und der ausgetretene Zellsaft ist von den Hohlräumen der Kieselgur teilweise aufgesaugt worden. Diese Operation ist die wichtigste des ganzen Verfahrens, denn das Gelingen hängt von dem gründlichen Zerreißen der Zellen ab. Dem Anfänger ist zu empfehlen, das Gereibsel im Mikroskop auf Zellbruchstücke zu prüfen (s. Abb. in dem zitierten *Buchner*schen „Zymasebuch“ S. 62).

5. Auspressen der erhaltenen teigartigen Masse. Dieser gibt man die Form eines kurzen Zylinders mit etwas kleinerem Durchmesser als ihn das Lumen des Preßkorbes zeigt, schlägt sie in feuchtes Segeltuch ein und preßt ab. Als Presse bediente sich *Buchner* der von *M. Hahn* vorgeschlagenen hydraulischen Handpresse der Firma *Brinck* und *Hübner* in Mannheim (s. Abb. „Zymasebuch“ S. 63). Das in Preßtuch eingepackte Hefegut wird nun in der Presse auf die Preßplatte gelegt, mit einem vielfach durchlochten Korb aus verzinntem Stahlblech umgeben, mit einer anderen Platte bedeckt und darauf durch Drehen des Handrades der vertikalen Spindel angepreßt, wodurch der Druck einer gewöhnlichen Spindelpresse erreicht wird. Das Manometer zeigt etwa 40—50 Atm. an. Durch Drehen der Kurbel wird die horizontale Spindel des Glycerinkastens in Tätigkeit versetzt. Es kommt nun darauf an, daß man den Druck nur ganz allmählich steigert, von 50 zu 50 Atm. und ihn durch öfteres Nachziehen der Kurbel und auch des Handrades konstant hält. Man geht bis zu einem Druck von 300 Atmosphären. Hierbei entstehen in der Presse 18000 kg Gesamtdruck und 90 kg Druck auf 1 cm^2 (Preßplatte = 200 cm^2 Flächeninhalt; Preßkolben = 60 cm^2 Querschnitt). Der Preßsaft sammelt sich auf einem Teller der Presse an und läuft alsdann in eine mit Eis gekühlte Flasche. Aus 1 kg abgepreßter Hefe erzielt man 320—460 ccm dickflüssigen, opalisierenden, braunen Preßsaft. Ein nochmaliges Zerreiben des Preßkuchens mit anschließendem Auspressen erhöht die Ausbeute. Im allgemeinen werden etwa 60% des gesamten Zellinhaltes gewonnen. Die Ausbeute hängt von der Art der Hefe ab. Die münchener glykogenarme untergärige Bierhefe ließ sich besser ausnutzen als die berliner U-Hefe, die oft sehr glykogenreich war. Im letzteren Falle mußte auch langsamer gepreßt werden, was unangenehm zeitraubend war. Mit Eis und Kochsalz eingefroren, läßt sich die Aktivität des Saftes tagelang nahezu konstant halten. Eine Probe des Saftes im Reagenzglas erhitzt, zeigt durch das Auftreten eines überaus reichen Eiweißgerinnsels den wohl gelungenen Versuch an. Selbstverständlich muß auch der Saft mit Zucker eine lebhafte Kohlensäureentwicklung geben.

Nach *H. Will* wurden in einer Probe durch den Zerreibungs- und Auspressungsprozeß von 111 lebenden Zellen 40 lädiert, von 39 wurden nur die leeren Zellhäute aufgefunden, und 21 Zellen waren noch intakt. Durch Filtration mittelst Faltenfilter erhält man den gebrauchsfertigen Saft.

Der Preßsaft zeigt einen Geruch und Geschmack nach Hefe und reagiert schwach sauer. Das pH liegt um 5,9. Nach *Buchner* besitzt er im Mittel ein spezifisches Gewicht von 1,043, einen Trockenrückstand von 12%, einen Glührückstand von 1,7% und einen Stickstoffgehalt von 1,3%.

Qualitative Gärproben nach *Buchner*, *Einhorn* und Kleingärmethode nach *Lindner*

Nach *Buchner* demonstriert man die Gärleistung des Preßsaftes, indem man eine Probe, mit 10—20% Rohrzucker vermischt, in einem langen bis zur Hälfte gefüllten Rohr bei einer Temperatur von 37° gären läßt. Wohlgelungener Saft schäumt innerhalb von 10 Minuten über.

Auch eine Gärprobe im Gärröhrchen nach *Einhorn* kann zum Nachweise des Zymasesaftes dienen. Gewöhnlich wird dieser Apparat benutzt zu Gärversuchen mit lebenden Hefen. Er besteht aus einem umgekehrt stehenden, graduierten Reagenzglas (etwa 10 ccm Inhalt), an dessen Öffnung unten kommunizierend eine Glasbirne von etwa 12 ccm Inhalt angeschmolzen ist. Das Ganze ruht auf einem Glasfuß. Zur Beschickung bringt man das Gärgut in die Birne und füllt durch Neigen des Apparates den langen Schenkel restlos mit der Flüssigkeit. Während der Gärung drückt nun das Gas die Gärflüssigkeit in die Birne zurück.

Steht wenig Substrat oder nur eine kleine Hefemenge zur Verfügung, so leistet die *Lindner*sche Kleingärmethode gute Dienste. Man bringt den Gäransatz in den Hohlschliff eines Objektträgers und schließt die Füllung mit einem Deckgläschen derart ab, daß keine Luftblase darin bleibt. Zur Stabilisierung der Anlage bettet man das Deckgläschen in Vaseline ein. Treten nach einer gewissen Gärzeit Blasen auf, so ist Gärung erwiesen. Die verwendete Hefe muß natürlich ganz glykogenfrei sein. Reichliche Kontrollen bringen eine gute Sicherheit in diese äußerst einfache Methodik (s. auch Kap. 5 unter Allgemeine Richtlinien für Gäransätze).

Bestimmung der Gärkraft nach *Buchner*, *v. Lebedew*, *v. Euler* und *Myrbäck* und *Warburg*

Das wichtigste Enzym des Hefesaftes ist die „Zymase", die die gärfähigen Zucker in Alkohol und Kohlensäure zerlegt. Nach *Buchner* wird der Versuch zur Bestimmung der Gärkraft in der Weise angestellt, daß man in einem kleinen Erlenmeyerkölbchen von 100 ccm Inhalt 8 g Rohrzucker mit 20 ccm Saft versetzt und den Gewichtsverlust nach 72 bzw. 96 Stunden bestimmt. Das Kölbchen wird nach der Beschickung mit einem *Meißl*schen Gärventil, das im Prinzip eine kleine mit 2 ccm konzentrierter Schwefelsäure gefüllte Waschflasche darstellt, verschlossen. In diesem wird die ausströmende Kohlensäure gewaschen. Damit die Schwefelsäure keine Luftfeuchtigkeit anzieht, trägt der Gärverschluß oben ein *Bunsen*sches Gummischlauchventil[1]), das wohl den Austritt der Gase aber, kein Einströmen derselben gestattet. Zur Aufrechterhaltung der Sterilität des Gärgemisches dienen 0,2 ccm Toluol. Der ganze Apparat wird gewogen und dann wieder nach bestimmten Zeitintervallen kontrolliert.

Gärkraftbestimmungen nach *Buchner*

Je 20 ccm Saft + 8 g Rohrzucker + 0,2 ccm Toluol. Temperatur 22°

Nr.	Datum	Herkunft der Hefe	CO_2 in Gramm nach Stunden		
			24	48	72
1	22. 5. 00	Berliner U-Hefe . . .	1,09	1,35	1,35
2	31. 5. 00	Berliner U-Hefe . . .	1,08	1,59	1,74
3	23. 6. 00	Berliner U-Hefe . . .	0,65	0,73	0,73

Wie die Beispiele der Tabelle zeigen, kann die Gärkraft der Hefepreßsäfte ganz erheblich schwanken. Die Güte des Saftes hängt meistens von dem physiologischen Zustand der Zelle ab.

Da ein Teil der entstehenden Kohlensäure im Saft gelöst bleibt, so kann schon aus diesem Grunde kein sehr genaues Resultat erzielt werden. Für viele Untersuchungen ist jedoch die Genauigkeit dieser Methode völlig ausreichend.

[1]) Das Bunsenventil besteht aus einem 5 cm langen schwarzen Gummischlauch von geringer Wandstärke, der einseitig durch ein Glasstäbchen verschlossen und in der Mitte durch einen etwa 1 cm langen Längsschnitt aufgeschlitzt ist.

Das Gärvermögen des Hefesaftes ist nach *Buchner* die Gewichtsmenge an Kohlensäure, die 20 ccm Saft aus 8 g Rohrzucker bei 22° C im Beisein von 0,2 ccm Toluol entwickeln. Man kann natürlich mit dieser gravimetrischen Methode auch die Trockenhefen (s. weiter unten) prüfen.

Die volumetrischen Bestimmungen sind weiter ausgebaut worden und führen z. T. zu genauen Resultaten. *Lebedew* (842) benutzte den *Walton*schen Apparat (843), der eigentlich zu anderen Zersetzungen konstruiert worden war. Um eine gute Erfassung der Kohlensäure zu erzielen, wird der Entwicklungskolben im Thermostaten dauernd geschüttelt und das Gas in einer Bürette mit Wassermantel unter Glycerin bei Atmosphärendruck aufgefangen. Für genaue Bestimmungen werden die benutzten Flüssigkeiten vorher mit Kohlensäure gesättigt; auch muß die Luft im Kolben durch Kohlendioxyd ersetzt sein.

Für Mikrobestimmungen empfiehlt sich die Methode von *Euler* und *Myrbäck* (844), die dann von *Myrbäck* (845) näher ausgebaut wurde. Der Entwicklungskolben, der in einem Thermostaten geschüttelt werden kann, ist mit einer mit einem Quecksilberabschluß versehenen Gasbürette verbunden. Durch Heben und Senken eines an das Eudiometer angeschlossenen Niveaugefäßes kann man die Druckverhältnisse regulieren. Hat man während der Gärung einen Unterdruck herrschen lassen, so wird zum Ablesen des Volumens Atmosphärendruck bei Zimmertemperatur hergestellt.

Bei Versuchen mit Trockenhefen oder löslichen Zymasepräparaten benutzt man zweckmäßig ein mit Phosphaten bereitetes pH-Optimum von 6,5. Um die Gärungsinduktion, d. h. die Zeit vom Ansatz des Versuches bis zum Gärbeginn, möglichst weit zu reduzieren, fügt man zum Gärgemisch eine kleine Menge Hexosediphosphat und wenig Acetaldehyd, auf 2 ccm Ansatz genügen 0,1 ccm 5%ige Hexosediphosphatlösung und 1 Tropfen 2%ige Aldehydlösung *(R. Nilsson)* (s. Kap. 12). Die Höchsttemperatur von 30° ist nicht zu überschreiten. Der Apparat arbeitet sehr genau, noch dazu, da die Kohlensäure, wie wir sahen, über Quecksilber aufgefangen wird.

Wird im *Myrbäck*schen Apparat das Gasvolumen direkt gemessen, so muß dasselbe nach der manometrischen Methode nach *Warburg* (846) nach den Gasgesetzen aus den Überdrucken berechnet werden. Die Apparatur, die ursprünglich von *Haldane* und *Barcroft* für Atmungsversuche geschaffen worden war, ist von *Warburg* derartig verbessert worden, daß sie zu vielen Spezialmessungen herangezogen werden kann. Es handelt sich um eine hochempfindliche Methode, die einen zeitlichen Reaktionsverlauf genau und bequem verfolgen läßt. Der wichtigste Teil des Apparates ist ein Kapillarmanometer, das mit einem Entwicklungsgefäß besonderer Konstruktion verbunden ist. Als Manometerflüssigkeit dient die *Brodie*sche Lösung, die aus Kochsalz, gallensaurem Natrium und Wasser besteht. Eine Spur Thymol dient zu ihrer Konservierung. Das Kapillarmanometer deutet schon darauf hin, daß es sich hier nur um Mikrobestimmungen handeln kann. Gärung und Atmung der Hefe sind genau zu messen. Zur Bestimmung der anaeroben Gärung kann der Apparat mit Stickstoff gefüllt werden und für den höchsten Grad anaerober Bedingungen ist ein Einsatz für Chrom-(2)-Chloridlösung vorgesehen, die die letzten Reste von Sauerstoff entfernt.

Herstellung von Hefesaft nach *Harden*

Die *Buchner*sche Methodik zur Herstellung von Hefepreßsaft wurde von *Harden* (847) und Mitarbeitern etwas abgeändert. Man benutzt zum Vermischen und Zerreiben einen besonderen Apparat mit maschinellem Antrieb. Er besteht in der Hauptsache aus einem rotierenden Porzellangefäß, in dem eine Walze rasch in Drehung versetzt wird. Es wird auch wie bei der *Buchner*schen Methode eine teigige Masse erzeugt, die in einer hydraulischen Presse besonderer Konstruktion aus 1 kg engl. Preßhefe 250 ccm Preßsaft ergibt.

Herstellung des Macerationssaftes nach *A. v. Lebedew*

Ganz frei von aller Apparatur ist das Verfahren von *A. v. Lebedew* (848), das sich durch verblüffende Einfachheit auszeichnet. Während man nach *Buchner* gezwungen ist, die kleinen sehr elastischen Hefezellen mit Gewaltmitteln, wie Quarzsplittern, Kieselgur im Mörser von Riesendimensionen zu zertrümmern, benutzte *v. Lebedew* den Kunstgriff, die äußerst schmiegsame Hefezellwand durch einen gelinden Trocknungsprozeß unter Erhaltung der Gärkraft in einen spröden Zustand überzuführen, wodurch eine bedeutsame Porosität erzeugt wird. Diese ist so groß, daß beim Einteigen der Hefe mit Wasser die Zymase extrahiert wird und schon ein einfaches Abfiltrieren durch ein gewöhnliches Papierfilter genügt, um einen sehr kräftig wirkenden Zymasesaft zu erhalten. Diese Methode kann allgemein empfohlen werden, hat allerdings den Nachteil, daß bei sehr dickflüssigen Säften die Ausbeuten nicht so hoch sind wie bei einer Bereitung mittels Presse.

Die Herstellung des Macerationssaftes zerfällt in drei Phasen: 1. Die Reinigung und das Abpressen der Hefe; 2. Das Trocknen der Hefe; 3. Die Maceration.

1. Das Reinigen bzw. Waschen der Bierhefe erfolgt in der Weise, wie es bereits im *Buchner*schen Verfahren beschrieben worden ist. Zur Entfernung des Wassers genügt eine gewöhnliche Handpresse. Kleinere Hefemengen werden einfach auf dem *Büchner*schen Trichter mit doppelter Papierschicht abgesaugt. Es resultiert hierbei ein trockner Hefekuchen, den man zerbrechen kann. Im allgemeinen eignen sich für alle deutschen Hefepräparate die untergärigen Hefen weit besser als die obergärigen. Letztere geben schwach aktive, oft inaktive Säfte.

2. Das Trocknen der Hefe muß in fein verteilter Form geschehen, um eine zu große Erwärmung, die eine verderbenbringende Autolyse (Zerstörung der Cozymase) nach sich zieht, zu vermeiden. Aus diesem Grunde drückt man die Hefe durch ein grobmaschiges Drahtsieb und bringt die kleinen Hefebrocken von wenigen Millimeter Durchmesser auf ein mit Filtrierpapier bedecktes festes, rechteckiges, besonders grobmaschiges Drahtgeflecht, um von beiden Seiten Trocknung zu erzielen. In etwa 2 Tagen bei 25—35° ist der Prozeß erledigt. Die hellbräunliche Farbe der Hefe ist jetzt in grau umgeschlagen. Die getrockneten Hefekrümel fassen sich hart und scharf an (Lebedew-Hefe).

Es sei hier eingefügt, daß bei diesem Trocknungsprozeß zwar etwa zwei Drittel der Hefezellen absterben, aber die Enzyme in denselben aktiv erhalten bleiben. Ein Drittel der Hefezellen etwa bleibt leben und kann in Bierwürze zur Vermehrung gebracht werden. Für die Versuche mit dem Macerationssaft ist diese Tatsache ohne Bedeutung, da auch bei Ansätzen mit diesem Saft Toluol zur Sterilisation beigegeben wird. *Lebende Hefezellen* rufen in Zuckerlösungen *im Beisein von Toluol* fast keine Gärung hervor. Zur Illustration dieser Tatsache seien folgende Angaben gemacht. Gibt man zu einem Gemisch von 4 g Rohrzucker, 15 ccm Wasser und 5 ccm Bierwürze 1 g lebende U-Hefe, so erzielt man nach 96 Stunden etwa 2,12 g Kohlensäure, während in demselben Ansatz durch die kleine Menge von 0,2 ccm Toluol nur 0,04 g Gas erzeugt werden. Man sieht, wie intensiv diese kleine Dosis von Toluol wirkt (849).

3. Maceration der getrockneten Hefe mit Wasser. In einer Schale oder einem dickwandigen Erlenmeyerkolben werden 50 g Trockenhefe mit 150 ccm Wasser von 35° innig verrührt. Nun setzt man dieses Gemisch 2 Stunden lang in einen Brut-

schrank mit 35°. Bald beginnt das Gemisch zu schäumen, das durch die Vergärung des Hefeglykogens hervorgerufen wird (Selbstgärung). Nach etwa 2 Stunden beginnt man mit der Filtration mittels Faltenfilter. Zuerst läuft der Saft naturgemäß schneller als später. Die ersten 25—30 ccm erhält man in 15—20 Minuten, die Gesamtmenge von 70—80 ccm in etwa 12 Stunden. Bei einer derartig langen Zeit müssen Kolben und Trichter kühl stehen (Eisschrank). Will man schneller arbeiten, so wird der Macerationsansatz nicht filtriert, sondern zentrifugiert oder mittels Filterpresse gewonnen. Bei einer Ausbeute von 70 ccm Macerationssaft aus 50 g Trockenhefe werden, auf frische Hefe berechnet, 60% des Zellinhalts wie bei der *Buchner*schen Methode extrahiert. Schnelles Arbeiten zur Vermeidung der Autolyse!

Verhalten des Hefesaftes. Wie schon oben mitgeteilt, ist der Hefesaft bei gewöhnlicher Temperatur nicht beständig. Nach 24 Stunden hat er seine Gärkraft verloren. Das beruht u. a. darauf, daß die Cozymase zerstört wird (s. auch Kap. 11 S. 227). Gibt man zu solchem „verdorbenen" Hefesaft neues Coenzym, z. B. in Form von Kochsaft (s. weiter unten), so tritt wieder Gärung ein *(Buchner* und *Haehn)* (850). Auch die proteolytischen Enzyme treten beim Aufbewahren des Preßsaftes in Erscheinung, was *M. Hahn* (851) als erster genau studierte. Auf sehr einfache Weise läßt sich dieser Prozeß demonstrieren. Bleibt Hefesaft einige Tage bei Zimmertemperatur stehen, so zeigt eine im Reagenzglas erhitzte Probe fast kein Eiweißgerinnsel mehr, im Gegensatz zu einer Probe mit frischem Saft, die das ganze Reagenzglas so fest mit geronnenem Eiweiß ausfüllt, daß man das Glas auf den Kopf stellen kann, ohne ein Ausfließen befürchten zu müssen. Will man indessen die Tätigkeit der proteolytischen Enzyme ausschalten oder wenigstens stark verhindern, so muß man dem lagerndem Preßsaft Kochsaft hinzufügen. In diesem Kochsaft befindet sich, wie *Buchner* und *Haehn* (852) nachgewiesen haben, ein Stoff mit antiproteolytischer Wirkung (Antiprotease).

Darstellung von Kochsaft

Der Hefekochsaft, der zu vielen Preßsaftversuchen herangezogen wird, kann auf verschiedene Weise hergestellt werden. Am einfachsten geschieht dies, in dem man Hefepreßsaft kurz aufkocht und filtriert.

Größere Mengen gewinnt man am besten aus abgepreßter untergäriger Bierhefe. Auch obergärige Preßhefe ist verwendbar. Dieselbe wird in einer großen Porzellanschale auf dem Wasserbad so lange erhitzt, bis vollkommene Verflüssigung eingetreten ist. Dann vermischt man die dicke Flüssigkeit nach dem Abkühlen mit so viel Kieselgur, daß eine knetbare Masse entsteht, die alsdann in der Handpresse einen braunen Saft liefert. Durch Aufkochen und anschließende Filtration entfernt man die letzten Reste des gerinnbaren Eiweißes. Mit Toluol ordentlich vermischt, hält sich der Saft wochenlang aktiv.

Kleine Proben des Kochsaftes sind aus Trockenhefe leicht erhältlich, in dem man dieselbe mit der dreifachen Menge Wasser verrührt und nach kurzer Zeit aufkocht. Mittels Filter oder Zentrifuge gewinnt man den Saft. Weitere Behandlung wie oben. Durch Eindampfen im Vakuum sind hohe Konzentrate erhältlich.

Herstellung von getrocknetem Hefepreßsaft (853)

Wie schon mitgeteilt, verliert der Hefesaft bei gewöhnlicher Temperatur bald an Wirksamkeit. Die Konservierung durch Einfrieren ist umständlich, der Schutz durch Kochsaft unvollständig. Aus diesem Grunde empfielt es sich, ihn durch Eindampfen im Vakuum in ein wirksames Dauerpräparat umzuwandeln *(Buchner)*.

a) Durch Eindampfen im Vakuum

In einen großen Rundkolben (3—5 l), der mit der Wasserstrahlluftpumpe oder einer anderen Saugpumpe unter Zwischenschaltung einer mit Eis und Kochsalz gekühlten *Woolf*schen Flasche verbunden ist, läßt man portionsweise 500 ccm frischen Saft einströmen. Um ein Überschäumen zu vermeiden, gibt man einige Tropfen Olivenöl zu; auch ist es ratsam, durch Öffnen eines Hahnes am Kolben das Vakuum zu vermindern. Bei 26—29° Safttemperatur geht der Eindampfprozeß auf dem Wasserbade schnell vonstatten, etwa in einer halben Stunde. Ist Sirupkonsistenz erreicht, so gießt man den Flascheninhalt auf ein flaches Kästchen aus Wachspapier und läßt ihn in einem gewöhnlichen Trockenschrank bei 34—35° oder bei 22° erstarren. In etwa 24 Stunden kann die gelbbraune Kruste vom Papier losgelöst und gepulvert werden. Die letzten Wasserspuren entfernt man im Exsikkator über Schwefelsäure.

Aus 500 ccm Preßsaft erzielt man gegen 70 g (14%) eines angenehm riechenden gelblichen Pulvers, das sich unter Reiben im Mörser vollständig wieder im Wasser löst. Hat man hierzu genau die verdampfte Wassermenge gewählt, so erzielt man einen Saft mit fast der gleichen Gärkraft wie das Ausgangsmaterial, was also beweist, daß die Zymase durch einen vorsichtigen Eindampfprozeß nicht leidet.

b) Durch Fällung mit wasserentziehenden Flüssigkeiten

Man kann die wirksamen Teile des Preßsaftes auch dadurch konservieren, daß man die Inhaltsstoffe des Saftes mit einem Alkohol-Äther-Gemisch oder Aceton niederschlägt und das erhaltene Pulver trocken aufbewahrt.

Da man das gebrauchte Aceton im Laboratorium sehr einfach selbst wieder reinigen kann, nämlich durch eine mehrtägige Oxydation mit Permanganat bei neutraler Reaktion in der Kälte, anschließende Destillation und Trocknung des Destillates mit Chlorcalcium, so werden aus diesem Grunde die Acetonpräparate bevorzugt.

In 1000 ccm Aceton von etwa 15° C werden unter heftigem Umrühren mittels Turbine 100 ccm Preßsaft langsam eingetragen. Man nutscht ab, wäscht den Niederschlag zweimal mit je 50 ccm absolutem Alkohol und trocknet schließlich mit Äther nach. Auf Fließpapier gebracht, läßt sich der Preßkuchen der Nutsche leicht in Pulver von weißer Farbe zerlegen. Ausbeute: 12 g.

Die Gärkraftbestimmung wird in diesem Falle mit 2,4 g Pulver (dem 5. Teil von 12 g) in der Weise ausgeführt, daß man dasselbe in 19 ccm Wasser unter Zusatz von 8 g Rohrzucker löst. Antisepticum 0,2 ccm Toluol. Gärtemperatur 22°. Kontrolle mit 20 ccm des frischen Saftes, der als Ausgangsmaterial gedient hat.

Acetondauerhefe von *Albert*, *Buchner* und *Rapp*

Um ein haltbares Zymasepräparat zu erhalten, kann man auch den ganzen Hefeorganismus in einen trocknen Zustand überführen und zwar mit wasserentziehenden Flüssigkeiten. Man tötet auf diese Weise die Hefe ab, schützt indessen das Enzym Zymase. Die Konservierung der Enzyme ist so vollkommen, daß man mit diesen Trockenhefen, die *Buchner* als Dauerhefen bezeichnete, kräftige Gärerscheinungen hervorrufen kann. Das Verfahren stammt von *Buchners* Mitarbeiter *R. Albert* (854), der Hefe in ein Alkohol-Äther-Gemisch eintrug und ein sehr wirksames trocknes Hefepulver erhielt. *R. Rapp* (855) schlug für diesen Zweck im *Buchner*schen Laboratorium Aceton vor und erzielte ebenfalls recht gute Resultate. Der nassen Hefe wird bei diesen Operationen das ganze Wasser entzogen, wodurch alle Enzymreaktionen in der Zelle zum Stillstand kommen. Auf diese Weise werden alle Zerstörungsreaktionen (autolytische Prozesse) unmöglich gemacht. Deshalb behält auch die Dauerhefe bei trockner Aufbewahrung bei Zimmertemperatur viele Monate lang den größten Teil ihres Gärvermögens. Die Aktivität läßt nur allmählich nach.

Die Originalvorschrift in dem in diesem Kapitel schon öfters zitierten *Buchner*-schen „Zymasebuch“ (561) S. 266 lautet:

„Frische ausgewaschene Brauereiunterhefe wird bei einem Druck von 15—30 kg auf 1 qcm entwässert, was bei der verwendeten hydraulischen Presse[1]) 50—100 Atmosphären Druck einem Wassergehalt der Hefe von 72—66% (bestimmt durch Trocknen bei 105°) entspricht. 500 g davon, zwischen den Händen zu einem groben Pulver zerrieben, werden auf einem Sieb (100 Maschen auf 1 qcm) in einer flachen Schale in 3 l Aceton eingetaucht und durch Heben und Senken des Siebes in der Flüssigkeit unter Nachhilfe mit einem Bürstchen in 3—4 Minuten durch die engen Maschen geschwemmt. Man könnte dabei einen ungünstigen Einfluß der beim Zusammentreffen von Aceton mit Wasser eintretenden Erwärmung befürchten; die Messung ergab aber nur eine Temperaturerhöhung von 2°, die kaum von Nachteil sein dürfte. Die Hefe bleibt nach dem Eintragen unter häufigem Umrühren noch 10 Minuten im Aceton liegen. Hierauf wird nach kurzem Absetzen die Flüssigkeit größtenteils abgegossen und die Hefe in einer Nutsche auf gehärtetem Filtrierpapier unter kräftigem Anpressen mit einem geeigneten Stempel möglichst trocken abgesaugt. Den nunmehr grob zerkleinerten Hefekuchen übergießt man aufs Neue in der Schale mit einem Liter Aceton, rührt zwei Minuten damit durch und saugt die Flüssigkeit abermals unter Anpressen der Masse an die Nutsche möglichst vollständig ab. Die Masse wird sodann grob gepulvert und in einer kleinen Schale mit 250 ccm Äther übergossen; nach drei Minuten dauernder Einwirkung, die durch Durchkneten unterstützt wird, filtriert man vom Äther auf der Nutsche unter kräftigem Saugen ab und breitet die zu feinem Pulver zerriebene Hefe direkt oder noch besser, nachdem man sie durch ein mittelfeines Sieb geschlagen hat, in dünner Schicht auf mit Filtrierpapier belegten Hürden aus. Nach ½—1 Stunde Lagern an der Luft, wobei der Äther größtenteils verdampft, schiebt man die Hürden, weil sonst die Hefe wieder Wasser an der Luft anziehen würde, in einen Trockenschrank von 45° C. Nach 24stündigem Verweilen ist das Präparat fertig.“

Die Aceton-Dauerhefe, auch mit „Zymin“ bezeichnet, ist ein feines, fast weißes staubtrockenes Pulver. Wassergehalt 5,5—6,5%. Ausbeute 30—32% vom Gewicht der abgepreßten Hefe.

Das Verfahren kann auch zur Herstellung anderer Trockenpräparate mit Erfolg angewendet werden.

Gärkraftbestimmung der Trockenhefe nach *Buchner*

Ansatz in dem oben beschriebenen Gärkölbchen.

Beschickung: 2 g Hefe, 4 g Rohrzucker, 10 ccm Wasser und 0,2 ccm Toluol. Temperatur 22°.

Nr.	Hefe	Wassergehalt	Kohlendioxyd in g nach Stunden			
			24	48	72	96
1	Berliner U-Hefe . . .	6,1%	0,49	0,94	1,01	1,01
2	Berliner U-Hefe . . .	4,7%	0,41	0,76	0,85	0,85

Es sei nochmals darauf hingewiesen, daß sich alle angeführten Versuche mit deutscher untergäriger Bierhefe am besten eignen. Mit deutscher Bäckerhefe wurden die ungünstigsten Resultate erzielt. In jedem Lande muß die passendste Hefe ausgesucht werden.

[1]) Eine hydraulische Presse ist nicht nötig. Die anderen bei der Herstellung von *Lebedew*-saft beschriebenen Entwässerungsmethoden (Handpresse und Nutsche) genügen auch, wenn ein Wassergehalt von etwa 70% erzielt wird.

Trockenhefen

Es wurde darauf hingewiesen, daß die Acetondauerhefe keine lebenden Hefezellen mehr enthält und deshalb als „steril" bezeichnet werden kann. Bei einer großen Anzahl von Hefeexperimenten kommt es nun nicht darauf an, lebende Zellen auszuschließen. In diesem Falle benutzt man eine gewöhnliche, sehr einfach herzustellende Trockenhefe, die noch zum Teil lebende Zellen besitzt. Arbeitet man in den Gärversuchen mit Toluol, so schaltet man, wie wir bei der Herstellung des Macerationssaftes sahen, die Wirkung dieser Zellen aus, und man hat auf diese bequeme Weise ein billiges, ziemlich gärkräftiges Zymasepräparat.

Herstellung von gewöhnlicher Trockenhefe

Gewaschene, dann abgepreßte U-Hefe wird wie bei der Bereitung der *Lebedew*-Hefe für den Macerationssaft fein verteilt und in dünner Schicht bei 25—35° zur Trocknung gebracht. 2—3 Tage. Präparat, mit etwa 30% lebenden Zellen, gibt unter Toluol starke Zymasereaktion.

Herstellung von Trockenhefe mit „intaktem Zymasesystem"

(R. Nilsson und *F. Alm)* (856)

Eine solche Hefe verhält sich wie frische Hefe in bezug auf die alkoholische Zuckerspaltung, denn beide Arten vergären Zucker vollständig auch ohne Mitwirkung von Phosphaten.

Das wichtigste Moment bei der Bereitung einer solchen Trockenhefe ist die gründliche Entwässerung des Ausgangsmaterials. Wenn es die Handpresse verläßt, soll es weiß aussehen und so bröcklich sein, daß es leicht in der Hand zu einem feinen Pulver zerdrückt werden kann. Ferner muß der Trocknungsprozeß schon in einigen Stunden beendet sein, um die Autolyse möglichst stark zu beschränken. Es ist also notwendig, die Hefe in äußerst dünner Schicht auf Filterpapier ausgebreitet an der Luft zu trocknen.

Florylin[1]) ist eine Trockenhefe, die von der Industrie absichtlich mit einem hohen Gehalt an lebenden Zellen, 60—80%, nach besonderem Verfahren hergestellt wird. Sie dient für den Versand von technischer Hefe nach den heißen Ländern, da gewöhnliche Preßhefe in diesem Falle verderben würde.

Herstellung von „verarmter Hefe" *(H. Wieland)* (857)

Für gewisse Zwecke verwendet man in der physiologischen Chemie sog. verarmte Hefe. Wir verstehen hierunter solche Hefezellen, die durch Einwirkung von Sauerstoff Zellbestandteile umgewandelt oder verloren haben. Vom Glykogen werden etwa 50% weggenommen, dafür treten Fette und Lipoide in der Zelle auf.

Methodik. Die abgepreßte Hefe wird mit der 5—10fachen Menge Wasser verrührt und die erhaltene Hefemilch 20 Stunden lang in einer großen Flasche, bei der die Luft durch Sauerstoff ersetzt wurde, geschüttelt. Die abgenutschte oder abgeschleuderte Hefe muß dann sofort für den Versuch verwendet werden.

Nährhefen

M. Delbrück hatte vermutet, daß in der *Bierhefe* große Mengen von ungenutztem Eiweiß vorhanden sind. Bei der Nachprüfung dieser Frage stellte sich bei Fütterungsversuchen heraus, daß ein wertvolles Produkt vorliegt, das auch der menschlichen Ernährung dienen kann. Da aber die anfallende Hefe Hopfenbitterstoffe ent-

---

[1]) Hersteller: Norddeutsche Hefeindustrie, Abteilung Wandsbeck in Wandsbeck.

hält, so mußten diese erst durch Waschen mit schwachem Alkali (Soda) entfernt werden. Um weiter ein Konsumprodukt mit guter Haltbarkeit zu erzielen, war es notwendig, die nasse Hefe auf mit Wasserdampf geheizten Walzentrocknern in Trockenhefe folgender Zusammensetzung überzuführen: Wasser 7—12%, Rohprotein 45—55%, Rohfett 2—3%, stickstoffreie Extraktstoffe 20—30% und Mineralbestandteile 7—9%.

Schon sehr frühzeitig wies der bekannte Ernährungsphysiologe *von Noorden* auf den Wert dieser Hefe hin. Das Eiweiß liegt erwiesenermaßen in einer sehr gut resorbierbaren Form vor, denn 80—88% des Rohproteins werden verdaut. Die stickstofffreien Extraktstoffe werden zu 100%, die organische Substanz überhaupt zu 70 bis 94% ausgenutzt *(Kellner, Völtz)*. Von den mineralischen Bestandteilen fällt besonders die hohe Konzentration der Phosphorsäure in die Augen, die z. T. in dem wertvollen Lezithin verankert ist. Die Hefetrockensubstanz enthält etwa 2% Dipalmitinlezithin. Ebenso ist Nukleinsäure (s. diese) in reichlicher Menge vorhanden, von der die wichtige Komponente Adenylsäure blutdrucksenkend wirkt. Auch auf den hohen Gehalt an Glutathion ist hinzuweisen, das nach *F. G. Hopkins* für die Regelung der Lebensvorgänge sehr wichtig ist. Als sehr beachtlich sind außerdem die hohe Dosis an Vitamin B_1 und die des Provitamins Ergosterin zu bezeichnen. Angesichts des hohen Nährwertes der Hefe war es zu verstehen, daß sich im ersten Weltkriege die Nachfrage nach Trockenhefe erheblich steigerte. Da die Brauereien bald den Bedarf nicht mehr decken konnten, so wurde in Hefefabriken eine von *W. Henneberg* vorgeschlagene wilde Hefe, die Torula utilis, auf mineralischer Nährlösung und Melasse gezüchtet, die unter dem Namen „Mineralhefe" in den Handel kam. Heute dient Holzzucker als Nährboden (s. unter Biologische Eiweißsynthese, Kap. 17 S. 374).

Soll die anfallende Bierhefe nur zu Futterzwecken dienen, so braucht sie nicht entbittert zu werden. Sie steht infolge ihrer vorteilhaften Zusammensetzung an erster Stelle von allen hochwertigen, inländischen pflanzlichen Kraftfuttermitteln.

Im Altreich betrug die jährliche Bierproduktion etwa 50 Millionen Hektoliter, die etwa 375000 dz abgepreßte Bierhefe lieferten. Hieraus wurden etwa 100000 dz Trockenhefe gewonnen.

Hefenährextrakte

Um den Zellinhalt der Hefe zu gewinnen, stehen für die Extraktbereitung mehrere Methoden zur Verfügung. Man kann die Hefe mit Wasser allmählich auf 100—110° erhitzen, damit der wertvolle Inhalt die Zellen verläßt; man kann ferner durch Autolyse die Hefe verflüssigen und das Eiweiß abbauen, weiter besteht die Möglichkeit durch Kochsalzzusatz zu abgepreßter Hefe Zytorrhyse und Plasmolyse und auf diese Weise Zerstörung der Zelle zu bewirken. Bei der postmortal einsetzenden Proteolyse kommt es darauf an, daß sie steril verläuft, und eine saure Reaktion auftritt. Ist dies nicht der Fall, so können im alkalischen Milieu giftige Verbindungen entstehen. Über die chemischen Vorgänge bei der Autolyse wurde bereits im Kapitel 14 ausführlich berichtet. Die Infektion wird ferngehalten durch gewisse flüssige Chemikalien, die man nach der Autolyse durch Verdampfen wieder entfernen kann oder durch Überschreitung des Temperaturmaximums der Infektionsflora während des proteolytischen Abbaus. Legt man Wert auf niedere Abbauprodukte, so muß die Autolyse mindestens 3 Tage z. B. bei 45—50° laufen. Der Vorgang der Proteolyse läßt sich mittels Mikroskop verfolgen. Bei zu langer Dauer des Prozesses findet man zum Schluß viele leere Zellen, die gewöhnlich ein Fettröpfchen (zusammengelaufene Lipoide) enthalten. Nun erfolgt die Trennung des Autolysates von den Zellrückständen mittels Zentrifuge oder Presse, worauf die Konzentrierung in einem geeigneten

Vakuumeindampfer den fertigen Extrakt als hell- bis dunkelbraune Masse liefert. Aus 100 kg dickbreiiger Hefe entstehen 7 kg Extrakt. Benutzt man abgepreßte Hefe, so liefern 100 g 10—18 g Extrakt. Hierzu sei bemerkt, daß die Güte des Extraktes mit steigender Ausbeute nachläßt. Die Zellrückstände dienen nach dem Trocknen auf Walzentrocknern als Viehfutter.

Der Hefeextrakt, von *Emil Bauer* zuerst dargestellt, ist infolge seiner günstigen Zusammensetzung ein ausgezeichnetes diätisches Nährmittel und kann Fleischextrakt ersetzen. Durch den hohen Vitamingehalt der B-Gruppe ist er sogar dem Fleischextrakt überlegen. Die Analyse möge die Ähnlichkeit beider Produkte dokumentieren.

	Fleischextrakt	Hefeextrakt (nach dem Autolyseverfahren)
Wasser	20%	25%
Eiweißstoffe	50—60%	45—50%
N-freier Extrakt	3— 5%	7—15%
Asche	15—20%	15—18%
Glutathion	—	1% (Schülein)

Zusammensetzung der wasser- und fettfreien Präparate:

	Fleischextrakt	Hefeextrakt
Gesamtstickstoff	11,82	7,43
Purinbasenstickstoff	0,89	0,85
Gesamtasche	20,94	28,87
Kochsalz	2,46	2,84
Phosphorsäure	2,93	3,79
Kreatin und Kreatinin	6,48	0,00

Ein bedeutender Anteil des Stickstoffs liegt in Form von Aminosäuren vor, wobei der hohe Gehalt an wertvollem Tryptophan besonders ins Gewicht fällt. Über die anderen diätetisch wichtigen Bestandteile der Hefe wurde schon im vorigen Absatz „Nährhefen" berichtet.

Die Analysen der Präparate schwanken natürlich je nach der Ernährung der Ausgangshefen. Am besten sind die Bierhefen in normalen Zeiten ernährt, weniger die Bäckerhefe und die Torulopsis utilis. Beide letztgenannten Arten eignen sich aber auch zur Extraktbereitung. Zur Konservierung wird Kochsalz hinzugefügt, zur Aromatisierung dienen Pflanzenextrakte *(H. Vogel)* (858).

Ein Spezialhefeextrakt kann nach dem Verfahren der Versuchs- und Lehranstalt für Brauerei in Berlin aus abgepreßter Hefe und Zucker bereitet werden. Das hierbei entstehende flüssige Produkt wird dann direkt bei 40° getrocknet *(F. Hayduck)*. Ein ähnliches Verfahren haben *Willstätter* und *Sobotka* in Amerika technisch verwerten lassen. Das an Vitaminen reiche Präparat, in trocknem Zustande mit Kakao, Mehl oder anderen Nährmitteln vermischt, gibt naturgemäß ein diätetisch hochwertiges Erzeugnis.

Über die Verwertung der Hefe Torulopsis utilis wurde bereits im Kapitel 17 im Abschnitt Biologische Eiweißsynthese berichtet.

G. Bakterien- und Schimmelpilzgärungen

20. Kapitel

Gruppen der verschiedenartigen Gärungen

Die Wood-Werkmannsche Reaktion

Alkoholische Gärung, Milchsäuregärung, Propionsäuregärung, Buttersäuregärung, Butylalkohol-, Butylenglykol-, Acetongärung, Darstellung von Fumarsäure, Zitronensäure, Oxalsäure, Gluconsäure und Dioxyaceton. Essiggärung

Während in diesem Buche bisher in der Hauptsache nur von der Hefe und ihren Gärerscheinungen die Rede war, sollen nun die Prozesse des Kohlenhydratabbaus behandelt werden, deren Ursache in der Wirkung der Bakterien und Schimmelpilze zu suchen ist. Es handelt sich auch hier um Vorgänge, die man seit altersher z. T. als Gärungen bezeichnet hat. (Über die Abgrenzung von den Fäulniserscheinungen (s. 1. Kap.) Wie wir bald sehen werden, besteht in der Mehrzahl der chemischen Zuckerspaltungen dieser drei Klassen von Mikroorganismen eine gewisse prinzipielle Ähnlichkeit; ja der erste Angriff auf das Zuckermolekül scheint bei vielen Organismen der gleiche zu sein.

Im 3. Kapitel wurden die verschiedenartigen Gärungen in folgende Gruppen eingeteilt:

A. Desmolytische Spaltungen. (Ohne Mitwirkung von Sauerstoff.)
  I) Die rein desmolytischen Prozesse. (Alkoholische Gärung, Milchsäuregärung, Propionsäuregärung.)
  II) Die desmolytische Spaltung mit anschließenden Synthesen der Spaltstücke. (Buttersäuregärung, Butylalkohol-Acetongärung.)

B. Oxydative Gärungen. (Mit Hilfe von Sauerstoff.)
  I) Desmolytische Spaltungen mit anschließenden Synthesen unter Einwirkung von Sauerstoff. (Fumarsäuregärung, Zitronensäuregärung, Oxalsäuregärung.)
  II) Rein oxydative Prozesse. (Gluconsäurebildung, Dioxyacetonbildung, Essiggärung.)

Bei der Behandlung der folgenden Gärprozesse wollen wir auch diese Einteilung beibehalten.

Die Wood-Werkmannsche Reaktion

An dieser Stelle soll auf eine neue Beobachtung aufmerksam gemacht werden, die die zukünftige Forschung wesentlich beeinflussen wird (859). Bisher war man der allgemeinen Ansicht, Kohlensäure werde in der Hauptsache nur von der chlorophyllhaltigen grünen Pflanzenzelle und zum kleineren Teil von autotrophen Bakterien assimiliert. Diese Anschauung muß nun einer Korrektur unterworfen werden, da man farblose heterotrophe Bakterien (s. Coligärung) aufgefunden hat, die ebenfalls CO_2 zu verarbeiten imstande sind. Während man bisher die Kohlensäure lediglich als stabiles Ausscheidungsprodukt der Gärungen auffaßte, dient nach heutigen Beobachtungen dieses Gas in manchen Fällen als Gärsubstrat. Die zugeführte CO_2 wird direkt zu größeren Molekülen übergeführt, was man mit Hilfe der Isotopen-

Indikatorenmethode exakt beweisen kann (s. Kap. 8). So sind gewisse Bakterien (z. B. Clostridium aceticum) in der Lage, aus Kohlendioxyd und Wasserstoff Essigsäure zu bilden *(Wieringen)* (860).

$$2CO_2 + 4H_2 \longrightarrow CH_3 \cdot COOH + H_2O$$

Bei der Vergärung von Glycerin zu Propionsäure wird sogar zugeführte CO_2 in einer Nebenreaktion direkt an ein 3C-atomiges Stoffwechselprodukt addiert zu einer C_4-Verbindung, wobei Weinsäure aus dem aufgenommenen Kohlensäurequantum in äquivalenter Menge entsteht. Versuche von *Wood* und *Werkman* (861) mit C-Isotopen erbrachten einen Verbleib von 71% der verfütterten CO_2 in der entstandenen Propionsäure und 29% in der Weinsäure. Eine weitere besonders wichtige direkte Carboxylierung[1]) gelingt auch mit der Brenztraubensäure, wobei Oxalessigsäure entsteht:

$$CH_3\ CO \cdot COOH + CO_2 \longrightarrow HOOC\ CH_2\ CO \cdot COOH$$

Diese Reaktion erfolgt nicht nur mit Bakterien, sondern auch mit Hefen und Schimmelpilzen *(Wood, Werkman, Krebs, Ruben, Kamen, Kleinzeller, Foster, Carson)*. Dieser neue grundlegende Reaktionsvorgang, die **Wood-Werkmansche** Reaktion (862), die zu völlig neuen Erkenntnissen führt, spielt in der Chemie der C_4-Dicarbonsäuren, wie wir noch sehen werden, eine große Rolle. Tritt die obige Reaktion in Gegenwart von Wasserstoff ein, so entsteht Äpfelsäure (Hydrierende Carboxylierung, *Ochoas*). Diese Fixierung der Kohlensäure in den verschiedenen Substraten ist wahrscheinlich nur möglich durch Energieabgabe phosphorylierter Verbindungen *(Kalkar* [863], *Lipmann* [864], *Lynen* [865]*)*. Ferner müßten Aneurin und Biotin *(Koser, Wright, Dorfman, Stokes, Larsen, Guness, Lardy, Potter, Elvehjem und Burris)* (864a) anwesend sein, die die Addition vermitteln. Erinnert sei an die Assimilation der Kohlensäure in grünen Pflanzen, die bekanntlich an die Gegenwart von Chlorophyll und Sonnenenergie gebunden ist.

Auch in Form von Carboxylgruppen kann Kohlendioxyd verfüttert werden. So konnte *Werkman*, wie bereits erwähnt, mit Hilfe des Aerobakter indologenes niedere Fettsäuren im Beisein von Glucose erfolgreich verwenden. Die markierten C-Atome aus den Carboxylgruppen der Essigsäure wurden in Aethylalkohol, Weinsäure und 2,3-Dioxybutanmolekülen aufgefunden. Durch diese neuen Tatsachen wird mancher bisher „aufgeklärte" Reaktionsmechanismus wieder undurchsichtig. Die Gleichgewichtsreaktionen müssen von neuem studiert werden, und mancher alten Bilanzgleichung droht eine Reform. Es wird bei der Besprechung der einzelnen Gärungen auf die neuen Erkenntnisse, die aber noch keinen Abschluß der internen Zellvorgänge bedeuten, eingegangen.

Von den oben aufgezählten Gärungen führen nicht alle zu rentablen technischen Betrieben. Einige, wie die Erzeugung der Milchsäure, Zitronensäure und Butylalkohol, haben in verschiedenen Ländern seit längerer Zeit festen Fuß gefaßt. Die Herstellung von Essig mittels Bakterien ist so alt wie die Weinbereitung. Manche Gärungen stehen im harten Kampf mit synthetischen Verfahren. Bei anderen spielt wieder das Zusammentreffen von verschiedenen Umständen in verschiedenen Ländern eine ausschlaggebende Rolle. Länder, die billige Kohlenhydrate oder zuckerhaltige Abfälle im Überschuß haben, bieten für Gärverfahren eine bessere wirtschaftliche Grundlage wie Länder ohne dieses vorteilhafte Rohmaterial. Dann fehlen wieder oft andererseits in solchen von der Natur bevorzugten Gegenden die billigen Chemikalien oder preiswerte Maschinen zur Aufarbeitung, so daß bei der Errichtung eines Gärbetriebes vorher alles genau durchkalkuliert werden muß. In manchen

[1]) Wir bezeichnen heute eine CO_2-Aufnahme mit Carboxylierung (durch eine Carboxylase), eine entsprechende CO_2-Abspaltung als Decarboxvlierung (mittels Decarboxylase).

Fällen ist auch der Bedarf eines Staates an gewissen Gärprodukten so gering, daß sich die Aufstellung einer so großen Apparatur, wie sie unbedingt zu einer Rentabilität nötig ist, nicht lohnt. Dazu hemmen Exportschwierigkeiten oft die Ausdehnung der Produktion. Wie man sieht, ist die ausschlaggebende Frage der Rentabilität einer Anlage nicht allgemein ohne genaue Kenntnisse der besonderen Faktoren der betreffenden Länder zu beantworten.

A. Die desmolytischen Spaltungen (Echte Gärungen)

I. Die rein desmolytischen Prozesse

Zuerst wollen wir die Gärungen heranziehen, die sich durch eine desmolytische Spaltung charakterisieren lassen. Wir haben es hier mit einer reinen Zerlegung der Kohlenstoffkette der Hexosen zu tun, wobei eine Aufnahme von Sauerstoff durch das Zuckermolekül oder dessen Sprengstücke vollständig ausgeschlossen bleibt (Anoxydativer Zuckerabbau). Nur die Elemente des Wassers im Molekül werden verlagert.

Diese Gärgruppe müssen wir noch in zwei Unterabteilungen gliedern, je nachdem, ob es sich um einen reinen Spaltungsprozeß handelt oder um Vorgänge, bei denen eine Synthese der Spaltstücke die Reaktion vollendet.

Durch umfangreiche Arbeiten hat sich auch bei Bakteriengärungen die große Bedeutung der *Phosphorylierungsvorgänge* feststellen lassen. Man ist heute zu der Erkenntnis gelangt, daß hier die Zellreaktionen der Zuckerspaltungen bis zur Brenztraubensäurephase ganz ähnlich verlaufen wie bei der Hefe und erst von diesem Stadium ab die Sonderreaktionen einsetzen. Mit Bakterienpräparaten besteht ganz sicher für die Milchsäure- und Propionsäuregärungen eine Reaktionsfolge über Hexosediphosphorsäure und Triosephosphate (*Virtanen* (866), *Neuberg*, *Tikka*, *Stone*). Wenn dem Bakt. Delbrücki (lebend oder tot) Hexosediphosphat als Kohlenhydratquelle vorgesetzt wird, so bildet es 50—100%, d,l-Milchsäure (*Tychowski* und *Kobel*) (867). Weiter ist einwandfrei bei Zellpräparaten von Milchsäurebildnern, wie B. casei ε, Streptoc. lactis und bei Propionsäurebakterien die Bindung von anorganischem Phosphat an Zuckern erwiesen. Auch die lebenden Bakterien B. lactis aerogenes (*Wigert* und *Werkman*) (868) und B. coli (*Farlane*) (869) bestätigen mit Glucose Phosphorylierungen. Bedeutungsvoll in dieser Richtung ist besonders die Feststellung einer Triosephosphat-dehydrase in einem Coliextrakt, die Hexosediphosphat in 3-Phosphoglycerinsäure überführt (*Still*) (870). Somit können die Phosphorylierungen in Bakteriengärungen als gesichert angesehen werden. Dagegen fehlen für einen phosphorfreien Abbauweg der Zucker experimentelle Unterlagen.

Alkoholische Gärung

Über die alkoholische Zuckerspaltung ist bereits alles Wichtige mitgeteilt worden. Sie ist vorzugsweise eine Desmolyse, nur die letzte Phase, die Reduktion des Acetaldehyds, ist synthetischer Natur. Streng genommen gehört sie zur Gruppe A b (s. o.). Diese Gärung ist charakteristisch für Hefen, und es ist bereits auf die besonderen Rassen für industrielle Zwecke hingewiesen worden. Außer Hefen kennen wir auch Schimmelpilze, die Mucoreen, die unter gewissen Lebensbedingungen ebenfalls die alkoholische Zuckerspaltung, allerdings in sehr kleinem Umfang im Gegensatz zu Hefen, bewerkstelligen. Ebenso steht es mit dem Fusarium lini Bolley. Dieses vermag sogar Pentose in Alkohol überzuführen.

Ein Bakterium, das fast die gleiche Leistung wie Kulturhefe aufweist, ist das von *P. Lindner* (871) aus dem gärenden mexikanischen Agavensaft isolierte Termobakterium mobile (Pseudomonas *Lindneri*). Nach den Untersuchungen von

Kluyver und *Hoppenbrouwers* (872) werden 90% der Glucose zu Alkohol und Kohlensäure verwandelt. Der Rest des Zuckers geht zur Hauptsache in Milchsäure über. Auch die von *Smit* (873) genauer untersuchte Magensarcina, die Sarcina ventriculi Goodsir, gibt ein ganz ähnliches Reaktionsbild. Nebenher entstehen hier beim Zurückgehen der Milchsäuregärung kleinere Mengen von Essigsäure (6,6%), Acetylmethylcarbinol, Ameisensäure und Wasserstoff.

Milchsäuregärung

a) Allgemeines und verschiedene Arten der Gärung

Die Milchsäure ist seit langem als Stoffwechselprodukt bekannt. In Frage kommt nur die Aethylidenmilchsäure, also die α-Oxypropionsäure $CH_3 \cdot CH \cdot OH \cdot COOH$. *Scheele* entdeckte Milchsäure 1780 in der sauren Milch und nahm das Kasein als Säureerzeuger an. 1808 fand *Berzelius* im Muskel eine Säure, die von *Liebig* 1847 als eine besondere Form der Milchsäure, als Fleischmilchsäure zum Unterschied von der Gärungsmilchsäure in saurer Milch, bezeichnet wurde. 1857 machte *Pasteur* die wichtige Entdeckung, daß zur Erzeugung der Milchsäure aus zuckerhaltigen Lösungen ein charakteristischer Mikroorganismus gehört und stellte diese Gärungsform in Parallele zur alkoholischen Gärung durch Hefe. Von *Lister* wurde dann 1877 das Bacterium lactis (Streptococcus lactis [Lister] Löhnis) als Milchsäureerreger in reiner Kultur erhalten.

Die wichtigsten Milchsäuren sind die rechtsdrehende Fleischmilchsäure und die inaktive technische Gärungsmilchsäure.

Die Fleischmilchsäure, die die Ebene des polarisierten Lichtstrahles nach rechts dreht, leitet sich in der Konfiguration von dem l-Glycerinaldehyd

$$\begin{array}{c} CHO \\ | \\ OH \cdot C \cdot H \\ | \\ CH_2 \cdot OH \end{array}$$

ab, so daß sie als l(+)-Milchsäure (Nomenklatur *Wohl-Freudenberg*) bezeichnet werden muß. Sie bildet sich im arbeitenden Muskel aus Glykogen bei Sauerstoffmangel und verwandelt sich in der Ruhephase unter Veratmung von einem Sechstel der Säure *(Meyerhof)* (Kap. 13) wieder in das Polysaccharid zurück. Auch in der Leber, in der Niere und Darmwand ist diese Säure angetroffen worden. *Nencki* und *Sieber* (874) konnten sie durch Vergärung von Glucose mit Hilfe des Micrococcus acidi paralactici erhalten. Beim Säuern der Milch durch den Streptococcus lacticus ist sie ebenfalls erkannt worden wie bei der Vergärung von Milch durch das Bacterium bulgaricum (Lactobacillus bulgaricus *[Luerssen* und *Kühn]* Holland).

Die linksdrehende Milchsäure entsteht auch durch Gärungen, z. B. aus Glucose, Rohr- oder Milchzucker durch das Bacterium acidi laevolactici (Schardinger) (875), aus Milch durch das Bacterium aerogenes.

Die inaktive (+)(—)-Milchsäure ist technisch die wichtigste. Sie besteht aus einer Mischung beider aktiven Formen, wobei gelegentlich eine Modifikation vorherrschen kann je nach der angewendeten Bakterienrasse und der N-Quelle. Sie wird im großen in den Milchsäurefabriken mit Hilfe des Bact. Delbrücki hergestellt und findet sich auch in der Milch, im Sauerkraut und in den sauren Gurken.

Nach dem Umfang der Milchsäurebildung ist diese desmolytische Gärungsform ebenfalls von größter Wichtigkeit in der Natur. Sie liefert den lebenden Zellen wie die alkoholische Gärung durch den Zuckerabbau Energie, was bei Sauerstoffmangel von ausschlaggebender Bedeutung ist (Kap. 13).

Was den Chemismus anbetrifft, so kommen zwei Arten von Gärungen in Frage: erstens die homofermentative Milchsäuregärung, d. i. die reine Milchsäurespaltung und die heterofermentative Gärung, die auch Nebenprodukte liefert.

Der homofermentative Abbau geschieht nach folgender Gleichung:

$$\underset{\substack{180\\ \text{Glucose}}}{C_6H_{12}O_6} = \underset{\substack{2 \times 90\\ \text{Milchsäure}}}{2CH_3 \cdot CH \cdot OH \cdot COOH}$$

Es liegt hier also eine glatte Aufteilung des Glucosemoleküls in zwei Moleküle Milchsäure ohne Nebenprodukte vor. Diese Gärung müßte theoretisch 100% Ausbeute liefern. Indessen lehrt die Praxis, daß bei der Vergärung von Glucose durch das Bacterium Delbrücki (Lactobacillus delbrückii *[Leichmann]* Beijerinck) nur 90–95% erzielt werden (s. Abb. 40).

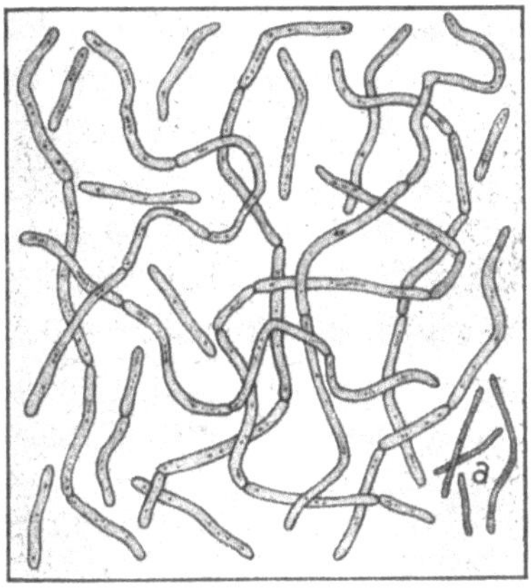

Abb. 40. Bacterium Delbrücki (Leichmann). a = Abgestorbene Zellen 1000fach (nach *Glaubitz*).

Die Aufteilung des Glucosemoleküls in Milchsäure verläuft in mehreren Phasen, zum größten Teil genau so wie die alkoholische Zuckerspaltung (s. Kap. 12). Deshalb können wir uns kurz fassen. Obgleich unsere Kenntnisse auf diesem Gebiete nicht ausschließlich mit Präparaten aus Mikroben, sondern auch mit Muskelenzymen erworben sind, so ist dennoch anzunehmen, daß das aufgestellte Schema auch für die Milchsäurebakterien gilt. Nach *Otto Warburg* (577) wird die Milchsäuregärung folgende Gärungsphasen durchlaufen:

1. Zuerst wird das Hexosediphosphat durch die Zymohexase folgendermaßen aufgeteilt.:

1 Hexosediphosphat $\rightleftarrows$ 1 Aldosephosphat + 1 Ketotriosephosphat.

2. Jetzt erfolgt die Umwandlung der Ketose in die Aldose mittels der Isomerase, um für den weiteren Fortgang des Prozesses Nachschubmaterial bereit zu stellen.

Ketotriosephosphat $\leftrightarrows$ Aldotriosephosphat. (Phosphoglycerinaldehyd.)

3. Der 3-Phosphoglycerinaldehyd nimmt wahrscheinlich ein zweites Mol Phosphorsäure auf unter Bildung von 1,3-Phosphoglycerinaldehyd.

$$\begin{array}{l} CHO \\ | \\ CH \cdot OH \\ | \\ CH_2 \cdot O \cdot PO_3H_2 \end{array} + H_3PO_4 \rightleftarrows \begin{array}{l} C \begin{cases} OH \\ H \\ O \cdot PO_3H_2 \end{cases} \\ | \\ CH \cdot OH \\ | \\ CH_2 \cdot O \cdot PO_3H_2 \end{array}$$

4. Jetzt erfolgt die Oxydierung des Aldehyds zur Säure ohne Sauerstoff, nämlich durch Dehydrierung mittels der Cozymase (Codehydrase I):

1,3- Phosphoglycerinaldehyd + Codehydrase $\rightleftarrows$ 1,3-Phosphoglycerinsäure + Dihydrocodehydrase (s. Kap. 12, alkoholische Gärung, Phase 4).

5. Die Diphosphoglycerinsäure gibt unter der Einwirkung eines dephosphorylierenden Fermentes ein Molekül Phosphorsäure ab, das ein Adenosindiphosphat aufnimmt.

1,3-Phosphoglycerinsäure + Adenosindiphosphat $\leftrightarrows$ 3-Phosphoglycerinsäure + Adenosintriphosphat.

6. Eine Mutase läßt jetzt das Phosphorsäuremolekül vom dritten C-Atom zum zweiten C-Atom wandern.

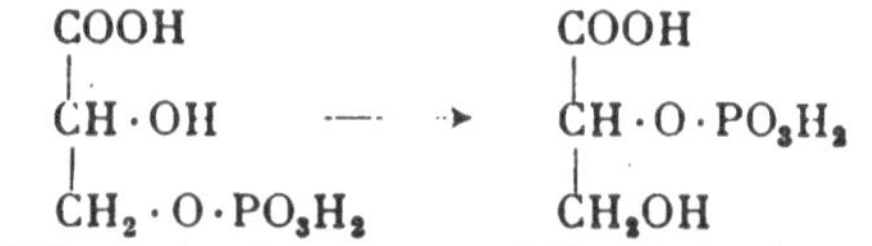

3-Phosphoglycerinsäure 2-Phosphoglycerinsäure

7. Um zur Brenztraubensäure zu gelangen, muß die Enolase eingreifen.

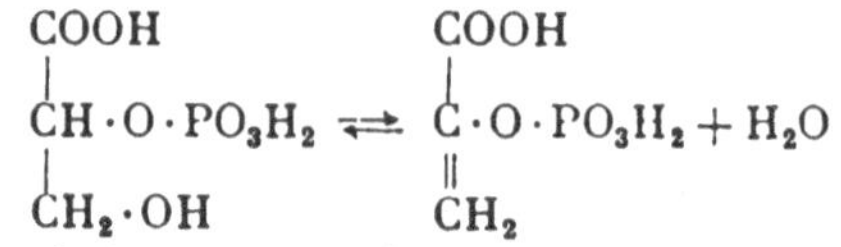

2-Phosphoglycerinsäure Phospho-enolbrenztraubensäure

8. Entphosphorylierung der Brenztraubensäure durch ein zweites dephosphorylierendes Ferment.

Phosphobrenztraubensäure + Adenosindiphosphat ⇄ Brenztraubensäure + Adenosintriphosphat.

9. Reduktion der Brenztraubensäure zu Milchsäure durch die Dihydrocodehydrase.

Brenztraubensäure + Dihydrocodehydrase ⇄ Milchsäure + Codehydrase.

10. Nun erfolgt die Bildung von Hexosediphosphat für den weiteren Fortgang der Gärung. Als Phosphorsäuredonator wirkt die Adenosintriphosphorsäure unter dem Einfluß der Adenosintriphosphatase.

Adenosintriphosphat + H_2O ⇄ Adenosindiphosphat + H_3PO_4.

Die Veresterung der abgelösten Phosphorsäure mit der Glucose veranlaßt das erste phosphorylierende Ferment

Hexose + H_3PO_4 ⇄ Hexosemonophosphat.

Um zum Diphosphat zu gelangen, addiert ein zweites phosphorylierendes Ferment ein zweites Phosphorsäuremolekül an das Hexosemonophosphat. Auch in diesem Falle ist ein Adenosintriphosphat der Donator für die Phosphorsäure.

Adenosintriphosphat + Hexosemonophosphat ⇄ Adenosindiphosphat + Hexosediphosphat.

Phase 10 läßt sich auch anders formulieren. (S. Kap. 12 Alkoholische Gärung.)

Diese *homofermentative Milchsäurebildung* wird bewerkstelligt durch Stäbchen und Kugelbakterien. Bact. *Delbrücki* (876), B. Maerckeri *Henneberg* und das B. Beijerincki *Henneberg* greifen die Maltose der Getreide- und Kartoffelmaischen an, während das B. lactis acidi *Leichmann*, auch Thermobacterium lactis *Jensen* genannt, und der Streptococcus lactis in Milch vorkommen und Milchzucker hydrolysieren. Die Bakterien dieser Gruppe erzeugen also Milchsäure ohne Nebenprodukte.

Durch die *heterofermentativen Milchsäurebakterien* werden außer Milchsäure noch Alkohol und Kohlensäure sowie auch Essigsäure erzeugt *(Orla-Jensen)* (877). Auf diesem ganzen Gebiet besteht ganz allgemein eine gewisse Unsicherheit, da gerade in der Klasse der Milchsäurebakterien die physiologischen Eigenschaften sehr veränderlich sind.

Da man auch Glycerin gefunden hatte, so kann man annehmen, daß diese Gruppe von Milchsäurebakterien, wozu u. a. der Lactobacillus fermentatus, Lactobacillus acidophil-aerogenes und der Lactobacillus gracilis gehören, neben einer Milchsäuregärung noch eine alkoholische Zuckerspaltung und eine Essig-Glyceringärung gleichzeitig ausführen. Die Essig-Glyceringärung (878) *(Nelson* und *Werkman*, *Kluyver)* verläuft nach folgender Gleichung:

$$\underset{\text{Glucose}}{3C_6H_{12}O_6} + 2H_2O = 2\underset{\text{Essigsäure}}{CH_3\,COOH} + 2CO_2 + 4\underset{\text{Glycerin}}{CH_2 \cdot OH \cdot CH \cdot OH \cdot CH_2\,OH}$$

Wird aber in dem Gäransatz die Glucose durch Fructose ersetzt, so tritt an Stelle der Essig-Glyceringärung eine Essig-Mannitgärung ein, während das Auftreten der Milchsäuregärung und der Produkte der alkoholischen Zuckerspaltung unterbleiben. Das Wesentlichste hierbei ist, daß die Fructose einfach zu Mannit reduziert wird:

$$\underset{\text{Fructose}}{C_6H_{12}O_6} + H_2 = \underset{\text{Mannit}}{C_6H_{14}O_6}$$

Der erforderliche Wasserstoff entstammt wahrscheinlich einer Aufspaltungsreaktion der Milchsäure unter Erzeugung der Essigsäure:

$$\underset{\text{Milchsäure}}{CH_3 \cdot CH \cdot OH \cdot COOH} + H_2O = \underset{\text{Essigsäure}}{CH_3 \cdot COOH} + CO_2 + 2H_2$$

Der bis zu 60% anfallende Mannit, bei einer spärlichen Bildung von Milchsäure und Alkohol, verlockte dazu, diesen Prozeß für die Mannitgewinnung auszugestalten, was auch in Italien geschehen ist (879). Die Bildung dieses sechswertigen Alkohols scheint leicht vonstatten zu gehen, denn wenn man einfach Topinamburknollen in Wasser legt, tritt von selbst eine Mannitgärung ein *(Schlubach* und *Knoop)* (880). Auch in eingemieteten Rüben bilden sich 5% Mannit, bezogen auf die Trockensubstanz *(Vondrak)* (881).

Coli-Gärung

Ein Spezialfall der heterofermentativen Milchsäuregärung ist auch die Coli-Gärung. Sie wurde zuerst von *Harden* (882) genau studiert, wobei neben Milchsäure auch Essigsäure, Bernsteinsäure, Kohlensäure, Alkohol und Wasserstoff aufgefunden wurden. Die Bemühungen *Neubergs* zur Aufklärung des Reaktionsmechanismus führten zur Auffindung des Acetaldehyds *(Neuberg* und *Nord)* (883). Später konnten dann *Neuberg* und *Nord* (884) und *Windisch* (885) zeigen, daß die Bakterien Methylglyoxal und Acetaldehyd quantitativ dismutieren. Aber diese anfänglichen Befunde mußten noch durch sehr umfangreiche Arbeiten ergänzt werden, ehe ein klares Bild entstehen konnte. *Kluyver* unterscheidet zunächst *drei Typen der Gärung*: die eigentliche Coli-Gärung im engeren Sinn, ferner die Gärung des B. typhosum und drittens die des B. aerogenes. Die bei der echten Coligärung, hervorgerufen durch Bact. coli, Bact. paratyphosum, der Gattungen Escherichia, Salmonella und Citrobakter der amerikanischen Systematik *(Werkman* und *Gillen)* (886), entstehenden Produkte sind dieselben, die *Harden* schon aufgefunden hatte (s. o.). Wie bei allen Gärungen wird auch in diesem Falle der Vorgang von der Gärungsführung stark beeinflußt. Die Produkte der zweiten Gruppe der Coligärung, durch B. typhosum hervorgerufen, sind von den anderen nur durch ein Fehlen der gasförmigen Stoffe, Kohlensäure und Wasserstoff, unterschieden. Dafür tritt ein Äquivalent Ameisensäure auf.

Die Aerogenesgruppe ist durch die Bildung von größeren Mengen (etwa 30%) 2,3-Butylenglykols und kleineren Anteilen von Acetylmethylcarbinol charakterisiert. Bei der Oxydation durch gewisse Bakterienarten entsteht der Stoff des Butteraromas, das Diacetyl.

Wie hat man sich die Entstehung dieser letzten drei Gärprodukte vorzustellen? *Neuberg* (887) nimmt in Hefe, die ebenfalls diese Stoffe bildet, eine Kombination der Wirkung der Decarboxylase (= Hefedecarboxylase) und der Carboligase auf Brenztraubensäure an. Zwei Moleküle Acetaldehyd unterliegen einer Vereinigung nach der Art einer Benzoinkondensation unter Bildung von Acetoin (I) (Acetylmethylcarbinol)

$$2CH_3 \cdot CHO = CH_3 \cdot CO \cdot CH \cdot OH \cdot CH_3 \quad (I)$$

das durch Aufnahme von 2H 2,3-Butylenglykol (II) oder durch Abgabe von 2H Diacetyl gibt (III).

$$CH_3\,CO \cdot CH \cdot OH \cdot CH_3 \begin{array}{l} \xrightarrow{+2H} CH_3 \cdot CH \cdot OH \cdot CH\,OH \cdot CH_3 \quad (II) \\ \xrightarrow[-2H]{} CH_3\,CO \cdot CO\,CH_3 \quad (III) \end{array}$$

Nach ausführlichen Untersuchungen mit Bakterien liegt in diesen Organismen eine andere Bildungsweise des Acetoins vor. Man ist berechtigt, ein spezifisch wirkendes Acetoin bildendes Enzym anzunehmen, das aus Brenztraubensäure Kohlensäure abspaltet und gleichzeitig zwei Aldehydmoleküle kondensiert *(Virtanen)* (888). Also ein einziges Enzym bewirkt in diesem Falle in Bakterien Abbau und Aufbau im Gegensatz zu dem gleichen Vorgang in der Hefe. Diese Decarboxylierungsreaktion mit anschließender Koppelung des Reaktionsproduktes konnten *Silverman* und *Werkman* (889) bei dem B. lactis aerogenes und von *Virtanen* bei dem Streptococcus citrovorus und paracitrovorus, den „Aromabakterien" der Butterbereitung, festgestellt werden.

$$2CH_3 \cdot CO \cdot COOH \rightarrow 2CO_2 + CH_3 \cdot CO \cdot CH \cdot OH \cdot CH_3$$

Neben dieser Reaktion kommt noch folgender Vorgang in Frage:

$$\begin{array}{l} CH_3 \cdot CO \cdot COOH \\ CH_3 \cdot CHO \end{array} \longrightarrow CO_2 + CH_3 \cdot CO \cdot CH \cdot OH \cdot CH_3$$

Es ist eine Kondensation von Acetaldehyd mit Brenztraubensäure unter gleichzeitiger Decarboxylierung.

Die Dehydrierung des Acetoins zu Diacetyl gelang mit großen Milchsäurestäbchen *(Schmalfuß* und *Barthmeyer)* (890), die Reduktion von Diacetyl zu Butylenglykol über Acetoin führten zuerst *Neuberg* und *Kobel* (891) mit Hefe durch. Acetoin bildet mit dem Butylenglykol ein reversibles Redoxsystem. Mit diesen wenigen Angaben ist der Born der Reaktionsmöglichkeiten auf diesem Gebiete noch nicht erschöpft. So produziert beispielsweise der Streptococcus nach *Bång* (892) aus Brenztraubensäure direkt Diacetyl neben Aethylalkohol,

$$3CH_3 \cdot CO \cdot COOH \rightarrow 3CO_2 + CH_3 \cdot CH_2 \cdot OH + CH_3 \cdot CO \cdot CO \cdot CH_3$$

worauf durch anaerobe Vorgänge Acetoin und Essigsäure entstehen:

$$2CH_3 \cdot CO \cdot CO \cdot CH_3 + CH_3 \cdot CH_2 \cdot OH + H_2O \rightarrow 2CH_3 \cdot CH \cdot OH \cdot CO \cdot CH_3 + CH_3 \cdot COOH$$

Außer den genannten Bakterien produzieren noch viele andere aerobe und anaerobe Bazillen wie Bac. mesentericus, Bac. subtilis und Bac. anthracis die eben behandelten Reaktionsprodukte. Nach Untersuchungen von *Reynolds* und *Werkman* (893) und andererseits von *Kluyver* und *Molt* (894) gibt auch das B. coli bei Luftzufuhr kleine Mengen Acetoin.

Nun zurück zu den Hauptphasen der Coligärung. Um ein plausibles Schema für die eigentliche Coligärung hat sich in letzter Zeit *Tikka* (895) bemüht und *Endo* (896) konnte mit einem Acetondauerpräparat von Colibakterien mehrere Phasen des Prozesses bestätigen. Aber die endgültige Beweisführung steht noch aus. Zuerst bildet sich aus der Glucose eine Hexosediphosphorsäure.

I. Glucose ⟶ Hexosediphosphorsäureester (*Harden-Young*-Ester)

Dieser zerfällt in 2 Moleküle Triosephosphorsäure

II. $C_6H_{10}O_4(O\ PO_3H_2)_2 \longrightarrow 2C_3H_5O_2 \cdot O \cdot PO_3H_2$
Hexosediphosphorsäureester — Triosephosphorsäure

Aus den Triosephosphorsäuremolekülen entstehen α-Glycerinphosphorsäure und Phosphoglycerinsäure:

III. $2\ C_3H_5O_2 \cdot O \cdot PO_3H_2$ (Dioxyacetonphosphorsäure) ⟶ $CH_2 \cdot OH \cdot CH \cdot OH \cdot CH_2 \cdot O \cdot PO_3H_2$ (α-Glycerinphosphorsäure)
⟶ $CH_2 \cdot CH \cdot OH \cdot COOH$ mit $O \cdot PO_3H_2$ (3-Phosphoglycerinsäure (897))

Nun liefert die α-Glycerinphosphorsäure nach einem heute noch ungeläufigen enzymchemischen Vorgang Alkohol, Ameisensäure und Phosphorsäure

IV. $CH_2 \cdot OH \cdot CH \cdot OH \cdot CH_2\ O \cdot PO_3H_2 + H_2O = CH_3 \cdot CH_2 \cdot OH + H \cdot COOH + H_3PO_4$
α-Glycerinphosphorsäure — Alkohol — Ameisensäure — Phosphorsäure

und die 3-Phosphoglycerinsäure, Phosphorsäure und Brenztraubensäure

V. $CH_2 \cdot CH \cdot OH \cdot COOH$ mit $O - PO_3H_2$ $= H_3PO_4 + CH_3 \cdot CO \cdot COOH$
Brenztraubensäure

die wiederum in Essigsäure und Ameisensäure zerfällt.

VI. $CH_3 \cdot CO \cdot COOH + H_2O = CH_3 \cdot COOH + H \cdot COOH$
Essigsäure — Ameisensäure

Die Ameisensäure aus IV und VI teilt sich auf in Kohlensäure und Wasserstoff.

VII. $H \cdot COOH \rightleftarrows CO_2 + H_2$

der einen Teil der Brenztraubensäure aus V zu Milchsäure hydriert.

VIII. $CH_3 \cdot CO \cdot COOH + H_2 = CH_3 \cdot CH \cdot OH \cdot COOH$

Zu Phase VI ist zu sagen, daß es sich hier wahrscheinlich immer um eine „phosphoroklastische" und nicht um eine „hydroklastische" Reaktion handelt. Denn nach *Lipmanns* (898) Untersuchungen entsteht bei *B. Delbrücki* als erstes Reaktionsprodukt Acetylphosphorsäure (I)

$$CH_3 \cdot CO \cdot COOH + H_3PO_4 \rightleftarrows \underset{(I)}{CH_3 \cdot COO \cdot PO_3H_2} + H \cdot COOH$$

die darauf mit Wasser in Essigsäure und Phosphorsäure übergeht. (Man vergleiche die Acetylphosphorsäure i. d. Konstitution mit dem Negeleinester, Kap. 12, 4. Phase; Kap. 11, Esterasen, Phosphatasen). Die Endprodukte bei der Coligärung dieses Schemas sind: Alkohol, Milchsäure, Essigsäure und Ameisensäure, daneben Kohlensäure und Wasserstoff. Das Verhältnis der einzelnen Stoffe zueinander wechselt mit den Reaktionsbedingungen. Milchsäure tritt vorzugsweise bei saurer Reaktion auf (pH = 6,2—6,4), während Essigsäure und Ameisensäure im alkalischen Medium vorherrschen. Die Alkoholmenge scheint immer konstant zu sein. Der bei der Coligärung auftretende Wasserstoff verdankt offenbar, wie schon angegeben, seine Entstehung dem Zerfall der Ameisensäure (Gleichung VII). Nach neueren Beobachtungen von *Wood* (1936) kann, wie schon mehrfach erwähnt, entgegen den alten Vorstellungen die hierbei entstehende Kohlensäure von manchen farblosen heterotrophen Organismen wieder assimiliert werden, so daß die Ameisensäurespaltung als reversible Reaktion zu betrachten ist. Die zur Synthese notwendige Energie liefern wahrscheinlich die anderen destruktiven Reaktionen. Der Weg, der bei der Coligärung zur Bernsteinsäurebildung führt, ist noch nicht erkannt. Nach *Scheffers* (899) quantitativen Versuchen kommt eine Kupplung von zwei Essigsäuremolekülen durch Dehydrierung nicht in Frage. Er zerlegt die Hexose vielmehr auf Grund der Arbeiten von *Kluyver* und *Donker* (900) in eine C_2-Verbindung und eine C_4-Verbindung und zwar in Aethylenglykol und Weinsäuredialdehyd, dessen Dialdehydhydrat unter Wasserabspaltung in Bernsteinsäure übergeht.

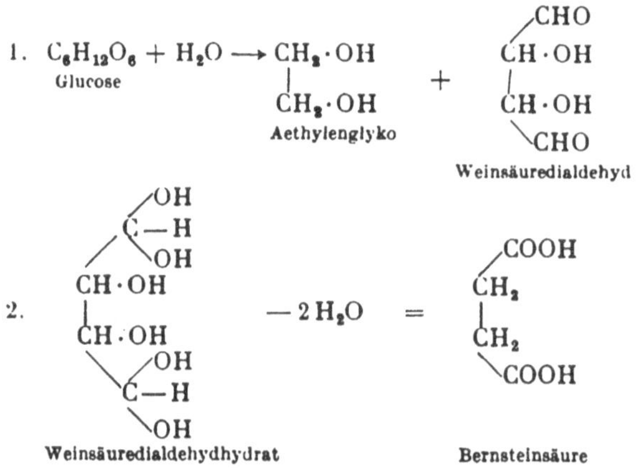

Bis zu 20% des vergorenen Zuckers tritt oft Bernsteinsäure auf. Weiter sei erwähnt, daß man auch andere Bildungsweisen ins Auge faßt, z. B. über die α-Ketoglutarsäure:

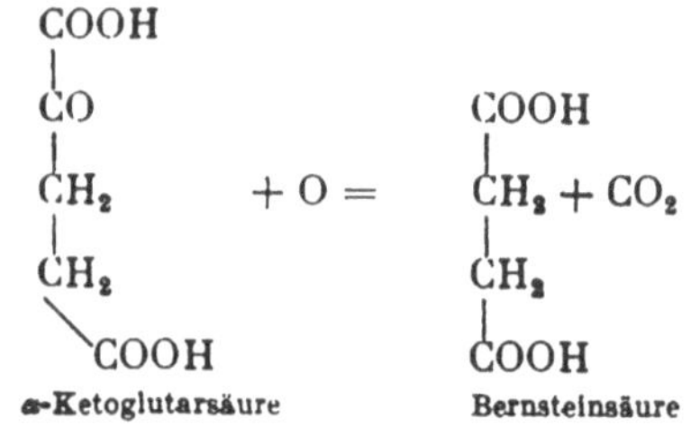

Nach dem heutigen Standpunkt erscheint eine Synthese nach der *Wood-Werkman*schen Reaktion (s. o.) über die Oxalessigsäure sehr einleuchtend (s. Schema der Propionsäure- und Fumarsäuregärung), denn wird Na-Pyruvat durch B. coli in Gegenwart von Natriumbicarbonat mit dem Isotopen ^{13}C vergoren, so erhält man schwere Bernsteinsäure (901) *(Wood, Werkman, Hemmingway, Nier).*

Weiter sei die Umwandlung von Pentosen zu Milchsäure und Essigsäure angeführt. So erhält man aus Xylose mit dem Lactobacillus pentosus (902) die genannten Produkte nach folgender Gleichung:

$$C_5H_{10}O_5 = CH_3\cdot CH\cdot OH\cdot COOH + CH_3\cdot COOH$$

Ob Glycerinaldehyd und Glycolaldehyd die wirklichen Zwischenprodukte sind, muß noch erforscht werden. Praktisch geht man von Maiskolben, Haferhülsen und Erdnußschalen (903) aus, die nach einer Säurehydrolyse durch den Lactobacillus pentoaceticus nach obiger Gleichung fast quantitativ in 10—12 Tagen vergoren werden.

b) Technische Darstellung der Milchsäure

Die erfolgreiche Fabrikation der Milchsäure hat in Deutschland ihre Wiege gehabt. Nachdem in den Vereinigten Staaten zu Amerika mehr oder weniger geglückte Tastversuche vorgenommen worden waren, entstand durch die Initiative von *Albert Boehringer* in Nieder-Ingelheim gegen Ende des vorigen Jahrhunderts die erste gut arbeitende Milchsäurefabrik. Die Sicherheit des Betriebes und die hohen Ausbeuten wurden dank der Einführung der Reinkulturen vom Bacterium Delbrücki, die *C. Wehmer* in Vorschlag brachte, erzielt. Früher hatte man in älteren Versuchen Zuckerlösungen mit faulem Käse oder saurer Milch beimpft, und so kann man sich vorstellen, daß man bei solchen Gärungen dem Zufall ausgesetzt war. Denn wir wissen heute, daß die Milchsäurebakterien nur auf gewisse Zuckerarten abgestimmt und nur für einen bestimmten Nährboden geeignet sind. Denken wir noch daran, daß die heterofermentativen Bakterien eine Anzahl von Nebenprodukten liefern, so strahlt der damalige glückliche Griff *Wehmers* nach dem Bacterium *Delbrücki* in besonderem Lichte. Heute ist es natürlich für jeden Kenner klar, daß nur homofermentative Milchsäurebildner zum guten Ziele führen können.

Ausgangsmaterial

Als Ausgangsmaterial sind geeignet Kartoffelmehl, Kartoffelstärke, Mais, Melasse und Traubenzucker. Da bei der Maischebereitung Maltose, Rohrzucker und Hexosen auftreten, so muß in diesem Falle das Bact. Delbrücki zur Anwendung kommen. Geht man dagegen von Molken aus, die etwa 4—5% Milchzucker enthalten, so kommt das Lactose spaltende Bacterium lactis acidi *Leichmann* in Frage.

Der Maischprozeß

Kommt Kartoffelmehl bzw. Kartoffelstärke zur Anwendung, was meistens in der Praxis in normalen Zeiten der Fall ist, so muß die Stärke mit Hilfe von Amylase in Maltose verwandelt werden (vgl. Würzebereitung in der Brauerei, s. Kap. 15). Man verwendet zweckmäßig Grünmalz, das kräftiger verzuckert als Darrmalz. Auf 1200 kg 80%iger Stärke benutzt man 120 kg Brennmalz. Zunächst rührt man $^1/_6$ des Malzes mit 500 l Wasser von 45° an und läßt unter weiterem Rühren die aufgeschlämmte Stärke einfließen. In etwa 15—30 Minuten ist die Stärke bei einer Erwärmung bis 70° dünnflüssig geworden, worauf auf 56° abgekühlt und die Hauptmenge des gequetschten Grünmalzes eingetragen wird. In 4 Stunden bei 55—56° ist vollständige Verzuckerung erfolgt, was durch die Jodreaktion erkannt wird. Zur Sterilisation geht man mit der Erwärmung bis auf 80°, worauf die Maische in den Gärbottichen so stark verdünnt wird, daß sie etwa 10—11% Maltose enthält.

Gärung und Flora

Da das B. Delbrücki sein Optimum zwischen 44 und 48° hat, so benutzt man eine möglichst hohe Gärtemperatur, um Infektionen auszuschalten. 50° C werden noch vertragen. Das Bakterium muß naturgemäß hoch aktiv sein, weshalb man stets in besonderen Reinzuchtapparaten in speziell sorgfältig präparierten Nährlösungen die Reinkulturen heranzüchtet.

Hat sich die Maische im Gärbottich auf 46° abgekühlt, so erfolgt die Beimpfung. Um die Gärtätigkeit durch einen höheren Milchsäuregehalt (von 1—1,5%) nicht zu hemmen, sorgt man durch Zugabe von kohlensaurem Kalk für eine Neutralisation. Man rührt alle 2 Stunden um, damit eine recht gute Abstumpfung der Säure in allen Schichten des Bottichs stattfinden kann. Bei normaler Tätigkeit des Bakteriums beobachtet man nach 6—8 Stunden eine so stürmische Gärung, daß sich die Temperatur erhöht. Sie darf nicht über 56° steigen. Durch eine Kühl- und Heizvorrichtung im Bottich sorge man, daß sich die Temperatur zwischen 48 und 50° konstant hält. Nach 6—8 Tagen muß die Gärung beendet sein; bei guter Gärführung wird das Ziel schon in 5 Tagen erreicht. Dann wird die Gärung durch Zusatz von gelöschtem Kalk bis zur schwach alkalischen Reaktion unterbrochen. Hierbei entsteht ein flockiger, voluminöser Niederschlag, der Dextrine, Eisenverbindungen, Bakterien und verschiedene Verunreinigungen enthält. Die klare Lösung, milchsauren Kalk enthaltend, wird abgehebert und in den Zersetzungsbottich übergeführt. Bleibt der Gärbottich längere Zeit bei kühlerer Temperatur stehen, so kristallisiert das Kalksalz so kräftig aus, daß der ganze Inhalt des Bottichs zu einer großen Kristallmasse erstarrt. Beim Anwärmen erfolgt wieder Verflüssigung.

Wie schon angeführt, ist der Gärverlauf in erster Linie abhängig von der Aktivität des Gärungspilzes. Deshalb muß man für gute Ernährung sorgen. Als Stickstoffquelle haben sich bewährt Kleie, Malzkeime und Ammonsalze, ferner Peptone, Abkochungen von Getreideschrot und Hefe, ferner Hefeextrakt. Die Bakterien bevorzugen eine trübe Nährlösung, weshalb man keine Filtration vornehmen darf. Aus diesem Grunde wählt man besser Malz anstatt Malzauszüge. Auch das Aufwirbeln des Bodensatzes durch ein Rührwerk fördert das Wachstum. Zu bemerken ist noch die Schonung der entstandenen Säure durch das Bact. Delbrücki im Gegensatz zu dem Verhalten der Pilze der Zitronensäuregärung, die Zitronensäure als Nährsubstrat assimilieren können.

Ferner ist für eine gute Ausbeute ein praktisch steriles Arbeiten zur Fernhaltung von Infektionen notwendig. Wir haben bereits Milchsäurebakterien kennengelernt, die neben Milchsäure auch Essigsäure, Propionsäure, Ameisensäure, Bernsteinsäure, Alkohol, Kohlensäure, Wasserstoff und noch andere Gärprodukte bilden können. Diese Flora wird leicht durch die Cerealien mit eingeschleppt, weshalb der Betrieb ständig kontrolliert werden muß. Durch das Mikroskop wird leicht Hefeinfektion festgestellt; Kahmhefe als Milchsäureverzehrer ist nicht erwünscht. Am unangenehmsten ist die Buttersäurebakterieninfektion, die den ganzen Gäransatz bei nicht sofortiger Bekämpfung verderben kann. Sie ist leicht am Geruch zu erkennen und an der stürmischen Bildung von Kohlensäure und Wasserstoff. Eine große Verlustquelle bei der Gärung sind die entstandenen flüchtigen Säuren. Sie müssen durch eine reine Gärung mittelst Bact. Delbrücki vermieden werden: Ausschluß von Infektionen.

Zersetzung des milchsauren Calciums

Die zu zersetzende Lösung muß ganz klar sein. In der Regel muß man die Klärung mittelst Filterpressen bewerkstelligen. Zur Zersetzung dient reine Schwefelsäure, die hierbei als Gips zur Abscheidung kommt.

$$\underset{\text{milchsaures Calcium}}{\left.\begin{array}{l} CH_3\cdot CH\cdot OH\cdot COO \\ CH_3\cdot CH\cdot OH\cdot COO \end{array}\right\rangle Ca} + H_2SO_4 = \underset{\text{Gips}}{CaSO_4} + 2\,\underset{\text{Milchsäure}}{CH_3\cdot CH\cdot OH\cdot COOH}$$

Die Menge der zu verwendenden Schwefelsäure berechnet man nach dem zugesetzten Quantum von kohlensaurem Kalk. Es ist streng darauf zu achten, daß die fertige Milchsäure keine freie Schwefelsäure mehr enthält, weshalb peinlich bei der Säurezugabe die Wasserstoffjonenkonzentration mit geeigneten Indikatoren (Methylviolett, Metanilgelb) gemessen wird. Hat sich der Gips ausgeschieden, so wird er mittelst säurefester Pressen — Eisenteile sind natürlich zu vermeiden — von der Flüssigkeit getrennt. Nach dem Auswaschen soll der Gips nicht mehr als 0,5% Milchsäure enthalten.

Reinigung und Konzentrieren der Säure

Aus der Presse läuft die rohe, je nach dem Ausgangsmaterial und je nach einer mehr oder weniger geschickten Gärführung, schwach oder dunkelgefärbte Milchsäure in ein Sammelgefäß zur Aufhellung mit Entfärbungskohle. Alsdann wird in einem säurefesten Vacuumeindampfer bei etwa 55° und einem Druck von 680 mm die Säure auf 18—19° Bé eingeengt, was einer 50gewichtsprozentigen Konzentration entspricht. Dieser Prozeß soll zweckmäßigerweise flott vonstatten gehen, um eine Anhydridbildung — ist eigentlich eine Veresterung zweier Moleküle — möglichst zu vermeiden. Bei längerer Kochdauer bilden sich erhebliche Mengen, die den Wert der Ware herabsetzen. Eine 50prozentige Säure soll nicht mehr als 1,5—1,8% enthalten. Wird die Säure in stark verdünnter Lösung angewendet, wie z. B. bei der Entkalkung der Felle, so erfolgt die hydrolytische Rückbildung in die einfachen Moleküle von selbst.

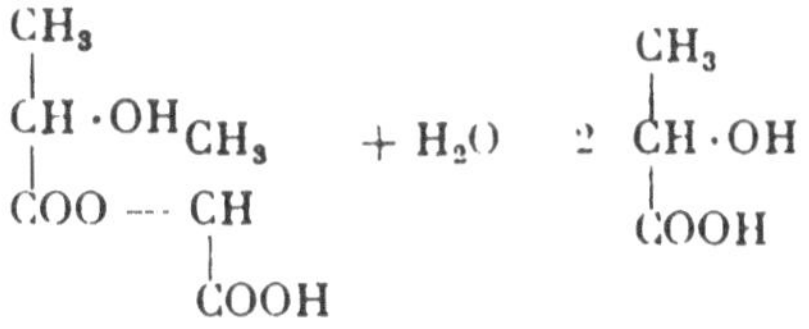

Milchsäureanhydrid Milchsäure

Eine äußerst wichtige Reinigungsreaktion ist die Enteisenung. Enthält die Milchsäure Eisen, so ist sie für manche Zwecke nicht zu gebrauchen, z. B. in der Gerberei, da mit den Gerbstoffen Tintenfarbstoffe entstehen. Zur Fällung des Eisenjons wird pulverisiertes Ferrocyankalium eingetragen, und zwar so lange, bis eine filtrierte Probe auf weiteren Zusatz keine Blaufärbung (Berlinerblau) mehr gibt. Ist zuviel Ferrocyankalium hinzugefügt worden, so entfernt man dieses mit Hilfe von Zinksulfat. Am besten überläßt man das Reaktionsgemisch sich selbst mehrere Tage unter ständigem Rühren, um weitere Verunreinigungen wie Gips und Dextrine zur Ausscheidung zu bringen. Nach dem Abpressen resultiert bei richtiger Arbeitsweise eine ziemlich helle, dünnflüssige 50%ige Milchsäure. Bei einem Gehalt von 80% ist sie etwas dunkler gefärbt und etwas dickflüssiger.

Reine Milchsäure

Die *technische* Milchsäure enthält, obgleich sie stark aufgehellt ist, eine Anzahl von Verunreinigungen, die teilweise den verschiedenartigen Ausgangsmaterialien ihre Herkunft verdanken. Allgemein findet man Zucker, Dextrine, Ester, Ameisensäure, Essigsäure, Bernsteinsäure, welch letztere Säuren sicher durch Infektionen heterofermentativer Milchsäurebakterien entstanden sind. Buttersäure, Schwefelsäure und Eisen dürfen nicht vorhanden sein.

Will man die Milchsäure zu Genußzwecken verwenden, so muß man das milchsaure Calcium bis zu einem gewissen Reinheitsgrad umkristallisieren. Dieses Salz liefert dann die *Genußmilchsäure* (80 Gewichtsprozent). Milchsäure läßt sich nicht auf einfache Weise destillieren. Eine Reinigung kann nur mit Wasserdampf im Vacuum erfolgen.

Die chemisch *reine* Milchsäure (D.A.B. 6) mit einem spez. Gewicht von 1,21 resultiert durch Ausziehen der rohen Säure mit Aethylaether und Nachreinigen mit Aktivkohle. Sie stellt eine ziemlich sirupdicke farblose Flüssigkeit dar von rein saurem Geschmack, löslich in Wasser, Weingeist oder Aether in jedem Verhältnis. Gehalt von etwa 90% Gesamtsäure, davon 72% freie Milchsäure.

Prüfung der reinen Milchsäure

1. Buttersäure. Die Säure soll nicht bei gelindem Erwärmen nach Buttersäure riechen.
2. Zucker. Milchsäure mit einem gleichen Raumteil konz. Schwefelsäure unterschichtet. soll innerhalb 15 Minuten keine Färbung, höchstens eine schwach gelbliche Zone geben.

Beide Säuren müssen vor dem Mischen auf 5° abgekühlt und die Reagenzgläser mit Schwefelsäure gereinigt sein.

3. Metalle. Mit Wasser verdünnte Milchsäure (10:1) soll mit Schwefelwasserstoff keine Metalle abscheiden. Probe kann auch mit Natriumsulfidlösung angestellt werden.

4. Schwefelsäure, Salzsäure und Calciumsalze sollen mit den üblichen Reagenzien Bariumnitrat, Silbernitrat und Ammonoxalat in verdünnter Milchsäure in der gewöhnlichen Weise nicht nachzuweisen sein.

5. Weinsäure und Zitronensäure. Durch überschüssiges Kalkwasser soll weder in der Kälte noch beim Erhitzen ein Niederschlag entstehen.

6. Mannit. Nachweisbar durch Eintropfenlassen von 1 ccm Milchsäure in 2 ccm Äther. Vorübergehende oder dauernde Trübung zeigt diesen Alkohol an. Eine Trübung, die nach Zugabe des zehnten Tropfens verschwindet, bleibt unbeachtet.

7. Rückstand. 1,0 g Milchsäure soll beim Verbrennen und Veraschen höchstens 0,001 g Rückstand hinterlassen.

Ausbeute bei der Fabrikation und Verwendung der Säure

Arbeitet man ausschließlich mit der Reinkultur von B. Delbrücki, so erzielt man sehr hohe Ausbeuten bis zu 90%, bezogen auf vergärbaren Zucker, denn es treten theoretisch keine Nebenprodukte auf (s.: homofermentative Milchsäuregärung). Schlecht geleitete Betriebe leiden unter der Erzeugung von flüchtigen Säuren, was die Ausbeute erheblich herabsetzen kann. Jahresweltproduktion vor dem 1. Weltkriege 5—6000 t. Im Jahre 1944 erzeugten die USA allein schon etwa 4000 t (100%ige) aus Zucker, Stärke und Molken und machten sich so vom Import frei.

Die technische Milchsäure findet namentlich in der Gerberei ausgedehnte Verwendung. Sie dient dort zum Entkalken der Blößen durch Herauslösen des Calciums. Schwefelsäure würde Gips bilden und das Leder brüchig machen. Daher muß die Milchsäure ganz frei von Schwefelsäure sein. Gleichzeitig dient Milchsäure als Schwellmittel, indem sie durch Öffnen der Poren der Blößen das Eindringen des Gerbstoffes sehr erleichtert. Calcium-, Zink- und Antimonlactat dienen in der Färberei als Beizen und bilden dadurch für den Brechweinstein einen guten Ersatz. Das Lactat der Titansäure kommt als Lederbeizmittel „Corichrom" in den Handel.

Die Alkalilactate werden wegen ihrer zähflüssigen Beschaffenheit als Glycerinersatz (Perkaglycerin) verwendet. Milchsaures Aluminium wird zur Kautschukmilchsaft-Koagulierung empfohlen.

In der Limonaden-, Fruchtsäfte- und Bonbonindustrie findet die Genußmilchsäure einen großen Absatz. „Chabeso" ist eine spezielle Milchsäurelimonade. Das Bilactat oder ein ähnliches Produkt dient als Weinsteinersatz in der Backpulverbereitung.

Milchsäure aus Molken

Der Milchzucker der Molken (Gehalt etwa bis 5%) kann durch das Bacterium lactis acidi *Leichmann* ebenfalls sehr gut in Milchsäure übergeführt werden. Dort, wo Molken keine andere Verwendung finden, lohnt eine Fabrikation. Die Begleitstoffe der Molke, die zur Dunkelfärbung Anlaß geben, müssen entfernt werden.

Herstellung von Yoghurt, Acidophilusmilch, Kefir

Die Säuerung der Milch spielt in der Milchwirtschaft eine große Rolle. Kurz sei erwähnt, daß bei der Käsebereitung im Haushalt die rohe Milch von selbst säuert und dadurch das Casein zur Ausfällung bringt. Hier wirken hauptsächlich die Streptococcusarten neben dem Bact. lactis acidi *Leichmann.*

Bei der Yoghurtbereitung benutzt man das Bact. bulgaricum, das die Milch bei einer Temperatur von 40—45° in wenigen Stunden zum Gerinnen bringt. Ein anderes, der Gesundheit zuträgliches Produkt ist die Acidophilusmilch. Hier wird die Säurebildung durch das Bact. acidophilum besorgt. Im schäumenden Milchgetränk der Kaukasier, dem Kefir, finden wir neben dem Streptobacterium casei c, Bacillus caucasi noch zwei Milchzuckerhefen (904). In allen diesen Fällen ist die konservierende Wirkung der Milchsäure der ausschlaggebende Faktor. Sie wirkt so stark bactericid, daß kein anderer Organismus aufkommt. (*Metschnikoff* S. 340).

Konservierung von Lebens- und Futtermitteln

Längst ist bekannt, daß man mit Hilfe von Milchsäurebakterien Weißkohl und Gurken konserviert. Beide Säuerungen werden teilweise noch spontan durchgeführt, wobei zum Schluß aus dem bunten Floragemisch die echten Milchsäurebildner die Oberhand gewinnen.

In den letzten Jahren ist man dazu übergegangen, auch Grünfutter zu konservieren (Grünfuttersilierung) (*Henneberg*, *Ruschmann*) (905). In großen Silobehältern werden z. B. Rübenblätter, Klee, Luzerne, Futterrüben und Kartoffeln in zerkleinertem Zustande mit Reinkulturen von Milchsäurebakterien wie das Bact. cucumeris fermentati *Henneberg* und B. lactis acidi *Leichmann* übergossen. Der Vorgang verläuft bei niederer Temperatur (8—20°). Es hat sich herausgestellt, daß die gebildeten etwa 2% betragenden Milchsäuremengen das Eiweiß so gut konservieren, daß ein vorzügliches Dauerfutter für den Winter und das Frühjahr durch dieses Kaltgärverfahren erzielt wird. Es ist wohl selbstverständlich, eine homofermentative Gärung anzustreben und ein Aufkommen der Buttersäurebakterien zu bekämpfen. Cerealien, die sehr kohlehydratarm sind, erhalten einen Zusatz von Melasse oder Holzzucker. Zum Gelingen einer einwandfreien Gärung ist Luftabschluß unbedingt erforderlich. Deshalb wird das Pflanzengut stark in die Behälter eingedrückt und oben mit einer Lehmdecke abgeschlossen. Die Silierung der Biertreber bearbeitete *R. Koch* (906).

In den letzten Jahren hat man sich bemüht, auch Gemüsearten durch einen Silagevorgang zu konservieren, was z. T. gut gelungen ist (*Reinhold* [907], *Haehn* [908], *Ruschmann* [908a]).

Propionsäuregärung

An die Milchsäuregärung reiht sich die Propionsäuregärung an, die vielleicht einen Spezialfall der Milchsäurebildung darstellt. Nach Ansicht einiger Forscher wird hier das Glucosemolekül erst quantitativ wie bei der Milchsäuregärung in α-Oxypropionsäure zerlegt, worauf dieselbe der charakteristischen Propionsäurespaltung unterliegt (*Fitz*).

$$\underset{\text{Milchsäure}}{3CH_3\cdot CH\cdot OH\cdot COOH} = \underset{\text{Propionsäure}}{2CH_3\cdot CH_2\cdot COOH} + \underset{\text{Essigsäure}}{CH_3\cdot COOH} + CO_2 + H_2O$$

Man erkennt, daß aus 3 Molekülen Milchsäure 2 Mole Propionsäure und je 1 Mol Essigsäure, Kohlensäure und Wasser entstehen. Rechnerisch könnte man den Vorgang so auflösen, daß man 1 Molekül Milchsäure zur Reduktion der restlichen beiden Milchsäuremoleküle verwendet, indem man zunächst das erste Molekül in Acetaldehyd und Ameisensäure aufteilt. Der Aldehyd könnte durch Dehydrierung seines Hydrates das Mol Essigsäure der Bilanzgleichung liefern und daneben zwei Wasserstoffatome für die Reduktion des einen Milchsäuremoleküls. Die Ameisensäure würde den Wasserstoff für das zweite Mol geben und die noch fehlende Kohlensäure.

$$CH_3\cdot CH\cdot OH\cdot COOH = CH_3\cdot CHO + H\cdot COOH$$

$$CH_3\cdot CH\begin{matrix}\diagup OH\\ \diagdown OH\end{matrix} = CH_3\cdot COOH + H_2$$

$$H\cdot COOH = CO_2 + H_2$$

Das theoretische Verhältnis von Propionsäure zu Essigsäure ist also 2 : 1, gefunden wurde 1,8 : 1. Als Ursache des fehlenden Äquivalentes wird die Bildung von Bernsteinsäure aus Asparagin (aus dem Nährboden) angesehen, wodurch Wasserstoff der Zwischenphasen verloren geht und so der quantitative Umsatz unmöglich gemacht wird. Dies geht auch daraus hervor, daß durch besonders hohe Asparaginzugaben das obige Verhältnis noch ungünstiger gestaltet wird *(van Niel)* (909). Für die technische Propionsäuregewinnung wäre es vorteilhaft, die Essigsäurebildung zurückzudrängen. Daher bemühte sich *van Niel*, durch eine besondere Flora und besondere Eingriffe das Verhältnis von Propionsäure zu Essigsäure wie 5 : 1 während der Gärung zu gestalten.

Die erste Beobachtung dieses seltsamen Zerfalls der Milchsäure stammt schon aus dem Jahre 1878 von *Fitz* (910), während *Freudenreich* und *Orla-Jensen* (911) sowie *Virtanen* (912) den Vorgang in neuerer Zeit bestätigen konnten. Geht man von der Glucose aus, so benutzt man mit Vorteil das Bact. propionicum *Maurer* (913). Nach *van Niel* entstehen als Zwischenprodukte Methylglyoxal und Brenztraubensäure, welche Säure auch *Wood* und *Werkman* (914) mit Sulfit abfangen konnten. Trotz aller Bemühungen herrscht bei diesem Gärungsvorgang noch keine Klarheit *(Wood)* (915). Es ist nicht ausgeschlossen, daß mehrere Wege zur Propionsäurebildung führen. Jedenfalls entspricht die obige Bruttogleichung den Tatsachen und kann daher als Grundlage der Bilanzversuche dienen. Geht man in der Formulierung von Glucose aus, so bleibt, wie man sieht, das obige Äquivalent bestehen:

$$3C_6H_{12}O_6 = 4CH_3\,CH_2\cdot COOH + 2CH_3\cdot COOH + 2CO_2 + 2H_2O$$

Wie wir sahen, sollte nach den bisherigen Reaktionsschemen die Propionsäure durch Reduktion der Milchsäure gebildet werden. Ein anderer Weg führt durch Decarboxylierung der Bernsteinsäure zum Ziele. Grundlage dieses neuen Gärschemas ist die *Wood-Werkman*sche Reaktion, die Carboxylierung der Brenztraubensäure zur Oxalessigsäure. Wir bedienen uns nun eines Schemas von *Wilhelm Franke* (916), das eine ältere Reaktionsfolge nach *Wood*, *Stone* und *Werkman* (917) zur Grundlage hat.

1. Glucose ⟶ Hexosephosphate ⟶ Triosephosphat ⟶ Phosphoglycerinsäure ⟶ $\underset{(I)}{CH_3\cdot CO\cdot COOH}$

2. $CH_3\cdot CO\cdot COOH \xrightarrow[-H_2]{+H_2O} \underset{(II)}{CH_3\cdot COOH} + \underset{(III)}{CO_2}$

3. $CH_3\cdot CO\cdot COOH + CO_2 = \underset{(IV)}{HOOC\cdot CH_2\cdot CO\cdot COOH}$

4. $HOOC\cdot CH_2\cdot CO\cdot COOH \xrightarrow[-H_2O]{+4H} \underset{(V)}{HOOC\cdot CH_2\cdot CH_2\,COOH}$

5. $HOOC\cdot CH_2\cdot CH_2\cdot COOH \xrightarrow{-CO_2} \underset{(VI)}{CH_3\cdot CH_2\cdot COOH}$

Die erste Phase im Schema verwandelt die Glucose über die bekannten Zwischenprodukte in Brenztraubensäure (I). Da Phosphate bei diesen Reaktionen erwiesenermaßen eine wichtige Rolle spielen, so ist anzunehmen, daß die zymatischen Vorgänge denen der Hefe gleichen oder zum mindesten sehr ähnlich sind. Wie bereits erwähnt, konnte Brenztraubensäure abgefangen werden (s. Kap. 12 Gärphasen 1—8). Nun erfolgt ein oxydativer Abbau der Brenztraubensäure, der die nach der Bruttogleichung auftretende Essigsäure (II) und die Kohlensäure (III) für die *Wood-Werkman*sche Reaktion in Phase 3 liefert. Hier entsteht also durch Fixierung der Kohlensäure Oxalessigsäure (IV), die auf reduktivem Wege Bernsteinsäure (V) ergibt. In dieser Reaktionsfolge ist also die Bernsteinsäure ein obligates Zwischenprodukt, nicht das Ergebnis einer Nebenreaktion, wie ursprünglich von älteren Autoren angenommen wurde. Auf Grund von Isotopenversuchen nehmen *Wood* und Mitarbeiter (901) an, daß höchstwahrscheinlich alle Propionsäure aus Bernsteinsäure „carbosynthetisch“ entsteht und nicht durch Reduktion von Milchsäure. Die Endreaktion, die Phase 5, erfolgt durch die von *Delwiche* (918) aufgefundene Succinodecarboxylase. Dieses Enzym bildet Propionsäure (VI) mit einer derartigen Geschwindigkeit, die mit einer solchen bei der Entstehung von Propionsäure aus Brenztraubensäure wetteifert. Wo als Nebenprodukt Milchsäure und Propylalkohol auftreten, sind ihre Bildungen Reduktionsprozessen der Brenztraubensäure bzw. der Propionsäure zu danken. Die obigen Ergebnisse, die mit dem B. acidi propionici (Propionbact. pentosaceum) erzielt worden sind, müssen durch quantitative Versuche noch erhärtet werden.

Die Propionsäuregärung spielt bei der Reifung des Schweizerkäses durch die Vergärung von Calciumlactat mit Hilfe des B. acidi propionici eine große Rolle. Da die Kohlensäure durch die harte Rinde nicht entweichen kann, so bewirkt sie die für den Schweizer Käse charakteristische Lochbildung *(Freudenreich* und *Jensen)*. Die sich in den „Augen“ abscheidenden „Tränen“ enthalten neben Salzen auch Aminosäuren, z. B. Tyrosin, Produkte der Hauptreifung.

II. Desmolytische Prozesse, verknüpft mit anschließenden Synthesen der Sprengstücke

Buttersäuregärung

Die Buttersäurebildung als Gärprozeß wurde zuerst von *Pasteur* 1861 erkannt *Fitz* verdanken wir die ersten näheren Untersuchungen über diesen Prozeß (1882). *Winogradskys* Bemühungen um die Aufklärung dieser eigenartigen Gärung folgten erst 1902. Hier handelt es sich ebenfalls noch um anoxydative Umwandlungen *(Bernhauer)* (919). Zunächst wollen wir uns der reinen Buttersäuregärung zuwenden, bei der als wichtigstes Gärprodukt nur Buttersäure auftritt.

$$C_6H_{12}O_6 = C_4H_8O_2 + 2CO_2 + 2H_2$$

Wie wir aus der Bruttogleichung ersehen, entstehen nebenher nur Kohlensäure und Wasserstoff.

Um von der Hexose zu einer Kette von 4-C-Atomen zu kommen, vermuteten *Buchner* und *Meisenheimer* (920), daß die aus der Destruktion des Zuckermoleküles hervorgegangenen Acetaldehydmoleküle einer Aldolkondensation unterliegen, worauf durch eine Umlagerung des Aldols die gewünschte Säure entstehen könnte. Den Acetaldehyd könnte man sich durch Zerfall von Milchsäure oder seiner isomeren Verbindung, dem Methylglyoxalhydrat, entstanden denken, die beide auch andererseits durch Zerlegung der intermediär auftretenden Ameisensäure die der Gleichung gemäß nötigen Mengen von Kohlensäure und Wasserstoff zu liefern in der Lage wären. Gestützt wird die Theorie einmal dadurch, daß bei diesen Gärungen Milchsäure bis zu 10% auftreten kann, dann durch die Ergebnisse von *Neuberg* und *Arinstein* (921), die bei den Versuchen mit dem Bact. butylicus mit Hilfe von Sulfit den Acetaldehyd in solchem Maße abfangen konnten, daß die Buttersäurebildung unterblieb. Bei den Bemühungen, die theoretisch möglichen Zwischenglieder, wie Milchsäure, Acetaldehyd und Aldol zu vergären, erlebte man indessen eine große Enttäuschung. Da man jedoch mit Brenztraubensäurealdol zu primitiven Ergebnissen kam, vermutete

Neuberg in der Brenztraubensäure das Zuckerspaltstück, das zur Buttersäuresynthese in Frage kommen soll. Folgendes Formelschema würde sich jetzt ergeben:

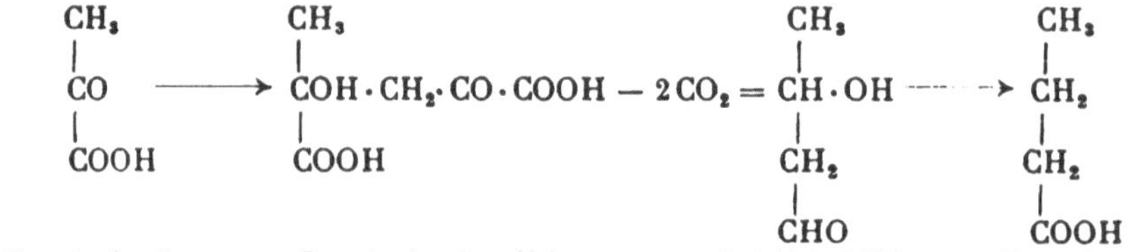

Brenztraubensäure — Brenztraubensäurealdol — Acetaldehydaldol — Buttersäure

Jedoch auch diese Befunde geben noch keine befriedigende Erklärung. Der Widerstand der Bakterien gegen die oben genannten Zwischenprodukte könnte rein äußerlicher Natur sein (Osmosehemmung), so daß aus dem bisherigen negativen Befund die Schlüsse auf den chemischen Mechanismus nicht zwingend sind.

Kluyver und *Donker* (922) haben das große Verdienst, genaue Gärungsbilanzen für die Buttersäure-Essigsäuregärung mit dem Clostridium saccharobutyricum ausgeführt zu haben und kommen unter Berücksichtigung der bereits früher gemachten Befunde zu folgendem grundlegenden Gärungsschema:

A. Reine Desmolyse

I. $C_6H_{12}O_6 \longrightarrow 2\,C_3H_6O_3$

Glucose — Methylglyoxalhydrat

II. 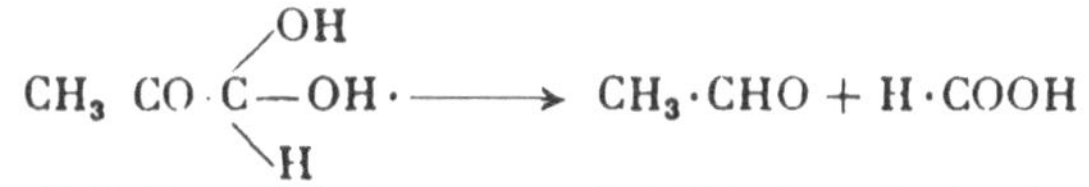

Methylglyoxalhydrat — Acetaldehyd — Ameisensäure

Dehydrierungsreaktionen:

III. $H\cdot COOH \longrightarrow CO_2 + H_2$

Ameisensäure — Kohlensäure Wasserstoff

IV. 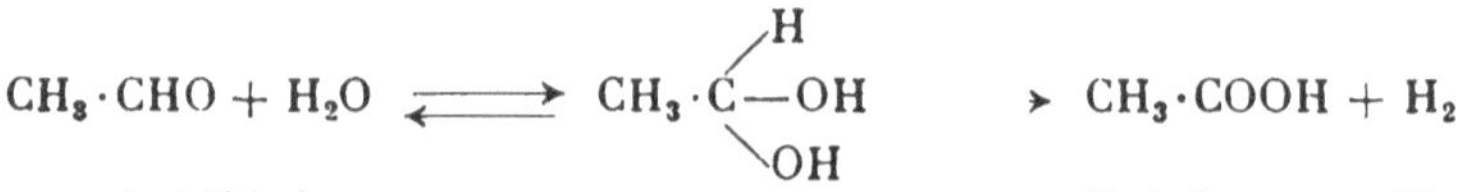

Acetaldehyd — Essigsäure — Wasserstoff

B. Kondensierungsreaktion

V. 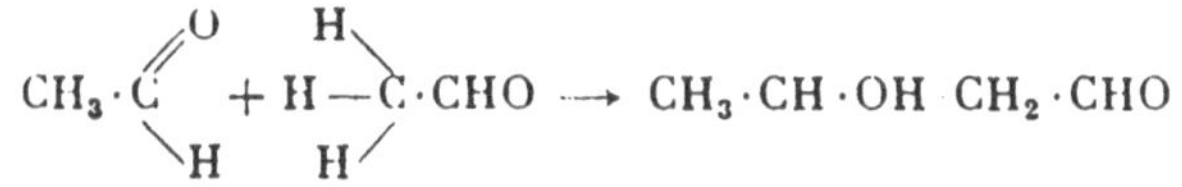

2 Mol Acetaldehyd — Acetaldol

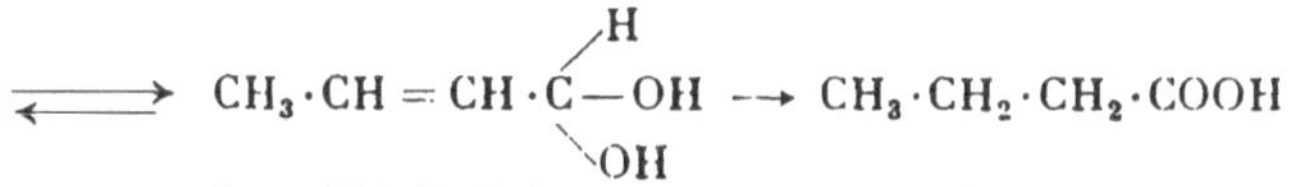

Crotonaldehydhydrat — Buttersäure

Nicht alle Reaktionen dieses Schemas sind bewiesen, vor allem nicht die Bildung und die Umwandlung des Aldols (923). Aus Gleichung IV sehen wir auch die Bildung von Essigsäure, die in den meisten Fällen nachgewiesen werden konnte. Diese Formulierungen zeigen sehr deutlich den desmolytischen und synthetischen Charakter dieses Gärungsprozesses. Typisch sind für diese Gärungen die Clostridiumarten, die durch Sporenbildung und streng anaerobe Lebensweise ausgezeichnet sind.

Das Methylglyoxal, dem einst im alten Schema der alkoholischen Gärung eine sehr wichtige Funktion zudiktiert wurde, dient in dem obigen Schema als unentbehrliche Durchgangsform. Ob diese auch bei allen Bakterien der Buttersäuregärung restlos verdrängt werden wird, ist noch unentschieden. Wenn auch neuere experimentell gesicherte Reaktionsfolgen ohne Methylglyoxal auskommen, so ist bei der Mannigfaltigkeit der Zellreaktionen auch dieses Zwischenprodukt, vielleicht als phosphorylierte Verbindung, in einem oder dem anderen Mikroorganismus denkbar.

Von anderer Seite wird auch Acetessigsäure in folgendem Gärungsschema als wichtigstes Zwischenglied angesprochen *(Langlykke, Peterson, Fred)* (924):

$$\underset{\text{Glucose}}{C_6H_{12}O_6} + 2\,H_2O = \underset{\text{Essigsäure}}{2\,CH_3{\cdot}COOH} + 2\,CO_2 + 4\,H_2$$

$$2\,CH_3{\cdot}COOH = \underset{\text{Acetessigsäure}}{CH_3{\cdot}CO{\cdot}CH_2{\cdot}COOH} + H_2O$$

$$CH_3{\cdot}CO{\cdot}CH_2{\cdot}COOH + 2\,H_2 = CH_3{\cdot}CH_2{\cdot}CH_2{\cdot}COOH + H_2O$$

(S. 433. Versuche v. *Stadtmann* u. *Barker*).

Die technische Herstellung der Buttersäure geschieht in geringem Umfange. Ester der Säure verwendet man in der Riechstoffindustrie.

Butylalkohol-Acetongärungen

Die Butylalkohol-Acetongärungen sind auch durch desmolytische und synthetische Prozesse charakterisiert. Man kann mit ziemlicher Sicherheit annehmen, daß bei Vergärung von Zucker wie oben zunächst Buttersäure entsteht, die dann durch den nebenher auftretenden Wasserstoff zu Butylalkohol reduziert wird *(Reilly* und Mitarbeiter [925], sowie auch *Speakmann* [926]*)*. Ferner nehmen dieselben Forscher die Entstehung von Aceton aus Essigsäure an. Sie begründen ihre Ansicht mit der Tatsache, daß bei Gegenwart von Calciumcarbonat die Säuren abgefangen werden können und auf diese Weise der Entstehung von Butylalkohol (Butanol) und Aceton entgegengearbeitet wird. Andererseits können durch Zugabe von Buttersäure, Butyraldehyd und Essigsäure zum Gärgut die Ausbeuten an Butylalkohol und Aceton erhöht werden.

Donker (922), der auch für diesen Fall im *Kluyver*schen Laboratorium Gärungsbilanzen ausführte, konnte ein Schema aufstellen, das den wirklichen Verhältnissen weitgehend Rechnung trägt. Da die Aufstellung einen schönen Einblick in die Mannigfaltigkeit der chemischen Betätigung der Bakterien gibt, sei sie ausführlich wiedergegeben.

A. Reine Desmolyse

I—IV wie bei der Buttersäuregärung.

B. Kondensierungsreaktionen

V.

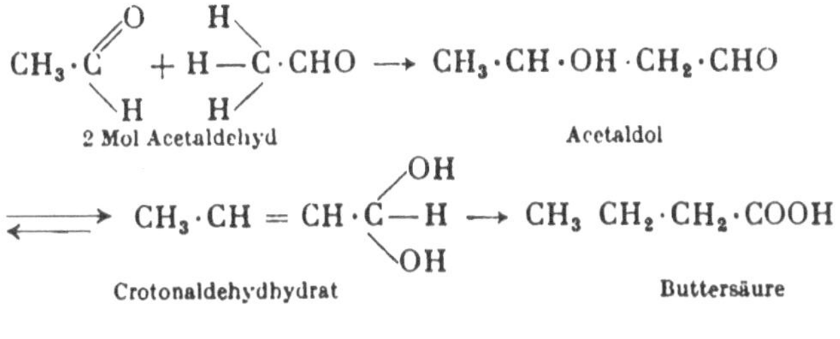

VI. 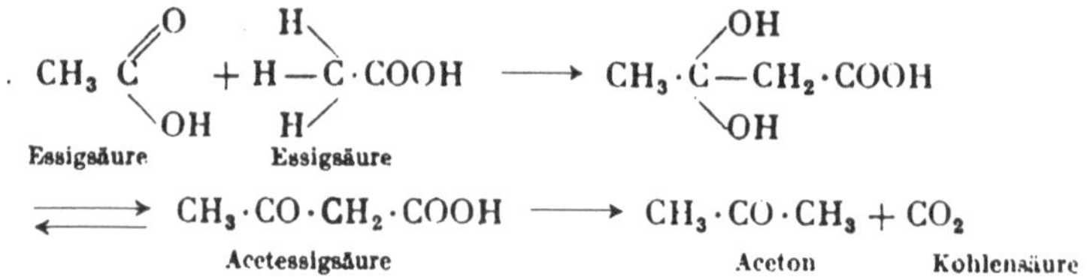

C. Hydrierungsreaktionen

VII. $2H \longrightarrow H_2$ (mol. Wasserstoff)

VIII. $CH_3 \cdot CHO + 2H \rightarrow CH_3 \cdot CH_2 \cdot OH$ (Acetaldehyd → Aethylalkohol)

IX. $CH_3 \cdot CH_2 \cdot CH_2 \cdot COOH + 4H \rightarrow CH_3 \cdot CH_2 \cdot CH_2 \cdot CH_2 \cdot OH$ (Buttersäure → Butylalkohol)

X. $CH_3 \cdot CO \cdot CH_3 + 2H \rightarrow CH_3 \cdot CH \cdot OH \cdot CH_3$ (Aceton → Isopropylalkohol)

Die Bildung von Isopropylalkohol entspricht sicher der obigen Gleichung (925). Da hierbei Wasserstoff benötigt wird, so muß eine reichliche Produktion dieses Alkohols die Entstehung von Butylalkohol herabsetzen, was auch den Tatsachen entspricht (*Osburn*, *Brown*, *Werkman*) (927). *Donkers* Ansichten wurden durch *van der Lek* (928) und andere bestätigt, dazu wurde neues Beweismaterial erbracht. So konnten *Pett* und *Wynne* (929) mit dem Clostridium acetobutylicum aus Vergärungen des Hexosediphosphates Methylglyoxal (Gleichung I) isolieren, *Johnson*. *Peterson* und *Fred* (930) dagegen Aceton, wenn als Substrat Acetessigsäure verwendet wurde (Gleichung VI). Die letzten Forscher lehnen indessen die Bildung der Buttersäure aus Acetaldehyd ab (Reaktion V) und vermuten als Vorstufe die Acetessigsäure, aus Essigsäure gebildet. Auch von anderer Seite wurden noch Einwände gemacht (*Janke* und *Siedler*) (923). Andererseits steht fest, daß auf Zugabe von Acetaldehyd reichliche Mengen von Butylalkohol gebildet werden. Der Zustand der Bakterien mag bei diesen Versuchen eine große Rolle spielen.

Aus dem *Donker*schen Schema ist zu sehen, wie die Hauptprodukte der „Butyl"-Gärung, nämlich die Buttersäure, der n-Butylalkohol, der Aethylalkohol, das Aceton und der Isopropylalkohol aus Glucose entstehen können. Je nach der Art der verwendeten Bakterienstämme herrschen diese oder jene Reaktionsprodukte vor. Man kann hauptsächlich 4 Gärungsarten unterscheiden:

1. die Butanol-Acetongärung,
2. die Butanol-Aethanolgärung,
3. die Butanol-Isopropylgärung und
4. die Aethanol-Acetongärung.

Dazu sei gesagt, daß reine Gärungen niemals auftreten, sondern stets Nebenprodukte verschiedenster Art angetroffen werden.

Die technisch wichtigste Gärung ist die Butanol-Acetongärung, die von *Weizmann* (931) besonders gefördert wurde, nachdem *Fernbach* und *Strange* (932) die grundlegenden technischen Vorversuche ausgeführt hatten. Es entstand vor dem Kriege eine Weltproduktion an Butanol von etwa 40000 t, an Aceton von etwa 10000 t. Leider steht nicht fest, welchen Anteil dem rein chemischen Verfahren zugeschrieben werden muß. Heute ist bekannt, daß die USA allein im Jahre 1944 über 50000 t Butanol auf gärungschemischem Wege herstellten. Die Produktion von Aceton belief sich in demselben Jahre auf etwa 175000 t, wovon etwa nur 25000 t aus den Gärbetrieben stammten (933). Als Ausgangsmaterial dienen Reis, Mais, Kartoffeln, Melasse, Roßkastanien, Getreidearten, Holzzucker, Sulfitablauge aus Buchenholz (934) und Molke (935).

Zur Gärung wurde ursprünglich der Granulobakter pektivorum verwendet, heute mehr das Clostridium acetobutylicum und das Clostridium saccharoacetobutylicum.

Die technischen Ausbeuten beliefen sich auf 22,5 kg Butanol, 11 kg Aceton und 2,7 kg Nebenprodukte in Form von Äthylalkohol, Isopropylalkohol und Methyl-Äthylketon aus 100 kg Stärke. Gleichzeitig entwichen 36 cbm Kohlensäure und 24 cbm Wasserstoff. Große Werke arbeiteten in Frankreich in Melle unter der Firma „Distilleries des Deux Sèvres" und in USA, und zwar in Terra Haute (Indiana) und Peoria (Illinois) (Commercial Solvents Corporation). Hier spielen Kulturen der Gattung Granulobakter saccharobutyricum eine Rolle.

Butanol und Aceton finden ausgedehnte Verwendung als Lösungsmittel für die ölfreien und ölarmen Lacke (Spritzlacke und Streichlacke; Nitrocelluloselacke). Ester des Butanols mit Ameisensäure, Essigsäure und Phthalsäure dienen ebenfalls gleichen Zwecken.

Bei manchen Butylalkoholgärungen entsteht neben wenig Aceton Aethylalkohol in beachtlichen Mengen (Butanol-Aethanolgärung) (936). Um die Abhängigkeit des Gärverlaufs von dem angewandten Substrat zu zeigen, seien folgende Ergebnisse von *Buchner* und *Meisenheimer* (920) wiedergegeben.

Es entstehen:

Aus 100 g	Zucker:	Aus 100 g	Glycerin:
0,7 g	Butylalkohol	19,6 g	n-Butylalkohol
2,8 g	Aethylalkohol	10,4 g	Aethylalkohol
48,1 g	Kohlensäure	42,1 g	Kohlensäure
1,6 g	Wasserstoff	1,9 g	Wasserstoff
3,4 g	Ameisensäure	4,0 g	Ameisensäure.

Diese Versuche wurden mit dem Bacillus butylicus Fitz durchgeführt.

Die Butanol-Isopropanolgärung hat in der letzten Zeit an Interesse gewonnen. *Van der Lek* (928) hat mit dem Clostridium felsineum gute Erfolge erzielt. Auch andere Butylbakterien kommen in Frage (924) *(Langlykke, Peterson, Fred)*. Auf die Entstehung des Isopropylalkohols (Isopropanol) wurde schon oben hingewiesen.

An die Butanolgärung kann die in den letzten Kriegsjahren in USA und Kanada ausgebaute 2,3-Butylenglykolgärung aus den Rohstoffen Weizen und Mais angeschlossen werden. Die Grundlagen der Technik wurden von holländischen Chemikern geschaffen, die bereits seit 1930 in der Nederlandischen Gist- en Spiritusfabrik in Delft diesen Alkohol in technischem Maßstabe darstellten *(Kluyver)*. Der Alkohol wird sich wahrscheinlich aus dem Aldol durch Reduktion der Aldehydgruppe und Verlagerung der entstandenen endständigen OH-Gruppe bilden. Geeignet für diese Gärung ist der Aerobakter aerogenes in Form der Seagram-Kultur 766 oder der Rasse M 5 A 1 der Universität Wisconsin. Als zusätzliche Stickstoffquelle dienen Ammoniak oder Harnstoff, wobei zur Erzielung höherer Ausbeuten Lüftung und Bewegung der Maischen notwendig sind. Man hat aus 26 kg Getreide bisher 5,9—6,3 kg Butylenglykol erhalten, jedoch werden durch Ausbau des Verfahrens noch höhere Erträge erwartet. Der Alkohol dient zur Erzeugung von Gummi über das Butadien *(W. H. Stark, S. L. Adams, P. Kolachow* und *H. F. Willkie)* (937).

Von großer technischer Wichtigkeit ist ferner der Aethanol-Acetonbildungsprozeß. *Schardinger* (938) entdeckte die Flora, die Kohlenhydrate glatt in Aceton und Aethylalkohol zerlegt. Butylalkohol wird in diesem Falle nicht erzeugt. Die beiden wichtigsten Mikroorganismen, Bac. macerans und Bac. acetoaethylicus *(Northrop)* sind von *Peterson*, *Fred* und *Anderson* (939), sowie von *Speakmann* (940) als auch von *Bakonyi* (941) näher untersucht worden. Als Ausgangsmaterial dienen Mais, Reis, Kartoffeln, Futter- und Zuckerrüben. 100 kg Mais liefern 20 l Aethylalkohol und 20 l Aceton neben 22 cbm Kohlensäure und 16 cbm Wasserstoff. Die Gärung verläuft gemäß folgender Bruttogleichung:

$$\underset{\text{(Stärke)}}{2C_6H_{10}O_5} + 4H_2O = \underset{\text{Aethanol}}{2C_2H_5\cdot OH} + \underset{\text{Aceton}}{CH_3\cdot CO\cdot CH_3} + 5CO_2 + 4H_2 + H_2O$$

Arbeitet man mit dem Bac. macerans, so ist eine vorherige Verzuckerung durch Malz nicht nötig.

B. Oxydative Gärungen

Die Gärungen, die in diesem Abschnitt behandelt werden, unterscheiden sich von den vorher beschriebenen in der Hauptsache dadurch, daß bei ihnen Sauerstoff zum Aufbau der Gärprodukte nötig ist. Während die anderen Gärungen die nötige Lebensenergie durch rein desmolytische Spaltungen erzielten, wird in der neuen Klasse von Gärungen Energie ganz oder teilweise durch Oxydationsreaktionen gebildet. Solange bei Gärvorgängen das Substrat noch desmolytisch zerlegt und die Sauerstoffaufnahme eine Begleitreaktion ist, erscheint der Ausdruck Gärung immer noch einigermaßen berechtigt. Wenn sich aber gewisse, seit Jahrhunderten bekannte Gärungen nur als einfache Oxydationsreaktionen entpuppt haben, so hat die Bezeichnung Gärung für diese Art von Umsetzungen heute nur noch historischen Sinn. Gedacht wird hier in erster Linie an die Essiggärung, an die Umwandlung von Alkohol zu Essigsäure mit Hilfe von Bakterien. Streng genommen handelt es sich hier um einen Atmungsprozeß, um eine Veratmung des Substrates Alkohol zu Kohlensäure und Wasser, die aber in der Regel, wohl infolge der Eigenart der Flora, bei der Zwischenstufe Essigsäure stehen bleibt. Ist der Alkohol verbraucht, so wird die Essigsäure bis zu den Endprodukten oxydiert. Dies gilt für die echten Essigbakterien. Offenbar sind dieselben besser auf Alkohol als auf Essigsäure abgestimmt (s. a. u. Einführung).

I. Desmolytische Spaltungen und Aufnahme von Sauerstoff

Zu dieser Gruppe gehören die Fumarsäure-, die Zitronensäure- und die Oxalsäuregärung. Das Charakteristische bei diesen Prozessen ist, daß das Hexosemolekül in Sprengstücke aufgeteilt und Sauerstoff aufgenommen wird. Der Sauerstoffbedarf macht sich bei den hier in Frage kommenden Pilzen in der Art bemerkbar, daß sich die Pilze an der Oberfläche der Nährlösung entfalten. Luftmangel bewirkt ein Verkümmern des Pilzes, zum mindesten eine Verhinderung der Säurebildung. Dies sieht man besonders deutlich an den Versuchen von *Butkewitsch* und *Fedoroff* (942) mit dem Rhizopus nigricans, der infolge Luftabschlusses keine Fumarsäure mehr lieferte.

Fumarsäuregärung

Daß Schimmelpilze Fumarsäure erzeugen, hat *F. Ehrlich* (943) als erster beobachtet (1911). Aber erst seit den ersten umfangreichen Versuchen von *Wehmer* (944) kann man von einer Fumarsäuregärung sprechen. Während *Ehrlich* den Vorgang nur im Rhizopus nigricans (Mucor stolonifer) kennengelernt hatte, verfügte *Wehmer* über 20 verschiedene Pilze, z. B. auch über den stark säuernden Aspergillus fumaricus. Über interessante Rhizopusvariationen berichten *Forster* und *Waksman* (945). Aus der Reaktionsgleichung von *Butkewitsch* und *Fedoroff* geht hervor,

$$\underset{\text{Glucose}}{C_6H_{12}O_6} + 3O_2 = \underset{\text{Fumarsäure}}{C_4H_4O_4} + 2CO_2 + 4H_2O$$

daß auf ein Hexosemolekül 3 Sauerstoffmoleküle kommen. Um zur Fumarsäure zu gelangen, muß das Glucosemolekül zunächst durch die Zymase in Alkohol und Kohlensäure aufgeteilt werden.

$$\text{I. } \underset{\text{Glucose}}{C_6H_{12}O_6} = 2CO_2 + 2\underset{\text{Alkohol}}{C_2H_5 \cdot OH}$$

Nun setzt eine restlose Essigsäurebildung ein, so daß nur noch diese Säure für die weiteren Phasen zur Verfügung steht. Über die Theorie der Essigsäureerzeugung siehe „Die Essiggärung"-(s. Ende dieses Kapitels).

$$\text{II. } 2\underset{\text{Alkohol}}{C_2H_5 \cdot OH} + 2O_2 = 2\underset{\text{Essigsäure}}{CH_3 \cdot COOH} + 2H_2O$$

Auf diesen Abbau folgt eine Bernsteinsäuresynthese durch Dehydrierung der Essigsäure mittels Sauerstoff.

$$\begin{array}{c} H \cdot CH_2 \cdot COOH \\ \\ H \cdot CH_2 \cdot COOH \\ \text{2 Mol. Essigsäure} \end{array} + O = \begin{array}{c} CH_2 \cdot COOH \\ | \\ CH_2 \cdot COOH \\ \text{Bernsteinsäure} \end{array} + H_2O$$

Eine weitere Dehydrierung durch die *Thunberg*sche Succinodehydrase gibt sodann die Fumarsäure

$$\text{III. } \begin{array}{c} CH_2 \cdot COOH \\ | \\ CH_2 \cdot COOH \\ \text{Bernsteinsäure} \end{array} \underset{\text{Wasserstoff-akzeptor}}{+ O =} \begin{array}{c} CH \cdot COOH \\ \| \\ CH \cdot COOH \\ \text{Fumarsäure} \end{array} + H_2O$$

Dieses chemische Schema, primitiv dargestellt, ist durch eine Anzahl von Versuchen gut gestützt (*Butkewitsch* und *Fedoroff*) (946). Denkbar ist auch eine direkte Bildung von Essigsäure aus der Glucose, wie wir das schon an anderer Stelle (Kap. 8, Isotopenelemente) gesehen haben (*Berker* und *Kamen*). Wie angeführt, wird der Vorgang von Mucor- und Aspergillusarten hervorgerufen. Der Aspergillus fumaricus erzeugte nach *Wehmer* in 20%igen Zuckerlösungen in Gegenwart von Calciumcarbonat über 60% Fumarsäure, auf verbrauchten Zucker berechnet. Die Säure scheidet sich als relativ schwerlösliches Kalksalz in Form von kristallinischen Krusten ab. Wachstumsoptimum 22°. Nach *Bernhauer* (947) entsteht auch Äpfelsäure durch Wasseranlagerung. Er erreichte eine Höchstausbeute von Bernsteinsäure, Fumarsäure und Äpfelsäure bis 90% der Theorie. Die Ausbeute schwankt nach der Art des Pilzes und ist wieder abhängig vom pH, rH, vom Phosphatgehalt und Art und Menge der Stickstoffquelle der Nährlösung.

Auch Bakterien sind in der Lage, Fumarsäure zu bilden. Nach dem Reaktionsgang von *Krebs* und *Eggleston* (948) wird Brenztraubensäure (I) in den Mittelpunkt des Prozesses gestellt, die durch CO_2-Fixierung Oxalessigsäure (II) liefert. Der Weg führt nun über Äpfelsäure (III) zu Fumarsäure (IV). Da sich herausgestellt hat, daß Schimmelpilze (*Forster*, *Carson*, *Ruben*, *Camen*) (949) auch Kohlensäure verarbeiten können, so ist der oben skizzierte chemische Vorgang ebenfalls für Pilze nicht abwegig. Es käme folgendes Schema in Frage:

$$\text{1. } \underset{\text{Hexose}}{C_6H_{12}O_6} \longrightarrow \underset{\text{(I)}}{CH_3 \cdot CO \cdot COOH}$$

$$\text{2. } CH_3 \cdot CO \cdot COOH + CO_2 = \underset{\text{(II)}}{HOOC \cdot CH_2 \cdot CO \cdot COOH}$$

$$\text{3. } HOOC \cdot CH_2 \cdot CO \cdot COOH + H_2 = \underset{\text{(III)}}{HOOC \cdot CH_2 \cdot CH \cdot OH \cdot COOH}$$

$$\text{4. } HOOC \cdot CH_2 \cdot CHOH \cdot COOH - H_2O = \underset{\text{(IV)}}{HOOC \cdot CH : CH \cdot COOH}$$

Die Aufnahme von Kohlensäure nach Gleichung 2 konnte durch Isotopenanalyse mit dem radioaktiven ^{11}C bei dem lebenden Bac. coli erwiesen werden, wobei Äpfelsäure als Zwischenprodukt auftrat *(Nishina, Endo* und *Nakayama)* (950). Auch das nicht radioaktive ^{13}C wurde von denselben lebenden Bakterien assimiliert, wobei das Reduktionsprodukt der Fumarsäure, die Bernsteinsäure, aufzufinden war *(Wood, Werkman, Hemmingway, Nier)* (901).

Zitronensäuregärung

Der wichtigste Prozeß dieser Gruppe ist die Zitronensäuregärung, weil sie technisch zu derselben Säure führt, die sonst aus der Citrusfrucht gewonnen werden muß. Wenn man sich die Formelbilder der Umsatzgleichung ansieht, so bemerkt man, wie bei der Fumarsäuresynthese, einen tiefgreifenden Umbau des Ausgangsmaterials, denn alle charakteristischen Gruppen der Zitronensäureformel liegen in dem Glucosemolekül nicht präformiert vor.

$$\underset{\text{Glucose}}{\begin{array}{l} CHO \\ | \\ CH\cdot OH \\ | \\ CH\cdot OH \\ | \\ CH\cdot OH \\ | \\ CH\cdot OH \\ | \\ CH_2\cdot OH \end{array}} + 3\,O = \underset{\text{Zitronensäure}}{\begin{array}{l} CH_2\cdot COOH \\ | \\ C\cdot OH\cdot COOH \\ | \\ CH_2\cdot COOH \end{array}} + 2H_2O$$

So lange man sich mit diesem Gärprozeß beschäftigt hat, so lange versuchte man auch den Chemismus zu beweisen. Das ist leider bis heute noch nicht restlos geglückt. Es ist sicher unbestreitbar so, daß sich kleine Spaltstücke des Zuckermoleküls zur Synthese für die Zitronensäure wieder vereinigen.

Buchner und *Wüstenfeld* (951) vermuteten schon vor längerer Zeit (1909) als erste Phase die Bildung von Essigsäure und Oxalsäure, die dann durch einfache Wasserabspaltung zum gewünschten Molekül führen sollten.

$$\begin{array}{l} H\cdot CH_2\cdot COOH\ \text{(Essigsäure)} \\ O{:}COH\cdot COOH\ \text{(Oxalsäure)} \\ H\cdot CH_2\cdot COOH\ \text{(Essigsäure)} \end{array} = \underset{\text{Zitronensäure}}{\begin{array}{l} CH_2\cdot COOH \\ | \\ C\cdot OH\cdot COOH \\ | \\ CH_2\cdot COOH \end{array}} + H_2O$$

Leider konnte die Theorie durch Versuche nicht gestützt werden. *Bernhauer* (952) sowie auch *Amelung* (953) nehmen C_3-Körper als Zwischenstufen an, da aus selbigen Zitronensäure mit Hilfe von Pilzen zu erhalten ist.

Einen großen Grad von Wahrscheinlichkeit hat die Theorie von *Chrzaszcz* und *Tuikow* (954). Die Synthese beginnt mit Essigsäuremolekülen, doch ist noch nicht erwiesen, auf welchem Wege dieselben aus Hexosen gebildet werden (s. Fumarsäuregärung!). Nach *Tomlinson* (955) besteht kein Zusammenhang zwischen zymatischer Aktivität und Säureerzeugung wie bei der Fumarsäurebildung. Auch die negativen Befunde von *Johnson, Knight* und *Walker* (956), die alkoholische Gärung durch Jodessigsäure zu beeinflussen, sprechen nicht für die intermediäre Alkoholphase. Es müßte also noch ein anderer Weg zur Essigsäurebildung aufgefunden werden. Aus 2 Molekülen Essigsäure kann sich dann, wie wir oben gesehen haben, über Bernsteinsäure Fumarsäure bilden, die durch Wasseraufnahme zur Äpfelsäure führt.

$$\underset{\text{Fumarsäure}}{\begin{array}{l} CH\cdot COOH \\ \| \\ CH\cdot COOH \end{array}} + H_2O = \underset{\text{Äpfelsäure}}{\begin{array}{l} CH_2\cdot COOH \\ | \\ CH\cdot OH\cdot COOH \end{array}}$$

Vereinigt man nun dieses Molekül mit einem neuen Mol Essigsäure durch eine Dehydrierung nach folgendem Schema:

$$\begin{array}{lcl} CH_2\cdot COOH \text{ (Äpfelsäure)} & & CH_2\cdot COOH \\ \quad | & & \quad | \\ H\cdot C\cdot OH\cdot COOH & -2\,H = & C\cdot OH\cdot COOH \\ \quad + & & \quad | \\ H\cdot CH_2\cdot COOH \text{ (Essigsäure)} & & CH_2\cdot COOH \\ & & \text{Zitronensäure} \end{array}$$

so kommt man glatt zu dem Zitronensäuremolekül. Für diese Reaktion spricht, daß man aus Gäransätzen Bernsteinsäure, Fumarsäure und Äpfelsäure isolieren kann. Ferner konnten *Bernhauer* und *Siebenäuger* (957) aus Nährlösungen mit fumarsaurem, äpfelsaurem und glycolsaurem Salz Zitronensäure erzeugen. Auch die Versuche aus der neueren Zeit von *Ciusa* und *Brüll* (958) brachten keine endgültige Lösung.

Nach einer anderen Theorie (*Virtanen* und *Pulki*, *Knoop* und *Martius*) (959) soll die letzte Phase der Zitronensäurebildung eine Aldolkondensation von Oxalessigsäure mit einer besonders „aktiven" Essigsäure sein:

$$HOOC\cdot CH_2\cdot CO\cdot COOH + CH_3\cdot COOH \rightarrow C_6H_8O_7$$

Über die Herkunft dieser Reaktionspartner fehlen noch sichere Unterlagen. Vielleicht entsteht die Essigsäure oxydativ aus Brenztraubensäure (*Lynen* [960], *Breusch* [961], *Wieland* [962], *Stadtman* und *Barker* [963]) und die Oxalessigsäure durch Carboxylierung der Brenztraubensäure durch Kohlensäure (s. o.). Zymatische Vorgänge könnten die Brenztraubensäure aus der Glucose bilden. Man würde dann folgendermaßen formulieren:

1. $C_6H_{12}O_6 \rightarrow 2\,CH_3\cdot CO\cdot COOH + 2\,H_2$
   (schematisch: Milchsäure minus Wasserstoff)
2. $CH_3\cdot CO\cdot COOH + O = CH_3\cdot COOH + CO_2$
3. $CH_3\cdot CO\cdot COOH + CO_2 = HOOC\cdot CH_2\cdot CO\cdot COOH$
4. Oxalessigsäure + Essigsäure = Zitronensäure

$$\begin{array}{lcl} CH_2\cdot COOH & & CH_2\cdot COOH \\ \quad | & & \quad | \\ CO\cdot COOH & = & C\cdot OH\cdot COOH \\ \quad + & & \quad | \\ H\cdot CH_2\cdot COOH & & CH_2\cdot COOH \end{array}$$

5. $2\,H_2 + O_2 = 2\,H_2O$

Nach der Entdeckung der Co-Transacetylase (s. S. 209) wird man Phase 4 auf Grund älterer Versuche von *H. Wieland* u. *Rosenthal* (1052) folgendermaßen formulieren (*F. Lynen*) (1053)

$$\text{Acetacetyl}\cdot CoA + CoA \longrightarrow 2\,\text{Acetyl}\cdot CoA \xrightarrow{+\,2\,\text{Oxalacetat}} 2\,\text{Citrat} + 2\,CoA$$

$$\begin{array}{llcl} \text{speziell:} & CH_2\cdot COOH & & CH_2\cdot COOH \\ & \quad | & & \quad | \\ & CO\cdot COOH & & C\cdot OH\cdot COOH + Co\bar{A}\cdot SH \\ & \quad + & \longrightarrow & \quad | \\ & CH_3\cdot CO \quad S\cdot Co\bar{A} & & CH_2\cdot COOH \\ & \quad + & & \\ & OH \quad H & & \end{array}$$

Nach F. E. *Hunter* u. L. F. *Leloir* (1054) wird dieser Reaktionsmechanismus scheinbar bestätigt durch die Unterbindung der Synthese durch m/100-Jodacetat. Oxydation des Katalysators CoA · SH ·

Diese Synthese würde der Summengleichung von S. 432 gerecht werden.

Die Zitronensäure ist schon lange bekannt. 1776 stellte *Retzius* den Unterschied zwischen dieser und Weinsäure fest. *Scheele* erhielt 1784 Zitronensäurekristalle aus

Citrusfrüchten, und *Liebig* erkannte 1838 den dreibasischen Charakter der Säure. 1893 wurde von *C. Wehmer* (964) die Bildung der Säure durch Schimmelpilze (Penicilliumarten) entdeckt. Später bemühten sich *Mazé* und *Perrier* (965) um die Aufklärung des Prozesses.

Die Zitronensäure muß ein außerordentlich wichtiges Stoffwechselprodukt sein, denn sie wird in zahllosen Pflanzen angetroffen, so z. B. in der Schale der Walnuß, in der Eichel, Rübe (Beta vulgaris var. Rapa), im weißen Senfsamen, in Johannisbeeren, Stachelbeeren, Preiselbeeren, Birnen und Äpfeln. Es handelt sich also nicht um einen Spezialfall in Citrusfrüchten und Schimmelpilzen. Der Gedanke, die Säure als Übergangsglied zur Glutaminsäure zu betrachten, liegt nahe, wenn man die Ammoniakaufnahme in der Phase α-Ketoglutarsäure annimmt. Es wurde nämlich im Tierkörper nachgewiesen, daß α-Ketosäuren unter Anlagerung von Ammoniak zu Aminosäuren hydriert werden. Da man andererseits weiß, daß die Glutaminsäure ihre Amidogruppe an andere α-Ketosäuren abgibt, z. B. an Brenztraubensäure unter Rückbildung von α-Ketoglutarsäure, so kann man die Glutaminsäure als Ammoniaküberträger bei der Eiweißsynthese betrachten (Umaminierungsprozesse von *Braunstein* und *Kritzmann*). Dies ist einesteils wichtig zur Beurteilung des Chemismus: weiter kann man auch daraus folgern, daß sehr viele Organismen diese Säure zwecks Aufbau von Eiweiß erzeugen müssen.

Die Penicilliumarten, die zuerst auf die Säurebildung untersucht wurden und sich durch eine besondere Anordnung der Sterigmen auszeichnen, nannte *Wehmer* Citromycesarten, von denen der Citromyces Pefferianus, Citromyces glaber und Citromyces citricus im Anfang der Forschung eine wichtige Rolle spielten. Durch die Beobachtung von *Zahorski* (966) angeregt, daß der Aspergillus niger entgegen der herrschenden Ansicht auch Zitronensäure bildet, untersuchten *Thom* und *Currie* (967) sehr viele Aspergillus niger-Stämme mit so gutem Erfolg, daß man heute vorzugsweise fast nur noch mit diesem Pilz praktisch arbeitet.

Als Ausgangsmaterial eignen sich Rohrzucker, Invertzucker, Glucose und Melasselösungen (*Bernhauer*, *Rauch* und *Gross*) (968). Der Stickstoffquelle muß man besondere Aufmerksamkeit schenken. Sie muß für den Pilz ausgesucht und richtig dosiert werden. Auch darf die Phosphorsäure nicht im Überschuß zugegen sein. Es kommt darauf an, daß man sich einen äußerst aktiven Aspergillus niger-Stamm sucht und auf ihn den Nährboden abstimmt. Als obligat aerober Pilz wächst er an der Oberfläche des Nährbodens, was für die technische Darstellung äußerst lästig ist. Die *submerse* Form des Pilzes hat sich noch nicht bewährt. In jüngster Zeit fanden jedoch *Karow* und *Waksman* (969) einen brauchbaren Pilz aus der Gattung Aspergillus Wentii. Auf 15—20%iger Zuckerlösung erzeugt der Aspergillus niger freie Zitronensäure bis zu einer Konzentration von 10—15%. Dann muß mit Calciumcarbonat neutralisiert werden. In USA haben *P. Shu* und *M. I. Johnson* (970) mit dem Aspergillus niger in 9 Tagen Ausbeuten bis zu 95% erzielt; als Mittelwert geben sie 72 g aus 100 g Glucose an. Es wird in Schüttelgefäßen unter Luft- bzw. Sauerstoffzufuhr gearbeitet.

Nährlösung:

Zucker zwischen 145—264 g pro Liter.
Ammonnitrat mit optimaler Konzentration 2,5 g pro Liter.
Magnesiumsulfat (+ $7 H_2O$) nicht weniger als 0,25 g pro Liter.
Ferrisalz ausschlaggebend mit 1 g pro Liter.
Prim. Kaliumphosphat als Puffer 1 g pro Liter.

Das Anfangs-pH soll 2,2—4,2 sein, jedoch ist ein breites p^H-Gebiet zulässig. Kleine Gaben von Trockenmagermilch (0,05—1%) erhöhen die Ausbeute (*J. Szues*) (971).

Die erste technische Anlage wurde durch *Scheurer-Kestner* von einer Firma in Thann und Mülhausen i. E. 1893 mit den Citromyceten errichtet, die sich nicht rentierte. Eine allgemeine Regel zur Erzielung von hohen Ausbeuten läßt sich nicht geben. Das hängt in erster Linie von der Art des Pilzes ab. Für jeden Pilz müssen die für ihn günstigsten Versuchsbedingungen (z. B. pH, Temperatur, Zuckerart, Zuckerkonzentration, Stickstoffernährung, Impfmaterial, Sporenbehandlung, Sauerstoffzufuhr, Material der Apparatur, Reizstoffe, Katalysatoren höherer Ordnung) herausgesucht werden. Dies ist nicht einfach, sondern erfordert eine große Erfahrung auf dem Spezialgebiet. Mit dem Aspergillus niger sind bisher erfolgreiche Fabrikationen in USA, Belgien (Raffinerie Tirlemont), England und in der Tschecho-Slowakei (Pilsen) in Gang gekommen, die vor dem 1. Weltkriege etwa 8000 t pro Jahr erzeugten. Im Jahre 1942 haben aber die USA allein schon 10700 t Säure erzeugt, wovon 80% aus den Gärbetrieben stammten. Die Hauptmenge der Säure findet in der Nährmittel- und Limonadenindustrie Verwendung, auch die Kattundruckerei verarbeitet bedeutende Quantitäten.

Oxalsäuregärung

Einen sehr interessanten Abbau des Hexosemoleküls unter der Einwirkung von Sauerstoff stellt die Oxalsäuregärung dar. Arbeitet man in alkalischer Phosphatlösung (pH = 9,5), so werden nach *Tschesnokoff* (972) aus einem Molekül Hexose 3 Moleküle Oxalsäure gebildet:

$$C_6H_{12}O_6 + 9O = 3C_2H_2O_4 + 3H_2O$$

Ob die Oxalsäure direkt aus Zuckern entsteht oder deren kleinsten Spaltstücken, ist noch nicht ganz klar. In Frage kommen auch Glucon-Bernstein- und Zitronensäure. Letztere konnte *Wehmer* direkt in Oxalsäure umwandeln. Selbst stickstoffhaltige Körper geben Oxalsäure. Der chemische Mechanismus harrt noch seiner restlosen Aufklärung. Man könnte aus bestimmten Gründen annehmen, daß letzten Endes der Weg über Essigsäure geht. Dafür sprechen eine Anzahl von Oxalsäurebildungen aus genannter Säure. Folgendes Formelschema möge den Weg kennzeichnen:

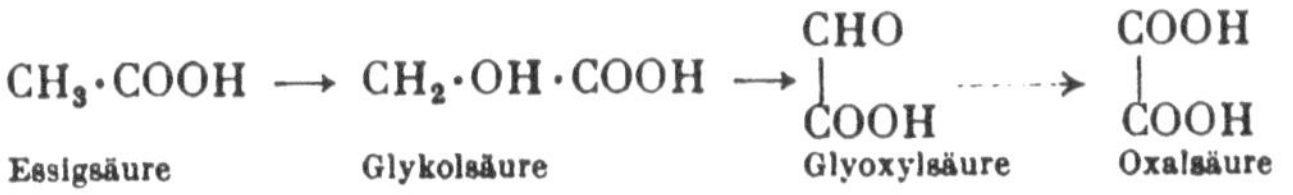

Es ist nun *Challenger*, *Subramaniam* und *Walker* (973) gelungen, die Zwischenprodukte Glykolsäure und Glyoxylsäure bei Verfütterung von Calciumacetat mit Hilfe des Aspergillus niger zu erhalten, was sehr deutlich für letztgenannten Mechanismus spricht. Auch viele andere Mikroorganismen konnten nach Versuchen von *Bernhauer* (974) und *Scheuer* diesen Umsatz bewerkstelligen. *Raistrick* und *Clark* (975) geben auf Grund ihrer zahlreichen Versuche mit den verschiedensten Substraten ein vollständiges Schema des Überganges von Glucose zu Oxalsäure an:

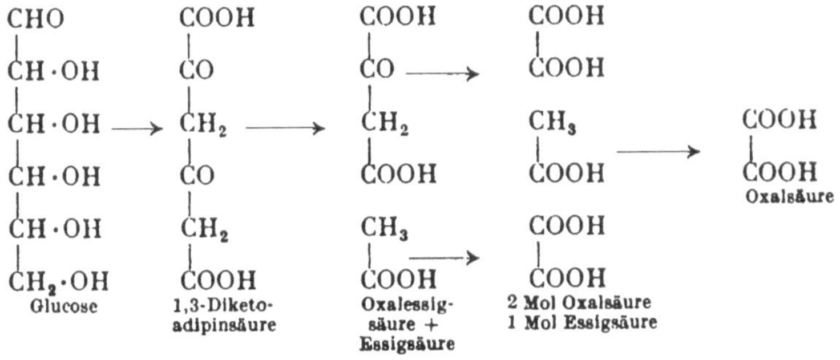

Man sieht, daß der Weg über die 1,3-Diketoadipinsäure geht, die in Essigsäure und Oxalessigsäure aufgespaiten wird. Letztere gibt Oxalsäure und Essigsäure. Den Vorgang der Überführung der Essigsäuremoleküle in Oxalsäure haben wir oben dargetan. Hervorzuheben ist noch, daß nach diesem Schema kein Substrat durch Nebenprodukte verloren geht. Gegen dieses Reaktionsschema spricht aber ein Befund von *Alssopp* (976), der aus Oxalessigsäure niemals Oxalsäure erhalten konnte. Jedoch ist damit die Theorie noch nicht umgestoßen; es könnten ja nur nebensächliche Ursachen das Gelingen des Versuches vereitelt haben. Die Versuche wurden nämlich mit verhungerten fertigen Pilzdecken angestellt. *Chrzaszcz* und *Zakomorny* (977) kommen auf Grund der Bildung von Ameisensäure und Glyoxylsäure aus Calciumfumarat bei Gäransätzen zu folgendem, sich in seinen ersten Phasen der Fumarsäuregärung anschließenden Schema:

Hexose → Alkohol → Essigsäure → Bernsteinsäure → Fumarsäure → Glyoxylsäure → Ameisensäure → Oxalsäure.

Aber auch gegen diesen Weg lassen sich Einwände erheben.

Die Oxalsäurebildung ist besonders intensiv im alkalischen Medium, in dem Hexosen und Pentosen sowie die Alkalisalze der Essigsäure, Bernsteinsäure, Fumarsäure, Zitronensäure und Zuckersäure geeignete Substrate darstellen. Schlägt die Reaktion zur sauren Seite um, so tritt eine Hemmung der Gärung ein, die durch Zusatz von mineralischen Säuren restlos unterbunden wird.

Die Oxalsäurebildung ist in der Natur sehr verbreitet *(Bernhauer)* (978). Man kennt eine große Zahl von Gärungserregern. Zuerst beobachtete *De Bary* die Säurebildung bei Sclerotinia (1886), aber erst *Wehmers* Arbeiten (1891) haben die Aufmerksamkeit vieler Forscher für diesen Vorgang erweckt. Essigbakterien benutzen als Substrat Glucose, die anderen Zucker scheinen für gewisse Arten nicht geeignet zu sein *(Zopf)* (979). Die wichtigsten Pilze sind die Aspergillaceen, wovon der Aspergillus niger besonders oft studiert worden ist. *Wehmer* (980) besaß hiervon einen Stamm, der reichlich Säure bei schwacher Kohlendioxydentwicklung produzierte. Wir haben diesen Pilz schon als Zitronensäurebildner kennengelernt. So müssen wir daraus schließen, daß es Arten gibt, die das Zuckermolekül über Essigsäure zu Oxalsäure umbilden, während andere aus den Essigsäuremolekülen Zitronensäure synthetisieren. Interessant ist *Emmerlings* (981) Befund von Oxalsäure in Kulturen auf Eiweißstoffen und deren Spaltstücken. Ebenso ist bei Penicillium- und Mucorarten dieser Vorgang beobachtet worden. Hefen eignen sich wenig für diese Reaktion. Versuche mit Torulaarten und Saccharomyces Hansen liegen von *Perwozwonsky* (982) und *Zopf* (983) vor.

II. Rein oxydative Prozesse

Hier wollen wir die Gluconsäurebildung, die Bildung von Dioxyaceton und die Essigsäuregärung besprechen. Es handelt sich dabei vom chemischen Standpunkt aus um die Oxydation der Aldehydgruppe sowie der sekundären und primären Alkoholhydroxyle.

Gluconsäurebildung

Ein Beispiel für die Oxydation der Aldehydgruppe ist die Gluconsäuregärung.

$$\underset{d\text{-Glucose}}{CH_2 \cdot OH \cdot (CH \cdot OH)_4 \cdot CHO} + O = \underset{d\text{-Gluconsäure}}{CH_2 \cdot OH(CH \cdot OH)_4 \cdot COOH}$$

Wir sehen, daß es sich im Schema um eine einfache Aufnahme eines Atomes Sauerstoff unter Bildung einer Zuckermonocarbonsäure handelt. Hier erscheint besonders klar, wie unangebracht der Ausdruck Gärung in diesem Falle ist. Der wirkliche Reaktionsmechanismus — die Oxydasereaktion — ist noch nicht völlig aufgeklärt. Da man in der Leber eine Dehydrase für diese Umsetzung *(Harrison)* (984) erkannt hat, so ist es nicht ausgeschlossen, daß manche Mikroben auch in diesem Sinne reagieren. Es würde sich also dann um eine Dehydrierung des Aldehydhydrates handeln, wobei der Sauerstoff als Akzeptor dient (oxytrope Dehydrase).

$$\underset{\text{Aldehydhydrat}}{R\cdot C\begin{smallmatrix} \diagup H \\ -OH \\ \diagdown OH \end{smallmatrix}} - 2H = \underset{\text{Säure}}{R\cdot COOH}$$

So konnten *Franke* und *Lorenz* (985) aus dem Aspergillus niger und dem Penicillium glaucum ein Enzym der Flavin-Adenin-Gruppe isolieren, das Glucose aerob zu Gluconsäure oxydiert. Es handelt sich hier nicht um eine Oxydase, sondern um eine echte Dehydrase.

Es gibt eine große Anzahl von Bakterien, die diese von *Boutroux* (986) zuerst beobachtete Reaktion bewerkstelligen (z. B. Mycoderma aceti). Der Umfang der Umsetzungen der verschiedenen Organismen schwankt sehr, z. B. bei den Arten, die *Henneberg* (987) angibt. Geeignet sind Acetobacter suboxydans und Acetobacter xylinum. Überhaupt scheinen alle Essigbakterien diese Reaktion hervorzurufen. Ein besonders aktives Bakterium ist das B. gluconicum, das *Hermann* (988) aus dem indischen Teepilz „Kombucha" isoliert hat. Umsätze bis zu 98,6% der Theorie erzielten *Takahashi* und *Asai* (989) mit dem Bact. Hoshikagi, wenn sie Glucose in Hefewasser darboten.

Aber auch Schimmelpilze greifen die Glucose in der eben skizzierten Form an. Vor allem sind es die Aspergillaceen, die besonders auffällig stark säuern, wie *Molliard* (990) zuerst feststellte. Mit dem Aspergillus niger wurde viel experimentiert *(Falk* und *Kapur* [991], *Butkewitsch* [992]*)*, und *Bernhauer*, *Duda* und *Siebenäuger* (993) konnten an 19 verschiedenen Stämmen des genannten Pilzes mehr oder weniger starke Gluconsäurebildung nachweisen. Es scheint so, als ob sehr viele Pilze diese einfache Oxydation ausüben, denn auch bei verschiedenen Penicilliumarten und anderen Mycelpilzen (994) blieb die Reaktion nicht aus. Selbst der von *Nord* (995) näher untersuchte Pilz Fusarium lini Bolley besitzt die Glucosedehydrase, jedoch ist das Gärvermögen der Fusarien wie auch der Mucoreen nicht beträchtlich. Erwähnt seien die positiven Ergebnisse mit Penicillium luteum purpurogenum von *Angeletti* und *Cerutti* (996). Auch einige der typischen *Wehmer*schen Zitronensäurebildner, die Citromycesarten (u. a. der Citromyces glaber), die *H. Haehn* untersuchte, lieferten solche reichlichen Mengen Gluconsäure, daß das Kalksalz bei längerem Stehen der konzentrierten Nährlösung in blumenkohlartigen Gebilden auskristallisierte und fast die ganze Flüssigkeit zum Erstarren brachte. Die Reaktion geht so leicht vor sich, daß man auch mit fertigen Pilzdecken von Aspergillus niger weitere Nährlösungen oxydieren kann. Bei Nektarhefen ist ebenfalls Gluconsäurebildung beobachtet worden (997).

Ein technisches Verfahren zur Herstellung von Gluconsäure haben *Herrick* und *May* (998) ausgebildet, indem sie die *submerse* Form eines Schimmelpilzes (z. B. Penicillium luteum purpurogenum) in einer langsam rotierenden Gärtrommel bei Luftzufuhr vegetieren ließen. Sie benutzten als Substrat Glucose, fügten Nährsalze hinzu und setzten den Apparat unter einen Luftdruck von 2 Atm. Bei Gegenwart von Calciumcarbonat entstehen in kurzer Zeit sehr reichliche Mengen von Gluconat. In 24 Stunden ist eine 15%ige Zuckerlösung nahe quantitativ in Säure verwandelt. Als Nährsubstrat eignen sich auch die zuckerhaltigen Abfallnährlösungen aus der

Zitronensäurefabrikation mittelst Aspergillus niger. Die Fabrikation betrug im Jahre 1945 in USA rund 395 t gluconsaure Salze (Calciumsalz für pharmazeutische Zwecke).

Bildung von Dioxyaceton

Eben wurde die Umwandlung einer Aldehyd- in eine Carboxylgruppe geschildert. Aber auch die sekundäre Alkoholgruppe ist oxydabel durch Mikroorganismen (*Bernhauer*) (999). So wird Glycerin in Dioxyaceton übergeführt.

$$\begin{array}{lcl} CH_2\cdot OH & & CH_2\cdot OH \\ | & & | \\ CH\cdot OH + O = & & CO \quad + H_2O \\ | & & | \\ CH_2\cdot OH & & CH_2\cdot OH \\ \text{Glycerin} & & \text{Dioxyaceton} \end{array}$$

Der enzymatische Mechanismus ist auch hier noch nicht geklärt. Die Oxydation folgt der *Bertrand*schen Regel, die besagt, daß eine Carbinolgruppe nur in Nachbarschaft einer zweiten sich in cis-Lage befindenden Hydroxylgruppe oxydabel ist. Diese Reaktion wurde zuerst von *Bertrand* (1000) beobachtet, der mit Bact. xylinum (= Sorbosebakterien) arbeitete. Da in neuerer Zeit größeres Interesse für das Präparat bestand, so versuchten verschiedene Forscher die Reaktion zu verbessern. *Virtanen* und *Bärlund* (1001) fanden ein Bakterium, das besonders aktiv war (B. dioxyacetonicum) und *Bernhauer* und *Schön* (1002) erzielten mit einem besonderen Stamm von B. xylinum in 6—8% Glycerinlösung und der geringen Schichthöhe von 1—2 cm Ausbeuten bis zu 100%, berechnet nach dem Reduktionsvermögen des Dioxyacetons. Auch *Hermann* und *Neuschul* (1003) kamen mit dem B. gluconicum und anderen Mikroben zu sehr guten Resultaten. Die besten Ausbeuten an kristallisiertem Dioxyaceton (77% der Theorie) sind von *Neuberg* und *Hofmann* (1004) erzielt worden. In der Technik konnten die biologischen Verfahren die rein chemischen noch nicht verdrängen.

Essiggärung

Theoretischer Teil

Es wurde schon in diesem Kapitel unter C. Oxydative Gärungen darauf hingewiesen, daß die Essigbildung aus Alkohol keine Gärung, sondern ein Atmungsprozeß ist. Als Charakteristikum der echten Gärungen hatten wir einen Desmolysevorgang, die Sprengung der Kohlenstoffkette, angesehen. Hier liegt indessen, wie wir gleich sehen werden, ein reiner Oxydationsprozeß (Dehydrierung), eine Atmung unter dem Einfluß des Sauerstoffs vor uns. Die von *Döbereiner* im Jahre 1822 aufgestellte Gärungsgleichung

$$C_2H_5\cdot OH + O_2 = CH_3\cdot COOH + H_2O$$

gibt uns auch heute noch den mengenmäßigen Substratumsatz präzis wieder und ist die Grundlage für die Bilanzversuche. Der innere Reaktionsmechanismus ist indessen komplizierter als ihn dieses einfache Oxydationsschema angibt, denn bei der Überführung des Alkohols in Essigsäure handelt es sich nicht um einen einfachen Oxydationsprozeß mit Hilfe eines sauerstoffübertragenden Enzyms, einer sog. Oxydase, sondern vielmehr um eine Dehydrierung. Das Charakteristische eines solchen Prozesses ist, daß ausgesuchte Wasserstoffatome in den Substraten durch Enzyme, Dehydrasen, so aktiviert, so labil gemacht werden, daß sie bei Berührung mit dem Biokatalysator das Substrat verlassen und von einem Akzeptor aufgenommen werden (Kap. 10 u. 11 Codehydrasen). Solche Akzeptoren können anorganischer wie organischer Natur sein. So hat *Wieland* die Umwandlung von Alkohol zu Essigsäure sowohl mit Hilfe von Sauerstoff als auch von Chinon und Methylenblau bewerkstelligen können. Die natürliche Essigbildung der Bakterien betrachtet *Wieland* (1005) als eine doppelte Dehydrierung mittels Dehydrasen, wobei in der ersten Phase der Alkohol durch Wasserstoffentziehung zuerst in Acetaldehyd übergeführt wird,

$$\text{I.}\quad \underset{\text{Aethylalkohol}}{CH_3\cdot CH_2\cdot OH} - H_2 = \underset{\text{Acetaldehyd}}{CH_3\cdot CHO}$$

$$\text{II.}\quad \underset{\text{Acetaldehydhydrat}}{CH_3\cdot CH{\begin{smallmatrix}OH\\OH\end{smallmatrix}}} - H_2 = CH_3\cdot COOH$$

worauf dessen Hydrat durch weitere Wasserstoffabspaltung das Essigsäuremolekül liefert. In diesem Falle wirkt der Luftsauerstoff als Akzeptor für den Wasserstoff (*Wieland* und *Bertho*) (1006). Es liegt also eine oxytrope Dehydrase vor.

Weiter konnte einwandfrei gezeigt werden, daß in den hier in Frage kommenden Substraten tatsächlich der Wasserstoff durch Enzyme aktiviert wird, denn die Dehydrierung gelang auch wie erwähnt mit Stoffen wie Chinon und Methylenblau, die einfach die vom Substrat abgelösten Wasserstoffatome in sich aufnahmen. Dabei bildete sich in dem einen Falle Hydrochinon, und der blaue Farbstoff andererseits ging in seine Leukobase über. Mit Chinon erfolgen die Umsetzungen genau so schnell wie mit Sauerstoff, so daß in dieser Tatsache der beste Beweis für die Dehydrierung auch unter aeroben Bedingungen zu erblicken ist.

Bei der Dehydrierung mit Sauerstoff bildet sich als Nebenprodukt Wasserstoffsuperoxyd,

$$H_2 + O_2 = H_2O_2$$

jedoch wird dieses Zellgift sofort durch die Katalase, die in Essigbakterien reichlich vorhanden ist, in Wasser und Sauerstoff zerlegt.

$$2\,H_2O_2 = 2\,H_2O + O_2$$

Bei Bakterien, die nun dieses Enzym nicht enthalten, tritt naturgemäß Wasserstoffsuperoxyd auf. Der Essigbildner Acetobacter peroxydans beispielsweise, der keine Katalase enthält (*Visser't Hooft*) (1007), erzeugt Wasserstoffsuperoxyd, das aber in diesem Falle als Wasserstoffakzeptor dient (1008). Man kann also mit dem Acetobacter peroxydans den Alkohol sowohl mit Sauerstoff als auch mit Wasserstoffsuperoxyd in Essigsäure überführen. Die zweite Phase verläuft hier so langsam, daß sich der Aldehyd sehr bemerkbar macht.

Nun gibt es aber außer der angeführten Essigbildung noch einen anderen, zuerst von *Heimrod* und *Levene* (1009) beobachteten Entstehungsvorgang der Essigsäure aus Acetaldehyd: Die Dismutation (*Neuberg* und *Windisch*) (1010). Diesen Prozeß, der der *Cannizzaro*schen Reaktion entspricht, kann man sich auch als Dehydrierung des Aldehydhydrates vorstellen, wobei ein gewöhnliches Acetaldehydmolekül als Akzeptor wirkt.

$$\text{III.}\quad \underset{\text{Acetaldehydhydrat}}{CH_3\cdot CH{\begin{smallmatrix}OH\\OH\end{smallmatrix}}} + \underset{\text{Acetaldehyd}}{CH_3\cdot CHO} = \underset{\text{Essigsäure}}{CH_3\cdot COOH} + \underset{\text{Alkohol}}{CH_3\cdot CH_2\cdot OH}$$

Wie die Gleichung zeigt, entsteht als Hydrierungsprodukt Alkohol, der nun in den Prozeß zurückgeführt und dort zu neuem Aldehyd dehydriert wird. Man erkennt, daß bei dieser „Essiggärung" immer nur die Hälfte des gebildeten Acetaldehyds in Essigsäure verwandelt und die zweite Hälfte zu Alkohol regeneriert wird. Vom technischen Standpunkt aus muß man diesen Vorgang als unrationell bezeichnen. Tatsächlich tritt aber dieser Umsatz bei der natürlichen Essiggärung ein; nach Feststellungen von *Wieland* (1011) überwiegen jedoch bei aerober Lebensweise der Bakterien die Dehydrierungsprozesse I und II. In diesem Sinne äußern sich auch *Janke* und *Kropacsy* (1012) auf Grund ihrer Dismutationsversuche im alkalischen Milieu mit „ruhenden" Bakterien. Die „ruhenden" Organismen waren in der Weise gewonnen worden, daß man die Flora zwecks Aufzehrung aller Reservestoffe längere Zeit bei niederer Temperatur aufbewahrte. Wenn auch allgemein die lebende Zelle nicht restlos das Milieu der Nährlösung annimmt, so ist dennoch ein hemmender Einfluß der stark sauren Maische wohl denkbar. Versuche von *F. Windisch* (1057) zeigen indessen, daß bei aerobem Zellstoffwechsel doch den dismutierenden Enzymen eine größere Bedeutung zukommt als ursprünglich angenommen wurde.

Für diese Dismutation, die also eine Disproportionierung der Aldehyde auslöst, hatte man ursprünglich eine Mutase (Oxydoredukase) verantwortlich gemacht. Wenn man den Vorgang, wie wir es eben dargetan haben, auch als Dehydrierung, allerdings mit dem Spezialakzeptor Acetaldehyd, auffassen, so liegt der Gedanke nahe, daß die Reaktionen I, II und III von demselben Enzym ausgelöst werden könnten. Jedoch ist diese Frage noch nicht endgültig geklärt *(Bertho, Tanaka)* (1013).

Hinzuweisen ist noch auf die mit Enzympräparaten, Acetondauerpräparaten der Essigbakterien nach *Buchner* und *Gaunt* (1014) ausgeführten Dehydrierungen, die bedeutend schwächer sind als die mit lebenden Bakterien. Das ist kein einzig dastehender Fall, denn mit lebenden Hefen werden auch bedeutend größere Substratumsätze bei der alkoholischen Zuckerspaltung erzielt als mit Acetondauerhefen *(E. Buchner)* (Kap. 19).

Der Dehydrase soll bei dem Oxydationsvorgang in der Zelle ein Cytochrom-Atmungsfermentsystem zur Verfügung stehen *(Keilin)* (1015), wobei die Dehydrase den Wasserstoff zunächst an das Cytochrom abgibt, der alsdann vom Atmungsferment *Warburgs* mittels Sauerstoff in Wasserstoffsuperoxyd bzw. Wasser übergeführt wird. Am Cytochrom erfolgt die Knallgasreaktion:

Substrat — Dehydrase — Cytochrom — Atmungsferment — Sauerstoff.

Nach diesem Schema würde eine Dehydrierung den Prozeß einleiten, und eine Oxydation des Wasserstoffs mit Sauerstoff den Vorgang beenden (s. Kap. 13 Atmung). Als Stütze für diese Theorie kann der Nachweis von Cytochrombanden *(Warburg)* (1016) in den Essigbakterien angesehen werden. Daß der Acetaldehyd bei der Essiggärung das Zwischenprodukt sein muß, wurde schon lange vermutet, da man ihn immer bei der Essigbereitung beobachtet hatte, namentlich bei gestörter Gärung im Essigbildner. Aber erst *Neuberg* und *Nord* (1017) wiesen nach, daß es sich um eine normale Ausscheidung des Stoffwechsels der Bakterien handelt und nicht etwa um ein durch besondere Umstände bedingtes zufälliges Nebenprodukt einer kranken Flora.

Die Essigbakterien greifen auch die Essigsäure an und bilden aus ihr Kohlensäure und Wasser. Wird dabei ein gewisses Maß überschritten, so spricht man von Überoxydation. Hier machen sich Rassenunterschiede bemerkbar. Während sich B. orleanense und B. Pasteurianum ziemlich passiv verhalten, ergeben dagegen B. aceti und B. ascendens bemerkenswerte Umsätze *(Bertho)* (1018). Die Hauptursache der Überoxydation im Essigbildner sind jedoch Infektionsbakterien, die nicht zu den Essigbakterien zählen. Ein derartiger Vorgang ist in der Essigindustrie natürlich nicht erwünscht. Auf Grund von Respirationsversuchen (Messung der Sauerstoffaufnahme und Kohlensäureabgabe) nach *Tanaka* (1019) läßt sich ein oxydativer Endabbau der Essigsäure wie folgt formulieren:

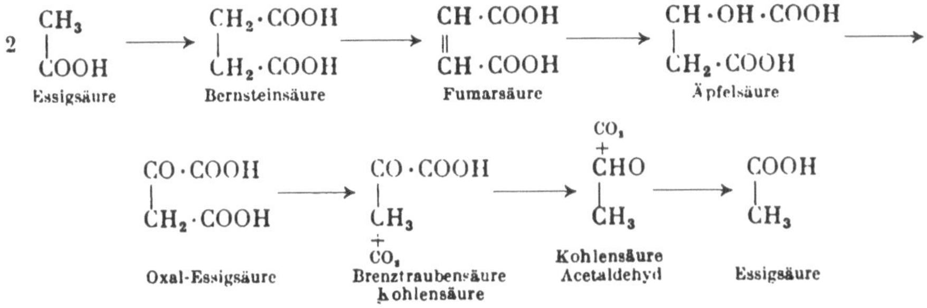

Von zwei in Reaktion tretenden Essigsäuremolekülen wird nur eines bis zu den Endprodukten oxydiert, während das zweite Mol wieder in die Anfangsphase zurückgeführt wird. Leider ist es bis jetzt nicht geglückt, die Zwischenprodukte dieses Schemas zu isolieren. Selbst in größeren Versuchen war es *Bertho* (1020) nicht möglich, Bernsteinsäure aufzufinden. Offenbar werden bei Gegenwart von Sauerstoff die einzelnen Phasen schnell durchlaufen. Die Reaktionsfolge erinnert uns an die einzelnen Phasen verschiedener in den letzten Abschnitten behandelten Gärungen (z. B. Fumarsäuregärung).

Die Essigbakterien sind auch befähigt, außer Aethylalkohol noch andere Substrate anzugreifen (1021). So können sie aus dem dreiwertigen Alkohol *Glycerin*, wie bereits an anderer Stelle mitgeteilt, Dioxyaceton erzeugen (B. xylinum). Ferner oxydieren sie den *d-Sorbit* zu *d*-Sorbose, den *d-Mannit* zu *d*-Fructose und die *d-Galactose* zu *d*-Galactonsäure. Die Reihe der Umsatzmöglichkeiten ist hiermit noch längst nicht erschöpft. Es sei noch zum Schluß die interessante Umwandlung der *d-Fructose* zu *Kojisäure* durch neu aufgefundene Arten von Essigbakterien erwähnt (*Takahashi* und *Asai*) (1022).

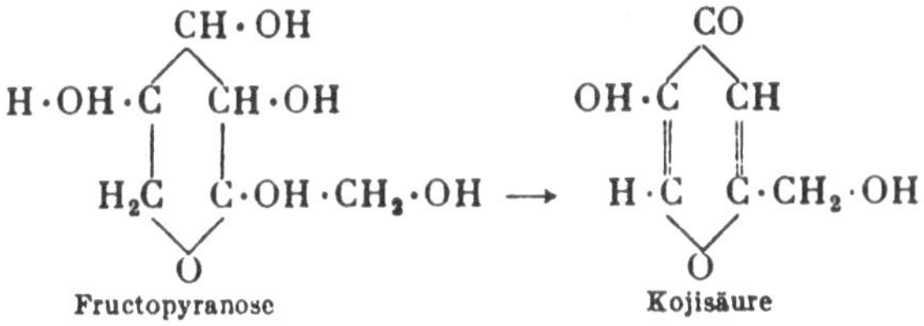

Da die Bildung der Kojisäure aus vielen Zuckerarten, Triosen, Pentosen, Hexosen Disacchariden mit Hilfe von Schimmelpilzen (Aspergillusarten, z. B. A. oryzae, A. glaucus) möglich ist, so bleibt der chemische Mechanismus zunächst noch undurchsichtig. Während nach *Corbellini*, *Gregorini*, *Challenger*, *Klein*, *Walker* (1023) u. a. sich zuerst Triosen bilden sollen, nehmen *Kluyver* und *Perquin* (1024) eine direkte Umwandlung der Glucose in Kojisäure an, wobei der Prozeß bei allen anderen Substraten zwangsweise über die Zwischenstufe der C_6-Zucker, wahrscheinlich der Glucose, gehen muß.

Außer der „Essiggärung" gibt es auch eine bakterielle Essigbildung direkt aus Glucose. So liefert, wie schon auf Seite 147 dargetan wurde, ein thermophiles Bakterium aus einem Molekül Hexose 3 Moleküle Essigsäure (*Barker* und *Kamen*). Hierbei entsteht, wie bereits ausgeführt, das dritte Mol Essigsäure aus Kohlensäure und Wasserstoff wie bei dem Umsatz mit dem von *Wieringen* neu aufgefundenen Clostridium aceticum (s. Anfang dieses Kapitels S. 410).

Ferner kennen wir eine Anzahl von bekannten Essigbakterien wie B. xylinum (*Haehn* und *Engel*) (1025), B. orleanense, B. aceti, B. Pasteurianum, B. viniacetati (*Hermann* und *Neuschul*) (1026), die ebenfalls aus Glucose Essigsäure, allerdings in sehr kleinen Mengen, erzeugen können. Der Reaktionsmechanismus ist völlig ungeklärt. Das B. xylinum produziert aus *d*-Glucose neben reichlichen Mengen *d*-Gluconsäure auch Milchsäure (*Haehn* [1025], *Takahashi* und *Asai* [1027]) (s. a. Theoretischer Teil). Der Acetobacter suboxydans wandelt den Sorbit vorzüglich in Sorbose um, was der Ascorbinsäuresynthese zugute kommt (*R. Scherwood*) (1055):

Glucose ⟶ Sorbit ⟶ Sorbose ⟶ Ascorbinsäure.

Umsteuerung des Stoffwechsels der Essigbakterien

Es sei noch kurz darauf hingewiesen, daß die Essigbakterien außer der Bildung von Essigsäure aus Alkohol auch zu anderen Gärungen fähig sind durch Umsteuerung des Stoffwechsels. So war es möglich, mit B. ascendens, B. Pasteurianum, B. suboxydans bei Ausschluß von Luft eine regelrechte alkoholische Gärung hervorzurufen. Der Umfang der Reaktion betrug 20—40% des angewandten Zuckers (*Neuberg* und *Simon*) (1028). Vielleicht haben in der Frühzeit der Entwicklung der niederen Pflanzen die Essigbakterien den zu oxydierenden Alkohol selbst bereitet und diese Fähigkeit durch das ständige Zusammenleben mit Hefen allmählich verloren.

III. Die technische Essiggärung[1])

Geschichtliches

Wir gehen nicht fehl, die Wiege der Essigbildung zwischen den „Weinfässern" der Urvölker zu suchen, denn wir wissen, daß auf schwach alkoholischen Flüssigkeiten der Gärungen sehr leicht unter der Einwirkung von Luft und Wärme der „Essigstich" eintritt, d. h. Essigsäure bzw. Essigester gebildet wird. So ist es sicher, daß die ältesten Kulturvölker der Erde, die Wein und Bier bereiteten, Essig schon frühzeitig gekannt haben. Es besteht wohl kein Zweifel, daß der Stammvater Noah bei seiner sicher sehr primitiven Weinbereitungsart öfters Bekanntschaft mit dem Essig gemacht hat. Bei den Griechen und Römern spielte der Essig aus Traubenwein schon eine wichtige Rolle. Nicht nur, daß er sich als Gewürz und Heilmittel großer Beliebtheit erfreute, nein, er diente sogar an heißen Tagen als erfrischendes Getränk der niederen, breiten Volksschichten. In den darauf folgenden Zeiten wurde er auch in Westeuropa in den Küchen der Hauswirtschaft eine unentbehrliche und beliebte Speisezutat. Es ist nun nicht zu verwundern, daß sich dann um diese Zeit die Alchimisten mit dem Essig und seinen Eigenschaften näher befaßten. Aber erst viel später wurden richtige Erkenntnisse über die Entstehung dieses nützlichen Stoffes gesammelt. So wurde von *J. J. Becher* (1635—1682) die Vermutung ausgesprochen, daß die Luft ein notwendiger Faktor der Essiggärung sei, und daß es sich um einen ähnlichen Prozeß handele wie bei einer Verbrennung. Einen sehr wichtigen Schritt zur Aufklärung tat *Boerhaave* (1668—1738). Er lehrte, daß nicht nur Licht, Luft und Wärme zur Essigerzeugung notwendig seien, sondern auch eine „vegetabilische Substanz", der sog. „fettige Ansatz" oder die „Blume". Auch *Chaptel* (1809) beobachtete die „Blume" der Essiggärung, hielt sie indessen nicht für ein Lebewesen, sondern „für eine symmetrische Lagerung der Moleküle der Materie". Durch einen einfachen Versuch konnte *Rozier* (1786) den Luftverbrauch bei der Gärung nachweisen, indem er einen Gäransatz durch eine mit Luft prall gefüllte Schweinsblase abschloß. Das Einsinken der straffen Blase zeigte die Verarbeitung der Luft an. Nachdem man den Sauerstoff entdeckt hatte, machte man diesen für die Essiggärung verantwortlich (*Lavoisier*). Die Versuche *Davys*, Alkohol mit Hilfe von Platinmohr und Luft in Essigsäure umzuwandeln, führten *Döbereiner* zur Aufstellung der zu Anfang dieses Kapitels bereits wiedergegebenen Gärungsgleichung. Er stellte darin die quantitativen Verhältnisse von Substrat zu dem gebildeten Reaktionsprodukt

[1]) Schrifttum am Ende des Kapitels.

unter Mitwirkung von Sauerstoff fest. Somit war eine sehr wichtige Erkenntnis gewonnen. Jetzt entstand die Frage nach der Natur dieser chemischen Umsetzung, die in ihrer verschiedenartigen Beantwortung uns lebhaft an das früher behandelte Problem der alkoholischen Gärung erinnert (s. Kap. 2). Die Chemiker *Berzelius* (1829) und *Liebig* (1839) sahen in der Essigbildung einen rein chemischen, einen sog. katalytischen Prozeß, wobei die organischen Substanzen die Rolle des Platinmohrs wie im *Davy*schen Versuch übernehmen sollten. Die bei der Gärung auftretenden schleimigen Abscheidungen wurden als unwichtige Erscheinungen aufgefaßt. Um diese Zeit (1837) kam nun *Friedrich Traugott Kützing* zu einer grundlegenden Entdeckung. Bei der Beobachtung der „Essigblume" im Mikroskop fand er eine einzellige Pflanze, die er als Ursache der Gärung ansah und mit dem Namen „Ulvina aceti" belegte. Leider wurde diese wichtige grundlegende Erkenntnis seinerzeit von den Forschern, namentlich auch von *Liebig*, nicht ernst genommen und erst durch die groß angelegten Versuche *L. Pasteurs* konnte der vitalistischen Gärungstheorie zum Siege verholfen werden (1864). Der Franzose zeigte eindeutig, daß in einer abgekochten, alkoholhaltigen Nährlösung trotz Einhaltung aller Bedingungen wie Sauerstoffzufuhr und Wärme keine Essigsäure entsteht, wenn die lebende „Mycoderma aceti" fehlt. Zur Essigbildung gehört also ein Lebewesen. Die wahre Natur dieses Organismus wurde indessen weder von *Kützing* noch von *Pasteur* genau erkannt. Erst *W. v. Knieriem* und *Ad. Mayer* (1873) fanden, daß die Gärungserreger zu der Klasse der Bakterien gehören. 1879 isolierte *E. Chr. Hansen* aus der „Mycoderma aceti" die ersten Essigbakterien, das Bact. aceti und das Bact. pasteurianum. Aber in Wirklichkeit ist die Essigsäurebildung doch ein katalytischer Prozeß, der unabhängig von der „Lebenskraft" ist, denn *E. Buchner*, *R. Gaunt* und *J. Meisenheimer* war es 1903 geglückt, mit Hilfe von toten Essigbakterien (Acetondauerpräparaten s. Kap. 19) den Alkohol zu Essigsäure zu oxydieren. Der Katalysator muß aber nach dem heutigen Stande der Wissenschaft bis jetzt mit Hilfe eines Lebewesens erzeugt werden. Somit hatten beide Gruppen, die Chemiker und Biologen zugleich recht und unrecht. Die Lösung lag in der Kombination der beiden schroff entgegenstehenden Ansichten: Die Essigbildung geschieht durch einen leblosen Zellkatalysator.

Der Essig indessen, der im Essigapparat erzeugt wird, muß als biologisches Stoffwechselprodukt angesprochen werden, da er in der lebenden Bakterienzelle des Essigbildners entsteht. Er ist ein Produkt des Atmungsvorganges, der bei der Zwischenstufe Essigsäure stehen geblieben ist.

Flora der Essiggärung

Es gibt sehr viele Essigbakterien, jedoch für die Technik, für das Orleansverfahren und für die Schnellessigfabrikation im *Schüzenbach*-Bildner sind nur wenige Arten brauchbar. Die Flora ist in der Natur sehr verbreitet. Überall dort, wo zuckerhaltige Säfte in alkoholische Flüssigkeiten übergegangen sind, findet man Essigbakterien. Weitere Fundstellen sind Preßhefe, Reste von Flaschenbieren, Gerbereibrühen, der japanische Reiswein Saké, selbstverständlich der Weinessig und der Essig aus der Schnellessigfabrikation. Je nach dem Substrat kann man die Essigbakterien einteilen in die Bieressigbakterien, Weinessigbakterien und Würze- und Maischebakterien. Der gut arbeitende Schnellessigbildner beherbergt in der Hauptsache das Bacterium curvum und das Bacterium Schüzenbachi. Daneben trifft man auch das Bacterium orleanense an, das eigentlich in den Kufen des Orleansverfahrens die Hauptrolle spielt. Hier mischt sich oft das Bact. ascendens ein, das einen unangenehmen, nicht erwünschten Geruchsstoff produzieren soll. Diese Ansicht wird jedoch nicht von allen Fachleuten geteilt. Ebenfalls ist auf den Weinessigkufen das Bact. xylinum nicht gern gesehen, da es schleimige Massen in größerem Umfang erzeugt.

Henneberg hat umfassende Forschungen über die Essigbakterien angestellt und die einzelnen Arten in seinem Handbuch (988) genau beschrieben. Im folgenden seien einige Bakterien nach der *Henneberg*schen Gruppierung aufgezählt:

Bieressigbakterien: Bacterium acetosum, Bacterium aceti *Hansen*, Bact. Pasteurianum *Hansen*, Bact. Kützingianum *Hansen*.

Weinessigbakterien: Bact. orleanense *Henneberg*, Bact. xylinoides *Henneberg*, Bact. ascendens *Henneberg*.

Schnellessigbakterien: Bact. Schüzenbachi *Henneberg*, Bact. curvum *Henneberg*, Bact. acetigenum *Henneberg*.

wilde Essigbakterien: Bact. oxydans *Henneberg*, Bact. industrium *Henneberg*, Bact. vini acetati *Henneberg*, Bact. xylinum *Brown*.

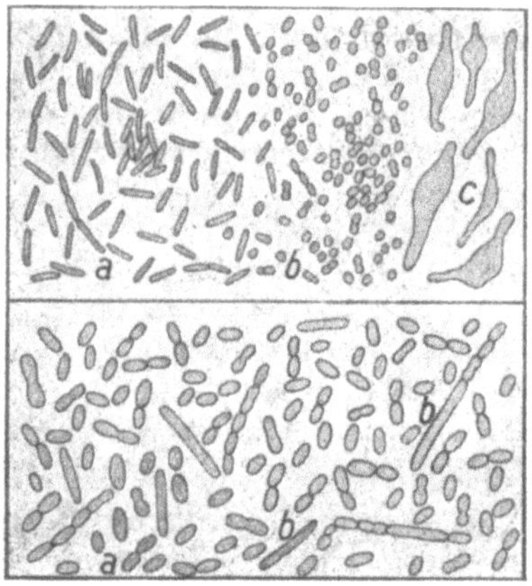

Abb. 41

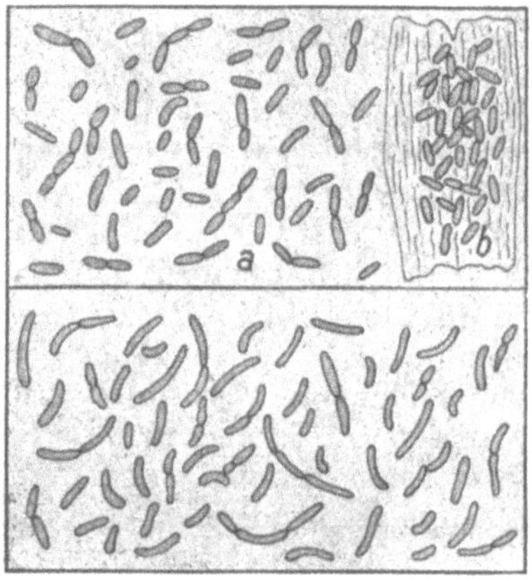

Abb. 42

Abb. 41. Bacterium orleanense. a Hautzellen aus Bier; b Zellen von Würzeagar; c Hypertrophische Zellen. Oben. — Bacterium ascendens. a Hautzellen aus Bier; b Hypertrophische Zellen. Unten. 1000fach. (Nach *Glaubitz*.)

Abb. 42. Bacterium Schützenbachi. a Zellen von Würzegelatine; b Zellen auf Buchenholzspänen. Oben. — Bacterium curvum. Zellen aus der Haut auf Bier. Unten. 1000fach. (Nach *Glaubitz*.)

Die in der letzten Gruppe angeführten Bakterien siedeln sich gelegentlich in den Orleanskufen an und sind dort auch aufgefunden worden. Im folgenden sollen einige technisch wichtige Arten beschrieben werden. Zur allgemeinen Orientierung sei bemerkt, daß alle Essigbakterien keine Sporen bilden.

Bacterium orleanense (s. Abb. 41)

Wichtiger Pilz für die Weinessigbereitung. Auf Weinessigmaischen bildet sich eine mattglänzende Haut, die später zarte Faltungen aufweist. In älteren Weinessigkulturen tritt rötlichbraune Färbung der Haut ein. Oft hängt die Färbung von der Art des Weines ab. Auf hellem Rotwein fand man eine Rosafärbung. Nicht selten trifft man den Pilz auch in Schnellessigbildnern an. Das Bact. orleanense bildet kleine, oft gekrümmte Stäbchen von 1,6—2,4 μ Länge und 0,3—0,4 μ Breite (in Essigmaische unter Würzezusatz). Das Temperaturoptimum liegt bei 30—34^{0} in Essigmaische. Das Bacterium greift Aethylalkohol, Propylalkohol, Glycerin und Dextrin kräftig an, weniger stark Arabinose, Dextrose und Milchzucker.

Bacterium xylinoides

Wurde in Berliner Weinessigfabriken angetroffen. Auf flüssigen Nährböden bildet sich eine Haut, die verschieden ausfällt. Manchmal ist sie dünn und mäßig fest („Seidenpapierhaut"), dann kann sie auch voluminös-schaumig, lose zusammenhängend sein („Flockenhaut"), endlich bildet sich auch eine zähe, dicke „Lederhaut" oder „Xylinumhaut", wie sie für das Bact. xylinum charakteristisch ist. Die Zellen sind entweder völlig rund und kurz oder langstäbchenförmig, gerade oder gebogen. Die runden Zellen haben oft einen Durchmesser in Würze-Agarkulturen von 0,5—0,8 μ, die Stäbchen zeigen das Verhältnis von Länge zu Breite wie 1,2 bis 2 : 0,8 μ. Temperaturoptimum in Weinessigmaischen bei 24° und ein wenig höher. Starke Aktivität gegen Aethylalkohol und Propylalkohol, weniger heftig gegen Glycerin, Dextrose, Arabinose.

Bacterium Schüzenbachi (s. Abb. 42)

Der wichtige Pilz der Schnellessigbildner, genannt nach dem Erfinder dieses technischen Verfahrens. Auf Schnellessigmaische wachsen kleine Inseln, die sich dann zu einer Haut vereinigen. Das Bacterium bildet verschiedene Formen, runde und längliche Zellen, die bisweilen stark gekrümmt sind und die Form einer Sichel annehmen. In einer mit Würze versetzten Essigmaische erreichen die Zellen eine Größe von 1,6—2,4 : 0,3—0,4 μ. Das Temperaturoptimum in Essigmaischen liegt bei 25—27,5° C. Gut angegriffen werden Aethylalkohol, Propylalkohol und Glycerin, weniger stark Arabinose, Dextrose, Laevulose, Milchzucker und Dextrin.

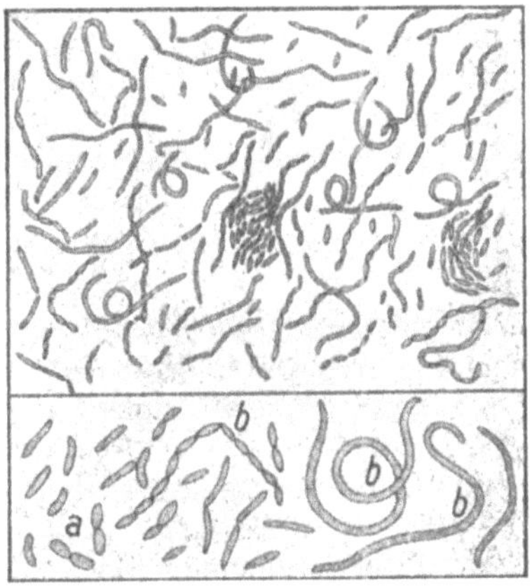

Abb. 43. Acetobacter xylinum (Brown, Holland). Oben, — Zellen von Würzegelatine; b. Zellen aus der dicken Haut auf Bier. Oben, 500fach, unten 1000fach. (Nach *Glaubitz*.)

Bacterium curvum

Ist ebenfalls ein Kulturbakterium des Schnellessigbildners. Die Zellen sind rundlich-eiförmig oder langgestreckt. Charakteristisch sind die mehr oder weniger gebogenen Zellen, die zu dem Namen „curvum" führten. Größe der Zellen in Essigmaische 1,6 : 0,3 μ oder 4—12 : 0,4 μ. Das Wärmeoptimum in Essigmaischekulturen liegt bei 25—36,5°. Stark angegriffen werden Aethylalkohol, Propylalkohol, Dextrin, weniger Arabinose, Dextrose, Glycerin.

Bact. xylinum (Acetobacter xylinum *[Brown]* Holland) (s. Abb. 43)

Ist charakterisiert durch die auffällige Hautbildung. Es entsteht aus einer wasserhellen Haut später eine weißliche, dicke, zähe Lederhaut. Diese ist oft einen, manchmal sogar mehrere Zentimeter dick. Eingetrocknet bildet sie eine papierähnliche Masse. Man hat versucht mit Hilfe dieses Pilzes künstliches Leder zu bereiten, doch blieb ein praktischer Erfolg aus. In Bierflaschenhälsen bilden sich bisweilen fingerlange Pilzpfropfen, die Laien eigenartig anmuten. Ein derartiges Gebilde hat auch *Th. Storm* die Anregung zu seiner Novelle „Im Brauerhause" gegeben. Die Zellen des Bacteriums sind kurz oder langstäbchenförmig, länglich oder fädig. Oft findet man spiralig oder unregelmäßig gebogene Zellfäden. Dazu gesellen sich hypertrophe Formen. Die Essigbildung vollzieht sich nur langsam unter großen Substratverlusten.

Der Pilz ist ein unbeliebter Gast in Schnellessigfabriken, da die Schleimmassen zu Verstopfungen Anlaß geben und einen unangenehmen Geruch an sich haben. Gut angegriffen werden Aethylalkohol, Propylalkohol und Rohrzucker, weniger Arabinose, Dextrose, Glycerin.

Zur technischen Biochemie der Bakterien

Zur Erzeugung von Essig hat man sich solche Arten ausgesucht, die die Essigsäure nur in geringem Umfang weiter oxydieren (s. Überoxydation). Wichtig ist indessen auch, daß sie gegen Alkohol und Essigsäure relativ tolerant sind. Sie vertragen 5—11 Volumprozent Alkohol bequem; die obere Grenze beträgt 15%. Bei Essigsäure liegt sie niedriger, etwa bei 6—7%. Das Bact. Schüzenbachi duldet im Bildner eine Konzentration bis etwa 15%. Von keiner Art werden mehr vertragen *(Henneberg)* (988). Das Temperaturoptimum liegt zwischen 24 und 36°; jedoch arbeiten sie im Schnellessigbildner bei 35—37°.

Technische Verfahren

Orleansverfahren

Die älteste Methode zur Erzeugung von Essig lebt heute noch in dem sog. Orleansverfahren[1]) weiter. In der alten Zeit stellte man den Essig in der Weise her, daß man Produkte der alkoholischen Gärung wie Weine oder Bier in offenen Gefäßen an einen warmen Ort stellte und nun auf die Essigbildung wartete. Sehr bald machte man die Erfahrung, daß der Vorgang erheblich beschleunigt werden konnte, wenn der neue Ansatz mit fertigem Essig gemischt wurde. Das wirksame Prinzip waren hier die im Essig vorhandenen Bakterien, die nun den Prozeß einleiteten. Die Essigbereitung, die erst im Mittelalter gewerbsmäßig betrieben wurde, konnte naturgemäß erst dann sichere Formen annehmen, als das Wesen der Gärung, namentlich durch *Pasteur*, erkannt worden war. Lange Zeit hindurch spielten die Essigfässer als Gärbottich die Hauptrolle. Sie wurden liegend verwendet und erhielten auf den beiden Böden im oberen Teil gegenüberliegende Luftlöcher zur Belüftung des etwa in drei Viertel der Höhe des Fasses liegenden Flüssigkeitsspiegels. Auch das Spundloch diente natürlich der Luftzufuhr, reichte aber nicht aus, da man alle Luftwege zur Fernhaltung der Essigfliegen mit Gaze überziehen mußte. *Pasteur* lehrte dann, daß es bei der Bildung von Essig nicht auf große Höhe der Flüssigkeitsschicht ankommt, sondern nur auf die Größe der Oberfläche. Der Essigpilz wirkt nur oben und deshalb steigert sich die Geschwindigkeit der Oxydation mit der Zunahme an Oberfläche. *Pasteur* führte nun ausschließlich Kufen, die in manchen Betrieben in mehr oder weniger zweckmäßiger Gestalt schon Eingang gefunden hatten, ein und zwar in der Größe von 1 qm Oberfläche bei einer Tiefe von nur 20 cm. Ein durchlochter Deckel war zum Schutz vor all zu großer Verdunstung vorgesehen.

Als Ausgangsmaterial für den Weinessig dient natürlich Wein. Die Ansicht, daß kranker Wein hierzu noch eine gute Verwendung finden kann, ist irrig, denn wenn die Essigflora sich richtig entwickeln soll, muß der Nährboden auch einwandfrei sein. Selbstverständlich sind solche Weine brauchbar, die einen schwachen Essigstich haben. Im allgemeinen nimmt man wohlfeile Weine zur Fabrikation. Sie geben ein angenehmes Bukett. Gute aromatische Weine sind natürlich zu kostbar. Am besten mischt man beim Ansatz die Weine mit Weinessig, um ein Aufkommen der nicht erwünschten Kahmhefe zu unterbinden. Zweckmäßig werden 2 Teile Weinessig und 1 Teil Wein verwendet, jedoch auch das Mischungsverhältnis 1:1 würde genügen. Den Ansatz mit sauren Maischen vorzunehmen, das ist die Grundregel des Orleansverfahrens. Einen weiteren Schutz gegen Infektionen bietet auch die Entkeimung der Apparate durch Dampf oder kalte Desinfektionsmittel vor dem Ansatz. Um

[1]) Die französische Weinessigfabrikation in Orléans und Umgebung genoß einst Weltruf.

einen guten Verlauf der Fabrikation zu erzielen, sind verschiedene Punkte zu beachten. So soll die Gärung schnell vor sich gehen, weshalb man die Temperatur der Essigstube nicht unter 25° hält. Es ist nicht zu empfehlen, so lange zu warten, bis die letzten Reste des Alkohols oxydiert sind. Ratsam ist 0,1—0,2% Alkohol unverarbeitet im fertigen Essig zu belassen. Würde man weiter gehen, so hätte man mit Verlusten an Bukettstoffen zu rechnen. Man begnügt sich mit einer Säurekonzentration von 6%; wollte man höher gehen, so wäre damit ein bedeutender Zeitverlust verknüpft.

Wenn sich die Flüssigkeit mit einer feinen dünnen Bakterienhaut überzogen hat, ist die Gärung im Gange. Oft werden zur Beimpfung von neuen Ansätzen kleine Hautteile benutzt, die dann zunächst als Inseln auf dem Flüssigkeitsspiegel liegen und später zu einer geschlossenen Haut auswachsen. Nach beendeter Gärung sinkt die Pilzhaut zu Boden, woran *Pasteur* das Ende des Umsatzes erkannte. Nach *F. Rothenbach* (1029) ist die Säurezahl maßgebend, die aus der Alkoholkonzentration der Anstellmaische unter Berücksichtigung des Verdunstungsverlustes zu errechnen ist. Der gebildete Essig wird dann durch eine Seitenöffnung abgezogen. Manche Betriebe arbeiten kontinuierlich, indem alle 8 Tage 10 l fertiger Essig dem Bildner entnommen und dafür 10 l Wein zugefügt werden. Es sind im Laufe der Jahre große kontinuierlich arbeitende Systeme ausgearbeitet worden, so z. B. das *Hengstenberg*sche kontinuierliche Orleansverfahren und das automatische Pasteurverfahren von *Martin* in Duisburg. Die Nachteile von solchen Verfahren bestehen darin, das sich ab und zu unerwünschte Bakterien-Schleimmassen bilden, die die Verbindungsröhren verstopfen. Außer diesen Schleimbakterien sind auch die Essigälchen unerbetene Gäste.

Wie schon oben erwähnt, sind das Bact. orleanense, das Bact. xylinoides und das Bact. ascendens (s. Abb. 41) die Essigerzeuger im Orleansverfahren. Von diesen gut gärenden Bakterien wird verlangt, daß sie in erster Linie ein gutes Hautbildungsvermögen besitzen. Die Schnellessigbakterien der Schnellessigbildner (s. nächster Abschnitt) dagegen sollen sich besonders durch ein gutes Haftvermögen an die Buchenholzspäne auszeichnen.

Es handelt sich hier um eine langsame Umwandlung von Wein in Essig, einer Oxydation des Alkohols zu Essigsäure, mittelst Bakterien in ruhender Flüssigkeit im Gegensatz zu der Essigerzeugung im Schnellessigbildner mit rieselnder Maische.

Schnellessigverfahren

Um die Essigbildung zu beschleunigen, konstruierte *Schüzenbach* in Weiterentwicklung der *Kastner*schen Idee, im Jahre 1823 einen Apparat, der einmal der Essigmaische eine große Oberfläche bot und gleichzeitig eine intensive Belüftung gestattete. *Schüzenbach* wählte ein langes, stehendes zylindrisches Gefäß, gefüllt mit Buchenholzspänen. Obgleich er von der Existenz der Essigbakterien keine Ahnung hatte, — die Flora wurde bekanntlich erst 14 Jahre später von *Kützing* entdeckt —, so hatte er empirisch mit seiner Anordnung das Richtige getroffen. Nach dem Prinzip des Gegenstromes konnten die herabfließende Maische und die aufsteigende Luft im „Reaktionsturm" in innige Berührung gebracht werden. Durch diese Maßnahmen mußten gleichzeitig die Umsätze infolge einer gesteigerten Bakterientätigkeit und Bakterienanreicherung auf den Holzspänen erheblich vergrößert werden.

Der Schnellessigbildner ist ein rundes turmartiges Holzgefäß, das sich nach unten zu ein wenig verjüngt. Diese Form mit dem unteren engeren Querschnitt wurde darum gewählt, um nach unten zu eine möglichst vollständige Befeuchtung der Buchenholzspäne zu erzielen. Man wählt etwa eine Höhe des Apparates von 2—2,5 m und einen Durchmesser von 1—1,2 m. Als geeignetes Material ist Eichenholz oder amerikanisches Pitschpineholz zu empfehlen. In den letzten Jahrzehnten haben sich auch große Bildner aus Steinzeug gut bewährt. Etwa 20—30 cm über dem Boden des Bildners ist ein Lattenrost oder Siebboden angebracht, damit sich in dem auf diese Weise gebildeten unteren Raum Essig ansammeln kann. Über diesem Lattenrost bzw. Siebboden befinden sich einige Luftlöcher von einem Durchmesser von 1—2 cm. Oben im Bildner, etwa 20 cm vom oberen Rand, liegt ein zweiter Siebboden, der die Füllung der in Spiralform gerollten Späne aus Rotbuche abschließt. Dieser Boden dient der gleichmäßigen Verteilung der aufgegossenen Maische und muß daher gleichmäßig mit Löchern in einem Abstand von 3—5 cm versehen sein und auch horizontal lagern. Anstatt eines Siebbodens wird auch in manchen Betrieben ein Spritzrad, nach dem Prinzip des *Segner*schen Wasserrades konstruiert, oder noch eine andere Einrichtung, z. B. eine Spritzkopfvorrichtung (Brause) zur Verteilung des Aufgusses verwendet. Selbstverständlich sind in den Betrieben eine Anzahl von Bildnern zu Gruppen zusammengeschlossen, die dann gewöhnlich durch ein automatisch wirkendes Aufgußsystem bedient werden. Nicht zu vergessen ist die Anbringung eines Winkelthermometers, das im oberen Drittel der Bildnerwand in die Holzspäne eingeführt ist. Wie wir später sehen werden, spielt die Temperatur des Bildners eine große Rolle. Gut arbeitende Apparate zeigen eine Temperatur von 35—37° C an.

Auf den Buchenholzspänen siedeln sich, wie schon erwähnt, die Essigbakterien an, und die herunterrieselnde Maische führt ihnen neue Nahrung zu und entfernt den gebildeten Essig. Die Flora sitzt auf den Spänen so fest, daß *M. Delbrück* von einer „Fesselgärung" spricht. Durch die Luftlöcher steigt frische Luft im Bildner empor und regt auf diese Weise die Tätigkeit der Bakterien an. Der Luftzug ist so stark, daß die Flamme einer vor dem Zugloch gehaltenen Kerze lebhaft in den Bildner hineingesaugt wird.

In den letzten Jahren sind die *Schüzenbach*bildner durch die sog. Großraumbildner weitgehend verdrängt worden. Ursprünglich baute *Frings*[1]) diese Apparate aus Beton in kubischer Form u. a. in der Größenordnung 6:8:6; da sich aber diese Bauart nicht bewährte, so ging er zu runden Großraumbildnern aus Holz über. Heute benutzt man derartige Apparate bis zu 4,5 m Höhe bei einem Durchmesser von rund 4,2 m. Man gewinnt auf diese Weise einen nutzbaren Spaninhalt von 40—50000 l. Der Vorteil dieser neuen Bildner besteht zunächst darin, daß man die Luftzufuhr durch Ventilatoren so dosieren kann, wie es durch die Analyse der Abgase angezeigt wird. Man vermeidet auf diese Weise sowohl einen schädlichen Luftmangel, als auch einen Überschuß, der die Verdunstungsverluste vergrößern würde. Ferner wird die ungünstig wirkende Temperaturerhöhung durch Außenkühlung der Maische vermieden. Wärmestauungen fallen auf diese Weise weg, die die Aktivität der Flora ungünstig beeinflussen würden. Der erzielte Nutzeffekt besteht in einer vielfach gesteigerten Oxydationsleistung und einer besonders guten Ausbeute. Bei den neusten Apparaten ist eine automatisch wirkende Kühlung angebracht nach dem Prinzip der Thermostaten, so daß auch während der Nacht eine richtige Bedienung erfolgt. Hierdurch wird die Leistung noch mehr gesteigert. S. Schema der Spritessigherstellung im *Frings*schen Großraumbildner nach *Haeseler*, (s. Abb. 44).

Bei der Weinessigfabrikation haben wir erfahren, daß man als Nährlösung einfach einen leichten Wein verwendet. Bei der Schnellessigfabrikation soll ein wohlfeilerer Nährboden, eine Essigmaische, zur Anwendung kommen. Von anorganischen Nährstoffen benötigt der Essigpilz Phosphor, Schwefel, Calcium, Kalium, Natrium und Magnesium. Der Alkohol wird in Form eines Denaturates dargereicht. Das ist eine Alkohol-Essigmischung von 33—40%igem Alkohol mit etwa 3% Essigsäure. Diese wird nun mit Wasser und Essig verdünnt, je nachdem, ob man nach dem Ein-, Zwei- oder Dreibildnersystem (s. w. u.) arbeitet. Zum verdünnten Denaturat kommen alsdann die Nährsalze *(F. Rothenbach)*, und zwar gibt man z. B. auf 100 l Denaturat 30—60 g Phosphate, bestehend aus primärem Ammonphosphat, Kaliumphosphat und Natriumphosphat im Verhältnis von 7:2:1, ferner 10—20 g Sulfate

[1]) Frings, H., D.R.P. 694, 117.

eines Gemisches von Ammonsulfat mit Magnesiumsulfat im Verhältnis 1:1. Auch andere Konzentrationen und Gemische der Salze haben sich bewährt. Dabei spielt die Art des organischen Nährstoffes mit seinen anorganischen Bestandteilen eine Rolle. Ebenso ist die Zusammensetzung des Betriebswassers (Calciumgehalt!) zu beachten.

Als organische Nährstoffe eignen sich verschiedene Nährlösungen, wie Malzauszüge und Fruchtextrakte. Jedoch verwendet man meist aus Rentabilitätsgründen Zuckerarten, wie Dextrose, Rohrzucker, Stärkezucker oder reinen Kapillärsirup. Auf 1 hl Denaturat kommen zweckmäßig 160—180 g Zuckerarten oder 200—1000 g Sirup.

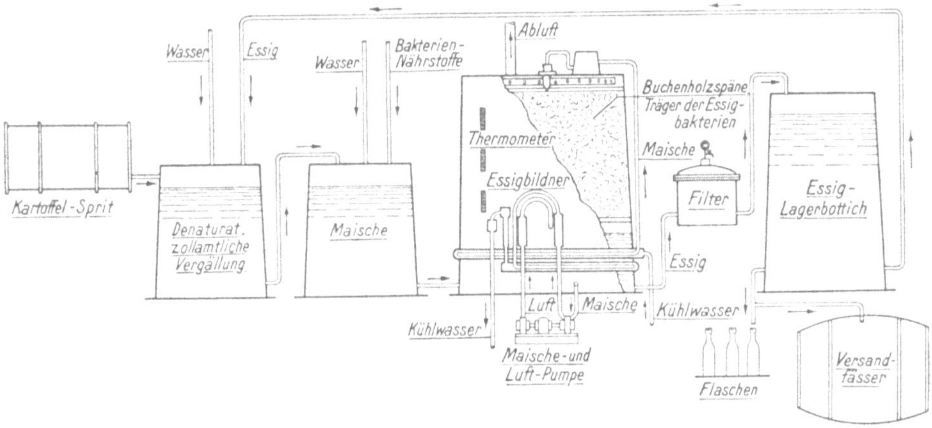

Großraumbildner

Abb. 44. **Gärungsessigfabrikation.** Spritessigherstellung nach H. *Frings*, Bonn a. Rh. (Bearbeitet durch Dr. *Haeseler*, Forschungsinstitut für Technologie der Essigfabrikation am Institut für Gärungsgewerbe zu Berlin.)

Bildnersysteme

Die Großraumbildner verdrängen infolge ihrer Überlegenheit nicht nur die *Schüzenbach*apparate, sondern auch die Orleansessigkufen. Es sei deshalb nur kurz auf die alten Systeme, die immerhin rund 100 Jahre der Essigindustrie gute Dienste geleistet haben, verwiesen. Sie lassen uns deutlich die Leistung der Bakterien erkennen und zeigen eine technisch anregend wirkende, einzigartige Arbeitsweise.

Verarbeitete man z. B. eine leichte Maische von 10—11% Alkohol und 2—4% Säure in einem Bildner, so wurde an einem Tage fast der ganze Alkohol des Maischequantums verarbeitet. Man gab in bestimmten Zeitintervallen, z. B. alle 2 Stunden einen Aufguß von je 10 l, und zwar 4 Maischegüsse und 4 Rückgüsse, d. s. Aufgüsse aus der im Bildner unten angesammelten Flüssigkeit. Auf diese Weise wurde fast ein quantitativer Umsatz des Alkohols, ein 10—11%iger Essig, erzielt. Daß die theoretische Ausbeute nicht erreicht wird, liegt an der teilweisen Verdunstung von Alkohol und Essigsäure. Das ist das Einbildner- oder A-System des Betriebes.

Um einen höher prozentigen Essig zu bekommen, ersann man den Zweibildnerbetrieb mit dem A-B-System. Hier erhielten die B-Bildner Rückgüsse aus dem Ablauf des A-Bildners, vermischt mit neuem Denaturat. Gewinn: Essig von einer Stärke von etwa 12—13% Säure. Der Dreibildnerbetrieb (A-B-C-System) zur Fabrikation noch stärkerer Essige erfuhr eine entsprechende Bedienung mit dem Ablauf von B für den C-Bildner, wobei bis zu 15% Säure erhalten wurde. Man arbeitete im Handbetrieb und auch mit automatischer Einrichtung. Beim Vergleich der Leistungen der verschiedenen Systeme findet man im Einbildner die höchste Oxydationsarbeit. Gleichzeitig gibt er die geringsten Verluste. Dies ist auch der Grund für das A-System im Großraumbildnerbetrieb.

Die Flora der Schnellessigbildner wurde bereits beschrieben. Es handelt sich um das Bact. Schüzenbachi, Bact. curvum und Bact. acetigenum. Das gelegentlich auftretende Bact. xylinum ist, worauf schon hingewiesen, nicht erwünscht, da es die Apparatur verschleimt. Um einen neuen Apparat mit der nötigen Flora zu versehen, wird derselbe mit Einsäuerungsessig beschickt. Man benutzt dazu einen frischen Ablauf von mittlerer Säurestärke, da derselbe infolge der geringeren Säurekonzentration die lebenskräftigsten Bakterien enthält. Überflüssig ist zu sagen, daß dieser Bildner natürlich frei von Infektionen sein muß. Zusammenfassend läßt sich folgende Regel aufstellen: Soll ein Bildner gut arbeiten, so muß zunächst für eine leistungsfähige Flora gesorgt werden, die auch zweckmäßig durch eine geeignete Maische zu ernähren ist. Weiter ist eine geregelte Luftzufuhr notwendig, und schließlich ist die Bildnerleistung auch von einer warmen Umgebung (Essigstube), von der richtigen Bildnertemperatur, abhängig.

Als Schädling der Essigfabrikation ist der Heubacillus (Bac. subtilis) anzusprechen, der auf schwach sauren alkoholischen Maischen graue Häute bildet und einen nicht erwünschten Geruch verbreitet. Hat der Essig einen gewissen Prozentgehalt an Säure erreicht, so sind alle Infektionen von Kahmhefen, Schimmel- und Fadenpilzen (Aspergillusarten, Mucoreen, Oidium, Dematium) ausgeschlossen. Von tierischen Schädlingen sind die Essigälchen, Essigmilbe und zwei Fliegenarten durch Sauberkeit des Betriebes fernzuhalten.

Betriebsstörung

Durch die Oxydation des Alkohols zu Essigsäure entsteht Wärme. Nach *Wüstenfeld* (1030) liefert ein Bildner pro Tag bei einer Verarbeitung von 3 l reinem Alkohol 5800 W.E. Da nebenher auch 200 g Essigsäure zu Kohlensäure und Wasser oxydiert werden, so entstehen hierdurch noch weitere 700 W.E., so daß mit einer gesamten Wärmemenge von 6500 W.E. gerechnet werden kann. Ist die Wärmeentwicklung zu hoch (normale Bildnertemperatur: 35—38°) namentlich an heißen Sommertagen, so muß mit kalter Maische gekühlt werden, damit das Temperaturoptimum für die Bakterien nicht gestört wird. Überoxydation tritt ein, d. h. es wird übermäßig viel Essigsäure zu Kohlensäure und Wasser oxydiert, wenn Infektion erfolgt ist. Derartige Verluste müssen natürlich vermieden werden. Verluste durch schädliche Organismen lassen sich bei guter Betriebskontrolle meistens vermeiden. Gegen die Verdunstung des Alkohols und der Säure haben praktische Kondensationseinrichtungen allgemeine Verbreitung gefunden. Trotz all dieser Maßnahmen kann die theoretische Ausbeute von 130 kg Essigsäure aus 100 kg 100%igem Alkohol nicht erreicht werden. Man erzielt praktisch 75—90% der Theorie. Der in den Essigbildnern erzeugte Spritessig kommt in Deutschland in filtriertem Zustand von mindestens 5% Säure (100 ccm Essig enthalten 5 g Säure) in den Handel. Zur weiteren Aromatisierung versetzt man ihn auch mit verschiedenen Kräutern wie Dill, Estragon und Thymian und erzielt auf diese Weise den sog. Kräuter- oder Gewürzessig.

Außer aus Traubenwein kann man auch aus vergorener Malzwürze und anderen Cerealienauszügen Essige bereiten. Man kennt daher Malzessig, Getreideessig, Rosinenessig, Obstessig und noch andere mehr oder weniger beliebte Arten. In letzter Zeit hat man ein sehr gutes Produkt aus vergorener Kartoffelmaische gewonnen, den Kartoffelessig.

Submerse Essiggärung (1031)

Um die in Essigbildnern gepflegte Oberflächenoxydation der Fesselgärung in Essigbildnern zu umgehen, hat man sich bemüht, die Essiggärung auch in der Flüssigkeit selbst vorzunehmen, etwa in einem säurefesten Gärbottich der Hefefabrikation. Bei dieser submersen Essiggärung würden also die Bakterien in der Maische wie die Hefen umherschwimmen und dort bei Luftzufuhr die Oxydation des Alkohols vollziehen. (*O. Hromatka*-Linz). Mit Obst- und Weinmaischen sind bisher gute Erfolge erzielt worden. Weitere Versuche mit anderen Maischen sind abzuwarten.

Bedeutung der Essigindustrie

Der Umfang der Jahresproduktion an Essigsäure auf der Welt beträgt etwa 270000 t, wovon 40% aus dem Gärprozeß stammen. Die anderen 60% werden etwa zu gleichen Teilen durch das Holzverkohlungsverfahren und durch die Synthese (Calciumcarbid → Acetylen → Acetaldehyd) gewonnen. In USA wurden 1945 615000 hl 95% Alkohol in Essig und wasserfreie Essigsäure durch Gärung umgewandelt.

Der Gärungsessig ist nicht identisch mit verdünnter Essigsäure der Industrie, denn er enthält neben Aromastoffen noch Nährsalze, kleine Mengen Alkohol und Biokatalysatoren. Er ist, worauf schon anfangs hingewiesen wurde, ein biologisches Stoffwechselprodukt.

Ein großer Teil der Essigsäure wird als Essig im Haushalt und in der Konservenindustrie verwendet. Beträchtliche Mengen führt die chemische Industrie in Ester über, die für die Lack- und Riechstoffindustrie hergestellt werden. Essigsäureanhydrid verbraucht die Acetylzellulosefabrikation, und der Erzeugung von Aceton müssen endlich auch bedeutende Mengen Essigsäure zur Verfügung gestellt werden. Wie man sieht, ist die Essigsäureerzeugung kein unbedeutender Faktor der Wirtschaft.

Schrifttum

Wüstenfeld, H., Lehrbuch der Essigfabrikation. Berlin, Paul Parey, 1930.
Hassak, P., Gärungsessig. Wien und Leipzig, A. Hartlebens Verlag, 1904.

Somit wären wir am Ende der Bakterien- und Schimmelpilzgärungen. Es sei nochmals darauf hingewiesen, daß hier nur die wichtigsten Prozesse und zwar auch nur kurz behandelt werden konnten. Den Ausführungen der Einleitung zufolge war beabsichtigt, nur einen kurzen Überblick zu geben. Auch über die erwähnten Mikroorganismen wurde in den meisten Fällen an dieser Stelle nur wenig mitgeteilt (s. Kap. 4 und 5). Ausführliche Kenntnisse müssen mit Hilfe von Spezialmonographien, die gelegentlich angegeben wurden, erworben werden.

* * *

Schlußwort

Bei einer flüchtigen Betrachtung des umfangreichen Schrifttums über die alkoholische Gärung könnte sich mancher wundern über den enorm großen Aufwand an Arbeit zahlreicher Forscher zur Lösung dieses Rätsels. Wir haben gesehen, daß es sich hier nicht nur um die Bearbeitung einer Spezialaufgabe handelt, sondern auch um das Kernproblem des Zuckerabbaus überhaupt für den mannigfachen Zellstoffwechsel. Bei der Milchsäurebildung aus Glucose ist schon erwiesen, daß die meisten Gärphasen mit denen der alkoholischen Zuckerspaltung übereinstimmen, und es wird sich noch zeigen, wie vielseitig die Triosen und ihre Derivate für den allgemeinen Stoffumbau zu verwerten sind. Bei der Buttersäuregärung und ähnlichen Gärungen sind die Verhältnisse bereits gelichtet. Aber auch bei dem tierischen Stoffwechsel werden wir auf dieselben Zwischenglieder stoßen. Es ist sicher, daß viele wichtige Synthesen aus Kohlenhydraten mit dem Abbau der Glucose beginnen. Zweifelsohne werden die höheren Fettsäuren der Glyceride (Fette und Öle) aus dem Acetaldehyd bzw. Brenztraubensäure synthetisiert, und ebenso wahrscheinlich ist es, daß viele Aminosäuresynthesen aus der Glucose den Weg über ihre Spaltstücke wählen. So würden schon zwei wichtige Bausteine der Zelle, die Eiweißstoffe und Fette, ihre Synthese aus Kohlenhydraten den Triosen und ihren Abkömmlingen verdanken. Wenn wir uns andererseits daran erinnern, daß mit dem Problem der alkoholischen Gärung und dem der Atmung die Energieversorgungsfrage der lebenden Zelle eng verknüpft ist und auch hier Aufklärung geschaffen wurde, so verstehen wir nur zu gut, daß es sich wohl gelohnt hat, so viele Opfer an Arbeit zu bringen.

Ursprünglich beabsichtigte man eine Spezialaufgabe, „Die Gärung", zu lösen, und durch das Eindringen in die Materie mußte man erkennen, daß sich damit eins der größten biologischen Probleme überhaupt vor unseren Augen aufrollte: der Stoffwechsel des Kohlenstoffs und damit verknüpft die Energieversorgung der chlorophyllfreien Zelle. Nur durch Lösung dieser gewaltigen Arbeit konnte erst Licht zur Klärung in die kleinen Spezialaufgaben dringen. So hat der kleine ursprünglich wissenschaftlich unscheinbare Vorgang der Gärung Anlaß zur Erschließung eines großen Forschungsgebietes gegeben. Den kühnen Pionieren, die vor fast unerforschlichen Rätseln nicht zurückschreckten, hohe Anerkennung!

Ins Innere der Natur dringt zwar kein erschaffener Geist (*Haller*), aber so manches tiefe Geheimnis konnte der Natur doch abgelauscht werden. Und so wird auch in Zukunft das die Aufgabe der Arbeitsgemeinschaft der Biologen, Physiologen und Chemiker sein, was schon *Goethe* weit vorausschauend als Ziel erkannte:

„Was man an der Natur Geheimnisvolles pries,
Das wagen wir verständig zu probieren.
Und was sie sonst organisieren ließ,
Das lassen wir kristallisieren."

Literatur

1. Bier und Bierbereitung bei den Völkern der Urzeit. I. Babylonien und Ägypten. Berlin 1926. Ges. f. d. Geschichte und Bibliographie des Brauwesens. Institut für Gärungsgewerbe.
2. *Kircher, Athanas.*, Scrutin. physico medic. Romae 1658. Section I: De origine, causis et effectibus Pestis, S. 18.
3. *Paracelsi.* — *Theyl, Ander*, Philosophia Paracelsi Lib. IV S. 50 A.
4. *Athanasius Kircher*, aus der Gegend von Fulda stammend, geboren 1601, gestorben 1680 als Prof. am Colleg. Roman in Rom. Lit. a. a. O. Sect. I Cap. 4, 5, 7, 8.
5. *Franke, W.*, Angew. Chem. **52** (1939) S. 706.
6. *Knoop, F.*, Hoppe-Seylers Z. physiol. Chem. **67** (1910) S. 489; *Knoop* u. *Kertess*, Hoppe-Seylers Z. physiol. Chem. **71** (1911) S. 252; *Knoop* u. *Oesterlin*, Hoppe-Seylers Z. physiol. Chem. **148** (1925) S. 294 u. **170** (1927) S. 186.

6a. *Knoop, F.*, Klin. Wochenschr. **17** (1938) S. 1309.

6b. *Graßmann, W.*, *Bayerle*, Biochem. Z. **268** (1933) 220.

7. *Glimm* u. *Nitzsche*, Biochem. Z. **268** (1934) S. 444.
8. *Quastel* u. *Woolf*, Biochem. J. **20** (1926) S. 545; **23** (1929) S. 472.
9. *Virtanen* u. *Tarnanen*, Biochem. Z. **250** (1932) S. 193.
10. *Haehn* u. *Leopold*, ebenda **292** (1937) S. 380.
11. *Kotake, Y*, *Chikano, M.* u. *Ichihara, K.*, Hoppe-Seylers Z. physiol. Chem. **143** (1925) S. 218. — *Hirai, K.*, Biochem. Z. **114** (1920) S. 71; **135** (1923) S. 299. — *Baumann, E.*, Ber. deutsch. chem. Ges. **12** (1879) S. 1452; **13** (1880) S. 279. — *Baumann, E.* u. *Brieger, L.*, Hoppe-Seylers Z. physiol. Chem. **3** (1879) S. 149.
12. *Csontos, I.*, Zbl. Bakt. **97** (1926) I S. 178. — *Sasaki, T.* u. *Otsuka*, Biochem. Z. **121** (1929) S. 167. — *Neucki, M.*, Mchr. Chem. **10** (1889) S. 506. — *Ellinger, A.*, Ber. deutsch. chem. Ges. **38** (1905) S. 2884. — *Hopkins, F. G.* u. *Cole, S. W.*, J. of physiol. **27** (1901) S. 418. — *Salkowski, E.* u. *H.*, Hoppe-Seylers Z. physiol. Chem. **29** (1903) S. 451. — *Kulp, W. L.*, J. bact. **10** (1925) S. 459.
13. *Gildemeister* u. *Hoffmann*, Die Ätherischen Öle: Schimmel u. Co A. G. Miltitz b. Leipzig 1931 III S. 590.
14. *Schmiedeberg*, Med. Zentralbl. **32** (1868).
15. *Waksman, S. A.*, Soil. Sc. **1** (1916) S. 363. — *Waksman* u. *Curtis, R. E.*, Soil. Sc. **1** (1916) S. 99.
16. *Lafar, F.*, Handb. d. techn. Mykologie **3** (Jena 1904/1906) S. 245.
17. *Pfeiffer, H.*, Diss. Amsterdam 1917.
18. *Fischer, F.* u. Mitarbeiter, Ges. Abhandl. zur Kenntnis der Kohle **5** (1922) S. 532.
19. *Huber, E.*, Das Bier im alten Babylonien zur Zeit der Sumerer. — *Philippe, M.*, Die Braukunst der alten Babylonier im Vergleich zu den heutigen Braumethoden. Beide Aufsätze in dem Werk: Bier und Bierbereitung bei den Völkern der Urzeit. Veröffentlichungen der Gesellschaft für die Geschichte und Bibliographie des Brauwesens. Berlin 1926, Gesellschaft für die Geschichte und Bibliographie des Brauwesens. Institut für Gärungsgewerbe.
20. *Delbrück-Struve*, Beiträge zur Geschichte des Bieres. Berlin 1903.
21. *Hrozny, Fr.*, Das Getreide im alten Babylon. Akad. d. Wiss. Wien 1914. Philos. hist. Kl. Bd. **178** Abt. I S. 132.
22. *Kobert*, Zur Geschichte des Biers. Halle a. d. S. 1896.
23. *Maurizio, A.*, Geschichte der gegorenen Getränke. Berlin 1933, Paul Parey S. 141 u. 223.

24. *Mayer, Adolf*, Agrikulturchemie III. Bd. 7. Auflage. Gärungschemie. Karl Winter, Heidelberg 1927 S. 62.

25. *Stahl*, Fundamenta chemiae **1728** S. 29. — *Kopp*, Geschichte der Chemie **4** (1847) S. 293.

26. *Kruif, Paul de*, „Microbe Hunters" New York 1926; Deutsche Ausgabe: „Mikrobenjäger" Zürich und Leipzig 1927, Orell Füssli.

27. *Balling*, Gärungschemie (1845) S. 159.

28. *Cagniard Latour*, Ann. de chim. et phys. (2) **58** (1838) S. 206.

29. *Schwann, Th.*, Poggend. Ann. **117** S. 184.

30. Siehe *Delbrück, M.* u. *Schrohe, A.*, Hefe, Gärung und Fäulnis. S. 25, Berlin 1904, Paul Parey.

31. *Kützing, Friedrich Traugott*, Journ. f. prakt. Chemie **11** S. 387.

32. Liebigs Annalen der Pharmacie **29** (1839) S. 100.

32a. Siehe Zitat 24.

33. *Mitscherlich, E.*, Liebigs Ann. Chem. **44** (1842) S. 201.

34. *Helmholtz, H.*, Journ. f. prakt. Chem. **31** (1844) S. 435.

35. *Schröder, H.* u. *Dusch, Th. v.*, Liebigs Ann. Chem. u. Pharm. **89** (1853) S. 232. — *Schröder, H.*, Liebigs Ann. Chem. u. Pharm. **117** (1860) 273.

36. *Bail, Th.*, Flora **40** (1857) S. 417 u. 433.

36a. Siehe Zitat 30, S. 47.

36b. Siehe Zitat 30.

37. *Pasteur, L.*, Ann. Chim. Phys. (3) **58** (1860) S. 323; **64** (1862) S. 5.

38. *Ehrenberg*, Monatsberichte der Berl. Akad. 1848.

39. *Broek, J. H. van den*, Liebigs Ann. Chem. **115** (1860) S. 75.

40. *Nägeli, C.*, Theorie der Gärung, München 1879.

41. *Pasteur, L.*, Etudes sur la bière. Paris 1876 S. 271.

42. *Pasteur, L.*, Etudes sur la bière. Paris 1876 S. 251.

43. Sitzungsberichte der Bayrischen Akademie **2** (1869) S. 328.

44. *Mitscherlich, E.*, Liebigs Ann. Pharm. u. Chem. **44** (1842) S. 200.

45. *Payen* u. *Persoz*, Ann. Chim. Phys. **53** (1833) S. 73.

46. *Berthelot*, Chimie organique fondée sur la synthese 1860 II S. 655.

47. *Hoppe-Seyler, F.*, Pflügers Arch. **12** (1876) S. 1.

48. *Lüdersdorff*, Poggendorf's Annalen **67** (1846) S. 408.

49. *Schmidt, C.*, Liebigs Ann. Chem. **61** S. 171.

50. *Wiesner, Julius*, Mikroskopische Untersuchungen S. 126, Stuttgart, 1872, Maier.

51. *Pasteur, L.*, C. r. (1875) S. 452.

52. *Fischer, E.*, Ber. dtsch. chem. Ges. **27** (1894) S. 3480.
Fischer, E., Ber. dtsch. chem. Ges. **27** (1894) S. 3481.

53. *Fischer, E.* u. *Lindner, P.*, Ber. dtsch. chem. Ges. **28** (1895) S. 3037.

54. *Fischer, E.*, Ber. dtsch. chem. Ges. **27** (1894) S. 2993.

55. *Buchner, E.*, Ber. dtsch. chem. Ges. **30** (1897) S. 117.

56. *Lippmann, Ed. O. von*, Chemiker Ztg **51** (1927) S. 1. — *Lippmann, Ed. O. von*, Abhandlungen u. Vorträge II S. 277, Leipzig 1913. — *Maurizio, A.*, Geschichte der gegorenen Getränke, Berlin, Paul Parey 1933, S. 222.

57. *Lippmann, Ed. O. von*, Chemiker Ztg **44** (1920) S. 214.

58. *Lippmann, Ed. O. von*, Chemiker Ztg **50** (1926) S. 238. — *Lippmann, Ed. O. von*, Entstehung u. Ausbreitung der Alchemie. E. Beitr. z. Kulturgesch. Berlin 1919 XVI u. S. 742.

59. *Neuberg, C.* u. *Kerb*, Biochem. Z. **58** (1913) S. 158.

60. *Connstein* u. *Lüdecke*, Ber. dtsch. chem. Ges. **52** (1919) S. 1385.

61. *Baeyer, A., von*, Ber. dtsch. chem. Ges. **3** (1870) S. 74.

62. *Wohl, A.*, Biochem. Z. **5** (1907) S. 45.

63. *Mayer, A.*, Die Zelle der Bakterien. G. Fischer, Jena 1912.

64. *Schumacher, I.*, Ctr. Bakt. I, Ref. **73** (1922) S. 337; **77** (1924) S. 191.

65. *Iwanoff, N. N.*, Hoppe-Seylers Z. physiol. Chem. **170** (1927) S. 274; Biochem. Z. **181** (1927).

66. *Fischer, H., Lambrecht, R.* u. *Mittenzu, H.*, Hoppe-Seylers Z. physiol. Chem. **258** (1938) S. 1. — *Fischer, H.* u. *Orth, H.*, Die Chemie des Pyrrols 2, 2. Hälfte, Leipzig 1940.
67. *Stockhausen, F.*, Wo. f. Brauerei **42** (1925) S. 13—43. — *Stockhausen*, F. u. *Steege, E.*, Wo. f. Brauerei (1925) S. 240, 253, 261, 268.
68. *Kluyver*, Erg. d. Fermentforschung IV S. 239.
69. *Franke, W.*, Zeitschr. Die Chemie **56** (1943) S. 55.
70. *Stanley, W. M.*, Science (New York) **81** (1935) S. 644; Phytopathologie **26** (1936) S. 305.
71. *Ruska, H.*, Die Naturwissenschaften **29** (1941) S. 367; Arch. ges. Virusforschung **2** (1942) S. 345; Virus, Akad. Verlagsgesellschaft Athenaion. Potsdam 1950.
72. *Schramm, G.*, Die Chemie **37** (1944) S. 109, Zusammenfassende Arbeit mit Literaturangaben.
73. *Pfankuch, E.*, Biochem. Z. **306** (1940) S. 125.
74. *Müller, R.*, Fortschritte und Forschungen **21/23** (1947) S. 186. Zusammenfassende Arbeit über „Virus, Bacterium, Chlorophyllkorn und Zelle".
74a. *Wiebols* u. *Wieringen*, Zentrbl. Bakt. 1. Abt. Ref. **126** (1937) S. 140.
75. *Rothstein, A.*, Angew. Chem. **63** (1951) S. 76.
75a. *Brandt, K. M.*, Biochem. Z. **309** (1941) S. 190.
76. *Drews, B.*, Biochem. Z. **286** (1937) S. 207.
77. *Bauch, R.*, Ber. dtsch. Bot. Ges. **60** (1943) S. 42.
78. *Skovsted, A.*, Comptes rend. Lab. Carlsberg Ser. physiol. **24** (1948) S. 249.
78a. *Effruci*, Le Petit Journal du Brasseur 1950, Nr. 2318; Die Brauerei, wissenschaftl. Beilage **4** (1951) S. 23.
79. *Lentz, O.*, Das Deutsche Gesundheitswesen **3** (1948) S. 136.
80. *Windisch, S.*, „Die Brauwelt" (1947) S. 467; (1948) S. 203.
81. *Koch, Rich.* u. *Herbst, A.*, Die Branntweinwirtschaft **2** (1948) S. 193.
82. *Fink, H., Haehn, H.* u. *Hoerburger, W.*, Chem. Ztg. **61** (1937) S. 689, 723, 744.
83. *Damm, H.*, Chem. Ztg. **67** (1943) S. 47.
84. *Geffers, H.*, Arch. f. Mikrobiologie **8** (1937) S. 66.
85. *Fink, H., Haeseler, H.* u. *Schmidt, M.*, Z. f. Spiritusindustrie **60, 74** und **82** (1937).
85a. *Zycha, H.*, Kryptogamenflora der Mark Brandenburg Bd. VIa, Pilze II S. 45. Leipzig 1935.
85b. *Schnegg*, Das mikroskopische Praktikum des Brauers. II. Teil, S. 93 u. 107. Ferd. Enke, Stuttgart 1922.
86. *Luers, H., Kühles, R.* u. *Fink, H.*, Biochem. Z. **217** (1930) S. 253.
86a. *Corman* u. *Langlykke*, Cereal Chem. **25** (1948) S. 190—201.
86b. *Kakuo Kitahara, Michiyoshi Kurushima* u. *Hakko Kôgaku Zasshi*, J. fermentation Techn. **27** (1949) S. 1—5; Die Branntweinwirtschaft **5** (1951) S. 12.
87. *Behr, G.*, Arch. f. Mikrobiologie **1** (1930) S. 418.
88. *Killian, H.*, Die Penicilline; die Pharmazie 1. Beiheft, 1. Ergänzungsband, Verlag Dr. Werner Saenger, Berlin 1946.
89. *Lembke, A.* und *Frahm*, Untersuchungen über Mycoine, Zbl. f. Bakt. I **152** (1947) S. 221.
90. *Vogler, K. G., Le Page, G. A.* u. *Umbreit, W. W.*, J. gen. Physiol. **26** (1942) S. 81. — *Umbreit, W. W.*, Bact. Rev. **11** (1947), S. 157.
91. *Vogler, K. G.*, I. gen. Physiol. **25** (1942) S. 617.
92. *Hjorth-Hansen, S.*, Tidsskr. Kjemi, Bergyes Metallurgi **1** (1941) S. 59.
93. *Stille, B.*, Arch. f. Mikrobiologie **14** (1950) S. 554.
94. *Staiger, G.* u. *Glaubitz, M.*, Z. f. Spiritusindustrie **52** (1929) S. 125.
95. *Bergmann, L.*, Der Ultraschall. Verlag S. Hirzel, Stuttgart 1949, S. 664.
96. *Theismann, H.* u. *Wallhäuser, K.-H.*, Naturwissenschaften **37** (1950) S. 185.
97. *Euler, H. v.* u. *Skarzynski*, Naturwissenschaften **31** (1943) S. 389.
98. Die Pharmazie **3** (1948) S. 241.
99. *Stockhausen, F.*, Wo. f. Brauerei **47** (1930) S. 533, 545, 561, 575; **52** (1935) S. 177, 185.
100. *Epstein, S. S.*, „Food Industries" 1948, Nr. 12.

101. *Juillerat, A.*, Schweiz. Brauerei-Rundschau 1949, Nr.3.
102. *Bausch, H.*, Die Branntweinwirtschaft 1949, Nr. 3.
103. *Sauter, E.*, Milchwissenschaft 1949, Nr. 8.
104. *Suntheimer, K.*, „Getreide, Mehl, Brot“ 1949, Nr. 13/14.
105. *Endres, G.*, *Hammer, F. Rohr, E.*, Liebigs Ann. Chem. **559** (1948) S. 42.
106. *Matuszewski, T.*, *Supinska* u. *Neyman*, I. Zbl. Bakt. II **95** (1936) S. 45.
107. *Thaysen, A. C.*, Der Mikromanipulator und sein Gebrauch. Journ. Inc. Brewers Guild 1948 Nr. 408; Wallerstein Lab. Commun. 1949 Nr. 35.
108. *Wickerham, L. J.* u. *Andreaasen, A. A.*, Wallerstein Lab. Commun. 1942, Heft 5 S. 165. — *Wickerham, L. J.* u. *Flickinger, U. H.*, The Brewers Digest 1946 Heft 21 S. 48.
109. *Schnegg, H.*, Brauwissenschaft 1950 Heft 5 S. 113.
110. *Mayer, Adolf*, Agrikulturchemie 7. Aufl. III. Gärungschemie, Heidelberg 1927, Carl Winter, S. 98.
111. *Münder, Hermann*, Inaugural Dissertation, Berlin 1938 S. 22.
112. *Schönfeld* u. *Rommel*, Wo. f. Br. **25** (1908) S. 141.
113. *Lintner*, Z. f. d. ges. Brauw. **6** (1883) S. 397.
114. *Buchner, E.* u. *Haehn, H.*, Biochem. Z. **27** (1910), S. 418.
115. *Euler, H. v.* u. *Lundequist*, Hoppe-Seylers Z. physiol. Chem. **72** (1911) S. 97.
116. *Just, F.* u. *Fink, H.*, Biochem. Z. **308** (1939) S. 2.
117. *Lintner*, Z. f. ges. Brauwesen (1883) S. 387.
118. *Schwaibold, I.* u. *Nagel, G.*, Z. f. Vorratspflege und Lebensmittelforschung **2** (1939) S. 231.
119. *Koch, Rich.*, Wo. f. Brauerei **52** (1935) S. 57, 65, 76, 86, 93.
120. *Haworth, Hirst* u. Mitarbeiter, J. chem. Soc. London (1937) S. 577.
121. *Carter* u. *Record*, J. Chem. Ind. **55** (1936) S. 218.
122. Nach *Lehnartz, E.*, Chemische Physiologie. Springer Verlag, Berlin und Heidelberg 1948.
123. *Schönfeld, Fr.* u. *Hirt*, Wo. f. Brauerei **29** (1912) S. 177; **29** (1912) S. 393.
124. *Fink, Silbereisen* u. *Höpfner*, Vorratspflege und Lebensmittelforschung **3** (1940) S. 298. Daselbst auch ein Verzeichnis der umfangreichen Literatur.
125. *Ling, A. R.*, *Nanji, D. R.* u. *Paton, F. J.*, J. of Inst. of Brew. (1935) S. 31; Wo. f. Brauerei (1925) S. 205.
126. *Schäffner, A.*, Naturwissenschaften **27** (1939) S. 195.
127. *Henneberg, W.*, Z. f. Spiritusindustrie 1902 S. 378.
128. *Schönfeld, F.*, Wo. f. Brauerei **29** (1912) S. 393.
129. *Baetsle, M.*, Ann. de la Brass. et de la Dest. **26** (1928) Nr. 24.
130. *Errera, C. R.* **101** S. 253.
131. *Cremer*, München Med. Wo. **41** S. 525.
132. *Harden* u. *Young*, I. Chem. Soc. London **81** S. 1224; **101** S. 1920.
133. *Hashitani*, Wo. f. Brauerei 1927, S. 315.
134. *Stockhausen* u. *Silbereisen*, Wo. f. Brauerei 1935, S. 257.
135. *Hashitani*, Wo. f. Brauerei 1927, S. 315.
136. *Haworth, Hirst* u. *Isherwood*, J. Chem. Soc. London 1937 S. 784.
137. *Sevag, Cattaneo* u. *Maiweg*, Liebigs Ann. Chem. **519** (1935) S. 111.
138. *Stockhausen* u. *Silbereisen*, Wo. f. Brauerei 1933, S. 349; 1936, S. 281.
139. *Kraut, Eichhorn* u. *Rubenbauer*, Ber. dtsch. chem. Ges. **60** (1927) S. 1644.
140. *Stockhausen* u. *Silbereisen*, Biochem. Z. **287** (1936) S. 276.
141. *Oshima*, Hoppe-Seylers Z. physiol. Chem. **36** (1902) S. 42.
142. *Suzuki*, Biochem. Z. **154** (1924) S. 278.
143. *Levene, P. A.* u. *Sobotka, H.*, Chem. Centrbl. I (1926) S. 1139.
144. *Wendt, G.*, Hoppe-Seylers Z. physiol. Chem. **272** (1942) S. 152.
145. *Tanret*, C. r. **192** (1931) S. 1056.
146. *Koch*, Chem. Centrbl. 1925 II S. 1455.
147. *Myrbäck* u. *Örtenblad*, Biochem. Z. **288** (1936) S. 288; **291** (1937) S. 61. — *Myrbäck, K.*, Erg. d. Enzymforschung Bd. X (1949) S. 185.

147a. *Stewart, L. C.*, J. Amer. Chem. Soc. **72** (1950) S. 2058.
148. *Fink, H.* u. *Just, F.*, Biochem. Z. **296** (1938) S. 306.
149. *Fink, H.* u. *Just, F.*, Biochem. Z. **296** (1938) S. 311.
150. *Salkowski*, Ber. dtsch. chem. Ges. **27** (1894) S. 497 u. 3325.
151. *Meigen* u. *Spreng*, Hoppe-Seylers Z. physiol. Chem. **55** (1908) S. 48.
152. *Dreyer*, Z. f. ges. Brauwesen **86** (1913) S. 201.
153. *Ling, Nanji* u. *Paton*, Journ. Inst. Brewing **31** (1923) S. 316.
154. *Daoud* u. *Ling*, Journ. Soc. chem. Ind. (1931) 365 T.
155. *Zechmeister* u. *Toth*, Biochem. Z. **270** (1934) S. 309.
156. *Willstätter* u. *Racke*, Liebigs Ann. Chem. **425** (1921) S. 1; **427** (1921) S. 111.
157. *Willstätter* u. *Graßmann*, Biochem. Z. **203** (1928) S. 308.
158. *Graßmann* u. *Peters*, Hoppe-Seylers Z. physiol. Chem. **204** (1932) S. 135.
159. *Buchner, E.*, *Buchner, H.* u. *Hahn, M.*, Die Zymasegärung. München, Berlin 1903.
160. *Wroblewski*, Ber. dtsch. chem. Ges. **31** (1898) S. 3218; Journ. prakt. Chem. **64** (1901) S. 33.
161. *Thomas, P.*, Ann. Inst. Past. **35** (1921) S. 43; Wo. f. Br. **45** (1921) S. 253.
162. *Fodor, A.*, Kolloid-Z. **27** (1920) S. 58.
163. *Lüers* u. *Schuster*, Kolloid-Z. **32** (1923) S. 334.
164. *Bayer, I.*, Diss. T. H. München 1919.
165. *Lüers* u. *Nowak*, Biochem. Z. **154** (1924) S. 304.
166. *Enders* u. *Röed*, Biochem. Z. **301** (1939) S. 1.
167. *Béchamps, A.*, C. r. **74** (1872) S. 184; **78** (1874) S. 645.
168. *Schützenberger, P.*, C. r. **78** (1874) S. 493 u. 698.
169. *Schenk, M.*, Wo. f. Brauerei **22** (1905) S. 227.
170. *Kutscher, Fr.*, Hoppe-Seylers Z. physiol. Chem. **32** (1901) S. 71.
171. *Wroblewski, A.*, Ber. dtsch. chem. Ges. **31** (1938) S. 3223; J. pr. Chem. **64** (1901) S. 52.
172. *Schröder, R.*, Hofmeisters Beitr. z. chem. Phys. u. Path. **2** (1902) S. 389.
173. *Meisenheimer, J.*, Hoppe-Seylers Z. physiol. Chem. **104** (1919) S. 229; **114** (1921) S. 205.
174. *Kraut, H.* u. *Schlottmann, F.*, Biochem. Z. **291** (1937) S. 406.
175. *Kraut, H.*, Biochem. Z. **297** (1938) S. 297.
176. *Fink, H.* u. *Just, F.*, Biochem. Z. **303** (1939) S. 234.
177. *Schormüller, J.*, Ernährung u. Verpflegung **1** (1949) S. 93.
178. *Fink, H.* u. *Just, F.*, Biochem. Z. **300** (1938) S. 87.
179. *Fink, Krebs* u. *Lechner*, Biochem. Z. **290** (1937) S. 135 u. 447; **300** (1938) S. 59.
180. *Dirr, K.* u. *Soden, O. v.*, Biochem. Z. **309** (1941) S. 329.
181. *Feulgen, R.*, Chemie und Physiologie der Nukleinstoffe nebst Einführung in die Chemie der Purinkörper (1923). — *Bredereck, H.*, Angew. Chem. **47** (1934) S. 290; **49** (1936) S. 554.
182. *Stuart Tipson* u. *Levene, P. A.*, Chem. u. Ind. **58** (1939) S. 1010. — *Masson Gulland, I.* u. *Jackson, E. M.*, J. chem. Soc. 1939 S. 1842.
183. *Gulland, J. M.*, *Barker, S. R.* u. *Jordan, D. O.*, Annual Rev. Biochem. **14** (1945) S. 175.
184. *Vischer, E.* u. *Chargaff, E.*, Journ. Biol. Chem. **176** (1948) S. 715; **177** (1949) S. 405.
185. *Dimroth, K.*, *Jaenicke, L.* u. *Heinzel, D.*, Liebigs Ann. Chem. **566** (1950) S. 206.
186. *Euler, H. v.* u. *Hahn, L.*, Ark. Kem. Mineral. Geol. Ser. A. **25** (1948) S. 1; Chem. Centrbl. 1949 I S. 1265.
187. *Seymour, S.* u. *Cohen*, J. bio.. Chemistry **174** (1948) S. 281.
188. *Miescher, Fr.*, Hoppe-Seylers med. chem. Unt. Hoppe-Seylers Z. physiol. Chem. **4** (1871) S. 441; Schmiedeberg Ann. **37** (1895) S. 100.
189. *Kossel, A.*, Hoppe-Seylers Z. physiol. Chem. **22** (1896) S. 176.
190. *Altmann*, Ann. Anat. u. Phys. 1889, S. 529.
191. *Levene, P. A.* u. *Jacobs, W. A.*, Ber. dtsch. chem. Ges. **42** (1909) S. 2474, 2703; **43** (1910) S. 3150.
192. *Steudel, H.* u. *Peiser, E.*, Hoppe-Seylers Z. physiol. Chem. **108** (1919) S. 42; **120** (1922) S. 292; **127** (1923) S. 262.

193. *Thannhauser, S. J.* u. *Dorfmüller*, Hoppe-Seylers Z. physiol. Chem. **95** (1915) S. 259; **100** (1917) S. 121; **104** (1919) S. 65.
194. *Feulgen, R.*, siehe Zitat 181.
195. *Bredereck, H.*, Fortschritte der Chemie organischer Naturstoffe, Berlin 1923.
196. *Lohmann, K.*, Angew. Chem. **62** (1950) S. 171.
197. *Schumacher, J.*, Ctrbl. f. Bakt. Abt. I Ref. **73** (1922) S. 337; Z. Chemie d. Zelle u. Gewebe **12** (1926) S. 175; Biochem. Z. **128** (1922) S. 600 u. 604 (Arbeit *Hayduck* u. *Haehn*).
198. *Hayduck, F.* u. *Haehn, H.*, Biochem. Z. 128 (1922) S. 603.
199. *Glaubitz, M.*, Biochem. Z. **139** (1923) S. 77.
200. *Biebuyck, P.*, Fermentativ 1940 S. 3.

201. *Lindegreen, Car C.*, „Nature" **159** Nr. 4028/63 (1947) nach „Wallerstein Lab.Commun." X, **31** (1947) S. 246.
202. *Rippel-Baldes, S.*, Grundriß der Mikrobiologie. Springer-Verlag Berlin und Göttingen 1947 S. 22.
203. *Piloty*, Liebigs Ann. Chem. **366** (1910) S. 237.
204. *Küster, W.*, Handb. d. chem. Arbeitsmeth. Abt. 1 Teil 8 Heft 2 (1921).
205. *Willstätter* u. *Stoll*, Untersuch. über Chlorophyll. Berlin, Springer 1913.
206. *Fischer, H.*, Erg. d. Phys. **15** (1916) S. 185; Oppenheimers Handb. d. Biochem. 2. Aufl. **1** (1923) S. 351; Farbstoffe mit Pyrrolkernen; Z. f. ang. Chem. **38** (1925) S. 981; Ber. dtsch. chem. Ges. **60** (1927) S. 2611.
207. *Fischer, H.* u. *Fink, H.*, Hoppe-Seylers Z. physiol. Chem. **140** (1924) S. 57; *Fink, H.*, Biochem. Z. **211** (1929) S. 65.
208. *Euler, H. v.* u. *Fink, H.*, Hoppe-Seylers Z. physiol. Chem. **162** (1927) S. 272.
209. *Fink, H.*, Biochem. Z. **211** (1929) S. 73.
210. *Hoppe-Seyler*, Hoppe-Seylers Z. physiol. Chem. **4** (1880) S. 193.
211. *Dhéré* u. *Sobolewsky*, C. r. Soc. de Biol. **70** (1911) S. 511.
212. *Fink, H.* u. *Hoerburger, W.*, Hoppe-Seylers Z. physiol. Chem. **218** (1933) S. 181; **220** (1933) S. 123.
213. *Munn, Mac*, Phil. Trans. **177** (1886) S. 267; Hoppe-Seylers Z. physiol. Chem. **13** (1889) S. 309; **14** (1890) S. 328.
214. *Keilin*, Proc. Roy. Soc. **98** (1925) S. 312.
215. *Euler, H. v.*, *Fink, H.* u. *Hellström*, Hoppe-Seylers Z. physiol. Chem. **164** (1927) S. 69; **169** (1927) S. 10.
216. *Fink, H.*, Hoppe-Seylers Z. physiol. Chem. **210** (1932) S. 197.
217. *Fink, H.* u. *Lechner*, Biochem. Z. **304** (1940) S. 425.
218. *Gerard* u. *Darexy*, Journ. Pharm. Chim. **5** (1897) S. 275.
219. *Hinsberg, O.* u. *Roos, E.*, Hoppe-Seylers Z. physiol. Chem. **38** (1903) S. 1; **42** S. 189.
220. *Mac Lean, J. S.* u. *Thomas, Et. M.*, Biochem. J. **14** (1920) S. 483.
221. *Täufel, K.*, *Thaler, H.* u. *Schreyegg, H.*, Z. f. Unters. d. Lebensm. **72** (1936) S. 394.
222. *Lindner, P.* u. *Czifer, St.*, Wo. f. Brauerei (1912) S. 1.
223. *Wieland, H.* u. *Wille*, Liebigs Ann. Chem. **515** (1935) S. 260.
224. *Halden, Wilhelm*, Hoppe-Seylers Z. physiol. Chem. **225** (1934) S. 249.
225. *Klein, G.*, Handb. d. Pflanzenanalyse Bd. 2 S. 675, J. Springer, Wien 1932.
226. *Fischer, Emil*, Ber. dtsch. chem. Ges. **23** (1890) S. 2130, Untersuchungen über Kohlenhydrate und Fermente 1909.
227. *Haehn, H.* u. *Kinttof, W.*, Zeitschr. Chem. d. Zelle und Gewebe **12** (1925) S. 115; Ber. dtsch. chem. Ges. **56** (1923) S. 439 (Vorläufige Mitteilung).
228. *Buchner, E.* u. *Meisenheimer, J.*, Ber. dtsch. chem. Ges. **41** I (1908) S. 1410.
229. *Magnus-Lewy*, Arch. Anat. u. Phys.; Phys. Abt. 1902 S. 365.
230. *Euler, H. v.*, Pflanzenchemie II (1909) S. 212.
231. *Nencki*, Ber. dtsch. chem. Ges. **10** (1877) S. 1033.
232. *Raper, S.*, Journ. of Physiol. **32** (1916) S. 216.
233. *Haehn, H.*, Ztschr. f. techn. Biologie **9** (1921) S. 220.
234. *Curtius, Th.* u. *Franzen, H.*, Hoppe-Seylers Ztschr. physiol. Chem. **112** S. 302.

235. *Reichel, L.* u. *Schmid, O.*, Biochem. Z. **300** (1939) S. 274.
236. *Knoop, F.*, Hofmeisters Beiträge (1904) **6** S. 150; vgl. *Thomas, K.* u. *Schotte, H.*, Hoppe-Seylers Z. physiol. Chem. **104** (1919) S. 141. — *Dakin, H. D.*, Journ. of Biol. Chem. **6** (1909) S. 221. — *Embden, G.* u. *Marx, A.*, Hofmeisters Beiträge **9** (1908) S. 318.
237. *Haehn, H.* u. *Kinttof, W.*, Zitat 227. — *Fink, H.*, *Haehn, H.* u. *Hoerburger, W.*, Chem. Ztg. **61** (1937) S. 689, 723, 744.
238. *Kluyver, A. J.*, Arch. f. Mikrobiologie **1** (1930) S. 190.
239. *Raper*, Trans. Chem. Soc. **91** (1907) S. 1831.
240. *Smedley*, Trans. Chem. Soc. **99** (1911) S. 1627.
241. *Klein, G.*, Handb. d. Pflanzenanalyse. Spezielle Analyse, I. Teil, Kapitel *Kaufmann, H. P.*: Fette und Wachse, S. 676. J. Springer 1932.
242. *Schanderl*, Z. f. Bakt. **2** (1936) S. 112.
243. *Barber, H. H.*, The Biochem. Journ. **28** II (1929) S. 1158.
244. *Teroine* u. *Bonnet*, Bull. Soc. Chim. Biol. **9** (1927) S. 588.
245. Ref. der „Brauerei", wiss. Beilage **2** (1949) S. 80.
246. *Fink, H.*, *Haeseler, G.* u. *Schmidt, M.*, Wo. f. Brauerei **54** (1937) S. 589.
247. *Geffers, H.*, Arch. f. Mikrobiologie **8** (1937) S. 66.
248. *Heide, S.*, Arch. f. Mikrobiologie **10** (1939) S. 135.
249. *Steiner, M.*, Ber. d. dtsch. Bot. Ges. **56** (1938) S. 73.
250. *Raaf, H.*, Arch. f. Mikrobiologie **12** (1942) S. 131.
251. *Damm, H.*, Chemiker Ztg. **67** (1943) S. 47.
252. *Rippel, A.*, Arch. f. Mikrobiologie **11** (1940) S. 271; Naturwissenschaften **31** (1943) S. 248. — *Rippel-Baldes, A.*, *Pietschmann-Meyer, P.* u. *Köhler, W.*, Arch. f. Mikrobiologie **14** (1948) S. 113.
253. *Rippel-Baldes, A.*, *Pietschmann-Meyer, K.* u. *Köhler, W.*, Arch. f. Mikrobiolog. **14** (1948) S. 113.
254. *Nilsson, R.*, *Enebo, L.*, *Lundin, H.* u. *Myrbäck, K.*, Sv. Kem. Tidskr. **55** (1943) S. 41.
255. *Koch, R.*, *Thomas, F.* u. *Bruchmann, E. E.*, Branntweinwirtschaft **3** (1949) S. 65.
255a. *Lundin, H.*, Mitteil. Versuchsanstalt f. Gärungsgewerbe (Wien) 1950 Nr. 1 u. 2 S. 5.
256. *Weigner, K.* u. *O.*, Chemie-Ingenieur-Technik **22** (1950) S. 129.
257. *Just, F.* u. *Schnabel, W.*, Die Branntweinwirtschaft **2** (1948) S. 113.
258. *Wieland, H.*, *Stanley, W. N.*, Liebigs Ann. Chem. **498** (1931) S. 31.
259. *Lettré, H.* u. *Inhoffen, H. H.*, Über Sterine, Gallensäuren und verwandte Naturstoffe, Herzgifte, Hormone, Saponine und Vitamin D. 1. Aufl. Stuttgart 1936, Ferd. Enke. — *Windaus* u. Mitarbeiter, Liebigs Ann. Chem. **500** (1933) S. 270; **510** (1934) S. 248; **520** (1935) S. 98.
260. *Windaus, A.* u. *Großkopf, B.*, Hoppe-Seylers Z. physiol. Chem. **124** (1923) S. 8. — *Bills, Ch. E.* u. Mitarbeiter, J. biol. Chem. (Am.) **87** (1930) S. 259.
261. *Reindel, F.*, *Niederländer, K.* u. *Pfundt, R.*, Biochem. Z. **291** (1937) S. 1.
262. *Heiduschka, A.* u. *Lindner, H.*, Hoppe-Seylers Z. physiol. Chem. **181** (1929) S. 15.
263. *Wieland, H.*, *Rath, Fr.* u. *Hesse, H.*, Liebigs Ann. Chem. **548** (1941) S. 34.
264. *Hoppe-Seyler*, Med. Untersuch. von Hoppe-Seyler **1** (1866) S. 142; **4** (1870) S. 500; **3** (1879) S. 374. — *Hinsberg, O.* u. *Roos, E.*, Hoppe-Seylers Z. physiol. Chem. **38** (1904) S. 1.
265. *Sedlmeyer, T.*, Diss. Techn. Hochsch. München 1903.
266. *Newman, M. S.* u. *Anderson, R. S.*, J. biol. Chemistry **102** (1933) S. 229.
267. *Salisbury, L. F.* u. *Anderson, R. S.*, J. biol. Chemistry **112** (1936) S. 541.
268. *Diemair, W.*, Angew. Chem. A. **60** (1948) S. 156. — *Diemair, W.* u. *Poetsch, W.*, Biochem. Z. **319** (1949) S. 515.
269. *Dirr, K.* u. *Ruppert, A.*, Biochem. Z. **319** (1949) S. 173.
270. *Karrer*, Helv. Chim. Acta **12** (1929) S. 1142; **14** (1931) S. 617.
271. *Wackenroder*, Geigers Magazin f. Pharm. **33** (1831) S. 144.
272. *Tswett*, Ber. dtsch. Bot. Ges. **29** (1911) S. 630.
273. *Euler, H. v.* u. *Karrer*, Helv. Chim. Acta **14** (1931) S. 154.
274. *Luce, E. M.* u. *Smedly, Maclean*, Biochem. Journ. **19** (1925) S. 47.
275. *Janssens, F. A.* u. *Mertens, A.*, La Cellule, t. **20** (1903) S. 351.

276. *Fink, H.* u. *Zenger, E.*, Wo. f. Brauerei **51** (1934) S. 89.
277. *Lederer, E.*, Compt. rendus sec. **197** (1933) S. 1694.
278. *Pasteur, L.*, Ann. Chim. Phys. 3. Serie **58** (1860) S. 323.
278a. *Schultz, A. S.*, *McManus, D. K.* u. *Pomper, S.*, Arch. Biochem. 1949 Nr. 3; Wallersteins Communications 1950 Nr. 40.
278b. *Söhngen, N. L.*, Zbl. Bakteriol. Abt. II **15** (1906) S. 513.
279. *Adler, E.*, *Hellström, Günther* u. *v. Euler*, Hoppe-Seylers Z. physiol. Chem. **255** (1938) S. 14. — *Adler, E.*, *Günther* u. *Everett*, Hoppe-Seylers Z. physiol. Chem. **255** (1938) S. 27.
280. *Braunstein* u. *Kritzmann*, Enzymologia (Den Haag) **2** (1937) S. 129, 138; **5** (1938) S. 44; **7** (1939) S. 25.
281. *Cook, R. P.* u. *Woolf*, Biochemic. J. **22** (1928) S. 474. — *Woolf, B.*, Biochemic. J. **23** (1929) S. 472.
282. *Haehn, H.* u. *Leopold, H.*, Biochem. Z. **292** (1937) S. 380.
283. *Reader, V.*, Biochemic. J. **21** (1927) S. 904.
284. *Mayer, Adolf*, Landwirtsch. Versuchsstationen **15** (1869) S. 443.
285. *Winogradsky, S.*, Bot. Centralbl. **20** (1884) S. 165.
286. *Kossowicz, A.*, Z. f. landw. Versuchswesen Österreichs **6** (1903) S. 27.
287. *Stoklasa, I.* u. *Penkava, I.*, Biologie des Radiums und der radioaktiven Elemente. Berlin, Paul Parey 1932.
288. *Guilliermond, A.* u. *Gantheret, R.*, C. R. heb. Séances Acad. Sci. **208** (1939) S. 237.
289. *Stoklasa, Julius*, Über die Verbreitung des Aluminiums in der Natur und seine Bedeutung beim Bau- u. Betriebsstoffwechsel der Pflanzen. Jena 1922, Gustav Fischer.
290. *Warburg, O.*, Schwermetalle als Wirkungsgruppen von Fermenten. Berlin 1946, Verlag Dr. Werner Saenger.
291. *Koch, Richard*, Wo. f. Brauerei **52** (1935) S. 57, 65, 76, 86, 93.
292. *Falk, R.*, Beitrg. z. Biol. d. Pflanzen **8** (1901) S. 213.
293. *Haehn, H.* u. *Glaubitz, M.*, Ber. dtsch. chem. Ges. **70** (1937) S. 1492.
294. *van Laer*, J. Inst. Brewing **4** (1898) S. 2.
295. *Groß, C. F.* u. *Bevan*, J. Inst. Brewing **3** (1897) S. 2.
296. *Groß, W. E.* u. *Tollens*, J. f. Landwirtschaft **59** (1912) S. 419.
297. *Lindner, P.*, Biochem. Z. **56** (1913) S. 163.
298. *Lechner, R.*, Biochem. Z. **301** (1939) S. 170.
299. *Laurent, E.*, Ann. Soc. Belge de Microscopie **14** (1890) S. 29.
300. *Fink, H.* u. *Krebs, J.*, Biochem. Z. **300** (1938) S. 59.

301. *Euler, H. v.* u. *Lindner, P.*, Chemie der Hefe und der alkoholischen Gärung. Leipzig 1915, Akademische Verlagsgesellschaft m. b. H.
302. *Damlé, W. R.* u. *Thorne, R. S. W.*, J. Inst. Brewing 1949 Nr. 1; Wallersteins Labor. Communications 1949 Nr. 37.
303. *Nielsen, N.*, C. R. série phys. d. Lab. Carlsberg **21** (1936) S. 395.
304. *Pirschle, K.*, Biochem. Z. **218** (1930) S. 412.
305. *Schwartz, W.* u. *Kautzmann, R.*, Arch. f. Mikrobiol. **2** (1931) S. 537.
306. *Thorne, R. S. W.*, J. Inst. Brewing **39** (1933) S. 608; Wo. f. Brauerei **51** (1934) S. 34.
307. *Beerstecher jr., E.* u. *Shive, W.*, J. Amer. chem. Soc. **69** (1947) S. 461; Chem. Centrbl. **1** (1948) S. 116.
308. *Hartelius, Vagn*, C. R. d. Lab. Carlsberg série phys. **22** Nr. 19 (1939).
309. *Swoboda*, J. biol. Chemistry **52** (1922) S. 91; Wo. f. Brauerei **39** (1922) S. 248. — *Lindner, P.* u. *Wüst*, Wo. f. Brauerei **30** (1913) S. 477.
310. *Thomas, P.*, Ann. Inst. Past. **33** (1919) S. 777; Wo. f. Brauerei **39** (1922) S. 11.
311. *Neuberg* u. *Langstein*, Arch. Anat. Physiol. 1903, Suppl. 514.
312. *Neubauer* u. *Frommherz*, Hoppe-Seylers Z. physiol. Chem. **70** (1911) S. 326.
313. *Glover, E. C.*, Séances Soc. Biol. Filiales Associées **107** (1931) S. 1603.
314. *Kisch, B.*, Biochem. Z. **238** (1931) S. 351.
315. *Krebs, A. H.*, Hoppe-Seylers Z. physiol. Chem. **217** (1933) S. 191; Biochemical I **29** (1935) S. 2077.

316. *Warburg* u. *Christian*, Biochem. Z. **298** (1938) S. 150.
317. *Wieland, H.*, Erg. Physiol. **20** (1922) S. 477.
318. *Euler, von, Adler, Günther* u. *Das*, Hoppe-Seylers Z. physiol. Chem. **254** (1938) S. 61.
319. *Haehn, H.* u. *Leopold, H.*, Biochem. Z. **292** (1937) S. 380.
320. *Ehrlich, F.*, Biochem. Z. **1** (1906) S. 8; **2** (1907) S. 52; **79** (1917) S. 232.
321. *Reitz, O.* u. *Bonhoeffer, K. F.*, Z. physik. Chem. **172** (1935) S. 369; **174** (1935) S. 424.
322. *Salzer, F.* u. *Bonhoeffer, K. F.*, Z. physik. Chem. **176** (1936) S. 202.
323. *Günther, G.* u. *Bonhoeffer, K. F.*, Z. physik. Chem. **180** (1937) S. 185.
324. *Geib, K. H.* u. *Bonhoeffer, K. F.*, Z. physik. Chem. **175** (1936) S. 459.
325. *Richards, O. W.*, J. Bacteriol. **28** (1934) S. 289.
326. *Reitz, O.*, Z. physik. Ch. **175** (1936) S. 257.
327. *Ehrensvärd, G., Sperber, E., Saluste, E., Reio, L.* u. *Stjernholm, R.*, J. biol. Chemistry **169** (1947) S. 759.
328. *Barker, H. A., Ruben, S., Kamen, M. D.*, Proc. Nat. Academ. Sc. **26** (1940) S. 426. — *Kluyver, A. J.*, Gärungsfortschritte, Witkén, Schweiz. Brauerei Rundschau **59** (1948) S. 140.
329. *Nielsen, Niels*, C. R. d. Lab. Carlsberg Sér. phys. **21** (1936) S. 139.
330. *Kolbach, P.* u. *Hennecke, E.*, Wo. f. Brauerei **45** (1928) Nr. 35/39.
331. *Nielsen, Niels* u. *Lund, Aage*, C. R. d. Lab. Carlsberg Sér. phys. **21** (1936) S. 239.
332. *Hopkins, R. G.*, Wo. f. Brauerei **44** (1927) S. 375.
333. *Petit* u. *Staux*, Wo. f. Brauerei **40** (1923) S. 144.
334. *Lampitt, L. H.*, Wo. f. Brauerei **38** (1921) S. 189.
335. *Nielsen, Niels*, Wo. f. Brauerei **52** (1935) S. 259.
336. *Nielsen, Niels* u. *Hartelius, V.*, C. R. Carlsberg Sér. phys. **22** (1937) S. 26.
337. *Nielsen, N.*, C. R. **22** (1937) Nr. 2.
338. *Foth, G.*, Handbuch der Spiritusfabrikation, Berlin, Paul Parey, 1929, S. 415.
339. *Hägglund, E.*, Die Sulfitablauge und ihre Verarbeitung auf Alkohol, Braunschweig 1921. — Die Verzuckerung von Holzabfällen. Papierfabrikant **25** (1927) Heft 4.
340. *Foth, G.*, Handb. d. Spiritusfabrikation. Berlin 1929. Paul Parey S. 484.
341. *Fink, H.* u. *Lechner, R.*, Angew. Chem. **49** (1936) S. 776.
342. *Bergius, F.*, Angew. Chemie **39** (1926) S. 1202. — *Ormandy, W.*, Zucker aus Holz. Angew. Chem. **39** (1926) S. 1270.
343. *Scholler*, Angew. Chem. 1929 S. 791. D. R. P. 643050; 676967.
344. *Fink, H., Lechner, R.* u. *Heinisch, E.*, Biochem. Z. **283** (1936) S. 72.
345. *Koch, Rich.*, Die Brauerei **1** (1947) Nr. 6.
346. *Enebo, Lundin* u. *Myrbäck*, Österreich. Chemiker Ztg. **45** (1942) S. 9. — *Waeser, Br.* u. *Schenk, R.*, Chemiker Ztg. **68** (1944) S. 120. Daselbst ausführliches Schrifttum. — *Schulz* (Nürnberg), Molkerei Ztg. **63** (1942) S. 492.
347. *Haehn, H.*, Wo. f. Brauerei **58** (1941) S. 65. — *Roeder, G.*, Wo. f. Brauerei **59** (1942) S. 135 u. 189; **60** (1943) S. 89.
348. *Schulz, Cramer* u. *Digeser*, Vorratspflege und Lebensmittelforsch. **1** (1938) S. 530.
349. *Sörensen, S. P. L.*, Etudes enzymatique II C. R. Trav. Lab. Carlsberg **8** (1909) S. 1 u. 396; Biochem. Z. **21** (1909) S. 131 u. 201; **22** (1909) S. 352 — *Asher-Spiro*, Ergebn. Physiol. **12** (1912) S. 393.
350. *Michaelis, L.*, Die Wasserstoffjonenkonzentration 1. Aufl. 1914; 2. Aufl. 1922, Berlin, J. Springer. — *Kolthoff, J. M.*, Säure-Basen-Indicatoren, Berlin 1932, J. Springer.
351. *Jörgensen, Holger*, Die Bestimmung der Wasserstoffjonenkonzentration (pH) und deren Bedeutung für Technik und Landwirtschaft. Dresden u. Leipzig 1935, Th. Steinkopff, S. 74.
352. Siehe Zitat 349.
353. *Kordatzki, W.*, Taschenbuch der praktischen pH-Messung für wissenschaftliche Laboratorien und technische Betriebe. München 1934, R. Müller und Steinicke. Ausführliche Literaturangaben S. 191. — *Jörgensen, Holger*, s. a. a. O.
354. *Hjorth-Hansen, S.*, Biochem. Z. **301** (1939) S. 292.
355. *Lüers, H.*, Z. ges. Brauwes. **37** (1914) S. 79.

355a. *Schwabe, K.*, Die Pharmazie **2** (1947) S. 548. — *Kratz, L.*, Die Glaselektrode und ihre Anwendung. Verlag Dietrich Steinkopf in Frankfurt a. M. — *Lampe, H. J.*, Brauwissenschaft 1950 Heft 11 u. 12.

356. *Michaelis, L.*, Oxydations-Reduktions-Potentiale. 2. Aufl. Berlin 1933, J. Springer. — *Clerck, Jean de*, Wo. f. Brauerei **51** (1934) S. 196; Bull. de l'Assoc. des Anc. et de l'Ecole Sup. d. Brasserie Louvain **34** (1934) S. 55. — *Mendlik, F.*, Wo. f. Brauerei **52** (1935) S. 417.

357. *Mendlik, F.*, Wo. f. Brauerei **51** (1934) S. 305.

357a. *Euler, H. v.* u. *Hasselquist*, Reduktone. Verlag Enke-Stuttgart 1950.

358. *Roey, J. van*, Bull. Assoc. anciens Etudiantes Univ. Louvin 1949 Nr. 2.

359. *Bausch, H. A.*, Die Brauerei, Wiss. Beilage **3** (1950) S. 33. Ref.

360. *Grömmer, S.*, Mitteil. Versuchsanstalt f. Gärungsgewerbe Wien 1950 Nr. 42 S. 102.

361. *Bausch, H. A.*, Arbeitsvorschriften zur Chem.-brautechnischen Betriebskontrolle, Paul Parey, Berlin 1950, S. 102.

362. *Kleber, W.*, Die Brauerei **2** (1948) Nr. 47, 49, 50.

362a. *Chabot, G.*, Die Brauerei. Wiss. Beilage **4** (1951) S. 45.

363. *Kanitz, A.*, Biol. Zbl. **27** (1907) S. 11. — *Oppenheimer*, Handbuch der Biochemie des Menschen und der Tiere II. Aufl. 2. Bd. S. 200. Jena 1925, Gustav Fischer.

364. *Kopp*, Geschichte der Chemie **4** (1847) S. 285f.

365. *Bayliss, W. M.* u. *Starling, E.*, Proc. Roy. Soc. London **73** (1904) S. 310.

366. *Kögl, F.*, Naturwiss. **29** (1937) S. 465.

367. *Sachs, J.*, Arb. Bot. Inst. Würzburg **2** (1880) S. 452; **2** (1882) S. 689; Physiologische Notizen **6** (1893) Marburg.

368. *Boysen-Jensen, P.*, Ber. dtsch. bot. Ges. **28** (1910) S. 118; **31** (1913) S. 559; Bull. Acad. Roy. Denemarken **1** (1911) S. 3.

369. *Paal, A.*, Ber. dtsch. bot. Ges. **32** (1914) S. 499; Il. wiss. Bot. **58** (1919) S. 406.

370. *Wildiers, E.*, Cellule **18** (1901) S. 313.

371. *Kögl, F.* u. *Tönnis, B.*, Hoppe-Seylers Z. physiol. Chem. **242** (1936) S. 43.

372. *Liebig, J.*, Ann. Chim. Phys. 4. Ser. **23** 5 (1871) besonders S. 42.

373. *Pasteur, L.*, Ann. Chim. Phys. 3, Ser. **58** (1860) S. 323, besonders S. 384.

374. *Wildiers* 370.

375. *Funk, C.* u. *Freedmann, E.*, J. biol. Chimistry **56** (1923) S. 851; vgl. auch *Ide, M.*, J. biol. Chimistry **46** (1921) S. 521.

376. *Lash Miller, W.* u. *Lucas, G. H. W.*, Science **59** (1924) S. 197.

377. *Copping, A. M.*, Biochemic. J. **23** (1921) S. 1050.

378. *Kögl., Fritz* u. *Tönnis, Benno*, Hoppe-Seylers Z. physiol. Chem. **242** (1936) S. 47.

379. *Fulmer, E. J.*, *Duecker, W. W.* u. *Nelson, V. E.*, J. Amer. Chem. Soc. **46** (1924) S. 723.

380. *Lucas, G. H. W.*, J. phys. Chem. **28** (1924) S. 1180.

381. *Eastcott, E. V.*, J. phys. Chem. **32** (1928) S. 1094.

382. *Kögl, F.* u. *Tönnis, B.*, s. Zitat 378.

383. *Micheel, F.* u. Mitarbeiter, Ber. dtsch. chem. Ges. **68** (1935) S. 1523; **70** (1937) S. 850; Liebigs Ann. Chem. **486** (1932) S. 77.

384. *Needham*, Biochem. J. **18** (1924) S. 1371.

385. *Dangschat, G.*, Naturwiss. **30** (1942) S. 146.

386. *Kögl, F.* u. *van Hasselt, W.*, Hoppe-Seylers Z. physiol. Chem. **242** (1936) S. 74.

387. *Eastcott, E. V.*, J. phys. Chem. **32** (1928) S. 1094.

388. *Posternak, S.*, C. r. **169** (1919) S. 138.

389. *Lash Miller*, J. Chem. Education **7** (1930) S. 265.

390. *Kögl, F.* u. *van Hasselt, W.*, Hoppe-Seylers Z. physiol. Chem. **242** (1936) S. 74.

391. *Kögl, F.* u. *Tönnis, B.*, Hoppe-Seylers Z. physiol. Chem. **242** (1936) S. 70.

392. Science (New York) (1943) S. 447.

393. *Kögl, F.* u. *Borg, W. A. J.*, Hoppe-Seylers Z. physiol. Chem. **281** (1944) S. 65; Chem. Centrbl. **1** (1945) S. 1031.

393a. *Eakin, R. E.* u. *Eakin, E. A.*, Science (N. Y.) **96** (1942) S. 187.

393b. *Nielsen, N.* u. *Hartelius, V.*, Biochem. Z. **311** (1942) S. 317.

394. *Kuhn, R.*, Ber. dtsch. chem. Ges. **74** (1941) S. 1617.
395. *Kuhn, R.* s. Zitat 394.
396. *Kuhn, R.*, „Die Chemie“ **55** (1942) S. 1. — *Wagner-Jauregg, Th.*, Naturwiss. **31** (1943) S. 335.
397. *Just, E.*, Die Branntweinwirtschaft **2** (1948) S. 369.
398. *Williams, R. J.* u. *Rohrmann, E.* J. Amer. Soc. **58** (1936) S. 695.
399. *Nielsen, N.* u. *Hartelius, V.*, Biochem. Z. **295** (1938) S. 211.
400. *Nielsen, N.* u. *Dagys*, C. r. Lab. Carlsberg Sér. physiol. **22** (1940) S. 447.

401. *Nielsen* und *Hartelius*, siehe 399.
402. Ergebn. d. Biol. **16** (1939) S. 1.
403. *Nielsen, N.*, Biochem. Z. **307** (1941) S. 187.
404. *Enders, C.* u. *Hegendörfer, M.*, Biochem. Z. **299** (1938) S. 347.
405. *Fink, H.* u. *Krebs, J.*, Biochem. Z. **299** (1938) S. 25.
406. *Nielsen, N.*, Jb. wiss. Bot. **73** (1930) S. 125; Biochem. Z. **237** (1931) S. 244; **249** (1932) S. 196. — *Boysen-Jensen, P.*, Biochem. Z. **236** (1931) S. 205; **250** (1932) S. 270. — *Dolk, H. E.* u. *Thimann, K. V.*, Proc. Nat. Acad. Sci. USA **18** (1932) S. 30; Biol. Zbl. **53** (1933) S. 49.
407. *Kögl, F.* u. *Haagen-Smit, A.* J. Proc. Kon. Acad. Wetensch. Amsterdam **34** (1931) S. 1411; Hoppe-Seylers Z. physiol. Chem. **214** (1933) S. 241.
408. *Koningsberger, V. J.* u. *Verkaik, B.*, Rec. Trav. bot. néerl. **35** (1938) S. 1. — *van Overbeek, J.*, Proc. Nat. Acad. Sci. USA **22** (1936) S. 187.
409. *Kögl, F.* u. *Kostermans*, Hoppe-Seylers Z. physiol. Chem. **228** (1934) S. 113. · *Thimann, K. V.*, J. biol. Chem. (Am.) **109** (1935) S. 279.
410. *Kögl, F.*, *Haagen-Smit, A. J.* u. *Erxleben, H.*, Hoppe-Seylers Z. physiol. Chem. **228** (1934) S. 90.
411. *Kögl, F.* u. *Kostermann, D.*, Hoppe-Seylers Z. physiol. Chem. **235** (1935) S. 201.
412. *Thimann, K. V.*, Kon. Akad. Wetensch. Amsterdam **38** (1935) S. 898.
413. *Wildmann, S. G.* u. *Bonner, J.*, Arch. Biochem. **14** (1947) S. 381.
414. *Skoog, F.* u. *Thimann, K. V.*, Science **92** (1940) S. 64.
415. *Moewus, F.*, Naturwiss. **27** (1939) S. 97; Z. Naturforsch. **3b** (1948) S. 135.
416. *Hausen, S. S. v.*, Physiologia Plantarum **1** (1948) S. 85.
416a. *v. Guttenberg*, Naturwiss. **37** (1950) S. 65.
417. *Illies, R.*, Z. f. Spiritusindustrie **61** (1938) S. 259.
418. *Wendel, F.*, Z. f. Spiritusindustrie **63** (1940) S. 269.
419. *Nielsen, N.* u. *Hartelius, V.*, siehe Zitat 399.
420. *Hartelius, V.*, Biochem. Z. **300** (1939) S. 381.
421. *Nielsen, N.* u. *Hartelius, V.* Compt. Rend. Trav. Labor. Carlsberg **22** (1938) Nr. 15.
422. *Juillerat, A.*, Die Brauerei. Wissenschaftl. Beilage **1** (1948) S. 7.; Schweiz. Brauerei-Rundschau **59** (1948) S. 35.
423. *Killian, H.*, Die Penicilline. Editio Cantor GmbH. Freiburg i. Br. 1948.
423a. *Burkholder, P. R.*, *Mc Veight, J.* u. *Moyer, D.*, J. Bact. **48** (1944) S. 385.
423b. *Möller, E. F.*, Brauwelt 1950 S. 200, 217, 229.
424. *Rudolph, Willi*, Dr., Die Vitamine der Hefe. 2. Auflage. Wissenschaftliche Verlagsgesellschaft m. b. H. Stuttgart 1944 S. 9; 4. Auflage 1948.
425. *Windaus*, *Tschesche*, *Ruhkopf*, *Laquer* u. *Schultz*, Hoppe-Seylers Z. physiol. Chem. **204** (1932) S. 123.
426. *Williams*, Ergebnisse der Vitamin- u. Hormonforschung **1** (1938) S. 213.
427. *Tschesche*, Chemiker Ztg. **56** (1932) S. 166.
428. *Langenbeck*, Fermentmodelle. Berlin 1936.
429. *Lohmann* u. *Schuster*, Naturwiss. **25** (1937) S. 26; Biochem. Z. **294** (1937) S. 188.
430. *Lipmann*, Enzymologia **4** (1937) S. 65.
431. *Jansen*, Z. Vitaminforsch. **7** (1938) S. 239.
432. *Kuhn, R.*, *Wagner-Jauregg*, *van Klaveren* u. *Vetter*, Hoppe-Seylers Z. physiol. Chem. 234 (1935) S. 196.
433. *Kinnersly-Peters*, Biochemic. J. **32** (1938) S. 1516.

434. *Scheunert* u. *Fink*, Biochem. Z. **302** (1939) S. 1.
435. *Abderhalden, R.*, Forschung u. Fortschritt **17** (1941) S. 177.
435a. *Niven* u. *Smiley*, J. Biol. Chem. **150** (1943) S. 1.
435b. *Schultz, A. S., Atkin, L.* u. *Frey, C. N.*, J. Biol. Chem. **129** (1939) S. 471.
436. *Kuhn* u. *Gerhard*, Vitamine und Hormone **2** (1942) S. 21.
437. *Fink, H.* u. *Just, F.*, Wo. f. Brauerei **58** (1941) S. 18.
438. *Scheunert, Wagner, Fink* u. *Krebs*, Biochem. Z. **302** (1939) S. 1.
439. *Fink, Krebs, Scheunert* u. *Wagner*, Biochem. Z. **302** (1939) S. 1.
440. *Fink, H.* u. *Just, F.*, Biochem. Z. **308** (1941) S. 18.
441. *Pavcek* u. Mitarbeiter, Ind. Engng. Chem. **29** (1937) S. 536.
442. *Fink, H.* u. *Just, F.*, Biochem. Z. **313** (1942) S. 39.
443. *Schopfer, W. H.*, Arch. f. Mikrobiol. **9** (1938) S. 116. — *Schopfer* u. *Blumer*, Arch. f. Mikrobiol. **11** (1940) S. 205. — *Ondratschek, K.*, Arch. f. Mikrobiol. **11** (1940) S. 12; **12** (1941/42) S. 46, 91, 229. — *Reinhardt, K.*, Arch. f. Mikrobiol. **13** (1943) S. 329.
444. *Müller, F. W.*, Ber. Schweiz. Bot. Ges. **51** (1941) S. 165. — *Utiger, H.*, Ber. Schweiz. Bot. Ges. **52** (1942) S. 537.
445. *Stepp*, Ernährung **8** (1938) S. 196.
446. *Kühnau*, Dtsch. med. Wschr. **16** (1936) S. 624.
447. Referat i. Die Brauerei 1948 Nr. 22.
448. *Fink, H.* u. *Just, F.*, Wo. f. Brauerei **58** (1941) S. 82.
449. *Just, F.*, Die Brauerei 1947 Nr. 5 u. 6.
450. *Kuhn, R., Wieland* u. *Huebschmann*, Hoppe-Seylers Z. physiol. Chem. **259** (1931) S. 48.
451. *Kuhn, R., György, P.* u. *Wagner-Jauregg, Th.*, Ber. dtsch. chem. Ges. **66** (1933) S. 317, 576, 1034, 1577, 1950.
452. *Ellinger* u. *Koschara*, Ber. dtsch. chem. Ges. **66** (1933) S. 315, 808, 1411.
453. *Karrer* u. Mitarbeiter, Helv. chim. Acta **17** (1934) S. 419.
454. *Warburg, O.* u. *Christian*, Biochem. Z. **254** (1932) S. 438; **266** (1933), S. 377.
455. *György, Kuhn* u. *Wagner-Jauregg*, Naturwiss. **21** (1933) S. 560; Hoppe-Seylers Z. physiol. Chem. **228** (1934) S. 21, 27, 236, 241.
456. *Euler, H. v.* u. *Adler*, Ark. Kem. Mineral. Geol. Ser. B **11** Nr. 28 (1934).
457. *Euler, H. v.* u. *Adler*, Hoppe-Seylers Z. physiol. Chem. **223** (1934) S. 105; **226** (1934) S. 87.
458. *Warburg* u. *Christian*, Zitat 454.
459. *Langford, C. T.*, Chemurgic. Digest 1948 Nr. 5; Wallersteins Labor. Communications 1949 Nr. 36.
459a. *Chevalier, P.*, Bull. Soc. Chem. Biol. (Paris) **23** (1941) S. 110, 421.
459b. *Guilliermond, A., Fontaine* u. *Raffy, A.*, C. r. Acad. Sci. **201** (1935) S. 1077. — *Raffy, A.*, Soc. Biol. (Paris) **126** (1937) S. 875; **128** (1938) S. 392. — *Mirimanoff, A* u. *Raffy, A.*, Helv. Chim. Acta **21** (1939) S. 1004. — *Möller, E.-F.*, Brauwissenschaft 1950 S. 203 (Wuchsstoffe).
459c. *Tanner* jr., *F. W.* u. *van Lanen*, J. Bakt. **54** (1947) S. 38.
460. *Kuhn* u. Mitarbeiter, Ber. dtsch. chem. Ges. **68** (1935) S. 1765. — *Karrer, v. Euler* u. Mitarbeiter, Hev. chim. Acta **18** (1935) S. 426, 522, 1435. — *Theorell*, Erg. Enzymforschung **6** (1937) S. 111. — *Warburg*, Erg. Enzymforschung **7** (1938) S. 210.
461. *Kuhn, Rudy* u. *Weygand*, Ber. dtsch. chem. Ges. **69** (1936) S. 1543.
462. *Kuhn* u. *Rudy*, Ber. dtsch. chem. Ges. **69** (1936) S. 2557.
463. *Kuhn, R.* u. *Desnuelle*, Ber. dtsch. chem. Ges. **70** (1937) S. 1907.
464. *Warburg* u. *Christian*, Biochem. Z. **254** (1932) S. 438; **257** (1933) S. 492.
465. *Kuhn* u. Mitarbeiter, Ber. dtsch. chem. Ges. **67** (1934) S. 1452.
466. *Warburg* u. *Christian*, Naturwiss. **20** (1932) S. 688, 980.
467. *Theorell, H.*, Erg. Enzymforsch. **6** (1937) S. 111.
468. *Warburg, O.*, Naturwiss. **22** (1934) S. 441.
469. *Bertho, A.* u. *Glück*, Liebigs Ann. Chem. u. Pharm. **494** (1932) S. 159.
470. *Warburg* u. *Christian*, Biochem. Z. **266** (1933) S. 377.
471. *Banga, J.* u. *v. Szent-Györgyi*, Hoppe-Seylers Z. physiol. Chem. **252** (1938) S. 275.

471a. *Keilin, D.* u. *Hartree, E. F.* Nature (London) **157** (1946) S. 801; Biochem. J. **42** (1948) S. 221.
472. *Warburg* u. *Christian,* Biochem. Z. **298** (1938) S. 368.
473. *Haas,* Biochem. Z. **298** (1938) S. 378.
474. *Stepp, Kühnau* u. *Schröder,* Die Vitamine und ihre klinische Anwendung. 4. Aufl. Stuttgart 1939.
474a. *Orla-Jensen, S., Otte, N. C.* u. *Snog-Kjaer, A.,* Kgl. Danske Vidensk. Selsk. Skr. Naturw. Math. Afd. **9** (1936) VI 1.
474b. *Snell* u. *Strong,* Ind. Eng. Chem. Anal. Ed. **11** (1939) S. 346.
474c. *Kuhn, R., Weygand* u. *Möller,* Ber. dtsch. Chem. Ges. **76** (1943), S. 1044.
475. *Szent-György,* Biochem. J. **29** (1935) S. 741.
476. *Kuhn, R.* u. Mitarbeiter, Ber. dtsch. chem. Ges. **72** (1939) S. 305, 309—311.
477. *Stepp, Kühnau* u. *Schroeder,* Die Vitamine und ihre klinische Anwendung. 4. Aufl. Stuttgart (1939).
478. *Snell* u. Mitarbeiter, J. biol. Chem. **143** (1942) S. 539.
479. *Snell,* J. biol. Chem. **157** (1945) S. 491.
480. *Elvehjem,* Biol. Symposia **12** (1947) S. 213.
481. *Stokes,* Biol. Symposia **12** (1947) S. 227.
482. *Scudi,* Biol. Symposia **12** (1947) S. 240.
482a. *Möller, E.-F.,* Brauwissenschaft 1950 S. 219.
482b. *Snell* u. *Guirard,* Proc. Nat. Acad. Sci. USA **29** (1943) S. 66.
482c. *Stokes, J. L.* u. *Gunness, B. M.,* Science (N. Y.) **101** (1945) S. 43.
482d. *Lyman, C. M., Moseley, O., Wood, S., Butler, B.* u. *Hale, F.,* J. Biol. Chem. **162** (1946) S. 173.
482e. *Gunsalus, Bellamy* u. *Umbreit,* J. Biol. Chem. **155** (1944) S. 685.
482f. *Lichstein, H. C., Gunsalus, J. C.* u. *Umbreit, W. W.,* J. Biol. Chem. **159** (1945) S. 333, 339; J. Biol. Chem. **161** (1945) S. 311.
482g. *Rabinowitz* u. *Snell,* J. Biol. Chem. **169** (1947) S. 631, 643. — *Sarma, Snell* u. *Elvehjem,* J. Biol. Chem. **165** (1946) S. 55.
483. *Elvehjem* u. Mitarbeiter, J. Amerc. Soc. **59** (1937) S. 1767; J. biol. Chem. **118** (1937) S. 693; **124** (1938) S. 715.
484. *Margolis* u. Mitarbeiter, J. Nutrit. **17** (1939) S. 63.
485. *Warburg* u. *Christian,* Biochem. Z. **275** (1934) S. 212 u. 464.
486. *Goldberger* u. Mitarbeiter, U. S. Publ. Health Rep. **41** (1926) S. 297, 1025; **43** (1928) S. 657, 1385.
487. *Swaminathan,* Nature **141** (1938) S. 830.
488. *Bandier,* Biochemic. J. **33** (1939) S. 1130.
489. *Karrer* u. *Keller,* Helv. chim. Acta **21** (1938) S. 463, 1170.
490. *Karrer, Schwarzenbach, Benz* u. *Sohnsen,* Hev. chim. Acta **19** (1936) S. 811. — *Karrer* u. *Benz,* Hev. chim. Acta **19** (1936) S. 1028.
491. *Warburg, Christian* u. *Griese,* Biochem. Z. **282** (1935) S. 157. — *Karrar* u. *Warburg,* Biochem. Z. **285** (1936) S. 297.
492. *Schlenk* u. *v. Euler,* Fortschritte der Chemie organischer Naturstoffe I (1939) S. 99.
493. *Warburg* u. *Christian,* Biochem. Z. **275** (1934) S. 212 u. 464. — *Warburg, Christian* u. *Griese,* Biochem. Z. **282** (1935) S. 156.
494. *Negelein* u. *Gerischer,* Biochem. Z. **284** (1936) S. 289.
495. *Warburg* u. *Christian,* Biochem. Z. **292** (1937) S. 287.
496. *Spies* u. Mitarbeiter, South. med. J. **31** (1938) S. 1231.
497. *Euler, H. von* u. *Malmberg,* Biochem. Z. **284** (1936) S. 455; Naturwiss. **26** (1938) S. 45.
498. *Williams* u. Mitarbeiter, J. Amer. chem. Soc. **60** (1938) S. 2719; **61** (1939) S. 456.
499. *Kuhn* u. *Wieland,* Ber. dtsch. chem. Ges. **73** (1940) S. 962, 971, 1134.
500. *Williams* u. *Major,* Science (N. Y.) **91** (1940) S. 246.

501. *Kuhn, R.* u. *Wieland, Th.,* Ber. dtsch. chem. Ges. **75** (1942) S. 121.
501a. *Wieland, Th.* u. *Möller, E.-F.,* Hoppe-Seylers Z. physiol. Chem. **272** (1942) S. 232.

501b. *Snell, E. E.*, J. Biol. Chem. **139** (1941) S. 975; **141** (1941) S. 121.

501c. *Kuhn, R.*, *Wieland, Th.* u. *Möller, E.-F.*, Ber. dtsch. chem. Ges. **74** (1941) S. 1605.

501d. *Mellwain, H.*, Brit. J. Exp. Path. **23** (1942) S. 95; Lancet (1942) S. 1, 412, 449; J. Chem. Soc. (1941) S. 75.

501e. *Möller, E.-F.*, *Weygand, F.* u. *R. Kuhns* Biochemie Bd.4 d. Fiat Review of Germain Science 1939—1946 (1947) S. 129.

502. *Williams* u. *Saunders*, Biochem. J. **28** (1934) S. 1887.

503. *Richards*, J. biol. Chem. **113** (1936) S. 531.

504. *Williams* u. Mitarbeiter, Biochem. J. **30** (1936) S. 2036.

505. *Nielsen, N.*, Wuchsstoffe und Antiwuchsstoffe der Mikroorganismen. Jena, Gustav Fischer, 1945.

506. *Pratt* u. *Williams*, J. gen. Physiol. **22** (1939) S. 637.

507. *Novelli, G. D.* u. *Lipmann, F.*, Arch. Biochem. **14** (1947) S. 23; J. Bacteriol. **54** (1947) S. 19.

507a. *Lipmann* u. Mitarbeiter, J. Amer. Chem. Soc. **72** (1950) S. 4838; J. biol. Chemistry **186** (1950) S. 235.

507b. *Lipman, F.*, Adv. Enzymol. **6** (1946) S. 231. — *Lipman, F.*, *Kaplan, N. O.* u. *Novelli, G. D.*, Federation Proc. **6** (1947) S. 272. — *Lipman, F.*, *Kaplan, N. O.* u. *Novelli, G. D.*, *Tuttle, L. C.* u. *Guirard, B. M.*, J. Biol. Chem. **167** (1947) S. 869.

508. *Totter* u. Mitarbeiter, J. biol. Chem. **152** (1941) S. 147.

509. *Whrigt* u. *Welch*, Science **98** (1943) S. 179.

510. *Angier* u. Mitarbeiter, Science **102** (1945) S. 227; **103** (1946) S. 667. — S. a. *Rudolph, W.*, Vitamin der Hefe. Wissenschaftl. Verlagsgesellschaft m. b. H. Stuttgart. 4. Aufl. 1948 S. 75. — *Mowat, Boothe, Hutchings, Stokstad, Waller, Angier, Semb, Cosulich* u. *Subbarow*, Amer. chem. Soc. **70** (1948) S. 14—19; Chem. Centrbl. 1948 II S. 739; Contributions from. American Cyanamid Comp. J. Amer. Chem. Soc. **70** (1948) S. 25 u. 37. — *Olson, O. E.*, *Eager, E. E.*, *Burris, R. H.* u. *Elvehjem, C. A.*, J. biol. Chem. **174** (1948) S. 19. — *Buyze, H. G.* u. *Engel, Chr.*, Nature **163** (1949) S. 135.

511. *Jensen*, Dansk Tids Farm. **20** (1946) S. 219. — *Robinson*, Chem. Products **10** (1947) S. 24. — *Tscheche*, Angew. Chem. **59** (1947) S. 65.

512. *Teply* u. *Elvehjem*, J. biol. Chemistry **157** (1945) S. 303.

513. *Bird* u. Mitarbeiter, J. biol. Chemistry **159** (1945) S. 631.

514. *Rickes, E. L.*, Science **107** (1948) S. 396; **108** (1948) S. 134 u. 634.

515. *Smith, Lester*, Nature **161** (1948) S. 638; **162** (1948) S. 144.

516. *Schülein*, Die Bierhefe als Heil-, Nähr- und Futtermittel, Dresden-Leipzig 1938.

517. *Trufanow*, Chem. Zentrbl. 1937 I S. 3649.

518. *Windaus*, Hoppe-Seylers Z. physiol. Chem. **124** (1933) S. 8.

519. *Rudolph*, Zitat 424.

520. *Windaus* u. Mitarbeiter, Liebigs Ann. Chem. **500** (1933) S. 270; **510** (1934) S. 248; **520** (1935) S. 98. — *Windaus* u. *Thiele*, Liebigs Ann. Chem. **521** (1935) S. 160.

521. *Schübel*, Klin. Wochenschr. **11** (1932) Nr. 12.

522. *Halden*, Naturwiss. **24** (1936) S. 296.

523. *Brockmann* u. *Chen*, Hoppe-Seylers Z. physiol. Chem. **241** (1936) S. 129.

523a. *Gstirner, F.*, Chem. physikalische Vitamin-Bestimmungsmethoden. 2. Aufl. Stuttgart 1940. — *Dann, W. J.* u. *Satterfield, G. H.*, Biological Symposia XII Lancaster 1947. — The Association of Vitamin Chemists, Methods of Vitamin Assay. New-York 1937.

524. *Langenbeck, W.*, Naturwiss. **37** (1950) S. 44.

525. *Gorbach* u. *Güntner*, Mh. **61** (1932) S. 47.

526. *Harden, A.* u. *Young*. Proc. Roy. Sc. **78** (1906) S. 369 u. **80** (1908) S. 299.

527. *Euler, H. v.* u. *Adler, E.*, Hoppe-Seylers Z. physiol. Chem. **235** (1935) S. 122. — *Euler, H. v.*, *Adler, E.*, *Günther, G.*, *Hellström, H.*, Hoppe-Seylers Z. physiol. Chem. **245** (1936/37) S. 217.

528. *Albers, H.* u. *Albers, E.*, Hoppe-Seylers Z. physiol. Chem. **235** (1935) S. 47.

529. *Schäffner, A.* u. *Krumey, F.*, Hoppe-Seylers Z. physiol. Chem. **255** (1938) S. 145.

530. *Schäffner, A.* u. *Krumey, F.*, Hoppe-Seylers Z. physiol. Chem. **237** (1935) S. 191.
531. *Schuchardt, W.*, Biochem. Z. **283** (1936) S. 433; **285** (1936) S. 448.
532. *Kobayashi, C.*, J. Biochemie (e.; Jap.) **24** (1936) S. 369.
533. *Hoffmann-Otendorf, O.*, *Moser, H.* u. *Putz, E.*, Experientia **4** (1948) S. 352.
534. *Lüers, H.*, *Zychlinsky, B. v.* u. *Bengtsson.*, Wo. Brauerei **48** (1931) S. 519.
535. *Lohmann, K.*, Biochem. Z. **262** (1933) S. 137.
536. *Bauer, E.*, Hoppe-Seylers Z. physiol. Chem. **239** (1936) S. 195.
537. *Neuberg, C.* u. *Fischer, H. A.*, Enzymologia **2** (1937) S. 241.
538. *Schäffner* u. *Krumey*, Hoppe-Seylers Z. physiol. Chem. **255** (1938) S. 145.
539. *Kitasato*, Biochem. Z. **197** (1928) S. 257; **201** (1928) S. 206.
540. *Bücher, Th.* Biochimica et Biophysica **1** (1947) S. 292.
541. *Weidenhagen, R.*, Erg. Enzymforschung **1** (1932) S. 168; — *Weidenhagen, R.*, Chemische Konstitution und enzymatische Hydrolyse der Kohlenhydrate, Stuttgart 1932.
542. *Coryoll, C. D.*, Science **12** (1940) S. 380. — *Kalckar, H. M.*, Chem. Rev. **28** (1941) S. 71. — *Lipmann, F.* Advanc. enzymol. **1** (1941) S. 100. — *Elroy, Mac, W. D.*, Proc. Nat. Acad. Sci. U. S. A. **33** (1947) S. 342.
543. *Bersin, Th.*, Die Pharmazie **4** (1949) S. 145.
544. *Vondoroff, M.*, *Kaplan, U.* u. *Hassid, W. Z.*, J. Biol. Chem. **1943** S. 67.; J. Am. Soc. 1944 S. 1416.
545. *Weidenhagen, R.*, Naturwiss. **16** (1928) S. 654.
546. *Neuberg, C.* u. *Roberts, J. S.*, „Scientific Report" 1946 Nr. 4. Ref. Die Branntweinwirtschaft **3** (1949) S. 164.
547. *Willstätter, R.*, *Lowry, Ch. D.* u. *Schneider, K.*, Hoppe-Seylers Z. physiol. Chem. **146** (1925) S. 158. — *Weidenhagen, R.* u. *Schriever, L.*, Angew. Chem. **47** (1934) S. 581.
548. *Willstätter*, Untersuchungen über Enzyme. Berlin 1928.
549. *Myrbäck, K.*, Hoppe-Seylers Z. physiol. Chem. **158** (1926) S. 160.
550. *Weidenhagen, R.*, Erg. Enzymforsch. **1** (1932) S. 201. — *Bamann* u. *Myrbäck*, Methoden der Fermentforschung. Georg Thieme, Leipzig 1941 S. 1725.
551. *Willstätter, R.*, *Oppenheimer, Tr.* u. *Steibelt, W.*, Hoppe-Seylers Z. physiol. Chem. **110** (1920) S. 262.
552. *Myrbäck* u. *Örtenblad*, Biochem. Z. **288** (1936) S. 288.; **291** (1937) S. 61. — *Myrbäck, K.*, Erg. d. Enzymforschung **10** (1949) S. 185.
553. *Brandt, K. M.*, Biochem. Z. **309** (1941) S. 190.
554. *Helferich, B.*, *Appel, H.* u. *Gootz, R.*, Hoppe-Seylers Z. physiol. Chem. **215** (1933) S. 277.
555. *O'Connor, R. C.*, Biochem. J. **34** (1940) S. 1008.
556. *Helferich, B.*, Erg. Enzymforsch. **2** (1933) S. 74; **7** (1938) S. 83.
557. *Hofmann, E.*, Biochem. Z. **281** (1936) S. 438; **285** (1936) S. 429.
558. *Schäffner, A.* u. *Specht, H.*, Naturwiss. **26** (1938) S. 494.
559. *Bersin, Th.*, Die Pharmazie **4** (1949) S. 146.
560. *Buchner, E.* u. *H.* u. *Hahn, M.*, Die Zymasegärung. München 1903.
561. *Vines, S. H.*, Ann. of Bot. **23** (1909) S. 1.
562. *Dernby*, Biochem. Z. **81** (1917) S. 107.
563. *Graßmann, W.* u. *Dyckerhoff, H.*, Untersuchungen über Enzyme. Von R. Willstätter. Berlin 1928. S. 1708. — *Graßmann, W.*, *Emden, L.* u. *Schneller, H.*, Biochem. Z. **271** (1934) S. 216.
564. *Bersin*, Erg. Enzymforschung **4** (1935) S. 68.
565. *Astbury* u. *Bell.*, Tab. biol. **17** (1937) S. 90.
566. *Schneider, F.*, Biochem. Z. **308** (1941) S. 399.
567. *Graßmann, W.*, *Volmer, W.*, *Windbichler, V.*, Biochem. Z. **298** (1938) S. 8.
568. *Haehn, H.*, u. *Leopold, H.*, Fermentforschung **14** (1935) S. 539. — *Haehn, H.*, Autolyse, Erg. d. Enzymforsch. **5** (1936) S. 149.
569. *Kuen, F. M.* u. *Püringer, K.*, Biochem. Z. **272** (1934) S. 113.
570. *Bredereck*, Ber. dtsch. chem. Ges. **71** (1938) S. 2389.
571. *Buchner, E.* u. *Antoni, W.*, Hoppe-Seylers Z. physiol. Chem. **46** (1905) S. 141.
572. *Harden, A.* und *Young, W. J.*, Proc. Roy. Soc. London (B) **78** (1906) S. 369.

573. *Euler, H. v.* u. *Myrbäck, K.*, Hoppe-Seylers Z. physiol. Chem. **131** (1923) S. 180.
574. Zusammenstellung der Literatur in Nord-Weidenhagen, Handbuch der Enzymologie. Glykolyseschema von Parnas.
574a. *Sutherland, Cohn, Posternak* u. *Cori*, J. Biol. Chem. **180** (1949) S. 1285.
575. *Harden, A.* u. *Young, W. J.*, Proc. Chem. Soc. **21** (1905); Proc. Roy. Soc. B **80** (1908) S. 299.
576. *Warburg, O.*, Wasserstoffübertragende Fermente. Verlag Dr. W. Saenger G. m. b. H., Berlin 1948 S. 47.
577. *Meyerhof* u. *Lohmann*, Biochem. Z. **271** (1934) S. 102.
578. *Warburg* u. *Christian*, Biochem. Z. **311** (1941/42) S. 209; **314** (1943) S. 149.
579. *Warburg, O.*, Zitat 576 S. 52.
580. *Warburg, O.*, Schwermetalle als Wirkungsgruppen von Fermenten. Verlag Saenger, Berlin 1946.
581. *Meyerhof* u. *Kießling*, Biochem. Z. **279** (1935) S. 40.
582. *Euler, H. v.* u. Mitarbeiter, Hoppe-Seylers Z. physiol. Chem. **242** (1936) S. 225; **245** (1937) S. 217; **246** (1937) S. 64; **247** (1937) S. 127. — *Schlenck*, Ark. Kem. Mineral. Geol. Ser. A **12** (1937) Nr. 21.
583. *Warburg* u. *Christian*, Biochem. Z. **282** (1935) S. 157; **287** (1936) S. 291.
584. *Karrer, P.*, *Schwarzenbach, Benz* u. *Sohnsen*, Helv. chim. Acta **19** (1936) S. 811.
585. *Warburg, O.*, *Christian, W.*, Biochem. Z. **287** (1936) S. 159. — *Warburg, O.*, Zitat 576.
586. *Negelein* u. *Wulff*, Biochem. Z. **289** (1937) S. 436; **293** (1937) S. 351.
587. *Lintner* u. *v. Liebig*, Hoppe-Seylers Z. physiol. Chem. **72** (1911) S. 449; **88** (1913) S. 109.
588. *Mamoli, L.*, *Koch, R.*, *Teschen, H.*, Hoppe-Seylers Z. physiol. Chem. **261** (1939) S. 287.
589. *Warburg, Christian* u. *Griese*, Biochem. Z. **282** (1935) S. 157. — *Warburg, Christian*, Biochem. Z. **287** (1936) S. 302.
589a. *Sutherland, E. W.*, *Posternak, Th.* u. *Cori, C. F.*, J. Biol. Chem. **181** (1949) S. 153.
590. *Warburg* u. *Christian*, Naturwiss. **29** (1941) S. 589.; Biochem. Z. **310** (1941) S. 384.
591. *Warburg* u. *Christian*, S. 590.
592. *Neubauer, O.*, Hoppe-Seylers Z. physiol. Chem. **70** (1910) S. 350.
593. *Neuberg, C.*, Biochem. Z. ab Bd. **31** (1911).
594. *Henri* u. *Fromageot*, Bull. Soc. Chim. (4) **37** (1925) S. 852.
595. *Kubowitz, F.* u. *Lüttgens, W.*, Biochem. Z. **307** (1941) S. 170.
596. *Auhagen, E.*, Hoppe-Seylers Z. physiol. Chem. **204** (1932) S. 149; **209** (1932) S. 20. Biochem. Z. **258** (1933) S. 330.
597. *Lohmann* u. *Schuster*, Biochem. Z. **294** (1937) S. 188.
598. *Nord* u. *Weidenhagen*, Handbuch der Enzymologie, Akad. Verl.-Gesellschaft. Leipzig 1940. — *Bamann* u. *Myrbäck*, Die Methoden der Fermentforschung, Georg Thieme, Leipzig 1941.
599. *Adler, v. Euler* u. *Hellström*, Biochem. Z. **241** (1936) S. 239.
600. *Green, D. E.* u. *Dewan*, Biochem. J. (Brit.) **31** (1937) S. 1069, 1074.

601. *Straub, F. B.*, Nature (Brit.) **143** (1939) S. 76. — *Straub, F. B.*, *Corran, H. S.* u. *Green, D. E.*, Nature (Brit.) **143** (1939) S. 119.
602. *Haas, E.*, Biochem. Z. **289** (1938) S. 378.
603. *Keilin, D.*, Proc. roy. Soc. London Ser. B. Biol. Sci. **98** (1925) S. 312; **106** (1930) S. 418.
604. *Yakushiji, E.*, u. *Mori, T.*, Akta photochim. **10** (Jap.) (1937) S. 113.
605. *Anson* u. *Mirski*, Journ. Physiologie **60** (1925) S. 50, 161, 221.
606. *Lehnartz, E.*, Einführung in die chem. Physiologie. Berlin u. Heidelberg, Springer-Verlag 1948.
607. *Theorell, H.*, Biochem. Z. **298** (1938) S. 242; Science (Am.) **90** (1939) S. 67.
608. *Warburg, O.*, Zitat 579 S. 144.
609. Ergebnisse der Enzymforschung **9** (1943) S. 231.
610. *Sumner* u. *Dounce*, Science **85** (1937) S. 366; I. biol. Chem. (Am.) **121** (1937) S. 417.

611. *Stern, L.*, Biochem. Z. **182** (1927) S. 139.
612. *Hayduck, F. u. Haehn, H.* Biochem. Z. 128 (1922) S. 591.
613. *Matsuyama, M.*, J. of the Faculty of Agriculture, Hokkaido Imp. Univ. Vol. XXXII Ps. 4 (Japan); Wo. f. Brauerei **51** (1934) S. 45 u. 54.
614. *Wieland* u. *Pistor*, Liebigs Ann. Chem. **522** (1936) S. 1161; **535** (1938) S. 205.
615. *Wieland* u. *Bertho*, Liebigs Ann. Chem. **467** (1928) S. 95.
616. *Issajew, W.*, Hoppe-Seylers Z. physiol. Chem. **42** (1904) S. 102; **44** (1905) S. 546.
617. *Euler* u. *Blix*, Hoppe-Seylers Z. physio.l Chem. **105** (1919) S. 83.
618. *Y. Yamamoto Zyozogaken Zasshi*, Osaka 2 Bd. V **370** (1927).
619. *Warburg, O.*, Zitat 576. S. 30.
620. *Krebs, H. A.*, Hoppe-Seylers Z. physiol. Chem. **217** (1933) S. 191; **218** (1933) S. 157.; Biochem. I. **29** (1935) S. 1620; **29** (1935) S. 1951.
621. *Warburg, O.* u. *Christian, W.*, Biochem. Z. **298** (1938) S. 150. — *Abraham*, Sv. Vet. Akad. Ark. f. Kemi **13** B (1938) Nr. 5.
622. *Warburg, O.*, Zitat 576 S. 30.
623. *Negelein, E.*, u. *Brömel, H.*, Biochem. Z. **300** (1939) S. 225.
624. *Fischer, F. G.* u. *Eysenbach*, Liebigs Ann. Chem. **430** (1937) S. 99. — *Fischer, F. G.*, *Roedig* u. *Rauch*, Naturwiss. **27** (1939) S. 197.
625. *Neubauer* u. *Fromherz*, Hoppe-Seylers Z. physiol. Chem. **70** (1911) S. 350.
626. *Neuberg* u. *Hildesheimer*, Biochem. Z. **31** (1911) S. 170. — *Neuberg* u. *Kerb*, Biochem. Z. **58** (1913) S. 158. — *Neuberg, C.*, Die Gärungsvorgänge und der Zuckerumsatz in der Zelle. Jena 1913.
627. *Fernbach* u. *Schoen*, C. R. Acad. Sci. Paris **157** (1913) S. 1479; **158** (1914) S. 1719.
628. *Grab, M. v.*, Biochem. Z. **123** (1921) S. 69.
629. *Haehn, H.* u. *Glaubitz, M.*, Zeitschr. Chemie der Zelle u. Gewebe **13** (1926) S. 86; Hoppe-Seylers Z. physiol. Chem. **168** (1927) S. 233.
630. *Henri* u. *Fromageot*, Bull. Soc. Chim. (4) **37** (1925) S. 852.
631. *Meyerhof* u. *Kießling*, Biochem. Z. **264** (1933) S. 62; **267** (1934) S. 345; **276** (1935) S. 252.
632. *Warburg* u. *Christian*, Naturwiss. 1941 S. 589.
633. *Nelson* u. *Browne*, I. Amer. chem. Soc. **51** (1929) S. 830.
634. *Haehn, H.* u. *Glaubitz, M.*, Ber. dtsch. chem. Ges. **60** (1927) S. 490.
635. *Fischer, H. O. L.* u. *Mildbrand*, Ber. dtsch. chem. Ges. **57** (1924) S. 707.
636. *Lebedew, A. von*, Ber. dtsch. chem. Ges. **45** (1912) S. 3258.; **47** (1914) S. 667.
637. *Harden* u. *Young*, Proc. Chem. Soc. London **21** (1905) S. 189.
638. *Nilsson*, Ark. Kemi, Mineral, Geol. **10** A; **121**; 1930.
639. *Meyerhof* u. *Kießling* siehe 631.
640. *Embden, Deuticke* u. *Kraft*, Klin. Wschr. **12** (1933).
640a. *Fischer, H. O. L.* u. *Baer, H.*, Ber. dtsch. chem. Ges. **65** (1932) S. 337, 1040.
641. *Ashford* u. *Holmes*, Biochem. Journ. **23** (1929) S. 748.
642. *Nord, F. F.*, Kapitel alkoholischer Gärung i. Handbuch der Enzymologie von Nord-Weidenhagen II 998, Akademische Verlagsges. Leipzig.
643. *Somogyi*, Proceed. Soc. exp. Biol. u. Med. **24** (1927) S. 320.
644. *Kießling*, Industries Agricoles et Alimentaires 1949 Nr. 1/2.
645. *Warburg, O.* u. *Christian*, Biochem. Z. **314** (1943) S. 149.
646. *Haehn, H.* u. *Glaubitz, M.*, Ber. dtsch. chem. Ges. **60** (1927) S. 490.
647. *Negelein, E.*, *Brömel, H.*, Biochem. Z. **303** (1939) S. 132.
648. *Nilsson, R.*, Sv. Kem. Tidskr. **41** (1929) S. 169.
649. *Warburg* u. *Christian*, Biochem. Z. **310** (1942) S. 384.
650. *Lohmann* u. *Schuster*, Biochem. Z. **294** (1937) S. 188.
651. *Engelhardt, W. A.*, The Yale T. of Biol. a. Med. **15** Nr. 1 (1942).
652. *Gottschalk, A.*, Wallerstein Lab. Communication 1949 S. 55—69.
653. *Nielson, R.*, Arch. f. Mikrobiol. **12** (1941) S. 63; Naturwiss. **31** Heft 3/4 (1943) S. 26.
654. *Buchner* u. *Klatte*, Biochem. Z. 8 (1908) S. 523.
655. *Buchner* u. *Haehn*, Biochem. Z. **19** (1909) S. 191.
656. *Lavoisier*, Oeuvres II. S. 331.

657. *Kanitz, A.* in Oppenheimers Handb. der Biochemie der Menschen und Tiere. Fischer, Jena, 1. Aufl. Bd. II 1.
658. *Oppenheimer, C.*, Der Mensch als Kraftmaschine. Thieme, Leipzig (1921).
659. *Fick, A.*, Myotherm. Unt. 1869.
660. *Franke, W.*, Berechnung der freien Energie biochem. wichtiger Reaktionen i. Methoden der Fermentforschung v. E. Bamann u. K. Myrbäck. Verlag G. Thieme, Leipzig 1941 S. 847.
661. *Baron* u. *Polanyi*, Biochem. Z. **53** (1913) S. 1.
662. *Meyerhof, O.*, Die chemischen Vorgänge im Muskel, Berlin 1930.
663. *Linhardt, G. A.*, Jl. of gen. Phys. II (1920) S. 247.
664. *Meyerhof, O.*, Biochem. Z. **35** (1912) S. 246; Pflüg. Arch. **146** (1912) S. 181.
665. *Zwaardemaker, H.*, Asher-Spiros Erg. Phys. IV (1905) S. 423; V (1906) S. 108.
666. *Oppenheimer, C.*, Einführung in die Allgemeine Biochemie. Leiden A. W. Sijthoff's Uitgeversmaatschappij N. V. (1936) S. 220.
667. *Franke, W.*, Erg. d. Enzymforschung X (1949) S. 236.
668. *Stephenson, M.*, Bacterial metabolism. London 1939.
669. *Wieland* u. *Claren*. Lieb. Ann. Chem. **492** (1932) S. 203; *Sonderhoff*, Erg. d. Enzymforschung III (1934) S. 163.
670. *Euler, H. v.*, *Hellström* u. *Günther*, Hoppe-Seylers Z. physiol. Chem. **258** (1939) Heft 1; Wo. f. Brau. 1939 S. 175.
671. *Warburg, O.*, Zitat 608 S. 65.
672. *Balls, Eric G.*, Biochem. Z. **295** (1938) S. 262.
673. *Banga, J.* u. *Szent-Györgyi*, Hoppe-Seylers Z. physiol. Chem. **252** (1938) S. 275. — *Szent-Györgyi*, Ber. dtsch. chem. Ges. **73** (1939) A S. 53.
674. *Fischer, F. G.* u. *Eysenbach*, Liebigs Ann. Chem. **530** (1937) S. 99.
675. *Szent-Györgyi*, Biochem. Z. **298** (1938) S. 368.
676. *Borei, H.*, Biochem. Z. **312** (1942) S. 160.
677. *Lynen, F.* u. *Holzer, H.*, Liebigs Ann. Chem. **563** (1949) S. 214.
678. *Pasteur, L.*, Etudes sur la bière. Paris 1876.
679. *Buchner, E.*, Zitat 560 S. 350.
680. *Euler, H. v.* u. *Lindner*, Chemie der Hefe und der alkoholischen Gärung. Leipzig 1915 S. 244.
681. Siehe auch *H. Haehn* in der „Festschrift anläßlich des 70. Geburtstages von Julius Stoklasa". Berlin, Paul Parey 1928.
682. *Hayduck, F.* u. *Haehn, H.*, Biochem. Z. **128** (1922) S. 568.
683. *Fink, H.* u. *Just, F.*, Biochem. Z. **308** (1941) S. 18.
684. *Windisch, F.*, Biochem. Z. **246** (1932) S. 332.
685. *Trautwein, K.* u. *Wassermann*, J. Biochem. Z. **299** (1930) S. 128.
686. *Windisch, F.*, Ergebnisse d. Enzymforschg. **2** (1933) S. 172.
687. *Meyerhof, O.*, Biochem. Z. **162** (1925) S. 43.
688. *Wehmer, C.*, Bot. Ber. **23** (1905) S. 122.
689. *Meyerhof, O.* u. *Finkle, P.*, Zeitschr. Chemie der Zelle und Gewebe XII (1926) S. 157. Verlag Gebrüder Bornträger, Leipzig.
690. *Bamann, E.* u. *Myrbäck, K.*, Die Methoden der Fermentforschung. Verlag G. Thieme, Leipzig 1941, III S. 2445 (*Frank-Dickens*).
691. *Baird Hastings, A.*, Science (New York) **105** (1947) S. 636.
692. *Stockhausen, F.*, Wo. für Brauerei **44** (1927) S. 121, 133.
693. Nach *Adolf Mayer*, Zitat 24 S. 68.
694. *Foth, G.*, Die Praxis des Brennereibetriebes auf wissenschaftlicher Grundlage, Berlin, Paul Parey (1935) S. 61.
695. Ref. i. d. Wochenschrift „Die Brauerei" **2** (1948) S. 90.
696. *Lafar, Fr.*, Handbuch der Technischen Mykologie, IV. Bd., Jena, Gustav Fischer (1905—1907), S. 41.
697. *Windisch, S.* und *Enders, C.*, Die Brauwelt 1946 (Heft 10—14) S. 151—220. Dort auch Kritik der älteren Arbeiten mit Literaturangaben.
698. *Hayduck, F.* u. *Haehn, H.*, Biochem. Z. **128** (1922) S. 578.

699. *Palladin, W.*, Fortschritte d. naturwiss. Forschg. I (1910), St. Petersburg 1910.
700. Zusammenstellung von *Graßmann, W.*, Erg. Enzymforschg. **1** (1932) S. 152.

701. *Steppuhn, O.* u. *Ljubowzoff, L.*, *Utkin*, Biochem. Z. **150** (1924) S. 165. — *Chen, K. K.*, *Meek, W.* u. *Bradley, H. C.*, J. biol. Chem. **61** (1924) S. 807.
702. *Kraut, H.*, *Pantschenko-Jurewicz, W. v.*, Biochem. Z. **275** (1934) S. 114.
703. *Mathews, A. P.* u. *Glenn, T. H.*, J. biol. Chem. **9** (1911) S. 51.
704. Näheres: *Haehn, H.*, Autolyse i. d. Ergebnissen der Enzymforschg. Herausgegeben von *F. F. Nord* u. *R. Weidenhagen*, Bd. V S. 117. Leipzig 1936, Akademische Verlagsgesellschaft m. b. H.
705. *Drews, B.*, Biochem. Z. **236** (1937) S. 207.
706. *Haehn, H.* u. *Leopold, H.*, Z. Untersuchg. d. Lebensmittel **67** (1934) S. 50.
707. *Haehn, H.* u. *Leopold, H.*, Fermentforschg. **14** (1935) S. 539.
708. *Pringsheim, H.*, Biochem. Z. **12** (1908) S. 15.
709. *Abderhalden* u. *Schittenhelm*, Hoppe-Seylers Z. physiol. Chem. **49** (1906) S. 26.
710. *Belitzer, W. A.*, Protoplasma **22** (1935) S. 17.
711. *Schützenberger, P.*, Gärungschemie 1876 S. 116; C. R. Acad. Sci. Paris **78** (1874) S. 493 u. 698.
712. *Schützenberger, P.*, Ber. dtsch. chem. Ges. **7** (1874) S. 192.
713. *Béchamp, A.*, C. R. Acad. Sci. Paris **74** (1872) S. 184; **78** (1874) S. 645.
714. *Nägeli* u. *Löw, O.*, J. prakt. Chem. 1878 S. 404.
715. *Salkowski, E.*, Hoppe-Seylers Z. physiol. Chem. **13** (1889) S. 506.
716. *Boullanger*, Ann. Pasteur 1897, S. 722.
717. *Beijerinck*, Zbl. Bakter. 1897, II. Abt., S. 521.
718. *Artari*, Wo. f. Brauerei 1897, S. 602.
719. *Wehmer*, Zbl. Bakter. 1896, II. Abt., S. 521 (Ref. v. *Will*).
720. *Will*, Z. ges. Brauwes. 1898, Nr. 11—15.
721. *Hahn, M.*, Ber. dtsch. chem. Ges. **31** (1898) S. 200.
722. *Hahn, M.*, Z. Biol. **40** (1900) S. 117.
723. *Kutscher, Fr.*, Hoppe-Seylers Z. physiol. Chem. **32** (1901) S. 59.
724. *Vines, S. H.*, Ann. of Bot. **23** (1909) S. 1.
725. *Dernby*, Biochem. Z. **81** (1917) S. 107.
726. *Graßmann, W.* u. *Dyckerhoff, H.*, Untersuchungen über Enzyme. Von *R. Willstätter*, Berlin (1928) S. 1708. — *Graßmann, W.* u. *Emden, L.* u. *Schneller, H.*, Biochem. Z. **271** (1934) S. 216.
727. *Drews, B.*, Biochem. Z. **236** (1937) S. 207.
728. *Meisenheimer, J.*, Hoppe-Seylers Z. physiol. Chem. **104** (1919) S. 229; **114** (1921) S. 205.
729. *Pringsheim, H.*, Wochschr. f. Brauerei **30** (1913) S. 399.
730. *Ehrlich, F.* u. *Wendel, A.*, Biochem. Z. **8** (1908) S. 431.
731. *Schenk, M.*, Wo. f. Brauerei **22** (1905) S. 227.
732. *Neuberg, C.*, Wo. f. Brauerei **32** (1915) S. 319.
733. *Osborne, Th. B.*, *Leavenworth, C. S.* u. *Brautlecht, C. A.*, Chem. Zbl. 1909 I S. 385. — *Thierfelder, H.* u. *v. Cramna, E.*, Hoppe-Seylers Z. physiol. Chem. **105** (1919) S. 58.
734. *Thomas, P.*, C. R. Acad. Sci. Paris **156** (1913) S. 2024. — *Thomas, P.* u. *Kolodziejska, S.*, **157** (1913) S. 243.
735. *Schroeder, R.*, Hofm. Beitr. **2** (1902) S. 389.
736. *Kiesel, A.*, Hoppe-Seylers Z. physiol. Chem. **118** (1922) S. 304.
737. *Weiß, F.*, Hoppe-Seylers Z. physiol. Chem. **52** (1907) S. 107.
738. *Bayer, J.*, Diss. Techn. Hochschule München 1919.
739. *Lüers, H.* u. *Schuster, K.*, Kolloid-Z. **32** (1923) S. 334.
740. *Lüers, H.* u. *Nowak, G.*, Biochem. Z. **154** (1924) S. 318.
741. *Windisch, W.*, *Kolbach, P.* u. *Rothenbach, F.*, Wochenschr. f. Brauerei **45** (1928) S. 251.
742. *Drews, B.*, Biochem. Z. **236** (1937) S. 207.
743. *Abderhalden, E.* u. *Fodor*, Fermentfoschg. **1** (1916) S. 433; **2** (1918—1919) S. 74, 151, 211, 225; **3** (1920) S. 193; **4** (1921) S. 191, 209. — *Abderhalden, E.* u. *Wertheimer, E.*, Fermentforschg. **6** (1922) S. 1.

744. *Willstätter, R.* u. *Graßmann, W.*, Hoppe-Seylers Z. physiol. Chem. **158** (1926) S. 250, 265.
745. *Buchner, E.* u. *Haehn, H.*, Biochem. Z. **26** (1910) S. 171.
746. *Willstätter, R.* u. *Graßmann, W.*, Hoppe-Seylers Z. f. physiol. Chem. **153** (1926) S. 250.
747. *Willstätter, R.*, *Schneider, K.* u. *Bamann, E.*, Hoppe-Seylers Z. physiol. Chem. **147**. (1925) S. 248. — *Willstätter, R.*, Naturwiss. **14** (1926) S. 937.
748. *Kraut* u. *Weischer* i. *Bamann* u. *Myrbäck*, Zitat **689** Bd. **2** (1941) S. 1172.
749. *Weidenhagen, R.*, Z. Ver. dtsch. Zuckerind. **81** (1931) S. 501; **83** (1933) S. 376.
750. *Weidenhagen, R.*, Zusammenfassung in Erg. Enzymforsch. **2** (1933) S. 90.
751. *Graßmann, W.* u. *Dyckerhoff, H.*, Untersuchungen über Enzyme von *R. Willstätter* Berlin 1928, S. 1720.
752. *Hommerberg, Claes*, Svensk. kem. Tidskr. **47** (1935) S. 63.
753. *Effront*, Bull. Soc. Chim. France **33** (1905).
754. *Palladin*, Biochem. Z. **44** (1912) S. 318.
755. *Iwanoff, L.*, Hoppe-Seylers Z. physiol. Chem. **42** (1904) S. 464.
756. *Vandevelde*, Biochem. Z. **40** (1913) S. 1.
757. *Gromow* u. *Grigorieff*, Hoppe-Seylers Z. physiol. Chem. **42** (1904) S. 299.
758. *Navassart*, Hoppe-Seylers Z. physiol. Chem. **70** (1911) S. 189; **72** (1911) S. 151.
759. *Zaleski* u. *Schataloff*, Biochem. Z. **55** (1913) S. 63; **69** (1915) S. 294.
760. *Cook*, J. Amer. chem. Soc. **36** (1914) S. 1551.
761. *Haehn, H.* u. *Leopold, H.*, Z. Untersuchg. d. Lebensmittel **67** (1934) S. 50.
762. *Haehn, H.* u. *Leopold, H.*, Fermentforschg. **14** (1935) S. 539.
763. *Lüers, H.*, *von Zechlinski* u. *Bengtsson*, Wo. f. Brauerei **48** (1931) S. 519.
764. Vgl. Enzyme der Darmschleinhaut, *Klein, W.* u. *Thannhauser, S. J.*, Hoppe-Seylers Z. physiol. Chem. **231** (1935) S. 96.
765. *Klein, W.*, Hoppe-Seylers Z. physiol. Chem. **231** (1935) S. 125.
766. *Levene*, J. biol. Chem. **60** (1924).
767. *Kuen, F. M.* u. *Püringer, K.*, Biochem. Z. **272** (1934) S. 113.
768. *Norris, F. W.*, Vortrag auf der Brauertagung zu Gent 1947. Ref. „Die Brauerei" Nr. **23** (1948) S. 90.
768a. *Schwimmer* u. *Balls*, J. biol. Chem. (Am.) **179** (1949) S. 1063.
768b. *Balls*, *Walden* u. *Thompson*, J. biol. Chem. (Am.) **173** (1948) S. 9; Arch. Biochem. **27**. (1950) S. 235.
769. Siehe *Heyns, K.* über „Neuere Auffassungen über Bildung und Aufbau der Stärke. Z. Die Stärke **2** (1950) S. 59.
770. *Myrbäck* u. *Lundin*, Arkiv Kemi Min., Geol. **23** A Nr. 7 S. 10 (1946); Schweiz. Brauerei-Rundschau **59** (1948).
771. *Massart, L.*, Fermentatio der Societé des Brasseurs, Gent 1947.
772. *Sandegren, E.*, Schweiz. Brauerei-Rundschau **59** (1948) S. 189.
773. *Mayer, K.* u. *Klinga-Mayer, M.*, Hoppe-Seylers Z. physiol. Chem. **247** (1940) S. 115.
774. *Kolbach, P.* u. *Maas, H.*, Die Brauerei, Wiss. Beilage **2** (1949) S. 73.
775. *Blom* u. *Schwarz*, Journ. Inst. Brewing **53** (1947) S. 302, zitiert durch Schweiz. Brauerei-Rundschau 1948 S. 191.
776. *Myrbäck, K.*, Revue Int. Brasserie u. Malterie Spez.Nr. mit C. r. Congrès 1947 Scheveningen.
776a. *Windisch, F.*, Die „Brauwelt" 1947 Heft 12.
777. *Sandegren, E.*, 2. Kongreß d. European Brewery Convention Luzern 1949.
778. *Lüers, H.*, Schweiz. Brauerei-Rundschau **52** (1941) S. 93—112.
778a. *Windisch, F.*, Die „Brauwelt" 1947 Heft 22.
779. *Norris, F. W.*, Vortrag i. Gent 1947; Ref. Die Brauerei Nr. 23 (1948) S. 90.
780. *Chabot, G.*, Vortrag i. Gent 1947; Ref. Die Brauerei Nr. 23 (1948) S. 89.
780a. *Beijerinck*, Centrbl. Bakt. **14** (1893) S. 227 u. 842; II **1** (1895) S. 1, 49 u. 104; II **6** (1900) S. 431 u. 193; II **7** (1901) S. 33. Zusammenfassung durch *Stockhausen, F.*, Ökologie, „Anhäufungen" nach *Beijerinck*. Institut f. Gärungsgewerbe, Berlin 1907.
780b. *Drews, B.*, *Lampe, B* u. *Specht, H.*, Die Branntweinwirtschaft **4** (1950) S. 293.
781. *Drews, B.* u. *Lampe, B.*, Branntweinwirtschaft **2** (1948) Nr. 11—15.
782. *Drews, B.*, *Lampe, B* u. *Kärnbach, K.*, Die Branntweinwirtschaft **3** (1949) Nr. 1 und 2.

783. *Arroyo*, Industries Agricoles et Alimentaires 1949 Nr. 12; Die Branntweinwirtschaft 4 (1950) S. 75.
784. The Brewers Digest 1949 Nr. 9; Die Branntweinwirtschaft **4** (1950) S. 126.
785. *Drews, B.* u. *Göpp, K.*, Die Branntweinwirtschaft **2** (1948) Nr. 7 S. 100.
786. *Peynaud*, Industries Agricoles et Alimentaires 1948 Nr. 4—6; Ref. „Branntweinwirtschaft" **3** (1949) S. 138.
787. *Schanderl*, Der Weinbau 1948, Heft 7 und 8.
788. *Hesse, E.*, Angew. Pharmakologie. Urban und Schwarzenberg, Berlin, München, Wien 1947 S. 194.
789. *Hald, J.*, *Jacobsen, E.* u. *Larsen, V.*, Acta Pharmacol. Scand. 1948 Nr. 4; 1949 Nr. 3; Angew. Chem. 1950 Nr. 6; Branntweinwirtschaft **4** (1950) S. 176.
790. *Bourdet, A.*, Industries Acricoles et Alimentaires 1949 Nr. 11/12 S. 531.
791. *Drews, B.*, Biochem. Z. **286** (1937) S. 207.
792. *Windisch, S.*, Schweizer Brauerei-Rundschau **59** (1948) S. 188.
793. *Koch, Rich.* u. *Herbst, A.*, Die Branntweinwirtschaft **2** (1948) Nr. 13 S. 193.
794. *Kreipe, H.*, Die Branntweinwirtschaft **3** (1949) S. 318.
795. *Fink, H.* u. *Hock, A.*, Die Brauwelt **6** (1948) S. 123.
796. *Fink, H.*, Die Brauwissenschaft **1** (1948) S. 11. — *Fink, H.*, Die Milchwirtschaft **3** (1948) S. 125.
797. *Schormüller, J.*, Ernährung u. Verpflegung **1** (1949) S. 93.
798. *Schluessel, H.*, Ernährung u. Verpflegung **1** (1949) S. 73.
799. Siehe *Rudolf*, Die Hefevitamine Zitat 424.
800. *Springer, R.*, Die Pharmazie **5** (1950) S. 113.

801. Annales de la Nutration et de l'Alimentation **1** (1947) S. 389.
802. *Scheunert, A.*, Ernährung u. Verpflegung **1** (1949) S. 3.
803. *Neuberg, C.* u. Mitarbeiter, Biochem. Z. von 1911—1924; Ber. dtsch. chem. Ges. **55** (1922) S. 3624. — *Neuberg, C.* u. *Kobel, M.*, in Abderhaldens Hdb. d. biol. Arbeitsmethoden IV I (1936) S. 593. — *Kobel* u. *Hackenthal* i. *Bamann* u. *Myrbäck*, „Fermentforschung" Zitat 689 III S. 2174.
804. *Connstein* u. *Lüdecke*, Ber. dtsch. chem. Ges. **52** (1919) S. 1386.
805. *Deite, C.* u. *Kellner, I.*, Das Glycerin, Berlin 1923.
806. *Connstein* u. *Lüdecke*, Ber. dtsch. chem. Ges. **52** (1919) S. 1386; D. R. P. 298593 bis 298596 der Vereinigten Chem. Werke zu Charlottenburg.
807. *Neuberg, C.* u. *Färber, Ed.*, Biochem. Z. **78** (1917) S. 238.
808. *Neuberg, C.* u. *Reinfurth, E.*, Biochem. Z. **89** (1918) S. 365; **92** (1918) S. 234.
809. *Haehn, H.*, Chem. Centrbl. (1938) II S. 2857; E. P. 488464; Fr. P. 829263; D. R. P. a.
810. *Schutt*, Oest. Chemiker-Ztg. **30** (1927) S. 170.
811. *Rayner*, Chem. Centrbl. 1926 II S. 2509.
812. *Lüdecke, K.*, D. R. P. 658047; Henkel u. Cie. D. R. P. 664576; 667988.
813. *Hehner*, Journ. Soc. Chem. Ind. **4** (1889).
814. *Heller, O.*, Der Seifenfabrikant 1910 S. 32.
815. *Benedikt* u. *Cantor*, Ang. Chem. 1888 S. 460. — *Lewkowitsch*, Chem. Techn. u. Analyse der Öle usw. Bd. I S. 312, Braunschweig 1905. — *Verbeek*, Seifens.-Ztg. 1919 S. 705.
816. *Zeisel* u. *Fanto*, Z. landw. Versuchs-Wesen Öst. (1902) S. 729. — *Kobel* u. *Tychowsky*, Biochem. Z. **199** (1928) S. 218.
817. *Schulze, F.*, Chemiker-Ztg. (1905) S. 976.
818. *Juhlin, Olle*, Z. analyt. Chem. **113** (1938) S. 339.
819. *Ehrlich, F.*, Biochem. Z. **1** (1906) S. 8; **2** (1907) S. 52.
820. *Emmerling*, Ber. dtsch. chem. Ges. **38** (1905) S. 953. — *Pringsheim, H.*, Centrbl. Bakt. II **15** (1905) S. 300.
821. *Wieland, H.*, Liebigs Ann. Chem. **439** (1924) S. 196.
822. *Neubauer, O.* u. *Frommherz, K.*, Hoppe-Seylers Z. physiol. Chem. **70** (1910) S. 348.
823. *Warburg, O.* u. *Christian*, Biochem. Z. **298** (1938) S. 150.
824. *Negelein, E.* u. *Brömel*, Biochem. Z. **300** (1939) S. 225.

825. *Kruis* u. *Rayman*, Z. f. Spiritusind. **19** (1896) S. 131; **27** (1904) S. 311.
826. *Marckwald*, Ber. dtsch. chem. Ges. **35** (1902) S. 1595.
827. *Windisch*, *K.*, Arb. Kais. Ges. Amt **8** (1892) S. 175; **11** (1895) S. 285.
828. *Boruff*, *C. S.* u. *van Lanen*, *I. M.*, Industrial a. Engineering Chemistry **39** (1946) S. 934. Ref. „Die Branntweinwirtschaft" **2** (1948) S. 34.
829. *Ehrlich*, *F.*, Ber. dtsch. chem. Ges. **44** (1911) S. 139.
830. *Ehrlich*, *F.*, Ber. dtsch. chem. Ges. **45** (1912) S. 883.
831. *Ehrlich*, *F.*, Biochem. Z. **79** (1917) S. 232.
832. *Lampitt*, *L. H.*, Biochem. J. (Brit.) **13** (1919) S. 459.
833. *Thorne*, *S. W.*, J. Inst. Brew. **43** (1937) S. 288; Wo. f. Brauerei **54** (1937) S. 396.
834. *Ehrlich*, *F.*, Biochem. Z. **63** (1914) S. 379.
835. *Ehrlich*, *F.*, Biochem. Z. **18** (1909) S. 391.
836. *Quibell*, *T. H.*, Hoppe-Seylers Z. physiol. Chem. **251** (1938) S. 102. — *Adler*, *E.*, *Hellström*, *Günther* u. *v. Euler*, Hoppe-Seylers Z. physiol. Chem. **255** (1938) S. 14. — *Adler*, *Günther* u. *Everett*, Hoppe-Seylers Z. physiol. Chem. **255** (1938) S. 27.
837. *Nielsen*, *N.*, C. R. Trav. Lab. Carlsberg **21** (1936) S. 395; **22** (1937) S. 284.
838. *Edlbacher*, *S.*, *Becker*, *M.* u. *Segesser*, *A. v.*, Hoppe-Seylers Z. physiol. Chem. **255** (1938) S. 53.
839. *Ehrlich*, *F.*, Ber. dtsch. chem. Ges. **44** (1911) S. 888; Mitt. d. Landw. Inst. d. Universität Breslau **6** (1913) S. 705.
840. *Quastel*, *I. H.* i. Oppenheimer-Pincussen: Methodik d. Fermente. G. Thieme, Leipzig (1929) S. 1154.
841. *Buchner*, *E.* u. *H.* und *Hahn*, *M.*, Zitat 560, S. 58.
842. *Lebedew*, *A. v.*, Biochem. Z. **20** (1909) S. 114.
843. *Walton*, *I. H.*, Zs. physikal. Ch. **47** (1904) S. 185.
844. *Euler*, *H. v.* u. *Myrbäck*, *K.*, Hoppe-Seylers Z. physik. Chem. **133** (1924) S. 260.
845. Handbuch v. *Bamann* u. *Myrbäck*, Zitat 689. III S. 2154; Absatz von *Ragnar Nilsson*.
846. Siehe Absatz von *F. Dickens* im Handbuch v. *Bamann* u. *Myrbäck*, Zitat 689 I S. 985. — *Warburg*, *O.* u. *Christian*, *W.*, Biochem. Z. **242** (1931) S. 170.
847. *Harden*, *A.* u. *Henley*, *F. R.*, Biochem. J. **21** (1927) S. 196; s. a. *Nilsson*, *Ragnar*, im Handbuch von *Bamann* u. *Myrbäck*, Die Methoden der Fermentforschung; Zitat 689 S. 1299.
848. *Lebedew*, *A. v.*, Ann. Inst. Pasteur **26** (1912) S. 8.
849. *Buchner*, *E.* u. *H.* und *Hahn*, *M.*, Zitat 560 S. 180.
850. *Buchner*, *E.* u. *Haehn*, *H.*, Biochem. Z. **19** (1909) S. 199.
851. *Hahn*, *M.* u. *Geret*, *L.*, Z. f. Biologie **40** (1900) S. 117.
852. *Buchner*, *E.* u. *Haehn*, *H.*, Biochem. Z. **26** (1910) S. 171.
853. *Buchner*, *E.* u. *H.* und *Hahn*, *M.*, Zitat 560 S. 133.
854. *Albert*, *R.*, Ber. dtsch. chem. Ges. **33** (1900) S. 3775.
855. *Albert*, *R.*, *Buchner*, *E.* u. *Rapp*, *R.*, Ber. dtsch. chem. Ges. **35** (1902) S. 2376.
856. *Nilsson*, *Ragnar* u. *Alm*, *F.*, Biochem. Z. **286** (1936) S. 254 u. 373.
857. *Wieland*, *H.* u. *Claren*, *O. B.*, Liebigs Ann. Chem. **492** (1932) S. 183. — *Wieland*, *H.* u. *Wille*, *F.*, Liebigs Ann. Chem. **515** (1935) S. 260.
858. *Vogel*, *H.*, Die Bierhefe und ihre Verwertung. Verlag Wepf u. Co. Basel 1949.
859. S. d. Vortrag v. *Kluyver*, *A. I.* auf d. internat. Kongreß für Gärungsindustrie zu Delft 1947. — *Franke*, *Wilh.* i. Ergebn. d. Enzymforschung X (1949) S. 218.
860. *Wieringa*, *K. T.*, Ant. v. Leeuvenhoek **3** (1936) S. 89; Brennstoffchemie **22** (1941) S. 161.
861. *Wood*, *G. H.* u. *Werkman*, *C. H.*, Biochem. J. **32** (1938) S. 1262.
862. *Wood*, *H. G.* u. *Werkman*, *C. H.*, Biochem. J. **30** (1936) S. 48 u. 618.
863. *Kalckar*, *H. M.*, Chem. Rev. **28** (1941) S. 71.
864. *Lipman*, *F.*, Advan. J. enzymol. **1** (1941) S. 100.
864a. *Lardy*, *H. A.*, *Potter*, *R. L.* u. *Elvehjem*, *C. A.*, J. Biol. Chem. **169** (1947) S. 451. — *Lardy*, *H. A.*, *Potter*, *R. L.* u. *Burris*, *R. H.*, J. Biol. Chem. **179** (1949) S. 721.
865. *Lynen*, *F.*, Naturwiss. **30** (1942) S. 398.
866. *Virtanen*, *A. J.*, Hoppe-Seylers Z. physiol. Chem. **138** (1924) S. 136; **143** (1926) S. 71.

867. *Tychowski, A.*, u. *Kobel, M.*, Biochem. Z. **209** (1929) S. 134.
868. *Wigert* u. *Werkman*, Biochem. J. **32** (1938) S. 101.
869. *Farlane, Mac*, Biochem. J. **33** (1939) S. 565.
870. *Still, J. L.*, Biochem. J. **34** (1940) S. 1374.
871. *Lindner, P.*, Mikroskopische u. biologische Betriebskontrolle in den Gärungsgewerben, Berlin, Paul Parey 1930, 6. Aufl. S. 585; Tagesztg. f. Brauerei 1930 Nr. 268; Z. d. Vereins d. Dtsch. Zuckerind. **81** (1931) S. 25.
872. *Kluyver* u. *Hoppenbrouwers*, Arch. Mikrobiol. **2** (1931) S. 245. — *Schreder*, *Brunner* u. *Hampe*, Wo. Brauerei **50** (1933) S. 43, 233; Biochem. Z. **273** (1934) S. 223.
873. *Smit, Jan*, Die Gärungssarcinen, Jena 1930.
874. *Nencki* u. *Sieber*, Monatshefte f. Chemie **10** S. 535.
875. *Schardinger*, Monatshefte f. Chemie **11** S. 551.
876. *Henneberg, H.*, Handbuch der Gärungsbakteriologie 2. Aufl. II S. 79. Paul Parey, Berlin 1926.
877. *Orla-Jensen, S.*, The Lactic Acid Bakteria Kobenhaven 1919.
878. *Nelson* u. *Werkman, I.*, Bacter. **30** (1935) S. 547. — *Kluyver, I.*, Soc. Chem. Ind. **52** (1933) S. 373; Erg. d. Enzymforsch. **4** (1935) S. 246.
879. *Bolcato*, Ann. di Chim. appl. **23** (1933) S. 405; Enzymologia **5** (1938) S. 52.
880. *Schlubach* u. *Knoop*, Liebigs Ann. Chem. **497** (1932) S. 208.
881. *Vondrak*, Chem. Centrbl. (1933) II S. 630, 3210.
882. *Harden, A.*, J. chem. Soc. London **79** (1901) S. 610.
883. *Neuberg, C.* u. *Nord, F. F.*, Biochem. Z. **96** (1919) S. 133.
884. *Neuberg, C.* u. *Nord, F. F.*, Biochem. Z. **96** (1919) S. 140.
885. *Neuberg, C.* u. *Windisch, F.*, Biochem. Z. **166** (1925) S. 474.
886. *Werkman, C. H.* u. *Gillen, G. F.*, J. Bact. **23** (1932) S. 167.
887. *Neuberg, C.* u. *Simon, E.*, Erg. Enzymforsch. **2** (1933) S. 118.
888. *Virtanen, A. J.*, Angew. Chemie **54** (1941) S. 491.
889. *Silverman, M.* u. *Werkman, C. H.*, J. biol. Chem. Am. **138** (1941) S. 35.
890. *Schmalfuß, H.* u. *Barthmeyer, H.*, Hoppe-Seylers Z. physiol. Chem. **176** (1928) S. 282.
891. *Neuberg, C.* u. *Kobel, M.*, Biochem. Z. **160** (1925) S. 250.
892. *Bang, F.*, Svenska Meijeritidn. **35** (1943) S. 341; **37** (1945) S. 268.
893. *Reynolds, H.* u. *Werkman, C. H.*, Arch. Mikrobiol. **8** (1937) S. 149.
894. *Kluyver, A. J.*, u. *Molt, E. L.*, Proc. Acad. Sci. Amsterdam **42** (1939) S. 118.
895. *Tikka*, Biochem. Z. **279** (1935) S. 264.
896. *Endo*, Biochem. Z. **296** (1938) S. 56.
897. Nachgewiesen von *I. L. Still*, Biochem. J. **34** (1940) S. 1374; siehe S. 4a.
898. *Lipman, F.*, Advanc. enzymol. **1** (1941) S. 99; J. biol. Chem. **155** (1944) S. 55. — *Lipman, F.*, Advanc. enzymol. **6** (1946) S. 231. — *Utter, M. F.*, *Werkman, C. H.* u. *Lipman, F.*, J. biol. Chem. **154** (1944) S. 723; **158** (1945) S. 521. — *Lipman, F.* u. *Tuttle, L. C.*, J. biol. Chem. **154** (1944) S. 725.
899. *Kluyver, A. I.*, Ergebn. d. Enzymf. IV (1935) S. 252. — *Scheffer, M. A.*, De Suikervergisting door bacterien der coligroep. Diss. Delft 1928.
900. *Kluyver, A. I.* u. *Donker, H. I.*, Zschr. Chem. d. Zelle u. Gewebe **13** (1926) S. 134.
901. *Wood, G. H.*, *Werkman, C. H.*, *Hemmingway, A.*, u. *Nier, A. O.*, J. biol. Chem. (Am.) **139** (1941) S. 365.
902. *Fred*, *Peterson* u. Mitarbeiter, J. of biolog. Chem. **39** (1919) S. 347; **53** (1922) S. 11.
903. *Fred* u. *Peterson*, Ind. Chem. **13** (1921) S. 211, 757; **15** (1923) S. 126. — *Allen*, Industrial Fermentations, New York 1926 S. 104.
904. *Henneberg, W.*, Bakteriol. Molkereikontrolle, Berlin 1934, Paul Parey S. 51.
905. *Ruschmann*, Landw. Jb. **88** (1939), S. 135.
906. *Koch, Rich.* u. *Weißmann, R.*, Wochenschrift f. Brauerei **55**.
907. *Reinhold*, Vorratspflege u. Lebensmittelforschung III (1940) Heft 11/12.
908. *Haehn, H.*, Braunschweigische Konservenzeitung **13** (1941) S. 3.
908a. *Ruschmann, G.*, Natur u. Nahrung **1 A** (1947) Nr. 10—11; Deutsche Lebensmittelrundschau **44** (1948) S. 69.

909. *Niel van, C. B.*, The propionic acid bacteria. Haarlem 1928.
910. *Fitz*, Ber. dtsch. chem. Ges. **11** (1878) S. 1896.
911. *Freudenreich* u. *Orla-Jensen*, C. f. Bakt. II (1906) S. 529.
912. *Virtanen* u. *Karström*, Acta Ch. Fenn. **7** (1931) S. 17.
913. *Maurer*, Biochem. Z. **191** (1927) S. 83.
914. *Wood, H. G.* u. *Werkman, C. H.* J. biol. Chem. **105** (1934) S. 63; Biochem. J. **28** (1934) S. 745; **30** (1936) S. 48.
915. *Wood, Stone* u. *Werkman*, Biochem. J. **31** (1937) S. 349; Enzymologia **4** (1937) S. 24. — *Wood* u. *Werkman*, Proc. Soc. exper. Biol. a. Med. **31** (1934) S. 938. — *Wood, Stone* u. *Werkman*, J. Bact. **29** (1935) S. 84. — *Stone, Erb* u. *Werkman*, Proc. Soc. exper. Biol. a. Med. **33** (1936) S. 483.
916. *Franke, W.*, Ergebnisse der Enzymforschung v. *R. Weidenhagen*, Bd. X (1949) S. 244.
917. *Wood, H. G., Stone, R. W.* u. *Werkman, C. H.*, Biochem. J. **31** (1937) S. 349.
918. *Delwiche, E. A.*, J. Bact. **56** (1948) S. 811.
919. *Bernhauer, K.*, Gärungschemisches Praktikum, Berlin 1939. Julius Springer.
920. *Buchner, E.* u. *Meisenheimer, I.*, Ber. dtsch. chem. Ges. **41** (1908) I S. 1410ff.
921. *Neuberg, C.* u. *Arinstein*, Biochem. Z. **117** (1921) S. 269.
922. *Donker, H. I. L.*, Bijdrage tot de kennis der boterzuur-butylalcohol- en acetongistingen. Diss. Delft 1926. — *Kluyver, A. I.* u. *Donker, H. I. L.*, Ztschr. Chemie der Zelle und Gewebe **13** (1926) S. 134. — *Kluyver, A. I.*, Die bakteriellen Zuckervergärungen i. d. Erg. d. Enzymforschung Bd. IV (1935) S. 230.
923. *Janke* u. *Siedler*, Biochem. Z. **292** (1937) S. 101.
924. *Langlykke, Peterson* u. *Fred*, J. Bact. **34** (1937) S. 443.
925. *Reilly, I.* u. *Hickinbottom, W. I., Henley, F. R.* u. *Thaysen, A. C.*, Biochem. J. **14** (1920) S. 229.
926. *Speakmann, H. B.*, J. biol. Chem. **41** (1920) S. 319; **43** (1920) S. 401; **58** (1923) S. 395.
927. *Osburn, O. L., Brown, R. W.* u. *Werkman, C. H.*, J. biol. Chem. **121** (1937) S. 685.
928. *van der Lek, I. B.*, Onderzoekingen over de butylalcholgisting. Diss. Delft 1930.
929. *Pett, L. B.* u. *Wynne, A. M.*, J. biol. Chem. **97** (1932) S. 177.
930. *Johnson, M. I., Peterson, W. H.* u. *Fred, E. B.*, J. biol. Chem. **101** (1933) S. 145.
931. Engl. Patent 4845 (1915).
932. *Fernbach* u. *Strange*, Engl. Patent 21073 (1913).
933. *Boruff, C. S.* u. *van Lanen, I. M.*, Industrial a. Engineering Chemistry **39** (1946) S. 134. Die Branntweinwirtschaft **2** (1948) S. 34.
934. D. R. P. 659389 (1938); Chem. Zbl. 1938 II S. 2198.
935. Norw. Pat. 59613 (1938); Chem. Zbl. 1938 II S. 2857.
936. *Langlykke, Peterson* u. *Mc. Coy*, J. Bacter. **29** (1935) S. 333.
937. *Boruff, C. S.* u. *van Lanen, I. M.*, Industrial a. Engineering Chemistry **39** (1946) S. 934. Die Branntweinwirtschaft **2** (1948) S. 35 u. 178.
938. *Schardinger*, Ctbl. Bakt. II **14** (1905) S. 772; **19** (1907) S. 161.
939. *Fred, E. B., Peterson, W. H.* u. *Anderson, I. A.*, Ind. Engin. Chem. **15** (1923) S. 126.
940. *Speakmann, H. B.*, J. biol. Chem. **64** (1925) S. 41.
941. *Bakonyi, St.*, Biochem. Z. **169** (1926) S. 125; Chemiker-Ztg. **60** (1936) S. 1021, 1043.
942. *Butkewitsch* u. *Fedoroff*, Biochem. Z. **206** (1929) S. 440.
943. *Ehrlich, F.*, Ber. dtsch. chem. Ges. **44** (1911) S. 3737.
944. *Wehmer, C.*, Ber. dtsch. chem. Ges. **51** (1918) S. 1663; **52** (1919) S. 562.
945. *Forster* u. *Waksman*, Science **88** (1938).
946. *Butkewitsch* u. *Fedoroff*, Biochem. Z. **219** (1930) S. 103; S. 87 a. a. O.
947. *Bernhauer* u. *Thole*, Biochem. Z. **287** (1936) S. 167.
948. *Krebs, H. A.* u. *Eggleston*, Biochem. J. **34** (1940) S. 1383; **35** (1941) S. 676.
949. *Forster, J. W., Carson, S. F., Ruben, S.* u. *Kamen, M. D.*, Proc. Natl. Acad. Sci. USA **27** (1941) S. 590.
950. *Nishina, Y., Endo, S., Nakayama, H.*, Sci. jap. Inst. phys.-chem. Res. **38** (1941) S. 341.
951. *Buchner, E.* u. *Wüstenfeld, H.*, Biochem. Z. **17** (1909) S. 395.
952. *Bernhauer, K.*, Biochem. Z. **197** (1928) S. 309.

953. *Amelung*, Hoppe-Seylers Z. physiol. Chem. **166** (1927) S. 161.
954. *Chrzaszcz* u. *Tuikow*, Biochem. Z. **229** (1930) S. 343.
955. *Tomlinson*, New Phytologist **36** (1937) S. 418.
956. *Johnson*, *Knight* u. *Walker*, Biochem. J. **31** (1937) S. 903.
957. *Bernhauer* u. *Siebenäuger*, Biochem. Z. **240** (1931) S. 232. — *Bernhauer*, *Böckl*, *Norbert*, Biochem Z. **253** (1932) S. 16.
958. *Ciusa*, *R.* u. *Brüll*, *L.*, Ann. Chim. applicata **29** (1939) S. 3—11.
959. *Martius*, *C.*, Hoppe-Seylers Z. physiol. Chem. **279** (1943) S. 96.
960. *Lynen*, *F.*, Liebigs Ann. Chem. **552** (1942) S. 270; **554** (1943) S. 40; **558** (1947) S. 47.
961. *Breusch*, *F.*, Science **97** (1943) S. 490.
962. *Wieland*, *H.*, Naturwiss. **34** (1947) S. 111.
963. *Stadtman*, *E. R.* u. *Barker*, *H. A.*, J. biol. Chem. **174** (1948) S. 1039.
964. *Wehmer*, *C.*, Beiträge zur Kenntn. einh. Pilze Nr. 1. Hannover 1893.
965. *Mazé* u. *Perrier*, C. r. **139** (1905) S. 312.
966. *Zahorski*, U. S. P. 1,066, 358 Juli 1913.
967. *Thom* u. *Currie*, J. Agric. Res. **7** (1916) S. 1.
968. *Bernhauer*, *K.*, *Rauch*, *J.* u. *Gross*, *G.*, Biochem. Z. **319** (1949) S. 499.
969. *Karow*, *E. O.* u. *Waksman*, *S. A.*, Chem. Centrbl. 1848 I, S. 182.
970. *Shu*, *P.* u. *Johnson*, *M. J.*, Ind. Engng. Chem. ind. Edit. **40** (1948) S. 1202; Angew. Chem. A. **60** (1948) S. 222.
971. *Scues*, *J.*, A. P. 2483136 v. 1948; Chem. Centralbl. 1949 I S. 843.
972. *Tschesnokoff*, Mikrobiol. (USSR.) **1** (1932) S. 390.
973. *Challenger*, *Subramaniam* u. *Walker*, Soc. 1927 S. 200.
974. *Bernhauer* u. *Scheuer*, Biochem. Z. **253** (1932) S. 11.
975. *Raistrick* u. *Clark*, Biochem. J. **13** (1919) S. 329; Chem. Centrbl .1920 I S. 686.
976. *Alssopp*, New Phytologist **36** (1937) S. 327.
977. *Chrzaszcz* u. *Zakomorny*, Biochem. Z. **259** (1933) S. 156.
978. *Bernhauer*, *K.*, Die oxydativen Gärungen, Berlin 1932, Jul. Springer.
979. *Zopf*, Ber. dtsch. bot. Ges. **18** (1900) S. 32.
980. *Wehmer*, *C.*, Bot. Z. **49** (1891) S. 233.
981. *Emmerling*, Cbl. Bakt. II **10** (1903) S. 273.
982. *Perwozwonsky*, Cbl. Bakt. II **81** (1930) S. 372.
983. *Zopf*, Ber. dtsch. bot. Ges. **7** (1889) S. 94.
984. *Harrison*, *D.*, Ergebn. d. Enzymforschung IV (1935) S. 297.
985. *Franke*, *W.* u. *Lorenz*, Liebigs Ann. Chem. **532** (1937) S. 1. — *Franke*, *W.* u. *Deffner*, Liebigs Ann. Chem. **541** (1939) S. 117.
986. *Boutroux*, C. r. **91** (1880) S. 236.
987. *Henneberg*, *W.*, Handb. d. Gärungsbakt. 2. Aufl. Berlin (1926) II S. 195.
988. *Hermann*, Biochem. Z. **192** (1928) S. 188; **205** (1929) S. 297.
989. *Takahashi* u. *Asai*, Cbl. Bakt. II **82** (1930) S. 390.
990. *Molliard*, C. r. **174** (1922) S. 881; **178** (1924) S. 41.
991. *Falk* u. *Kapur*, Ber. dtsch. chem. Ges. **57** (1924) S. 920.
992. *Butkewitsch*, Biochem. Z. **154** (1924) S. 177.
993. *Bernhauer*, *Duda* u. *Siebenäuger*, Biochem. Z. **230** (1931) S. 475.
994. *Müller*, *D.*, Ergebn. d. Enzymf. V S. 269. Leipzig 1936. — *Ramsbottom*, *I.*, The uses of fungi, Britisch Association for the advancement of science 1936 S. 214.
995. *Nord*, *F. F.*, Biochem. Z. **296** (1938) S. 170.
996. *Angeletti* u. *Cerutti*, Chem. Ctbl. 1931 I S. 3694.
997. *Grüss*, Wochenschr. f. Brauerei **44** (1927) S. 233.
998. *Wells*, *Lynch*, *Herrick* u. *May*, Chem. a. Met. Eng. **44** (1937) S. 188. — *Gastrock*, *Porges*, *Wells* u. *Moyer*, Ind. Engng. Chem. **30** (1938) S. 782.
999. *Bernhauer*, Biochemie der Essigbakterien, Erg. d. Enzymf. **7** (1938) S. 246.
1000. *Bertrand*, C. r. **126** (1898) S. 762, 842, 984; Ann. Chim. **3** (1904) S. 901.
1001. *Virtanen* u. *Bärlund*, Biochem. Z. **169** (1926) S. 169.
1002. *Bernhauer* u. *Schön*, Hoppe-Seylers Z. physiol. Chem. **177** (1928) S. 107.

1003. *Hermann* u. *Neuschul*, Biochem. Z. **238** (1931) S. 129.
1004. *Neuberg* u. *Hofmann*, Biochem. Z. **279** (1935) S. 318.
1005. *Wieland, H.*, Ber. dtsch. chem. Ges. **46** (1913) S. 3335.
1006. *Wieland* u. *Bertho*, Liebigs Ann. Chem. **467** (1928) S. 95.
1007. *Visser't Hooft*, Biochemische Untersuchungen über die Essigbakterien. Diss. Delft 1925.
1008. *Wieland* u. *Pistor*, Liebigs Ann. Chem. **522** (1936) S. 116; **535** (1938) S. 205.
1009. *Heimrod* u. *Levene*, Biochem. Z. **29** (1910) S. 31.
1010. *Neuberg, C.* u. *Windisch, F.*, Naturwiss. **13** (1925) S. 993; Biochem. Z. **166** (1925) S. 454. — *Neuberg, C.* u. *Molinari*, Naturwiss. **14** (1926) S. 258. — *Molinari*, Biochem. Z. **216** (1929) S. 187.
1011. *Wieland*, Helvet. chim. Acta **15** (1932) S. 21.
1012. *Janke* u. *Kropacsy*, Biochem. Z. **278** (1935) S. 37.
1013. *Bertho*, A **474** (1929) S. 57; Erg. Enzymforsch. **1** (1932) S. 231. — *Tanaka*, Acta phytochim. **5** (1931) S. 239.
1014. *Buchner, E.* u. *Gaunt, R.*, Liebigs Ann. Chem. **349** (1906) S. 140.
1015. *Keilin*, Erg. Enzymforsch. **2** (1933) S. 239.
1016. *Warburg, O.* u. *Negelein, E.*, Biochem. Z. **262** (1933) S. 237. — *Warburg, O., Negelein, E.* u. *Haas, E.*, Biochem. Z. **266** (1933) S. 1.
1017. *Neuberg, C.* u. *Nord, F. F.*, Biochem. Z. **96** (1919) S. 158.
1018. *Bertho*, Erg. Enzymforschung **1** (1932) S. 231.
1019. *Tanaka*, Acta phyt. **8** (1935) S. 285.
1020. *Bertho*, Liebigs Ann. Chem. **474** (1929) S. 64.
1021. *Bernhauer, K.*, Erg. Enzymforschung VII (1938) S. 246.
1022. *Takahashi* u. *Asai*, Cbl. Bakt. II **88** (1933) S. 286.
1023. *Challenger, Klein* u. *Walker*, J. chem. Soc. London 1929, S. 1418. — *Corbellini* u. *Gregorini*, Gazz. chim. Ital. **60** (1930) S. 244.
1024. *Kluyver* u. *Perquin*, Biochem. Z. **266** (1933) S. 82.
1025. *Haehn, H.* u. *Engel, M.*, Cbl. Bakt. II **79** (1929) S. 182.
1026. *Hermann* u. *Neuschul*, Biochem. Z. **233** (1931) S. 129.
1027. *Takahashi* u. *Asai*, J. Agr. chem. Soc. Japan **9** (1933) S. 351.
1028. *Neuberg, C.* u. *Simon*, Biochem. Z. **197** (1928) S. 219; **199** (1928) S. 232; **224** (1930), S. 253.
1029. *Rothenbach, F.*, Die Deutsche Essigindustrie **2** (1900) S. 13.
1030. *Wüstenfeld, H.*, Lehrbuch der Essigfabrikation. Paul Parey, Berlin 1930.
1031. *Hromatka, O.*, Enzymologia, Acta Biocatalytica **13** (1949) S. 369; Die Branntweinwirtschaft **4** (1950) S. 227.
1032. *Schulz, K. L.* Brauwissenschaft 1951 S. 75.
1033. *De Lamater*, Brauwissenschaft 1951 S. 175.
1034. *Adams, A. M.*, Can. J., Research **27 c** (1949) Nr. 4. S. 179.
1035. *Lindegren, C. C.* Biochem. J. **40** (1946) S. 426.
1036. *Szilvinyi, A.* u. *Klaushofer, H.*, Mitteil. d. Versuchsstation für d. Gärungsgewerbe zu Wien **5** (1951) S. 22.
1037. *Luckiesh, M. Taylor, A. H. Knowles, Th., Leppelmeier*,, E. *T.* Ref. Wallerstein Lab. Communications **13** (1950) S. 183; Brauwissenschaft 1951 Nr. 7.
1038. *Schulz, K. L.*, Brauwissenschaft 1951 Heft 10 S. 161.
1039. *Kleinzeller, A.*, Advances Enzymology **8** (1948) S. 299.
1040. *Lundin, H.*, Mitteil. d. Versuchsstation f. d. Gärungsgewerbe zu Wien **4** (1950) Nr. 1 u. 2.
1041. *Szilvinyi, A.*, Mitteil. d. Versuchsstation f. d. Gärungsgewerbe zu Wien **5** (1951) S. 47.
1042. *Schultz, A. S., Mc Manus, D. K., Pomper, S.*, Arch. Biochem. **22** (1949) S. 412.
1043. *Szilvinyi, A.*, Brauwissenschaft 1951 S. 8.
1044. *Obata, Y.* u. *Yamaniska, T.*, Bull. Chem. Soc. of Japan 1950 Nr. 4; Die Brauerei, wiss. Beilage **4** (1951) S. 54.
1045. *Lynen, F.*, Liebigs Ann. Chem. **546** (1941) S. 120. — *Stadtman, E. A.* u. *Barker, A.*, Jl Biol. Chem. **174** (1946) S. 1039. — *Lipmann, F.*, Advances Enzym. **6** (1946) S. 231.

1046. *Di Carlo, Schultz, A. S.* u. *Fischer, R. A.*, Brauwissenschaft 1951 S. 175.
1047. *Schormüller, J.* u. *Ballschmieter, H.*, Brauwissenschaft 1951 Heft 8 u. 10.
1048. *Eckström, D.* u. *Sandegren, E.*, Brauwissenschaft 1951 S. 95.
1049. *Lynen, F., Reichert, E.* u. *Rueff, L.*, Liebigs Ann. Chem. **574** (1951) S. 1. Hier auch Angabe der umfangreichen Literatur.
1050. *Novelli, S. D., Flynn,* R. M., *Lipmann, F.*, Jl. Biol. Chem. **177** (1949) S. 493.
1051. *Chou, T. C., Novelli, G. D., Stadtman, E. R., Lipmann, F.*, Proc. **9** (1950) S. 100. — *Lipmann, F.*, Proc. **9** (1950) S. 233.
1052. *Wieland, H.* u. *Rosenthal, A.*, Liebigs Ann. Chem. **554** (1943) S. 24.
1053. *Lynen, F., Reichert, E.* u. *Rueff, E.*, Liebigs Ann. Chem. **574** (1951) S. 19.
1054. *Hunter, F. E., Lelior, L. F.*, Biol. Chem. **159** (1945) S. 295.
1055. *Sherwood, R.*, Australien Chem. Inst. J. **14** (1947) S. 232.
1056. *Thorne, R. S. W.*, Wallerstein Lab. Communications XIII (1950) S. 319.
1057. *Windisch, F.*, Biochem. Z. **250** (1932) S. 466.

Autorenregister

Sachregister

Berichtigungen

zu *Haehn*: „Biochemie der Gärungen“

Walter de Gruyter & Co., Berlin, 1952

S. VII (Vorwort) Absatz 4, Zeile 1 lies **Kolbach** statt Kohlbach
Zeile 2 lies **F.** Windisch statt Windisch

S. 111 Thyminformel lies

```
—CO          statt   —CO
 |                    |
 C·CH3                C·CH3
 ||                   ||
—CH                  —CN
```

S. 114 in der Chlorhäminformel lies $\cdot CH{=}CH_2$ statt $\cdot CH{=}CH$

S. 121 Unterschrift zu Abb. 24 lies ver**n**alis statt versialis

S. 208 Formel der 1,3-Diphosphoglycerinsäure letzte Zeile

lies $—CH_2\cdot O\cdot P(OH)(=O)(OH)$ statt $—CH_2\cdot O{\sim}P(OH)(O)(OH)$

S. 209 Zeile 16 lies

```
H3C  CH3
   \/
CH2·C·CH·CO·NH·CH2 ······
 ·    ·
OH   OH
```

statt ohne Iminogruppe

Zeile 27 lies $Co\bar{A}$ statt CoA^{-}

Anmerkung Mit CoA bezeichnen wir die vollständige **prosthetische Gruppe** des Coenzyms A, mit . . .

S. 225 Von Zeile 15—32 (bis Neubildung desselben.) lies stets **Glucose-1,6-Diphosphat** statt Harden-Ester

S. 229 Zeile 4 von unten lies 2-Phospho-**enol**brenztraubensäure statt 2-Phosphobrenztraubensäure

S. 233 In der Formel des *Warburg*schen Atmungsfermentes lies $—CH{=}CH_2$ statt $—CH{=}CH$

S. 440 Zeile 17 lies **auffaßt** statt auffassen

128/52

FSC
www.fsc.org
MIX
Papier | Fördert gute Waldnutzung
FSC® C083411

Kolibri 360 GmbH
Ferdinand-Jühlke-Straße 7
99095 Erfurt, Deutschland
produktsicherheit@kolibri360.de